Signals and Systems
Second Edition

Simon Haykin
Barry Van Veen

제2판

신호와 시스템

고한석 · 김기두 · 김동준 · 김영수 · 김진영
남상원 · 이정훈 · 조성호 · 차형태 · 이두수 옮김

WILEY

TEXT BOOKS
텍스트북스

Introduction to Manufacturing Processes
Mikell P. Groover

ISBN 978-04-70632-28-4

옮긴이 소개

고한석 고려대학교
김기두 국민대학교
김동준 청주대학교
김영수 경희대학교
김진영 전남대학교
남상원 한양대학교
이정훈 한양대학교
조성호 한양대학교
차형태 숭실대학교
이두수 한양대학교

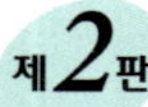

신호와 시스템

발행일 2024년 4월 30일 2판 1쇄 발행
지은이 Simon Haykin, Barry Van Veen
옮긴이 고한석, 김기두, 김동준, 김영수, 김진영, 남상원, 이정훈, 조성호, 차형태, 이두수
발행인 임은정 **발행처** (주)텍스트북스
주소 서울시 영등포구 양평로 30길 14, 세종앤까뮤스퀘어 1109호
전화 02-702-5725 **팩스** 02-702-5727 **웹사이트** www.textbooks.co.kr
등록번호 제2022-000098호
ISBN 979-11-91679-25-0 93560 **정가** 39,000원

저자의 머리말

역자 주: 원저자의 머리말과 부록 그리고 그림 중의 caption은 번역하지 아니하고, 원문을 그대로 수록하였다. 그 이유는 학생들이 직접 원어로 된 내용을 읽어봄으로써 개정판을 내게 된 동기와 달라진 점을 파악해 보고, 아울러 학생들이 원서나 영문으로 된 논문을 독해하고 이해할 수 있는 능력과 학문의 국제적인 안목을 높일 수 있다고 생각하기 때문이다.

The "Signals and Systems" Course in the Electrical Engineering Undergraduate Curriculum

A course on "signals and systems" is fundamental to the study of the many fields that constitute the ever-expanding discipline of electrical engineering. Signals and systems serves as the prerequisite for additional coursework in the study of communications, signal processing, and control. Given the pervasive nature of computing, concepts from signals and systems, such as sampling, are an important component of almost every electrical engineering field. Although the signals and systems that arise across these diverse fields are naturally different in their physical make-up and application, the principles and tools of signals and systems are applicable to all of them. An introductory course on "signals and systems", commonly takes one of two forms:

- A one-semester course that focuses on the analysis of deterministic signals and an important class of systems known as linear time-invariant (LTI) systems, with practical examples drawn from communication and control systems.
- A two-semester course that expands on the one-semester course by including more detailed treatment of signal processing, communication and control systems.

This course is usually offered at the sophomore or junior level and assumes the student has a background in calculus and introductory physics.

How this Book Satisfies the Essential Needs of this Course

Given the introductory nature of the signals and systems course and diversity of applications for the topic, the textbook must be easy to read, accurate, and contain an abundance of insightful examples, problems, and computer experiments to expedite learning the fundamentals of signals and systems in an effective manner. This book has been written with all of these objectives in mind.

The second edition builds on the first edition's success at providing a balanced and integrated treatment of continuous- and discrete-time forms of signals and systems. This approach has the pedagogical advantage of helping the student see the fundamental similarities and differences between continuous- and discrete-time representations and reflects the integrated nature of continuous- and discrete-time concepts in modern engineering practice. One consistent comment from users of the first edition and reviewers of the second is that the compelling nature of our approach becomes very apparent in Chapter 4 with the coverage of sampling continuous-time signals, reconstruction of continuous-time signals from samples, and other applications involving mixtures of different signal classes. The integrated approach is also very efficient in covering the large range of topics that are typically required in a signals and systems course. For example, the properties of all four Fourier representations are covered side-by-side in Chapter 3. Great care has been taken in the presentation of the integrated approach to enhance understanding and avoid confusion. As an example of this, the four Fourier representations are treated in Chapter 3 as similar, yet distinct representations that apply to distinct signal classes. Only after the student has mastered them individually is the possibility of using Fourier representations to cross the boundaries between signal classes introduced in Chapter 4.

Given the mathematical nature of signal representation and system analysis, it is rather easy for the reader to lose sight of their practical application. Chapters 5, 8, and 9 deal with applications drawn from the fields of communication systems, design of filters, and control systems in order to provide motivation for the reader. In addition, considerable effort has been expended in the second edition to provide an application focus throughout the tool-oriented chapters by including an abundance of application-oriented examples. A set of six theme examples, introduced in Chapter 1 and revisited throughout the remaining chapters, is used to show how different signal representation and system analysis tools provide different perspectives on the same underlying problem. The theme examples have been selected to sample the broad range of applications for signals and systems concepts.

The text has been written with the aim of offering maximum teaching flexibility in both coverage and order of presentation, subject to our philosophy of truly integrating continuous- and discrete-time concepts. When continuous- and discrete-time concepts are introduced sequentially, such as with convolution in Chapter 2 and Fourier representations in Chapter 3, the corresponding sections have been written so that the instructor may present either the continuous- or discrete-time viewpoint first. Similarly, the order of Chapters 6 and 7 may be reversed. A two-semester course sequence would likely cover most, if not all, of the topics in the book. A one-semester course can be taught in a variety of ways, depending on the preference of the instructor, by selecting different topics.

Structure Designed to Facilitate and Reinforce Learning

A variety of features have been incorporated into the second edition to facilitate and reinforce the learning process. We have endeavored to write in a clear, easy to follow, yet precise manner. The layout and format has been chosen to emphasize important concepts. For example, key equations and procedures are enclosed in boxes and each example is titled. The choice and layout of figures has been designed to present key signals and systems concepts graphically, reinforcing the words and equations in the text.

A large number of examples are included in each chapter to illustrate application of the corresponding theory. Each concept in the text is demonstrated by examples that emphasize the sequence of mathematical steps needed to correctly apply the theory and by examples that illustrate application of the concepts to real-world problems.

An abundance of practice is required to master the tools of signals and systems. To this end, we have provided a large number of problems with answers immediately following introduction of significant concepts, and a large number of problems without answers at the end of each chapter. The problems within the chapters provide the student with immediate practice and allow them to verify their mastery of the concept. The end of the chapter problems offer additional practice and span a wide range of difficulty and nature, from drilling basic concepts to extending the theory in the text to new applications of the material presented. Each chapter also contains a section illustrating how MATLAB, acronym for MATrix LABoratory and product of The Math Works, Inc., may be used to explore concepts and test system designs within the context of a "Software Laboratory". A complementary set of computer-oriented end of chapter problems is also provided.

New to the Second Edition of the Book

In general terms, this new edition of the book follows the organization and philosophy of the first edition. Nevertheless, over and above new examples and additional problems, some important changes have been made to the book. In addition to the layout and format improvements noted above, long sections in the first edition have been broken up into smaller units. The significant changes to each chapter are summarized as follows:

- Chapter 1: Two new sections, one on Theme Examples and the other on electrical noise, have been added. The Theme Examples, six in number, illustrate the broad range of problems to which signals and systems concepts apply and provide a sense of continuity in subsequent chapters of the book by showing different perspectives on the same problem. Two new subsections, one on MicroElectroMechanical Systems (MEMS) and the other on derivatives of the unit-impulse function, have also been added.
- Chapter 2: The treatment of discrete- and continuous-time convolution has been reorganized into separate, yet parallel sections. The material introducing the frequency response of LTI systems has been removed and incorporated into Chapter 3. The treatment of differential and difference equations has been expanded to clarify several subtle issues.
- Chapter 3: The chapter has been written with increased emphasis on applications of Fourier representations for signals through the introduction of new examples, incorporation of filtering concepts contained in Chapter 4 of the first edition, and reordering the presentation of properties. For example, the convolution property is presented much earlier in the second edition because of its practical importance. Derivations of the discrete-time Fourier series, Fourier series, and discrete-time Fourier transform have been removed and incorporated as advanced problems.
- Chapter 4: The focus has been tightened as reflected by the new title. Material on fre-

quency response of LTI systems has been moved to Chapter 3 and advanced material on interpolation, decimation, and fast convolution has been removed and incorporated as advanced problems.

- Chapter 5: A new section on the Costas receiver for demodulation of double sideband-suppressed carrier modulated signals has been added.
- Chapter 6: The definition of the unilateral Laplace transform has been modified to include impulses and discontinuities at $t = 0$ and the material on Bode diagrams in Chapter 9 of the first edition is now incorporated in the discussion of graphical evaluation of frequency response.
- Chapter 9: A new section on the fundamental notion of feedback and "why feedback?" has been introduced. Moreover, the treatment of feedback control systems has been shortened, focusing on the fundamental issue of stability and its different facets.
- Chapter 10: The epilogue has been completely rewritten. In particular, more detailed treatments of wavelets and the stability of nonlinear feedback systems have been introduced.
- Appendix F: This new appendix presents a tutorial introduction to MATLAB.

Supplements

The following supplements are available from the publishers website:

www.wiley.com/college/haykin

PowerPoint Slides: Every illustration from the text is available in PowerPoint format enabling instructors to easily prepare lesson plans.

Solutions Manual: An electronic Solutions Manual is available for download from the website. If a print version is required, it may be obtained by contacting your local Wiley representative. Your representative may be determined by finding your school on Wiley's CONTACT/Find a Rep webpages.

MATLAB resources: M-files for the computer-based examples and experiments are available.

About the Cover of the Book

The cover of the book is an actual photograph of Mount Shasta in California. This picture was chosen for the cover to imprint in the mind of the reader a sense of challenge, exemplified by the effort needed to reach the peak of the Mount, and a sense of the new vistas that result from climbing to the peak. We thus challenge the reader to master the fundamental concepts in the study of signals and systems presented in the book and promise that an unparalleled viewpoint of much of electrical engineering will be obtained by rising to the challenge.

In Chapter 1 we have included an image of Mount Shasta obtained using a synthetic aperture radar (SAR) system. A SAR image is produced using many concepts from the study of signals and systems. Although the SAR image corresponds to a different view of

Mount Shasta, it embodies the power of signals and systems concepts for obtaining different perspectives of the same problem. We trust that motivation for the study of signals and systems begins with the cover.

Acknowledgments

In writing the second edition, we have benefited enormously from insightful suggestions and constructive input received many instructors and students that used the first edition, anonymous reviewers, and colleagues. We are deeply grateful to Professor Aziz Inan of University of Portland for carefully reading the entire manuscript for both accuracy and readability and making innumerable suggestions to improve the presentation. In addition, the following colleagues have generously offered detailed input on the second edition:

- Professor Yogesh Gianchandani, *University of Michigan*
- Professor Dan Cobb, *University of Wisconsin*
- Professor John Gubner, *University of Wisconsin*
- Professor Chris Demarco, *University of Wisconsin*
- Professor Leon Shohet, *University of Wisconsin*
- Mr. Jacob Eapen, *University of Wisconsin*
- Dr. Daniel Sebald

We are grateful to them all for helping us in their own individual ways shape the second edition into its final form.

Barry Van Veen is indebted to his colleagues at the University of Wisconsin for the opportunity to regularly teach the Signals and Systems class. Simon Haykin thanks his students, past and present, for the pleasure of teaching them and conducting research with them.

We thank the many students at both McMaster and Wisconsin, whose suggestions and questions have helped us over the years to refine and in some cases rethink the presentation of the material in the book. In particular, we thank Chris Swickhamer and Kris Huber for their invaluable help in preparing some of the computer experiments, the Introduction to MATLAB, the solutions manual, and in reviewing page proofs.

Bill Zobrist, Executive Editor of Electrical Engineering texts, has skillfully guided the second edition from conception to completion. We are grateful for his strong support, encouragement, constructive input, and persistence. We thank Caroline Sieg for dexterously managing the production process under a very tight schedule, and Katherine Hepburn (Senior Marketing Manager) for her creative promotion of the book.

We are indebted to Fran Daniele and her staff of Preparé Inc. for their magnificent job in the timely production of the book; it was a pleasure to work with them.

Lastly, Simon Haykin thanks his wife Nancy, and Barry Van Veen thanks his wife Kathy and children Emily, David, and Jonathan for their support and understanding throughout the long hours involved in writing this book.

Simon Haykin
Barry Van Veen

차 례

제 1 장 서 론

제 2 장 시불변 시스템의 시간영역 표현

제 3 장 신호의 푸리에 표현과 선형 시불변 시스템

제 4 장 푸리에 표현의 응용

제 5 장 통신 시스템에서의 응용

제 6 장 연속시간 복소 지수를 이용한 신호의 표현: 라플라스 변환

제 7 장 이산시간 복소 지수 신호의 표현: z 변환

제 8 장 필터와 등화기에 대한 응용

제 9 장 선형 귀환 시스템에 대한 응용

제 10 장 에필로그

부 록

표기방법(Notation)

$[\cdot]$ indicates discrete valued independent variable, e.g. $x[n]$
$(\cdot)$ indicates continuous valued independent variable, e.g. $x(t)$

- Complex numbers

$\|c\|$	magnitude of complex quantity c
$\arg\{c\}$	phase angle of complex quantity c
$\mathrm{Re}\{c\}$	real part of c
$\mathrm{Im}\{c\}$	imaginary part of c
c^*	complex conjugate of c

- Lower case functions denote time-domain quantities, e.g. $x(t)$, $w[n]$
- Upper-case functions denote frequency- or transform-domain quantities

$X[k]$	discrete-time Fourier series coefficients for $x[n]$
$X[k]$	Fourier series coefficients for $x(t)$
$X(e^{j\Omega})$	discrete-time Fourier transform of $x[n]$
$X(j\omega)$	Fourier transform of $x(t)$
$X(s)$	Laplace transform of $x(t)$
$X(z)$	z-transform of $x[n]$

- Boldface lower-case symbols denote vector quantities, e.g., **q**
- Boldface upper-case symbols denote matrix quantities, e.g., **A**
- Subscript δ indicates continuous-time representation of a discrete-time signal

$x_\delta(t)$	continuous-time representation for $x[n]$
$X_\delta(j\omega)$	Fourier transform of $x_\delta(t)$

- Sans serif type indicates MATLAB variables or commands, e.g., `X = fft(x,n)`
- 0^0 is defined as 1 for convenience
- arctan refers to the four quadrant inverse tangent function and produces a value
- between $-\pi$ and π radians

사용된 주요한 기호(Principal Symbols)

j	square root of -1
`i`	square root of -1 used by MATLAB
T_s	sampling interval of T_s in seconds
T	fundamental period for continuous-time signal in seconds
N	fundamental period for discrete-time signal in samples
ω	(angular) frequency for continuous-time signal in radians/second

Ω	(angular) frequency for discrete-time signal in radians
ω_o	fundamental (angular) frequency for continuous-time periodic signal in radians/second
Ω_o	fundamental (angular) frequency for discrete-time periodic signal in radians
$u(t), u[n]$	step function of unit amplitude
$\delta[n], \delta(t)$	unit impulse
$H\{\cdot\}$	representation of a system as an operator H
$S^{\tau}\{\cdot\}$	time shift of τ units
$H^{\text{inv}}, h^{\text{inv}}$	superscript inv denotes inverse system
$*$	denotes convolution operation
$\circledast$	periodic convolution of two periodic signals
$H(e^{j\Omega})$	discrete-time system frequency response
$H(j\omega)$	continuous-time system frequency response
$h[n]$	discrete-time system impulse response
$h(t)$	continuous-time system impulse response
$y^{(h)}$	superscript (h) denotes homogeneous solution
$y^{(n)}$	superscript (n) denotes natural response
$y^{(f)}$	superscript (f) denotes forced response
$y^{(p)}$	superscript (p) denotes particular solution
$\xleftrightarrow{DTFS;\,\Omega_o}$	discrete-time Fourier series pair with fundamental frequency Ω_o
$\xleftrightarrow{FS;\,\omega_o}$	Fourier series pair with fundamental frequency ω_o
$\xleftrightarrow{DTFT}$	discrete-time Fourier transform pair
$\xleftrightarrow{FT}$	Fourier transform pair
$\xleftrightarrow{\mathcal{L}}$	Laplace transform pair
$\xleftrightarrow{\mathcal{L}_u}$	unilateral Laplace transform pair
$\xleftrightarrow{z}$	z-transform pair
$\xleftrightarrow{z_u}$	unilateral z-transform pair
$\text{sinc}(u)$	$\dfrac{\sin(\pi u)}{\pi u}$
$\cap$	intersection
$T(s)$	closed-loop transfer function
$F(s)$	return difference
$L(s)$	loop transfer function

사용된 약어(Abbreviations)

A	amperes (units for electric current)
A/D	analog-to-digital (converter)
AM	amplitude modulation
BIBO	bounded input-bounded output
BPSK	binary phase-shift keying
CD	compact disc
CW	continuous wave
D/A	digital-to-analog (converter)
dB	decibel
DSB-SC	double-sideband suppressed carrier
DTFS	discrete-time Fourier series
DTFT	discrete-time Fourier transform
ECG	electrocardiogram
F	Farads (units for capacitance)
FDM	frequency-division multiplexing
FFT	fast Fourier transform
FIR	finite-duration impulse response
FM	frequency modulation
FS	Fourier series
FT	Fourier transform
H	Henries (units for inductance)
Hz	Hertz
IIR	infinite-duration impulse response
LTI	linear time-invariant (system)
MEMS	microelectricalmechanical system
MSE	mean squared error
PAM	pulse-amplitude modulation
PCM	pulse-code modulation
PM	phase modulation
QAM	quadrature-amplitude modulation
RF	radio frequency
ROC	region of convergence
rad	radian(s)
s	second(s)
SSB	single sideband modulation
STFT	short-time Fourier transform
TDM	time-division multiplexing
V	volts (units for electric potential)
VLSI	very large scale integration
VSB	vestigial sideband modulation
WT	wavelet transform

1 서 론

1.1 신호란 무엇인가?

신호는 어떠한 형태로든 우리 일상 생활에 기본 구성 요소로 작용하고 있다. 가령, 마주보고 대화를 하거나 전화선을 통해 이야기 하거나 사람들 간 가장 보편적인 통신은 음성 신호를 통해 이루어 진다. 보편화된 통신의 다른 형태에는 사람이나 주변 물체의 이미지 형태를 취하는 신호에 의한 시각적인 것이 있다.

사람들 간 통신의 또 다른 형태를 계속 살펴보면, 인터넷에 의한 전자메일이 있다. 인터넷은 메일의 역할 이외에도 관심 있는 정보 찾기나 광고, 재택 근무, 교육, 게임 등을 하는 데 강력한 매체 역할을 한다. 인터넷을 통한 이러한 모든 형태의 통신에는 다양한 종류의 정보를 담고 있는 신호가 관여되어 있다. 실제 생활에서 신호가 다루어지는 다른 사례들을 살펴보자.

환자의 심박동 소리를 듣거나 혈압 및 체온을 측정함으로써 의사는 환자의 아픈 데나 질병의 유무를 진단할 수 있다. 이때, 환자의 심박동 및 혈압은 환자의 건강 상태에 대한 정보를 의사에게 전달해 주는 신호로 표현된다.

라디오를 통한 일기예보의 경우, 우리는 온도, 습도, 풍향 및 풍속에 해당하는 내용을 듣는다. 이같이 정량적으로 표현된 신호는 우리가 집안에 있어야 할지, 아니면 밖으로 산책을 나가도 될지에 대한 의사결정을 하는 데 도움을 준다.

세계 시장에서 주식과 일용품의 일일 가격 변동은, 특정 회사 또는 기업체가 어떻게 역할을 담당하고 있는지에 대한 정보를 담고 있는 신호로 표현된다. 이러한 정보를 토대로, 새로운 투자를 할 것인지 아니면 오래된 투자를 팔아 치울 것인지를 결정하게 된다.

외계를 탐험하는 탐사선은 먼 행성에 대한 귀중한 정보를 지구 기지국으로 보낸다. 이러한 정보는 행성의 표면에 관한 프로파일을 나타내는 레이더 이미지, 그 행성이 얼마나 뜨거운가에 대한 정보를 담고 있는 적외선 이미지 또는 행성 주변의 구름의 존재를 알려주는 광 이미지 등 다양한 형태로 표현될 수 있다. 이러한 이미지를 연구함으로써, 대상 행성의 독특한 특징에 대한 더욱 많은 것을 알 수 있다.

사실, 신호로 표현되는 예는 거의 무한하다.

신호는 물리적인 현상의 본질에 대한 정보를 담고 있는 하나 이상의 변수에 관한 함수로 정의된다. 그 함수가 하나의 변수에 의존하면 신호는 **1차원적**(one-dimensional)이라고 한다. 음성 신호는 말하는 단어와 말하는 사람에 따라, 시간에 대해 진폭이 변하는 1차원적 신호의 예이다. 함수가 두 개 혹은 그 이상의 변수에 따라 달라지면, 신호는 **다차원적**(multidimensional)이라고 한다. 이미지는 가로 좌표와 세로 좌표에 따라 변하는 2차원 신호의 한 예이다.

1.2 시스템이란 무엇인가?

앞에서 언급한 신호의 예에는, 항상 각 신호를 생성하는 것과 관련된 시스템과 신호로부터 정보를 추출하는 것과 관련된 또 다른 시스템이 존재한다. 예를 들면, 음성 통신의 경우 소리나 신호는 발성기관을 여기시키는데, 이것이 바로 시스템이다. 음성 신호의 처리는 대개 귀로 듣고 뇌 속의 청각 경로에 의존하여 이루어진다. 이 경우, 신호의 발생과 수신을 담당하는 시스템은 생물학적 본질을 갖는다. 이러한 시스템은 생물학적 기관을 흉내내거나 모방하려는 전자장치를 이용하여 구현될 수 있다. 예를 들면, 음성 신호의 처리는 단어나 문장을 인식하는 컴퓨터 프로그램의 형태를 갖는 자동 음성인식 시스템에 의해 수행될 수 있다.

시스템은 어떤 특정 목적만을 갖지 않는다. 시스템의 사용 목적은 관련된 응용 분야에 따라 달라진다. 자동 음성인식 시스템에서의 시스템 기능은, 화자를 인식하거나 구별해 내기 위한 목적으로 들어오는 음성 신호로부터 정보를 추출하는 것이다. 통신 시스템에서의 시스템 기능은, 메시지 신호에 담겨 있는 정보를 통신 채널을 통해서 수송하고 그것을 목적지까지 신뢰성 있게 배달하는 것이다. 비행기 착륙 시스템에서는 비행기가 활주로의 중앙선을 유지하도록 하는 것이 시스템에 관한 요구조건이 된다.

시스템은, 임의의 기능을 수행하기 위하여 하나 이상의 신호를 처리하여 새로운 신호를 생성하는 실체(entity)로 정의된다. 시스템과 그와 관련된 신호에 대한 상관도가 그림 1.1에 나타나 있다. 당연히 입력과 출력 신호는 그 시스템의 응용 목적에 따라 달리 묘사된다.

▶ 자동 음성인식 시스템에서는 입력 신호가 음성 신호이고, 시스템은 컴퓨터이며, 출력 신호는 화자의 식별정보이다.

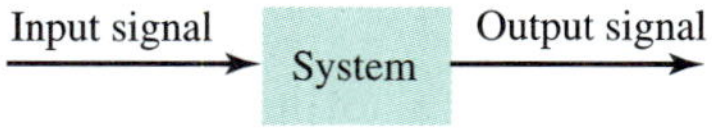

Input signal → System → Output signal

그림 1.1 시스템을 나타내는 블록 다이어그램

- 통신 시스템에서 입력 신호는 음성 신호 또는 컴퓨터 데이터일 수 있고, 시스템은 송신기, 채널, 수신기에 의한 조합이며, 출력 신호는 원래 메시지 신호에 포함된 정보의 추정치이다.
- 비행기 착륙 시스템에서는 입력 신호가 활주로에 관한 비행기의 상대적 위치이고, 시스템은 비행기이며, 출력 신호는 비행기의 측면 위치에 대한 교정이다.

1.3 특정 시스템의 개요

앞의 두 절에서는 신호와 시스템에 대해 설명하면서 몇 가지 응용에 대해 언급하였다. 이 절에서는 더 나아가 여섯 가지 응용, 즉 통신 시스템, 제어 시스템, 마이크로 전자기계 시스템, 원격 센싱, 생체 신호처리, 청각 시스템에 대해 살펴보고자 한다.

1.3.1 통신 시스템

그림 1.2와 같이, 모든 통신 시스템(commuication systems)에는 기본적으로 세 가지 구성 요소, 즉 **송신기**, **채널**, **수신기**가 존재한다. 송신기는 공간의 어느 한 점에 위치하고, 수신기는 송신기로부터 떨어진 다른 지점에 위치하며, 채널은 그 둘을 연결하는 물리적 매체이다. 세 가지 요소 각각은 그 자체가 입출력 신호를 갖는 시스템으로 볼 수 있다. 송신기의 목적은 정보 발생기(information source)로부터 생성된 메시지 신호를 채널을 통해 송신하기에 적당한 형태로 변환하는 것이다. 메시지 신호는 음성 신호, 텔레비전(영상) 신호 또는 컴퓨터 데이터가 될 수 있다. 채널은 광섬유, 동축 케이블, 위성 채널 또는 이동 무선 채널 등이 될 수 있으며, 각 채널은 나름대로의 특정한 응용분야가 있다.

송신 신호가 채널을 통해서 전파되어감에 따라, 채널의 물리적인 특성 때문에 신호는 왜곡된다. 더욱이 잡음과 다른 원천으로부터 온 간섭 신호가 채널 출력을 변질시켜 수신 신호는 송신 신호의 왜곡된 모습의 결과로 나타난다. 수신기의 기능은, 수신 신호로부터 원래의 메시지 신호를 인식할 수 있도록 재구성하여(즉, 추정치를 만들어) 사용자에게 전달하는 것이다. 그러므로, 수신기의 신호 처리 기능은 송신기 기능의 반대이며, 수신기는 채널의 영향을 반전시킨다.

그림 1.2 통신 시스템의 구성 요소. 송신기는 메시지 신호를 채널을 통해 전송하기 적당한 형태로 변환한다. 수신기는 메시지 신호의 추정치를 구하기 위해 채널의 출력(즉, 수신 신호)을 처리한다.

송신기와 수신기에서 행해지는 세세한 동작은 통신 시스템의 종류에 따라 다르다. 통신 시스템에는 아날로그 또는 디지털 형태로 구별된다. 신호 처리 입장에서 보면, **아날로그 통신 시스템의 설계**는 상대적으로 간단하다. 구체적으로, 송신기는 **변조기**(modulator)로, 수신기는 **복조기**(demodulator)로 구성되어 있다. **변조**(modulation)는 메시지 신호를 채널의 전송 특성에 적합하도록 적절한 형태로 변환시키는 과정이다. 보통의 경우에는, 송신 신호는 정현 반송파의 진폭, 위상, 주파수의 변형된 모습으로 표현된다. 그러므로, 이들 각각을 진폭 변조, 위상 변조, 주파수 변조라 부른다. 수신기에는 이와 대응되는 진폭 복조, 위상 복조, 주파수 복조를 사용해서 원래의 메시지 신호를 추정하여 출력한다. 이러한 아날로그 변조/복조 기술에는 나름대로의 장점과 단점이 있다.

이와는 대조적으로, **디지털 통신 시스템**은 훨씬 더 복잡하다. 메시지 신호가 음성 신호나 영상 신호와 같은 아날로그 형태이면, 송신기는 신호를 디지털 형태로 변환하기 위하여 다음과 같은 작업을 한다.

- **샘플링**(sampling). 메시지 신호를 특정 순간에서 그 진폭을 나타내는 일련의 수로 변환
- **양자화**(quantization). 샘플링에 의해서 생성된 각각의 수를 유한 개의 이산 진폭 레벨(level) 가운데 가장 가까운 레벨로 표현. 예를 들어, 16비트 이진수로 나타내면, 각 샘플을 216개의 레벨로 표현할 수 있다. 메시지 신호가 샘플링과 양자화 과정을 모두 거치면, 시간축과 진폭축 모두 **이산적**으로 표현된다.
- **코딩**(coding). 양자화된 샘플을 유한 개의 심벌로 이루어진 코드 워드(code word)로 표현. 예를 들면, 이진 코드 경우 심벌은 '1' 또는 '0' 이다.

샘플링, 코딩과는 달리 양자화는 역변환이 가능하지 않다. 즉, 양자화를 하게 되면 응용에 있어 항상 정보의 손실이 발생된다. 그러나 충분히 많은 수의 이산 진폭 레벨을 갖는 양자화기를 사용하면, 실용적 목적에서 볼 때 이러한 손실을 작게 하거나 인지할 수 없도록 할 수 있다. 진폭 레벨의 수가 증가할수록 코드 워드의 길이는 이에 비례해서 증가하게 된다.

만일, 디지털 컴퓨터의 경우와 같이 원래의 정보가 처음부터 이산적이라면, 위에 언급된 진행 과정은 모두 필요 없게 된다.

송신기는 데이터 압축, 채널 인코딩 등과 같은 부가적인 연산을 필요로 할 수 있다. 데이터 압축의 목적은 메시지 신호로부터 중복성 정보를 제거하고, 전송에 필요한 샘플당 비트의 수를 감소시켜 채널의 효율을 높이기 위한 것이다. 반면, 채널 인코딩은 채널을 통한 전송 과정에서 얻게 되는 잡음 및 간섭 신호 등으로부터 정보를 보호하기 위해 정해진 방식에 따라 코드 워드에 여분의 요소(예를 들면, 부가 심벌)를 추가한다. 마지막으로, 코드화된 신호는 채널을 통한 전송을 위해 반송파(대개는 정현파)로 변조된다.

수신기에서는 코딩 및 샘플링 과정이 반대의 순서로 이루어지며(즉, 각 입력과 출력 신호의

역할이 바뀌게 됨), 원래 메시지 신호의 추정치를 얻은 다음 이를 의도하는 목적지로 전달한다. 그러나 앞에서 언급한 대로 양자화는 역변환이 가능하지 않으므로, 수신기에는 이와 대응되는 것이 없다.

앞에서 언급된 바와 같이, 디지털 통신에는 상당히 많은 양의 전자회로를 필요로 한다. 그런데, 지속적으로 증가하는 실리콘칩 형태의 고밀도 집적회로(VLSI)로 인하여 전자 부품은 상대적으로 저렴하며, 따라서 이 부분은 큰 문제가 되지 않는다. 반도체 산업의 지속적인 발달로, 디지털 통신은 아날로그 통신보다 보통 비용면에서 더 효과적이다.

통신에는 두 가지 기본 모드가 있다.

1. **방송**(broadcasting). 하나의 강력한 송신기와 비교적 제작 비용이 저렴한 다수의 수신기로 구성된다. 이 경우, 정보를 담고 있는 신호는 오로지 한 방향으로만 전달된다.
2. **점대점**(point-to-point) **통신**. 단일 송신기와 단일 수신기 사이의 링크를 통해서 통신한다. 이 경우에는 정보를 담고 있는 신호가 링크 양쪽 끝단에 있는 송신기와 수신기 사이에 양방향으로 전달된다.

우리 일상 생활의 일부인 라디오와 텔레비전이 방송의 좋은 예가 된다. 한편, 도처에 존재하는 전화기는 점대점 통신의 한 모습을 제공한다. 그러나 이러한 경우에 링크는 많은 수의 사용자 요구를 수용하기 위해 설계된 매우 복잡한 전화망의 일부라는 점을 주목하라.

점대점 통신의 또 다른 예는, 먼 행성의 표면을 탐사하고 있는 로봇과 지구 사이의 **우주 공간 통신** 링크이다. 전화 통신과는 다르게, 메시지 신호의 구성은 통신의 방향에 따라 달라진다. 지구로부터 전송되는 메시지 신호는 로봇에게 특정한 작업을 명령하는 컴퓨터의 지시 사항과 같은 형태일 수 있으며, 그 행성에 있는 토질의 화학적 성분에 대한 매우 귀중한 정보는 분석을 위해 지구로 돌아오는 메시지 신호에 포함될 수 있다. 그렇게 먼 거리를 신뢰성 있게 통신하기 위해서는 디지털 통신의 사용이 필수적이다. 그림 1.3(a)는 미국항공우주국(NASA)의 과학적 태양계 탐사에 있어 역사적인 날인 1997년 7월 4일, 화성에 착륙한 Pathfinder 로봇의 사진이다. 그림 1.3(b)는 호주의 Canberra에 있는 직경 70미터 고정밀 안테나 사진이다. 이 안테나는 NASA의 Deep Space Network(DSN)의 일부분으로, 로봇 행성 탐사선을 안내하고 제어하며 우주 탐사선이 수집한 영상 자료와 새로운 과학적 정보를 수집하는 데 필수적인 양방향 통신 링크를 제공한다. 행성 탐사에 있어 DSN의 성공적인 이용은 피할 수 없는 잡음의 존재에 대처하기 위한 통신 이론과 기술의 승리를 상징한다.

불행히도, 모든 통신 시스템은 수신 신호에 섞여 있는 채널 잡음 문제를 겪는다. 잡음은 수신된 메시지의 품질을 심하게 제한한다. 예를 들면, 지구와 화성 사이의 매우 먼 거리로 인해 링크 양쪽 모두, 수신 신호 내에 정보를 담고 있는 성분의 평균 전력은 잡음 성분의 평균 전력보다 상대적으로 작다. 링크의 신뢰적 운용은 (1) DSN에서와 같이 **큰 안테나**와 (2) **오류 제**

(a)

(b)

그림 1.3 (a) 화성 표면을 탐사하고 있는 Pathfinder의 사진, (b) 호주의 Canberra에 설치된 직경 70미터 안테나. 70미터 반사경의 표면은 신호의 파장 길이 대비 수분의 일 이내의 정밀도를 유지해야 한다.

어의 조합적인 방법을 통해 얻을 수 있다. 파라볼릭 반사 안테나(parabolic-reflector antenna)[즉, 그림 1.3(b)에 있는 안테나 형태]의 경우, 안테나의 **유효 면적**은 일반적으로 안테나 실제 면적의 50%에서 65% 사이이다. 안테나 단자에서의 수신 신호 전력은 유효 면적과 입사 전자기파의 단위 면적당 전력을 곱한 것과 같다. 따라서, 안테나가 크면 클수록 수신 신호 전력도 커지며, 따라서 DSN에서는 큰 안테나를 사용하는 것이다.

오류를 제어하기 위해 송신기에서는 **채널 인코더**(channel encoder), 수신기에서는 **채널 디코더**(channel decoder)를 사용한다. 채널 인코더는 메시지 비트를 받은 다음, 미리 정해진 규칙에 따라 **여분의 비트**를 더함으로써 높은 비트율을 갖는 코드화된 데이터를 생성한다. 여분의 비트를 더하는 이유는 채널 잡음으로부터 데이터를 보호하기 위함이다. 채널 디코더는 실제 어떤 신호가 전송되었는지 알아내기 위하여 여분의 비트를 활용한다. 채널 인코더와 디코더의 조합 목적은 채널 잡음에 의한 영향을 최소화하기 위한 것이다. 즉, 채널 인코더의 입력(정보 발생기로부터 추출된)과 채널 디코더의 출력(수신기를 통해 사용자에게 전달된) 사이에 존재하는 오류의 수를 평균적으로 최소화하는 것이다.

1.3.2 제어 시스템

산업 사회에서 실제 시스템의 **제어**는 광범위하게 이루어지고 있다. 제어가 적용되고 있는 예를 들면, 비행기 자동 조종 장치, 대중 교통 운송 수단, 자동차 엔진, 공작 기계, 정유 공장, 제지 공장, 원자로, 발전소 그리고 로봇 등이 있다. 제어 대상을 보통 **플랜트**(plant)라고 부른다. 여기서는 비행기를 플랜트로 간주한다.

제어 시스템을 사용하는 데는 많은 이유가 있다. 공학의 관점에서 가장 중요한 이유 두 가지는 만족할 만한 응답과 강인한(robust) 성능을 얻고자 하는 것이다.

1. 응답(response). 플랜트의 출력이 정해진 기준 입력(reference input)을 따르거나 추적할 때 플랜트는 만족할 만한 응답을 생성한다고 말한다. 플랜트의 출력을 기준 입력과 가깝게 유지하는 과정을 **조정**(regulation)이라 한다.
2. 강인성(robustness). 외부 교란(예: 비행기의 비행에 영향을 주는 난기류)이 존재하거나 주변의 조건이 달라져 플랜트의 파라미터가 변하는 경우에도, 제어 시스템이 그 대상을 잘 조정한다면 제어 시스템이 강인하다고 한다.

그림 1.4에서 볼 수 있듯이, **귀환**(feedback)을 사용하게 되면 대부분 이러한 원하는 성능을 얻을 수 있다. 이 시스템을 **폐루프 제어 시스템**(closed-loop control system) 혹은 **귀환**

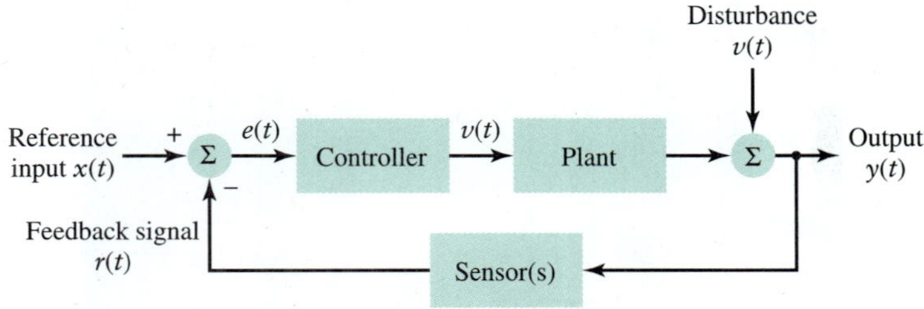

그림 1.4 귀환 제어 시스템(feedback control system)의 블록 다이어그램. 제어기는 플랜트를 구동하고, 잡음에 영향을 받은 플랜트 출력이 센서를 구동한다. 기준 신호에서 귀환 신호를 빼면 오차 신호 $e(t)$가 되고, 이것이 제어기를 구동한다. 따라서 귀환 루프는 폐루프이다.

제어 시스템(feedback control system)이라 부른다. 예를 들면, 비행기 착륙 시스템에서 플랜트는 비행기 본체와 구동기이고, 센서는 조종사가 비행기의 수평 위치를 결정하기 위해 사용되는 것이며, 제어기는 디지털 컴퓨터이다.

어느 경우에나, 플랜트는 입력 $v(t)$와 외란(external disturbance) $\nu(t)$에 대하여 출력 $y(t)$를 발생하는 수학적인 연산으로 표현된다. 귀환 루프에 포함된 센서는 플랜트 출력 $y(t)$를 측정하고, 그것을 다른 형태의 신호(대개 전기신호)로 변환한다. 센서 출력 $r(t)$는 귀환 신호가 되며, 기준 입력 $x(t)$와 비교되어 오차 신호 $e(t)$를 만든다. 오차 신호가 **제어기**의 입력으로 사용되고, 제어기는 플랜트를 제어하기 위한 구동 신호 $v(t)$를 발생시킨다. 그림 1.4와 같이 하나의 입력과 하나의 출력을 갖는 제어 시스템을 **단일 입출력**(single-input, single-output, SISO) **시스템**이라 한다. 플랜트의 입력과 출력의 수가 하나 이상인 시스템을 **다중 입출력**(multiple-input, multiple-output, MIMO) **시스템**이라고 한다.

어느 경우이든지, 제어기는 디지털 컴퓨터 또는 마이크로프로세서의 형태를 가지며, 이것을 **디지털 제어 시스템**이라 한다. 디지털 컴퓨터를 제어기로 사용하게 되면 적응성이 뛰어나고, 고도의 정확성을 얻을 수 있기 때문에 디지털 제어 시스템의 사용이 점점 더 보편화되고 있다. 고유의 특성 때문에 디지털 제어 시스템은 앞에서 언급되었던 샘플링, 양자화, 코딩의 작

그림 1.5 미항공우주국의 우주선 발사대

용을 수반한다.

그림 1.5는 디지털 컴퓨터를 사용하여 제어되는 미항공우주국의 우주선 발사대 사진이다.

1.3.3 미세 전자기계 시스템

마이크로 전자 공학의 극적인 발전으로 수백만 개의 트랜지스터가 다양한 상업적 용도로 하나의 실리콘에 집적되는 것을 가능하게 만들었다. 실리콘 칩 덕분에, 오늘날의 컴퓨터는 1960년대의 컴퓨터보다 몇십 배 더 싸고 더 작고 더 강력하게 되었다. 실리콘 칩에 실린 디지털 신호 처리기들은 많은 다른 응용들 사이에서도 디지털 무선 통신 시스템과 디지털 카메라들에 절대적으로 필요한 부품이다. 마이크로 제조 기술은 그 독특성으로 혁명적인 사진기술로 간주되는 광학 탐지기 배열(optical detector arrays)과 같이 세밀화된 실리콘 센서들을 가능하게 만들었다.

단순 전자 회로에 부가하여, 이제 하나의 실리콘 칩에 기계적 시스템이 마이크로 전자 제어 회로와 융합된 **미세 전자기계 시스템**(microelectromechanical systems, MEMS)의 실현이 가능해졌다. 그 결과, 보다 더 작아지고, 더 강력하며, 잡음이 적은 '스마트' 센서 및 구동기(actuator)가 건강 관리, 생명기술(biotechnology), 자동차, 항해 시스템 등 광대한 응용에 적용되는 새로운 시대가 열었다. MEMS는 전자 실리콘 칩들의 제조에 사용된 기술들과 유사한 형태인 표면 미세가공 기술(surface micromachining techniques)에 의해 제조된다. 제조 관점에서 볼 때, MEMS의 빠른 발전은 다음 두 가지 주요 요소 때문이다.

- 자유자재로 움직이는 부속으로 장치를 만드는 데 기본이 되는 얇은 필름(특히 polysilicon)의 기계적 특성에 대한 향상된 이해
- 적층시키는 얇은 필름 사이에 정확한 형태와 공간을 정의하는 재반응 이온 에칭 기술(reactive ion-etching techniques)의 개발과 활용

그림 1.6(a)는 lateral capacitive accelerometer의 구조를 보여준다. 이 장치는 proof

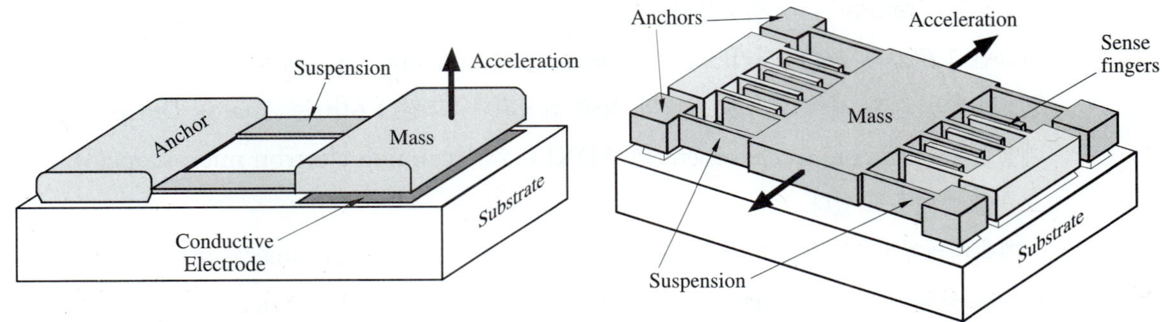

그림 1.6 (a) lateral capacitive accelerometer의 구조. (Courtesy of Navid Yazdi, Farroh Ayazi, and Khalil Najafi. *Micromachined Inertial Sensors,* Proc IEEE, vol. 86, No. 8, August 1998. 1998 IEEE)

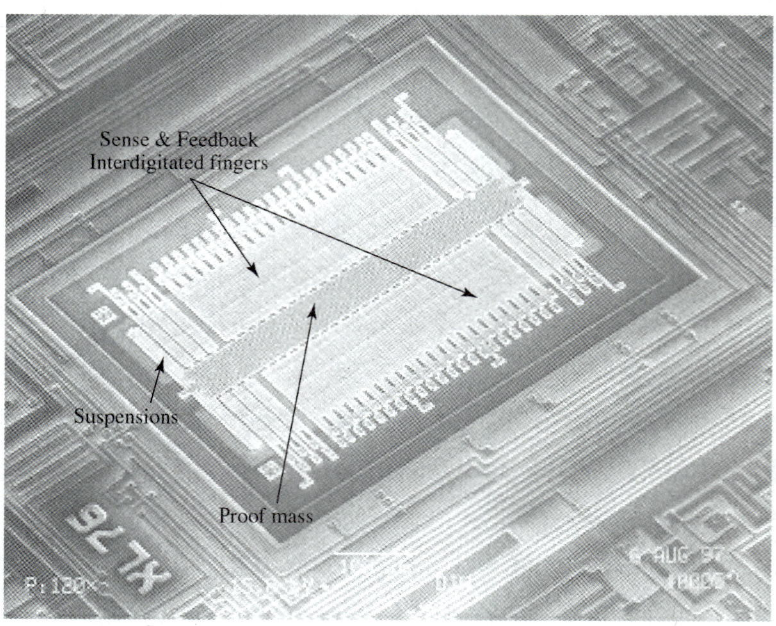

그림 1.6(계속) (b) Analog Device사의 ADXLO5 surface-micromachined polysilicon accelerometer의 SEM 모습

mass에 붙어 있는 다수의 움직이는 감지 핑거(moving sense finger)를 가지고 있는데, 이 proof mass는 하부 기판(substrate)에 대해 상대적으로 움직일 수 있도록 매달려 있다. 움직이는 감지 핑거는 지지 구조물에 붙어 있는 고정된 핑거(fixed finger)와 서로 엮기게 된다. 이 핑거의 상호 디지털화는 **감지 캐패시턴스**(sense capacitance)를 생성하는데, 그 값은 proof mass의 위치에 따라 달라진다. 가속(acceleration)은 proof mass의 위치를 바꿔 주는데, 따라서 장치의 캐패시턴스(capacitance)를 바꿔 준다. 캐패시턴스의 변화는 미세전자 제어 회로(microelectronic circuitry)에 의해 감지되며, 이 값이 이번에는 가속의 값을 결정하는 데 이용된다. 움직임에 대한 감지 방향(sense direction)은 proof mass 평면(plane)에 있으므로, "**lateral**"이라 불리운다.

그림 1.6(a)의 가속미터기(accelerometer)는 스스로 **미세가공**(micromachining)되는 반면, 센서와 전자 제어 회로는 하나의 칩에 집적된다. 그림 1.6(b)는 Analog Device사에서 개발한 polysilicon accelerometer인 ADXLO5의 scanning electron microscope(SEM) 모습을 보여주고 있다.

가속미터기를 만드는 데 사용되는 기본적인 미세기계 구조(micromechanical structure)는 시스템의 각운동(angular motion)을 감지하는 **자이로스코프**(gyroscope)라는 장치를 만드는 데 쓰인다. 이 특성은 자이로스코프가 자동 항공 제어 시스템에 아주 적합하게 해준다. 자이로스코프의 이 같은 작용은 **각운동량 보존법칙**(law of conservation of angular momentum)을 따른다. 이 법칙은 외부의 힘이 서로 다른 조각으로 만들어진 시스템에 작용하지 않을 때 시스템의 각운동량은 일정하다는 법칙이다. 자이로스코프 효과를 증명하는 눈에 보이는 방법은 회전의자에 앉아서 양손으로 회전 휠(spinning wheel)을 잡고 축과 수평 방향으로 도는 상황에서, 이 휠은 수평축에 대해서 각운동량을 갖는다. 이제 회전 휠의 축이 수직축으로 바뀌면, 각운동량 보존 법칙에 따라 전체 시스템의 균형을 맞추기 위하여 놀라운 일이 발생한다. 의자와 그 의자에 앉은 사람은 휠이 도는 방향과 반대 방향으로 돈다.

자이로스코프의 MEMS 버전에는 두 개의 인접해 있는 proof mass가 사용된다. 전압이 상호 디지털화된 핑거에 인가되면, proof mass가 1 kHz-700 kHz 범위를 갖는 구조의 공명 주파수에서 반대 위상으로 진동하게 된다. 움직임에 의한 외부 회전은 Coriolis force라 불리우는 명백한 힘을 제공하는데, 이 힘은 proof mass가 수직으로 바뀌는 원인이 된다. 이 같은 변위는 proof mass 아래 위치한 capacitive 센서에 의해 측정되고, 대상 물체의 움직임을 결정하는 데 쓰인다.

1.3.4. 원격 센싱

원격 센싱(remote sensing)은 관심 대상을 물리적으로 접촉하지 않고 그것에 대한 정보를 획득하는 과정으로정의한다. 기본적으로, 정보의 획득은 대상이 자기 주변의 필드(field)에 나타내는 변화를 감지하고 측정함으로써 성취된다. 필드는 관심 대상에 따라 전자기, 음향, 자기, 중력 등이 될 수 있다. 정보 수집 방법에는, 물체에서 자연적으로 방사되는 필드(신호)를 듣고 처리하는 수동적인 방법과, 일부러 잘 정의된 필드(신호)를 물체에 보내고 물체로부터 되돌아 오는 반사신호를 처리하는 능동적인 방법이 있다.

원격 센싱에 대한 정의는 매우 광범위하여 모든 가능한 필드에 적용될 수 있다. 그러나, 실제로는 "원격 센싱"이라는 용어는 전체 전자기 스펙트럼에 걸쳐 정보를 수집하기 위한 기술과 함께 전자기장 분야에서 주로 사용된다. 이것이 여기서 원격 센싱의 한 분야로 다루려고 하는 것이다.

원격 센싱의 적용 범위는 1960년대부터 광범위하게 확대되어 왔는데, 이는 센서를 포함하는 위성과 우주 탐사선의 등장과 센서를 통하여 얻은 데이터로부터 정보를 추출하기 위한 정교한 디지털 처리 기술이 가능해졌기 때문이다. 특히, 지구 주위를 도는 위성에 탑재된 센서는 지구 기상패턴, 구름의 운동, 지구 표면의 초목과 이의 계절별 변화 그리고 바다의 표면 온도에 대한 매우 귀중한 정보를 제공한다. 아주 중요한 것은, 그들은 신뢰성 있게 그리고 지속적으로 이 작업을 수행하고 있다는 것이다. 행성의 연구를 위해 우주로 보낸 센서는 행성 표면에 대한 해상도가 높은 형상을 제공한다. 그 사진으로부터 새로운 물리적 현상이 발견되기도 하는데, 어떤 것은 지구에서 발생하는 현상과 비슷한 반면 어떤 것은 전혀 다르다.

전자기 스펙트럼은 저주파의 전파로부터, 마이크로파, 파장이 1밀리미터 이하의 서브밀리미터파(submillimeter), 적외선, 가시광선, 자외선, 감마선 스펙트럼 영역에까지 걸쳐 있다. 불행하게도, 관심 대상의 제한적인 물리적 특성에 의해 영향을 받는 파(wave)의 상호작용 매커니즘으로 인해, 하나의 센서로는 전체 전자기 스펙트럼의 아주 작은 일부분밖에 측정할 수 없다. 그러므로, 만일 우리가 행성 표면 또는 기상에 대한 세밀한 연구를 하고 싶다면, 넓은 영역의 전자기 스펙트럼을 측정할 수 있는 **여러 개의 센서**를 동시에 사용해야 한다. 예를 들면, 행성 표면을 연구하기 위해서, 선택된 대역을 측정할 수 있도록 다음와 같은 한 줌의 센서가 필요하다.

- 행성 표면의 물리적 특성에 대한 정보를 제공하는 **레이더** 센서[예를 들어, 지형학, 울퉁불퉁 정도, 습도, 유전상수(dielectric constant)]
- 행성의 표면 근처 온도 특성을 측정하기 위한 **적외선** 센서
- 행성 표면의 화학적 성분에 대한 정보를 제공하는 **가시적 근적외선**(visible and near-infrared) 센서
- 행성에 포함된 방사능 재질에 대한 정보를 제공하는 **X선** 센서

이 같이 매우 다양한 센서에 의해 얻어진 데이터는 컴퓨터에 의해 처리되어, 행성 표면에 대한 과학적 지식을 향상시키는 데 종합적으로 사용될 수 있는 일련의 형상(image)을 만든다.

전자기 센서 가운데, **합성구경 레이더**(synthetic-aperture radar, SAR)로 알려진 특수한 형태는 원격 센싱에서 독특한 형상 시스템으로 대표된다. SAR는 다음과 같은 매력적인 기능을 제공한다.

- 밤과 낮 그리고 어떤 기상 조건하에서도 만족스러운 동작
- 센서의 높이 혹은 파장에 관계 없이 고해상도 이미지 처리 능력

레이더로 고해상도의 형상을 얻기 위해서는 큰 구경의 안테나를 사용해야 한다. 그러나 실용적 입장에서, 비행기나 우주선 플랫폼에 장착해야 하는 경우 안테나의 크기는 물리적 제약을 받을 수밖에 없다. SAR 시스템에서는 신호 처리 기법을 사용하여 큰 안테나 구경을 합성하므로 “합성구경 레이더(synthetic-aperture radar)”라고 명명한다. SAR의 기본 아이디어는 안테나 어레이(antenna array)를 직선상에 등간격으로 배열하면, 하나의 안테나가 일정한 속도로 배열을 따라 움직이는 것과 같다는 것이다. 이것은 다음 조건을 만족해야 한다. 배열을 따라 등간격으로 놓여진 각 안테나에 수신된 신호는 **동질적으로**(coherently) 기록된다. 즉, 여러 수신 신호 사이에 진폭과 위상 관계가 유지된다는 조건이다. 동질적인 기록은, 하나의 안테나에서 수신된 신호는 동일한 안테나 배열에 있는 각 안테나로부터 받은 신호에 해당함을 보장한다. 하나의 안테나에서 수신한 신호로부터 고해상도의 형상을 얻기 위해서는 매우 정교한 신호 처리 기법이 필요하다. 신호 처리의 주된 기법은 **푸리에 변환**(Fourier transform)

그림 1.7 지구 궤도에 있는 Shuttle Imaging Rader(SIR-B)로부터 얻은 한쌍의 입체 레이더 이미지를 합성한 California 소재 Shasta산의 전경

이고, 이것은 **고속 푸리에 변환**(fast Fourier transform)이라는 효율적인 알고리즘을 이용해서 디지털 컴퓨터에 구현된다. 신호의 푸리에 해석은 이 책의 주요 초점 가운데 하나이다.

그림 1.7의 사진은 California Shasta 산의 전경으로, 이것은 지구 궤도에 있는 Shuttle Imaging Radar(SIR-B)로부터 얻은 한쌍의 입체 SAR 형상으로부터 유도된 것이다. 같은 산에 대해 전자기 스펙트럼의 가시범위 내 다른 높이에서 관찰된 형상이 이 책의 표지에 나와 있다.

1.3.5 생의학 신호 처리

생의학 신호 처리(biomedical signal processing)의 목적은 생물학적 신호로부터 정보를 추출하는 데 있다. 이 정보를 이용해 생물학적 기능의 기본 메커니즘을 이해하는 데, 혹은 의학적 진단과 치료에 도움을 얻는다. 인간의 몸에서 발견되는 많은 **생물학적 신호**는 큰 그룹의 신경 세포 또는 근육 세포의 전기적 활동에 기인한다. 두뇌에 있는 신경 세포를 흔히 **뉴런**(neuron)이라고 부른다. 그림 1.8은 원숭이의 주요 신체적 지각 및 운동 피질에 대한 연구를 근거로 원숭이의 대뇌피질에서 발견되는 뉴런의 형태학적(morphological) 모습이다. 이 그림은 모양과 크기가 다른 여러 뉴런을 보여준다.

신호의 근원에 상관없이 생의학 신호 처리는 먼저 관심 있는 생물학적 사건의 시간적 기록으로 시작된다. 예를 들면, 심장의 전기적 활동은 **심전도**(electrocardiogram, ECG)라 불리

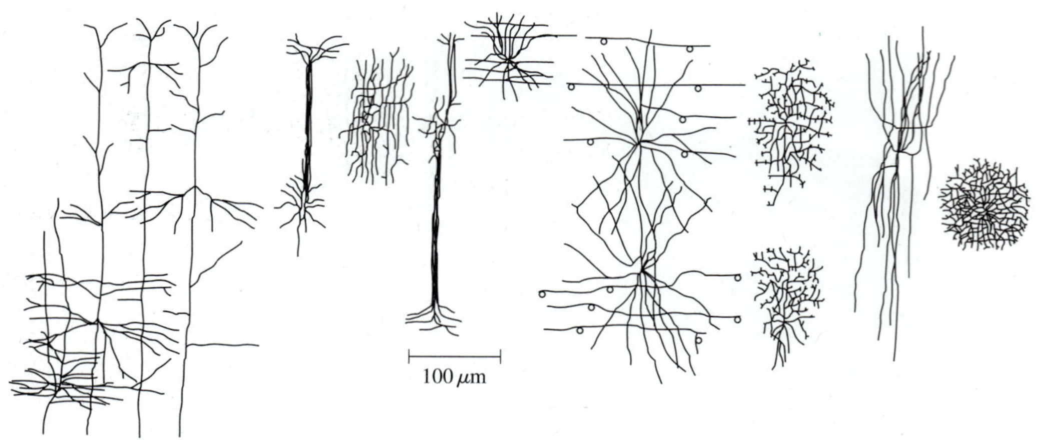

그림 1.8 원숭이의 주요 신체적 지각 및 운동 피질에 대한 연구를 근거로 원숭이의 대뇌피질에서 발견되는 뉴런의 형태학적(morphological) 모습(Reproduced from E. R. Kandel, J. H. Schwartz, and T. M. Jessel, *Principles of Neural Science*, 3rd ed., 1991; courtesy of Appleton and Lange.)

우는 기록으로 표현된다. ECG는 심장세포의 전기적인 여기(excitation)의 형성과 공간적 확산에 대한 전기 화학적 처리 과정에 나타나는 전위의 변화를 나타낸다. 따라서, 심장에 대한 자세한 추론은 ECG로부터 만들 수 있다.

생물학적 신호에 대한 또 다른 중요한 예는 **뇌파도**(electroencephalogram, EEG)이다. 뇌파도는 뇌에 있는 큰 뉴런 집단에 흐르는 전류와 관련된 전기장을 측정한다. 뇌파도를 기록하기 위해서는 적어도 두 개 이상의 전극이 필요하다. 관심 대상의 뉴런이 있는 지점에 활동 전극을 놓고, 그 지점과 떨어진 지점에 기준 전극을 놓는다. 활동 전극과 기준 전극 사이의 전위차로 뇌파도가 측정된다. 그림 1.9에 쥐의 해마상 융기로부터 기록된 신호의 세 가지 예를 나타내었다.

생의학 신호–심전도, 뇌파도, 다른 생물학적 신호– 처리의 주요한 관심사는 인공물의 발견과 이의 억제에 있다. **인공물**은 관심 있는 생물학적 사건과는 무관한 사건에 의해 생성되어 신호에 포함되어 있는 성분을 의미한다. 아래에서 요약한 바와 같이, 인공물은 다른 처리 단계에서 그리고 많은 방법으로 생물학적 신호에 포함된다.

- **계기 인공물**은 계기를 사용함으로 인해 발생된다. 기록 장치에 의해 발생된다. 기록 장치에 의해 관측된 60 Hz 간섭이 계기 인공물의 예가 된다.
- **생물학적 인공물**은 생물학적 신호와 간섭을 일으키거나 섞인다. 이의 예는 뇌파도에서 관측된 심장 활동에 의한 전위의 변동이다.
- **해석 인공물**은 관심 대상의 사건을 추정하기 위하여 생물학적 신호를 처리하는 과정에서 발생할 수 있다.

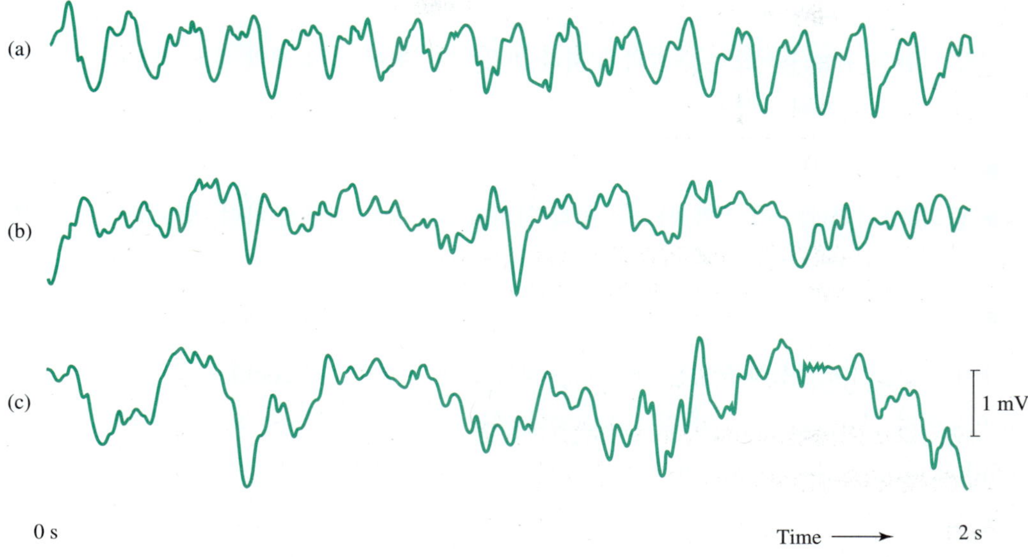

그림 1.9 쥐의 해마상 융기에서 기록된 세 가지 뇌파 신호. 해마상은 듣거나 기억하는 측면에서 주요한 역할을 한다고 신경생물학자는 주장한다.

해석 인공물은 어느 정도 제어 가능하다. 예를 들면, 디지털 신호 처리에서 행하는 신호의 양자화 때문에 발생한 반올림 오차는 양자화기의 진폭 레벨의 수를 충분히 크게 증가시킴으로써 실제적으로 인식할 수 없을 정도까지 감소할 수 있다.

계기, 생물학적 인공물을 어떻게 감소할 수 있을까? 그들의 영향을 감소시키는 보편적인 방법은 **필터링**이다. **필터**는 어떤 신호 또는 여러 신호에 필요한 연산을 수행하는 시스템이다. 그것은 특정한 주파수 대역에 있는 주파수의 신호는 통과시키고, 다른 주파수 대역에 있는 신호는 제거한다. 관심 있는 신호에 대한 사전 지식이 있다고 가정하면, 원하는 신호의 주요 성분이 위치한 주파수 대역을 추정할 수 있다. 그리고 나서, 원하는 신호의 주파수에 해당하는 통과 대역을 가지는 필터를 설계하면, 통과대역 이외의 주파수 성분의 인공물은 필터에 의해 제거된다. 여기서의 가정은 원하는 신호와 이것을 왜곡시킨 신호의 주파수 대역이 중복되면 안 된다는 것이다. 그런데, 주파수 대역이 중복되면 필터링이 더 어려워지고, 이러한 문제는 이 책의 범위를 벗어난다.

1.3.6 청각 시스템

시스템의 마지막 예는, 주파수 성분에 기초하여 복잡한 소리를 구분하고 인식하는 포유류의 청각 시스템(auditory system)이다.

소리는 성대 또는 바이올린 줄의 움직임과 같은 진동에 의해 생성된다. 이러한 진동은 주변의 공기를 압축하고 희박화한다. 이렇게 발생된 요동은 소리의 진원지로부터 크고 작은 압력이 교번하는 **음향파**의 형태로 방사된다.

청각 기관인 귀는 들어오는 음향파에 따라 반응한다. 귀에는 세 개의 주요 부분이 있으며, 그들의 기능이 아래에 요약되어 있다.

- **외이**: 소리를 모은다.
- **중이**: 공기와 와우각 액체 사이의 청각 임피던스 정합을 이루게 하여, 입사하는 소리 때문에 발생한 고막의 진동을 내이에 효과적으로 전달한다.
- **내이**: 중이의 기계적 진동을 뇌에 전송하기 위한 전기 화학적 또는 신경 신호로 변환한다.

내이는 골질이며 나선형 모양을 하고 있는 액체로 차 있는 와우각(cochlea)으로 불리는 관으로 이루어져 있다. 소리에 의해 발생된 고막의 진동이 오골편을 통하여 와우각의 타원창(oval window)으로 전달된다. 오골편의 지렛대 작용이 고막의 기계적 진동을 어느 정도 증폭한다. 원뿔 모양을 한 와우각 초는 끝을 향해 있어 타원형 창에서는 밑면이 되고 끝에서는 정점이 된다. 와우각의 중앙을 통하여 기저막이 뻗어 있으며, 와우각이 좁아질수록 그 막은 넓어진다.

고막의 진동은 타원형 창으로부터 와우각의 먼 끝에 있는 정점까지 기저막의 길이 방향으로 진행파(travelling wave)로 전송된다. 한쪽 끝에서 로프를 채어 주면 파동이 채어준 곳에서 로프를 따라 고정단으로 전파되는 것처럼 진행파가 기저막을 따라 전파된다. 그림 1.10에 나타난 것처럼 입사하는 소리의 주파수에 의존하는 파동의 첨두값의 진폭이 기저막 길이 방향의 어떤 점에서 유지된다. 따라서, 파동이 기저막을 따라 전파된다 하더라도 그 파동의 포락선은

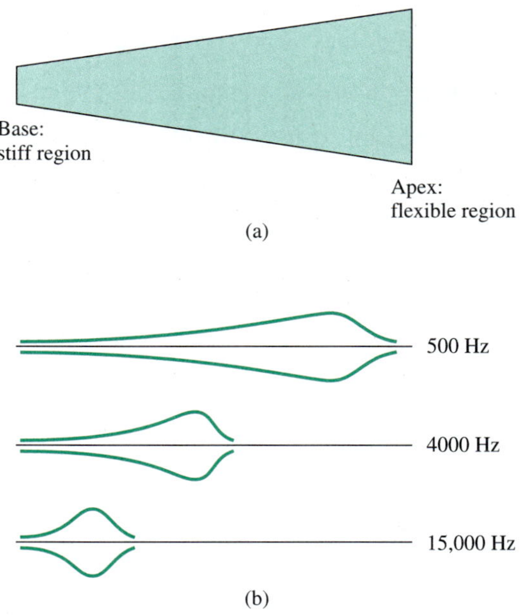

그림 1.10 (a) 와우각의 기저막을 펴서 평평하게 펼친 상태의 그림이다. 밑면과 정점은 와우각에 대한 것이나, 경직된 영역과 신축성 있는 영역은 기저막에 대한 것이다. (b) 기저막을 따라 진행하는 파동을 나타내는 그림이다. 입사된 소리에 의해 발생된 세 개의 주파수에 대한 포락선의 그림이다.

한 주파수에 대해서는 불변이다. 높은 주파수의 경우에는 첨두값이 밑면(기저막이 가장 좁고 경직되어 있다) 쪽으로 이동한다. 낮은 주파수의 경우에는 첨두값이 정점(기저막이 가장 넓고 유연하다) 쪽으로 이동한다. 즉, 파동이 기저막을 따라 와우각의 밑면에 있는 기저막의 끝에서 약 20,000 Hz로 **공명** 현상이 발생하고, 와우각의 정점에 있는 기저막의 다른 끝에서는 약 20 Hz로 공명 현상이 발생한다. 기저막의 공명 주파수는 밑면으로부터 정점까지 거리에 따라 점점 감소한다. 결과적으로, 그 위치가 특정 주파수에 관련되어 있기 때문에 와우각의 공간축은 **음조적으로 정렬**(tonotopically ordered)되어 있다고 말한다.

고주파는 저주파에 비해 늦게 전파되므로 기저막은 **전파성 매질**이다. 전파성 매질에서는 두 가지의 속도 즉, **위상 속도**와 **군속도**가 있다. 위상 속도는 파두 또는 파의 계곡이 기저막을 따라 전파해 가는 속도이다. 군속도는 파의 포락선과 에너지가 전파해 가는 속도이다.

기저막 위에 규칙적으로 존재하는 유모 세포는 와우각의 기계적 진동을 전기 화학적 신호로 변환한다. 유모 세포는 크게 나누어 두 종류가 있는데 하나는 **내부의 유모 세포**이고, 하나는 **외부의 유모 세포**인데 후자는 아주 많은 종류가 있다. 외부 유모 세포는 스스로 움직인다. 즉, 그들은 세포의 길이 그리고 기계적 특성까지도 변경할 수 있다. 그것은 기저막 진동에서 관찰되는 압축성의 비선형 효과 때문이라고 여겨지고 있다. 외부 유모 세포가 기저막으로부터 그리고 시스템 위에서의 조정 곡선을 예리하게 하는 데 기여하고 있다는 증거도 있다. 그런데, 내부 유모 세포는 청각 변환의 주된 근거지 이다. 구체적으로, 각각의 청각 뉴런은 기저막 위의 어떤 지점에 있는 내부 유모 세포를 연결한다. 기저막의 밑면 근방에 있는 내부 유모 세포와 연결된 뉴런은 청각 신경다발의 근처에서 발견된다. 그리고, 다발의 중심을 향해서 이동하는 기저막의 정점에서 연결점을 향한 규칙적인 전진 운동을 한다. 그러므로 기저막의 기관은 신경 세포 안에 자동적으로 보존된다. 또한, 내부 유모 세포는 정류와 압축을 행한다. 기계적 신호는 근사적으로 반파 정류이므로 기저막의 한쪽 방향의 움직임에 대해서만 반응한다. 게다가, 기계적 신호는 비선형적으로 압축되어 입사된 소리의 넓은 범위의 진폭이 전기 화학적인 전위의 편위로 작아진다. 그렇게 생성된 전기 화학적 신호는 뇌쪽으로 전달되고, 그곳에서 청각으로 느낄 수 있도록 처리된다.

요약하면, 각각 다른 주파수에 동조되어 있는 필터로 작용하고, 동적 범위를 감소하기 위하여 비선형 처리를 사용하는 생물학적 시스템의 좋은 예가 와우각 안에 있다. 따라서, 진폭이 많이 다르더라도 복잡한 소리를 구분하고 인식할 수 있다.

1.3.7 아날로그 대 디지털 신호 처리

신호 처리의 다양한 응용 중에서, 통신 시스템, 제어 시스템, 원격 센싱을 위한 계기, 생물학적 신호 처리를 위한 전자 장치를 만드는 데 관련된 신호 처리는 (1) 아날로그 또는 연속시간 방식과 (2) 디지털 또는 이산시간 방식인 두 가지 방식으로 구현될 수 있다. 신호 처리를 위한 아날로그 방식은 과거에 오랜 기간 동안 주로 사용되었으며, 여전히 많은 응용에 사용된다. 이름에서 의미하듯이, **아날로그 신호 처리**는 저항, 커패시터, 인덕터, 트랜지스터 증폭기, 다이오드와 같은 아날로그 회로 소자를 이용한다. 한편 **디지털 신호 처리**는 세 가지 디지털 컴퓨터 소자, 즉 산술연산용인 가산기와 곱셈기 그리고 저장을 위한 메모리로 구성되어 있다.

아날로그 방식의 주된 속성은, 물리적 시스템을 표현하는 미분 방정식과 그 해를 근사화하지 않고 직접 풀 수 있다. 아날로그 방식에 사용되는 기법이 본질적으로 자연법칙에 의한 것이기 때문에, 입력 신호의 주파수 대역에 관계 없이 해가 **실시간**으로 얻어진다. 이에 반해, 디지털 방식은 수치적인 계산에 의존한다. 이러한 계산을 수행하는 데 필요한 시간은 디지털 방식이 실시간으로 수행될 수 있는지, 즉 입력 신호의 변화에 따라 뒤지지 않고 따라갈 수 있는지를 결정한다. 다른 말로 하면, 아날로그 방식은 실시간 처리가 보장되지만 디지털 방식에서는 항상 보장되지는 않는다.

그러나 디지털 방식은 아날로그 신호 처리에 비해 다음과 같은 중요한 장점을 가지고 있다.

- **적응성**. 같은 디지털 하드웨어가 단지 프로그램만 수정하여 다른 신호 처리 기능(예: 필터링)을 구현하는 데 사용될 수 있다. 한편 아날로그의 경우에는 신호 처리의 명세서가 달라질 때마다 다시 설계하여야 한다.
- **반복성**. 신호 처리 기능(예: 로봇 제어)이 디지털 방식으로 구현되면, 몇 번이고 정확하게 재현된다. 반면, 아날로그 시스템은 공급 전압이 달라지거나 방 안의 온도가 달라지면 파라미터가 변할 수 있는 문제가 있다.

주어진 신호 처리 기능에 대해서는 아날로그 방식에 비해 디지털 방식은, 더 복잡한 회로의 구성이 필요하다. 이것은 과거의 최대 관심사였으나 이제는 더 이상 그렇지 않다. 앞에서 언급했듯이, 고밀도 집적회로를 반도체 칩의 형태로 제작할 수 있기 때문에 디지털 전자 장치가 상대적으로 저렴해졌다. 따라서, 아날로그 신호 처리기보다 음성과 영상 신호를 포함하는 넓은 주파수 범위에 걸쳐 처리할 수 있고 가격 면에서도 경쟁력 있는 디지털 신호 처리기를 개발할 수 있다. 그런데, 어떤 신호 처리 문제를 풀기 위하여 아날로그 또는 디지털 방식의 선택은 관심 분야, 이용 가능한 수단, 시스템을 만드는 데 드는 비용에 의해 결정된다, 실제로 널리 사용되고 있는 시스템은 아날로그와 디지털 방식 두 가지를 혼합하여 사용하고 있다는 사실을 주목해야 한다.

1.4 신호의 종류

이 책에서는 시간에 대한 **단가함수**(single-valued function)로 정의되는 1차원적 신호에 국한한다. "단가(sing-valued)"라는 뜻은 매 순간에 함수값이 하나만을 갖는다는 의미이다.

이 값은 실수값을 가질 수 있고, 이 경우에는 **실수 신호**(real-valued signal)라고 부르겠고, 복소수 값을 갖는 경우에는 **복소수 신호**(complex-valued signal)라고 부르겠다. 어느 경우이든 독립 변수는 실수값을 가지는 시간이다.

주어진 경우에서 신호를 표현하는 가장 유용한 방법은, 관심 있는 신호의 특정한 형태에 따라 정해진다. 신호를 분류하는 다섯 가지 방식을 소개한다.

1. 연속시간 신호와 이산시간 신호

신호를 분류하는 한 가지 방식은 시간의 함수로 정의된 방식에 근거하는 것이다. 이 책에서는 모든 시간 t에서 정의되는 신호 $x(t)$를 **연속시간 신호**(continuous-time signal)라고 한다. 그림 1.11은 신호의 진폭 또는 값이 시간에 따라 연속적으로 변하는 연속시간 신호의 예를 나타낸다. 연속시간 신호는 본래 음향파 또는 광파와 같은 물리적인 파형이 전기적인 신호로 변환되었을 때 발생한다. 이러한 변환은 변환기를 통해 이루어진다. 이러한 변환기에는 소리의 압력 변화를 전압 또는 전류의 변화로 변환하는 마이크로폰 또는 센서가 있으며, 빛의 세기의 변화를 전압 또는 전류의 변화로 변환하는 광전지가 있다.

한편, 이산시간 신호는 이산시간의 순간에서만 정의된다. 따라서 이러한 경우에는 독립 변수는 등간격의 이산값만을 갖는다. 대개 이산시간 신호는 연속시간 신호를 일정한 비율로 샘플링하여 얻는다. T_s를 샘플링 주기라고 하고, n을 정수라 하자. 연속시간 신호 $x(t)$를 $t = nT_s$에서 샘플링하면 $x(nT_s)$의 값을 얻는데 다음과 같이 표기한다.

$$x[n] = x(nT_s), \qquad n = 0, \pm 1, \pm 2, \cdots. \tag{1.1}$$

따라서, 이산시간 신호는 $\cdots, x[-2], x[-1], x[0], x[1], x[2], \cdots$과 같은 수열로 표기하며, 값의 연속체(continuum)가 된다. 이러한 수열을 $\{x[n],\ n = 0, 1, 2, \cdots\}$ 또는 간단히 $x[n]$인 **시간 수열**(time-series)이라고 하며, 후자가 이 책에서 사용된다. 그림 1.12는 연속시간 신호 $x(t)$와 이로부터 얻은 이산시간 신호 $x[n]$ 사이의 관계를 나타낸다.

이 책에서는 연속시간 신호의 시간은 t로, 이산시간 신호의 시간은 n이라 표기한다. 또, 소괄호 $(\cdot)$는 연속의 값을, 대괄호 $[\cdot]$는 이산의 값을 표기하는 데 사용된다.

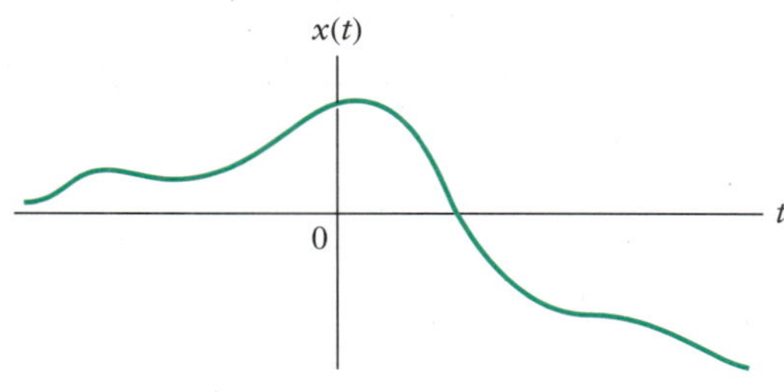

그림 1.11 연속시간 신호

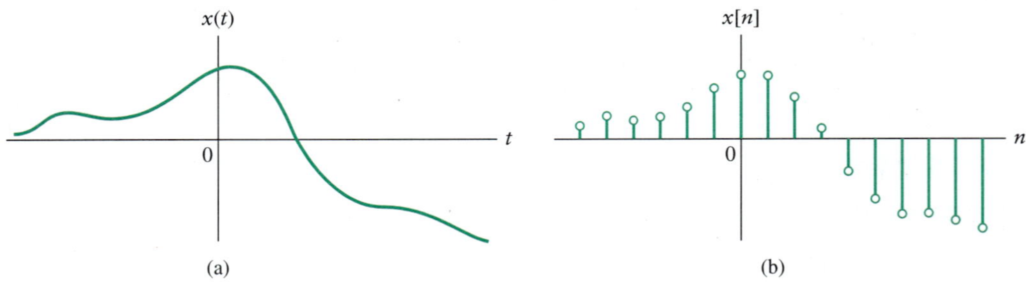

그림 1.12 (a) 연속시간 신호 $x(t)$, (b) $x(t)$로부터 얻은 이산시간 신호 $x[t]$

2. 우함수 신호와 기함수 신호

연속시간 신호 $x(t)$가 다음 조건을 만족하면 **우함수 신호**라 한다.

$$x(-t) = x(t). \qquad \text{(모든 } t\text{에 대하여)} \tag{1.2}$$

연속시간 신호 $x(t)$가 다음 조건을 만족하면 **기함수 신호**라 한다.

$$x(-t) = -x(t). \qquad \text{(모든 } t\text{에 대하여)} \tag{1.3}$$

다시 말하면, 우함수 신호는 수직축에 대하여 대칭이고, 기함수 신호는 원점에 대하여 대칭이다. 이신시간 신호에서도 똑같이 적용된다.

예제 1.1 **우함수 기함수 신호.** 다음의 신호 $x(t)$가 우함수 혹은 기함수인지를 구분하라.

$$x(t) = \begin{cases} \sin\left(\dfrac{\pi t}{T}\right), & -T \le t \le T \\ 0, & \text{그 밖의 범위.} \end{cases}$$

풀이: $x(t)$의 신호에 대하여 $t = -t$를 대입하면

$$\begin{aligned} x(-t) &= \begin{cases} \sin\left(-\dfrac{\pi t}{T}\right), & -T \le t \le T \\ 0, & \text{그 밖의 범위} \end{cases} \\ &= \begin{cases} -\sin\left(\dfrac{\pi t}{T}\right), & -T \le t \le T \\ 0, & \text{그 밖의 범위} \end{cases} \\ &= -x(t). \qquad \text{모든 } t\text{에 대해} \end{aligned}$$

따라서 $x(t)$는 기함수 신호이다. ∎

일반적인 신호 $x(t)$를 우함수 신호와 기함수 신호의 성분의 합으로 정의하자. $x(t)$를 $x_e(t)$와 $x_o(t)$의 합으로 놓으면,

$$x(t) = x_e(t) + x_o(t).$$

여기서 $x_e(t)$를 우함수 신호라 정의하고, $x_o(t)$를 기함수 신호라 정의하면

$$x_e(-t) = x_e(t)$$
$$x_o(-t) = -x_o(t).$$

$x(t)$의 식에 $t = -t$를 대입하면 다음과 같다.

$$\begin{aligned} x(-t) &= x_e(-t) + x_o(-t) \\ &= x_e(t) - x_o(t). \end{aligned}$$

$x_e(t)$와 $x_o(t)$에 관해서 풀면 다음과 같은 식을 얻는다.

$$x_e(t) = \frac{1}{2}[x(t) + x(-t)] \tag{1.4}$$

$$x_o(t) = \frac{1}{2}[x(t) - x(-t)]. \tag{1.5}$$

예제 1.2 **우함수 및 기함수 신호에 관한 다른 예제.** 다음 신호 $x(t)$에 대하여 우함수 및 기함수 성분을 구분하라.

$$x(t) = e^{-2t} \cos t.$$

풀이: $x(t)$의 신호에 대하여 $t = -t$를 대입하면

$$\begin{aligned} x(-t) &= e^{2t} \cos(-t) \\ &= e^{2t} \cos t. \end{aligned}$$

그러므로, 식 (1.4)와 (1.5)를 적용하면

$$\begin{aligned} x_e(t) &= \frac{1}{2}(e^{-2t} \cos t + e^{2t} \cos t) \\ &= \cosh(2t) \cos t \end{aligned}$$

그리고

$$\begin{aligned} x_o(t) &= \frac{1}{2}(e^{-2t} \cos t - e^{2t} \cos t) \\ &= -\sinh(2t) \cos t. \end{aligned}$$

$x_e(t)$와 $x_o(t)$에 관한 식을 얻는다. ■

▶ **연습문제 1.1** 각각의 다음 신호들의 우함수와 기함수 성분을 찾아라.

(a) $x(t) = \cos(t) + \sin(t) + \sin(t)\cos(t)$

(b) $x(t) = 1 + t + 3t^2 + 5t^3 + 9t^4$

(c) $x(t) = 1 + t\cos(t) + t^2 \sin(t) + t^3 \sin(t)\cos(t)$

(d) $x(t) = (1 + t^3)\cos^3(10t)$

해답: (a) 우함수: $\cos(t)$
기함수: $\sin(t)(1 + \cos(t))$
(b) 우함수: $1 + 3t^2 + 9t^4$
기함수: $t + 5t^3$
(c) 우함수: $1 + t^3 \sin(t)\cos(t)$
기함수: $t\cos(t) + t^2 \sin(t)$
(d) 우함수: $\cos^3(10t)$
기함수: $t^3\cos^3(10t)$ ∎

복소수 함수의 경우에는 켤레 대칭의 정의가 필요하다. 복소수 신호 $x(t)$가 다음 조건을 만족하면 **켤레 대칭**(conjugate symmetry)이라 한다.

$$x(-t) = x^*(t). \tag{1.6}$$

여기서 아스테리크는 복소 켤레를 나타낸다. $x(t)$를 다음과 같이 놓자.

$$x(t) = a(t) + jb(t).$$

여기서 $a(t)$는 $x(t)$의 실수부이고, $b(t)$는 $x(t)$의 허수부이며, j는 $\sqrt{-1}$이다. $x(t)$의 복소 켤레 신호는 다음과 같다.

$$x^*(t) = a(t) - jb(t).$$

식 (1.6)에 $x(t)$와 $x^*(t)$를 대입하면,

$$a(-t) + jb(-t) = a(t) - jb(-t).$$

위 결과로부터, 복소수 신호 $x(t)$는 실수부가 우함수 신호이고, 허수부가 기함수 신호이면 켤레 대칭이다. 이산신호의 경우에도 마찬가지다.

▶ **연습문제 1.2** 그림 1.13(a)와 (b)의 신호 $x_1(t)$와 $x_2(t)$는 복소수 신호 $x(t)$의 실수부와 허수부를 구성한다. $x(t)$는 어떤 대칭의 성질이 있는가?

해답: $x(t)$는 켤레 대칭(conjugate symmetric)이다. ∎

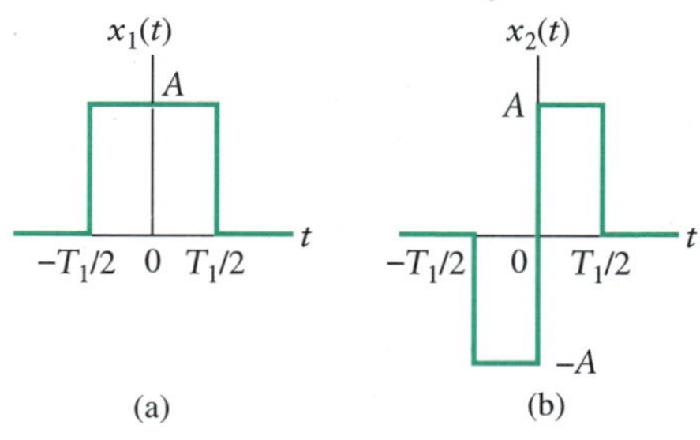

그림 1.13 (a) 연속시간 신호의 한 예, (b) 연속시간 신호의 다른 예

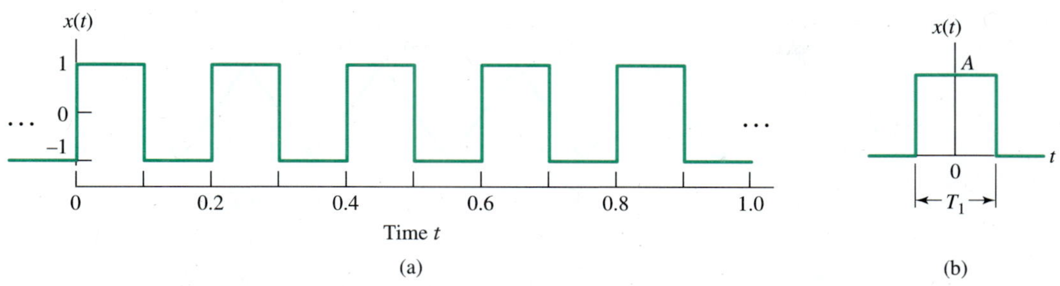

그림 1.14 (a) 진폭이 $A = 1$이고 주기가 $T = 0.2$인 정형파, (b) 진폭이 A이고 주기가 T_1인 구형파 펄스

3. 주기 신호와 비주기 신호

주기 신호 $x(t)$는 다음의 조건을 만족하는 신호이다.

$$x(t) = x(t + T). \qquad \text{(모든 } t\text{에 대하여)} \tag{1.7}$$

여기서 T는 양의 상수이다. $T = T_0$가 위의 조건을 만족한다면, $T = 2T_0,\ 3T_0,\ 4T_0, \cdots$도 만족한다. 식 (1.7)을 만족하는 가장 작은 값 T를 $x(t)$의 **기본 주기**(fundamental period)라 한다. 따라서, 기본 주기 T는 $x(t)$의 한 주기의 기간(duration) 또는 폭을 의미한다. 기본 주기 T의 역수를 주기 신호 $x(t)$의 **기본 주파수**라 하고, 이는 주기 신호 $x(t)$가 얼마나 자주 반복되는가를 표현한다. 이에 대한 관계식은 다음과 같다.

$$f = \frac{1}{T}. \tag{1.8}$$

주파수 f의 단위는 헤르츠(Hz)이다. 단위가 rad/sec인 각주파수(angular frequeny)는 2(파이) 라디안이 한 주기이므로 다음과 같이 정의된다.

$$\omega = 2\pi f = \frac{2\pi}{T} \tag{1.9}$$

이고, 이를 간단히 주파수라고도 한다.

식 (1.7)을 만족하는 T가 존재하지 않는 신호를 **비주기**(aperiodic 또는 nonperiodic) 신호라 한다.

그림 1.14(a)와 (b)는 각각 주기 신호와 비주기 신호의 예를 나타낸다. 여기서 주기 신호는 진폭이 $A = 1$이고 주기 T인 정형파(square wave)이며, 비주기 신호는 진폭이 A이고 주지가 T_1인 구형파(rectangular) 펄스이다.

▶ **연습문제 1.3** 그림 1.15는 삼각파이다. 이 파형의 기본 주파수는 얼마인가? 기본 주파수를 Hz 또는 rad/s의 단위로 표시하여라.

해답: 5 Hz 또는 10 rad/s ▮

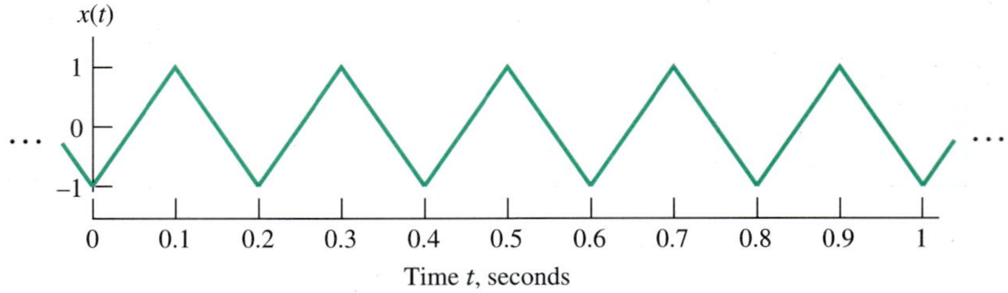

그림 1.15 −1과 +1 사이에서 0.2초의 기본 주기로 변하는 삼각파

지금까지 신호를 주기 신호와 비주기 신호로 분류하는 것은 연속시간 신호에 해당하는 것이다. 이제 이산시간 신호의 경우에 대해서 다루려고 한다. 이산시간 신호 $x[n]$이 다음 조건을 만족하면 주기 신호이다.

$$x[n] = x[n + N]. \qquad (n\text{이 정수일 경우}) \tag{1.10}$$

여기서 N은 양의 정수이다. 식 (1.10)을 만족하는 정수 N 중에서 가장 작은 수를 이산시간 신호 $x[n]$의 기본 주기라고 한다. $x[n]$의 기본 각주파수 또는 기본 주파수는 단위가 rad/sample이고 다음과 같이 정의된다.

$$\Omega = \frac{2\pi}{N}. \tag{1.11}$$

반드시 식 (1.7)과 (1.10)의 차이를 주목해야 한다. 식 (1.7)은 연속시간 주기 신호의 기본 주기 T가 양수인 반면 식 (1.10)의 기본 주기 N은 양의 정수인 경우에만 성립된다.

▶ **연습문제 1.4** 그림 1.16의 이산시간 정형파의 기본 주파수는 얼마인가?

해답: $\pi/4$ rad/sample ▮

▶ **연습문제 1.5** 다음의 신호 각각에 대하여, 그 신호가 주기 신호라면 그 기본 주기를 찾아라.

(a) $x(t) = \cos^2(2\pi t)$

(b) $x(t) = \sin^3(2t)$

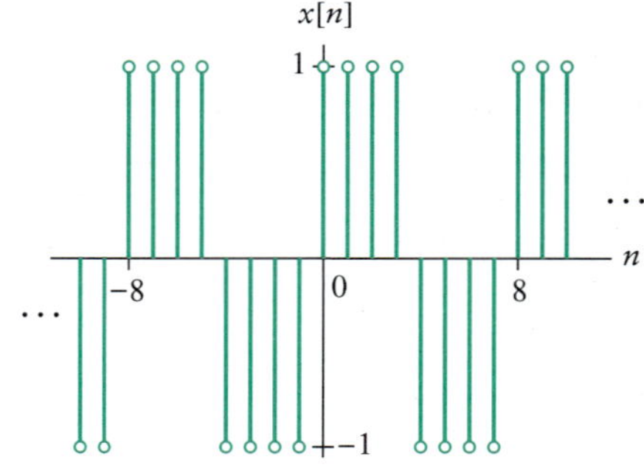

그림 1.16 −1과 +1 사이를 변하는 이산시간 정형파

(c) $x(t) = e^{-2t}\cos(2\pi t)$

(d) $x[n] = (-1)^n$

(e) $x[n] = (-1)^{n^2}$

(f) $x[n] = \cos(2n)$

(g) $x[n] = \cos(2\pi n)$

해답: (a) 기본 주기가 0.5인 주기 신호
(b) 기본 주기가 $(1/\pi)$인 주기 신호
(c) 비주기 신호
(d) 기본 주기가 2 samples인 주기 신호
(e) 기본 주기가 2 samples인 주기 신호
(f) 비주기 신호
(g) 기본 주기가 1 sample인 주기 신호 ■

4. 결정적 신호, 랜덤 신호

결정적 신호(deterministic signal)는 어느 시간에서의 값이 불확실성이 없는 신호이다. 따라서 결정적 신호는 시간에 대하여 지정된 함수로 표현된다. 그림 1.13의 정방형파와 그림 1.14의 구형파 펄스, 그림 1.16, 1.17의 신호는 결정적 신호이다.

반면, **랜덤 신호**는 발생 이전에 불확실성이 있는 신호이다. 그러한 신호는 각각 다른 파형을 갖는 신호로 이루어진 전체 또는 그룹으로 표현된다. 게다가, 그룹에 있는 각 신호는 특정한 발생 확률(probability of occurrence)을 가지고 있다. 그러한 신호의 전체를 **랜덤 프로세스**(random process)라고 한다. 라디오나 TV 수신기의 증폭기에서 발생된 잡음은 랜덤 신호의 예이다. 이 잡음의 진폭이 양의 값 또는 음의 값 사이를 불규칙적으로 변동한다. 그림 1.9의 뇌파도 신호는 랜덤 신호의 예이다.

5. 에너지 신호, 전력 신호

전기 시스템에서 신호는 전압 또는 전류의 형태를 갖는다. 전류 $i(t)$를 흐르게 하는 저항 R에 걸리는 전압 $v(t)$를 생각해 보자. 저항에서 소비하는 **순시 전력**은 다음과 같다.

$$p(t) = \frac{v^2(t)}{R} \tag{1.12}$$

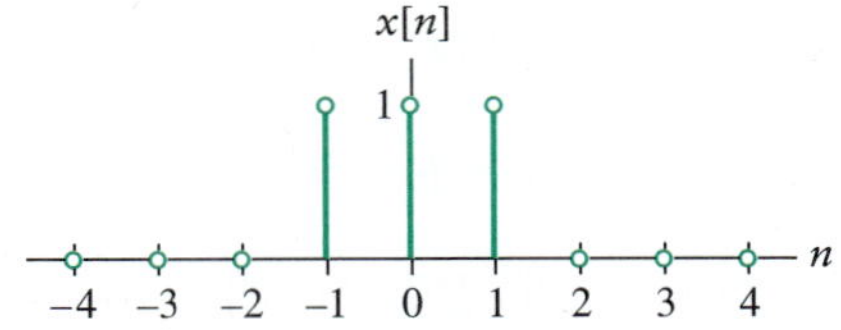

그림 1.17 세 개의 0이 아닌 값으로 이루어진 비주기 이산 신호

또는

$$p(t) = Ri^2(t). \tag{1.13}$$

두 가지 경우에 순시 전력 $p(t)$는 신호의 진폭의 제곱에 비례한다. 특히, 1 Ω 저항의 경우에 식 (1.12)와 (1.13)과 같은 형태가 된다. 따라서 신호 해석에서는 1 Ω 저항인 경우로 저항을 표현하게 되면, 주어진 신호 $x(t)$가 전류이든 전압이든지 간에 신호의 순시 전력을 다음과 같이 표현할 수 있다.

$$p(t) = x^2(t). \tag{1.14}$$

이러한 규약에 기초하여, 연속시간 신호 $x(t)$의 **전체 에너지**는

$$\begin{aligned} E &= \lim_{T\to\infty} \int_{-T/2}^{T/2} x^2(t)\,dt \\ &= \int_{-\infty}^{\infty} x^2(t)\,dt \end{aligned} \tag{1.15}$$

와 같이 정의하고, **평균 전력**은 다음과 같이 정의한다.

$$P = \lim_{T\to\infty} \frac{1}{T} \int_{-T/2}^{T/2} x^2(t)\,dt. \tag{1.16}$$

식 (1.16)으로부터, 기본 주기가 T인 주기 신호 $x(t)$의 평균 전력은 다음과 같다.

$$P = \frac{1}{T} \int_{-T/2}^{T/2} x^2(t)\,dt. \tag{1.17}$$

평균 전력 P의 제곱근을 신호 $x(t)$의 **실효값**(root-mean-square, rms)이라고 한다.

이산시간 신호 $x[n]$의 경우에는 식 (1.15)와 (1.16)의 적분이 합으로 바뀐다. 그러므로, $x[n]$의 전체 에너지는

$$E = \sum_{n=-\infty}^{\infty} x^2[n] \tag{1.18}$$

이고, 평균 전력은 다음과 같다.

$$P = \lim_{N\to\infty} \frac{1}{2N} \sum_{n=-N}^{N} x^2[n]. \tag{1.19}$$

식 (1.19)에서 기본 주기가 N인 주기 신호 $x(t)$의 평균 전력은 다음과 같다.

$$P = \frac{1}{N} \sum_{n=0}^{N-1} x^2[n]. \tag{1.20}$$

어떤 신호가 다음 조건을 만족시키면, **에너지 신호**라고 부른다.

$$0 < E < \infty.$$

한편 어떤 신호가 다음 조건을 만족시키면, **전력 신호**라고 부른다.

$$0 < P < \infty.$$

에너지 신호와 전력 신호는 상호간에 배타적이다. 예를 들면, 에너지 신호는 평균 전력이 0인 반면에 전력 신호는 무한대의 에너지를 갖는다. 주기 신호와 랜덤 신호는 보통 전력 신호인 반면, 결정적이면서 비주기인 신호는 에너지 신호이다.

▶ **연습문제 1.6**

(a) 그림 1.14(b)의 구형파 펄스의 전체 에너지는 얼마인가?

(b) 그림 1.14(a)의 정방형파의 평균 전력은 얼마인가?

해답: (a) A^2T_1, (b) 1

▶ **연습문제 1.7** 그림 1.15의 삼각파의 평균 전력은 얼마인가?

해답: 1/3

▶ **연습문제 1.8** 그림 1.17의 이산시간 신호의 전체 에너지는 얼마인가?

해답: 3

▶ **연습문제 1.9** 다음 식들이 전력 신호인지 혹은 에너지 신호인지를 구분하고, 그 에너지 값 또는 평균 전력 값을 구하라.

(a) $x(t) = \begin{cases} t, & 0 \leq t \leq 1 \\ 2-t, & 1 \leq t \leq 2 \\ 0, & \text{그 밖의 범위} \end{cases}$

(b) $x[n] = \begin{cases} n, & 0 \leq n < 5 \\ 10-n, & 5 \leq n \leq 10 \\ 0, & \text{그 밖의 범위} \end{cases}$

(c) $x(t) = 5\cos(\pi t) + \sin(5\pi t), -\infty < t < \infty$

(d) $x(t) = \begin{cases} 5\cos(\pi t), & -1 \leq t \leq 1 \\ 0, & \text{그 밖의 범위} \end{cases}$

(e) $x(t) = \begin{cases} 5\cos(\pi t), & -0.5 \leq t \leq 0.5 \\ 0, & \text{그 밖의 범위} \end{cases}$

(f) $x[n] = \begin{cases} \sin(\pi n), & -4 \leq n \leq 4 \\ 0, & \text{그 밖의 범위} \end{cases}$

(g) $x[n] = \begin{cases} \cos(\pi n), & -4 \leq n \leq 4 \\ 0, & \text{그 밖의 범위} \end{cases}$

(h) $x[n] = \begin{cases} \cos(\pi n), & n \geq 0 \\ 0, & \text{그 밖의 범위.} \end{cases}$

해답: (a) 에너지 신호, 에너지 = 2/3
(b) 에너지 신호, 에너지 = 85
(c) 에너지 신호, 전력 = 13
(d) 에너지 신호, 에너지 = 25
(e) 에너지 신호, 에너지 = 12.5
(f) 신호 = 0
(g) 에너지 신호, 에너지 = 9
(h) 에너지 신호, 에너지 = 1/2 ▮

1.5 신호에 대한 기본적인 연산

신호와 시스템을 연구하는 데 기본적을 중요한 점은 신호를 처리하기 위하여 시스템을 사용하는 것이다. 이러한 점은 몇 개의 기본적인 연산과 관련된다. 특히, 다음에서 기술하는 두 가지 종류의 연산이 있다.

1.5.1 종속 변수에 대한 연산

진폭 스케일링(amplitude scaling). $x(t)$를 연속시간 신호라 하자. $x(t)$의 진폭을 스케일링하여 만들어진 $y(t)$는 다음과 같다.

$$y(t) = cx(t). \tag{1.21}$$

여기서는 c는 스케일 상수이다. 식 (1.21)에 따르면 어느 순간 t에서의 출력 $y(t)$의 값은 그 순간의 입력 $x(t)$에 c를 곱한 값이다. 증폭기가 진폭 스케일링하는 장치의 예가 된다. 저항도 진폭을 스케일링한다. 즉, $x(t)$가 전류이고 c가 저항이면 $y(t)$는 전압이 된다.

식 (1.21)과 비슷한 방식으로 이산시간 신호인 경우에는 다음과 같이 쓸 수 있다.

$$y[n] = cx[n].$$

덧셈(addition). $x_1(t)$와 $x_2(t)$를 연속시간 신호라고 하자. $x_1(t)$와 $x_2(t)$를 덧셈하여 얻은 신호 $y(t)$는 다음과 같다.

$$y(t) = x_1(t) + x_2(t). \tag{1.22}$$

음악(music)과 음성(voice)을 합성하는 **음량 조정기**(mixer)가 이러한 시스템의 예가 된다.

식 (1.22)와 비슷하게 이산시간 신호의 경우에는 다음과 같다.

$$y[n] = x_1[n] + x_2[n].$$

곱셈(multiplication). $x_1(t)$와 $x_2(t)$를 연속시간 신호라고 하자. $x_1(t)$에 $x_2(t)$를 곱셈하여 만든 신호 $y(t)$는 다음과 같다.

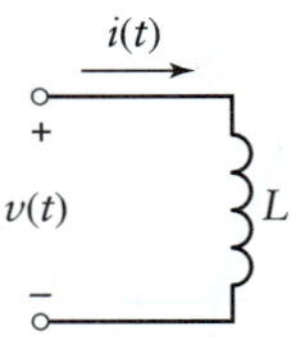

그림 1.18 인덕터에 흐르는 전류 $i(t)$와 인덕터의 두 단자 사이에 유도되는 전압 $v(t)$

$$y(t) = x_1(t)x_2(t) \tag{1.23}$$

즉, 어느 순간 t에서의 출력 $y(t)$의 값은 그 순간의 $x_1(t)$의 값에 $x_2(t)$의 값을 곱한 값이다. AM 라디오 신호가 $y(t)$의 예가 되는데, 이 경우에 $x_1(t)$는 음성 신호에 직류 성분을 더한 신호이며, $x_2(t)$는 반송파로 불리는 정현파 신호이다.

식 (1.23)과 비슷한 방식으로 이산시간 신호의 경우에는 다음과 같다.

$$y[n] = x_1[n]\,x_2[n].$$

미분(differentiation). $x(t)$를 연속시간 신호라고 하자. $x(t)$의 시간에 대한 미분을 다음과 같이 정의한다.

$$y(t) = \frac{d}{dt}x(t). \tag{1.24}$$

예를 들면, **인덕터**가 미분의 작용을 한다. 그림 1.18에서, 인덕턴스 L인 인덕터에 흐르는 전류를 $i(t)$라 하자. 인덕터에 걸리는 전압은 다음과 같다.

$$v(t) = L\frac{d}{dt}i(t). \tag{1.25}$$

적분(integration). 연속시간 신호를 $x(t)$라고 할 때, t에 대해 $x(t)$를 적분한 결과를 $y(t)$라고 표현하면,

$$y(t) = \int_{-\infty}^{t} x(\tau)\,d\tau. \tag{1.26}$$

여기서 τ는 적분 변수이다. 예를 들면, 커패시터가 적분의 작용을 한다. 그림 1.19에서 커패시턴스가 C인 커패시터에 흐르는 전류를 $i(t)$라 하면, 커패시터에 걸리는 전압은 다음과 같다.

$$v(t) = \frac{1}{C}\int_{-\infty}^{t} i(\tau)\,d\tau. \tag{1.27}$$

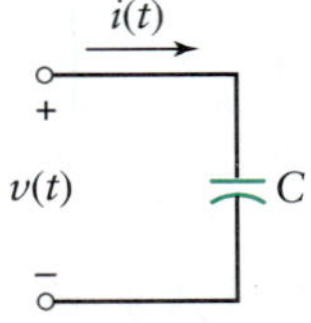

그림 1.19 커패시터에 흐르는 전류 $i(t)$와 커패시터의 두 단자 사이에 유도되는 전압 $v(t)$

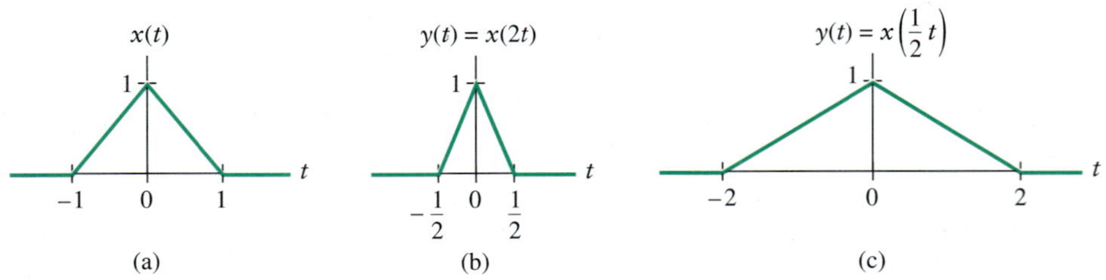

그림 1.20 시간 스케일링 연산. (a) 연속시간 신호 $x(t)$, (b) $x(t)$를 시간 스케일링 상수 2로 압축한 신호, (c) $x(t)$를 시간 스케일링 상수 1/2로 확장한 신호

1.5.2 독립 변수에 대한 연산

시간 스케일링(time scaling). $x(t)$를 연속시간 신호라고 하자. 독립 변수인 시간 t를 상수 a로 스케일링하여 만들어진 $y(t)$는 다음과 같이 정의된다.

$$y(t) = x(at).$$

$a > 1$이면, $y(t)$는 $x(t)$가 **압축된**(compress) 신호이고, $0 < a < 1$이면 $x(t)$가 **확장된**(expanded 또는 stretched) 신호이다. 이에 대한 예가 그림 1.20에 나타나 있다.

이산시간 신호의 경우에는 다음과 같다.

$$y[n] = x[kn]. \qquad (k > 0)$$

여기서 k는 정수인 경우에만 정의된다. $k > 1$이면 $x[n]$에 있는 값의 일부가 $y[n]$에는 없으며, $k = 2$인 경우를 그림 1.21에 나타냈다.

▶ 연습문제 1.10

$$x[n] = \begin{cases} n & (n\text{이 기수일 때}) \\ 0 & (\text{그 밖의 범위}) \end{cases}$$

일 때, $y(n) = x[2n]$이 됨을 결정하라.

해답: $y[n] = 0$ (모두 n일 경우) ▮

반전(Reflection). $x(t)$를 연속시간 신호라고 하면, 시간 t를 $-t$로 바꾼 $y(t)$는 다음과 같다.

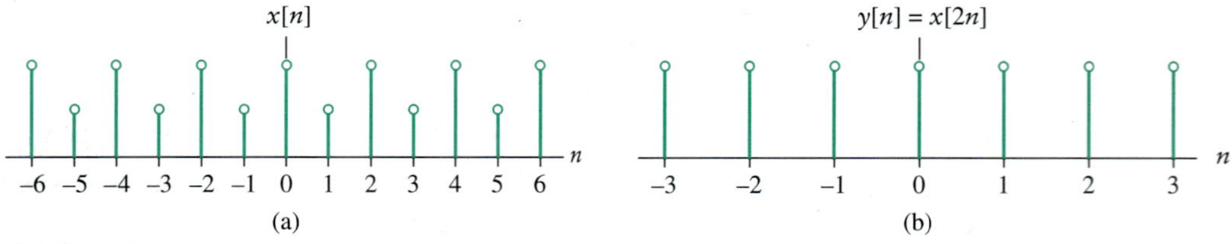

그림 1.21 이산시간 신호에 대한 시간 스케일링 영향. (a) 이산시간 신호 $x[n]$, (b) $x[n]$을 시간 스케일링 상수 2로 압축한 신호, 원래 신호 $x[n]$에 있었던 값의 일부가 없어짐

$$y(t) = x(-t).$$

신호 $y(t)$는 $x(t)$를 수직축에 대하여 반전하여 얻은 신호이다.

다음의 두 가지 경우를 보자.

- 우함수 신호. 모든 시간 t에 대하여 $x(-t) = x(t)$. 즉, 우함수 신호는 그 신호를 반전하여 얻은 신호와 같다.
- 기함수 신호. 모든 시간 t에 대하여 $x(-t) = -x(t)$. 즉 기함수 신호는 그 신호를 반전하여 얻은 신호에 −를 붙인 신호와 같다.

예제 1.3 그림 1.22(a)의 삼각파 $x(t)$가 수직축에 대하여 반전된 신호를 구하라.

풀이: $x(t)$의 독립 변수 t 대신에 $-t$를 대입하면, 그림 1.22(b)와 같은 $y(t) = x(-t)$를 얻는다. 이 예제에서는

$$x(t) = 0 \quad (t < -T_1,\ t > T_2)$$

이다. 따라서 다음과 같이 된다.

$$y(t) = 0 \quad (t > T_1,\ t < -T_2)$$

▶ **연습문제 1.11** 이산시간 신호 $x[n]$을 다음과 같이 정의한다.

$$x[n] = \begin{cases} 1, & n = 1 \\ -1, & n = -1 \\ 0, & n = 0 \text{ 이고 } |n| > 1. \end{cases}$$

다음과 같이 정의된 신호 $y[n]$을 구하라.

$$y[n] = x[n] + x[-n].$$

해답: $y[n] = 0$ (n이 모두 정수일 때)

▶ **연습문제 1.12** 다음 $x[n]$의 경우에 연습문제 1.11을 반복하라.

$$x[n] = \begin{cases} 1, & n = -1 \text{ 이고 } n = 1 \\ 0, & n = 0 \text{ 이고 } |n| > 1. \end{cases}$$

해답: $y[n] = \begin{cases} 2, & n = -1 \text{ 이고 } n = 1 \\ 0, & n = 0 \text{ 이고 } |n| > 1. \end{cases}$

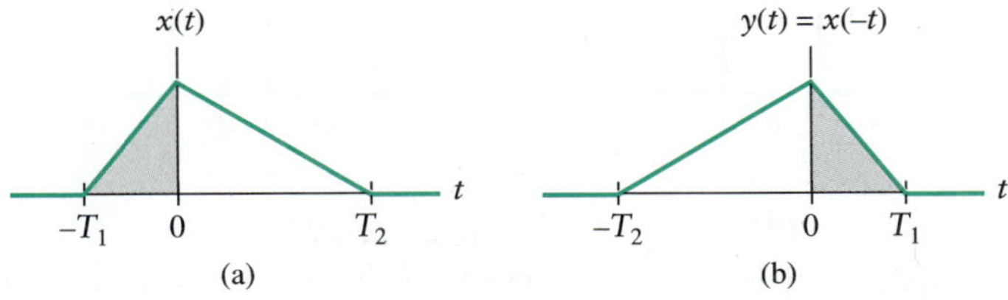

그림 1.22 반전. (a) 연속시간 신호 $x(t)$, (b) $x(t)$를 수직축에 대하여 반전하여 얻은 신호

시간 이동(time shifting). $x(t)$를 연속시간이라면, $x(t)$로부터 t_0만큼 시간 이동된 신호는 다음과 같다.

$$y(t) = x(t - t_0).$$

여기서 t_0는 시간 이동된 간격이다. $t_0 > 0$이면 $x(t)$가 시간축에 대하여 오른쪽으로 이동한 것이고, $t_0 < 0$이면 왼쪽으로 이동한 것이다.

예제 1.4 그림 1.23(a)는 진폭이 1인 구형파 펄스이다. $y(t) = x(t - 2)$를 구하라.

풀이: 이 예제의 경우에는 시간 이동 t_0는 2이다. 그러므로 $x(t)$를 오른쪽으로 2만큼 시간 이동시키면, 그림 1.23(b)의 구형파 펄스 $y(t)$를 얻는다. $y(t)$는 시간축으로 2만큼 이동한 것을 제외하면 $x(t)$와 모양이 똑같다. ▮

이산시간 신호 $x[n]$의 경우에는 다음과 같다.

$$y[n] = s[n - m].$$

여기서 m은 정수이어야 한다.

▶ 연습문제 1.13 다음과 같이 정의된 이산시간 신호 $x[n]$이 있다.

$$x[n] = \begin{cases} 1, & n = 1, 2 \\ -1, & n = -1, -2 \\ 0, & n = 0 \text{ 이고 } |n| > 2. \end{cases}$$

시간 이동된 신호 $y[n] = x[n + 3]$을 구하라.

해답: $$y[n] = \begin{cases} 1, & n = -1, -2 \\ -1, & n = -4, -5 \\ 0, & n = -3,\ n < -5,\ \text{그리고 } n > -1 \end{cases}$$ ▮

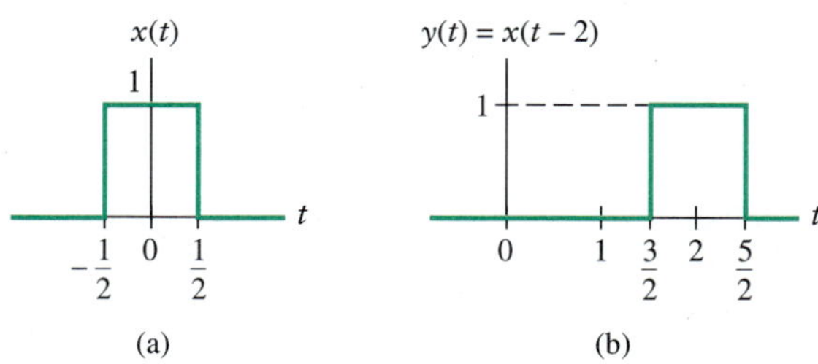

그림 1.23 시간 이동. (a) 진폭이 1이고, 폭이 1이며, 수직축에 대칭인 구형파 펄스, (b) $x(t)$를 2만큼 시간 이동시킨 신호

1.5.3 시간 이동과 시간 스케일링의 선행법칙(precedence rule)

연속시간 신호 $x(t)$를 시간 이동과 시간 스케일링하여 얻은 신호를 $y(t)$라 하면

$$y(t) = x(at - b). \tag{1.28}$$

$x(t)$와 $y(t)$의 관계는 다음 조건을 만족한다.

$$y(0) = x(-b) \tag{1.29}$$

$$y\left(\frac{b}{a}\right) = x(0). \tag{1.30}$$

이 관계식을 이용하여 $y(t)$의 값을 그 값에 대응되는 $x(t)$의 값으로 검산한다.

$x(t)$로부터 $y(t)$를 얻을 때, 시간 이동과 시간 스케일링이 올바른 순서로 행해져야 한다. 스케일링은 t 대신 at를 대입하는 것이고, 시간 이동은 t 대신 $t - b$를 대입한다는 사실에 입각하여 순서를 바르게 정해야 한다. 그러므로 먼저 $x(t)$에 시간 이동을 적용하여 얻은 중간 신호를 $v(t)$라 했을 때, $v(t)$는 다음과 같이 표현된다.

$$v(t) = x(t - b).$$

이는 $x(t)$의 t 대신에 $t - b$를 대입하여 얻은 것이다. 그 다음에 $v(t)$를 t 대신에 at를 대입하여 시간 스케일링하면, 다음과 같은 출력을 얻는다.

$$\begin{aligned} y(t) &= v(at) \\ &= x(at - b). \end{aligned}$$

식 (1.28)에 기술된 연산이 실제 생활에 사용되는 예로, 녹음기에 녹음된 음성 신호를 생각해보자. 테이프가 원래 녹음된 속도보다 빠른 속도로 재생되고 있다면, 그 신호는 압축된 신호(즉, $a > 1$) 신호이다. 한편, 테이프가 원래 녹음된 속도보다 느린 속도로 재생되고 있다면, 그 신호는 확장된($a < 1$) 신호이다. 상수 b를 양수라고 한다면, 테이프를 재생할 때 생긴 지연이다.

예제 1.5 그림 1.24(a)에서의 진폭이 1, 폭이 2인 구형파 펄스 $x(t)$에 대해서 $x(t) = x(2t + 3)$을 구하라.

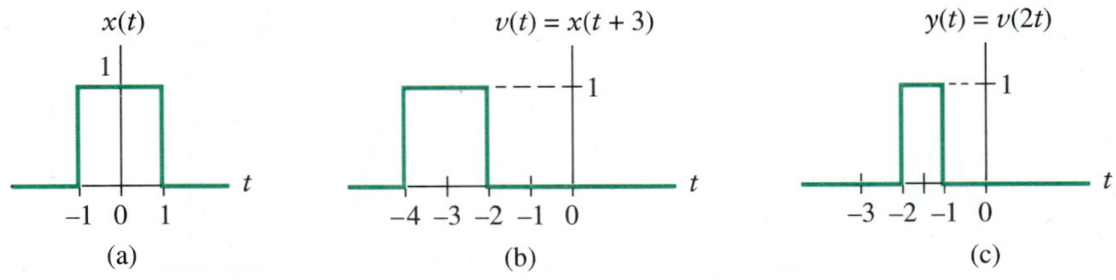

그림 1.24 이산시간 신호인 경우에 시간 스케일링과 시간 변이의 바른 수행 순서. (a) 진폭이 1이고, 폭이 2인 구형파 펄스, (b) $x(t)$를 시간 변이한 신호 $v(t)$, (c) $v(t)$를 압축하여 얻은 신호 $y(t)$

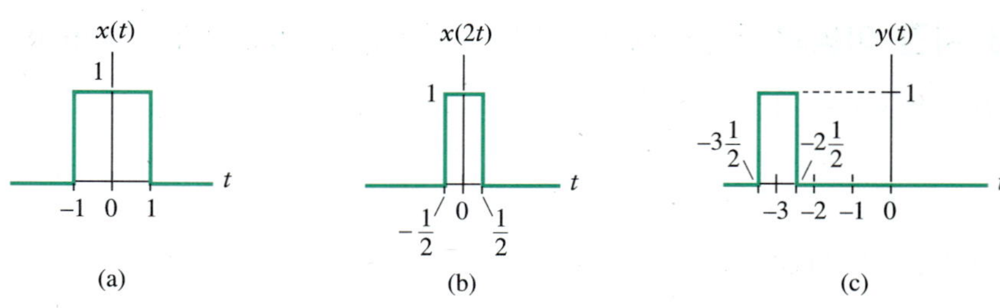

그림 1.25 선행법칙을 따르지 않은 경우. (a) 신호 $x(t)$, (b) 시간 스케일링된 신호 $x(2t)$, (c) $x(2t)$를 3만큼 시간 이동시킨 신호 $y(t)$

풀이: 이 경우에는 $a = 2$이고 $b = -3$이다. $x(t)$를 왼쪽으로 3만큼 이동하면, 그림 1.24(b)의 신호 $v(t)$가 얻어진다. $v(t)$를 스케일링하면 그림 1.24(c)의 $y(t)$가 얻어진다.

그림 1.24(c)의 $y(t)$는 식 (1.29)와 (1.30)의 조건을 만족한다.

이번에는 선행법칙을 따르지 않고 먼저 시간 스케일링을 수행하고, 그 다음에 시간 이동을 수행하자. 그림 1.25(a)의 $x(t)$를 2만큼 시간 스케일링과 3만큼 시간 이동을 수행하면, 그림 1.25(b)의 $v(t) = x(2t)$와 그림 1.25(c)가 차례로 얻어진다.

$$y(t) = v(t+3) = x(2(t+3)) \neq x(2t+3).$$

이렇게 해서 얻어진 $y(t)$는 식 (1.30)을 만족하지 않는다. ∎

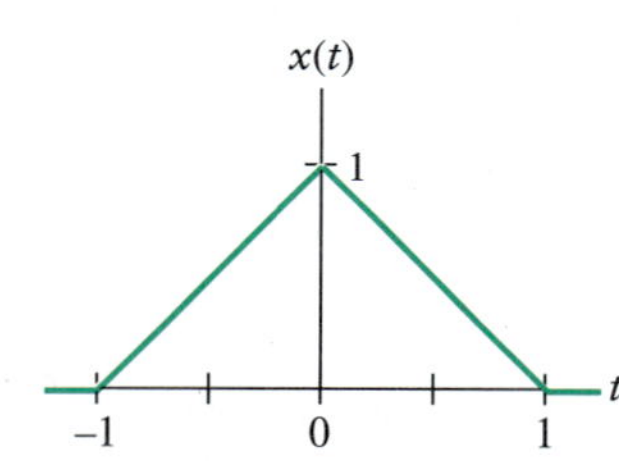

그림 1.26 문제 1.14의 삼각 펄스

▶ 연습문제 1.14 삼각 펄스 $x(t)$는 그림 1.26에 도시되어 있다. 다음과 같은 $x(t)$를 각각 그려라.

(a) $x(3t)$

(b) $x(3t+2)$

(c) $x(-2t-1)$

(d) $x(2(t+2))$

(e) $x(2(t-2))$

(f) $x(3t) + x(3t+2)$

해답:

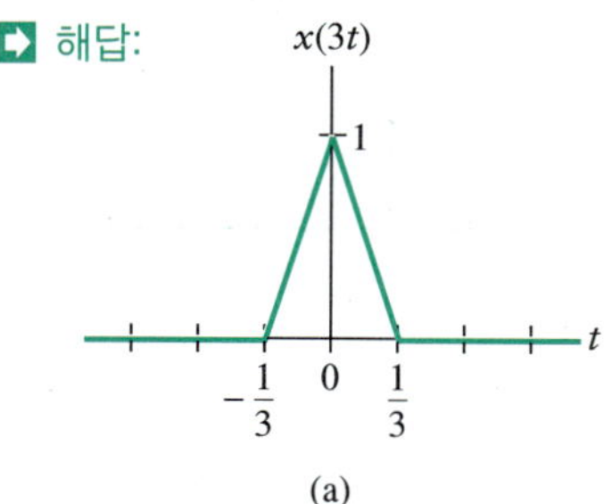

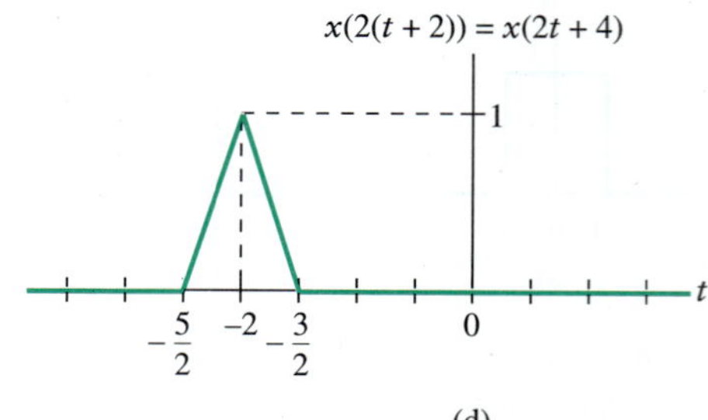

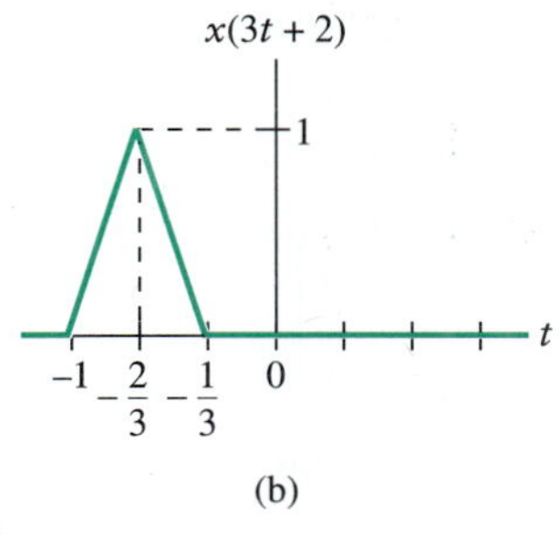

(b)

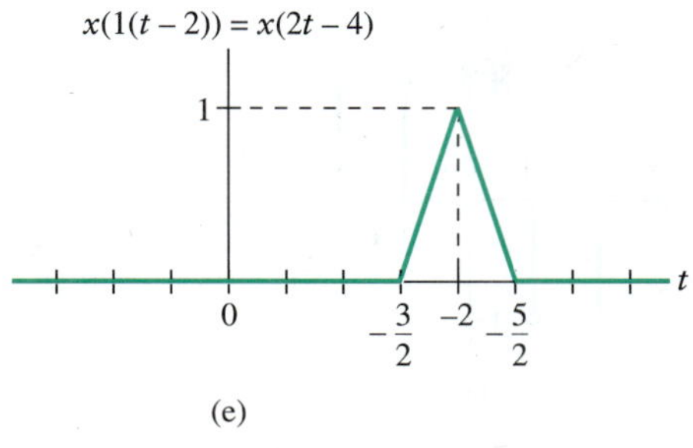

(e)

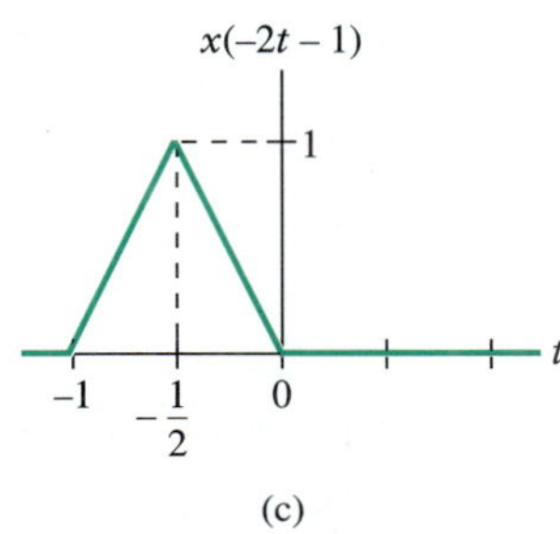

(c)

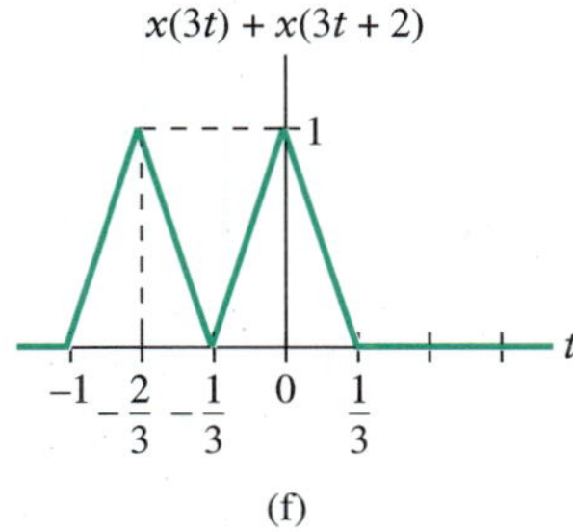

(f)

위의 예제는 $y(t)$가 식 (1.28)과 같이 $x(t)$로 표현되는 경우에 시간 이동을 먼저 하고, 그 다음에 시간 스케일링을 행하는 순서를 지켜야만 옳은 요구된 $y(t)$를 구할 수 있다는 것을 보여준다. 이산시간 신호의 경우에도 마찬가지이다(그림 1.27 참조).

예제 1.6 **이산시간 신호 선행법칙.** 이산시간 신호 $x[n]$이 다음과 같다. $y[n] = x[2n + 3]$을 구하라

$$x[n] = \begin{cases} 1, & n = 1, 2 \\ -1, & n = -1, -2 \\ 0, & n = 0 \text{ 이고 } |n| > 2. \end{cases}$$

풀이: 신호 $x[n]$이 그림 1.27(a)에 나타나 있다. $x[n]$을 왼쪽으로 3만큼 이동하면 그림 1.27(b)에 있는 $v[n]$이 얻어진다. $v[n]$의 시간을 2로 스케일링하면 그림 1.27(c)의 $y(t)$가 얻어진다.

$v[n]$을 $y[n] = v[2n]$으로 압축하는 과정에서, $n = -5$와 $n = -1$에서의 $v[n]$의 값(즉, $n = -2$와 $n = 2$에서의 원래 신호 $x[n]$의 값)이 없어졌다. ∎

▶ **연습문제 1.15** 다음과 같은 이산시간 신호를 고려하자.

$$x[n] = \begin{cases} 1, & -2 \le n \le 2 \\ 0, & |n| > 2. \end{cases}$$

$y[n] = x[3n - 2]$를 찾아라.

해답: $$y[n] = \begin{cases} 1, & n = 0, 1 \\ 0, & \text{그 밖의 범위} \end{cases}$$ ∎

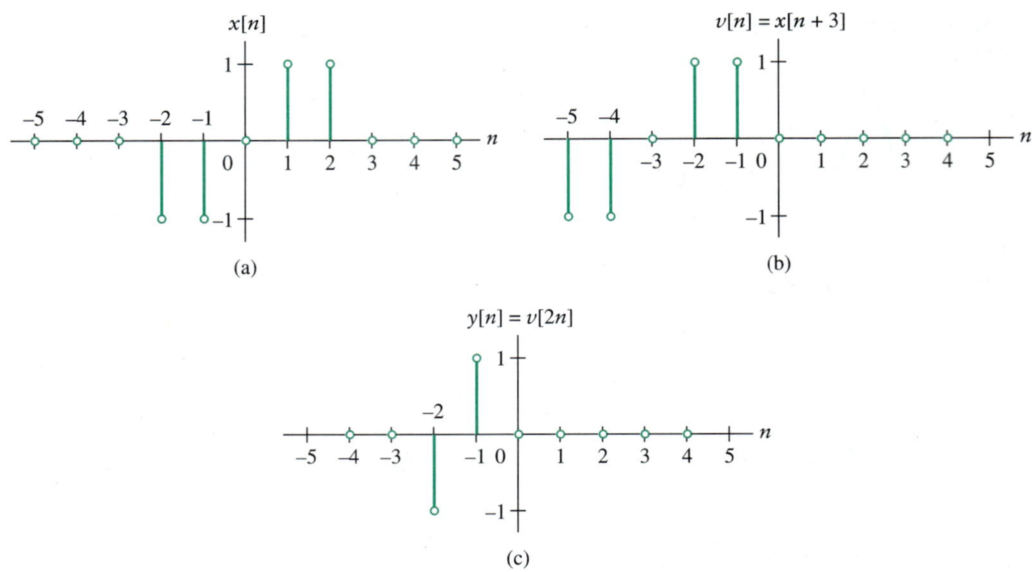

그림 1.27 이산시간 신호의 경우에 시간 스케일링과 시간 이동을 바른 순서로 적용한 경우. (a) 이산시간 신호 $x[n]$, (b) $x[n]$을 왼쪽으로 3만큼 이동한 신호, (c) $v[n]$의 시간을 2로 스케일링한 이산시간 신호 $y[n]$. 그 결과로 인해 원래 신호 $x[n]$의 두 값 $n = -2, +2$

1.6 기본 신호

신호와 시스템 분야에서 주로 사용되는 몇 가지 기본 기호가 있다. **기본 신호**(elementary signals)에는 지수 함수와 삼각 함수, 계단 함수, 임펄스 함수, 램프 함수 등이 포함된다. 이러한 기본 신호는 다른 복잡한 신호를 구성하는 기본 요소가 된다. 또한, 기본 신호는 물리적 신호를 모델링하는 데도 사용된다. 위에서 언급한 기본 신호에 대하여 설명하고자 한다.

1.6.1 지수 신호

가장 일반적인 형태의 **지수 신호**(exponential signals)는 다음과 같다.

$$x(t) = Be^{at}. \tag{1.31}$$

여기서 B와 a는 실수이다. 파라메타 B는 $t = 0$에서 지수 신호의 크기이다. 또 다른 파라메타 a의 부호에 따라, 다음과 같이 두 가지 경우로 정의할 수 있다.

- 감소 지수 신호 ($a < 0$인 경우)
- 증가 지수 신호 ($a > 0$인 경우)

이 지수 신호의 두 가지 형태는 그림 1.28에 묘사되어 있다. 그림 (a)는 $a = 6$이고 $B = 5$인 경우이고, (b)는 $a = 5$이고 $B = 1$인 경우이다. $a = 0$이면, $x(t)$는 상수 B를 갖는 직류가 된다.

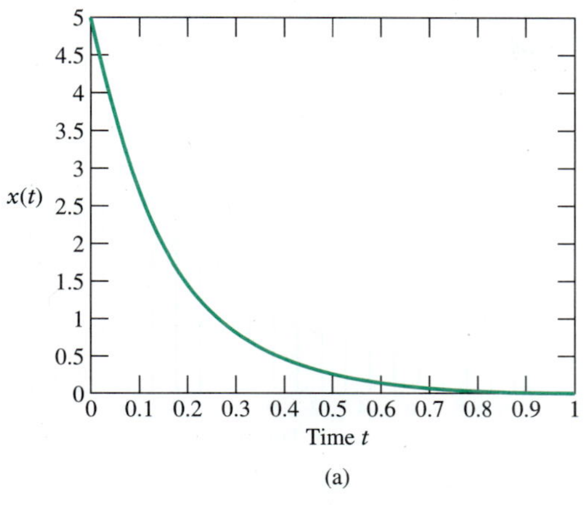

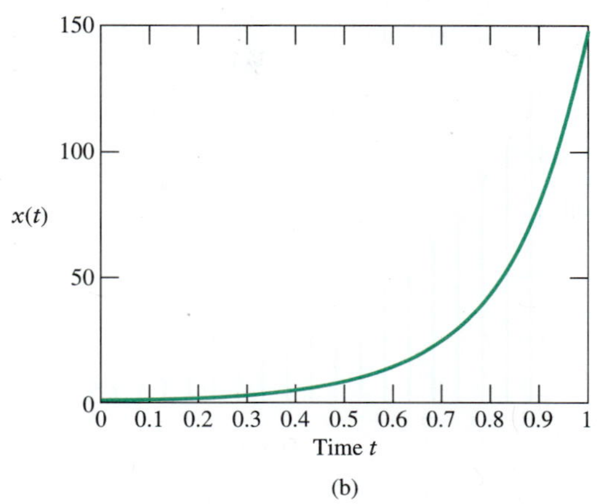

그림 1.28 (a) 연속시간 감소 함수, (b) 연속시간 증가 함수

지수 신호의 예로는 그림 1.29에 나타난 손실이 있는 커패시터를 들 수 있다. 커패시터의 커패시턴스는 C이고, 병렬로 연결된 저항 R은 손실을 나타낸다. 배터리를 커패시터의 단자에 연결하여 커패시터를 완전히 충전시킨 후, $t = 0$에서 배터리를 제거한다. V_0는 커패시터의 단자 전압의 초기값이다. 그림 1.29로부터 $t \geq 0$인 경우에 캐패시터의 작용은 다음 식으로 기술된다.

$$RC\frac{d}{dt}v(t) + v(t) = 0. \tag{1.32}$$

여기서 $v(t)$는 시간 t에서 커패시터에 걸리는 전압이다. 식 (1.32)는 1계 미분 방정식이며, 이 식의 해는 다음과 같다.

$$v(t) = V_0 e^{-t/(RC)}. \tag{1.33}$$

여기서 RC는 **시상수**(time constant)이다. 식 (1.33)으로부터 커패시터 단자 전압이 시간에 따라 시상수 RC의 비율로 지수적으로 감소함을 알 수 있다. 저항 R이 커지면, 시간 t에 따라 $v(t)$가 감소하는 속도도 낮아진다.

이제까지는 연속시간의 경우를 다루었다. 이산시간의 경우에는 실지수 신호가 다음과 같이 정의된다.

$$x[n] = Br^n. \tag{1.34}$$

여기서 r을

$i(t) = C\frac{d}{dt}v(t)$

$+$ $v(t)$ $-$ C R

그림 1.29 (a) 연속시간 감소 함수, (b) 연속시간 증가 함수

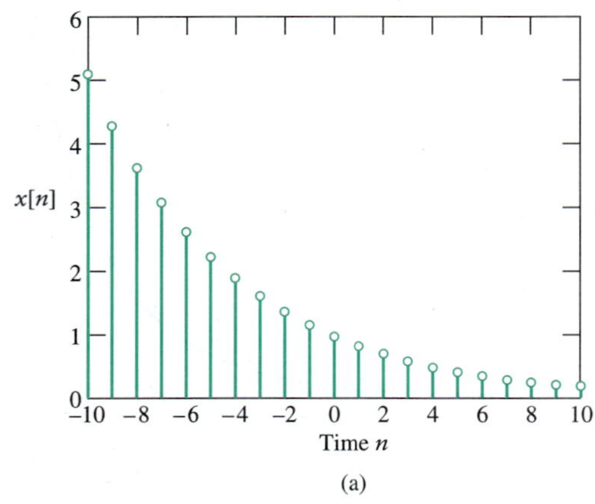

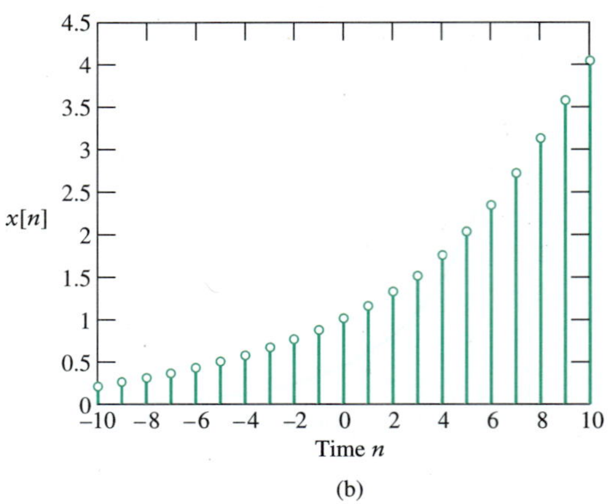

그림 1.30 (a) 이산시간 감소 지수 신호, (b) 이산시간 증가 지수 신호

$$r = e^{\alpha}$$

와 같이 정의하면, 식 (1.34)가 지수 신호임을 쉽게 확인하게 된다. 그림 1.30은 감소하거나 증가하는 두 가지 형태의 이산시간 지수 신호를 보여주고, 이들은 각각 $0 < r < 1$과 $r > 1$인 경우에 해당한다. 이산시간 지수 신호는 연속시간 지수 신호와 매우 다르다. 또한 $r < 0$이면, 이산시간 지수 신호 $x[n] = r^n$은 양과 음의 값으로 반복되는데 n이 짝수이면 양수, n이 홀수이면 음수라는 것을 주목해야 한다.

그림 1.28과 1.30의 지수 신호는 모두 실수값을 가진다. 지수 신호가 복소값을 가질 수도 있다. 복소 지수 신호의 수학적 형태는 다음에 설명하는 차이점을 제외하고는 식 (1.31), (1.34)와 같다. 연속시간의 경우, 식 (1.30)의 파라메타 B, 파라메타 a 또는 둘 모두를 복소수로 가정한다. 비슷하게, 이산시간의 경우 식 (1.34)의 파라메타 B, 파라메타 r 또는 두 파라메타 모두를 복소수로 가정한다. 일반적으로, 자주 사용되는 복소 지수 신호는 $e^{j\omega t}$와 $e^{j\Omega n}$이다.

1.6.2 정현파 신호

가장 일반적인 연속시간 **정현파 신호**(sinusoidal signals)는 다음과 같다.

$$x(t) = A\cos(\omega t + \phi). \tag{1.35}$$

여기서 A는 진폭, ω는 단위가 rad/sec인 주파수, ϕ는 단위가 라디안인 위상각이다. 그림 1.31(a)는 $A = 4$이고 $\phi = \pm\pi/6$인 정현파 신호의 파형을 보여준다. 정현파 신호는 주기가 다음과 같은 주기 신호이다.

$$T = \frac{2\pi}{\omega}.$$

식 (1.35)를 이용하여, 정현파 신호의 주기 특성을 증명하면 다음과 같다.

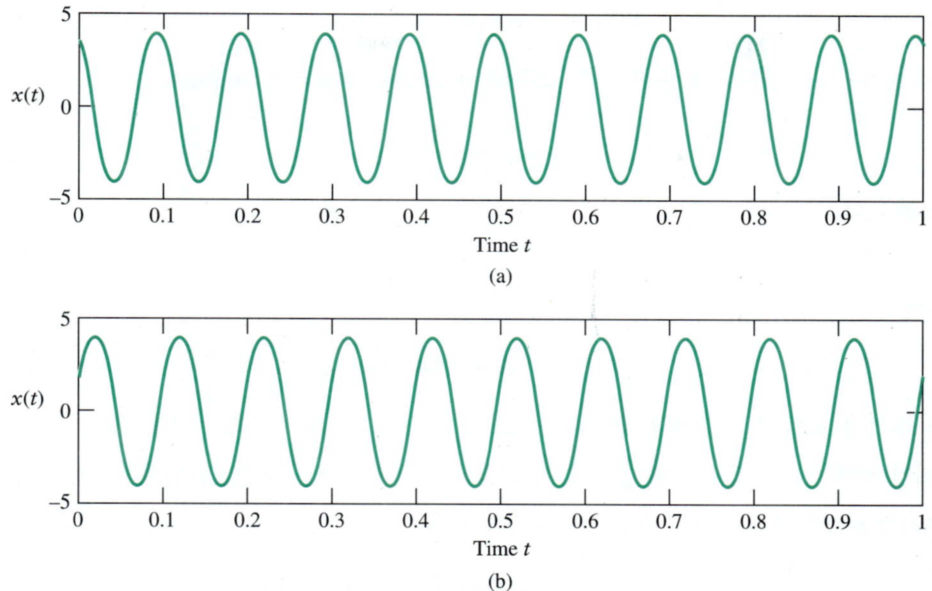

그림 1.31 (a) $\phi = \pm\pi/6$인 정현파 신호 $A\cos(\omega t + \phi)$, (b) $\phi = \pm\pi/6$인 정현파 신호 $A\sin(\omega t + \phi)$

$$\begin{aligned} x(t+T) &= A\cos(\omega(t+T)+\phi) \\ &= A\cos(\omega t + \omega T + \phi) \\ &= A\cos(\omega t + 2\pi + \phi) \\ &= A\cos(\omega t + \phi) \\ &= x(t). \end{aligned}$$

이는 식 (1.7)의 주기 신호 조건을 만족한다.

주기 신호의 발생을 설명하기 위해, 인덕터와 커패시터가 병렬로 연결된 그림 1.32의 회로를 생각하자. 회로의 두 소자는 손실이 매우 적어 이상적이라고 가정하였다. 시간 $t = 0$에서 커패시터 양단에 걸리는 전압은 V_0이다. 그림 1.32의 회로는 $t \geq 0$에서 다음과 같이 동작한다.

$$LC\frac{d^2}{dt^2}v(t) + v(t) = 0. \tag{1.36}$$

여기서, $v(t)$는 시간 t인 순간에 커패시터 양단에 걸리는 전압이고, C는 커패시터의 커패시턴스, L은 인덕터의 인덕턴스이다. 식 (1.36)은 **2계 미분 방정식**이다. 이 식의 해는 다음과 같다.

$i(t) = C\frac{d}{dt}v(t)$

+ $v(t)$ − L C

그림 1.32 인덕터 L과 커패시터 C가 이상적이라고 가정한 병렬 LC 회로

$$v(t) = V_0 \cos(\omega_0 t), \qquad t \geq 0 \tag{1.37}$$

이다. 여기서 ω_0는 진동에 관한 자연 각주파수(natural angular frequency)라고 부르며

$$\omega_0 = \frac{1}{\sqrt{LC}} \tag{1.38}$$

로 정의 된다.

식 (1.37)은 진폭이 $A = V_0$, 주파수가 $\omega = \omega_0$ 그리고 위상각이 $\phi = 0$인 정현파 신호를 나타낸다.

이번에는 이산시간 정현파 신호를 살펴보자.

$$x[n] = A\cos(\Omega n + \phi). \tag{1.39}$$

이산 주기 신호의 주기 단위는 샘플이다. 그러므로 $x[n]$이 N 샘플의 주기를 갖는 주기 신호가 되기 위해, 모든 정수 n에 대해서 식 (1.10)의 조건을 만족하는 N이 존재해야 한다. 식 (1.39)의 n 대신에 $n + N$을 대입하면 다음과 같다.

$$x[n + N] = A\cos(\Omega n + \Omega N + \phi).$$

식 (1.10)의 조건을 만족하기 위해서는,

$$\Omega N = 2\pi m \qquad \text{radians}$$

또는

$$\Omega = \frac{2\pi m}{N} \text{radians/cycle}, \qquad \text{integer } m, N. \tag{1.40}$$

여기서 주목해야 할 중요한 점은, 연속시간 정현파 신호와는 달리 임의의 Ω값에 대하여, 모든 이산시간 정현파 신호가 주기적이지는 않다는 것이다. 구체적으로 말하면, 식 (1.39)의 이산시간 정현파 신호가 주기적이기 위해서는, 각주파수 Ω는 2π의 유리수의 곱(rational multiple)이 되어야 즉, 식 (1.40)을 만족해야 한다. 그림 1.33은 식 (1.39)에 의해 $A = 1$, $\phi = 0$,

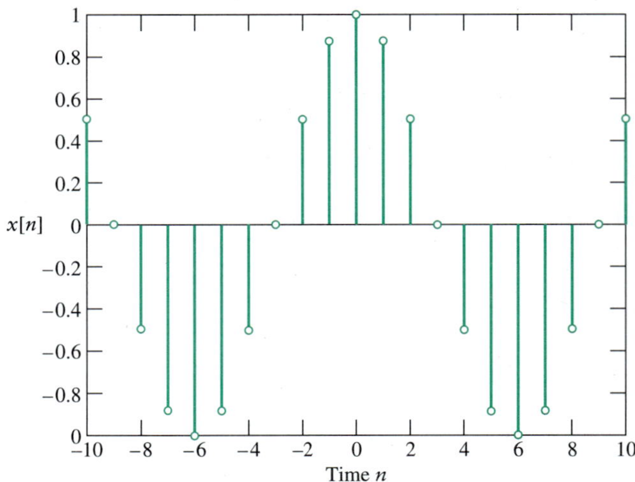

그림 1.33 인덕터 L과 커패시터 C가 이상적이라고 가정한 병렬 LC 회로

$N = 12$인 이산시간 정현파 신호를 나타냈다.

ΩN은 각으로 나타내기 때문에 이것은 라디안(radians)으로 측정되어야 한다. 게다가, N이 $x[n]$의 한 주기의 샘플수이기 때문에 식 (1.40)처럼 Ω는 **주기당 라디안(rad/cycle)**으로 측정되어야 한다.

예제 1.7 **이산시간 정현파 신호.** 다음 두 개의 정현파 신호를 생각하자.

$$x_1[n] = \sin[5\pi n]$$

$$x_2[n] = \sqrt{3}\cos[5\pi n].$$

(a) $x_1[n]$과 $x_2[n]$이 주기 신호가 되기 위해, 주기 N이 만족해야 하는 조건을 구하라.

(b) 정현파 신호로 구성되어 있는 다음과 같은 신호가 있다.

$$y[n] = x_1[n] + x_2[n].$$

여기서 $y[n] = A\cos(\Omega_n + \phi)$이고, 진폭 A와 위상 ϕ를 구하라.

풀이: (a) $x_1[n]$과 $x_2[n]$의 주파수는

$$\Omega = 5\pi \text{ radians/cycle}$$

이다. 주기 N을 구하기 위해, 식 (1.40)을 사용하면

$$\begin{aligned} N &= \frac{2\pi m}{\Omega} \\ &= \frac{2\pi m}{5\pi} \\ &= \frac{2m}{5} \end{aligned}$$

이 된다. $x_1[n]$과 $x_2[n]$이 주기 신호가 되기 위해서는, 주기 N은 정수이어야 한다. $m = 5, 10, 15, \cdots$일 때만 $N = 2, 4, 6, \cdots$이 되어 주기 함수 신호가 된다.

(b) 삼각함수가 다음과 같이 표현된다.

$$A\cos(\Omega n + \phi) = A\cos(\Omega n)\cos(\phi) - A\sin(\Omega n)\sin(\phi)$$

라고 하면, 이 식의 우변이 $x_1[n] + x_2[n]$과 같은 모양이라는 것을 알 수 있다. 그러므로

$$A\sin(\phi) = -1 \quad \text{이고} \quad A\cos(\phi) = \sqrt{3}.$$

즉,

$$\begin{aligned} \tan(\phi) &= \frac{\sin(\phi)}{\cos(\phi)} = \frac{x_1[n]\text{의 진폭}}{x_2[n]\text{의 진폭}} \\ &= \frac{-1}{\sqrt{3}} \end{aligned}$$

이 되고, 이로부터 $\phi = -\pi/3$임을 알 수 있다.

$$A\sin(\phi) = -1$$

을 A에 대해서 정리하면, 다음과 같은 결과를 얻을 수 있다.

$$A = -1/\sin\left(-\frac{\pi}{3}\right)$$
$$= 2.$$

따라서 $y[n]$은 다음과 같다.

$$y[n] = 2\cos\left(5\pi n - \frac{\pi}{3}\right).$$ ∎

▶ **연습문제 1.16** 정현파 신호의 기본 주기를 구하라.

$$x[n] = 10\cos\left(\frac{4\pi}{31}n + \frac{\pi}{5}\right).$$

해답: $N = 31$ 샘플 ∎

▶ **연습문제 1.17** 다음 정현파 신호를 생각하자.

(a) $x[n] = 5\sin[2n]$
(b) $x[n] = 5\cos[0.2\pi n]$
(c) $x[n] = 5\cos[6\pi n]$
(d) $x[n] = 5\sin[6\pi n/35]$

$x[n]$이 주기 신호인지 아닌지를 결정하고, 만약 주기 신호라면 기본 주기를 찾아라.

해답: (a) 비주기 신호, (b) 주기 신호, 기본 주기 = 10, (c) 주기 신호, 기본 주기 = 1, (d) 주기 신호, 기본 주기 = 35 ∎

▶ **연습문제 1.18** 다음의 기본 주기를 갖는 이산시간 정현파 신호가 주기 신호가 되기 위한 각주파수의 최소값을 구하라. (a) $N = 8$, (b) $N = 32$, (c) $N = 64$, (d) $N = 128$

해답: (a) $\Omega = \pi/4$, (b) $\Omega = \pi/16$, (c) $\Omega = \pi/32$, (d) $\Omega = \pi/64$ ∎

1.6.3 정현파 신호와 복소 지수 신호와의 관계

오일러 공식을 이용하면 복소 지수 함수 $e^{j\theta}$는 다음과 같이 전개된다.

$$e^{j\theta} = \cos\theta + j\sin\theta. \tag{1.41}$$

이 결과로부터 식 (1.35)의 연속시간 정현파 신호를 복소 지수 신호 $Be^{j\omega t}$의 실수 부분으로 표현할 수 있다. 여기에서 B는 아래와 같이 정의된 복소수이다.

$$B = Ae^{j\phi} \tag{1.42}$$

즉, 아래와 같이 쓸 수 있다.

$$A\cos(\omega t + \phi) = \mathrm{Re}\{Be^{j\omega t}\}. \tag{1.43}$$

여기서, Re{ }는 { } 안에 있는 복소수의 실수 부분을 나타낸다. 다음 식을 이용하면 이러한 관계식을 쉽게 증명할 수 있다.

$$\begin{aligned} Be^{j\omega t} &= Ae^{j\phi}e^{j\omega t} \\ &= Ae^{j(\omega t+\phi)} \\ &= A\cos(\omega t + \phi) + jA\sin(\omega t + \phi). \end{aligned}$$

식 (1.43)에서 분명한 것처럼, 식 (1.35)의 정현파 신호는 cosine 함수로 정의되었다. 물론, 연속시간 정현파 신호를 아래와 같이 sine 함수로 정의할 수 있다.

$$x(t) = A\sin(\omega t + \phi). \tag{1.44}$$

이것은 복소 지수 신호 $Be^{j\omega t}$의 허수부로 표현된다. 즉, 아래와 같이 표현할 수 있다.

$$A\sin(\omega t + \phi) = \mathrm{Im}\{Be^{j\omega t}\}. \tag{1.45}$$

그리고 여기서 B는 식 (1.42)에서 정의되었고, Im{ }는 { } 안의 복소수의 허수부를 의미한다. 식 (1.44)의 정현파 신호는 식 (1.35)의 정현파 신호와 90도의 위상차가 있다. 즉, $\phi = \pi/6$인 경우에 대해 그림 1.31에 보인 것과 같이, $A\cos(\omega t + \phi)$는 $A\sin(\omega t + \phi)$보다 앞선다.

비슷한 방식으로 이산시간의 경우 아래와 같이 쓸 수 있다.

$$A\cos(\Omega n + \phi) = \mathrm{Re}\{Be^{j\Omega n}\} \tag{1.46}$$

$$A\sin(\omega t + \phi) = \mathrm{Im}\{Be^{j\omega t}\}. \tag{1.47}$$

여기서 B는 식 (1.42)에서 A와 ϕ로 정의된다. 그림 1.34는 $\Omega = \pi/4$이고, $n = 0, 1, \cdots, 7$일 때, 복소 지수 함수 $e^{j\Omega n}$의 2차원 표현을 보여준다. 각 값의 실수축 위로의 투영은 $A\cos(\Omega n)$인 반면, 허수축 위로의 투영은 $A\sin(\Omega n)$이다.

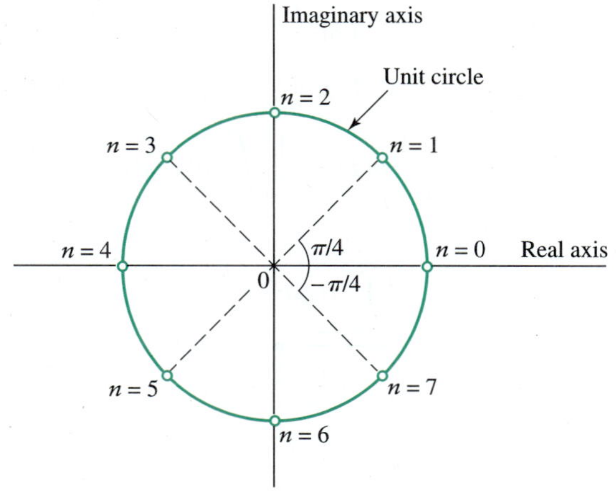

그림 1.34 단위원 위에 균등하게 분포되어 있는 8개의 점을 표시하고 있는 복소 평면. 실수축 위로의 투영은 $A\cos(\pi/4n)$인 반면, 허수축 위로의 투영은 $A\cos(\pi/4n)$; $n = 0, 1, \cdots, 7$이다.

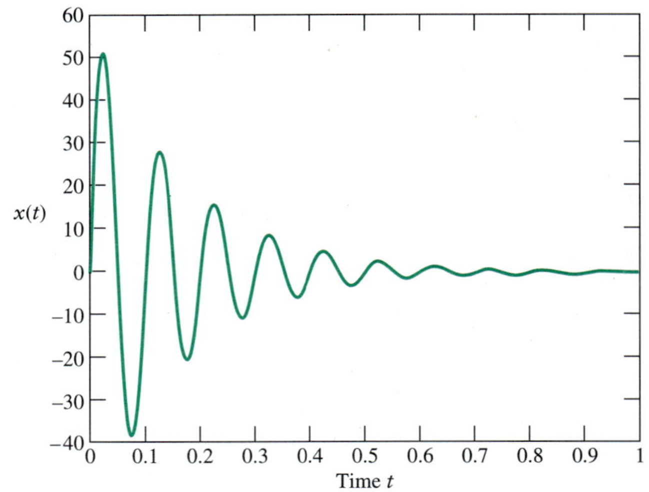

그림 1.35 $\alpha = 6$, $A = 60$인 경우의 지수적 감쇠 정현파 신호 $Ae^{-\alpha t}\sin(\omega t)$

1.6.4 지수적 감쇠 정현파 신호

정현파 신호에 실수의 감소 지수 신호를 곱하면, **지수적 감쇠 정현파 신호**라고 불리는 새로운 신호가 된다. 이것을 구체적으로 다시 말하면, 정현파 신호 $A\sin(\omega t + \phi)$와 지수 신호 $e^{-\alpha t}$의 곱은 지수적 감쇠 정현파 신호가 된다.

$$x(t) = Ae^{-\alpha t}\sin(\omega t + \phi), \qquad \alpha > 0. \tag{1.48}$$

그림 1.35는 $A = 60$, $\alpha = 6$, $\phi = 0$일 때의 파형을 보여준다. 시간이 증가함에 따라 정현파 진동의 진폭이 지수적으로 감소하여, 시간이 무한대로 가면 그 값이 0에 가까이 간다.

지수적 감쇠 정현파 신호의 예를 보기 위해, 커패시턴스가 C인 커패시터와 인덕턴스가 L인 인덕터 그리고 저항값이 R인 저항으로 구성된 그림 1.36의 병렬 회로를 살펴보자. 저항 R은 인덕터와 커패시터에서 발생하는 손실을 표현한다. V_0는 $t = 0$인 순간에 커패시터 양단에 걸리는 전압을 나타낸다. 그림 1.36의 회로의 동작은 아래와 같이 표현된다.

$$C\frac{d}{dt}v(t) + \frac{1}{R}v(t) + \frac{1}{L}\int_{-\infty}^{t} v(\tau)\,d\tau = 0. \tag{1.49}$$

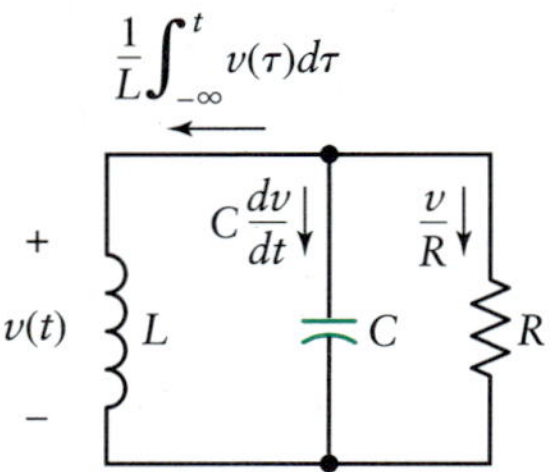

그림 1.36 커패시터 C, 인덕터 L 그리고 저항 R로 구성된 병렬 회로

여기서 $v(t)$는 $t \geq 0$인 시간에 커패시터 양단에 걸리는 전압이다. 식 (1.49)는 **미적분 방정식**이다. 이 식의 해는 다음과 같다.

$$v(t) = V_0 e^{-t/(2CR)} \cos(\omega_0 t), \qquad t \geq 0. \tag{1.50}$$

여기서,

$$\omega_0 = \sqrt{\frac{1}{LC} - \frac{1}{4C^2R^2}}. \tag{1.51}$$

식 (1.51)에서 $R > \sqrt{L/(4C)}$라고 가정한다. 식 (1.48)과 (1.50)을 비교하면, $A = V_0$, $a = 1/(2CR)$, $\omega = \omega_0$ 그리고 $\phi = \pi/2$이다.

그림 1.29, 1.32, 1.36의 회로는 각각 지수 신호, 정현파 신호 그리고 지수적 감쇠 정현파 신호가 물리적인 문제의 해로 나타나는 예를 보여준다. 이런 회로의 동작은 식 (1.32), (1.36), (1.49)의 미분 방정식으로 표현되었고, 그 해만을 간단하게 기술하였다. 미분 방정식을 푸는 방법은 다음 장에서 소개한다. 다시 본래 문제로 되돌아 가서, 식 (1.48)에 대응하는 이산시간 지수적 감쇠 정현파 신호는 다음과 같다.

$$x[n] = Br^n \sin[\Omega n + \phi]. \tag{1.52}$$

식 (1.52)의 신호가 시간에 따라 지수적으로 감쇠하기 위해서는, 파라메타 r이 $0 < |r| < 1$의 범위 안에 있어야 한다.

▶ **연습문제 1.19** 식 (1.51)은 저항 $R > \sqrt{L/(4C)}$이라고 가정한 결과이다. 만약 $[R < \sqrt{L/(4C)}]$이면 식 (1.50)은 어떤 일이 발생하는가?

해답: 만약 $R < \sqrt{L/(4C)}$이라면, 신호 $v(t)$는 시상수가 다른 두 개의 감쇠 지수 함수의 합으로 나타나게 된다. 즉, 하나의 시상수는 $2CR/(1 + \sqrt{1 - 4R^2C/L})$이고 다른 하나는 $2CR/(1 - \sqrt{1 - 4R^2C/L})$로 나타나게 된다. ▮

▶ **연습문제 1.20** 다음과 같은 복소 지수 신호를 고려해 보자.

$$x(t) = Ae^{\alpha t + j\omega t}, \qquad a > 0.$$

다음과 같은 예로 $x(t)$의 실수부와 허수부를 계산하라.

(a) α real, $\alpha = \alpha_1$

(b) α imaginary, $\alpha = j\omega_1$

(c) α complex, $\alpha = \alpha_1 + j\omega_1$

해답:

(a) $\mathrm{Re}\{x(t)\} = Ae^{\alpha_1 t}\cos(\omega t)$; $\mathrm{Im}\{x(t)\} = Ae^{\alpha_1 t}\sin(\omega t)$

(b) $\mathrm{Re}\{x(t)\} = A\cos(\omega_1 t + \omega t)$; $\mathrm{Im}\{x(t)\} = A\sin(\omega_1 t + \omega t)$

(c) $\mathrm{Re}\{x(t)\} = Ae^{\alpha_1 t}\cos(\omega_1 t + \omega t)$; $\mathrm{Im}\{x(t)\} = Ae^{\alpha_1 t}\sin(\omega_1 t + \omega t)$ ▮

▶ **연습문제 1.21** 두 개의 지수 감쇠 정현파 신호를 고려해 보자.

$$x_1(t) = Ae^{\alpha t}\cos(\omega t), \qquad t \geq 0$$

$$x_2(t) = Ae^{\alpha t}\sin(\omega t), \qquad t \geq 0.$$

A, α 그리고 ω를 모두 실수라고 가정하자. 지수 감쇠 인수 α는 음수이고 각속도 ω는 양수이다. 진폭 A는 양수이거나 음수이다.

(a) 실수부는 $x_1(t)$, 허수부는 $x_2(t)$라 할 때 복소 신호 $x(t)$를 유도하라.

(b) 다음과 같은 식이 있다.

$$a(t) = \sqrt{x_1^2(t) + x_2^2(t)}.$$

이것은 복소 신호 $x(t)$의 **포락선**(envelope)이라 정의하자. (a)에서 계산한 $x(t)$의 포락선 $a(t)$를 구하라.

(c) 포락선 $a(t)$는 시간에 따라서 어떻게 변화하는가?

해답: (a) $x(t) = Ae^{st}$, $t \geq 0$, 여기서 $s = \alpha + j\omega$

(b) $a(t) = |A|e^{\alpha t}$, $t \geq 0$

(b) $t = 0$에서 $a(0) = |A|$이고 시간이 증가할수록 $a(t)$는 지수적으로 감쇠하며 시간이 무한대로 갈수록 0에 접근한다. ∎

1.6.5 계단 함수 신호

일반적으로 $u[n]$으로 표시하는 이산시간 계단 함수 신호는 다음과 같이 정의하고, 그림 1.37에 나타냈다.

$$u[n] = \begin{cases} 1, & n \geq 0 \\ 0, & n < 0. \end{cases} \tag{1.53}$$

$u(t)$로 표시하는 연속시간 계단 함수 신호는 다음과 같이 정의된다.

$$u(t) = \begin{cases} 1, & t > 0 \\ 0, & t < 0. \end{cases} \tag{1.54}$$

그림 1.38은 단위 계단 함수 신호 $u(t)$를 나타낸다. 계단 함수 신호 $u(t)$의 값이 $t = 0$일 때, 0에서 1로 변하기 때문에 $t = 0$에서 불연속이다.

계단 함수 신호 $u(t)$는 인가하기 쉬운 함수이다. 전기적으로, $t = 0$에서 스위치를 닫음으로써 배터리나 직류 전원을 인가할 수 있다. 입력 신호의 급격한 변화에 대하여 시스템이 얼마

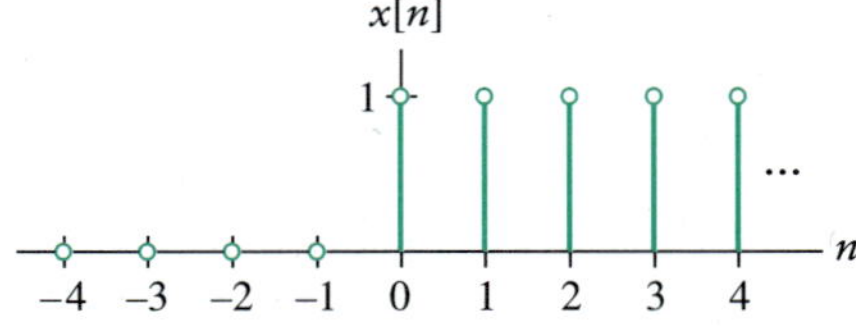

그림 1.37 이산시간 단위 계단 함수 신호

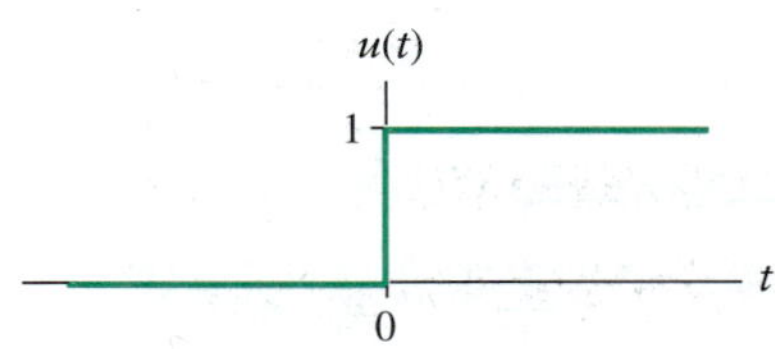

그림 1.38 연속시간 단위 계단 함수 신호

나 빨리 반응하는가는 계단 함수 신호에 의한 출력 신호를 보면 알 수 있기 때문에, 테스트 신호로써 계단 함수 신호를 많이 사용한다. 이산시간 시스템에서는 $u[n]$이 이용된다.

또한, 다음의 예제에서 보여 주는 것과 같이, 계단 함수 신호 $u(t)$는 불연속인 파형을 구성하는 데에도 사용된다.

예제 1.8 **구형파.** 그림 1.39(a)에 있는 구형파 펄스 $x(t)$를 생각하자. 이 펄스는 진폭이 A이고, 시간 폭이 T이다. $x(t)$를 두 계단 함수 신호의 가중합(weighted sum)으로 표현하라.

풀이: 구형파 펄스 $x(t)$를 수학적으로 표현하면 아래와 같다.

$$x(t) = \begin{cases} A, & 0 \le |t| < 0.5 \\ 0, & |t| > 0.5. \end{cases} \tag{1.55}$$

여기서 $|t|$는 시간 t의 크기를 의미한다. 구형파 펄스 $x(t)$는 그림 1.39(b)와 1.39(c)에 표현한 시간 이동된 두 개의 계단 함수 신호의 차로 표현된다. 따라서, $x(t)$는 아래와 같다.

$$x(t) = Au\left(t + \frac{1}{2}\right) - Au\left(t - \frac{1}{2}\right). \tag{1.56}$$

여기서 $u(t)$는 계단 함수 신호이다. ▮

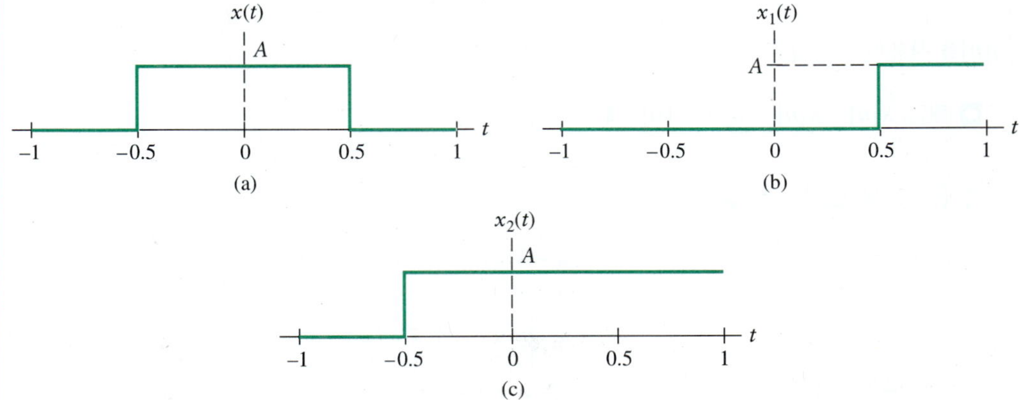

그림 1.39 (a) 진폭이 A이고 폭이 $T = 1$초인 구형파 펄스 $x(t)$ 대칭, (b) 진폭 A인 계단 함수 0.5 s 오른쪽으로 이동, (c) 진폭 A인 계단 함수 0.5 s 왼쪽으로 이동

예제 1.9 ***RC* 회로.** 그림 1.40에 있는 단순한 RC 회로를 생각해 보자. 캐패시터 C는 초기에는 변화하지 않는다고 가정한다. $t = 0$에서 DC값 V_0의 직류원이 연결되도록 RC 회로의 스위치가 닫힌

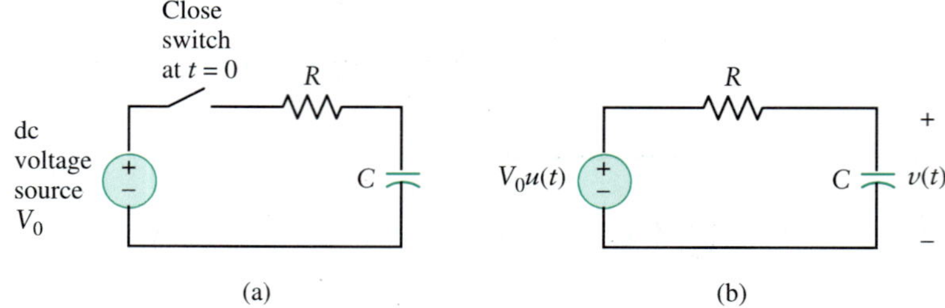

그림 1.40 (a) $t = 0$에서 스위치가 닫히는 RC 회로, 전압은 DC값, (b) 스위치 역할을 대신하기 위해서 단위 계단 함수를 사용한 RC 회로

다. $t \geq 0$에서 캐패시터 C에 걸리는 전압을 계산하라.

풀이: 스위치 역할은 그림 1.40(b)에서와 같이 단위 계단 함수 $V_0u(t)$ 대신 나타낼 수 있다. 캐패시터는 급격히 변하지 않는다. 그래서 우리는 다음과 같이 초기 상태는 변하지 않는다고 가정한다.

$$v(0) = 0.$$

$t = \infty$이면 캐패시터는 완전히 충전된다. 즉,

$$v(\infty) = V_0.$$

시상수(time constant) RC에 따라 지수적으로 증가하면서 캐패시터 전압이 충전됨을 알기 때문에, 다음과 같이 표현할 수 있다.

$$v(t) = V_0(1 - e^{-t/(RC)})u(t). \tag{1.57}$$

▶ **연습문제 1.22** 이산시간 신호 $x[n]$은 다음과 같다.

$$x[n] = \begin{cases} 1, & 0 \leq n \leq 9 \\ 0, & \text{그 밖의 범위.} \end{cases}$$

$u[n]$을 사용해서 $x[n]$을 두 계단 함수 신호의 중첩으로 나타내어라.

해답: $x[n] = u[n] - u[n - 10]$

1.6.6 임펄스 신호

이산시간 임펄스 신호는 다음과 같이 정의되고, 그림 1.41에 나타냈다.

$$\delta[n] = \begin{cases} 1, & n = 0 \\ 0, & n \neq 0. \end{cases} \tag{1.58}$$

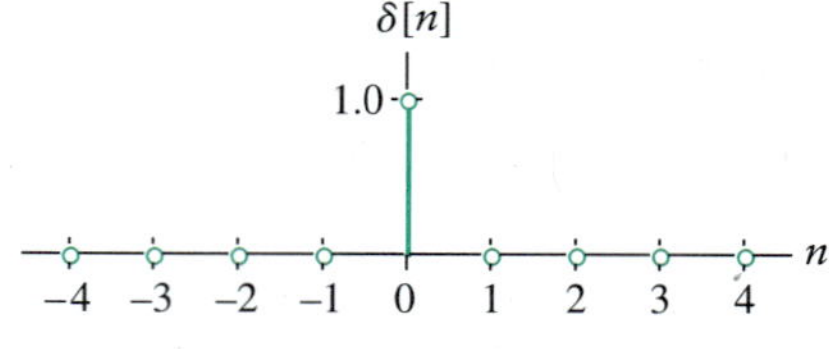

그림 1.41 이산시간 임펄스 신호

연속시간 임펄스 신호는 다음 두 개의 식으로 정의된다.

$$\delta(t) = 0, \quad t \neq 0 \tag{1.59}$$

$$\int_{-\infty}^{\infty} \delta(t)\, dt = 1. \tag{1.60}$$

식 (1.59)는 $\delta(t)$가 원점을 제외한 모든 곳에서 0임을 나타낸다. 식 (1.60)은 단위 임펄스 신호 아래의 전체 면적이 1임을 나타낸다. 또한, $\delta(t)$는 **Dirac 델타 함수**라고 부른다. 주목할 점은 임펄스 신호 $\delta(t)$가 계단 함수 신호 $u(t)$의 시간에 대한 미분이라는 것이다. 역으로, 계단 함수 신호 $u(t)$는 시간에 대한 임펄스 신호 $\delta(t)$의 적분이다.

이산시간 임펄스 신호 $\delta[n]$은 그림 1.41처럼 그래프로 쉽게 표현된다. 이에 비해, 단위 연속시간 임펄스 신호 $\delta(t)$를 그림으로 나타낼 때는 주의가 요구된다. $\delta(t)$를 사각화하는 한 가지 방법은 그림 1.42(a)와 같이 단위 면적을 가지고 있는 구형파 펄스의 극한 형태로 나타내는 것이다. 구체적으로 말하면, 펄스 면적이 1을 유지하면서, 펄스 폭을 감소시키고 진폭을 증가시킨다. 폭이 감소됨에 따라 구형파 펄스는 임펄스에 근사화된다. 이 결과를 일반화하면, 다음과 같이 표현된다.

$$\delta(t) = \lim_{\Delta \to 0} x_{\Delta}(t). \tag{1.61}$$

여기서 $x_{\Delta}(t)$는 시간폭이 Δ이고 시간의 우함수이며, 단위 면적을 가진 펄스이면 어느 것이든 좋다. 펄스의 면적은 임펄스 신호의 **세기**(strength)로 정의한다. 따라서, 임펄스 함수 $\delta(t)$를 말할 때는 임펄스의 세기가 1이라고 한다. 그림 1.42(b)에서 임펄스 신호를 그래프로 표현하였다. 그림 1.42(c)와 같이 세기가 a인 임펄스는 $a\delta(t)$로 표현하며, 시간폭 Δ가 0에 접근함에 따라 면적 a인 펄스가 세기가 a인 임펄스로 된다.

임펄스 $\delta(t)$와 단위 계단 함수 $u(t)$는 특별한 관계를 가지고 있으며, 둘 중 하나를 알고 있으면 다른 하나도 표현할 수 있게 된다. 특히 $\delta(t)$는 $u(t)$의 시간에 대한 미분으로 표시하면 다음과 같다.

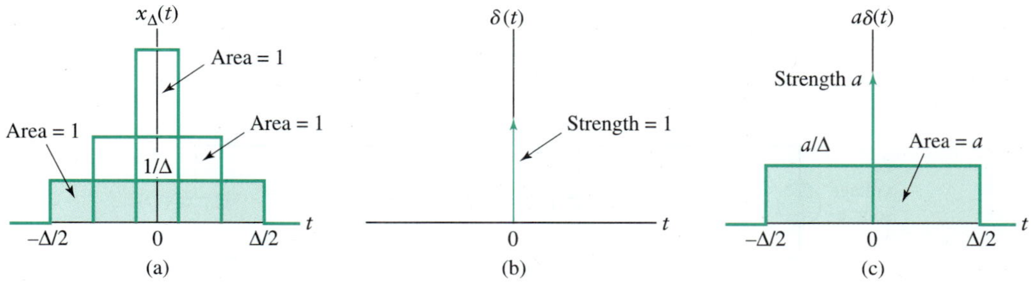

그림 1.42 (a) 단위 면적의 구형파 펄스를 세기가 1인 임펄스 신호로 만들어 가는 과정, (b) 단위 임펄스 함수의 그래프적인 표현, (c) 시간폭 Δ가 0에 접근함에 따라 면적 a인 펄스가 세기가 a인 임펄스로 표현되는 과정

$$\delta(t) = \frac{d}{dt}u(t). \tag{1.62}$$

바꾸어 말하면, $u(t)$는 $\delta(t)$의 시간에 대한 적분식으로 나타낼 수 있다.

$$u(t) = \int_{-\infty}^{t} \delta(\tau)\, d\tau. \tag{1.63}$$

예제 1.10 *RC* 회로(계속). 그림 1.43은 단순한 회로이다. 캐패시터는 초기에는 변화하지 않고 스위치는 $t = 0$일 때 닫힌다(이 회로는 저항이 없다는 것만 제외하면 앞에서 보았던 그림 1.40의 *RC* 회로와 같다). $t \geq 0$일 때 캐패시터에 흐르는 전류 $i(t)$를 구하라.

풀이: 그림 1.43(b)와 같이 스위칭 되었을 때 전원 $V_0u(t)$와 캐패시터에 걸리는 전압 $v(t)$와 같다. 우리는 캐패시터에 걸리는 전압 $v(t)$를 다음과 같이 표현할 수 있다.

$$v(t) = V_0u(t).$$

캐패시터에 흐르는 전류는

$$i(t) = C\frac{dv(t)}{dt}$$

이다. 즉, 다음과 같이 쓸 수 있다.

$$\begin{aligned} i(t) &= CV_0\frac{du(t)}{dt} \\ &= CV_0\delta(t). \end{aligned}$$

여기서 두 번째 식은 식 (1.62)에서 유도하였다. 그림 1.43(b)에서 캐패시터에 흐르는 전류는 CV_0와 임펄스의 곱이다. ▮

정의식 (1.61)로부터, 단위 임펄스 신호 $\delta(t)$는 다음과 같이 시간 t의 우함수 신호이다.

$$\delta(-t) = \delta(t). \tag{1.64}$$

그런데, 단위 임펄스 신호 $\delta(t)$가 수학적으로 의미를 갖기 위해서는, $\delta(t)$가 시간에 대한 적분 기호 안의 피적분 함수로 나타나야 한다. 엄밀히 말하면, 임펄스 함수가 발생한 순간에서 적분

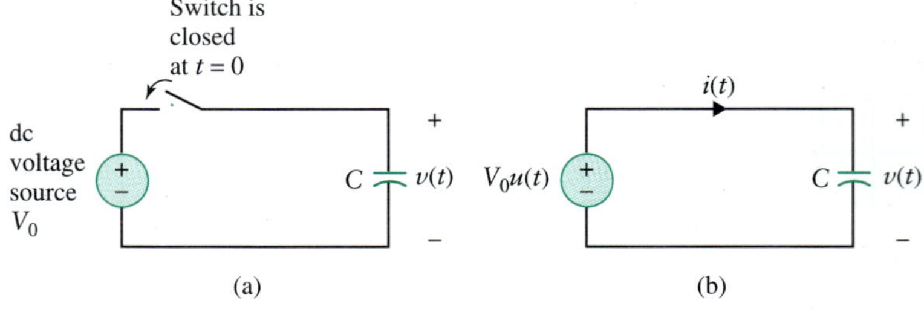

그림 1.43 (a) 이 회로는 캐패시터 dc 전압 스위치; 이 스위치는 $t = 0$에서 닫힌다. (b) 스위치를 닫았을 때 계단 함수로 표현한 회로

기호 안의 다른 함수가 연속인 함수일 경우에만 임펄스 함수가 수학적으로 의미가 있다. 임펄스 함수가 발생한 순간에서 연속인 함수를 $x(t)$로 놓고, $x(t)$와 시간 이동된 임펄스 함수 $\delta(t - t_0)$의 곱을 생각하자. 식 (1.59)와 (1.60)으로부터 두 함수의 곱을 다음과 같이 표현할 수 있다.

$$\int_{-\infty}^{\infty} x(t)\delta(t - t_0)\, dt = x(t_0). \tag{1.65}$$

이것은 단위 임펄스가 존재하는 시각 $t = t_0$에서 $x(t)$가 연속임을 가정하고 얻은 결과이다.

식 (1.65)의 좌변의 연산은 $t = t_0$인 순간에서의 $x(t)$의 함수값 $x(t_0)$를 뽑아내는(sift) 것이다. 따라서, 식 (1.65)를 단위 임펄스 신호의 **시프팅 특성**(sifting property)이라고 한다. 가끔 이러한 특성은 단위 임펄스 신호의 정의로 사용되기도 하며, 결과적으로 식 (1.65)는 식 (1.59)와 (1.60)을 하나의 식으로 만든 것이다.

단위 임펄스 신호 $\delta(t)$의 또 다른 유용한 특성은 다음과 같은 **시간 스케일링 특성**이다.

$$\delta(at) = \frac{1}{a}\delta(t), \qquad a > 0. \tag{1.66}$$

식 (1.66)의 특성을 증명하기 위해 식 (1.61)의 t 대신에 at로 치환하면 다음과 같다.

$$\delta(at) = \lim_{\Delta \to 0} x_\Delta(at). \tag{1.67}$$

함수 $x_\Delta(t)$를 나타내기 위해 그림 1.44(a)에 나타낸 구형파 펄스를 사용하고, 이 구형파 펄스는 시간폭이 Δ, 진폭이 $1/\Delta$, 면적이 1이다. $a > 1$인 경우에 대하여 시간 스케일된 함수 $x_\Delta(at)$를 그림 1.44(b)에 나타냈다. 시간 스케일링이기 때문에 $x_\Delta(at)$의 진폭이 변하지 않았다. 그러므로 펄스 아래의 면적을 1로 유지하기 위해서는 그림 1.44(c)에 나타낸 것처럼 $x_\Delta(at)$의 높이는 a배가 되어야 한다. 그림 1.44(c) 함수를 $ax_\Delta(at)$로 표기하고 식 (1.67)에 이 함수를 적용하면 다음과 같이 나타낼 수 있다.

$$\lim_{\Delta \to 0} x_\Delta(at) = \frac{1}{a}\delta(t). \tag{1.68}$$

이 결과로부터 식 (1.66)은 성립한다.

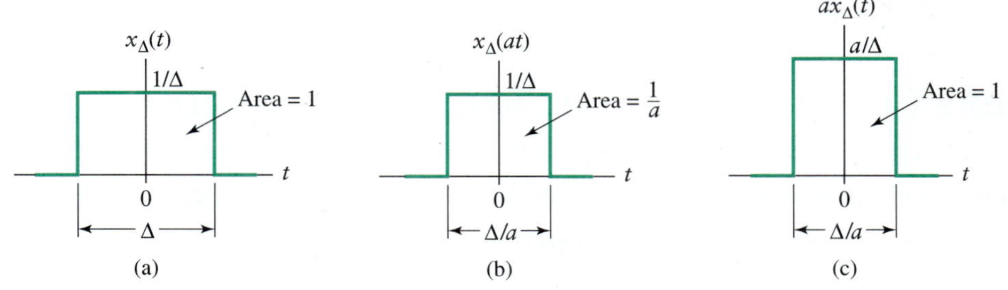

그림 1.44 단위 임펄스 신호의 시간 스케일링 특성을 증명하는 단계. (a) 폭이 Δ, 진폭이 $1/\Delta$인 함수 $x_\Delta(t)$, 우함수, (b) 펄스 $x_\Delta(t)$는 a에 의해서 압축, (c) 단위 면적을 1로 유지하기 위한 진폭 스케일링

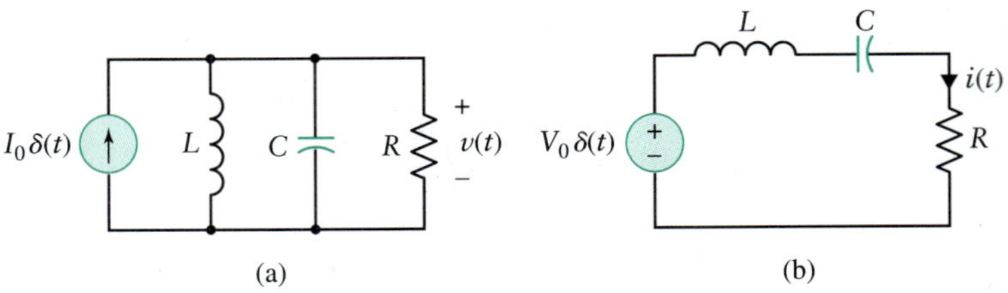

그림 1.45 (a) 임펄스 전류 신호에 의해 작동되는 병렬 RLC 회로, (b) 임펄스 전압 신호에의 작동되는 직렬 RLC 회로

이제까지 단위 임펄스 신호를 정의하고 특성을 표현하였다. 그렇다면, 실제로 단위 임펄스 신호를 어디에 사용하는가에 대한 의문이 남는다. 임펄스 신호는 $t = 0$에서 진폭이 무한대이고, 다른 곳에서는 진폭이 0이기 때문에 이를 물리적으로 생성할 수는 없다. 그렇지만, 임펄스 신호 함수를 매우 짧은 폭과 큰 진폭을 갖는 신호로 근사화하여 수학적인 목적으로 사용한다. 그러한 입력 신호에 대한 시스템의 응답은 그 시스템의 특성을 많이 나타낸다. 예를 들어, 초기 조건이 0이라고 가정한 그림 1.36의 병렬 LCR 회로를 생각하자. 임펄스 신호 함수를 근사화시킨 전압 신호를 시간 $t = 0$인 순간에 회로에 인가한다고 가정하자. 임펄스 함수는 $t = 0$이라는 순간을 회로에서 적용시킬 수 있다. 그림 1.45(a)에서 $I_0\delta(t)$는 임펄스적인 전류 신호를 나타내고 있다. $t = 0$에서 인덕터는 개방(open)이고 캐패시터는 단락(short)이다. 따라서 입력 임펄스 전류 신호 $I_0\delta(t)$는 캐패시터를 통하여 흐르게 되므로 인해서 새로운 값이 $t = 0^+$에서 캐패시터에 걸리는 전압이 발생하는 이유이다.

$$\begin{aligned} V_0 &= \frac{1}{C}\int_{0^-}^{0^+} I_0\delta(t)d(t) \\ &= \frac{I_0}{C}. \end{aligned} \tag{1.69}$$

여기서, $t = 0^+$는 양에서 $t = 0$으로 접근하는 것이고, $t = 0^-$는 음에서 $t = 0$으로 접근하는 것을 말한다. 그 후에는 입력 없이 회로는 동작하게 된다. 캐패시터에 걸린 전압 $v(t)$의 결과는 식 (1.50)에 의해서 정의된다. 이런한 것을 회로의 **과도응답**(transient response)이라 하고 테스트 신호로써 임펄스 함수가 사용된다.

▶ **연습문제 1.23** 그림 1.45(a)의 병렬 RLC 회로와 그림 1.45(b)의 직렬 RLC 회로는 쌍대(dual)이다. 그림 1.45(a)에 있는 전압 $v(t)$와 (b)에 있는 전류 $i(t)$에 관한 미분 방정식은 수학적으로 동일한 형태이다. 병렬 회로에 대해서 이미 알고 있다고 가정하고, 그림 1.45(b)의 직렬 RLC 회로에 대해서는 다음에 답하여라. 현재 초기 상태라고 가정한다.

(a) $t = 0^+$에서 전류 $i(t)$값은 무엇인가?

(b) $t \geq 0^+$에서 전류 $i(t)$에 관해서 미적분식으로 정의하라.

해답: (a) $I_0 = V_0/L$

(b) $L\dfrac{d}{dt}i(t) + Ri(t) + \dfrac{1}{C}\displaystyle\int_{0^+}^{t} i(\tau)\,d\tau = 0$ ▮

1.6.7 임펄스 함수의 도함수

시스템 분석에 있어서 때때로 우리는 임펄스의 1차나 고차 도함수를 결정하기 위한 문제점들에 직면하게 된다. 이러한 문제는 주의 깊은 태도가 요구된다.

그림 1.42(a)에서 임펄스 $\delta(t)$는 시간폭이 Δ이고 진폭이 $1/\Delta$인 구형 펄스의 극한값 형태였다. 이러한 개념에 근거를 두면 구형 펄스의 1차 도함수의 극한값 형태로써 $\delta(t)$의 1차 도함수를 관찰할 수 있다.

다음은 예제 1.8에서 구형 펄스가 계단 함수 $(1/\Delta)u(t + \Delta/2)$와 $(1/\Delta)u(t - \Delta/2)$의 차로 나타낼 수 있음을 보였다. 식 (1.62)에서는 단위 계단 함수를 미분함으로써 단위 임펄스가 되는 것을 설명하였고 그래서 임펄스의 쌍은 구형파를 시간에 대한 미분으로 구할 수 있다.

- 세기가 $1/\Delta$인 첫 번째 임펄스, $t = -2/\Delta$에 위치
- 세기가 $-1/\Delta$인 두 번째 임펄스, $t = 2/\Delta$에 위치

임펄스의 시간폭 Δ가 영에 접근함에 따라 두 가지 경우가 발생한다. 첫 번째, 각각 두 임펄스의 미분 방향이 서로 다르다. 이것은 사실 원점에서 일치하게 된다. 두 번째, 두 임펄스의 강도는 각각 $\pm\infty$와 $-\infty$로 접근하게 된다. 임펄스 $\delta(t)$의 1차 도함수는 임펄스 쌍으로 구성된다는 결론을 낼 수 있다. 하나의 임펄스는 $t = 0^-$에서 무한대의 양의 강도를 가지며 또 다른 임펄스는 $t = 0^+$에서 무한대의 음의 강도를 가진다는 것이다. 여기서 0^+와 0^-는 각각 양과 음측에서 영으로 접근하는 것을 말한다. 이 임펄스의 1차 도함수를 **더블릿(doublet)**이라고 하고 $\delta^{(1)}(t)$로 표기한다. 더블릿은 단위 임펄스 입력에 대한, 식 (1.25)의 인덕터 시스템과 같은, 미분기의 출력으로 해석될 수 있다.

단위 임펄스로써의 더블릿은 시간에 대한 적분의 수학적 의미를 가지고 있으며, 엄격히 말해서 적분에 대한 또 다른 의미는 시간에 대한 연속적인 도함수를 가질 때 더블릿이 발생한다. 이것들에 대한 더블릿의 특징은 두 임펄스의 극한값과 임펄스의 특징으로 묘사된다. 예로 다음과 같이 쓸 수 있다.

$$\delta^{(1)}(t) = \lim_{\Delta \to 0} \frac{1}{\Delta}\left(\delta(t + \Delta/2) - \delta(t - \Delta/2)\right) \tag{1.70}$$

이고, 다음과 같은 더블릿 기본 속성을 볼 수 있다.

$$\int_{-\infty}^{\infty} \delta^{(1)}(t)\,dt = 0; \tag{1.71}$$

$$\int_{-\infty}^{\infty} f(t)\delta^{(1)}(t - t_0)\,dt = \frac{d}{dt}f(t)\big|_{t=t_0}. \tag{1.72}$$

식 (1.72)에서 $f(t)$는 $t = t_0$에서 미분 가능한 시간에 대한 연속 함수이다. 식 (1.72)에 나타낸 속성은 임펄스의 시프팅(sifting) 속성이다.

우리는 또한 단위 임펄스의 고차 도함수를 결정하기 위해서 식 (1.70)을 사용한다. 즉,

$$\begin{aligned}\frac{d^2}{dt^2}\delta(t) &= \frac{d}{dt}\delta^{(1)}(t)\\ &= \lim_{\Delta\to 0}\frac{\delta^{(1)}(t+\Delta/2)-\delta^{(1)}(t-\Delta/2)}{\Delta}.\end{aligned} \tag{1.73}$$

식 (1.73)은 단위 임펄스의 n차 도함수의 정의를 $\delta^{(n)}$으로써 일반화할 수 있다.

▶ 연습문제 1.24

(a) $\delta^{(2)}$의 시프팅 성질(sifting property)을 계산하라.

(b) 단위 임펄스의 n차 도함수의 시프팅 성질을 일반화하라.

해답: (a) $\displaystyle\int_{-\infty}^{\infty} f(t)\delta^{(2)}(t-t_0)\,dt = \frac{d^2}{dt^2}f(t)\Big|_{t=t_0}$

(b) $\displaystyle\int_{-\infty}^{\infty} f(t)\delta^{(n)}(t-t_0)\,dt = \frac{d^n}{dt^n}f(t)\Big|_{t=t_0}$ ■

1.6.8 램프 함수

임펄스 함수 신호 $\delta(t)$는 계단 함수 신호 $u(t)$의 도함수이다. 또한, 계단 함수 신호 $u(t)$의 적분은 기울기가 1인 **램프 함수**(ramp function) 신호이다. 후자를 보통 $r(t)$라고 표시하고, 다음과 같이 정의 한다.

$$r(t) = \begin{cases} t, & t \ge 0 \\ 0, & t < 0. \end{cases} \tag{1.74}$$

또한, 다음과 같이 쓸 수 있다.

$$r(t) = tu(t). \tag{1.75}$$

램프 함수 신호 $r(t)$는 그림 1.46에 그래프로 나타냈다.

역학에서, 램프 함수를 다음과 같이 예시할 수 있다. 축의 각변위를 $f(x)$라고 하면, 축의 정

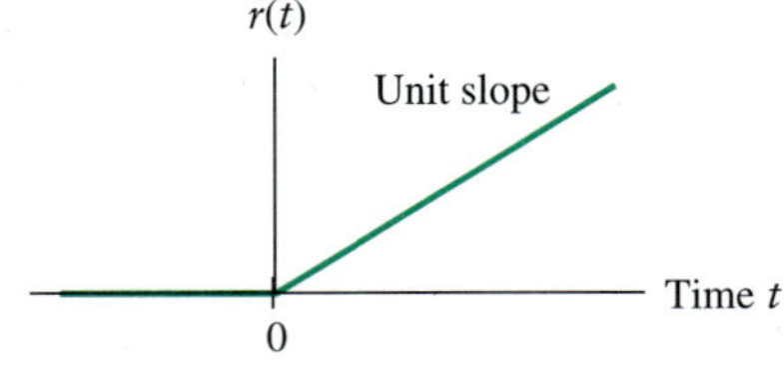

그림 1.46 기울기가 1인 램프 함수 신호

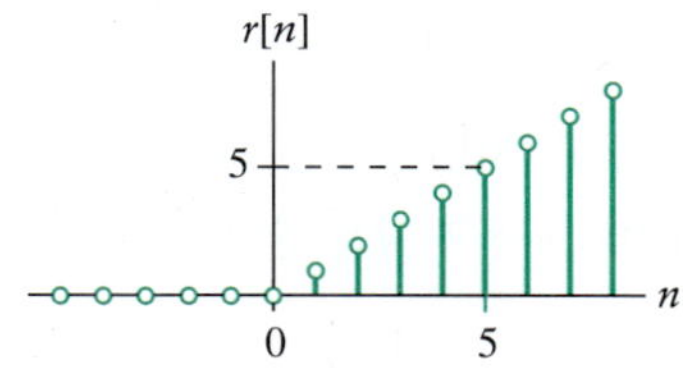

그림 1.47 이산시간 램프 함수 신호

속도 회전하는 축의 각변위는 램프 함수로 표현된다. 테스트 신호로써 램프 함수를 사용하면, 선형적으로 증가하는 신호에 대해 연속시간 시스템이 어떻게 반응하는가를 알 수 있다.

이산시간 램프 함수 신호는 다음과 같다.

$$r[n] = \begin{cases} n, & n \geq 0 \\ 0, & n < 0 \end{cases} \tag{1.76}$$

또는,

$$r[n] = nu[n]. \tag{1.77}$$

이것을 그림 1.47에 나타냈다.

예제 1.11 **병렬 회로.** 직류 전류원 I_0와 초기에 변화가 없는 캐패시터 C가 있는 병렬 회로가 그림 1.48(a)에 있다. $t = 0$에서 스위치가 열린다. 캐패시터에 흐르는 전류 $i(t)$를 구하고 $t \geq 0$에서 캐패시터에 걸리는 전압 $v(t)$를 구하라.

풀이: $t = 0$ 스위치가 열리면 전류 $i(t)$는 영에서 I_0로 점프하고 이런 작동은 다음과 같은 단위 계단 함수로 표현할 수 있다.

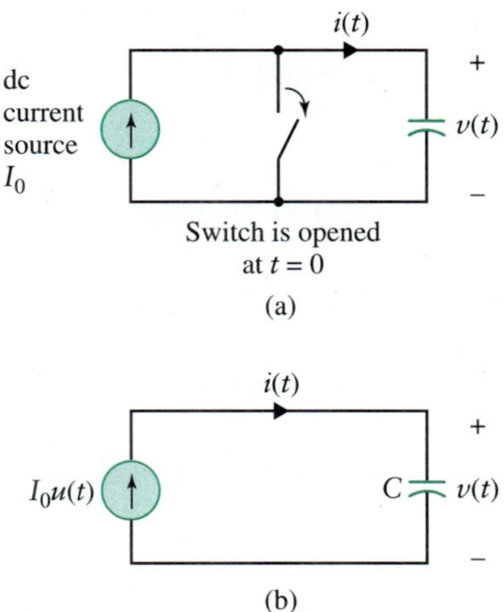

그림 1.48 (a) 전류원, 스위치, 캐패시터로 구성되어 있는 병렬 회로; 캐패시터는 초기에는 변화하지 않는다고 가정하고, 스위치는 $t = 0$에서 열린다. (b) 계단 함수 $u(t)$를 이용해서 스위치가 열렸을 때를 묘사한 그림

$$i(t) = I_0 u(t).$$

우리는 그림 1.48(a)에 회로가 그림 1.48(b)에 있는 회로로 표현된다는 것을 알 수 있다. 정의에 의해 캐패시터의 전압 $v(t)$는 전류 $i(t)$와 다음과 같은 관계식을 가질 수 있다.

$$v(t) = \frac{1}{C}\int_{-\infty}^{t} i(\tau)\, d\tau.$$

위의 두 식을 이용해서 다음과 같이 쓸 수 있다.

$$\begin{aligned} v(t) &= \frac{1}{C}\int_{-\infty}^{t} I_0 u(\tau)\, d\tau \\ &= \begin{cases} 0 & t < 0\text{일 경우} \\ \dfrac{I_0}{C}t & t \ge 0\text{일 경우} \end{cases} \\ &= \frac{I_0}{C} t u(t) \\ &= \frac{I_0}{C} r(t). \end{aligned}$$

이와 같이 캐패시터에 걸리는 전압은 기울기가 I_0/C인 램프 함수이다. ■

1.7 연산의 접속으로 본 시스템

수학적으로 시스템은 입력 신호를 입력 신호와 다른 특성을 가진 출력 신호로 변환하는 여러 **연산의 접속**으로 볼 수 있다. 신호는 연속시간이나 이산시간 신호이거나, 또는 둘 다 혼합된 경우도 있다. 시스템의 작용을 전체 **연산자** H로 표기하고 연속시간 신호 $x(t)$를 시스템에 입력하면, 출력 신호는 다음과 같다.

$$y(t) = H\{x(t)\}. \tag{1.78}$$

그림 1.49(a)는 식 (1.78)의 블록 다이어그램을 보여준다. 이산시간의 경우에는 다음과 같다.

$$y[n] = H\{x[n]\}. \tag{1.79}$$

그림 1.49(b)에서 이산시간 신호 $x[n]$, $y[n]$은 각각 입력, 출력 신호를 나타낸다.

$x(t)$ → H → $y(t)$ (a)

$x[n]$ → H → $y[n]$ (b)

그림 1.49 시스템 연산자 H의 블록 다이어그램. (a) 연속시간 시스템, (b) 이산시간 시스템

$x[n]$ → S^k → $x[n-k]$

그림 1.50 이산시간 신호 $x[n]$을 $x[n-k]$로 출력하는 이산 시간이동 연산자 S^k

예제 1.12 **이동 평균 시스템.** 다음과 같이 출력 신호 $y[n]$은 입력 신호 $x[n]$의 가장 최근의 3개의 값의 평균인 이산시간 시스템으로 생각하자.

$$y[n] = \frac{1}{3}(x[n] + x[n-1] + x[n-2]).$$

이러한 시스템은 두 가지 이유 때문에 **이동 평균 시스템**(moving-average system)으로 불린다. 첫째, $y[n]$은 $x[n]$, $x[n-1]$, $x[n-2]$의 평균이다. 둘째, n이 이산시간 축을 따라 이동하므로 $y[n]$의 값은 변한다. 이 경우 시스템 연산자 H를 수식화하고, 이를 블록 다이어그램으로 표현하라.

풀이: 그림 1.50의 연산자 S^k를 입력 신호 $x[n]$을 k만큼 시간 이동시켜서 $x[n-k]$로 출력하는 시스템이라고 하자. 따라서 이동 평균 시스템에 대한 전체 시스템 연산자 H는 다음과 같다.

$$H = \frac{1}{3}(1 + S + S^2).$$

연산자 H(이동 평균 시스템)를 그림 1.51에서와 같이 두 가지 방식으로 구현할 수 있다. 그림 (a)에서는 두 개의 동일한 단위 시간이동기($S^1 = S$)를 종속 접속하여 구현한다. 두 개의 경우에서 이동 평균 시스템은 세 가지의 블록, 두 개의 시간이동기, 한 개의 덧셈기와 한 개의 스칼라 곱셈기를 연결하여 구성한다. ∎

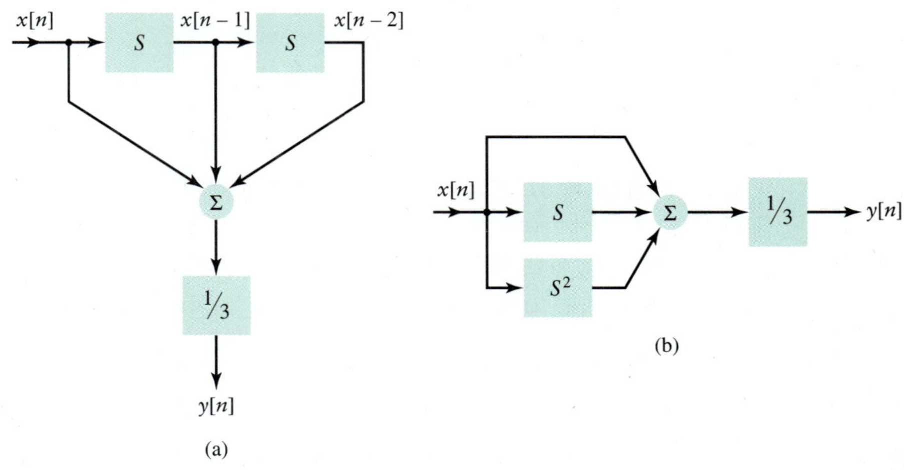

그림 1.51 이동 평균 시스템의 두 가지 구현 방식. (a) 종속 접속, (b) 병렬 접속

▶ **연습문제 1.25** 다음과 같은 입출력 관계의 시스템을 시간이동기 S를 이용하여 표현하라.

$$y[n] = \frac{1}{3}(x[n+1] + x[n] + x[n-1]).$$

해답: $H = \frac{1}{3}(S^{-1} + 1 + S^1)$ ∎

그림 1.51(a), (b)와 같이 접속된 시스템에서 신호는 시스템을 통하여 앞 방향으로만 흘러간다. 시스템을 연결하는 또 하나의 방법에는 **귀환**(feedback) 접속이 있다. 그림 1.4에는 두 개의 경로로 이루어진 **귀환 시스템**의 예가 나타나 있다. 앞 방향 경로는 제어기와 플랜트가 종속 접속으로 이루어진 경우에만 성립된다. 한쪽 끝에는 시스템의 출력을 연결하고, 다른 한쪽 끝에는 시스템의 입력을 연결한 센서를 통해서 귀환 경로를 구성한다. 귀환은 많은 장점과 함께 특별한 주의를 요하는 문제를 가지고 있는데, 귀환은 9장에서 언급할 것이다.

1.8 시스템의 특성

시스템의 특성은 시스템을 표현하는 연산자 H의 특성을 기술하는 것이다. 앞으로는 시스템 특성 중의 일부를 공부할 것이다.

1.8.1 안정성(Stability)

유한 입력에 대하여 출력이 유한이면 시스템이 **안정하다**고 정의한다. 안정한 시스템의 경우에는 입력이 발산하지 않는다면 출력도 발산하지 않는다. 안정성에 대한 조건을 공식화하기 위해 식 (1.78)로 표현된 연속시간 시스템을 생각하자. 입력 신호 $x(t)$가 아래와 같은 관계를 만족할 때, 출력 신호 $y(t)$가 다음 관계를 만족하면 시스템 H는 안정하다.

$$|x(t)| \leq M_x < \infty \quad (\text{모두 } t\text{일 경우}) \tag{1.80}$$

일 때

$$|y(t)| \leq M_y < \infty \quad (\text{모두 } t\text{일 경우}) \tag{1.81}$$

M_x와 M_y는 유한한 양수이다. 이산시간 시스템의 안정성에 대한 조건을 유사한 방식으로 표현할 수 있다. 공학적 관점에서 보면, 모든 가능한 운전 조건에서 시스템이 안정성을 유지하는 것은 중요하다. 유한 입력에 대한 유한 출력을 내는 시스템만이 안정하다. 안정성을 유지하기 위한 별도의 장치를 사용하지 않는다면, 일반적으로 불안정 시스템을 사용하지 않는다. 불안정한 시스템의 유명한 하나의 예는 최초의 Tacoma Narrows 현수교가 바람으로 인한 진동 때문에, 1940년 11월 7일 오전 11시경에 붕괴된 일이다. Washington의 Tacoma시 근처 Puget Sound의 Tacoma Narrow에 있던 다리가 개통된 지 두세 달 후에 붕괴되었다. 그림 1.52는 붕괴 직전과 붕괴 직후의 사진이다.

예제 6.13 **이동 평균 시스템**(계속). 예제 1.12의 이동 평균 시스템이 안정하다는 것을 보여라.

▸ 풀이: 입력을 다음과 같이 유한이라고 가정한다.

(a)

(b)

그림 1.52 1940년 11월 7일 오전 11시경에 붕괴한 Tacoma Narrows 현수교의 사진. (a) 붕괴 직전, 다리 중앙부 경간의 비틀림을 보여주는 사진, (b) 콘크리트 하나가 떨어지고 난 후 2-3분 후의 사진. 600 ft의 구간이 현수교 경간으로부터 떨어져 나와 180° 뒤집혀 Puget Sound로 떨어지는 모습

$$|x[n]| < M_x < \infty \quad \text{(모두 } n\text{일 경우)}$$

입력 $x[n]$과 출력 $y[n]$의 관계는 다음과 같다.

$$y[n] = \frac{1}{3}(x[n] + x[n-1] + x[n-2]).$$

이들로부터 출력 $y[n]$의 크기를 계산하면,

$$\begin{aligned}|y[n]| &= \frac{1}{3}|x[n] + x[n-1] + x[n-2]| \\ &\le \frac{1}{3}(|x[n]| + |x[n-1]| + |x[n-2]|) \\ &\le \frac{1}{3}(M_x + M_x + M_x) \\ &= M_x.\end{aligned}$$

따라서, 모든 n에 대한 출력 신호 $y[n]$의 절대값은 입력 신호 $x[n]$의 절대값의 최대값보다 작다. 따라서 이동 평균 시스템은 안정하다. ▮

예제 1.14 **불안정 시스템.** 입출력 관계가 다음과 같은 이산시간 시스템을 생각하자. 단, $r > 1$이다. 이 시스템이 불안정하다는 것을 보여라.

$$y[n] = r^n x[n].$$

▸ 풀이: 입력 신호 $x[n]$이 다음 조건을 만족한다고 가정하자.

$$|x[n]| \le M_x < \infty \quad \text{(모든 } n\text{에 대하여)}$$

$$\begin{aligned}|y[n]| &= |r^n x[n]| \\ &= |r^n| \cdot |x[n]|.\end{aligned}$$

$r > 1$이면, r^n은 n이 증가함에 따라 발산한다. 따라서, 입력 신호가 유한이라 하더라도 출력 신호가 유한이 아니므로 이 시스템은 불안정하다. 어떤 시스템이 안정하다는 것을 증명하기 위해서는 모든 유한 입력 신호에 대한 출력 신호가 유한이어야 한다. ▮

▶ **연습문제 1.26** 이산시간 시스템의 입출력 관계는 아래의 수식에 의해 표현된다.

$$y[n] = \sum_{k=0}^{\infty} \rho^k x[n-k].$$

만일, $|\rho| \ge 1$이면 시스템이 불안정함을 보여라. ▮

1.8.2 기억

출력 신호가 입력 신호의 과거값의 영향을 받는다면 시스템은 **기억(memory)**이 있다고 한다. 출력에 영향을 주는 과거 시간의 양은 시스템이 얼마나 많은 과거의 값을 기억하는지를 나타낸다. 반대로, 출력 신호가 입력 신호의 현재값에만 의존한다면 **무기억 시스템**(memoryless)이라고 한다.

예를 들어, 저항은 전압 $v(t)$에 대하여 전류 $i(t)$가 다음과 같기 때문에 무기억이다.

$$i(t) = \frac{1}{R}v(t).$$

여기서, R은 저항 소자의 저항값이다. 한편, 인덕터에서 전압 $v(t)$에 대한 전류 $i(t)$는 다음과 같기 때문에 인덕터는 기억 소자이다.

$$i(t) = \frac{1}{L}\int_{-\infty}^{t} v(\tau)\,d\tau.$$

여기서 L은 인덕터의 인덕턴스이다. 즉, 저항과 달리 시간 t에서 인덕터를 통하여 흐르는 전류 $i(t)$는 전압 $v(t)$의 모든 과거의 값에 의존한다. 인덕터는 무한한 과거까지 기억하고 있다.

다음과 같은 입출력 관계로 표현된 예제 1.12의 평균 시스템은 시간 n에서 출력 신호 $y[n]$의 값이 입력 신호 $x[n]$의 현재와 과거, 두 개의 값에 의존하기 때문에 기억을 가지고 있다.

$$y[n] = \frac{1}{3}(x[n] + x[n-1] + x[n-2]).$$

한편, 입출력 관계가 다음과 같이 표현된 시스템은, 시간 n에서 출력신호 $y[n]$의 값이 입력 신호 $x[n]$의 현재값에만 의존하기 때문에 무기억이다.

$$y[n] = x^2[n].$$

▶ **연습문제 1.27** 입출력 관계가 다음과 같이 표현된 이동 평균 시스템의 기억의 한계는 얼마인가?

$$y[n] = \frac{1}{3}(x[n] + x[n-2] + x[n-4]).$$

해답: 4개의 시간 단위 ▮

▶ **연습문제 1.28** 반도체 다이오드의 입출력 관계는 다음과 같다.

$$i(t) = a_0 + a_1 v(t) + a_2 v^2(t) + a_3 v^3(t) + \cdots$$

여기서 $v(t)$는 공급 전압이고, $i(t)$는 다이오드로 흐르는 전류 a_0, a_1, a_3, …은 상수이다. 이 다이오드는 기억을 가지고 있는가?

해답: 기억을 가지고 있지 않다. ▮

▶ **연습문제 1.29** 입출력 관계가 다음과 같이 표현되는 커패시터는 과거 어느 순간까지의 기억을 가지고 있는가?

$$v(t) = \frac{1}{C}\int_{-\infty}^{t} i(\tau)\,d\tau.$$

해답: 시간 t로부터 무한한 과거까지의 기억을 가지고 있다. ▮

1.8.3 인과성(Causality)

현재의 출력 신호 값이 현재 또는 과거의 입력 신호 값에만 의존한다면, 시스템은 **인과적**(causal)이라고 한다. 반대로 **비인과적** 시스템의 출력 신호는 미래의 입력 신호 값에도 의존한다.

예를 들어, 다음과 같이 표현된 이동 평균 시스템은 인과적이다.

$$y[n] = \frac{1}{3}(x[n] + x[n-1] + x[n-2]).$$

반대로, 다음 이동 평균 시스템은 출력 신호 $y[n]$이 미래의 입력 신호 값 즉, $x[n+1]$에 의존하기 때문에 비인과적이다.

$$y[n] = \frac{1}{3}(x[n+1] + x[n] + x[n-1]).$$

여기서 주목해야 할 중요한 포인트는 인과성이 **실시간**으로 작동하는 시스템에 필요한 특성이란 점이다. 그러므로 위에서 설명된 첫 번째 이동 평균 시스템에서 출력 신호 $y[n]$은 현재 샘플 $x[n]$에 의해서 결정된다. 그러므로 모든 n에 대해서 실시간 연산이 가능하다. 이와 반대로 두 번째 이동 평균 시스템은 출력 신호 $y[n]$을 출력하기 위해서는 미래의 입력 샘플 $x[n+1]$이 도달할 때까지 기다려야 한다. 따라서 실시간 연산이 불가능하다.

▶ **연습문제 1.30** 그림 1.53의 RC 회로는 인과적인가, 비인과적인가?

해답: 인과적이다. ∎

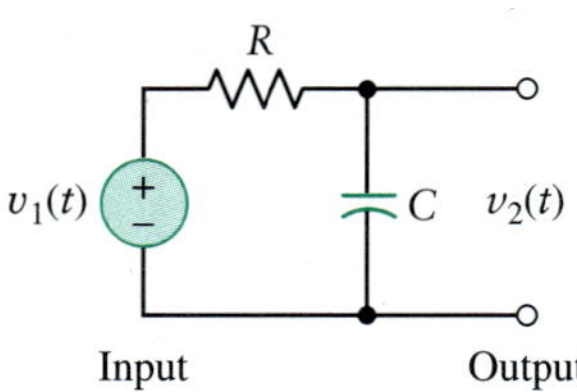

그림 1.53 인가 전압이 $v_1(t)$이고 출력 전압이 $v_2(t)$인 RC 직렬 회로

▶ **연습문제 1.31** 그림 1.50의 시스템에서 k를 $-k$로 대치하여 얻은 시스템은 양수 k에 대해 인과적인가 아니면 비인과적인가?

해답: 비인과적이다. ∎

1.8.4 가역성(Invertibility)

시스템 출력으로부터 시스템 입력을 구할 수 있다면, 시스템은 **가역적**(invertible)이라고

$$x(t) \rightarrow \boxed{H} \xrightarrow{y(t)} \boxed{H^{\text{inv}}} \rightarrow x(t)$$

그림 1.54 시스템 가역성의 표기. H^{inv}는 시스템 H의 역시스템이다. H와 H^{inv}이 서로 종속 연결된 시스템에 입력 신호 $x(t)$를 인가하면 동일한 신호 $x(t)$가 출력된다.

한다. 입력을 구하기 위해서, 주어진 시스템에 종속으로 연결되어 주어진 시스템의 입력과 동일한 신호를 출력하는 2차 시스템이 필요하다. 가역성을 수학적으로 수식화하기 위해서, 입력 신호 $x(t)$가 출력 신호 $y(t)$를 발생하는 연속시간 시스템을 H로 나타내자. 그림 1.54에서, 출력 신호 $y(t)$를 H^{inv}로 표시되는 2차 연속 시스템에 인가하면, 2차 시스템의 출력 신호는 다음과 같다.

$$\begin{aligned} H^{\text{inv}}\{y(t)\} &= H^{\text{inv}}\{H\{x(t)\}\} \\ &= H^{\text{inv}}H\{x(t)\}. \end{aligned}$$

여기서 두 개의 시스템 H와 H^{inv}을 종속 접속하면, 하나의 시스템 HH^{inv}과 같다는 사실을 이용하였다. 출력 신호가 본래의 입력 신호 $x(t)$와 같기 위해서는 다음 조건을 만족해야 한다.

$$H^{\text{inv}}H = I. \tag{1.82}$$

여기서 I는 **항등 연산자**를 표시한다. 항등 연산자로 나타낸 시스템의 출력은 입력과 똑같다. 식 (1.82)는 $y(t)$로부터 입력 신호 $x(t)$를 구하기 위해서 새로운 시스템 H^{inv}이 만족해야 하는 주어진 시스템 H와의 관계이다. 연산자 H^{inv}을 **역**(inverse) **연산자**라고 하고, 이와 관련된 시스템을 **역시스템**이라 부른다. H^{inv}은 연산자 H의 역수가 아님에 주의해야 한다. 일반적으로 주어진 시스템의 역시스템을 찾는 문제는 어렵다. 서로 다른 입력에 대해서 서로 다른 출력을 내지 않는다면 시스템은 가역적이지 않다. 즉, 시스템이 가역적이기 위해서는 입출력 신호가 일대일 대응이어야 한다. 이산시간 시스템이 가역적이기 위해서도 같은 조건이 필요하다. 가역성은 통신 시스템 설계에 있어서 중요하다.

1.3.1절에서 언급한 것처럼, 송신 신호가 통신 채널을 통해 전파될 때, 채널의 물리적 특성으로 인하여 수신 신호는 왜곡된다. 이러한 왜곡을 보상하기 위하여 널리 사용되는 방법은 **등화기**(equalizer)라 불리는 회로를 수신기에 포함시키는 것이다. 이것은 그림 1.54과 같은 방법으로, 채널에 종속으로 연결된다. 이상적인 경우라면, 채널의 역시스템이 되도록 등화기를 설계하면 송신 신호는 원래의 형태로 복구된다.

예제 1.15 **역시스템.** 입출력 관계가 다음과 같은 시간 이동 시스템을 가정하자.

$$y(t) = x(t - t_0) = S^{t_0}\{x(t)\}.$$

여기서 연산자 S^{t_0}는 t_0초만큼 시간 이동된 것을 나타낸다. 이 시스템의 역시스템을 찾아라.

풀이: t_0초의 시간 이동에 대한 역은 $-t_0$초만큼 시간 이동시키는 것이다. $-t_0$초만큼 시간 이동한 것을 연산자 S^{-t_0}로 나타내자. 주어진 시간 이동 시스템의 출력 신호에 S^{-t_0}를 적용하면 다음과 같이 된다.

$$\begin{aligned} S^{-t_0}\{y(t)\} &= S^{-t_0}\{S^{t_0}\{x(t)\}\} \\ &= S^{-t_0}S^{t_0}\{x(t)\}. \end{aligned}$$

출력 신호 $y(t)$가 본래의 입력 신호 $x(t)$와 같기 위해서는 다음 조건을 만족해야 한다.

$$S^{-t_0}S^{t_0} = I.$$

이 식은 식 (1.82)의 가역성 조건과 같다. ▮

▶ **연습문제 1.32** 인덕터의 입출력 관계는 다음과 같다.

$$y(t) = \frac{1}{L}\int_{-\infty}^{t} x(\tau)\, d\tau.$$

역시스템을 나타내는 연산자를 찾아라.

해답: $x(t) = L\dfrac{d}{dt}y(t)$ ▮

예제 1.16 **비가역적 시스템.** 입출력 관계가 아래와 같은 제곱 시스템이 비가역적임을 보여라.

$$y(t) = x^2(t).$$

풀이: 제곱 시스템에서는 다른 입력이 각각 다른 출력을 생성한다는 가역성의 필요 조건을 만족하지 못한다. 다시 말하면, 서로 다른 입력인 $x(t)$와 $-x(t)$가 동일한 출력 $y(t)$를 생성하게 된다. 따라서 제곱 시스템은 가역적이지 않다. ▮

1.8.5 시불변

원래 입력 신호를 시간 이동시켜서 인가한 경우의 출력 신호가 원래 입력 신호에 대한 출력을 시간 이동시킨 것과 동일하면, 시스템이 **시불변**(invariance)이라고 한다. 이것은 시불변 시스템의 응답은 입력이 가해지는 순간에 관계 없이 동일하다는 것을 의미한다.

달리 설명하면, 시불변 시스템의 특성은 시간에 따라 변하지 않는다는 것이다. 그렇지 않으면 시스템은 **시변**(time variant)이라고 한다.

입출력 관계가 다음 식과 같이 표현된 연속시간 시스템을 생각하자.

$$y_1(t) = H\{x_1(t)\}.$$

입력 신호 x_1을 t_0초만큼 시간 이동시키면 $x_1(t - t_0)$가 되고, 그림 1.50에서 소개된 개념을 다시 적용하면 다음과 같다.

$$x_2(t) = x_1(t - t_0) = S^{t_0}\{x_1(t)\}.$$

여기서, 연산자 S^{t_0}는 t_0초의 시간 이동을 나타낸다. $y_2(t)$를 입력 $x_1(t - t_0)$에 대한 시스템의

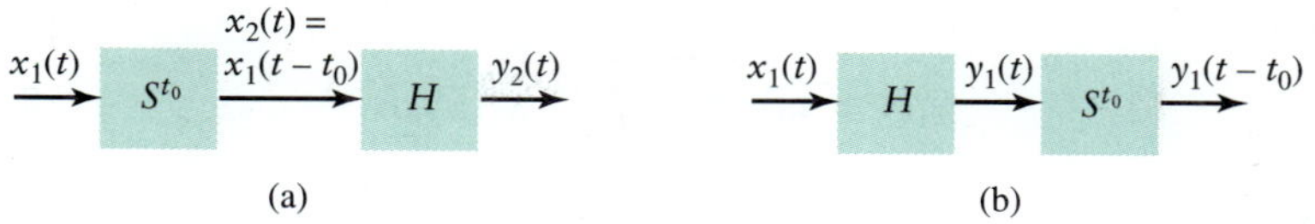

그림 1.55 시불변 개념. (a) 시간 이동 연산자 S^{t_0}가 연산자 H보다 앞선다. (b) 시간 이동 연산자 S^{t_0}가 연산자 H보다 뒤짐. 시불변이라면 두 가지가 동일함

출력이라고 하면, 다음과 같이 표현될 수 있다.

$$\begin{aligned} y_2(t) &= H\{x_1(t-t_0)\} \\ &= H\{S^{t_0}\{x_1(t)\}\} \\ &= HS^{t_0}\{x_1(t)\}. \end{aligned} \tag{1.83}$$

이를 블록 다이어그램으로 표현하면 그림 1.55(a)와 같다. 이제 시스템의 원래 출력을 t_0초만큼 시간 이동시킨 신호를 $y_1(t-t_0)$라고 가정하면, 다음과 같이 표현된다.

$$\begin{aligned} y_1(t-t_0) &= S^{t_0}\{y_1(t)\} \\ &= S^{t_0}\{H\{x_1(t)\}\} \\ &= S^{t_0}H\{x_1(t)\}. \end{aligned} \tag{1.84}$$

이를 블록 다이어그램으로 표현하면 그림 1.55(b)와 같다. 임의의 입력 $x_1(t-t_0)$에 대하여 식 (1.83)과 (1.84)에서 정의된 출력 $y_2(t)$와 $y_1(t-t_0)$가 동일하면, 시스템은 시불변이라고 한다. 그러므로 다음이 만족된다.

$$HS^{t_0} = S^{t_0}H. \tag{1.85}$$

즉, 연산자 H로 표현되는 시스템이 시불변이기 위하여 시스템 연산자 H와 시간 변이 연산자 S^{t_0}는 모든 t_0에 대하여 교환법칙이 성립되어야 한다. 이산시간 시스템도 시불변이기 위해서는 이러한 관계가 성립한다.

예제 1.17 **인덕터.** 인덕터 양단의 전압 $v(t)$를 입력 신호 $x_1(t)$로 표현하고, 인덕터에 흐르는 전류 $i(t)$를 출력 신호 $y_1(t)$로 표현하면, 인덕터의 입출력 관계는 아래와 같다.

$$y_1(t) = \frac{1}{L}\int_{-\infty}^{t} x_1(\tau)\,d\tau.$$

여기서 L은 인덕턴스이다. 인덕터가 시불변임을 보여라.

풀이: 입력 $x_1(t)$를 t_0만큼 시간 이동시킨 신호를 $x_1(t-t_0)$라 하자. $x_1(t-t_0)$에 대한 인덕터의 응답 $y_2(t)$는

$$y_2(t) = \frac{1}{L}\int_{-\infty}^{t} x_1(\tau - t_0)\,d\tau$$

이다. 다음으로 인덕터의 원래 출력 신호를 t_0초만큼 시간 이동시킨 출력을 $y_1(t-t_0)$라고 정의하면

다음과 같다.

$$y_1(t - t_0) = \frac{1}{L}\int_{-\infty}^{t-t_0} x_1(\tau)\, d\tau.$$

$y_2(t)$와 $y_1(t - t_0)$는 서로 다른 것처럼 보이지만 사실은 같다. 이것은 간단한 적분변수 치환을 하여 증명된다.

$$\tau' = \tau - t_0$$

로 놓자. t_0는 상수이기 때문에 $d\tau' = d\tau$이다. 그러므로, 적분 구간을 변경하여 $y_2(t)$는 다음과 같다.

$$y_2(t) = \frac{1}{L}\int_{-\infty}^{t-t_0} x_1(\tau')\, d\tau'.$$

이 식은 수학적으로 $y_1(t - t_0)$와 같다. 그러므로, 보통의 인덕터는 시불변이다. ▮

예제 1.18 **서미스터.** 서미스터는 온도 변화 때문에, 시간에 따라 변하는 저항값을 가지고 있다. 시간에 대한 함수로 표현되는 서미스터의 저항을 $R(t)$라 하자. 입력 신호 $x_1(t)$를 서미스터의 양단에 공급되는 전압이라 하면, 출력 신호 $y_1(t)$는 흐르는 전류가 된다. 서미스터의 입출력 관계는 다음과 같다.

$$y_1(t) = \frac{x_1(t)}{R(t)}.$$

서미스터가 시변임을 보여라.

풀이: 원래의 입력 신호를 t_0만큼 시간 이동시킨 신호 $x_1(t - t_0)$에 의한 서미스터의 출력 신호를 $y_2(t)$라고 하면, 다음과 같다.

$$y_2(t) = \frac{x_1(t - t_0)}{R(t)}.$$

그리고, 서미스터의 원래 출력을 t_0만큼 이동시킨 출력을 $y_1(t - t_0)$라고 하면, $y_1(t - t_0)$는 다음과 같다.

$$y_1(t - t_0) = \frac{x_1(t - t_0)}{R(t - t_0)}.$$

일반적으로 $t_0 \neq 0$이면, $R(t) \neq R(t - t_0)$이므로,

$$y_1(t - t_0) \neq y_2(t) \quad t_0 \neq 0\text{일 경우}$$

이다. 그러므로, 서미스터는 시변시스템이며 이는 직관적인 판단과 일치한다. ▮

▶ **연습문제 1.33** 이산시간 시스템에서 입출력 관계가 다음과 같을 때, 시불변인가?

$$y(n) = r^n x(n).$$

해답: 시불변이 아니다. ▮

1.8.6 선형성

시스템이 아래에 나오는 동차성(homogeneity)과 중첩성(superposition)을 만족한다면, 입력 신호 $x(t)$와 출력 신호 $y(t)$의 관계는 **선형성(linear)**이 있다고 말한다.

1. 중첩성(superposition). 초기에 작동하지 않는 시스템에 입력으로 $x(t) = x_1(t)$가 주어지면 출력으로 $y(t) = y_1(t)$가 나온다고 가정한다. 또 같은 시스템에 $x(t) = x_2(t)$인 입력을 인가하면 출력으로 $y(t) = y_2(t)$인 값이 나온다고 가정한다. 이 시스템이 선형성을 가지기 위해서는 입력으로 $x(t) = x_1(t) + x_2(t)$를 인가하면 출력으로 $y(t) = y_1(t) + y_2(t)$인 값을 출력해야 한다. 우리가 여기서 나타낸 것은 간단한 형태의 **중첩원리**이다.

2. 동차성(homogeneity). 초기에 작동하지 않고 입력으로 $x(t)$가 인가되면 출력 $y(t)$가 출력되는 시스템을 가정하면, 이 시스템이 동차성을 보인다고 말하기 위해서는 입력 $x(t)$의 크기가 a배로 스케일되면 출력 $y(t)$의 크기도 a배로 스케일되어야 한다.

시스템이 중첩원리 또는 등차원리를 어긴다면 이러한 시스템을 **비선형**이라고 말한다. 연산자 H를 연속시간 시스템이라고 하자. 시스템에 입력되는 신호를 가중합으로 정의하면 다음과 같다.

$$x(t) = \sum_{i=1}^{N} a_i x_i(t). \tag{1.86}$$

여기서 $x_1(t), x_2(t), \cdots, x_N(t)$는 입력 신호의 집합을 나타내며 $a_1, a_2, \cdots, a_N$은 가중치를 나타낸다. 이에 대한 출력 신호는 다음과 같다.

$$\begin{aligned} y(t) &= H\{x(t)\} \\ &= H\left\{\sum_{i=1}^{N} a_i x_i(t)\right\}. \end{aligned} \tag{1.87}$$

시스템이 선형이면, 중첩원리와 등차원리에 의하여 시스템의 출력 신호 $y(t)$는 다음과 같다.

$$y(t) = \sum_{i=1}^{N} a_i y_i(t). \tag{1.88}$$

여기서 $y_i(t)$는 $x_i(t)$만 입력된 경우의 시스템 출력이다. 즉,

$$y_i(t) = H\{x_i(t)\}, \quad i = 1, 2, \ldots, N \tag{1.89}$$

이다. 출력 신호 $y(t)$를 표현하는 식 (1.88)의 가중합은 입력 신호 $x(t)$를 표현하는 식 (1.86)에서의 가중합과 수학적으로 동일한 형태가 된다. 식 (1.87)과 (1.88)의 출력 신호 $y(t)$가 동일한 결과를 나타내기 위해서는 아래의 조건이 성립해야 한다.

$$\begin{aligned} y(t) &= H\left\{\sum_{i=1}^{N} a_i x_i(t)\right\} \\ &= \sum_{i=1}^{N} a_i H\{x_i(t)\} \\ &= \sum_{i=1}^{N} a_i y_i(t). \end{aligned} \tag{1.90}$$

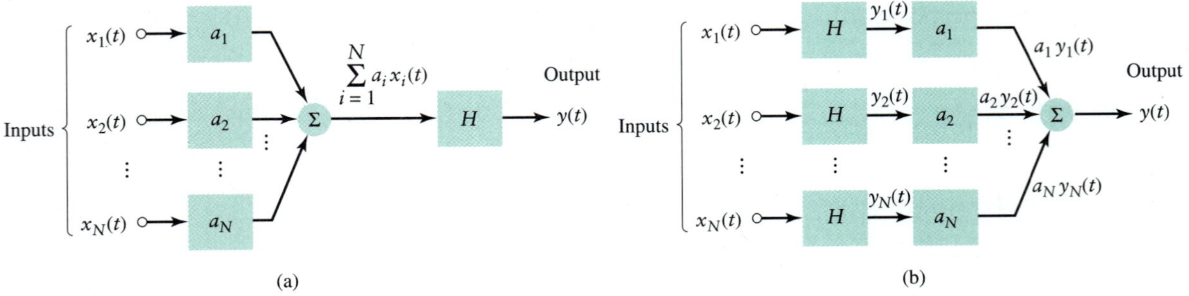

그림 1.56 시스템의 선형성. (a) 진폭 스케일링과 합산을 연산자 H보다 먼저 수행한 경우, (b) 연산자 H를 진폭 스케일링과의 합산보다 먼저 수행한 경우 전체 합을 구하기 위해 각각의 출력이 합해짐. (a)와 (b)의 출력이 동일하면 연산자 H는 선형이다.

한마디로 H로 표현되는 시스템 연산자는 그림 1.56에서 보인 것과 같이 합과 진폭 스케일링 연산이 서로 교환 가능해야 한다. 그리고 교환(commutation) 연산은 연산자 H가 **선형성**을 가질 때만이 정당화 될 수 있다.

식 (1.90)과 유사한 등식을 가지는 선형 이산시간 시스템의 경우를 예제 1.19에서 다루게 된다.

예제 1.19 **선형 이산시간 시스템.** 입출력 관계가 다음과 같은 이산시간 시스템이 선형임을 보여라.

$$y[n] = nx[n].$$

풀이: 다음과 같이 가중합으로 표현된 입력 신호를 $x[n]$이라 하자.

$$x[n] = \sum_{i=1}^{N} a_i x_i[n].$$

이에 대응하는 시스템의 출력 신호를 표현하면

$$\begin{aligned} y[n] &= n \sum_{i=1}^{N} a_i x_i[n] \\ &= \sum_{i=1}^{N} a_i n x_i[n] \\ &= \sum_{i=1}^{N} a_i y_i[n] \end{aligned}$$

과 같다. 여기서

$$y_i[n] = nx_i[n]$$

이며, 각각의 독립적인 입력에 의하여 발생되는 출력이다. 주어진 시스템은 중첩의 원리를 만족하므로 선형임을 알 수 있다. ▮

예제 1.20 **비선형 연속시간 시스템.** 연속시간 시스템에서 입출력 관계가

$$y(t) = x(t)x(t-1)$$

과 같을 때, 시스템이 비선형임을 보여라.

풀이: 다음과 같이 가중합으로 표현된 입력 신호를 $x(t)$라 하자.

$$x(t) = \sum_{i=1}^{N} a_i x_i(t).$$

시스템의 출력 신호는 다음과 같다.

$$\begin{aligned} y(t) &= \sum_{i=1}^{N} a_i x_i(t) \sum_{j=1}^{N} a_j x_j(t-1) \\ &= \sum_{i=1}^{N} \sum_{j=1}^{N} a_i a_j x_i(t) x_j(t-1). \end{aligned}$$

이 식은 입력 신호 $x(t)$를 표현한 것과 아주 다르다. 즉, $y(t) = \sum_{i=1}^{N} a_i y_i(t)$와 같이 표현할 수 없다. 그러므로 이 시스템은 중첩 원리에 위배되며 비선형이다. ▮

▶ **연습문제 1.34** 다음과 같은 이동 평균 시스템은 선형 시스템임을 보여라.

$$y[n] = \frac{1}{3}(x[n] + x[n-1] + x[n-2])$$ ▮

▶ **연습문제 1.35** 선형 시스템이 비인과성일 가능성이 있는가?

해답: 있다. ▮

▶ **연습문제 1.36** 입력 x에 대한 출력 y가 아래와 같이 표현되는 무기억 소자인 리미터는 선형인가?

$$y = \begin{cases} 1, & x \ge 0 \\ 0, & x < 0. \end{cases}$$

해답: 아니다. ▮

예제 1.21 ***RC* 회로의 임펄스 응답.** 이번 예제는 그림 1.57의 직렬연결 회로의 임펄스 응답을 구하기 위하여 선형성과 시불변성, 펄스의 극한값 형태로 표현된 임펄스를 이용한다. 이 회로는 예제 1.9에서 다루었으며 회로의 스텝 응답은

$$y(t) = (1 - e^{-(t/RC)})u(t), \qquad x(t) = u(t) \tag{1.91}$$

로 쓸 수 있다. 식 (1.91)은 식 (1.57)을 $V_0 = 1$과 $v(t)$ 대신에 $y(t)$로 다시 쓴 형태이다. 스텝 응답이

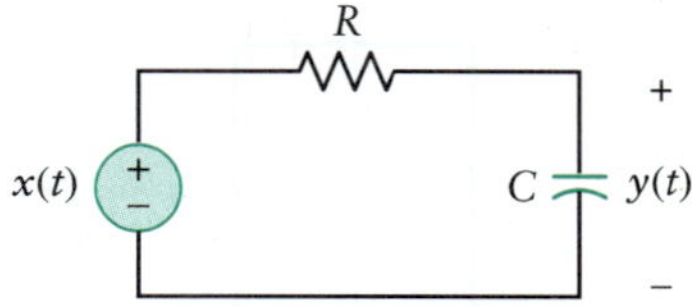

그림 1.57 예제 1.21의 *RC* 회로. 입력 신호 $x(t) = u(t)$에 대해서 커패시터의 전압 $y(t)$가 주어져 있을 때 입력 신호 $x(t) = \delta(t)$에 대한 응답 신호 $y(t)$를 찾음

주어졌을 때, 새로운 입력 전압 $x(t) = \delta(t)$를 이에 대응되는 커패시터 전압 $y(t)$와 관련시키는 임펄스 응답을 구하라.

풀이: 입력 전압 $x(t) = \delta(t)$에 의한 응답 전압 $y(t)$를 구하기 위해서 우리는 1.8절에서 다루었던 선형성과 시불변성, 그림 1.42에서 그래프로 표시한 임펄스의 정의와 연속시간 함수의 미분의 정의의 네 가지 개념을 사용한다.

다음에 논의되는 내용은 1.6.6절에 있으며, 그림 1.58에 표현된 구형파 펄스 입력 신호 $x(t) = x_\Delta(t)$를 두 개의 스텝 함수의 차이로 표현할 수 있다. 먼저 시간 이동되어 가중된 두 개의 스텝 함수를 구하면

$$x_1(t) = \frac{1}{\Delta}u\left(t + \frac{\Delta}{2}\right)$$

$$x_2(t) = \frac{1}{\Delta}u\left(t - \frac{\Delta}{2}\right)$$

를 얻는다. $y_1(t)$와 $y_2(t)$를 각각 스텝 함수 $x_1(t)$, $x_2(t)$에 의한 RC 회로의 응답이라고 하고, 식 (1.91)에 시불변성을 적용할 때, 다음의 수식을 얻을 수 있다.

$$y_1(t) = \frac{1}{\Delta}\left(1 - e^{-(t+\Delta/2)/(RC)}\right)u\left(t + \frac{\Delta}{2}\right), \quad x(t) = x_1(t)$$

$$y_2(t) = \frac{1}{\Delta}\left(1 - e^{-(t-\Delta/2)/(RC)}\right)u\left(t - \frac{\Delta}{2}\right), \quad x(t) = x_2(t).$$

다음으로

$$x_\Delta(t) = x_1(t) - x_2(t)$$

인 선형성을 이용하여 RC 회로의 응답을 구하면

$$\begin{aligned} y_\Delta(t) &= \frac{1}{\Delta}\left(1 - e^{-(t+\Delta/2)/(RC)}\right)u\left(t + \frac{\Delta}{2}\right) - \frac{1}{\Delta}\left(1 - e^{-(t-\Delta/2)/(RC)}\right)u\left(t - \frac{\Delta}{2}\right) \\ &= \frac{1}{\Delta}\left(u\left(t + \frac{\Delta}{2}\right) - u\left(t - \frac{\Delta}{2}\right)\right) \\ &\quad - \frac{1}{\Delta}\left(e^{-(t+\Delta/2)/(RC)}u\left(t + \frac{\Delta}{2}\right) - e^{-(t-\Delta/2)/(RC)}u\left(t - \frac{\Delta}{2}\right)\right) \end{aligned} \tag{1.92}$$

와 같이 유도되며, 마지막으로 할 일은 Δ가 0에 접근함에 따른 식 (1.92) 극한값을 계산하는 것인데, 다음 두 개의 정의를 생각해 보면

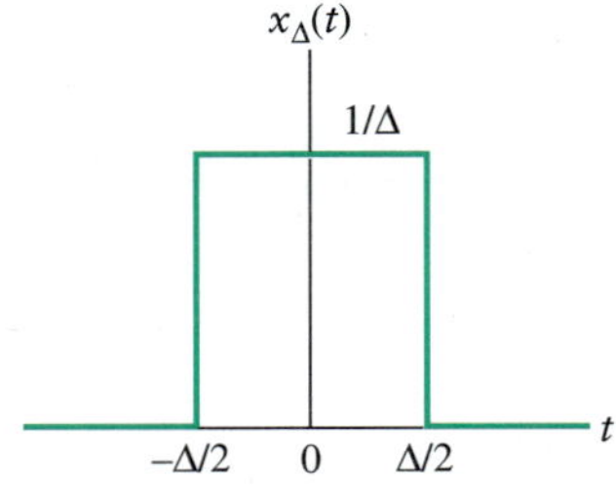

그림 1.58 구형파 펄스. 여기서 $\Delta \to 0$에 따라 $x_\Delta(t)$는 단위 임펄스에 가까워진다.

1. 임펄스 신호를 신호 $x_\Delta(t)$의 극한값 형태로 나타낸다.

$$\delta(t) = \lim_{\Delta\to 0} x_\Delta(t).$$

2. 시간 연속 함수 $z(t)$의 미분을 다음과 같이 정의한다.

$$\frac{d}{dt}z(t) = \lim_{\Delta\to 0}\left\{\frac{1}{\Delta}\left(z\left(t+\frac{\Delta}{2}\right) - z\left(t-\frac{\Delta}{2}\right)\right)\right\}.$$

식 (1.92)의 마지막 줄에 시간폭 Δ를 0으로 접근시키고 위의 두 정의를 적용하면, 이상적인 임펄스 응답을 얻을 수 있다.

$$\begin{aligned} y(t) &= \lim_{\Delta\to 0} y_\Delta(t) \\ &= \delta(t) - \frac{d}{dt}(e^{-t/(RC)}u(t)) \\ &= \delta(t) - e^{-t/(RC)}\frac{d}{dt}u(t) - u(t)\frac{d}{dt}(e^{-t/(RC)}) \\ &= \delta(t) - e^{-t/(RC)}\delta(t) + \frac{1}{RC}e^{-t/(RC)}u(t), \qquad x(t) = \delta(t). \end{aligned}$$

두 개의 시간 함수 $u(t)$와 $e^{-t/(RC)}$의 곱에 미분 법칙을 적용한 두 번째 줄에 주목하자. 결론적으로 $\delta(t)$는 원점에 한정되고 $t = 0$에서 $e^{-t/(RC)} = 1$이므로 $\delta(t)$와 $e^{-t/(RC)}$는 서로 상쇄되고, RC 회로의 임펄스 응답은 아래의 수식으로 간략화 된다.

$$y(t) = \frac{1}{RC}e^{-t/(RC)}u(t), \qquad x(t) = \delta(t). \tag{1.93}$$

이것이 우리가 얻고자 하는 결론이다. ▮

▶ **연습문제 1.37** *LR* 회로. 그림 1.59는 인덕턴스-저항 회로의 다이어그램을 보여주는 그림이다. 회로의 스텝 응답이 다음과 같다.

$$y(t) = (1 - e^{-Rt/L})u(t), \qquad x(t) = u(t).$$

입력 전압 $x(t) = \delta(t)$의 응답으로 회로의 임펄스 응답, 즉 저항에 걸리는 전압 $y(t)$를 구하라.

해답: $\frac{R}{L}e^{-Rt/L}u(t)$ ▮

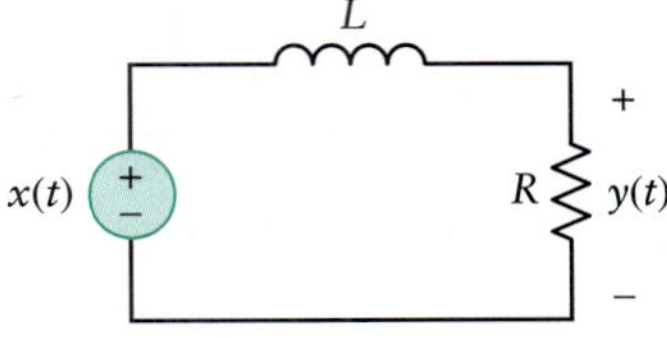

그림 1.59 문제 1.37의 *LR* 회로

1.9 잡음

잡음(noise)은 시스템의 동작을 방해하는 원치 않는 신호를 나타내며, 잡음이 있는 시스템은 완벽한 제어가 불가능하다. 실제적으로 나타날 수 있는 잡음원은 시스템에 좌우된다. 예를 들면, 통신 시스템에서 시스템의 동작에 영향을 끼치는 많은 잠재적인 잡음원이 존재한다. 실제적으로 널리 정의되는 잡음원의 두 가지 영역은 다음과 같다.

- **외부 잡음원**의 예로는 대기 잡음, 성운 잡음, 인간에 의해 생성되는 잡음원이 있다. 인간이 생성하는 잡음원은 시스템의 작동 주파수 범위 내에 존재하는 간섭 스펙트럼으로서 통신 시스템에 수신되는 간섭 신호일 것이다.
- **내부 잡음원**은 전기 회로 내의 전류나 전압의 자연 발생적인 변동으로 발생되는 잡음의 중요한 유형이다. 이러한 이유로 내부 잡음원은 **전기잡음**으로 불린다. 모든 종류의 전기 시스템에서 전기잡음은 어디에나 존재하고 피할 수 없기 때문에 신호의 전송과 검출에 있어 기본적인 제한을 가지게 된다. 그림 1.60은 다이오드의 열잡음 생성기에 의해 생성된 전기잡음 파형의 예이다. 다이오드 열잡음 생성기는 가열된 캐소드(음극)와 캐소드로부터 방출된 전자를 모으는 플레이트(양극)로 구성된 2극진공관을 이용해서 만들어진다.

잡음이 어디에서 생기든 관계없이, 잡음과 같은 현상은 공통의 특징을 가진다. 즉, 보편적으로 정확한 시간 간격 동안 시간의 함수로 진폭을 나타내는 것은 불가능하다. 잡음과 같은 현

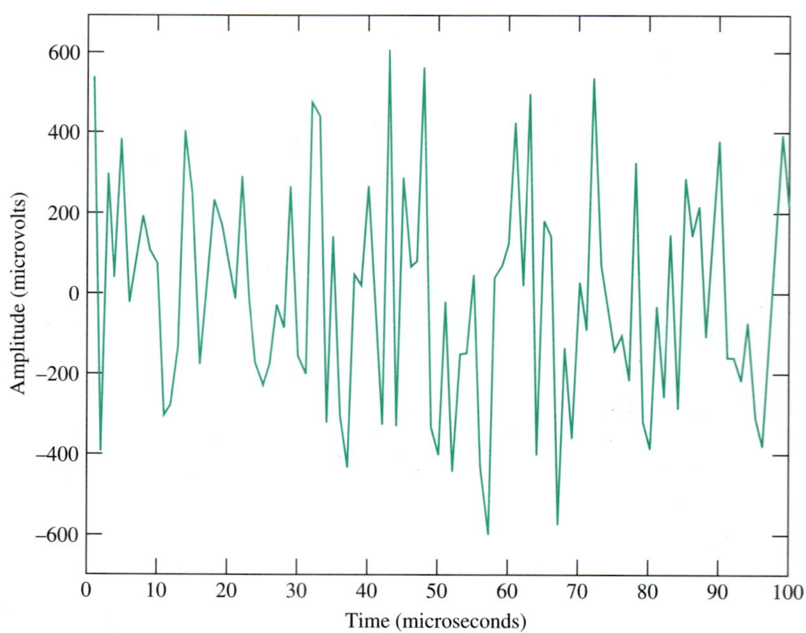

그림 1.60 음극관이 가열된 열다이오드에 의해 생성된 전기적인 잡음 파형의 예. 잡음 전압의 평균값은 대략 0이다.

상을 완벽하게 기술할 수 없는 이유는 다음과 같다.

1. 잡음을 발생시키는 물리적인 법칙에 대한 정보가 충분하지 않다.
2. 잡음을 발생시키는 구조가 복잡하므로 잡음을 완벽하게 기술하는 것은 실제적이지 못하다.
3. 시스템 분석에서 잡음과 같은 현상의 평균 특성이 문제점을 충분히 해결할 수 있다.

1.9.1 열잡음

열잡음(thermal noise)은 어디에나 존재하는 전기 잡음의 형태이다. 열잡음은 컨덕터에서 발생하는 전자의 불규칙한 운동에 의해 발생한다. $v(t)$를 저항에 발생하는 열잡음 전압으로 두자. 그렇게 생성된 잡음은 다음과 같은 두 가지 특징을 가진다.

▶ **시간 영역의 평균값**은 다음과 같이 정의된다.

$$\bar{v} = \lim_{T\to\infty} \frac{1}{2T} \int_{-T}^{T} v(t)\, dt. \tag{1.94}$$

$2T$는 잡음 전압 $v(t)$가 관찰되는 전체 구간이다. 시간 영역 평균값 $\bar{v}$는 T가 무한대로 가면 0으로 접근한다. 이러한 결과는 저항 내 전자의 수가 매우 많고, 전자의 불규칙한 운동은 평균값이 0인 양과 음의 잡음 전압 $v(t)$를 발생시키고 그의 평균값이 0이 되게 한다는 사실에 의해 증명된다(그림 1.60은 좋은 예이다).

▶ **시간 영역의 평균 제곱값**은 다음과 같이 정의된다.

$$\overline{v^2} = \lim_{T\to\infty} \frac{1}{2T} \int_{-T}^{T} v^2(t)\, dt. \tag{1.95}$$

T가 무한대로 가면 위의 극한값은 다음과 같이 표현된다.

$$\overline{v^2} = 4kT_{\text{abs}}R\Delta f \qquad \text{volts}^2. \tag{1.96}$$

K는 **볼츠만 상수**(kelvine당 약 1.38×10^{-23} joule), Tabs는 **절대 온도**(단위: Kelvin), R은 저항(단위: ohm), Δf는 잡음 전압 $v(t)$가 측정되는 주파수 대역폭(단위: hertz)이다. 잡음이 존재하는 저항은 **테브넨 등가회로**로 모델링된다. 테브넨 등가회로는 그림 1.61(a)와 같이 저항과 시간 영역 평균 제곱값 $\overline{v^2}$을 가진 잡음 전압 생성기를 직렬로 연결하여 구성한다. 테브넨 등가회로 대신 **노턴 등가회로**를 사용할 수도 있다. 노턴 등가회로는 그림 1.61(b)와 같이 잡음 없는 컨덕터를 잡음 전류 생성기와 병렬로 연결하여 구성한다. 잡음 전류 생성기의 시간 영역 평균 제곱값은 다음과 같다.

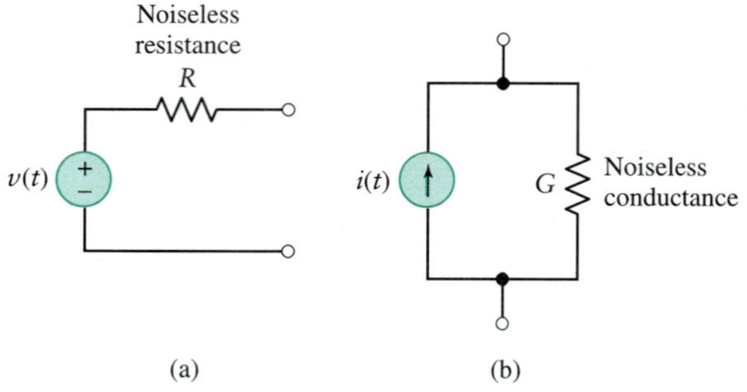

그림 1.61 (a) 잡음저항에 대한 테브넨 등가회로, (b) 동일한 저항에 대한 노턴 등가회로

$$\begin{aligned}\overline{i^2} &= \lim_{T\to\infty} \frac{1}{2T}\int_{-T}^{T}\left(\frac{v(t)}{R}\right)^2 dt \\ &= 4kT_{\text{abs}}G\Delta f \quad \text{amps}^2\end{aligned} \tag{1.97}$$

이고, 컨덕턴스 $G = 1/R$(지멘스)이다.

잡음의 계산은 전력의 전달과 연관된다. **최대 전력 전달 정리**(maximum power transfer theorem)는 잡음 계산에 적용할 수 있다. 이 정리에 따르면, 내부 저항이 R인 전원으로부터 저항이 R_l인 부하로 최대가능전력이 전달되는 경우는 $R_l = R$인 경우이다. 이런 조건하에서, 전원에서 발생된 전력은 전원의 내부 저항에 의해 균등하게 나누어지고, 부하에 전달되는 전력을 **유효 전력**이라고 부른다. 최대 전력 전달 정리를 그림 1.61(a)의 테브넨 등가회로나 그림 1.61(b)의 노턴 등가회로에 적용해 보자. 잡음 저항은 **유효 잡음 전력** $kT_{\text{abs}}\Delta f$ watt을 생성한다. 이에 따라 유효 잡음 전력에 영향을 끼치는 두 가지 작용 요소가 있음을 알 수 있다.

1. 저항의 온도
2. 저항에서 측정되는 잡음 전압의 주파수 대역폭

유효 잡음 전력은 위의 두 요소에 따라 증가한다.

위에서 언급한 대로, 시간 영역에서의 평균 전력은 전기적인 잡음을 특징 짓는 데 있어서 특별히 중요하며, 실제적으로 평균 전력은 널리 쓰인다.

1.9.2 다른 전기적인 잡음 발생원

일반적으로 발생하는 다른 전기적인 잡음 발생원은 **shot 잡음**이다. Shot 잡음은 전류 흐름의 이산적인 특징 때문에 다이오드나 트랜지스터와 같은 전자 소자에서 발생한다. 예를 들면, 광학 검출 회로에서 전류 펄스는 동일한 세기의 발생원에서 입사하는 빛에 의해 음극에서 전자가 방출될 때마다 생성된다. 전자는 자연적으로 불규칙한 시간 간격 τ_k, $\infty < k < \infty$으로 방출된다. 여기서, 오랜 시간 동안 전자가 불규칙하게 방출된다고 가정하면, 소자가 정상상태에 있다고 말한다. 광검출기를 통해 흐르는 총전류는 전류 펄스의 무한합으로 모델링할 수 있는

데, 아래와 같은 수식으로 표현된다.

$$x(t) = \sum_{k=-\infty}^{\infty} h(t - \tau_k). \tag{1.98}$$

여기서 $h(t - \tau_k)$는 시간 τ_k에서의 전류 펄스이다. 이렇게 펄스가 생성되는 불규칙성은 충전류 $x(t)$를 시간에 대해 불규칙하게 만든다.

결론적으로, $1/f$ 잡음이라고 불리는 전기적인 잡음은 전류가 흐르는 경우 항상 존재하게 된다. 어떤 주파수에서 이 잡음의 시간 평균 전력은 그 주파수에 반비례하기 때문에 이런 잡음을 **1/f 잡음**이라고 부르고 있다. $1/f$ 잡음은 저주파에서 신호를 증폭하거나 검출하기 위해 사용되는 모든 반도체 소자에서 관찰된다.

1.10 주제별 예제

이 절에서는 서론에서 설명했듯이 이 책의 여러 장에 걸쳐 다루어지는 여섯 개의 주제별 예제를 소개한다. 주제별 예제를 살펴보는 두 가지 목적은 다음과 같다.

- 실제 중요한 신호처리와 시스템 응용에 대해 소개하고 어떻게 구현되어 있는지 살펴본다.
- 다양한 분석 수단에 따라 시스템의 동작이나 응용에 대해 다른 관점을 습득한다.

1.10.1 미분과 적분: *RC* 회로

LTI 시스템 분석에 있어서 미적분은 필수적이다. 펄스를 날카롭게 하려면 미분이 필요하다. $x(t)$와 $y(t)$를 미분기의 입력과 출력 신호라고 한다. **미분기**는 다음과 같이 정의된다.

$$y(t) = \frac{d}{dt}x(t). \tag{1.99}$$

그림 1.62는 이상적인 동작에 근접하는 *RC* 회로를 보여준다. 이 회로의 입출력은 다음과 같다.

$$v_2(t) + \frac{1}{RC}\int_{-\infty}^{t} v_2(\tau)\,d\tau = v_1(t).$$

위 식을 다음과 같이 나타낼 수 있다.

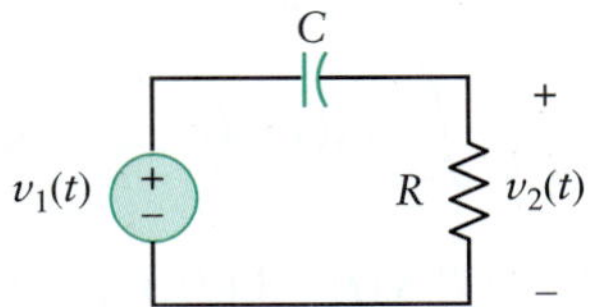

그림 1.62 미분기를 근사화하기 위해 사용되는 작은 시상수를 가진 *RC* 회로

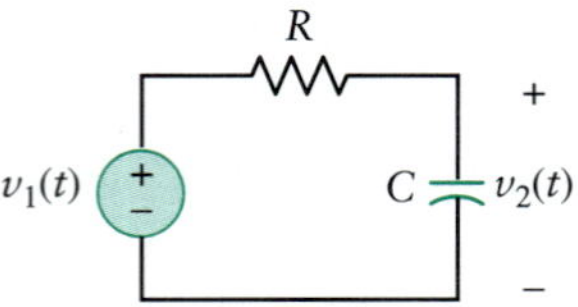

그림 1.63 적분기를 근사화하기 위해 사용되는 큰 시상수를 가진 RC 회로

$$\frac{d}{dt}v_2(t) + \frac{1}{RC}v_2(t) = \frac{d}{dt}v_1(t). \tag{1.100}$$

전체 시간 구간에 걸쳐서 전체 수식이 좌변에서 두 번째 항 $(1/(RC))v_2(t)$에 의해 결정 짓게 하려면 상수 RC가 충분히 작은 값을 가져야 하며(즉, RC값이 입력 신호 $v_1(t)$의 변화율보다 상대적으로 작다면), 이때 식 (1.100)은 다음과 같이 바뀐다.

$$\frac{1}{RC}v_2(t) \approx \frac{d}{dt}v_1(t)$$

또는

$$v_2(t) \approx RC\frac{d}{dt}v_1(t) \quad RC\text{가 작은 값일 때}. \tag{1.101}$$

식 (1.99)와 (1.101)을 비교하면, 입력 $x(t) = RCv_1(t)$, 출력 $y(t) = v_2(t)$로 볼 수 있다.

다음은 입력 신호를 부드럽게 하기 위해 적분을 고려해 보자. $x(t)$와 $y(t)$를 입출력으로 두면 이상 적분기는 다음과 같이 정의된다.

$$y(t) = \int_{-\infty}^{t} x(\tau)\, d\tau. \tag{1.102}$$

적분기의 근사 구현을 위해 그림 1.63과 같이 재배치된 RC 회로를 사용한다. 두 번째 RC 회로의 입출력 관계는 다음과 같다.

$$RC\frac{d}{dt}v_2(t) + v_2(t) = v_1(t),$$

또는

$$RCv_2(t) + \int_{-\infty}^{t} v_2(\tau)\, d\tau = \int_{-\infty}^{t} v_1(\tau)\, d\tau. \tag{1.103}$$

여기서 좌변이 $RCv_2(t)$ 항에 의해 결정되려면 상수 RC가 충분히 커야 하며(즉, 전체 시간 구간에 걸쳐서 RC값이 출력 신호 $v_2(t)$의 평균보다 크다면), 식 (1.103)은 다음과 같이 바뀐다.

$$RCv_2(t) \approx \int_{-\infty}^{t} v_1(\tau)\, d\tau,$$

혹은

$$v_2(t) \approx \frac{1}{RC}\int_{-\infty}^{t} v_1(\tau)\, d\tau \quad \text{큰 } RC\text{값일 때}. \tag{1.104}$$

식 (1.102)와 (1.104)를 비교하면, 입력 $x(t) = [1/RCv_1(t)]$, 출력 $y(t) = v_2(t)$로 볼 수 있다.

식 (1.101)과 (1.104)로부터, 그림 1.62와 1.63의 RC 회로가 이상적인 미분기와 적분기

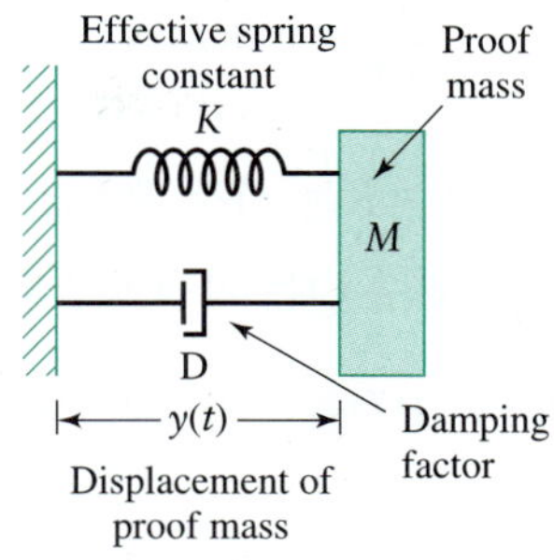

그림 1.64 가속도계의 기계적인 집합 모델

에 근접할수록 출력값은 작아진다. 미분기와 적분기를 구현하기 위한 RC 회로는 2-4장에서 살펴볼 것이다. 이 책의 뒷부분에서 미분기와 적분기의 구현을 위한 향상된 방안에 대해 살펴볼 것이다.

1.10.2 MEMS(초소형 정밀 전자기계) 가속도계

가속도계(accelerometer)는 1.3.3절, 그림 1.6에 도시되어 있다. 그림 1.64와 같이 2차 **매스 감쇠 스프링 시스템**을 설계한다. 외부 가속의 결과로, 지지대는 시험 질량(proof mass)에 비례하여 이동된다. 이러한 이동의 변이는 연결된 스프링 내부에 유사한 변화를 일으킨다.

M을 시험 질량, K를 유효 스프링 계수, D를 시험 질량의 움직임에 영향을 끼치는 감쇠 요소라고 하자. $x(t)$를 이동에 의한 외부 가속이라고 하고, $y(t)$를 시험 질량의 변이라고 두자. 시험 질량에 가해지는 순(net) 에너지는 0이다. 시험 매스의 관성 에너지는 $Md^2y(t)/dt^2$, 감쇠 에너지는 $Ddy(t)/dt$, 스프링의 에너지는 $Ky(t)$이다. 세 가지 힘은 외부에서 가해지는 힘 $Mx(t)$와 동일하며 다음과 같이 나타난다.

$$Mx(t) = M\frac{d^2y(t)}{dt^2} + D\frac{dy(t)}{dt} + Ky(t)$$

또는

$$\frac{d^2y(t)}{dt^2} + \frac{D}{M}\frac{dy(t)}{dt} + \frac{K}{M}y(t) = x(t). \tag{1.105}$$

다음과 같은 두 가지 새로운 양을 정의함으로써 이차 미분 방정식을 재구성할 수 있다.

1. 가속도계의 **자연 주파수**(natural frequency)

$$\omega_n = \sqrt{\frac{K}{M}}. \tag{1.106}$$

   M의 크기는 그램으로 측정되고 스프링 계수 K는 시간 제곱당 그램으로 측정된다. 따라서 자연 주파수 ω_n은 시간당 라디언 값으로 나타낸다.

2. 가속도계의 **특성 인수**(quality factor)

$$Q = \frac{\sqrt{KM}}{D}. \tag{1.107}$$

M의 크기는 그램으로, 스프링 계수 K는 시간 제곱당 그램으로, 감쇠 계수 D는 시간당 그램으로 측정된다. 따라서 특성 인수 Q는 차원이 없다.

식 (1.105)로부터 식 (1.106)과 (1.107)을 이용하여, ω_n과 Q를 인자로 하여 2차 미분 방정식을 만들면 다음과 같다.

$$\frac{d^2y(t)}{dt^2} + \frac{\omega_n}{Q}\frac{dy(t)}{dt} + \omega_n^2 y(t) = x(t). \tag{1.108}$$

식 (1.106)에서 자연 주파수(natural frequency) ω_n은 스프링 계수 K가 증가하고 시험 질량 M이 감소함에 따라 증가함을 알 수 있다. 식 (1.107)에서 특성 인수 Q는 스프링 계수 K와 시험 질량 M이 증가하거나 감쇠 계수 D가 감소함에 따라 증가함을 알 수 있다. 특히, 특성 인수 Q가 1보다 작은 값이면 가속도계는 다양한 형태의 입력 신호에 응답하게 된다.

MEMS(Micro Electro Mechanical Systems: 초소형 정밀 전자기계) 가속도계는 2계 미분 방정식으로 표현되는 시스템의 예이다. 두 개의 에너지 저장 요소(캐패시터나 인덕터)를 가진 전기 회로와 기계적인 스프링 질량 감쇠 시스템은 식 (1.108)과 같이 2계 미분 방정식으로 표현된다. 연습문제 1.79에서 MEMS 가속도계에 관한 전기적인 애널로그 시스템으로 이용되는 LRC 회로에 대해 논의할 것이다.

1.10.3 레이더 범위 측정

1.3.4절에서 원격 센싱을 위한 이미지 시스템으로 사용되는 레이다에 관해 논의하였다. 세 번째 예로써 레이다의 다른 중요한 응용을 살펴보자. 목표물(예; 항공기)과 레이더 사이트 간의 거리 측정에 대해 살펴보자.

그림 1.65는 목표물을 측정하기 위해 흔히 사용하는 레이더 신호를 나타낸다. 이 신호는 주기를 가진 RF 펄스로 구성된다. 각 펄스는 마이크로초 단위의 주기 T_0를 가지고 1초당 $1/T$ 펄스들이 반복된다. 보다 세부적으로 RF 펄스에서 정현파 신호의 주파수 f_c는 응용 시스템에

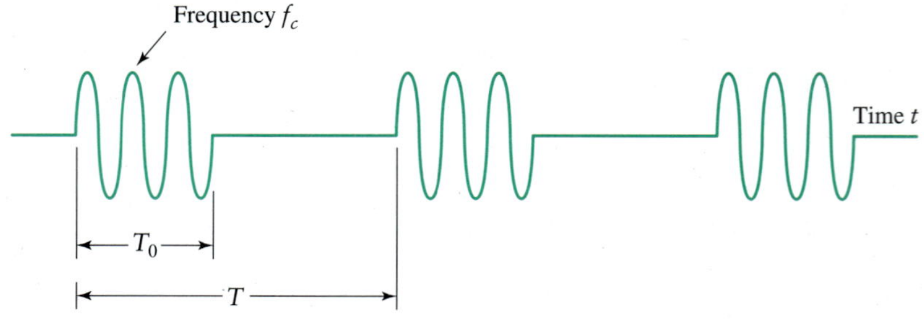

그림 1.65 목표물까지의 거리 측정을 위해 사용되는 사각 RF 펄스의 주기 신호

따라 메가 헤르츠나 기가 헤르츠 대역의 주파수를 가지게 된다. 사실상 정현파 신호는 레이더 신호의 전송과 레이더 목표물로부터의 반사신호의 수신을 가능하게 하는 **반송파**(carrier) 역할을 하게 된다.

레이더 목표물이 레이더로부터 d미터 거리에 있다고 가정하자. 신호의 **왕복시간**(round-trip time)은 레이더 펄스가 레이더로부터 목표물에 도착했다가 목표물에서 반사되어 레이더로 되돌아 오는 시간과 동일하다. 이런 왕복시간 τ는 다음과 같다.

$$t = \frac{2d}{c}. \tag{1.109}$$

C는 m/s로 측정되는 빛의 속도이다. 레이더 측정 범위(range)를 측정할 때, 고려해야 할 두 가지 요인은 다음과 같다.

- **분해능**(resolution). 펄스 간격 T_0는 레이더가 측정 가능한 왕복 지연시간을 하한값으로 가진다. 따라서, 레이더가 신뢰성 있게 측정할 수 있는 최소 목표물 범위는 $d_{\text{min}} = cT_0/2$ 미터이다(레이더 수신기의 앞단에 존재하는 전기 잡음은 무시한다).
- **범위 모호성**(ambiguitiy). 하나의 펄스가 목표물에서 반사된 신호는 다음 펄스가 전송되기 이전에 되돌아 와야 하기 때문에, 펄스간 간격 T는 레이더가 측정할 수 있는 최대 목표 범위를 상한값으로 가진다. 다른 범위에서는 범위 측정값이 모호해질 것이다. 따라서, 레이더가 정확하게 측정 가능한 목표 범위의 최대값은 $d_{\text{max}} = cT_0/2$이다.

그림 1.65의 레이더 신호는 이후의 장에서 설명할 스펙트럼 분석과 분석의 다른 측면에 대한 통찰력 있는 배경 지식을 제공한다.

유사한 측정 방식이 소리(수중 음파 탐지기), 초음파(생체의학 원격 센싱), 적외선(자동 초점 카메라), 광학 주파수(레이저 거리 측정계)를 이용하는 경우에도 사용된다. 각각의 경우에서, 펄스의 왕복시간과 전파 속도는 물체의 거리를 측정하는 데 사용된다.

1.10.4 이동 평균 시스템

이산시간 시스템의 중요한 응용 분야는, 불규칙하게 움직이는 데이터에서 잠재적인 추세를 인식하는 것과 같이, 데이터 집합에서 어떤 성질을 개선하는 것이다. 예제 1.12에 소개된 것처럼 이동 평균 시스템도 가끔 이런 목적으로 사용된다. 입력 신호를 데이터 $x[n]$이라고 하면 N점(N-point) 이동 평균 시스템(moving-average systems)의 출력은 다음과 같다.

$$y[n] = \frac{1}{N}\sum_{k=0}^{N-1} x[n-k]. \tag{1.110}$$

N은 입력 데이터 변동을 둔화시키는 정도를 결정한다. 예를 들면, 그림 1.66(a)와 같은 3년에 걸친 인텔(Intel)사의 주말 종가를 살펴보자. 데이터 집합의 변동은 인텔사 주가와 일반적인 주식

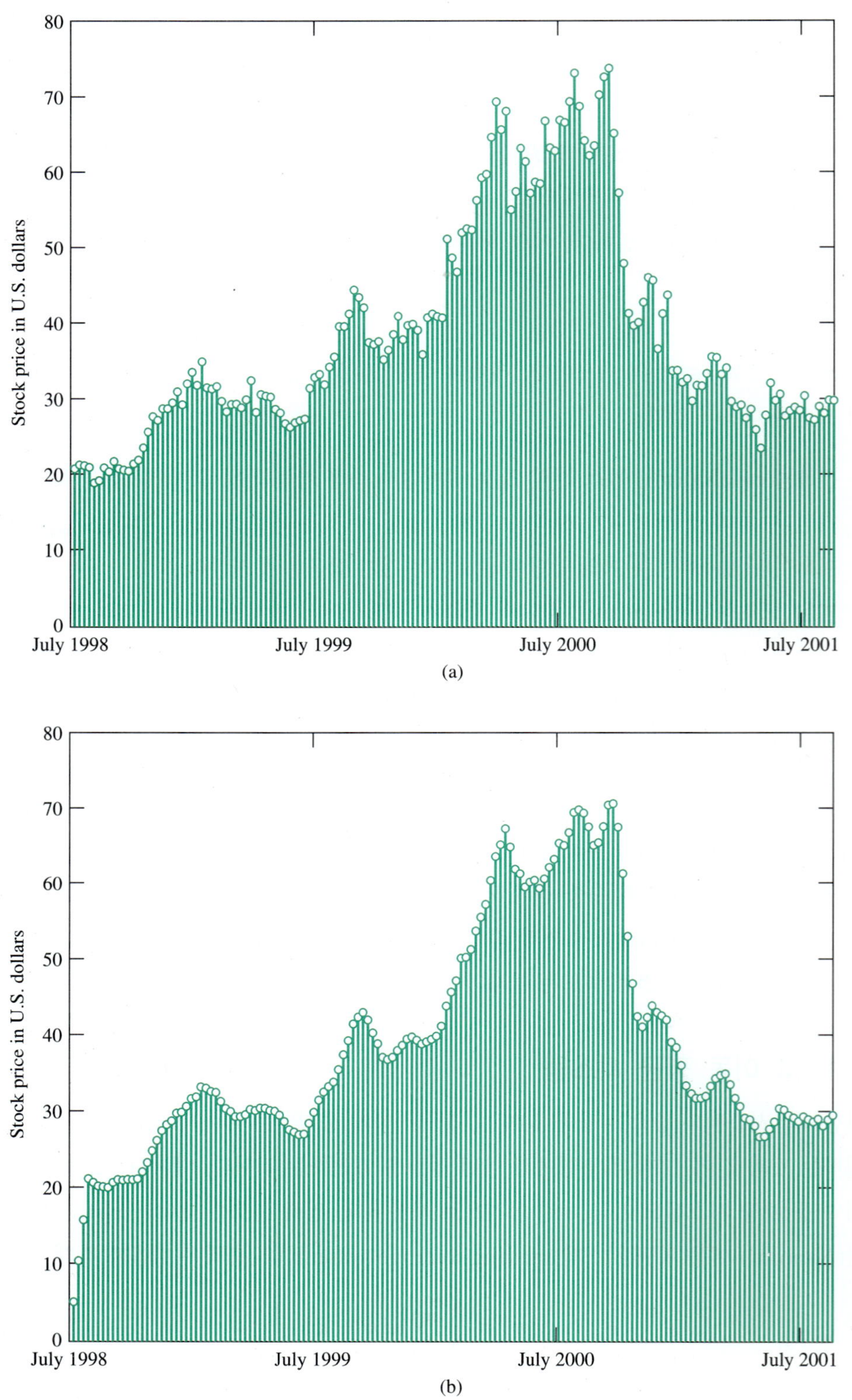

그림 1.66 (a) 3년에 걸친 인텔사 종가의 변동, (b) four-point($N = 4$) 이동 평균 시스템의 출력

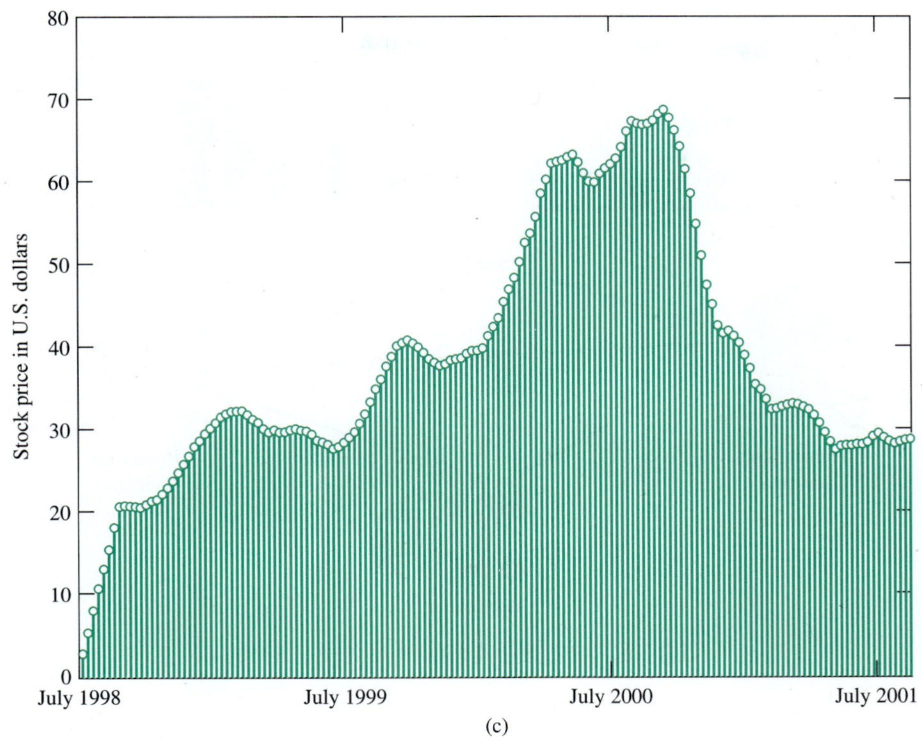

그림 1.66 (c) eight-point($N = 8$) 이동 평균 시스템의 출력

시장의 변동성을 강조하고 있다. N이 4와 8일 때 이동 평균 시스템을 통과한 데이터의 흐름의 결과는 그림 1.66(b)와 (c)에 나타나 있다. 이동 평균 시스템은 단기간 동안의 데이터의 변동 현상을 현저하게 감소시키고 N이 더 큰 값을 가진다면 변화가 더 완곡한 출력을 만들어낸다. 이동 평균 시스템에 의해 입력 데이터를 고르게 하는 응용문제에서, 윈도우 길이 N을 선택하는 방법과 그에 따라 가장 유용한 형태인 입력 데이터의 잠재적 추세를 잘 인식하는 것이 중요하다.

이동 평균 시스템 응용의 일반적인 형태에서 비균일 가중치를 입력의 과거 데이터에 적용하면,

$$y[n] = \sum_{k=0}^{N-1} a_k x[n-k]. \tag{1.111}$$

이러한 시스템에서 가중치 a_k는 어떤 빈도수의 변동과 같은 데이터의 특정 모양을 추출하고 시간 평균과 같은 다른 모양은 제거하기 위해 선택된다. 그러한 효과를 얻기 위해 가중치를 선택하는 특정한 방법은 8장에서 설명한다. 그러나, 이동 평균 시스템의 다양한 모양은 이후 모든 장에 걸쳐 다루어질 것이다.

1.10.5 다중 경로 통신 채널

1.3.1절과 1.9절에서 통신 시스템의 성능을 저하시키는 원인으로 채널 잡음을 언급했다. 다른 주요한 성능 저하 원인은 통신 채널 자체가 가진 분산기능 즉, 채널이 기억 시스템이라

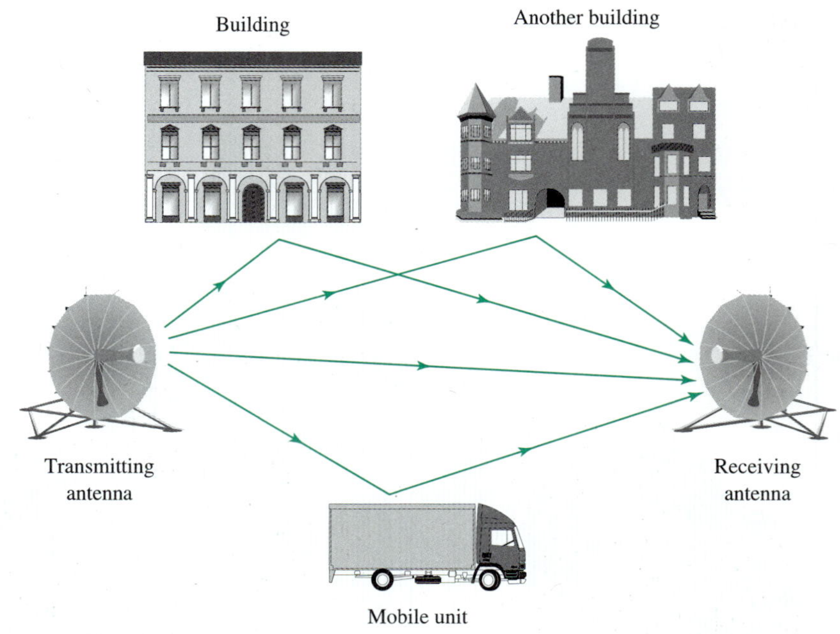

그림 1.67 다중 전파 경로의 예(무선 통신 환경)

는 점이다. 무선 통신 시스템에서 채널의 기억 특성은 다중 경로 전파로 인해 나타나는 특징이다. 여기서 다중 경로란 그림 1.67에서 보는 것처럼 송수신기 간에 하나 이상의 전파 경로를 의미한다. 송신기에서 전송된 신호가 여러 물체에서 반사되기 때문에 다중 경로 전파 현상이 생기게 된다. 통신 시스템 환경에서 다중 경로 전파는 **심볼간 간섭**(intersymbol interference)의 형태로 나타난다. 심볼간 간섭이란 전송되는 심볼의 전후에서 전송된 심볼이 수신기에서 검출되어 영향을 끼치는 것을 말한다. **심볼**은 메시지 신호의 이진 표현에서 비트들의 주어진 집합을 나타내는 파형이다. 심볼간 간섭 현상을 완화시키기 위해서 수신기는 채널 내에서 신호의 분산을 보상하는 등화기(equalizer)를 포함한다.

분산 효과를 이해하고 보상하기 위해서 다중 경로 전파 채널의 모델을 아는 것이 바람직하다. 전송 신호는 전형적으로 변조와 관련이 있으며, 변조의 목적은 채널의 가용 주파수 대역을 이용하여 신호를 전송하기 위해서 신호의 주파수 대역을 이동하는 것이다. 모델링을 하기 위해서 변조 신호에 나타나는 채널의 효과보다는 원래 메시지 신호에 나타나는 채널 효과를 알려주는 **기저대역 모델**(baseband model)을 다루는 것이 유용하다. 사용된 변조 형식에 따라 기저대역 모델은 실수 혹은 복소수 값을 가질 수 있다.

일반적인 기저 대역 모델은 그림 1.68에 도시된 tapped-delay-line 모델이다. 수신 신호를 나타내는 이 모델의 출력은 다음과 같은 수식으로 나타난다.

$$y(t) = \sum_{i=0}^{P} w_i x(t - iT_{\text{diff}}). \tag{1.112}$$

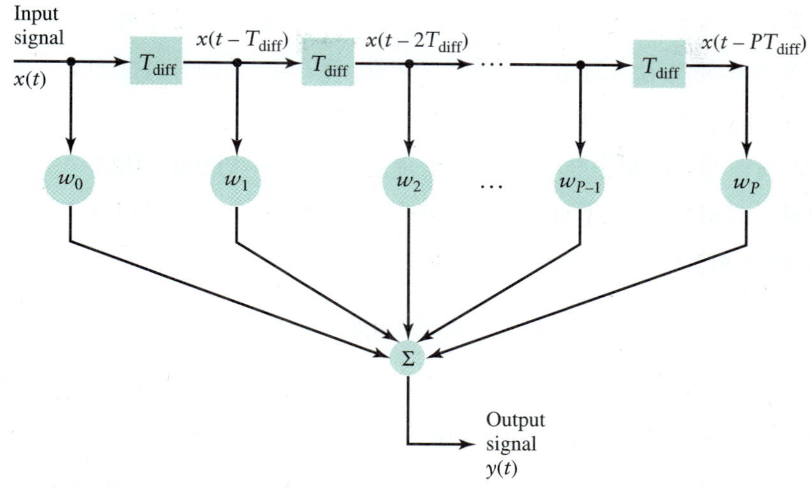

그림 1.68 시불변 선형 통신 채널의 tapped-delay-line 모델

T_{diff}는 다른 경로간에 존재하는 탐지 가능한 시간 차이를 나타내고, 전송 심볼의 특징에 좌우된다[식 (1.112)는 채널 출력에서 잡음의 효과는 무시한다]. PT_{diff}의 값은 경로에 나타나는 가장 긴 시간 지연을 나타낸다. 모델 계수 w_i는 각 경로의 이득을 근사화하는 데 사용된다. 예를 들어서 P가 1인 경우

$$y(t) = w_0 x(t) + w_1 x(t - T_{\text{diff}}).$$

이 수식은 직접 경로 $w_0 x(t)$와 단일 반사 경로 $w_1 x(t - T_{\text{diff}})$로 구성되는 전파 채널을 나타낸다.

디지털 통신 수신기에서 행해지는 신호처리는 이산시간 시스템을 사용하여 수행된다. 시간 간격 T_{diff}로 식 (1.112)의 기저대역 모델을 샘플링하여 다중 경로 통신 채널의 이산시간 모델을 구하면 다음과 같다.

$$y[n] = \sum_{k=0}^{P} w_k x[n - k]. \tag{1.113}$$

이 모델은 선형적으로 가중된 이동 평균 시스템의 예임을 주목하자. 이후 장에서 살펴보게 될 이산 다중 경로 채널 모델의 특별한 경우는 $P = 1$로 정규화된 형태이며 다음과 같이 나타낸다.

$$y[n] = x[n] + ax[n - 1]. \tag{1.114}$$

1.10.6 이산 재귀 연산

이산 재귀 연산(recursive discrete-time computation)으로 알려진 연산의 특별한 형태는 실용적인 응용에서 널리 사용된다. 이러한 형태의 연산에서, 가장 일반적인 형태로 표현하면,

연산의 결과인 출력 신호의 현재값은 다음과 같은 두 가지 종류의 값에 따라 결정된다: (1) 입력 신호의 현재와 과거 값, (2) 출력 신호의 과거값. **재귀적**이라는 용어는 신호의 출력 신호가 출력 신호의 과거값에 의존적임을 의미한다.

1차 이상 재귀 필터의 단순하고 의미 있는 예를 통하여 이 연산을 설명할 수 있다. 시간 n에서 측정되는 $x[n]$, $y[n]$을 필터의 입출력이라고 가정하자. $y[n]$과 $x[n]$의 관계를 **1계 선형 상수 계수 차분 방정식**으로 표현하면 다음과 같다.

$$y[n] = x[n] + \rho y[n-1]. \tag{1.115}$$

여기서 ρ는 상수이다. 재귀 방정식 (1.115)는 입력 신호의 과거값을 사용하지 않은 선형 차분 방정식으로 특별한 경우이다. 그림 1.69는 필터의 블럭 다이어그램이고 블록 S는 시간 이동(time shift) 연산을 수행한다. 그림에 나타난 구조는 **선형 이산 피드백 시스템**의 예이다. 여기서 계수 ρ는 시스템에서 피드백의 유무를 좌우한다. 바꾸어 말하면, 이산시간 시스템에서 피드백의 사용은 재귀 연산과 관련된다.

식 (1.115)를 풀어 보면 다음과 같다.

$$y[n] = \sum_{k=0}^{\infty} \rho^k x[n-k]. \tag{1.116}$$

위의 수식을 유도하는 과정은 2장과 7장에 설명되어 있다. 우선, 식 (1.116)이 유효함을 증명해 보자. $k = 0$인 항을 분리하면 다음과 같다.

$$y[n] = x[n] + \sum_{k=1}^{\infty} \rho^k x[n-k]. \tag{1.117}$$

다음으로, 식 (1.117)에서 $k - 1 = l$, 즉 $k = l + 1$이라면 다음과 같이 표현할 수 있다.

$$\begin{aligned} y[n] &= x[n] + \sum_{l=0}^{\infty} \rho^{l+1}[n-1-l] \\ &= x[n] + \rho \sum_{l=0}^{\infty} \rho^{l}[n-1-l]. \end{aligned} \tag{1.118}$$

식 (1.116)으로부터, 식 (1.118)의 우변의 두 번째 항은 $y[n-1]$과 동일함을 알 수 있다. 따

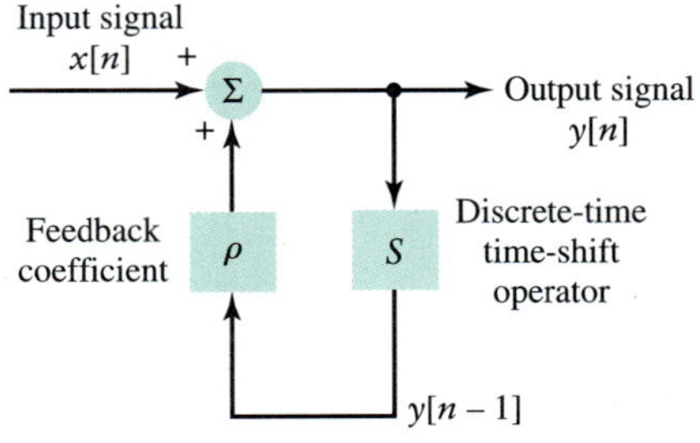

그림 1.69 1차 이상 재귀 필터 블록 다이어그램. S 블록은 하나의 샘플링 구간에서 출력 신호 $y[n]$을 이동시켜서 $y[n-1]$을 생성한다. 피드백 계수 ρ는 필터의 안정성을 결정한다.

라서, 식 (1.118)을 간략화하면 다음과 같다.

$$y[n] = x[n] + \rho y[n-1].$$

위 식에서 1차 재귀 방정식 (1.115)로부터 식 (1.116)을 유도할 수 있음을 알 수 있다.

식 (1.116)에서 상수 ρ값에 따라 다음과 같은 세 가지의 특수한 경우를 확인할 수 있다.

1. $\rho = 1$인 경우, 식 (1.116)은 다음과 같이 나타난다.

$$y[n] = \sum_{k=0}^{\infty} x[n-k]. \tag{1.119}$$

식 (1.119)는 이상적인 이산 적분기와 동일하게 표현되는 누산기(accumulator)를 나타낸다.

2. $|\rho| < 1$인 경우, 입력 신호 $x[n]$의 과거값이 출력 신호 $y[n]$에 계속적으로 영향을 끼치며, 절대값이 연속적으로 감소된다. 그러므로, 그림 1.68의 1차 재귀 필터를 **손실이 있는 (leaky) 누산기**라고 부른다. ρ의 크기가 1에 근접하면 손실은 더 작아진다.

3. $|\rho| > 1$인 경우, 입력 신호 $x[n]$의 과거값이 출력 신호 $y[n]$에 계속적으로 영향을 끼치며, 시간이 지남에 따라 절대값이 **증폭**된다.

위의 논의에서, 그림 1.69에 나타난 2번째 경우의 1차 재귀 필터는 BIBO(Bounded Input Bounded Output)라는 점에서 안정적인 반면, 1번째와 3번째 경우는 BIBO 측면에서 안정적이지 않다.

계속되는 장에서 디지털 신호 처리, 재정 연산, 디지털 제어 시스템과 같은 다양한 분야에서 사용되는 그림 1.69와 같은 1차 재귀 필터의 응용에 대해 살펴볼 것이다.

1.11 MATLAB 실습

MATLAB을 사용하는 기본적인 대상은 실수 또는 복소수 원소를 가지고 있는 행렬이다. 신호와 시스템에서 다루는 여러 종류의 데이터는 행렬 형태로 표현하는 데 적합하다. 이 절에서는 MATLAB을 이용하여 앞 절에서 기술한 기본 신호를 만드는 것에 대하여 알아본다. 시스템에 대한 것과 고급 신호에 대한 것은 뒷장에서 다룰 것이다.

MATLAB의 신호 처리 도구함(toolbox)은 매우 다양한 신호를 발생하기 위한 함수를 가지고 있으며, 이러한 함수를 사용하기 위해서는 시간 t 또는 n의 벡터 표현을 알아야 한다. 예를 들어, 0에서 1초까지 1 ms의 샘플링 간격 T_s를 가지고 있는 시간 벡터 t를 만들려면, 다음 명령어를 사용한다.

```
t = 0:.001:1;
```

이것은 각 초마다 1,000번의 샘플 또는 샘플링 비율이 1,000 Hz임을 의미한다. $n = 0$에서 $n =$

1,000까지 이산시간 신호를 위한 시간 벡터 **n**을 만들기 위해서는 다음 명령어를 사용한다.

```
n = 0:1000;
```

t 또는 **n**이 주어지면 필요한 신호를 만들 수 있다.

MATLAB에서 신호의 값들이 벡터의 성분으로 표현되기 때문에, 이산시간 신호는 정확하게 표현된다. 반면에, 연속시간 신호의 경우에는 MATLAB은 근사화된 신호만을 제공한다. MATLAB은 연속시간 신호를 샘플링값으로 구성된 벡터로 근사화한다. 이 경우에, 샘플 값이 신호의 자세한 부분까지 표현할 수 있도록 샘플링 간격 T_s를 충분히 작은 값으로 선정하는 것이 중요하다.

1.11.1 주기 신호

MATLAB을 이용하여 정방형파나 삼각파와 같은 주기 신호(periodic signals)를 만드는 것은 쉽다. 먼저 진폭이 **A**, 기본 주파수가 **w0**(초당 라디안 값으로 측정)이고, 시간폭은 **rho**인 정방형파를 만들어 보자. 여기서, **rho**는 신호가 양의 값을 갖는 주기의 백분율이다. 그러한, 신호를 만들기 위하여 다음 명령어를 사용한다.

```
A*sqaure(w0*t, rho);
```

그림 1.14(a)의 정방형파를 만들기 위하여 다음의 명령어가 모두 수행되어야 한다.

```
>> A = 1 ;
>> w0 = 10*pi ;
>> rho = 0.5 ;
>> t = 0:.001:1 ;
>> sq = A*square(w0*t, rho);
>> plot(t, sq)
>> axis([0 1 -1.1 1.1])
```

두 번째 명령어에서, **pi**는 π에 가까운 유리수를 가져오게 하는 MATLAB 내부 명령어이다. 마지막 명령어는 정방형파를 그림으로 볼 수 있도록 해준다. **Plot** 명령어는 신호의 연속적인 점들을 선으로 연결해서 연속시간 신호처럼 보이도록 해준다. 다음으로 진폭이 **A**, 기본 주파수 **w0**(rad/s), 폭이 **W**인 삼각파를 생각하자. 삼각파의 주기는 **T**이고, 처음 최대값은 **t = WT**에서 발생한다. 이 주기 신호를 만드는 기본 명령어는 다음과 같다.

```
A*sawtooth(w0*t , W);
```

그림 1.15의 삼각파를 만들기 위해서는 다음의 명령어들이 수행되어야 한다.

```
>> A = 1;
>> w0 = 10*pi;
>> W = 0.5;
>> t = 0:0.001:1 ;
>> tri = A*sawtooth(w0*t, W);
>> plot(t, tri)
```

앞에서 언급했듯이, MATLAB이 만든 신호는 본래 이산시간 신호이다. 이산시간 신호를 보기 위해서 **stem** 명령어를 사용할 수 있다. 구체적으로 말하면, **stem(n, x)**는 이산시간 **n**에서 정의되어 있는 명령어이므로 벡터 **n**과 **x**는 서로 상응하는 차원이어야 한다.

예를 들어, 그림 1.16의 이산시간 정방형파 신호는 다음 명령어로 만들어진다.

```
>> A = 1 ;
>> omega = pi/4 ;
>> n = -10: 10 ;
>> x = A*square(omega*n) ;
>> stem(n, x)
```

▶ **연습문제 1.38** MATLAB을 이용하여 그림 1.15의 삼각파 신호를 그려라. ■

1.11.2 지수 함수 신호(Exponential Signals)

지수 함수는 감소하는 것과 증가하는 것이 있다. MATLAB에서 감소 지수 함수는 다음 명령어를 사용하여 만든다.

```
B*exp(-a*t);
```

증가 지수 함수는 다음 명령어를 사용한다.

```
B*exp(a*t);
```

두 가지 경우에, 지수 파라미터 **a**는 양수이다. 다음의 명령어로 그림 1.28(a)의 감소 지수 신호를 만든다.

```
>> B = 5;
>> a = 6;
>> t = 0:.001:1;
>> x = B*exp(-a*t); % decaying exponential
>> plot(t, x)
```

그림 1.28(b)의 증가 지수 신호는 다음 명령어에 의하여 만들어진다.

```
>> B = 5;
>> a = 6;
>> t = 0:.001:1;
>> x = B*exp(a*t); % growing exponential
>> plot(t, x)
```

다음으로 식 (1.34)에 정의된 지수열(sequence)에 대하여 생각해 보자. 증가 지수열은 그림 1.30(a)에 나타나 있으며, 다음의 명령어에 의햐여 만들어 진다.

```
>> B = 1;
>> r = 0.85;
>> n = -10:10;
>> x = B*r.^n; % decaying exponential
>> stem(n, x)
```

위의 예에서 주의할 점은 밑수 **r**은 스칼라이고 지수는 벡터라는 것이다. 그러므로, 기호 **.^**은 스칼라값의 거듭제곱(element-by-element powers)을 표시하기 위하여 사용한다.

▶ **연습문제 1.39** MATLAB을 이용하여 그림 1.30(b)의 감소 지수열을 그려라. ▮

1.11.3 정현파 신호

MATLAB은 정현파 신호(sinusoidal signals)를 만드는 데 사용되는 삼각 함수를 포함하고 있다. 진폭이 **A**, 주파수 **w0**(라디안/초), 위상이 **phi**(라디안)인 코사인 신호는 다음 명령어로 만들어진다.

```
A*cos(w0*t + phi);
```

또한, 사인 신호는 다음과 같이 만든다.

```
A*sin(w0*t + phi);
```

위의 두 명령어가 그림 1.31의 정현파 신호를 만드는 데 사용된다. 특별히, 그림 1.31(a) 코사인 신호는 다음과 같은 명령어에서 만들어진다.

```
>> A = 4;
>> w0 = 20*pi;
>> phi = pi/6;
```

```
>> t = 0:.001:1;
>> cosine = A*cos(w0*t + phi);
>> plot(t, cosine)
```

▶ **연습문제 1.40** MATLAB을 이용하여 그림 1.31(b)를 그려라. ▮

다음으로 식 (1.39)에 정의된 이산시간 정현파 신호에 대하여 생각해 보자. 이러한 주기 신호는 그림 1.33에 표현되어 있다. 다음의 명령에 의해 그림이 만들어진다.

```
>> A = 1;
>> omega = 2*pi/12; % angular frequency
>> n = -10: 10;
>> y = A*cos(omega*n);
>> stem(n, y)
```

1.11.4 지수적 감쇠 정현파 신호

앞의 신호를 만드는 모든 명령어에서는 진폭이 1인 벡터 신호(예: **sin(w0*t + phi)**)에 스칼라 **A**를 곱해서 원하는 신호를 만들었다. 이러한 연산은 아스테리크(*)를 사용하여 표현한다. 이번에는, 두 벡터의 **요소 대 요소의 곱셈**(element-by-element)으로 하여 만드는 신호를 생각해 보자.

지수적 감쇠 정현파 신호(exponentially damped sinusoidal signals)를 만들기 위하여, 정현파 신호에 지수 신호를 곱한다고 가정하자. 이들 두 신호를 각각 벡터로 표현한 다음, 하나의 벡터의 요소에 다른 벡터의 요소를 요소 대 요소로 곱셈을 해야 한다. MATLAB은 요소와 요소의 곱을 기호 ".*"로 표현한다. 그래서 다음과 같은 지수적 감쇠 정현파 신호

$$x(t) = A\sin(\omega_0 t + \phi)e^{-at}$$

를 만들기 위한 명령어는 다음과 같다.

```
A*sin(w0*t + phi).*exp(-a*t);
```

감소 지수 함수이기 때문에 **a**는 양수이다. 이러한 명령어는 그림 1.35의 파형을 만드는 데 사용되고, 전체의 명령어는 다음과 같다.

```
>> A = 60;
>> w0 = 20*pi;
>> phi = 0;
```

```
>> a = 6;
>> t = 0:.001:1;
>> expsin = A*sin(w0*t + phi).*exp(-a*t);
>> plot(t, expsin)
```

다음으로, 그림 1.70의 지수적 감쇠 이산 정현파 신호에 대하여 생각해 보자. 이 수열은 그림 1.33의 정현파 수열 $x[n]$에 그림 1.30(a)의 지수적 감쇠 수열 $y[n]$을 곱하여 얻을 수 있다. 두 열은 모두 **n = −10:10**에서 정의된다. $z[n]$을 두 수열의 곱이라고 하면, 다음 명령어를 사용하여 신호를 만들 수 있고, 볼 수도 있다.

```
>> z = x.*y; % elementwise multiplication
>> stem(n, z)
```

여기서 **n**의 정의는 이미 **x, y**의 명령어에 포함되어 있기 때문에 **z**를 생성하는 프로그램 안에서 다시 정의할 필요가 없음을 주목하라.

▶ **연습문제 1.41** MATLAB을 이용하여 그림 1.30(b)의 증가 지수 신호와 그림 1.33의 정현파 신호의 곱으로 정의된 신호를 만들어라. ▮

1.11.5 계단, 임펄스 신호, 램프 함수 신호 (Step, Impulse and Ramp Functions)

MATLAB에서 **ones (M, N)**은 모든 원소가 전부 1인 $M \times N$ 행렬이고, **zeros (M, N)**은 모든 원소가 0인 $M \times N$ 행렬이다. 이러한 두 행렬을 이용하면 다음과 같은 두 신호를 만들 수 있다.

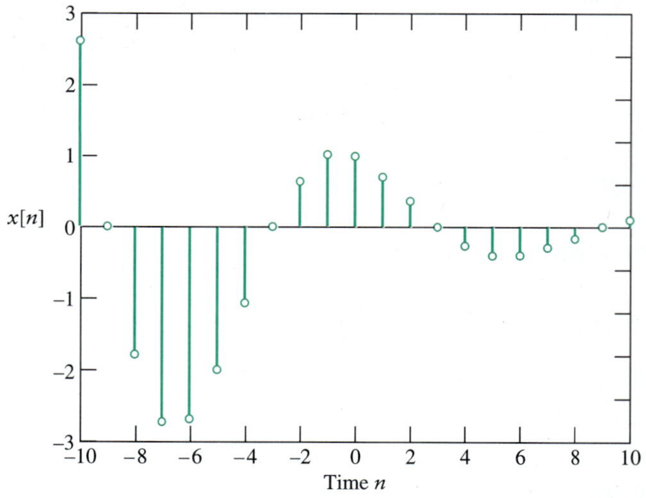

그림 1.70 지수적 감쇠 정현파 수열

▶ **계단 함수 신호.** 단위 계단 함수 신호는 다음과 같이 만든다.

```
u = [zeros(1, 50), ones(1, 50)];
```

▶ **이산시간 임펄스 신호.** 단위 이산 신호는 다음과 같이 만든다.

```
Delta = [zeros(1, 49), 1, zeros(1, 49)];
```

램프열은 다음과 같이 간단히 만들어진다.

```
Ramp = 0:.1:10
```

그림 1.39에서, 서로 반대 방향으로 시간 이동된 두 계단 함수 신호가 구형파 펄스를 만드는 데 사용되는 것을 보았다. 다음 명령어를 사용하면, 원점이 중심인 구형파 펄스를 만들 수 있다.

```
>> t = -1:1/500:1;
>> u1 = [zeros(1,250), ones(1,751)];
>> u2 = [zeros(1,751), ones(1,250)];
>> u = u1 - u2;
```

첫 번째 명령어는 −1초에서 1초까지 2 ms 간격으로 증가하는 시간을 의미한다. 두 번째 명령어는 $t = -0.5$에 시작되고 진폭 1인 계단 함수 신호 **u1**을 만든다. 세 번째 명령어는 $t = 0.5$에 시작되는 두 번째 계단 함수 신호 **u2**를 만든다. 네 번째 명령어는 **u1**에서 **u2**를 뺄셈하여 원점에 중심을 두고, 폭이 1이며 진폭이 1인 구형파 펄스를 만든다.

1.11.6 사용자 정의 함수

MATLAB 환경의 중요한 이점 중의 하나는 *M*-**파일** 또는 **서브루틴**을 만들 수 있다는 것이다. *M*-파일은 스크립트와 함수의 두 가지 형태가 존재한다. **스크립트** 또는 **스크립트 파일**은 많은 연속된 명령어를 자동적으로 실행되도록 한 것이다. 반면에 **함수**나 **함수 파일**은 MATLAB에 새로운 함수를 추가할 수 있도록 한 것이다. 함수 파일 내부에서 사용되는 변수의 값은 어느 것이든 메모리에 남지 않는다. 이러한 이유 때문에 입력과 출력 변수들은 명확하게 정의되어야 한다.

함수 *M*-파일은 다음의 특징을 갖는 독립체이다.

1. 함수의 이름, 입력 변수, 출력 변수를 정의하는 문장으로 시작해야 한다.
2. 반환할 값을 계산하기 위한 추가적인 문장을 포함하고 있다.
3. 입력은 스칼라, 벡터, 행렬일 수 있다.

예를 들어, *M*-파일을 이용하여 그림 1.39(a)의 구형파 펄스를 만들어 보자. 이 펄스는 진폭이 1이고 폭이다. 이것을 만들기 위하여 다음 문장을 포함하는 **rect.m**을 만들어야 한다.

```
>> function g = rect(x)
>> g = zeros(size(x));
>> set1 = find(abs(x) <= 0.5);
>> g(set1) = ones(size(set1));
```

이 *M*-파일의 마지막 세 문장에서 우리는 두 개의 유용한 함수를 사용하였다.

1. **size** 함수는 행렬의 열과 행을 나타내는 두 요소의 벡터를 반환한다.
2. **find** 함수는 정해진 관계를 조건을 만족하는 벡터 또는 행렬의 지표를 반환한다. 예를 들면, **find(abs(x) <= T)**는 벡터 **x**의 절대값이 **T**보다 작거나 같으면, 벡터 **x**의 지표를 반환한다.

새로운 함수 **rect.m**은 다른 MATLAB 함수처럼 사용된다. 구체적으로, 다음처럼 구형파 펄스를 만들기 위해 사용된다.

```
>> t = -1:1/500:1;
>> plot(t, rect(t));
```

1.12 요 약

이 장에서는 책의 나머지 부분에서 다루게 될 신호와 시스템의 개요를 소개하였다. 여기서 다루었던 사항 중에서 특히 중요한 것은, 다양한 연속시간 또는 이산시간 신호와 시스템이고 아래와 같이 요약된다.

- 연속시간 신호는 모든 시간에서 정의된다. 반면에 이산시간 신호는 시간의 이산 순간에서만 정의된다.
- 연속시간 시스템은 연속시간 입력 신호를 연속시간 출력 신호로 바꾸어 주는 연산자로 표현한다. 반면에 이산시간 시스템은 이산시간 입력 신호를 이산시간 출력 신호로 바꾸어 주는 연산자에 의해서 표현된다.

실제로 많은 시스템은 연속시간 요소와 이산시간 요소가 섞여 있다. 그러한 시스템 해석은 4, 5, 8, 9장에 있는 내용의 중요한 부분이다.

신호와 시스템의 다양한 특성을 다루는 데 있어서, 우리는 두 종류의 신호와 시스템을 처리하는 데 특별한 주의를 기울여야 한다. 그 과정에서 연속시간 신호/시스템과 이산시간 신호/시스템의 유사함과 차이점을 강조하면서 많은 것을 얻게 된다. 이런 연습은 다음 장에서도 적절한 형태로 나온다.

시스템을 공부하는 데 있어서 **선형 불변 시스템**의 해석은 매우 중요하다. **선형 시스템**이란 중첩의 원리를 따르는 시스템을 말하고, 시불변은 시간에 따라 시스템의 특성이 변하지 않는 것을 말한다. 이러한 두 가지 특성을 이용하게 되면 시스템의 수학적 해석은 다루기 쉽게 된다. 선형 시불변 시스템의 해석을 위한 많은 도구가 개발되었으며, 따라서 그러한 기법을 이용해서 시스템 해석을 할 수 있다.

또한, 이 장에서 다양한 연속시간, 이산시간의 신호를 표현하기 위한 MATLAB의 사용법을 알아 보았다. MATLAB은 개념을 이해하고 시스템을 설계하는 데 강력한 환경을 제공한다. 이런 것들은 다음 장에서 설명할 것이다.

참고문헌

1. 신호와 그 표현 그리고 통신 시스템의 사용에 대한 해설

Pierce, J. R., and A. M. Noll, *Signals: The Science of Telecommunications* (Scientific American Library, 1990)

2. 제어 시스템의 예

Kuo, B.C., *AutomaticControl Systems*, 7th ed. (Prentice-Hall, 1995) 그리고 다음 책의 1장과 2장

Phillips, C. L., and R. D. Harbor, *Feedback Control Systems*, 3rd ed. (Prentice-Hall, 1996)

3. 원격 센싱에 대한 일반적인 내용

Hord, R. M., *Remote Sensing: Methods and Applications* (Wiley, 1986)

원격 측정을 위한 우주 레이더의 사용에 대한 자료

Elachi, C., *Introduction to the physics and Techniques of Remote Sensing* (Wiley, 1987)

합성 구경 안테나와 신호 처리에서의 합성 구경 안테나의 역할

Curlander, J. C., and R.N. McDonough, *Synthetic Aperture Radar: Systems and Signal Processing* (Wiley, 1991)

4. 그림 1.6에 대한 참고문헌

Yazdi, D., F. Ayazi, and K. Najzfi, "Micomachined Inertial Sensors," *Proceedings of the Institute of Electrical and Electronic Engineers*, vol. 86, pp.1640-1659, August 1998

다음 논문에는 실리콘 마이크로머신 가속도계와 자이로스코프의 개관이 제시되어 있다. 특별한 문제의 부분으로 부분 센서, 마이크로 구동장치, 마이크로시스템(MEMS)을 집적화되지

않으면 안 된다. MEMS와 응용에 대한 추가 논문에 대해서는 다음을 보시오.

Wise, K. D,. and K. Najafi, “Microfabrication Techniques for Integrated Senors and Microsystems, “*Science*, vol 254, pp.1335-1342, Novemeber 1991

S. Cass, “MEMS in space, “IEEE *Spectrum*, pp. 56-61, July 2001

5. 생의학 신호 처리

Weitkunat, R., editor, *Digital Biosignal Processing* (Elsevier, 1991)

6. 청각 시스템에 대한 자세한 사항

Dallos, P., A. N. Popper, and R. R. Fay, editors, *The Cochlea*(Springer-Verlag, 1996)

Hawkins, H. L., and T. McMullen, editors, *Auditory Computation* (Springer-Verlag, 1996)

Kelly, J. P., “Hearing.” In E. R. Kandel, J. H. Schwartz, and T. M. Jessell, *Principles of Neural Science*, 3rd ed. (Elsevier, 1991)

와우각은 실리콘 집적 회로를 사용한 인공 와우각을 만드는 데 필요한 동기를 제공한다. 그런 인공 전자장치는 때때로 실리콘 와우각으로 불린다. **실리콘 와우각**에 대한 논의는 다음 책을 보시오.

Lyon, R. F., and C. Mead, “Electronic Cochlea,” IN C. Mead, *Analog VLSI and Neural Systems* (Addision-Wesley, 1989)

7. Tacoma Narrow 해협에 있는 최초의 현수교

Smith, D., “A Case Study and Analysis of the Tacoma Narrows Bridge Failure,” 99.497 Engineering Project, Department of Mechanical Engineering, Carleton University, March 29, 1974 (supervised by professor G. Kardos)

8. 전기 잡음의 다른 측면의 처리

Bennet, W. R., *Electrical noise* (McGraw-Hill, 1960)

Van der Ziel, A., *Noise: sources, Characterization, Measurement* (Prentice-Hall, 1970)

Gupta, M. S., Electrical Noise: *Fundamentals and Sources* (IEEE Press, 1977)

Gupta에 의해 편집된 책은 (1) 전기 잡음의 역사, (2) 물리적 작용, 수학적 방법과 응용의 소개, (3) 주요한 잡음 생성과정, (4) 잡음 현상이 연구되어 왔던 전기 장치의 형태, (5) 잡음 생성기를 포함하고 있다.

9. MATLAB의 사용 방법은 부록 F에 수록되어 있다.

▶ 추가 문제(Additional Problems)

1.42 다음 신호가 주기 신호인지 아닌지를 결정하고, 주기 신호이면 기본 주기를 구하라.

(a) $x(t) = (\cos(2\pi t))^2$

(b) 그림 P1.42b $w(t)$에 대해 $x(t) = \sum_{k=-5}^{5} w(t - 2k)$

(c) 그림 P1.42b $w(t)$에 대해 $x(t) = \sum_{k=-\infty}^{\infty} w(t - 3k)$

(d) $x[n] = (-1)^n$

(e) $x[n] = (-1)^{n^2}$

(f) 그림 P1.42f의 $x[n]$

(g) 그림 P1.42g의 $x(t)$

(h) $x[n] = \cos(2n)$

(i) $x[n] = \cos(2\pi n)$

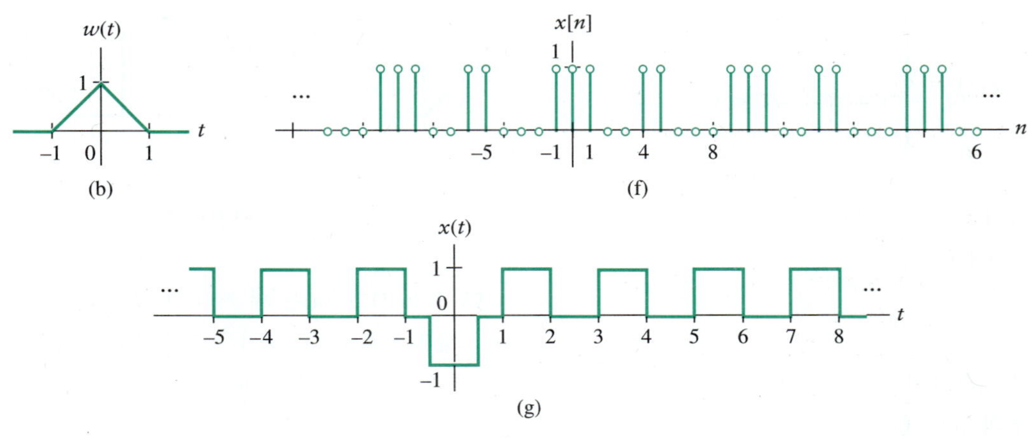

그림 P1.42

1.43 정현파 신호

$$x(t) = 3\cos(200t + \pi/6)$$

가 다음 입출력 관계로 정의된 장치를 통하여 지나간다.

$$y(t) = x^2(t).$$

삼각 부등식

$$\cos^2\theta = \frac{1}{2}(\cos 2\theta + 1)$$

을 사용하여 출력 $y(t)$가 직류 성분과 정현파 성분으로 구성됨을 보여라.

(a) 직류 성분을 구하라.

(b) 출력 $y(t)$에 존재하는 sine 성분의 진폭과 기본 주파수를 구하라.

1.44 다음 정현파 신호 $x(t)$의 평균 전력을 구하라.

$$x(t) = A\cos(\omega t + \phi).$$

1.45 다음 정현파 신호의 각주파수 Ω는 $x[n]$이 주기 신호이기 위한 조건을 만족한다. 이때 $x[n]$의 평균 전력을 구하라.

$$x[n] = A\cos(\Omega n + \phi).$$

1.46 그림 P1.46의 $x(t)$는 아래와 같이 정의된다. $x(t)$의 전체 에너지를 구하라.

$$x(t) = \begin{cases} \frac{1}{2}[\cos(\omega t) + 1], & -\pi/\omega \le t \le \pi/\omega \\ 0, & \text{그 밖의 범위.} \end{cases}$$

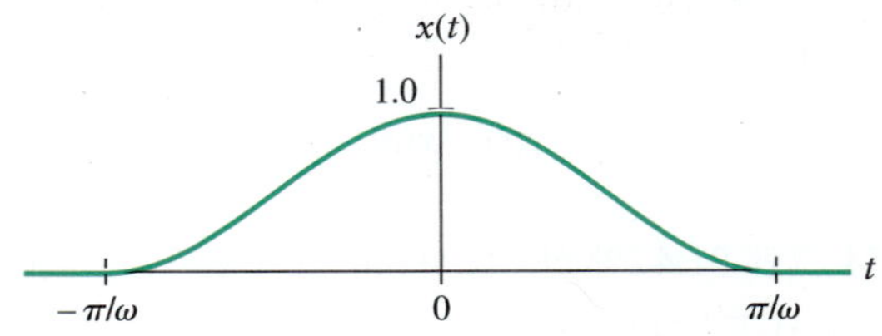

그림 P1.46

1.47 그림 P1.47의 사다리꼴 펄스 $x(t)$는 아래와 같다. $x(t)$의 전체 에너지를 구하라.

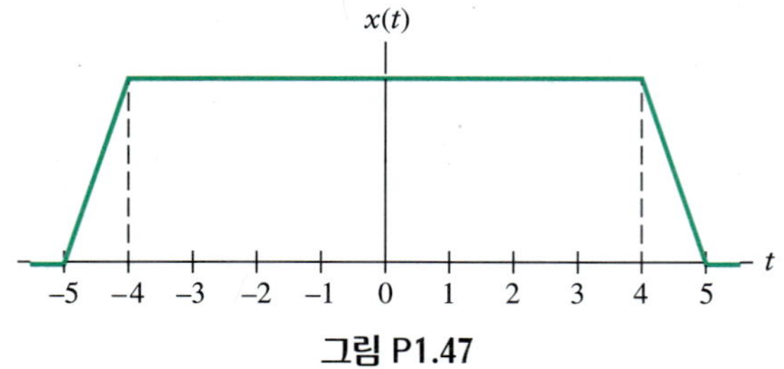

그림 P1.47

$$x(t) = \begin{cases} 5 - t, & 4 \le t \le 5 \\ 1, & -4 \le t \le 4 \\ t + 5 & -5 \le t \le -4 \\ 0, & \text{그 밖의 범위.} \end{cases}$$

1.48 그림 P1.47의 사다리꼴 펄스 $x(t)$가 다음과 같이 정의된 미분기에 인가된다.

$$y(t) = \frac{d}{dt}x(t).$$

(a) 미분기의 출력 $y(t)$를 구하라.
(b) $y(t)$의 전체 에너지를 구하라.

1.49 구형파 펄스 $x(t)$는 다음과 같이 정의된다.

$$x(t) = \begin{cases} A, & 0 \le t \le T \\ 0, & \text{그 밖의 범위.} \end{cases}$$

$x(t)$가 다음과 같이 정의된 적분기가 적용된다.

$$y(t) = \int_{0^-}^{t} x(\tau)\, d\tau.$$

출력 $y(t)$의 전체 에너지를 구하라.

1.50 그림 P1.47의 사다리꼴 펄스 $x(t)$는 아래와 같이 시간 스케일링되었다. (a) $a = 5$와 (b) $a = 0.2$인 경우, $y(t)$를 그려라.

$$y(t) = x(at).$$

1.51 그림 P1.47의 신호를 다음과 같이 변환한 사다리꼴 펄스 $y(t)$를 그려라.

$$y(t) = x(10t - 5).$$

1.52 그림 P1.52(a),(b)로 주어진 $x(t)$와 $y(t)$가 있다. 다음과 같은 신호를 그려라.

(a) $x(t)y(t-1)$
(b) $x(t-1)y(-t)$
(c) $x(t+1)y(t-2)$
(d) $x(t)y(-1-t)$
(e) $x(t)y(2-t)$
(f) $x(2t)y\left(\frac{1}{2}t+1\right)$
(g) $x(4-t)y(t)$

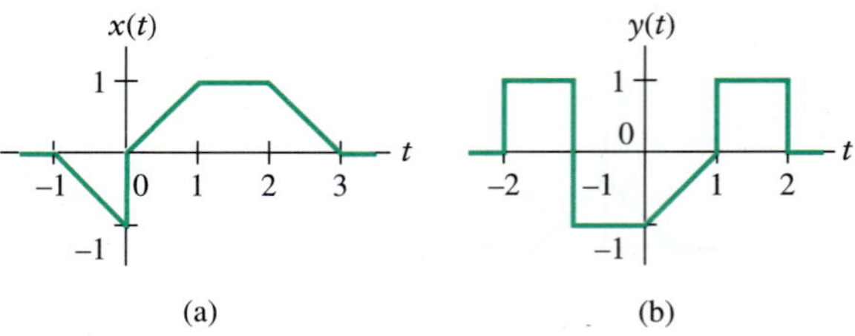

그림 P1.52

1.53 그림 P1.53(a)는 네 개의 구형파 펄스가 중첩된 계단 모양의 신호 $x(t)$를 보여준다. 그림 P1.53(b)의 구형파 펄스 $g(t)$를 이용하여 이 파형을 구성하고, $x(t)$를 $g(t)$로 표현하라.

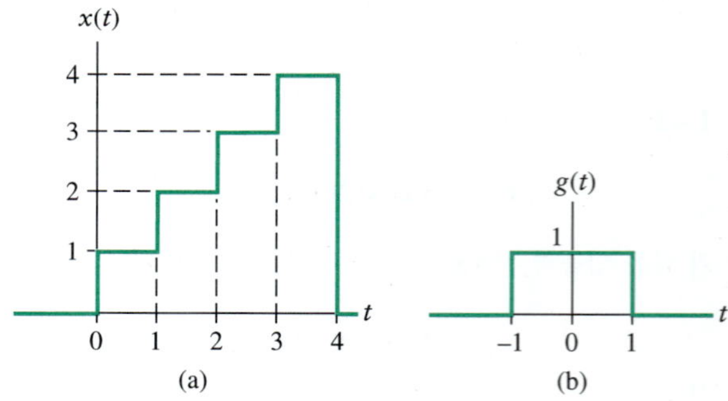

그림 P1.53

1.54 다음 신호의 파형을 그려라.

(a) $x(t) = u(t) - u(t-2)$
(b) $x(t) = u(t+1) - 2u(t) + u(t-1)$
(c) $x(t) = -u(t+3) + 2u(t+1) - 2u(t-1) + u(t-3)$
(d) $y(t) = r(t+1) - r(t) + r(t-2)$
(e) $y(t) = r(t+2) - r(t+1) - r(t-1) + r(t-2)$

1.55 그림 P1.55(a)는 세 개의 구형파의 펄스의 중첩으로 보여지는 펄스 $x(t)$를 나타내었다. 그림 P1.55(b)의 구형

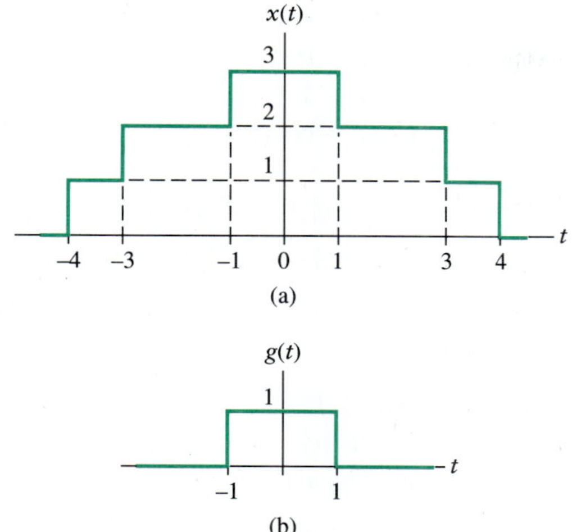

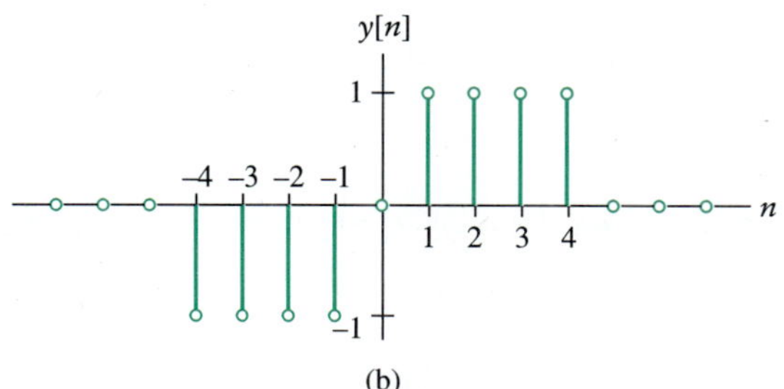

파 펄스 $g(t)$를 이용하여 이 파형을 구성하고, $x(t)$를 $g(t)$로 표현하라.

1.56 그림 P1.56(a)와 (b)의 $x[n]$과 $y[n]$이 있다. 다음 신호를 그려라.

(a) $x[2n]$
(b) $x[3n-1]$

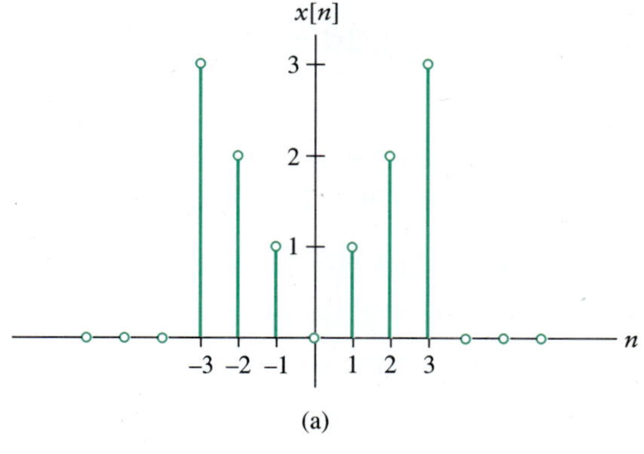

그림 P1.55

y[n]

(b)

그림 P1.56

(c) $y[1-n]$
(d) $y[2-2n]$
(e) $x[n-2]+y[n+2]$
(f) $x[2n]+y[n-4]$
(g) $x[n+2]y[n-2]$
(h) $x[3-n]y[n]$
(i) $x[-n]y[-n]$
(j) $x[n]y[-2-n]$
(k) $x[n+2]y[6-n]$

1.57 다음 신호가 주기 신호인지 아닌지를 판단하라. 주기 신호이면 기본 주기를 찾아라.

(a) $x[n]=\cos\left(\frac{8}{15}\pi n\right)$
(b) $x[n]=\cos\left(\frac{7}{15}\pi n\right)$
(c) $x(t)=\cos(2t)+\sin(3t)$
(d) $x(t)=\sum_{k=-\infty}^{\infty}(-1)^k\delta(t-2k)$
(e) $x[n]=\sum_{k=-\infty}^{\infty}\{\delta[n-3k]+\delta[n-k^2]\}$
(f) $x(t)=\cos(t)u(t)$
(g) $x(t)=v(t)+v(-t)$, where
$v(t)=\cos(t)u(t)$
(h) $x(t)=v(t)+v(-t)$, where
$v(t)=\sin(t)u(t)$
(i) $x[n]=\cos\left(\frac{1}{5}\pi n\right)\sin\left(\frac{1}{3}\pi n\right)$

1.58 정현파 신호 $x[n]$의 기본 주기는 $N=10$ 샘플이다. $x[n]$이 주기 신호이기 위한 최소의 각주파수 Ω를 구하라.

1.59 복소 정현파 신호 $x(t)$는 다음 성분을 가진다.

$$\mathrm{Re}\{x(t)\}=x_R(t)=A\cos(\omega t+\phi);$$
$$\mathrm{Im}\{x(t)\}=x_I(t)=A\sin(\omega t+\phi).$$

$x(t)$의 진폭은 $x_R^2(t)+x_I^2(t)$의 제곱근으로 정의된다. 진폭이 A와 같고, 위상각 ϕ와는 무관함을 보여라.

1.60 다음 복소 지수 신호를 고려하자.

$$x(t)=Ae^{\alpha t+j\omega t},\qquad \alpha>0.$$

$x(t)$의 실수 성분과 허수 성분을 구하라.

1.61 미분기에 인가되는 다음 연속시간 신호를 고려하자.

$$x(t)=\begin{cases} t/\Delta+0.5, & -\Delta/2\le t\le\Delta/2\\ 1, & t>\Delta/2\\ 0, & t<-\Delta/2.\end{cases}$$

T가 0에 가까워짐에 따라, 미분기의 출력이 단위 임펄스 신호 $\delta(t)$로 근사됨을 보여라.

1.62 이 문제에서는 단위 임펄스 신호를 미분기에 인가할 때 무슨 일이 일어나는지 알아보자. 그림 P1.62의 시간폭이 Δ, 진폭이 $1/2\Delta$인 삼각 펄스 $x(t)$를 고려하자. 펄스 아래의 면적은 1이다. 그러므로 폭 Δ가 0으로 가까이 갈 때 삼각 펄스는 단위 임펄스 신호로 근사된다.

(a) 삼각 펄스 $x(t)$가 미분기에 인가되는 경우의 미분기의 출력 $y(t)$를 구하라.

(b) Δ가 0으로 가까이 갈 때, 미분기의 출력 $y(t)$는 어떻게 되는가? 단위 임펄스 신호 $\delta(t)$를 이용하여 답을 표현하라.

(c) 모든 Δ에 대하여, 미분기 출력 $y(t)$의 전체 면적은 얼마인가? 이유를 설명하라.

(a)에서 (c)까지의 결과를 근거로, 단위 임펄스 신호의 미분 결과를 간단하게 표현하라.

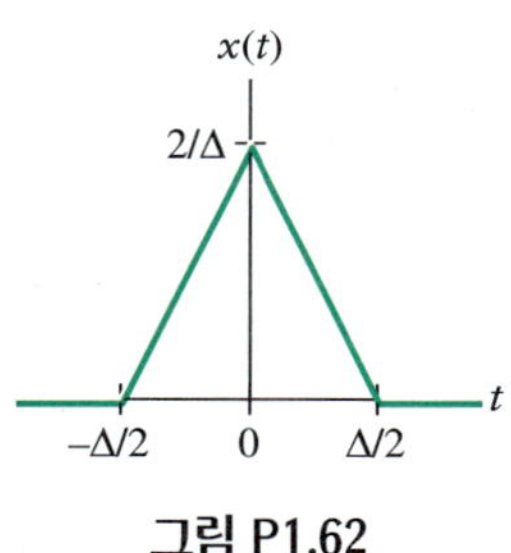

그림 P1.62

1.63 어떤 시스템이 그림 P1.63처럼 몇 개의 부분 시스템으로 구성된다. 부분 시스템의 연산이 다음과 같이 주어졌을 때 $x(t)$와 $y(t)$ 사이의 연산자 H를 찾아라.

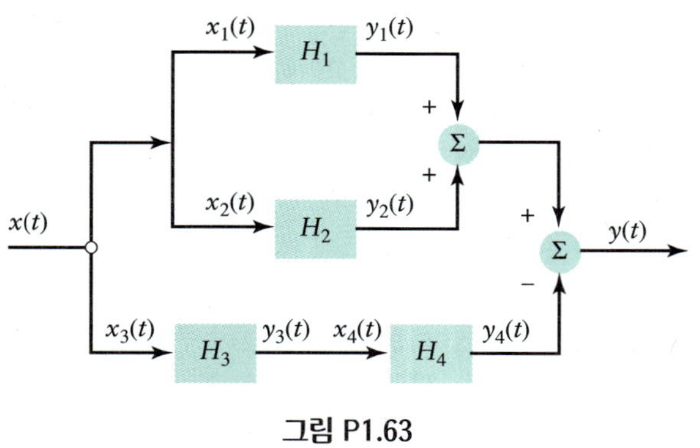

그림 P1.63

$$H_1:y_1(t) = x_1(t)x_1(t-1);$$
$$H_2:y_2(t) = |x_2(t)|;$$
$$H_3:y_3(t) = 1 + 2x_3(t);$$
$$H_4:y_4(t) = \cos(x_4(t)).$$

1.64 아래의 주어진 시스템은 각각 입력 $x(t)$ 또는 $x[n]$과 출력 $y(t)$ 또는 $y[n]$을 갖는다. 각각의 시스템이 갖는 (i) 무기억성, (ii) 안정성, (iii) 인과성, (iv) 선형성, (v) 시불변성을 판단하라.

(a) $y(t) = \cos(x(t))$
(b) $y[n] = 2x[n]u[n]$
(c) $y[n] = \log_{10}(|x[n]|)$
(d) $y(t) = \int_{-\infty}^{t/2} x(\tau)\, d\tau$
(e) $y[n] = \sum_{k=-\infty}^{n} x[k+2]$
(f) $y(t) = \frac{d}{dt}x(t)$
(g) $y[n] = \cos(2\pi x[n+1]) + x[n]$
(h) $y(t) = \frac{d}{dt}\{e^{-t}x(t)\}$
(i) $y(t) = x(2-t)$
(j) $y[n] = x[n]\sum_{k=-\infty}^{\infty}\delta[n-2k]$
(k) $y(t) = x(t/2)$
(l) $y[n] = 2x[2^n]$

1.65 이산시간 시스템의 입력 $x[n]$과 출력 $y[n]$ 사이의 관계식은 다음과 같다.

$$y[n] = a_0x[n] + a_1x[n-1] + a_2x[n-2] + a_3x[n-3].$$

연산자 S^k가 $x[n-k]$를 만들기 위해 입력 $x[n]$을 k만큼 시간 이동시키는 시스템을 나타낸다고 하자. $y[n]$과 $x[n]$의 시스템 관계를 나타내는 연산자 H를 구하라. 이 연산자 H를 (a) 종속 접속, (b) 병렬 접속으로 구현하라.

1.66 문제 1.65의 시스템이 모든 a_0, a_1, a_2, a_3에 대해서 안정함을 보여라.

1.67 문제 1.65에서 이산 시스템의 기억은 과거로 어느 시간까지 확장되었는가?

1.68 비인과적 시스템은 기억을 가지고 있는가? 이유를 설명하라.

1.69 이산 시스템 출력 $y[n]$은 입력 $x[n]$과 다음의 관계가 있다.

$$y[n] = x[n] + x[n-1] + x[n-2].$$

연산자 S가 입력을 한 시간 단위를 이동한 것이라 하자.

(a) $y[n]$과 $x[n]$의 관계 연산자 H를 구하라.

(b) 연산자 H^{inv}은 현재 시스템의 역인 이산시간 시스템을 나타낸 것이다. H^{inv}은 어떻게 정의되는가?

1.70 문제 1.65의 이산시간 시스템이 계수 a_0, a_1, a_2, a_3에 독립적으로 시불변임을 보여라.

1.71 (a) 시변 시스템이 선형적인가? 이유를 설명하라.

(b) 저항 요소 $R(t)$가 시간에 변화는 그림 P1.71의 RC 회로를 고려하자. 모든 시간 t에 대해서 회로의 시상수는 적분기로써 충분히 크다. 회로가 선형적인가를 판단하라.

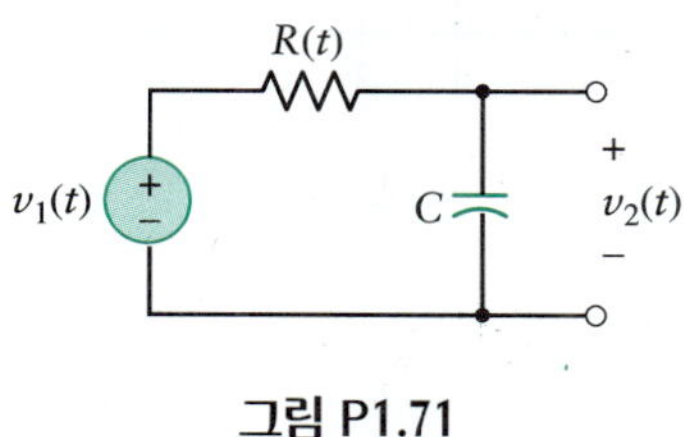

그림 P1.71

1.72 다음 입출력 관계를 갖는 p제곱 장치는 비선형임을 보여라.

$$y(t) = x^p(t) \quad (p\text{는 정수이고 } p \neq 0, 1, \text{ 비선형})$$

1.73 선형 시불변 시스템은 인과적이거나 비인과적이다. 두 가지 경우에 대해 각각 하나의 예를 보여라.

1.74 그림 1.56은 시스템 연산자 H가 선형 조건에서 같은 두 개의 시스템 구성을 보여준다. 둘 중에 어떤 것이 구현하기 간단한가? 이유을 설명하라.

1.75 어떤 시스템 H의 입력과 출력이 주어진다고 하자. (a) 그림 P1.75(a)의 신호, (b) 그림 P1.75(b)의 신호가 무기억, 인과적, 선형, 시불변인지 아닌지를 결정하시오. 이유를 설명하라.

1.76 한 개의 선형 시스템 H는 그림 P1.76(a)와 (b)에 묘사된 것과 같은 입출력 쌍을 가지고 있다. 각 파형에 대한 답을 구하고 설명하라.

(a) 시스템은 인과적인가?

(b) 시스템은 시불변인가?

(c) 시스템은 무기억인가?

(d) 그림 P1.76(b)에서 주어진 입력에 대한 출력을 찾아라.

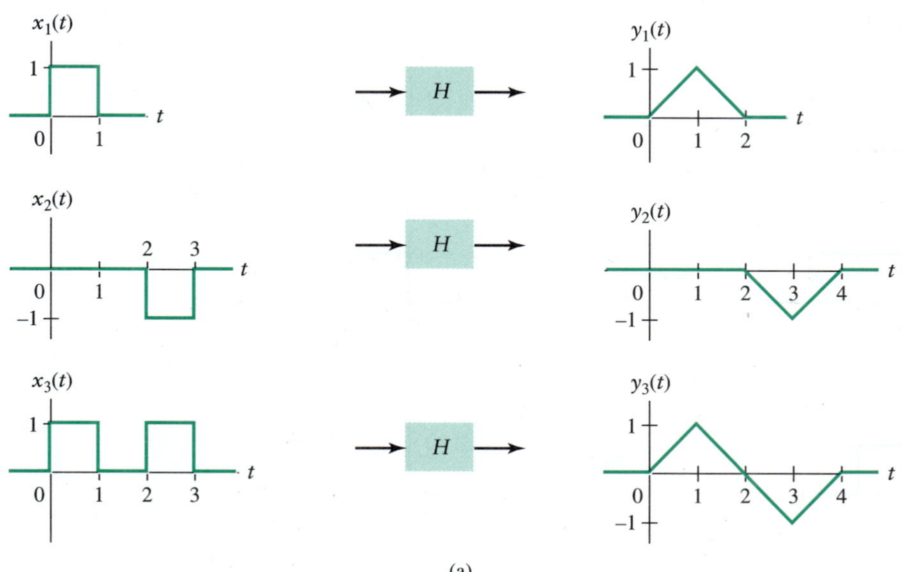

그림 P1.75(a)

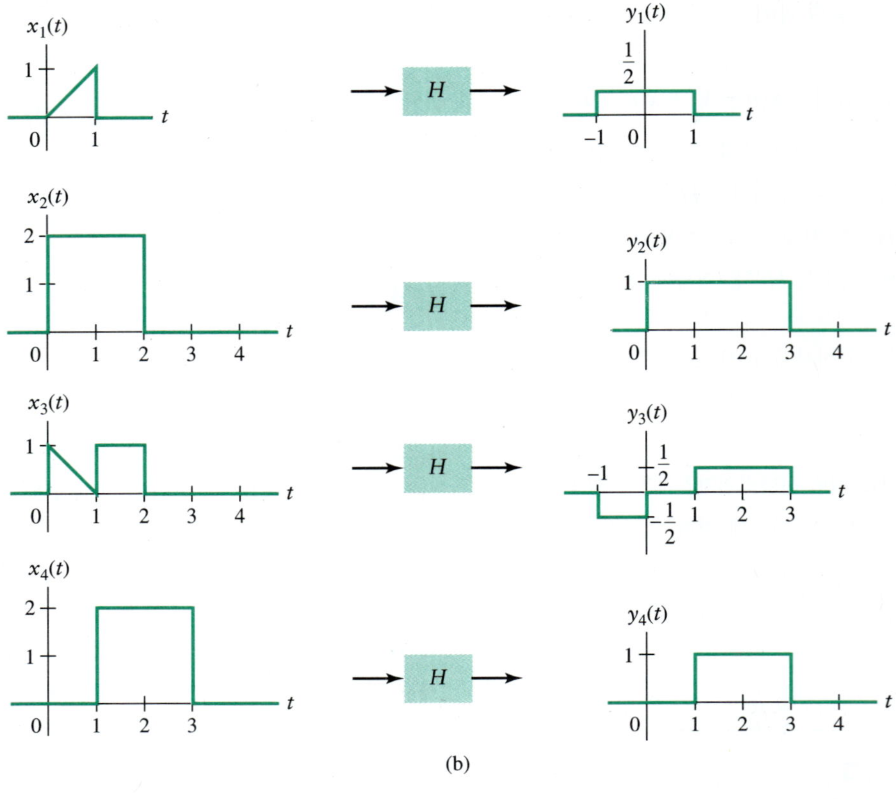

(b)

그림 P1.75(b)

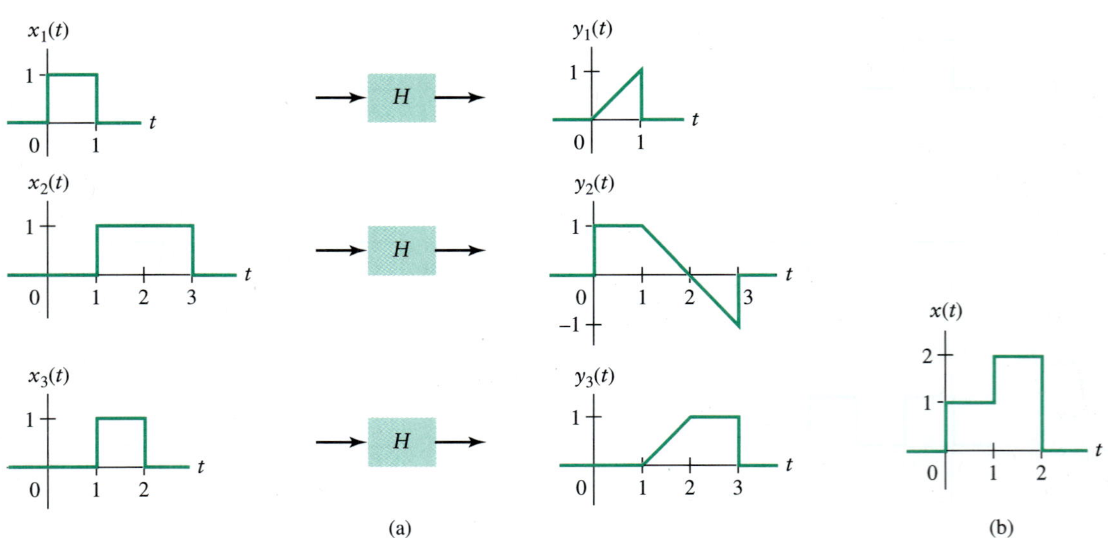

(a) (b)

그림 P1.76

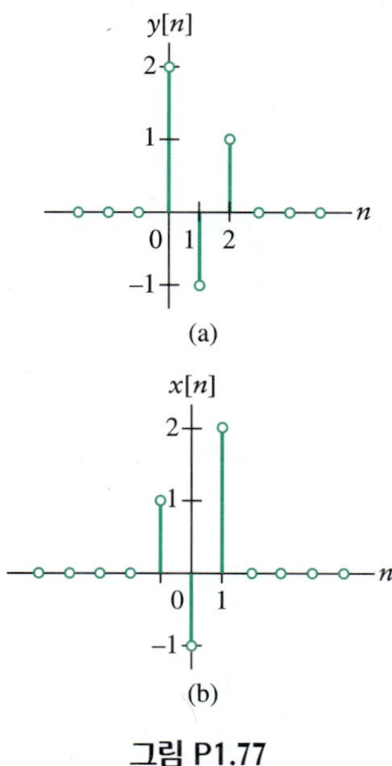

그림 P1.77

1.77 어떤 이산시간 시스템이 선형 시불변이다. 그림 P1.77(a)는 입력 $x[n] = \delta[n]$일 때의 출력이라고 가정하자.

(a) 입력이 $x[n] = \delta[n-1]$일 때 출력을 구하라.

(b) 입력이 $x[n] = 2\delta[n] - \delta[n-2]$일 때의 출력을 구하라.

(c) 그림 P1.77(b)의 입력이 가해질 때의 출력을 구하라.

▶ 심화 문제(Advanced Problems)

1.78 (a) 임의 실수의 연속시간 신호 $x(t)$가 우함수 성분 $x_e(t)$와 기함수 성분 $x_o(t)$로 표현되었다.

$$x(t) = x_e(t) + x_o(t).$$

신호 $x(t)$는 $-\infty < t < \infty$ 범위를 가진다. 신호 $x(t)$의 에너지가 우함수 성분 $x_e(t)$의 에너지와 기함수 성분 $x_o(t)$의 에너지의 합과 같음을 보여라.

$$\int_{-\infty}^{\infty} x^2(t)\,dt = \int_{-\infty}^{\infty} x_e^2(t)\,dt + \int_{-\infty}^{\infty} x_o^2(t)\,dt.$$

(b) 연속시간 신호에 관한 (a)의 관계가 실수값의 이산시간 신호 $x[n]$에서도 성립함을 보여라.

즉, $\displaystyle\sum_{n=-\infty}^{\infty} x^2[n] = \sum_{n=-\infty}^{\infty} x_e^2[n] + \sum_{n=-\infty}^{\infty} x_o^2[n],$

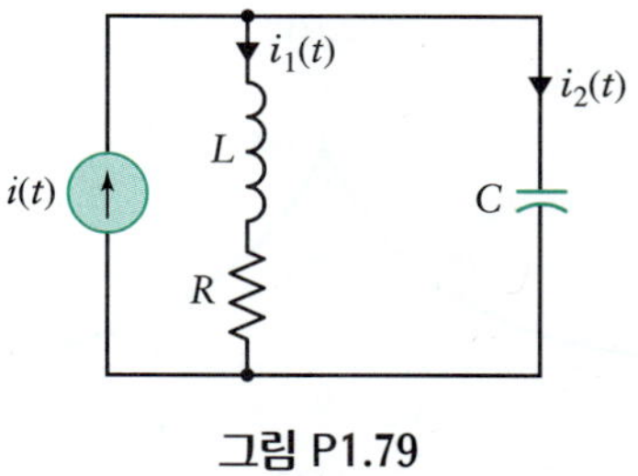

그림 P1.79

1.79 그림 P1.79의 LRC 회로는 집중 정수 회로 모델로서, 그림 P1.64의 MEMS 가속도계에 대응하는 모델이다.

(a) 회로의 시간 영역 동작으로 정의된 2계 미분 방식식을 구하라.

(b) 식 (1.108)과 문제 1.79(a)의 LRC 회로를 비교해서, 두 시스템에 사용된 소자 사이의 대응표를 만들어라.

1.80 극한값이 단위 임펄스로 접근하는 펄스는 시간의 짝수 함수가 아닐 수도 있음을 논하려 한다. 모든 펄스가 만족시켜야 할 조건은 면적이 1이어야 한다는 점이다. 이 문제를 확인하기 위해서 그림 P1.80에서 비대칭 삼각 펄스를 고려하자.

(a) Δ가 0으로 접근함으로써 펄스는 어떻게 되는지 설명하라.

(b) 펄스의 극한값이 1.6.6장에서 논한 단위 임펄스의 모든 특성을 만족하는지 결정하라.

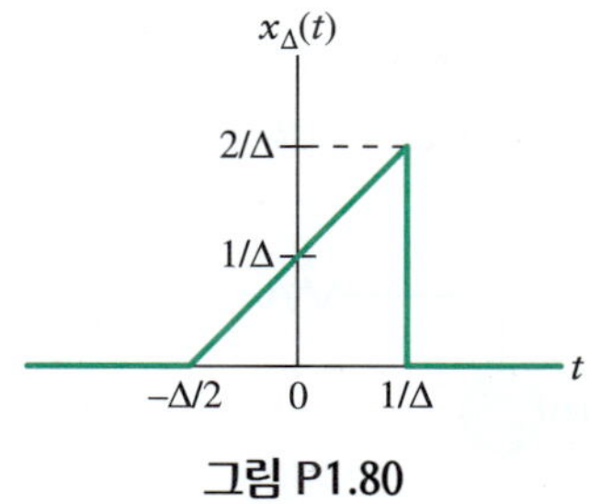

그림 P1.80

1.81 그림 P1.81에서 선형 시불변 시스템 H를 가정하자. 시스템의 입력 $x(t)$는 주기 T를 가진 주기 함수로 적용하였다. 이에 대응하는 시스템의 응답 $y(t)$의 주기도 T임을 보여라.

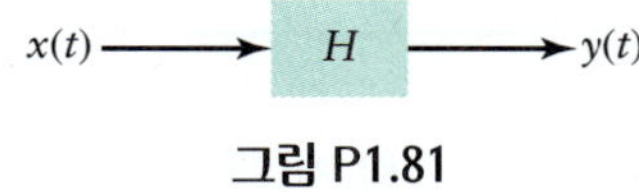

그림 P1.81

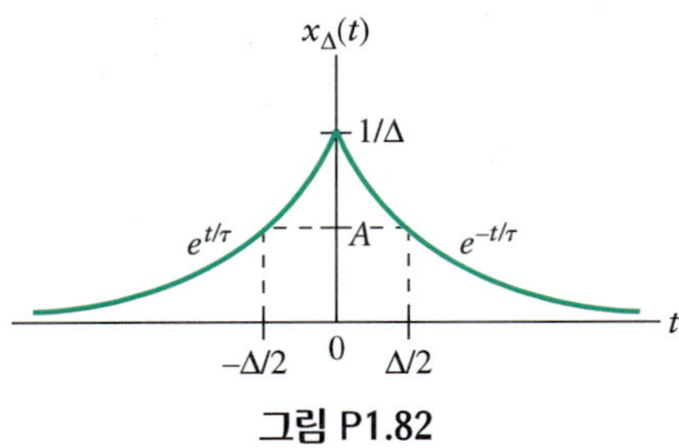

그림 P1.82

1.82 단위 임펄스 $\delta(t)$가 다음 식처럼 그림 P1.82에 있는 두 개의 비대칭 지수 펄스로 근사화된다고 가정하자.

$$x_\Delta(t) = \frac{1}{\Delta}\left(e^{+t/\tau}u(-t) + e^{-t/\tau}u(t)\right).$$

(a) $t = -\Delta/2$에서 $x_\Delta(t)$에 의한 크기 A를 결정하라.

(b) 주어진 식처럼, Δ가 0으로 접근함에 따라 $x_\Delta(t)$가 $\delta(t)$로 접근하기 위해 시상수 τ가 만족시켜야 하는 조건을 찾아라.

(c) $\Delta = 1, 0.5, 0.25, 0.125$에 대해 이들의 근사 특성을 그래프로 묘사하라.

1.83 미분과 적분 동작은 밀접하게 관련되어 있다. 밀접한 관계에 비추어 각각 반대로 서술하려고 한다.

(a) 엄밀한 의미에서 왜 이러한 서술이 잘못인지 설명하라.

(b) 그림 P1.83(a)와 그림 P1.83(b)의 간단한 LR 회로가 각각 미분과 적분 회로로 사용된다. 미분과 적분에 관한 근사 함수를 만족시키기 위해 두 회로의 소자값이 가져야 할 조건을 찾아라.

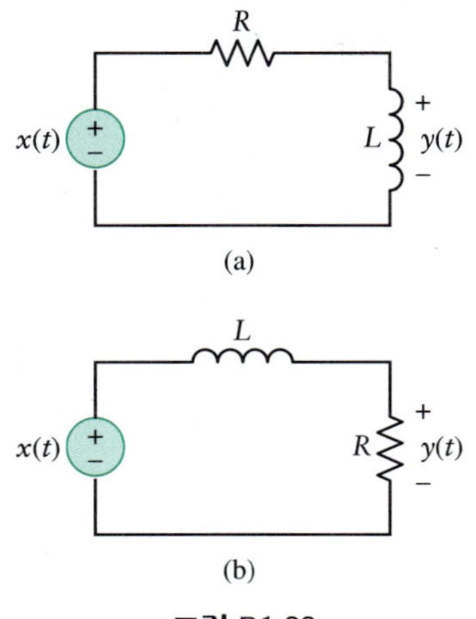

그림 P1.83

(c) 문제 (a)를 설명할 때 그림 P1.83(a)와 그림 P1.83(b)의 예를 적용하라.

1.84 그림 P1.84는 입력 신호 $x(t)$와 발진기 출력 $A_0 \cos(\omega_0 t + \phi)$를 곱해서 시스템의 출력을 생성하는 $A_0 \cos(\omega_0 t + \phi)x(t)$와 곱한 간단한 곱셈기로 구성된 선형 시변 시스템의 블록 다이어그램을 보여준다. 이 시스템의 출력 $y(t)$는

$$y(t) = A_0 \cos(\omega_0 t + \phi)x(t)$$

이다. 다음 사항을 증명하라.

(a) 이 시스템은 선형이다. 즉 중첩성과 동차성 둘 다 만족한다.

(b) 이 시스템은 시변이다. 즉 시간 이동성에 위배된다. 이것을 보이기 위해 임펄스 입력 $x(t) = \delta(t)$를 사용하라.

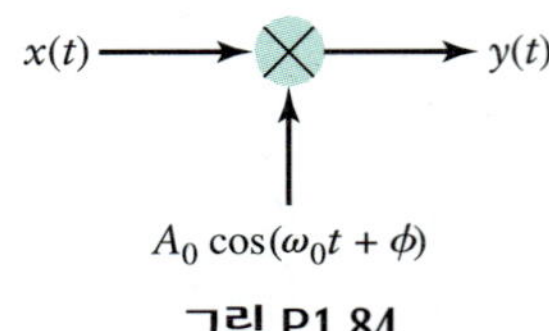

그림 P1.84

1.85 문제 1.84에서는 선형 시변 시스템의 예를 보았다. 이번 문제에서는 좀더 복잡한 비선형 시변 시스템을 보자. k는 상수 매개변수이고 시스템 출력 $y(t)$는 입력 $x(t)$에 관련된다.

$$y(t) = \cos\left(2\pi f_c t + k\int_{-\infty}^{t} x(\tau)\,d\tau\right).$$

(a) 시스템이 비선형임을 보여라.

(b) $x(t) = \delta(t)$에 대한 $y(t)$와 $t_0 > 0$ 범위에서 시간이동된 $x(t) = \delta(t - t_0)$에 대해 $y(t)$를 계산하시오.

1.86 문제에서 비선형성의 유용한 사용법을 찾아라. 비선형 장치는 두 정현 신호를 혼합(mixing)하는 수단을 제공하는 장치인데, 다음과 같은 제곱 장치를 고려해 보자.

$$y(t) = x^2(t).$$

입력 $x(t)$는 다음과 같다.

$$x(t) = A_1 \cos(\omega_1 t + \phi_1) + A_2 \cos(\omega_2 t + \phi_2).$$

$x(t)$에 대응하는 $y(t)$를 결정하라. $y(t)$가 갖는 새로운 주파수는 0, $2\omega_1$, $2\omega_2$, $\omega_1 - \omega_2$임을 보여라. 각 주파수 성분

에 대한 진폭과 위상은 얼마인가?

1.87 이 문제에서 비선형성의 다른 유용한 사용법을 찾아라. 비선형 장치는 고조파 생성의 기본을 제공한다. 다음은 3승장치의 예이다.

$$y(t) = x^3(t)$$

이고, 입력 $x(t)$가

$$x(t) = A\cos(\omega t + \phi)$$

일 때, 이에 대응하는 출력 $y(t)$를 결정하라. $y(t)$가 ω와 3ω의 주파수 성분을 포함함을 보여라. 주파수가 ω인 정현파의 p번째 고조파를 생성하기 위해 사용하는 비선형 형태는 무엇인가? 이유를 설명하라.

1.88 (a) 입력 $x(t)$에 의한 2계 시스템의 계단 응답이 다음 식으로 주어졌다.

$$y(t) = [1 - e^{-\alpha t}\cos(\omega_n t)]u(t), \qquad x(t) = u(t).$$

여기서 지수 매개변수 α와 주파수 매개변수 ω_n은 둘 다 실수이다. 시스템의 임펄스 응답이 다음 식임을 보여라.

$$y(t) = [\alpha e^{-\alpha t}\cos(\omega_n t) + \omega_n e^{-\alpha t}\sin(\omega_n t)]u(t)$$

($x(t) = \delta(t)$일 때)

(b) 매개변수 ω_n은 허수라고 가정하고 $\omega_n = j\alpha_n$, $\alpha_n < \alpha$라고 놓자. 이에 대응하는 이 시스템의 임펄스 응답이 두 감소 지수 함수의 가중치 합으로 구성되어 있음을 보여라. 즉,

$$y(t) = \left[\frac{\alpha_2}{2}e^{-\alpha_1 t} + \frac{\alpha_1}{2}e^{-\alpha_2 t}\right]u(t), \qquad x(t) = \delta(t)$$

여기서 $\alpha_1 = \alpha - \alpha_n$이고 $\alpha_2 = \alpha + \alpha_n$.

1.89 그림 P1.89는 일차 재귀 이산시간 필터의 블록 다이어그램을 보여준다. 이 필터는 출력 $y[n]$의 값이 과거의 입력 $x[n-1]$을 요구함에 있어서 그림 1.69와 다르다. 식 (1.116)을 사용하여 $x[n]$으로 $y[n]$을 표현하라.

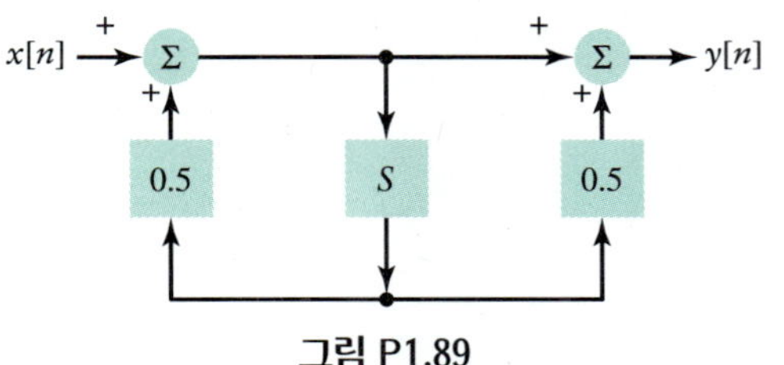

그림 P1.89

1.90 그림 1.64에서 묘사된 MEMS 가속도계를 디지털 컴퓨터에 이용하기 위해 2계 이산시간 시스템으로 표현하자. 이 시뮬레이션의 입력과 출력으로 정의되는 차분 방정식을 유도 하라(**힌트**: 아래 식을 이용하라).

$$\frac{d}{dt}z(t) \approx \frac{1}{T_s}\left[z\left(t + \frac{T_s}{2}\right) - z\left(t - \frac{T_s}{2}\right)\right].$$

1.91 일반적으로 레이더나 통신 수신기의 수신 신호는 추가적인 잡음에 의해 손상된다. 잡음저하 영향을 극복하기 위하여, 신호처리 과정으로 수신기의 앞단에서 대개 적분을 수행한다. 왜 이런 응용에서 미분기보다 적분기가 더 좋은가?

1.92 그림 P1.92는 병렬 RC 회로이다. 전류원은 $i(t)$이고 캐패시터 C와 저항 R에 흐르는 전류는 각각 $i_1(t)$와 $i_2(t)$이다. $i_1(t)$를 전류원 $i(t)$와 저항의 양 단자 전압 $v(t)$로 표현하면 회로가 아마 피드백 시스템으로 보일 것이다. 이 표현으로 시스템의 블록 다이어그램을 그려라.

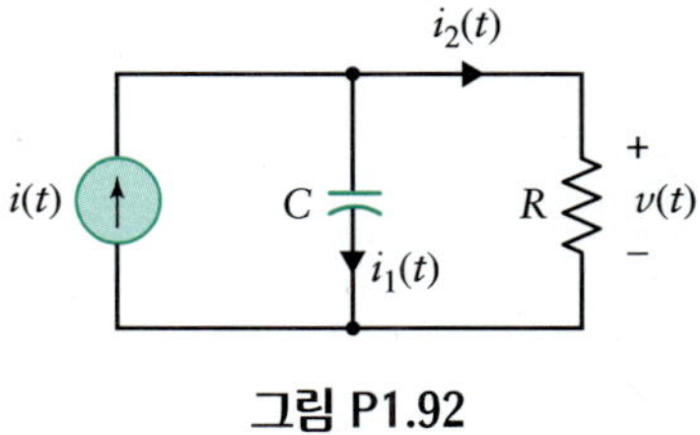

그림 P1.92

▶ 컴퓨터 실습(Computer Experiments)

1.93 (a) 선형 미분 방정식의 해가 다음과 같다.

$$x(t) = 10e^{-t} - 5e^{-0.5t}.$$

MATLAB을 사용하여 $x(t)$를 **t = 0:0.01:5**에 대하여 그려라.

(b) 다음의 경우에 대해 위의 문제를 반복하라.

$$x(t) = 10e^{-t} + 5e^{-0.5t}.$$

1.94 지수적 감쇠 정현파가 다음과 같다.

$$x(t) = 20\sin(2\pi \times 1000t - \pi/3)\, e^{-at}.$$

지수 매개변수 a를 500, 750, 1,000으로 변환시킨다. 이때 MATLAB을 이용하여, $-2 \le t \le 2$ ms에서 변수 a가 신호 $x(t)$에 미치는 영향을 조사하라.

1.95 다음의 연속 주기 파형을 표현하기 위한 MATLAB 명령어를 적어라.

(a) 진폭이 5 V, 기본 주파수 20 Mhz, 폭 0.6인 구형파
(b) 진폭이 5 V, 기본 주파수 20 Mhz인 톱니파

이 두 가지 파형의 5주기를 그려라.

1.96 다음과 같은 함수열이 있다.

$$w[n] = \begin{cases} \cos(2\pi F n), & -(1/2F) \le n \le (1/2F) \\ 0, & \text{그 밖의 범위.} \end{cases}$$

MATLAB을 이용하여 $F = 0.1$일 때 $w[n]$을 그려라.

1.97 다음과 같은 구형파 펄스 $x(t)$가 있다.

$$x(t) = \begin{cases} 10, & 0 \le t \le 5 \\ 0, & \text{그 밖의 범위.} \end{cases}$$

다음을 이용하여 $x(t)$를 만들어라.

(a) 한쌍의 시간 이동시킨 계단 함수 신호
(b) M-파일

2 시불변 시스템의 시간영역 표현

2.1 서 론

2장에서, 선형 시불변(linear time invariant: LTI) 시스템의 입력과 출력 사이의 관계를 설명하는 여러 방법들을 검토한다. 여기서는 시스템의 입력과 출력을 시간의 함수로 표현하고 그들의 관계를 설명하는데, 그 때문에 2장의 제목이 **시간 영역**(time domain)이라고 붙여진 것이다. 시간 영역이 아닌 경우에 관한 방법들은 이 후의 장에서 다루게 된다. 2장에서 다루는 방법들은 LTI 시스템 동작의 해석과 예측에 아주 유용하고 또 컴퓨터로 이산시간 시스템을 구현할 때도 아주 유용한 방법들이다.

LTI 시스템의 특성은 먼저 **임펄스 응답**(impulse response)을 이용하여 설명한다. 임펄스 응답은, $t = 0$ 또는 $n = 0$에서 임펄스 신호가 입력으로 인가될 때 이에 대응해서 나타나는 LTI 시스템의 출력으로 정의된다, 이런 사실은 놀라운 것 같지만, LTI 시스템의 기본적인 특성이다. 이따금 임펄스 응답은 시스템의 구성과 동적 특성에 관한 지식으로부터 결정되거나, 시스템을 모를 경우에는, 근사 임펄스를 입력에 인가하여 측정된다. 이산시간 시스템의 임펄스 응답은 입력을 $\delta[n]$으로 설정하여 보편적으로 쉽게 얻는다. 연속시간인 경우, 임펄스 함수는 시간폭이 0이고 크기는 ∞이므로 실제적으로 얻을 수 없고 아주 짧은 시간폭과 아주 큰 크기를 갖는 펄스를 근사적으로 사용한다. 그러므로, 임펄스 응답은 극히 짧은 시간폭과 큰 에너지를 가진 입력에 대응하는 시스템 동작이라고 해석할 수 있다. 임펄스 응답이 주어졌을 때, 임의의 입력에 대응하는 출력은 입력을 시간 이동된 임펄스의 가중합으로 표현함으로써 쉽게 계산된다. 선형성과 시불변성에 의하면, 시스템의 출력은 시간 이동된 임펄스 응답의 가중합이어야 한다. 이러한 가중합을 이산시간 시스템에서는 **콘벌루션 합**(convolution sum)이라 부르고, 연속시간 시스템에서는 **콘벌루션 적분**(convolution integral)이라고 부른다.

LTI 시스템의 입출력 동작을 설명할 두 번째 방법은, 선형 상수계수 미분 또는 차분 방정식(linear constant-coefficient differential or difference equation)이다. 미분 방정식은 연속시간 시스템을 표현하기 위해 이용되고, 차분 방정식은 이산시간 시스템을 표현하기 위해 이용된다. 미분 방정식과 차분 방정식의 해의 특징을 집중적으로 알아봄으로써 시스템의 동작에 대한 안목을 넓힐 수 있다.

여기서 논의할 시스템 표현의 세 번째 방법은 **블록 다이어그램**(block diagram)이다. 블록 다이어그램이란 세 개의 기본 연산의 상호 접속으로 표현된 시스템을 말한다. 이산시간 시스템의 기본 연산은 스칼라 곱셈, 덧셈 및 시간 이동(시간지연)이고 연속시간 시스템의 기본 연산은 스칼라 곱셈, 덧셈 및 적분이다.

2장에서 마지막으로 다루게 될 시간 영역의 시스템 표현은 **상태변수**(state variable) 방법이다. 상태변수 방법은 시스템의 상태(state)의 거동을 나타내는 연립 1계미분 또는 차분 방정식과 시스템의 상태들을 시스템의 출력에 관련시키는 한 개의 출력 방정식으로 이루어진다. 시스템을 구성하는 에너지 저장소자 또는 기억소자와 관계되는 변수들의 집합을 시스템의 상태로 정의한다.

이들 네 종류의 시간 영역 시스템 표현들은 하나의 입력으로부터 얻어지는 동일한 출력이라는 점에서 서로 등가적이다. 그러나 각각의 표현이 입력을 출력에 관련시킬 때 서로 다른 방식을 이용한다. 표현이 다르면 시스템의 다른 특징이 부각되고, 따라서 다른 시각으로 시스템의 동작을 관찰하게 한다. 각각의 시스템 표현은 시스템을 해석하고 구현할 때 장점과 단점을 갖고 있다. 서로 다른 표현들이 서로 어떻게 관련되어 있는가를 이해하는 것과 또 특정한 문제에 있어서 가장 깊이 있고 가장 직접적인 해법을 제공하는 것이 어느 것인가를 결정하는 방법은 잘 숙지해야 할 점들이다.

2.2 콘벌루션 합

이산시간 시스템을 먼저 생각한다. 시간 이동된 임펄스의 가중합으로 임의의 신호를 표현하고, 그 다음으로 이렇게 표현된 신호를 LTI 시스템에 입력으로 인가하면 콘벌루션 합을 얻는다. 이와 비슷한 과정을 적용하여, 2.4절에서 연속시간 시스템에 대한 콘벌루션 적분을 얻는다.

신호 $x[n]$에 임펄스 함수 $x[n]$을 곱하면,

$$x[n]\delta[n] = x[0]\delta[n].$$

이 관계를 $x[n]$과 시간 이동된 임펄스열의 곱셈에도 적용하면,

$$x[n]\delta[n-k] = x[k]\delta[n-k].$$

여기서 n은 시간 지표이고, $x[n]$은 전체 신호를 나타내고, $x[k]$는 시간 $n = k$에서의 신호값을 나타낸다. 이 식의 결과를 보면, 시간 이동된 임펄스와 신호를 곱한 결과는 시간 이동된 임펄스와 그 임펄스가 발생된 시간에서의 신호값의 크기의 곱으로 나타난다. 이 성질에 따르면,

다음과 같이 시간 이동된 임펄스의 가중합으로 신호 $x[n]$을 표현할 수 있게 된다.

$$x[n] = \cdots + x[-2]\delta[n+2] + x[-1]\delta[n+1] + x[0]\delta[n] + x[1]\delta[n-1] + x[2]\delta[n-2] + \cdots.$$

이 식을 다시 표현하면 다음과 같다.

$$x[n] = \sum_{k=-\infty}^{\infty} x[k]\delta[n-k]. \tag{2.1}$$

그림 2.1은 식 (2.1)에 관한 예를 그래프로 표현한 것이다. 식 (2.1)은 신호를 기본 함수–시간 이동된 단위 임펄스–의 가중합으로 표현한 것이다. 가중 값은 그에 대응하는 이동시간에서의 신호값이다.

신호 $x[n]$이 인가된 시스템을 연산자 H로 표현한다. 입력 $x[n]$이 인가된 시스템 H에 식 (2.1)을 적용하면, 그의 출력은 다음과 같다.

$$\begin{aligned} y[n] &= H\{x[n]\} \\ &= H\left\{\sum_{k=-\infty}^{\infty} x[k]\delta[n-k]\right\}. \end{aligned}$$

이 식에서 시스템 연산자 H와 합산의 순서를 서로 바꾸기 위하여 선형성을 적용하면 다음 식을 얻는다.

$$y[n] = \sum_{k=-\infty}^{\infty} H\{x[k]\delta[n-k]\}.$$

n이 시간 지표이기 때문에, $x[k]$는 시스템 연산자 H에 관해서는 상수이다. 다시 선형성을 이용하면, H와 $x[k]$를 서로 교환할 수 있어서 다음 식을 얻는다.

$$y[n] = \sum_{k=-\infty}^{\infty} x[k]H\{\delta[n-k]\}. \tag{2.2}$$

식 (2.2)에 따르면, 시스템의 출력은 시간 이동 임펄스 입력에 대한 시스템 응답의 가중합임을 알 수 있다. 이런 응답은 시스템의 입출력 동작을 완벽하게 설명하며 선형 시스템의 기본 특성이다.

더 나아가 시스템이 시불변이라고 가정하면, 입력의 시간 이동은 출력의 시간 이동으로 나타난다. 이 관계는 시간 이동된 임펄스 입력에 관한 출력이 임펄스에 대한 응답을 시간 이동시킨 것과 같음을 의미한다. 다시 말해서,

$$H\{\delta[n-k]\} = h[n-k]. \tag{2.3}$$

여기서 $h[n] = H\{\delta[n]\}$는 LTI 시스템 H의 임펄스 응답이다. 식 (2.1)로 표현된 기본 함수에 대한 응답은 시스템의 임펄스 응답에 의해 결정된다. 식 (2.3)을 식 (2.2)에 대입하면, 신호 $x[n]$에 대한 전체 출력은 다음과 같이 표현된다.

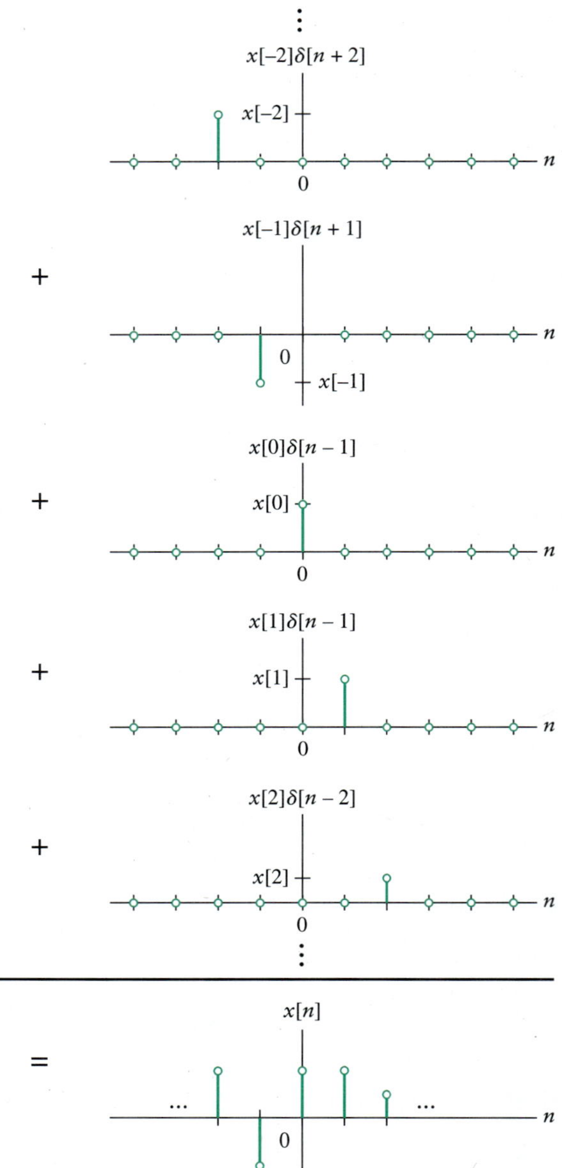

그림 2.1 신호 $x[n]$을 시간 이동된 임펄스의 가중합으로 나타내는 과정을 그래프로 표현한 예

$$y[n] = \sum_{k=-\infty}^{\infty} x[k]h[n-k]. \tag{2.4}$$

이와 같이, LTI 시스템의 출력은 시간 이동된 임펄스 응답의 가중합으로 계산된다. 이러한 식은 입력 신호를 시간 이동된 임펄스의 가중합으로 표현한 것으로부터 직접 이끌어낸 결과이다. 식 (2.4)의 합산을 **콘벌루션 합**(convolution sum)이라고 부르고 다음과 같은 기호로 표

현한다.

$$x[n] * h[n] = \sum_{k=-\infty}^{\infty} x[k]h[n-k].$$

그림 2.2는 콘벌루션 합을 계산하는 과정의 예를 그래프로 표현한 그림이다. 그림 2.2(a)는 임펄스 응답이 $h[n]$이고 입력이 $x[n]$인 LTI 시스템이다. 그림 2.2(b)는 입력 $x[n]$을 가중된 시간 이동 임펄스로 분할, 즉 k번째 성분을 $x[k]\delta[n-k]$로 표현하고 그들의 합으로 입력 $x[n]$을 표현한 것이다. k번째 임펄스 입력에 대한 시스템의 출력은 그림의 오른쪽 그래프이며 각각 다음과 같다.

$$H\{x[k]\delta[n-k]\} = x[k]h[n-k].$$

이와 같은 출력 성분은 임펄스 응답을 시간에 따라 k만큼 이동시킨 후 $x[k]$를 곱해서 얻어진다. 입력 $x[n]$에 대한 전체 출력 $y[n]$은 개개의 출력을 합산해서 다음과 같이 얻어진다.

$$y[n] = \sum_{k=-\infty}^{\infty} x[k]h[n-k].$$

다시 말해서, 하나의 n에 대한 출력은, k만큼 시간 이동되어 가중된 임펄스 입력에 대응하는 응답을 $k=-\infty$부터 $k=\infty$까지 합산한 것이다. 다음 예제는 이 과정을 예시한 것이다.

예제 2.1 다중경로 통신 채널. 콘벌루션 합의 직접 계산

1.10절에서 살펴본 2경로 전파 채널을 나타내는 이산시간 LTI 시스템 모델을 생각한다. 간접경로에 관한 세기가 $a = 1/2$이라고 한다면,

$$y[n] = x[n] + \frac{1}{2}x[n-1].$$

$x[n] = \delta[n]$이라고 놓으면, 시스템의 임펄스 응답은 다음과 같다.

$$h[n] = \begin{cases} 1, & n = 0 \\ \frac{1}{2}, & n = 1 \\ 0, & \text{그 밖의 범위.} \end{cases}$$

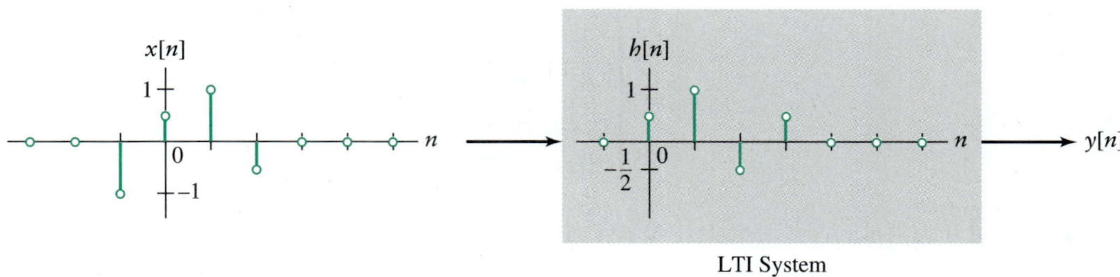

(a)

그림 2.2 콘벌루션 합의 예. (a) 임펄스 응답 $h[n]$과 입력 $x[n]$으로 출력 $y[n]$을 생성하는 LTI 시스템

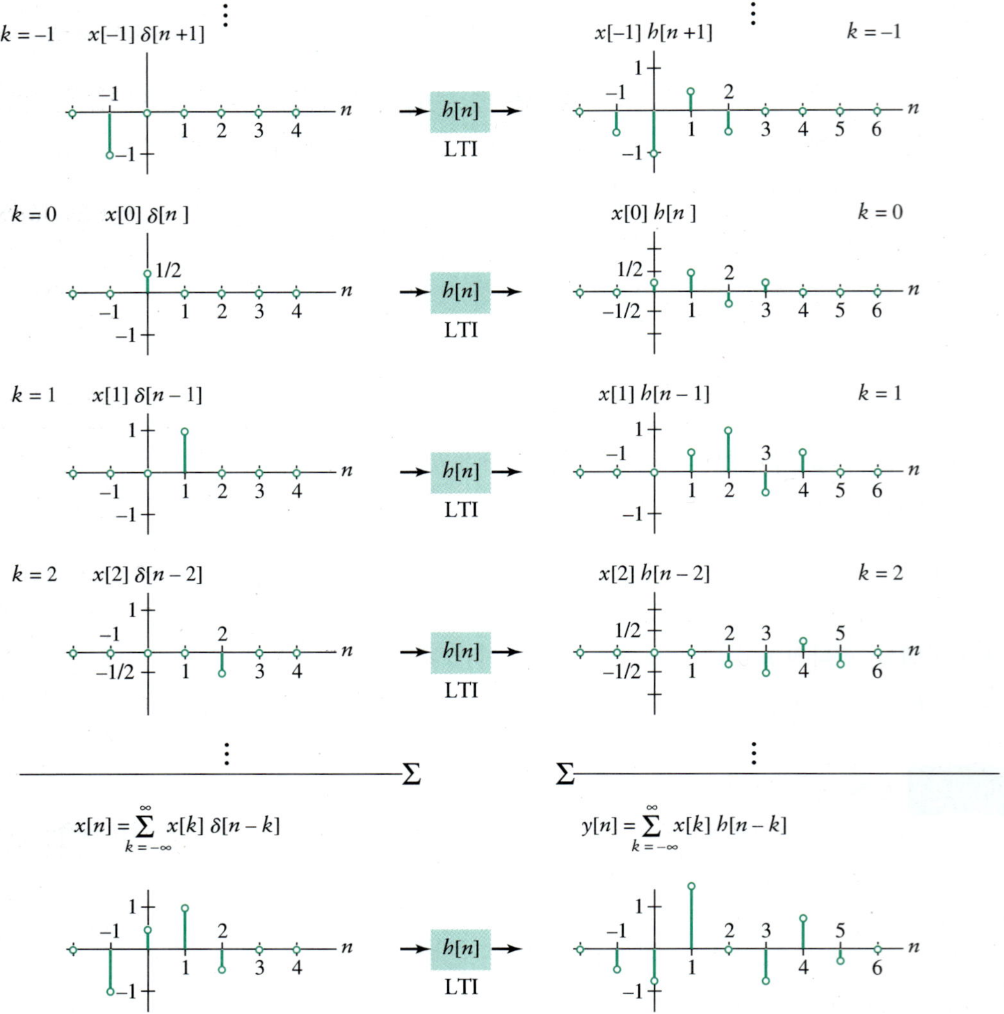

그림 2.2 (계속) (b) 입력 $x[n]$을 가중된 시간 이동 임펄스로 분할하고, 시간 이동된 임펄스 응답의 가중합으로 출력을 계산하는 그래프

다음과 같은 입력 $x[n]$에 대한 이 시스템의 출력을 결정하라.

$$x[n] = \begin{cases} 2, & n = 0 \\ 4, & n = 1 \\ -2, & n = 2 \\ 0, & \text{그 밖의 범위.} \end{cases}$$

풀이: 먼저 $x[n]$을 다음과 같이 시간 이동된 임펄스의 가중합으로 표현한다.

$$x[n] = 2\delta[n] + 4\delta[n-1] - 2\delta[n-2].$$

여기서 입력 $x[n]$은 주어진 신호에 따라 3개의 시간 이동된 임펄스의 가중합으로 표현되어 있다. 대표적으로 한 개의 시간 이동된 임펄스 입력을 $\gamma\delta[n-k]$로 표시하면, 그에 대한 시간 이동된 출력은 $\gamma h[n-k]$로 표시되기 때문에, 식 (2.4)에 따라 시스템 출력은 다음과 같다.

$$y[n] = 2h[n] + 4h[n-1] - 2h[n-2].$$

k에 따라 가중된 시간 이동 임펄스 응답을 합산하면, 전체 출력은 다음과 같다.

$$y[n] = \begin{cases} 0, & n < 0 \\ 2, & n = 0 \\ 5, & n = 1 \\ 0, & n = 2 \\ -1, & n = 3 \\ 0, & n \geq 4. \end{cases}$$ ∎

2.3 콘벌루션 합: 계산 과정

예제 2.1에서, 시간 이동된 임펄스에 대응하는 출력을 알았고, 각각 가중된 시간 이동 임펄스 응답을 합산해서 시스템의 출력 $y[n]$을 얻었다. 이와 같은 방법은 콘벌루션의 기본 원리에 대한 예시이고, 입력 신호의 지속시간이 짧아서 몇 개 안되는 시간 이동 임펄스 응답의 가중 합산인 경우에는 효과적인 방법이다. 입력신호의 지속시간이 아주 길어지면, 위와 같은 과정은 지루한 계산이 되므로 몇 가지 수정해서 식 (2.4)의 콘벌루션 합을 계산하는 다른 방법을 찾을 것이다.

콘벌루션 합의 표현은,

$$y[n] = \sum_{k=-\infty}^{\infty} x[k]h[n-k].$$

$w_n[k]$는 중간 신호로서 다음과 같이 $x[k]$과 $h[n-k]$의 곱으로 정의한다.

$$w_n[k] = x[k]h[n-k]. \tag{2.5}$$

이 정의에서, k는 독립 변수이고 n은 상수로 취급해서 w의 아래 첨자로 표시한다. $h[n-k] = h[-(k-n)]$은 $h[k]$로부터 시간 반전($-k$로 대체하기 때문에)되고 시간 이동($-n$만큼)되어 얻어지는 신호이다. 여기서 만일 n이 음수이면, $h[n-k]$는 $h[-k]$를 왼쪽으로 시간 이동시켜 얻고, 반면에 n이 양수이면 $h[-k]$를 오른쪽으로 이동시킨다. 시간 이동 n은 다음과 같이 시스템의 출력을 계산할 시간을 결정한다.

$$y[n] = \sum_{k=-\infty}^{\infty} w_n[k]. \tag{2.6}$$

그러므로, 이제는 시간 n에서의 시스템의 출력을 결정하기 위해서는 한 개의 신호 $w_n[k]$만

계산해도 좋다.

예제 2.2 **중간 신호를 이용하는 콘벌루션 합의 계산.** 임펄스 응답이 다음과 같은 시스템을 생각한다.

$$h[n] = \left(\frac{3}{4}\right)^n u[n].$$

입력이 $x[n] = u[n]$일 때, $n = -5$, $n = 5$, $n = 10$에 대한 시스템의 출력을 식 (2.6)을 이용하여 계산하라.

풀이: 이 문제에서 입력의 지속시간과 임펄스 응답의 지속시간은 무한이다. 그러므로 예제 2.1과 같은 과정에 따르면, 한 개의 n에 대한 출력 $y[n]$을 계산하기 위해 아주 많은 수의 시간 이동 임펄스 응답을 합산해야 한다. 식 (2.6)을 이용하면, 한 개의 n에 대해서는 한 개의 신호 $w_n[k]$만 계산하는 것으로 충분하다. 그림 2.3(a)는 시간 반전되어 시간 이동된 임펄스 응답 $h[n-k]$와 이에 중첩되는 $x[k]$를 나타낸 그래프이다. 여기서

$$h[n-k] = \begin{cases} \left(\frac{3}{4}\right)^{n-k}, & k \leq n \\ 0, & \text{그 밖의 범위.} \end{cases}$$

중간 신호 $w_n[k]$는 식 (2.5)에 따라 쉽게 계산된다. 그림 2.3(b), (c) 및 (d)는 각각 $n = -5$, $n = 5$, $n = 10$에 대응하는 $w_n[k]$이다. $n = -5$이면,

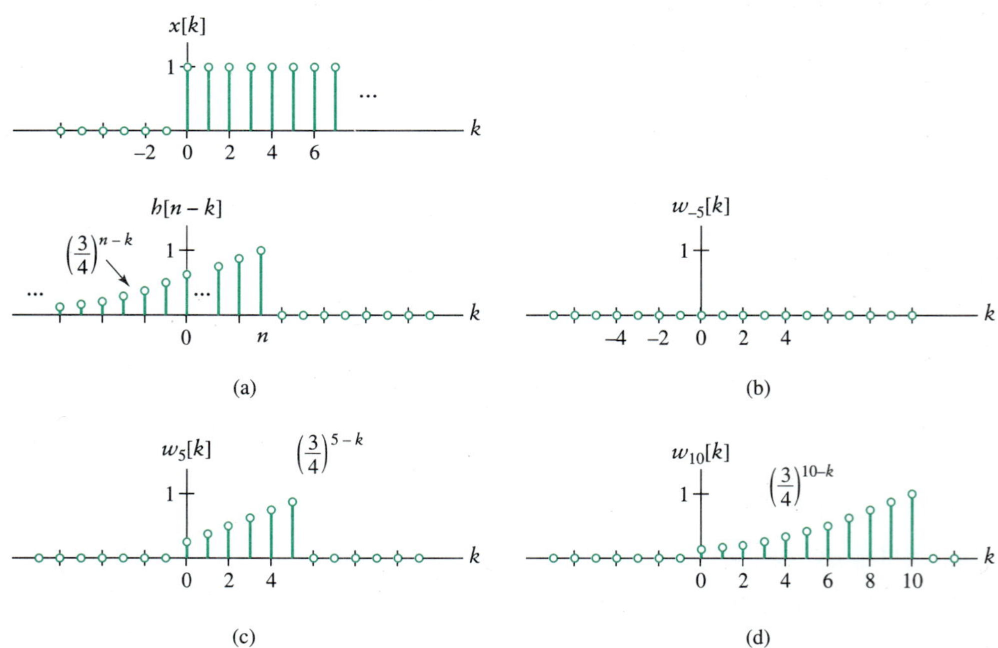

그림 2.3 예제 2.2에서 식 (2.6)의 계산 과정. (a) k의 함수로 표시한 $x[k]$와 시간 반전되어 시간 이동된 임펄스 응답 $h[n-k]$, (b) $y[-5]$의 계산에 이용될 신호 $w_{-5}[k]$, (c) $y[5]$의 계산에 이용될 신호 $w_5[k]$, (d) $y[10]$의 계산에 이용될 신호 $w_{10}[k]$

$$w_{-5}[k] = 0$$

이므로 식 (2.6)에 따라 $y[-5] = 0$이다. $n = 5$이면,

$$w_5[k] = \begin{cases} \left(\frac{3}{4}\right)^{5-k}, & 0 \le k \le 5 \\ 0, & \text{그 밖의 범위} \end{cases}$$

이므로, 식 (2.6)에 따라

$$y[5] = \sum_{k=0}^{5} \left(\frac{3}{4}\right)^{5-k}.$$

이 합산은 그림 2.3(c)에 표시된 중간신호 $w_5[k]$에서 0이 아닌 값의 합이다. $\left(\frac{3}{4}\right)^5$은 인수로 이끌어내고 등비급수의 합산 공식(부록 A.3을 참조)을 적용하면 다음과 같다.

$$\begin{aligned} y[5] &= \left(\frac{3}{4}\right)^5 \sum_{k=0}^{5} \left(\frac{4}{3}\right)^k \\ &= \left(\frac{3}{4}\right)^5 \frac{1 - \left(\frac{4}{3}\right)^6}{1 - \left(\frac{4}{3}\right)} = 3.288. \end{aligned}$$

$n = 10$인 경우,

$$w_{10}[k] = \begin{cases} \left(\frac{3}{4}\right)^{10-k}, & 0 \le k \le 10 \\ 0, & \text{그 밖의 범위} \end{cases}$$

이고, 식 (2.6)을 적용하면,

$$\begin{aligned} y[10] &= \sum_{k=0}^{10} \left(\frac{3}{4}\right)^{10-k} \\ &= \left(\frac{3}{4}\right)^{10} \sum_{k=0}^{10} \left(\frac{4}{3}\right)^k \\ &= \left(\frac{3}{4}\right)^{10} \frac{1 - \left(\frac{4}{3}\right)^{11}}{1 - \left(\frac{4}{3}\right)} = 3.831. \end{aligned}$$

이 예제에서, $w_n[k]$는 서로 다른 두 개의 함수로 표현된다. $n < 0$이면, $x[k]$와 $h[n-k]$는 서로 겹치는 영역이 없기 때문에, $w_n[k] = 0$이다. $n \ge 0$이면, $x[k]$와 $h[n-k]$는 0이 아니면서 겹치는 영역이 $0 \le k \le n$이고 이에 대응하는 중간 신호는 다음과 같다.

$$w_n[k] = \begin{cases} \left(\frac{3}{4}\right)^{n-k}, & 0 \le k \le n \\ 0, & \text{그 밖의 범위.} \end{cases}$$

이와 같이, 식 (2.6)의 $w_n[k]$에 적절한 함수를 대입하면 임의의 n에 대한 출력을 결정할 수 있다. ■

이 예제를 살펴보면, 일반적으로, 무한히 많은 n에 대해 식 (2.6)을 계산하지 않고, 모든 출력 $y[n]$을 결정할 수 있다. 이렇게 하려면, $w_n[k]$가 동일한 형태의 함수로 표현되는 n의 구간을 알아내야 한다. 그런 다음 각 구간에 대응하는 $w_n[k]$를 식 (2.6)에 대입해서 계산하는 것

으로 충분하다.

이따금, $w_n[k]$를 결정하고 구간을 설정할 때, $x[k]$와 $h[n-k]$를 그래프로 표현하는 것이 큰 도움이 된다. 이런 과정을 요약하면 다음과 같다.

계산 과정 2.1 반전 및 이동에 의한 콘벌루션 합산 과정

1. 독립 변수를 k로 하여 $x[k]$와 $h[n-k]$를 그래프로 표현한다. $h[k]$를 $k=0$에 대해 반전시켜서 $h[-k]$를 얻은 다음, $-n$만큼 시간 이동시켜서 $h[n-k]$를 얻는다.
2. 아주 큰 음수의 시간 이동값 n으로부터 시작한다. 즉, 시간축에 따라 $h[-k]$를 왼쪽으로 아주 멀리 이동시킨다.
3. 중간 신호 $w_n[k]$에 관한 적절한 수식을 얻는다.
4. $w_n[k]$의 식이 달라질 때까지 시간 이동 n을 증가(즉, $h[n-k]$를 오른쪽으로 이동)시킨다. 식이 달라지는 시각의 시간 이동값 n을 현재 구간의 끝점으로 정의함과 동시에 새로운 구간의 시작점으로 정의한다.
5. n이 새로운 구간 안에 있다고 생각한다. 시간 이동의 모든 구간들과 그에 대응하는 $w_n[k]$의 수식이 모두 확정될 때까지 단계 3과 4를 반복한다. 이것은 일반적으로 n이 아주 큰 양수가 될 때까지 반복되기도 한다.
6. 시간 이동의 각 구간에 대해, 그에 대응하는 $w_n[k]$의 값을 합산하면 그 구간에 대한 $y[n]$을 얻게 된다.

n을 $-\infty$로부터 $+\infty$까지 변화시키는 효과는 반전된 임펄스 응답 $h[-k]$를 시간에 따라 왼쪽의 아주 먼 곳으로부터 밀어오면서 $x[k]$를 지나 오른쪽으로 이동시키는 것과 같다. 단계 4에서 확인된 구간들의 경계에 나타나는 천이는 $h[k]$에 대한 천이가 $x[k]$에 대한 천이를 지나게 될 때 발생한다. $x[k]$의 그래프 아래에 $h[n-k]$의 그래프를 그려봄으로써 이 구간들은 쉽게 확정할 수 있다. 시간 이동의 한 구간이 단계 4에서 확정된 이후에는 모든 구간이 확정될 때까지 기다릴 것 없이 확정된 구간에 대해서는 $w_n[k]$의 모든 값을 합산할 수 있는 것이다.

위에서 설명한 계산 과정에서 시스템과 입력 신호 사이의 상호 작용은 이동 조립라인(moving assembly line)에 따라 정상 신호(stationary signal)에 대한 연산을 수행하는 것으로 해석할 수 있다. 임펄스 응답의 값은 조립라인에서 이루어지는 각 연산 동작에 대응하고, 각 값의 시간 지표는 연산 동작들이 수행되는 순서에 대응한다.

입력 신호의 값들의 순서는 왼쪽(시간 지표가 작은 값)에서 오른쪽(더 큰 시간 지표값)으로 향하게 정의되어 있고, 그에 따라 한 개의 신호에 대해 조립라인이 왼쪽에서 오른쪽으로 이동하는 것이 되어 입력 신호의 값들을 올바른 순서로 처리하게 된다. n은 신호가 처리될 조립라인의 위치를 표시한다. 조립라인이 왼쪽에서 오른쪽으로 이동하기 때문에, 연산 동작들의 순서는 오른쪽에서 왼쪽으로 향하게 결정되고 그에 따라 임펄스 응답으로 표현된 연산 동작은 올바른 순서로 적용된다. 이러한 예시가 시간 반전-이동에 의한 콘벌루션 합의 계산 과정에서 임펄스 응답이 시간 반전되어야 하는 이유를 설명해준다. 위치가 n인 각 조립라인의 출력은 그에 대응하는 임펄스 값과 입력 신호를 곱한 결과의 합산으로 표현된다.

예제 2.3 이동 평균 시스템. 반전-이동에 의한 콘벌루션 합의 계산

예제 1.10의 4점 이동 평균 시스템의 출력 $y[n]$과 입력 $x[n]$의 관계는 다음과 같은 식으로 표시된다.

$$y[n] = \frac{1}{4}\sum_{k=0}^{3} x[n-k].$$

$x[n] = \delta[n]$으로 놓으면 이 시스템의 임펄스 응답 $h[n]$은

$$h[n] = \frac{1}{4}(u[n] - u[n-4])$$

이고, 그 파형은 그림 2.4(a)와 같다. 이 시스템의 입력이 직각 펄스 파형으로서 그림 2.4(b)와 같이

$$x[n] = u[n] - u[n-10]$$

일 때, 이 시스템의 출력을 결정하라

풀이: 먼저, n을 상수, k를 독립 변수로 하여 그림 2.4(c)와 같이, $x[k]$와 $h[n-k]$를 그래프로 표현한다. 다음으로, 중간 신호 $w_n[k] = x[k]h[n-k]$의 수학적 함수 형태가 바뀌지 않는 시간 이동 구간을 확정한다. 아주 큰 음수의 n으로부터 시작하는데, 이 때에는 $x[k]$와 $h[n-k]$가 서로 겹치는 영역이 없기 때문에 $w_n[k] = 0$이다. n을 증가시킬 때, $n < 0$에 대해서는 $w_n[k] = 0$임을 알 수 있다. 그러므로 시간 이동의 첫 구간은 $n < 0$이다.

$n = 0$일 때, $h[n-k]$의 오른쪽 경계가 $x[k]$의 왼쪽 경계를 지나게 되어, $w_n[k]$를 표현하는 수식에서 천이가 발생한다. $n = 0$이면,

$$w_0[k] = \begin{cases} 1/4, & k = 0 \\ 0, & \text{그 밖의 범위.} \end{cases}$$

$n = 1$이면,

$$w_1[k] = \begin{cases} 1/4, & k = 0, 1 \\ 0, & \text{그 밖의 범위.} \end{cases}$$

일반적으로, $n \geq 0$에 대해서, $w_n[k]$를 나타내는 수식은 다음과 같다.

$$w_n[k] = \begin{cases} 1/4, & 0 \leq k \leq n \\ 0, & \text{그 밖의 범위} \end{cases}$$

가 함수 그림 2.4(d)의 그래프와 같고, $n = 3$일 때까지 적용된다. $n > 3$이면, $h[n-k]$의 왼쪽 경계가 $x[k]$의 왼쪽 경계를 지나가게 되어 $w_n[k]$의 수식이 달라진다. 그러므로, 시간 이동의 두째 구간은 $0 \leq n \leq 3$이다.

$n > 3$이면, 이에 대응하는 $w_n[k]$의 수식은

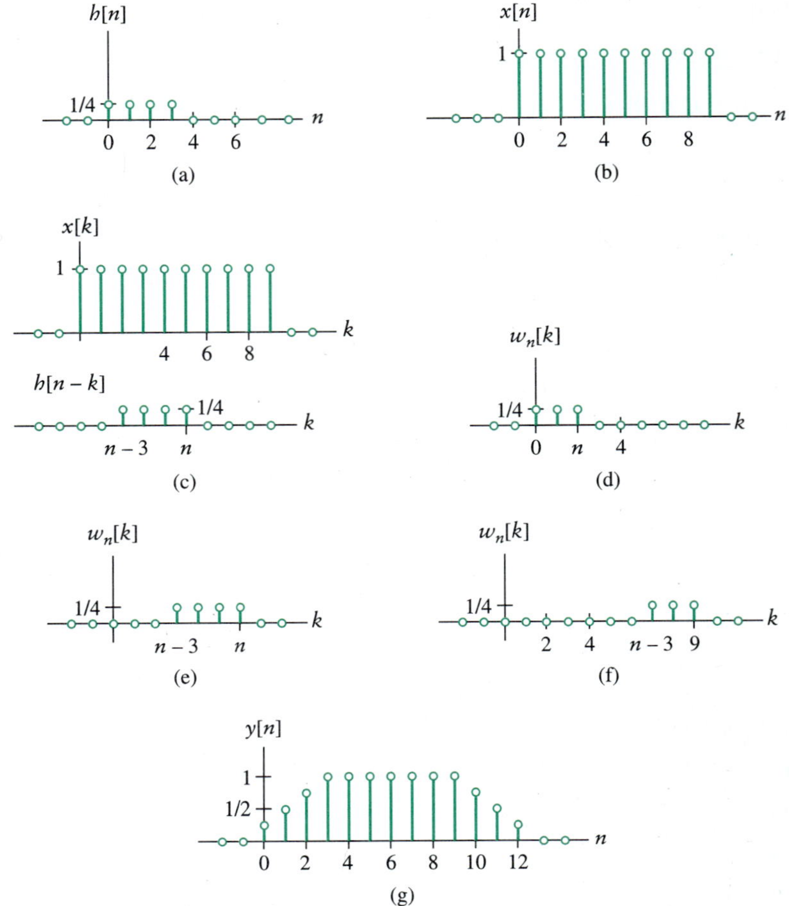

그림 2.4 예제 2.3의 콘벌루션 합의 계산과정. (a) 시스템의 임펄스 응답 $h[n]$, (b) 입력 신호 $x[n]$, (c) 상단에 입력 $x[k]$와 하단에 시간 반전 및 시간 이동된 임펄스 응답 $h[n-k]$의 파형. 여기서 시간 변수는 k로 표시한다. (d) $0 \le n \le 3$인 구간에 관한 $w_n[k]$의 파형, (e) $3 < n \le 9$에 대한 신호 $w_n[k]$의 파형, (f) $9 < n \le 12$에 대한 신호 $w_n[k]$의 파형, (g) 출력 $y[n]$

$$w_n[k] = \begin{cases} 1/4, & n-3 \le k \le n \\ 0, & \text{그 밖의 범위} \end{cases}$$

이고, 이의 그래프는 그림 2.4(e)와 같다. 이 수식은 $n=9$일 때까지 적용된다. $n>9$이면, $h[n-k]$의 오른쪽 경계가 $x[k]$의 오른쪽 경계를 지나가게 되므로, 시간 이동의 세째 구간은 $3<n\le 9$이다.

$n>9$이면, $w_n[k]$의 수식은 그림 2.4(f)와 같이,

$$w_n[k] = \begin{cases} 1/4, & n-3 \le k \le 9 \\ 0, & \text{그 밖의 범위.} \end{cases}$$

이 식은 $n-3=9$ 즉, $n=12$일 때까지 성립하고, $n>12$이면 $h[n-k]$의 왼쪽 경계가 $x[k]$의 오른쪽에 놓이게 되고 $w_n[k]$의 수식이 달라진다. 그러므로 네째 구간은 $9<n\le 12$이다.

$n > 12$이면, $w_n[k] = 0$이므로, 이 문제에서 시간 이동의 마지막 구간은 $n > 12$이다.

각 구간 안의 n에 대한 시스템의 출력은 식 (2.6)에 따라 그 구간에 대응하는 $w_n[k]$의 값을 합산하여 얻는다. 다음과 같은 공식을 알고 있으면, 위의 합산은 간단한 문제다.

$$\sum_{k=M}^{N} c = c(N - M + 1).$$

$n < 0$이면, $y[n] = 0$이다. $0 \le n \le 3$이면,

$$y[n] = \sum_{k=0}^{n} 1/4$$
$$= \frac{n+1}{4}.$$

세째 구간 $3 < n \le 9$에 대한 식 (2.6)은,

$$y[n] = \sum_{k=n-3}^{n} 1/4$$
$$= \frac{1}{4}(n - (n-3) + 1)$$
$$= 1.$$

$9 < n \le 12$에 대한 식 (2.6)은,

$$y[n] = \sum_{k=n-3}^{9} 1/4$$
$$= \frac{1}{4}(9 - (n-3) + 1)$$
$$= \frac{13-n}{4}.$$

마지막으로, $n > 12$이면, $y[n] = 0$이다. 그림 2.4(g)는 각 구간에 대한 결과를 종합한 그래프이다. ▮

예제 2.4 **1계 재귀 시스템:** 시간 반전-이동 콘벌루션 합의 계산

예제 1.10의 1계 재귀 시스템의 입출력 관계는 다음과 같다.

$$y[n] - \rho y[n-1] = x[n].$$

여기서 입력 신호는

$$x[n] = b^n u[n+4].$$

콘벌루션 합을 이용하여 시스템의 출력을 계산하라. 이때 $b \neq \rho$이고, 시스템은 인과성을 가진 것으로 가정한다.

▸ 풀이: 먼저 입력을 $x[n] = \delta[n]$이라고 놓고 이에 대한 시스템의 출력 $y[n]$ 즉, 시스템의 임펄스 응답 $h[n]$을 구하면,

$$h[n] = \rho h[n-1] + \delta[n]. \qquad (2.7)$$

시스템을 인과성 시스템으로 가정했기 때문에, 임펄스가 인가되기 이전의 임펄스 출력은 나타날 수 없고, 따라서 $n < 0$이면 $h[n] = 0$이다. $n = 0, 1, 2, \cdots$ 에 대해 식 (2.7)을 계산하면, $h[0] = 1$, $h[1] = \rho$, $h[2] = \rho^2$, $\cdots$ 또는

$$h[n] = \rho^n u[n]. \tag{2.8}$$

다음으로, n은 상수로 보고 k를 독립 변수로 하여 $x[k]$와 $h[n-k]$를 그래프로 표현하면 그림 2.5(a)와 같다. 여기서 입력 함수는

$$x[k] = \begin{cases} b^k, & -4 \le k \\ 0, & \text{그 밖의 범위} \end{cases}$$

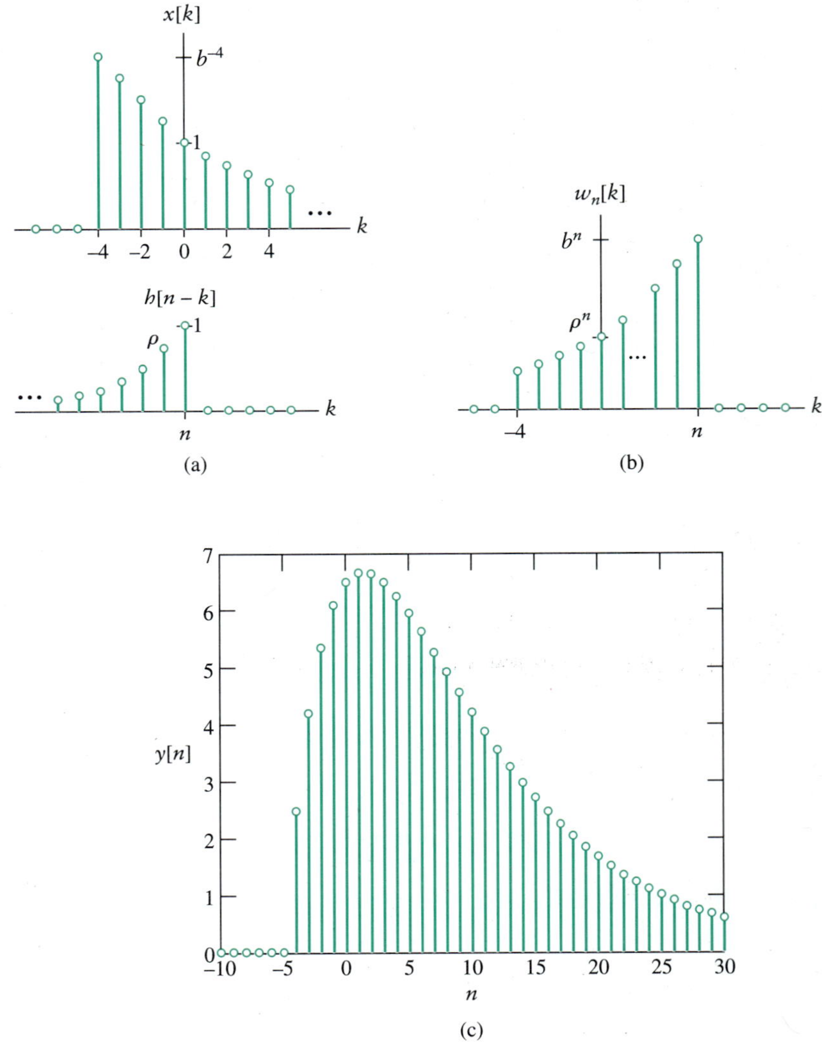

그림 2.5 예제 2.4의 콘벌루션 합산. (a) 입력 신호 $x[k]$와 시간 이동된 임펄스 응답 $h[n-k]$의 그래프, (b) $-4 \le n$에 대한 중간 신호 $w_n[k]$, (c) $\rho = 0.9$이고 $b = 0.8$로 가정한 시스템의 출력 $y[n]$

이고 임펄스 응답 함수는

$$h[n-k]=\begin{cases}\rho^{n-k}, & k\le n\\ 0, & \text{그 밖의 범위.}\end{cases}$$

이제 중간 신호 $w_n[k]$에 대한 수식이 일정한 시간 이동 구간을 확정한다. n이 아주 큰 음수부터 시작한다. $n<-4$이면 k에 따라 $x[k]$와 $h[n-k]$는 적어도 한 개는 항상 0이기 때문에 $w_n[k]=0$ 이다. 따라서 첫 구간은 $n<-4$이다.

$n=-4$이면, $h[n-k]$의 오른쪽 경계가 $x[k]$의 왼쪽 경계를 지나게 되고 $w_n[k]$의 수식에는 천이가 나타난다. $n\ge -4$이면, 중간 신호 $w_n[k]$는

$$w_n[k]=\begin{cases}b^k\rho^{n-k}, & -4\le k\le n\\ 0, & \text{그 밖의 범위.}\end{cases}$$

$-4\le n$이면 이 수식은 옳은 결과이고, 그의 그래프는 그림 2.5(b)와 같다.

다음으로, 각 구간에 대한 중간 신호 $w_n[k]$를 합산하여 그 구간에 대응하는 출력을 계산한다. 첫 구간은 $n<-4$이고 이 경우에는 $w_n[k]=0$이므로, $y[n]=0$이다. 제2구간은 $-4\le n$이고, 그의 출력은

$$y[n]=\sum_{k=-4}^{n}b^k\rho^{n-k}.$$

여기서 $w_n[k]$가 0이 아닌 영역은 $k=-4$와 n 사이이므로, 합산은 $k=-4$부터 시작해서 n까지 수행되는 것으로 표시되어 있다. k승에 대한 항을 결합하면,

$$y[n]=\rho^n\sum_{k=-4}^{n}\left(\frac{b}{\rho}\right)^k.$$

합산의 지표에 대한 표현을 변경시켜 합산 공식을 표준형으로 쓸 수 있다. $m=k+4$라고 놓으면,

$$\begin{aligned}y[n]&=\rho^n\sum_{m=0}^{n+4}\left(\frac{b}{\rho}\right)^{m-4}\\&=\rho^n\left(\frac{\rho}{b}\right)^4\sum_{m=0}^{n+4}\left(\frac{b}{\rho}\right)^m.\end{aligned}$$

합산의 항의 수는 $n+5$이므로 등비급수의 합공식을 적용하면,

$$\begin{aligned}y[n]&=\rho^n\left(\frac{\rho}{b}\right)^4\frac{1-\left(\frac{b}{\rho}\right)^{n+5}}{1-\frac{b}{\rho}}\\&=b^{-4}\left(\frac{\rho^{n+5}-b^{n+5}}{\rho-b}\right).\end{aligned}$$

시간 이동의 각 구간에 관한 해를 결합하여 얻어지는 시스템 출력은

$$y[n]=\begin{cases}0, & n<-4,\\ b^{-4}\left(\dfrac{\rho^{n+5}-b^{n+5}}{\rho-b}\right), & -4\le n\end{cases}$$

이고 그의 그래프는 그림 2.5(c)와 같다. ∎

예제 2.5 **투자 평가.** 주기당 고정 이율 r%의 복리를 받게 되는 투자인 경우 $\rho = 1 + \frac{r}{100}$이라고 놓으면 그 투자의 가치를 평가하기 위해서 예제 2.4의 1계 재귀 시스템을 이용할 수 있다. 주기 n이 시작되는 점에서 투자의 가치를 $y[n]$이라고 한다. 투자액에 대한 새로운 입출금이 없다고 할 때, 시기 n에서의 가치를 이전 시기의 가치로 표현하면, $y[n] = \rho y[n-1]$이다. 이제 $x[n]$을 주기 n이 시작되는 시점에서 입금($x[n] > 0$)하거나 출금($x[n] < 0$)한 금액이라고 한다. 이 경우에 대한 그 구좌의 금액은 다음과 같이 1계 재귀 방정식으로 표현된다.

$$y[n] = \rho y[n-1] + x[n].$$

1년에 8%의 이익으로 매년 초에 1,000달러씩 10년간 입금하고, 그 다음 해부터 7년간은 매년 초에 1,500달러씩 인출하는 투자 가치를 알아보기 위하여 콘벌루션을 이용하라.

풀이: 처음 10년간은 입금액과 이자에 따라 이 구좌의 잔고는 늘어날 것이다. 그러나, 그 다음 7년간은 인출하기 때문에 감소될 것 같지만, 이자가 발생되기 때문에 그 후에도 구좌의 금액은 증가할 것이다. 이런 예측을 수치로 나타내기 위하여 $y[n] = x[n]*h[n]$을 계산하는 시간 반전 및 이동 콘벌루션을 이용할 수 있다. 여기서 $x[n]$은 그림 2.6과 같이 표현할 수 있고, $h[n] = \rho^2 u[n]$은 예제 2.4에서 $\rho = 1.08$인 경우와 같다.

먼저, 그림 2.7(a)와 같이 $x[k]$와 $h[n-k]$를 그래프로 나타낸다. n이 아주 큰 음수일 때, 또는 $n < 0$이기만 하면 $w_n[k] = 0$이다. $n = 0$이면, $h[n-k]$의 오른쪽 경계가 $x[k]$의 왼쪽 경계를 지나가고, $w_n[k]$를 표현하는 수식에 천이가 나타난다.

$n \geq 0$이면, 중간 신호 $w_n[k]$를 다음과 같이 얻는다.

$$w_n[k] = \begin{cases} 1000(1.08)^{n-k}, & 0 \leq k \leq n \\ 0, & \text{그 밖의 범위.} \end{cases}$$

그림 2.7(b)는 이 식의 그래프이고, $n < 9$일 때 적용된다. $n = 9$이면, $h[n-k]$의 오른쪽 경계가 입금의 경계를 지나서 인출 내역으로 전환되기 시작하고 그에 따라 $w_n[k]$의 수식도 달라진다. 그러므로, 시간 이동에 관한 제2구간은 $0 \leq n \leq 9$이다. 이 구간에 대한 출력은 다음과 같다.

$$\begin{aligned} y[n] &= \sum_{k=0}^{n} 1000(1.08)^{n-k} \\ &= 1000(1.08)^n \sum_{k=0}^{n} \left(\frac{1}{1.08}\right)^k. \end{aligned}$$

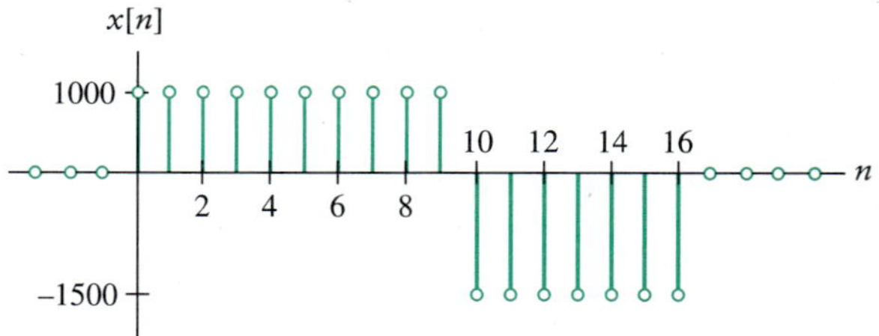

그림 2.6 투자에 따른 현금 유통. 처음 10년간은 매년 초에 1,000달러가 입금되고, 그 후 7년간은 매년 초에 1,500달러가 인출된다.

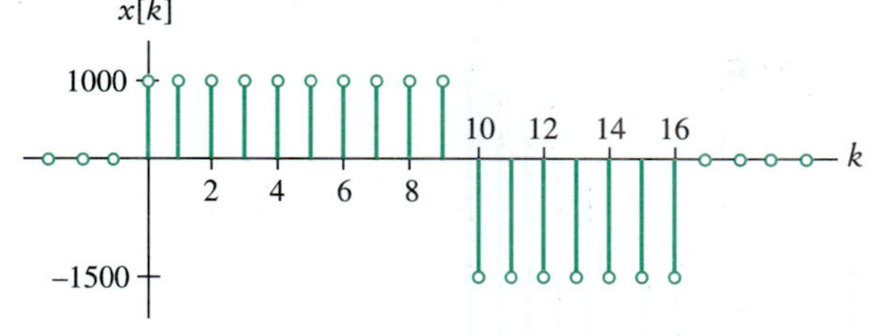

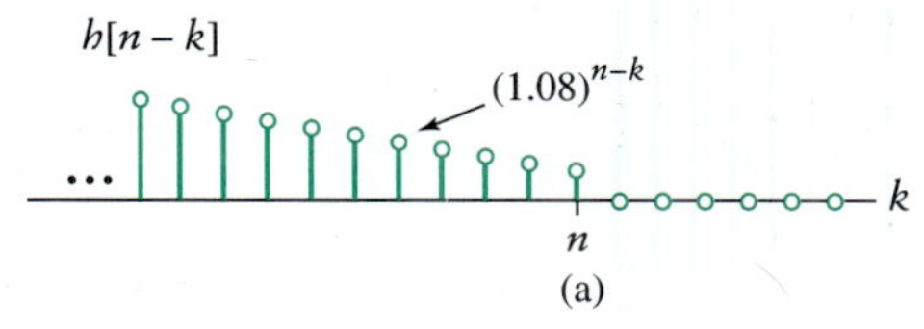

(a)

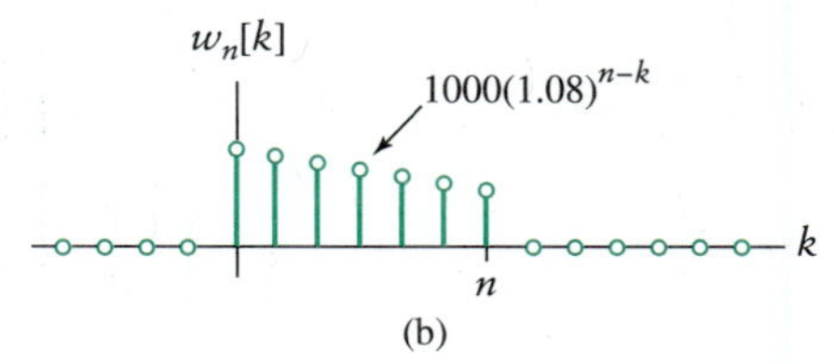

(b)

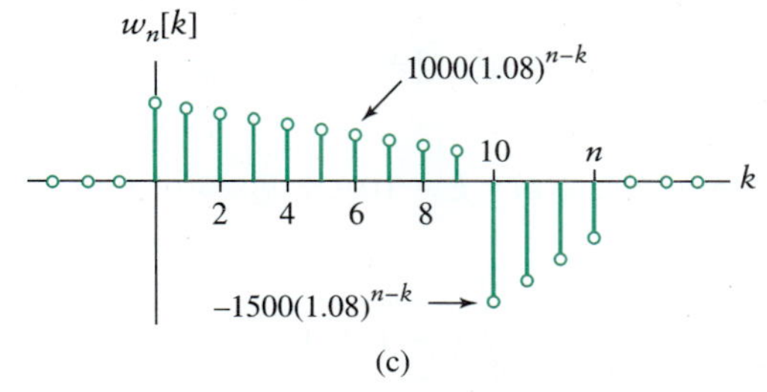

(c)

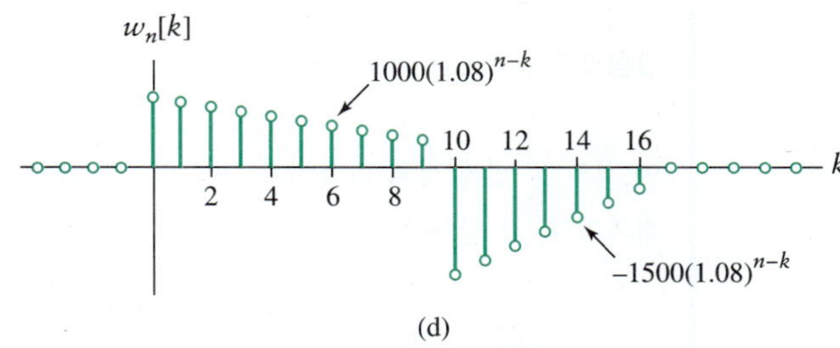

(d)

그림2.7 예제 2.5에 대한 콘벌루션 합을 계산하는 과정. (a) 입력 $x[k]$와 시간 반전 및 이동된 임펄스 응답 $h[n-k]$의 그래프, (b) $0 \le n \le 9$인 구간에 대한 중간 신호 $w_n[k]$, (c) $10 \le n \le 16$인 구간에 대한 중간 신호 $w_n[k]$, (d) $17 \le n$인 구간에 대한 중간 신호 $w_n[k]$

등비급수의 합공식을 적용하면,

$$
\begin{aligned}
y[n] &= 1000(1.08)^n \frac{1-\left(\frac{1}{1.08}\right)^{n+1}}{1-\frac{1}{1.08}} \\
&= 12{,}500((1.08)^{n+1}-1), \qquad 0 \le n \le 9.
\end{aligned}
$$

$n \ge 9$이면,

$$
w_n[k] = \begin{cases} 1000(1.08)^{n-k}, & 0 \le k \le 9 \\ -1500(1.08)^{n-k}, & 10 \le k \le n \\ 0, & \text{그 밖의 범위} \end{cases}
$$

이고, 그림 2.7(c)는 이에 대한 그래프이다. 이 식은 $n = 16$일 때까지 적용된다. 따라서 제3구간은 $9 \le n \le 16$이다. 이 구간에 대응하는 출력은

$$
\begin{aligned}
y[n] &= \sum_{k=0}^{9} 1000(1.08)^{n-k} - \sum_{k=10}^{n} 1500(1.08)^{n-k} \\
&= 1000(1.08)^n \sum_{k=0}^{9}\left(\frac{1}{1.08}\right)^k - 1500(1.08)^{n-10} \sum_{m=0}^{n-10}\left(\frac{1}{1.08}\right)^m.
\end{aligned}
$$

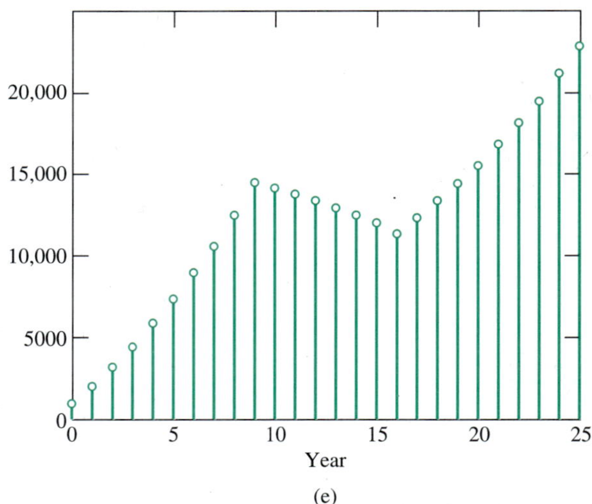

그림 2.7 (e) 매년 초에 입금과 인출이 일어난 직후 나타나는 투자의 가치를 달러로 표시한 출력 $y[n]$.

이 식의 두 번째 항의 합산에서, 표준형으로 표현하기 위하여 지표를 $m = k - 10$으로 변경하여 얻은 결과이다. 각 항에 등비급수의 합공식을 적용하면,

$$\begin{aligned} y[n] &= 1000(1.08)^n\left(\frac{1-\left(\frac{1}{1.08}\right)^{10}}{1-\frac{1}{1.08}}\right) - 1500(1.08)^{n-10}\left(\frac{1-\left(\frac{1}{1.08}\right)^{n-9}}{1-\frac{1}{1.08}}\right) \\ &= 7246.89(1.08)^n - 18{,}750((1.08)^{n-9} - 1), \qquad 10 \le n \le 16. \end{aligned}$$

시간 이동의 제3구간은 $17 \le n$이다. 이 구간에 대한 중간 신호는 다음과 같다.

$$w_n[k] = \begin{cases} 1000(1.08)^{n-k}, & 0 \le k \le 9 \\ -1500(1.08)^{n-k}, & 10 \le k \le 16 \\ 0, & \text{그 밖의 범위} \end{cases}$$

이고, 그림 2.7(d)는 이 함수의 그래프이다. 그러므로 이에 대한 출력은 다음과 같다.

$$y[n] = \sum_{k=0}^{9} 1000(1.08)^{n-k} - \sum_{k=10}^{16} 1500(1.08)^{n-k}.$$

앞서 수행한 방법에 따라 전체를 결합하여 모든 n에 대응하는 출력을 계산하면 다음과 같다.

$$\begin{aligned} y[n] &= 1000(1.08)^{n-9}\frac{(1.08)^{10} - 1}{1.08 - 1} - 1500(1.08)^{n-16}\frac{(1.08)^7 - 1}{1.08 - 1} \\ &= 3{,}340.17(1.08)^n, \qquad 17 \le n. \end{aligned}$$

그림 2.7(e)는 4개의 구간에 대한 결과를 결합하여 얻은 전체 값을 나타낸 그래프로서, 여기서의 $y[n]$은 매년 초에 나타난 투자의 가치를 표시한다. ■

▶ **연습문제 2.1** 콘벌루션 합산 과정을 적용하여 예제 2.1의 콘벌루션을 계산하라.

해답: 예제 2.1을 참조.

▶ 연습문제 2.2 다음의 이산시간 콘벌루션 합을 계산하라.

(a) $y[n] = u[n] * u[n-3]$

(b) $y[n] = (1/2)^n u[n-2] * u[n]$

(c) $y[n] = \alpha^n\{u[n-2] - u[n-13]\} * 2\{u[n+2] - u[n-12]\}$

(d) $y[n] = (-u[n] + 2u[n-3] - u[n-6]) * (u[n+1] - u[n-10])$

(e) $y[n] = u[n-2] * h[n]$, 여기서 $h[n] = \begin{cases} \gamma^n, & n < 0, |\gamma| > 1 \\ \eta^n, & n \geq 0, |\eta| < 1 \end{cases}$

(f) $y[n] = x[n] * h[n]$이고, $x[n]$과 $h[n]$은 그림 2.8과 같다.

해답:

(a)

$$y[n] = \begin{cases} 0, & n < 3 \\ n-2, & n \geq 3 \end{cases}$$

(b)

$$y[n] = \begin{cases} 0, & n < 2 \\ 1/2 - (1/2)^n, & n \geq 2 \end{cases}$$

(c)

$$y[n] = \begin{cases} 0, & n < 0 \\ 2\alpha^{n+2}\dfrac{1-(\alpha)^{-1-n}}{1-\alpha^{-1}}, & 0 \leq n \leq 10 \\ 2\alpha^{12}\dfrac{1-(\alpha)^{-11}}{1-\alpha^{-1}}, & 11 \leq n \leq 13 \\ 2\alpha^{12}\dfrac{1-(\alpha)^{n-24}}{1-\alpha^{-1}}, & 14 \leq n \leq 23 \\ 0, & n \leq 24 \end{cases}$$

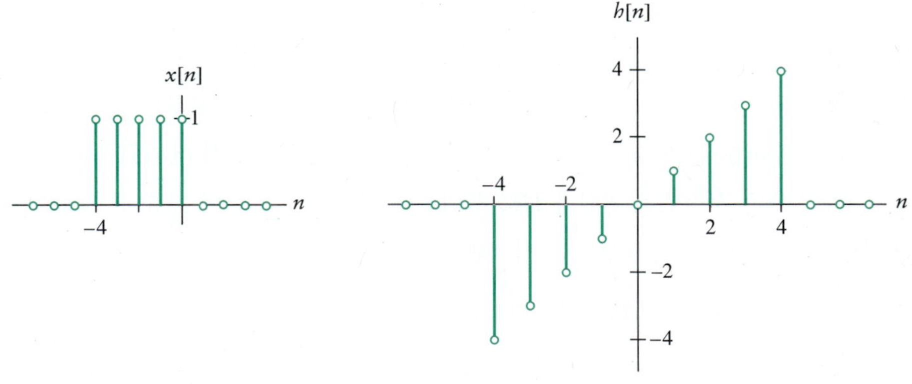

그림 2.8 연습문제 2.2 (f)에 대한 신호

(d)

$$y[n] = \begin{cases} 0, & n < -1 \\ -(n+2), & -1 \le n \le 1 \\ n-4, & 2 \le n \le 4 \\ 0, & 5 \le n \le 9 \\ n-9, & 10 \le n \le 11 \\ 15-n, & 12 \le n \le 14 \\ 0, & n > 14 \end{cases}$$

(e)

$$y[n] = \begin{cases} \dfrac{\gamma^{n-1}}{\gamma - 1}, & n < 2 \\ \dfrac{1}{\gamma - 1} + \dfrac{1-\eta^{n-1}}{1-\eta}, & n \ge 2 \end{cases}$$

(f)

$$y[n] = \begin{cases} 0, & n < -8, n > 4 \\ -10 + (n+5)(n+4)/2, & -8 \le n \le -5 \\ 5(n+2), & -4 \le n \le 0 \\ 10 - n(n-1)/2, & 1 \le n \le 4 \end{cases}$$ ▮

2.4 콘벌루션 적분

연속시간 LTI 시스템의 출력도 역시 입력과 시스템의 임펄스 응답에 관한 지식으로부터 완벽하게 결정될 수 있다. 이에 관한 접근방식과 결과는 이산시간의 경우와 아주 유사하다. 제일 먼저, 연속시간 신호를 시간 이동되어 가중된 임펄스의 중첩 계산으로 나타내면 다음과 같다.

$$x(t) = \int_{-\infty}^{\infty} x(\tau)\delta(t-\tau)\,d\tau. \tag{2.9}$$

여기서, 중첩 계산은 합산 대신 적분이 이용되고, 시간 이동은 연속변수 τ로 표시되어 있다. 가중값 $x(t)dt$는 각 임펄스가 발생되는 시간 τ에서의 신호 $x(t)$의 값으로부터 얻는다. 식 (2.9)는 임펄스의 이전(sifting) 특성을 나타내고 있다는 사실을 상기하라[식 (1.65)를 참조].

입력 $x(t)$가 인가된 시스템을 연산자 H로 표기한다. 식 (2.9)와 같이 가중 중첩으로 표현되는 일반적인 입력에 대응하여 응답하는 시스템 출력은 다음과 같다.

$$\begin{aligned} y(t) &= H\{x(t)\} \\ &= H\left\{\int_{-\infty}^{\infty} x(\tau)\delta(t-\tau)\,d\tau\right\}. \end{aligned}$$

시스템의 선형성을 이용하고, 연산자 H와 적분의 순서를 교환하면,

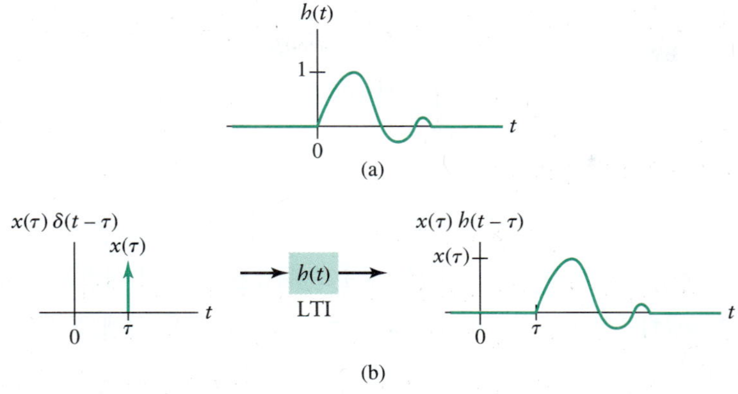

그림 2.9 (a) LTI 시스템 H의 임펄스 응답, (b) 시간 이동과 크기 스케일링된 임펄스에 대한 LTI 시스템의 출력은 그의 임펄스 응답이 같은 정도로 시간 이동되고 크기 스케일링된 결과와 같다.

$$y(t) = \int_{-\infty}^{\infty} x(\tau)H\{\delta(t-\tau)\}\, d\tau. \tag{2.10}$$

이산시간 시스템의 경우와 같이, 시간 이동된 임펄스들에 대한 연속시간 선형 시스템의 응답은 시스템의 입출력 특성으로부터 완벽하게 얻어진다.

그 다음으로, 단위 임펄스 입력에 대한 응답인 시스템 출력을 시스템의 임펄스 응답 $h(t) = H\{\delta(t)\}$이라고 정의한다. 이와 더불어, 시스템이 시불변이면,

$$H\{\delta(t-\tau)\} = h(t-\tau). \tag{2.11}$$

다시 말해서, **시불변**이란 그림 2.9와 같이 시간 이동된 임펄스 입력은 시간 이동된 임펄스 응답을 출력으로 생성한다는 의미를 내포하고 있다. 그러므로, 이 결과를 식 (2.10)에 대치하면 식 (2.9)로 표현되는 입력에 대한 LTI 시스템의 출력은 다음과 같이 표현된다.

$$y(t) = \int_{-\infty}^{\infty} x(\tau)h(t-\tau)\, d\tau. \tag{2.12}$$

출력 $y[n]$은 τ만큼 시간 이동된 임펄스 응답의 가중 중첩 계산으로 결정된다. 식 (2.12)를 **콘벌루션 적분**이라 부르고, 역시 기호 *를 이용하여 다음과 같이 나타낸다.

$$x(t) * h(t) = \int_{-\infty}^{\infty} x(\tau)h(t-\tau)\, d\tau.$$

2.5 콘벌루션 적분: 계산과정

콘벌루션 합과 같은 방법으로, 콘벌루션 적분의 계산과정은 그 적분을 쉽게 하는 중간 신호

의 정의에 바탕을 두고 있다. 식 (2.12)의 콘벌루션 적분은 다음과 같이 표현된다.

$$y(t) = \int_{-\infty}^{\infty} x(\tau)h(t-\tau)\,d\tau. \tag{2.13}$$

피적분 함수를 중간 신호로 정의하면,

$$w_t(\tau) = x(\tau)h(t-\tau).$$

이 정의 식에서, τ가 독립 변수이고 시간 t는 상수로 취급된다. 이런 성질을 분명하게 표시하기 위하여 신호 $w_t(\tau)$에서 t는 첨자로 표시하고 τ는 함수의 괄호 안에 표기한다. 그러므로, $h(t-\tau) = h(-(\tau-t))$는 $h(\tau)$를 시간 반전 및 이동시킨 신호이다. 만일 $t < 0$이면, $h(-\tau)$는 왼쪽으로 시간 이동되고, $t > 0$ 이면, $h(-\tau)$는 오른쪽으로 이동된다. 시스템의 출력을 계산할 시간은 다음 식에서 알 수 있는 것처럼 시간 이동 t로 결정된다. 식 (2.13)을 다시 쓰면,

$$y(t) = \int_{-\infty}^{\infty} w_t(\tau)\,d\tau. \tag{2.14}$$

이처럼, 임의의 시간 t에서 시스템 출력은 신호 $w_t(t)$의 아래에 있는 면적과 같다.

일반적으로, $w_t(t)$의 수식 표현은 t에 의존한다. 이산시간의 경우와 같이, $w_t(t)$의 수식 형태가 변경되지 않는 t의 구간을 확정함으로써 식 (2.14)의 무한 적분 계산을 피할 수 있다. 각 구간에 대응하는 $w_t(t)$를 이용하면, 콘벌루션 적분은 식 (2.14)를 계산하는 것만으로 충분하다. $w_t(t)$를 결정하고 시간 이동 t의 구간을 확정할 때, $x(t)$와 $h(t-\tau)$의 그래프를 이용하는 것이 큰 도움이 된다. 이러한 과정을 요약하면 다음과 같다.

계산 과정 2.2: 반전 및 이동에 의한 콘벌루션 적분 계산

1. τ를 독립 변수로 하여 $x(t)$와 $h(t-\tau)$를 그래프로 표현한다. $h(t-\tau)$를 얻기 위해서, $h(t)$를 $\tau = 0$에 대해 반전시켜서 $h(-\tau)$를 얻은 다음, $-t$만큼 시간 이동시킨다.
2. 아주 큰 음수의 시간 이동값 t로부터 시작한다. 즉, 시간축에 따라 $h(-\tau)$를 왼쪽으로 아주 멀리 이동시킨다.
3. 중간 신호 $w_t(\tau)$에 관한 적절한 수식을 얻는다.
4. $w_t(\tau)$의 표현이 달라질 때까지 시간 이동 t를 증가(즉, $h(t-\tau)$를 오른쪽으로 이동)시킨다. 식이 달라지는 시각의 시간 이동값 t를 현재 구간의 끝점으로 정의함과 동시에 새로운 구간의 시작점으로 정의한다.
5. t가 새로운 구간 안에 있다고 생각한다.시간 이동의 모든 구간들과 그에 대응하는 $w_t(t)$의 수식이 모두 확정될 때까지 단계 3과 4를 반복한다. 이것은 일반적으로 t가 아주 큰 양수로 될 때까지 반복되기도 한다.
6. 시간 이동의 각 구간에 대해, 그에 대응하는 $w_t(\tau)$의 값을 적분하면 그 구간에 대한 $y(t)$를 얻게 된다.

t를 아주 큰 음수에서 시작해서 아주 큰 양수까지 증가시키는 일은 $h(-\tau)$가 왼쪽으로부터 출발해서 $x(\tau)$를 지나 오른쪽으로 이동되는 것과 같다. $w_t(\tau)$의 표현식이 동일하게 유지되던 t의 값에 천이가 나타나는 시간은 $h(-\tau)$의 천이 경계가 $x(\tau)$의 천이 경계를 막 통과하는 시간에 나타난다. 이 구간들은 $x(\tau)$의 아래에 $h(t - \tau)$의 그래프를 겹쳐 그리는 것으로 쉽게 확정할 수 있다.

모든 구간을 확정하기 이전에라도, 단계 4 이후에 한 개의 이동 구간이 확정되면 그에 대한 $w_t(\tau)$를 적분할 수 있다. $w_t(\tau)$의 적분은 $w_t(\tau)$의 아래에 있는 면적을 계산하는 것과 같다. 다음은 콘벌루션 적분을 계산하는 과정에 관한 3개의 예제들이다.

예제 2.6 **시간 반전.** 이동에 의한 콘벌루션 적분

그림 2.10으로 주어진 입력 신호 $x(t)$와 임펄스 응답 $h(t)$가 각각 다음과 같은 시스템에 대해 콘벌루션 적분으로 출력을 계산하라.

입력 신호: $x(t) = u(t - 1) - u(t - 3)$

임펄스 응답: $h(t) = u(t) - u(t - 2)$

풀이: 콘벌루션 적분을 계산하기 위해서, 먼저, 그림 2.11(a)와 같이 $x(\tau)$와 $h(t - \tau)$를 함께 그래프로 나타낸다. 그런 다음, 아주 큰 음수의 t로부터 시작해서 $w_t(t)$의 수식 표현이 일정하게 유지되는 t의 구간들을 확정한다. $t < 1$이라고 가정하면, τ에 따라 $x(\tau)$와 $h(t - \tau)$는 적어도 한 신호는 0이기 때문에 $w_t(\tau) = 0$을 얻는다. 그러므로, 시간 이동 t에 관한 제1구간은 $t < 1$이다.

$t = 1$이면, $h(t - \tau)$의 오른쪽 경계가 $x(\tau)$의 왼쪽 경계와 일치된다. 그러므로, 시간 이동 t를 1보다 큰 값으로 증가시키면, 다음과 같은 중간 신호 $w_t(\tau)$를 얻는다.

$$w_t(\tau) = \begin{cases} 1, & 1 < \tau < t \\ 0, & \text{그 밖의 범위.} \end{cases}$$

그림 2.11(b)는 이러한 중간 신호 $w_t(\tau)$의 파형이다. 이 파형은 $t > 3$일 때까지 변경되지 않는다. $t = 3$이면, $h(t - \tau)$의 양쪽 경계들이 $x(\tau)$의 양쪽 경계들을 지나서 오른쪽에 있게 된다. 따라서 시간 이동 t에 관한 제2구간은 $1 \le t \le 3$이다.

시간 이동 t를 3보다 크게 증가시키면, 중간 신호는

$$w_t(\tau) = \begin{cases} 1, & t - 2 < \tau < 3 \\ 0, & \text{그 밖의 범위} \end{cases}$$

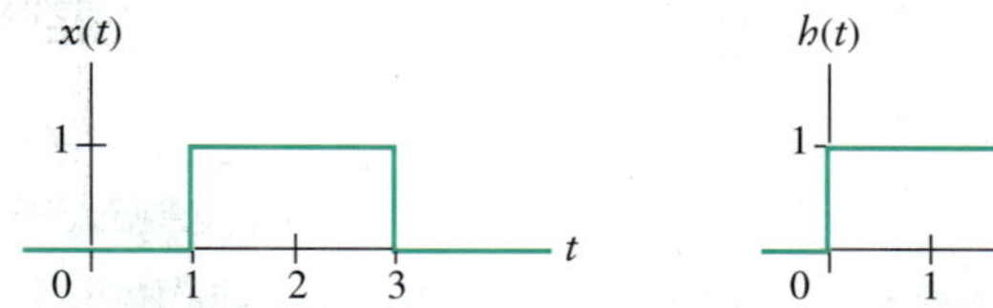

그림2.10 예제 2.6에 관한 입력 신호와 LTI 시스템의 임펄스 응답

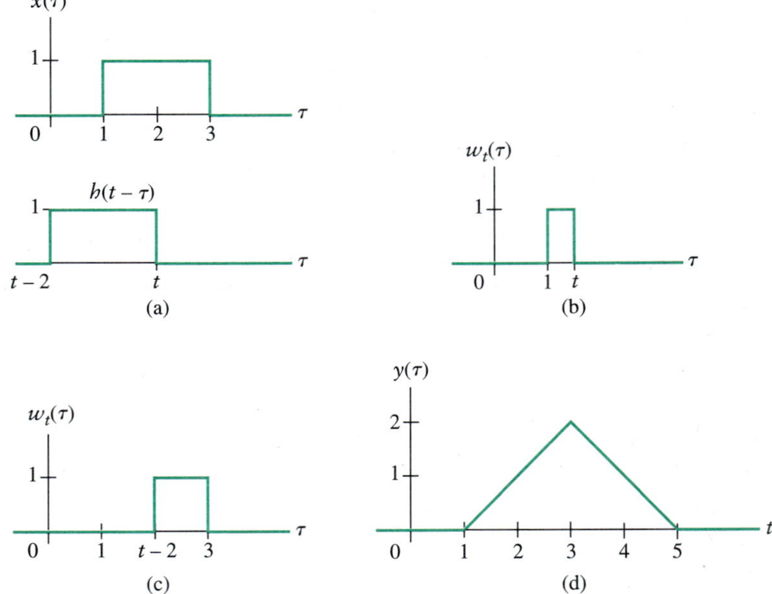

그림 2.11 예제 2.6의 콘벌루션 적분의 계산. (a) 입력 신호 $x(\tau)$와 시간 반전-이동된 임펄스 응답 $h(t-\tau)$의 파형, (b) $1 \leq t < 3$에 대한 중간 신호 $w_t(\tau)$, (c) $3 \leq t < 5$에 대한 중간 신호 $w_t(\tau)$, (d) 시스템의 출력 $y(t)$

이고, 그림 2.11(c)는 이 신호를 나타낸 그래프이다. 이 파형은 $t = 5$일 때까지 변경되지 않는다. 따라서 시간 이동 t에 관한 제3구간은 $3 \leq t < 5$이다.

$t = 5$에서, $h(t-\tau)$의 왼쪽 경계는 $x(\tau)$의 오른쪽 경계를 지나게 되어 $w_t(\tau) = 0$이다. 시간 이동 t를 5보다 큰 값으로 증가시키면, $w_t(\tau)$는 항상 0이다. 그러므로 제4구간은 $t \geq 5$이다.

시간 이동 t의 네 구간 각각에 대응하여 τ에 따라 $w_t(\tau)$를 적분(즉, $w_t(\tau)$의 아래 면적을 계산)하면 출력 $y(t)$를 얻는다.

- $t < 1$이거나 $t > 5$이면, $w_t(\tau) = 0$이기 때문에 $y(t) = 0$이다.
- t가 제2구간 $1 \leq t < 3$이면, 그림 2.11(b)처럼 $w_t(\tau)$의 아래 면적은 $y(t) = t - 1$이다.
- t가 제3구간 $3 \leq t < 5$이면, 그림 2.11(c)처럼 $w_t(\tau)$의 아래 면적은 $y(t) = 3 - (t-2)$이다.

시간 이동의 각 구간에 대한 해를 결합하여 시스템의 출력을 계산하면,

$$y(t) = \begin{cases} 0, & t < 1 \\ t-1, & 1 \leq t < 3 \\ 5-t, & 3 \leq t < 5 \\ 0, & t \geq 5 \end{cases}$$

이고, 그림 2.11(d)는 이 신호의 파형이다.

예제 2.7 *RC* **회로의 출력.** 그림 2.12의 *RC* 회로에서 회로의 시상수는 $RC = 1\,\text{s}$이다. 예제 1.21에서 이 회로의 임펄스 응답은

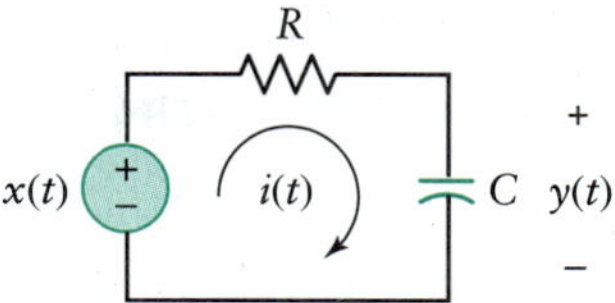

그림 2.12 입력이 전원 $x(t)$이고 출력은 커패시터의 양 단자 전압 $y(t)$인 RC 회로 시스템

$$h(t) = e^{-t}u(t).$$

입력 전압이 $x(t) = u(t) - u(t-2)$일 때 콘벌루션을 적용하여 커패시터의 양 단자 전압 $y(t)$를 결정하라.

풀이: 회로는 선형 시불변이므로, 출력은 입력과 임펄스 응답의 콘벌루션으로 계산된다. 즉, $y(t) = x(t) * h(t)$ 회로 해석의 지식으로부터, 전원이 인가되면 $t = 0$ s로부터 시작해서 시간의 흐름에 따라 커패시터는 전원 전압을 향해서 지수 함수 형태로 충전되어가는 현상을 알고 있다. $t = 2$ s가 되어 전원이 차단(0V)되면, 커패시터는 지수 함수의 형태로 방전하기 시작한다.

위의 사실을 입증하기 위해서 콘벌루션 적분을 이용하려면, 먼저 τ를 독립 변수로 하여 $x(\tau)$와 $h(t - \tau)$를 그래프로 표현한다. 그림 2.13(a)로부터,

$$x(\tau) = \begin{cases} 1, & 0 < \tau < 2 \\ 0, & \text{그 밖의 범위} \end{cases}$$

이고,

$$h(t-\tau) = e^{-(t-\tau)}u(t-\tau) = \begin{cases} e^{-(t-\tau)}, & \tau < t \\ 0, & \text{그 밖의 범위.} \end{cases}$$

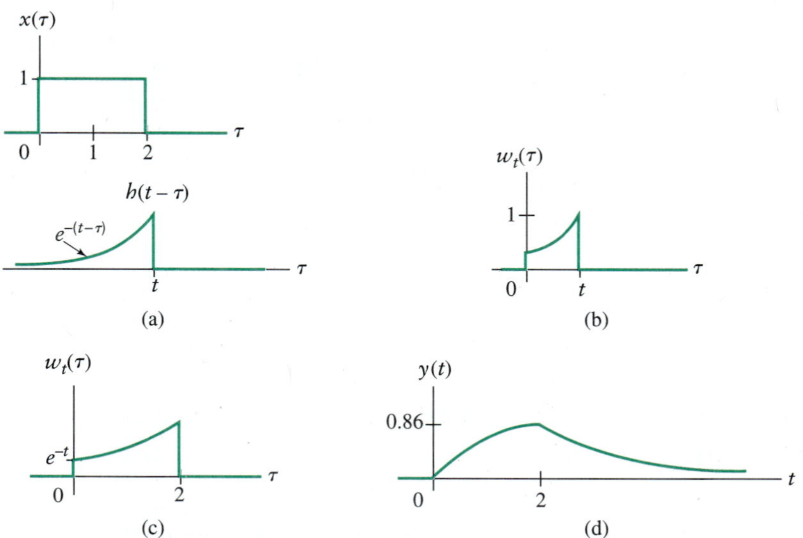

그림 2.13 예제 2.7의 콘벌루션 적분의 계산. (a) τ를 독립 변수로 하는 $x(\tau)$와 $h(t - \tau)$의 그래프, (b) $0 \le t < 2$에 대한 함수 $w_t(\tau)$의 그래프, (c) $t \ge 2$에 대한 함수 $w_t(\tau)$의 그래프, (d) 시스템 출력 $y(t)$의 그래프

이제 중간 신호 $w_t(\tau)$가 변경되지 않는 시간 이동 t의 구간을 확정한다. t가 아주 큰 음수로부터 시작한다. $t < 0$이면, $x(\tau)$와 $h(t - \tau)$는 적어도 한 개는 0이기 때문에 $w_t(\tau) = 0$이다. 그러므로, 시간 이동 t의 제1구간은 $t < 0$이다.

$t = 0$에서 $h(t - \tau)$의 오른쪽 경계는 $x(\tau)$의 왼쪽 경계와 교차한다. $t > 0$이면,

$$w_t(\tau) = \begin{cases} e^{-(t-\tau)}, & 0 < \tau < t \\ 0, & \text{그 밖의 범위.} \end{cases}$$

이 함수 표현의 그래프는 그림 2.13(b)이며, $t = 0$일 때까지 이 함수의 형태는 불변이다. $t = 2$에서 $h(t - \tau)$의 오른쪽 경계는 $x(\tau)$의 오른쪽 경계를 지나가게 된다. 따라서 시간 이동 t의 제2구간은 $0 \le t < 2$이다.

$t \ge 2$이면, $w_t(\tau)$에 관한 제3의 표현으로서 다음을 얻는다.

$$w_t(\tau) = \begin{cases} e^{-(t-\tau)}, & 0 < \tau < 2 \\ 0, & \text{그 밖의 범위.} \end{cases}$$

그림 2.13(c)는 시간 이동의 제3구간 $t \ge 2$에 대한 $w_t(\tau)$의 그래프이다.

이제부터, 3개의 시간 이동 구간에서 $w_t(\tau)$를 $t = -\infty$부터 $t = \infty$까지 적분하여 각 구간에 대응하는 출력 $y(t)$을 결정한다. $t < 0$이면, $w_t(\tau) = 0$이므로 $y(t) = 0$이다. 제2 시간 이동 구간 $0 \le t < 2$에 대해서는,

$$\begin{aligned} y(t) &= \int_0^t e^{-(t-\tau)} d\tau \\ &= e^{-t}(e^{\tau}|_0^t) \\ &= 1 - e^{-t}. \end{aligned}$$

제3 시간 이동 구간, $t \ge 2$에 대해서는,

$$\begin{aligned} y(t) &= \int_0^2 e^{-(t-\tau)}\, d\tau \\ &= e^{-t}(e^{\tau}|_0^2) \\ &= (e^2 - 1)e^{-t}. \end{aligned}$$

위의 세 구간에 대한 해를 결합하여 전체 출력을 계산하면 다음과 같다.

$$y(t) = \begin{cases} 0, & t < 0 \\ 1 - e^{-t}, & 0 \le t < 2 \\ (e^2 - 1)e^{-t}, & t \ge 2. \end{cases}$$

그림 2.13(d)는 위의 결과를 나타내는 그래프이다. 이 결과는 회로의 해석으로부터 우리가 알고 있는 사실과 잘 일치된다.

예제 2.8 시간 반전-이동 콘벌루션 계산의 다른 예. LTI 시스템의 입력 $x(t)$와 $h(t)$가 각각 다음과 같다.

$$\begin{aligned} x(t) &= (t - 1)[u(t - 1) - u(t - 3)] \\ h(t) &= u(t + 1) - 2u(t - 2). \end{aligned}$$

이 시스템의 출력을 계산하라.

풀이: 그림 2.14(a)와 같이 $x(\tau)$와 $h(t-\tau)$를 그래프로 표현한다. 이 그래프로부터 $w_t(\tau)$의 수식 표현이 일정하게 유지되는 시간 이동 t에 대한 구간들을 결정할 수 있다. 아주 큰 음수의 t로부터 시작한다. $t+1<1$ 또는 $t<0$ 이면, $h(t-\tau)$의 오른쪽 경계는 $x(\tau)$의 왼쪽 경계와 겹치지 않기 때문에 $w_t(\tau)=0$이다.

$t>0$이면, $h(t-\tau)$의 오른쪽 경계는 $x(\tau)$의 왼쪽 경계보다 더 오른쪽으로 이동해서 두 함수 모두 0이 아닌 영역이 겹치기 때문에,

$$w_t(\tau)=\begin{cases}\tau-1, & 1<\tau<t+1\\ 0, & \text{그 밖의 범위.}\end{cases}$$

이 표현 식은 $t<2$인 동안 유지되며, 그의 파형은 그림 2.14(b)와 같다.

$t>2$이면, $h(t-\tau)$의 오른쪽 경계는 $x(\tau)$의 왼쪽 경계보다 더 오른쪽으로 이동해서 두 함수 모두 0이 아닌 영역이 겹친다. 이 경우에는,

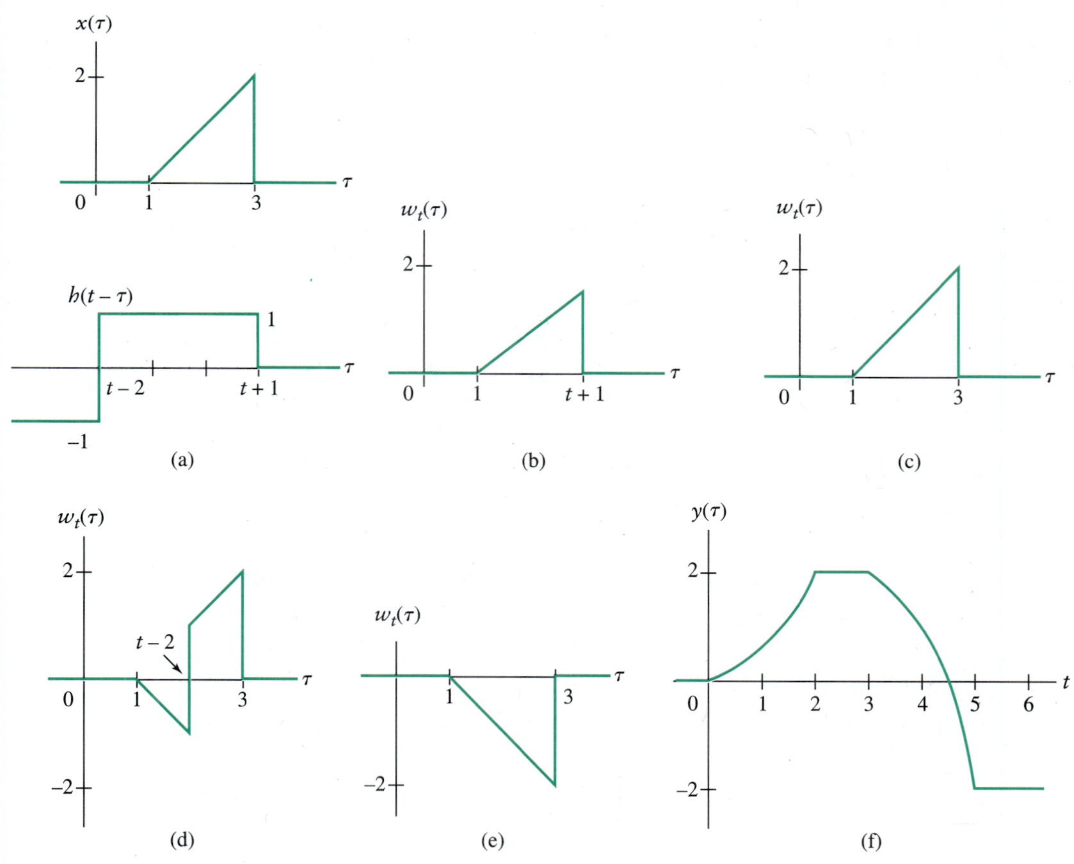

그림 2.14 예제 2.8의 콘벌루션 적분의 계산. (a) τ를 독립 변수로 하는 $x(\tau)$와 $h(t-\tau)$의 그래프, (b) $0\le t<2$에 대한 함수 $w_t(\tau)$의 그래프, (c) $2\le t<3$에 대한 함수 $w_t(\tau)$의 그래프, (d) $3\le t<5$에 대한 함수 $w_t(\tau)$의 그래프, (e) $t\ge 5$에 대한 함수 $w_t(\tau)$의 그래프, (f) 시스템 출력 $y(t)$의 그래프

$$w_t(\tau) = \begin{cases} \tau - 1, & 1 < \tau < 3 \\ 0, & \text{그 밖의 범위.} \end{cases}$$

t의 범위가 $2 \le t < 3$이면 이 함수는 그대로 유지되며, 함수의 그래프는, 그림 2.14(b)와 같다.

$t \ge 3$이면, $\tau = t - 2$에 대응하는 $h(t - \tau)$의 경계는 $x(\tau)$의 0이 아닌 영역 안에 있게 되어 중간 신호 $w_t(\tau)$는 다음과 같다.

$$w_t(\tau) = \begin{cases} -(\tau - 1), & 1 < \tau < t - 2 \\ \tau - 1, & t - 2 < \tau < 3 \\ 0, & \text{그 밖의 범위.} \end{cases}$$

그림 2.14(d)는 이 함수의 그래프이며, $t - 2 < 3$ 또는 $t < 5$이면 그대로 유지된다.

$t \ge 5$이면, 중간 신호 $w_t(\tau)$는

$$w_t(\tau) = \begin{cases} -(\tau - 1), & 1 < \tau < 3 \\ 0, & \text{그 밖의 범위.} \end{cases}$$

이며, 그림 2.14(e)는 이 함수의 그래프이다.

이 시스템의 출력 $y(t)$를 얻기 위해서는, 위에서 확정된 시간 이동의 각 구간에 대해 $t = -\infty$에서 $t = \infty$까지 $w_t(\tau)$를 적분한다.

$t < 0$이면 $w_t(\tau) = 0$이기 때문에, $y(t) = 0$.

$0 \le t < 2$이면,

$$\begin{aligned} y(t) &= \int_1^{t+1} (\tau - 1)\, d\tau \\ &= \left(\frac{\tau^2}{2} - \tau \Big|_1^{t+1} \right) \\ &= \frac{t^2}{2}. \end{aligned}$$

$2 \le t < 3$이면, $w_t(\tau)$의 아래 면적으로부터 시스템의 출력은 $y(t) = 2$.

$3 \le t < 5$이면,

$$\begin{aligned} y(t) &= -\int_1^{t-2} (\tau - 1)\, d\tau + \int_{t-2}^{3} (\tau - 1)\, d\tau \\ &= -t^2 + 6t - 7. \end{aligned}$$

$t \ge 5$이면, $w_t(\tau)$의 아래 면적은 $y(t) = -2$.

시간 이동의 서로 다른 구간에 대한 출력을 결합하면 다음과 같은 결과를 얻는다.

$$y(t) = \begin{cases} 0, & t < 0 \\ \dfrac{t^2}{2}, & 0 \le t < 2 \\ 2, & 2 \le t < 3 \\ -t^2 + 6t - 7, & 3 \le t < 5 \\ -2, & t \ge 5\,. \end{cases}$$

그림 2.14(f)는 이 결과를 나타낸 그래프이다. ▮

▶ **연습문제 2.3** LTI 시스템의 임펄스 응답은 $h(t) = e^{-t}u(t)$. 입력이 $x(t) = u(t)$일 때 시스템의 출력 $y(t)$를 계산하라

해답:

$$y(t) = (1 - e^{-t})u(t).$$

▶ **연습문제 2.4** LTI 시스템의 임펄스 응답은 $h(t) = e^{-2(t+1)}u(t + 1)$. 입력이 $x(t) = e^{-|t|}$에 대응하는 시스템의 출력 $y(t)$를 계산하라.

해답: $t < -1$이면, 중간 신호는

$$w_t(\tau) = \begin{cases} e^{-2(t+1)}e^{3\tau}, & -\infty < \tau < t + 1 \\ 0, & \text{그 밖의 범위} \end{cases}$$

이고, 따라서 출력은 $y(t) = \frac{1}{3}e^{t+1}$.

$t > -1$이면 중간 신호는

$$w_t(\tau) = \begin{cases} e^{-2(t+1)}e^{3\tau}, & -\infty < \tau < 0 \\ e^{-2(t+1)}e^{\tau}, & 0 < \tau < t + 1 \\ 0, & \text{그 밖의 범위} \end{cases}$$

이며, 시스템의 출력은

$$y(t) = e^{-(t+1)} - \frac{2}{3}e^{-2(t+1)}.$$

▶ **연습문제 2.5** LTI 시스템의 입력과 임펄스 응답이 그림 2.15의 그래프와 같다. 시스템의 출력 $y(t)$를 계산하라.

해답:

$$y(t) = \begin{cases} 0, & t < -4, t > 2 \\ (1/2)t^2 + 4t + 8, & -4 \le t < -3 \\ t + 7/2, & -3 \le t < -2 \\ (-1/2)t^2 - t + 3/2, & -2 \le t < -1 \\ (-1/2)t^2 - t + 3/2, & -1 \le t < 0 \\ 3/2 - t, & 0 \le t < 1 \\ (1/2)t^2 - 2t + 2, & 1 \le t < 2. \end{cases}$$

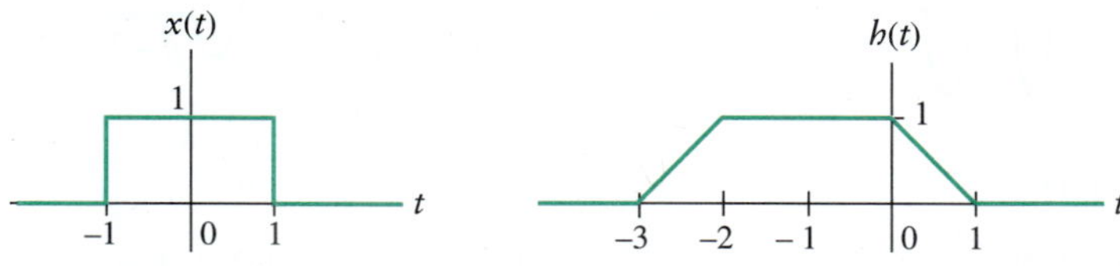

그림 2.15 연습문제 2.5에 관한 신호 파형

▶ 연습문제 2.6 LTI 시스템의 임펄스 응답이 $h(t) = u(t-1) - u(t-4)$이다. 입력 $x(t) = u(t) + u(t-1) - 2u(t-2)$에 대응하는 시스템의 출력 $y(t)$를 계산하라.

➡ 해답:

$$y(t) = \begin{cases} 0, & t < 1 \\ t-1, & 1 \le t < 2 \\ 2t-3, & 2 \le t < 3 \\ 3, & 3 \le t < 4 \\ 7-t, & 4 \le t < 5 \\ 12-2t, & 5 \le t < 6 \\ 0, & t \ge 6. \end{cases}$$ ∎

콘벌루션 적분은 연속시간 시스템의 거동(behavior)을 잘 설명한다. 시스템의 임펄스 응답은 시스템의 통찰력(operation)을 제공한다. 다음 절과 이어지는 장에서 이러한 통찰력을 계발하게 될 것이다.

예제 2.9 레이더의 범위 측정. 전파 모델(propagation model) 1.10절에서, 레이더로부터 고주파(radio frequency: RF) 펄스를 방출한 다음, 반사되어 레이더로 되돌아 온 반사파 사이의 시간 차인 왕복시간(round trip time delay)을 이용하여 목표물까지의 거리를 측정하는 문제를 다루었다. 이 예제에서는, 펄스의 전파 특성을 설명해 주는 LTI 시스템을 확인하려고 한다. 송출된 RF 펄스는 그림 2.16(a)와 같이,

$$x(t) = \begin{cases} \sin(\omega_c t), & 0 \le t \le T_o \\ 0, & \text{그 밖의 범위} \end{cases}$$

이다.

레이더로부터 임펄스를 송출한 다음, 이 임펄스가 표적물까지 왕복하는 왕복시간을 응답으로 갖는 임펄스 응답을 결정하려고 한다. 이 임펄스 신호는 시간적으로 지연되고 진폭은 감소되는 결과로 나타나며 이를 임펄스 응답 함수로 표현하면 $h(t) = a\delta(t-\beta)$이다. $x(t)$와 $h(t)$의 콘벌루션을 적용하여 위의 결과를 증명하라.

풀이: 먼저 $h(t-\tau)$를 구한다. $\tau = 0$를 중심으로 하여 $h(\tau) = a\delta(\tau - \beta)$를 반전시키면, 임펄스 함

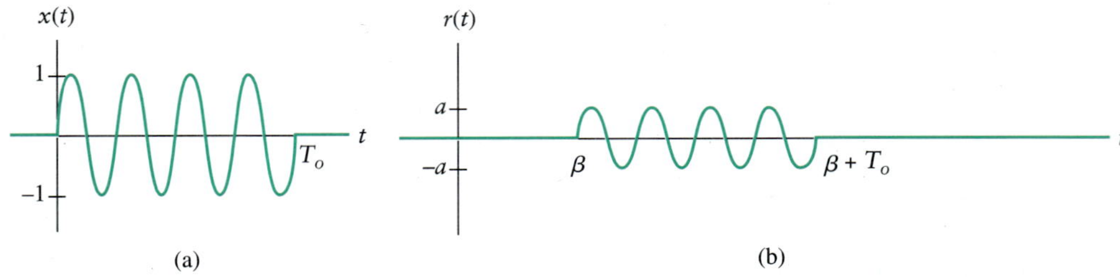

그림 2.16 레이더 거리 측정. (a) 송출된 RF 펄스, (b) 수신된 반사파로서 송출된 펄스가 반전되고 지연되어 나타난 파형이다.

수는 우함수이기 때문에 $h(-\tau) = a\delta(\tau + \beta)$이다. 그 다음, 독립 변수 τ에 따라 $-t$만큼 이동시키면, $h(t - \tau) = a\delta(\tau - (t - \beta))$이다. 이 식을 식 (2.12)의 콘벌루션 적분에 대입하고 임펄스 함수의 이전 성질(shifting property)을 적용하면, 수신된 신호는

$$\begin{aligned} r(t) &= \int_{-\infty}^{\infty} x(\tau)a\delta(\tau - (t - \beta))\, d\tau \\ &= ax(t - \beta). \end{aligned}$$

이처럼, 송신된 신호가 크기는 감소되고 시간적으로 지연되어 수신 신호로 되며 그림 2.16(b)는 이러한 수신 신호를 나타낸 것이다. ■

위의 예제는 임펄스 함수와 콘벌루션되는 유용한 결과를 보여주는 예이다. 시간 이동된 임펄스와 어떤 함수를 콘벌루션하는 것은 간단하게 그 함수에 동일한 시간 지연을 적용하는 것이다. 연속시간에 대한 위의 결과는 이산시간의 콘벌루션에 그대로 적용된다.

▶ 연습문제 2.7 콘벌루션 $y(t) = e^{-t}u(t) * \{\delta(t + 1) - \delta(t) + 2\delta(t - 2)\}$을 계산하라.

해답: $$y(t) = e^{-(t+1)}u(t + 1) - e^{-t}u(t) + 2e^{-(t-2)}u(t - 2).$$ ■

예제 2.10 레이더의 거리 측정(계속되는 문제): 정합 필터. 앞의 예제에서, 목표물 거리는 수신된 신호 $r(t)$로부터 얻어지는 지연시간 β를 평가하여 결정한다. 이론적으로는, 수신된 펄스의 상승 시간을 측정하면 목표물까지의 거리를 결정할 수 있다. 그러나, 실제 문제에 있어서는, 수신된 신호는 잡음(예를 들어 1.19절에서 논의된 열잡음)으로 오염되어 있으나 아주 미약하다. 그러므로, 수신된 신호를 보통 **정합필터**(matched filter)라고 부르는 LTI 시스템으로 처리하여 시간 지연을 결정하게 된다. 이 시스템의 중요한 특징은 수신된 파형에 포함된 잡음 중에서 특정한 형태의 잡음에 대해서 최적의 분별력을 갖는다는 점이다. 정합필터의 임펄스 응답은 송출된 신호 $x(t)$가 시간 반전된 결과와 같다. 즉, $h_m(t) = x(-t)$이므로,

$$h_m(t) = \begin{cases} -\sin(\omega_c t), & -T_o \le t \le 0, \\ 0, & \text{그 밖의 범위} \end{cases}$$

이며, 그림 2.17(a)는 이 함수의 파형이다. 레이더 수신장치의 임펄스 응답이 송출된 신호와 거의 일치된다(matched)는 의미에서 이 시스템을 '**정합필터**(matched filter)'라 부른다.

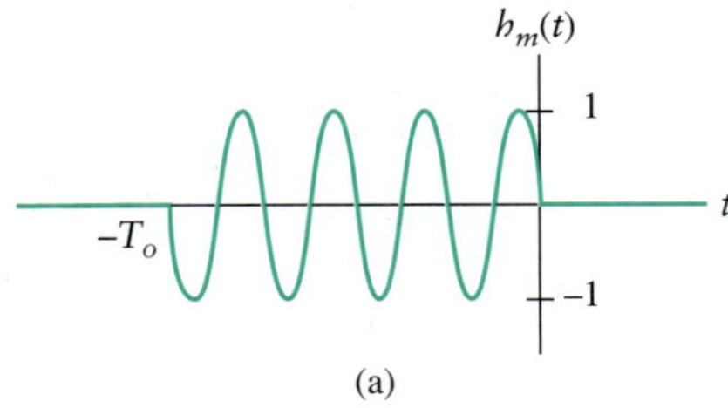

(a)

그림 2.17 (a) 수신 신호를 처리하기 위한 정합필터의 임펄스 응답

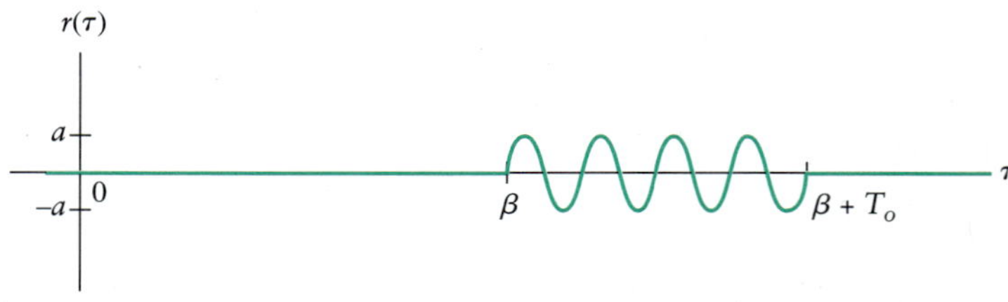

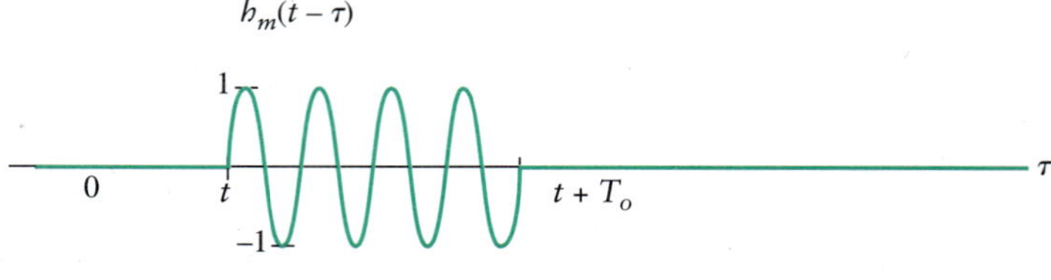

(b)

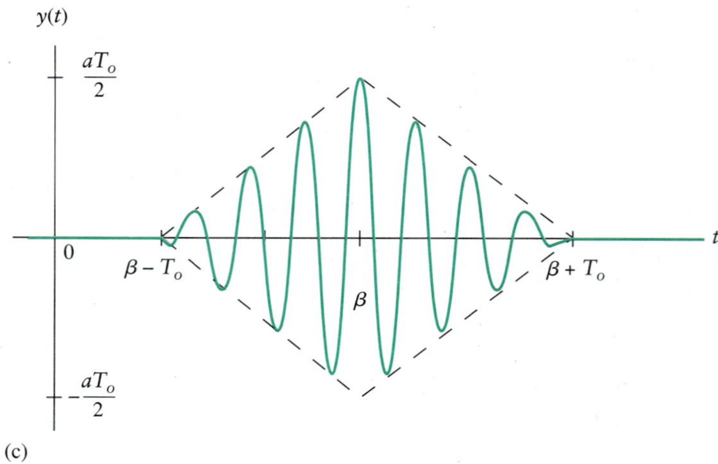

(c)

그림 2.17 (b) 시간 반전-이동된 임펄스 응답 $h_m(t-\tau)$에 중첩된 수신 신호 $r(t)$, (c) 정합필터의 출력 $y(t)$

정합필터의 출력으로부터 지연시간을 예측하기 위해서, 콘벌루션 $y(t) = r(t) * h_m(t)$을 적용하라.

▶ 풀이: 먼저, 중간 신호 $w_t(\tau) = r(\tau)h_m(t-\tau)$를 계산한다. 수신신호 $r(\tau)$와 시간 반전-이동된 임펄스 응답 $h_m(t-\tau)$는 그림 2.17(b)와 같다.

$x(t)$이 시간축에 따라 반전되어 $h_m(t)$가 되기 때문에, $h_m(t-\tau) = x(\tau - t)$이다. $t + T_0 < \beta$이면, $w_t(\tau) = 0$이다. 그러므로, $t < \beta - T_0$이면 $y(t) = 0$이다. $\beta - T_0 < t < \beta$일 때는,

$$w_t(\tau) = \begin{cases} a\sin(\omega_c(\tau - \beta))\sin(\omega_c(\tau - t)), & \beta < \tau < t + T_o \\ 0, & \text{그 밖의 범위.} \end{cases}$$

삼각 함수의 곱셈에 관한 항등식을 적용하여 $w_t(\tau)$를 다시 표현한 다음, $\beta - T_0 < t < \beta$에 대한 출력 $y(t)$를 계산하면,

$$\begin{aligned} y(t) &= \int_{\beta}^{t+T_o} [(a/2)\cos(\omega_c(t-\beta)) + (a/2)\cos(\omega_c(2\tau-\beta-t))]\,d\tau \\ &= (a/2)\cos(\omega_c(t-\beta))[t+T_o-\beta] + (a/4\omega_c)\sin(\omega_c(2\tau-\beta-t))|_{\beta}^{t+T_o} \\ &= (a/2)\cos(\omega_c(t-\beta))[t-(\beta-T_o)] + (a/4\omega_c)[\sin(\omega_c(t+2T_o-\beta)) \\ &\quad - \sin(\omega_c(\beta-t))]. \end{aligned}$$

실제 문제에 있어서는, 일반적으로 $\omega_c > 10^6$ rad/s이기 때문에, 위의 식에서 두 번째 항은 크기가 $a/4\omega_c$이어서 출력에서 무시되어도 좋다. 같은 방법으로, $\beta < t < \beta + T_0$이면, 이에 대한 중간 신호는

$$w_t(\tau) = \begin{cases} a\sin(\omega_c(\tau-\beta))\sin(\omega_c(\tau-t)), & t < \tau < \beta + T_o \\ 0, & \text{그 밖의 범위} \end{cases}$$

이고, 출력은

$$\begin{aligned} y(t) &= \int_{t}^{\beta+T_o} [(a/2)\cos(\omega_c(t-\beta)) + (a/2)\cos(\omega_c(2\tau-\beta-t))]\,d\tau \\ &= (a/2)\cos(\omega_c(t-\beta))[\beta+T_o-t] + (a/4\omega_c)\sin(\omega_c(2\tau-\beta-t))|_{t}^{\beta+T_o} \\ &= (a/2)\cos(\omega_c(t-\beta))[\beta-t+T_o] + (a/4\omega_c)[\sin(\omega_c(\beta+2T_o-t)) \\ &\quad - \sin(\omega_c(t-\beta))] \end{aligned}$$

이다. 여기서도, ω_c로 나누어지는 두 번째 항은 역시 무시되어도 좋다.

마지막 구간은 $\beta + T_0 < t$이다. 이 구간에서, $w_t(\tau) = 0$이므로 $y(t) = 0$이다. 세 구간에 대한 결과를 결합하고 아주 작은 신호의 항들은 무시하면, 정합필터의 출력은 다음과 같이 얻는다.

$$y(t) = \begin{cases} (a/2)[t-(\beta-T_o)]\cos(\omega_c(t-\beta)), & \beta - T_o < t \le \beta \\ (a/2)[\beta-t+T_o]\cos(\omega_c(t-\beta)), & \beta < t < \beta + T_o \\ 0, & \text{그 밖의 범위.} \end{cases}$$

그림 2.17(b)의 그래프는 정합필터의 출력이다. $y(t)$의 포락선은 삼각형 파형이고, 파선으로 표시되어 있다. $t = \beta$에서 피크 값이 일어나는데, β 시간은 우리가 구하려는 왕복 지연시간에 대응한다. 이처럼, β는 정합필터의 출력이 피크가 되는 시간으로부터 계산된다. 잡음이 섞여 있는 경우, 정합필터의 피크 출력으로부터 왕복 지연시간을 계산하면 반사파가 $r(t)$에서 시작되는 시간을 훨씬 더 정밀한 결과를 얻는다. ■

2.6 LTI 시스템의 접속

이 절에서, 상호 접속된 LTI 시스템의 전체 임펄스 응답과 각 시스템의 임펄스 응답 사이의 관계를 알아본다. 연속시간 및 이산시간 시스템에 대한 결과들은 거의 같은 방법으로 얻을 수 있으므로, 연속시간에 대한 결과는 유도하고 이산시간 시스템에 관한 결과는 간단히 다룬다.

2.6.1 LTI 시스템의 병렬접속

임펄스 응답이 각각 $h_1(t)$과 $h_2(t)$인 두 시스템을 그림 2.18(a)와 같이 병렬로 접속한다. 전체 시스템의 출력 $y(t)$는 각 시스템의 출력을 합산한 것과 같으므로,

$$\begin{aligned} y(t) &= y_1(t) + y_2(t) \\ &= x(t) * h_1(t) + x(t) * h_2(t). \end{aligned}$$

각 콘벌루션을 적분으로 나타내면,

$$y(t) = \int_{-\infty}^{\infty} x(\tau)h_1(t-\tau)\,d\tau + \int_{-\infty}^{\infty} x(\tau)h_2(t-\tau)\,d\tau.$$

$x(\tau)$가 공통으로 인가되는 입력이므로, 두 적분을 결합하면 다음을 얻는다.

$$\begin{aligned} y(t) &= \int_{-\infty}^{\infty} x(\tau)\{h_1(t-\tau) + h_2(t-\tau)\}\,d\tau \\ &= \int_{-\infty}^{\infty} x(\tau)h(t-\tau)\,d\tau \\ &= x(t) * h(t). \end{aligned}$$

여기서 $h(t) = h_1(t) + h_2(t)$. $h(t)$는 병렬접속으로 이루어진 전체 시스템과 등가인 시스템의 임펄스 응답으로 볼 수 있다. 그림 2.18(b)는 등가 시스템을 표현한 것이다. 이처럼, 두 시스템이 병렬접속되어 이루어진 전체 시스템의 임펄스 응답은 각 시스템의 임펄스 응답의 합산으로 얻어진다.

이 관계는 콘벌루션에 **분배성**(distributive property)이 있음을 뜻하며 다음과 같은 식으로 표현된다.

$$x(t) * h_1(t) + x(t) * h_2(t) = x(t) * \{h_1(t) + h_2(t)\}. \tag{2.15}$$

동일한 형태의 결과가 다음과 같이 이산시간 시스템에 적용된다.

$$x[n] * h_1[n] + x[n] * h_2[n] = x[n] * \{h_1[n] + h_2[n]\}. \tag{2.16}$$

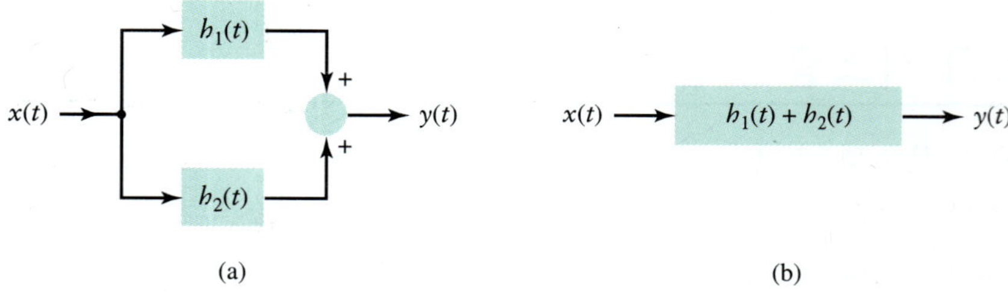

그림 2.18 두 LTI 시스템의 접속. (a) 병렬접속된 시스템, (b) 등가시스템

2.6.2 시스템의 종속접속

그림 2.19(a)는 두 시스템이 종속접속된 경우이다. 처음 시스템의 출력을 $z(t)$라고 놓으면, 이 신호는 둘째 시스템의 입력이 된다. 이 시스템의 출력을 $z(t)$로 나타내면 다음과 같다.

$$y(t) = z(t) * h_2(t) \tag{2.17}$$

또는

$$y(t) = \int_{-\infty}^{\infty} z(\tau)h_2(t-\tau)\,d\tau. \tag{2.18}$$

$z(\tau)$가 처음 시스템의 출력이기 때문에, 입력 $x(\tau)$로 나타내면 다음을 얻는다.

$$\begin{aligned} z(\tau) &= x(\tau) * h_1(\tau) \\ &= \int_{-\infty}^{\infty} x(\nu)h_1(\tau-\nu)\,d\nu. \end{aligned} \tag{2.19}$$

여기서 ν는 콘벌루션 적분의 적분 변수이다. $z(\tau)$에 관한 식 (2.19)를 식 (2.18)에 대입하면,

$$y(t) = \int_{-\infty}^{\infty}\int_{-\infty}^{\infty} x(\nu)h_1(\tau-\nu)h_2(t-\tau)\,d\nu d\tau.$$

이제 변수를 $\eta = \tau - \nu$로 변환하고, 적분 순서를 재배열하면,

$$y(t) = \int_{-\infty}^{\infty} x(\nu)\left[\int_{-\infty}^{\infty} h_1(\eta)h_2(t-\nu-\eta)\,d\eta\right]d\nu. \tag{2.20}$$

내부의 적분은 $t-\nu$에서 계산되는 $h_1(t)$와 $h_2(t)$의 콘벌루션이다. 즉, $h(t) = h_1(t) * h_2(t)$로 정의하면,

$$h(t-\nu) = \int_{-\infty}^{\infty} h_1(\eta)h_2(t-\nu-\eta)\,d\eta.$$

이 관계를 식 (2.20)에 대입하면 다음 식을 얻는다.

$$\begin{aligned} y(t) &= \int_{-\infty}^{\infty} x(\nu)h(t-\nu)\,d\nu \\ &= x(t) * h(t). \end{aligned} \tag{2.21}$$

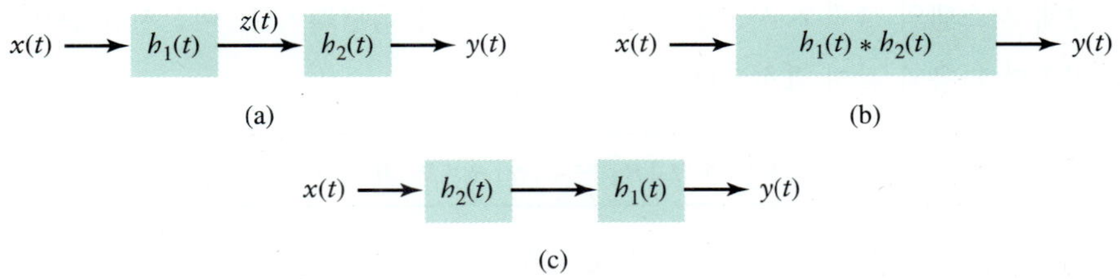

그림 2.19 두 시스템의 접속. (a) 두 시스템의 종속접속, (b) 등가 시스템, (c) 배열 순서를 교환한 등가 시스템

그러므로, 두 시스템의 종속접속을 나타내는 등가 시스템의 임펄스 응답은 각 시스템의 임펄스 응답의 콘벌루션으로 얻어진다. 종속접속은 그림 2.19(b)에 나타낸 것과 같이 임펄스 응답 $h(t)$를 가진 단일 시스템과 등가인 입출력 관계를 갖는다.

$z(t) = x(t) * h(t)$를 식 (2.17)로 표현된 $y(t)$의 식에 대입하고, $h(t) = h_1(t) * h_2(t)$를 식 (2.21)로 주어진 다른 표현의 $y(t)$에 대입하면, 콘벌루션에 **결합성**(associative property)이 있음이 판명된다. 즉,

$$\{x(t) * h_1(t)\} * h_2(t) = x(t) * \{h_1(t) * h_2(t)\}. \tag{2.22}$$

LTI 시스템의 종속접속에 나타나는 제2의 중요한 특성은 시스템이 배치 순서(ordering)이다. $h(t) = h_1(t) * h_2(t)$를 적분으로 표현하면,

$$h(t) = \int_{-\infty}^{\infty} h_1(\tau)h_2(t-\tau)\,d\tau.$$

여기서 적분 변수를 $\nu = t - \tau$에 따라 변환하면, 다음 식을 얻는다.

$$\begin{aligned} h(t) &= \int_{-\infty}^{\infty} h_1(t-\nu)h_2(\nu)\,d\nu \\ &= h_2(t) * h_1(t). \end{aligned} \tag{2.23}$$

여기서 $h_1(t)$와 $h_2(t)$의 콘벌루션은 순서에 관계없이 계산될 수 있다. 이것으로부터 그림 2.19(c)와 같이 종속접속에서 순서를 교환해도 결과에 영향을 주지 않음을 알 수 있다.

$$x(t) * \{h_1(t) * h_2(t)\} = x(t) * \{h_2(t) * h_1(t)\}$$

이기 때문에, 종속 접속된 LTI 시스템의 출력은 시스템이 접속되는 순서와 독립적이다. 이런 특징이 콘벌루션의 **교환성**(commutative property)을 확립한다. 즉,

$$h_1(t) * h_2(t) = h_2(t) * h_1(t). \tag{2.24}$$

교환성을 이용하면 콘벌루션 적분의 계산과 결과의 해석을 쉽게 할 수 있다.

이산시간 LTI 시스템과 콘벌루션은 연속시간의 경우와 같은 특성을 가지고 있다. 예를 들면, 종속 접속된 이산시간 LTI 시스템의 임펄스 응답은 각각의 임펄스 응답을 콘벌루션한 것과 같고, 전체 시스템의 출력은 시스템이 접속되는 순서와 독립적이다. 이산시간 콘벌루션도 결합성을 가지며 다음과 같이 표현된다.

$$\{x[n] * h_1[n]\} * h_2[n] = x[n] * \{h_1[n] * h_2[n]\}. \tag{2.25}$$

이산시간 콘벌루션의 교환성은 다음과 같이 표현된다.

$$h_1[n] * h_2[n] = h_2[n] * h_1[n]. \tag{2.26}$$

다음 예제는 콘벌루션 성질을 이용하여 상호 접속된 시스템에 등가적인 입출력 관계를 갖는 단일 시스템을 찾는 경우이다.

예제 2.11 **4개의 시스템이 접속된 것과 등가인 시스템.** 4개의 시스템을 그림 2.20과 같이 접속한다. 각 시스템의 임펄스 응답은 다음과 같다.

$$\begin{aligned} h_1[n] &= u[n] \\ h_2[n] &= u[n+2] - u[n] \\ h_3[n] &= \delta[n-2] \\ h_4[n] &= \alpha^n u[n]. \end{aligned}$$

완결된 시스템의 임펄스 응답 $h(t)$를 구하라.

풀이: 먼저 완결된 시스템의 임펄스 응답 $h[n]$을 각 시스템의 임펄스 응답으로 표현해야 한다. $h_1[n]$과 $h_2[n]$의 병렬연결부터 시작한다. 분배성을 적용하면, 병렬연결에 대한 등가 시스템의 임펄스 응답은 $h_{12}[n] = h_1[n] + h_2[n]$이며 이 결과는 그림 2.21(a)과 같다. 이 등가 시스템은 $h_3[n]$과 종속 접속되어 있다. 여기에 결합성을 적용하면, 이 접속에 관한 등가 시스템의 임펄스 응답은 $h_{123}[n] = h_{12}[n] * h_3[n]$이다. 이 식에 $h_{12}[n]$을 대입하면 $h_{123}[n] = (h_1[n] + h_2[n]) * h_3[n]$이고, 이 등가 시스템을 적용하면 그림 2.21(b)를 얻는다. 끝으로, $h_{123}[n]$과 $h_4[n]$는 병렬로 접속되어 있으므로 여기에 분배성을 적용하면 완결된 시스템의 임펄스 응답 $h[n] = h_{123}[n] - h_4[n]$을 얻는다. $h_{123}[n]$을 대입하면 다음 식을 얻는다.

$$h[n] = (h_1[n] + h_2[n]) * h_3[n] - h_4[n].$$

그림 2.21(c)는 이 결과를 표현한 시스템이다.

이제 $h_1[n]$과 $h_2[n]$의 특정한 형태를 대입하면,

$$\begin{aligned} h_{12}[n] &= u[n] + u[n+2] - u[n] \\ &= u[n+2]. \end{aligned}$$

$h_{12}[n]$과 $h_3[n]$의 콘벌루션으로 $h_{123}[n]$을 계산하면,

$$\begin{aligned} h_{123}[n] &= u[n+2] * \delta[n-2] \\ &= u[n]. \end{aligned}$$

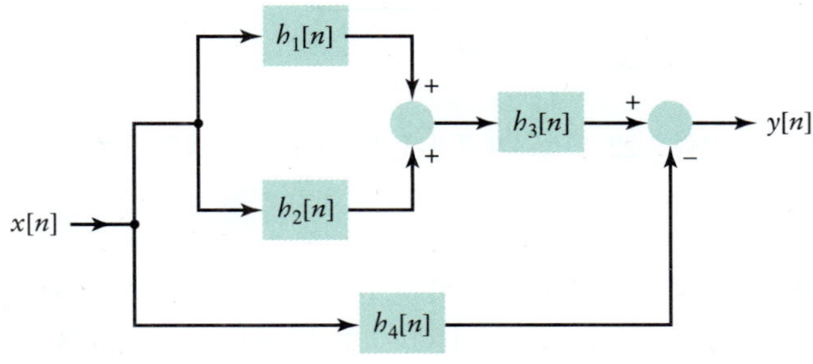

그림 2.20 예제 2.11에 관한 시스템의 접속

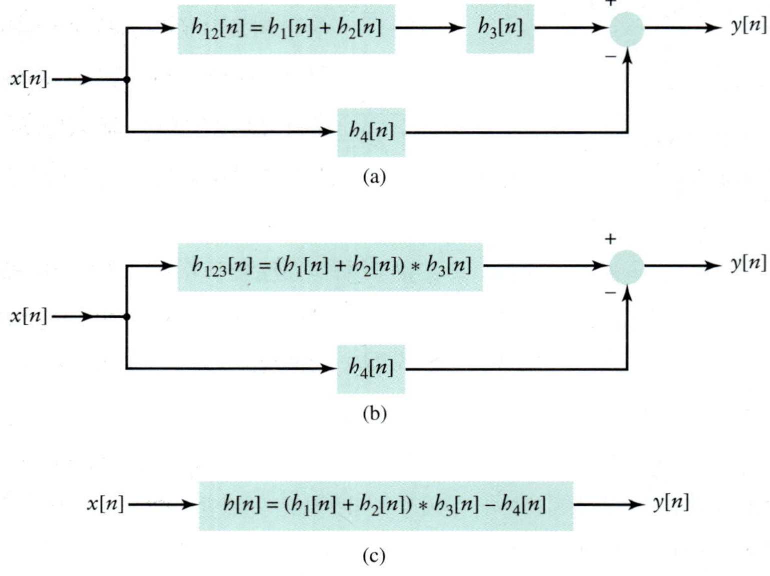

그림 2.21 (a) 그림 2.20에서 $h_1[n]$과 $h_2[n]$의 병렬접속에 관한 등가 시스템, (b) 그림 2.21(a)에서 종속접속에 관한 등가 시스템, (c) 그림 2.21(b)의 병렬접속을 등가 시스템으로 대체해서 그림 2.20의 등가 시스템을 얻은 결과

마지막 단계로서, $h_{123}[n]$과 $-h_4[n]$을 합산해서 완결 시스템의 임펄스 응답을 계산하면 다음과 같다.

$$h[n] = \{1 - \alpha^n\}u[n]. \quad ■$$

▶ **연습문제 2.8** 그림 2.22의 시스템에서 입력 $x(t)$와 출력 $y(t)$에 관계되는 임펄스 응답에 대한 표현을 구하라.

해답:

$$h(t) = [h_1(t) * h_4(t) - h_2(t) - h_3(t)] * h_5(t).$$

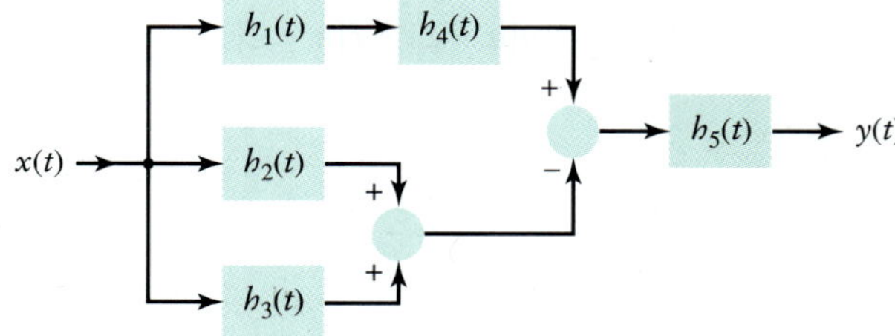

그림 2.22 연습문제 2.8에 관한 LTI 시스템의 구성

▶ **연습문제 2.9** 그림 2.23은 LTI 시스템의 접속이다. 각 시스템의 임펄스 응답은, $h_1[n] = (1/2)^n u[n+2]$, $h_2[n] = \delta[n]$, $h_3[n] = u[n-1]$이다. 입력 $x[n]$을 출력 $y[n]$에 관련시키는 완결 시스템의 임펄스 응답을 $h[n]$이라고 한다.

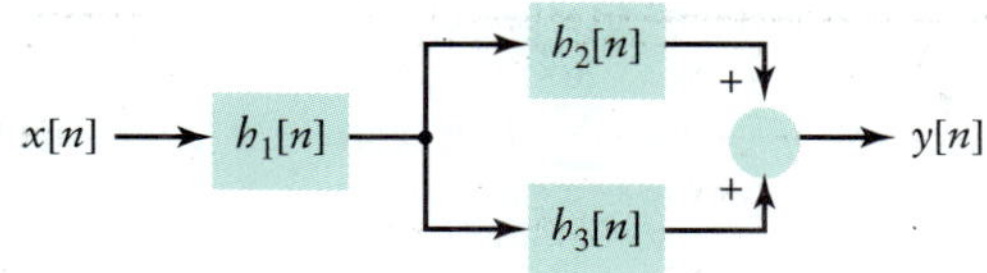

그림 2.23 연습문제 2.9에 관한 LTI 시스템의 연결

(a) $h_1[n]$, $h_2[n]$ 및 $h_3[n]$을 사용해서 $h[n]$을 표현하라.
(b) (a)의 결과를 이용해서 함수 $h[n]$을 구하라.

해답: (a) $h[n] = h_1[n] * h_2[n] + h_1[n] * h_3[n]$
(b) $h[n] = (1/2)^n u[n+2] + (8 - (1/2)^{n-1})u[n+1]$

시스템들의 접속은 시스템을 해석하는 과정에 근본적으로 포함되는 것은 아니다. 가끔, 복잡한 시스템을 더 간단한 여러 개의 부시스템으로 분할하고, 각각의 부시스템을 해석한 다음 부시스템들을 접속하여 하나의 완결된 시스템으로 보는 것이 전체 시스템을 한 번에 직접 관찰하는 것보다 더 간편하다. 이것은 각개격파(divide-and-conquer)법으로서 문제 해결에 관한 좋은 예이며 선형성과 시불변성을 가정하였기 때문에 가능한 방법이다.

표 2.1은 지금까지 논의한 상호접속 시스템의 특성을 요약한 결과이다.

표 2.1 LTI 시스템의 접속 특성

특성	연속시간 시스템	이산시간 시스템
분배	$x(t) * h_1(t) + x(t) * h_2(t) =$ $x(t) * \{h_1(t) + h_2(t)\}$	$x[n] * h_1[n] + x[n] * h_2[n] =$ $x[n] * \{h_1[n] + h_2[n]\}$
결합	$\{x(t) * h_1(t)\} * h_2(t) = x(t) * \{h_1(t) * h_2(t)\}$	$\{x[n] * h_1[n]\} * h_2[n] = x[n] * \{h_1[n] * h_2[n]\}$
교환	$h_1(t) * h_2(t) = h_2(t) * h_1(t)$	$h_1[n] * h_2[n] = h_2[n] * h_1[n]$

2.7 LTI 시스템의 특성과 임펄스 응답의 관계

임펄스 응답은 LTI 시스템의 입력과 출력과의 완벽하게 밝혀준다. 그러므로, 시스템의 특성, 예를 들어 기억성, 인과성, 안정성 등은 시스템의 임펄스 응답과 관련된다. 이 절에서, 이런 관계들을 밝힌다.

2.7.1 무기억 시스템

1장 1.8.2절에서, 무기억 LTI 시스템의 출력은 현재 입력에만 연관된다고 정의하였다. 콘벌루션의 교환성을 적용하면, 이산시간 시스템의 출력은 다음과 같이 표현된다.

$$y[n] = h[n] * x[n]$$
$$= \sum_{k=-\infty}^{\infty} h[k]x[n-k].$$

위의 식을 항별로 전개하면 다음과 같다.

$$y[n] = \cdots + h[-2]x[n+2] + h[-1]x[n+1] + h[0]x[n] + h[1]x[n-1] + h[2]x[n-2] + \cdots. \tag{2.27}$$

이 시스템이 무기억성이려면, $y[n]$은 $x[n]$에만 의존해야 하고 $k \neq 0$인 $x[n-k]$에는 관계가 없어야 하며, 이에 따라 식 (2.27)에서 $h[0]x[n]$인 항을 제외한 모든 항은 0이어야 한다. 이 사실로부터, $k \neq 0$일 때, $h[0] = 0$임이 분명하다. 그러므로, 이산시간 시스템이 무기억성인 경우는

$$h[k] = c\delta[k]$$

인 경우뿐이다. 여기서 c는 상수이다.

연속시간 LTI 시스템의 출력은 다음과 같이 표현된다.

$$y(t) = \int_{-\infty}^{\infty} h(\tau)x(t-\tau)\,d\tau.$$

이산시간 시스템에 유추해 볼 때, 연속시간 시스템의 임펄스 응답이 다음 조건,

$$h(\tau) = c\delta(\tau)$$

를 만족하는 경우에만 그 연속시간 시스템은 무기억성을 갖는다. 여기서 c는 상수이다.

무기억성 조건은 임펄스 응답 함수에 엄격한 제약을 부가하는 조건이다. 즉 모든 무기억성 LTI 시스템은 단순하게 입력신호에 상수를 곱하는 연산만 수행하는 시스템이다.

2.7.2 인과 LTI 시스템

인과성 LTI 시스템은 그의 출력이 과거와 현재 입력에만 의존하는 시스템이다. LTI 시스템의 콘벌루션을 아래에 다시 쓰면,

$$y[n] = \cdots + h[-2]x[n+2] + h[-1]x[n+1] + h[0]x[n] + h[1]x[n-1] + h[2]x[n-2] + \cdots$$

이다.

과거와 현재 입력인 $x[n]$, $x[n-1]$, $x[n-2]$ ⋯ 등은 $k > 0$인 임펄스 응답 $h[k]$에 관련되고, 반면에 미래의 입력 $x[n+1]$, $x[n+2]$, ⋯ 등은 $k > 0$인 임펄스 응답 $h[k]$에 관련된다. 그러므로, 출력 $y[n]$이 과거 및 현재 입력에만 의존하려면, $k < 0$일 때 반드시 $h[k] = 0$이어야 한다. 이에 따라, 이산시간 인과성 LTI 시스템에 대해서, 임펄스 응답은

$$k < 0\text{일 때}, \quad h[k] = 0$$

이어야 하고, 그의 콘벌루션 합은 다음과 같이 새로운 형태로 표현된다.

$$y[n] = \sum_{k=0}^{\infty} h[k]x[n-k].$$

일반적인 연속시간 시스템의 출력에 관한 콘벌루션 적분을 아래에 다시 쓰면,

$$y(t) = \int_{-\infty}^{\infty} h(\tau)x(t-\tau)\,d\tau.$$

인과성 연속시간 시스템의 임펄스 응답 $h(t)$는 다음 조건을 만족해야 한다.

$$\tau < 0\text{일 때}, \quad h(\tau) = 0$$

이므로 일반적인 연속시간 시스템의 콘벌루션 적분에 인과성을 적용하면 인과성 시스템에 대한 다음과 같은 새로운 형태의 콘벌루션 적분을 얻는다.

$$y(t) = \int_{0}^{\infty} h(\tau)x(t-\tau)\,d\tau.$$

임펄스 응답의 정의는, $t = 0$에서 입력된 임펄스 신호에 응답해서 시스템의 출력에 나타나는 신호이다. 인과성 시스템은 비예측(nonanticipatory)이다. 다시 말해서, 인과성 시스템이란 입력 신호가 인가되기 이전에는 출력을 생성하지 않는 시스템이다. 임펄스 응답이 0이어야 한다는 필수조건은 시스템에 입력이 인가되지 않았을 때는 그 시스템이 출력을 생성할 수 없다는 것과 등가적인 표현이다.

2.7.3 안정 LTI 시스템

1장 1.8.1절에서, 어떤 시스템의 입력이 유한 크기일 때 그 시스템의 출력도 유한 크기이면, 그 시스템은 BIBO 안정성을 갖는다고 정의하였다. 안정한 이산시간 시스템에서 입력이 $|x[n]| \le M_x \le \infty$이면 그 시스템의 출력도 $|y[n]| \le M_y \le \infty$을 만족해야 한다. 이제 콘벌루션 합이 유한 크기라는 사실로부터 그 시스템의 안정성을 보장하는 임펄스 응답 $h[n]$에 관한 조건을 유도한다. 출력의 크기는 다음과 같다.

$$\begin{aligned} |y[n]| &= |h[n] * x[n]| \\ &= \left| \sum_{k=-\infty}^{\infty} h[k]x[n-k] \right|. \end{aligned}$$

여기서 알 수 있는 것처럼, $|y[n]|$의 상한값은 $|x[n]|$의 상한값과 임펄스 응답 $h[n]$의 함수이다. 각 항을 합산한 결과의 크기는 각 항의 크기의 합산보다 작거나 같다. 예를 들면, $|a + b|$

$\le |a| + |b|$. 따라서, 다음과 같이 표현할 수 있다.

$$|y[n]| \le \sum_{k=-\infty}^{\infty} |h[k]x[n-k]|$$

이므로, 각 곱셈 항의 크기는 그들의 크기의 곱셈과 같다. 예를 들면, $|ab| = |a||b|$. 그러므로,

$$|y[n]| \le \sum_{k=-\infty}^{\infty} |h[k]||x[n-k]|.$$

만일 입력이 유한 크기, 즉 $|x[n]| \le M_x \le \infty$이면, $|x[n-k]| \le M_x$이며 그 결과 다음 식을 얻는다.

$$|y[n]| \le M_x \sum_{k=\infty}^{\infty} |h[k]|. \tag{2.28}$$

이 결과로부터 알 수 있는 것은, 시스템의 임펄스 응답 $h[n]$이 절대 가합적(absolutely summable)이면 그 시스템의 출력도 유한 크기, 즉 $|y[n]| \le \infty$이다. 결론으로서, 안정한 이산시간 시스템의 임펄스 응답은 유한 크기임을 알 수 있고 다음과 같이 표현한다.

$$\sum_{k=-\infty}^{\infty} |h[k]| < \infty.$$

이제까지 유도한 결과는, 임펄스 응답의 절대 가합성이 BIBO 안정성을 갖기 위한 충분조건임을 밝혀냈다. 연습문제 2.79에서, 위의 사실이 BIBO 안정성을 위한 필요조건이라는 점을 증명하는 문제로 주어진다.

같은 단계를 적용하면, 연속시간 LTI 시스템의 임펄스 응답이 절대 가적분성(absolutely integrable) 함수일 때, 그 시스템은 BIBO 안정성을 갖는 시스템이라는 사실을 입증할 수 있다. 이 조건을 식으로 표현하면 다음과 같다.

$$\int_{-\infty}^{\infty} |h(\tau)|\, d\tau < \infty.$$

예제 2.12 **1계 귀환 시스템의 특성.** 1장 1.10절에 소개된 1계 시스템은 다음과 같은 차분 방정식으로 표현되었다.

$$y[n] = \rho y[n-1] + x[n].$$

이 시스템의 임펄스 응답은

$$h[n] = \rho^n u[n]$$

이었다. 이 시스템의 인과성, 무기억성 및 BIBO 안정성을 판별하라.

➡ 풀이: $n < 0$일 때 임펄스 응답이 $h[n] = 0$이므로, 이 시스템은 인과성 시스템이다. $n > 0$일 때, $h[n]$은 0이 아닌 값을 가지기 때문에 이 시스템은 무기억 시스템이 아니다. 안정성을 판별하기 위해서는 임펄스 응답이 절대 가합성인가를 조사한다. 이를 식으로 표현하면,

$$\sum_{k=-\infty}^{\infty}|h[k]| = \sum_{k=0}^{\infty}|\rho^k| = \sum_{k=0}^{\infty}|\rho|^k < \infty.$$

$|\rho| < 1$인 조건이면 무한 항의 기하급수로 표현된 위의 식은 수렴한다. 그러므로, $|\rho| < 1$이면 그 시스템은 안정한 시스템이다. 예제 2.5에서, $\rho = 1 + \frac{r}{100}$로 설정한 1계 차분 방정식을 이용하여 투자이익금 또는 융자 상환금을 계산하는데, $r > 0$은 주기당 %이윤을 나타내기 위해 사용된다. 그러므로, 이윤 계산은 불안정 시스템에 해당한다. 이것은 직관적 체험: 즉 불입금을 융자조건에 따라 갚지 않으면 빚은 계속 불어난다는 사실과 잘 합치되는 사항이다. ■

▶ **연습문제 2.10** 다음에 있는 각 임펄스 응답에 대해서, 그에 대응하는 시스템이 (i) 무기억성, (ii) 인과성, (iii) 안정성 시스템인가를 판정하고, 그 타당성도 설명하라.

(a) $h(t) = u(t+1) - u(t-1)$

(b) $h(t) = u(t) - 2u(t-1)$

(c) $h(t) = e^{-2|t|}$

(d) $h(t) = e^{at}u(t)$

(e) $h[n] = 2^n u[-n]$

(f) $h[n] = e^{2n}u[n-1]$

(g) $h[n] = (1/2)^n u[n]$

해답: (a) 기억 시스템, 비인과 시스템, 안정 시스템.

(b) 기억 시스템, 인과 시스템, 불안정 시스템

(c) 기억 시스템, 비인과 시스템, 안정 시스템

(d) 기억 시스템, $a < 0$이면 인과 및 안정 시스템

(e) 기억 시스템, 비인과 시스템, 안정 시스템

(f) 기억 시스템, 인과 시스템, 불안정 시스템

(g) 기억 시스템, 인과 시스템, 안정 시스템 ■

어떤 시스템은 임펄스 응답이 유한 값을 가졌어도 불안정한 시스템일 수도 있음을 강조해 둔다. 예를 들면, 이상 적분기는 다음과 같은 입출력 관계를 갖는다.

$$y(t) = \int_{-\infty}^{t} x(\tau)\,d\tau. \tag{2.29}$$

식 (1.63)으로부터, 임펄스 함수의 적분은 단위 계단 함수이다. 임펄스 함수를 이상 적분기에 입력으로 인가하면, 이 적분기의 출력은 $h[n] = u[n]$이다. 그러므로, 이상 적분기의 임펄스 응답은 1을 초과하는 일이 없지만 절대 가적분이 아니며, 그에 따라 이상 적분기는 불안정 시스템이다. 식 (2.29)에 정의한 것과 같이 시스템이 어떤 유한 크기의 입력 $x[n]$에 대해 유한 크기의 출력을 가졌다고 해도, 모든 유한 크기의 입력에 대해 항상 유한 크기의 출력을 갖는 것은 아니다. 특히, 상수 입력 $x[n] = c$는 무한 크기의 출력을 생성한다. 같은 결과가 1.10절에 주어진 이산시간 이상 누산기에 적용된다. 이상 누산기의 입출력 방정식은 다음과 같다.

$$y[n] = \sum_{k=-\infty}^{n} x[k].$$

여기서 임펄스 응답으로 $h[n] = u[n]$이 얻어지는데 이 함수는 절대 가합성이 아니며, 따라서 이상 누산기는 안정 시스템이 아니다.

▶ **연습문제 2.11** 이산시간 시스템이 임펄스 응답으로 $h[n] = \cos\left(\frac{\pi}{2}n\right)u[n+3]$을 갖는다. 이 시스템의 안정성, 인과성 및 무기억성을 판별하고, 그 타당성도 보여라.

해답: 이 시스템은 불안정성, 비인과성이지만 무기억성은 갖지 않는다.

2.7.4 가역성 시스템과 역콘벌루션

어떤 시스템의 입력 신호가 배율 상수를 제외하고 그 시스템의 출력 신호로부터 복원될 수 있으면 이 시스템을 **가역성 시스템**(invertible system)이라고 부른다. 이 의미는, 원래 시스템의 출력을 입력으로 받아들여서 원래 시스템의 입력을 출력 신호로 발생시키는 시스템이 존재한다는 뜻이다. 이러한 새로운 시스템을 원래 시스템의 **역시스템**(inverse system)이라고 부른다. 여기서는 역시스템이 LTI 시스템인 경우만을 다룬다. 그림 2.24는 임펄스 응답이 $h(t)$인 LTI 시스템과 임펄스 응답이 $h^{\text{inv}}(t)$인 LTI 역시스템의 종속접속을 나타낸 경우이다.

$h(t) * x(t)$로부터 $x(t)$를 복원하는 과정은 콘벌루션을 수행하는 과정을 반대로 수행하는 것이므로 **역콘벌루션**(deconvolution)이라고 부른다. 역시스템은 역콘벌루션을 수행하는 시스템이다. 역콘벌루션하는 문제와 역시스템은 신호처리와 시스템 응용에서 아주 중요한 역할을 한다. 흔한 문제로서, 시스템의 비이상적 특성 때문에 발생되는 일그러짐을 등화(equalizing)하는 경우가 있다. 예를 들어, 고속 모뎀을 사용하여 전화 선로망으로 통신하는 경우이다. 전화 선로에 의한 일그러짐은 정보의 전송 속도에 큰 방해가 되는데, 등화기의 사용은 모뎀의 동작을 순조롭게 한다. 등화기는 그 일그러짐을 역순으로 생성시키는 역할을 하여 훨씬 더 높은 전송 속도를 달성케 한다. 이 경우, 등화기는 전화 선로의 역시스템이다. 실제 문제에서는, 발생되는 잡음 때문에 등화문제가 까다롭게 된다(등화문제는 5장과 8장에서 더 상세하게 다루고 있다).

LTI 시스템의 임펄스 응답 $h(t)$와 그에 대응하는 역시스템의 임펄스 응답 $h^{\text{inv}}(t)$ 사이의 관계는 간단히 유도된다. 그림 2.24의 종속 접속된 시스템의 임펄스 응답은 $h(t)$와 $h^{\text{inv}}(t)$의 콘벌루션이다. 전체 시스템의 출력이 입력과 같아야 하므로,

$$x(t) * (h(t) * h^{\text{inv}}(t)) = x(t).$$

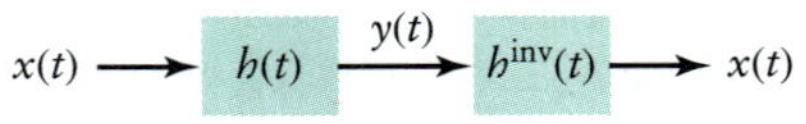

$x(t) \longrightarrow$ [$h(t)$] $\xrightarrow{y(t)}$ [$h^{\text{inv}}(t)$] $\longrightarrow x(t)$

그림 2.24 임펄스 응답이 $h(t)$인 LTI 시스템과 임펄스 응답이 $h^{\text{inv}}(t)$인 LTI 역시스템의 종속접속을 나타내는 단계

이 식으로부터,

$$h(t) * h^{\text{inv}}(t) = \delta(t). \tag{2.30}$$

같은 방법으로, 이산시간 LTI 시스템의 임펄스 응답은

$$h[n] * h^{\text{inv}}[n] = \delta[n]. \tag{2.31}$$

등화기의 많은 응용에서, 정확한 역시스템은 설계하거나 실제 실현하는 것이 어렵다. 그런 경우, 식 (2.30) 또는 (2.31)에 관한 근사 해답으로 충분할 수도 있다. 다음 예제는 정확한 역시스템이 식 (2.31)을 풀어서 얻어지는 경우이다.

예제 2.13 다중경로의 통신 채널. 역시스템에 의한 보상

데이터 전송문제에서 발생하는 다중경로 전파와 관련되는 일그러짐을 제거하기 위한 역시스템을 설계하려고 한다. 1장 1.10절에서 이중경로 통신 채널에 관해 다음과 같은 이산시간 모델을 얻었다.

$$y[n] = x[n] + ax[n-1].$$

$y[n]$으로부터 $x[n]$을 복원하는 역시스템을 찾아라.

▶ 풀이: 먼저 $y[n]$과 $x[n]$을 관련시키는 시스템의 임펄스 응답을 구한다. 임펄스 입력 신호 $x[n] = \delta[n]$을 모델에 인가해서 이중경로 통신채널의 임펄스 응답을 구하면,

$$h[n] = \begin{cases} 1, & n = 0 \\ a, & n = 1 \\ 0, & \text{그 밖의 범위.} \end{cases}$$

역시스템의 임펄스 응답 $h^{\text{inv}}[n]$은 $h[n] * h^{\text{inv}}[n] = \delta[n]$을 만족해야 한다. $h[n]$의 값을 적용하면, 역시스템이 $h^{\text{inv}}[n]$이 만족시켜야 할 식은 다음과 같이 표현된다.

$$h^{\text{inv}}[n] + ah^{\text{inv}}[n-1] = \delta[n]. \tag{2.32}$$

몇 개의 n 값에 대해 이 방정식의 해를 구한다. 인과성 역시스템이어야 하므로, $n < 0$이면 $h^{\text{inv}}[n] = 0$이다. $n = 0$이면, $\delta[n] = 1$이므로 식 (2.32)는 다음과 같다.

$$h^{\text{inv}}[0] + ah^{\text{inv}}[-1] = 1$$

인 인과성 때문에 $h^{\text{inv}}[-1] = 0$이므로, $h^{\text{inv}}[0] = 1$이다. $n > 0$이면, $\delta[n] = 0$이고 이에 따라 식 (2.32)는 다음과 같다.

$$h^{\text{inv}}[n] + ah^{\text{inv}}[n-1] = 0$$

또는

$$h^{\text{inv}}[n] = ah^{\text{inv}}[n-1]. \tag{2.33}$$

$h^{\text{inv}}[0] = 0$이기 때문에 식 (2.33)의 해는 $h^{\text{inv}}[1] = -a$, $h^{\text{inv}}[2] = a^2$, $h^{\text{inv}}[3] = -a^3$, ⋯ 이다. 그러므로,

역시스템의 임펄스 응답은 다음과 같다.

$$h^{\text{inv}}[n] = (-a)^n u[n].$$

안정성을 판별하려면, $h^{\text{inv}}[n]$이 절대 가합성인가 아닌가에 따라 결정된다. 만일

$$\sum_{k=-\infty}^{\infty} |h^{\text{inv}}[k]| = \sum_{k=0}^{\infty} |a|^k$$

의 결과가 유한 크기이면, 역시스템은 안정한 시스템이 될 것이다. 위의 식에서 $|a| < 1$이면 기하급수는 수렴하게 되고 그에 따라 역시스템은 안정 시스템으로 결정된다. 이 경우, 다중경로에 의한 신호 성분인 $ax[n-1]$이 원신호의 성분인 $x[n]$보다 더 약하기만 하면 그의 역시스템은 안정한 시스템이 된다. 그렇지 않으면, 역시스템은 불안정 시스템이 된다. ▮

식 (2.30) 또는 식 (2.31)을 직접 풀어서 역시스템을 구하는 것은 일반적으로 어려운 문제이다. 더구나, LTI 시스템이라고 해서 그의 역시스템이 안정성과 인과성을 동시에 갖는 것도 아니다. 잡음에 나타나는 역시스템의 영향도 많은 응용문제에서 심사숙고 해야 할 점이다. 이 후의 장에서 전개하는 방법들은 역시스템의 존재성과 결정과정에 더 깊은 관찰력을 제공하게 될 것이다.

LTI 시스템과 임펄스 응답 사이의 관계를 요약하면 표 2.2와 같다.

표 2.2 LTI 시스템에 관한 임펄스 응답 표현의 특성

특성	연속시간 시스템	이산시간 시스템
무기억	$h(t) = c\delta(t)$	$h[n] = c\delta[n]$
인과성	$h(t) = 0 \quad \text{for} \quad t < 0$	$h[n] = 0 \quad \text{for} \quad n < 0$
안정도	$\int_{-\infty}^{\infty} \lvert h(t) \rvert \, dt < \infty$	$\sum_{n=-\infty}^{\infty} \lvert h[n] \rvert < \infty$
반전성	$h(t) * h^{\text{inv}}(t) = \delta(t)$	$h[n] * h^{\text{inv}}[n] = \delta[n]$

2.8 계단 응답

입력 신호의 갑작스런 변동에 대한 LTI 시스템의 응답을 관찰하기 위해서 계단 입력 신호가 자주 사용된다. 계단 응답(step response)은 단위 계단 입력 신호에 대한 시스템의 출력으로 정의된다. 이산시간 LTI 시스템에서 임펄스 응답을 $h[n]$으로 표현하고 계단 응답을 $s[n]$으로 표현한다. 이들의 관계는 다음과 같이 표현된다.

$$\begin{aligned} s[n] &= h[n] * u[n] \\ &= \sum_{k=-\infty}^{\infty} h[k]u[n-k]. \end{aligned}$$

$k > n$이면 $u[n-k] = 0$이고 $k \le n$이면 $u[n-k] = 1$이므로, 위의 식은 다음과 같이 정리된다.

$$s[n] = \sum_{k=-\infty}^{n} h[k].$$

이와 같이, LTI 시스템의 계단 응답은 임펄스 응답을 누산하여 얻을 수 있다. 같은 방법으로, 연속시간 시스템의 계단 응답은 임펄스 응답의 적분으로 다음과 같이 얻을 수 있다.

$$s(t) = \int_{-\infty}^{t} h(\tau)\, d\tau. \tag{2.34}$$

이 관계들을 거꾸로 적용하면 임펄스 응답을 계단 응답으로 표현하는 식을 다음과 같이 얻는다. 이산시간 시스템에 관한 결과는

$$h[n] = s[n] - s[n-1]$$

이고, 연속시간 시스템에 대한 결과는

$$h(t) = \frac{d}{dt} s(t)$$

이다.

예제 2.14 *RC* **회로: 계단 응답.** 회로는 예제 1.21과 같고, 그림 2.21에 주어진 회로의 임펄스 응답의 함수는 다음과 같다.

$$h(t) = \frac{1}{RC} e^{-\frac{t}{RC}} u(t).$$

이 회로의 계단 응답을 구하라.

풀이: 계단 함수는 $t = 0$에서 일정한 크기의 소스전압을 회로에 인가하는 스위치의 작용을 표현한 것이다. 커패시터 전압은 지수 함수에 따라 소스전압의 값을 향하여 증가한다는 사실을 기대할 수 있다. 식 (2.34)를 적용하면, 다음의 식을 얻는다.

$$s(t) = \int_{-\infty}^{t} \frac{1}{RC} e^{-\frac{\tau}{RC}} u(\tau)\, d\tau.$$

위의 적분을 계산하면 다음 결과를 얻는다.

$$s(t) = \begin{cases} 0, & t < 0 \\ \frac{1}{RC}\int_0^t e^{-\frac{\tau}{RC}}\, d\tau, & t \ge 0 \end{cases}$$

$$= \begin{cases} 0, & t < 0 \\ 1 - e^{-\frac{t}{RC}}, & t \ge 0. \end{cases}$$

그림 2.25는 $RC = 1$ s일 때 *RC* 회로의 계단 응답에 관한 그래프이다. 이렇게 유도한 결과로부터, 예제 1.21에서 이 회로의 임펄스 응답을 유도하기 위해 이용한 예상을 확신할 수 있다. ■

▶ **연습문제 2.12** 다음과 같은 임펄스 응답을 갖는 1계 귀환 시스템의 계단 응답을 구하라.

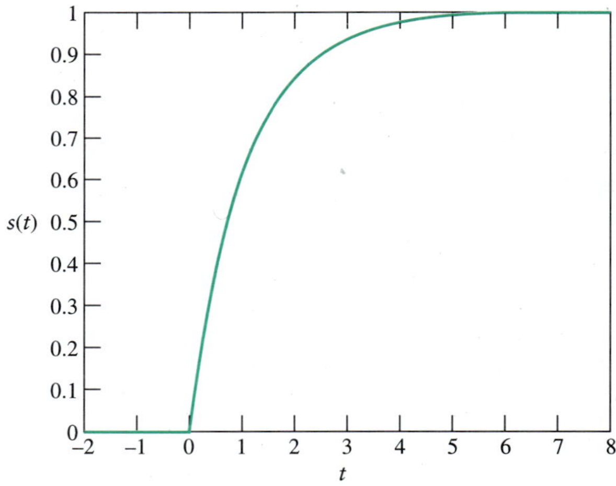

그림 2.25 $RC = 1$초인 경우에 대한 RC 회로의 계단응답

$$h[n] = \rho^n u[n].$$

해답:

$$s[n] = \frac{1 - \rho^{n+1}}{1 - \rho} u[n].$$

▶ **연습문제 2.13** 다음의 임펄스 응답을 갖는 LTI 시스템의 계단 응답을 구하라.

(a) $h[n] = (1/2)^n u[n]$

(b) $h(t) = e^{-|t|}$

(c) $h(t) = \delta(t) - \delta(t-1)$

해답: (a) $s[n] = (2 - (1/2)^n)u[n]$

(b) $s(t) = e^t u(-t) + (2 - e^{-t})u(t)$

(c) $s(t) = u(t) - u(t-1)$ ∎

2.9 LTI 시스템에 대한 미분-차분 방정식 표현

선형 상수 계수 차분 또는 미분 방정식은 LTI 시스템의 입출력 특성에 관한 또 다른 표현이다. 차분 방정식은 이산시간 시스템을 표현하기 위해 이용되고, 미분 방정식은 연속시간 시스템을 표현한다. 선형 상수 계수 미분 방정식의 일반적인 형태는

$$\sum_{k=0}^{N} a_k \frac{d^k}{dt^k} y(t) = \sum_{k=0}^{M} b_k \frac{d^k}{dt^k} x(t). \tag{2.35}$$

여기서 a_k와 b_k는 시스템의 상수 계수이고, $x(t)$는 시스템에 인가되는 입력이며 $y(t)$는 입력에 따른 시스템의 출력이다. 선형 상수 계수 차분 방정식도 같은 형태이지만, 미분에 대응해서 입력 $x[n]$와 출력 $y[n]$의 시간 지연값으로 다음과 같이 표현된다.

$$\sum_{k=0}^{N} a_k y[n-k] = \sum_{k=0}^{M} b_k x[n-k]. \tag{2.36}$$

미분 또는 차분 방정식의 계(order)는 (N, M)으로 나타내며, 시스템에 포함된 에너지 축적 소자의 수로 결정된다. 대부분, $N > M$이며 그에 따라 N만 표기되며 그런 방정식을 N계 미분 방정식이라고 한다.

물리 시스템의 동작 상태를 설명하는 미분 방정식의 예로서, 그림 2.26의 RLC 회로망을 생각한다. 입력은 $x(t)$이고 출력은 루프에 흐르는 전류 $y(t)$라고 선택한다. 회로의 루프에 따라 나타나는 전압 강하의 합을 구하면,

$$Ry(t) + L\frac{d}{dt}y(t) + \frac{1}{C}\int_{-\infty}^{t} y(\tau)\,d\tau = x(t).$$

이 방정식을 시간 t에 대해 미분하면,

$$\frac{1}{C}y(t) + R\frac{d}{dt}y(t) + L\frac{d^2}{dt^2}y(t) = \frac{d}{dt}x(t).$$

이 미분 방정식은 회로의 전류 $y(t)$와 전압 $x(t)$의 관계를 알려준다. 이 예에서, 회로에는 2개의 에너지 축적소자—한 개의 L과 한 개의 C—가 포함되어 있으므로. 미분 방정식도 2계이다,

기계 시스템도 뉴턴의 법칙을 적용하면 미분 방정식으로 잘 설명될 수 있다. 1장 1.10절에서 모델링된 MEMS 가속도계의 동작은 다음의 미분 방정식으로 표현되었다.

$$\omega_n^2 y(t) + \frac{\omega_n}{Q}\frac{d}{dt}y(t) + \frac{d^2}{dt^2}y(t) = x(t).$$

여기서 $y(t)$는 시험질량의 위치이고 $x(t)$는 외부 가속도이다. 이 시스템은 2개의 에너지 축적 소자—스프링과 질량체—을 포함하고 있으며, 그에 따라 2계 시스템이다.

다음은 2계 차분 방정식의 예이다.

$$y[n] + y[n-1] + \frac{1}{4}y[n-2] = x[n] + 2x[n-1]. \tag{2.37}$$

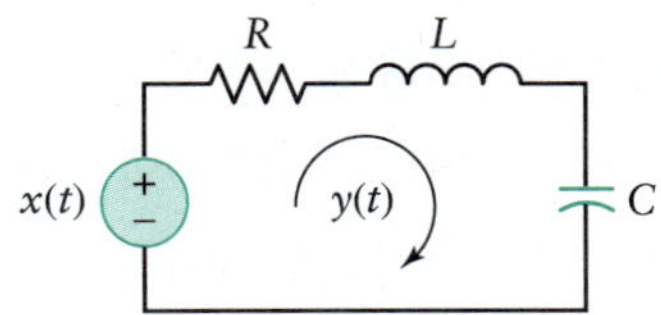

그림 2.26 미분 방정식으로 설명되는 RLC 회로의 예

이 식은 컴퓨터에서 데이터를 처리하는 시스템의 입력 신호와 출력 신호의 관계를 표현하는데 이용될 수 있다. 여기서, 방정식의 계는 2이며, 그에 따라 시스템은 2개의 기억소자를 포함하고 있음을 예상할 수 있다. 이산시간 시스템에 포함된 기억소자는 연속시간 시스템의 에너지 축적소자에 대응한다.

차분 방정식을 재배열해서 입력 신호와 과거 출력으로부터 현재 출력을 계산할 수 있는 재귀 방정식을 얻을 수 있다. 식 (2.36)을 재배열해서 등호의 왼쪽에는 $y[n]$만 나타내면,

$$y[n] = \frac{1}{a_0}\sum_{k=0}^{M} b_k x[n-k] - \frac{1}{a_0}\sum_{k=1}^{N} a_k y[n-k].$$

이 방정식은 입력의 과거 및 현재 값과 출력의 과거값으로부터 현재 출력이 계산되는 방법을 보여준다. 이와 같은 방정식은 컴퓨터를 이용하여 이산시간 시스템을 실현하기 위해 자주 사용된다. 2계 차분 방정식인 식 (2.37)에서 $n \geq 0$인 경우 입력 $x[n]$으로부터 출력 $y[n]$을 계산하기 위해서 다시 쓰면,

$$y[n] = x[n] + 2x[n-1] - y[n-1] - \frac{1}{4}y[n-2]. \tag{2.38}$$

$n = 0$부터 시작해서 순차적으로 대입하면, 다음과 같이 출력을 계산할 수 있다.

$$y[0] = x[0] + 2x[-1] - y[-1] - \frac{1}{4}y[-2] \tag{2.39}$$

$$y[1] = x[1] + 2x[0] - y[0] - \frac{1}{4}y[-1] \tag{2.40}$$

$$y[2] = x[2] + 2x[1] - y[1] - \frac{1}{4}y[0]$$

$$y[3] = x[3] + 2x[2] - y[2] - \frac{1}{4}y[1].$$

$$\vdots$$

각 방정식을 보면, 현재 출력은 입력의 현재 및 과거 값과 출력의 과거값으로부터 계산된다. 위위 계산과정을 시간 $n = 0$에서 시작하려면, 가장 최근의 과거 출력값을 2개, 즉 $y[-1]$과 $y[-2]$를 반드시 알아야 한다. 이러한 값을 차분 방정식에 관한 **초기조건**(initial condition)이라고 부른다.

초기조건은 시스템에서 미래 출력들을 결정하기 위해 사용될 과거에 관한 모든 정보가 요약되어 있는 조건이다. 그 외의 과거 출력에 관한 정보는 필요하지 않다. 일반적으로, 출력을 결정하기 위해 필요한 초기조건의 수는 시스템에 포함된 기억소자의 최대수와 같다. 차분 방정식이나 미분 방정식의 해법에서 각각 $n = 0$ 또는 $t = 0$를 시작시간으로서 선택하는 것이 보통이다. 이 경우, N계 차분 방정식에 관한 초기조건은 다음과 같은 N개이다.

$$y[-N],\ y[-N+1],\ \ldots,\ y[-1].$$

N계 미분 방정식에 관한 초기조건은 다음과 같이 $N-1$계까지의 출력 미분으로 표현된다.

$$y(t)\big|_{t=0^-}, \frac{d}{dt}y(t)\bigg|_{t=0^-}, \frac{d^2}{dt^2}y(t)\bigg|_{t=0^-}, \ldots, \frac{d^{N-1}}{dt^{N-1}}y(t)\bigg|_{t=0^-}.$$

LTI 시스템의 미분 방정식에 관한 초기조건은 시스템에 포함된 에너지 축적소자의 초기값에 직접 관계된다. 예를 들면, RLC 회로에서 커패시터의 초기전압과 인덕터의 초기전류가 이 회로를 설명하는 미분 방정식의 초기조건으로 이용된다. 이산시간 시스템의 경우와 같이, 미래 출력에 영향을 끼칠 수 있는 시스템의 과거 내력에 관한 모든 정보가 초기조건으로 요약된다. 이런 점에서, 초기조건은 연속시간 시스템의 기억력을 나타내는 것이다.

예제 2.15 **차분 방정식의 재귀적 계산.** 식 (2.38)로 기술되는 시스템에서 처음 2개의 출력값 $y[0]$와 $y[1]$을 구하라. 입력은 $x[n] = (1/2)^n u[n]$이고 초기조건은 $y[-1] = 1$, $y[-2] = -2$라고 가정한다.

▶ 풀이: 식 (2.39)에 적절한 값을 대입하면,

$$y[0] = 1 + 2 \times 0 - 1 - \frac{1}{4} \times (-2) = \frac{1}{2}.$$

식 (2.40)에 $y[0]$를 대입하면,

$$y[1] = \frac{1}{2} + 2 \times 1 - \frac{1}{2} - \frac{1}{4} \times (1) = 1\frac{3}{4}.$$

예제 2.16 **차분 방정식에서 컴퓨터를 이용하는 해법.** 어떤 시스템이 다음의 차분 방정식으로 표현된다.

$$y[n] - 1.143y[n-1] + 0.4128y[n-2] = 0.0675x[n] + 0.1349x[n-1] + 0.675x[n-2].$$

입력의 현재 및 과거 값들과 출력의 과거값들로부터 현재 출력을 계산할 수 있는 재귀 방정식을 구하라. 컴퓨터를 이용해서, (a) 시스템의 계단 응답, (b) 입력은 0이고 초기조건은 $y[-1] = 1$ 및 $y[-2] = 2$인 시스템의 출력, (c) 입력은 $x_1[n] = \cos\left(\frac{\pi}{10}n\right)$, $x_2[n] = \cos\left(\frac{\pi}{5}n\right)$, $x_3[n] = \cos\left(\frac{7\pi}{10}n\right)$일 때, 초기조건은 0으로 가정하고 각 입력에 응답하는 출력, (d) 입력은 그림 2.27로 주어지는 인텔사 주식의 주말 종가일 때 초기조건은 0으로 가정하고 이 시스템의 출력을 계산하라.

▶ 풀이: 주어진 차분 방정식을 다음과 같이 재배열한다.

$$y[n] = 1.143y[n-1] - 0.4128y[n-2] + 0.0675x[n] + 0.1349x[n-1] + 0.675x[n-2].$$

이 방정식은 시스템 입력과 초기조건 $y[-1]$ 및 $y[-2]$를 사용해서 시스템의 출력을 계산할 수 있도록 순환적으로 적용된다.

시스템의 계단 응답은 입력을 계단 함수 $x[n] = u[n]$으로 인가하고 시스템의 초기조건은 0으로 하여 계산된다. 그림 2.28(a)는 계단 응답의 처음 50개의 값을 나타낸 그래프이다. 이 응답은 계단 함수를 향해 증가하는데, 처음에는 입력보다 약간 더 큰 값이지만 점차 감소해서 $n = 13$부터 입력의 크

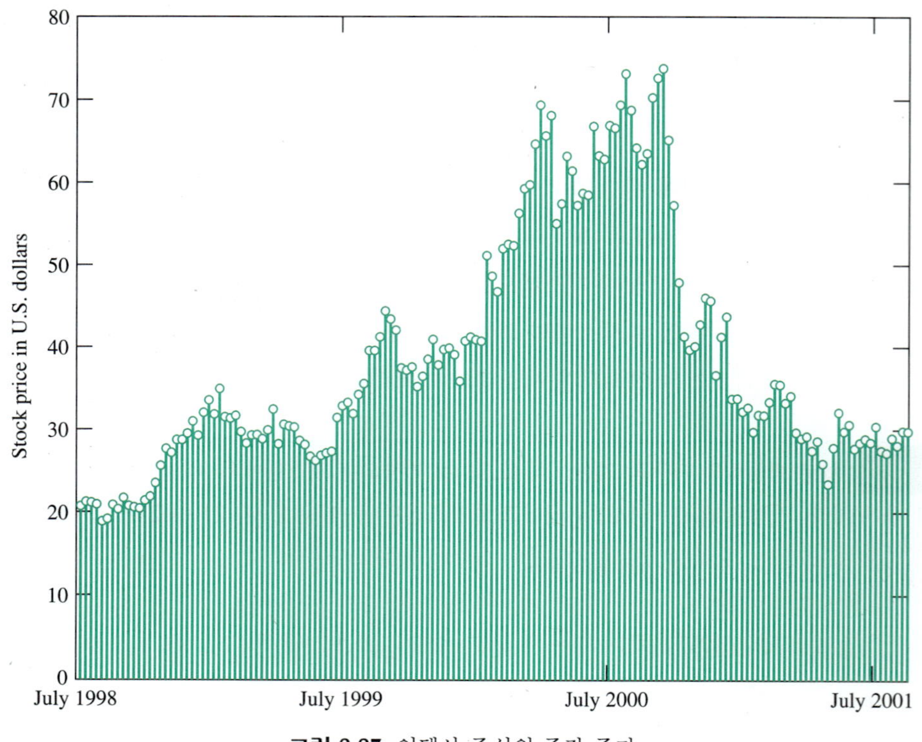

그림 2.27 인텔사 주식의 주간 종가

기로 유지된다. n이 충분히 커지면, 이 계단 신호는 직류 또는 상수 입력으로 볼 수 있다. 출력 크기는 입력크기와 같아지기 때문에, 이 시스템은 상수 입력에 대해 단위 이득을 갖는 시스템이다.

초기조건이 $y[-1]$ 및 $y[-2]$이고 입력이 0일 때, 시스템의 응답은 그림 2.28(b)의 그래프이다. 차분 방정식의 순환 특징에 따르면 초기조건이 미래 출력의 모든 값에 영향을 미칠 것이지만, 출력에 나타나는 초기조건의 영향은 대략 $n = 13$까지만 지속됨을 알 수 있다.

정현파 신호 $x_1[n]$, $x_2[n]$ 및 $x_3[n]$에 따른 출력은 각각 그림 2.28(c), (d), (e)에 나타낸 그래프이다. 시스템의 동작이 초기조건으로부터 벗어나서 정상상태로 들어간 이후에는, 정현파 신호의 주파수

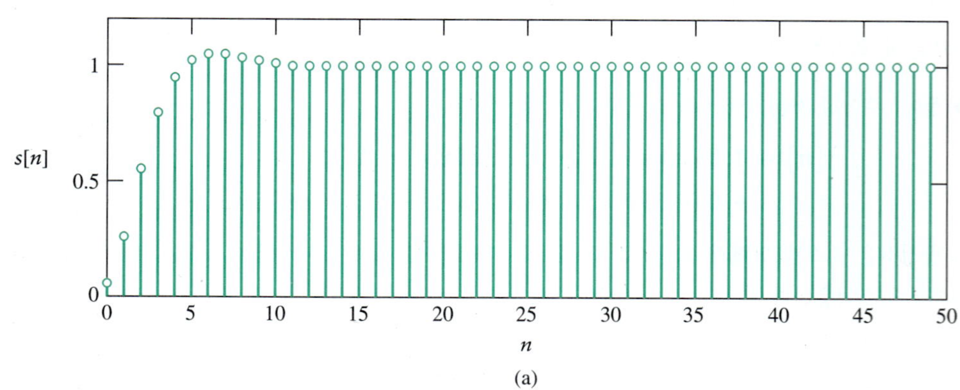

그림 2.28 예제 2.16에서 얻는 시스템 응답. (a) 시스템의 계단 응답

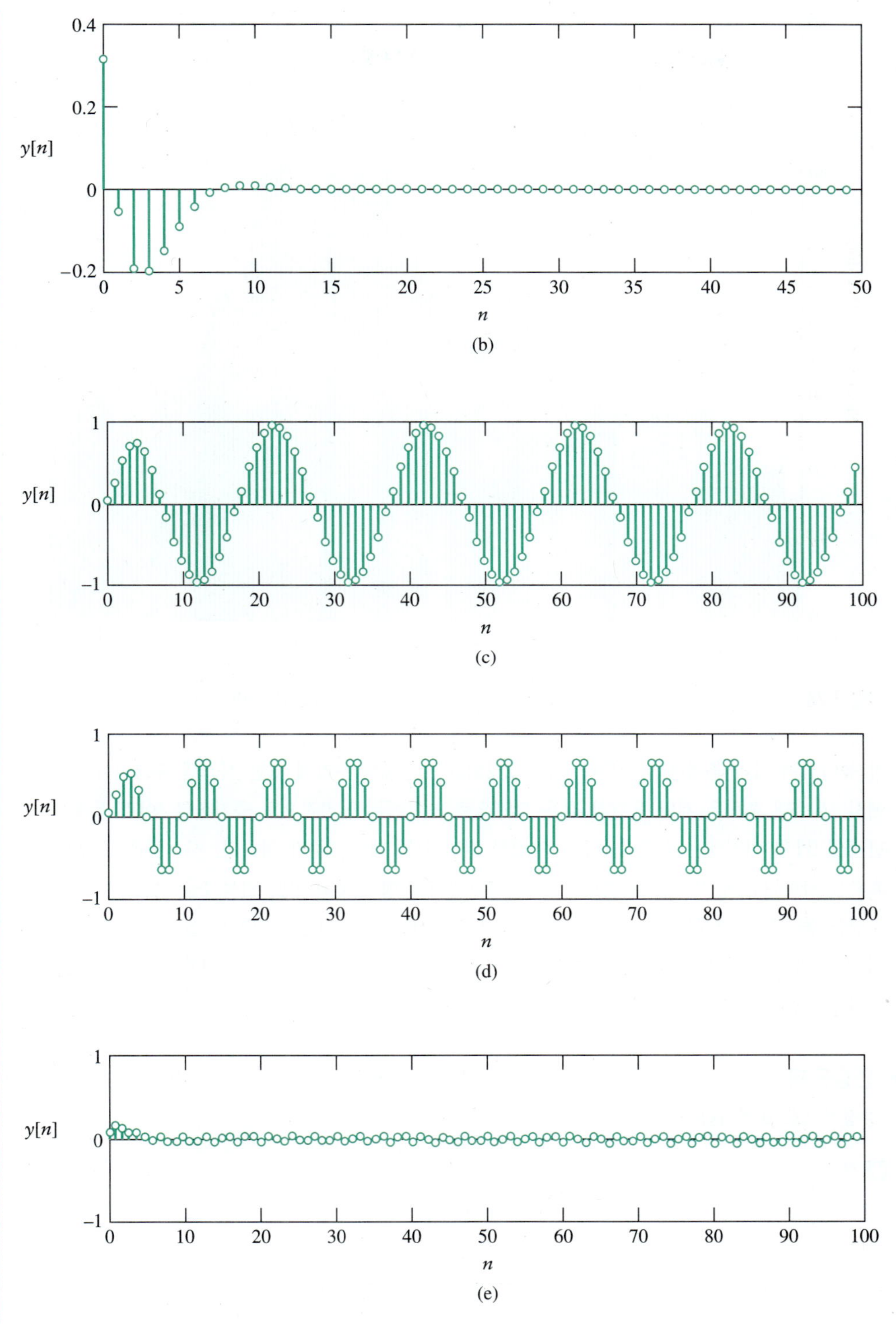

그림 2.28 (계속) (b) 입력은 0이고 초기조건은 0이 아닌 경우의 시스템 출력, (c) $x_1[n] = \cos\left(\frac{1}{10}\pi n\right)$인 경우의 시스템 출력, (d) $x_2[n] = \cos\left(\frac{1}{5}\pi n\right)$인 경우의 시스템 출력, (e) $x_3[n] = \cos\left(\frac{7}{10}\pi n\right)$인 경우의 시스템 출력

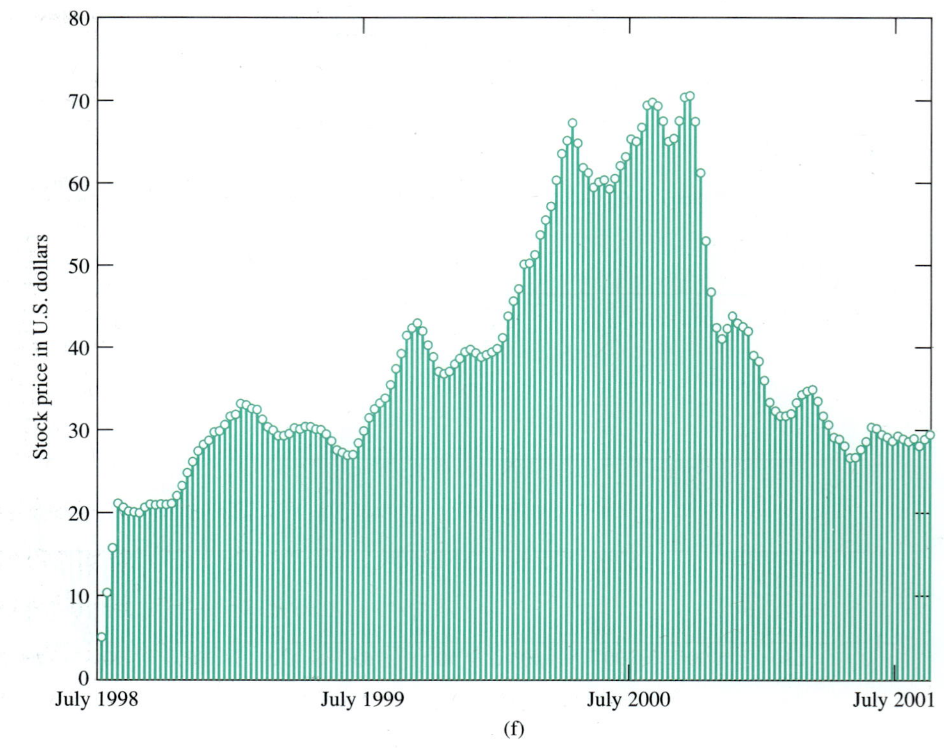

그림 2.28 (계속) (f) 인텔사 주식의 주말 종가를 입력으로 인가한 시스템 출력

가 높아짐에 따라 출력은 감소된다. 그림 2.28(f)는 인텔사 주가에 대한 시스템 출력이다. 이 그래프에서, 시스템 출력은 계단 응답과 같은 모양으로 초기에는 점진적으로 증가한다. 이런 특징은 1998년 7월 31일 이전에는 입력이 0으로 가정한 결과이다. 대략 6주가 지나면, 시스템은 주가에 완만한 효과를 나타내는데, 입력의 급격한 변동은 시스템에 의해 감소되지만, 이득 1을 갖는 상수 성분은 시스템을 통과하기 때문이다. 그림 2.27과 그림 2.28(f)에 나타나 있는 피크들을 잘 비교하면, 시스템에 의해 약간의 시간 지연이 발생함을 알 수 있는데, 시스템이 과거 출력과 현재 및 과거 입력으로 현재의 입력을 계산하기 때문에 나타나는 시간 지연이다. ■

▶ **연습문제 2.14** 그림 2.29의 회로에서 입력 전압 $x(t)$와 인덕터에 흐르는 전류 $y(t)$의 관계를 미분 방정식으로 표현하라.

해답:

$$Ry(t) + L\frac{d}{dt}y(t) = x(t).$$

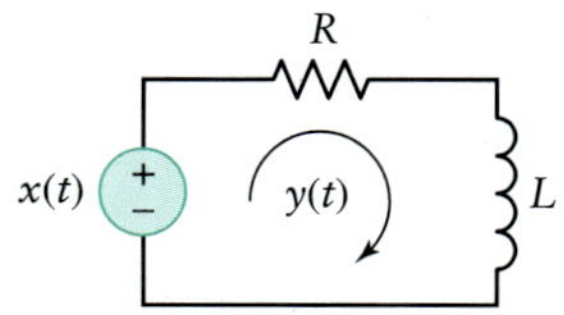

그림 2.29 RL 회로

▶ **연습문제 2.15** 다음의 1계 재귀 방정식에서 입력이 $x[n] = u[n]$이고 초기조건은 $y[-1] = -2$일 때 $n = 0, 1, 2, 3$에 대한 출력 $y[n]$을 계산하라.

$$y[n] - (1/2)y[n-1] = x[n].$$

해답: $y[0] = 0$, $y[1] = 1$, $y[2] = 3/2$, $y[3] = 7/4$. ■

2.10 미분 및 차분 방정식의 해법

여기서는 미분 방정식과 차분 방정식의 한 가지 해법만을 다룬다. 이 해석으로부터 LTI 시스템의 동작에 관찰력을 얻게 될 해의 일반적인 특성을 알게 된다.

미분 또는 차분 방정식으로 표현되는 시스템의 출력은 2가지 성분의 합으로 이루어진다. 제1성분은 미분 또는 차분 방정식의 동차형의 해로서, 일반적으로 **동차해**(homogeneous solution)라 부르고 $y^{(h)}$로 나타낸다. 제2성분은 입력 신호에 따른 본래의 미분 또는 차분 방정식의 해로서 **특수해**(particular solution)라고 부르고 $y^{(p)}$로 나타낸다. 그러므로 방정식의 완전해(complete solution) y는 $y = y^{(h)} + y^{(p)}$이다(여기서 이산시간과 연속시간에 관한 결과를 동시에 다루기 위해서 독립 변수의 표시, 즉 (t)와 $[n]$은 생략하였다).

2.10.1 동차해

미분 또는 차분 방정식의 동차형은 방정식에서 모든 입력을 0으로 놓은 것이다. 연속시간 시스템에 대해서, $y^{(h)}(t)$는 다음 동차 방정식의 해이다.

$$\sum_{k=0}^{N} a_k \frac{d^k}{dt^k} y^{(h)}(t) = 0.$$

연속시간 시스템에 관한 동차해는 다음의 형태로 나타난다.

$$y^{(h)}(t) = \sum_{i=1}^{N} c_i e^{r_i t}. \tag{2.41}$$

여기서 c_i는 임의의 상수이고 r_i는 다음 식으로 정의되는 시스템의 **특성 방정식**(characteristic equation)이 갖는 N개의 해이다.

$$\sum_{k=0}^{N} a_k r^k = 0. \tag{2.42}$$

식 (2.41)을 동차 방정식에 대입하면, $y^{(h)}(t)$는 상수 c_i의 값에 관계없이 동차 방정식의 해임을 알 수 있다.

이상시간 시스템에서, 동차 방정식은

$$\sum_{k=0}^{N} a_k y^{(h)}[n-k] = 0$$

이고, 동차해의 형태는

$$y^{(h)}[n] = \sum_{i=1}^{N} c_i r_i^n \tag{2.43}$$

이다. 여기서 c_i는 상수이고 r_i는 다음과 같은 이산시간 시스템의 특성 방정식이 갖는 N개 해이다.

$$\sum_{k=0}^{N} a_k r^{N-k} = 0. \tag{2.44}$$

같은 방법으로, 식 (2.43)을 동차 방정식에 대입하면, $y^{(h)}[n]$은 c_i에 관계없이 동차 방정식의 해임을 알 수 있다. 두 경우에서, 완전해가 초기조건을 만족하도록 c_i가 결정될 것이다. 연속시간과 이산시간의 특성 방정식은 서로 다른 형태로 표현된다.

특성 방정식 (2.42) 또는 식 (2.44)가 중복근을 갖는 경우, 식 (2.41) 또는 식 (2.43)으로부터 약간 수정되어 나타난다. 근 r_j가 p번 중복된다고 가정하면, r_j에 관련되어 동차해에 나타나는 항의 수는 p개이고 그들의 형태는 각각

$$e^{r_j t}, te^{r_j t}, \ldots, t^{p-1}e^{r_j t}$$

및

$$r_j^n, nr_j^n, \ldots, n^{p-1}r_j^n$$

이다.

동차해에 나타나는 각 항의 특성은 근 r_i가 실수, 허수, 또는 복소수 중 어느 것인가에 따라 판이하게 달라진다. 실수 근은 실수 지수로 나타나고, 허수 근은 정현파로 나타나며, 복소수 근은 감쇠하는 지수 함수적 정현파로 나타난다.

예제 2.17 *RC* **회로: 동차해.** 그림 2.30의 RC 회로는 다음 미분 방정식으로 표현된다. 이 방정식의 동차해를 구하라.

$$y(t) + RC\frac{d}{dt}y(t) = x(t).$$

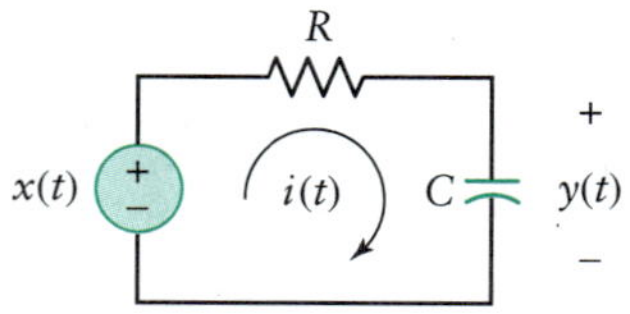

그림 2.30 *RC* 회로

풀이: 동차 방정식은 다음과 같다.

$$y(t) + RC\frac{d}{dt}y(t) = 0.$$

$N = 1$이므로 식 (2.41)로부터,

$$y^{(h)}(t) = c_1 e^{r_1 t}\,\mathrm{V}.$$

여기서 r_1은 다음 특성 방정식의 근이다.

$$1 + RCr_1 = 0.$$

이 식에서 $r_1 = -1/(RC)$이므로, 이 시스템의 동차해는

$$y^{(h)}(t) = c_1 e^{-\frac{t}{RC}}\,\mathrm{V}.$$

예제 2.18 **1계 재귀 방정식: 동차해.** 1계 귀환 시스템이 차분 방정식

$$y[n] - \rho y[n-1] = x[n]$$

으로 표현된다. 이 시스템의 동차해를 구하라.

풀이: 동차 방정식은

$$y[n] - \rho y[n-1] = 0.$$

$N = 1$이므로, 식 (2.43)으로부터 동차해의 형태는

$$y^{(h)}[n] = c_1 r_1^n.$$

r_1은 이 시스템의 특성 방정식의 근이므로 다음 식이 성립한다.

$$r_1 - \rho = 0.$$

여기서 $r_1 = \rho$이므로, 이 방정식의 동차해는

$$y^{(h)}[n] = c_1 \rho^n. \blacksquare$$

▶ **연습문제 2.16** 다음과 같은 미분 또는 차분 방정식으로 표현되는 시스템에 관한 동차해를 구하라.

(a) $$\frac{d^2}{dt^2}y(t) + 5\frac{d}{dt}y(t) + 6y(t) = 2x(t) + \frac{d}{dt}x(t)$$

(b) $$\frac{d^2}{dt^2}y(t) + 3\frac{d}{dt}y(t) + 2y(t) = x(t) + \frac{d}{dt}x(t)$$

(c) $$y[n] - (9/16)y[n-2] = x[n-1]$$

(d) $$y[n] + (1/4)y[n-2] = x[n] + 2x[n-2]$$

해답: (a)
$$y^{(h)}(t) = c_1 e^{-3t} + c_2 e^{-2t}$$

(b)
$$y^{(h)}(t) = c_1 e^{-t} + c_2 e^{-2t}$$

(c)
$$y^{(h)}[n] = c_1(3/4)^n + c_2(-3/4)^n$$

(d)
$$y^{(h)}[n] = c_1(1/2e^{j\pi/2})^n + c_2(1/2e^{-j\pi/2})^n$$

▶ **연습문제 2.17** 그림 2.26의 *RLC* 회로에 대한 동차해를 R, L 및 C의 파래미터로 하여 구하라. 또 동차해의 형태가 각각 실수 지수 함수, 복소 정현파 및 지수 함수적 감쇠 정현파가 되는 조건을 R, L, C로 나타내라.

해답: $R^2 \neq \frac{4L}{C}$이면,

$$y^{(h)}(t) = c_1 e^{r_1 t} + c_2 e^{r_2 t}.$$

여기서

$$r_1 = \frac{-R + \sqrt{R^2 - \frac{4L}{C}}}{2L} \quad \text{이고} \quad r_2 = \frac{-R - \sqrt{R^2 - \frac{4L}{C}}}{2L}.$$

$R^2 = \frac{4L}{C}$이면,

$$y^{(n)}(t) = c_1 e^{-\frac{R}{2L}t} + c_2 t e^{-\frac{R}{2L}t}.$$

$R^2 > \frac{4L}{C}$이면, 동차해는 2개의 서로 다른 실수 지수 함수로 구성된다. $R = 0$이면, 복소 정현파이다. $R^2 < \frac{4L}{C}$이면, 지수 함수적 감쇠 정현파이다.

2.10.2 특수해

특수해 $y^{(p)}$는 미분 또는 차분 방정식에서 주어진 입력에 대응하는 해로 정의하며, 시스템에 관한 유일성은 갖지 않는다. 특수해는 입력과 같은 형태의 해를 가정하여 얻는 것이 보통이다. 예를 들어, 이산시간 시스템의 입력이 $x[n] = \alpha^n$이면, 그의 출력은 $y^{(p)}[n] = c\alpha^n$으로 가정한 다음, $y^{(p)}[n]$이 차분 방정식의 해가 되도록 c를 결정한다. 또 입력이 $x[n] = A\cos(\Omega n + \Phi)$이면, 그의 특수해는 $y^{(p)}[n] = c_1\cos(\Omega n) + c_2\sin(\Omega n)$으로 가정한 다음, $y^{(p)}[n]$이 차분 방정식의 해가 되도록 c_1과 c_2를 결정한다. 입력과 같은 형태의 함수로 출력을 가정하는 것은 시스템의 출력이 입력과 직접 관련이 있다는 우리의 견해와 잘 합치되는 사실이다.

특수해에 관한 이런 해법은 입력 신호가 동차해의 성분과 동일한 경우이면 수정되어야 한다. 그러한 경우, 특수해는 동차해의 모든 성분과 독립적이라고 가정한다. 이러한 과정은, 특성 방정식의 근이 중복근인 경우에 독립적인 항을 찾는 과정과 동일하다. 특히, 특수해의 형태에 t 또는 n의 제일 낮은 차의 거듭제곱 항을 곱해서 그 결과가 동차해와 독립적으로 만들어 새로운 특수해의 형태를 얻는다. 이 결과를 본래의 미분 또는 차분 방정식에 대입하여 상

수를 결정함으로써 시스템에 맞는 특수해를 확정한다.

일반적인 입력에 대응하는 특수해의 형태를 요약하면 표 2.3과 같다. 더 상세한 것은 2장의 끝 부분에 수록된 미분 또는 차분 방정식의 해법에 관한 전문 서적들을 참조하기 바란다. 표 2.3에 나타낸 특수해는 모든 시간에서 입력이 존재한다는 가정에 성립한다. 만일 입력이 $t = 0$ 또는 $n = 0$에서 시작하는 신호, 예를 들면 흔히 초기조건을 가진 미분 또는 차분 방정식에 나타나는 $x(t) = e^{-at}u(t)$이면, 이에 대응하는 특수해는 $t > 0$ 또는 $n \geq 0$에서만 성립한다.

표 2.3 자주 사용되는 입력에 대응하는 특수해의 형태

연속시간		이산시간	
입력	특수해	입력	특수해
1	c	1	c
t	$c_1t + c_2$	n	$c_1n + c_2$
e^{-at}	ce^{-at}	α^n	$c\alpha^n$
$\cos(\omega t + \phi)$	$c_1\cos(\omega t) + c_2\sin(\omega t)$	$\cos(\Omega n + \phi)$	$c_1\cos(\Omega n) + c_2\sin(\Omega n)$

예제 2.19 **1계 재귀 시스템(계속): 특수해.** 다음 차분 방정식으로 표현되는 1계 재귀 시스템의 특수해를 구하라. 입력은 $x[n] = (1/2)^n$으로 가정한다.

$$y[n] - \rho y[n-1] = x[n].$$

▸ 풀이: 특수해의 형태는 $y^{(p)}[n] = c_p\left(\frac{1}{2}\right)^n$으로 가정한다. $y^{(p)}[n]$와 $x[n]$을 주어진 차분 방정식에 대입하면,

$$c_p\left(\frac{1}{2}\right)^n - \rho c_p\left(\frac{1}{2}\right)^{n-1} = \left(\frac{1}{2}\right)^n.$$

양변에 $(1/2)^{-n}$을 곱하면,

$$c_p(1 - 2\rho) = 1. \tag{2.45}$$

c_p에 대해 풀어서 특수해를 결정하면,

$$y^{(p)}[n] = \frac{1}{1-2\rho}\left(\frac{1}{2}\right)^n.$$

만일 $\rho = \left(\frac{1}{2}\right)$이면, 특수해는 예제 2.18에서 얻은 동차해와 동일한 형태이다. 이 경우, 식 (2.45)를 만족하는 c는 존재하지 않는다. 이러한 경우, 앞의 특수해를 수정해서 새로운 특수해 $y^{(p)}[n] = c_p\, n(1/2)^n$를 가정해야 한다. 이 형태는 동차해에 포함되지 않은 독립 함수이므로, 이를 본래 차분 방정식에 대입하면, $c_pn(1 - 2\rho) + 2\rho c_p = 1$을 얻는다. 이 식으로부터 $c_p = 1$이다.

예제 2.20 ***RC* 회로(계속): 특수해.** 예제 2.17과 그림 2.30의 RC 회로에서 $x(t) = \cos(\omega_0 t)$일 때 특수해를 구하라.

▸ 풀이: 예제 2.17로부터, 이 시스템에 관한 미분 방정식은

$$y(t) + RC\frac{d}{dt}y(t) = x(t).$$

특수해의 형태는 $y^{(p)}(t) = c_1\cos(\omega_0 t) + c_2\sin(\omega_0 t)$로 가정한다. 미분 방정식에서 $y(t)$ 대신 $y^{(p)}(t)$로 대입하고 $x(t)$에 $\cos(\omega_0 t)$를 대입하면,

$$c_1\cos(\omega_0 t) + c_2\sin(\omega_0 t) - RC\omega_0 c_1\sin(\omega_0 t) + RC\omega_0 c_2\cos(\omega_0 t) = \cos(\omega_0 t).$$

c_1과 c_2를 구하기 위해 위의 식을 $\cos(\omega_0 t)$와 $\sin(\omega_0 t)$에 관한 항등식으로 놓으면 다음 두 식을 얻는다.

$$c_1 + RC\omega_0 c_2 = 1;$$
$$-RC\omega_0 c_1 + c_2 = 0.$$

이들로부터 c_1과 c_2를 구하면,

$$c_1 = \frac{1}{1 + (RC\omega_0)^2}$$

$$c_2 = \frac{RC\omega_0}{1 + (RC\omega_0)^2}.$$

따라서, 특수해는

$$y^{(p)}(t) = \frac{1}{1 + (RC\omega_0)^2}\cos(\omega_0 t) + \frac{RC\omega_0}{1 + (RC\omega_0)^2}\sin(\omega_0 t)\text{ V}.$$

▶ **연습문제 2.18** 다음의 미분 또는 차분 방정식에 대응하는 시스템에서 주어진 입력에 대한 특수해를 구하라.

(a) $x(t) = e^{-t}$:

$$\frac{d^2}{dt^2}y(t) + 5\frac{d}{dt}y(t) + 6y(t) = 2x(t) + \frac{d}{dt}x(t)$$

(b) $x(t) = \cos(2t)$:

$$\frac{d^2}{dt^2}y(t) + 3\frac{d}{dt}y(t) + 2y(t) = x(t) + \frac{d}{dt}x(t)$$

(c) $x[n] = 2$:

$$y[n] - (9/16)y[n-2] = x[n-1]$$

(d) $x[n] = (1/2)^n$:

$$y[n] + (1/4)y[n-2] = x[n] + 2x[n-2]$$

해답: (a) $y^{(p)}(t) = (1/2)e^{-t}$

(b) $y^{(p)}(t) = (1/4)\cos(2t) + (1/4)\sin(2t)$

(c) $y^{(p)}[n] = 32/7$

(d) $y^{(p)}[n] = (9/2)(1/2)^n.$

2.10.3 완전해

미분 또는 차분 방정식으로부터 얻은 특수해와 동차해를 합산하여 새로운 해를 구성하고, 새로운 해가 주어진 초기조건을 만족하도록 동차해 성분에 포함되어 있는 상수들을 결정한다. 이렇게 초기조건까지 만족하는 결과를 **완전해**라고 부른다. 이런 과정을 요약하면 다음과 같다.

과정 2.3 미분 또는 차분 방정식의 해법

1. 특성 방정식의 근으로부터 동차해 $y^{(h)}$를 구한다.
2. 동차해의 모든 성분과 독립적인 형태의 특수해를 가정하여 특수해 $y^{(p)}$를 구한다.
3. $y = y^{(p)} + y^{(h)}$로 놓고 이 식이 초기조건을 만족하도록 동차해 성분에 포함되어 있는 모든 상수를 확정해서 완전해를 결정한다.

입력이 $t = 0$ 또는 $n = 0$에서 인가되어서, 특수해는 각각 $t > 0$ 또는 $n \geq 0$에 대해서 적용된다고 가정한다. 그렇다면, 완전해도 이 시간 영역에 대해서만 성립한다. 그러므로, 이산시간 시스템에서, 초기조건 $y[-N], y\{-N + 1\}, \cdots, y[-1]$은 제3단계를 시작하기 이전에 $y[0], y[1], y[N - 1]$의 조건으로 변환되어야 한다. 초기조건의 변환은 예제 2.15와 같이 차분 방정식의 순환 공식으로 실행할 수 있다. 다음 예제는 이 문제를 다룬다,

연속시간 시스템의 경우, $t = 0^-$의 값으로 주어진 초기조건은 $t = 0$에서 입력을 인가하는 효과를 반영할 수 있도록 $t = 0^+$의 초기값으로 변환되어야 한다. 이런 변환 과정은 커패시터 또는 인덕터를 포함한 문제에서는 비교적 쉽게 해결되는 데, 반면에 대부분의 일반 미분 방정식에서 초기조건의 변환은 까다롭기 때문에 여기서는 다루지 않겠다. 이 교과과정에서는, $t = 0$에서 입력을 인가해도 초기조건의 불연속이 유발되지 않는 미분 방정식만 풀어볼 것이다. 주어진 입력이 인가될 때 $t = 0^+$의 초기조건이 $t = 0^-$의 초기조건과 같게 될 필요충분 조건은 식 (2.35)의 미분 방정식에서 등호의 오른쪽 (식 $\sum_{k=-\infty}^{\infty} b_k \frac{d^k}{dt^k} x(t)$)에 임펄스 함수와 그의 도함수가 포함되지 않아야 하는 점이다. 예를 들어, 만일 $M = 0$이면, 입력 $x(t)$가 임펄스를 포함하고 있지 않으면, 초기조건의 값을 변환할 필요가 없다. 그러나 만일 $M = 1$이면, $t = 0$에서 계단 함수를 포함하는 입력은 미분 방정식의 오른쪽에서 미분 $\frac{d}{dt} x(t)$의 성질 때문에 임펄스의 항을 만들어 내는 결과를 낳는다. 따라서 이 경우 $t = 0^+$에서의 초기조건은 더 이상 $t = 0^-$의 초기조건과 같지 않게 된다. 6장에서 다루게 될 라플라스 변환 방법은 이런 어려움을 극복할 수 있다.

예제 2.21 **1계 귀환 시스템(계속): 완전해.** 다음 차분 방정식에 대응하는 재귀 시스템의 해를 찾아라.

$$y[n] - \frac{1}{4} y[n - 1] = x[n]. \tag{2.46}$$

여기서 입력은 $x[n] = (1/2)^n u[n]$이고 초기조건은 $y[-1] = 8$이다.

풀이: 예제 2.18에서 얻은 동차해와 예제 2.19에서 얻은 특수해에서 $\rho = 1/4$로 대체하여 이들을 합하면,

$$y[n] = 2\left(\frac{1}{2}\right)^n + c_1\left(\frac{1}{4}\right)^n, \qquad (n \geq 0). \tag{2.47}$$

c_1은 초기조건을 이용해서 결정한다. 먼저 주어진 초기조건의 값을 $n = 0$의 값으로 변환하기 위해서 식 (2.46)을 재배열하여 순환 공식의 형태로 표현하고 $n = 0$을 대입하면,

$$y[0] = x[0] + (1/4)y[-1].$$

이 식으로부터, $y[0] = 1 + (1/4) \times 8 = 3$. 이 값을 식 (2.47)에 대입하면,

$$3 = 2\left(\frac{1}{2}\right)^0 + c_1\left(\frac{1}{4}\right)^0.$$

따라서 완전해는

$$y[n] = 2\left(\frac{1}{2}\right)^n + \left(\frac{1}{4}\right)^n, \qquad (n \geq 0).$$

예제 2.22 *RC* **회로(계속): 완전해.** 그림 2.30의 RC 회로의 완전해를 구하라. 여기서 입력은 $x(t) = \cos(t)u(t)$ V이고 커패시터의 초기전압은 $y(0^-) = 2$ V이며, $R = 1\,\Omega$, $C = 1$ F이다.

풀이: 동차해는 예제 2.17에서 다음과 같이 얻었다.

$$y^{(h)}(t) = ce^{-\frac{t}{RC}}\,\text{V}.$$

특수해는 예제 2.20에서 다음과 같이 얻었다.

$$y^{(p)}(t) = \frac{1}{1 + (RC)^2}\cos(t) + \frac{RC}{1 + (RC)^2}\sin(t)\,\text{V}.$$

여기서 $\omega_0 = 1$이다. $R = 1\,\Omega$과 $C = 1$ F를 대입하여 두 해를 합하면 완전해의 형태는

$$y(t) = ce^{-t} + \frac{1}{2}\cos t + \frac{1}{2}\sin t\,\text{V} \qquad t > 0.$$

입력에 의해 미분 방정식의 등호의 오른쪽에 임펄스가 도입되지 않으므로, c를 결정하기 위한 초기조건은 $y(0^-) = y(0^+) = 2$. 이 초기조건을 적용하면,

$$\begin{aligned} 2 &= ce^{-0^+} + \frac{1}{2}\cos 0^+ + \frac{1}{2}\sin 0^+ \\ &= c + \frac{1}{2}. \end{aligned}$$

이 식으로부터, $c = 3/2$를 얻고, 이에 따라 완전해는

$$y(t) = ce^{-t} + \frac{1}{2}\cos t + \frac{1}{2}\sin t\,\text{V} \qquad t > 0.$$

예제 2.23 **금융문제: 융자상환금.** 1장 1.10절과 예제 2.18, 2.19 및 2.21에서 다루었던 1계 차분 방정식이 고정 이율을 얻는 투자 가치를 설명하기 위해 이용될 수 있음을 예제 2.5에서 공부하였다. 융자금 상환에서, 만일 원금과 각 상환시기의 첫날에 지불해야 할 이자 상환금을 $x[n] < 0$으로 표시하고 이날에 원금과 이자 상환금을 지불한 후의 잔금을 $y[n]$이라고 표시한다면, 이와 같은 융자 상환 방식을 설명하기 위해 위의 차분 방정식을 이용할 수 있다. 앞에서 했던 것처럼, 만일 각 상환 주기당 이율을 r%라고 한다면, $\rho = 1 + r/100$이다.

원금이 \$20,000인데 10번에 걸쳐 상환하려고 할 때, 1계 차분 방정식의 완전 응답을 이용해서 매번 지불해야 할 금액을 결정하라. 원금은 균등상환이고 이율은 매주기당 10%이다.

풀이: $\rho = 1.1$과 $y[-1] = 20,000$이다. 매주기에 갚아야 할 금액을 $x[n] = b$라고 가정한다. $n = 0$은 처음 갚는 날이다. 10번 지불한 후에는 잔금이 0이어야 하기 때문에, $y[9] = 0$이도록 b를 결정하면 좋다.

동차해의 형태는

$$y^{(h)}[n] = c_h(1.1)^n$$

이고, 입력이 상수이기 때문에, 특수해의 형태는

$$y^{(p)}[n] = c_p.$$

특수해 $y^{(p)}[n] = c_p$와 $x[n] = b$을 방정식 $y[n] - 1.1y[n-1] = x[n]$에 대입하여 c_p를 결정하면,

$$c_p = -10b.$$

그러므로 완전해의 형태는

$$y[n] = c_h(1.1)^n - 10b, \qquad n \geq 0. \tag{2.48}$$

상수 c_h를 결정하기 위해서 방정식을 재배열하여 초기조건을 한 주기만큼 변경시키면,

$$\begin{aligned} y[0] &= 1.1y[-1] + x[0] \\ &= 22,000 + b. \end{aligned}$$

여기서 얻은 $y[0]$를 식 (2.48)에 대입하여 c_h에 대해 풀면, $22,000 + b = c_h(1.1)0 - 10b$ 또는 $c_h = 22,000 + 11b$이다. 이들로부터 차분 방정식의 완전해를 표현하면,

$$y[n] = (22,000 + 11b)(1.1)9 - 10b.$$

이제 $y[9] = 0$을 대입해서 상환금 b를 결정한다. 즉,

$$0 = (22,000 + 11b)(1.1)9 - 10b$$

또는

$$\begin{aligned} b &= \frac{-22,000(1.1)^9}{11(1.1)^9 - 10} \\ &= -3,254.91. \end{aligned}$$

이처럼, 10회에 걸쳐 모두 상환하려면, 매주기마다 \$3,254.91을 갚아야 한다. 그림 2.31은 잔금

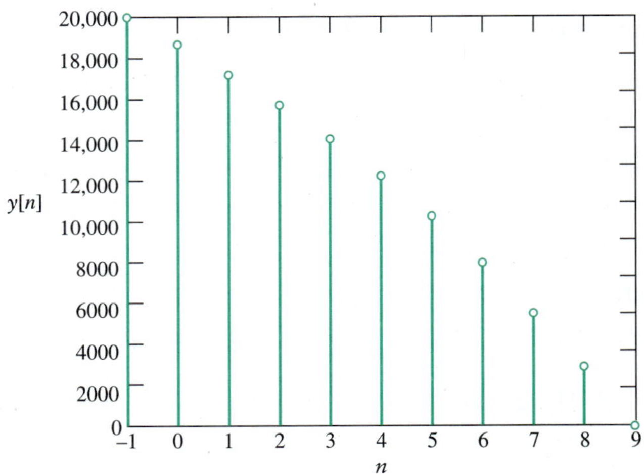

그림 2.31 예제 2.23의 융자금 \$20,000에 관한 잔금의 변동 사항. 매주기의 이율은 10%이고, 매회 \$3,254.91로 10회 갚는다.

$y[n]$의 변동 사항을 나타내는 그래프이다. ▮

▶ **연습문제 2.19** 다음 미분 또는 차분 방정식으로 표현되는 시스템에서, 주어진 입력과 초기조건에 대응하는 출력을 찾아라.

(a) $x(t) = e^{-t}u(t), y(0) = -\frac{1}{2}, \frac{d}{dt}y(t)|_{t=0} = \frac{1}{2}$:

$$\frac{d^2}{dt^2}y(t) + 5\frac{d}{dt}y(t) + 6y(t) = x(t)$$

(b) $x(t) = \cos(t)u(t), y(0) = -\frac{4}{5}, \frac{d}{dt}y(t)|_{t=0} = \frac{3}{5}$:

$$\frac{d^2}{dt^2}y(t) + 3\frac{d}{dt}y(t) + 2y(t) = 2x(t)$$

(c) $x[n] = u[n], y[-2] = 8, y[-1] = 0$:

$$y[n] - \frac{1}{4}y[n-2] = 2x[n] + x[n-1]$$

(d) $x[n] = 2^n u[n], y[-2] = 26, y[-1] = -1$:

$$y[n] - \left(\frac{1}{4}\right)y[n-1] - \left(\frac{1}{8}\right)y[n-2] = x[n] + \left(\frac{11}{8}\right)x[n-1]$$

해답: (a)

$$y(t) = \left(\left(\frac{1}{2}\right)e^{-t} + e^{-3t} - 2e^{-2t}\right)u(t)$$

(b)

$$y(t) = \left(\left(\frac{1}{5}\right)\cos(t) + \left(\frac{3}{5}\right)\sin(t) - 2e^{-t} + e^{-2t}\right)u(t)$$

(c)

$$y[n] = \left(-\left(\frac{1}{2}\right)^n + \left(-\frac{1}{2}\right)^n + 4\right)u[n]$$

(d)

$$y[n] = \left(2(2)^n + \left(-\frac{1}{4}\right)^n + \left(\frac{1}{2}\right)^n\right)u[n].$$

▶ **연습문제 2.20** 그림 2.29의 *RL* 회로에 다음과 같은 입력 전압이 인가될 때 회로에 흐르는 전류를 찾아라. 인덕터에 흐르는 초기전류는 $y(0) = -1$ A로 가정한다.

(a) $x(t) = u(t)$

(b) $x(t) = tu(t)$

해답: (a)

$$y(t) = \left(\frac{1}{R} - \left(1 + \frac{1}{R}\right)e^{-\frac{R}{L}t}\right)\mathrm{A}, \quad t \geq 0$$

(b)

$$y(t) = \left[\frac{1}{R}t - \frac{L}{R^2} + \left(\frac{L}{R^2} - 1\right)e^{-\frac{R}{L}t}\right]\mathrm{A}, \quad t \geq 0.$$

2.11 미분-차분 방정식으로 설명되는 시스템의 특성

미분 방정식 또는 차분 방정식으로 설명되는 시스템의 출력을 두 성분, 즉 초기조건에 관련된 성분과 입력 신호에만 관련된 성분의 합으로 표현해 보면 많은 정보를 얻게 된다. 초기조건에 관련된 출력 성분을 시스템의 **자연 응답**(natural response)이라고 하고 $y^{(n)}$으로 표기한다. 입력 신호에만 관련된 출력 성분을 **강제 응답**(forced response)라고 하고 $y^{(f)}$로 표기한다. 그러므로 **완전 응답**(complete response)은 $y = y^{(n)} + y^{(f)}$이다.

2.11.1 자연 응답

자연 응답은 입력이 0일 때의 시스템 출력이므로, 0이 아닌 초기조건으로 표현되는 과거의 값이나 이미 저장된 에너지를 시스템이 어떻게 소비하는가를 자연 응답으로부터 알게 된다. 자연 응답은 입력을 0으로 가정하기 때문에, 식 (2.41) 또는 식 (2.43)으로 주어진 동차해가 초기조건을 만족하도록 계수 c_i를 결정함으로써 자연 응답이 얻어진다. 입력이 0이라고 가정하기 때문에 자연 응답은 특수해를 포함하지 않아야 한다. 동차해는 모든 시간에서 성립하는 해이므로, 자연 응답을 결정할 때 초기조건을 시간적으로 이동시키지 않아야 한다.

예제 2.24 *RC* **회로(계속): 자연 응답.** 예제 2.17, 2.20 및 2.22의 시스템은 다음 미분 방정식으로 설명된다.

$$y(t) + RC\frac{d}{dt}y(t) = x(t).$$

$y(0) = 2\,\text{V}$, $R = 1\,\Omega$, $C = 1\,\text{F}$라고 가정하고 시스템의 자연 응답을 구하라.

풀이: 예제 2.17로부터 동차해는

$$y^{(h)}(t) = c_1 e^{-t}\,\text{V}.$$

동차해가 초기조건 $y(0) = 2\,\text{V}$를 만족하도록 c_1을 결정해서 자연 응답을 얻는다. 초기조건을 적용하면 $c_1 = 2$를 얻을 수 있고, 이에 따라 자연 응답은

$$y^{(n)}(t) = 2e^{-t}\,\text{V for } t \geq 0.$$

예제 2.25 **1계 귀환 시스템(계속): 자연응답.** 예제 2.21의 시스템은 다음 차분 방정식으로 설명된다.

$$y[n] - \frac{1}{4}y[n-1] = x[n].$$

이 시스템의 자연 응답을 구하라. 초기조건은 $y[-1] = 8$이다.

풀이: 예제 2.21의 풀이로부터, 이 차분 방정식의 동차해는

$$y^{(h)}[n] = c_1\left(\frac{1}{4}\right)^n.$$

초기조건 $y[-1] = 8$을 만족하려면,

$$8 = c_1\left(\frac{1}{4}\right)^{-1}$$

또는 $c_1 = 2$. 따라서 이 시스템의 자연 응답은

$$y^{(n)}[n] = 2\left(\frac{1}{4}\right)^n, \quad n \geq -1. \blacksquare$$

▶ **연습문제 2.21** 다음 미분 방정식 또는 차분 방정식과 초기조건으로 설명되는 시스템의 자연 응답을 구하라.

(a) $y(0) = 3, \frac{d}{dt}y(t)|_{t=0} = -7$:

$$\frac{d^2}{dt^2}y(t) + 5\frac{d}{dt}y(t) + 6y(t) = 2x(t) + \frac{d}{dt}x(t)$$

(b) $y(0) = 0, \frac{d}{dt}y(t)|_{t=0} = -1$:

$$\frac{d^2}{dt^2}y(t) + 3\frac{d}{dt}y(t) + 2y(t) = x(t) + \frac{d}{dt}x(t)$$

(c) $y[-1] = -4/3, y[-2] = 16/3$:

$$y[n] - (9/16)y[n-2] = x[n-1]$$

(d) $y[0] = 2, y[1] = 0$:

$$y[n] + (1/4)y[n-2] = x[n] + 2x[n-2]$$

해답: (a)

$$y^{(n)}(t) = e^{-3t} + 2e^{-2t}, \qquad (t \geq 0)$$

(b)

$$y^{(n)}(t) = -e^{-t} + e^{-2t}, \qquad (t \geq 0)$$

(c)

$$y^{(n)}[n] = (3/4)^n + 2(-3/4)^n, \qquad (n \geq -2)$$

(d)

$$y^{(n)}[n] = (1/2e^{j\pi/2})^n + (1/2e^{-j\pi/2})^n, \qquad (n \geq 0).$$

2.11.2 강제 응답

시스템의 초기조건은 0으로 놓고 입력 신호에 따라 결정되는 시스템 출력이 강제 응답이다. 따라서 강제 응답은 미분 방정식 또는 차분 방정식의 완전해와 동일한 형태이다. 초기조건이 0인 시스템은 그 시스템 안에 에너지를 축적하지도 않고 기억하지도 않았기 때문에 **"초기휴면(initially at rest)"** 상태에 있다고 말한다. 휴면상태에 있던 시스템에 입력 신호를 인가하여 강제로 구동시키면, 강제 응답으로부터 그 시스템의 동작과정을 알게 된다.

$t > 0$ 또는 $n \geq 0$일 때 적용되는 특수해에 의해 강제 응답이 결정된다. 따라서 이산 시스템에 관한 초기 휴면조건으로 주어지는 값, $y[-N] = 0, \cdots, y[-1] = 0$은, 완전해를 구할 때, 임의의 상수들을 결정하기 위해 이 초기조건들을 적용하기 이전에 $n = 0, 1, 2, \cdots, N-1$에 대응하는 시간의 값 $y[n]$으로 먼저 변환되어야 한다. 이전에 가정했던 경우와 같이, 미분 방정식의 오른편에는 임펄스 함수가 나타나지 않는 연속시간 시스템과 입력에 대한 강제 응답을 계산한다. 이러한 가정은 $t = 0^+$에서의 초기조건이 $t = 0^-$에서 0으로 주어진 초기조건과 동일함을 보장한다.

예제 2.26 **1계 귀환 시스템(계속): 강제 응답.** 예제 2.21의 시스템은 다음의 1계 차분 방정식으로 설명된다.

$$y[n] - \frac{1}{4}y[n-1] = x[n].$$

입력이 $x[n] = (1/2)^n u[n]$일 때, 이 시스템의 강제 응답을 구하라.

풀이: 이 예제와 예제 2.21 사이의 차이점은 초기조건이다. 앞에서 완전해의 형태는 다음과 같았다.

$$y[n] = 2\left(\frac{1}{2}\right)^n + c_1\left(\frac{1}{4}\right)^n, \quad n \geq 0.$$

c_1을 결정하려면, 초기 휴면조건인 $y[-1] = 0$을 시간 $n = 0$에서의 값, 즉 $y[0]$의 값으로 먼저 변환해야 한다. 즉,

$$y[0] = x[0] + \frac{1}{4}y[-1].$$

이 식에서 $y[0]$를 구하면, $y[0] = 1 + (1/4) \times 0 = 1$. c_1을 결정하기 위해서 이 값을 적용하면,

$$1 = 2\left(\frac{1}{2}\right)^0 + c_1\left(\frac{1}{4}\right)^0.$$

이 식으로부터, $c_1 = -1$. 따라서 시스템의 강제 응답은

$$y^{(f)}[n] = 2\left(\frac{1}{2}\right)^n - \left(\frac{1}{4}\right)^n, \quad n \geq 0.$$

예제 2.27 *RC* 회로(계속): 강제 응답. 예제 2.17, 2.20 및 2.22의 시스템은 다음 미분 방정식으로 설명된다.

$$y(t) + RC\frac{d}{dt}y(t) = x(t).$$

$x(t) = \cos(t)u(t)$ V, $R = 1\,\Omega$, $C = 1$ F라고 가정하고 이 시스템의 강제 응답을 구하라.

풀이: 예제 2.22에서 얻은 일반해의 형태는 다음과 같다.

$$y(t) = ce^{-t} + \frac{1}{2}\cos t + \frac{1}{2}\sin t\,\text{V}, \quad t > 0.$$

시스템이 휴면상태에 있었다는 조건, 즉 $y(0^-) = y(0^+) = 0$을 이 일반해가 만족하도록 계수 c를 결정하여 강제 응답을 얻는다. 이 조건으로부터, $c = -1/2$이고, 강제 응답은 다음과 같이 얻는다.

$$y^{(f)}(t) = -\frac{1}{2}e^{-t} + \frac{1}{2}\cos t + \frac{1}{2}\sin t\,\text{V}.$$

이 강제 응답과 예제 2.24의 자연 응답을 합산하면 예제 2.22에서 얻은 완전한 시스템 응답과 동일하다. ∎

▶ **연습문제 2.22** 다음 미분 방정식 또는 차분 방정식과 주어진 입력 신호로 설명되는 시스템의 강제 응답을 구하라.

(a) $x(t) = e^{-t}u(t)$

$$\frac{d^2}{dt^2}y(t) + 5\frac{d}{dt}y(t) + 6y(t) = x(t)$$

(b) $x(t) = \sin(2t)u(t)$

$$\frac{d^2}{dt^2}y(t) + 3\frac{d}{dt}y(t) + 2y(t) = x(t) + \frac{d}{dt}x(t)$$

(c) $x[n] = 2u[n]$

$$y[n] - (9/16)y[n-2] = x[n-1]$$

해답: (a) $y^{(f)}(t) = ((1/2)e^{-t} - e^{-2t} + (1/2)e^{-3t})u(t)$

(b) $y^{(f)}(t) = ((-1/4)\cos(2t) + (1/4)\sin(2t) + (1/4)e^{-2t})u(t))$

(c) $y^{(f)}[n] = (32/7 - 4(3/4)^n - (4/7)(-3/4)^n)u[n]$. ■

2.11.3 임펄스 응답

2.10절에 설명된, 미분 방정식 또는 차분 방정식을 푸는 방법은 임펄스 응답을 얻기 위해 직접 적용될 수 없다. 그러나, 계단 응답이 주어지면, 두 응답 사이의 관계로부터 임펄스 응답이 결정될 수 있다. 계단 응답의 정의는 시스템이 초기 휴면상태라고 가정한 것이고, 그렇기 때문에 계단 응답은 시스템의 초기조건이 0일 때의 계단 입력에 의해 얻어지는 시스템 응답이다. 연속시간 시스템에서, 임펄스 응답 $h(t)$는 미분 관계식인 $h(t) = \frac{d}{dt}s(t)$에 의해 계단 응답 $s(t)$에 관련된다. 이산시간 시스템의 경우, 임펄스 응답 $h[n]$과 계단 응답 $s[n]$의 관계는 $h[n] = s[n] - s[n-1]$이다. 이와 같이, 임펄스 응답은 계단 응답을 미분하거나 차를 계산하여 얻을 수 있다.

임펄스 응답에 의한 시스템의 설명과 미분 또는 차분 방정식에 의한 설명 사이에는 기본적인 차이점이 있음에 유의해야 한다: 임펄스 응답으로 설명하는 경우 초기조건의 영향은 나타날 수 없다. 그러므로 이 방법은 초기 휴면상태이거나 모든 시간에 관한 입력을 아는 시스템에만 적용된다. 0이 아닌 초기조건을 가진 시스템이든 초기 휴면상태의 시스템이든 관계없이 미분 방정식 또는 차분 방정식에 의한 시스템 표현은 적용될 수 있기 때문에, 미분 또는 차분 방정식에 의한 시스템 표현이 더 유연한 방법이다.

2.11.4 선형성과 시불변성

미분 또는 차분 방정식으로 표현되는 LTI 시스템의 강제 응답은 입력 신호에 관해서 선형성을 갖는다. 즉, 입력 x_1에 대응하는 강제 응답을 $y_1^{(f)}$이라고 하고, 입력 x_2에 대응하는 강제 응답을 $y_2^{(f)}$라고 할 때, 입력 $\alpha x_1 + \beta x_2$은 시스템의 강제 응답으로 $\alpha y_1^{(f)} + \beta y_2^{(f)}$를 생성한다. 같은 방법으로, 자연 응답은 초기조건에 대해 선형성을 유지한다. 즉, 초기조건 I_1에 관한 자연 응답을 $y_1^{(n)}$이라고 하고 초기조건 I_2에 관한 자연 응답을 $y_2^{(n)}$이라고 할 때, 초기조건 $\alpha I_1 + \beta I_2$는 시스템의 자연 응답으로 $\alpha y_1^{(n)} + \beta y_2^{(n)}$을 생성한다. 강제 응답은 시불변성을 유지한다: 초기조건이 0일 때 강제 응답을 얻기 때문에, 입력이 시간적으로 이동해서 인가되면 출력도 같은 시간만큼 이동되어 나타난다. 이와는 대조적으로, 일반적으로 미분 또는 차분 방정식으로 표현되는 LTI 시스템의 완전 응답은 시불변성을 유지하지 못하는데, 입력이 시간 이동될지라도 초기조건에 의한 출력 성분은 시간 이동되지 않기 때문이다. 끝으로, 강제 응답은 역시 인과성을 유지한다: 시스템이 초기 휴면상태이기 때문에, 입력이 시스템에 인가되기 이전에는 출력이 나타날 수 없기 때문이다.

2.11.5 특성 방정식의 근

강제 응답은 미분 또는 차분 방정식의 동차해와 특수해의 형태를 모두 포함하기 때문에, 강제 응답은 입력과 특성 방정식의 근에 의존한다. 자연 응답의 기본 형태는 전적으로 특성 방정식의 근에 의존한다. LTI 시스템의 임펄스 응답도 역시 특성 방정식의 근에 의존하는데, 임펄스 응답이 자연 응답과 같은 항을 포함하기 때문이다. 이와 같이, 특성 방정식의 근들은 LTI 시스템의 동작과정에 관한 상당한 양의 정보를 우리에게 제공해 준다.

예를 들면, LTI 시스템의 안정도 특성은 직접 시스템의 특성 방정식의 근들에 관계된다. 입력이 0일 때 안정한 시스템의 출력은 초기조건의 크기에 관계없이 유한 값이어야 한다는 사실로부터 이런 결과는 확인된다. 또 이 결과는 BIBO 안정도의 정의로부터 얻어지는 것이며, 시스템의 자연 응답이 유한 크기이어야 함을 의미한다. 이와 같이, 자연 응답의 각 항은 유한 크기를 가져야 한다. 이산시간 시스템이 안정할 경우, $|r_i^n|$는 유한 크기, 따라서 모든 i에 대해 반드시 $|r_i| < 1$이어야 한다. $|r_i| = 1$일 때, 자연 응답은 감쇠되지 않으며, 이러한 시스템은 불안정할 경계선상에 있게 된다. 연속시간 시스템이 안정할 경우, $|e^{r_i t}|$가 모든 t에서 유한 크기, 따라서 $\mathrm{Re}\{r_i\} < 0$이어야 한다. $\mathrm{Re}\{r_i\} = 0$이면, 이 시스템은 역시 불안정한 경계선상에 있게 된다. 이런 결과들로부터, 이산 시스템의 특성 방정식의 근 중에서 크기가 1보다 큰 근이 있으면 그 이산시간 시스템은 불안정한 시스템이고, 연속시간 시스템의 특성 방정식의 근 중에서 실수부가 양수인 근이 있으면 그 시스템은 불안정한 시스템이라는 것을 알 수 있다.

이러한 논의에서 특성 방정식의 근들로부터 시스템이 불안정하게 되는 점을 알아낼 수 있는 아이디어를 얻게 될 것이다. 이후의 장에서, 이산시간 LTI 시스템의 특성 방정식의 근들이 모두 1보다 작은 크기를 갖는 경우에만 그 이산시간 시스템이 안정하고, 연속시간 LTI 시스템의 특성 방정식의 근들이 모두 음수의 실수부를 갖는 경우에만 그 연속시간 시스템이 안정하다는 사실을 증명할 것이다. 이러한 안정성의 조건들은, 자연 응답의 각 항은 감쇠 지수 함수이기 때문에, 시간이 무한히 지나감에 따라 LTI 시스템의 자연 응답은 0으로 수렴해야 함을 내포하고 있다. 이와 같은, "0으로 감쇠"는 입력이 0일 때 얻어지는 시스템의 출력에 관한 우리의 직관적인 예상과 잘 일치된다. 입력이 0일 때 시스템에 이미 저장된 에너지가 소모되면 그 시스템의 출력이 0이 됨을 예견할 수 있다. 초기조건이란 시스템의 내부에 이미 존재하는 모든 에너지를 나타낸 것이다. 그러므로 안정한 시스템의 입력이 0이면, 시스템의 내부에 저장된 에너지가 모두 소모된 후에는 그 출력이 0으로 감쇠되어야 한다.

LTI 시스템의 응답 시간은 역시 특성 방정식의 근으로부터 결정된다. 일단 자연 응답이 0으로 감쇠되어버린 다음에는, 시스템의 동작과정은 입력 신호와 동일한 형태의 특수해에 의해서만 지배된다. 그러므로, 자연 응답 성분은 시스템의 과도 응답의 동작과정을 설명해 준다. 다시 말해서, 자연 응답은 시스템이 초기조건으로부터 입력에 의해 결정되는 평형상태로 이동하는 천이과정을 잘 보여준다. LTI 시스템이 과도 응답을 나타내는 시간은 자연 응답이 0으로 모두 감쇠되는 데 걸리는 시간과 같다. 이런 특성은 이산시간 시스템의 자연 응답은 r_i^n의 형태이고 연속시간 시스템의 자연 응답은 $e^{r_i t}$의 형태이었던 점으로부터 잘 알 수 있다. 이산시간 LTI 시스템의 과도 응답 시간은 특성 방정식의 근 중에서 가장 큰 크기의 근에 의해서 결정되는 반면에, 연속시간 LTI 시스템의 과도 응답 시간은 실수부가 가장 큰 근에 의해서 결정된다. 연속시간 시스템이 빠른 응답시간을 가지려면, 특성 방정식의 모든 근의 실수부는 큰 음수이어야 한다.

2.12 블록 다이어그램 표현

이제 미분 또는 차분 방정식으로 표현되는 LTI 시스템을 블록 다이어그램으로 표현하는 방법을 알아본다. **블록 다이어그램**(block diagram)은 입력 신호에 가해지는 기본 연산들의 상호 접속으로 정의된다. 블록 다이어그램은 시스템의 내부 계산이나 연산이 어떤 순서로 이루어지는가를 나타내주기 때문에, 시스템에 관해 임펄스 응답이나 미분 또는 차분 방정식들보다 블록 다이어그램이 더 상세한 표현이다. 임펄스 응답이나 미분 또는 차분 방정식들은 시스템의 입력과 출력에 관한 동작만을 나타내는 표현이다. 입출력의 관계가 주어진 한 개의 시스템이 서로 다른 블록 다이어그램으로 표현됨을 알게 될 것이다. 각각의 블록 다이어그램은 시스템의 출력을 계산하기 위해 사용하는 계산과정이 서로 다른 것을 나타낸다.

블록 다이어그램 표현은 신호에 대한 세 종류의 기본 연산으로 구성된다.

1. 스칼라 곱셈: $y(t) = cx(t)$ 또는 $y[n] = cx[n]$. 여기서 c는 상수이다.
2. 덧셈: $y(t) = x(t) + w(t)$ 또는 $y[n] = x[n] + w[n]$.
3. 연속시간 시스템의 적분: $y(t) = \int_{-\infty}^{t} x(\tau)\, d\tau$
   이산시간 시스템의 시간 이동: $y[n] = x[n-1]$.

그림 2.32는 블록 다이어그램에서 사용되는 연산에 관한 각각의 기호이다. 적분으로 연속시간 LTI 시스템을 나타내려면, 미분 방정식을 적분 방정식으로 변환해야 한다. 아날로그 소자를 이용해서 미분기를 제작하는 것보다 적분기를 제작하는 것이 더 쉽기 때문에, 대부분의 연속시간 시스템의 블록 다이어그램 표현에서 미분 대신 적분 연산이 이용된다. 이와 더불어, 적분기는 시스템에서 잡음을 감소시키는 효과를 갖는 데 반해, 미분기는 잡음을 강조하는 효

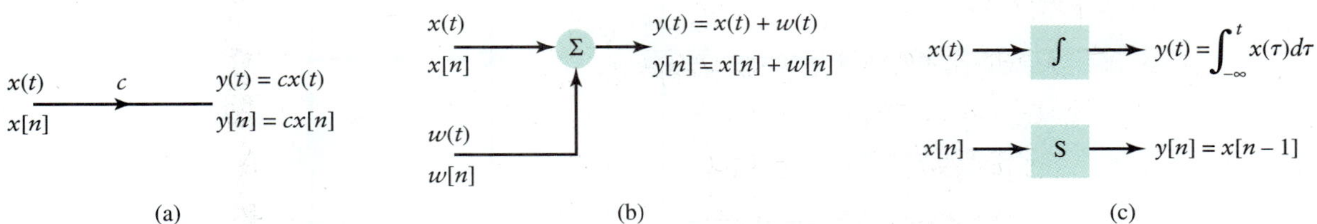

그림 2.32 시스템의 블록 다이어그램 표현에 사용되는 기본 연산의 기호. (a) 스칼라 곱셈, (b) 덧셈, (c) 연속시간 시스템의 적분과 이산시간 시스템의 시간 이동

과를 갖고 있기 때문이다.

시스템 동작에 관한 적분 또는 미분 방정식은, 블록 다이어그램에 의해 표현된 일련의 연산 작용을 방정식의 형태로 나타냄으로써 얻을 수 있다. 먼저 이산시간 시스템부터 시작하자. 그림 2.33은 이산시간 LTI 시스템을 나타낸 블록 다이어그램이다. 점선 안에 있는 부분에 대응하는 방정식을 얻기 위해 첫 시간 이동 소자의 출력을 $x[n-1]$로 나타낸다. 이에 따라 둘째 시간 이동 소자의 출력은 $x[n-2]$이다. 스칼라 곱셈과 덧셈에 따라 방정식을 얻으면,

$$w[n] = b_0x[n] + b_1x[n-1] + b_2x[n-2]. \tag{2.49}$$

이제 $w[n]$으로부터 $y[n]$을 표현할 수 있다. 블록 다이어그램으로부터,

$$y[n] = w[n] - a_1y[n-1] - a_2y[n-2]. \tag{2.50}$$

이 시스템의 출력을 입력 $x[n]$의 함수로 나타내기 위해서 식 (2.50)의 $w[n]$에 식 (2.49)를 대입하면,

$$y[n] = -a_1y[n-1] - a_2y[n-2] + b_0x[n] + b_1x[n-1] + b_2x[n-2]$$

또는

$$y[n] + a_1y[n-1] + a_2y[n-2] = b_0x[n] + b_1x[n-1] + b_2x[n-2]. \tag{2.51}$$

이처럼, 그림 2.33은 입출력 특성이 2계 차분 방정식으로 표현되는 LTI 시스템을 설명하는 블록 다이어그램이다.

블록 다이어그램은 입력으로부터 출력을 계산할 때 포함되는 연산작용을 분명하게 보여주고, 컴퓨터로 그 시스템을 시뮬레이션하는 방법까지 알려준다. 스칼라 곱셈과 덧셈의 연산은 컴퓨터로 쉽게 처리된다. 시간 이동 연산의 출력은 컴퓨터에서 기억장치의 위치에 대응하는 것이다. 현재 입력을 사용해서 현재 출력을 계산하려면, 입력과 출력에 관한 과거의 값들이

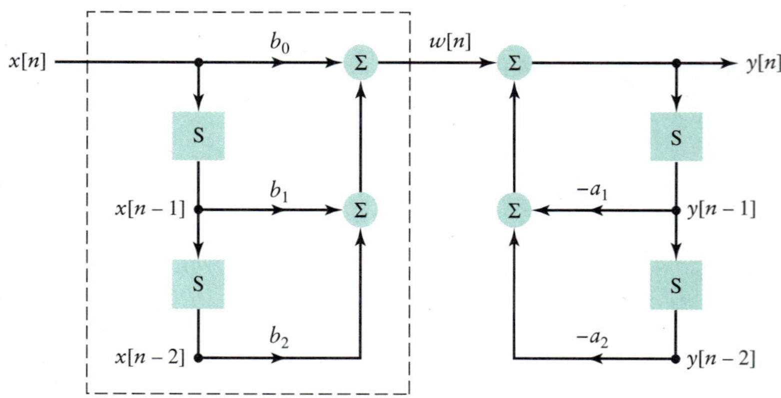

그림 2.33 2계 차분 방정식으로 표현되는 이산시간 LTI 시스템의 블록 다이어그램 표현

모두 기억장치 안에 저장되어 있어야 한다. 특정 시간에서 컴퓨터 시뮬레이션을 시작하려면, 현재의 입력과 과거의 출력을 모두 알고 있어야 한다. 출력의 과거값들이 차분 방정식을 직접 풀기 위한 초기조건들이다.

▶ **연습문제 2.23** 그림 2.34(a)및 (b)의 블록 다이어그램으로 나타낸 시스템에 대응하는 차분 방정식을 결정하라.

해답: (a)

$$y[n] + \frac{1}{2}y[n-1] - \frac{1}{3}y[n-3] = x[n] + 2x[n-2]$$

(b)

$$y[n] + (1/2)y[n-1] + (1/4)y[n-2] = x[n-1].$$

시스템에 대한 블록 다이어그램 표현은 유일한 것이 아니다. 이러한 사실을 확인하기 위하여, 식 (2.51)의 2계 차분 방정식으로 설명되는 시스템을 제2의 블록 다이어그램으로 표현할 것이다. 그림 2.33의 시스템을 두 시스템의 종속접속으로 볼 수 있다: 그 중 한 개는 식 (2.49)로 표현된 것처럼 입력이 $x[n]$이고 출력이 $w[n]$인 시스템이고 다른 한 개는 식 (2.50)으로 표현된 것처럼 입력이 $w[n]$이고 출력이 $y[n]$인 시스템이다. 이들은 LTI 시스템이기 때문에, 접속 순서를 바꾸어도 종속접속된 전체 시스템의 입출력은 변화되지 않는다.

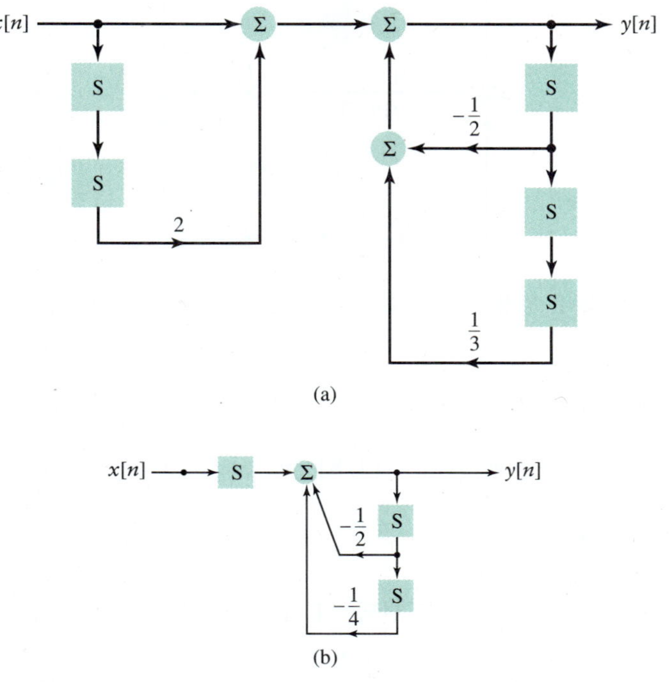

그림 2.34 예제 2.23에 관한 블록 다이어그램 표현

따라서, 그들의 순서를 교환해 놓고, 앞의 시스템의 출력을 $f[n]$으로 표시한다. 이 출력은 입력과 식 (2.50)에 따라 다음 식과 같이 결정된다.

$$f[n] = -a_1 f[n-1] - a_2 f[n-2] + x[n]. \tag{2.52}$$

신호 $f[n]$은 역시 둘째 시스템의 입력으로 작용한다. 둘째 시스템의 출력은 식 (2.49)에 따라 다음과 같이 결정된다.

$$y[n] = b_0 f[n] + b_1 f[n-1] + b_2 f[n-2]. \tag{2.53}$$

위의 두 시스템은 $f[n]$으로부터 시간 이동된 신호들을 포함하고 있다. 그러므로, 한쌍의 시간 이동된 신호만으로 제2의 블록 다이어그램을 구성할 수 있다. 그림 2.35는 식 (2.52)와 (2.53)으로 나타낸 시스템에 관한 제2형 블록 다이어그램 표현이다.

그림 2.33과 그림 2.35의 블록 다이어그램은 식 (2.51)의 입출력으로 표현되는 시스템에 관한 서로 다른 구현이다. 그림 2.33의 블록 다이어그램을 **제1 직접형**(direct form I)이라 부르고, 그림 2.35의 블록 다이어그램을 **제2 직접형**(direct form II)이라고 부른다. 제2 직접형이 더 효율적으로 메모리를 활용하는 구조이다. 이 구조는 2개의 메모리만 사용하는데. 이에 비교해서 제1 직접형은 4개의 메모리를 사용한다.

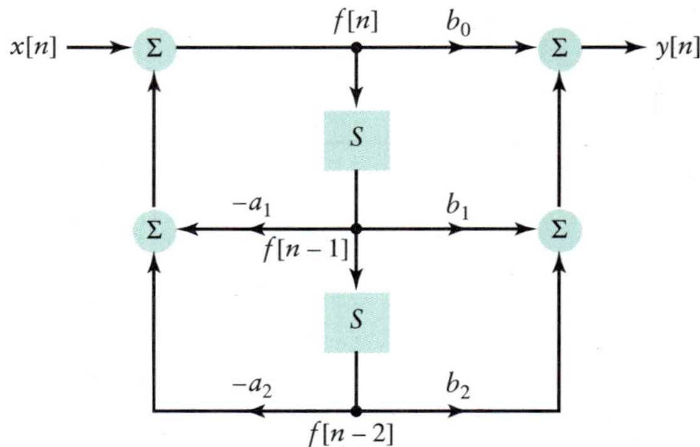

그림 2.35 2계 차분 방정식으로 표현되는 시스템의 제2 직접형 블록 다이어그램 표현

▶ **연습문제 2.24** 다음 차분 방정식으로 표현되는 시스템에 관한 제1 및 제2 직접형 구조를 그려라.

$$y[n] + (1/4)y[n-1] + (1/8)y[n-2] = x[n] + x[n-1].$$

해답: 그림 2.36. ∎

입출력이 한 개의 차분 방정식으로 표현되는 LTI 시스템에 관한 블록 다이어그램은 여러 개 얻을 수 있다. 차분 방정식을 변형시키거나 블록 다이어그램 표현의 구성 요소들을 적절하게 재배치하여 이들을 모두 구할 수 있다. 이들은 입출력의 관계에서 서로 등가적인 반면, 그들

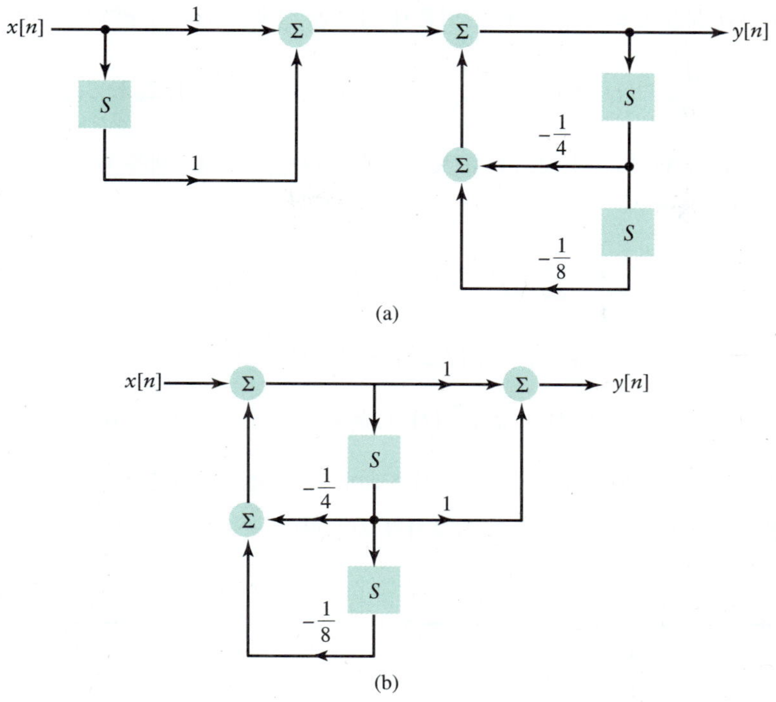

그림 2.36 연습문제 2.24의 답. (a) 제1 직접형, (b) 제2 직접형

은 서로 다른 평가기준, 예를 들면 메모리 조건, 한 개의 출력값을 계산하기 위한 계산의 복잡도, 수치계산의 정밀도 등을 가지고 있다.

연속시간 시스템에도 같은 결과가 적용된다. 미분 방정식으로 표현되는 LTI 시스템에 관한 블록 다이어그램을 얻기 위해서는, 그림 2.33과 그림 2.35에서 시간 이동 소자를 미분으로 대치하는 것으로 충분하다. 그러나, 더 쉬운 적분으로 연속시간 시스템을 표현하려면, 미분 방정식

$$\sum_{k=0}^{N} a_k \frac{d^k}{dt^k} y(t) = \sum_{k=0}^{M} b_k \frac{d^k}{dt^k} x(t) \tag{2.54}$$

를 먼저 적분 방정식으로 변환해야 한다. 표기법을 간략하게 하기 위해서 적분 연산을 순환계산으로 정의하겠다. 임의의 신호에 대해 $v^{(0)}(t) = v(t)$라고 하고

$$v^{(n)}(t) = \int_{-\infty}^{t} v^{(n-1)}(\tau)\, d\tau, \qquad n = 1, 2, 3, \ldots$$

으로 정의한다. 여기서 $v^{(n)}(t)$는 시간에 관해 $v(t)$를 n번 적분한 값을 나타낸다. 이 정의는 시간적으로 과거의 값들을 모두 적분한다. 이 관계를 적분기에 관한 초기조건의 값으로 다시 나타내면 다음과 같다.

$$v^{(n)}(t) = \int_{0}^{t} v^{(n-1)}(\tau)\, d\tau + v^{(n)}(0), \qquad n = 1, 2, 3, \ldots.$$

만일 초기조건을 모두 0으로 가정하면, 미분과 작분은 서로 역연산작용이다. 즉,

$$\frac{d}{dt}v^{(n)}(t) = v^{(n-1)}(t), \qquad t > 0 \quad \text{and} \quad n = 1, 2, 3, \ldots.$$

이처럼, 만일 $N \geq M$이고 식 (2.54)를 N번 적분한다면, 그 시스템을 나타내는 다음의 적분 방정식을 얻는다.

$$\sum_{k=0}^{N} a_k y^{(N-k)}(t) = \sum_{k=0}^{M} b_k x^{(N-k)}(t). \tag{2.55}$$

2계 시스템에서 $a_0 = 1$로 놓으면, 식 (2.55)는 다음과 같다.

$$y(t) = -a_1 y^{(1)}(t) - a_0 y^{(2)}(t) + b_2 x(t) + b_1 x^{(1)}(t) + b_0 x^{(2)}(t). \tag{2.56}$$

그림 2.37의 블록 다이어그램은 각각 이 시스템에 관한 제1 및 제2 직접형이다. 제2 직접형이 제1 직접형 구조보다 더 적은 수의 적분기를 사용한다.

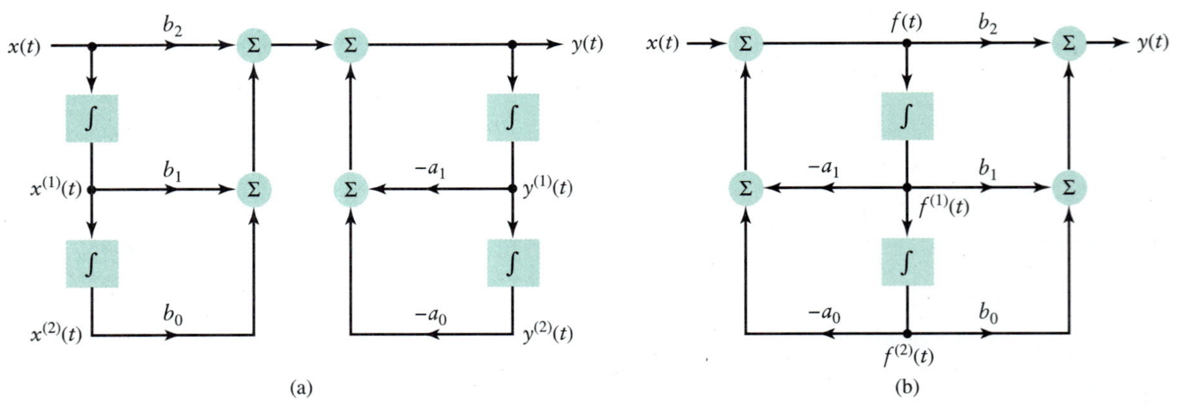

그림 2.37 2계 적분 방정식으로 설명되는 연속시간 LTI 시스템의 블록 다이어그램 표현. (a) 제1 직접형, (b) 제2 직접형

▶ **연습문제 2.25** 그림 2.38에 나타낸 시스템의 미분 방정식을 구하라.

해답:

$$\frac{d^2}{dt^2}y(t) + 3y(t) = \frac{d}{dt}x(t) + 2\frac{d^2}{dt^2}x(t). \quad ▮$$

연속시간 LTI 시스템에 관한 블록 다이어그램 표현은 시스템을 아날로그 컴퓨터로 시뮬레이션하기 위해 이용되기도 한다. 그러한 시뮬레이션에서는, 신호는 전압으로 표현되고, 저항은 스칼라 곱셈으로 사용되며, 적분기는 저항, 커패시터 및 연산 증폭기를 이용해서 구성된다(연산 증폭기는 9장에서 설명된다). 초기조건들은 적분기의 초기 전압으로 주어진다. 아날로

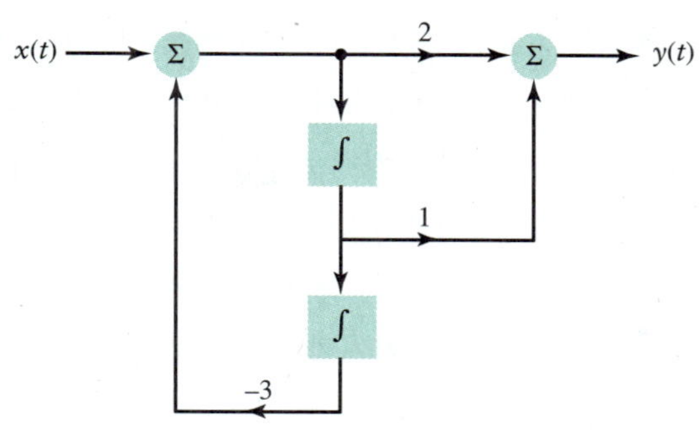

그림 2.38 연습문제 2.25에 관한 블록 다이어그램

그 컴퓨터 시뮬레이션은 디지털 컴퓨터 시뮬레이션에 비교해서 훨씬 더 까다롭고 드리프트 현상의 영향을 크게 받는다. 적분이나 미분에 관한 근사적인 수치해법을 이용하여 연속시간 시스템을 디지털 컴퓨터로 시뮬레이션함으로써 이러한 실질적인 문제점들을 피할 수 있다. 그러나, 정확도에 대한 계산의 복잡도를 균형 있게 처리하려면 디지털 컴퓨터 시뮬레이션에서 세심한 주의가 필요하다.

2.13 시스템에 대한 상태변수 표현

LTI 시스템에 관한 상태변수 표현은 시스템의 상태가 변화해가는 현상을 설명해 주는 1계 미분 또는 차분 연립 방정식과 시스템의 출력을 현재 상태 변수와 입력에 관련시켜 주는 다른 한 개의 방정식으로 이루어진다. 이 방정식들은 행렬의 형태로 표현된다. 상태변수 표현은 행렬의 형태로 표현되기 때문에, 선형 대수학의 강력한 도구들이 시스템의 거동을 체계적으로 연구하고 설계하는 데 이용될 수 있다.

시스템의 **상태**(state)란 과거의 시스템 기억을 표현하는 신호들의 최소 집합이라고 정의할 수 있다. 즉, 시간적으로 초기 점인 n_i(또는 t_i)에서의 상태변수 값들과 시간 $n \geq n_i$(또는 $t > t_i$)일 때의 입력이 주어지기만 한다면, 시간적으로 $n \geq n_i$(또는 $t > t_i$)인 모든 출력을 결정할 수 있다. 시스템의 상태를 잘 알려주는 신호의 선택은 유일한 것이 아니며, 입출력 특성이 주어진 시스템에 대응하는 상태변수 표현은 다양한 형태로 얻을 수 있음을 알게 될 것이다. 시스템을 서로 다른 형태의 상태변수로 표현하는 능력은 강력한 특질을 갖춘 것이 되는데, 그 응용은 제어 시스템의 해석과 이산시간 시스템의 구현에 관한 새로운 방법에서 찾게 된다.

2.13.1 상태변수 표현

그림 2.39에 나타낸 2계 LTI 시스템의 제2 직접형 구조의 표현으로부터 시작해서 일반적인

상태변수 방정식에 관한 표현을 얻을 것이다. 이 시스템에서 시간 $n \geq n_i$에 관한 시스템의 출력을 결정하려면, 시간 $n \geq n_i$에 대응하는 입력과 시간 $n = n_i$에서의 2개의 시간 이동 소자의 출력 $q_1[n]$과 $q_2[n]$을 알아야 한다. 이러한 사실로부터, $q_1[n]$과 $q_2[n]$을 이 시스템의 상태에 관한 변수로 선택할 수 있게 된다. $q_1[n]$과 $q_2[n]$은 시간 이동 소자의 출력이기 때문에, 시스템 상태의 다음 값인 $q_1[n+1]$과 $q_2[n+1]$은 각각 시간 이동 소자의 입력에 대응해야 한다.

그림 2.39의 블록 다이어그램으로부터, 시스템 상태의 다음 값은 현재의 상태값과 입력신호에 의해 다음 두 식으로 결정할 수 있다.

$$q_1[n+1] = -a_1q_1[n] - a_2q_2[n] + x[n] \tag{2.57}$$

$$q_2[n+1] = q_1[n]. \tag{2.58}$$

위의 블록 다이어그램으로부터, 시스템 출력은 입력과 시스템의 상태변수에 의해 다음과 같이 표현된다.

$$y[n] = x[n] - a_1q_1[n] - a_2q_2[n] + b_1q_1[n] + b_2q_2[n]$$

또는

$$y[n] = (b_1 - a_1)q_1[n] + (b_2 - a_2)q_2[n] + x[n]. \tag{2.59}$$

식 (2.57)과 (2.58)을 행렬의 형태로 다시 쓰면,

$$\begin{bmatrix} q_1[n+1] \\ q_2[n+1] \end{bmatrix} = \begin{bmatrix} -a_1 & -a_2 \\ 1 & 0 \end{bmatrix}\begin{bmatrix} q_1[n] \\ q_2[n] \end{bmatrix} + \begin{bmatrix} 1 \\ 0 \end{bmatrix}x[n] \tag{2.60}$$

이고, 식 (2.59)을 행렬로 쓰면,

$$y[n] = [b_1 - a_1 \quad b_2 - a_2]\begin{bmatrix} q_1[n] \\ q_2[n] \end{bmatrix} + [1]x[n]. \tag{2.61}$$

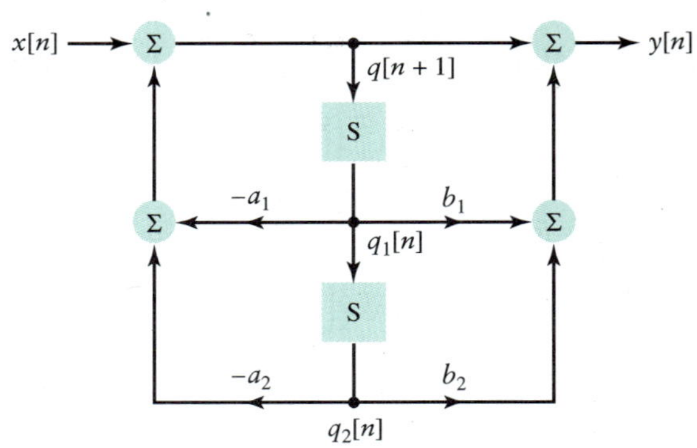

그림 2.39 상태변수 $q_1[n]$과 $q_2[n]$을 나타낸 2계 이산시간 LTI 시스템의 제2 직접형 블록 다이어그램

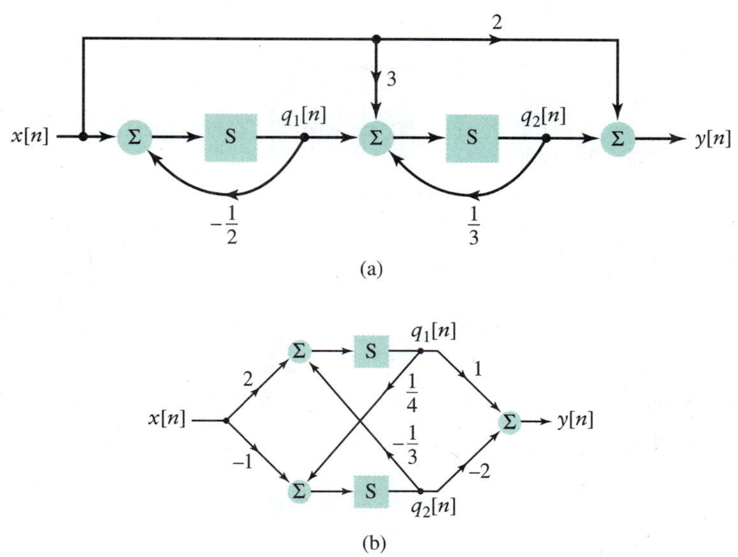

그림 2.41 연습문제 2.26에 관한 시스템의 블록 다이어그램

한 상태 방정식은 다음과 같다.

$$\frac{d}{dt}\mathbf{q}(t) = \mathbf{A}\mathbf{q}(t) + \mathbf{b}x(t) \tag{2.64}$$

$$y(t) = \mathbf{c}\mathbf{q}(t) + Dx(t). \tag{2.65}$$

여기서도 행렬 **A**, 벡터 **b**와 **c**, 스칼라 상수 D는 시스템의 내부 구성을 나타낸다.

연속시간 LTI 시스템의 기억은 시스템의 에너지 저장소자들로 이루어진다. 그러므로, 그러한 에너지 저장소자들과 관련되는 신호들을 상태변수들로 선택한다. 예를 들어, 전기 시스템의 에너지 자장소자는 인덕터와 커패시터이다. 따라서, 인덕터에 흐르는 전류와 커패시터의 양 단자 전압에 대응하는 신호를 상태변수로 선택한다. 기계 시스템이면, 에너지 저장소자는 스프링과 물체의 질량이다. 따라서 스프링의 변위와 질량의 속도를 상태변수로 선택한다. (2.64)와 (2.65)로 표현된 상태변수 방정식은, 그러한 에너지 저장소자의 작용을 입출력에 관련시키는 방정식으로부터 얻게 되는데, 다음 예제는 이런 과정을 잘 보여준다.

예제 2.29 **전기 회로의 상태변수 표현.** 그림 2.42는 전기 회로이다. 입력은 전압 $x(t)$이고 출력은 저항에 흐르는 전류 $y(t)$라고 가정하고 이시스템을 상태 방정식으로 표현하라.

▶ 풀이: 커패시터의 양 단자 전압을 상태변수로 선택한다. 전압 $x(t)$, R_1 및 C_1으로 구성된 루프에 따라 전압 강하의 합을 구하면,

$$x(t) = y(t)R_1 + q_1(t)$$

또는

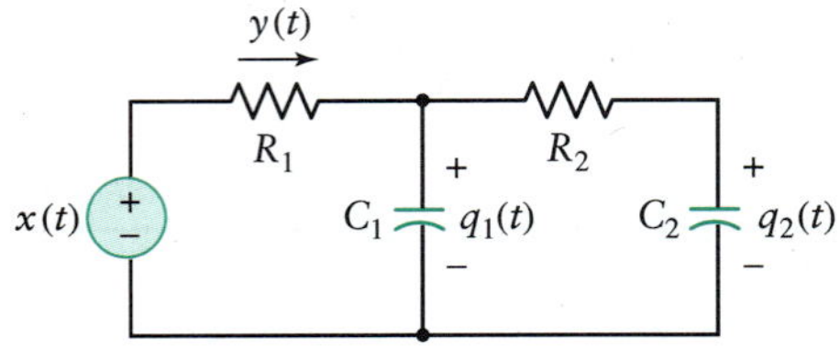

그림 2.42 예제 2.29에 관한 LTI 시스템의 회로

$$y(t) = -\frac{1}{R_1}q_1(t) + \frac{1}{R_1}x(t). \tag{2.66}$$

이 식은 상태변수와 입력의 함수로 출력을 나타낸 식이다. R_2에 흐르는 전류를 $i_2(t)$라고 하고, C_1, R_2 및 C_2로 구성된 루프에 따라 전압 강하의 합을 구하면,

$$q_1(t) = R_2 i_2(t) + q_2(t)$$

또는

$$i_2(t) = \frac{1}{R_2}q_1(t) - \frac{1}{R_2}q_2(t). \tag{2.67}$$

회로에서 다음 식을 확인할 수 있다.

$$i_2(t) = C_2\frac{d}{dt}q_2(t).$$

이 식과 식 (2.67)에 $i_2(t)$를 소거하면,

$$\frac{d}{dt}q_2(t) = \frac{1}{C_2R_2}q_1(t) - \frac{1}{C_2R_2}q_2(t). \tag{2.68}$$

필요한 수의 상태변수 방정식을 모두 얻으려면, $q_2(t)$에 관한 식이 있어야 한다. R_1과 R_2가 공통으로 접속된 노드에 KCL을 적용한다. C_1에 흐르는 전류를 $i_1(t)$라고 놓으면, 이 노드에서

$$y(t) = i_1(t) + i_2(t).$$

$y(t)$에 관한 식 (2.66)과 $i_2(t)$에 관한 식 (2.67) 및 C_1의 전압과 전류에 관한 식,

$$i_1(t) = C_1\frac{d}{dt}q_1(t)$$

을 위의 식에 대입해서 다시 정리하면,

$$\frac{d}{dt}q_1(t) = -\left(\frac{1}{C_1R_1} + \frac{1}{C_1R_2}\right)q_1(t) + \frac{1}{C_1R_2}q_2(t) + \frac{1}{C_1R_1}x(t). \tag{2.69}$$

식 (2.66), (2.68) 및 (2.69)로부터 상태변수 방정식은 다음 4개의 계수로 표현된다.

$$\mathbf{A} = \begin{bmatrix} -\left(\frac{1}{C_1R_1} + \frac{1}{C_1R_2}\right) & \frac{1}{C_1R_2} \\ \frac{1}{C_2R_2} & -\frac{1}{C_2R_2} \end{bmatrix}, \quad \mathbf{b} = \begin{bmatrix} \frac{1}{C_1R_1} \\ 0 \end{bmatrix}$$

$$\mathbf{c} = \begin{bmatrix} -\frac{1}{R_1} & 0 \end{bmatrix}, \quad \text{그리고} \quad D = \frac{1}{R_1}.$$

▶ **연습문제 2.27** 그림 2.43의 회로에 대응하는 상태변수 방정식을 구하라. 커패시터의 양 단자 전압과 인덕터에 흐르는 전류를 각각 상태변수 $q_1(t)$와 $q_2(t)$로 선택하라.

해답:

$$\mathbf{A} = \begin{bmatrix} \frac{-1}{(R_1+R_2)C} & \frac{-R_1}{(R_1+R_2)C} \\ \frac{R_1}{(R_1+R_2)L} & \frac{-R_1R_2}{(R_1+R_2)L} \end{bmatrix}, \quad \mathbf{b} = \begin{bmatrix} \frac{1}{(R_1+R_2)C} \\ \frac{R_2}{(R_1+R_2)L} \end{bmatrix},$$

$$\mathbf{c} = \begin{bmatrix} \frac{-1}{R_1+R_2} & \frac{-R_1}{R_1+R_2} \end{bmatrix}, \quad D = \begin{bmatrix} \frac{1}{R_1+R_2} \end{bmatrix}.$$

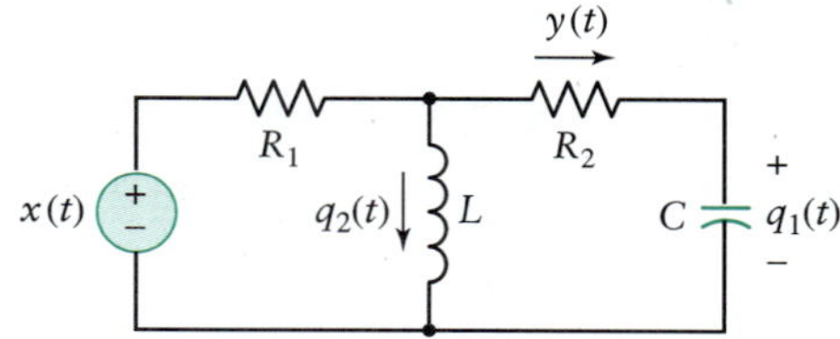

그림 2.43 연습문제 2.27에 관한 LTI 시스템의 회로

연속시간 LTI 시스템의 블록 다이어그램 표현에서, 상태변수들은 적분기들의 출력에 대응한다. 그러므로, 적분기의 입력은 그에 대응하는 상태변수의 미분으로 표현된다. 이 시스템의 상태변수 표현은 블록 다이어그램의 내부 연산에 관한 관계식으로부터 얻는다. 다음 예제는 이런 과정을 잘 보여준다.

예제 2.30 **블록 다이어그램으로부터 얻는 상태변수 방정식.** 그림 2.44의 블록 다이어그램에 대응하는 상태변수 방정식을 구하라. 상태변수는 표시된 변수를 이용하라.

풀이: 블록 다이어그램으로부터,

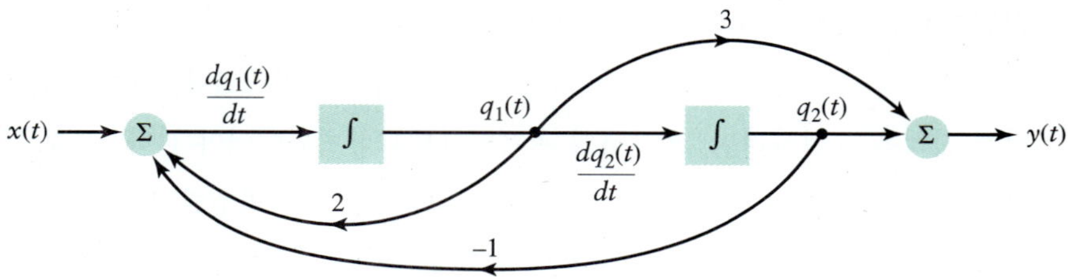

그림 2.44 예제 2.30에 관한 블록 다이어그램

$$\frac{d}{dt}q_1(t) = 2q_1(t) - q_2(t) + x(t),$$

$$\frac{d}{dt}q_2(t) = q_1(t)$$

이고, 출력에 관한 식은

$$y(t) = 3q_1(t) + q_2(t).$$

이 두 식으로부터, 상태변수 표현에 관한 계수들은

$$\mathbf{A} = \begin{bmatrix} 2 & -1 \\ 1 & 0 \end{bmatrix}, \quad \mathbf{b} = \begin{bmatrix} 1 \\ 0 \end{bmatrix},$$

$$\mathbf{c} = [3 \quad 1], \text{ 그리고 } D = [0]. \blacksquare$$

2.13.2 상태변수의 변환

입출력 특성이 주어진 한 개의 시스템에 관한 상태변수 표현은 유일한 표현이 아니라고 말했다. 상태변수를 변환하면 여러 형태의 상태변수 표현을 얻을 수 있다. 그런 변환은 원래의 상태변수를 선형 결합해서 새로운 변수를 정의함으로써 얻는다. 이 변환은 **A**, **b**, **c** 및 D의 형태를 변경시키지만, 시스템의 입출력 특성은 달라지지 않는다. 예제 2.30을 이용해서 이런 과정을 이해하게 될 것이다. 먼저 새로운 변수로서 $q_2'(t) = q_1(t)$ 및 $q_1'(t) = q_2(t)$로 선택한다. 이것은 상태변수를 서로 교환한 것에 불과하다. 즉 첫 적분기의 출력을 $q_2'(t)$라고 하고, 둘째 적분기의 출력을 $q_1'(t)$로 놓는다. 블록 다이어그램의 구성은 변경시키지 않아 시스템의 입출력 특성은 그대로 동일하게 유지된다. 그러나 이렇게 한 결과의 상태변수 표현에 관한 계수는

$$\mathbf{A}' = \begin{bmatrix} 0 & 1 \\ -1 & 2 \end{bmatrix}, \quad \mathbf{b}' = \begin{bmatrix} 0 \\ 1 \end{bmatrix},$$

$$\mathbf{c}' = [1 \quad 3], \text{ 그리고 } D' = [0]$$

이기 때문에, 상태변수 표현은 다른 형태이다.

위의 예는 원래의 상태변수에 특별히 간단한 변환을 적용한 것이다. 일반적으로, 원래의 상태변수 $\mathbf{q}$에 행렬 변환 $\mathbf{q}' = \mathbf{T}\mathbf{q}$를 적용해서 새로운 샹태변수 $\mathbf{q}'$를 정의한다. 여기서 $\mathbf{T}$는 상태변수의 **변환행렬**(transformation matrix)이라 부른다. 또, 연속시간 및 이산시간 LTI 시스템을 동시에 고려하기 위해서 시간 변수의 표시인 (t)와 $[n]$를 생략하였다. 새로운 상태변수가 시스템의 전체 기억을 표현하려면, $\mathbf{q}'$과 $\mathbf{q}$의 관계는 1대1의 변환이어야 한다. 이것은 변환행렬 $\mathbf{T}$가 **비특이**(nonsingular) **행렬**이어야 한다는 의미하며, 그의 역행렬 $\mathbf{T}^{-1}$이 존재해야 한다. 따라서, $\mathbf{q} = \mathbf{T}^{-1}\mathbf{q}'$. 원래의 상태변수 표현에 관한 2개의 방정식은

$$\dot{\mathbf{q}} = \mathbf{A}\mathbf{q} + \mathbf{b}x \tag{2.70}$$

$$y = \mathbf{c}\mathbf{q} + Dx. \tag{2.71}$$

여기서 $\mathbf{q}$의 위에 있는 기호 ˙는 연속시간 시스템의 경우 미분을 나타내고 이산시간 시스템의 경우 시간앞섬($[n+1]$)을 나타낸다. 새로운 상태변수에 따른 표현에 관한 계수들을 $\mathbf{A}'$, $\mathbf{b}'$, $\mathbf{c}'$ 및 D'라고 놓고, 이들을 얻기 위해 변환 $\dot{\mathbf{q}}' = \mathbf{T}\dot{\mathbf{q}}$를 식 (2.70)에 적용하여 $\dot{\mathbf{q}}$에 관해 정리하면,

$$\dot{\mathbf{q}}' = \mathbf{TAq} + \mathbf{Tb}x$$

이고, 오른편에 $\mathbf{q} = \mathbf{T}^{-1}\mathbf{q}'$를 대입하면,

$$\dot{\mathbf{q}}' = \mathbf{TAT}^{-1}\mathbf{q}' + \mathbf{Tb}x$$

가 되고, 식 (2.71)의 출력 방정식에 $\mathbf{q} = \mathbf{T}^{-1}\mathbf{q}'$를 대입하면,

$$y = \mathbf{cT}^{-1}\mathbf{q} + Dx.$$

따라서 이들 두 식에서 계수들을 다음과 같이 정의한다.

$$\begin{aligned} \mathbf{A}' &= \mathbf{TAT}^{-1}, \qquad \mathbf{b}' = \mathbf{Tb}, \\ \mathbf{c}' &= \mathbf{cT}^{-1}, \ \text{그리고} \ D' = D. \end{aligned} \tag{2.72}$$

이 계수들을 사용해서 새로운 상태변수에 관한 표현을 다시 쓰면,

$$\dot{\mathbf{q}}' = \mathbf{A}'\mathbf{q} + \mathbf{b}'x$$

$$y = \mathbf{c}'\mathbf{q} + D'x.$$

예제 2.31 **상태변수의 변환.** 이산시간 시스템의 상태변수 표현에 관한 계수들이 다음과 같다.

$$\mathbf{A} = \frac{1}{10}\begin{bmatrix} -1 & 4 \\ 4 & -1 \end{bmatrix}, \qquad \mathbf{b} = \begin{bmatrix} 2 \\ 4 \end{bmatrix},$$

$$\mathbf{c} = \frac{1}{2}[1 \quad 1], \ \text{그리고} \ D = 2.$$

새로운 변수를 $q_1'[n] = -\frac{1}{2}q_1[n] + \frac{1}{2}q_2[n]$ 및 $q_2'[n] = \frac{1}{2}q_1[n] + \frac{1}{2}q_2[n]$로 정의하여 이에 대응하는 계수 $\mathbf{A}'$, $\mathbf{b}'$, $\mathbf{c}'$ 및 D'를 구하라.

➤ 풀이: 새로운 상태변수의 관계를 $\mathbf{q}' = \mathbf{Tq}$ 로 놓으면,

$$\mathbf{T} = \frac{1}{2}\begin{bmatrix} -1 & 1 \\ 1 & 1 \end{bmatrix}.$$

$\mathbf{T}$는 비특이 행렬이므로, 그의 역행렬은

$$\mathbf{T}^{-1} = \begin{bmatrix} -1 & 1 \\ 1 & 1 \end{bmatrix}.$$

$\mathbf{T}$와 $\mathbf{T}^{-1}$을 식 (2.72)에 대입하면,

$$\mathbf{A}' = \begin{bmatrix} -\frac{1}{2} & 0 \\ 0 & \frac{3}{10} \end{bmatrix}, \quad \mathbf{b}' = \begin{bmatrix} 1 \\ 3 \end{bmatrix},$$
$$\mathbf{c}' = [0 \quad 1], \text{ 그리고 } D' = 2.$$

이렇게 선택한 **T**는 행렬 **A**′을 대각행렬로 만들고, 이에 따라 상태변수에 관한 방정식은 서로 독립된 2개의 1계 차분 방정식으로 분리하는 효과가 있다.

$$q_1[n+1] = -\frac{1}{2}q_1[n] + x[n]$$

이고

$$q_2[n+1] = \frac{3}{10}q_2[n] + 3x[n].$$

이와 같이 서로 독립인 상태 방정식은 그 구성이 아주 간단하기 때문에 시스템을 해석할 때 특별히 유용하다. ∎

▶ **연습문제 2.28** 연속시간 시스템의 상태변수 표현에 관한 계수들이 다음과 같다.

$$\mathbf{A} = \begin{bmatrix} -2 & 0 \\ 1 & -1 \end{bmatrix}, \quad \mathbf{b} = \begin{bmatrix} 1 \\ 1 \end{bmatrix},$$
$$\mathbf{c} = [0 \quad 2], \text{ 그리고 } D = 1.$$

새로운 변수를 $q'_1(t) = 2q_1(t) + q_2(t)$ 및 $q'_2(t) = q_1(t) - q_2(t)$로 정의하여 이에 대응하는 계수 **A**′, **b**′, **c**′ 및 D'를 구하라.

해답:

$$\mathbf{A}' = \frac{1}{3}\begin{bmatrix} -4 & -1 \\ -2 & -5 \end{bmatrix}; \quad \mathbf{b}' = \begin{bmatrix} 3 \\ 0 \end{bmatrix};$$
$$\mathbf{c}' = \frac{1}{3}[2 \quad -4]; \quad D' = 1.$$ ∎

비특이 행렬 변환 T를 적용하면, 주어진 입출력 관계를 갖고 있는 LTI 시스템을 다른 형태의 상태변수 표현으로 나타낼 수 있다. 상태변수 표현이 달라지면, 입력으로부터 시스템의 출력을 결정하는 방법들이 달라진다. 블록 다이어그램이나 상태변수의 표현들은 동일한 시스템의 내부 구성을 나타낸다. 상태변수 표현은 선형대수학의 강력한 수단들을 사용해서 시스템의 내부 구성을 체계적으로 연구하고 설계할 수 있기 때문에, 아주 유용한 방법이다. 시스템의 입출력 관계를 변경시키지 않고 시스템의 내부 구성을 변환할 수 있는 특성을 이용하면, LTI 시스템을 해석하는 경우와 그 시스템을 실현시킬 때 입출력 동작에 직접 관계되지 않는 평가함수, 즉 컴퓨터로 실현하는 경우 계산에 따른 오차의 영향들을 최적화시키는 경우에 많은 도움이 된다.

2.14 MATLAB 실습

디지털 컴퓨터는 본질적으로 수열을 저장하고 처리하는 시스템이기 때문에, 이산시간 시스템을 시간 영역에서 구현할 때 이상적으로 적합한 장치이다. 예를 들어, 콘벌루션 합은 이산시간 시스템의 입력과 출력 사이의 관계를 표현하는 식인데, 수열의 곱셈과 덧셈으로 계산되기 때문에 컴퓨터로 아주 간단히 수행된다. 이와는 대조적으로, 연속시간 시스템은 시간의 연속 함수로 표현되기 때문에 디지털 컴퓨터로 쉽게 표현되거나 처리되지 못한다. 예를 들어 연속시간 시스템의 출력은 콘벌루션 적분으로 표현되기 때문에 수치적분 등을 이용해야 하는데 이것은 이 교과과정의 수준을 벗어난 주제이다. 여기서는 MATLAB을 이용해서 이산시간 시스템을 탐색하는 것으로 그치겠다.

신호와 시스템의 탐구에 대한 제2의 한계는 메모리 또는 저장 용량의 유한성과 디지털 컴퓨터의 계산시간이다. 따라서 여기서는 유한 지속시간(finite duration)의 신호만을 다룬다. 예를 들면, 시스템의 임펄스 응답이 무한히 지속되고 입력이 무한히 지속되는 경우, 그들의 콘벌루션 합은 곱셈 결과의 무한 합으로 계산된다. 물론, 무한 지속시간의 신호를 컴퓨터에 기억시키는 일이 가능할지라도 한정된 시간 안에 무한히 많은 덧셈을 처리할 수는 없는 것이다. 이러한 한계가 있음에도 불구하고, 잘 선택된 유한 길이 신호에 관한 응답으로부터 무한 길이의 신호에 따른 시스템의 응답을 추론할 수 있다. 더구나, 안정한 LTI 시스템의 임펄스 응답은 시간이 무한대로 지남에 따라 0으로 감쇠되기 때문에 유한 시간의 응답으로 절삭해서 아주 훌륭한 근사해를 얻을 수도 있다.

이 절에서는 MATLAB의 신호처리 기능과 제어 시스템의 기능을 모두 이용할 것이다.

2.14.1 콘벌루션

2.2절에서, 콘벌루션 합은 이산시간 시스템의 입력과 임펄스 응답으로 이산시간 시스템의 출력을 표현하는 식이라고 정의하였다. MATLAB은 함수명이 **conv**인 함수를 갖고 있어서, 이 함수로 유한 기간 이산 신호들의 콘벌루션을 계산한다. 만일 **x**와 **h**가 신호를 표현하는 벡터라고 한다면, MATLAB 명령어인 **y = conv (x, h)**는 **x**와 **h**로 표현된 두 신호의 콘벌루션을 계산해서 그 결과를 나타내는 벡터 **y**를 생성한다. **y**의 요소의 수는 **x**와 **h**의 요소의 수의 합에 따라 결정된다. 콘벌루션의 원점(즉 시작시간)을 결정하기 위해서는 **x**와 **h**로 표현된 신호들의 원점 즉, 그들의 시작시간을 알아야 한다. 일반적으로, **x**의 첫 요소와 마지막 요소는 각각 시간 $n = k_x$와 $n = l_x$에 대응하고, **h**의 첫 요소와 마지막 요소는 각각 시간 $n = k_h$와 $n = l_h$에 대응하는 것으로 가정한다. 이에 따라, **y**의 첫 요소와 마지막 요소는 각각 시간 $n = k_y = k_x + k_h$와 $n = l_y = l_x + l_h$에 대응한다. 신호 $x[n]$과 $h[n]$의 길이는 각각 $L_x = l_x - k_x + 1$과 $L_h = l_h - k_h + 1$인 사실에 유의해야 한다. 그러므로, $y[n]$의 길이는 $L_y = l_y - k_y + 1 = L_x + L_h - 1$이다.

이들에 관한 예로서, 예제 2.1을 다시 이용하는데, 여기서는 MATLAB을 사용한다. 임펄스 응답과 입력에서 0이 아닌 처음 시간은 $n = k_h = k_x = 0$이다. 임펄스 응답과 입력의 마지막 요소들의 시간은 각각 $n = l_h = 1$과 $n = l_x = 2$이다. 따라서, 콘벌루션 **y**가 시작하는 시간은 $n = k_y = k_x + k_h = 0$ 이고 끝나는 시간은 $n = l_y = l_x + l_h = 3$이며, 길이는 $L_y = l_y - k_y + 1 = 4$ 이다. 이러한 콘벌루션을 MATLAB 계산으로 표현하면 다음과 같다.

```
>>h=[-1, 0.5];
>>x=[2, 4, -2];
>>y=conv(x, h)
y=
          2 5 0 -1
```

예제 2.3에서, 임펄스 응답이

$$h[n] = (1/4)(u[n] - u[n-4])$$

이고, 입력이

$$x[n] = u[n] - u[n-10]$$

인 시스템의 출력을 수작업으로 계산했었다. 그러한 콘벌루션을 MATLAB의 명령어 **conv**을 사용해서 다음과 같이 계산할 수 있다: 이 경우, $k_h = 0$, $l_h = 3$, $k_x = 0$, $l_x = 9$이므로 **y**가 시작되는 시간은 $n = k_y = 0$, 끝나는 시간은 $n = l_y = 12$, 길이는 $L_y = 13$이다. 이 시스템의 임펄스 응답은 4개의 연속된 0.25로 이루어져 있고, 입력은 10개의 연속된 1로 이루어져 있다. 이런 신호들은 MATLAB의 명령어들에 의해 다음과 같이 표현된다.

```
>>h=0.25*ones(1, 4);
>>x=ones(1, 10);
```

출력을 계산해서 그래프로 나타내는 명령어는 다음과 같다.

```
>>n=0:12;
>>y=conv(x, h);
>>stem(n, y); xlabel( 'n' ); ylabel( 'y[n]' )
```

그림 2.45는 이 결과에 관한 그래프이다.

▶ **연습문제 2.29** MATLAB을 사용해서 연습문제 2.2(c)를 풀어라. $\alpha = 0.9$이다. 다시 말해서, 입력이 $x[n] = 2\{u[n+2] - u[n-12]\}$이고 임펄스 응답이 $h[n] = 0.9n\{u[n-2] - u[n-13]\}$인 시스템의 출력을 계산하라.

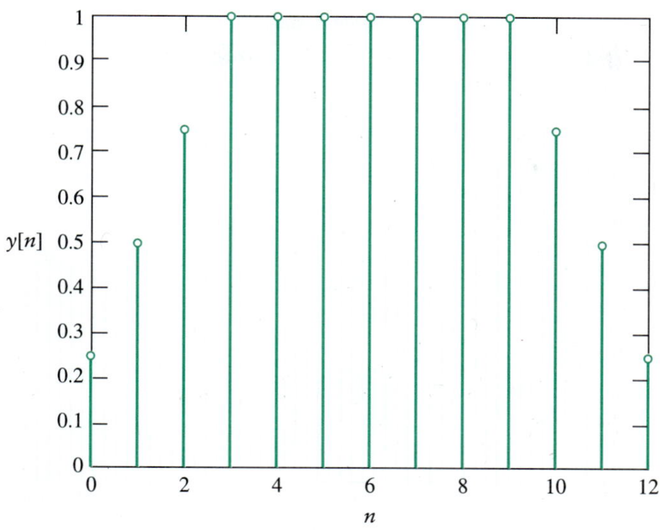

그림 2.45 MATLAB을 이용해서 계산한 콘벌루션

➡ 해답: 그림 2.46을 참조. ∎

2.14.2 계단 응답

계단 응답은 계단 입력에 대응하는 시스템의 출력이고 일반적으로 지속시간이 무한히 길다. 그러나, $n < k_x$인 시간에 대해 시스템의 임펄스 응답이 0이면, 길이 p인 유한 길이 계단 신호와 처음 p개의 $h[n]$을 명령어 **conv**에 의해 콘벌루션해서 계단 응답의 처음 p개의 값을 간

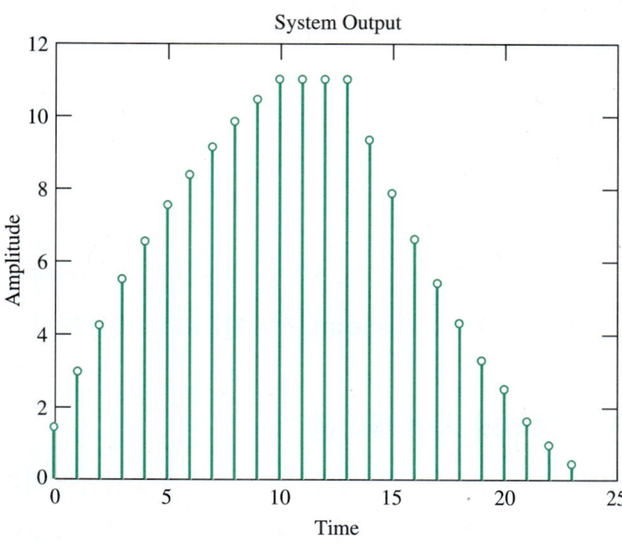

그림 2.46 연습문제 2.29의 답

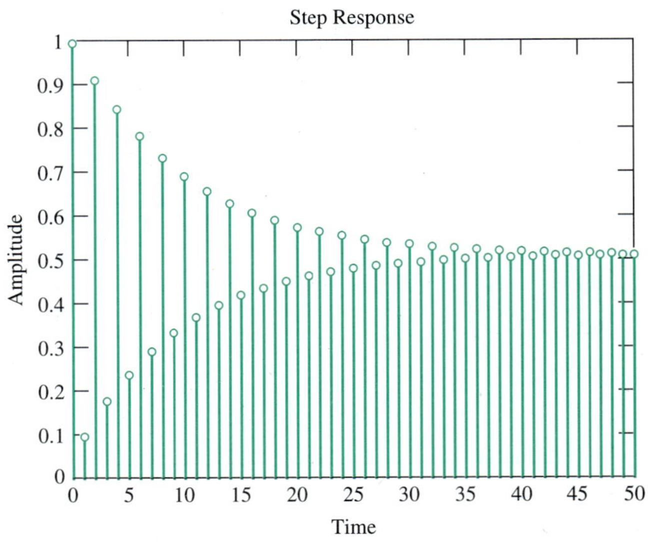

그림 2.47 MATLAB을 사용해서 계산된 계단 응답

단히 계산할 수 있다. 즉, 임펄스 응답의 처음 p개의 값으로 벡터 **h**를 구성하고 계단 신호를 **u=ones(1, p)**로 정의하고 **s=conv(u, h)**를 계산한다. **s**의 처음 요소는 시간 k_h에 대응하고 **s**의 처음 p개의 값은 계단 응답의 처음 p개의 값을 나타낸다. **s**의 나머지 요소들은 계단 응답에 대응하는 것이 아니라 유한 길이 신호들의 콘벌루션에 따라 생성된 결과이다.

예를 들면, 연습문제 2.12에 주어진 임펄스 응답, 즉

$$h[n] = (\rho)^n u[n]$$

을 가진 시스템에 관한 처음 50개의 계단 응답을 결정할 수 있다. $\rho = 0.9$로 하고 MATLAB 명령어로 쓰면 다음과 같이 계산된다.

```
>>h=(-0.9).^[0:49];
>>u=ones(1, 50);
>>s=conv(u, h);
```

벡터 **s**는 99개의 요소를 갖게 되고 그 중 처음 50개는 계단 응답을 나타내며 이들은 그림 2.47과 같다. 이 그래프는 MATLAB 명령어 **stem([0:49], s(1:50))**을 사용해서 얻는다.

2.14.3 차분 방정식의 시뮬레이션

2.9절에서 시스템의 차분 방정식 표현을 구할 때, 시스템의 출력이 입력과 과거의 출력으로부터 계산되는 순환형으로 표현했었다. 명령어 **filter**가 이와 비슷한 기능을 수행한다. 식 (2.36)의 계수를 나타내는 벡터로서 **a** = $[a_0, a_1, a_2, ..., a_N]$과 **b** = $[b_0, b_1, b_2, ..., b_M]$을 정

의한다. 만일 **x**가 입력을 나타내는 벡터이면, 명령어 **y=filter (b, a, x)**는 초기조건이 모두 0인 시스템의 출력을 나타내는 벡터 **y**를 생성한다. **y**에 포함된 출력의 수는 **x**에 포함되어 있는 입력값의 수에 대응한다. 초기조건이 0이 아니면, 다른 명령어인 **y=filter(b, a, x, zi)**를 사용하는데, 여기서 **zi**는 명령어 **filter**가 필요로 하는 초기조건을 나타낸다. 명령어 **filter**는 출력을 결정할 때 변형된 형태의 차분 방정식을 사용하기 때문에, **filter**에 의해 사용되는 초기조건은 출력의 과거값들이 아니다. 그보다는 오히려, 이 초기조건들은 명령어 **zi=filtic(b, a, yi)**에 의해서 과거의 출력에 관한 지식으로부터 얻어진다. 여기서 **yi**는 $[y[-1], y[-2], \ldots, y[-N]]$의 순서로 초기조건을 포함하는 벡터이다.

예제 2.16을 다시 사용해서 명령어 **filter**의 사용법을 예시하겠다. 이 예제의 시스템은 다음 차분 방정식으로 표현했었다.

$$\begin{aligned} y[n] - 1.143y[n-1] + 0.4128y[n-2] &= \\ 0.0675x[n] + 0.1349x[n-1] &+ 0.675x[n-2]. \end{aligned} \tag{2.73}$$

여기서는 입력은 0, 초기조건은 각각 $y[-1] = 1$과 $y[-2] = 2$으로 하고 다음의 MATLAB 명령어를 사용하여 출력을 계산한다.

```
>>a=[1, -1.143, 0.4128];   b=[0.0675, 0.1349, 0.675];
>>x=zeros(1,50);
>>zi=filtic(b, a. [1, 2]);
>>y=filter(b, a, x, zi);
```

그림 2.28(b)는 이 결과를 나타낸 것이다. 인텔사의 주가 데이터를 입력으로 하는 시스템 응답은 다음 명령어로 계산할 수 있다.

```
>>load Intc;
>>filtintc=filter(b, a, Intc);
```

여기서, 인텔사의 주가 데이터는 파일명 **Intc.mat**에 저장되어 있는 것으로 가정하였다. 그림 2.28(g)는 이 결과를 나타낸 것이다.

▶ **연습문제 2.30** 명령어 **filter**를 사용하여, 식 (2.73)으로 표현되는 시스템의 계단 응답 중 처음 50개의 값과, 입력이 $x[n] = \cos(\pi n/5)$일 때 처음 100개의 값을 결정하라. 여기서 초기조건은 0으로 가정한다.

해답: 그림 2.28(a)와 (d)를 참조하라. ∎

차분 방정식으로 표현된 시스템의 임펄스 응답 중 처음 n개의 값을 계산하는 명령어는 **[h, t]=impz (b, a, n)**이다. 방정식의 계수는 명령어 **filter**의 경우처럼 벡터 **b**와 **a**에 저장된다. 벡터 **h**는 임펄스 응답의 값을 나타내고, **t**는 시간지표에 대응하는 값을 나타낸다.

2.14.4 상태변수 표현

MATLAB 제어 시스템 도구에는 상태변수 표현을 다루는 다양한 형태의 처리루틴들이 있다. 제어 도구의 중요한 특징 중 하나는 LTI 객체를 이용하는 점이다. LTI 객체는, LTI 시스템의 표현에 관한 조작을 한개의 MATLAB 변수처럼 사용할 수 있도록 사용자가 정의한 데이터 구조로 정의된다. 만일 **a, b, c** 및 **d**가 각각 상태변수 표현의 행렬 **A, b, c** 및 D를 나타내는 MATLAB 배열이라고 한다면, 명령어 **sys=ss (a, b, c, d, −1)**은 이산시간 시스템을 상태변수로 나타내는 LTI 객체 **sys**를 생성한다. 연속변수 시스템의 LTI 객체를 얻기 위해서는 인수 −1이 제외된 형태, 즉 **sys = ss (a, b, c, d)**를 이용한다. 다른 형태의 표현에 관한 LTI 객체들은 6.14절과 7.11절에서 논의한다.

MATLAB을 이용하여 시스템을 다루는 것은 LTI 객체에 대한 연산작용으로 이루어진다. 예를 들어, **sys1**과 **sys2**가 상태변수로 표현된 두 시스템을 나타내는 객체라고 가정하면, **sys=sys1 + sys2**는 **sys1**과 **sys2**의 병렬접속에 관한 상태변수 표현을 생성하고, 반면에 **sys=sys1*sys2**는 종속접속에 관한 상태변수 표현을 생성한다.

함수 **lsim**은 지정되는 입력에 대한 LTI 시스템의 출력을 시뮬레이션한다. 이산시간 시스템이면, 이 명령어의 형태는 **y = lsim(sys, x)**이며, 여기서 벡터 **x**는 입력을 나타내고 **y**는 시스템의 출력을 나타낸다. 명령어 **h = impulse(sys, N)**는 임펄스 응답을 계산해서 처음 **N**개의 값을 **h**에 저장한다. 이들 두 문장의 형태만 조금 변경하면, 이들 두 명령어들은 연속시간 시스템에도 적용될 수 있다. 연속시간 시스템이면, 이들 시스템에 관한 결과를 얻기 위해서는 수치계산법이 이용될 수도 있다.

LTI 시스템에 관한 상태변수 표현은 유일한 표현이 아니라는 점은 이미 알고 있을 것이다. 동일한 시스템에 관한 다른 형태의 상태변수 표현은 상태변수를 변환해서 얻을 수 있다. MATLAB에서 상태변수를 변환하는 처리루틴은 **ss2ss**이다. 상태변수의 변환은 이산시간 시스템과 연속시간 시스템에서 동일하기 때문에, 동일한 명령어가 사용된다. 이 명령어의 형태는 **sysT = ss2ss(sys, T)**이다. 여기서 **sys**는 원래의 시스템을 나타내고 **T**는 상태변수의 변환행렬을 나타내며, **sysT**는 변환되어 얻어진 상태변수 표현을 나타낸다.

예제 2.31의 상태변수 표현, 즉

$$\mathbf{A} = \frac{1}{10}\begin{bmatrix} -1 & 4 \\ 4 & -1 \end{bmatrix}, \qquad \mathbf{b} = \begin{bmatrix} 2 \\ 4 \end{bmatrix},$$
$$\mathbf{c} = \frac{1}{2}[1 \quad 1], \quad \text{and} \quad D = 2$$

를 상태변수 변환행렬,

$$T = \frac{1}{2}\begin{bmatrix} -1 & 1 \\ 1 & 1 \end{bmatrix}$$

과 명령어 **ss2ss**를 이용하여 변환한다면 다음과 같은 명령어를 쓸 수 있다.

```
>>a=[-0.1, 0.4; 0.4, -0.1];   b=[2; 4];
>>c=[0.5, 0.5];   d=2;;
>>sys=ss(a,b,c,d,-1);          % define the state-space
                                  object sys
>>T=0.5*[-1, 1; 1, 1];
>>sysT=ss2ss(sys, T)
a=
                 x1          x2
      x1   -0.50000           0
      x2          0     0.30000
b=
                 u1
      x1    1.00000
      x2    3.00000
c=
                 x1          x2
      y1          0     1.00000
d=
                 u1
      y1    2.00000
Sampling time: unspecified
Discrete-time system.
```

이 결과는 예제 2.31의 결과와 동일하다. **sys**와 **sysT**로 표현된 이들 두 시스템에 관한 임펄스 응답을 다음 명령어들로 계산하여 비교함으로써, 이들이 동일한 입출력 특성을 갖는다는 점을 입증할 수 있다:

```
>>h=impulse(sys,10);   hT=impulse(sysT,10);
>>subplot(2, 1, 1)
>>stem([0:9], h)
>>title('Original System Impulse Response');
>>xlabel('Time'); ylabel('Amplitude')
>>subplot(2, 1, 2)
```

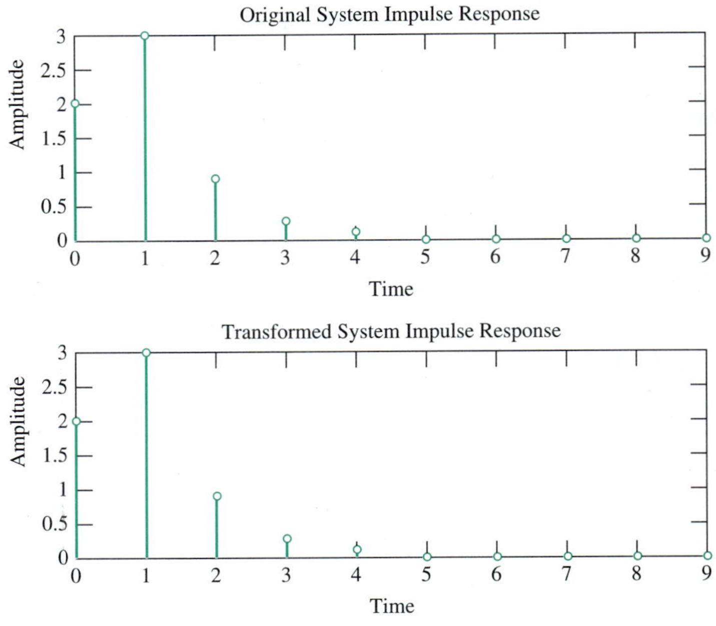

그림 2.48 원래의 시스템과 MATLAB에 의해 상태변수 변환된 시스템에 관련된 임펄스 응답

```
>>stem([0:9], hT)
>>title('Transformed System Impulse Response');
>>xlabel('Time'); ylabel('Amplitude')
```

그림 2.48은 위의 명령에 따라 처음 10개의 임펄스 응답을 계산한 그래프이다. 이들 두 시스템에 관한 오차 **err = h−hT**를 계산해서 (수치적으로) 동일한 임펄스 응답이라는 것도 증명된다.

▶ **연습문제 2.31** MATLAB을 이용해서 연습문제 2.28을 풀어라. ∎

2.15 요 약

입력 신호에 대한 LTI 시스템의 반응은 여러 가지의 서로 다른 방법으로 설명된다. 이 장에서, LTI 시스템에 관한 4가지 표현들: 임펄스 응답, 미분과 차분 방정식, 블록 다이어그램 및 상태변수 표현들을 탐구했다. 이들 4가지 표현들은 입출력 관계에서 서로 등가적이다. 즉 한 가지의 입력이 주어지면, 4가지의 시스템들은 동일한 출력을 생성한다. 그러나, 서로 다른 표현은 시스템 특성에 관한 서로 다른 식견을 가르쳐주고 입력으로부터 출력을 계산할 때 서로 다른 방법을 사용한다. 이처럼, 각 표현방법은 특정한 시스템 문제를 풀기 위해 적용될 때 각각의 장점과 단점을 가지고 있다.

임펄스 응답 표현은 입력이 임펄스일 때 얻어지는 시스템 출력이다. 임의의 입력에 대한 LTI 시스템의 출력은 콘벌루션에 의해 임펄스 응답으로 표현된다. 인과성과 안정성 같은 시스템 특성들은 임펄스 응답에 직접 관련이 있고, 이는 시스템의 접속을 해석하는 편리한 틀이다. 임펄스 응답과 콘벌루션으로 시스템의 출력을 결정하려면, 모든 시간에 대한 입력이 분명히 주어져야 한다.

LTI 시스템의 입출력은 미분 또는 차분 방정식으로 표현된다. 미분 방정식은 연속시간 시스템을 구성하는 소자의 동작과 상호작용을 정의하는 물리적 원리로부터 얻어진다. 미분 방정식의 계는 그 시스템을 구성하고 있는 에너지 저장소자의 최대수로 결정되며, 반면에 이산시간 시스템의 경우 차분 방정식의 계는 시스템의 기억장치에 저장된 과거 출력값의 수로 결정된다. 임펄스 응답 표현과는 달리, 미분 또는 차분 방정식 표현을 사용할 때 과거의 모든 입력에 관한 지식이 없어도 일단 초기조건이 주어지기만 하면, 정해진 미래 시간에 관한 시스템 출력을 결정할 수 있다. 초기조건은 에너지 저장소자나 시스템 메모리의 초기값이고, 따라서 이들은 관심을 가진 시작 시간까지 과거의 입력의 영향을 종합한 결과이다. 미분 또는 차분 방정식의 해는 자연 응답과 강제 응답으로 구분된다. 자연 응답은 초기조건에 따른 시스템의 동작을 설명하고 강제 응답은 이력에만 의존하는 시스템 동작을 설명한다.

블록 다이어그램은 신호에 대한 시스템의 기본 연산작용의 상호 접속을 표현한다. 이 연산작용들의 접속 방법들은 시스템의 내부 구조를 정의한다. 서로 다른 블록 다이어그램일지라도 동일한 입출력 특성을 갖는다.

상태변수 표현은 LTI 시스템의 제어문제에 이미 널리 이용되는 표현이며 차분 방정식을 구현하는 구조문제에서 공부했다. 상태변수 표현은 시스템 동작을 나타내는 일계 미분 또는 차분방정식의 연립 방정식들의 집합으로 이루어진다. 행렬의 형태로 나타내면, 상태변수 방정식은 2개의 방정식으로 구성된다. 그 중 한 개는 시스템의 상태가 진전되는 과정을 나타내는 방정식이고 다른 한 개의 방정식은 시스템의 상태를 출력에 관련시키는 방정식이다. 시스템의 상태는 과거에 대한 시스템의 기억값을 나타낸다. 상태변수의 수는 에너지 저장소자의 수 또는 과거값이 기억된 최대수에 대응한다. 상태변수의 선택에 유일한 방법은 없다. 한 개의 시스템을 나타내는 무한히 많은 상태변수 표현들은 동일한 입출력 특성을 갖는다. 이처럼, 상태변수 표현들은 무리 시스템의 내부 구조를 표현하기 위해 이용되고, 임펄스 응답이나 미분/차분 방정식에 의한 표현들보다 더 상세한 특성을 제공하는 방법이다.

참고문헌

1. 이 장과 다음 장에 관련되는 더 많은 자료들에 대한 간략한 요약과 풀이가 있는 문제:

Hsu, H. p., *Signals and Systems*, Schaum's Outline Series(McGraw-Hill, 1995)

2. 미분 방정식의 일반 해법:

Boyce, W.E., and R. C. Diprima, *Elementary Differential Equations*, 6th ed. (Wiley, 1997)

3. 신호처리 문제에 대한 차분 방정식과 블록 다이어그램의 응용

Proakis, J. G., and D. G. Manolakis, *Digital Signal Processing: Principles, Algorithms and Applications*, 3rd ed. (Rrentice Hall, 1995)

Oppenheim, A, V., R. W. Schafer, and J. R. Buck, *Discrete Time Signal Processing*, 2nd ed. (Prentice Hall, 1999)

위의 두 권은 컴퓨터로 이산시간 LTI 시스템을 구현하는 수치문제를 다룬다. 연속시간 및 이산시간 구현을 나타내기 위하여 신호흐름도를 이용한다. 몇 가지 사소한 문제를 제외하면, 블록 다이어그램과 신호흐름도는 동일한 표현이다.

4. 이 장에서, 블록 다이어그램을 나타내는 방정식을 정리해서 블록 다이어그램의 입출력 관계를 결정했다.

LTI 시스템의 블록 다이어그램에 대한 입출력 특성을 계산할 때 Mason의 공식은 직접적인 방법이다. 이 공식에 관한 설명:

Dorf, R. C., and R. H. Bishop, *Modern Control Systems*, 7th ed. (Addison-Wesley, 1995)

Phillips, C. L., and R. D. Harbor, *Feedback control systems*, 3rd ed. (Prentice Hall, 1996)

5. 제어 시스템에 관한 해석과 설계에서 미분 방정식, 블록 다이어그램 및 상태변수의 역할의 내용은 4번 참고문헌 두 권에 상세히 수록되어 있다.

6. 제어 시스템에 대한 상태변수 표현의 더 상세하고 고급스러운 주제들은 다음을 참조하라.

Chen, C. T., *Linear System Theory and Design* (Holt, Rinehart, and Winston, 1984)

Friedland, B., *Control System Theory and Design: An Introduction to State-Space Mathods*(McGraw-Hill, 1986)

이산시간 LTI 시스템의 구현에 관한 상태변수 표현에서 세심하고 고급스러운 응용문제들과 수치계산에 나타나는 오차문제 등은 다음 문헌을 참조하라.

Roberts, R. A., and C. T. Mullis, *Digital Signal Processing* (Addison-Wesley, 1987)

▶ 추가 문제(Additional Problems)

2.32 그림 P2.32(a)는 LTI 시스템의 임펄스 응답에 대한 그림이다. 선형성과 시불변성을 이용해서, 다음 입력에 관한 시스템의 출력을 결정하라.

(a) $x[n] = 3\delta[n] - 2\delta[n-1]$

(b) $x[n] = u[n+1] - u[n-3]$

(c) 그림 P2.32(b)에 주어진 $x[n]$

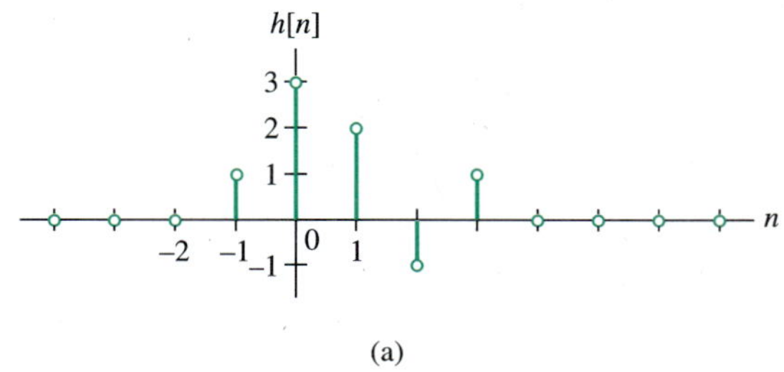

(a)

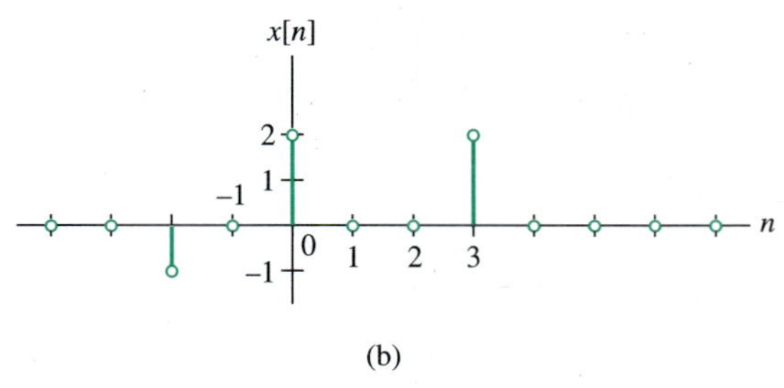

(b)

그림 P2.32

2.33 다음과 같은 이산시간 콘벌루션을 계산하라.

(a) $y[n] = u[n+3] * u[n-3]$

(b) $y[n] = 3^n u[-n+3] * u[n-2]$

(c) $y[n] = \left(\frac{1}{4}\right)^n u[n] * u[n+2]$

(d) $y[n] = \cos\left(\frac{\pi}{2}n\right)u[n] * u[n-1]$

(e) $y[n] = (-1)^n * 2^n u[-n+2]$

(f) $y[n] = \cos\left(\frac{\pi}{2}n\right) * \left(\frac{1}{2}\right)^n u[n-2]$

(g) $y[n] = \beta^n u[n] * u[n-3], \quad |\beta| < 1$

(h) $y[n] = \beta^n u[n] * \alpha^n u[n-10], \quad |\beta| < 1, |\alpha| < 1$

(i) $y[n] = (u[n+10] - 2u[n] + u[n-4]) * u[n-2]$

(j) $y[n] = (u[n+10] - 2u[n] + u[n-4]) * \beta^n u[n], \quad |\beta| < 1$

(k) $y[n] = (u[n+10] - 2u[n+5] + u[n-6]) * \cos\left(\frac{\pi}{2}n\right)$

(l) $y[n] = u[n] * \sum_{p=0}^{\infty} \delta[n-4p]$

(m) $y[n] = \beta^n u[n] * \sum_{p=0}^{\infty} \delta[n-4p], \quad |\beta| < 1$

(n) $y[n] = \left(\frac{1}{2}\right)^n u[n+2] * \gamma^{|n|}$

2.34 다음 쪽 그림 P2.34의 이산시간 신호에 대해, 다음 콘벌루션 합을 계산하라.

(a) $m[n] = x[n] * z[n]$

(b) $m[n] = x[n] * y[n]$

(c) $m[n] = x[n] * f[n]$

(d) $m[n] = x[n] * g[n]$

(e) $m[n] = y[n] * z[n]$

(f) $m[n] = y[n] * g[n]$

(g) $m[n] = y[n] * w[n]$

(h) $m[n] = y[n] * f[n]$

(i) $m[n] = z[n] * g[n]$

(j) $m[n] = w[n] * g[n]$

(k) $m[n] = f[n] * g[n]$

2.35 처음 $10,000을 저축하면서 매년 5%의 이율을 받기로 했다. 그 다음해부터 매년 첫달에 $1,000을 저축한다. 콘벌루션을 이용해서, 매년 첫달 입금한 직후의 잔고를 계산하라.

2.36 $20,000을 융자 받고 매월 1%(연 12%)의 이율로 상환하기로 했다. 매월 첫째 날에 $200을 상환한다. 콘벌루션을 이용해서, 매월 상환한 직후의 빚을 계산하라.

2.37 콘벌루션 합을 계산하는 과정은 다항식을 곱셈할 때 잘 알려져 있는 계산과정에 대응한다. 이를 확인하기 위해서, 다항식에서 z^n의 계수를 시간 n에 관한 신호로 대응시킨 다음, 그 다항식을 신호로 볼 수 있다. 예를 들어, 다항

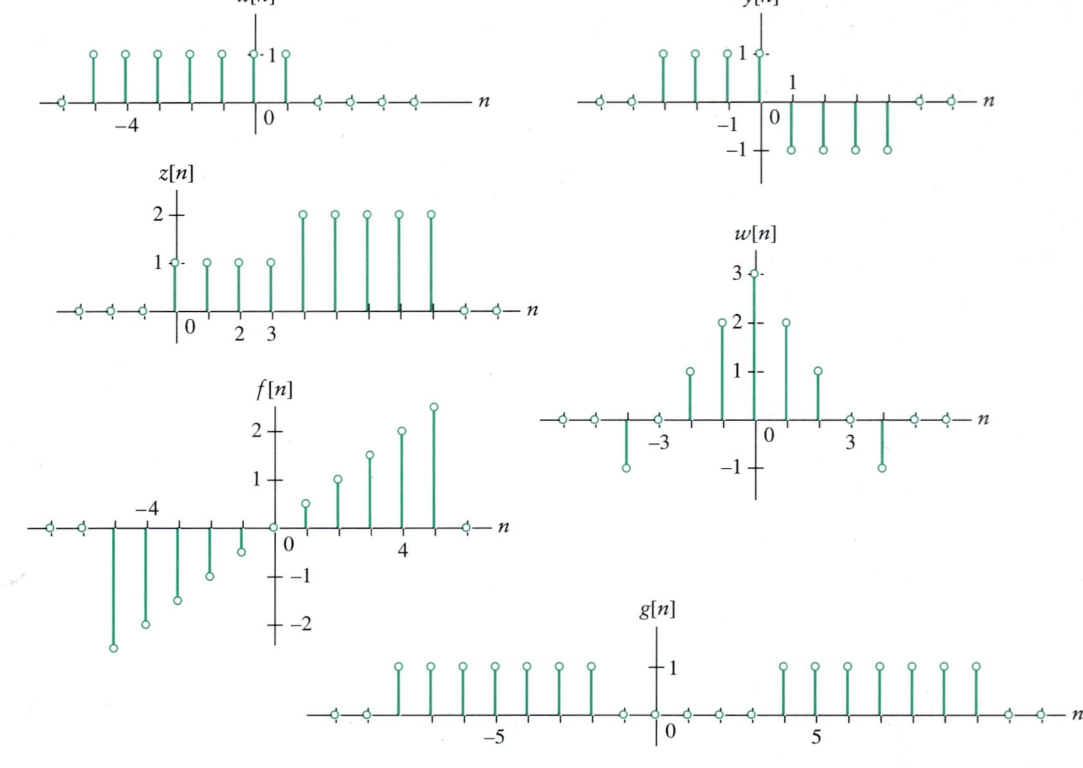

그림. P2.34 (문제 2.34)

식 $x[n] = 2 + 3z^2 - z^3$은 신호 $x[n] = 2\delta[n] + 3\delta[n-2] - \delta[n-3]$에 대응된다. 다항식의 곱셈은, 모든 항을 서로 곱하고 n차에 관한 항을 모두 합해서 n차 항의 계수를 얻는 방법이다. 이것은, $w_n[k]$를 계산하고 k에 관한 합을 구해서 $y[n]$을 결정하는 과정과 동일하다.

콘벌루션을 계산하는 방법과 다항식의 곱셈을 각각 이용해서 $y[n] = x[n] * h[n]$을 계산하라.

(a) $x[n] = \delta[n] - 2\delta[n-1] + \delta[n-2]$,
$h[n] = u[n] - u[n-3]$

(b) $x[n] = u[n-1] - u[n-5]$,
$h[n] = u[n-1] - u[n-5]$

2.38 LTI 시스템의 임펄스 응답 $h(t)$가 그림 P2.38과 같다. 성형성과 시불변성을 이용해서 다음 입력에 대응하는 시스템 출력 $y(t)$를 계산하라.

(a) $x(t) = 2\delta(t+2) + \delta(t-2)$

(b) $x(t) = \delta(t-1) + \delta(t-2) + \delta(t-3)$

(c) $x(t) = \sum_{p=0}^{\infty}(-1)^p\delta(t-2p)$

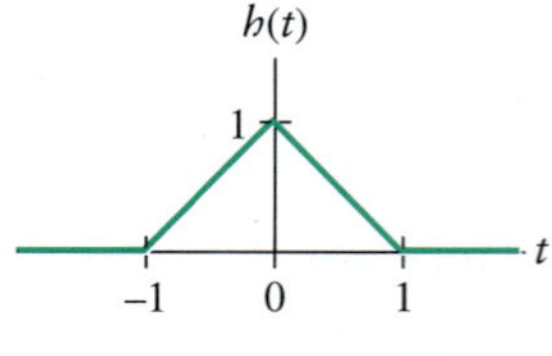

그림 P2.38

2.39 다음의 연속시간 콘벌루션 적분을 계산하라.

(a) $y(t) = (u(t) - u(t-2)) * u(t)$

(b) $y(t) = e^{-3t}u(t) * u(t+3)$

(c) $y(t) = \cos(\pi t)(u(t+1) - u(t-1)) * u(t)$

(d) $y(t) = (u(t+3) - u(t-1)) * u(-t+4)$

(e) $y(t) = (tu(t) + (10-2t)u(t-5) - (10-t)u(t-10)) * u(t)$

(f) $y(t) = 2t^2(u(t+1) - u(t-1)) * 2u(t+2)$

(g) $y(t) = \cos(\pi t)(u(t+1) - u(t-1)) * (u(t+1) - u(t-1))$

(h) $y(t) = \cos(2\pi t)(u(t+1) - u(t-1)) * e^{-t}u(t)$

(i) $y(t) = (2\delta(t+1) + \delta(t-5)) * u(t-1)$

(j) $y(t) = (\delta(t+2) + \delta(t-2)) * (tu(t) + (10-2t)u(t-5) - (10-t)u(t-10))$

(k) $y(t) = e^{-\gamma t}u(t) * (u(t+2) - u(t))$

(l) $y(t) = e^{-\gamma t}u(t) * \sum_{p=0}^{\infty} \left(\frac{1}{4}\right)^p \delta(t-2p)$

(m) $y(t) = (2\delta(t) + \delta(t-2)) * \sum_{p=0}^{\infty} \left(\frac{1}{2}\right)^p \delta(t-p)$

(n) $y(t) = e^{-\gamma t}u(t) * e^{\beta t}u(-t)$

(o) $y(t) = u(t) * h(t)$, where $h(t) = \begin{cases} e^{2t} & t < 0 \\ e^{-3t} & t \geq 0 \end{cases}$

2.40 그림 P2.40의 연속시간 신호에 대해, 다음의 콘벌루션 적분을 계산하라.

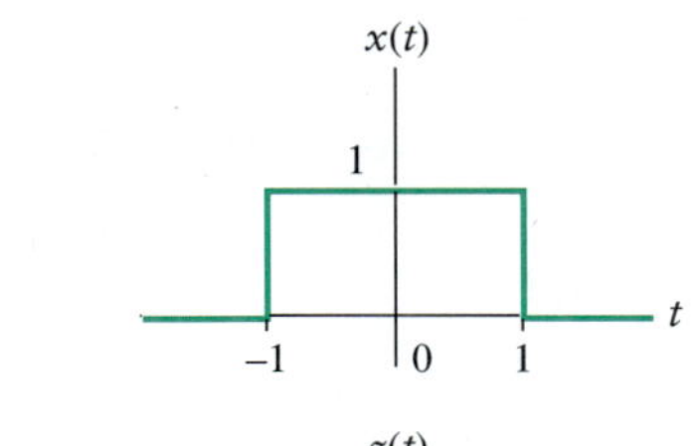

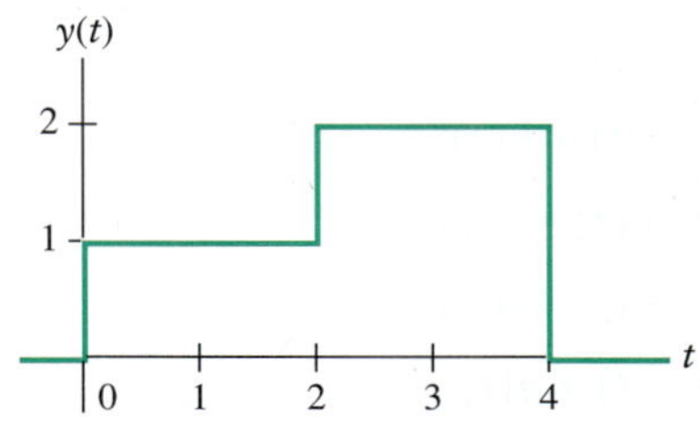

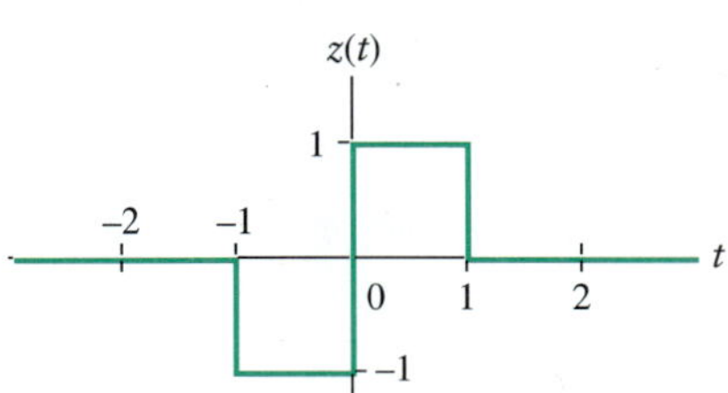

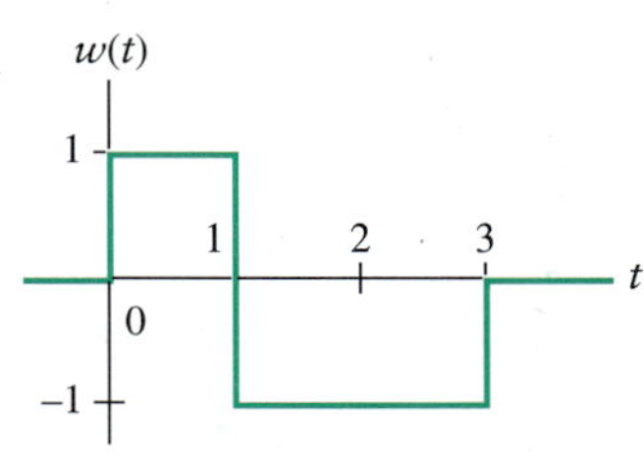

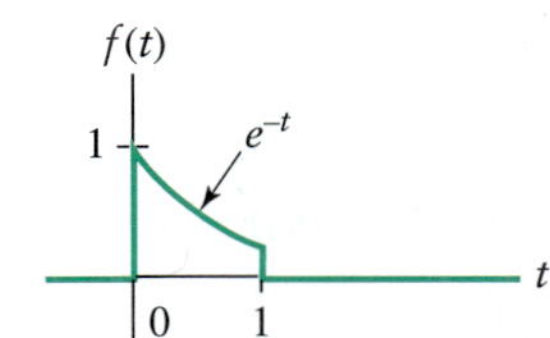

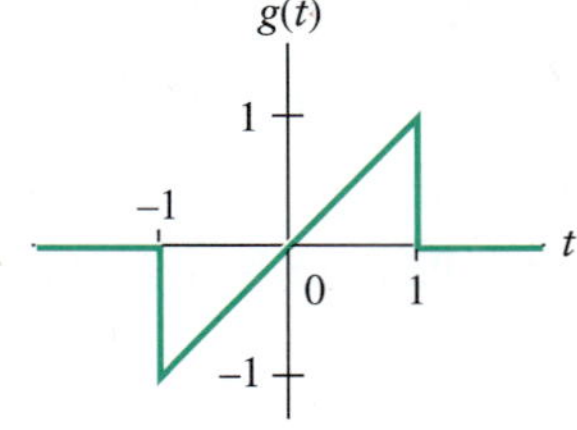

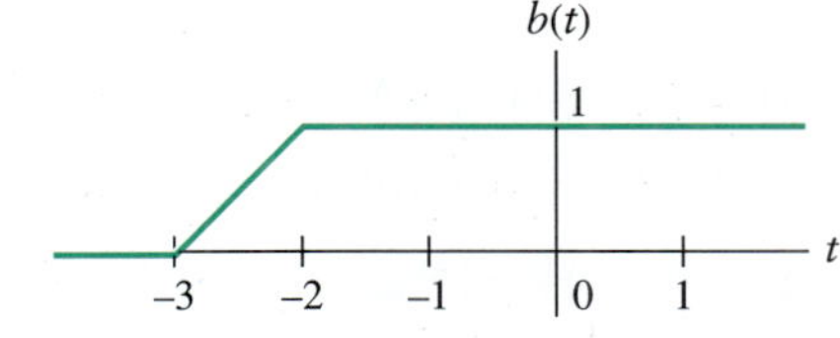

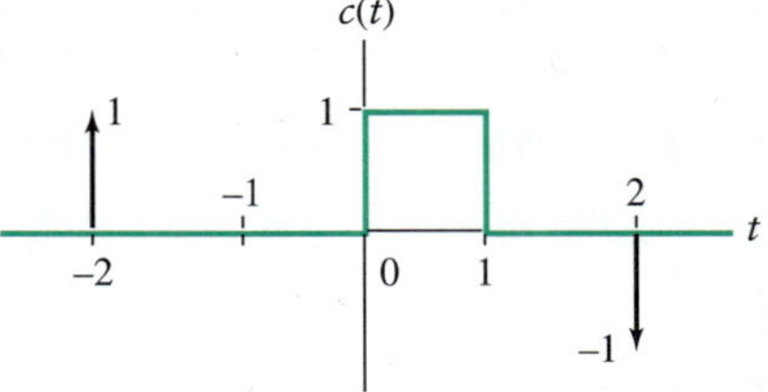

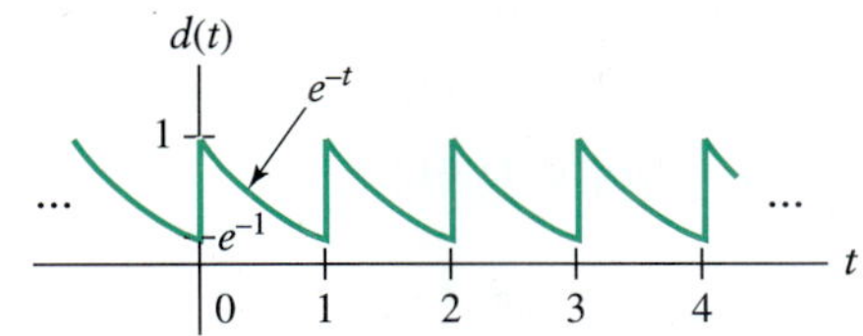

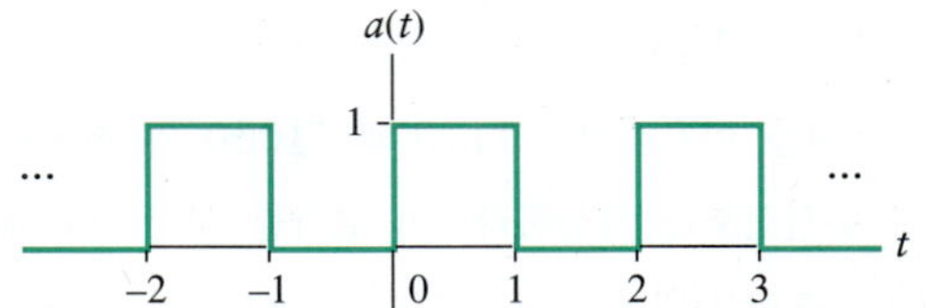

그림 p2.40

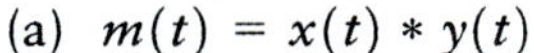

(a) $m(t) = x(t) * y(t)$
(b) $m(t) = x(t) * z(t)$
(c) $m(t) = x(t) * f(t)$
(d) $m(t) = x(t) * a(t)$
(e) $m(t) = y(t) * z(t)$
(f) $m(t) = y(t) * w(t)$
(g) $m(t) = y(t) * g(t)$
(h) $m(t) = y(t) * c(t)$
(i) $m(t) = z(t) * f(t)$
(j) $m(t) = z(t) * g(t)$
(k) $m(t) = z(t) * b(t)$
(l) $m(t) = w(t) * g(t)$
(m) $m(t) = w(t) * a(t)$
(n) $m(t) = f(t) * g(t)$
(o) $m(t) = f(t) * d(t)$
(p) $m(t) = z(t) * d(t)$

2.41 통신 채널의 결함에 관한 영향을 그림 P2.41(a)와 같이 RC 회로로 모델링하였다고 가정한다. 여기서 입력 $x(t)$는 전송될 신호이고 출력 $y(t)$는 수신된 신호이다. 메시지 신호는 2진수로서 "1"은 시간 길이 T 안에 그림 P2.41(b)의 신호 $p(t)$를 전송하고, "0"은 같은 시간 안에 $-p(t)$를 전송하는 것을 나타낸다. 그림 P2.41(c)는 수열 "1101001"로 전송된 파형이다.

(a) 콘벌루션을 이용해서, 시간 $t = 0$에서 전송된 한 개의 2진수 "1"에 따른 수신 신호를 계산하라. 수신된 시호는 시간 T를 초과해서 그 다음 비트에 할당된 시간 $T < t < 2T$로 화장된다. 앞의 신호심볼에 의해 수신된 신호가 간섭을 받기 때문에, 이런 오류를 심볼간 간섭(intersymbol interference: ISI)이라고 부른다. $T = 1/(RC)$이라고 가정한다.

(b) 콘벌루션을 이용해서, "1110"과 "1000"의 전송에 따른 수신신호를 계산하라. 이 결과를 이상적인 채널($h(t) = \delta(t)$)의 출력과 비교해서, RC값을 다음과 같이 선택했을 때 나타나는 ISI 영향을 평가하라.

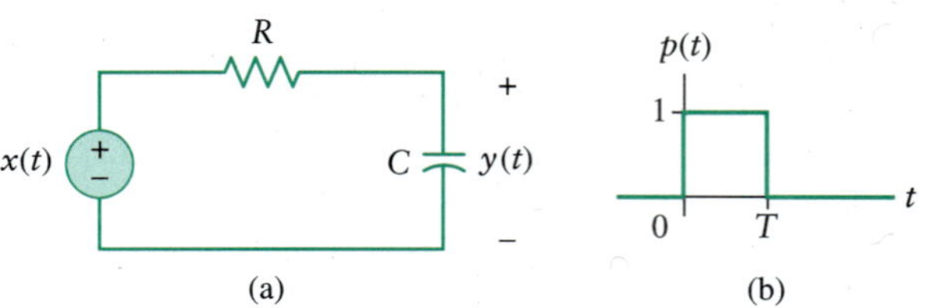

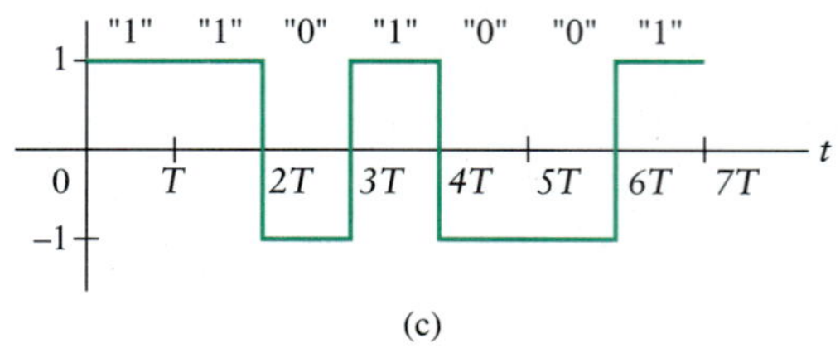

그림 P2.41

(i) $RC = 1/T$
(ii) $RC = S/T$
(iii) $RC = 1/(5T)$

2.42 콘벌루션 합에 관한 정의를 이용해서 다음 성질을 증명하라.

(a) 분배성:

$x[n](h[n] + g[n]) = x[n] * h[n] + x[n] * g[n]$

(b) 결합성:

$x[n] * (h[n] * g[n]) = (s[n] * h[n]) * g[n]$

(c) 교환성:

$x[n] * h[n] = h[n] * x[n]$

2.43 다LTI 시스템의 임펄스 응답이 그림 P2.43과 같다.

(a) 시스템 출력 $y(t)$를 입력 $x(t)$의 함수로 나타내라.

(b) $\Delta \to 0$에 따른 극한값을 이용해서, 이 시스템에 의해 수행되는 수학적 연산을 구하라.

(c) $g(t) = \lim_{\Delta \to 0} h(t)$라고 놓자. (b)의 결과를 이용해서, 임펄스 응답이 다음과 같은 시스템의 출력을 입력 $x(t)$의 함수로 나타내라.

$$h^n(t) = \underbrace{g(t) * g(t) * \cdots * g(t)}_{n \text{ times}}$$

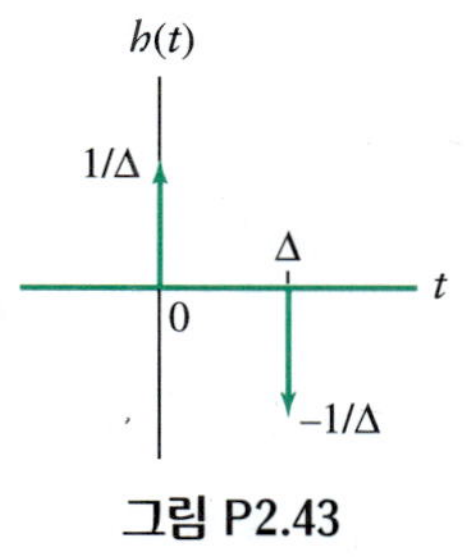

그림 P2.43

2.44 만일 $y(t) = x(t) * h(t)$가 입력이 $x(t)$이고 임펄스 응답이 $h(t)$인 시스템의 출력이라고 한다면, 다음 두 식이 성립함을 증명하라.

$$\frac{d}{dt}y(t) = x(t) * \left(\frac{d}{dt}h(t)\right)$$

$$\frac{d}{dt}y(t) = \left(\frac{d}{dt}x(t)\right) * h(t).$$

2.45 LTI 시스템의 임펄스 응답이 $h(t) = H\{\delta(t)\}$라고 가정하고, $H\{\delta(2)(t)\}$를 $h(t)$로 나타내라.

2.46 LTI 시스템이 다음과 같을 때, 각 부분 시스템의 임펄스 응답을 이용해서 각각의 출력을 계산하라.

(a) 그림 P2.46(a)
(b) 그림 P2.46(b)
(c) 그림 P2.46(c)

2.47 $h_1(t)$, $h_2(t)$, $h_3(t)$ 및 $h_4(t)$는 LTI 시스템의 임펄스 응답이다. $h_1(t)$, $h_2(t)$, $h_3(t)$ 및 $h_4(t)$를 부분 시스템으로 사용하여 임펄스 응답이 $h(t)$인 시스템을 구성하라. 다음과 같은 임펄스 응답을 얻기 위한 시스템의 접속 다이어그램을 그려라.

(a) $h(t) = \{h_1(t) + h_2(t)\} * h_3(t) * h_4(t)$
(b) $h(t) = h_1(t) * h_2(t) + h_3(t) * h_4(t)$
(c) $h(t) = h_1(t) * \{h_2(t) + h_3(t) * h_4(t)\}$

2.48 그림 P2.46(c)의 LTI 시스템 구조에서 $h_1(t) = \delta(t-1)$, $h_2(t) = e^{-2t}u(t)$, $h_3(t) = \delta(t-1)$이고 $h_4(t) = e^{-3(t+2)}u(t+2)$이다. $x(t)$로부터 $y(t)$에 이르는 시스템의 임펄스 응답 $h(t)$를 계산하라.

2.49 다음 임펄스 응답의 각각에 대해서, 그에 대응하는 시스템의 (i) 무기억성, (ii) 인과성, (iii) 안정성을 결정하라.

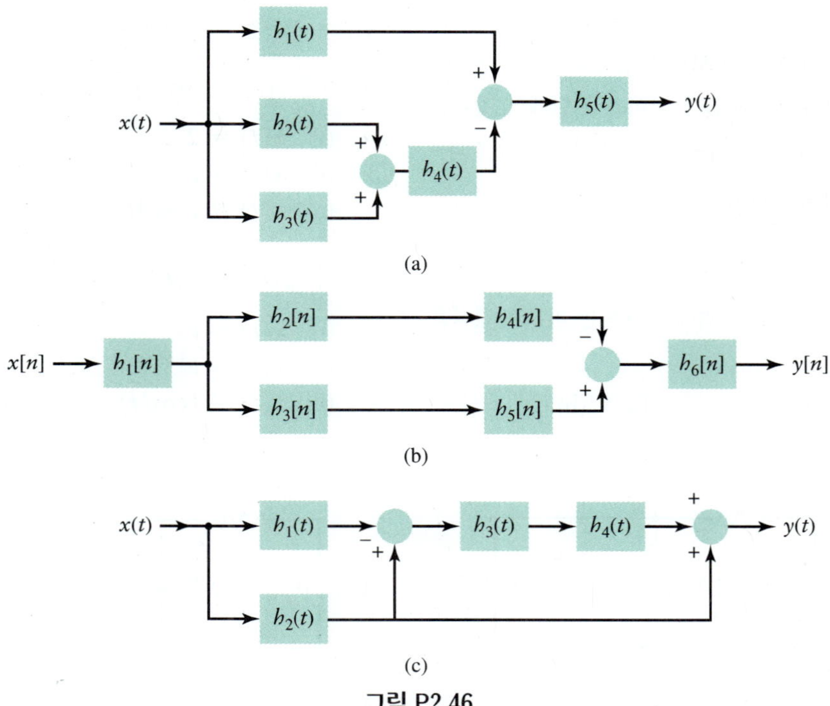

그림 P2.46

(a) $h(t) = \cos(\pi t)$
(b) $h(t) = e^{-2t}u(t-1)$
(c) $h(t) = u(t+1)$
(d) $h(t) = 3\delta(t)$
(e) $h(t) = \cos(\pi t)u(t)$
(f) $h[n] = (-1)^n u[-n]$
(g) $h[n] = (1/2)^{|n|}$
(h) $h[n] = \cos\left(\frac{\pi}{8}n\right)\{u[n] - u[n-10]\}$
(i) $h[n] = 2u[n] - 2u[n-5]$
(j) $h[n] = \sin\left(\frac{\pi}{2}n\right)$
(k) $h[n] = \sum_{p=-1}^{\infty}\delta[n-2p]$

2.50 다음의 임펄스 응답을 갖는 LTI 시스템의 계단 응답을 결정하라.

(a) $h[n] = (-1/2)^n u[n]$
(b) $h[n] = \delta[n] - \delta[n-2]$
(c) $h[n] = (-1)^n\{u[n+2] - u[n-3]\}$
(d) $h[n] = nu[n]$
(e) $h(t) = e^{-|t|}$
(f) $h(t) = \delta^{(2)}(t)$
(g) $h(t) = (1/4)(u(t) - u(t-4))$
(h) $h(t) = u(t)$

2.51 다중경로 전파에 관한 모델을 일반화하여 직접경로와 간접경로 사이의 지연시간의 차이가 k-단계인 경우를 표현한다고 가정하면, 그의 입출력 관계식은 다음과 같다.

$$y[n] = x[n] + ax[n-k].$$

이 시스템의 역시스템이 갖는 임펄스 응답을 구하라.

2.52 다음의 각 회로의 입출력에 관계되는 미분 방정식을 구하라.

(a) 그림 P2.52(a) (b) 그림 P2.52(b)

2.53 다음의 미분 방정식으로 표현되는 시스템에 관한 동차해를 구하라.

(a) $5\frac{d}{dt}y(t) + 10y(t) = 2x(t)$
(b) $\frac{d^2}{dt^2}y(t) + 6\frac{d}{dt}y(t) + 8y(t) = \frac{d}{dt}x(t)$
(c) $\frac{d^2}{dt^2}y(t) + 4y(t) = 3\frac{d}{dt}x(t)$
(d) $\frac{d^2}{dt^2}y(t) + 2\frac{d}{dt}y(t) + 2y(t) = x(t)$
(e) $\frac{d^2}{dt^2}y(t) + 2\frac{d}{dt}y(t) + y(t) = \frac{d}{dt}x(t)$

2.54 다음의 차분 방정식으로 표현되는 시스템에 관한 동차해를 구하라.

(a) $y[n] - \alpha y[n-1] = 2x[n]$
(b) $y[n] - \frac{1}{4}y[n-1] - \frac{1}{8}y[n-2] = x[n] + x[n-1]$
(c) $y[n] + \frac{9}{16}y[n-2] = x[n-1]$
(d) $y[n] + y[n-1] + \frac{1}{4}y[n-2] = x[n] + 2x[n-1]$

2.55 다음과 같이 미분 방정식으로 표현되는 시스템과 입력 $x(t)$가 주어졌을 때 그에 관한 특수해를 구하라.

(a) $5\frac{d}{dt}y(t) + 10y(t) = 2x(t)$
  (i) $x(t) = 2$
  (ii) $x(t) = e^{-t}$
  (iii) $x(t) = \cos(3t)$
(b) $\frac{d^2}{dt^2}y(t) + 4y(t) = 3\frac{d}{dt}x(t)$
  (i) $x(t) = t$
  (ii) $x(t) = e^{-t}$
  (iii) $x(t) = (\cos(t) + \sin(t))$

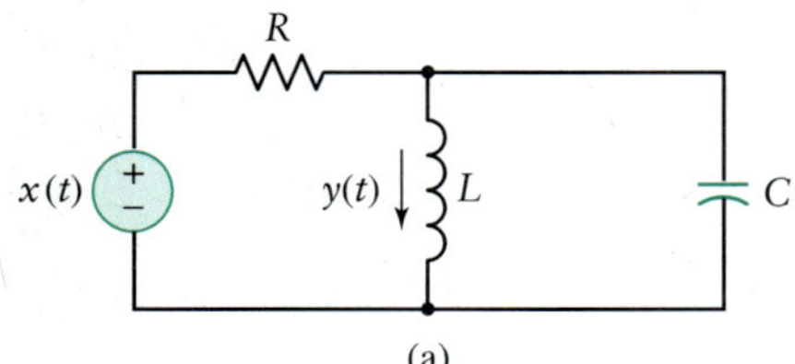

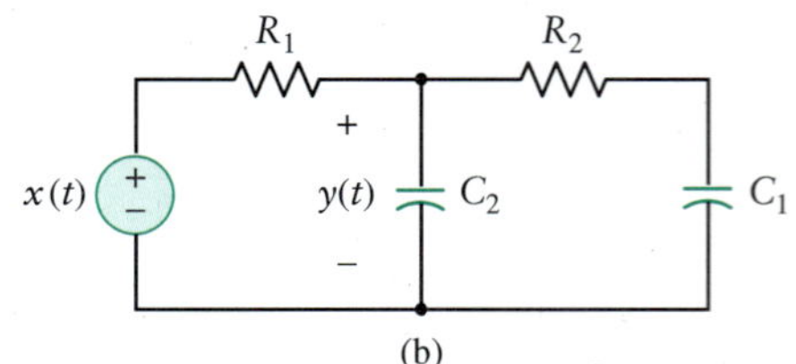

그림 P2.52

(c) $\frac{d^2}{dt^2}y(t) + 2\frac{d}{dt}y(t) + y(t) = \frac{d}{dt}x(t)$
(i) $x(t) = e^{-3t}u(t)$
(ii) $x(t) = 2e^{-t}u(t)$
(iii) $x(t) = 2\sin(t)$

2.56 다음과 같이 차분 방정식으로 표현되는 시스템과 입력 $x[n]$이 주어졌을 때 그에 관한 특수해를 구하라.

(a) $y[n] - \frac{2}{5}y[n-1] = 2x[n]$
(i) $x[n] = 2u[n]$
(ii) $x[n] = -\left(\frac{1}{2}\right)^n u[n]$
(iii) $x[n] = \cos\left(\frac{\pi}{5}n\right)$

(b) $y[n] - \frac{1}{4}y[n-1] - \frac{1}{8}y[n-2] = x[n] + x[n-1]$
(i) $x[n] = nu[n]$
(ii) $x[n] = \left(\frac{1}{8}\right)^n u[n]$
(iii) $x[n] = e^{j\frac{\pi}{4}n}u[n]$
(iv) $x[n] = \left(\frac{1}{2}\right)^n u[n]$

(c) $y[n] + y[n-1] + \frac{1}{2}y[n-2] = x[n] + 2x[n-1]$
(i) $x[n] = u[n]$
(ii) $x[n] = \left(\frac{-1}{2}\right)^n u[n]$

2.57 다음과 같이 주어진 입력과 초기조건을 갖는 미분 방정식으로 표현되는 시스템의 출력을 구하라.

(a) $\frac{d}{dt}y(t) + 10y(t) = 2x(t)$,
$y(0^-) = 1, x(t) = u(t)$

(b) $\frac{d^2}{dt^2}y(t) + 5\frac{d}{dt}y(t) + 4y(t) = \frac{d}{dt}x(t)$,
$y(0^-) = 0, \frac{d}{dt}y(t)|_{t=0^-} = 1, x(t) = \sin(t)u(t)$

(c) $\frac{d^2}{dt^2}y(t) + 6\frac{d}{dt}y(t) + 8y(t) = 2x(t)$,
$y(0^-) = -1, \frac{d}{dt}y(t)|_{t=0^-} = 1, x(t) = e^{-t}u(t)$

(d) $\frac{d^2}{dt^2}y(t) + y(t) = 3\frac{d}{dt}x(t)$,
$y(0^-) = -1, \frac{d}{dt}y(t)|_{t=0^-} = 1, x(t) = 2te^{-t}u(t)$

2.58 문제 2.57의 시스템에서 자연 응답과 강제 응답을 구분하라.

2.59 다음과 같이 주어진 입력과 초기조건을 갖는 차분 방정식으로 표현되는 시스템의 출력을 구하라.

(a) $y[n] - \frac{1}{2}y[n-1] = 2x[n]$,
$y[-1] = 3, x[n] = \left(\frac{-1}{2}\right)^n u[n]$

(b) $y[n] - \frac{1}{9}y[n-2] = x[n-1]$,
$y[-1] = 1, y[-2] = 0, x[n] = u[n]$

(c) $y[n] + \frac{1}{4}y[n-1] - \frac{1}{8}y[n-2] = x[n] + x[n-1]$,
$y[-1] = 4, y[-2] = -2, x[n] = (-1)^n u[n]$

(d) $y[n] - \frac{3}{4}y[n-1] + \frac{1}{8}y[n-2] = 2x[n]$,
$y[-1] = 1, y[-2] = -1, x[n] = 2u[n]$

2.60 문제 2.59의 시스템에서 자연 응답과 강제 응답을 구분하라.

2.61 그림 P2.61의 회로에 관한 미분방정식 표현을 구하고, 입력이 $x(t) = u(t)$일 때 그에 대응하는 계단 응답을 구하라. 그 다음, 계단 응답으로부터 임펄스 응답을 구하라. 완전해의 동차형 성분에 포함된 미정 계수에 관해 풀기를 하기 전에 회로해석에 관한 원리로부터 $t = 0^-$의 초기조건을 $t = 0^+$의 초기조건으로 변환하라.

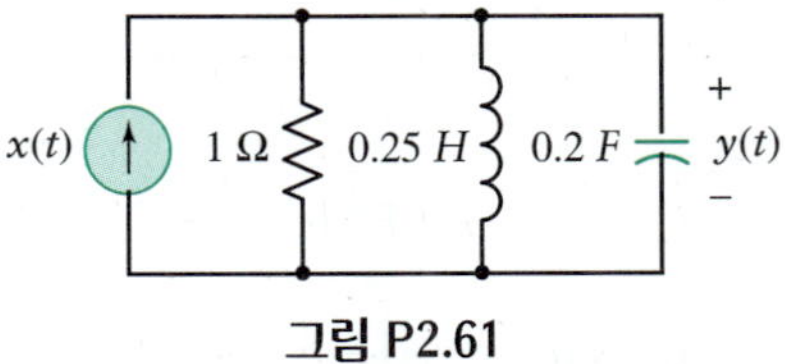

그림 P2.61

2.62 1계 차분 방정식을 이용해서, 1%의 월간 이율로 \$100,000을 빌린 후 매월 \$1,200씩 갚는다고 가정하고 월간 잔액을 계산하라. 자연 응답과 강제 응답을 구분하라. 이 경우, 자연 응답은 월 상환액을 지불하기 이전에 갚아야 할 잔액을 나타낸다. 빚을 모두 갚으려면, 몇 번을 지불해야 하는가?

2.63 연습문제 2.62에서 30년(360개월) 동안 갚으려면 매월 지불해야 할 금액은 얼마인가? 또 15년(180개월)만에 갚으려면 매월 지불해야 할 금액은 얼마인가?

2.64 이자만 지불하려는 상환금액은 이전 상환금이 정리된 후의 잔금과 $\frac{r}{100}$을 곱해서 결정된다. 여기서 r은 주기

당 이율로서 %로 표시된다. 그러므로, 만일 n번째 상환한 후에 갚아야 할 잔액을 $y[n]$이라고 하면, n번째 상환에서 이자액만 지불하기 위한 금액은 $y[n-1](r/100)$이다. 기간 n_1에서 n_2 사이에 지불된 이자의 총합은

$$I = (r/100)\sum_{n=n_1}^{n_2} y[n-1].$$

연습문제 2.63에 있는 30년 상환과 15년 상환 방식에 따라 지불한 이자의 총액을 계산하라.

2.65 그림 P2.65로 표현된 세 시스템에 관한 차분 방정식 표현을 각각 구하라.

(a)

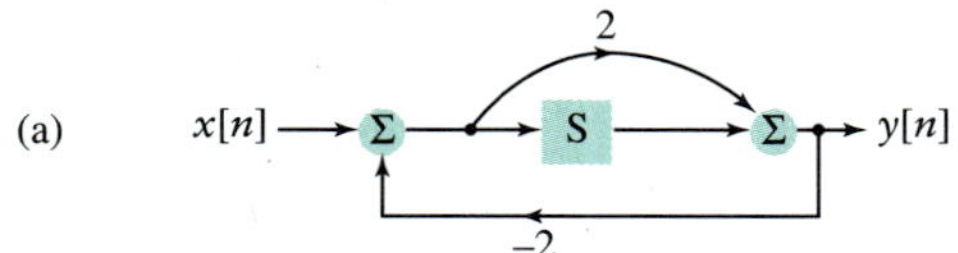

(b)

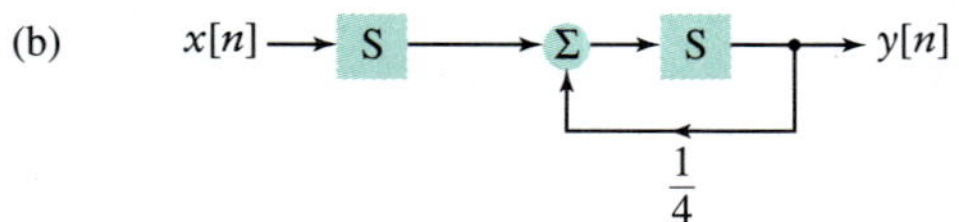

(c)

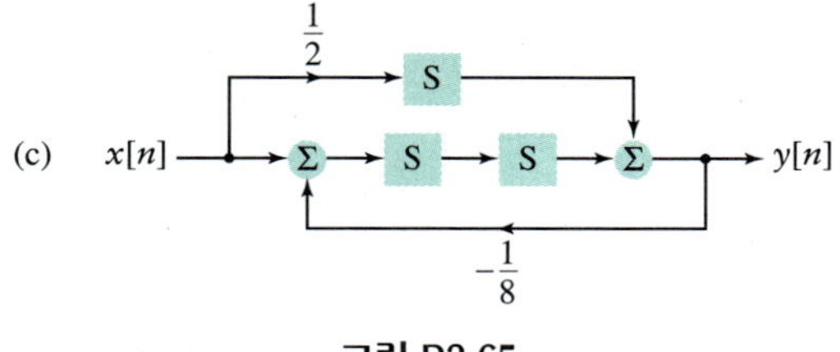

그림 P2.65

2.66 다음 차분 방정식에 관한 시스템을 제1 직접형과 제2 직접형 블록 다이어그램을 그려라.

(a) $y[n] - \frac{1}{4}y[n-1] = 6x[n]$

(b) $y[n] + \frac{1}{2}y[n-1] - \frac{1}{8}y[n-2] = x[n] + 2x[n-1]$

(c) $y[n] - \frac{1}{9}y[n-2] = x[n-1]$

(d) $y[n] + \frac{1}{2}y[n-1] - y[n-3] = 3x[n-1] + 2x[n-2]$

2.67 다음 미분 방정식을 적분 방장식으로 변환하고, 그에 대응하는 제1 직접형과 제2 직접형 블록 다이어그램을 그려라.

(a) $\frac{d}{dt}y(t) + 10y(t) = 2x(t)$

(b) $\frac{d^2}{dt^2}y(t) + 5\frac{d}{dt}y(t) + 4y(t) = \frac{d}{dt}x(t)$

(c) $\frac{d^2}{dt^2}y(t) + y(t) = 3\frac{d}{dt}x(t)$

(d) $\frac{d^3}{dt^3}y(t) + 2\frac{d}{dt}y(t) + 3y(t) = x(t) + 3\frac{d}{dt}x(t)$

2.68 그림 P2.68의 시스템에 관한 미분 방정식 표현을 구하라.

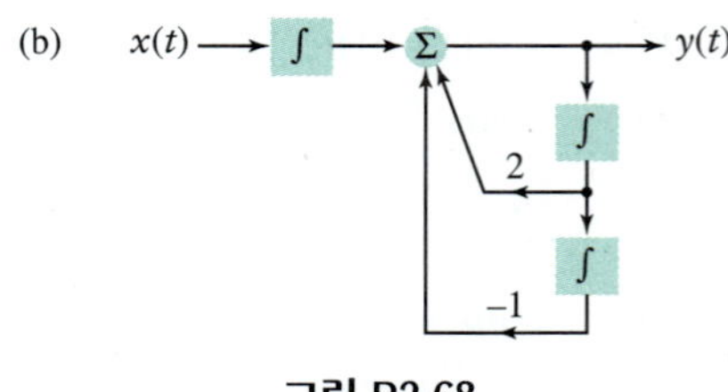

그림 P2.68

2.69 그림 P2.69의 네 시스템에 관한 상태변수 표현을 구하라.

(a)

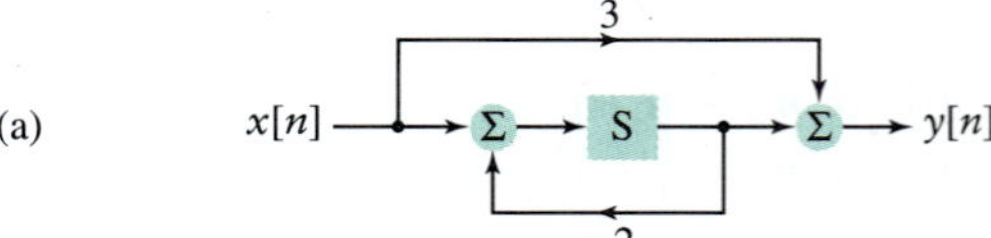

(b)

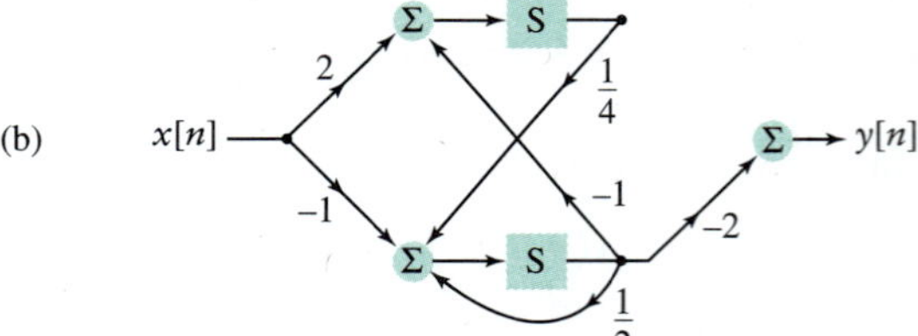

(c)

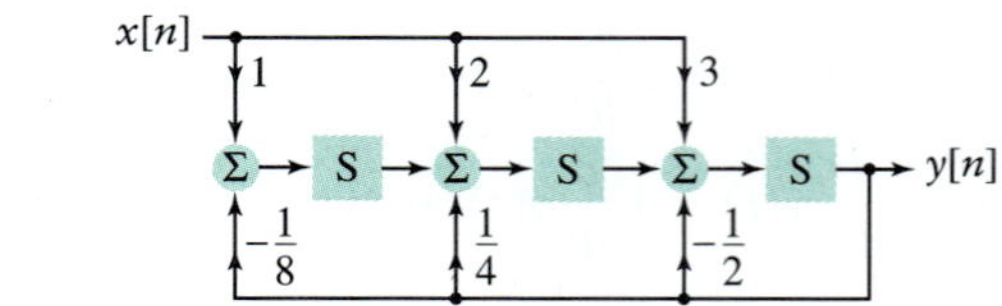

(d)

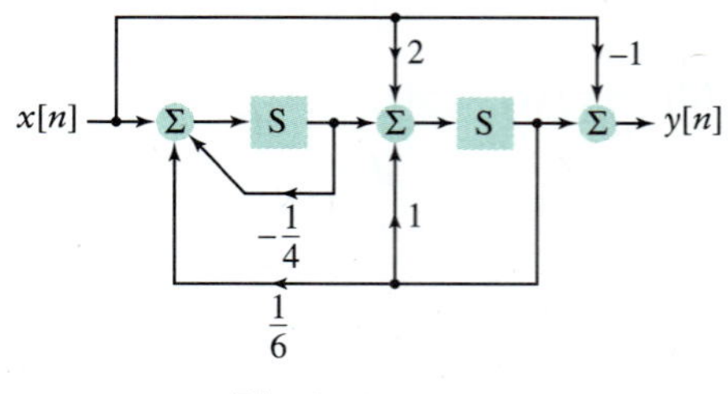

그림 P2.69

2.70 다음과 같은 LTI 시스템의 상태변수 표현에 대응하는 블록 다이어그램을 그려라.

(a) $\mathbf{A} = \begin{bmatrix} 1 & -\frac{1}{2} \\ \frac{1}{3} & 0 \end{bmatrix}$; $\mathbf{b} = \begin{bmatrix} 1 \\ 2 \end{bmatrix}$;
$\mathbf{c} = [1 \quad 1]$; $D = [0]$

(b) $\mathbf{A} = \begin{bmatrix} 1 & -\frac{1}{2} \\ \frac{1}{3} & 0 \end{bmatrix}$; $\mathbf{b} = \begin{bmatrix} 1 \\ 2 \end{bmatrix}$;
$\mathbf{c} = [1 \quad -1]$; $D = [0]$

(c) $\mathbf{A} = \begin{bmatrix} 0 & -\frac{1}{2} \\ \frac{1}{3} & -1 \end{bmatrix}$; $\mathbf{b} = \begin{bmatrix} 0 \\ 1 \end{bmatrix}$;
$\mathbf{c} = [1 \quad 0]$; $D = [1]$

(d) $\mathbf{A} = \begin{bmatrix} 0 & 0 \\ 0 & 1 \end{bmatrix}$; $\mathbf{b} = \begin{bmatrix} 2 \\ 3 \end{bmatrix}$;
$\mathbf{c} = [1 \quad -1]$; $D = [0]$

2.71 그림 P2.71과 같은 연속시간 LTI 시스템에 관한 상태변수 표현을 구하라.

2.72 다음과 같은 연속시간 LTI 시스템의 상태변수 표현에 대응하는 블록 다이어그램 표현을 구하라.

(a) $\mathbf{A} = \begin{bmatrix} \frac{1}{3} & 0 \\ 0 & -\frac{1}{2} \end{bmatrix}$; $\mathbf{b} = \begin{bmatrix} -1 \\ 2 \end{bmatrix}$;
$\mathbf{c} = [1 \quad 1]$; $D = [0]$

(b) $\mathbf{A} = \begin{bmatrix} 1 & 1 \\ 1 & 0 \end{bmatrix}$; $\mathbf{b} = \begin{bmatrix} -1 \\ 2 \end{bmatrix}$;
$\mathbf{c} = [0 \quad -1]$; $D = [0]$

(c) $\mathbf{A} = \begin{bmatrix} 1 & -1 \\ 0 & -1 \end{bmatrix}$; $\mathbf{b} = \begin{bmatrix} 0 \\ 5 \end{bmatrix}$;
$\mathbf{c} = [1 \quad 0]$; $D = [0]$

(d) $\mathbf{A} = \begin{bmatrix} 1 & -2 \\ 1 & 1 \end{bmatrix}$; $\mathbf{b} = \begin{bmatrix} 2 \\ 3 \end{bmatrix}$;
$\mathbf{c} = [1 \quad 1]$; $D = [0]$

2.73 다음 쪽과 같은 계수의 상태변수 표현을 갖는 이산시간 시스템이 있다.

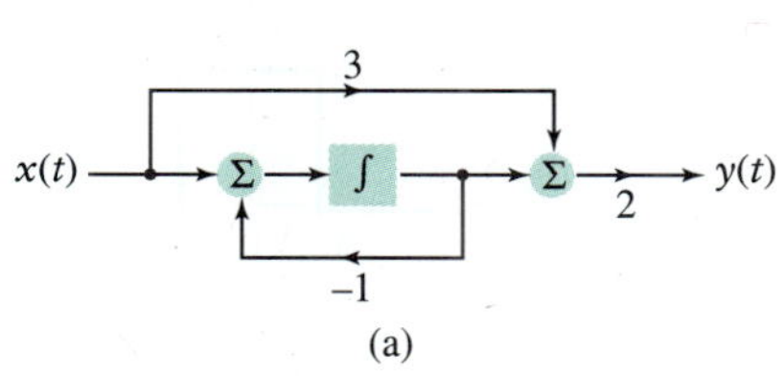

(a)

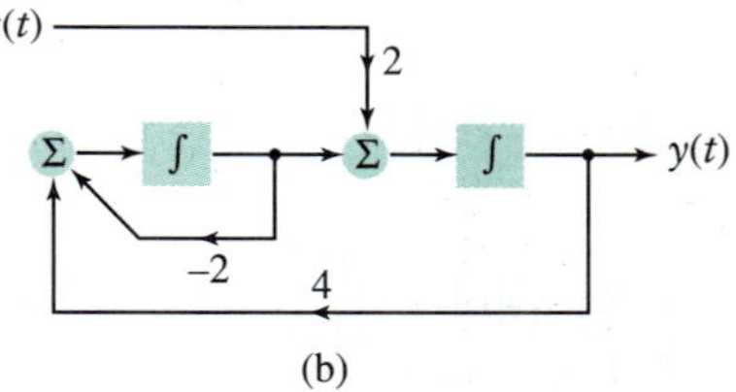

(b)

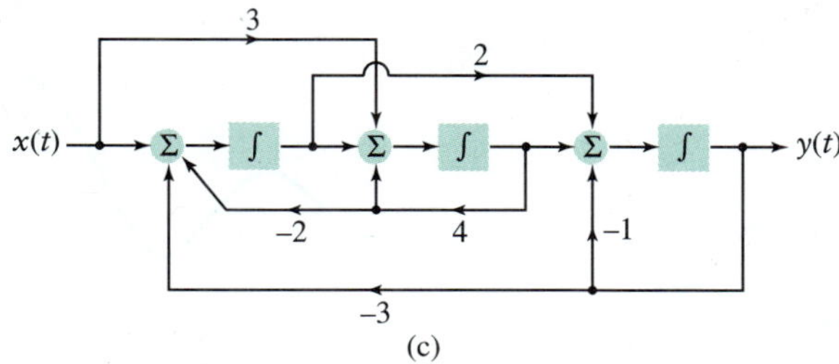

(c)

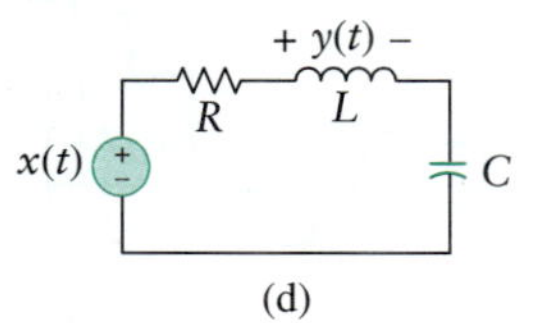

(d)

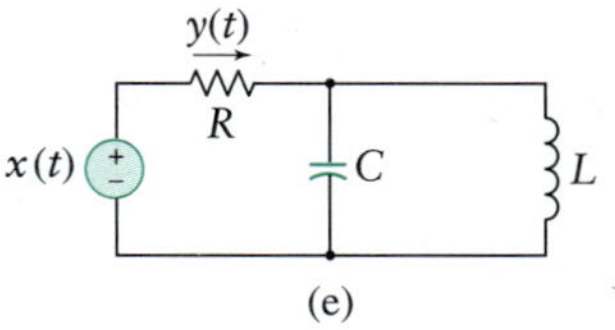

(e)

그림 P2.71

$$\mathbf{A} = \begin{bmatrix} 1 & -\frac{1}{2} \\ \frac{1}{3} & 0 \end{bmatrix}; \quad \mathbf{b} = \begin{bmatrix} 1 \\ 2 \end{bmatrix};$$

$$\mathbf{c} = [1 \quad -1]; \text{ 그리고 } D = [0].$$

(a) 새로운 상태변수를 $q'_1[n] = 2q_1[n]$, $q'_2[n] = 3q_2[n]$으로 정의하고 새로운 상태변수 표현 $\mathbf{A}'$, $\mathbf{b}'$, $\mathbf{c}'$, 및 D'를 구하라.

(b) 새로운 상태변수를 $q'_1[n] = 3q_2[n]$, $q'_2[n] = 2q_1[n]$으로 정의하고 새로운 상태변수 표현 $\mathbf{A}'$, $\mathbf{b}'$, $\mathbf{c}'$, 및 D'를 구하라.

(c) 새로운 상태변수를 $q'_1[n] = q_1[n] + q_2[n]$, $q'_2[n] = q_1[n] - q_2[n]$으로 정의하고 새로운 상태변수 표현 $\mathbf{A}'$, $\mathbf{b}'$, $\mathbf{c}'$, 및 D'를 구하라.

2.74 그림 P2.74의 연속시간 시스템에서,

(a) 상태변수를 표시된 것처럼 $q_1[n]$과 $q_2[n]$으로 가정하고 이에 대응하는 상태변수 표현 $\mathbf{A}'$, $\mathbf{b}'$, $\mathbf{c}'$, 및 D'를 구하라.

(b) 새로운 상태변수를 $q'_1[n] = q_1[n] - q_2[n]$, $q'_2[n] = 2q_1[n]$으로 정의하고 새로운 상태변수 표현 $\mathbf{A}'$, $\mathbf{b}'$, $\mathbf{c}'$, 및 D'를 구하라.

(c) (b)에서 얻은 상태변수 표현에 관한 블록 다이어그램을 구하라.

(d) 새로운 상태변수를 $q'_1[n] = \dfrac{b_1}{q_2[n]}$, $q'_2[n] = b_2q_1[n] - b_1q_2[n]$으로 정의하고 새로운 상태변수 표현 $\mathbf{A}'$, $\mathbf{b}'$, $\mathbf{c}'$, 및 D'를 구하라.

(e) (b)에서 얻은 상태변수 표현에 관한 블록 다이어그램을 구하라.

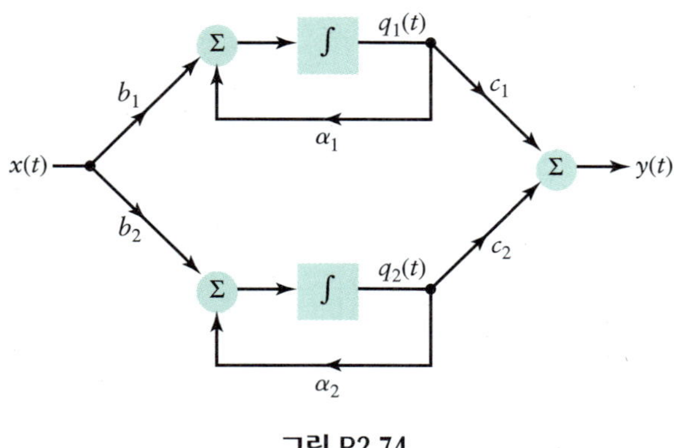

그림 P2.74

▶ 심화 문제(Advanced Problems)

2.75 이 문제에서, 선형성, 시불변성 및 입력 신호에 관한 계단 함수의 극한값 형태를 이용해서 콘벌루션 적분을 유도한다. 또 함수 $g_\Delta(t)$를 그림 P2.75(a)의 단위 면적의 구형파 펄스라고 정의한다.

(a) 신호 $x(t)$에 대한 계단파 근사는 그림 P2.75(b)와 같다. $g_\Delta(t)$를 시간 이동시킨 함수들을 이용해서 근사함수 $\tilde{x}(t)$를 나타내라. Δ를 감소시켜서 이러한 근사함수의 품질을 개선할 수 있는가?

(b) 입력 $g_\Delta(t)$에 대한 LTI 시스템의 응답을 $h_\Delta(t)$라고 한다. 이 시스템에 대한 입력이 $\tilde{x}(t)$일 때, 이 시스템의 출력을 $h_\Delta(t)$로 표현하라.

(c) Δ가 0으로 접근함에 따른 극한값에서, $g_\Delta(t)$는 임펄스 함수의 성질을 만족하며, 이에 따라 이 시스템의 임펄스 응답은 $h(t) = \lim_{\Delta \to 0} h_\Delta(t)$라고 볼 수 있다. (b)에서 얻은 시스템 출력에 관한 표현이 Δ가 0으로 접근함에 따른 극한값인 $x(t) * h(t)$와 같음을 증명하라.

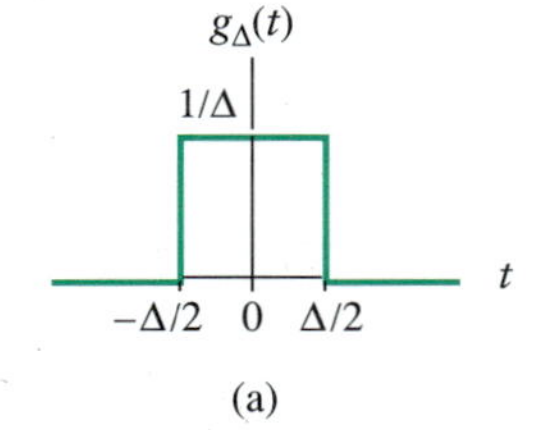

(a)

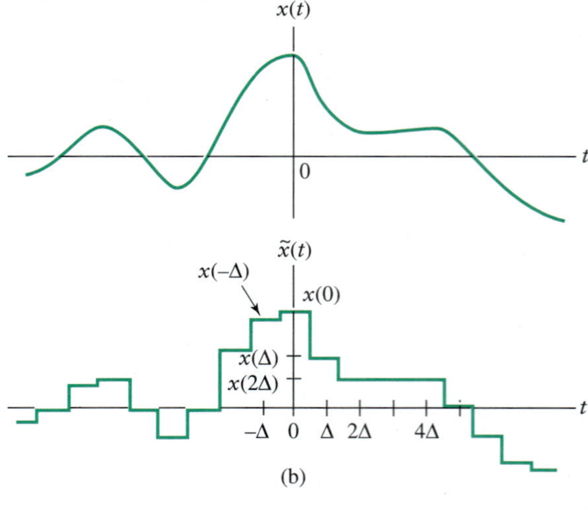

(b)

그림 P2.75

2.76 유한 길이 이산시간 신호들에 관한 콘벌루션을 행렬과 벡터의 곱셈으로 표현할 수 있다. 신호 $x[n]$은 $n = 0, 1, 2, \cdots, L - 1$ 이외의 n에 대해서 0이고 임펄스 응답 $h[n]$은 $n = 0, 1, 2, \cdots, M - 1$ 이외의 n에 대해서 0이라고 한다. 이 경우, 출력 $y[n]$은 $n = 0, 1, 2, \cdots, L + M - 1$ 이외의 n에 대해서 0이다. 열벡터 $\mathbf{x}$와 $\mathbf{y}$를 각각 $\mathbf{x} = [x[0], x[1], \cdots, x[L - 1]]^T$, $\mathbf{y} = [y[0], y[1], \cdots, y[L + M - 1]]^T$로 정의한다. 콘벌루션의 정의를 이용해서, $\mathbf{y} = \mathbf{H}\mathbf{x}$가 성립되는 행렬 $\mathbf{H}$를 구하라.

2.77 연속시간 시스템의 임펄스 응답이 $0 < t < T_o$인 시간 영역 밖에서는 0으로 가정한다. 콘벌루션 적분에 관한 리만 근사 합산을 이용해서, 적분을 변환해서 출력을 균등 샘플링된 입력에 관련시키는 콘벌루션 합산으로 표현하라.

2.78 두 실수 신호 $x(t)$와 $y(t)$의 상호 상관에 관한 정의식은

$$r_{xy}(t) = \int_{-\infty}^{\infty} x(\tau)y(\tau - t)d\tau$$

이다. 적분의 값은 $x(t)$와 $y(t)$를 시간 이동시켜 얻는 $y(\tau - t)$를 곱한 결과로부터 얻어진다. 이 적분에서 독립변수는 $\tau - t$로서 콘벌루션 적분의 독립변수와 반대 부호를 가졌다. 신호 $x(t)$의 자기상관 $r_{xx}(t)$는 상호상관에서 $y(t)$를 $x(t)$로 대체해서 얻는다.

(a) $r_{xy}(t) = x(t) * y(-t)$임을 증명하라.

(b) 2.5절에 있는 콘벌루션 적분의 계산 과정과 같은 순서로 상관관계에 관한 식의 유도과정을 단계적으로 표현하라.

(c) 다음의 상호상관을 계산하라.

(i) $x(t) = e^{-t}u(t), y(t) = e^{-3t}u(t)$

(ii) $x(t) = \cos(\pi t)[u(t + 2) - u(t - 2)]$, $y(t) = \cos(2\pi t)[u(t + 2) - u(t - 2)]$

(iii) $x(t) = u(t) - 2u(t - 1) + u(t - 2)$, $y(t) = u(t + 1) - u(t)$

(iv) $x(t) = u(t - a) - u(t - a - 1)$, $y(t) = u(t) - u(t - 1)$

(d) 다음의 자기상관을 계산하라.

(i) $x(t) = e^{-t}u(t)$

(ii) $x(t) = \cos(\pi t)[u(t + 2) - u(t - 2)]$

(iii) $x(t) = u(t) - 2u(t - 1) + u(t - 2)$

(iv) $x(t) = u(t - a) - u(t - a - 1)$

(e) $r_{xy}(t) = r_{yx}(-t)$임을 증명하라.

(f) $r_{xx}(t) = r_{xx}(-t)$임을 증명하라.

2.79 이산시간 시스템이 안정한 시스템일 조건으로서 임펄스 응답의 절대값 가합성이 필요조건임을 증명하라. (힌트: 임의의 시간 n_o일 때의 출력이 식 $|y[n_o]| = \sum_{k=-\infty}^{\infty} |h[k]|$을 만족하는 유한 크기 입력 $x[n]$을 찾는다)

2.80 자유공간의 xy-평면에서 복소값 진폭이 $f(x, y)$이고 z축에 따라 거리 d만큼 진행하는 빛이 다음과 같은 복소값 진폭을 생성한다.

$$g(x, y) = \int_{-\infty}^{\infty}\int_{-\infty}^{\infty} f(x', y')h(x - x', y - y')\, dx'\, dy'.$$

여기서

$$h(x, y) = h_0 e^{-jk(x^2+y^2)/2d}$$

이며, $k = 2\pi/\lambda$는 파장수이고, λ는 파장이며, $h_0 = j/(\lambda d)e^{-jkd}$이다.

(a) 자유공간에서 빛의 진행이 선형 시스템인가?

(b) 이 시스템은 공간불변성(space invariant)인가? 즉, 입력이 공간 이동되어 $f(x - x_0, y - y_0)$일 때, 출력도 동일한 공간 이동을 하는가?

(c) 위치가 (x_1, y_1)인 점원이 거리 d만큼 진행하게 되는 결과를 계산하라. 이 경우, $f(x, y) = \delta(x - x_1, y - y_1)$이다. 여기서 $\delta(x, y)$는 2차원의 임펄스 함수이다. 이에 대응하는 이 시스템의 2차원 임펄스 응답을 구하라.

(d) (x_1, y_1)과 (x_2, y_2)에 놓여 있다가 거리 d만큼 진행하는 결과를 구하라.

2.81 그림 P2.81과 같은 선의 진동을 편미분 방정식으로 나타내면 다음과 같다.

$$\frac{\partial^2}{\partial l^2}y(l, t) = \frac{1}{c^2}\frac{\partial^2}{\partial t^2}y(l, t).$$

여기서 $y(l, t)$는 위치 l과 시간 t에 따른 변위이고, c는 선

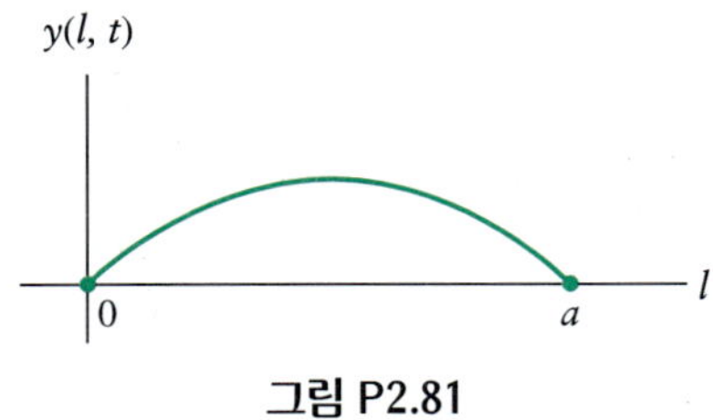

그림 P2.81

의 재료에 의해 결정되는 상수이다. 초기조건들은 다음과 같다.

$$y(0,t) = 0, \qquad y(a,t) = 0, \qquad t > 0;$$
$$y(l,0) = x(i), \qquad 0 < l < a;$$
$$\left.\frac{\partial}{\partial t}y(l,t)\right|_{t=0} = g(l), \qquad 0 < l < a.$$

여기서 $x(l)$은 $t = 0$일 때의 변위이고 $g(l)$은 $t = 0$일 때의 속도이다. 이 방정식을 풀기 위한 한 가지 방법은 변수 분리이다. 즉, $y(l, t) = \varphi(l)f(t)$를 적용하면 편미분 방정식은 다음과 같은 상미분 방정식으로 변환할 수 있다.

$$f(t)\frac{d^2}{dl^2}\phi(l) = \phi(l)\frac{1}{c^2}\frac{d^2}{dt^2}f(t).$$

이를 정리하면 다음과 같다.

$$\frac{\frac{d^2}{dl^2}\phi(l)}{\phi(l)} = \frac{\frac{d^2}{dt^2}f(t)}{c^2 f(t)}, \qquad 0 < l < a, \qquad 0 < t.$$

이 등식이 성립하려면, 양변이 모두 상수이어야 한다. 이 상수를 $-\omega_2$라고 하고, 편미분 방정식을 두 개의 상미분 방정식으로 분리하면,

$$\frac{d^2}{dt^2}f(t) + \omega^2 c^2 f(t) = 0, \qquad 0 < t;$$
$$\frac{d^2}{dl^2}\phi(l) + \omega^2\phi(l) = 0 \qquad 0 < l < a.$$

(a) $f(t)$와 $\varphi(l)$에 관한 해를 구하라.

(b) 선의 양 끝으로 주어지는 경계조건은 다음과 같다.

$$\varphi(0)f(t) = 0 \text{ 그리고 } \varphi(a)f(t) = 0.$$

$f(t) = 0$는 위의 두 조건을 만족하는 당연한 해이므로 제외하면, $\varphi(0) = 0$이고 $\varphi(a) = 0$이어야 한다. 이러한 경계조건들이 상수 ω의 범위와 $\varphi(l)$에 관한 해의 형태를 제한하는 방법을 보여라.

(c) (b)의 경계조건을 적용해서, 편미분 방정식을 상미분 방정식으로 분리하기 위한 상수 $(-\omega_2)$의 값은 음수이어야 함을 증명하라.

(d) 선의 초기 위치가 $y(l, 0) = x(l) = \sin(\pi l/a)$이고, 초기 속도가 $g(l) = 0$이라고 가정한다. $y(l, t)$를 구하라.

2.82 상태변수 표현에서 $N \times N$ 행렬 $\mathbf{A}$가 N개의 독립적인 고유벡터 e_i, $i = 1, 2, \cdots, N$과 그에 대응하는 고유값 λ_i를 가졌다고 가정한다. 이에 따라, $\mathbf{A}e_i = \lambda_i e_i$, $i = 1, 2, \cdots, N$이다.

(a) $\mathbf{A}$를 $\mathbf{A} = \mathbf{E}\Lambda\mathbf{E}^{-1}$로 분할할 수 있음을 보여라. 여기서 Λ는 i번째의 요소가 λ_i인 대각선 행렬이다.

(b) $\mathbf{A}$를 대각선 행렬로 하는 상태변수의 변환을 구하라.

(c) 다음 식은 상태변수 표현이다.

$$\mathbf{A} = \begin{bmatrix} 0 & -1 \\ 2 & -3 \end{bmatrix}, \quad \mathbf{b} = \begin{bmatrix} 2 \\ 3 \end{bmatrix},$$
$$\mathbf{c} = [1 \quad 0], \text{ 그리고 } D = [0].$$

이 시스템을 대각 행렬의 상태변수 표현으로 변환하라.

(d) (c)에 대응하는 이산시간 시스템의 블록 다이어그램 표현을 구하라.

▶ 컴퓨터 실습 (Computer Experiments)

2.83 MATLAB 명령어 **conv**를 이용하여 연습문제 2.34를 풀어라.

2.84 MATLAB을 이용하여 예제 2.5를 풀어라.

2.85 MATLAB을 이용하여, 연습문제 2.50(a)~(d)의 시스템에 관한 계단 응답에서 처음 20개 값을 구하라.

2.86 임펄스 응답이 각각 다음과 같은 두 시스템이 있다.

$$h_1[n] = \begin{cases} \frac{1}{4}, & 0 \le n \le 3 \\ 0, & \text{그 밖의 범위} \end{cases}$$

$$h_2[n] = \begin{cases} \frac{1}{4}, & n = 0, 2 \\ -\frac{1}{4}, & n = 1, 3 \\ 0, & \text{그 밖의 범위.} \end{cases}$$

MATLAB 명령어 **conv**를 이용하여, 처음 20개의 계단

응답을 그래프로 그려라.

2.87 MATLAB 명령어 **filter**와 **filtic**을 이용하여 예제 2.16을 풀어라.

2.88 MATLAB 명령어 **filter**와 **filtic**을 이용하여 예제 2.23의 융자금 잔액을 다시 확인하라.

2.89 MATLAB 명령어 **filter**와 **filtic**을 이용하여 연습문제 2.59에서 처음 50개의 출력값을 계산하라.

2.90 MATLAB 명령어 **impz**를 이용하여 연습문제 2.59의 시스템에 관한 임펄스 응답 중 처음 30개의 값을 계산하라.

2.91 MATLAB을 이용하여 연습문제 2.62를 풀어라.

2.92 MATLAB을 이용하여 연습문제 2.63을 풀어라.

2.93 MATLAB 명령어 **ss2ss**를 이용하여 연습문제 2.73을 풀어라.

2.94 상태변수 표현이 다음과 같다.

$$\mathbf{A} = \begin{bmatrix} \frac{1}{2} & -\frac{1}{2} \\ \frac{1}{3} & 0 \end{bmatrix}, \quad \mathbf{b} = \begin{bmatrix} 1 \\ 2 \end{bmatrix},$$

$$\mathbf{c} = [1 \quad -1], \text{ 그리고 } D = [0].$$

(a) MATLAB 명령어 **lsim**과 **impulse**를 이용하여 이 시스템의 계단 응답과 임펄스 응답의 각각 처음 50개의 값을 구하라.

(b) 새로운 상태변수로, $q_1[n] = q_1[n] + q_2[n]$, $q_2[n] = 2q_1[n] - q_2[n]$를 정의한다. 이렇게 변환된 시스템에 대해 (a)를 반복하라.

3 신호의 푸리에 표현과 선형 시불변 시스템

3.1 서 론

이 장에서는 신호에 복소 정현파 함수들을 가중 중첩(weighted superposition)한 표현에 대하여 다룬다. 만약, 그러한 신호가 LTI(선형 시불변) 시스템에 가해진다면, 시스템 출력도 각 복소 정현파 함수들의 시스템 응답에 대한 가중 중첩이 된다. 선형성의 유사한 적용은 이미 앞 장에서 콘벌루션 적분과 합을 유도하는 데 이용되었다. 앞 장에서 입력 신호는 시간 이동된 임펄스 함수들의 가중 중첩으로, 출력은 시간 이동된 시스템 임펄스 응답의 가중 중첩으로 표현되었다. 임펄스 함수들을 사용하여 신호를 표현함으로써 도출된 출력의 표현을 "콘벌루션"이라 하였다. 신호를 정현파 함수들로 표현함으로써 LTI(선형 시불변) 시스템의 입출력 특성을 위한 또 다른 표현을 얻을 것이다.

복소 함수들의 중첩으로 신호들을 표현함은 시스템 출력에 대한 유용한 표현에 이르게 할 뿐 아니라, 신호 및 시스템에 대한 매우 통찰력 있는 특징을 제공할 것이다. 복잡한 신호를 주파수의 함수로서 기술하는 일반적인 표기는 음악에서 보통 마주친다. 예를 들어, 오케스트라를 위한 음악적 스코어는 서로 다른 주파수 영역을 갖는 악기들을 위한 성분를 포함한다. 예를 들어 매우 낮은 저음을 발생하는 저음 현악기, 매우 높은 고음을 발생하는 피콜로 등이 그것이다. 우리가 오케스트라의 연주로부터 듣는 소리는 각 악기들에 의해 발생된 소리들의 중첩인 것이다. 비슷하게, 합창의 스코어는 베이스, 테너, 알토 그리고 소프라노의 성분들을 포함하며, 그들 각각은 모든 소리에 있어 서로 다른 주파수 영역에 기여하는 것이다. 이 장에서 개발된 신호 표현은 유사한 관점에서 볼 수 있다. 주어진 주파수의 정현파 함수의 가중값은 전체 신호에 대한 그 정현파 신호의 기여도를 나타내는 것이다.

정현파 함수 표현을 사용하여 신호 및 시스템을 연구하는 과정을 **푸리에 해석**(Fourier analysis)이라고 하는데, 정현파 함수의 가중 중첩으로 함수를 표현함에 대한 이론을 정립하였던 조셉 푸리에(Joseph Fourier)를 기리기 위한 것이다. 푸리에 방법은 신호 및 시스템뿐만 아니라 광범위한 응용 분야에서 적용된다. 그리고 공학과 과학의 모든 분야에서 사용된다.

서로 다른 종류의 신호에 적용이 가능한 4종류의 푸리에 표현이 존재한다. 이들 4종류는 신호의 주기성과 시간의 연속성(또는 불연속성)에 의해서 정의된다. 이 장의 주안점은 이러한 4종류의 푸리에 표현과 그러한 표현들의 성질들이다. 연속시간 신호를 샘플링하는 것과 같이 4종류로부터 신호를 혼합하는 것을 포함한 응용은 다음 장에서 고려되어진다.

3.2 복소 정현파 함수와 선형 시불변 시스템의 주파수 응답

정현파 함수 입력에 대한 LTI 시스템의 응답은 시스템 **주파수 응답**이라는 시스템 특성을 유도한다. 이러한 특성은 임펄스 응답과 복소 정현파 입력 신호의 콘벌루션을 사용함으로서 구해진다. 임펄스 응답 $h[n]$과 단위 진폭 복소 정현파 함수 입력 $x[n] = e^{j\Omega n}$을 갖는 이산시간 LTI 시스템을 고려해 보자. 출력은 다음과 같다.

$$\begin{aligned} y[n] &= \sum_{k=-\infty}^{\infty} h[k]x[n-k] \\ &= \sum_{k=-\infty}^{\infty} h[k]e^{j\Omega(n-k)}. \end{aligned}$$

합으로부터 $e^{j\Omega n}$을 분리하여 다음을 구한다.

$$\begin{aligned} y[n] &= e^{j\Omega n} \sum_{k=-\infty}^{\infty} h[k]e^{-j\Omega k} \\ &= H(e^{j\Omega})e^{j\Omega n}. \end{aligned}$$

여기서, $H(e^{j\Omega})$는 다음과 같이 정의한다.

$$H(e^{j\Omega}) = \sum_{k=-\infty}^{\infty} h[k]e^{-j\Omega k}. \tag{3.1}$$

그러므로, 시스템의 출력은 복소수 $H(e^{j\Omega})$가 곱해진 입력과 같은 주파수의 복소 정현파 함수이다. 이러한 관계는 그림 3.1에서 설명된다. 복소 스케일링 인자 $H(e^{j\Omega})$는 시간 n의 함수가 아니라 단지 주파수 Ω의 함수이고 이산시간 시스템의 **주파수 응답**이라 한다.

연속시간 LTI 시스템에 대해서도 유사한 결과가 얻어진다. 연속시간 LTI 시스템의 임펄스 응답을 $h(t)$ 그리고 입력을 $x(t) = e^{j\omega t}$라고 하자. 그때 콘벌루션 적분에 의한 출력은 다음과 같다.

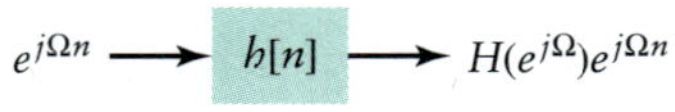

$e^{j\Omega n} \longrightarrow$ $h[n]$ $\longrightarrow H(e^{j\Omega})e^{j\Omega n}$

그림 3.1 복소 정현파 입력에 대한 LTI 시스템의 출력은 입력의 주파수와 동일한 주파수의 복소 정현파 신호이며, 그 크기는 입력에 시스템의 주파수 응답을 곱한 것과 같다.

$$
\begin{aligned}
y(t) &= \int_{-\infty}^{\infty} h(\tau)e^{j\omega(t-\tau)}\,d\tau \\
&= e^{j\omega t}\int_{-\infty}^{\infty} h(\tau)e^{-j\omega\tau}\,d\tau \\
&= H(j\omega)e^{j\omega t}.
\end{aligned} \tag{3.2}
$$

여기서, $H(j\omega)$는 다음과 같이 정의한다.

$$
H(j\omega) = \int_{-\infty}^{\infty} h(\tau)e^{-j\omega\tau}\,d\tau. \tag{3.3}
$$

그러므로, 시스템의 출력은 복소수 $H(j\omega)$가 곱해진 입력과 같은 주파수의 복소 정편파 함수이다. $H(j\omega)$는 시간 t의 함수가 아니라 단지 주파수 ω의 함수이고 연속시간 시스템의 **주파수 응답**이라 한다.

정현파 정상 상태 응답의 직관적인 해석은 복소값 주파수 응답 연속시간를 복소 형태로 표기함으로써 구해진다. 만약, $c = a + jb$가 복소수라면 그때 복소 형태로 c를 다음과 같이 쓸 수 있다. $c = |c|e^{j\arg\{c\}}$, 여기서 $|c| = \sqrt{a^2 + b^2}$, $\arg\{c\} = \arctan\left(\dfrac{b}{a}\right)$이다. 그러므로 $H(j\omega) = |H(j\omega)|e^{j\arg\{H(j\omega)\}}$. 여기서, $|H(j\omega)|$는 시스템의 **크기 응답**이고 $\arg\{H(j\omega)\}$는 시스템의 **위상 응답**이다. 식 (3.2)에 이런 복소 형태를 대입하면, 출력은 다음과 같이 표현된다.

$$
y(t) = |H(j\omega)|e^{j(\omega t + \arg\{H(j\omega)\})}.
$$

그러므로, 시스템은 입력의 진폭을 $|H(j\omega)|$배로 증가시키고 입력의 위상을 $\arg\{H(j\omega)\}$만큼 변형시킨다.

예제 3.1 *RC* **회로: 주파수 응답.** 그림 3.2의 시스템에서 입력 전압에 대한 캐퍼시터 양단 전압의 시스템 임펄스 응답은 예제 1.21에서 유도한 것과 같이 다음과 같다.

$$
h(t) = \frac{1}{RC}e^{-\frac{t}{RC}}u(t).
$$

주파수 응답에 대한 표현을 구하라. 그리고 크기 응답과 위상 응답을 도시하라.

▶ 풀이: $h(t)$를 식 (3.3)에 대입하면

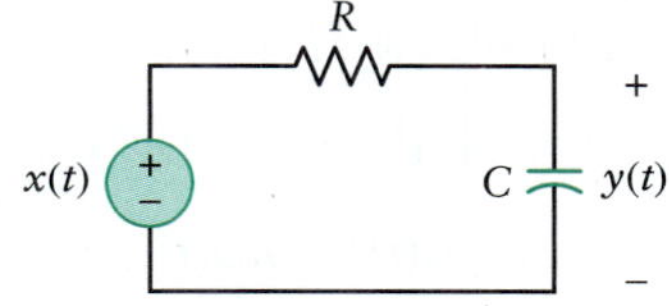

그림 3.2 예제 3.1에 대한 *RC* 회로

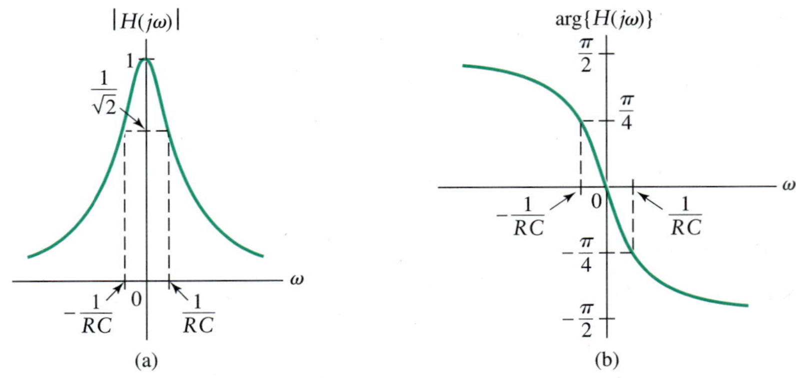

그림 3.3 그림 3.2의 RC 회로의 주파수 응답. (a) 크기 응답, (b) 위상 응답

$$
\begin{aligned}
H(j\omega) &= \frac{1}{RC}\int_{-\infty}^{\infty} e^{-\frac{\tau}{RC}}u(\tau)e^{-j\omega\tau}\,d\tau \\
&= \frac{1}{RC}\int_{0}^{\infty} e^{-\left(j\omega+\frac{1}{RC}\right)\tau}\,d\tau \\
&= \frac{1}{RC}\frac{-1}{\left(j\omega+\frac{1}{RC}\right)}e^{-\left(j\omega+\frac{1}{RC}\right)\tau}\Bigg|_{0}^{\infty} \\
&= \frac{1}{RC}\frac{-1}{\left(j\omega+\frac{1}{RC}\right)}(0-1) \\
&= \frac{\frac{1}{RC}}{j\omega+\frac{1}{RC}}.
\end{aligned}
$$

크기 응답은 다음과 같다.

$$
|H(j\omega)| = \frac{\frac{1}{RC}}{\sqrt{\omega^2+\left(\frac{1}{RC}\right)^2}}.
$$

반면에 주파수 응답은 다음과 같다.

$$
\arg\{H(j\omega)\} = -\arctan(\omega RC).
$$

크기 응답과 위상 응답은 그림 3.3(a)와 (b)와 같다. 크기 응답으로부터 이 RC 회로는 고주파수($\omega > 1/RC$) 정현파 신호를 감쇠시킨다는 것을 가리킨다. 이것은 해로해석에 대한 우리의 직관과 일치한다. 회로는 입력 전압에서의 빠른 변화에 응답할 수 없다. 고주파수 정현파 신호는 또한 $-\dfrac{\pi}{2}$ 라디안의 위상 변이가 발생한다. 저주파수($\omega < 1/RC$) 정현파 함수는 훨씬 더 높은 이득으로 회로를 통과하고 상대적으로 적은 위상 변화를 얻는다. ■

복소 정현파 함수 $\psi(t) = e^{j\omega t}$를 LTI 시스템 H의 고유값 $\lambda = H(j\omega)$에 대한 **고유 함수**라 한다. 왜냐하면, 복소 정현파 함수가 다음과 같이 정의된 고유값 문제를 만족하기 때문이다.

$$
H\{\psi(t)\} = \lambda\psi(t).
$$

이 고유표현(eigenrepresentation)은 그림 3.4에서 설명된다. 시스템의 고유 함수 입력 신호

$\psi(t)$ ($\psi[n]$) → H → $\lambda\psi(t)$ ($\lambda\psi[n]$)

(a)

$e^{j\omega t}$ → H → $H(j\omega)e^{j\omega t}$

(b)

$e^{j\Omega n}$ → H → $H(e^{j\Omega})e^{j\Omega n}$

(c)

그림 3.4 선형 시스템의 고유 함수의 예. 고유 함수 입력 신호에 대한 시스템의 작용은 대응하는 고유값을 입력에 곱하는 연산 작용이다. (a) 일반적인 고유 함수 $\psi(t)$ 또는 $\psi[n]$과 대응하는 고유값 λ. (b) 복소 정현파 고유 함수 $e^{j\omega t}$와 고유값 $H(j\omega)$. (c) 복소 정현파 고유값 $e^{j\Omega n}$과 고유값 $H(e^{j\Omega})$.

에 대한 효과는 단지 스칼라 곱셈을 하는 것이다. 입력에 복소수를 곱하면 출력이 얻어진다. 이 고유 관계는 행렬의 고유값 문제와 거의 유사하다. 만약 $\mathbf{e}_k$가 행렬 $\mathbf{A}$의 고유 벡터라면, 우리는 관계식

$$\mathbf{A}e_k = \lambda_k \mathbf{e}_k$$

를 알고 있다. $\mathbf{e}_k$에 행렬 $\mathbf{A}$를 곱하는 것은 $\mathbf{e}_k$에 스칼라 λ_k를 곱하는 것과 동일하다.

시스템의 고유 함수인 신호들은 LTI 시스템 이론에 있어서 매우 중요한 역할을 한다. 임의의 신호를 고유 함수들의 가중 중첩으로 표현함으로써, 콘벌루션을 하나의 곱셈으로 변환시킨다. 이를 확인하기 위하여, M개의 복소 정현파 함수들의 가중합

$$x(t) = \sum_{k=1}^{M} a_k e^{j\omega_k t}$$

로 LTI 시스템의 입력을 표현하자. 만약, $e^{j\omega_k t}$가 고유값 $H(j\omega_k)$와 함께 시스템의 고유 함수라면, 입력의 각 항 $a_k e^{j\omega_k t}$는 출력 $a_k H(j\omega_k)e^{j\omega_k t}$를 발생한다. 따라서, 시스템의 출력은 다음과 같이 표현된다.

$$y(t) = \sum_{k=1}^{M} a_k H(j\omega_k) e^{j\omega_k t}.$$

출력은 M개의 복소 정현파 함수의 가중합이다. 여기서 가중값은 a_k이며, 입력이 시스템 주파수 응답 $H(j\omega_k)$에 의해서 변형된다. 콘벌루션 연산인 $h(t) * x(t)$는 곱셈인 $a_k H(j\omega_k)$로 바뀐다. 왜냐하면, $x(t)$가 고유 함수들의 합으로 표현되었기 때문이다. 동일한 관계가 이산시간에서도 성립한다.

이러한 성질은 신호를 복소 정현파 함수들의 가중 중첩으로 표현함에 대한 강력한 동기가 된다. 그리고, 가중값들은 신호에 대한 또 다른 해석을 제공한다. 신호를 시간에 대한 함수로 기술하는 것과 달리, 가중값들은 신호를 주파수 함수로서 기술하도록 한다. 이러한 신호의 주파수 영역에서의 관찰은, 다음에서 살펴보겠지만 매우 유익하다.

3.3 4종류의 신호에 대한 푸리에 표현

서로 다른 종류의 신호에 적용이 가능한 4종류의 푸리에 표현이 존재한다. 이들 4종류는 신

표 3.1 신호의 시간 특징과 그에 대응하는 푸리에 표현의 관계

시간상 성질	주 기	비 주 기
연속시간 (t)	푸리에 급수 (FS)	푸리에 변환 (FT)
이산시간 [n]	이산시간 푸리에 급수 (DTFS)	이산시간 푸리에 변환 (DTFT)

호의 주기성과 시간의 연속성 또는 불연속성에 의해서 정의된다. 푸리에 급수(FS)는 연속시간 주기 신호에 적용되며, 이산시간 푸리에 급수(DTFS)는 이산시간 주기 신호에 적용된다. 비주기 신호는 푸리에 변환 표현을 갖는다. 푸리에 변환(FT)은 연속시간 비주기 신호에 적용된다. 이산시간 푸리에 변환(DTFT)은 이산시간 비주기 신호에 적용된다. 표 3.1은 신호의 시간 영역 성질과 적절한 푸리에 표현 사이의 관계를 보여준다.

3.3.1 주기 신호들: 푸리에 급수 표현

주기 신호를 복소 정현파 함수들의 가중 중첩으로 표현함을 생각해 보자. 가중 중첩은 주어진 신호와 주기가 동일해야 하므로 중첩에 사용되는 각 정현파 함수는 신호와 동일한 주기를 가져야 한다. 이는 각 정현파 함수들의 주파수가 신호의 기본 주파수의 배수가 되어야 함을 의미한다. 만약 $x[n]$이 기본 주기 N의 이산 신호라고 한다면, 신호 $x[n]$을 다음과 같은 DTFS에 의한 표현을 찾는다.

$$\hat{x}[n] = \sum_{k} A[k]e^{jk\Omega_o n}. \tag{3.4}$$

여기서 $\Omega_o = 2\pi/T$는 신호 $x[n]$의 기본 주파수이다. 중첩에서 k번째 정현파 함수의 주파수는 $k\Omega_o$이다. 이러한 정현파 함수의 각각은 공통 주기 N을 갖는다. 유사하게, 만약 $x(t)$가 기본 주기 T인 연속시간 신호라고 한다면, 우리는 $x(t)$를 FS

$$\hat{x}(t) = \sum_{k} A[k]e^{jk\omega_o t} \tag{3.5}$$

로 표현하며, 여기서 $\omega_o = 2\pi/T$는 신호 $x(t)$의 기본 주파수이다. 그리고 k번째 정현파 함수의 주파수는 $k\omega_o$이다. 그리고 각 정현파 함수는 공통 주기 T를 갖는다. 기본 주파수의 정수배의 주파수를 갖는 정현파 함수를 기본 주파수에 대응해서 정현파 함수의 **조화**(harmonic) **함수**라고 한다. 그러므로, $e^{jk\omega_o t}$는 $e^{j\omega_o t}$의 k번째 조화 함수이다. 식 (3.4)와 (3.5)에서 $A[k]$는 k번째 조화 함수에 적용된 가중값이며, 햇(^)은 근사값임을 의미한다. 왜냐하면, 아직까지 $x[n]$이나 $x(t)$가 이들 급수에 의해서 정확하게 표현될 수 있다고 가정하지 않았기 때문이다. 변수 k는 정현파 함수의 주파수를 가리킨다. 그래서 $A[k]$는 주파수의 함수이다.

각 합산에 있어서 얼마나 많은 항과 가중값을 사용해야 하는가? 식 (3.4)로 기술된 DTFS

로부터 만약 서로 다른 주파수를 갖는 복소 정현파 함수가 항상 구별되는 것이 아닌 점을 생각하면, 이 질문에 대한 답은 명백해진다. 특별히, 복소 정현파 함수 $e^{jk\Omega_o n}$은 주파수 지표(index) k에 따라 N 주기적이다. 우리는 다음을 알고 있다.

$$\begin{aligned} e^{j(N+k)\Omega_o n} &= e^{jN\Omega_o n} e^{jk\Omega_o n} \\ &= e^{j2\pi n} e^{jk\Omega_o n} \\ &= e^{jk\Omega_o n}. \end{aligned}$$

따라서, 함수 형태 $e^{jk\Omega_o n}$에는 오로지 N개의 구별된 복소 정현파 함수만이 존재한다. N개의 구별된 복소 정현파 함수의 유일한 집합은 주파수 지표 k가 $k = 0$부터 $k = N - 1$까지 변함에 따라 얻어진다. 그러므로 식 (3.4)를 다음과 같이 다시 쓸 수 있다.

$$\hat{x}[n] = \sum_{k=0}^{N-1} A[k] e^{jk\Omega_o n}. \tag{3.6}$$

k의 값에 관한 연속적인 N개 값의 집합은 임의로 선택할 수 있으며, 보통 신호 $x[n]$에 있어 대칭성을 이용하여 문제를 간단하게 풀 수 있도록 집합의 범위를 정한다. 예를 들어, $x[n]$이 우함수이든 기함수이든 관계없이, N이 홀수이면 $k = -N/2$에서 $k = N/2 - 1$로 한다.

이산시간 경우와 대비하여, 서로 구별되는 주파수 $k\omega_0$를 갖는 연속시간 복소 정현파 함수 $e^{jk\omega_o t}$는 언제나 서로 구별된다. 따라서, 식 (3.5)의 급수에는 무한히 많은 구별된 항들이 존재하게 되고, 우리는 신호 $x(t)$를

$$\hat{x}(t) = \sum_{k=-\infty}^{\infty} A[k] e^{jk\omega_o t} \tag{3.7}$$

로 근사화하고, $\hat{x}[n]$, $\hat{x}(t)$가 신호 $x[n]$, $x(t)$에 잘 근접하는 계수 $A[k]$를 결정해야 한다. 이것은 주어진 신호와 급수 표현간의 평균 자승 오차(MSE)를 최소화시킴으로써 구해진다. 왜냐하면 급수 표현은 신호와 같은 주기를 갖기 때문에 MSE는 한 주기에서 자승 오차의 평균이거나 에러의 평균 전력이다. 이산시간의 경우, MSE는 다음과 같다.

$$MSE = \frac{1}{N} \sum_{n=0}^{N-1} |x[n] - \hat{x}[n]|^2. \tag{3.8}$$

유사하게, 연속시간의 경우 MSE는 다음과 같다.

$$MSE = \frac{1}{T} \int_0^T |x(t) - \hat{x}(t)|^2 \, dt. \tag{3.9}$$

3.4절과 3.5절에서 주어질 DTFS와 FS 계수는 MSE를 최소화한다. 이러한 계수들의 결정은 복소 정현파 함수와 관련된 성질에 의해 간단해진다.

3.3.2 비주기 신호: 푸리에 변환 표현

주기 신호와는 달리 비주기 신호를 표현하는 정현파 함수들의 주기에 대한 제한은 없다. 그

러므로, 푸리에 변환 표현은 연속적인 주파수값을 갖는 복소 정현파 함수를 사용한다. 연속시간 비주기 신호는 복소 정현파 함수들의 가중된 적분으로 표현되며, 여기서 적분 변수는 신호의 주파수이다. FT에서 연속시간 정현파 함수가 연속시간 비주기 신호를 표현하기 위하여 사용하는 데 반하여 DTFT에서는 이산시간 정현파 함수가 이산시간 비주기 신호를 표현하기 위하여 사용된다. 구별되는 주파수를 갖는 연속시간 정현파 함수는 서로 구별되며, 따라서 FT는 범위 $-\infty$에서 ∞의 정현파 주파수와 연관된다.

$$\hat{x}(t) = \frac{1}{2\pi}\int_{-\infty}^{\infty} X(j\omega)e^{j\omega t}\,d\omega.$$

여기서 $X(j\omega)/(2\pi)$는 FT 표현에서 주파수 ω의 정현파 함수 $e^{j\omega t}$에 적용된 가중치 또는 계수를 나타낸다.

2π의 배수만큼 떨어진 주파수를 갖는 이산시간 정현파 함수들은 서로 동일하기 때문에 이산시간 정현파 함수는 오직 주파수 구간 2에서만 유일하다. 그러므로 DTFT는 구간 2 안에서의 정현파 주파수들과 관련된다.

$$\hat{x}[n] = \frac{1}{2\pi}\int_{-\pi}^{\pi} X(e^{j\Omega})e^{j\Omega n}\,d\omega.$$

그러므로 DTFT 표현에서 정현파 함수 $e^{j\Omega n}$에 적용된 가중치는 $X(j\Omega)/(2\pi)$이다.

이 장의 다음 4개의 절에서는 연속적으로 DTFS, FS, DTFT 그리고 FT를 기술한다.

▶ **연습문제 3.1** 다음 각 신호들에 대한 적절한 푸리에 표현을 식별하라.

(a) $x[n] = (1/2)^n u[n]$

(b) $x(t) = 1 - \cos(2\pi t) + \sin(3\pi t)$

(c) $x(t) = e^{-t}\cos(2\pi t)u(t)$

(d) $x[n] = \sum_{m=-\infty}^{\infty} \delta[n - 20m] - 2\delta[n - 2 - 20m]$

해답: (a) DTFT

(b) FS

(c) FT

(d) DTFS ▮

3.4 이산시간 주기 신호: 이산시간 푸리에 급수

기본 주기 N과 기본 주파수 $\Omega_o = 2\pi/N$를 갖는 주기 신호 $x[n]$에 대한 DTFS 표현은 다음과 같이 주어진다.

$$x[n] = \sum_{k=0}^{N-1} X[k]e^{jk\Omega_o n}. \tag{3.10}$$

여기서, $X[k]$의 정의는

$$X[k] = \frac{1}{N}\sum_{n=0}^{N-1} x[n]e^{-jk\Omega_o n} \tag{3.11}$$

이며, 신호 $x[n]$의 DTFS 계수이다. $x[n]$과 $X[k]$를 DTFS쌍이라고 하고, 이 관계를

$$x[n] \xleftrightarrow{DTFS;\,\Omega_o} X[k]$$

로 표기한다. N개의 $X[k]$값들로부터 식 (3.10)을 사용하여 $x[n]$을 결정하고, N개의 $x[n]$값들로부터 식 (3.11)을 이용하여 $X[k]$를 결정한다. $X[k]$ 또는 $x[n]$은 신호에 대한 완전한 표현을 제공한다. 우리는 몇몇의 문제들에서 시간값 $x[n]$을 이용하여 신호를 표현하는 것이 유익함을 살펴볼 것이다. 물론, 반면에 DTFS 계수 $X[k]$는 다른 문제들에 있어 좀더 편리한 신호 표현 수단을 제공한다. DTFS 계수 $X[k]$는 $x[n]$에 대한 **주파수 영역** 표현이라고도 불린다. 왜냐하면, 각 계수는 서로 다른 주파수의 복소 정현파 함수와 관계되기 때문이다. 변수 k는 $X[k]$를 갖는 정현파 함수의 주파수를 결정한다. 그래서 $X[k]$는 주파수의 함수이다.

DTFS 표현도 똑같다. 임의의 주기적인 이산시간 신호는 식 (3.10)과 같이 기술된다. DTFS는 컴퓨터에서 수치적으로 계산되고 다루어질 수 있는 유일한 푸리에 표현이다. 이는 시간 영역 신호 $x[n]$과 주파수 영역 신호 $X[k]$가 각각 N개의 유한 집합에 의해서 정확하게 표현되기 때문이다. DTFS의 계산적 간편성은 매우 중요하다. DTFS는 수치적 신호 해석과 시스템 구현에서 그 활용성이 크며, 종종 다른 세 개의 푸리에 표현을 수치적으로 근사화하기 위하여 사용된다. 이 문제들은 다음 장에서 탐구된다.

DTFS를 설명할 몇몇의 예를 보이기 전에, 식 (3.10)과 (3.11)의 합산에 대한 제한은 0부터 $N-1$까지 범위와 다르게 선택할 수 있음을 상기해야 한다. 왜냐하면, $x[n]$은 n에 대해 N을 주기로 갖고 $X[k]$는 k에 대해 N을 주기로 갖기 때문이다. 지표들의 범위는 문제를 간략화하기 위하여 임의로 정하여도 좋다.

예제 3.2 **DTFS 계수 결정.** 그림 3.5와 같은 신호에 대한 주파수 영역 표현을 구하라.

풀이: 신호는 주기 $N = 5$와 기본 주파수 $\Omega_0 = 2\pi/5$를 갖는다. 또한 신호는 기수 대칭이고 식 (3.11)에서 $n = -2$부터 $n = 2$에 대해 합산한다. 따라서 $X[k]$는

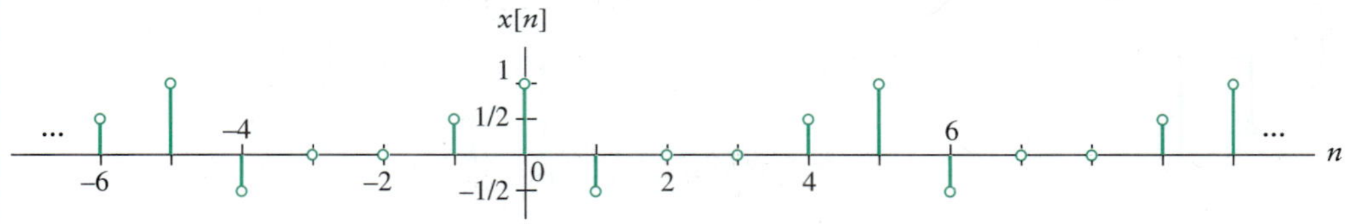

그림 3.5 예제 3.2의 시간 영역 신호

$$X[k] = \frac{1}{5}\sum_{n=-2}^{2} x[n]e^{-jk2\pi n/5}$$
$$= \frac{1}{5}\{x[-2]e^{jk4\pi/5} + x[-1]e^{jk2\pi/5} + x[0]e^{j0} + x[1]e^{-jk2\pi/5} + x[2]e^{-jk4\pi/5}\}.$$

$x[n]$을 대입하면,

$$\begin{aligned} X[k] &= \frac{1}{5}\left\{1 + \frac{1}{2}e^{jk2\pi/5} - \frac{1}{2}e^{-jk2\pi/5}\right\} \\ &= \frac{1}{5}\{1 + j\sin(k2\pi/5)\}. \end{aligned} \tag{3.12}$$

위 식으로부터, $k = -2$부터 $k = 2$까지 한 주기에 대한 DTFS 계수 $X[k]$를 직각 좌표계와 극좌표계의 형태로 나타내면 다음과 같다.

$$X[-2] = \frac{1}{5} - j\frac{\sin(4\pi/5)}{5} = 0.232e^{-j0.531}$$
$$X[-1] = \frac{1}{5} - j\frac{\sin(2\pi/5)}{5} = 0.276e^{-j0.760}$$
$$X[0] = \frac{1}{5} = 0.2e^{j0}$$
$$X[1] = \frac{1}{5} + j\frac{\sin(2\pi/5)}{5} = 0.276e^{j0.760}$$
$$X[2] = \frac{1}{5} + j\frac{\sin(4\pi/5)}{5} = 0.232e^{j0.531}.$$

주파수 지표 k의 함수로 $X[k]$의 크기와 위상은 그림 3.6과 같다.

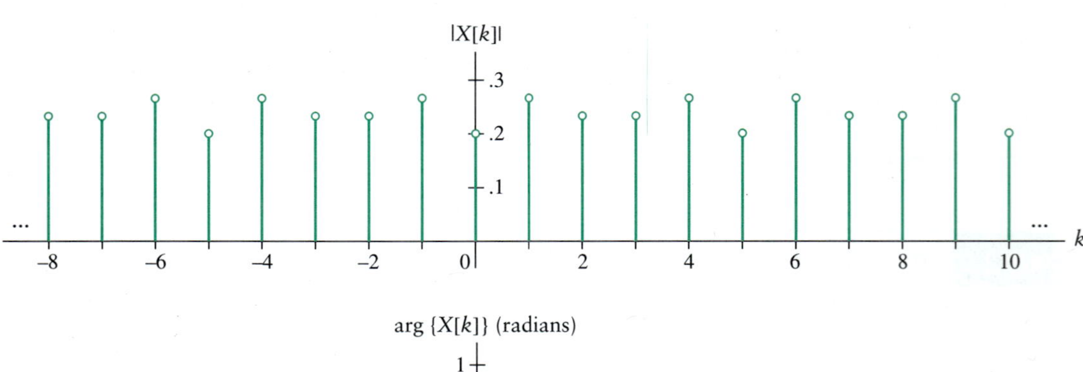

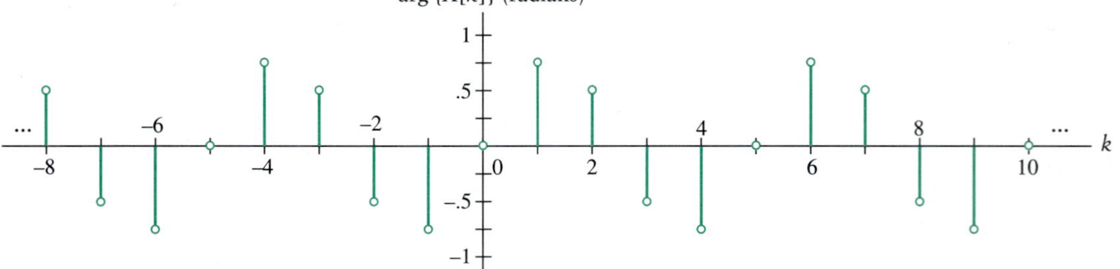

그림 3.6 그림 3.5의 신호에 관한 DTFS 계수의 크기와 위상

식 (3.11)에서 합에 대한 제한조건으로 $n = 0$에서 $n = 4$를 사용하여 $X[k]$를 계산하면

$$X[k] = \frac{1}{5}\{x[0]e^{j0} + x[1]e^{-j2\pi/5} + x[2]e^{-jk4\pi/5} + x[3]e^{-jk6\pi/5} + x[4]e^{-j8\pi/5}\}$$
$$= \frac{1}{5}\left\{1 - \frac{1}{2}e^{-jk2\pi/5} + \frac{1}{2}e^{-jk8\pi/5}\right\}.$$

이러한 표현은 $n = -2$에서 $n = 2$를 사용하여 얻은 식 (3.12)와 다르게 보인다. 그러나, 다음을 주목하라.

$$e^{-jk8\pi/5} = e^{-jk2\pi}e^{jk2\pi/5}$$
$$= e^{jk2\pi/5}.$$

구간 $n = -2$에서 $n = 2$까지의 합산과 $n = 0$에서 $n = 4$까지의 합산은 DTFS 계수에 대한 동등한 표현을 갖는다. ∎

$X[k]$의 크기는 $|X[k]|$로 표기하고 $x[n]$의 **진폭 스펙트럼**이라고 부른다. 유사하게, $X[k]$의 위상은 $\arg\{X[k]\}$로 표기하고, $x[n]$의 **위상 스펙트럼**이라고 부른다. 예제 3.2에서 $\arg\{X[k]\}$는 기함수인 반면에 $|X[k]|$는 우함수이다.

▶ **연습문제 3.2** 그림 3.7(a)와 (b)에 보인 주기 신호의 DTFS 계수를 결정하라.

해답:

그림 3.7 (a):

$$x[n] \xleftrightarrow{DTFS;\pi/3} X[k] = \frac{1}{6} + \frac{2}{3}\cos(k\pi/3)$$

그림 3.7 (b):

$$x[n] \xleftrightarrow{DTFS;2\pi/15} X[k] = \frac{-2j}{15}(\sin(k2\pi/15) + 2\sin(k4\pi/15))$$ ∎

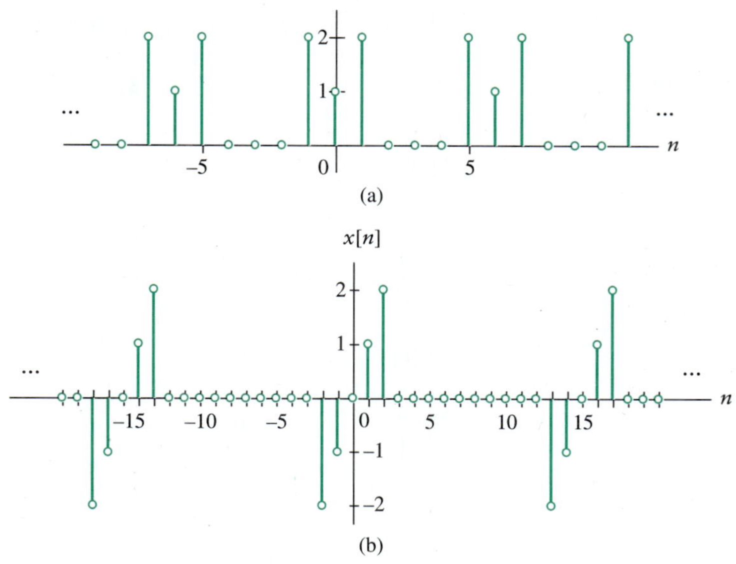

그림 3.7 연습문제 3.2에 대한 신호 $x[n]$

만약 $x[n]$이 실수 또는 복소 정현파 함수로 구성되어진다면, 식 (3.11)을 계산하는 것보다 직관적으로 $X[k]$를 결정하는 것이 더 쉽다. 다음 예제에서 보는 것과 같이, 직관적인 방법은 모든 실수 정현파 함수를 복소 정현파 함수로 확장하고 확장된 각 항을 식 (3.10)의 각 항과 비교한다.

예제 3.3 **직관적인 DTFS 계수 계산.** 직관적인 방법을 사용하여 $x[n] = \cos(\pi n/3 + \phi)$의 DTFS 계수를 결정하라

풀이: $x[n]$의 주기 $N = 6$이다. Euler 공식을 사용하여 코사인 함수를 확장하고 복소 정현파 함수 앞쪽으로 위상 변이 항을 이동한다. 그 결과는 다음과 같다.

$$\begin{aligned} x[n] &= \frac{e^{j\left(\frac{\pi}{3}n+\phi\right)} + e^{-j\left(\frac{\pi}{3}n+\phi\right)}}{2} \\ &= \frac{1}{2}e^{-j\phi}e^{-j\frac{\pi}{3}n} + \frac{1}{2}e^{j\phi}e^{j\frac{\pi}{3}n}. \end{aligned} \tag{3.13}$$

식 (3.13)과 $\Omega_0 = 2\pi/6 = \pi/3$를 갖는 식 (3.10)의 DTFS를 비교하여 DFTS 계수 $X[k]$를 결정한다. $k = -2$에서 $k = 3$까지 합산하는 식 (3.10)은 다음과 같다.

$$\begin{aligned} x[n] &= \sum_{k=-2}^{3} X[k]e^{jk\pi n/3} \\ &= X[-2]e^{-j2\pi n/3} + X[-1]e^{-j\pi n/3} + X[0] + X[1]e^{j\pi n/3} + X[2]e^{j2\pi n/3} + X[3]e^{j\pi n}. \end{aligned} \tag{3.14}$$

모든 n에 대해 식 (3.13)과 식 (3.14)가 동일한 $x[n]$이려면 $X[k]$는 다음과 같아야 한다.

$$x[n] \xleftrightarrow{DTFS;\frac{\pi}{3}} X[k] = \begin{cases} e^{-j\phi}/2, & k = -1 \\ e^{j\phi}/2, & k = 1 \\ 0, & -2 \le k \le 3\text{인 그 밖의 범위.} \end{cases}$$

크기 스펙트럼 $|X[k]|$와 위상 스펙트럼 $\arg\{X[k]\}$은 그림 3.8과 같다. ∎

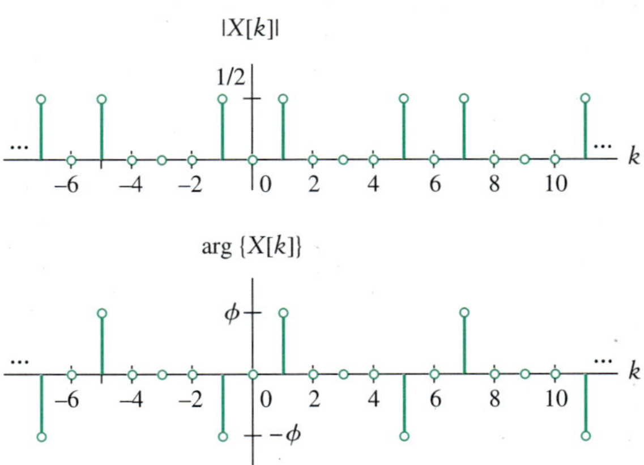

그림 3.8 예제 3.3의 신호에 관한 DTFS 계수의 크기와 위상

▶ **연습문제 3.3** 직관적인 방법으로 다음 신호들에 대한 DTFS 계수를 결정하라.

(a) $x[n] = 1 + \sin(n\pi/12 + 3\pi/8)$

(b) $x[n] = \cos(n\pi/30) + 2\sin(n\pi/90)$

해답:

(a) $x[n] \xleftrightarrow{DTFS;2\pi/24} X[k] = \begin{cases} -e^{-j3\pi/8}/(2j), & k = -1 \\ 1, & k = 0 \\ e^{j3\pi/8}/(2j), & k = 1 \\ 0, & -11 \le k \le 12\text{인 그 밖의 범위} \end{cases}$

(b) $x[n] \xleftrightarrow{DTFS;2\pi/180} X[k] = \begin{cases} -1/j, & k = -1 \\ 1/j, & k = 1 \\ 1/2, & k = \pm 3 \\ 0, & -89 \le k \le 90\text{인 그 밖의 범위} \end{cases}$ ∎

예제 3.4 **임펄스 열의 DTFS 표현.** 그림 3.9와 같은 주기 N인 임펄스 열 $x[n]$의 DTFS 계수를 구하라.

$$x[n] = \sum_{l=-\infty}^{\infty} \delta[n - lN].$$

풀이: $x[n]$은 주기당 단지 하나의 0이 아닌 값이 존재하므로, $n = 0$에서 $n = N - 1$ 구간에 대해 식 (3.11)을 계산하면,

$$X[k] = \frac{1}{N}\sum_{n=0}^{N-1} \delta[n]e^{-jkn2\pi/N} = \frac{1}{N}.$$ ∎

DTFS 계수를 계산하는 것에 초점을 두었지만, 식 (3.11)과 (3.10) 사이의 유사성은 DTFS 계수 집합에 대응하는 시간 영역 신호를 구하기 위해 똑같은 수학적 방법이 사용될 수 있다는 것을 가리킨다. 이전에 예제와 같이 $x[n]$값 중 일부가 0인 경우 $X[k]$는 N보다 적은 주기를 가지며 k에 따라 주기적이다. 이러한 경우, $X[k]$로부터 N을 결정하는 것은 불가능하고, 적절한 시간 신호를 구하기 위해 N값을 알아야 한다.

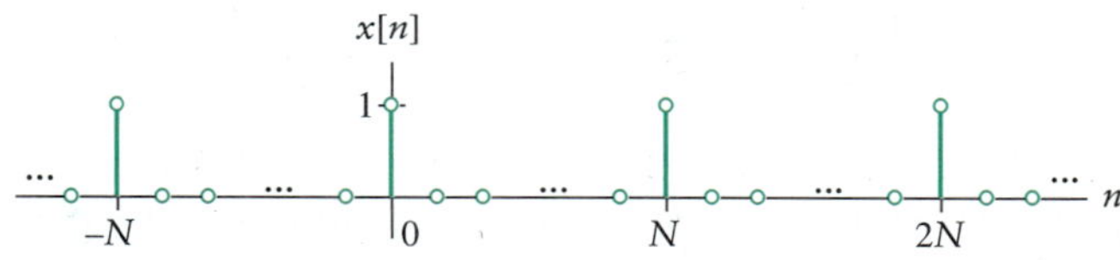

그림 3.9 주기 N인 이산시간 임펄스

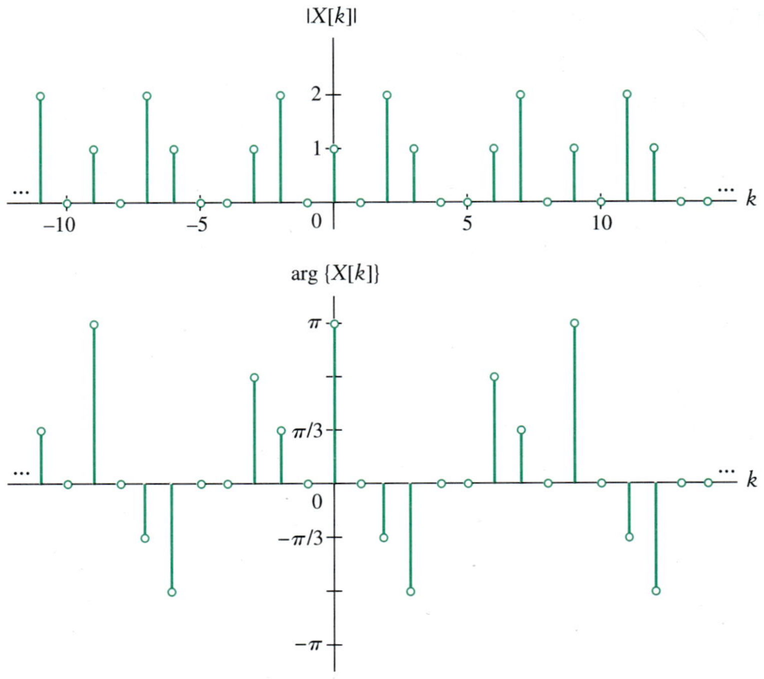

그림 3.10 예제 3.5에 관한 DFTS계수의 크기와 위상

예제 3.5 역 DTFS. 식 (3.10)을 사용하여 그림 3.10과 같은 DTFS 계수로부터 시간 영역 신호 $x[n]$을 결정하라.

풀이: DTFS 계수는 주기 $N = 9$이고 기본 주파수 $\Omega_o = 2\pi/9$이다. 구간 $k = -4$에서 $k = 4$에 대해 식 (3.10)을 계산하면,

$$
\begin{aligned}
x[n] &= \sum_{k=-4}^{4} X[k]e^{jk2\pi n/9} \\
&= e^{j2\pi/3}e^{-j6\pi n/9} + 2e^{j\pi/3}e^{-j4\pi n/9} - 1 + 2e^{-j\pi/3}e^{j4\pi n/9} + e^{-j2\pi/3}e^{j6\pi n/9} \\
&= 2\cos(6\pi n/9 - 2\pi/3) + 4\cos(4\pi n/9 - \pi/3) - 1.
\end{aligned}
$$

▶ **연습문제 3.4** 신호의 DTFS 계수의 한 주기는 다음과 같다.

$$X[k] = (1/2)^k, \quad (0 \le k \le 9).$$

$N = 10$이라 가정하고 시간 영역 신호 $x[n]$을 구하라.

해답: $x[n] = \dfrac{1 - (1/2)^{10}}{1 - (1/2)e^{j(\pi/5)n}}$

▶ **연습문제 3.5** 직관적인 방법으로 다음과 같은 DTFS 계수에 대응되는 시간 영역 신호를 구하라.

$$X[k] = \cos(k4\pi/11) + 2j\sin(k6\pi/11).$$

해답:

$$x[n] = \begin{cases} 1/2, & n = \pm 2 \\ 1, & n = 3 \\ -1, & n = -3 \\ 0, & -5 \le n \le 5 \text{ 인 그 밖의 범위} \end{cases}$$

예제 3.6 사각파의 DTFS 표현. 주기 N인 사각파 신호에 대한 DTFS 계수를 구하라.

$$x[n] = \begin{cases} 1, & -M \le n \le M \\ 0, & M < n < N - M. \end{cases}$$

즉, 사각파 신호의 한 주기는 그림 3.11과 같이 $2M+1$개의 1이 연속으로 나타나고 나머지 $N-(2M+1)$개의 0이 연속되는 파형이다. 이러한 정의는 $N > 2M+1$인 조건이 필요하다.

풀이: 주기는 N이고 기본 주파수는 $\Omega_o = 2\pi/N$이다. 이러한 경우, 구간 $n = -M$에서 $n = N - M - 1$에 대해 식 (3.11)을 계산하는 것이 편리하다.

$$X[k] = \frac{1}{N}\sum_{n=-M}^{N-M-1} x[n]e^{-jk\Omega_o n} = \frac{1}{N}\sum_{n=-M}^{M} e^{-jk\Omega_o n}.$$

$n = n + M$으로 놓고 합의 지표에 대한 변수를 치환하여 다음을 구한다.

$$X[k] = \frac{1}{N}\sum_{m=0}^{2M} e^{-jk\Omega_o(m-M)} = \frac{1}{N}e^{jk\Omega_o M}\sum_{m=0}^{2M} e^{-jk\Omega_o m}. \tag{3.15}$$

$k = 0, \pm N, \pm 2N, \cdots$이면 $e^{jk\Omega_o} = e^{-jk\Omega_o} = 1$이며, 이 경우에 식 (3.15)는 다음과 같다.

$$X[k] = \frac{1}{N}\sum_{m=0}^{2M} 1 = \frac{2M+1}{N}, \qquad k = 0, \pm N, \pm 2N, \ldots.$$

$k \ne 0, \pm N, \pm 2N, \cdots$이면 식 (3.15)는 등비급수로서 그의 합을 구하면 다음과 같다.

$$X[k] = \frac{e^{jk\Omega_o M}}{N}\left(\frac{1 - e^{-jk\Omega_o(2M+1)}}{1 - e^{-jk\Omega_o}}\right), \qquad k \ne 0, \pm N, \pm 2N, \ldots, \tag{3.16}$$

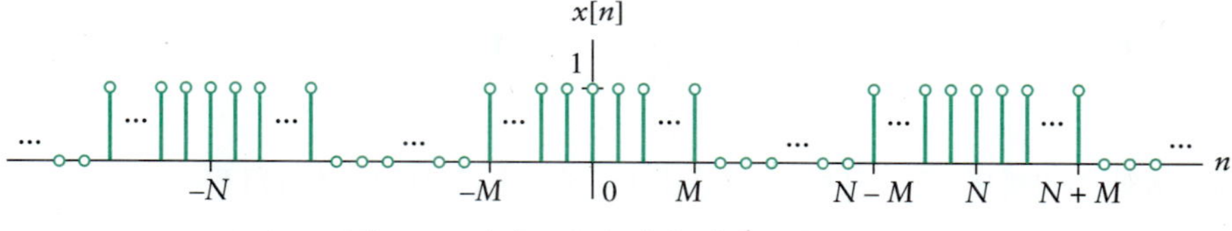

그림 3.11 예제 3.6에 관한 이산시간 구형파

식 (3.16)은 다음과 같이 다시 쓸 수 있다.

$$X[k] = \frac{1}{N}\left(\frac{e^{jk\Omega_o(2M+1)/2}}{e^{jk\Omega_o/2}}\right)\left(\frac{1 - e^{-jk\Omega_o(2M+1)}}{1 - e^{-jk\Omega_o}}\right),$$

$$= \frac{1}{N}\left(\frac{e^{jk\Omega_o(2M+1)/2} - e^{-jk\Omega_o(2M+1)/2}}{e^{jk\Omega_o/2} - e^{-jk\Omega_o/2}}\right), \qquad k \neq 0, \pm N, \pm 2N, \ldots.$$

분자와 분모를 각각 $2j$로 나누고 사인 함수의 표현을 적용하면, $X[k]$는 다음과 같이 두 사인 함수의 비로 표현된다.

$$X[k] = \frac{1}{N}\frac{\sin(k\Omega_o(2M + 1)/2)}{\sin(k\Omega_o/2)}, \qquad k \neq 0, \pm N, \pm 2N, \ldots.$$

$X[k]$에 대한 유한 등비급수 합 표현을 사인 함수의 비로 표기하기 위해 사용된 기법은 적절한 $e^{jk\Omega_o}$의 멱을 갖는 식 (3.16)의 분자 $1 - e^{-jk\Omega_o(2M+1)}$와 분모 $1 - e^{-jk\Omega_o}$ 양쪽을 대칭화시키는 것을 포함한다. $\Omega_0 = 2\pi/N$를 대입하면, 다음과 같이 $X[k]$에 대한 다른 표현이 된다.

$$X[k] = \begin{cases} \dfrac{1}{N}\dfrac{\sin(k\pi(2M + 1)/N)}{\sin(k\pi/N)}, & k \neq 0, \pm N, \pm 2N, \ldots \\ (2M + 1)/N, & k = 0, \pm N, \pm 2N, \ldots. \end{cases}$$

k를 실수로 취급함으로써 L' Hôpital의 규칙을 이용하면

$$\lim_{k \to 0, \pm N, \pm 2N, \ldots}\left(\frac{1}{N}\frac{\sin(k\pi(2M + 1)/N)}{\sin(k\pi/N)}\right) = \frac{2M + 1}{N}.$$

이러한 이유 때문에 $X[k]$에 대한 표현은 보통 다음과 같이 쓰여진다.

$$X[k] = \frac{1}{N}\frac{\sin(k\pi(2M + 1)/N)}{\sin(k\pi/N)}.$$

이러한 형태에서, $k = 0, \pm N, \pm 2N, \cdots$에 대한 $X[k]$의 값은 $k \to 0$으로 하는 극한값으로 얻어진다. $N = 50$이라 가정하고, $M = 4$와 $M = 12$에 대한 k의 함수로서 $X[k]$의 두 주기를 도시하면 그림 3.12와 같다. 이 예제에서 $X[k]$는 실수이다. 그러므로, 크기 스펙트럼은 $X[k]$의 절대값이고, 위상 스펙트럼은 $X[k]$가 양의 값일 때 0이고 $X[k]$가 음의 값일 때는 π이다. ∎

▶ **연습문제 3.6** 그림 3.13(a)와 (b)의 신호들에 대한 DTFS 계수를 구하라.

해답: (a) $X[k] = \dfrac{8}{125}e^{jk2\pi/5}\dfrac{1 - \left(\frac{5}{4}e^{-jk\pi/5}\right)^7}{1 - \frac{5}{4}e^{-jk\pi/5}}$

(b) $X[k] = -\dfrac{j}{5}\sin(k\pi/2)\dfrac{\sin(k2\pi/5)}{\sin(k\pi/10)}$ ∎

예제 3.6의 사각파의 급수 표현을 살펴봄으로써, 식 (3.10)의 각 DTFS 계수가 신호의 표현에 대한 기여하는 정도를 이해할 수 있다. DTFS 계수는 우대칭 $X[k] = -X[k]$이므로 이

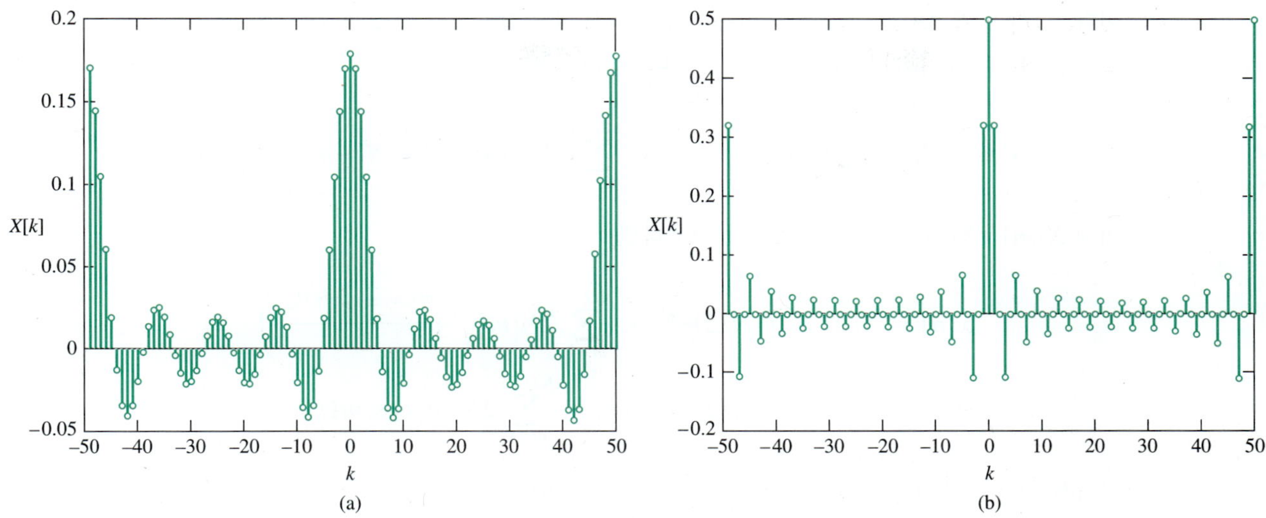

그림 3.12 그림 3.11의 정방형 파형의 DTFS 계수. 주기는 $N = 50$으로 가정한다. (a) $M = 4$, (b) $M = 12$

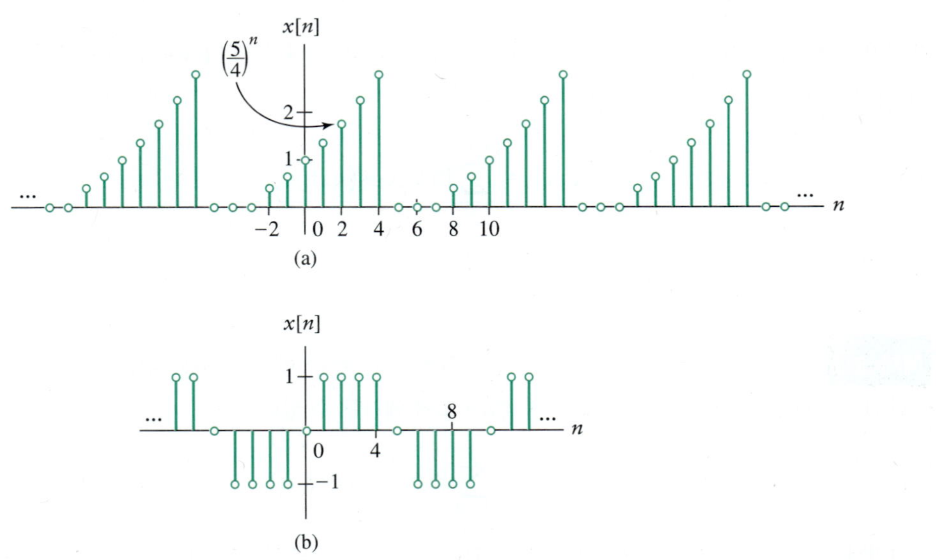

그림 3.13 연습문제 3.6에 대한 신호 $x[n]$

파형에 대한 각 항의 기여를 계산하는 것은 간단하다. 그러므로, 우리는 식 (3.10)의 DTFS를 조화적으로 cosine과 관계된 수열로서 다시 쓸 수 있다. 편의를 위해 N이 짝수이어서 $N/2$이 정수라 가정하고, k의 범위를 $-N/2$에서 $N/2$으로 선택하면,

$$x[n] = \sum_{k=-N/2+1}^{N/2} X[k] e^{jk\Omega_o n}$$

이다. DTFS 계수에서 대칭성을 이용하기 위해서, $k = 0$과 $k = N/2$ 항을 합의 밖으로 이끌어내고 양의 지표 m을 사용하여 나머지 항을 표현하면

$$x[n] = X[0] + X[N/2]e^{jN\Omega_o n/2} + \sum_{m=1}^{N/2-1} (X[m]e^{jm\Omega_o n} + X[-m]e^{-jm\Omega_o n}).$$

이제 $X[m] = X[-m]$과 $N\Omega_o = 2\pi$를 사용하면,

$$\begin{aligned} x[n] &= X[0] + X[N/2]e^{j\pi n} + \sum_{m=1}^{N/2-1} 2X[m]\left(\frac{e^{jm\Omega_o n} + e^{-jm\Omega_o n}}{2}\right) \\ &= X[0] + X[N/2]\cos(\pi n) + \sum_{m=1}^{N/2-1} 2X[m]\cos(m\Omega_o n). \end{aligned}$$

여기서 우리는 또한 $\sin(\pi n) = 0$이므로 $e^{j\pi n} = \cos(\pi n)$을 이용하였다.

마지막으로, 우리는 계수들의 새로운 집합 $B[k]$를 정의한다.

$$B[k] = \begin{cases} X[k], & k = 0, N/2 \\ 2X[k], & k = 1, 2, \ldots, N/2 - 1. \end{cases}$$

새로운 형태의 DTFS 계수인 $B[k]$를 이용해서, 구형파에 대한 DTFS를 코사인의 조화 함수들의 합산으로 표현하면 다음과 같다.

$$x[n] = \sum_{k=0}^{N/2} B[k]\cos(k\Omega_o n). \tag{3.17}$$

기수 N에 대한 유사한 표현을 구할 수 있다.

예제 3.7 **DTFS 계수로부터 구형파 복원.** 구형파 각 항에 대한 기여를 식 (3.17)에 나타낸 신호 $x[n]$에 대한 부분합으로 근접 신호를 정의함으로써 예시할 수 있다.

$$\hat{x}_J[n] = \sum_{k=0}^{J} B[k]\cos(k\Omega_o n). \tag{3.18}$$

여기서, $J \le N/2$이다. 이 근사식은 식 (3.10)에서 $k = 0$을 중심으로 $2J + 1$개의 합을 포함하고 있다. 구형파는 주기 $N = 50$이고 $M = 12$라고 가정한다. 식 (3.18)에서 J번째 항의 한 주기 값과 $J = 1, 3, 4, 23, 25$에 대한 $2J + 1$번째 항의 근접 신호 $\hat{x}_J[n]$을 계산하라.

풀이: 그림 3.14는 부분합에서 J번째 항 $B[J]\cos(J\Omega_o n)$과 J의 특정값에 대한 $\hat{x}_J[n]$의 한 주기를 보여주고 있다. J에 따라 홀수값만이 고려되었다. 왜냐하면, $N = 25$이고 $M = 12$일 때 짝수 k에 대한 $B[k]$는 0이기 때문이다. J가 커질수록 근사값은 개선되며 $J = N/2 = 25$일 때 $x[n]$에 대한 정확한 표현이 된다. 일반적으로, $\pm N/2$에 가까운 k값과 관계된 계수 $B[k]$는 신호에서 고주파 또는 빨리 변하는 성분을 표현하는 데 반하여, 0에 가까운 k값에 관계된 계수들은 저주파 또는 천천히 변하는 특징을 나타낸다. ∎

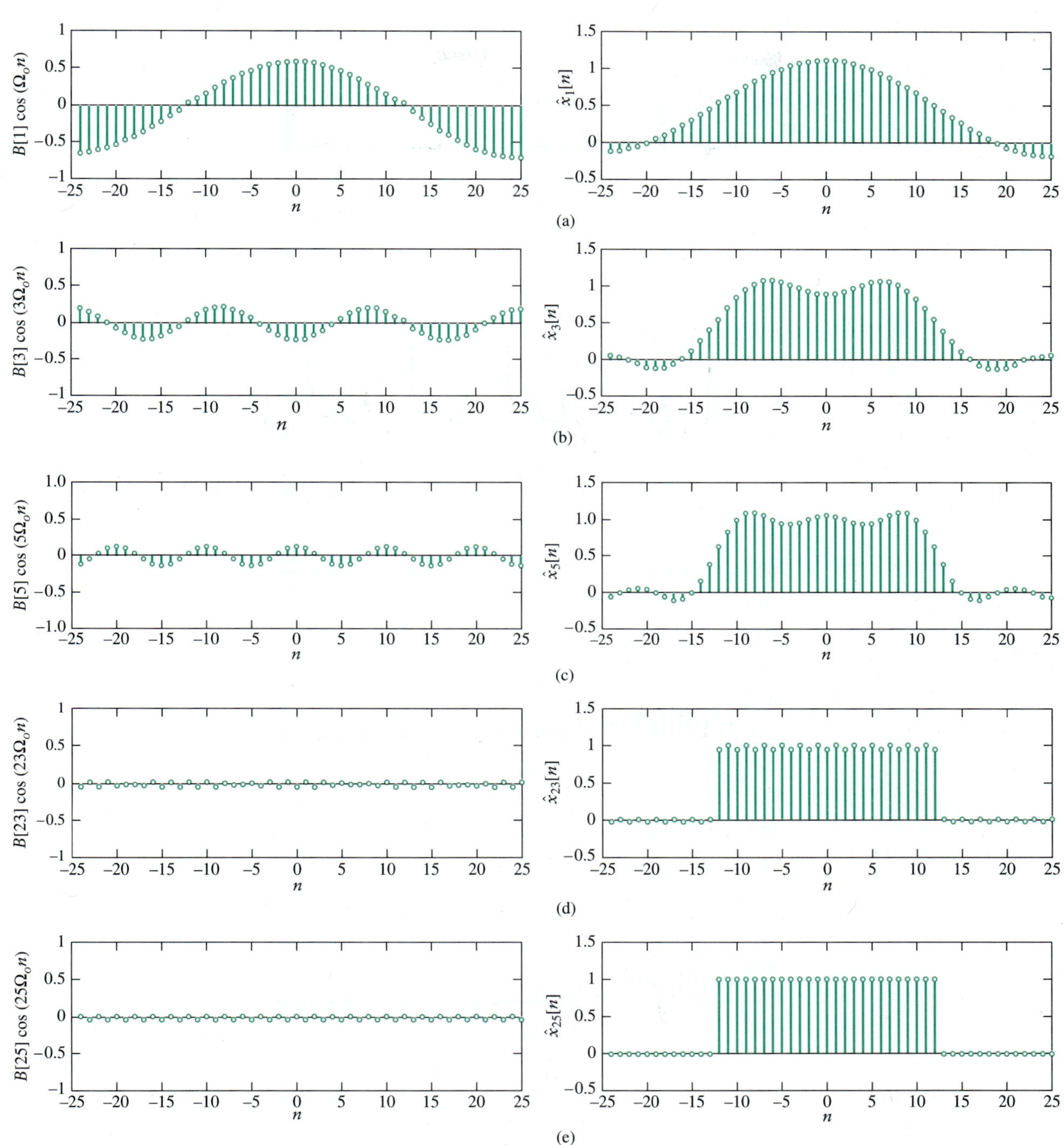

그림 3.14 왼쪽은 구형파의 DTFS 전개에 포함되는 각 독립항의 파형이고 오른쪽은 왼쪽에 대응하는 부분합으로 표현되는 구형파. $J = 0$인 항은 $\hat{x}_0[n] = 1/2$인데, 그림에는 표시하지 않았다. (a) $J = 1$, (b) $J = 3$, (c) $J = 5$, (d) $J = 23$, (e) $J = 25$

수치 신호 해석 툴로서 DTFS의 사용은 다음 예제 3.8에서 나타난다.

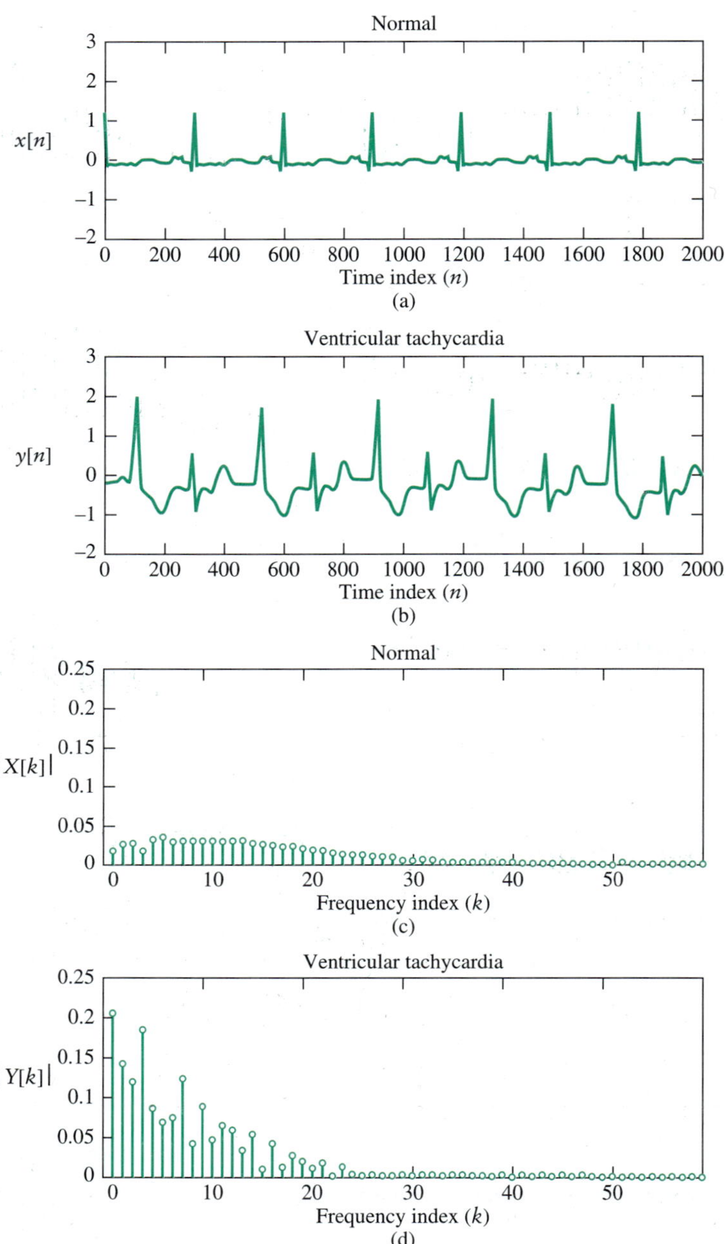

그림 3.15 두 개의 서로 다른 심장 박동에 관한 심전도 파형과 그들에 대한 처음 60개의 계수-크기만 나타낸다. (a) 정상적인 심장 박동, (b) 심계항진증 환자의 심장 박동, (c) 정상적인 심장 박동의 진폭 스펙트럼, (d) 심계항진증 파형의 진폭 스펙트럼

예제 3.8 EGG의 수치해석. 그림 3.15 (a), (b)와 같은 두 개의 심전도(ECG) 신호의 DTFS 표현을 계산하라. 그림 3.15(a)와 (b)는 정상적 심장과 심계항진증을 경험한 심장의 ECG이다. 각 경우에 있어 모두 2,000개의 값을 표시한 것이지만 좁은 면적이므로 연속시간 함수로 그렸다. 심계항진증은 죽음을 불러오는 심각한 심장 장애이다. 이것은 분당 대략 150번의 빠른 심장 박동수를 갖는 특성이 있

다. 심계 콤플렉스(약 160 ms)는 정상 콤플렉스(100 ms 미만)와 비교하여 넓고 비정상적인 모양을 한다. 이들 모두는 거의 주기적이며, 진폭과 주기가 매우 작은 변화를 갖는다. 정상 ECG의 주기는 $N=305$이며, 심계항진증 심전도의 주기는 $N=421$이다. 각 파형의 한 주기는 포착이 가능하다. 각각에 대해 DTFS 계수를 계산하고 진폭 스펙트럼을 그려라.

풀이: 처음 60개의 DTFS 계수를 진폭 스펙트럼으로 그림 3.15(c)와 (d)에 그려졌다. 높은 주파수 지표에 대한 계수의 값은 매우 작은 값이므로 보이지 않는다.

시간 파형이 서로 다르며, DTFS 계수도 그렇다. 정상 ECG는 날카로운 스파이크나 임펄스적 특징에 의해서 지배된다. 예제 3.4에서 보였듯이 단위 임펄스의 DTFS 계수는 모두 동일한 상수임을 상기하라. 정상 ECG의 DTFS 계수도 거의 일정하며, 주파수가 증가함에 따라 진폭이 점진적으로 감소한다. 그들은 또한 상당히 작은 진폭을 갖는데, 임펄스 신호에는 아주 작은 전력이 포함되어 있기 때문이다. 반대로, 심계항진증 ECG는 임펄스와 같지 않으며, 오히려 완만한 특징을 갖는다. 결과적으로 DTFS 계수는 전체 전력의 큰 부분을 포함하는 낮은 주파수 계수에서 큰 변화를 갖는다. 심계항진증 ECG는 정상적인 ECG에 비하여 큰 전력을 가졌기 때문에 DTFS 계수들의 진폭도 더 크다. ■

3.5 연속시간 주기 신호: 푸리에 급수

연속시간 주기 신호는 FS로 표현된다. 기본 주기 T와 기본 주파수 $\omega_o = 2\pi/T$를 갖는 신호 $x(t)$의 FS는 다음과 같다.

$$x(t) = \sum_{k=-\infty}^{\infty} X[k]e^{jk\omega_o t}. \tag{3.19}$$

여기서,

$$X[k] = \frac{1}{T}\int_0^T x(t)e^{-jk\omega_o t}\,dt\,. \tag{3.20}$$

$X[k]$는 신호 $x(t)$의 FS 계수이다. $x(t)$와 $X[k]$는 푸리에 쌍이고 이 관계는 다음과 같다.

$$x(t) \xleftrightarrow{FS;\,\omega_o} X[k].$$

FS 계수 $X[k]$로부터 우리는 식 (3.19)를 이용하여 $x(t)$를 결정할 수 있고, $x(t)$로부터 식 (3.20)을 이용하여 $X[k]$를 결정할 수 있다. 뒤에 몇몇의 문제들에서 신호를 시간 영역에서 $x(t)$로 표현하는 것이 유리하고, 반면에 다른 문제들에서 FS 표현인 $X[k]$가 좀더 편리한 기술을 제공함을 살펴볼 것이다. 각 FS 계수들은 서로 다른 주파수의 복소 정현파 함수와 관계되기 때문에, FS 표현을 **주파수 영역 표현**이라고 부른다. DTFS에서와 같이, 변수 k는 식 (3.19)에서 $X[k]$와 관계된 복소 정현파 함수 $e^{jk\omega_o t}$의 주파수를 결정한다.

FS 표현은 주기 신호에 대한 시스템의 영향을 분석하기 위해서 전기공학에서 널리 사용된다.

식 (3.19)의 무한 급수는 모든 가능한 신호에 대해서 수렴을 보장하지는 않는다. 이 점에서 우리는 다음을 정의해 보자.

$$\hat{x}(t) = \sum_{k=-\infty}^{\infty} X[k]e^{jk\omega_o t}.$$

그리고 식 (3.20)에 따라 계수 $X[k]$를 선택하자. 그렇다면, 어떠한 조건하에서 $\hat{x}(t)$는 실질적으로 $x(t)$에 수렴할 것인가? 이 질문에 대한 상세한 분석은 이 교재의 범위를 넘는다. 그러나 우리는 몇 가지의 결과를 언급할 수 있다. 먼저 $x(t)$가 제곱 적분이 가능하다면, 즉

$$\frac{1}{T}\int_0^T |x(t)|^2\, dt < \infty$$

라면, $x(t)$와 $\hat{x}(t)$ 사이의 MSE는 0이다. 또는 수학적으로,

$$\frac{1}{T}\int_0^T |x(t) - \hat{x}(t)|^2\, dt = 0$$

이다. 이는 공학적인 실제 문제에서 만나는 매우 광범위한 신호에 적용되는 매우 유용한 결과이다. 이산시간 경우와 비교해서 MSE가 0이라는 것이 $x(t)$와 $\hat{x}(t)$가 모든 점에서 일치한다거나, t의 모든 값에서 $x(t) = \hat{x}(t)$을 의미하는 것은 아니다. 그것은 그들 사이의 오차가 0 에너지를 갖는다는 것을 의미한다.

$x(t)$와 $\hat{x}(t)$의 **점별 수렴**(pointwise convergence)은 만약 다음의 Dirichlet 조건이 만족된다면, 불연속점에 해당하는 경우를 제외하고 모든 t에 대해서 보장된다.

- $x(t)$는 유한한 값을 갖는다.
- $x(t)$는 한 주기 안에서 유한개의 최대 및 최소를 갖는다.
- $x(t)$는 한 주기 안에서 유한개의 불연속점을 갖는다.

만약 신호 $x(t)$가 Dirichlet 조건을 만족하고 연속함수가 아니라면, $\hat{x}(t)$는 각 불연속점에서 $x(t)$의 왼쪽과 오른쪽 극한의 중간값에 수렴한다.

예제 3.9 **FS 계수의 직접 계산.** 그림 3.16의 신호 $x(t)$에 대한 FS 계수를 결정하라.

풀이: $x(t)$의 주기는 $T = 2$이고 기본 주파수는 $\omega_0 = 2\pi/2 = \pi$이다. 구간 $0 \le t \le 2$에서 $x(t)$의

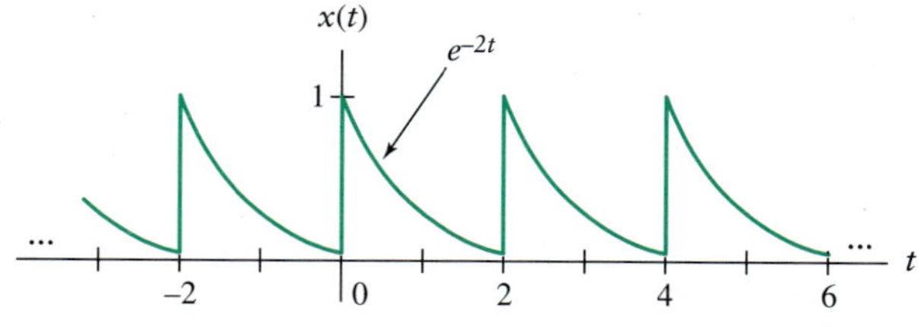

그림 3.16 예제 3.9에 대한 시간 영역 신호

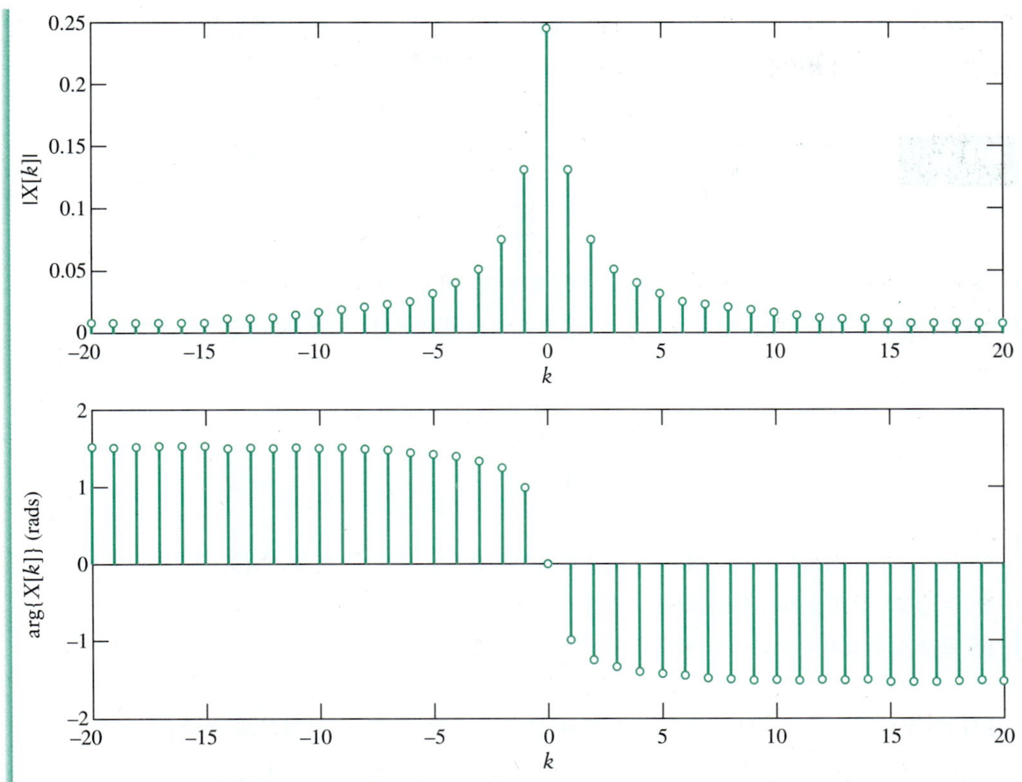

그림 3.17 예제 3.9에 대한 진폭 및 위상 스펙트럼

한 주기는 $x(t) = e^{-2t}$로 표시되며, 식 (3.20)은

$$X[k] = \frac{1}{2}\int_0^2 e^{-2t}e^{-jk\pi t}\,dt$$
$$= \frac{1}{2}\int_0^2 e^{-(2+jk\pi)t}\,dt.$$

적분하면 $e^{-jk2\pi} = 1$이므로

$$X[k] = \frac{-1}{2(2+jk\pi)}e^{-(2+jk\pi)t}\Big|_0^2$$
$$= \frac{1}{4+jk2\pi}(1 - e^{-4}e^{-jk2\pi})$$
$$= \frac{1-e^{-4}}{4+jk2\pi}.$$

그림 3.17은 진폭 스펙트럼 $|X[k]|$와 위상 스펙트럼 $\arg\{X[k]\}$을 나타낸다. ▮

DTFS에서와 마찬가지로 $X[k]$의 진폭은 $x(t)$의 **진폭 스펙트럼**이라 부르며, $X[k]$의 위상은 $x(t)$의 **위상 스펙트럼**이라 부른다. 또한, $x(t)$는 주기적이므로 식 (3.20)의 적분 구간으로

임의의 한 주기를 선택할 수 있다. 다음 예제에서처럼, 적절한 적분 구간을 선택하는 것은 종종 문제를 간략화시킨다.

예제 3.10 **임펄스 열에 대한 FS 계수.** 아래와 같이 정의되는 신호에 대한 FS 계수를 결정하라.

$$x(t) = \sum_{l=-\infty}^{\infty} \delta(t - 4l).$$

▸ 풀이: 기본 주기 $T = 4$이다. 그리고 이 신호의 각 주기는 임펄스를 포함한다. 신호 $x(t)$는 우대칭이므로 원점에 대한 대칭 $-2 \le t \le 2$인 한 주기에 대해 적분함으로써 식 (3.20)을 계산하는 것이 훨씬 더 쉽다.

$$\begin{aligned} X[k] &= \frac{1}{4}\int_{-2}^{2} \delta(t) e^{-jk(\pi/2)t}\, dt \\ &= \frac{1}{4}. \end{aligned}$$

이처럼 진폭 스펙트럼은 상수이고 위상 스펙트럼은 0이다. 이러한 경우 식 (3.19)의 무한 합을 계산할 수 없고, 신호 $x(t)$는 Dirichlet 조건을 만족하지 않는다는 사실에 주목하라. 그러나, 임펄스 열의 FS 확장은 수렴의 어려움에도 불구하고 유용하다. ■

DTFS에서와 마찬가지로, $x(t)$가 정현파 함수로 표현될 때 직관적으로 $X[k]$를 구하는 것이 더 쉽다. 직관적인 방법은 모든 실수 정현파 함수를 복소수 정현파 함수로 확장하고 그때 확장결과의 각 항과 식 (3.19)의 대응되는 항을 비교하는 것에 기반한다.

예제 3.11 **직관에 의한 FS 계수 계산.** 직관적인 방법을 이용하여 다음 신호의 FS 표현을 결정하라.

$$x(t) = 3\cos(\pi t/2 + \pi/4).$$

▸ 풀이: $x(t)$의 기본 주기는 $T = 4$이다. 그러므로 $\omega_o = 2\pi/4 = \pi/2$이다. 그리고, 식 (3.19)는 다음과 같이 다시 쓸 수 있다.

$$x(t) = \sum_{k=-\infty}^{\infty} X[k] e^{jk\pi t/2}. \tag{3.21}$$

Euler 공식을 이용하여 cosine 함수를 확장하면

$$\begin{aligned} x(t) &= 3\frac{e^{j(\pi t/2+\pi/4)} + e^{-j(\pi t/2+\pi/4)}}{2} \\ &= \frac{3}{2}e^{j\pi/4}e^{j\pi t/2} + \frac{3}{2}e^{-j\pi/4}e^{-j\pi t/2} \end{aligned}$$

이다. 이 표현과 식 (3.21)은 항등식이어야 하므로, FS 계수는

$$X[k] = \begin{cases} \frac{3}{2}e^{-j\pi/4}, & k = -1 \\ \frac{3}{2}e^{j\pi/4}, & k = 1 \\ 0, & \text{그 밖의 범위.} \end{cases} \tag{3.22}$$

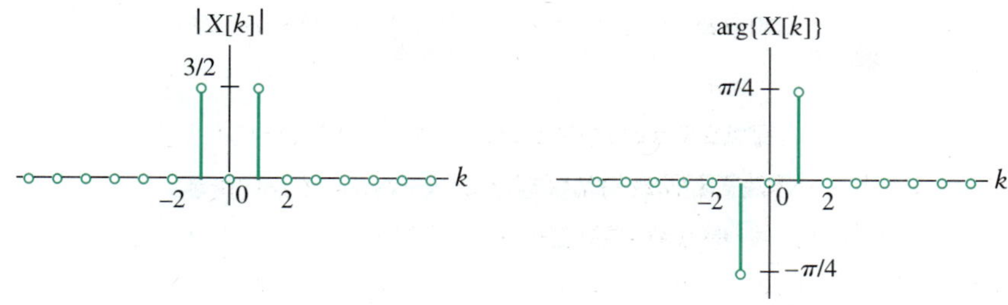

그림 3.18 예제 3.11에 대한 진폭 및 위상 스펙트럼

진폭과 위상 스펙트럼은 그림 3.18과 같다. 이 신호의 모든 전력은 두 개의 주파수 $\omega = \pi/2$와 $\omega = -\pi/2$에 집중되어 있다. ∎

▶ **연습문제 3.7** FS 표현을 결정하라.

$$x(t) = 2\sin(2\pi - 3) + \sin(6\pi t).$$

해답:

$$x(t) \xleftrightarrow{FS;2\pi} X[k] = \begin{cases} j/2, & k = -3 \\ je^{j3}, & k = -1 \\ -je^{-j3}, & k = 1 \\ -j/2, & k = 3 \\ 0, & \text{그 밖의 범위} \end{cases}$$ ∎

▶ **연습문제 3.8** 그림 3.19의 전파 정류 cosine 함수의 FS 계수를 구하라.

해답: $$X[k] = \frac{\sin(\pi(1-2k)/2)}{\pi(1-2k)} + \frac{\sin(\pi(1+2k)/2)}{\pi(1+2k)}$$ ∎

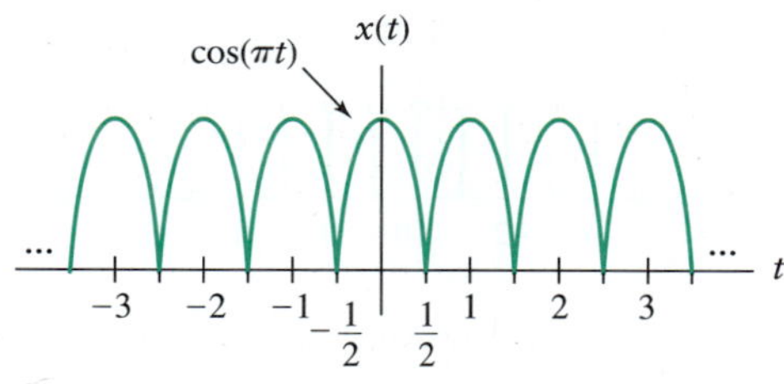

그림 3.19 연습문제 3.8에 대한 전파 정류 파형

FS 계수 집합에 의해 표현된 시간 영역 신호는 다음 예제에서처럼, 식 (3.19)를 계산하여 구할 수 있다.

예제 3.12 역FS. 다음 FS 계수에 대응되는 시간 영역 신호 $x(t)$를 구하라.

$$X[k] = (1/2)^{|k|}e^{jk\pi/20}.$$

기본 주기 $T = 2$라고 가정하자.

▸ 풀이: $X[k]$의 주어진 값과 $\omega_o = 2\pi/T = \pi$를 식 (3.19)에 대입하면

$$\begin{aligned} x(t) &= \sum_{k=0}^{\infty}(1/2)^k e^{jk\pi/20}e^{jk\pi t} + \sum_{k=-1}^{-\infty}(1/2)^{-k}e^{jk\pi/20}e^{jk\pi t} \\ &= \sum_{k=0}^{\infty}(1/2)^k e^{jk\pi/20}e^{jk\pi t} + \sum_{l=1}^{\infty}(1/2)^l e^{-jl\pi/20}e^{-jl\pi t}. \end{aligned}$$

두 번째 등비급수는 $l = 0$에서 $l = \infty$ 범위까지 합하고 $l = 0$항을 빼서 계산한다. 양쪽 무한 등비급수를 합한 결과는

$$x(t) = \frac{1}{1-(1/2)e^{j(\pi t+\pi/20)}} + \frac{1}{1-(1/2)e^{-j(\pi t+\pi/20)}} - 1.$$

공통 분모에 대해 각 항을 합하면

$$x(t) = \frac{3}{5-4\cos(\pi t+\pi/20)}.$$ ∎

▶ **연습문제 3.9** 다음 FS 계수로 표현되는 시간 영역 신호를 결정하라.

(a) $X[k] = -j\delta[k-2] + j\delta[k+2] + 2\delta[k-3] + 2\delta[k+3], \quad \omega_o = \pi$

(b) $X[k]$는 $\omega_o = 2\pi$로 그림 3.20에 주어졌다.

해답: (a) $x(t) = 2\sin(2\pi t) + 4\cos(3\pi t)$

(b) $x(t) = \dfrac{\sin(9\pi(t-1)/4)}{\sin(\pi(t-1)/4)}$ ∎

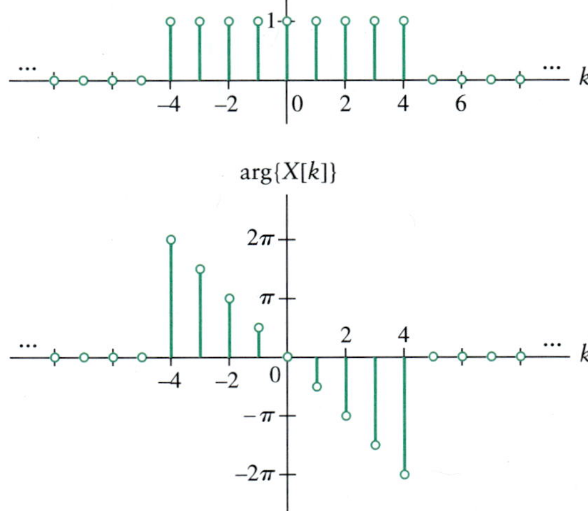

그림 3.20 연습문제 3.9(b)에 대한 FS 계수

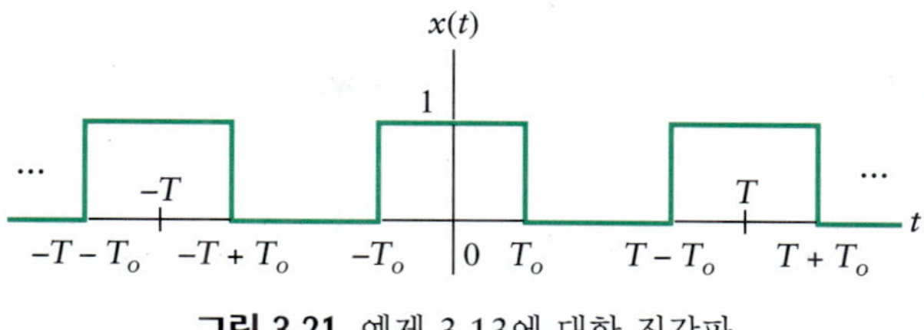

그림 3.21 예제 3.13에 대한 직각파

예제 3.13 직각파의 FS. 그림 3.21에 보인 직각파의 FS 표현을 결정하라.

풀이: 주기가 T이고 $\omega_o = 2\pi/T$이다. 신호 $x(t)$는 우대칭이므로, 범위 $-T/2 \le t \le T/2$에서 적분하여 식 (3.20)을 계산하는 것이 더 쉽다.

$$\begin{aligned} X[k] &= \frac{1}{T}\int_{-T/2}^{T/2} x(t)e^{-jk\omega_o t}\,dt \\ &= \frac{1}{T}\int_{-T_o}^{T_o} e^{-jk\omega_o t}\,dt \\ &= \frac{-1}{Tjk\omega_o} e^{-jk\omega_o t}\Big|_{-T_o}^{T_o}, \quad k \neq 0 \\ &= \frac{2}{Tk\omega_o}\left(\frac{e^{jk\omega_o T_o} - e^{-jk\omega_o T_o}}{2j}\right), \quad k \neq 0 \\ &= \frac{2\sin(k\omega_o T_o)}{Tk\omega_o}, \quad k \neq 0. \end{aligned}$$

$k = 0$이면,

$$X[0] = \frac{1}{T}\int_{-T_o}^{T_o} dt = \frac{2T_o}{T}.$$

L' Hopital의 규칙을 사용하여, 다음과 같음을 보임은 간단하다.

$$\lim_{k\to 0} \frac{2\sin(k\omega_o T_o)}{Tk\omega_o} = \frac{2T_o}{T}.$$

따라서, $X[0]$은 극한값으로부터 얻어진다는 이해 아래서

$$X[k] = \frac{2\sin(k\omega_o T_o)}{Tk\omega_o}$$

라고 쓸 수 있다. 이 문제에서 $X[k]$는 실수값이다. $\omega_o = 2\pi/T$를 대입하면, $X[k]$는 T_o/T의 함수로서 다음과 같다.

$$X[k] = \frac{2\sin(k2\pi T_o/T)}{k2\pi}. \tag{3.23}$$

$-50 \le k \le 50$이고 $T_o/T = 1/4$ 및 $T_o/T = 1/16$인 경우에 대한 $X[k]$를 그림 3.22 (a)-(c)에 나타냈다. T_o/T가 감소함에 따라서 신호가 각 주기 안에 시간적으로 한 점에 더욱 집중되고, FS 표현은 주파수 영역에서 덜 집중됨을 주목하라. 예를 들어, $X[k]$에서 첫 영교차는 $T_o/T = 1/4$에 대해 $k = 2$,

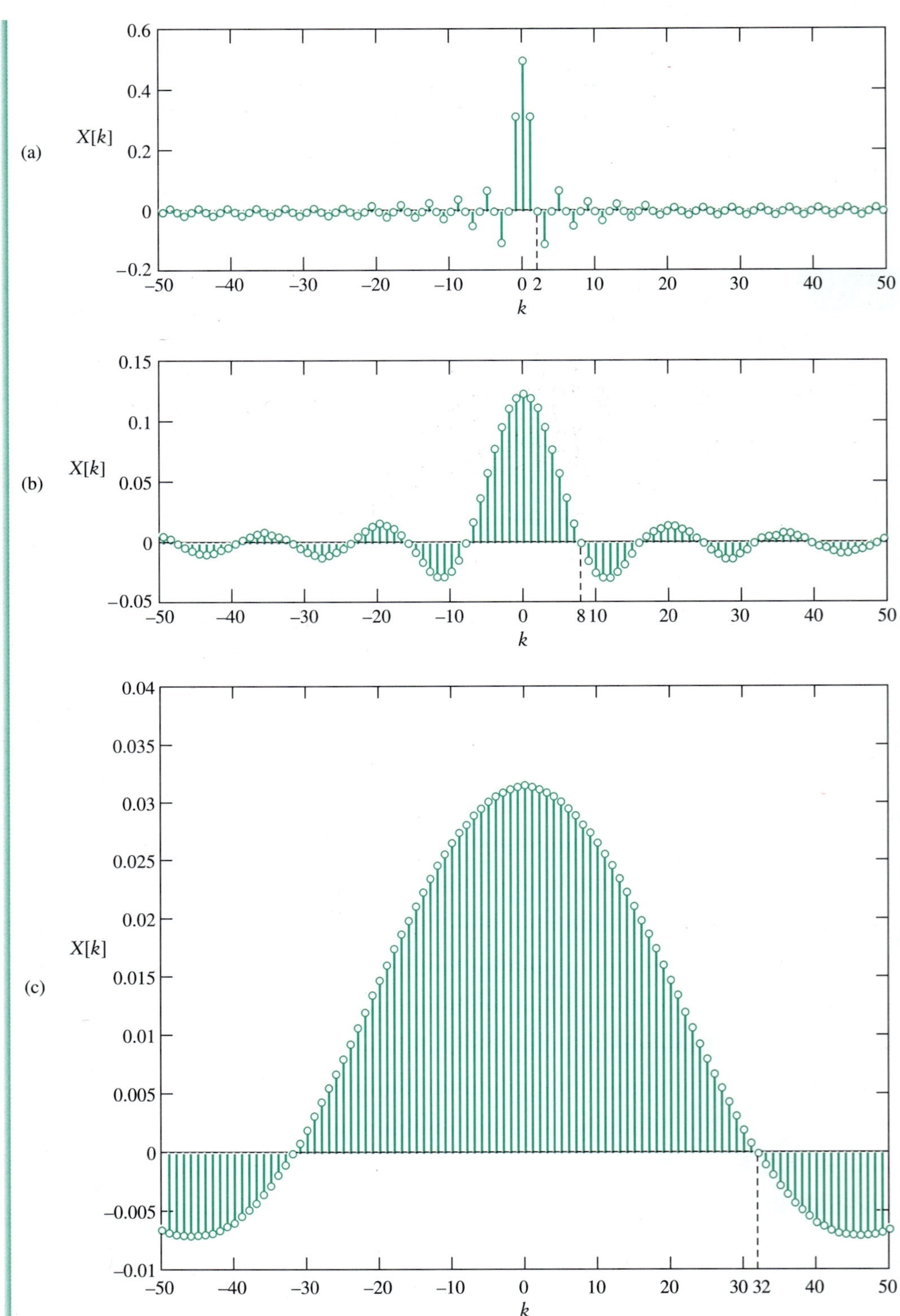

그림 3.22 세 개의 구형파에 관한 FS 계수(그림 3.21 참고). (a) $T_o/T = 1/4$, (b) $T_o/T = 1/16$, (c) $T_o/T = 1/64$

$T_o/T = 1/16$에 대해 $k = 8$, $T_o/T = 1/64$에 대해 $k = 32$에서 발생한다. 우리는 이러한 시간과 주파수 영역에서의 신호의 집중에 관한 역관계를 다음 절에서 심도 있게 논의한다. ■

함수 $\sin(\pi u)/(\pi u)$는 푸리에 해석에서 매우 자주 발생하며, 우리는 그것에 특별한 이름을 붙인다.

$$\text{sinc}(u) = \frac{\sin(\pi u)}{\pi u}. \tag{3.24}$$

그림 3.23은 $\text{sinc}(u)$의 파형이다. Sinc 함수의 최대값은 $u = 0$에서 1이며, u의 정수값에서 영교차가 발생한다. 그리고, 진폭은 $1/u$에 비례하여 감소한다. $u = \pm 1$의 영교차 지점 사이의 sinc 함수 부분을 sinc 함수의 **주엽**(mainlobe)이라고 부른다. 주엽 바깥쪽의 작은 리플들은 **부엽**(sidelobe)이라 한다. 식 (3.23)에서 FS 계수들을 sinc 함수를 사용해서 표현하면,

$$X[k] = \frac{2T_o}{T}\text{sinc}\left(k\frac{2T_o}{T}\right).$$

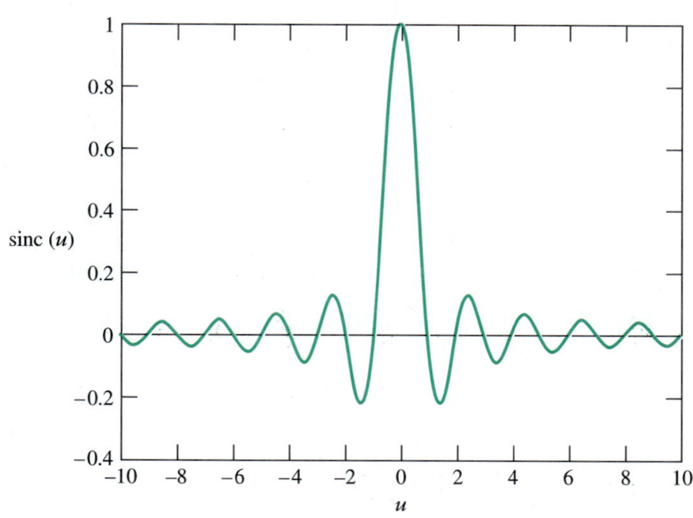

그림 3.23 Sinc 함수 $\text{sinc}(u) = \sin(\pi u)/(\pi u)$

▶ **연습문제 3.10** 그림 3.24에 보인 톱니파에 대한 FS 표현을 찾아라(힌트: 부분 적분을 이용하라).

해답: 식 (3.20)에서 시간 t를 $-1/2$부터 1 사이에서 적분하라.

$$x(t) \xleftrightarrow{FS;\frac{4\pi}{3}} X[k] = \begin{cases} \frac{1}{4}, & k = 0 \\ \frac{-2}{3jk\omega_o}\left(e^{-jk\omega_o} + \frac{1}{2}e^{jk\omega_o/2}\right) + \frac{2}{3k^2\omega_o^2}\left(e^{-jk\omega_o} - e^{jk\omega_o/2}\right), & \text{그 밖의 범위} \end{cases}$$ ■

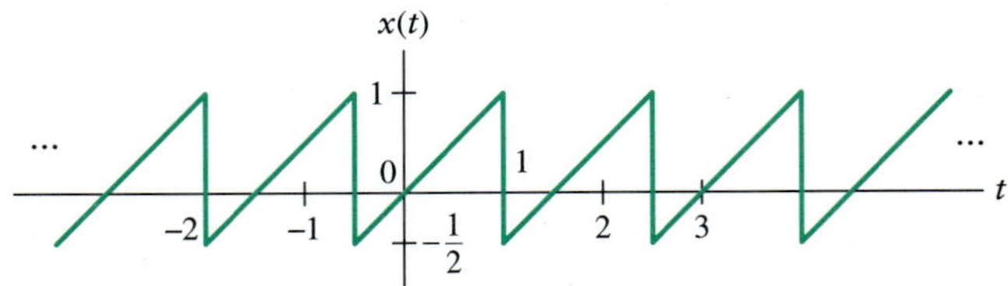

그림 3.24 연습문제 3.10에 대한 주기

식 (3.19)와 (3.20)에 기술된 FS의 형태는 **지수 함수** FS로 불린다. **삼각함수** FS는 실수값 신호에 대해서 유용하고 다음과 같이 표현된다.

$$x(t) = B[0] + \sum_{k=1}^{\infty} B[k]\cos(k\omega_o t) + A[k]\sin(k\omega_o t). \tag{3.25}$$

여기서, $x(t)$로부터 계수들을 구할 수 있다.

$$\begin{aligned} B[0] &= \frac{1}{T}\int_0^T x(t)\,dt \\ B[k] &= \frac{2}{T}\int_0^T x(t)\cos(k\omega_o t)\,dt \\ A[k] &= \frac{2}{T}\int_0^T x(t)\sin(k\omega_o t)\,dt. \end{aligned} \tag{3.26}$$

$B[0] = X[0]$는 신호의 시간 평균값을 표현한다. Euler의 공식을 이용하여 식 (3.26)의 코사인과 사인 함수를 확장하고 그 결과를 식 (3.20)과 비교하여 다음을 보인다. $k \neq 0$이면,

$$B[k] = X[k] + X[-k]$$

그리고 (3.27)

$$A[k] = j(X[k] - X[-k]).$$

FS의 삼각함수, 지수, 극 형태 사이의 관계는 추가 문제 3.86에서 더 살펴본다.

예제 3.13에서 직각파의 삼각함수 FS 계수는 식 (3.23)을 식 (3.27)에 대입하여 구해진다.

$$\begin{aligned} B[0] &= 2T_o/T, \\ B[k] &= \frac{2\sin(k2\pi T_o/T)}{k\pi}, \quad k \neq 0, \end{aligned} \tag{3.28}$$

그리고

$$A[k] = 0.$$

$x(t)$는 우함수이므로 sine 계수 $A[k]$는 0이다. 그러므로 사각파는 조화적으로 관계된 cosine 함수의 합으로 표현될 수 있다.

$$x(t) = \sum_{k=0}^{\infty} B[k]\cos(k\omega_o t). \tag{3.29}$$

다음 예제에서 보여지는 것처럼, 이러한 표현은 각 FS 성분이 신호의 표현에 기여하는 방식에 대한 통찰을 제공한다.

예제 3.14 **사각파 부분합 근사식.** 식 (3.29)의 FS로의 부분합 근사식은 다음과 같이 주어진다고 하자.

$$\hat{x}_J(t) = \sum_{k=0}^{J} B[k]\cos(k\omega_o t).$$

이 근사식은 지수 $-J \le k \le J$를 갖는 FS 계수를 포함한다. $T = 1$과 $T_0/T = 1/4$를 갖는 사각파를 고려하자. 이 합에서 J번째의 한 주기를 묘사하고 $J = 1, 3, 7, 29, 99$에 대한 $\hat{x}_J(t)$를 구하라.

풀이: 이러한 경우에,

$$B[k] = \begin{cases} 1/2, & k = 0 \\ (2/(k\pi))(-1)^{(k-1)/2}, & k \text{ (기함수)} \\ 0, & k \text{ (우함수)}. \end{cases}$$

그래서, 짝수 지수 계수값은 0이다. 개별 항과 부분합 근사값이 그림 3.25에 보여진다. 사각파 불연속점 근처에서 부분합 근사값이 특히 관심 대상이다. 수렴에 대해서 언급했던 것처럼, 각 부분합 근사값은 불연속점의 평균값(1/2)를 지나는 것에 주목하라. 불연속점에 양 측면에서, 근사값은 리플이 나타난다. J가 증가함에 따라, 리플의 최대 높이는 변화지 않는다. 사실상, 임의의 유한값 J에 대해 최대 리플은 불연속값의 약 9%이다. 부분합 FS 근사값의 불연속점 근처에서 이러한 리플은 수리물리학자 죠시아 깁스(Josiah Gibbs)의 1899년 리플에 대한 설명을 기념해서 **Gibbs 현상**이라고 불린다. 직각파는 Dirichlet 조건을 만족한다. 그래서 FS 근사값은 불연속점을 제외한 모든 값 t에 대해 궁극적으로 직각파에 수렴한다. 그러나, 유한값 J에 대해 리플은 항상 존재한다. J가 증가함에 따라, 부분합 근사값에서 리플은 더욱 더 불연속점에 집중되어진다. 그러므로, 임의의 주어진 J에 대해 부분합 근사값의 정확성은 불연속점에서 시차가 큰 점에서 최선이고 근처에서 최악이다. ∎

다음 예제는 LTI 시스템의 출력을 결정하기 위해 선형성과 사각파의 FS 표현을 이용한다.

예제 3.15 **RC 회로: FS의 평균을 이용한 출력 계산.** 그림 3.21에 보여진 사각파 입력에 대응되는 그림 3.2에 보여진 RC 회로의 출력 $y(t)$에 대한 FS 표현을 구한다고 하자. $T_o/T = 1/4$, $T = 1$s이고 $RC = 0.1$s이다.

풀이: 만약 LTI 시스템에 대한 입력을 정현파 함수들의 가중합으로 표현한다면, 출력 역시 정현파 함수들의 가중합이 된다. 3.2절에서 보여지는 것처럼, 출력합에서 k번째 가중치는 입력합에서 k번째 가중치와 k번째 정현파 주파수에서 계산된 시스템 주파수 응답의 곱으로 주어지므로,

$$x(t) = \sum_{k=-\infty}^{\infty} X[k]e^{jk\omega_o t}$$

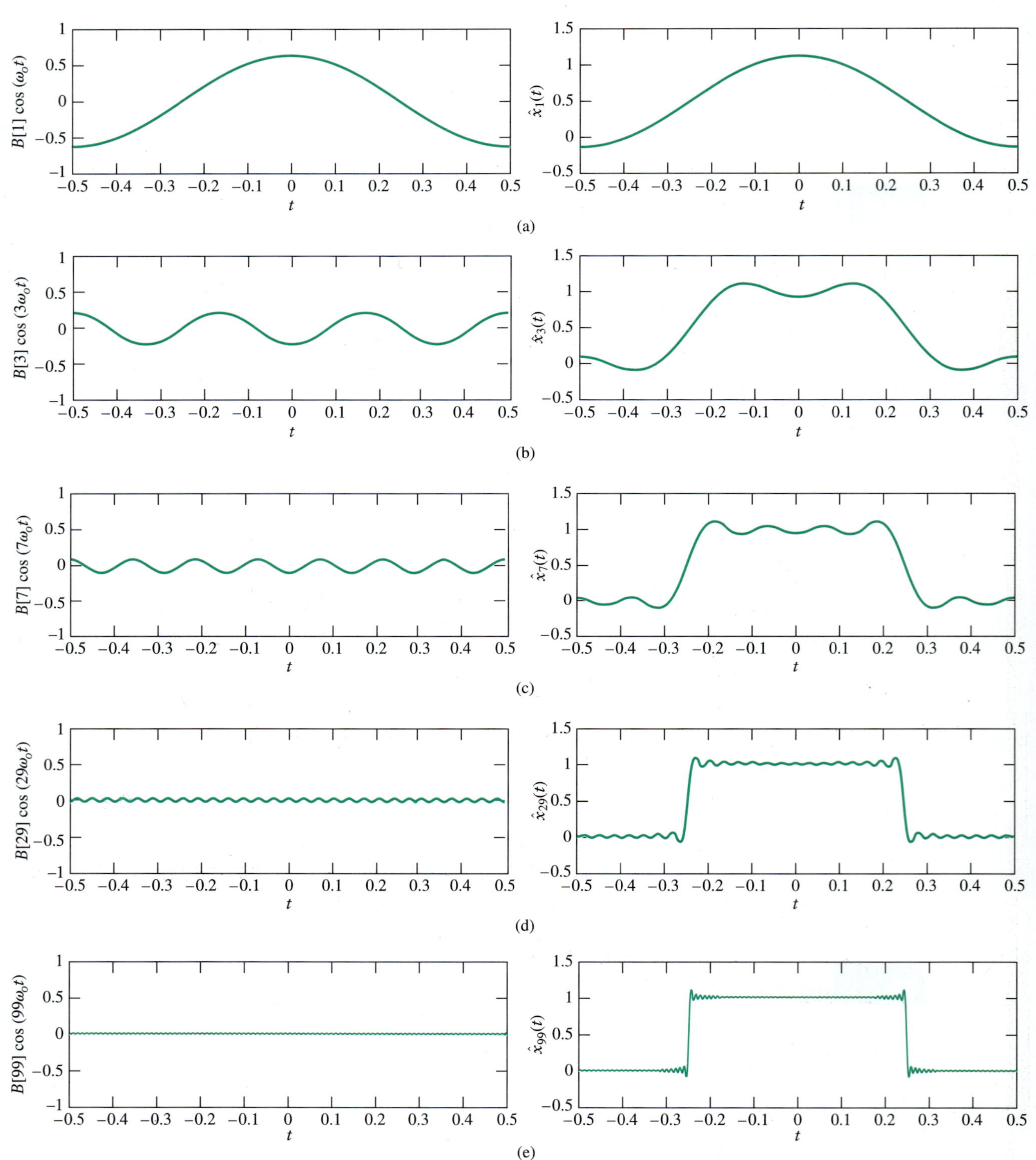

그림 3.25 왼쪽 파형은 구형파의 FS 전개에 나타나는 각 독립항의 파형이고, 오른쪽은 왼쪽 파형에 대응하는 부분합을 나타낸 파형. 구형파의 주기는 $T = 1$이고 $T_o/T = 1/4$이다. $J = 0$은 $\hat{x}_0(t) = 1$인데, 그래프에는 나타내지 않았다. (a) $J = 1$, (b) $J = 3$, (c) $J = 7$, (d) $J = 29$, (e) $J = 99$

라면, 출력 $y(t)$는

$$y(t) = \sum_{k=-\infty}^{\infty} H(jk\omega_o)X[k]e^{jk\omega_o t}$$

이다. 여기서 $H(j\omega)$는 시스템의 주파수 응답이다. 따라서,

$$y(t) \xleftrightarrow{FS;\omega_o} Y[k] = H(jk\omega_o)X[k]$$

이다.

예제 3.1에서 RC 회로의 주파수 응답은

$$H(j\omega) = \frac{1/RC}{j\omega + 1/RC}$$

로 결정되었다. 직각파에 대한 FS 계수는 식 (3.23)에 주어졌다. $RC = 0.1\text{s}$, $\omega_o = 2\pi$를 $H(jk\omega_o)$에 대입하고 $T_o/T = 1/4$을 이용하면,

$$Y[k] = \frac{10}{j2\pi k + 10}\frac{\sin(k\pi/2)}{k\pi}$$

를 얻는다. $Y[k]$는 k가 증가함에 따라 $1/k^2$에 비례하여 0으로 수렴하고, 따라서 $y(t)$에 대한 현실적인 정확한 표현은 FS에 있어서 적당한 수의 항을 이용하여 결정되어도 된다. 우리는 $X[k]$와 $Y[k]$의 진폭과 위상 스펙트럼을 도시하고 $y(t)$는 근사값

$$y(t) \approx \sum_{k=-100}^{100} Y[k]e^{jk\omega_o t} \tag{3.30}$$

를 사용하여 결정한다.

$-25 \leq k \leq 25$의 범위에서, 진폭과 위상 스펙트럼은 그림 3.26(a), (b)에서 보여진다. 진폭 스펙트럼은 이 범위 밖에서 매우 작으므로 보이지 않는다. 그림 3.22(a)에서 보였듯이 $Y[k]$를 $X[k]$를 비교하면, $|k| \geq 1$에서 회로가 $X[k]$의 진폭을 감쇄시킴을 관찰한다. 감쇄의 정도는 주파수 $k\omega_o$가 증가할수록 커진다. 회로는 또한 주파수에 종속적인 위상 천이를 발생한다. 시간 파형 $y(t)$의 한 주기를 그림 3.26(c)에 보였다. 이 결과는 회로 해석에 대한 우리의 직감과 일치한다. 입력이 0에서 1로 바뀔 때, 커패시터의 전하는 증가하고 전압은 지수 함수적으로 증가하며, 입력이 1에서 0으로 바뀌면, 커패시터는 방전하고 전압은 지수 함수적으로 감쇄함을 보인다. ∎

예제 3.16 DC-AC **변환**. 직류(dc)에서 교류(ac)로 변환하는 간단한 구조는 직류 전원 소스에 주기적으로 스위칭을 적용하고 스위칭된 신호에서 고차 조화파를 필터링하고 제거하는 것에 기반한다. 그림 3.27의 스위치는 매 1/120초로 위치를 바꾼다. 두 가지 경우를 고려하자. (a) 스위치는 개방되거나 폐쇄된다, (b) 스위치의 극성이 바뀐다. 그림 3.28 (a), (b)는 이러한 두 경우의 출력 파형을 보인다. 변환 효율을 출력 파형 $x(t)$의 60 Hz 성분에서 전력과 입력에서 활용할 수 있는 직류 전력의 비로 정의하자. 각 경우의 변환 효율을 계산하라.

풀이: 식 (3.28)의 결과는 그림 3.28 (a)에서 보여지듯 $T = 1/60\text{s}$와 $\omega_o = 2\pi/T = 120\pi$ rads/s를 갖는 직각파 $x(t)$에 대한 FS의 삼각함수 형태는

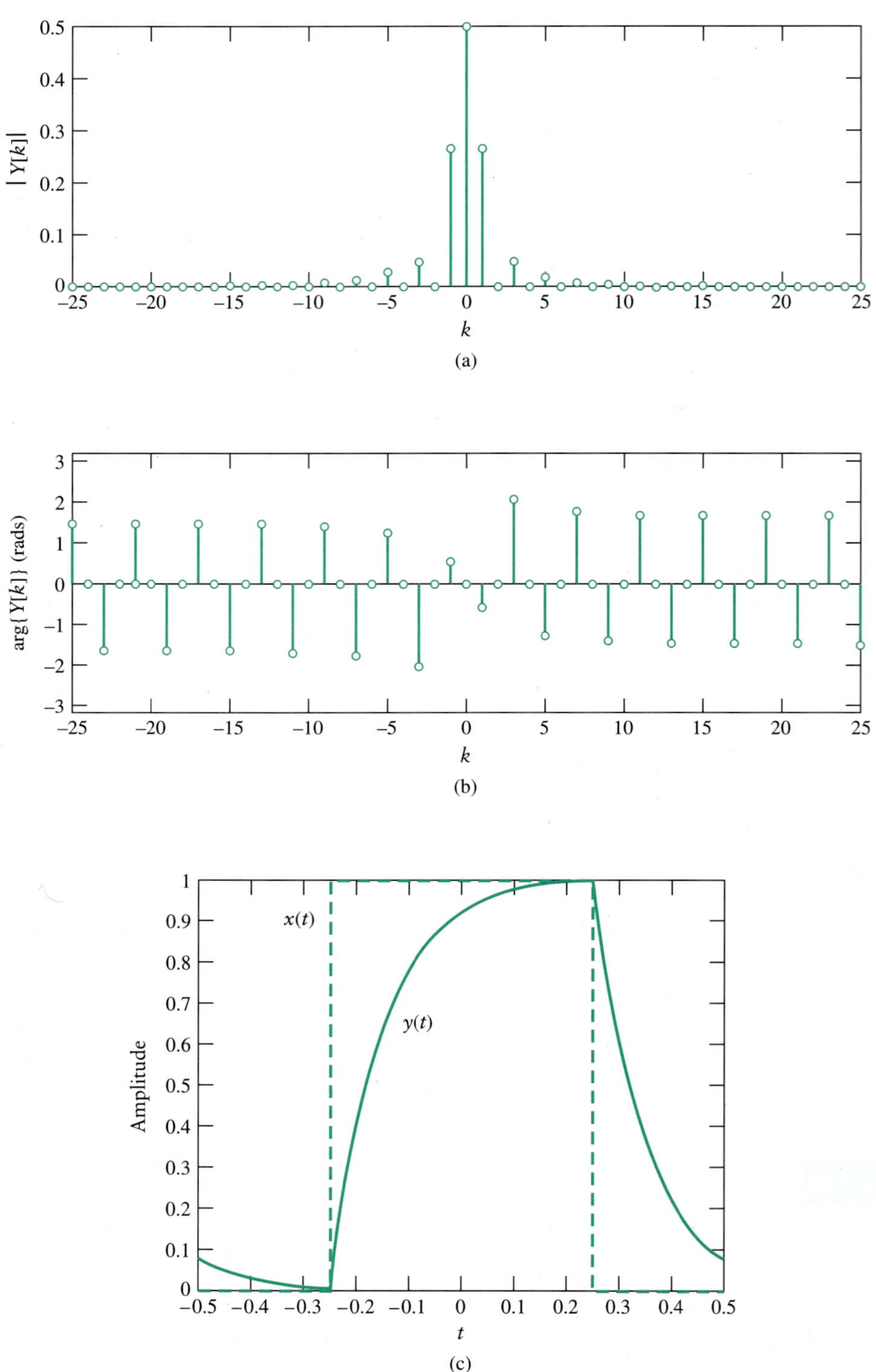

그림 3.26 구형파 입력에 대응하는 *RC* 회로의 출력 파형과 그의 FS 계수 $Y[k]$, $-25 \leq k \leq 25$. (a) 진폭 스펙트럼, (b) 위상 스펙트럼, (c) 점선은 입력 신호 $x(t)$의 한 주기이고, 실선은 출력 $y(t)$. 출력 $y(t)$는 식 (3.30)으로 표현된 부분합의 근사식으로 계산된다.

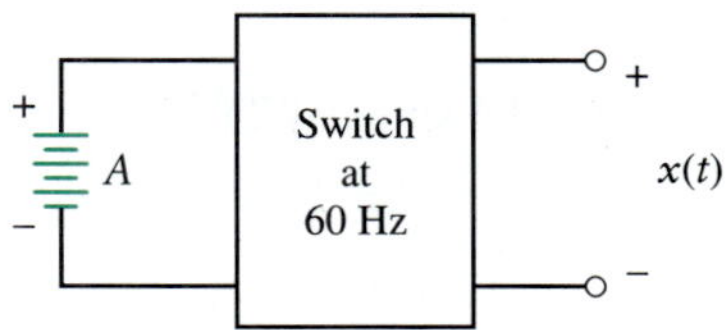

그림 3.27 DC는 AC로 변환하는 스위칭 전력 시스템

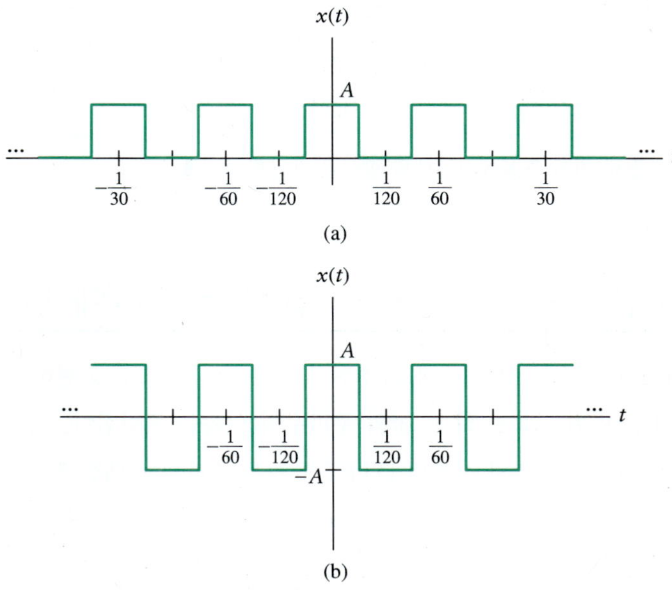

그림 3.28 기본 주파수가 $\omega_o = 2\pi/T = 120\pi$인 스위칭 전력 시스템의 출력.
(a) 개폐 스위치, (b) 역작용 스위치

$$B[0] = \frac{A}{2}$$

$$B[k] = \frac{2A\sin(k\pi/2)}{k\pi}, \quad k \neq 0,$$

$$A[k] = 0$$

으로 기술됨을 보인다. $x(t)$의 삼각함수 FS 표현에서 60 Hz에서 조화 성분은 $B[1]$으로 주어진 진폭을 갖고 전력 $B[1]^2$을 포함한다. 직류 입력은 전력 A^2이므로, 변환 효율은

$$\begin{aligned} C_{\text{eff}} &= \frac{(B[1])^2/2}{A^2} \\ &= 2/\pi^2 \\ &\approx 0.20 \end{aligned}$$

이다. 그림 3.28 (b)의 신호 $x(t)$에 대해, FS 계수는 $x(t)$는 진폭 2A와 평균값 0를 갖는 직각파임에 주목함으로써 식 (3.28)의 결과를 사용하여 결정되어진다. 그러므로, 상수항 $B[0]$는 0이고 FS 계수는

$$B[0] = 0,$$
$$B[k] = \frac{4A\sin(k\pi/2)}{k\pi}, \quad k \neq 0,$$
$$A[k] = 0$$

이다. 역스위칭의 변환 효율은

$$\begin{aligned} C_{\text{eff}} &= \frac{(B[1])^2/2}{A^2} \\ &= 8/\pi^2 \\ &\approx 0.81 \end{aligned}$$

이다. 역스위칭은 전력 변환 효율에서 4배의 향상을 제공한다. ▮

3.6 이산시간 비주기 신호: 이산시간 푸리에 변환

DTFT는 이산시간 비주기 신호를 복소 정현파 함수의 중첩으로 표현하기 위해 사용된다. 3.3절에서 DTFT는 범위 $-\pi \le \Omega \le \pi$의 주파수의 연속을 포함한다. 여기서, Ω의 단위는 라디안이다. 그러므로, 시간 영역 신호의 DTFT 표현은 주파수에 대한 적분을 포함한다. 즉,

$$x[n] = \frac{1}{2\pi}\int_{-\pi}^{\pi} X(e^{j\Omega})e^{j\Omega n}\,d\Omega. \tag{3.31}$$

여기서,

$$X(e^{j\Omega}) = \sum_{n=-\infty}^{\infty} x[n]e^{-j\Omega n} \tag{3.32}$$

은 신호 $x[n]$의 DTFT이다. 우리는 $X(e^{j\Omega})$와 $x[n]$을 DTFT 쌍이라고 하며

$$x[n] \xleftrightarrow{DTFT} X(e^{j\Omega})$$

로 표기한다. 이 변환 함수 $X(e^{j\Omega})$는 신호 $x[n]$을 정현파 주파수 Ω의 함수로 표현한 것이며, 따라서 이 함수를 $x[n]$의 **주파수 영역 표현**이라고 부른다. 식 (3.31)은 그것이 주파수 영역 표현을 다시 반대로 시간 영역으로 변환하므로 IDTFT라고 한다.

DTFT는 이산시간 신호에 대한 이산시간 시스템을 분석하기 위해 사용된다.

$x[n]$이 유한 길이와 유한 값을 갖는다면, 식 (3.32)의 무한합은 수렴한다. $x[n]$이 무한 길이를 갖는다면, 무한합은 어떤 종류의 신호에 대해서만 수렴한다. 만약

$$\sum_{n=-\infty}^{\infty} |x[n]| < \infty$$

라면($x[n]$의 절대합을 구할 수 있다면), 식 (3.32)의 합은 Ω의 연속 함수에 균일하게 수렴한

다. 만약 $x[n]$이 절대합을 구할 수 없으나

$$\sum_{n=-\infty}^{\infty} |x[n]|^2 < \infty$$

라면(유한 에너지를 갖는다면), 식 (3.32)는 평균 제곱 오차의 의미에서 수렴함을 보일 수 있다. 그러나, 모든 점에서 수렴하는 것은 아니다.

많은 공학적인 실제 문제에서 물리적 신호들은 이 조건들을 만족한다. 그러나, 단위 계단 함수 $u[n]$과 같은 몇몇의 일반적인 비주기 신호들은 그렇지 않다. 이러한 몇몇 경우에서 우리는 변환에 임펄스를 포함시킴으로써 DTFT와 같은 작용을 하는 변환쌍을 정의할 수 있다. 이는 우리들로 하여금 DTFT를 정확하게 수렴하지는 않더라도, 문제 해결의 방법으로 사용할 수 있도록 해준다. 이의 한 예는 이 절의 뒤에서 주어진다. 또 다른 예들은 4장에서 다루어진다.

이제 일반적인 신호들에 대한 DTFT를 결정하는 몇몇의 예를 고려하여 보자.

예제 3.17 지수 수열의 DTFT. 수열 $x[n] = \alpha^n u[n]$의 DTFT를 찾아라.

풀이: 식 (3.32)를 이용하면

$$\begin{aligned} X(e^{j\Omega}) &= \sum_{n=-\infty}^{\infty} \alpha^n u[n] e^{-j\Omega n} \\ &= \sum_{n=0}^{\infty} \alpha^n e^{-j\Omega n} \end{aligned}$$

을 얻는다. 이 합은 $|\alpha| \geq 1$인 경우 발산한다. $|\alpha| < 1$이면 수렴하는 등비급수를 갖는다.

$$\begin{aligned} X(e^{j\Omega}) &= \sum_{n=0}^{\infty} (\alpha e^{-j\Omega})^n \\ &= \frac{1}{1 - \alpha e^{-j\Omega}}, \qquad |\alpha| < 1. \end{aligned} \tag{3.33}$$

만약, α가 실수값이라면 Euler 공식을 이용하여 식 (3.33)의 분모를 확장하여

$$X(e^{j\Omega}) = \frac{1}{1 - \alpha\cos\Omega + j\alpha\sin\Omega}$$

를 구한다. 이 형태로부터, 진폭과 위상 스펙트럼은

$$\begin{aligned} |X(e^{j\Omega})| &= \frac{1}{((1 - \alpha\cos\Omega)^2 + \alpha^2\sin^2\Omega)^{1/2}} \\ &= \frac{1}{(\alpha^2 + 1 - 2\alpha\cos\Omega)^{1/2}} \end{aligned}$$

$$\arg\{X(e^{j\Omega})\} = -\arctan\left(\frac{\alpha\sin\Omega}{1 - \alpha\cos\Omega}\right)$$

이다. 그림 3.29는 $\alpha = 0.5$와 $\alpha = 0.9$인 경우에 대한 진폭과 위상 스펙트럼이다. 진폭은 우수이고 위상은 기수이다. 모두 주기적임을 주목하라. ▮

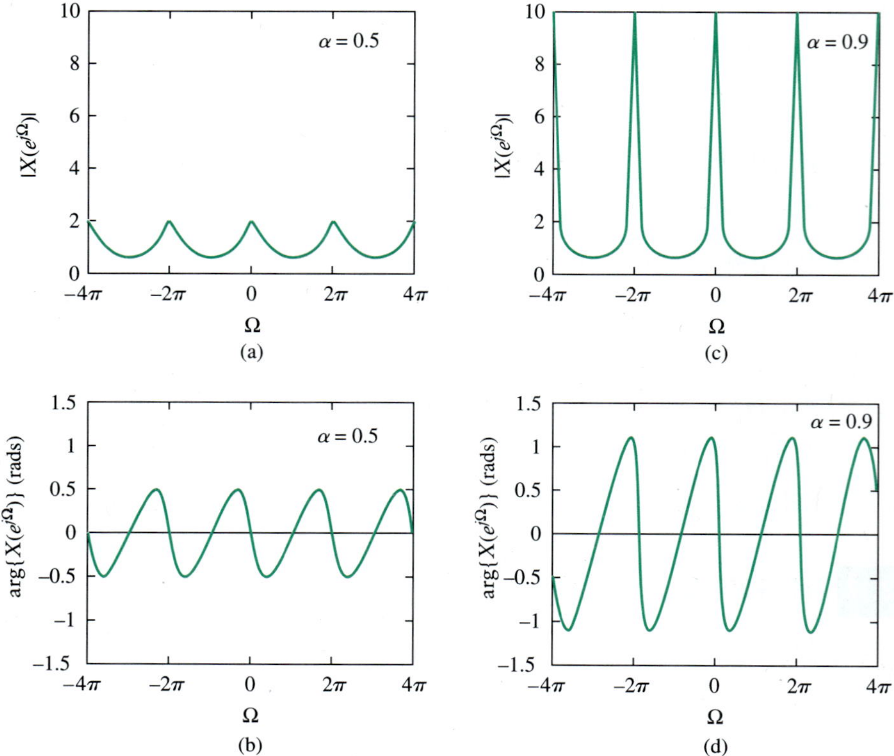

그림 3.29 지수 함수 $x[n] = \alpha^n u[n]$의 DTFT. (a) $\alpha = 0.5$에 대한 크기 스펙트럼, (b) $\alpha = 0.5$에 대한 위상 스펙트럼, (c) $\alpha = 0.9$에 대한 크기 스펙트럼, (d) $\alpha = 0.9$에 대한 위상 스펙트럼

다른 푸리에 표현들과 마찬가지로 신호의 진폭 스펙트럼은 Ω의 함수로 표현된 $X(e^{j\Omega})$의 진폭이다. 위상 스펙트럼은 Ω의 함수로 표현된 $X(e^{j\Omega})$의 위상이다.

▶ **연습문제 3.11** $x[n] = 2(3)^n u[-n]$의 DTFT를 구하라.

해답: $X(e^{j\Omega}) = \dfrac{2}{1 - e^{j\Omega}/3}$

예제 3.18 **구형 펄스의 DTFT.** 그림 3.30(a)에 보인 듯이

$$x[n] = \begin{cases} 1, & |n| \le M \\ 0, & |n| > M \end{cases}$$

이라고 하자. $x[n]$의 DTFT를 결정하라.

풀이: 식 (3.32)에 $x[n]$을 대입하여

$$X(e^{j\Omega}) = \sum_{n=-M}^{M} 1e^{-j\Omega n}$$

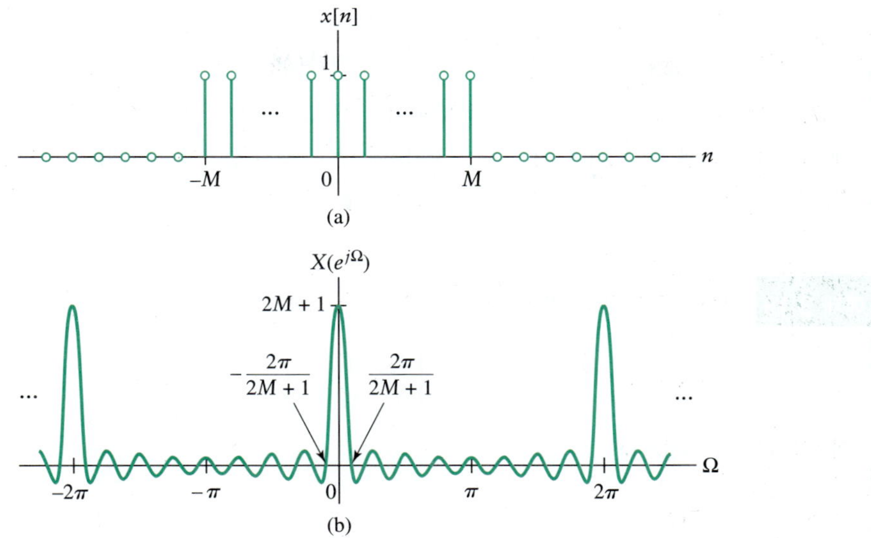

그림 3.30 예제 3.18. (a) 시간 영역의 구형파 펄스, (b) 주파수 영역의 DTFT

을 얻는다. 이제 $m = n + M$으로 변수 변환하면

$$
\begin{aligned}
X(e^{j\Omega}) &= \sum_{m=0}^{2M} e^{-j\Omega(m-M)} \\
&= e^{j\Omega M} \sum_{m=0}^{2M} e^{-j\Omega m} \\
&= \begin{cases} e^{j\Omega M} \dfrac{1 - e^{-j\Omega(2M+1)}}{1 - e^{-j\Omega}}, & \Omega \neq 0, \pm 2\pi, \pm 4\pi, \dots \\ 2M + 1, & \Omega = 0, \pm 2\pi, \pm 4\pi, \dots \end{cases}
\end{aligned}
$$

을 얻는다. $\Omega \neq 0, \pm 2\pi, \pm 4\pi, \cdots$인 경우에서 $X(e^{j\Omega})$에 대한 표현은 분모와 분자에 있는 지수의 멱들을 대칭화시킴으로써 간략화될 수 있다. 즉, 다음과 같다.

$$
\begin{aligned}
X(e^{j\Omega}) &= e^{j\Omega M} \frac{e^{-j\Omega(2M+1)/2}\left(e^{j\Omega(2M+1)/2} - e^{-j\Omega(2M+1)/2}\right)}{e^{-j\Omega/2}\left(e^{j\Omega/2} - e^{-j\Omega/2}\right)} \\
&= \frac{e^{j\Omega(2M+1)/2} - e^{-j\Omega(2M+1)/2}}{e^{j\Omega/2} - e^{-j\Omega/2}}.
\end{aligned}
$$

이제 $X(e^{j\Omega})$를 분자와 분모를 $2j$로 나누어 sine 함수의 비로 표기하여

$$
X(e^{j\Omega}) = \frac{\sin(\Omega(2M + 1)/2)}{\sin(\Omega/2)}
$$

을 구한다. L'Hopital의 규칙을 이용하면

$$
\lim_{\Omega \to 0, \pm 2\pi, \pm 4\pi, \dots,} \frac{\sin(\Omega(2M + 1)/2)}{\sin(\Omega/2)} = 2M + 1
$$

이다. 따라서, $X(e^{j\Omega})$를 Ω의 값에 따라 두 형태로 쓰는 것보다는 간단하게 쓰면,

$$X(e^{j\Omega}) = \frac{\sin(\Omega(2M+1)/2)}{\sin(\Omega/2)}$$

이고, $\Omega \neq 0, \pm 2\pi, \pm 4\pi, \cdots$에 대한 $X(e^{j\Omega})$는 극한값으로 얻어진다. 이 예제에서 $X(e^{j\Omega})$는 순수하게 실수이다. Ω에 따른 $X(e^{j\Omega})$가 그림 3.30(b)에 있다. M이 증가할수록 $x[n]$의 시간폭은 증가하고, $X(e^{j\Omega})$의 에너지는 $\Omega = 0$ 근처에 더욱 집중된다. ∎

예제 3.19 **구형 스펙트럼의 역DTFT.** 그림 3.31(a)에 보인

$$X(e^{j\Omega}) = \begin{cases} 1, & |\Omega| < W \\ 0, & W < |\Omega| < \pi \end{cases}$$

의 역DTFT를 계산하라.

풀이: 먼저 $X(e^{j\Omega})$가 $-\pi < \Omega < \pi$에서만 정의됨에 주목하라. 이는 필요한 모든 범위이다. 왜냐하면, $X(e^{j\Omega})$는 항상 2π 주기적이고, 역DTFT는 오직 이 $-\pi < \Omega < \pi$에서의 값에만 의존하기 때문이다. $X(e^{j\Omega})$를 식 (3.31)에 대입하면,

$$\begin{aligned} x[n] &= \frac{1}{2\pi}\int_{-W}^{W} e^{j\Omega n}\, d\Omega \\ &= \frac{1}{2\pi n j} e^{j\Omega n}\Big|_{-W}^{W}, \quad n \neq 0 \\ &= \frac{1}{\pi n}\sin(Wn), \quad n \neq 0. \end{aligned}$$

$n = 0$인 경우에는 적분은 1이 되고 $x[0] = W/\pi$이다. L' Hopital의 정리를 이용하여 다음과 같이 쉽게 확인할 수 있다.

$$\lim_{n\to 0}\frac{1}{\pi n}\sin(Wn) = \frac{W}{\pi}.$$

따라서, $x[n]$을 다음과 같이 쓸 수 있다.

$$x[n] = \frac{1}{\pi n}\sin(Wn).$$

$n = 0$일 때의 값으로 $X(e^{j\Omega})$를 IDTFT하면 극한값이 얻어진다. 또한 식 (3.24)에서 정의된 sinc 함수

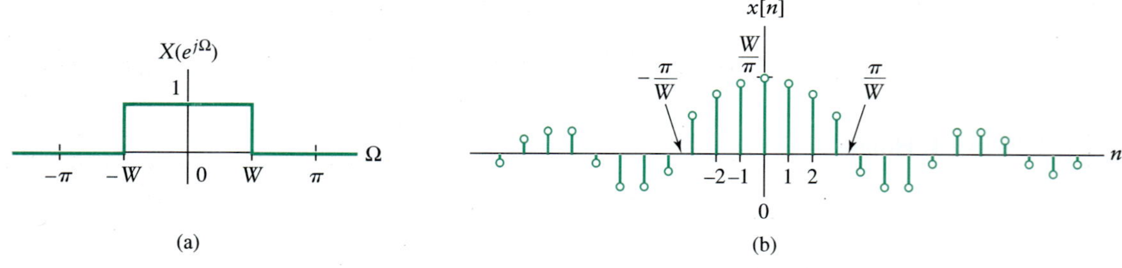

그림 3.31 예제 3.19. (a) 주파수 영역에서 구형 펄스의 한 주기, (b) 시간 영역에서 역DTFT

표기법을 사용하여 다음과 같이 쓸 수도 있다.

$$x[n] = \frac{W}{\pi}\operatorname{sinc}(Wn/\pi).$$

그림 3.31(b)는 $x[n]$을 나타낸 그림이다. ▮

예제 3.20 단위 임펄스의 DTFT. $x[n] = \delta[n]$의 DTFT를 찾아라.

➡ 풀이: $x[n] = \delta[n]$에 대해

$$\begin{aligned} X(e^{j\Omega}) &= \sum_{n=-\infty}^{\infty} \delta[n]e^{-j\Omega n} \\ &= 1 \end{aligned}$$

을 갖는다. 그러므로

$$\delta[n] \xleftrightarrow{DTFT} 1$$

이다. 이 DTFT 쌍은 그림 3.32에 보였다. ▮

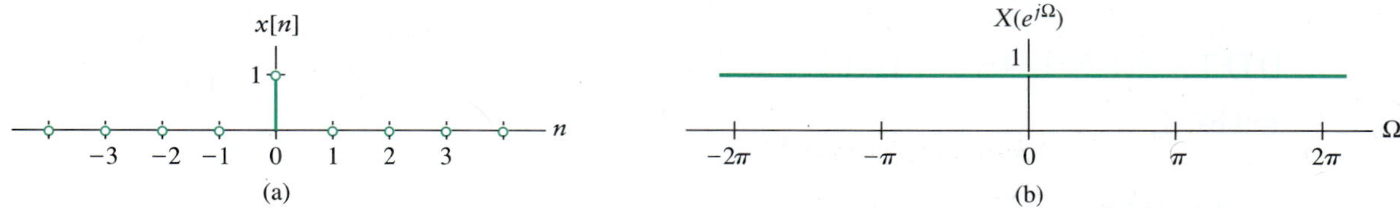

그림 3.32 예제 3.20. (a) 시간 영역의 단위 임펄스, (b) 단위 임펄스에 관한 주파수 표현의 DTFT

예제 3.21 단위 임펄스 스펙트럼의 역DTFT. $X(e^{j\Omega}) = \delta(\Omega)$, $-\pi < \Omega < \pi$의 역DTFT를 찾아라.

➡ 풀이: 식 (3.31)의 정의에 의해서

$$x[n] = \frac{1}{2\pi}\int_{-\pi}^{\pi} \delta(\Omega)e^{j\Omega n}\,d\Omega$$

이다. 임펄스 함수의 특성을 사용하여 $x[n] = 1/2$을 얻는다. 따라서,

$$\frac{1}{2\pi} \xleftrightarrow{DTFT} \delta(\Omega), \quad -\pi < \Omega \le \pi$$

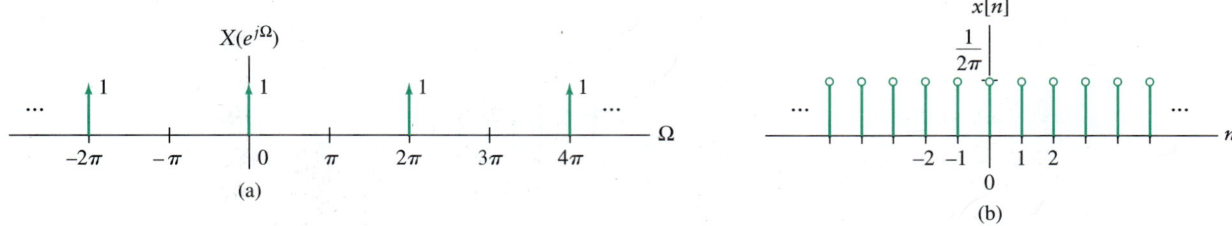

그림 3.33 예제 3.21. (a) 주파수 영역의 임펄스, (b) 시간 영역으로 표현된 역변환 DTFT

이다. 이 예제에서 우리는 $X(e^{j\Omega})$의 한 주기만을 정의하였다. 그 대신 $X(e^{j\Omega})$를 모든 Ω에 대해서 정의할 수도 있다. 그것은 2π의 정수배만큼 이동된 델타 함수들의 무한합으로 쓸 수 있다.

$$X(e^{j\Omega}) = \sum_{k=-\infty}^{\infty} \delta(\Omega - k2\pi).$$

두 정의가 모두 일반적이다. 이 DTFT 쌍은 그림 3.33에 보였다. ∎

이 예제는 매우 흥미로운 딜레마를 제공한다. $x[n] = 1/2\pi$의 DTFT는 수렴하지 않는다. 왜냐하면, 그것은 제곱합이 존재하지 않는 신호이기 때문이며, 아직 $x[n]$은 명백한 IDTFT가 아니다. 이는 $X(e^{j\Omega})$에서 임펄스들을 허용한 직접 결과이다. 설사 그렇다 하더라도 $x[n]$과 $X(e^{j\Omega})$를 DTFT 쌍으로 취급할 것이다. 왜냐하면, 그들은 DTFT 쌍의 모든 성질을 만족하기 때문이다. 정말로, 만약 변환에서 임펄스들을 허용한다면, DTFT에 의해서 표현될 수 있는 신호들의 부류를 매우 광범위하게 확장할 수 있다. 엄밀하게 말해서, 이 신호들의 DTFT는 식 (3.32)의 합이 수렴하지 않기 때문에 존재하지 않는다. 그러나, 이 예제에서처럼 식 (3.31)의 역변환을 이용하여 변환쌍을 정의할 수 있으며, 따라서 문제 해결의 수단으로서 DTFT를 이용한다. 4장에서 DTFT에 있어서의 임펄스들의 이용을 설명하는 부가적인 예제를 다룬다.

▶ **연습문제 3.12** 다음 시간 영역 신호들의 DTFT를 찾아라.

(a)

$$x[n] = \begin{cases} 2^n, & 0 \le n \le 9 \\ 0, & \text{그 밖의 범위} \end{cases}$$

(b)

$$x[n] = a^{|n|}, \quad |a| < 1$$

(c)

$$x[n] = \delta[6 - 2n] + \delta[6 + 2n]$$

(d) $x[n]$은 그림 3.34에 나타내었다.

해답: (a) $X(e^{j\Omega}) = \dfrac{1 - 2^{10}e^{-j10\Omega}}{1 - 2e^{-j\Omega}}$

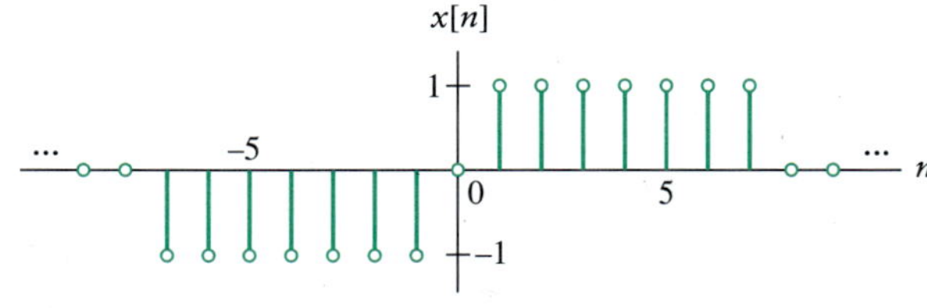

그림 3.34 연습문제 3.12에 대한 신호 $x[n]$

(b) $X(e^{j\Omega}) = \dfrac{1 - a^2}{1 - 2a\cos\Omega + a^2}$

(c) $X(e^{j\Omega}) = 2\cos(3\Omega)$

(d) $X(e^{j\Omega}) = -2j\sin(7\Omega/2)\dfrac{\sin(4\Omega)}{\sin(\Omega/2)}$ ∎

▶ **연습문제 3.13** 다음 주파수 영역 신호들의 역DTFT를 찾아라.

(a)

$$X(e^{j\Omega}) = 2\cos(2\Omega)$$

(b)

$$X(e^{j\Omega}) = \begin{cases} e^{-j4\Omega}, & \pi/2 < |\Omega| \le \pi \\ 0, & \text{그 밖의 범위.} \end{cases} \qquad (-\pi < \Omega \le \pi)$$

(c) $X(e^{j\Omega})$는 그림 3.35에 나타내었다.

해답: (a) $x[n] = \begin{cases} 1, & n = \pm 2 \\ 0, & \text{그 밖의 범위} \end{cases}$

(b) $x[n] = \delta[n-4] - \dfrac{\sin(\pi(n-4)/2)}{\pi(n-4)}$

(c) $x[n] = \dfrac{n(1 - e^{-\pi}(-1)^n)}{2\pi(n^2+1)}$ ∎

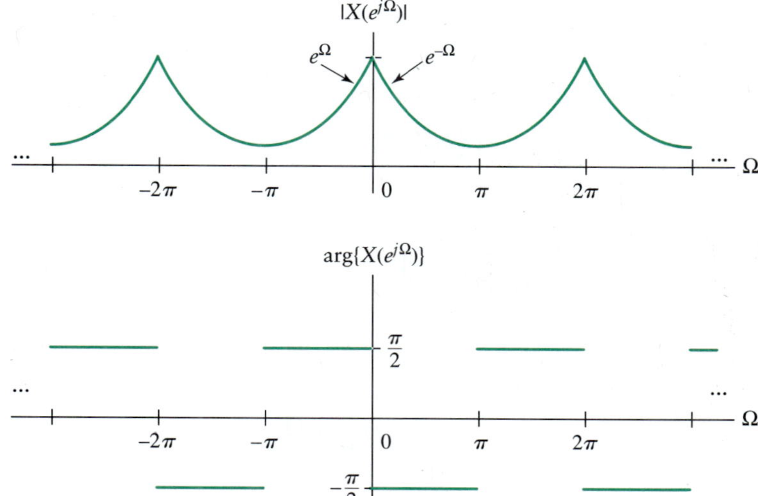

그림 3.35 연습문제 3.13(c)에 관한 주파수 영역의 신호

예제 3.22 Moving-Average 시스템: 주파수 응답. 두 개의 다른 moving-average 시스템을 고려하자. 입출력 방정식은

$$y_1[n] = \frac{1}{2}(x[n] + x[n-1])$$

$$y_2[n] = \frac{1}{2}(x[n] - x[n-1])$$

이다. 첫 번째 시스템은 연속하는 입력값을 평균한다. 반면에 두 번째는 연속하는 입력값의 차로 구성된다. 임펄스 응답은

$$h_1[n] = \frac{1}{2}\delta[n] + \frac{1}{2}\delta[n-1]$$

$$h_2[n] = \frac{1}{2}\delta[n] - \frac{1}{2}\delta[n-1]$$

이다. 각 시스템의 주파수 응답을 구하고 진폭 응답을 도시하라.

▶ 풀이: 주파수 응답은 임펄스 응답의 DTFT이므로 식 (3.32)에 $h_1(n)$을 대입하면

$$H_1(e^{j\Omega}) = \frac{1}{2} + \frac{1}{2}e^{-j\Omega},$$

이다.

$$\begin{aligned} H_1(e^{j\Omega}) &= e^{-j\frac{\Omega}{2}} \frac{e^{j\frac{\Omega}{2}} + e^{-j\frac{\Omega}{2}}}{2} \\ &= e^{-j\frac{\Omega}{2}} \cos\left(\frac{\Omega}{2}\right) \end{aligned}$$

로 다시 쓸 수 있다. 그러므로, 진폭 응답은

$$|H_1(e^{j\Omega})| = \left|\cos\left(\frac{\Omega}{2}\right)\right|$$

로 표현되어지고 위상 응답은

$$\arg\{H_1(e^{j\Omega})\} = -\frac{\Omega}{2}$$

로 표현되어진다. 유사하게, 두 번째 시스템의 주파수 응답은

$$\begin{aligned} H_2(e^{j\Omega}) &= \frac{1}{2} - \frac{1}{2}e^{-j\Omega} \\ &= je^{-j\frac{\Omega}{2}} \frac{e^{j\frac{\Omega}{2}} - e^{-j\frac{\Omega}{2}}}{2j} \\ &= je^{-j\frac{\Omega}{2}} \sin\left(\frac{\Omega}{2}\right) \end{aligned}$$

이다. 이러한 경우, 진폭 응답은

$$|H_2(e^{j\Omega})| = \left|\sin\left(\frac{\Omega}{2}\right)\right|$$

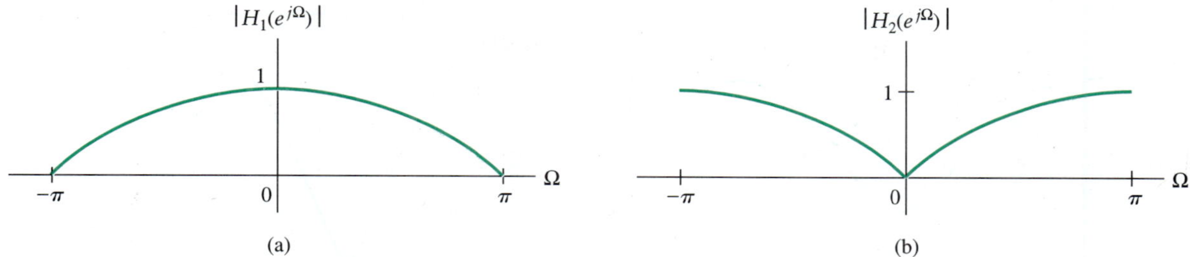

그림 3.36 두 개의 간단한 이산시간 시스템의 크기 응답. (a) 고주파 성분을 감소시키는 산술 평균 시스템, (b) 저주파 성분을 감소시키는 감산 시스템

로 표현되어지고, 위상 응답은

$$\arg\{H_2(e^{j\Omega})\} = \begin{cases} \pi/2 - \dfrac{\Omega}{2}, & \Omega > 0 \\ -\dfrac{\Omega}{2} - \pi/2 & \Omega < 0 \end{cases}$$

으로 표현되어진다. 그림 3.36 (a), (b)는 범위 $-\pi < \Omega \leq \pi$에서 두 시스템의 진폭 응답을 보인다. $h_1(n)$에 대응하는 시스템은 연속한 입력값을 평균하므로, 우리는 이 시스템이 고주파 성분을 감쇠시키고 저주파 성분 신호를 통과할 것을 기대한다. 이러한 특성은 진폭 응답에 반영되어진다. 반면에, 진폭 응답에서 가르키는 것처럼 $h_2(n)$에 의해 구현된 차분 연산은 저파수 성분을 감쇠시키고 고주파 성분을 통과시키는 데 영향을 준다. ∎

예제 3.23 **다중경로 통신 채널: 주파수 응답.** 이중 경로 지연 채널의 이산시간 모델을 기술한 1.10절에서 소개된 입출력 방정식은

$$y[n] = x[n] + ax[n-1]$$

이다. 예제 2.12에서, 이러한 시스템의 임펄스 응답은 $h[n] = \delta[n] + a\delta[n-1]$임을 알았고 역시스템의 임펄스 응답은 $h^{\text{inv}}[n] = (-a)^n u[n]$임을 결정하였다. $|a| < 1$인 조건에서, 역시스템은 안정이다. $a = 0.5e^{j\pi/3}$과 $a = 0.9e^{j2\pi/3}$에 대한 양쪽 시스템의 진폭 응답을 비교하라.

▸ 풀이: 시스템의 주파수 응답은 임펄스 응답의 DTFT에 의해 주어짐을 상기하라. 식 (3.32)로부터 구해진 이중 경로 지연을 모델링하는 시스템의 주파수 응답은

$$H(e^{j\Omega}) = 1 + ae^{-j\Omega}$$

이다. $a = |a|e^{j\arg\{a\}}$을 이용하여, 주파수 응답을 다시 쓰면

$$H(e^{j\Omega}) = 1 + |a|e^{-j(\Omega - \arg\{a\})}$$

이다. 이제 Euler의 공식을 적용하여

$$H(e^{j\Omega}) = 1 + |a|\cos(\Omega - \arg\{a\}) - j|a|\sin(\Omega - \arg\{a\})$$

를 구한다. 그러므로, 진폭 응답은

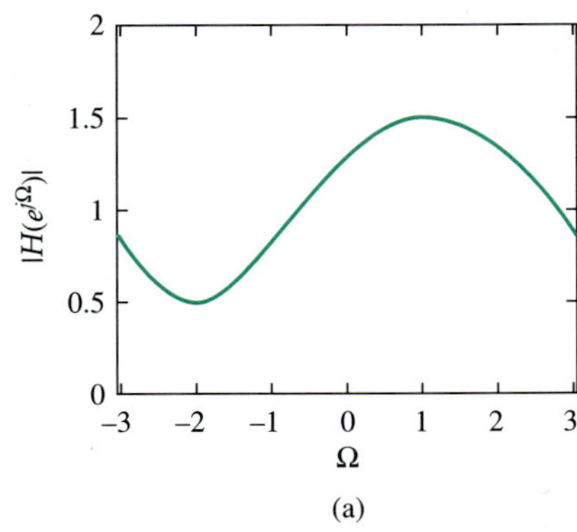

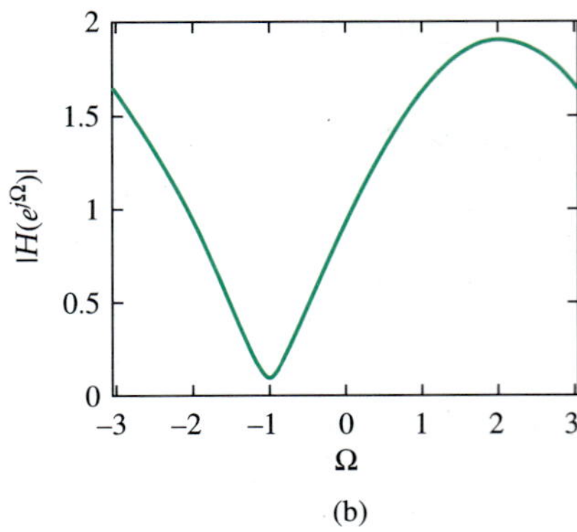

그림 3.37 다중 전파 경로에 관한 예제 3.23 시스템의 크기 응답. (a) 간접경로 계수 $a = 0.5e^{j\pi/3}$, (b) 간접경로 계수 $a = 0.9e^{j2\pi/3}$

$$\begin{aligned}|H(e^{j\Omega})| &= ((1 + |a|\cos(\Omega - \arg\{a\}))^2 + |a|^2\sin^2(\Omega - \arg\{a\}))^{1/2} \\ &= (1 + |a|^2 + 2|a|\cos(\Omega - \arg\{a\}))^{1/2}\end{aligned} \tag{3.34}$$

이고, 여기서 우리는 $\cos^2 u + \sin^2 u = 1$을 이용하였다. 역시스템의 주파수 응답은 식 (3.33)의 α를 $-a$로 대체하여 구할 수 있다. 그 결과는

$$H^{\text{inv}}(e^{j\Omega}) = \frac{1}{1 + ae^{-j\Omega}}, \qquad |a| < 1$$

이다. a를 극형태로 표현하면

$$\begin{aligned}H^{\text{inv}}(e^{j\Omega}) &= \frac{1}{1 + |a|e^{-j(\Omega - \arg\{a\})}} \\ &= \frac{1}{1 + |a|\cos(\Omega - \arg\{a\}) - j|a|\sin(\Omega - \arg\{a\})}\end{aligned}$$

이다. 역시스템의 주파수 응답은 원래 시스템의 주파수 응답의 역이다. 이 사실은 역시스템의 진폭 응답은 식 (3.34)에 주어진 원래 시스템의 진폭 응답의 역임을 암시한다. 그러므로,

$$|H^{\text{inv}}(e^{j\Omega})| = \frac{1}{(1 + |a|^2 + 2|a|\cos(\Omega - \arg\{a\}))^{1/2}}$$

이다.

그림 3.37은 범위 $-\pi < \Omega \le \pi$에서 $a = 0.5e^{j\pi/3}$과 $a = 0.9e^{j2\pi/3}$에 대한 $H(e^{j\Omega})$의 진폭 응답을 보인다. 식 (3.34)는 진폭 응답은 $\Omega = \arg\{a\}$일 때 최대값 $1 + |a|$이고 $\Omega = \arg\{a\} - \pi$일 때 최소값 $1 - |a|$이라는 사실을 가르킨다. 이러한 결론은 그림 3.37(a), (b)에 의해 뒷받침 된다. 그러므로, $|a|$가 1에 근접할수록 근처의 주파수를 갖는 복소 정현파 함수는 다중 경로 지연에 의해 크게 감쇠될 것이다. 그림 3.38은 역시스템에 대응하는 진폭 응답을 보인다. 심각한 감쇠를 받은 주파수는 역시스템에 의해 크게 증폭된다. 그래서, 양쪽 시스템을 통과한 후 진폭은 불변이다. 커다란 증폭은 실제적으로 문제가 될 수 있다. 왜냐하면, 채널이나 수신기에 의해 유도된 임의의 잡음 또한 증폭될 수 있기 때문이다. $|a| = 1$이면, 다중 경로 모델은 주파수 $\arg\{a\} - \pi$를 갖는 임의의 정현파 신호에 0 이득을

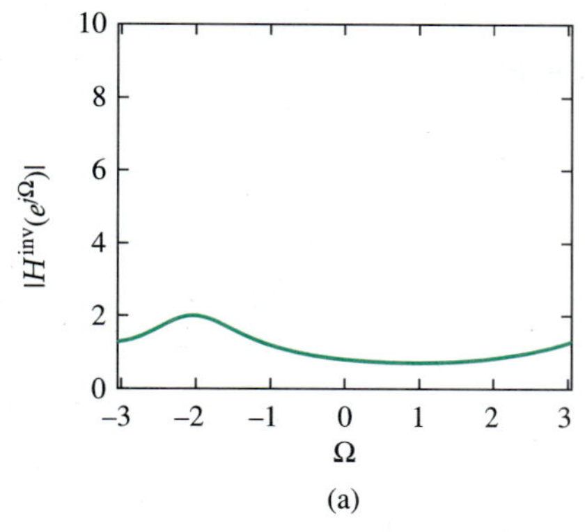

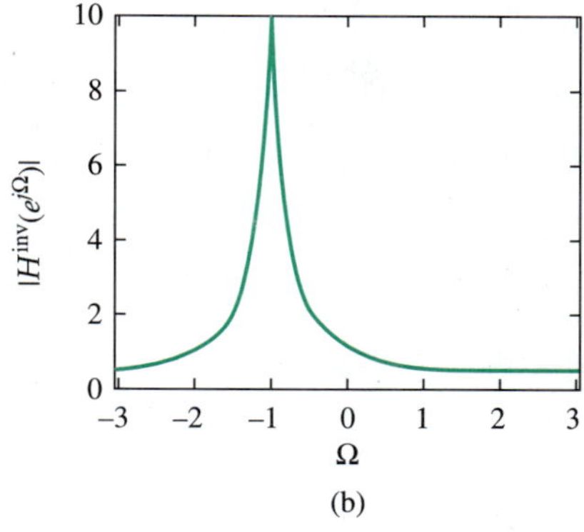

그림 3.38 예제 3.23의 다중 경로에 관한 역시스템의 크기 응답. (a) 간접경로 계수 $a = 0.5e^{j\pi/3}$, (b) 간접경로 계수 $a = 0.9e^{j2\pi/3}$

적용한다. 진폭이 0인 입력 정현파 신호를 복구하는 것은 불가능하다. 그러므로, $|a| = 1$일 때 다중 경로 시스템은 불가역이다. ■

3.7 연속시간 비주기 신호: 푸리에 변환

푸리에 변환(FT)은 연속시간 비주기 함수들을 복소 정현파 함수들의 합(superposition)으로 표현하기 위하여 사용된다. 시간 신호의 연속시간 비주기적 성질은 복소 정현파 함수들의 합이 주파수 $-\infty$에서 ∞까지의 연속체와 관련됨을 의미한다. 이는 3.3절로부터 상기된다. 따라서, 시간 신호에 대한 FT 표현은 주파수 상에서의 적분과 관계된다. 즉,

$$x(t) = \frac{1}{2\pi}\int_{-\infty}^{\infty} X(j\omega)e^{j\omega t}\,d\omega . \tag{3.35}$$

여기서

$$X(j\omega) = \int_{-\infty}^{\infty} x(t)e^{-j\omega t}\,dt \tag{3.36}$$

는 신호 $x(t)$의 FT이다. 식 (3.35)에서 $x(t)$를 $-\infty$에서 ∞까지의 범위의 주파수를 갖는 정현파 함수의 가중합으로써 표현하였다. 이 합은 적분이며, 각 정현파 함수에 대한 가중은 $(1/(2\pi))X(j\omega)$이다. $x(t)$와 $X(j\omega)$가 FT쌍이라고 하며,

$$x(t) \xleftrightarrow{FT} X(j\omega)$$

라고 쓴다. 변환 $X(j\omega)$는 신호 $x(t)$를 정현파 주파수 ω의 함수로 표현한 것이며, 이를 $x(t)$의 **주파수 영역 표현**이라고 한다. 식 (3.35)는 그것이 주파수 영역 표현 $X(j\omega)$를 다시 시간 영역으로 변환하므로, **IFT 변환**이라고 부른다.

FT는 연속시간 시스템의 특성과 연속시간 신호와 시스템 사이의 상호작용을 분석하는 데 이용된다. 또한 FT는 이산시간과 연속시간 신호의 상호작용, 샘플링에서 발생하듯이 상호작용을 분석하는 데 이용된다. 이러한 주제는 4장에서 살펴본다.

식 (3.35)와 (3.36)에서 적분은 모든 함수 $x(t)$와 $X(j\omega)$에 대하여 수렴하지 않을 수도 있다. 수렴 분석은 이 책의 범위를 넘어서기 때문에 우리는 간단히 시간 영역 신호 $x(t)$에 대한 몇몇의 수렴 조건만을 언급한다. 다음을 정의하자.

$$\hat{x}(t) = \frac{1}{2\pi}\int_{-\infty}^{\infty} X(j\omega)e^{j\omega t}\,d\omega.$$

여기서 $X(j\omega)$는 식 (3.36)에 의해 $x(t)$를 사용하여 주어진다. $x(t)$와 $\hat{x}(t)$ 사이의 오차에 따라

$$\int_{-\infty}^{\infty} |x(t) - \hat{x}(t)|^2\,dt$$

로 주어지는 오차 에너지는, 만약 신호 $x(t)$가 제곱 적분이 가능하다면, 즉

$$\int_{-\infty}^{\infty} |x(t)|^2\,dt < \infty$$

라면 영이다. MSE가 0이라고 해서 모든 점에서 수렴함[즉, 모든 t에 대해서 $x(t) = \hat{x}(t)$]을 의미하는 것이 아니며, 그들의 차이가 0 에너지라는 것이다.

점별 수렴은, 비주기 신호에 대하여 $x(t)$가 Dirichlet 조건들을 만족한다면, 불연속점들에 해당하는 t값을 제외한 모든 값에서 보장된다. Dirichlet 조건은 다음과 같다.

- $X(t)$는 절대 적분이 가능하다.

$$\int_{-\infty}^{\infty} |x(t)|\,dt < \infty.$$

- $X(t)$는 그 어떤 유한 구간에서 유한개의 국부 최대값, 최소값 그리고 불연속점을 갖는다.
- 각 불연속점의 크기는 유한하다.

실제 공학 문제에서 만나는 거의 모든 물리적 신호들은 두 번째와 세 번째 조건들을 만족한다. 그러나, 단위 계단 함수와 같은 많은 일반 신호들은 절대 적분 또는 제곱 적분이 불가능하다. 이러한 몇 경우에서 임펄스 함수를 이용해서 FT의 성질을 만족하는 변환쌍을 정의할 수 있다. 그 방법으로 우리는, FT가 엄밀한 의미에서 그러한 신호에 대하여 수렴하지 않더라도 문제를 해결하는 툴로써 FT를 사용할 수 있다.

다음 5개의 예제들은 몇몇의 일반적인 신호들에 대한 FT와 IFT의 결정 방법을 설명한다.

예제 3.24 실수 감쇠 지수 함수의 FT. $x(t) = e^{-at}u(t)$의 FT를 구하라.

풀이: $a \le 0$이면, $x(t)$의 절대 적분이 불가능하므로 FT는 수렴하지 않는다. 즉,

$$\int_0^{\infty} e^{-at}\,dt = \infty, \quad a \le 0.$$

$a > 0$이면,

$$\begin{aligned} X(j\omega) &= \int_{-\infty}^{\infty} e^{-at}u(t)e^{-j\omega t}\,dt \\ &= \int_0^{\infty} e^{-(a+j\omega)t}\,dt \\ &= -\frac{1}{a+j\omega}e^{-(a+j\omega)t}\Big|_0^{\infty} \\ &= \frac{1}{a+j\omega}. \end{aligned}$$

극좌표 형식으로 변환하여 $X(j\omega)$의 진폭과 위상을 계산하면,

$$|X(j\omega)| = \frac{1}{(a^2+\omega^2)^{\frac{1}{2}}}$$
$$\arg\{X(j\omega)\} = -\arctan(\omega/a).$$

그림 3.39(b), (c)에 이들을 보였다. ▮

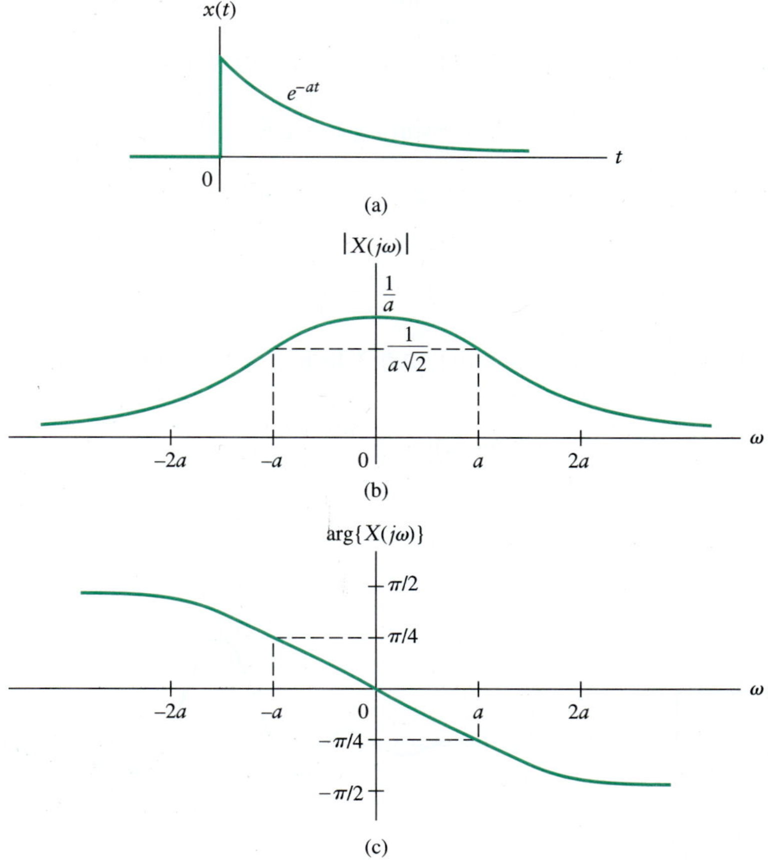

그림 3.39 예제 3.24. (a) 실시간 영역 지수 신호, (b) 진폭 스펙트럼, (c) 위상 스펙트럼

전과 같이 ω에 대해 도시된 $X(j\omega)$의 진폭을 신호 $x(t)$의 **진폭 스펙트럼**이라 하고, ω의 함수로 도시된 $X(j\omega)$의 위상을 $x(t)$의 **위상 스펙트럼**이라고 한다.

예제 3.25 **구형파의 FT.** 그림 3.40(a)에 보인 구형파를 고려하자. 이는 다음과 같이 정의된다.

$$x(t) = \begin{cases} 1, & -T_o < t < T_o \\ 0, & |t| > T_o. \end{cases}$$

$x(t)$의 FT를 찾아라.

풀이: 구형 펄스 $x(t)$는 $T_o < \infty$라고 가정하면 절대 적분이 가능하다. $\omega \neq 0$에 대하여

$$\begin{aligned} X(j\omega) &= \int_{-\infty}^{\infty} x(t)e^{-j\omega t}\,dt \\ &= \int_{-T_o}^{T_o} e^{-j\omega t}\,dt \\ &= -\frac{1}{j\omega}e^{-j\omega t}\Big|_{-T_o}^{T_o} \\ &= \frac{2}{\omega}\sin(\omega T_o), \qquad \omega \neq 0. \end{aligned}$$

$\omega = 0$에 대한 적분은 $2T_o$로 간단하다. L'Hopital의 규칙을 이용해서

$$\lim_{\omega \to 0} \frac{2}{\omega}\sin(\omega T_o) = 2T_o$$

를 보임은 간단하다. 따라서, $\omega = 0$일 때의 값은 극한값을 계산하여 얻어진다는 이해 아래 모든 ω에 대해,

$$X(j\omega) = \frac{2}{\omega}\sin(\omega T_o)$$

로 쓸 수 있다. 이 경우에 $X(j\omega)$는 실수이다. 그림 3.40(b)에 보였다. 진폭 스펙트럼은

$$|X(j\omega)| = 2\left|\frac{\sin(\omega T_o)}{\omega}\right|$$

이고, 위상 스펙트럼은

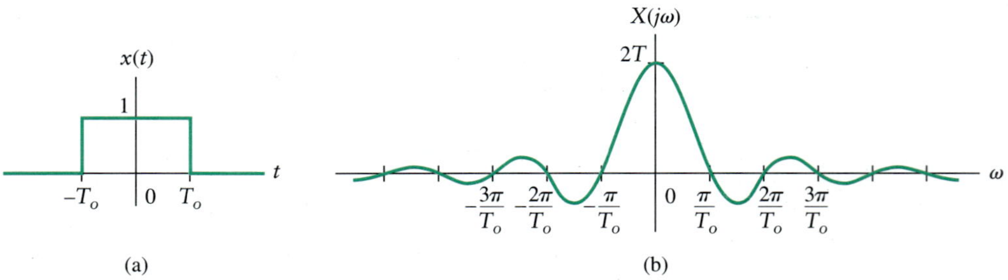

그림 3.40 예제 3.25. (a) 시간 영역에서 구형 펄스, (b) 주파수 영역에서 FT

$$\arg\{X(j\omega)\} = \begin{cases} 0, & \sin(\omega T_o)/\omega > 0 \\ \pi, & \sin(\omega T_o)/\omega < 0 \end{cases}$$

이다. sinc 함수를 이용해서 $X(j\omega)$를

$$X(j\omega) = 2T_o \operatorname{sinc}(\omega T_o/\pi)$$

라고 쓸 수 있다. ▮

이전 예제는 푸리에 변환의 매우 중요한 성질을 설명한다. T_o를 변화시킬 때의 영향을 고려하자. T_o가 증가함에 따라 $x(t)$의 0이 아닌 시간 범위는 증가한다. 반면에 $X(j\omega)$는 주파수 원점에 더욱 집중된다. 반대로, T_o가 감소함에 따라 $x(t)$의 0이 아닌 시간 범위는 감소하나, $X(j\omega)$는 주파수 원점에 덜 집중화된다. 정확하게 말하자면 $x(t)$의 폭은 $X(j\omega)$의 폭과 역관계에 있다는 의미이다. 일반적인 원리로서 우리는 한 영역에서 집중된 신호는 다른 영역에서 펼쳐진다.

▶ **연습문제 3.14** 다음 신호들의 FT를 구하라.

(a) $x(t) = e^{2t}u(-t)$

(b) $x(t) = e^{-|t|}$

(c) $x(t) = e^{-2t}u(t-1)$

(d) $x(t)$는 그림 3.41(a)에 보인 바와 같다. (**힌트**: 부분 적분을 사용하라)

(e) $x(t)$는 그림 3.41(b)에 보인 바와 같다.

해답: (a) $X(j\omega) = -1/(j\omega - 2)$

(b) $X(j\omega) = 2/(1 + \omega^2)$

(c) $e^{-(j\omega+2)}/(j\omega + 2)$

(d) $X(j\omega) = j(2/\omega)\cos\omega - j(2/\omega^2)\sin\omega$

(e) $X(j\omega) = 2j(1 - \cos(2\omega))/\omega$ ▮

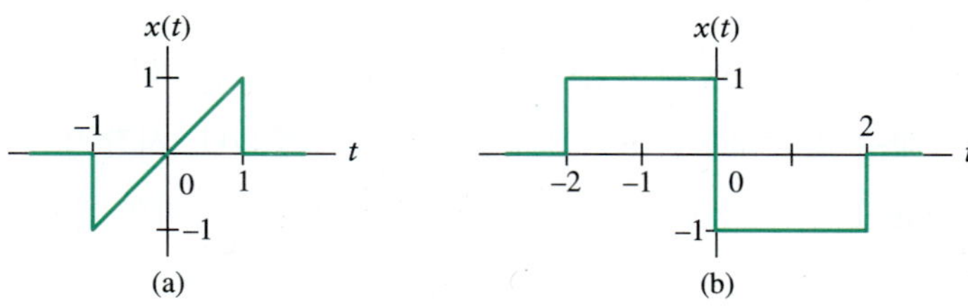

그림 3.41 연습문제 3.14에 대한 시간 영역. (a) 문제 (d)에 관한 파형, (b) 문제 (e)에 관한 파형

예제 3.26 사각 스펙트럼의 IFT. 그림 3.42(a)에 보인 사각 스펙트럼의 역FT를 찾아라. 그 식은 다음과 같다.

$$X(j\omega) = \begin{cases} 1, & -W < \omega < W \\ 0, & |\omega| > W. \end{cases}$$

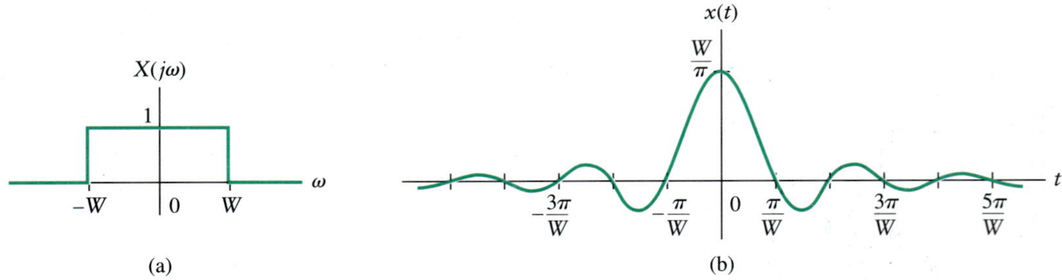

그림 3.42 예제 3.26. (a) 주파수 영역의 구형 스펙트럼, (b) 시간 영역으로 역변환하는 역FT

풀이: IFT를 구하기 위하여 식 (3.35)를 사용하면, $t \neq 0$인 경우에 대하여

$$\begin{aligned} x(t) &= \frac{1}{2\pi}\int_{-W}^{W} e^{j\omega t}\,d\omega \\ &= \frac{1}{2j\pi t}e^{j\omega t}\Big|_{-W}^{W} \\ &= \frac{1}{\pi t}\sin(Wt), \qquad t \neq 0 \end{aligned}$$

이다. $t = 0$일 때, 적분은 W/π를 만족한다.

$$\lim_{t\to 0}\frac{1}{\pi t}\sin(Wt) = W/\pi$$

이므로,

$$x(t) = \frac{1}{\pi t}\sin(Wt),$$

$$x(t) = \frac{W}{\pi}\operatorname{sinc}\left(\frac{Wt}{\pi}\right)$$

라고 쓸 수 있다. 단, $t = 0$ 경우는 극한으로 계산된다. 그림 3.42(b)는 $x(t)$를 보인다. ∎

신호의 시간 및 주파수 영역에서 원점에 대한 집중 사이의 역관계를 다시 주목하라. W가 증가함에 따라, 주파수 영역 표현은 $\omega = 0$의 주위에 덜 집중되나, 시간 영역 표현은 $t = 0$에 더욱 집중된다. 다른 흥미로운 관찰은 이것과 이전의 예제를 고려하여 얻어질 수 있다. 예제 3.25에서, 시간 영역 구형파는 주파수 영역에서 sinc 함수로 변환된다. 예제 3.26에서는 시간 영역의 sinc 함수가 주파수 영역에서 구형파로 변환된다. 이 이중성은 식 (3.36)의 순방향 변환과 식 (3.35)의 역변환의 유사성에서 기인하며, 3.18절에서 자세히 연구된다. 다음의 두 예제는 또한 이 성질을 보인다.

예제 3.27 단위 임펄스의 FT. $x(t) = \delta(t)$의 FT를 찾아라.

풀이: 이 $x(t)$는 Dirichlet 조건을 만족하지 않는다. 왜냐하면, 원점에 불연속점이 무한하기 때문

이다. 우리는 이 커다란 문제에도 불구하고 식 (3.36)을 사용하여 다음과 같이 쓸 수 있다.

$$X(j\omega) = \int_{-\infty}^{\infty} \delta(t)e^{-j\omega t}\,dt$$
$$= 1.$$

1에 대한 계산은 임펄스 함수의 이동 성질로부터 나온다. 그러므로

$$\delta(t) \xleftrightarrow{FT} 1$$

이고, 임펄스는 모든 주파수 $\omega = -\infty$에서 $\omega = \infty$의 복소 정현파 함수로부터 1의 기여를 포함한다. ∎

예제 3.28 임펄스 스펙트럼의 IFT. $X(j\omega) = 2\pi\delta(\omega)$의 역FT를 찾아라.

풀이: 여기서 우리는 수렴성의 불규칙성을 다시 기대하여도 된다. 왜냐하면, $X(j\omega)$는 원점에서 무한개의 불연속점을 갖기 때문이다. 그럼에도 불구하고, 식 (3.35)를 사용하여

$$x(t) = \frac{1}{2\pi}\int_{-\infty}^{\infty} 2\pi\delta(\omega)e^{j\omega t}\,d\omega$$
$$= 1.$$

로 쓸 수 있다. 그러므로, FT쌍은

$$1 \xleftrightarrow{FT} 2\pi\delta(\omega)$$

이다. 이는 DC 신호의 주파수 내용은 전적으로 $\omega = 0$에 집중됨을 의미한다. ∎

이전 두 예제와 DTFT 예제 3.20, 3.21 사이의 유사성에 주목하라. 이산시간과 연속시간의 두 영역에서, 시간 영역의 임펄스는 상수 주파수 스펙트럼으로 변환하고, 반면에 임펄스 주파수 스펙트럼은 시간 영역으로 역변환할 때 상수값을 갖는다. 두 예제에서 FT의 수렴성은 보장되지 않는 반면, 변환쌍은 FT쌍의 성질을 만족하고, 따라서 신호 해석에 유용하다. 이 두 경우에서 변환쌍은 임펄스 함수의 성질의 결과이다. 임펄스 함수를 사용하도록 허용함으로써 FT에 의하여 표현 가능한 함수의 부류를 대폭 확장시킨다. 그러므로 문제 해결의 툴로서 FT의 능력을 증진시킨다. 4장에서는 주기 및 이산시간 신호에 관한 FT 표현을 얻는 데 임펄스를 이용할 것이다.

▶ **연습문제 3.15** 다음 스펙트럼의 역FT를 찾아라.

(a)

$$X(j\omega) = \begin{cases} 2\cos\omega, & |\omega| < \pi \\ 0, & |\omega| > \pi \end{cases}$$

(b) $X(j\omega) = 3\delta(\omega - 4)$

(c) $X(j\omega) = \pi e^{-|\omega|}$

(d) $X(j\omega)$는 그림 3.43(a)에 나타내었다.

(e) $X(j\omega)$는 그림 3.43(b)에 나타내었다.

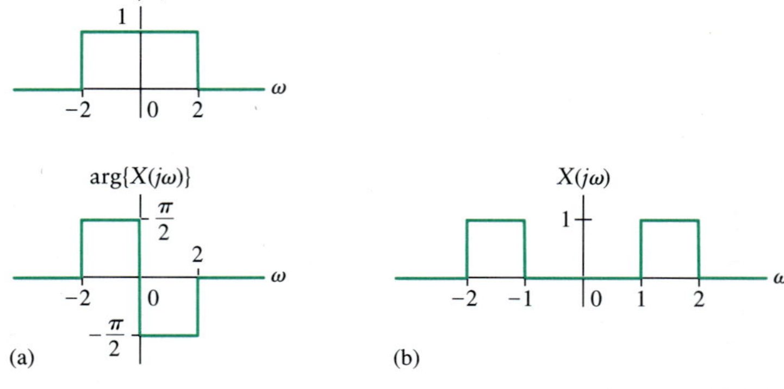

그림 3.43 연습문제 3.15에 대한 주파수 영역 신호. (a) (d)에 관한 파형, (b) (e)에 관한 파형

해답: (a)

$$x(t) = \frac{\sin(\pi(t+1))}{\pi(t+1)} + \frac{\sin(\pi(t-1))}{\pi(t-1)}$$

(b) $x(t) = (3/2\pi)e^{j4t}$

(c) $x(t) = 1/(1+t^2)$

(d) $x(t) = (1-\cos(2t))/(\pi t)$

(e) $x(t) = (\sin(2t) - \sin t)/(\pi t)$ ■

예제 3.29 디지털 통신 신호의 특성. 간단한 디지털 통신 시스템에서, 하나의 신호 또는 심볼은 메시지의 이진 표현으로 "1"로 전송되고, 반면에 또 다른 신호 또는 심볼은 "0"으로 전송된다. 하나의 일반적인 구조 BPSK는 "0"을 표현하는 신호는 "1"을 표현하는 신호의 반대 부호이다. 그림 3.44는 이러한 접근을 위한 두 후보 신호를 보인다. 사각 펄스는 다음과 같이 정의된다.

$$x_r(t) = \begin{cases} A_r, & |t| < T_o/2 \\ 0, & |t| > T_o/2. \end{cases}$$

그리고 raised-cosine 펄스는 다음과 같이 정의된다.

$$x_c(t) = \begin{cases} (A_c/2)(1 + \cos(2\pi t/T_o)), & |t| < T_o/2 \\ 0, & |t| > T_o/2. \end{cases}$$

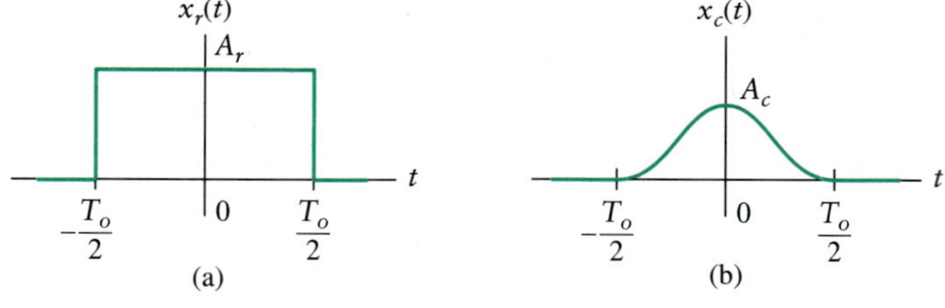

그림 3.44 BPSK 통신에 사용되는 펄스 파형. (a) 구형파 펄스, (b) 수정된 코사인 펄스

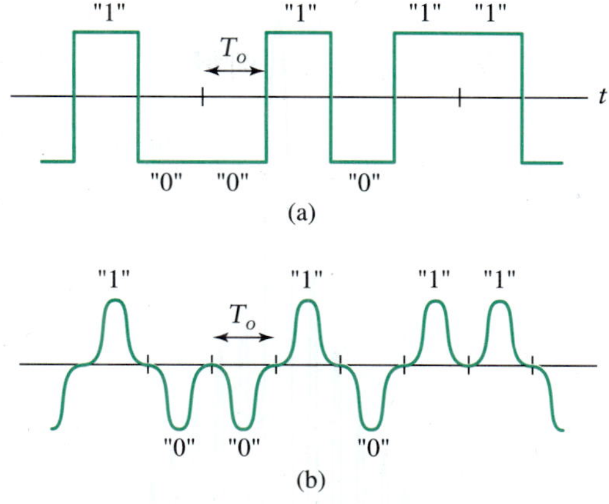

그림 3.45 교정된 BPSK 파형. (a) 구형파 교정 회로에서 얻는 파형, (b) 수정된 코사인파의 교정 회로에서 얻는 파형

그림 3.45의 파형은 각각의 펄스 모양을 사용하여 비트열을 전송하기 위한 BPSK 신호의 예이다. 각 펄스는 T_o sec이므로 1(bit/sec)의 전송률을 갖는다. 5장에서 기술하겠지만, 각 사용자의 신호는 할당된 주파수 대역 내에서 전송된다. 다른 주파수 대역의 사용자와 간섭을 피하기 위해 이웃한 주파수 대역에서 사용자가 전송하는 신호의 에너지에 제한을 둔다. 각 사용자에 할당된 주파수 대역 범위는 20 KHz이다. 그때 인접 채널과의 간섭을 피하기 위해 우리는 20 KHz 대역 바깥쪽으로 전송된 진폭 스펙트럼의 최대값은 대역 내 진폭 스펙트럼 최대치의 −30 dB 아래 값으로 가정한다. 양쪽 BPSK 신호가 단위 전력을 갖도록 상수값 A_r, A_c를 선택하자. FT를 사용하여 사각 펄스와 raised-cosine 펄스 모양을 사용할 때 전송될 수 있는 초당 최대 비트수를 결정하라.

풀이: BPSK 신호가 주기적이지 않더라도 진폭의 제곱값은 주기적이다. 그러므로, 그들 각 전력은

$$\begin{aligned} P_r &= \frac{1}{T_o}\int_{-T_o/2}^{T_o/2} A_r^2\,dt \\ &= A_r^2 \end{aligned}$$

$$\begin{aligned} P_c &= \frac{1}{T_o}\int_{-T_o/2}^{T_o/2} (A_c^2/4)(1 + \cos(2\pi t/T_o))^2\,dt \\ &= \frac{A_c^2}{4T_o}\int_{-T_o/2}^{T_o/2} [1 + 2\cos(2\pi t/T_o) + 1/2 + 1/2\cos(4\pi t/T_o)]\,dt \\ &= \frac{3A_c^2}{8} \end{aligned}$$

으로 계산된다. 그러므로 $A_r = 1$, $A_c = \sqrt{8/3}$을 선택함으로써 단위 전송 전력이 구해진다.

예제 3.25의 결과를 사용하여, 우리는 사각파 펄스 $x_r(t)$의 FT를 계산하면,

$$X_r(j\omega) = 2\frac{\sin(\omega T_o/2)}{\omega}.$$

이 예제에서 주파수는 rad/sec로 보이는 Herz의 단위로 나타내는 것이 더 편리하다. 그들 사이의 변

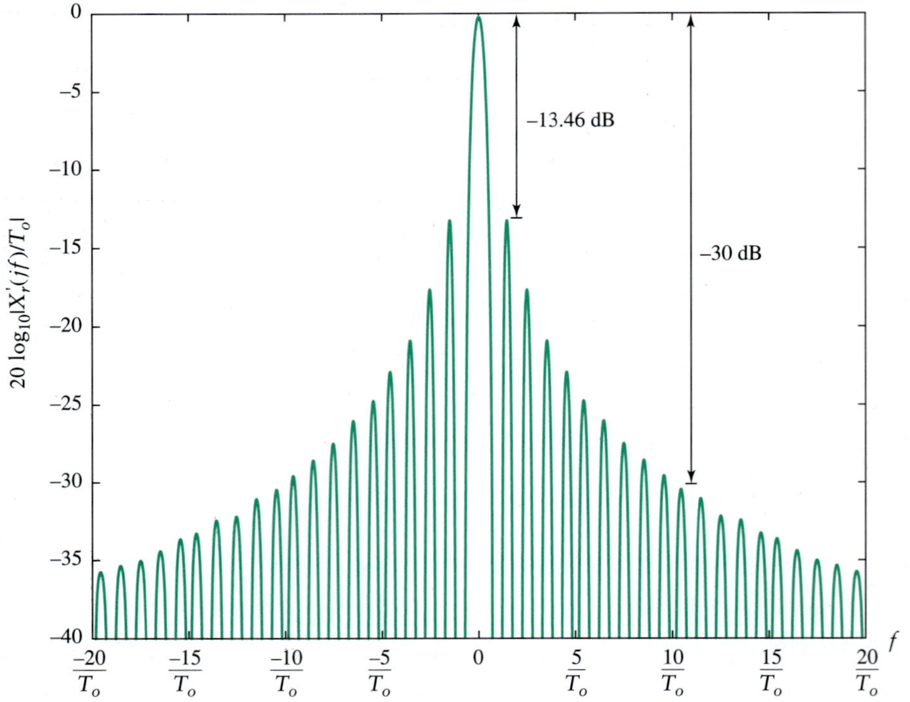

그림 3.46 구형파 펄스에 관해 T_o로 정규화한 다음 dB로 나타낸 스펙트럼

환은 $\omega = 2\pi f$에 따른다. 이 관계를 $X_r(j\omega)$에 대입하여 $X'_r(jf)$로 나타내면,

$$X'_r(jf) = \frac{\sin(\pi f T_o)}{\pi f}.$$

이 신호의 정규화된 진폭 스펙트럼은 $20\log_{10}\{|X'_r(jf)|/T_o\}$(dB)이고 그림 3.46과 같다. T_o에 의한 정규화는 T_o에 대한 진폭의 종속성을 제거한다. 우리는 10번째 측엽이 −30 dB를 넘지 않는 첫번째 최대값임을 구한다. 사용자에 할당된 20 KHz 대역 바깥쪽으로 전송된 신호의 진폭 스펙트럼 최대값이 −30 dB 미만이라는 제한 조건을 만족하기 위해 10번째 영교차점이 10 KHz에 있도록 T_o를 선택해야 한다는 것을 의미한다. $f = k/T_o$인 경우, k번째 영교차점이 발생한다. 그래서, 사각 펄스를 사용할 때 전송조건을 만족하기 위해 $10{,}000 = 10/T_o$ 또는 $T_o = 10^{-3}$이 필요하다. 이것은 데이터 전송률 1,000(bits/sec)를 의미한다.

raised-cosine 펄스 $x_c(t)$의 FT는

$$X_c(j\omega) = \frac{1}{2}\sqrt{\frac{8}{3}}\int_{-T_o/2}^{T_o/2}(1 + \cos(2\pi t/T_o))e^{-j\omega t}\,dt$$

이다. Cosine 함수를 확장하기 위해 Euler 공식을 사용하면

$$X_c(j\omega) = \sqrt{\frac{2}{3}}\int_{-T_o/2}^{T_o/2} e^{-j\omega t}\,dt + \frac{1}{2}\sqrt{\frac{2}{3}}\int_{-T_o/2}^{T_o/2} e^{-j(\omega-2\pi/T_o)t}\,dt + \frac{1}{2}\sqrt{\frac{2}{3}}\int_{-T_o/2}^{T_o/2} e^{-j(\omega+2\pi/T_o)t}\,dt$$

이다. 세 적분의 형태는

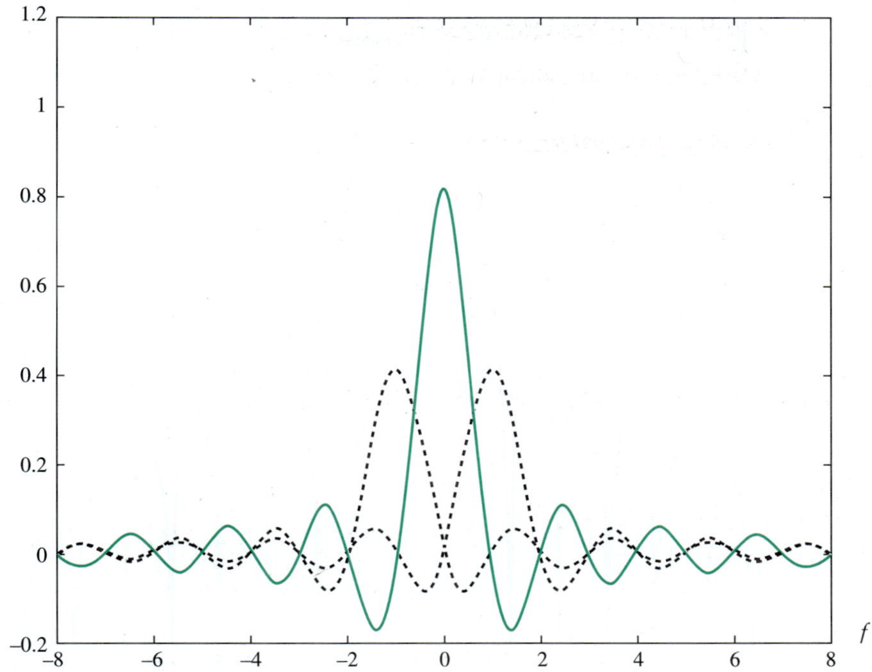

그림 3.47 수정 코사인 펄스의 스펙트럼은 주파수 이동되어 가중된 세 개의 sinc 함수의 합으로 이루어진다.

$$\int_{-T_o/2}^{T_o/2} e^{-j\gamma t}\,dt$$

이다. 이것은 예제 3.25에 기술된 순서대로 계산된다. 그 결과는

$$2\frac{\sin(\gamma T_o/2)}{\gamma}$$

이다. 각 적분에 적당한 γ를 대입하면

$$X_c(j\omega) = 2\sqrt{\frac{2}{3}}\frac{\sin(\omega T_o/2)}{\omega} + \sqrt{\frac{2}{3}}\frac{\sin((\omega - 2\pi/T_o)T_o/2)}{\omega - 2\pi/T_o} + \sqrt{\frac{2}{3}}\frac{\sin((\omega + 2\pi/T_o)T_o/2)}{\omega + 2\pi/T_o}$$

이다. 주파수 f(Hz)를 사용하여

$$X_c'(jf) = \sqrt{\frac{2}{3}}\frac{\sin(\pi f T_o)}{\pi f} + 0.5\sqrt{\frac{2}{3}}\frac{\sin(\pi(f - 1/T_o)T_o)}{\pi(f - 1/T_o)} + 0.5\sqrt{\frac{2}{3}}\frac{\sin(\pi(f + 1/T_o)T_o)}{\pi(f + 1/T_o)}$$

로 표현된다. 이 표현에서 첫 번째 항은 사각 펄스의 스펙트럼에 대응된다. 두 번째와 세 번째 항은 정확히 똑같은 모양을 갖는다. 그러나, 주파수에서 $\pm 1/T_o$만큼 이동한다. $T_o = 1$에 대해, 이 세 항들을 그림 3.47의 한 그래프 안에 나타냈다. 두 번째와 세 번째 항은 첫 번째 항과 영교차점을 공유하고 첫 번째 항의 측엽의 영역에서 반대 부호를 갖는다. 그러므로, 이 세 항의 합은 사각 펄스 진폭보다 작은 측엽을 갖는다. 그림 3.48에서 보듯이 정규화된 진폭 스펙트럼은 $20\log_{10}\{|X_c'(if)|/T_o\}$(dB)이다. 여기서 다시, T_o에 의한 정규화는 T_o에 대한 진폭의 종속성을 제거한다. 이러한 경우, 첫 번째 측엽의 최대값은 −30 dB 이하이다. 그래서 20 KHz 대역 범위의 주엽을 선택함으로써 이웃의 채널 간섭에

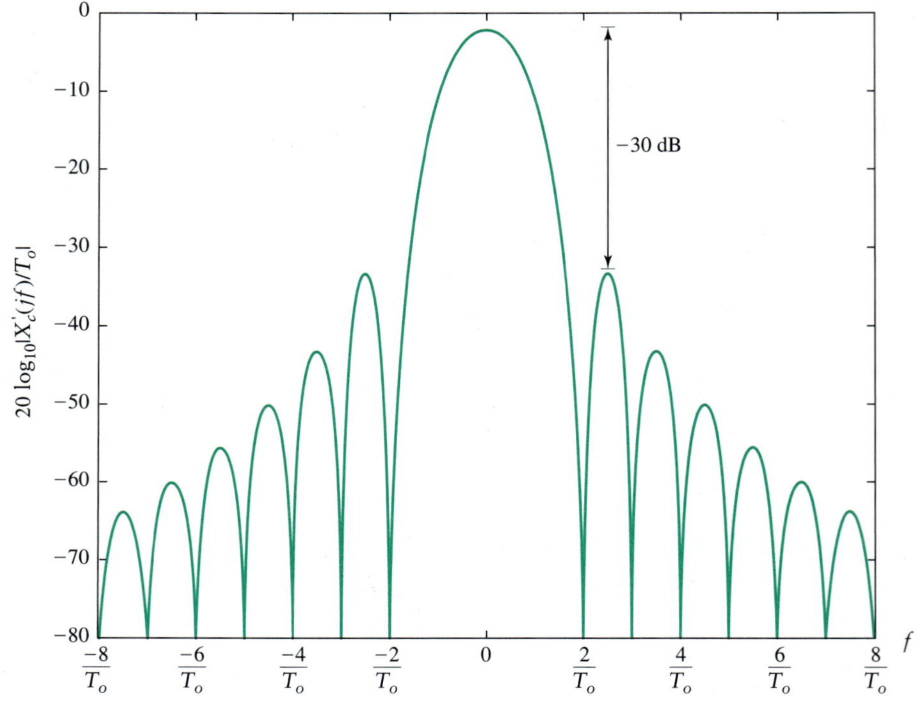

그림 3.48 수정 코사인 펄스에서 T_o로 정규화되어 dB로 표현된 스펙트럼

관한 제약조건을 만족한다. 이것은 $10{,}000 = 2/T_o$ 또는 $T_o = 2 \times 10^{-4}$ s를 의미한다. 대응되는 데이터 전송률은 5,000(bits/sec)이다. 이 응용에서, raised-cosine 펄스를 사용하는 것은 사각 펄스에 비해 데이터 전송률을 5배 증가시킨다. ∎

3.8 푸리에 표현들의 성질

이 장에서 기술된 네 가지의 푸리에 표현들을 표 3.2에 요약하였다. 이 표는 각 변환의 정의와 각각 적용되는 신호의 종류에 대한 편의를 제공한다. 네 가지 푸리에 표현들 모두 복수 정현파 함수에 기반하고 있다. 결과적으로, 그들은 복소 정현파 함수들의 특성 때문에 공통된 성질을 공유한다. 이 장의 나머지는 푸리에 표현들의 성질에 대하여 살펴본다. 많은 경우, 우리는 어느 하나의 표현에 대한 성질을 유도하며 그것을 다른 표현들에게 단순히 적용한다. 이 장의 연습문제에서 이들 성질의 몇몇을 증명하는 문제가 주어진다. 성질들의 종합표는 부록 C에서 제공된다.

표 3.2의 하단 오른쪽에 주파수 영역 특징과 상단 왼쪽에 시간 영역 특징을 표기함으로써, 네 가지 표현들의 주기성을 요약하고 있다.

연속시간 또는 이산시간 주기 신호들은 푸리에 급수 표현을 갖는다. 푸리에 급수에서 신호는

표 3.2 푸리에 표현의 4가지 형태

시간 영역	주기적 (t, n)	비주기적 (t, n)	
연속시간 (t)	푸리에 급수 $x(t) = \sum_{k=-\infty}^{\infty} X[k]e^{jk\omega_o t}$ $X[k] = \frac{1}{T}\int_0^T x(t)e^{-jk\omega_o t}\,dt$ $x(t)$는 주기 T를 가진다. $\omega_o = \frac{2\pi}{T}$	푸리에 변환 $x(t) = \frac{1}{2\pi}\int_{-\infty}^{\infty} X(j\omega)e^{j\omega t}\,d\omega$ $X(j\omega) = \int_{-\infty}^{\infty} x(t)e^{-j\omega t}\,dt$	비주기적 (k, ω)
이산시간 (n)	이산시간 푸리에 급수 $x[n] = \sum_{k=0}^{N-1} X[k]e^{jk\Omega_o n}$ $X[k] = \frac{1}{N}\sum_{n=0}^{N-1} x[n]e^{-jk\Omega_o n}$ $x[n]$과 $x[k]$는 주기 N을 가진다. $\Omega_o = \frac{2\pi}{N}$	이산시간 푸리에 변환 $x[n] = \frac{1}{2\pi}\int_{-\pi}^{\pi} X(e^{j\Omega})e^{j\Omega n}\,d\Omega$ $X(e^{j\Omega}) = \sum_{n=-\infty}^{\infty} x[n]e^{-j\Omega n}$ $x(e^{j\Omega})$는 주기 2π를 가진다.	주기적 (k, Ω)
	이산시간 (k)	연속시간 (ω, Ω)	주파수 영 역

신호와 동일한 주기를 갖는 복소 정현파 함수들의 가중합으로써 표현된다. 주파수의 이산 집합은 급수와 관계된다. 따라서 주파수 영역 표현은 가중치 또는 계수의 이산 집합과 관련된다. 반면에, 비주기 신호에 대해서는 연속시간 및 이산시간 주파수 표현들은 연속체로서의 주파수 상에서 복소 정현파 함수들의 가중 적분과 관련된다. 따라서, 비주기 신호에 대한 주파수 영역 표현은 주파수의 연속 함수이다. 시간 영역에서 주기적인 신호는 이산 주파수 표현을 갖는 반면에, 비주기 신호는 연속 주파수 표현을 갖는다. 표 3.2의 상단과 하단에 표기되어 있다.

또한 우리는 DTFS 또는 DTFT와 같은 이산시간 신호에 대한 푸리에 표현들이 주파수 영역에서 주기 함수임을 관찰할 수 있다. 이는 이산시간 신호를 표현하기 위하여 사용된 이산시간 복소 정현파 함수들이 주파수에 따라 2π의 주기 함수이기 때문이다. 말하자면, 2π의 정수배만큼 다른 주파수를 갖는 이산시간 정현파 함수는 동일하다. 이에 반하여, 연속시간 신호에 대한 주파수 표현들은 연속시간 정현파 함수들의 가중합과 연관된다. 구별된 주파수를 갖는 연속시간 정현파 함수는 언제나 구별된다. 따라서, 이산시간 신호들에 대한 주파수 영역 표현들은 주기적이다. 요약하면, 이산시간 신호들은 주기적 주파수 표현을 갖는 데 반하여, 연속시간 신호들은 비주기적 주파수 영역 표현들을 갖는다. 이는 표 3.2의 왼쪽과 오른쪽에 표현되어 있다.

일반적으로, 시간 또는 주파수의 한 영역에서 연속인 표현들은 다른 영역에서 비주기적이

표 3.3 푸리에 표현의 주기성

시간 영역 특 성	주파수 영역 특 성
연 속	비주기
이 산	주 기
주 기	이 산
비주기	연 속

다. 반대로, 어느 한 영역에서 이산 함수인 표현은 다른 영역에서 주기 함수이다. 이와 같은 관련성을 표 3.3에서 보인다.

3.9 선형성과 대칭성

네 개의 푸리에 표현들이 모두 선형 연산과 연계된 것을 보이는 것은 매우 간단하다. 특별히, 그들은 다음의 선형성을 만족한다.

$$z(t) = ax(t) + by(t) \quad \xleftrightarrow{FT} \quad Z(j\omega) = aX(j\omega) + bY(j\omega)$$
$$z(t) = ax(t) + by(t) \quad \xleftrightarrow{FS;\omega_o} \quad Z[k] = aX[k] + bY[k]$$
$$z[n] = ax[n] + by[n] \quad \xleftrightarrow{DTFT} \quad Z(e^{j\Omega}) = aX(e^{j\Omega}) + bY(e^{j\Omega})$$
$$z[n] = ax[n] + by[n] \quad \xleftrightarrow{DTFS;\Omega_o} \quad Z[k] = aX[k] + bY[k]$$

이 관계에서, 대문자 기호는 소문자 기호에 해당하는 푸리에 표현을 의미한다고 가정하였다. 뿐만 아니라 FS와 DTFS에서 합해지는 신호들은 동일한 주기를 갖는다고 가정되었다. 다음 예제에서 보듯이, 선형성은 이미 알고 있는 신호 표현의 합으로 구성된 신호의 푸리에 표현을 구하기 위해 사용된다.

예제 3.30 FS에서의 선형성. $z(t)$가 그림 3.49(a)와 같은 주기 신호라고 가정한다. 선형성과 예제 3.13의 결과를 이용하여서 FS 계수 $Z[k]$를 결정하라.

풀이: $z(t)$를 두 신호의 합으로 표현하면,

$$z(t) = \frac{3}{2}x(t) + \frac{1}{2}y(t).$$

여기서 $x(t)$와 $y(t)$는 그림 3.49(a), (b)에 각각 보였다. 예제 3.13으로부터

$$x(t) \xleftrightarrow{FS;2\pi} X[k] = (1/(k\pi))\sin(k\pi/4)$$
$$y(t) \xleftrightarrow{FS;2\pi} Y[k] = (1/(k\pi))\sin(k\pi/2)$$

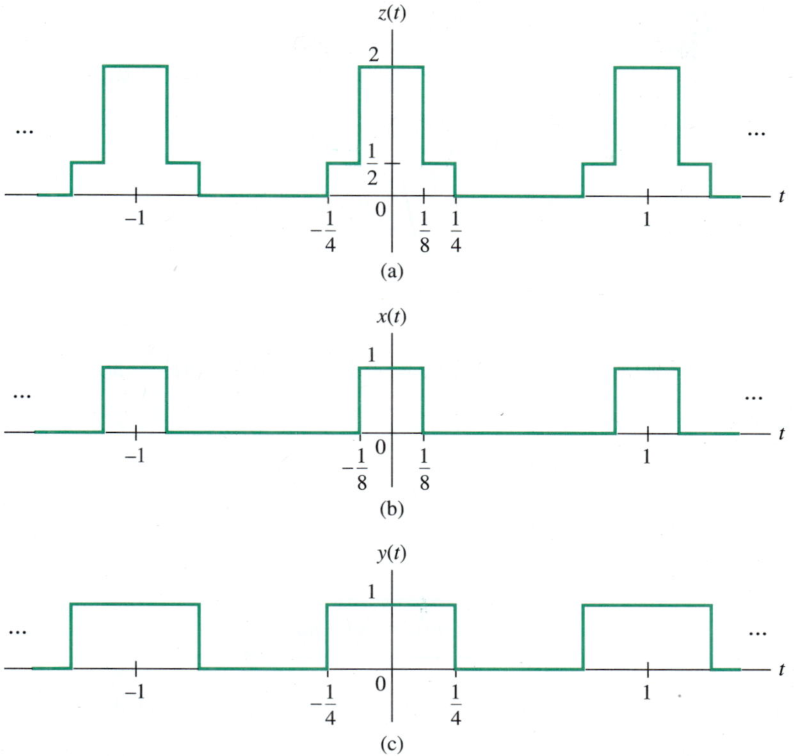

그림 3.49 주기적 구형파의 가중합으로 주기 신호 $z(t)$를 표현한다: $z(t) = (3/2)x(t) + (1/2)y(t)$. (a) $z(t)$, (b) $x(t)$, (c) $y(t)$

를 갖는다. 선형성은 다음의 결과를 낳는다.

$$z(t) \xleftrightarrow{FS;2\pi} Z[k] = \frac{3}{2k\pi}\sin(k\pi/4) + \frac{1}{2k\pi}\sin(k\pi/2)$$ ▮

▶ **연습문제 3.16** 선형성과 부록 C의 표 C.1-4를 이용해서 다음 신호들의 푸리에 표현을 결정하라.

(a) $x(t) = 2e^{-t}u(t) - 3e^{-2t}u(t)$

(b) $x[n] = 4(1/2)^n u[n] - \frac{1}{\pi n}\sin(\pi n/4)$

(c) $x(t) = 2\cos(\pi t) + 3\sin(3\pi t)$

해답:

(a) $X(j\omega) = 2/(j\omega + 1) - 3/(j\omega + 2)$

(b)

$$X(e^{j\Omega}) = \begin{cases} \dfrac{3 + (1/2)e^{-j\Omega}}{1 - (1/2)e^{-j\Omega}} & |\Omega| \le \pi/4 \\ \dfrac{4}{1 - (1/2)e^{-j\Omega}} & \pi/4 < |\Omega| \le \pi \end{cases}$$

(c) $\omega_o = \pi, X[k] = \delta[k-1] + \delta[k+1] + 3/(2j)\delta[k-3] - 3/(2j)\delta[k+3]$ ▮

3.9.1 대칭성: 실수 및 허수 신호

우리는 FT를 이용하여 대칭성을 개발한다. 다른 세 개의 푸리에 표현에 대한 결과는 유사한 방법에 의하여 얻어질 수 있으므로 간단히 언급한다. 먼저

$$\begin{aligned} X^*(j\omega) &= \left[\int_{-\infty}^{\infty} x(t)e^{-j\omega t}\,dt\right]^* \\ &= \int_{-\infty}^{\infty} x^*(t)e^{j\omega t}\,dt \end{aligned} \tag{3.37}$$

를 고려하여 보자. 이제, 신호 $x(t)$가 실수라고 가정한다. 그때 $x(t) = x^*(t)$이다. $x^*(t)$ 대신 $x(t)$를 대입하면

$$X^*(j\omega) = \int_{-\infty}^{\infty} x(t)e^{-j(-\omega)t}\,dt$$

를 구한다. 이것은

$$\boxed{X^*(j\omega) = X(-j\omega)} \tag{3.38}$$

을 의미한다. 그러므로, $X(j\omega)$가 복소-켤레 대칭 즉, $X^*(j\omega) = X(-j\omega)$이다. 이 표현에서 실수와 허수부를 각기 떼어 보면, $\text{Re}\{X(j\omega)\} = \text{Re}\{X(-j\omega)\}$이고 $\text{Im}\{X(j\omega)\} = -\text{Im}\{X(-j\omega)\}$이다. 다시 말해, 만약 $x(t)$가 실수라면, 변환의 실수부는 주파수의 우함수인 반면에 허수부는 주파수의 기함수이다. 이는 또한 진폭 스펙트럼은 우함수이고 위상 스펙트럼은 기함수임을 의미한다. 모든 네 가지의 실변수 신호에 대한 푸리에 표현에 있어 대칭성은 표 3.4에 보였다. 각 경우에서 푸리에 표현의 실수부는 우대칭이고 허수부는 기대칭이다. 그러므로 진폭 스펙트럼은 우대칭이며, 위상 스펙트럼은 기대칭이다. DTFS의 켤레 대칭 성질은 $X^*[k] = X[N-k]$임을 주목하라. 왜냐하면, DTFS는 N 주기적이며 $X[-k] = X[N-k]$를 만족하기 때문이다.

FT에서 복소-켤레 대칭성은 입력이 실수값 정현파 함수일 때 실수값 임펄스 응답을 갖는 LTI 시스템의 출력의 간단한 특성을 유도한다. 입력 신호를

표 3.4 실수값 및 허수값의 시간 신호에 관한 푸리에 표현의 대칭성

표 현	실수값 시간 신호	허수값 시간 신호
FT	$X^*(j\omega) = X(-j\omega)$	$X^*(j\omega) = -X(-j\omega)$
FS	$X^*[k] = X[-k]$	$X^*[k] = -X[-k]$
DTFT	$X^*(e^{j\Omega}) = X(e^{-j\Omega})$	$X^*(e^{j\Omega}) = -X(e^{-j\Omega})$
DTFS	$X^*[k] = X[-k]$	$X^*[k] = -X[-k]$

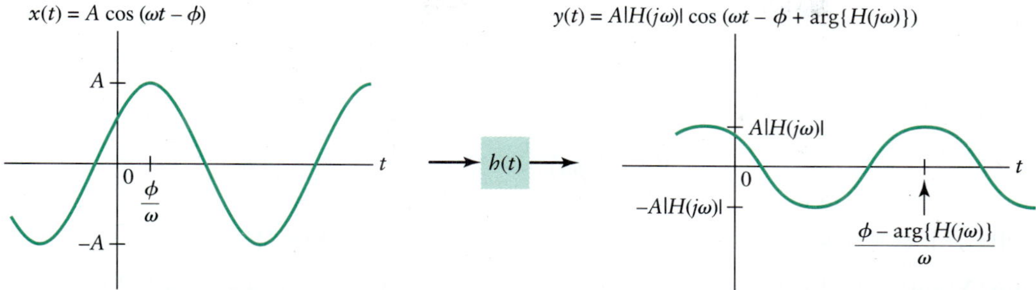

그림 3.50 LTI 시스템의 입력은 시스템의 주파수 응답에 의해 크기와 위상은 달라지지만 같은 주파수를 갖는 시스템 출력으로 변환된다.

$$x(t) = A\cos(\omega t - \phi)$$

라고 하자. 그리고 실수값 임펄스 응답을 $h(t)$로 표기한다. 그때 주파수 응답 $H(j\omega)$은 $h(t)$의 FT이고 켤레 대칭이다. Euler 공식을 사용하여 $x(t)$를 확장하면

$$x(t) = (A/2)e^{j(\omega t-\phi)} + (A/2)e^{-j(\omega t-\phi)}$$

이다. 식 (3.2)와 선형성을 적용하면,

$$y(t) = |H(j\omega)|(A/2)e^{j(\omega t-\phi+\arg\{H(j\omega)\})} + |H(-j\omega)|(A/2)e^{-j(\omega t-\phi-\arg\{H(-j\omega)\})}$$

로 쓸 수 있다. 대칭 조건 $|H(j\omega)| = |H(-j\omega)|$와 $\arg\{H(j\omega)\} = -\arg\{H(j\omega)\}$를 사용하여 간략화하면

$$y(t) = |H(j\omega)|A\cos(\omega t - \phi + \arg\{H(j\omega)\})$$

이다. 그러므로, 시스템은 입력 정현파 신호의 진폭을 $|H(j\omega)|$만큼 스케일링하고 위상을 $\arg\{H(j\omega)\}$만큼 이동시킨다. 그림 3.50에서 보듯이, 이러한 조정은 실수값 임펄스 응답을 갖는 시스템의 주파수 응답은 정현파 오실레이터를 사용하여 시스템 입력을 발생시키고 오실로스코프를 사용하여 다른 오실레이터 주파수에 대한 입출력 정현파 신호 사이의 진폭과 위상 변화를 측정할 수 있다.

유사하게, 만약 $x[n] = A\cos(\Omega_n - \phi)$이 실수값 임펄스 응답 $h[n]$을 갖는 이산시간 LTI 시스템의 입력이라면, 그때

$$y[n] = |H(e^{j\Omega})|A\cos(\Omega n - \phi + \arg\{H(e^{j\Omega})\})$$

는 출력 신호이다. 다시 한번, 시스템은 입력 정현파 신호의 진폭을 $|H(e^{j\Omega})|$만큼 스케일링하고 위상을 $\arg\{H(e^{j\Omega})\}$만큼 이동시킨다.

이제 $x(t)$가 완전 허수이기 때문에 $x^*(t) = -x(t)$라고 가정하자. $x^*(t) = -x(t)$를 식 (3.37)에 대입하면

$$X^*(j\omega) = -\int_{-\infty}^{\infty} x(t)e^{-j(-\omega)t}\,dt$$

즉,

$$X^*(j\omega) = -X(-j\omega) \tag{3.39}$$

이다. 이 관계식에 대한 실수부와 허수부를 조사해 보면, $\text{Re}\{X(j\omega)\} = -\text{Re}\{X(-j\omega)\}$이고 $\text{Im}\{X(j\omega)\} = \text{Im}\{X(-j\omega)\}$이다. 즉, $x(t)$가 순 허수라면 FT의 실수부는 기대칭이고 허수부는 우대칭이다. 모든 네 가지의 푸리에 표현에 상응하는 대칭 관계를 표 3.4에 요약해 놓았다. 각각의 경우, 실수 부분은 기대칭이고 허수 부분은 우대칭이다.

3.9.2 대칭성: 우함수 신호 및 기함수 신호

신호 $x(t)$가 실수이고 우대칭이라고 가정하자. 그러면 $x^*(t) = x(-t)$이고 $x^*(t) = x(t)$이므로, $x(-t) = x(t)$이다. $x^*(t) = x(-t)$를 식 (3.37)에 대입하여 다음과 같이 쓸 수 있다.

$$X^*(j\omega) = \int_{-\infty}^{\infty} x(-t)e^{-j\omega(-t)}\,dt.$$

이제 변수 변화 $\tau = -t$를 적용하면,

$$\begin{aligned} X^*(j\omega) &= \int_{-\infty}^{\infty} x(\tau)e^{-j\omega\tau}\,d\tau \\ &= X(j\omega) \end{aligned}$$

를 얻는다. $X^*(j\omega) = X(j\omega)$이기 위한 유일한 방법은 $X(j\omega)$의 허수부가 0이어야 한다. 그러므로, $x(t)$가 실수이고 우함수라면 $X(j\omega)$는 실수이다. 마찬가지로 $x(t)$가 실수이고 기함수라면 $X^*(j\omega) = -X(j\omega)$임을 보일 수 있으며 $X(j\omega)$는 허수이다.

동일한 대칭 관계가 모든 네 개의 푸리에 표현에 대하여 성립한다. 시간 신호가 실수이고 우함수라면 주파수 영역 표현도 실수이고, 시간 신호가 실수이며 기함수라면 주파수 영역 표현은 허수이다. 이들 대칭성을 유도함에 있어 실수 시간 신호를 가정하였기 때문에, 이 절의 결과를 앞 절의 결과와 통합할 수 있음을 주목하라. 다시 말해, 실수이고 우함수인 시간 신호의 주파수 영역 표현은 실수이며 우함수이다. 그리고 실수이며 기함수인 시간 신호의 주파수 영역 표현은 허수이며 기함수이다.

▶ **연습문제 3.17** 다음 주파수 영역 표현에 대응하는 시간 영역 신호가 실수이거나 복소수인지 그리고 우함수이거나 기함수인지를 결정하라.

(a) 그림 3.51(a)의 $X(j\omega)$

(b) 그림 3.51(b)의 $X(e^{j\Omega})$

(c) FS: $X[k] = (1/2)^k u[k] + j2^k u[-k]$

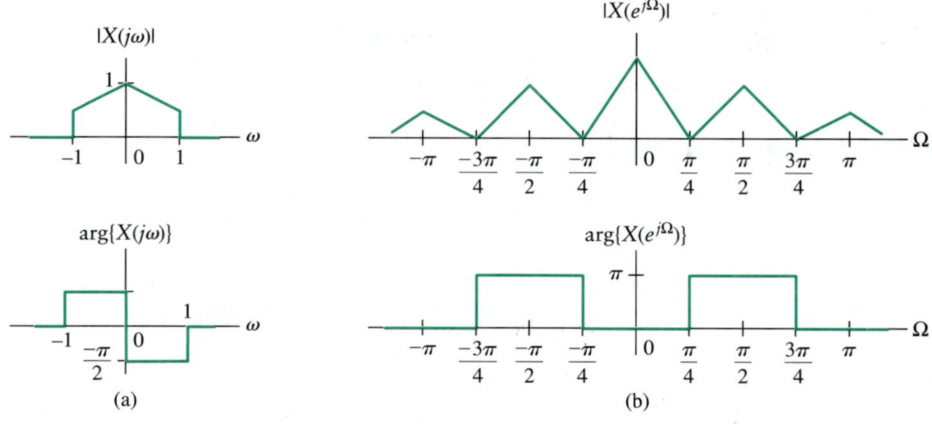

그림 3.51 연습문제 3.17에 관한 주파수 영역 표현

(d) $X(j\omega) = \omega^{-2} + j\omega^{-3}$

(e) $X(e^{j\Omega}) = j\Omega^2 \cos(2\Omega)$

➡ 해답: (a) $x(t)$는 실수이고 기함수

(b) $x[n]$은 실수이고 우함수

(c) $x(t)$는 복소수값

(d) $x(t)$는 실수값

(e) $x[n]$은 순전한 허수이고 우함수 ▮

3.10 콘벌루션 성질

푸리에 표현의 가장 중요한 성질은 콘벌루션에 관한 성질이다. 이 절에서, 시간 영역에서 신호의 콘벌루션은 주파수 영역에서 각각의 푸리에 표현의 곱으로 변환됨을 보인다. 콘버루션 성질을 이용하여, 시간 영역 신호를 이용하기보다는 변환의 곱을 이용하여 주파수 영역에서 선형 시스템의 입출력 행동을 분석하는 것이 더 쉽다. 이는 시스템 분석을 매우 간단하게 해주며, 시스템 행동에 대한 상당한 관찰을 제공한다. 콘벌루션 성질은 LTI 시스템의 고유 함수로서 복수 정현파 함수의 결과이다. 비주기 신호에 적용되는 콘벌루션 성질을 살펴봄으로써 시작한다.

3.10.1 비주기 신호의 콘벌루션

두 개의 비주기 연속시간 신호들 $x(t)$와 $h(t)$의 콘벌루션은 다음과 같이 정의된다.

$$\begin{aligned} y(t) &= h(t) * x(t) \\ &= \int_{-\infty}^{\infty} h(\tau)x(t-\tau)\,d\tau. \end{aligned}$$

이제 $x(t-\tau)$를 그것의 FT의 항으로 표현하면

$$x(t-\tau) = \frac{1}{2\pi}\int_{-\infty}^{\infty} X(j\omega)e^{j\omega(t-\tau)}\,d\omega.$$

이 표현을 콘벌루션 적분에 대입하면

$$\begin{aligned} y(t) &= \int_{-\infty}^{\infty} h(\tau)\left[\frac{1}{2\pi}\int_{-\infty}^{\infty} X(j\omega)e^{j\omega t}e^{-j\omega\tau}\,d\omega\right]d\tau \\ &= \frac{1}{2\pi}\int_{-\infty}^{\infty}\left[\int_{-\infty}^{\infty} h(\tau)e^{-j\omega\tau}\,d\tau\right]X(j\omega)e^{j\omega t}\,d\omega. \end{aligned}$$

우리는 안쪽의 τ에 관한 적분이 $h(\tau)$의 FT로서 $H(j\omega)$임을 안다. 따라서, $y(t)$는

$$y(t) = \frac{1}{2\pi}\int_{-\infty}^{\infty} H(j\omega)X(j\omega)e^{j\omega t}\,d\omega$$

로 다시 쓸 수 있다. 그리고 $H(j\omega)X(j\omega)$는 $y(t)$는 FT이다. 시간 영역에서 $h(t)$와 $x(t)$의 콘벌루션은 주파수 영역에서 주파수 변환 $H(j\omega)$와 $X(j\omega)$의 곱에 해당한다고 결론 지을 수 있다. 즉,

$$y(t) = h(t) * x(t) \xleftrightarrow{FT} Y(j\omega) = X(j\omega)H(j\omega). \tag{3.40}$$

다음 두 예제들은 이러한 중요한 성질의 응용을 설명한다.

예제 3.31 **주파수 영역에서 콘벌루션 문제 풀이.** 임펄스 응답 $h(t) = (1/\pi t)\sin(2\pi t)$를 갖는 시스템의 입력을 $x(t) = (1/\pi t)\sin(\pi t)$라 하자. 이때 출력 $y(t) = x(t) * h(t)$를 구하라.

▸ 풀이: 이 문제는 시간 영역에서 풀기에는 너무 어렵다. 그러나, 콘벌루션 성질을 이용하여 주파수 영역에서 푸는 것은 간단하다. 예제 3.26으로부터, 우리는

$$x(t) \xleftrightarrow{FT} X(j\omega) = \begin{cases} 1, & |\omega| < \pi \\ 0, & |\omega| > \pi \end{cases}$$

$$h(t) \xleftrightarrow{FT} H(j\omega) = \begin{cases} 1, & |\omega| < 2\pi \\ 0, & |\omega| > 2\pi \end{cases}$$

를 알고 있다. $y(t) = x(t) * h(t) \xleftrightarrow{FT} Y(j\omega) = X(j\omega)H(j\omega)$이기 때문에

$$Y(j\omega) = \begin{cases} 1, & |\omega| < \pi \\ 0, & |\omega| > \pi \end{cases}$$

이고, 따라서 $y(t) = (1/\pi t)\sin(\pi t)$이다. ∎

예제 3.32 **콘벌루션 성질을 이용한 IFT.** 콘벌루션 성질을 이용하여 다음 $x(t)$를 결정하라.

$$x(t) \xleftrightarrow{FT} X(j\omega) = \frac{4}{\omega^2}\sin^2(\omega).$$

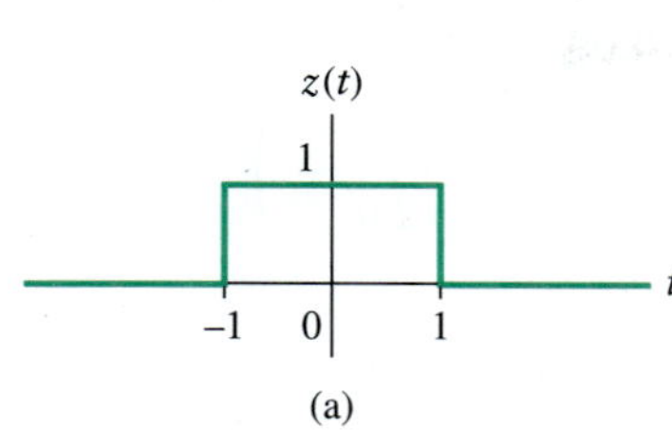

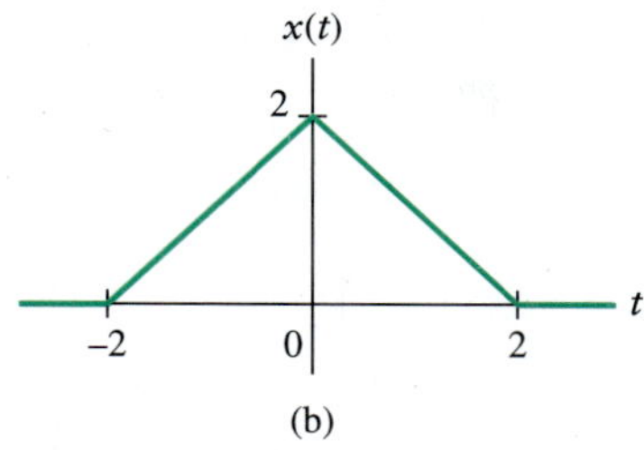

그림 3.52 예제 3.32에 관한 신호. (a) 구형파 $z(t)$, (b) $z(t)$와 그 자신의 콘벌루션은 $x(t)$로 된다.

풀이: 우리는 $X(j\omega)$를 $Z(j\omega)Z(j\omega)$로서 쓸 수 있으며, 여기서

$$Z(j\omega) = \frac{2}{\omega}\sin(\omega).$$

콘벌루션 성질은 $z(t) * z(t) \xleftrightarrow{FT} Z(j\omega)Z(j\omega)$를 의미하며, 따라서 $x(t) = z(t) * z(t)$이다. 예제 3.25의 결과를 사용하여 $z(t)$는 그림 3.52(a)와 같이

$$z(t) = \begin{cases} 1, & |t| < 1 \\ 0, & |t| > 1 \end{cases} \xleftrightarrow{FT} Z(j\omega)$$

이다. $z(t)$를 자기 자신과 콘벌루션을 수행하면 그림 3.52(b)와 같이 삼각파를 얻게 되는데, 이것이 $x(t)$에 대한 해이다. ∎

유사한 성질이 이산시간 비주기 신호들의 콘벌루션에도 성립된다. 만약 $x[n] \xleftrightarrow{DTFT} X(e^{j\Omega})$이고 $h[n] \xleftrightarrow{DTFT} H(e^{j\Omega})$라고 한다면,

$$y[n] = x[n] * h[n] \xleftrightarrow{DTFT} Y(e^{j\Omega}) = X(e^{j\Omega})H(e^{j\Omega}) \tag{3.41}$$

이다. 이 결과의 증명은 연속시간 경우와 매우 유사하고 독자들의 연습으로 남겨둔다.

▶ **연습문제 3.18** 다음의 입력과 시스템 임펄스 응답에 대해, 콘벌루션 성질을 사용하여 시스템 출력 $Y(j\omega)$ 또는 $Y(e^{j\Omega})$의 FT를 구하라.

(a) $x(t) = 3e^{-t}u(t)$ 및 $h(t) = 2e^{-2t}u(t)$

(b) $x[n] = (1/2)^n u[n]$ 및 $h[n] = (1/(\pi n))\sin(\pi n/2)$

해답: (a) $Y(j\omega) = \left(\dfrac{2}{j\omega + 2}\right)\left(\dfrac{3}{j\omega + 1}\right)$

(b) $Y(e^{j\Omega}) = \begin{cases} 1/(1 - (1/2)e^{-j\Omega}), & |\Omega| \le \pi/2 \\ 0, & \pi/2 < |\Omega| \le \pi \end{cases}$ ∎

▶ **연습문제 3.19** 콘벌루션 성질을 사용하여 다음 주파수 영역 표현에 대응하는 시간 영역 신호를 구하라.

(a) $$X(j\omega) = (1/(j\omega + 2))((2/\omega)\sin\omega)$$

(b) $$X(e^{j\Omega}) = \left(\frac{1}{1 - (1/2)e^{-j\Omega}}\right)\left(\frac{1}{1 + (1/2)e^{-j\Omega}}\right)$$

해답: (a) $$x(t) = \begin{cases} 0, & t < -1 \\ (1 - e^{-2(t+1)})/2, & -1 \le t < 1 \\ (e^{-2(t-1)} - e^{-2(t+1)})/2, & 1 \le t \end{cases}$$

(b) $$x[n] = \begin{cases} 0, & n < 0, n = 1, 3, 5, \ldots \\ (1/2)^n, & n = 0, 2, 4, \ldots \end{cases}$$ ∎

▶ **연습문제 3.20** 임펄스 응답과 입력을 갖는 다음 시스템의 출력을 구하라.

(a) $h[n] = (1/(\pi n))\sin(\pi n/4)$ 및 $x[n] = (1/(\pi n))\sin(\pi n/8)$

(b) $h(t) = (1/(\pi t))\sin(\pi t)$ 및 $x(t) = (3/(\pi t))\sin(2\pi t)$

해답: (a) $y[n] = (1/(\pi n))\sin(\pi n/8)$

(b) $y(t) = (3/(\pi t))\sin(\pi t)$ ∎

3.10.2 필터링

주파수 영역 표현에서 발생하는 곱셈은 필터링의 개념을 야기한다. 시스템은 다른 주파수를 갖는 입력 신호 성분에 다른 응답을 제공함으로써 입력 신호에 대한 필터링을 수행한다. 대개 **필터링**(filtering)은 입력 신호의 어떤 주파수 성분은 제거하는 반면에, 시스템을 통과하는 다른 주파수 성분은 변하지 않는다는 것을 의미한다. 우리는 입력 신호에 대해 수행하는 필터링의 형태에 따라 시스템을 기술한다. LPF는 입력 신호의 고주파 성분을 감쇠시키고 저주파 성분을 통과시킨다. 반면에, HPF는 저주파 성분을 감쇠시키고 고주파 성분을 통과시킨다. BPF는 어떤 주파수 대역 내의 신호를 통과시키고 그 대역 바깥의 신호는 감쇠시킨다. 그림 3.53(a)-(c)는 연속시간과 이산시간 시스템에 대응하는 이상적인 LPF, HPF, BPF를 보인다. 이산시간 필터의 특성은 주파수 범위 $-\pi < \Omega \le \pi$에서 필터의 행동에 기반한다. 왜냐하면, 주파수 응답은 주파수에 따라 2π가 주기적이기 때문이다. 그러므로, 이산시간 HPF는 π를 포함하여 근처의 주파수 성분의 신호를 통과시키고 0을 포함하여 근처의 주파수 성분의 신호를 감쇠시킨다.

필터의 **통과대역**(passband)은 시스템에 의해 통과되는 주파수 대역인 반면에, **억제대역**(stopband)은 시스템에 의해 감쇠되는 주파수 영역을 일컫는다. 그림 3.53에 보인 이상적인 시스템의 불연속 주파수 응답 특성을 갖도록 실제 시스템을 설계하는 것은 불가능하다. 실제적인 필터는 항상 통과대역에서 억제대역으로 향하여 점차적으로 감소하는 진폭 응답을 갖는

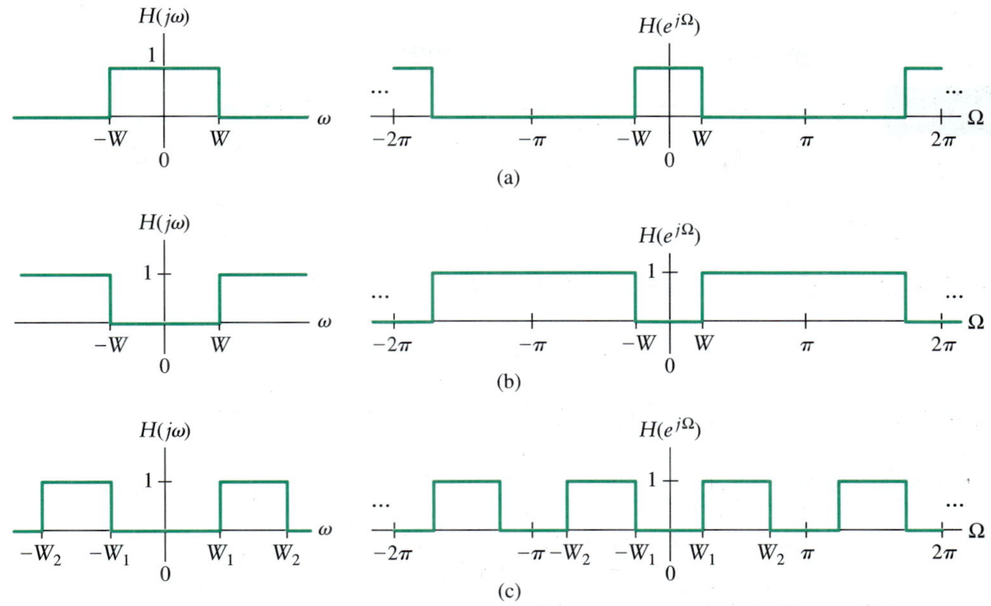

그림 3.53 왼편은 연속시간 필터이고 오른편은 그에 대응하는 이산시간 필터이다. (a) 저역통과 특성, (b) 고역통과 특성, (c) 대역통과 특성

다. 이러한 주파수 영역을 **천이 대역**(transition band)이라고 부른다. 더욱이, 실제적인 필터는 전체 억제대역에서 0 이득을 갖지 않는다. 그러나 대신 통과대역에 비해 상대적으로 아주 작은 이득을 갖는다. 일반적으로, 통과대역에서 억제대역으로 날카로운 천이 특성을 갖는 필터는 구현하기가 더욱 어렵다(필터에 관한 세부적인 연구는 8장에 있다).

필터의 진폭 응답은 데시벨(dB) 단위로 표현되고, 다음과 같이 정의된다.

$$20 \log|H(j\omega)| \qquad \text{또는} \qquad 20 \log|H(e^{j\Omega})|.$$

억제대역에서 진폭 응답은 통과대역에서 진폭 응답에 비해 훨씬 작다. 그리고, 억제대역 응답의 세부적인 부분을 선형 스케일로 보는 것이 어렵다. 데시벨을 사용해서, 우리는 로그 스케일로 진폭 응답을 표시하고 통과대역과 억제대역에서 응답의 세부적인 부분을 관찰할 수 있다. 단위 이득은 0 dB에 대응함에 주목하라. 그러므로, 필터에서 진폭 응답의 통과대역은 0 dB에 가깝다. 통과대역의 경계, 즉 응답이 −3 dB인 주파수를 필터의 **차단 주파수**(cutoff frequencies)라고 부른다. 이는 진폭 응답 $1/\sqrt{2}$에 대응한다. 필터 출력의 에너지 스펙트럼은

$$|Y(j\omega)|^2 = |H(j\omega)|^2|X(j\omega)|^2$$

으로 주어지므로 −3 dB인 점은 필터가 입력 전력의 단지 1/2를 통과시키는 주파수에 대응한다. 대부분의 필터링 응용은 실수 임펄스 응답을 갖는다. 이것은 우대칭을 갖는 진폭 응답을 의미한다. 이러한 경우, 다음 예에서 보듯이 억제대역과 차단 주파수는 양의 주파수를 사용하

여 정의한다.

예제 3.33 RC 회로 필터링. 그림 3.54에 보인 RC 회로는 두 개의 다른 출력을 갖는다. 출력은 저항 양단 전압 $y_R(t)$와 커패시터 양단 전압 $y_C(t)$이다. $y_C(t)$가 출력인 경우의 임펄스 응답은

$$h_C(t) = \frac{1}{RC} e^{-t/(RC)} u(t)$$

이다. $y_R(t) = x(t) - y_C(t)$이므로 $y_R(t)$가 출력인 경우의 임펄스 응답은

$$h_R(t) = \delta(t) - \frac{1}{RC} e^{-t/(RC)} u(t).$$

양쪽 시스템의 진폭 응답을 선형 스케일과 dB로 도시하라. 그리고 시스템의 필터링 성질을 특성화하라.

풀이: $h_C(t)$에 대응하는 주파수 응답은

$$H_C(j\omega) = \frac{1}{j\omega RC + 1}$$

이다. 반면에, $h_R(t)$에 대응하는 주파수 응답은

$$H_R(j\omega) = \frac{j\omega RC}{j\omega RC + 1}$$

이다. 그림 3.55(a), (b)는 진폭응답 $|H_C(j\omega)|$, $|H_R(j\omega)|$을 보인다. 그림 3.55(c), (d)는 진폭 응답(dB)을 보인다. 출력 $y_C(t)$에 대응하는 시스템은 저주파에서 단위 이득을 갖고 고주파 성분을 감쇠시키는 경향이 있다. 그러므로, 이것은 LPF 특성을 갖는다. ω_c에서 진폭 응답은 −3 dB이므로 차단 주파수는 $\omega_c = 1/RC$이다. 출력 $y_R(t)$에 대응하는 시스템은 저주파수에서 0 이득을 갖고 고주파에서 단위 이득을 갖는다. 그러므로, HPF 특성을 갖는다. 차단 주파수는 $\omega_c = 1/(RC)$이다. 그러므로, 필터 통과대역은 $|\omega| > \omega_c$이다. ∎

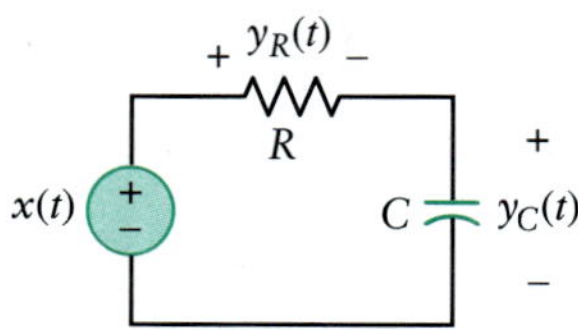

그림 3.54 입력이 $x(t)$이고 출력은 $y(t)$와 $y_R(t)$인 RC 회로

콘벌루션 성질은 시스템의 주파수 응답이 출력과 입력의 FT 또는 DTFT의 비로 표현될 수 있음을 의미한다. 특히, 연속시간 시스템의 경우

$$H(j\omega) = \frac{Y(j\omega)}{X(j\omega)} \tag{3.42}$$

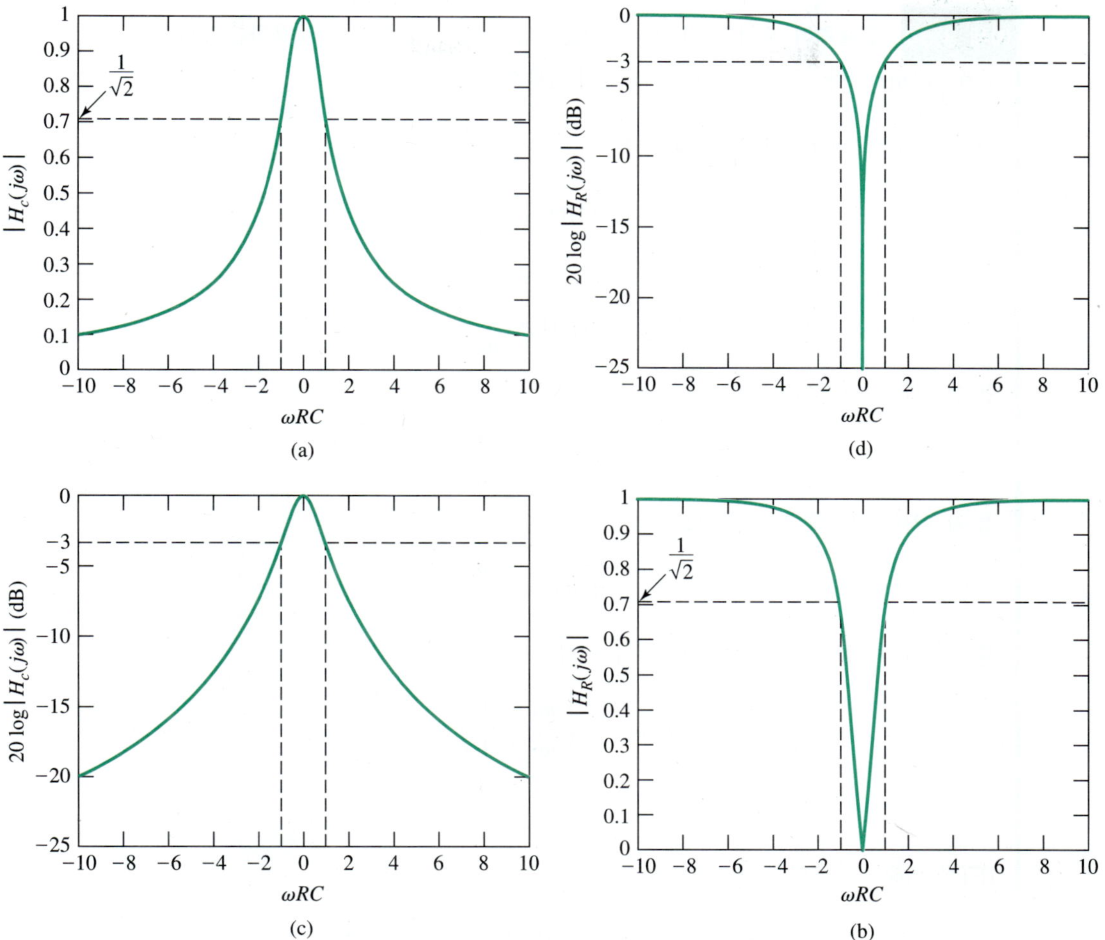

그림 3.55 정규화 주파수 ωRC의 함수로 표현된 RC 회로의 크기 응답. (a) $y_c(t)$에 대응하는 시스템의 크기 응답을 선형 눈금으로 표시한 그래프, (b) $y_R(t)$에 대응하는 시스템의 크기 응답을 선형 눈금으로 표시한 그래프, (c) $y_c(t)$에 관한 크기 응답을 dB 눈금으로 표시한 그래프, (d) $y_R(t)$에 관한 크기 응답을 0dB에서 −25dB까지만 표시한 그래프

이고, 이산시간 시스템의 경우

$$H(e^{j\Omega}) = \frac{Y(e^{j\Omega})}{X(e^{j\Omega})} \tag{3.43}$$

로 쓸 수 있다.

$H(j\omega)$와 $H(e^{j\Omega})$는 입력 신호 $X(j\omega)$, $X(e^{j\Omega})$가 0인 주파수에서 부정의 형태 0/0이다. 그러므로, 만약 입력 스펙트럼이 모든 주파수에서 0이 아니라면, 시스템의 주파수 응답은 입력과 출력의 스펙트럼에 대한 지식으로부터 결정될 수 있다.

예제 3.34 **입출력이 주어진 시스템의 식별.** 입력 $x(t) = e^{-2t}u(t)$에 대응하는 LTI 시스템의 출력은 $y(t) = e^{-t}u(t)$이다. 주파수 응답과 시스템의 임펄스 응답을 구하라.

▶ 풀이: $x(t)$와 $y(t)$에 FT를 적용하여,

$$X(j\omega) = \frac{1}{j\omega + 2}$$

과

$$Y(j\omega) = \frac{1}{j\omega + 1}$$

을 얻는다. 이제, 다음 정의

$$H(j\omega) = \frac{Y(j\omega)}{X(j\omega)}$$

를 사용하여 시스템 주파수 응답

$$H(j\omega) = \frac{j\omega + 2}{j\omega + 1}$$

를 구한다. 이 함수는 다음과 같이 쓸 수 있다.

$$\begin{aligned} H(j\omega) &= \left(\frac{j\omega + 1}{j\omega + 1}\right) + \frac{1}{j\omega + 1} \\ &= 1 + \frac{1}{j\omega + 1}. \end{aligned}$$

IFT에 의해 시스템의 임펄스 응답을 구하면,

$$h(t) = \delta(t) + e^{-t}u(t).$$ ■

식 (3.42)와 (3.43)은 또한 출력으로부터 시스템의 입력

$$X(j\omega) = H^{\text{inv}}(j\omega)Y(j\omega)$$

와

$$X(e^{j\Omega}) = H^{\text{inv}}(e^{j\Omega})Y(e^{j\Omega})$$

를 복구할 수 있다는 것을 의미한다. 여기서, $H^{\text{inv}}(j\omega) = 1/H(j\omega)$와 $H^{\text{inv}}(j\omega) = 1/H(e^{j\Omega})$는 역시스템의 주파수 응답이다. 역시스템은 **등화기**(equalizer)로 알려져 있고 출력으로부터 입력을 복구하는 과정은 **등화**(equalization)라고 알려져 있다. 실제적으로, 인과 관계에 대한 제한은 종종 정확한 역시스템을 얻기 어렵거나 불가능하게 한다. 그래서 근사 시스템이 사용된다. 예를 들어, 통신 채널은 신호의 진폭과 위상에 대한 왜곡과 시간 지연을 유도할 수 있다. 시간 지연을 보상하기 위해서 정확한 등화기는 시간을 앞으로 유도할 수 있어야 한다. 이러한 등화기는 비인과 시스템이고 사실상 구현될 수 없음을 의미한다. 그러나, 우리는 근사

등화기를 선택할 수 있다. 그러한 등화기는 시간 지연을 제외한 모든 왜곡을 보상한다. $Y(j\omega)$와 $Y(e^{j\Omega})$에 잡음이 있을 때, 근사 등화기는 잡음의 과도한 증폭을 막기 위해 사용된다(등화기 설계는 8장에서 다룬다).

예제 3.35 **다중경로 통신 채널: 등화기.** 예제 2.13에서 살펴본 문제를 다시 고려하자. 이 문제에서, 왜곡된 수신 신호 $y[n]$은 전송된 신호 $x[n]$에 대해

$$y[n] = x[n] + ax[n-1], \qquad |a| < 1$$

로 표현된다. 콘벌루션 성질을 사용하여 $y[n]$으로부터 $x[n]$을 복구하는 역시스템의 임펄스 응답을 구하라.

풀이: 예제 2.13에서 우리는 수신 신호를 출력과 시스템 임펄스 응답 $y[n] = x[n] * h[n]$의 컨벌루션으로 표현하였다. 여기서, 임펄스 응답은

$$h[n] = \begin{cases} 1, & n = 0 \\ a, & n = 1 \\ 0, & \text{그 밖의 범위.} \end{cases}$$

역시스템의 임펄스 응답 $h^{inv}[n]$은 방정식

$$h^{inv}[n] * h[n] = \delta[n]$$

을 만족해야 한다. 방정식의 양변에 DTFT를 취하고 콘벌루션 성질을 사용하면

$$H^{inv}(e^{j\Omega})H(e^{j\Omega}) = 1\,.$$

이것은 역시스템의 주파수 응답이

$$H^{inv}(e^{j\Omega}) = \frac{1}{H(e^{j\Omega})}$$

로 주어짐을 의미한다. $h[n]$을 DTFT의 정의에 대입하면

$$h[n] \xleftrightarrow{DTFT} H(e^{j\Omega}) = 1 + ae^{-j\Omega}$$

를 얻는다. 그러므로,

$$H^{inv}(e^{j\Omega}) = \frac{1}{1 + ae^{-j\Omega}}$$

의 역DTFT를 취해서 역시스템의 임펄스 응답을 구한다.

$$h^{inv}[n] = (-a)^n u[n]. \quad ▮$$

▶ **연습문제 3.21** 임펄스 응답과 시스템 출력이 주어진 다음 시스템의 입력을 구하라.

(a) $h(t) = e^{-4t}u(t)$ 및 $y(t) = e^{-3t}u(t) - e^{-4t}u(t)$

(b) $h[n] = (1/2)^n u[n]$ 및 $y[n] = 4(1/2)^n u[n] - 2(1/4)^n u[n]$

해답: (a) $x(t) = e^{-3t}u(t)$
(b) $x[n] = 2(1/4)^n u[n]$ ∎

3.10.3 주기 신호의 콘벌루션

이 절은 시간의 주기 함수인 두 신호의 콘벌루션 성질을 다룬다. 주기적인 임펄스 응답을 가진 그 어떤 시스템도 불안정하기 때문에, 주기 신호들의 콘벌루션은 시스템의 입출력 관계를 계산할 때 자연적으로 발생하지 않는다. 그러나, 주기적 신호들의 콘벌루션은 유용한 신호 해석 및 조작 기법이다.

주기 T를 갖는 두 연속시간 신호들 $x(t)$와 $z(t)$의 주기적 콘벌루션을 다음과 같이 정의한다.

$$\begin{aligned} y(t) &= x(t) \circledast z(t) \\ &= \int_0^T x(\tau)z(t-\tau)\,d\tau. \end{aligned}$$

여기서 다시 심볼 $\circledast$는 관련된 신호들의 한 주기에서 적분이 이루어졌음을 표시한다. $y(t)$는 또한 주기 T인 신호이다. 따라서 FS는 모든 세 신호 $x(t)$와 $z(t)$ 그리고 $y(t)$의 적절한 표현이다.

콘벌루션 적분에 FS 표현을 적용하면

$$y(t) = x(t) \circledast z(t) \xleftrightarrow{FS;\frac{2\pi}{T}} Y[k] = TX[k]Z[k]. \tag{3.44}$$

다시 우리는 시간 영역에서의 콘벌루션이 주파수 영역에서 곱셈으로 변환됨을 살필 수 있다.

예제 3.36 **두 주기 신호의 콘벌루션.** 그림 3.56에 보인 주기적인 구형파 $x(t)$와 다음의 정현파 신호 $z(t)$의 주기적인 콘벌루션을 계산하라.

$$z(t) = 2\cos(2\pi t) + \sin(4\pi t)$$

풀이: $x(t)$와 $z(t)$의 기본 주기 $T = 1$이다. $y(t) = x(t) \circledast z(t)$라고 하자. 콘벌루션 성질은

$$y(t) \xleftrightarrow{FS;2\pi} Y[k] = X[k]Z[k]$$

를 의미한다. $z(t)$의 FS 표현에 대한 계수는

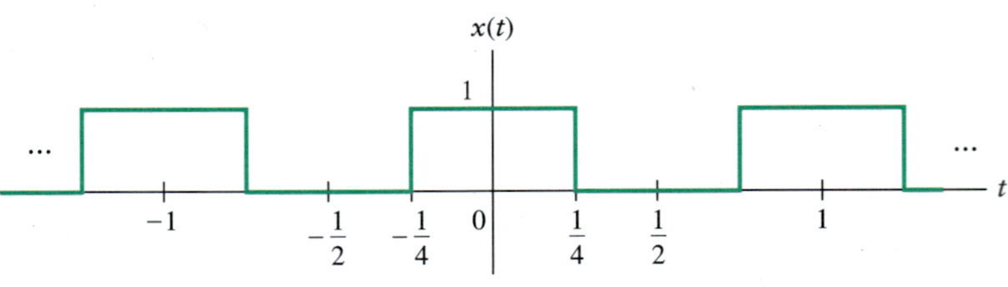

그림 3.56 예제 3.36에 관한 구형파

$$Z[k] = \begin{cases} 1, & k = \pm 1 \\ 1/(2j), & k = 2 \\ -1/(2j), & k = -2 \\ 0, & \text{그 밖의 범위.} \end{cases}$$

$x(t)$의 FS 계수는 예제 3.13으로부터

$$X[k] = \frac{2\sin(k\pi/2)}{k2\pi}.$$

그러므로, $y(t)$의 FS 계수는

$$Y[k] = X[k]Z[k] = \begin{cases} 1/\pi, & k = \pm 1 \\ 0, & \text{그 밖의 범위} \end{cases}$$

이다. 따라서

$$y(t) = (2/\pi)\cos(2\pi t).$$ ∎

콘벌루션 성질은 예제 3.14에서 관찰하였던 Gibbs의 원인을 설명한다. $x(t)$의 FS 표현에 대한 부분합 근사 $\hat{X}_J(t)$는 FS 계수

$$\hat{X}_J[k] = X[k]W[k]$$

를 사용하여 구할 수 있다. 여기서,

$$W[k] = \begin{cases} 1, & -J \le k \le J \\ 0, & \text{그 밖의 범위} \end{cases}$$

이고 $T = 1$이다. 시간 영역에서 $\hat{x}_J(t)$는 $x(t)$와

$$w(t) = \frac{\sin(\pi t(2J+1))}{\sin(\pi t)} \tag{3.45}$$

의 주기적 콘벌루션이다. $J = 10$에 대한 신호 $w(t)$의 한 주기는 그림 3.57과 같다. $x(t)$와 $w(t)$의 주기적 콘벌루션은 $|t| < 1/2$ 위와 $w(t)$의 시간 이동 함수 아래의 면적이다. $w(t)$의 부엽을 구간 $|t| < 1/2$ 안으로 들어가거나, 그 밖으로 빠져나오도록 시간 이동시키는 것은 부분합 근사 $\hat{x}_J(t)$에 리플을 유도한다. J가 증가함에 따라, $w(t)$의 주엽과 부엽의 폭은 감소한다. 그러나, 부엽의 크기는 변하지 않는다. 이것이 똑같은 진폭을 포함하나 $\hat{x}_J(t)$에서 리플이 $x(t)$의 불연속점 근처에 더욱 집중화 되는 이유이다.

주기가 N인 두 수열 $x[n]$과 $z[n]$의 이산시간 콘벌루션은

$$\begin{aligned} y[n] &= x[n] \circledast z[n] \\ &= \sum_{k=0}^{N-1} x[k]z[n-k] \end{aligned}$$

와 같이 정의된다. 이는 $x[n]$과 $z[n]$의 주기적 콘벌루션이다. 신호 $y[n]$의 주기도 N이고, 따

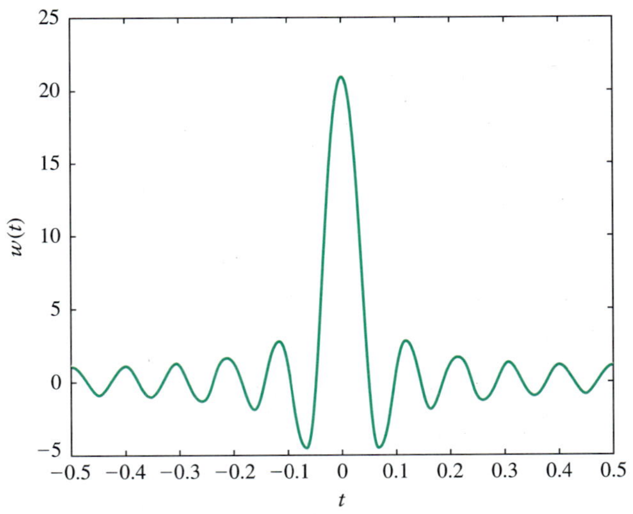

그림 3.57 $J = 10$일 때 식 (3.45)로 정의된 신호 $w(t)$

라서 DTFS는 모든 세 신호 $x[n]$과 $z[n]$ 그리고 $y[n]$에 관한 적절한 표현이다. $z[n]$에 DTFS 표현을 대입하면 다음의 성질을 얻는다.

$$y[n] = x[n] \circledast z[n] \xleftrightarrow{DTFS;\frac{2\pi}{N}} Y[k] = NX[k]Z[k]. \tag{3.46}$$

그러므로, 이산시간 신호들의 콘벌루션은 DTFS 계수들의 곱으로 변환된다.

네 개의 모든 푸리에 표현들에 대한 콘벌루션 성질들이 표 3.5에 정리되어 있다.

우리는 아직까지 여러 종류의 신호들이 같이 존재할 때의 콘벌루션의 중요한 경우들에 대해서는 고려하지 않았다. 예를 들어, 주기 신호와 비주기 신호의 콘벌루션은 다루지 않았으나, 이들은 주기 신호를 선형 시스템에 적용할 때 발생한다. 여기서 유도된 성질들은 주기 신호들의 푸리에 변환 표현을 사용한다면 이들 경우에도 적용될 수 있다. 이 표현은 4장에서 개발된다.

표 3.5 콘벌루션 성질

$$x(t) * z(t) \xleftrightarrow{FT} X(j\omega)Z(j\omega)$$

$$x(t) \circledast z(t) \xleftrightarrow{FS;\omega_o} TX[k]Z[k]$$

$$x[n] * z[n] \xleftrightarrow{DTFT} X(e^{j\Omega})Z(e^{j\Omega})$$

$$x[n] \circledast z[n] \xleftrightarrow{DTFS;\Omega_o} NX[k]Z[k]$$

3.11 미분과 적분 성질

미분과 적분은 연속시간 함수에 적용되는 연산 작용이다. 그러므로 연속시간 신호에서 시간에 관한 미분과 적분이고, FT와 DTFT에 있어서는 주파수에 관한 미분과 적분을 다룬다. 왜냐하면, FT와 DTFT에는 주파수의 연속 함수가 있기 때문이다. 이들 몇몇의 경우에 대해서 미분과 적분의 성질을 유도할 것이다.

3.11.1 시간 영역에서 미분

시간 영역에서 비주기 신호 $x(t)$를 미분하였을 때의 효과에 대하여 생각해 보자. 먼저 $x(t)$와 이의 FT인 $X(j\omega)$는 다음에 의하여 관계됨을 상기하자.

$$x(t) = \frac{1}{2\pi}\int_{-\infty}^{\infty} X(j\omega)e^{j\omega t}\,d\omega.$$

이 식의 양변을 t에 대하여 미분하면

$$\frac{d}{dt}x(t) = \frac{1}{2\pi}\int_{-\infty}^{\infty} X(j\omega)j\omega e^{j\omega t}\,d\omega$$

이며, 이는

$$\frac{d}{dt}x(t) \xleftrightarrow{FT} j\omega X(j\omega)$$

를 의미한다. 다시 말해, 시간 영역에서의 미분은 주파수 영역에서 $j\omega$를 곱하는 것에 해당한다. 그러므로, 미분은 신호의 고주파 성분들을 가중한다. 미분은 $x(t)$의 DC 성분을 제거함을 주목하라. 결과적으로 미분된 신호의 FT는 $\omega = 0$에서 0이다.

예제 3.37 **미분 성질 검증하기.** 미분 성질은

$$\frac{d}{dt}(e^{-at}u(t)) \xleftrightarrow{FT} \frac{j\omega}{a + j\omega}$$

를 의미한다. 미분한 다음 FT를 직접적으로 찾음으로써 이 결과를 검증하라.

풀이: 곱셈에 대한 미분 공식을 적용하면

$$\begin{aligned}\frac{d}{dt}(e^{-at}u(t)) &= -ae^{-at}u(t) + e^{-at}\delta(t)\\ &= -ae^{-at}u(t) + \delta(t).\end{aligned}$$

각 항의 FT와 선형성을 이용하면, 다음과 같다.

$$\begin{aligned}\frac{d}{dt}(e^{-at}u(t)) &\xleftrightarrow{FT} \frac{-a}{a + j\omega} + 1\\ &\xleftrightarrow{FT} \frac{j\omega}{a + j\omega}.\end{aligned}$$ ∎

▶ **연습문제 3.22** 미분 성질을 사용하여 다음 신호들의 FT를 구하라.

(a) $x(t) = \frac{d}{dt}e^{-2|t|}$

(b) $x(t) = \frac{d}{dt}(2te^{-2t}u(t))$

해답: (a) $X(j\omega) = (4j\omega)/(4 + \omega^2)$
(b) $X(j\omega) = (2j\omega)/(2 + j\omega)^2$ ∎

▶ **연습문제 3.23** $X(j\omega)$가

$$X(j\omega) = \begin{cases} j\omega, & |\omega| < 1 \\ 0, & |\omega| > 1 \end{cases}$$

일 때, 미분 성질을 사용하여 $x(t)$를 구하라.

해답: $x(t) = (1/\pi t)\cos t - (1/\pi t^2)\sin t$ ∎

미분 성질은 미분 방정식

$$\sum_{k=0}^{N} a_k \frac{d^k}{dt^k} y(t) = \sum_{k=0}^{M} b_k \frac{d^k}{dt^k} x(t)$$

로 표현되는 연속시간 시스템의 주파수 응답을 구하는 데 사용된다. 먼저, 이 식의 양변에 FT를 적용하고 반복적으로 미분 성질을 적용하면

$$\sum_{k=0}^{N} a_k (j\omega)^k Y(j\omega) = \sum_{k=0}^{M} b_k (j\omega)^k X(j\omega).$$

이제 이 식을 출력의 FT와 입력의 FT의 비로 표현하면,

$$\frac{Y(j\omega)}{X(j\omega)} = \frac{\sum_{k=0}^{M} b_k (j\omega)^k}{\sum_{k=0}^{N} a_k (j\omega)^k}.$$

식 (3.42)로부터 시스템의 주파수 응답은

$$H(j\omega) = \frac{\sum_{k=0}^{M} b_k (j\omega)^k}{\sum_{k=0}^{N} a_k (j\omega)^k} \tag{3.47}$$

그러므로, 선형 상수 계수 미분 방정식으로 기술되는 시스템의 주파수 응답은 $j\omega$에 대한 두 다항식의 비다. 주파수 응답이 $j\omega$에 대한 유리함수로 표현된다는 가정하에, 이 처리과정은 가역적이고 주파수 응답으로부터 시스템의 미분 방정식 표현을 결정할 수 있음에 주목하자.

정의에 의해, 주파수 응답은 시스템이 복소 정현파 입력함수에 가하는 진폭과 위상 변화이다. 정현파 함수는 시작과 끝 시간을 갖지 않는 모든 시간에 대해 존재한다고 가정한다. 이것은 주파수 응답이 정현파 함수에 대한 시스템의 정상 상태 응답임을 의미한다. 미분 방정식과

차분 방정식의 시스템 기술에 비해, 주파수 응답의 시스템 기술은 초기 조건을 표현할 수 없고 단지 정상 상태 조건에서만 시스템을 기술할 수 있다.

예제 3.38 MEMS 가속계: 주파수 응답과 공진. 1.10절에서 소개된 MEMS 가속계는 미분 방정식

$$\frac{d^2}{dt^2}y(t) + \frac{\omega_n}{Q}\frac{d}{dt}y(t) + \omega_n^2 y(t) = x(t)$$

에 의해 표현된다. 이 시스템의 주파수 응답을 구하고 $\omega_n = 10{,}000$ rad/s, (a) $Q = 2/5$, (b) $Q = 1$, (c) $Q = 200$인 경우 진폭 응답을 dB로 도시하라.

풀이: 식 (3.47)을 적용하면

$$H(j\omega) = \frac{1}{(j\omega)^2 + \frac{\omega_n}{Q}(j\omega) + \omega_n^2}$$

이다. 그림 3.58은 ω_n과 Q값에 따른 진폭 응답을 보인다. (a) $Q = 2/5$인 경우, ω가 증가할수록 진폭 응답은 감소한다. 반면에 (b) $Q = 1$인 경우, $\omega < \omega_n$에 대해 거의 상수이고 $\omega > \omega_n$에 대해 주파수 증가와 함께 감소한다. Q가 큰 (c)의 경우, $\omega_n = 10{,}000$ rad/s에서 주파수 응답에 날카로운 피크값이 존재한다. 이것은 공진 조건(resonant condition)을 가리킨다. 즉, 시스템은 ω_n의 진동 움직에 대한 강한 경향을 나타낸다. 가속계 응용은 $Q = 1$을 선호한다. 그래서, 관심 주파수 영역 $\omega < \omega_n$에서 모든 가속

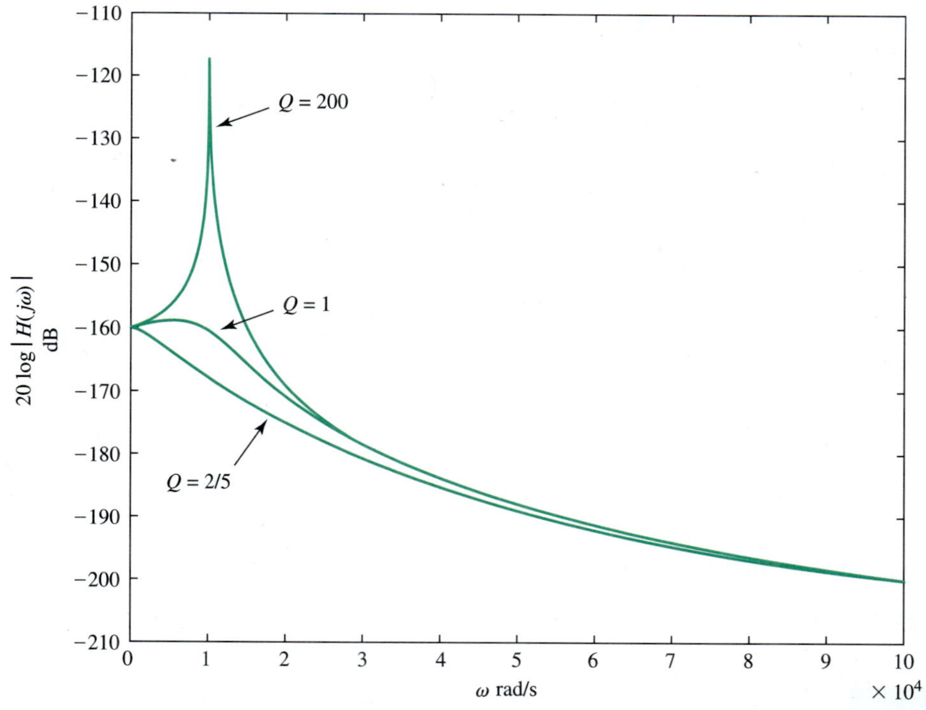

그림 3.58 $\omega_n = 10{,}000$ rad/s인 MEMS 가속계의 주파수 응답의 크기를 dB로 나타낸 그래프. (a) $Q = 2/5$, (b) $Q = 1$, (c) $Q = 200$

이 거의 동일 이득에 의해 특성화 된다. $Q < 1$이면, 시스템 대역폭은 감소한다. 그래서, 모든 주파수의 입력 성분에 대한 가속계 응답은 감소된다. $Q >> 1$이면, 장치는 아주 좁은 대역의 대역통과 필터처럼 작동하고 가속계 응답은 주파수 ω_n의 정현파 함수에 의해 지배된다. $Q >> 1$과 관계된 공진 효과는 가속계 응용에서 바람직하지 않은 반면에, 협대역 필터링과 같은 기본적인 MEMS 구조의 다른 응용에서는 매우 큰 Q를 활용한다. 매우 큰 Q값은 진공관에 기본구조를 패키지화 함으로써 구해진다.

공진 조건은 마찰력을 표시하는 제동 요소 D가 작을 때 발생한다. 왜냐하면 식 (1.107)에 보인 것처럼 Q는 D와 반비례하기 때문이다. 이러한 경우, 지배하는 힘은 에너지를 축적하고 있는 물체의 탄성과 관성에 기인한다. 탄성과 관계된 위치 에너지는 물체가 최대 변위 위치에 있을 때 최대이고 물체가 균형 위치를 지날 때 0인 것에 주목하자. 반대로, 운동 에너지는 물체가 균형 위치를 지날 때 최대이다. 왜냐하면, 그때 속도가 최대에 도달하기 때문이다. 그리고 물체가 최대 변위 위치에 있을 때 0이다. 공진에서 시스템의 역학적 에너지는 상수이다. 물체가 정현파 함수와 같이 진동한다면 운동 에너지는 위치 에너지와 상호 변환한다. 최대 운동 에너지와 최대 위치 에너지가 동등하게 되는 운동 주파수가 공진 주파수 ω_n을 결정한다. 유사한 공진 형태가 직렬 RLC 회로에서 발생한다. 그래서 여기의 저항은 감쇠 구조일지라도, 공진은 저항이 작을 때 발생한다. 커패시터와 인덕터는 에너지 저장 장치이고 진동하는 전류-전압 행동은 커패시터와 인덕터 사이의 에너지 변환으로부터 얻어진다. ▮

▶ **연습문제 3.24** 그림 3.54에 보인 RC 회로에 대한 입력 $x(t)$와 출력 $y(t)$에 관계되는 미분 방정식을 표기하라. 그리고 주파수 응답을 구하라.

해답: 예제 3.33을 보라. ▮

만약 $x(t)$가 주기적 신호라면 그에 대한 FS 표현은

$$x(t) = \sum_{k=-\infty}^{\infty} X[k]e^{jk\omega_o t}.$$

이 식의 양변을 미분하면

$$\frac{d}{dt}x(t) = \sum_{k=-\infty}^{\infty} X[k]jk\omega_o e^{jk\omega_o t}$$

이고, 따라서

$$\frac{d}{dt}x(t) \xleftrightarrow{FS;\,\omega_o} jk\omega_o X[k].$$

다시 반복하지만, 미분하는 연산은 미분된 신호의 평균값을 0으로 만든다. 따라서 $k = 0$인 FS 계수는 0이다.

예제 3.39 미분 성질을 사용하여 그림 3.59(a)에 보인 삼각파의 FS 표현을 결정하라.

풀이: 다음의 파형을 정의하자.

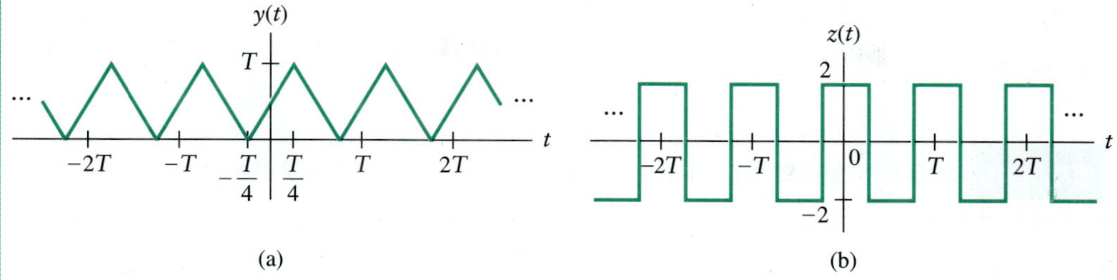

그림 3.59 예제 3.39에 관한 신호. (a) 삼각파형 $y(t)$, (b) $y(t)$를 미분해서 얻은 구형파 $z(t)$

$$z(t) = \frac{d}{dt}y(t).$$

그림 3.59(b)는 신호 $z(t)$를 설명한다. 이 구형파에 대한 FS 계수는 예제 3.13에서 유도하였다. $T_o/T = 1/4$를 갖는 예제 3.13의 구형파 신호 $x(t)$에 4배를 하고 단위값 2의 상수 신호를 뺀 신호에 해당하는 신호 $z(t)$이다. 즉, $z(t) = 4x(t) - 2$이다. 따라서 $Z[k] = 4X[k] - 2\delta[k]$이고 우리는 다음과 같이 정리할 수 있다.

$$z(t) \xleftrightarrow{FS;\omega_o} Z[k] = \begin{cases} 0, & k = 0 \\ \dfrac{4\sin\left(\frac{k\pi}{2}\right)}{k\pi}, & k \neq 0. \end{cases}$$

미분 성질은 $Z[k] = jk\omega_o Y[k]$임을 의미한다. 따라서 우리는 $Y[k]$를 $Z[k]$로부터 $k = 0$인 경우만을 제외하고 $Y[k] = (1/jk\omega_o)Z[k]$와 같이 결정할 수 있다. $Y[0]$은 $y(t)$의 평균값이고 이는 그림 3.59(a)로부터 $T/2$임을 알 수 있다. 그러므로, 다음과 같다.

$$y(t) \xleftrightarrow{FS;\omega_o} Y[k] = \begin{cases} T/2, & k = 0 \\ \dfrac{2T\sin\left(\frac{k\pi}{2}\right)}{jk^2\pi^2}, & k \neq 0 \end{cases}$$ ■

3.11.2 주파수에서의 미분

신호의 주파수 영역 표현을 주파수에 따라 미분하는 효과를 고찰한다. 먼저 FT에 대해서 시작한다.

$$X(j\omega) = \int_{-\infty}^{\infty} x(t)e^{-j\omega t}\,dt.$$

ω에 대하여 양변을 미분하면

$$\frac{d}{d\omega}X(j\omega) = \int_{-\infty}^{\infty} -jtx(t)e^{-j\omega t}\,dt$$

를 얻는다. 이는

$$-jtx(t) \xleftrightarrow{FT} \frac{d}{d\omega}X(j\omega)$$

를 의미한다. 그러므로, 주파수 영역에서 FT의 미분은 시간 영역에서 신호와 $-jt$를 곱하는 것에 상응한다.

예제 3.40 가우시안 펄스의 FT. 주파수 및 시간에서의 미분 성질을 이용하여 그림 3.60에 보인 가우시안 펄스 $g(t) = (1/\sqrt{2\pi})e^{-t^2/2}$의 FT를 결정하라.

풀이: 시간 영역에서 $g(t)$를 미분하면

$$\begin{aligned} \frac{d}{dt}g(t) &= (-t/\sqrt{2\pi})e^{-t^2/2} \\ &= -tg(t) \end{aligned} \tag{3.48}$$

이다. 시간 영역에서의 미분 성질은

$$\frac{d}{dt}g(t) \xleftrightarrow{FT} j\omega G(j\omega)$$

이고, 따라서 식 (3.48)은

$$-tg(t) \xleftrightarrow{FT} j\omega G(j\omega) \tag{3.49}$$

를 의미한다. 주파수에서 미분 성질은

$$-jtg(t) \xleftrightarrow{FT} \frac{d}{d\omega}G(j\omega)$$

이므로,

$$-tg(t) \xleftrightarrow{FT} \frac{1}{j}\frac{d}{d\omega}G(j\omega) \tag{3.50}$$

이다. 식 (3.49)와 (3.50)의 좌항은 동일하기 때문에 우항들도 또한 같아야 한다. 따라서,

$$\frac{d}{d\omega}G(j\omega) = -\omega G(j\omega)$$

이다. 이는 식 (3.48)에 주어진 $g(t)$에 관한 미분 방정식과 동일한 형식으로 $G(j\omega)$에 관한 미분 방정식 표현이다. 이는 $G(j\omega)$의 함수 형식이 $g(t)$의 것과 같을 것이라는 것을 의미한다. 따라서

$$G(j\omega) = ce^{-\omega^2/2}$$

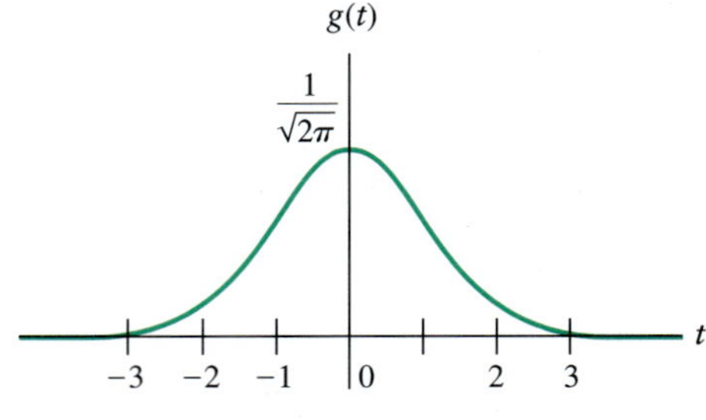

그림 3.60 가우시안 펄스 $g(t)$

이다. 상수 c는

$$G(j0) = \int_{-\infty}^{\infty} (1/\sqrt{2\pi}) e^{-t^2/2}\, dt$$
$$= 1.$$

(부록 A-4 참조)로부터 결정될 수 있다. 이는 $c = 1$임을 가리키고, 우리는 가우시안 펄스가 그 자신의 푸리에 변환임을 결론 지을 수 있다. 이는

$$(1/\sqrt{2\pi}) e^{-t^2/2} \xleftrightarrow{FT} e^{-\omega^2/2}$$

이다. ▮

▶ **연습문제 3.25** $e^{-at}u(t) \xleftrightarrow{FT} 1/(j\omega + a)$인 경우, 주파수 미분 성질을 이용하여 다음의 FT를 결정하라.

$$x(t) = te^{-at}u(t).$$

해답: $X(j\omega) = \dfrac{1}{(a + j\omega)^2}$ ▮

▶ **연습문제 3.26** 시간 미분과 콘벌루션 성질을 이용하여 다음의 FT를 결정하라.

$$y(t) = \frac{d}{dt}\{te^{-3t}u(t) * e^{-2t}u(t)\}.$$

해답: $Y(j\omega) = \dfrac{j\omega}{(3 + j\omega)^2(j\omega + 2)}$ ▮

미분은 이산시간 신호에는 적용되지 않는다. 그리고 FS 또는 DTFS에 대한 주파수 영역 미분 성질도 존재하지 않는다. 그러나, DTFT에 대한 주파수 영역 미분 성질은 존재한다. 정의에 의해서

$$X(e^{j\Omega}) = \sum_{n=-\infty}^{\infty} x[n]e^{-j\Omega n}$$

이다. 이 표현의 양변을 주파수에 대하여 미분하면 다음의 성질을 얻을 수 있다.

$$-jnx[n] \xleftrightarrow{DTFT} \frac{d}{d\Omega} X(e^{j\Omega}).$$

▶ **연습문제 3.27** 주파수 미분 성질을 이용하여 $x[n] = (n+1)\alpha^n u[n]$의 DTFT를 결정하라.

해답: $X(e^{j\Omega}) = 1/(1 - \alpha e^{-j\Omega})^2$ ▮

▶ **연습문제 3.28** DTFT가

$$X(e^{j\Omega}) = j\frac{d}{d\Omega}\left(\frac{\sin(11\Omega/2)}{\sin(\Omega/2)}\right)$$

인 경우 $x[n]$을 결정하라.

해답: $x[n] = \begin{cases} n, & |n| \leq 5 \\ 0, & \text{그 밖의 범위} \end{cases}$ ∎

3.11.3 적 분

적분은 단지 연속 독립 변수에만 적용된다. 그러므로 우리는 FT와 FS에 대해서는 시간에 관한 적분 그리고 FT와 DTFT에 대해서는 주파수에 관한 적분을 고려할 수 있다. 우리는 여기서 시간에 관한 비주기 신호의 적분만을 고려할 것이다.

$$y(t) = \int_{-\infty}^{t} x(\tau)\,d\tau$$

를 정의하자. 다시 말해 시간 t에서 값 y는 t 이전의 모든 시간에 관한 x의 적분이다.

$$\frac{d}{dt}y(t) = x(t) \tag{3.51}$$

임을 주목하고, 미분 성질은

$$Y(j\omega) = \frac{1}{j\omega}X(j\omega) \tag{3.52}$$

를 암시한다. 이 식은 $\omega = 0$에서 미정상태이다. 식 (3.51)에서 미분의 결과는 $y(t)$의 DC 성분을 제거하기 때문에 $X(j0)$은 0이 되어야 함을 의미한다. 그러므로 식 (3.52)는 오직 평균값이 0인 신호에만 적용된다. 즉 $X(j0) = 0$이다.

일반적으로, 우리는 적분 성질은 평균값이 0이 아닌 신호에 적용하기를 원한다. 그러나 만약, $x(\tau)$의 평균값이 0이 아니라면 $y(t)$는 제곱 적분이 아닐 수도 있으며, 결과적으로 $y(t)$의 FT는 수렴하지 않을 수도 있다. 우리는 변환에 임펄스를 포함시킴으로써 이 문제를 해결할 수 있을지도 모른다. 식 (3.52)가 $\omega = 0$을 제외한 모든 ω에서 만족됨을 안다. $\omega = 0$에서의 값은 $c\delta(\omega)$항을 더해줌으로써 변형된다. 여기서 상수 c는 $x(\tau)$의 평균값에 좌우된다. 올바른 결과는 $c = \pi X(j0)$라고 놓으므로써 얻어진다. 이는 다음과 같은 적분 성질로 요약된다.

$$\int_{-\infty}^{t} x(\tau)\,d\tau \xleftrightarrow{FT} \frac{1}{j\omega}X(j\omega) + \pi X(j0)\delta(\omega). \tag{3.53}$$

여기서 오른쪽의 첫 번째 항은 $\omega = 0$에서 0이다. 적분은 평균 연산 작용으로 생각될 수도 있으며, 따라서 그것은 시간에 따라 신호를 부드럽게 하는 경향이 있다. 이 시간 영역에서 스무딩(smoothing)은 식 (3.53)에서 보듯이 신호의 고주파 성분을 약화시킨다.

우리는 단위 계단 함수의 FT를 유도함으로써 이 성질을 보인다. 단위 계단 함수는 임펄스 함수의 적분으로 표현될 수 있다.

$$u(t) = \int_{-\infty}^{t} \delta(\tau)\, d\tau.$$

$\delta(t) \xleftrightarrow{FT} 1$이므로 식 (3.53)은

$$u(t) \xleftrightarrow{FT} U(j\omega) = \frac{1}{j\omega} + \pi\delta(\omega)$$

임을 의미한다. 독립적으로 $U(j\omega)$를 유도하여 이 결과를 검증해 보자. 먼저 단위 계단 함수를 다음과 같이 두 함수의 합으로 표현하자.

$$u(t) = \frac{1}{2} + \frac{1}{2}\mathrm{sgn}(t). \tag{3.54}$$

여기서 signum 함수 $\mathrm{sgn}(t)$는

$$\mathrm{sgn}(t) = \begin{cases} -1, & t < 0 \\ 0, & t = 0 \\ 1, & t > 0 \end{cases}$$

과 같이 정의된다. 이 표현은 그림 3.61에 설명되었다. 예제 3.28의 결과를 이용하여 $1/2 \xleftrightarrow{FT} \pi\delta(\omega)$를 얻는다. $\mathrm{sgn}(t)$의 변환은 미분 성질을 이용하여 얻어진다. 왜냐하면, 시간 평균값 0을 갖기 때문이다. $\mathrm{sgn}(t) \xleftrightarrow{FT} S(j\omega)$라고 하면

$$\frac{d}{dt}\mathrm{sgn}(t) = 2\delta(t)$$

이다. 따라서

$$j\omega S(j\omega) = 2$$

이다. 우리는 $\mathrm{sgn}(t)$가 기함수이고, 따라서 평균이 0이기 때문에 $S(j0) = 0$임을 안다. 이는 $\omega = 0$에서 미분 성질과 연관된 불확정을 제거한다. 그리고

$$S(j\omega) = \begin{cases} \dfrac{2}{j\omega}, & \omega \neq 0 \\ 0, & \omega = 0 \end{cases}$$

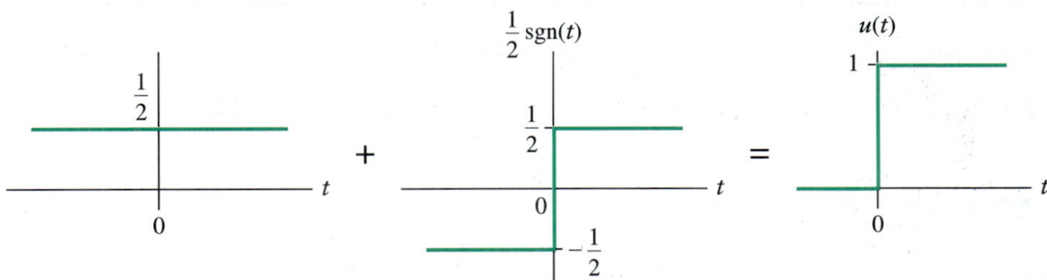

그림 3.61 상수와 부호 함수 $\mathrm{sgn}(t)$의 덧셈으로 표현한 계단 함수

이라고 결론 짓는다. $S(j0)=0$임을 이해하고 이를 $S(j\omega)=2/j\omega$라고 쓰는 것이 일반적이다. 이제 $u(t)$의 FT는 식 (3.54)의 선형성을 이용하여 다음과 같이 얻어진다.

$$u(t) \xleftrightarrow{FT} \frac{1}{j\omega} + \pi\delta(\omega).$$

이는 적분 성질을 이용하여 얻어진 단위 계단 함수의 변환과 정확하게 일치한다.

▶ **연습문제 3.29** 적분 성질을 이용하여 다음의 역FT를 찾아라.

$$X(j\omega) = \frac{1}{j\omega(j\omega+1)} + \pi\delta(\omega).$$

해답: $x(t) = (1 - e^{-t})u(t)$ ∎

표 3.6은 푸리에 표현들의 미분과 적분 성질을 요약한 표이다.

표 3.6 일반적으로 이용되는 미분과 적분 성질

$$\frac{d}{dt}x(t) \xleftrightarrow{FT} j\omega X(j\omega)$$

$$\frac{d}{dt}x(t) \xleftrightarrow{FS;\omega_o} jk\omega_o X[k]$$

$$-jtx(t) \xleftrightarrow{FT} \frac{d}{d\omega}X(j\omega)$$

$$-jnx[n] \xleftrightarrow{DTFT} \frac{d}{d\Omega}X(e^{j\Omega})$$

$$\int_{-\infty}^{t} x(\tau)\,d\tau \xleftrightarrow{FT} \frac{1}{j\omega}X(j\omega) + \pi X(j0)\delta(\omega)$$

3.12 시간과 주파수 이동 성질

이 절에서는 시간과 주파수 이동의 푸리에 표현에 대한 효과를 고려할 것이다. 전과 마찬가지로 FT의 결과를 유도하고 다른 세 개의 표현에 대하여 결과를 언급한다.

3.12.1 시간 이동 성질

$z(t) = x(t - t_0)$는 $x(t)$가 시간 이동된 함수이다. 목표는 $z(t)$의 FT와 $x(t)$의 FT를 관련시키는 것이다. $Z(j\omega)$는

$$\begin{aligned} Z(j\omega) &= \int_{-\infty}^{\infty} z(t)e^{-j\omega t}\,dt \\ &= \int_{-\infty}^{\infty} x(t - t_o)e^{-j\omega t}\,dt \end{aligned}$$

이다. 이제 $\tau = t - t_o$의 변수 변환을 수행하면,

$$\begin{aligned} Z(j\omega) &= \int_{-\infty}^{\infty} x(\tau)e^{-j\omega(\tau+t_o)}\,d\tau \\ &= e^{-j\omega t_o}\int_{-\infty}^{\infty} x(\tau)e^{-j\omega\tau}\,d\tau \\ &= e^{-j\omega t_o}X(j\omega). \end{aligned}$$

신호 $x(t)$에서 t_o만큼 시간 이동의 결과는 FT 함수 $X(j\omega)$에 $e^{-j\omega t_o}$를 곱하는 것이다. 이때 $|Z(j\omega)| = |X(j\omega)|$이고 $\arg\{Z(j\omega) = \arg\{X(j\omega) - \omega$임을 주목하라. 그러므로 시간축에서의 이동은 진폭 스펙트럼은 변화시키지 않으며, 위상을 주파수의 선형 함수에 따라 변화시킨다. 이 선형 위상 항의 기울기는 시간 지연값과 같다. 유사한 성질이 다른 세 개의 푸리에 변환에 대해서도 성립된다. 이는 표 3.7에 보였다. 이들 성질들은 푸리에 표현에 사용된 복수 정현파 함수들의 시간 이동 특성들의 직접적인 결과이다. 복소 정현파 함수의 시간 이동은 정현파의 주파수와 시간 이동의 곱만큼 이동된 동일한 주파수와 진폭의 복소 정현파 함수를 낳는다.

표 3.7 푸리에 표현의 시간 이동 성질

$$x(t - t_o) \xleftrightarrow{FT} e^{-j\omega t_o}X(j\omega)$$

$$x(t - t_o) \xleftrightarrow{FS;\omega_o} e^{-jk\omega_o t_o}X[k]$$

$$x[n - n_o] \xleftrightarrow{DTFT} e^{-j\Omega n_o}X(e^{j\Omega})$$

$$x[n - n_o] \xleftrightarrow{DTFS;\Omega_o} e^{-jk\Omega_o n_o}X[k]$$

예제 3.41 시간 이동 성질을 이용한 FT 계산.

그림 3.62(a)에 보인 구형파 펄스 $x(t)$에 대한 FT를 이용하여 그림 3.62(b)에 보인 시간 이동 구형파 $z(t)$의 FT를 구하라.

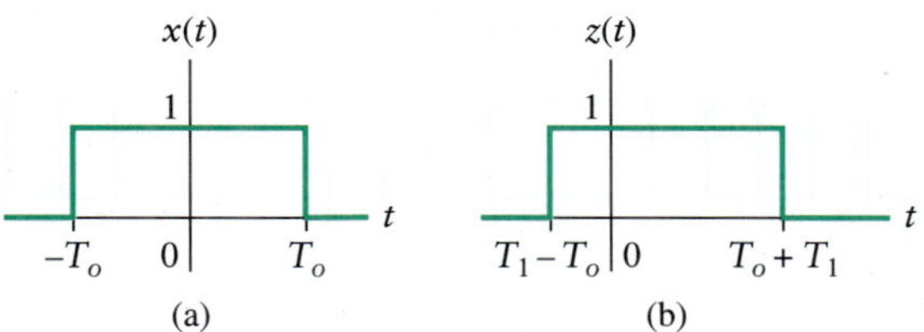

그림 3.62 예제 3.41에 대한 시간 이동 성질의 응용

풀이: 먼저 $z(t) = x(t - T_1)$임을 주목하면 시간 이동 특성에 따라 $Z(j\omega) = e^{-j\omega T_1}X(j\omega)$이다. 예제 3.25에서

$$X(j\omega) = \frac{2}{\omega}\sin(\omega T_o)$$

를 얻었다. 따라서 해는

$$Z(j\omega) = e^{-j\omega T_1}\frac{2}{\omega}\sin(\omega T_o)$$

이다. ∎

▶ **연습문제 3.30** 예제 3.6에서 유도된 것과 마찬가지로 그림 3.63(a)에 보인 주기적 구형파의 DTFS를 이용하여 그림 3.63(b)에 보인 주기적 구형파의 DTFS를 결정하라.

해답:

$$Z[k] = e^{-jk6\pi/7}\frac{1}{7}\frac{\sin(k5\pi/7)}{\sin(k\pi/7)}$$ ∎

▶ **연습문제 3.31** 다음 시간 영역 신호들의 푸리에 표현을 구하라.

(a) $x(t) = e^{-2t}u(t-3)$

(b) $y[n] = \sin(\pi(n+2)/3)/(\pi(n+2))$

해답: (a)

$$X(j\omega) = e^{-6}e^{-j3\omega}/(j\omega + 2)$$

(b)

$$Y(e^{j\Omega}) = \begin{cases} e^{j2\Omega}, & |\Omega| \le \pi/3 \\ 0, & \pi/3 < |\Omega| \le \pi \end{cases}$$ ∎

▶ **연습문제 3.32** 다음 푸리에 표현에 대응하는 시간 영역 신호를 구하라.

(a) $X(j\omega) = e^{j4\omega}/(2 + j\omega)^2$

(b) $Y[k] = e^{-jk4\pi/5}/10$, DTFS with $\Omega_o = 2\pi/10$

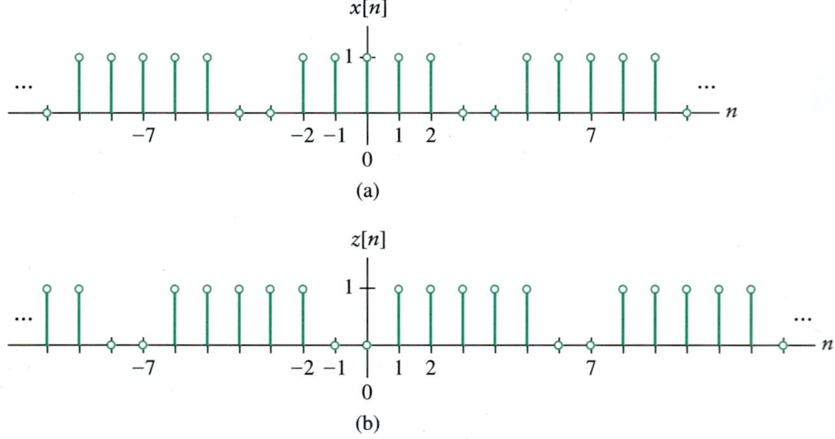

그림 3.63 연습문제 3.30에 대한 구형파의 원형과 시간 이동된 파형

해답: (a) $$x(t) = (t+4)e^{-2(t+4)}u(t+4)$$

(b) $$y[n] = \sum_{p=-\infty}^{\infty} \delta[n-4-10p]$$ ▮

시간 이동 성질은 차분 방정식으로 표현되는 시스템의 주파수 응답을 구하는 데 사용될 수 있다. 이를 위해, 차분 방정식

$$\sum_{k=0}^{N} a_k y[n-k] = \sum_{k=0}^{M} b_k x[n-k]$$

를 고려하자. 먼저 이 방정식의 양변에 DTFT를 취하고 시간 이동 성질

$$z[n-k] \xleftrightarrow{DTFT} e^{-jk\Omega} Z(e^{j\Omega})$$

를 이용하여

$$\sum_{k=0}^{N} a_k (e^{-j\Omega})^k Y(e^{j\Omega}) = \sum_{k=0}^{M} b_k (e^{-j\Omega})^k X(e^{j\Omega})$$

를 얻는다. 다음으로 이 방정식을 다음의 비

$$\frac{Y(e^{j\Omega})}{X(e^{j\Omega})} = \frac{\sum_{k=0}^{M} b_k (e^{-j\Omega})^k}{\sum_{k=0}^{N} a_k (e^{-j\Omega})^k}$$

로 다시 쓴다. 이 비를 식 (3.43)과 비교하여

$$H(e^{j\Omega}) = \frac{\sum_{k=0}^{M} b_k (e^{-j\Omega})^k}{\sum_{k=0}^{N} a_k (e^{-j\Omega})^k} \tag{3.55}$$

를 갖는다. 이산 시간 시스템의 주파수 응답은 $e^{-j\Omega}$에 대한 유리 함수이다. 식 (3.55)에 기술된 형태의 주파수 응답이 주어지면, 시스템의 차분 방정식 표현을 결정하기 위해 유도과정을 역변환 할 수 있다.

▶ **연습문제 3.33** 다음의 주파수 응답

$$H(e^{j\Omega}) = \frac{1 + 2e^{-j2\Omega}}{3 + 2e^{-j\Omega} - 3e^{-j3\Omega}}$$

를 갖는 시스템에 대응하는 차분 방정식을 구하라.

해답: $3y[n] + 2y[n-1] - 3y[n-3] = x[n] + 2x[n-2]$ ▮

3.12.2 주파수 이동 성질

앞 절에서는 시간 이동의 주파수 영역 표현에 대한 효과를 다루었다. 이 절에서는 주파수 이동이 시간 영역 신호에 미치는 영향에 대해 다룬다. $x(t) \xleftrightarrow{FT} X(j\omega)$라고 가정하자. 문제

는 $Z(j\omega) = X(j(\omega - \gamma)$의 IFT를 $x(t)$로 표현하는 것이다. FT의 정의에 의하면,

$$\begin{aligned} z(t) &= \frac{1}{2\pi}\int_{-\infty}^{\infty} Z(j\omega)e^{j\omega t}\,d\omega \\ &= \frac{1}{2\pi}\int_{-\infty}^{\infty} X(j(\omega - \gamma))e^{j\omega t}\,d\omega \end{aligned}$$

이다. $\eta = \omega - \gamma$로 변수 치환을 하면,

$$\begin{aligned} z(t) &= \frac{1}{2\pi}\int_{-\infty}^{\infty} X(j\eta)e^{j(\eta+\gamma)t}\,d\eta \\ &= e^{j\gamma t}\frac{1}{2\pi}\int_{-\infty}^{\infty} X(j\eta)e^{j\eta t}\,d\eta \\ &= e^{j\gamma t}x(t) \end{aligned}$$

를 얻는다. 그러므로, 주파수가 ω에서 γ만큼 이동하면 이와 동일한 주파수를 갖는 복소 정현파 함수 $e^{j\gamma t}$를 시간 영역에서 곱하는 것과 같다.

이 성질은 복소 정현파 함수의 주파수-이동 성질의 결과이다. 복소 정현파 함수의 주파수에서 이동은 원래의 복소 정현파 함수에 이동과 동일한 주파수를 갖는 다른 복소 정현파 함수를 곱하는 것과 같다. 모든 푸리에 변환은 복소 정현파 함수에 기반하고 있기 때문에, 그들은 모두 표 3.8에 보인 바와 같이 이 성질을 공유한다. 주파수 이동은 두 푸리에 급수의 경우 정수가 되어야 함에 주의하라. 이는 기본 주파수의 정수배인 주파수의 복소 정현파 함수를 곱하는 것이다. 또 다른 관찰은 주파수 이동 성질이 시간 이동 특성과 쌍대라는 점이다. 시간 또는 주파수의 어느 한 영역에서의 이동은 다른 영역에서 복소 정현파 함수의 곱이 된다는 사실을 언급함으로써 두 성질을 요약할 수 있다.

표 3.8 푸리에 표현의 주파수 이동 성질

$$e^{j\gamma t}x(t) \xleftrightarrow{FT} X(j(\omega - \gamma))$$

$$e^{jk_o\omega_o t}x(t) \xleftrightarrow{FS;\,\omega_o} X[k - k_o]$$

$$e^{j\Gamma n}x[n] \xleftrightarrow{DTFT} X(e^{j(\Omega-\Gamma)})$$

$$e^{jk_o\Omega_o n}x[n] \xleftrightarrow{DTFS;\,\Omega_o} X[k - k_o]$$

예제 3.42 주파수 이동 성질을 이용한 FT 계산

주파수 이동 성질을 이용하여 다음의 복소 정현파 펄스의 FT를 결정하라.

$$z(t) = \begin{cases} e^{j10t}, & |t| < \pi \\ 0, & |t| > \pi. \end{cases}$$

풀이: $z(t)$를 복소 정현파 함수 e^{j10t}와 구형파

$$x(t) = \begin{cases} 1, & |t| < \pi \\ 0, & |t| > \pi \end{cases}$$

의 곱으로서 표현함이 가능하다. 예제 3.25의 결과를 이용하여 $x(t)$의 푸리에 변환은 다음과 같다.

$$x(t) \xleftrightarrow{FT} X(j\omega) = \frac{2}{\omega}\sin(\omega\pi).$$

그리고 주파수 이동 성질을 이용하면,

$$e^{j10t}x(t) \xleftrightarrow{FT} X(j(\omega - 10))$$

이다. 따라서

$$z(t) \xleftrightarrow{FT} \frac{2}{\omega - 10}\sin((\omega - 10)\pi). \blacksquare$$

▶ **연습문제 3.34** 주파수 이동 성질을 이용하여 다음 푸리에 표현들에 대응하는 시간 영역 신호들을 결정하라.

(a)
$$Z(e^{j\Omega}) = \frac{1}{1 - \alpha e^{-j(\Omega+\pi/4)}}, \qquad |\alpha| < 1$$

(b)
$$X(j\omega) = \frac{1}{2 + j(\omega - 3)} + \frac{1}{2 + j(\omega + 3)}$$

해답: (a)
$$z[n] = e^{-j\pi/4n}\alpha^n u[n]$$

(b)
$$x(t) = 2\cos(3t)e^{-2t}u(t) \blacksquare$$

예제 3.43 여러 성질을 이용한 FT 계산

다음 신호의 FT를 결정하라.

$$x(t) = \frac{d}{dt}\{(e^{-3t}u(t)) * (e^{-t}u(t-2))\}.$$

풀이: 이 문제를 풀기 위해 필요한 세 가지 성질인 시간에서 미분, 콘벌루션, 시간 이동에 대해 알아보자. 이러한 성질들은 올바른 결과를 얻기 위해서 수학적 선행 규칙에 대응하는 순서로 적용되어야 한다. $w(t) = e^{-3t}u(t)$, $v(t) = e^{-t}u(t-2)$라고 하자. 그러면

$$x(t) = \frac{d}{dt}\{w(t) * v(t)\}$$

로 쓸 수 있다. 그러므로, 표 3.5와 3.6으로부터 콘벌루션과 미분 성질을 적용하여

$$X(j\omega) = j\omega\{W(j\omega)V(j\omega)\}$$

를 얻는다. 변환쌍

$$e^{-at}u(t) \xleftrightarrow{FT} \frac{1}{a + j\omega}$$

을 적용해서 $w(t)$의 FT 함수를 구하면,

$$W(j\omega) = \frac{1}{3 + j\omega}.$$

$v(t)$의 FT 함수를 구하기 위해 먼저 다음과 같이 변형한다.

$$v(t) = e^{-2}e^{-(t-2)}u(t-2).$$

같은 변환쌍과 시간 이동 성질을 이용하여 $V(j\omega)$를 구하면,

$$V(j\omega) = e^{-2}\frac{e^{-j2\omega}}{1 + j\omega}$$

이고, 따라서

$$X(j\omega) = e^{-2}\frac{j\omega e^{-j2\omega}}{(1 + j\omega)(3 + j\omega)}. \blacksquare$$

▶ **연습문제 3.35** 다음 시간 영역 신호들의 푸리에 표현을 결정하라.

(a) $$x[n] = ne^{j\pi/8n}\alpha^{n-3}u[n-3]$$

(b) $$x(t) = (t-2)\frac{d}{dt}\left[e^{-j5t}e^{-2|t-3|}\right]$$

해답: (a) $$X(e^{j\Omega}) = j\frac{d}{d\Omega}\left\{\frac{e^{-j3(\Omega-\pi/8)}}{1 - \alpha e^{-j(\Omega-\pi/8)}}\right\}$$

(b) $$X(j\omega) = \frac{-8j\omega e^{-j3(\omega+5)}}{4 + (\omega+5)^2} + j\frac{d}{d\omega}\left[\frac{4j\omega e^{-j3(\omega+5)}}{4 + (\omega+5)^2}\right] \blacksquare$$

3.13 부분 분수 전개를 이용한 역푸리에 변환 계산

3.11절에서, 선형 상수 계수 미분 방정식으로 표현되는 시스템의 주파수 응답은 $j\omega$에 대한 유리 함수로 주어짐을 보였다. 유사하게 3.12절에서, 선형 상수 계수 차분 방정식으로 표현되는 시스템의 주파수 응답은 $e^{j\omega}$에 대한 유리 함수로 주어짐을 보였다. 선형 상수 계수 미분과 차분 방정식의 중요성 때문에 이런 형태의 FT와 DTFT는 시스템과 신호의 상호작용 분석에서 빈번히 발생한다. 주파수의 유리 함수에 대한 역변환을 찾기 위해, 우리는 부분 분수 전개를 이용한다.

3.13.1 역푸리에 변환

$X(j\omega)$는 $j\omega$에 대한 유리 함수로 표현된다고 가정하자.

$$X(j\omega) = \frac{b_M(j\omega)^M + \cdots + b_1(j\omega) + b_0}{(j\omega)^N + a_{N-1}(j\omega)^{N-1} + \cdots + a_1(j\omega) + a_0} = \frac{B(j\omega)}{A(j\omega)}.$$

부분 분수 전개를 이용해서 그러한 유리 함수의 역FT를 결정할 수 있다. 부분 분수 전개는 $X(j\omega)$를 역FT를 곧바로 알 수 있는 항의 합으로 표현하는 과정이다. FT는 선형이므로, $X(j\omega)$의 역FT는 부분 분수 전개된 형태에서 각 항에 대한 역FT의 합으로 결정된다.

$M < N$이라고 가정하자. $M \geq N$이면, $X(j\omega)$를 다음과 같은 형태로 표현할 수 있다.

$$X(j\omega) = \sum_{k=0}^{M-N} f_k(j\omega)^k + \frac{\widetilde{B}(j\omega)}{A(j\omega)}.$$

이제 분자식 $B(j\omega)$는 분모식보다 차수가 더 낮다. 그리고, 부분 분수 전개는 $B(j\omega) / A(j\omega)$의 역푸리에 변환을 결정하기 위해 적용된다. 합에서 각 항의 역푸리에 변환은 쌍 $\delta(t) \xleftrightarrow{FT} 1$과 미분 성질로부터 구해진다.

분모 다항식 $A(j\omega)$의 근을 d_k, $k = 1, 2, \cdots, N$으로 놓자. 이러한 근은 $j\omega$를 일반 변수 v로 대신하고 다항식

$$v^N + a_{N-1}v^{N-1} + \cdots + a_1 v + a_0 = 0$$

의 근을 결정함으로써 구해진다. 이 결과를 이용하면 다음과 같이 쓸 수 있다.

$$X(j\omega) = \frac{\sum_{k=0}^{M} b_k(j\omega)^k}{\prod_{k=1}^{N}(j\omega - d_k)}.$$

모든 근 d_k, $k = 1, 2, \cdots, N$이 서로 다른 값이라고 가정하면,

$$X(j\omega) = \sum_{k=1}^{N} \frac{C_k}{j\omega - d_k}$$

로 쓸 수 있다. 여기서, 계수 C_k, $k = 1, 2, \cdots, N$은 선형 방정식 시스템을 풀거나 residues 방법으로 결정된다. 이러한 결정 방법과 중근에 대한 확장은 부록 B에서 볼 수 있다. 예제 3.24에서, 다음의 FT쌍을 유도하였다.

$$e^{dt}u(t) \xleftrightarrow{FT} \frac{1}{j\omega - d} \qquad (d < 0).$$

$\mathrm{Re}\{d\} < 0$인 조건에서, d가 복소수이면 이 쌍을 검증할 수 있다. d_k, $k = 1, 2, \cdots, N$의 실수부가 음수라고 가정하자. 선형성을 이용하여 다음과 같이 쓸 수 있다.

$$x(t) = \sum_{k=1}^{N} C_k e^{d_k t}u(t) \xleftrightarrow{FT} X(j\omega) = \sum_{k=1}^{N} \frac{C_k}{j\omega - d_k}.$$

다음 예제는 이러한 기술을 보인다.

예제 3.44 MEMS 가속계: 임펄스 응답

1.10절에서 소개된 MEMS 가속계에 대한 임펄스 응답을 찾아라. $\omega = 10{,}000$ rad/s, (a) $Q = 2/5$, (b) $Q = 1$, (c) $Q = 200$으로 가정한다.

풀이: 이 시스템의 주파수 응답은 예제 3.38에서 미분 방정식으로부터 결정된다. (a)의 경우, $\omega = 10{,}000$ rad/s, $Q = 2/5$를 대입하여

$$H(j\omega) = \frac{1}{(j\omega)^2 + 25{,}000(j\omega) + (10{,}000)^2}$$

를 얻는다. 임펄스 응답은 $H(j\omega)$의 역FT를 구함으로써 얻어진다. 먼저 $H(j\omega)$를 부분 분수로 전개한다. 분모 다항식의 근은 $d_1 = -20{,}000$, $d_2 = -5{,}000$이다. 그러므로, $H(j\omega)$를 다음과 같은 합으로 표현한다.

$$\frac{1}{(j\omega)^2 + 25{,}000(j\omega) + (10{,}000)^2} = \frac{C_1}{j\omega + 20{,}000} + \frac{C_2}{j\omega + 5{,}000}.$$

부록 B의 residues 방법을 이용하여 C_1과 C_2를 계산하면

$$\begin{aligned} C_1 &= (j\omega + 20{,}000)\frac{1}{(j\omega)^2 + 25{,}000(j\omega) + (10{,}000)^2}\bigg|_{j\omega=-20{,}000} \\ &= \frac{1}{j\omega + 5{,}000}\bigg|_{j\omega=-20{,}000} \\ &= -1/15{,}000 \end{aligned}$$

$$\begin{aligned} C_2 &= (j\omega + 5{,}000)\frac{1}{(j\omega)^2 + 25{,}000(j\omega) + (10{,}000)^2}\bigg|_{j\omega=-5{,}000} \\ &= \frac{1}{j\omega + 20{,}000}\bigg|_{j\omega=-5{,}000} \\ &= 1/15{,}000. \end{aligned}$$

그러므로, $H(j\omega)$의 부분 분수 전개는

$$H(j\omega) = \frac{-1/15{,}000}{j\omega + 20{,}000} + \frac{1/15{,}000}{j\omega + 5{,}000}.$$

각 항의 역FT를 취하면 임펄스 응답

$$h(t) = (1/15{,}000)(e^{-5{,}000t} - e^{-20{,}000t})u(t).$$

다음으로 (b) $Q = 1$인 경우,

$$H(j\omega) = \frac{1}{(j\omega)^2 + 10{,}000(j\omega) + (10{,}000)^2}$$

를 갖는다. 이러한 경우, 분모 다항식의 근은 $d_1 = -5{,}000 + j5{,}000\sqrt{3}$, $d_2 = -5{,}000 - j5{,}000\sqrt{3}$이므로 부분 분수 전개는 다음과 같다.

$$H(j\omega) = \frac{-j/(10{,}000\sqrt{3})}{j\omega + 5000 - j5000\sqrt{3}} + \frac{j/(10{,}000\sqrt{3})}{j\omega + 5000 + j5000\sqrt{3}}.$$

다시, 각 항의 역FT를 취하면 임펄스 응답은

$$\begin{aligned} h(t) &= -j/(10{,}000\sqrt{3})(e^{-5000t}e^{j5000\sqrt{3}t} - e^{-5000t}e^{-j5000\sqrt{3}t}) \\ &= 1/(5000\sqrt{3})e^{-5000t}\sin(5000\sqrt{3}t)u(t). \end{aligned}$$

이제 (c) $Q = 200$인 경우,

$$H(j\omega) = \frac{1}{(j\omega)^2 + 50(j\omega) + (10{,}000)^2}.$$

이러한 경우, 분모 다항식의 근은 $d_1 = -25 + j1{,}000, = -25 - j1{,}000$이다. 부분 분수로 전개하고 역FT를 취하고 간략화하면 다음의 임펄스 응답을 얻는다.

$$h(t) = 1/(10{,}000)e^{-25t}\sin(10{,}000t)u(t).$$

$Q = 2/5$, $Q = 1$, $Q = 200$에 대한 처음 2 ms 동안 임펄스 응답을 그림 3.64 (a)–(c)에 나타냈다.

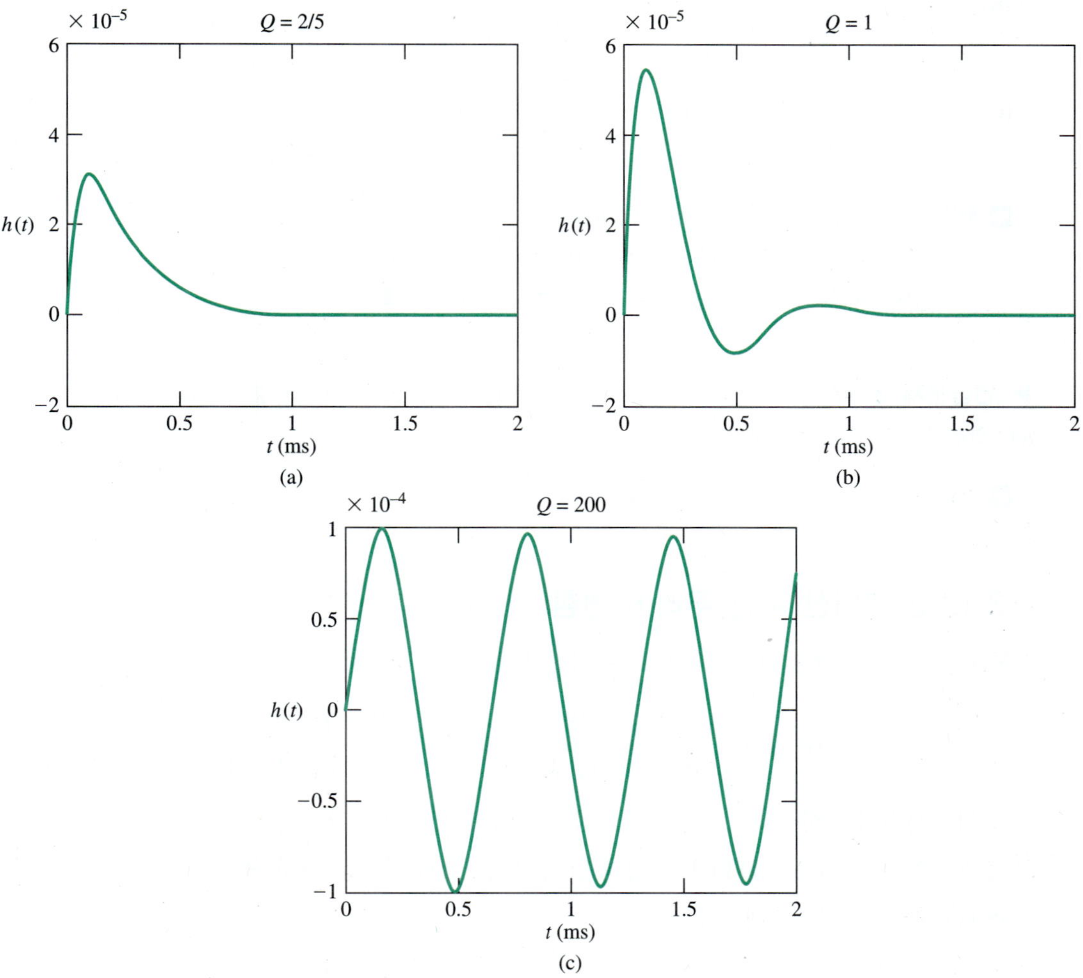

그림 3.64 MEMS 가속계의 임펄스 응답. (a) $Q = 2/5$, (b) $Q = 1$, (c) $Q = 200$

임펄스 응답과 그림 3.58의 대응하는 진폭 응답을 비교하면, $Q = 1$인 경우 증가된 대역폭은 임펄스 응답에서 더욱 더 많은 에너지가 $t = 0$ 근처에 집중됨을 볼 수 있다. 증가된 대역폭은 더욱 더 빠른 응답에 대응한다. $Q = 2/5$, $Q = 1$인 경우, $t > 1$ ms 동안 임펄스 응답은 대략 0임에 주목하자. 이러한 가속계는 수 ms의 응답 시간을 갖는다는 것을 의미한다. $Q = 200$인 경우의 공진 특성은 그림 3.64(c)의 임펄스 응답에서 $\omega_n = 10{,}000$ rad/s인 정현파 진동으로 예시된다. 진폭 응답에서 알 수 있는 것처럼 임펄스 입력은 시스템에 ω_n에서 공진을 야기시킨다. 이 공진 현상은 가속계에서 바람직하지 않다. 응용 가속에서 시스템이 갑작스러운 변화에 대응하는 것을 방해하기 때문이다. ∎

▶ **연습문제 3.36** 부분 분수 전개를 이용하여 다음 FT에 대응하는 시간 영역 신호를 결정하라.

(a)
$$X(j\omega) = \frac{-j\omega}{(j\omega)^2 + 3j\omega + 2}$$

(b)
$$X(j\omega) = \frac{5j\omega + 12}{(j\omega)^2 + 5j\omega + 6}$$

(c)
$$X(j\omega) = \frac{2(j\omega)^2 + 5j\omega - 9}{(j\omega + 4)(-\omega^2 + 4j\omega + 3)}$$

해답: **(a)** $x(t) = e^{-t}u(t) - 2e^{-2t}u(t)$

(b) $x(t) = 3e^{-3t}u(t) + 2e^{-2t}u(t)$

(c) $x(t) = e^{-4t}u(t) - 2e^{-t}u(t) + 3e^{-3t}u(t)$ ∎

▶ **연습문제 3.37** 주파수 응답을 이용하여 $RC = 1$, 입력 $x(t) = 3e^{-2t}$인 경우의 그림 3.54에 보인 RC 회로의 출력 $y_C(t)$를 구하라.

해답: $y(t) = 3e^{-t}u(t) - 3e^{-2t}u(t)$ ∎

3.13.2 역이산 시간 푸리에 변환

$X(e^{j\Omega})$가 $e^{j\omega}$에 관한 다항식의 비로 주어진다고 가정하자. 즉,

$$X(e^{j\Omega}) = \frac{\beta_M e^{-j\Omega M} + \cdots + \beta_1 e^{-j\Omega} + \beta_0}{\alpha_N e^{-j\Omega N} + \alpha_{N-1} e^{-j\Omega(N-1)} + \cdots + \alpha_1 e^{-j\Omega} + 1}.$$

분모 다항식에 상수항은 1로 정규화되었음을 주목하라. 연속시간의 경우에서처럼, 부분 분수로 전개하여 $X(e^{j\Omega})$를 역DTFT를 쉽게 알 수 있는 항의 합으로 다시 쓸 수 있다. 분모 다항식을 다음과 같이 인수분해한다.

$$\alpha_N e^{-j\Omega N} + \alpha_{N-1} e^{-j\Omega(N-1)} + \cdots + \alpha_1 e^{-j\Omega} + 1 = \prod_{k=1}^{N} (1 - d_k e^{-j\Omega}).$$

이러한 인수분해에 기초를 두고 부분 분수로 전개하는 과정은 부록 B에서 다시 볼 수 있다. 이러한 경우, $e^{j\Omega}$를 일반 변수 v로 대체하고 다음의 다항식의 근으로로부터 d_k를 구한다.

$$v^N + \alpha_1 v^{N-1} + \alpha_2 v^{N-2} + \cdots + \alpha_{N-1} v + \alpha_N = 0.$$

$M < N$이고 모든 d_k가 서로 다른 값이라고 가정하면, $X(e^{j\Omega})$를 다음과 같이 표현할 수 있다.

$$X(e^{j\Omega}) = \sum_{k=1}^{N} \frac{C_k}{1 - d_k e^{-j\Omega}}.$$

중근에 대한 확장은 부록 B에서 다루어진다. DTFT의 결과로부터

$$(d_k)^n u[n] \xleftrightarrow{DTFT} \frac{1}{1 - d_k e^{-j\Omega}}.$$

DTFT와 IDTFT는 선형성을 가졌으므로 이 성질을 적용하여 $X(e^{j\Omega})$로부터 $x[n]$을 구하면

$$x[n] = \sum_{k=1}^{N} C_k (d_k)^n u[n].$$

예제 3.45 부분 분수 전개에 의한 역DTFT의 계산

다음의 역DTFT를 구하라.

$$X(e^{j\Omega}) = \frac{-\frac{5}{6}e^{-j\Omega} + 5}{1 + \frac{1}{6}e^{-j\Omega} - \frac{1}{6}e^{-j2\Omega}}.$$

풀이: 다음 다항식

$$v^2 + \frac{1}{6}v - \frac{1}{6} = 0$$

의 근은 $d_1 = -1/2$, $d_2 = 1/3$이다. 다음을 만족하는 계수 C_1, C_2를 찾는다.

$$\frac{-\frac{5}{6}e^{-j\Omega} + 5}{1 + \frac{1}{6}e^{-j\Omega} - \frac{1}{6}e^{-j2\Omega}} = \frac{C_1}{1 + \frac{1}{2}e^{-j\Omega}} + \frac{C_2}{1 - \frac{1}{3}e^{-j\Omega}}.$$

부록 B에 기술된 residues 방법을 이용하면

$$\begin{aligned} C_1 &= \left(1 + \frac{1}{2}e^{-j\Omega}\right) \frac{-\frac{5}{6}e^{-j\Omega} + 5}{1 + \frac{1}{6}e^{-j\Omega} - \frac{1}{6}e^{-j2\Omega}} \Bigg|_{e^{-j\Omega}=-2} \\ &= \frac{-\frac{5}{6}e^{-j\Omega} + 5}{1 - \frac{1}{3}e^{-j\Omega}} \Bigg|_{e^{-j\Omega}=-2} \\ &= 4, \end{aligned}$$

$$C_2 = \left(1 - \frac{1}{3}e^{-j\Omega}\right) \frac{-\frac{5}{6}e^{-j\Omega} + 5}{1 + \frac{1}{6}e^{-j\Omega} - \frac{1}{6}e^{-j2\Omega}} \Bigg|_{e^{-j\Omega}=3}$$

$$= \left.\frac{-\frac{5}{6}e^{-j\Omega} + 5}{1 + \frac{1}{2}e^{-j\Omega}}\right|_{e^{-j\Omega}=3}$$
$$= 1.$$

그러므로,

$$x[n] = 4(-1/2)^n u[n] + (1/3)^n u[n].$$ ∎

▶ **연습문제 3.38** 다음 차분 방정식으로 표현되는 이산시간 시스템의 주파수 응답과 임펄스 응답을 구하라.

(a) $$y[n-2] + 5y[n-1] + 6y[n] = 8x[n-1] + 18x[n]$$

(b) $$y[n-2] - 9y[n-1] + 20y[n] = 100x[n] - 23x[n-1]$$

해답: (a)

$$H(e^{j\Omega}) = \frac{8e^{-j\Omega} + 18}{(e^{-j\Omega})^2 + 5e^{-j\Omega} + 6}$$
$$h[n] = 2(-1/3)^n u[n] + (-1/2)^n u[n]$$

(b)

$$H(e^{j\Omega}) = \frac{100 - 23e^{-j\Omega}}{20 - 9e^{-j\Omega} + e^{-j2\Omega}}$$
$$h[n] = 2(1/4)^n u[n] + 3(1/5)^n u[n]$$ ∎

3.14 곱셈 성질

곱셈 성질은 시간 영역에서 두 신호의 곱셈에 푸리에 표현을 적용한다. 먼저 비주기 연속시간 신호의 곱셈을 고려하자.

만약 $x(t)$와 $z(t)$가 비주기적인 신호라고 한다면, 두 신호를 곱해서 얻는 신호를 $y(t)$, 즉 $y(t) = x(t)z(t)$의 FT를 $x(t)$와 $z(t)$의 FT의 항으로 표현하기를 원한다. $x(t)$와 $z(t)$를 각각의 FT의 항으로 표현하면,

$$x(t) = \frac{1}{2\pi}\int_{-\infty}^{\infty} X(j\nu)e^{j\nu t}\,d\nu$$

$$z(t) = \frac{1}{2\pi}\int_{-\infty}^{\infty} Z(j\eta)e^{j\eta t}\,d\eta.$$

두 신호의 곱셈으로 얻게 되는 $y(t)$는 다음과 같이 쓸 수 있다.

$$y(t) = \frac{1}{(2\pi)^2}\int_{-\infty}^{\infty}\int_{-\infty}^{\infty} X(j\nu)Z(j\eta)e^{j(\eta+\nu)t}\,d\eta\,d\nu.$$

이제 η에 변수 변환을 수행하고 $\eta = \omega - \nu$를 대입하면,

$$y(t) = \frac{1}{2\pi}\int_{-\infty}^{\infty}\left[\frac{1}{2\pi}\int_{-\infty}^{\infty} X(j\nu)Z(j(\omega - \nu))\, d\nu\right]e^{j\omega t}\, d\omega.$$

ν에 관한 내부 적분은 $Z(j\omega)$와 $X(j\omega)$의 콘벌루션이다. 반면, ω에 관한 외부 적분은 $y(t)$에 대한 푸리에 표현 형태이다. 따라서, 우리는 이 $1/2\pi$만큼 스케일된 콘벌루션을 $Y(j\omega)$로 인식할 수 있다. 즉,

$$y(t) = x(t)z(t) \xleftrightarrow{FT} Y(j\omega) = \frac{1}{2\pi}X(j\omega) * Z(j\omega) \tag{3.56}$$

이고, 여기서

$$X(j\omega) * Z(j\omega) = \int_{-\infty}^{\infty} X(j\nu)Z(j(\omega - \nu))\, d\nu.$$

시간 영역에서 두 신호의 곱셈은 주파수 영역에서 각각의 FT의 콘벌루션과 $1/2\pi$의 곱에 대응한다.

유사하게 만약 $x[n]$과 $z[n]$이 이산시간 비주기적 신호라고 한다면, 두 신호의 곱 $y[n] = x[n]z[n]$의 DTFT는, 각각의 DTFT의 콘벌루션과 $1/2\pi$의 곱으로 주어진다. 즉,

$$y[n] = x[n]z[n] \xleftrightarrow{DTFT} Y(e^{j\Omega}) = \frac{1}{2\pi}X(e^{j\Omega}) \circledast Z(e^{j\Omega}) \tag{3.57}$$

이다. 여기서 심볼 $\circledast$는 주기 콘벌루션을 의미한다. 여기서 $X(e^{j\Omega})$와 $Z(e^{j\Omega})$는 주기가 2π인 주기 함수이며, 2π의 범위에 관한 주기 콘벌루션은

$$X(e^{j\Omega}) \circledast Z(e^{j\Omega}) = \int_{-\pi}^{\pi} X(e^{j\theta})Z(e^{j(\Omega-\theta)})\, d\theta.$$

곱셈에 관한 성질은 시간 영역 신호를 잘라내는(truncating) 효과를 주파수 영역에서 이해할 수 있게 한다. 신호를 잘라냄의 과정은 창(window)을 통하여 신호를 보는 것에 해당하므로, 또한 **창함수의 적용**(windowing)이라고 불리운다. 창을 통하여 보이지 않는 신호 부분은 잘려지거나 0으로 가정한다. 창 연산 작용은 수학적으로 신호 $x(t)$에 창함수 $w(t)$를 곱하는 것으로 표현된다. 여기서 창함수는 관심 있는 영역의 밖에서 0이다. 통과된 신호를 $y(t)$라고 한다면 $y(t) = x(t)w(t)$를 얻는다. 이 연산 작용은 그림 3.65(a)에서, 신호 $x(t)$를 시간 구간 $-T_o < t < T_o$의 구간에서 잘라내는 창함수에 따라 설명되었다. $y(t)$의 FT는 $x(t)$와 $w(t)$의 FT들과 곱의 성질을 통하여 관련된다.

$$y(t) \xleftrightarrow{FT} Y(j\omega) = \frac{1}{2\pi}X(j\omega) * W(j\omega).$$

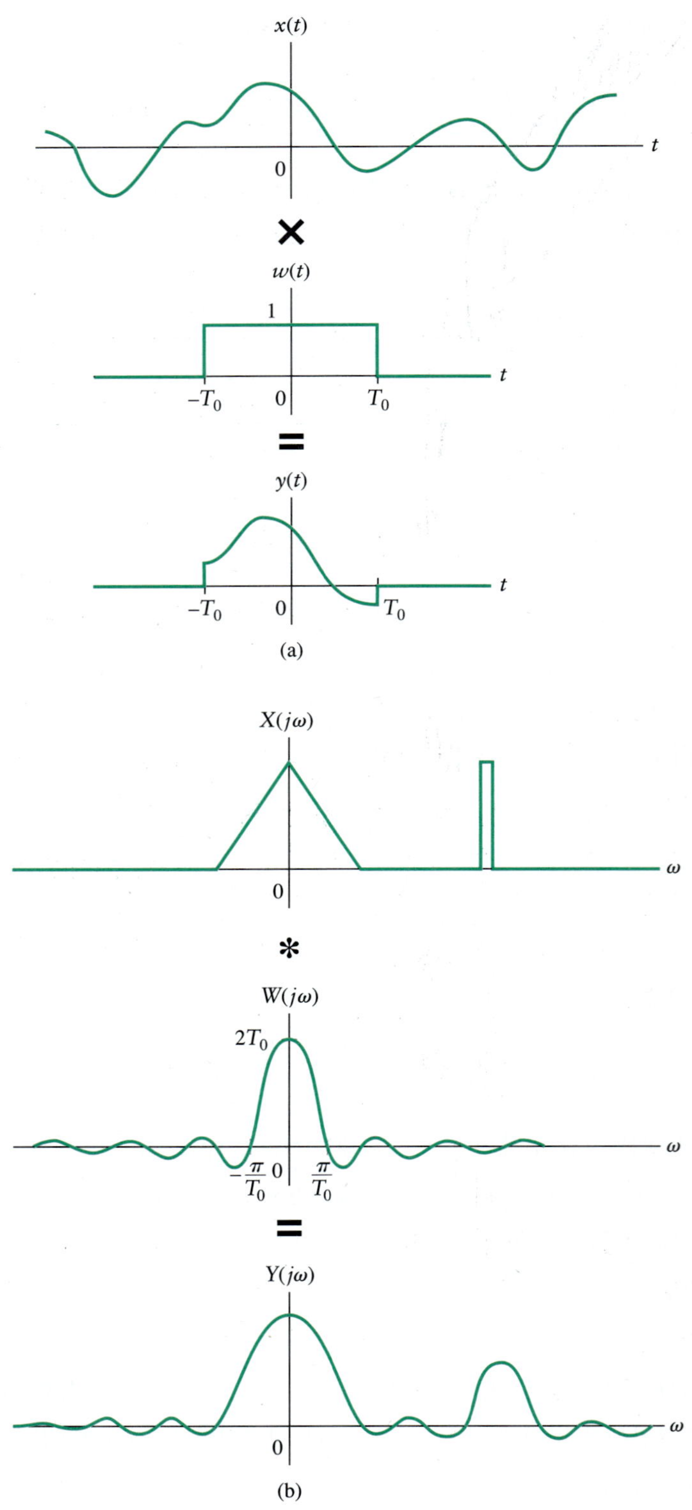

그림 3.65 창함수의 효과. (a) 창함수 $w(t)$를 이용해서 시간 신호를 잘라내기, (b) 신호와 창함수의 푸리에 변환을 콘벌루션한 것은 시간 영역에 잘라낸 신호의 푸리에 변환과 같다.

만약 $w(t)$가 그림 3.65(a)에서처럼 구형파 창이라면 예제 3.25로부터

$$W(j\omega) = \frac{2}{\omega}\sin(\omega T_o)$$

이다. 그림 3.65(b)는 주파수 영역에서 구형파 창에 의한 잘라냄의 효과를 설명하고 있다. $X(j\omega)$는 임의로 선택한 함수 곡선의 예이고 그림 3.65(a)에 보인 시간 영역 신호 $x(t)$의 실제 FT가 아님에 주목하자. 그림 3.65(b)처럼, 창의 일반적인 효과는 $X(j\omega)$의 상세함을 부드럽게 하는 것이며, $X(j\omega)$의 불연속점들 근처에서 진동을 도입한다. 스무딩은 $W(j\omega)$의 주엽(main-lobe)의 폭 $2\pi/T_o$의 결과이고, 진동은 $W(j\omega)$의 부엽(sidelobe)의 진동에 기인한다. 다음의 예제는 이상적인 이산시간 시스템의 임펄스 응답을 창함수로 적용할 때의 효과를 설명한다.

예제 3.46 임펄스 응답 잘라내기

이상적인 이산시간 시스템의 주파수 응답 $H(e^{j\Omega})$를 그림 3.66(a)에 보였다. 어떤 시스템의 임펄스 응답이 이상적인 임펄스 응답을 범위 $-M \le n \le M$으로 잘라낸 것과 같을 때, 그 시스템의 주파수 응답을 설명하라.

풀이: 이상적인 임펄스 응답은 $H(e^{j\Omega})$의 역DTFT이다. 예제 3.19의 결과를 이용하여

$$h[n] = \frac{1}{\pi n}\sin\left(\frac{\pi n}{2}\right)$$

으로 쓴다. 이 응답은 그 범위가 무한대이다. 잘라진 임펄스을 $h_t[n]$이라고 하면,

$$h_t[n] = \begin{cases} h[n], & |n| \le M \\ 0, & \text{그 밖의 범위.} \end{cases}$$

우리는 $h_t[n]$을 $h[n]$과 창함수 $w[n]$의 곱 $h_t[n] = h[n]w[n]$으로 표현할 수 있다. 여기서,

$$w[n] = \begin{cases} 1, & |n| \le M \\ 0, & \text{그 밖의 범위} \end{cases}$$

이다. $h_t[n] \xleftrightarrow{DTFT} H_t(e^{j\Omega})$라고 하자. 그리고 식 (3.57)에 의해 주어진 곱의 성질을 이용하여

$$H_t(e^{j\Omega}) = \frac{1}{2\pi}\int_{-\pi}^{\pi} H(e^{j\theta})W(e^{j(\Omega-\theta)})\,d\theta$$

를 얻는다.

$$H(e^{j\theta}) = \begin{cases} 1, & |\theta| < \pi/2 \\ 0, & \pi/2 < |\theta| < \pi \end{cases}$$

이므로, 예제 3.18를 기반으로

$$W(e^{j(\Omega-\theta)}) = \frac{\sin((\Omega - \theta)(2M + 1)/2)}{\sin((\Omega - \theta)/2)},$$

$$H_t(e^{j\Omega}) = \frac{1}{2\pi}\int_{-\pi/2}^{\pi/2} F_\Omega(\theta)\,d\theta$$

를 얻는다. 여기서

$$F_{\Omega}(\theta) = H(e^{j\theta})W(e^{j(\Omega-\theta)}) = \begin{cases} W(e^{j(\Omega-\theta)}), & |\theta| < \pi/2 \\ 0, & |\theta| > \pi/2 \end{cases}$$

이다. 그림 3.66(b)는 $F_{\Omega}(\theta)$를 보인다. $H_t(e^{j\Omega})$는 $\theta = -\pi/2$와 $\theta = \pi/2$ 사이에 있는 $F_{\Omega}(\theta)$의 아래 면적이다. $H_t(e^{j\Omega})$를 그림으로 보이기 위하여 $\Omega = 0$으로부터 시작하여 Ω가 증가함에 따라 $F_{\Omega}(\theta)$의 아래의 면적을 생각해 보자. Ω가 증가함에 따라서, $F_{\Omega}(\theta)$에 있어 작은 진동들은 $\theta = \pi/2$의 경계를 통하여 이동한다. 양의 진동 부분이 경계를 통과하여 이동할 때, $F_{\Omega}(\theta)$ 아래의 면적은 감소한다. 음의

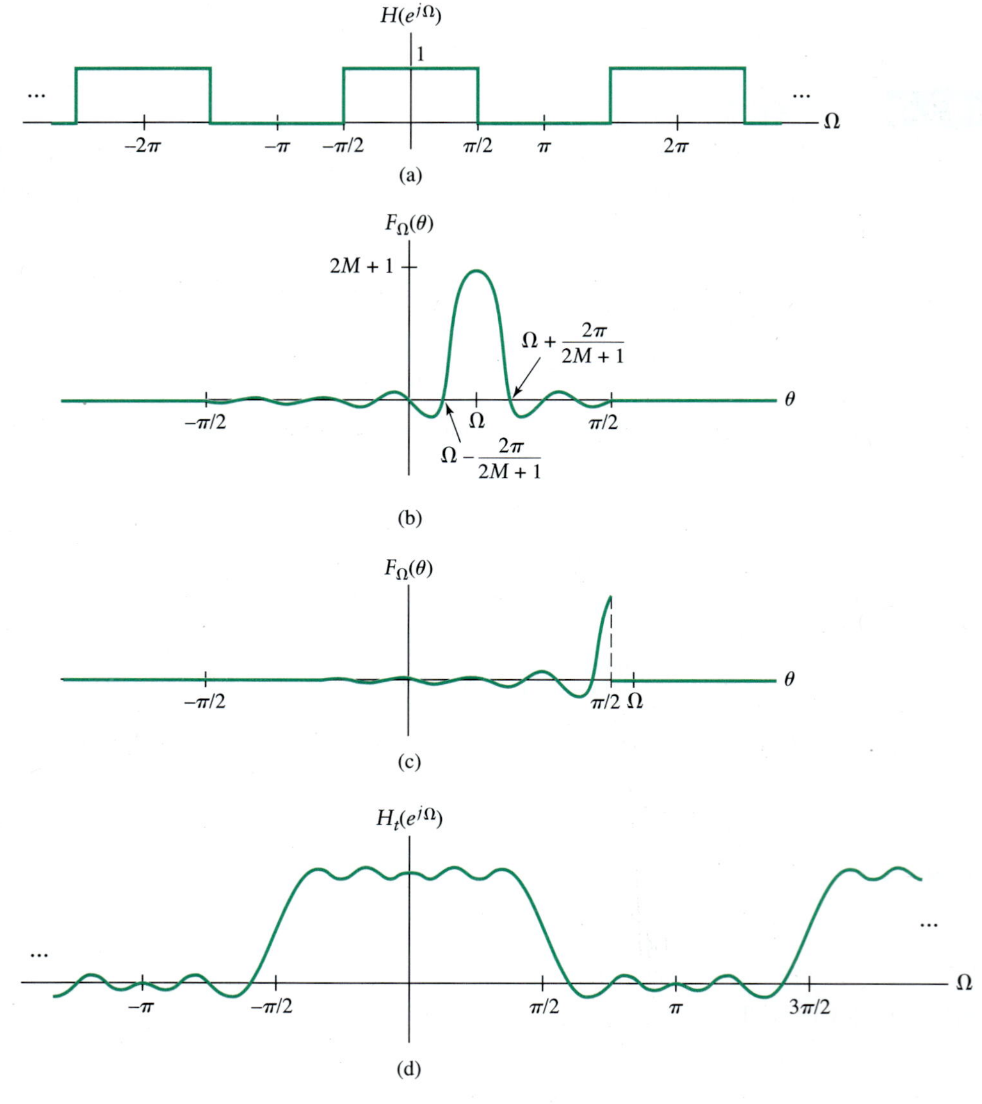

그림 3.66 이산시간 시스템의 임펄스 응답을 절단한 효과. (a) 이상 시스템의 주파수 응답, (b) $\Omega = 0$ 부근을 확대한 $F_{\Omega}(\theta)$, (c) $\Omega = \pi/2$보다 약간 높은 주파수 영역의 $F_{\Omega}(\theta)$, (d) 절단된 임펄스 응답의 주파수 응답

진동 부분이 이 경계를 통해 이동함에 따라 면적은 증가한다. 진동은 또한 $\theta = -\pi/2$를 통하여 이동하나, 이들은 오른쪽의 진동보다는 작다. 왜냐하면, 그들은 Ω로부터 더 멀리 있으며, 따라서 영향이 훨씬 적다. $F_\Omega(\theta)$에 있어 $\theta = \pi/2$의 경계를 통해 이동하는 진동의 효과는 $H_t(e^{j\Omega})$에 있어 진동을 발생하는 것이다. 이들은 Ω가 증가함에 따라 진폭이 증가한다. Ω가 $\pi/2$에 접근함에 따라 $F_\Omega(\theta)$ 아래의 면적은 급격하게 줄어드는데, 주엽이 $\theta = \pi/2$를 통하여 이동하기 때문이다. 그림 3.66(c)는 $\pi/2$보다 약간 큰 Ω에 대한 $F_\Omega(\theta)$를 보여준다. Ω가 연속적으로 증가함에 따라 주엽 왼쪽의 진동은 경계 $\theta = \pi/2$를 통해 이동하며 $F_\Omega(\theta)$ 아래의 면적에 추가적인 진동을 유발한다. 그러나, $F_\Omega(\theta)$의 주엽은 더 이상 포함되어 있지 않기 때문에 면적의 진동은 거의 0이다.

따라서 $H_t(e^{j\Omega})$는 그림 3.66(d)에 보인 형태와 같다. 이상적인 임펄스 응답의 잘라냄은 주파수 영역에서 리플(ripple)을 유발하고 $\Omega = \pm\pi/2$에서 천이 구간을 넓힌다. 이들의 효과는 M이 증가함에 따라 감소한다. 왜냐하면, $W(e^{j\Omega})$의 주엽이 점차 좁아지고 진동은 좀 더 빨리 사라지기 때문이다. ▮

▶ **연습문제 3.39** 곱셈에 관한 푸리에 변환의 성질을 이용하여 다음의 FT를 구하라.

$$x(t) = \frac{4}{\pi^2 t^2}\sin^2(2t).$$

해답: 그림 3.67 참조 ▮

주기 신호에 대한 곱셈 성질은 비주기 신호와 유사하다. 주기적인 시간 영역 신호의 곱셈도 푸리에 표현에 의하면 콘벌루션에 대응된다. 특히, 연속시간에서

$$y(t) = x(t)z(t) \xleftrightarrow{FT;2\pi/T} Y[k] = X[k] * Z[k] \tag{3.58}$$

이다. 여기서,

$$X[k] * Z[k] = \sum_{m=-\infty}^{\infty} X[m]Z[k-m]$$

은 FS 계수의 비주기 콘벌루션이다. $x(t)$와 $z(t)$가 공통주기를 갖는다면, 이 성질이 적용된다. $x(t)$와 $y(t)$의 기본주기가 다르다면, FS 계수 $X[k]$와 $Y[k]$는 신호의 곱의 기본 주기를 이용하여 결정해야 한다. 즉, 각 신호의 주기에 대한 최소 공배수이다.

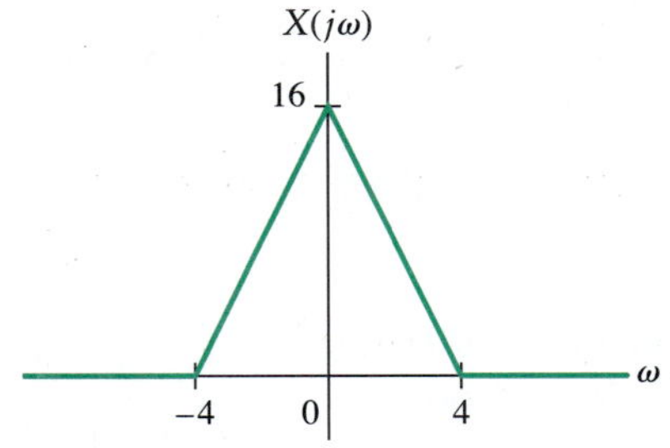

그림 6.67 연습문제 3.39의 답

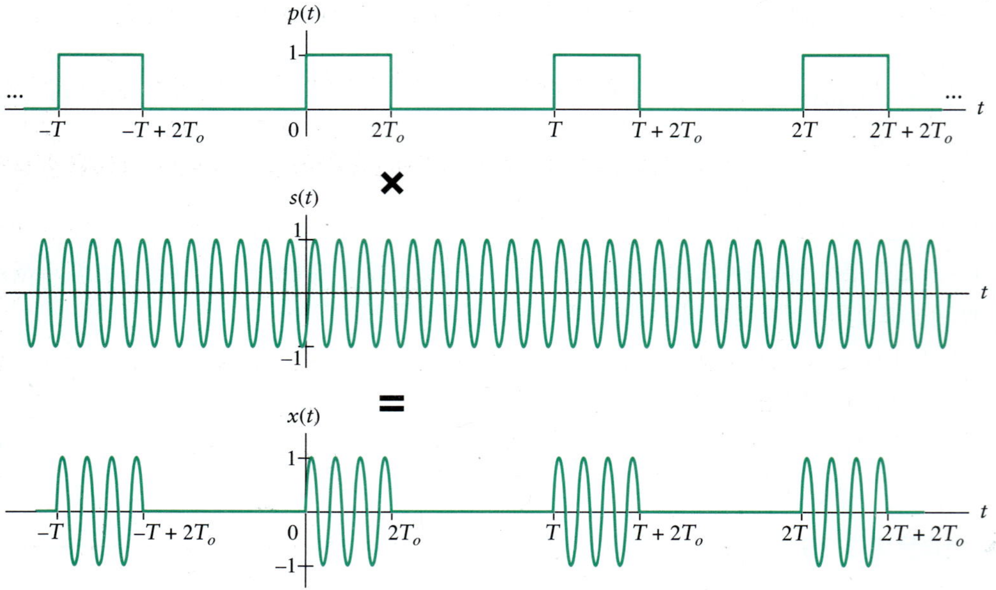

그림 6.68 RF 펄스는 주기 구형파와 사인파의 곱으로 표현된다.

예제 3.47 레이다 범위 측정: RF 펄스열의 스펙트럼

1.10절에 소개되고 범위를 측정하기 위해 사용된 RF 펄스열 $x(t)$는 그림 3.68에 보인 구형파 $p(t)$와 사인파 $s(t)$의 곱으로 정의된다. $s(t) = \sin(1{,}000\pi t / T)$로 가정한다. $x(t)$의 FS 계수를 구하라.

풀이: $x(t) = p(t)\,s(t)$이므로 식 (3.58)에 주어진 곱셈 성질은 $X[k] = P[k] * S[k]$를 의미한다. 이 결과를 적용하기 위해, $p(t)$와 $s(t)$의 FS 계산에서 똑같은 기본 주파수를 사용해야 한다. $p(t)$에 대한, 기본 주기는 $\omega_o = 2\pi / T$이다. 그러므로 $s(t) = \sin(500\omega_o t)$로 쓸 수 있다. 즉, $s(t)$의 주파수는 $p(t)$에 대한 기본 주파수의 500번째 조화파이다. $s(t)$에 대한 기본 주파수로 ω_o를 이용하여 다음의 FS 계수를 구한다.

$$S[k] = \begin{cases} 1/(2j), & k = 500 \\ -1/(2j), & k = -500 \\ 0, & \text{그 밖의 범위.} \end{cases}$$

또한 $S[k] = 1 / (2j)\delta[k - 500] - 1(2j)\delta[k + 500]$이다. 예제 3.13의 결과와 시간 이동 성질을 이용한 FS 계수는

$$P[k] = e^{-jkT_o\omega_o}\frac{\sin(k\omega_o T_o)}{k\pi}$$

이다. 신호와 이동된 임펄스의 콘벌루션은 신호를 임펄스의 위치로 이동시킨다. 이 결과를 이용하여 콘벌루션 $X[k] = P[k] * S[k]$를 계산하여

$$X[k] = \frac{1}{2j}e^{-j(k-500)T_o\omega_o}\frac{\sin((k-500)\omega_o T_o)}{(k-500)\pi} - \frac{1}{2j}e^{-j(k+500)T_o\omega_o}\frac{\sin((k+500)\omega_o T_o)}{(k+500)\pi}$$

를 구한다. 그림 3.69는 $0 \le k \le 1{,}000$에 대한 진폭 스펙트럼을 보인다. RF 펄스에서 전력은 정현

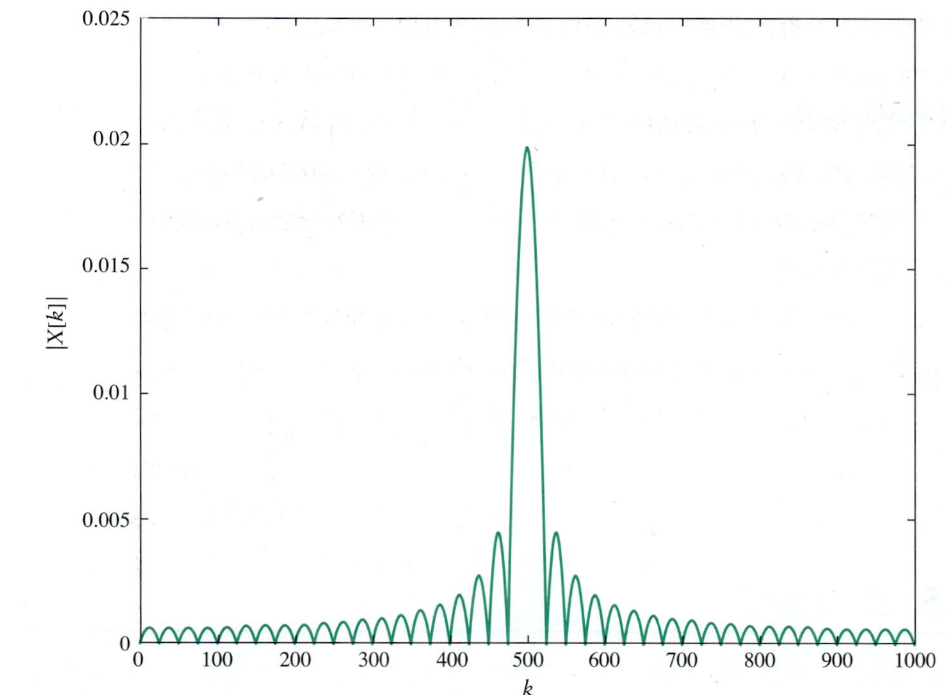

그림 3.69 RF 펄스열의 FS 스펙트럼에서 $0 < k < 1{,}000$에 관한 그래프. 이 그래프는 1,000개의 데이터를 그렸기 때문에 연속 곡선으로 나타냈다.

파 신호 $s(t)$와 관계된 조화파 주변에 집중된다. ■

이산시간 신호에 대한 곱셈 성질은

$$y[n] = x[n]z[n] \xleftrightarrow{DTFS;\,2\pi/N} Y[k] = X[k] \circledast Z[k] \tag{3.59}$$

이다. 여기서,

$$X[k] \circledast Z[k] = \sum_{m=0}^{N-1} X[m]Z[k-m]$$

은 DTFS 계수의 주기적인 콘벌루션이다. 다시, 세 개의 모든 시간 영역 신호는 공통 기본주기 N을 갖는다. 표 3.9는

표 3.9 푸리에 표현의 곱셈 성질

$$x(t)z(t) \xleftrightarrow{FT} \frac{1}{2\pi}X(j\omega) * Z(j\omega)$$

$$x(t)z(t) \xleftrightarrow{FS;\,\omega_o} X[k] * Z[k]$$

$$x[n]z[n] \xleftrightarrow{DTFT} \frac{1}{2\pi}X(e^{j\Omega}) \circledast Z(e^{j\Omega})$$

$$x[n]z[n] \xleftrightarrow{DTFS;\,\Omega_o} X[k] \circledast Z[k]$$

네 개의 모든 푸리에 표현에 대한 곱의 성질을 요약한 것이다.

▶ **연습문제 3.40** 다음 푸리에 표현에 대응하는 시간 영역 신호를 구하라.

(a)
$$X(e^{j\Omega}) = \left(\frac{e^{-j3\Omega}}{1 + \frac{1}{2}e^{-j\Omega}}\right) \circledast \left(\frac{\sin(21\Omega/2)}{\sin(\Omega/2)}\right)$$

(b)
$$X(j\omega) = \frac{2\sin(\omega - 2)}{\omega - 2} * \frac{e^{-j2\omega}\sin(2\omega)}{\omega}$$

해답: (a)
$$x[n] = 2\pi(-1/2)^{n-3}(u[n-3] - u[n-11])$$

(b)
$$x(t) = \pi e^{j2t}(u(t) - u(t-1))$$

3.15 스케일링

시간 변수를 스케일링했을 때 신호의 주파수 영역 표현들에 대한 영향을 고려한다. $z(t) = x(at)$, 여기서 a는 상수이다. FT의 정의에 의해,

$$\begin{aligned} Z(j\omega) &= \int_{-\infty}^{\infty} z(t)e^{-j\omega t}\,dt \\ &= \int_{-\infty}^{\infty} x(at)e^{-j\omega t}\,dt \end{aligned}$$

이다. $\tau = at$를 대입하여

$$Z(j\omega) = \begin{cases} (1/a)\int_{-\infty}^{\infty} x(\tau)e^{-j(\omega/a)\tau}\,d\tau, & a > 0 \\ (1/a)\int_{\infty}^{-\infty} x(\tau)e^{-j(\omega/a)\tau}\,d\tau, & a < 0 \end{cases}$$

를 얻는다. 이 두 개의 적분은 다음과 같이 단일 적분으로 표현된다. 즉,

$$Z(j\omega) = (1/|a|)\int_{-\infty}^{\infty} x(\tau)e^{-j(\omega/a)\tau}\,d\tau,$$

$$z(t) = x(at) \xleftrightarrow{FT} (1/|a|)X(j\omega/a). \tag{3.60}$$

그러므로 그림 3.70과 같이 시간 영역에서 신호를 스케일링하는 것은 주파수 영역 표현에서 주파수 역스케일링과 진폭 역스케일링을 낳는다.

이 효과는 원래 녹음되었던 속도와는 다른 속도를 녹음된 소리를 재생함으로써 경험적으로 체험할 수 있다. 만약, 빠른 속도로 소리를 재생한다면, $a>1$에 해당하고 시간 신호를 압축하

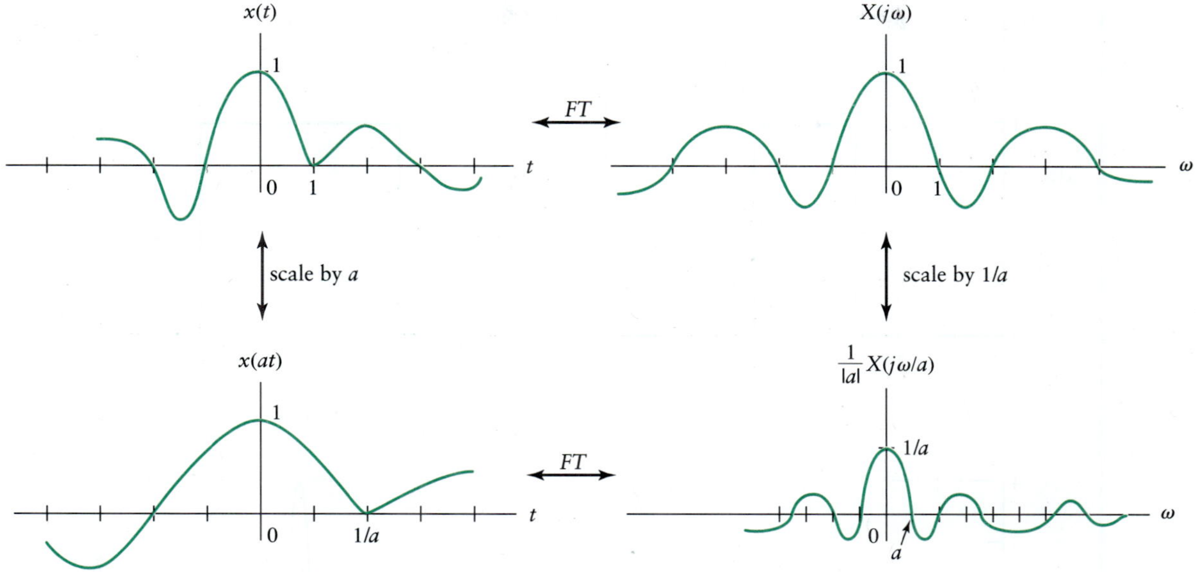

그림 3.70 FT의 스케일링 성질. $0 < a < 1$로 가정하였다.

는 것이다. 주파수 영역에서 역스케일링은 푸리에 표현을 좀더 넓은 주파수 대역으로 확장하고 소리의 인지된 피치의 증가를 설명한다. 역으로, 소리를 느린 속도로 재생하면 이는 $0 < a < 1$이기 때문에 시간 신호를 확장함에 해당한다. 주파수 영역에서 역스케일링은 푸리에 표현을 압축하고, 인지된 피치의 감소를 설명한다.

예제 3.48 구형파 펄스 스케일링

$x(t)$가 다음의 구형파라고 하자.

$$x(t) = \begin{cases} 1, & |t| < 1 \\ 0, & |t| > 1. \end{cases}$$

$x(t)$의 FT와 스케일링 성질을 이용하여 다음의 구형파 $y(t)$의 FT를 찾아라.

$$y(t) = \begin{cases} 1, & |t| < 2 \\ 0, & |t| > 2. \end{cases}$$

풀이: 예제 3.25의 결과에 $T_o = 1$을 대입하면,

$$X(j\omega) = \frac{2}{\omega}\sin(\omega)$$

이다. $y(t) = x(t/2)$임에 주목하라. 그러므로 식 (3.60)의 스케일링 특성(단, $a = 1/2$)을 적용하면,

$$\begin{aligned} Y(j\omega) &= 2X(j2\omega) \\ &= 2\left(\frac{2}{2\omega}\right)\sin(2\omega) \\ &= \frac{2}{\omega}\sin(2\omega) \end{aligned}$$

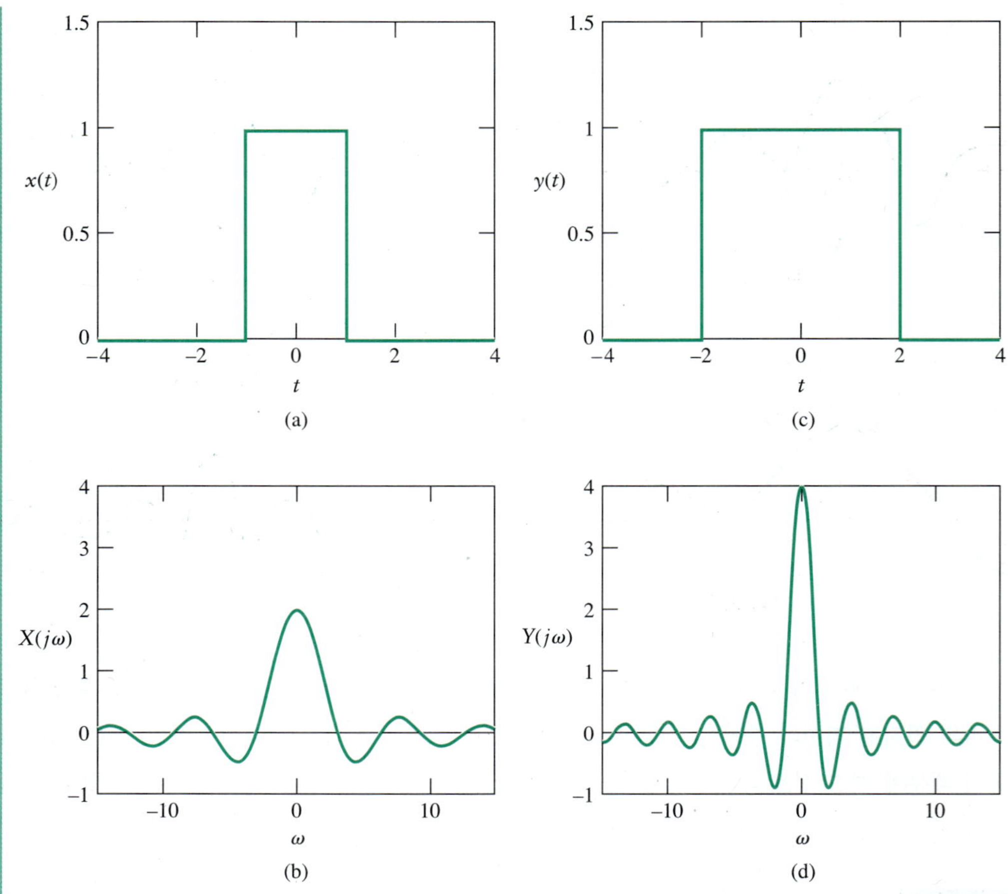

그림 3.71 예제 3.48에 대한 FT 스케일링 성질의 응용. (a) 시간 신호의 원형, (b) 원래 신호의 FT, (c) 스케일링된 시간 신호 $y(t) = x(t/2)$, (d) 스케일링된 신호의 FT $Y(j\omega) = 2X(j2\omega)$

이다. 이 답은 $T_o = 2$를 예제 3.25의 결과에 대입하여 얻어질 수도 있다. 그림 3.71은 이 예제에서 발생한 시간과 주파수 사이의 스케일링을 설명한다. ■

예제 3.49 여러 가지 성질을 이용한 역FT

$$X(j\omega) = j\frac{d}{d\omega}\left\{\frac{e^{j2\omega}}{1 + j(\omega/3)}\right\}$$

에 대응하는 시간 함수 $x(t)$를 찾아라.

풀이: 우리는 $x(t)$를 구하는 데 이용할 수 있는 세 개의 다른 성질, 주파수에서 미분, 시간 이동, 스케일링을 안다. 이것들은 올바른 결과를 얻기 위해 주어진 수학적 절차에 따라 $X(j\omega)$에 적용되어야 한다. 변환쌍

$$s(t) = e^{-t}u(t) \xleftrightarrow{FT} S(j\omega) = \frac{1}{1 + j\omega}$$

을 이용하여 $X(j\omega)$를

$$X(j\omega) = j\frac{d}{d\omega}\{e^{j2\omega}S(j\omega/3)\}$$

으로 표현한다. 먼저 스케일링하고 시간 이동, 마지막으로 미분한다. $Y(j\omega) = S(j\omega/3)$로 정의하면, 그때 식 (3.60)에 주어진 스케일링 성질의 응용은

$$\begin{aligned} y(t) &= 3s(3t) \\ &= 3e^{-3t}u(3t) \\ &= 3e^{-3t}u(t) \end{aligned}$$

이다. 이제 $W(j\omega) = e^{j2\omega}Y(j\omega)$를 정의하고 표 3.7로부터 시간 이동 성질을 적용하여

$$\begin{aligned} w(t) &= y(t + 2) \\ &= 3e^{-3(t+2)}u(t + 2) \end{aligned}$$

를 얻는다. 마지막으로, $X(j\omega) = j\frac{d}{d\omega}W(j\omega)$이므로, 표 3.6에 주어진 미분 성질을 이용하여

$$\begin{aligned} x(t) &= tw(t) \\ &= 3te^{-3(t+2)}u(t + 2) \end{aligned}$$

를 얻는다. ∎

만약 $x(t)$가 주기적 신호라면, $z(t) = x(at)$ 또한 주기적이고 FS가 적절한 푸리에 표현이다. 편의상 우리는 a가 양수라고 가정하였다. 이 경우에서 스케일링은 신호의 기본 주파수를 변화시킨다. 만약 $x(t)$의 기본주기가 T라면, $z(t)$는 기본주기 T/a를 갖는다. 그러므로 $x(t)$의 기본 주파수가 ω_o라면, $z(t)$의 기본 주파수는 $a\omega_o$이다. 식 (3.20)으로부터 $z(t)$의 FS 계수는 아래와 같이 주어진다.

$$Z[k] = \frac{a}{T}\int_0^{T/a} z(t)e^{-jka\omega_o t}\,dt.$$

$z(t)$에 $x(at)$를 대입하고 FT 의 경우와 같이 변수 변환을 수행하면,

$$z(t) = x(at) \xleftrightarrow{FS;\,a\omega_o} Z[k] = X[k], \qquad a > 0 \tag{3.61}$$

를 얻는다. 다시 말해, $x(t)$와 $x(at)$의 FS 계수들은 동일하다. 스케일링은 단지 조화간격(harmonic spacing)을 ω_o에서 $a\omega_o$로 변환한다.

▶ **연습문제 3.41** 신호 $x(t)$는 FT 변환쌍 $x(t) \xleftrightarrow{FT} X(j\omega) = e^{-j\omega}|\omega|e^{-2|\omega|}$를 갖는다. $x(t)$를 결정함이 없이, 스케일링 성질을 이용하여 $y(t) = x(-2t)$의 FT 표현을 찾아라.

해답: $$Y(j\omega) = (1/2)e^{j\omega/2}|\omega/2|e^{-|\omega|} \quad \blacksquare$$

▶ **연습문제 3.42** 주기 신호 $x(t)$는 FS 변환쌍 $x(t) \xleftrightarrow{FS;\pi} X[k] = e^{-jk\pi/2}|k|e^{-2|k|}$를 갖는다. $x(t)$를 결정함이 없이, 스케일링 성질을 이용하여 $y(t) = x(3t)$의 FS 표현을 찾아라.

해답: $$y(t) \xleftrightarrow{FS;\pi/3} Y[k] = e^{-jk\pi/2}|k|e^{-2|k|} \quad \blacksquare$$

스케일링은 연속시간의 경우에 비교하여 이산시간에서 약간 다른 특성을 갖는다. 먼저, 정수값 p에 대하여 $z[n] = x[pn]$이라고 정의하자. 그런 다음, 만약 $|p| > 1$이라면 스케일링은 매 p번째 $x[n]$값만을 유지하고 다른 정보는 버린다. 이 정보의 손실은 우리로 하여금 위에서 유도된 연속시간의 결과와 비슷한 방법으로 $x[n]$의 DTFT 또는 DTFS를 이용하여 $z[n]$의 DTFT 또는 DTFS를 표현함을 불가능하게 한다. 이산시간 신호의 스케일링은 문제 3.80에서 더 논의된다.

3.16 파시벌 관계

파시벌(parseval)의 관계는 신호의 시간 영역 표현에서 에너지 또는 전력은 주파수 영역 표현들에서 에너지 또는 전력과 같다는 점을 말한다. 그러므로 에너지 또는 전력은 푸리에 표현에서 보존된다. 이 결과는 FT에 대하여 유도할 것이며, 다른 세 경우에 대해서는 단지 언급만 할 것이다. 연속시간 비주기 신호에서 에너지는

$$W_x = \int_{-\infty}^{\infty} |x(t)|^2 \, dt$$

이며, 여기서 $x(t)$는 일반적으로 복소수라고 가정한다. $|x(t)|^2 = x(t)x^*(t)$이다. 식 (3.35)의 양변에 켤레를 취하고 $x^*(t)$는 그의 FT인 $X(j\omega)$의 항으로 표현하면,

$$x^*(t) = \frac{1}{2\pi}\int_{-\infty}^{\infty} X^*(j\omega)e^{-j\omega t} \, d\omega.$$

이를 W_x의 표현식에 대입하면

$$W_x = \int_{-\infty}^{\infty} x(t)\left[\frac{1}{2\pi}\int_{-\infty}^{\infty} X^*(j\omega)e^{-j\omega t} \, d\omega\right] dt$$

를 얻는다. 이제 적분의 순서를 바꾸면,

$$W_x = \frac{1}{2\pi}\int_{-\infty}^{\infty} X^*(j\omega)\left\{\int_{-\infty}^{\infty} x(t)e^{-j\omega t} \, dt\right\} d\omega$$

를 얻는다. 괄호 안의 항을 관찰하면 이는 $x(t)$의 FT이다. 따라서

$$W_x = \frac{1}{2\pi}\int_{-\infty}^{\infty} X^*(j\omega)X(j\omega)\,d\omega$$

를 얻으며,

$$\int_{-\infty}^{\infty} |x(t)|^2\,dt = \frac{1}{2\pi}\int_{-\infty}^{\infty} |X(j\omega)|^2\,d\omega \tag{3.62}$$

라는 결론을 짓는다. 그러므로 시간 영역 표현에서 신호의 에너지는 주파수 영역 표현에서 2π로 정규화된 에너지와 동일하다. $|X(j\omega)|$를 신호의 **에너지 스펙트럼**이라고 부른다.

유사한 결과가 표 3.10에 정리된 바와 같이 다른 세 푸리에 표현들에 대해서도 성립한다. 시간 영역에서 에너지 또는 전력은 주파수 영역에서 에너지 또는 전력과 같다. 에너지는 비주기 시간 신호들을 위해 사용되는 반면, 전력은 주기 시간 영역 신호들에 적용된다. 전력은 주기의 길이에 의해 정규화된 한 주기상의 제곱 크기의 적분 또는 합으로서 정의됨을 상기하라. 신호의 얼마나 많은 전력 또는 에너지가 주파수의 함수로서 분포되었는지를 가리킨다.

표 3.10 푸리에 표현에 따른 파시벌 관계

$\int_{-\infty}^{\infty} \lvert x(t)\rvert^2\,dt = \frac{1}{2\pi}\int_{-\infty}^{\infty} \lvert X(j\omega)\rvert^2\,d\omega$
$\frac{1}{T}\int_0^T \lvert x(t)\rvert^2\,dt = \sum_{k=-\infty}^{\infty} \lvert X[k]\rvert^2$
$\sum_{n=-\infty}^{\infty} \lvert x[n]\rvert^2 = \frac{1}{2\pi}\int_{-\pi}^{\pi} \lvert X(e^{j\Omega})\rvert^2\,d\Omega$
$\frac{1}{N}\sum_{n=0}^{N-1} \lvert x[n]\rvert^2 = \sum_{k=0}^{N-1} \lvert X[k]\rvert^2$

예제 3.50 신호의 에너지 계산

$x[n]$를 다음과 같이 놓자.

$$x[n] = \frac{\sin(Wn)}{\pi n}.$$

Parseval 정리를 이용하여

$$\begin{aligned}\chi &= \sum_{n=-\infty}^{\infty} |x[n]|^2 \\ &= \sum_{n=-\infty}^{\infty} \frac{\sin^2(Wn)}{\pi^2 n^2}\end{aligned}$$

을 계산하라.

▸ 풀이: 표 3.10에서 DTFT Parseval의 정리에 의하여 우리는

$$\chi = \frac{1}{2\pi}\int_{-\pi}^{\pi} |X(e^{j\Omega})|^2\,d\Omega$$

를 얻는다.

$$x[n] \xleftrightarrow{DTFT} X(e^{j\Omega}) = \begin{cases} 1, & |\Omega| \le W \\ 0, & W < |\Omega| \le \pi \end{cases}$$

이기 때문에,

$$\begin{aligned} \chi &= \frac{1}{2\pi}\int_{-W}^{W} 1\, d\Omega, \\ &= W/\pi \end{aligned}$$

이다. 시간 영역 신호 $x[n]$을 이용하는 χ의 직접적인 계산은 매우 어렵다. ▮

▶ **연습문제 3.43** Parseval의 정리를 이용하여 다음을 계산하라.

(a)
$$\chi_1 = \int_{-\infty}^{\infty} \frac{2}{|j\omega + 2|^2} d\omega$$

(b)
$$\chi_2 = \sum_{k=0}^{29} \frac{\sin^2(11\pi k/30)}{\sin^2(\pi k/30)}$$

해답: (a) $\chi_1 = \pi$

(b) $\chi_2 = 330$ ▮

3.17 시간-대역폭 곱

우리는 신호의 시간과 주파수 범위의 역관계를 관찰해 왔다. 예제 3.25로부터,

$$x(t) = \begin{cases} 1, & |t| \le T_o \\ 0, & |t| > T_o \end{cases} \xleftrightarrow{FT} X(j\omega) = 2\sin(\omega T_o)/\omega$$

를 상기하라.

그림 3.72에 보였듯이 신호 $x(t)$는 시간폭 $2T_o$를 갖는다. $x(t)$의 FT인 $X(j\omega)$는 실직적으로 주파수에서 무한대의 범위를 갖는다. 그러나 그것의 에너지는 sinc 함수의 주엽의 대역폭인 $|\omega| < \pi / T_o$와 관련된 범위 내에 대부분의 에너지를 갖는다. T_o가 감소함에 따라 신호의 시간폭은 감소한다. 그러나 주파수 폭은 증가한다. 사실 시간폭과 주파수 폭의 곱은 일정하다.

시간과 주파수 폭의 역관계의 일반적인 성질은 스케일링 성질에 의하여 예시된다. 신호를 시간 영역에서 압축하면 주파수 영역에서 확장되고, 그 반대도 성립한다. 이 역관계를 신호의 **시간-주파수 곱**(product)이라고 부른다.

신호의 대역폭은 양 주파수에 대해서 신호의 중요한 주파수 내용을 참조한다. 특히, 무한 주파수 범위를 갖는 신호에 대하여 대역폭을 정의하는 것은 어렵다. 왜냐하면, 중요하다는 말의

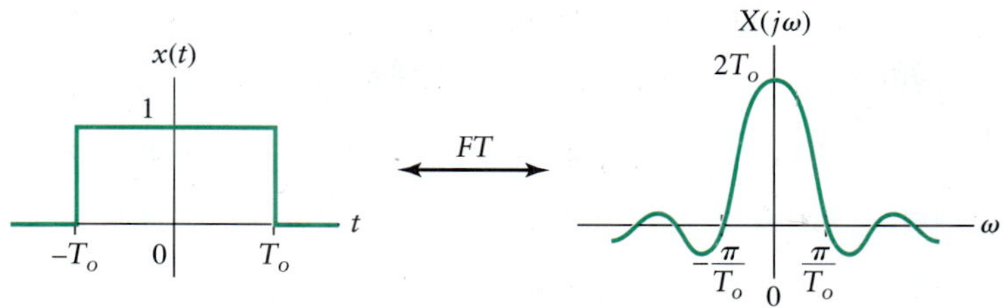

그림 3.72 신호의 시간 한계와 주파수 한계의 역관계를 예시한 구형펄스

의미는 정밀하게 수학적이지 않기 때문이다. 이러한 어려움에도 불구하고, 일반적으로 사용되는 대역폭에 대한 몇몇의 정의들이 있다. 그런 하나의 정의는 널(0)에 의해 제한되는 주엽에 의해서 특징 지워지는 주파수 영역 표현을 갖는 신호들에 적용된다. 만약, 신호가 저역통과라면, 즉, 주엽이 원점에 위치한다면, 대역폭은 주엽폭의 반으로 정의된다. 이 정의를 사용하면, 그림 3.72에 보인 신호는 π / T_o의 대역폭을 갖는다. 만약, 신호가 대역통과(bandpass)라면, 주엽의 중심이 ω_c에 위치한다는 의미 아래서, 대역폭은 주엽의 폭과 같다. 일반적으로 사용되는 또 다른 대역폭에 대한 정의는 피크값의 $1/\sqrt{2}$ 배가 되는 진폭 스펙트럼의 주파수이다. 이 주파수에서 에너지 스펙트럼은 피크값의 반을 갖는다. 유사한 어려움이 시간폭 또는 신호의 길이를 엄밀하게 정의하고자 할 때 마주친다.

위 대역폭과 길이에 대한 정의들은 해석적 계산에서는 적합하지 않다. 우리는 유효 길이와 대역폭은 근 평균-제곱 척도를 정의하여 임의의 신호들에 길이와 대역폭 사이의 역관계를 해석적으로 기술한다. 우리는 신호의 길이는

$$T_d = \left[\frac{\int_{-\infty}^{\infty} t^2 |x(t)|^2 \, dt}{\int_{-\infty}^{\infty} |x(t)|^2 \, dt} \right]^{1/2} \tag{3.63}$$

과 같이, 그리고 대역폭은

$$B_w = \left[\frac{\int_{-\infty}^{\infty} \omega^2 |X(j\omega)|^2 \, d\omega}{\int_{-\infty}^{\infty} |X(j\omega)|^2 \, d\omega} \right]^{1/2} \tag{3.64}$$

로 정의할 것이다. 이들 정의는 $x(t)$가 원점에 중심을 두고 있으며 저역통과라고 가정을 하고 있다. 유효 길이로서 T_d의 해석은 식 (3.63)을 살핌으로써 얻어진다. 분자의 적분은 원점에 관한 신호의 2차 모멘트이다. 적분은 $t = 0$으로부터 거리의 제곱을 함으로써 각 시점에서 $x(t)$값의 제곱을 가중한다. 그러므로 만약 큰 값의 t에 대해 $x(t)$가 크다면, 길이는 작은 t에서 $x(t)$가 큰 경우보다 더 크게 된다. 유사한 해석이 B_ω에 대하여 적용된다. 평균 제곱근 정의가 확실한 해석적 매력은 제공하지만, 그들은 주어진 신호와 진폭 스펙트럼으로부터 쉽게 측정될 수 없다.

임의의 신호에 대한 시간-대역폭 곱은

$$T_d B_w \geq 1/2 \tag{3.65}$$

과 같이 최저값이 제한된다. 이 한계는 신호의 길이와 대역폭을 동시에 줄일 수 없음을 의미한다. 가우시안 펄스들이 위 식의 등호(equal)를 만족하는 유일한 신호이다. 또한 식 (3.65)는 현대 물리학에 대한 적용에서 **불확정성 원리**라고 알려져 있다. 이는 전자(electron)의 정확한 위치와 모멘텀이 동시에 결정될 수 없다는 것을 의미한다. 이 결과는 대역폭과 길이의 다른 정의로 일반화된다. 대역폭과 길이의 곱은 항상 최저 상수값에 의하여 제한된다. 이 상수값은 대역폭과 길이의 정의에 따라 결정된다.

예제 3.51 구형파 펄스의 대역폭 한계

신호 $x(t)$를

$$x(t) = \begin{cases} 1, & |t| \le T_o \\ 0, & |t| > T_o \end{cases}$$

로 놓자. 불확정성 원리를 이용하여 $x(t)$의 효율적인 대역폭에 대한 하한 경계를 구하라.

▶ 풀이: 먼저 식 (3.63)을 이용하여 $x(t)$의 T_d를 계산한다.

$$\begin{aligned} T_d &= \left[\frac{\int_{-T_o}^{T_o} t^2\, dt}{\int_{-T_o}^{T_o} dt} \right]^{1/2} \\ &= \left[\left(1/(2T_o)\right)(1/3)t^3\Big|_{-T_o}^{T_o} \right]^{1/2} \\ &= T_o/\sqrt{3}. \end{aligned}$$

식 (3.65)에 주어진 불확정성 원리는 $B_w \ge 1/(2T_d)$를 말한다. 그러므로, 다음의 결론을 얻는다.

$$B_w \ge \sqrt{3}/(2T_o). \quad ▮$$

식 (3.65)와 유사한 시간-대역폭 곱에 대한 경계는 다른 푸리에 표현에 대해서도 유되될 수 있다.

3.18 쌍대성

이 장을 통하여 우리는 신호의 시간 및 주파수 영역 표현들의 일관적인 대칭성을 관찰하여 왔다. 예를 들어, 시간 또는 주파수에서 연속시간 구형파는 주파수 또는 시간에서, 그림 3.73에 보인 바와 같이 sinc 함수이다. 시간에서 임펄스는 주파수에서 상수이고, 시간에서 상수는 주파수에서 임펄스이다. 우리는 또한 푸리에 성질들에서 대칭성을 관찰하였다. 한 영역에서 콘벌루션은 다른 영역에서 변조에 해당하고, 한 영역에서 미분은 다른 영역에서 독립 변수에 의한 곱셈에 해당한다. 이 대칭성들은 시간 영역과 주파수 영역 표현들의 정의에 있어 대칭성의 결과이다. 만약 우리가 주의 깊다면, 시간과 주파수를 교환할 수도 있었다. 교환 성질을 쌍대성(duality)이라고 부른다.

3.18.1 FT의 쌍대성 성질

FT에서 시작하여, 식 (3.35)와 식 (3.36)으로부터,

$$x(t) = \frac{1}{2\pi}\int_{-\infty}^{\infty} X(j\omega)e^{j\omega t}\,d\omega$$

$$X(j\omega) = \int_{-\infty}^{\infty} x(t)e^{-j\omega t}\,dt$$

임을 상기하자. $x(t)$와 $X(j\omega)$의 표현들의 차이점은 인수 2π와 복소 정현파 함수에서 부호의 변화뿐이다. 둘 다 일반적인 방정식

$$y(\nu) = \frac{1}{2\pi}\int_{-\infty}^{\infty} z(\eta)e^{j\nu\eta}\,d\nu \tag{3.66}$$

에 의하여 표현될 수 있다. 만약 $\nu = t$이고 $\eta = \omega$라면 식 (3.66)은 다음과 같이 표현된다.

$$y(t) = \frac{1}{2\pi}\int_{-\infty}^{\infty} z(\omega)e^{j\omega t}\,d\omega.$$

그러므로, 우리는

$$y(t) \overset{FT}{\longleftrightarrow} z(\omega) \tag{3.67}$$

라 결론 지을 수 있다. 역으로, 우리가 시간과 주파수의 역할을 $\nu = -\omega$이고 $\eta = t$라고 바꾸어 주면, 식 (3.66)은

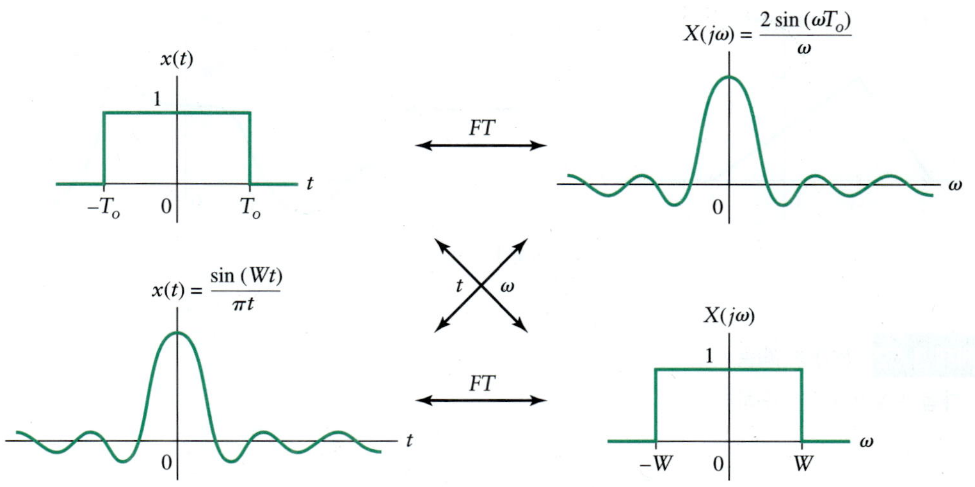

그림 3.73 구형 펄스와 sinc 함수의 쌍대 관계

$$y(-\omega) = \frac{1}{2\pi}\int_{-\infty}^{\infty} z(t)e^{-j\omega t}\,dt$$

가 되고,

$$z(t) \overset{FT}{\longleftrightarrow} 2\pi y(-\omega) \tag{3.68}$$

이다. 식 (3.67)과 식 (3.68)의 관계는 시간과 주파수의 역할 사이에 어떤 대칭성이 있음을 암시한다. 특히, 만약 FT쌍이 주어져 있다면,

$$f(t) \overset{FT}{\longleftrightarrow} F(j\omega) \tag{3.69}$$

이며, 새로운 FT쌍을 얻기 위하여 시간과 주파수의 역할을 바꾼다면

$$F(jt) \overset{FT}{\longleftrightarrow} 2\pi f(-\omega) \tag{3.70}$$

이다. 표기 $F(jt)$는 식 (3.69)의 $F(j\omega)$에서 주파수 ω를 시간 t로 대체한 계산을 의미한다. 반면에 $f(-\omega)$는 우리가 반사 주파수 $-\omega$의 함수로서 $f(t)$를 계산함을 의미한다. 식 (3.69)와 (3.70)에 의하여 기술된 쌍대성 관계는 그림 3.74에서 설명되었다.

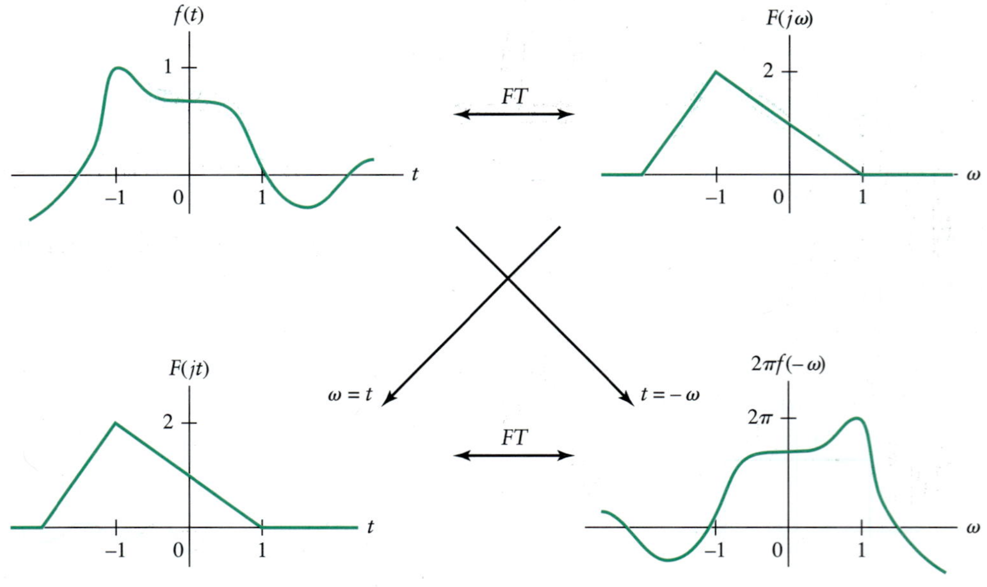

그림 3.74 FT의 쌍대 성질

예제 3.52 쌍대성 적용

다음 신호의 FT를 구하라.

$$x(t) = \frac{1}{1+jt}.$$

풀이: 먼저

$$f(t) = e^{-t}u(t) \xleftrightarrow{FT} F(j\omega) = \frac{1}{1 + j\omega}$$

임을 인식하라. t를 ω로 바꾸면

$$F(jt) = \frac{1}{1 + jt}$$

을 얻는다. 그러므로 우리는 $x(t)$를 $F(jt)$로 표현하였으면, 식 (3.69)와 식 (3.70)에 주어진 쌍대성을 이용하여

$$F(jt) \xleftrightarrow{FT} 2\pi f(-\omega)$$

이다. 이는

$$\begin{aligned} X(j\omega) &= 2\pi f(-\omega) \\ &= 2\pi e^{\omega}u(-\omega) \end{aligned}$$

를 의미한다. ▮

▶ **연습문제 3.44** 쌍대성을 이용하여 주파수 영역에서 $X(j\omega) = u(\omega)$로 주어진 계단 함수의 IFT를 계산하라.

해답:

$$x(t) = \frac{-1}{2\pi jt} + \frac{\delta(-t)}{2}$$ ▮

▶ **연습문제 3.45** 쌍대성을 이용하여 다음 신호의 FT를 계산하라.

$$x(t) = \frac{1}{1 + t^2}.$$

해답:

$$X(j\omega) = \pi e^{-|\omega|}$$ ▮

3.18.2 DTFS의 쌍대성 성질

FT는 연속시간 비주기 함수를 연속-주파수 비주기 함수로 변환한다. DTFS는 이산시간 주기 함수들을 이산 주파수 주기 함수들로 변환한다. 그러므로 DTFS는 FT와 유사한 쌍대성을 갖는다.

$$x[n] = \sum_{k=0}^{N-1} X[k]e^{jk\Omega_o n}$$

$$X[k] = \frac{1}{N}\sum_{n=0}^{N-1} x[n]e^{-jk\Omega_o n}$$

임을 상기하라. 여기서 변환과 역변환 식의 차이점은 인수 N과 복소 정현파 주파수들의 부호의 변화이다. DTFS 쌍대성은 다음과 같다. 만약

$$x[n] \xleftrightarrow{DTFS;\,2\pi/N} X[k] \tag{3.71}$$

라면

$$X[n] \xleftrightarrow{DTFS;\,2\pi/N} \frac{1}{N}x[-k] \tag{3.72}$$

이다. 여기서 n은 시간 지표이고 k는 주파수 지표이다. 표기 $X[n]$은 시간 지표 n의 함수로서 식 (3.71)에 있어 $X[k]$의 계산을 의미한다. 반면에 $x[-k]$는 주파수 지표 $-k$의 함수로서 식 (3.71)에 있어 $x[n]$을 계산함을 의미한다.

3.18.3 DTFT와 FS의 쌍대성

DTFT와 FS는 그들의 신호 부류 안에 머무르지 않는다. FS는 연속시간 주기 함수를 이산 주파수 비주기 함수로 변환한다. 역으로, DFTF는 이산시간 비주기 함수를 연속 주파수 주기 함수로 변환한다. 연속시간 주기 신호 $z(t)$의 FS 전개식

$$z(t) = \sum_{k=-\infty}^{\infty} Z[k]e^{jk\omega_o t}$$

와 이산시간 비주기 신호 $x[n]$의 DTFT

$$X(e^{j\Omega}) = \sum_{n=-\infty}^{\infty} x[n]e^{-j\Omega n}$$

을 비교하라. 만약 $z(t)$가 $X(e^{j\Omega})$와 마찬가지로 주기 2π를 갖도록 할 수 있다면, $\omega_o = 1$이고 DTFT의 Ω는 FS의 t에 해당하고, 반면에 DTFT는 n은 FS의 $-k$에 해당함을 관찰할 수 있다. 유사하게 FS 계수들에 대한 표현은 $x[n]$의 DTFT에 대한 표현과 병행한다. 이는 다음과 같다.

$$Z[k] = \frac{1}{2\pi}\int_{-\pi}^{\pi} z(t)e^{-jkt}\,dt$$

$$x[n] = \frac{1}{2\pi}\int_{-\pi}^{\pi} X(e^{j\Omega})e^{jn\Omega}\,d\Omega.$$

DTFT에서 Ω와 n의 역할은 다시 FS에서 t와 $-k$의 역할에 해당한다. 여기서 쌍대성은 FS와 DTFT 사이에 존재한다. 만약

$$x[n] \xleftrightarrow{DTFT} X(e^{j\Omega}) \tag{3.73}$$

라면,

$$X(e^{jt}) \xleftrightarrow{FS;\,1} x[-k] \tag{3.74}$$

표 3.11 푸리에 표현의 쌍대성

$f(t) \xleftrightarrow{FT} F(j\omega)$	$F(jt) \xleftrightarrow{FT} 2\pi f(-\omega)$
$x[n] \xleftrightarrow{DTFS;\,2\pi/N} X[k]$	$X[n] \xleftrightarrow{DTFS;\,2\pi/N} (1/N)x[-k]$
$x[n] \xleftrightarrow{DTFT} X(e^{j\Omega})$	$X(e^{jt}) \xleftrightarrow{FS;\,1} x[-k]$

이다. $X(e^{jt})$는 $X(e^{j\Omega})$가 시간 지표 t로 계산되는 것을 가리킨다. 반면에 $x[-k]$는 $x[n]$이 주파수 지표 $-k$로 계산되는 것을 가리킨다.

푸리에 표현의 쌍대성 성질이 표 3.11에 요약되어 있다.

예제 3.53 FS-DTFT의 쌍대성

쌍대성과 예제 3.39의 결과를 이용하여 그림 3.75(a)에 보인 삼각파 스펙트럼 $X(e^{j\Omega})$의 역DTFT를 결정하라.

풀이: 시간 함수 $z(t) = X(e^{jt})$를 정의한다. 식 (3.74)의 쌍대성이 $z(t) \xleftrightarrow{FS;\,1} Z[k]$라면, $x[n] = Z[-n]$임을 의미한다. 그러므로 $z(t)$와 관련된 FS 계수 $Z[k]$를 찾아야 한다. $z(t)$는 $T = 2\pi$라고 가정하면 예제 3.39에서 고려된 삼각파 $y(t)$가 시간-이동된 파형이다. 특히 $z(t) = y(t + \pi/2)$이다. 시간 이동 성질을 이용하면,

$$
\begin{aligned}
Z[k] &= e^{jk\pi/2}Y[k] \\
&= \begin{cases} \pi, & k = 0 \\ \dfrac{4j^{k-1}\sin(k\pi/2)}{\pi k^2}, & k \neq 0 \end{cases}
\end{aligned}
$$

을 얻을 수 있고, 결과적으로 $x[n] = Z[-n]$임을 이용하여

$$
x[n] = \begin{cases} \pi, & n = 0 \\ \dfrac{-4(-j)^{n+1}\sin(n\pi/2)}{\pi n^2}, & n \neq 0 \end{cases}
$$

을 얻는다. 그림 3.75(b)는 $x[n]$을 보인다. ■

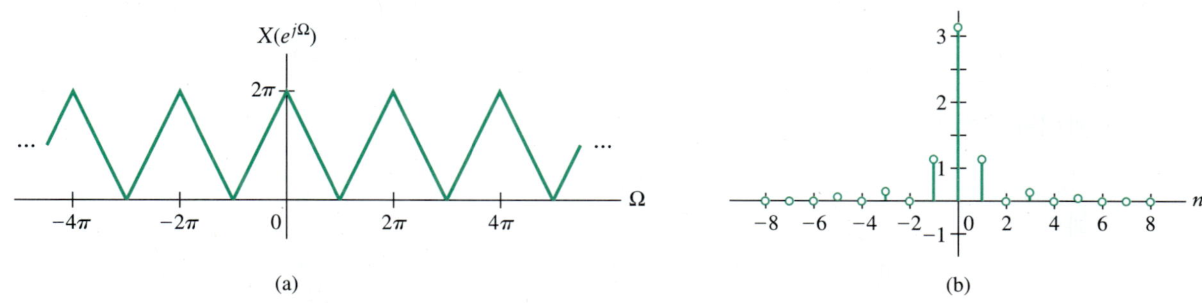

그림 3.75 예제 3.53. (a) 삼각파 스펙트럼, (b) 역 DTFT

3.19 MATLAB 실습

3.19.1 임펄스 응답으로부터 LIT 시스템의 주파수 응답

시스템의 주파수 응답은 주파수의 연속 함수이다. 그러나, 수치적으로 주파수의 이산값에서

만 주파수 응답을 계산할 수 있다. 그러므로, 대개는 아주 많은 수의 값을 이용하여 시스템의 주파수 응답의 세부적인 것을 표현한다. 연속시간 시스템의 임펄스 응답과 주파수 응답은 FT를 통해 관련되고, 반면에 DTFT는 이산시간 시스템의 임펄스 응답, 주파수 응답과 관련됨을 상기하라. 그러므로, 임펄스 응답의 표현으로부터 주파수 응답을 직접적으로 결정하는 것은 DTFT 또는 FT를 DTFT를 사용해서 근사적으로 표현해야 한다. 이것은 4.8절과 4.9절에서 논의된다.

이산시간 LTI 시스템의 주파수 응답은 무한 구간 복소 정현파 입력 신호 $x[n] = e^{j\Omega n}$에 관련되는 진폭과 위상 변화를 측정함으로써 알 수 있다. 유한 구간 임펄스 응답을 갖는 이산시간 LTI 시스템의 주파수 응답은 시스템의 정상 상태를 유도할 만큼 충분히 긴 유한 구간 입력 정현파 신호를 이용하여 결정될 수 있다. 이러한 생각을 입증하기 위해, $n < k_h$와 $n > l_h$에 대해 $h[n] = 0$으로 가정하자. 그리고, 시스템 입력은 유한 구간 정현파 신호 $v[n] = e^{j\Omega n}(u[n] - u[n - l_v])$으로 놓자. 시스템 출력을 다음과 같이 쓸 수 있다.

$$\begin{aligned} y[n] &= h[n] * v[n] \\ &= \sum_{k=k_h}^{l_h} h[k]e^{j\Omega(n-k)}, \quad l_h \le n < k_h + l_v \\ &= h[n] * e^{j\Omega n}, \quad l_h \le n < k_h + l_v \\ &= H(e^{j\Omega})e^{j\Omega n}, \quad l_h \le n < k_h + l_v. \end{aligned}$$

그러므로, 유한 구간 정현파 신호 입력에 대한 시스템 출력은 $l_h \le n < k_h + l_v$ 범위에 대한 무한 구간 정현파 신호 입력에 대한 출력에 대응한다. 시스템의 진폭과 위상 응답은 범위 $l_h \le n < k_h + l_v$의 $y[n]$으로부터 결정될 수 있다. 출력 $y[n]$은 다음과 같다.

$$y[n] = |H(e^{j\Omega})|e^{j(\Omega n + \arg\{H(e^{j\Omega})\})}, \qquad l_h \le n < k_h + l_v.$$

$y[n]$의 진폭과 위상은 각각

$$|y[n]| = |H(e^{j\Omega})|, \qquad l_h \le n < k_h + l_v$$

과

$$\arg\{y[n]\} - \Omega n = \arg\{H(e^{j\Omega})\}, \qquad l_h \le n < k_h + l_v$$

이다.

이것을 이용하여 예제 3.22에 주어진 시스템 중 하나의 주파수 응답을 계산할 수 있다. 다음의 임펄스 응답을 갖는 시스템을 고려하자.

$$h_2[n] = \frac{1}{2}\delta[n] - \frac{1}{2}\delta[n - 1].$$

주파수 응답과 입력 주파수 $\Omega = \pi/4,\ 3\pi/4$에 대한 시스템의 정상 상태 출력 50개의 값을 결정해 보자.

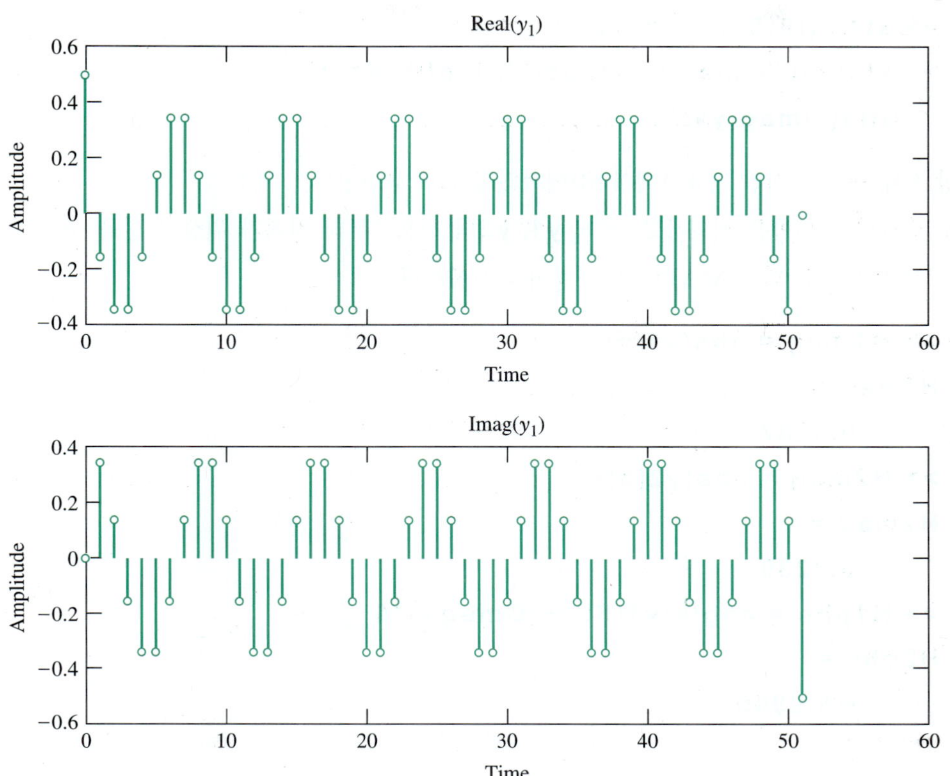

그림 3.76 MATLAB을 이용해서 계산된 정현파에 관한 정상상태 응답. 시간 1에서 50에 대한 값들은 정현파의 정상상태 응답이다.

여기서, $k_n = 0$이고 $l_h = 1$이다. 그래서, 정현파 신호 정상 상태 응답 50개를 얻기 위해 $l_v \geq 51$이 필요하다. 출력 신호들은 MATLAB 명령어에 의해 얻어진다.

```
>> Omega1 = pi/4;   Omega2 = 3*pi/4;
>> v1 = exp(j*Omega1*[0:50]);
>> v2 = exp(j*Omega2*[0:50]);
>> h = [0.5, -0.5];
>> y1 = conv(v1, h);   y2 = conv(v2, h);
```

그림 3.76 (a), (b)는 **y1**의 실수와 허수 성분인데, 다음 명령어에 의해 얻어진다.

```
>> subplot(2, 1, 1)
>> stem([0:51], real(y1))
>> xlabel('Time');   ylabel('Amplitude');
>> title('Real(y1)')
>> subplot(2, 1, 2)
```

```
>> stem([0:51], imag(y1))
>> xlabel('Time');  ylabel('Amplitude');
   title('Imag(y1)')
```

정상 상태 출력은 시간 지표 1에서 50에서의 값으로 표현된다.

첫 번째와 마지막을 제외하고, 벡터 **y1, y2**의 원소로부터 진폭과 위상 응답을 구할 수 있다. 5번째 원소와 다음 MATLAB 명령어를 사용한다.

```
>> H1mag = abs(y1(5))
H1mag =
      0.3287
>> H2mag = abs(y2(5))
H2mag =
      0.9239
>> H1phs = angle(y1(5)) - Omega1*5
H2phs =
      -5.8905
```

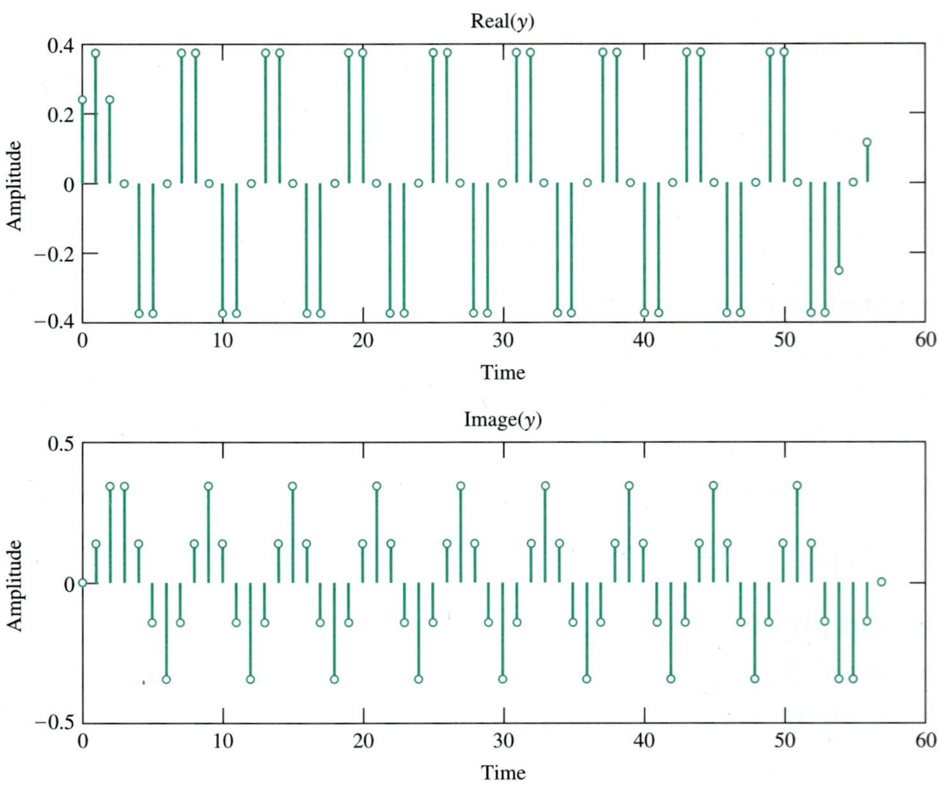

그림 3.77 연습문제 3.46의 답

```
>> H2phs = angle(y2(5)) - Omega2*5
H2phs =
      -14.5299
```

위상 응답은 라디안 단위로 측정된다. **Angle** 명령어는 항상 $-\pi$와 π라디안 사이의 값을 반환함에 주목하자. 따라서 명령어 **angle(y1(n)) - Omega1*n**으로 위상을 측정하는 것은 다른 값 n을 이용할 때 2π 정수배만큼 다른 답을 초래할 수 있다.

▶ **연습문제 3.46** 주파수 $\Omega = \pi / 3$에서 주어진 MA 시스템의 주파수 응답을 계산하라. 그리고 주파수 $\Omega = \pi / 3$의 복소 정현파 신호 입력의 응답으로 정상 상태 출력 50개의 값을 사용하라. MA(moving-average) 시스템은 다음의 임펄스 응답을 갖는다.

$$h[n] = \begin{cases} \frac{1}{4} & 0 \leq n \leq 3 \\ 0 & \text{그 밖의 범위.} \end{cases}$$

해답: 그림 3.77을 보라. ∎

3.19.2 DTFS

DTFS는 시간 영역과 주파수 영역에서 이산값을 갖는 유일한 푸리에 표현이고, 따라서 직접 MATLAB으로 구현함에 적합하다. 식 (3.10), (3.11)이 쉽게 M-파일들로 구현되는 반면, MATLAB 함수 **fft**와 **ifft**는 DTFS를 계산하기 위하여 사용될 수 있다. 길이가 N으로 주어진 벡터 **x**는 주기가 N인 주기 신호 $x[n]$의 한 주기를 표현한다. 명령어

```
>> x = fft(x) / N
```

은 DTFS 계수 $X[k]$를 담고 있는 길이 N의 벡터 **X**를 출력한다. MATLAB은 식 (3.10)과 (3.11)에서 0부터 $N-1$까지 합산한다고 가정한다. 따라서, **x**와 **X**의 첫 번째 원소는 각각 $x[0]$과 $X[0]$인 반면, 마지막 원소는 $x[N-1]$과 $X[N-1]$에 해당한다. 식 (3.11)에서 합은 N으로 나누지 않으므로 N에 의한 나누기가 필요함을 주목하라. 비슷하게 벡터 **X**로 주어진 DTFS 계수를 시간 수열 **x**로 변환하는 명령어는

```
>> x = ifft(X)*N
```

이며, 시간 파형의 한 주기를 나타내는 벡터 **x**를 생산한다. **ifft**는 식 (3.10)를 계산하기 위하여 N만큼 곱해져야 함에 주목하라. **fft**와 **ifft** 모두 **고속 푸리에 변환**(FFT)이라 불리는 수치적으로 효과적이고 빠른 알고리듬에 의하여 계산된다. 이 알고리듬의 개발은 4.10절에서 다루어진다.

MATLAB을 사용하여 문제 3.3(a)의 DTFS 계수들을 계산하여 보자. 신호는

$$x[n] = 1 + \sin\left(n\pi/12 + \frac{3\pi}{8}\right)$$

이다. 이 신호는 주기 24를 갖는다. 그래서 우리는 다음의 명령을 사용하여 한 주기 신호를 정의하고 DTFS 계수를 계산한다.

```
>> x = ones(1, 24) + sin([0:23]*pi/12) + 3*pi/8);
>> X = fft(x)/24
X =
Columns 1 through 4
1.0000   0.4619 - 0.1913i   0.0000 + 0.0000i
   - 0.0000 + 0.0000i
Columns 5 through 8
0.0000 + 0.0000i   -0.0000 - 0.0000i   0.0000 - 0.0000i
   -0.0000 - 0.0000i
Columns 9 through 12
-0.0000 - 0.0000i   -0.0000 - 0.0000i   -0.0000 - 0.0000i
   0.0000 - 0.0000i
Columns 13 through 16
0.0000 + 0.0000i   0.0000 + 0.0000i   -0.0000 + 0.0000i
   0.0000 - 0.0000i
Columns 17 through 20
-0.0000 - 0.0000i   -0.0000 - 0.0000i   0.0000 + 0.0000i
   -0.0000 - 0.0000i
Columns 21 through 24
-0.0000 + 0.0000i   -0.0000 - 0.0000i   0.0000 - 0.0000i
   0.4619 + 0.1913i
```

(MATLAB은 −1의 제곱근을 표기하기 위하여 **i**를 사용함에 유의하라) 그러므로 다음의 $X[k]$가 구형파의 형태로 표현된 문제 3.3(a)의 답이라고 결론 짓는다.

$$X[k] = \begin{cases} 1, & k = 0 \\ 0.4619 - j0.1913, & k = 1 \\ 0.4619 + j0.1913, & k = 23 \\ 0, & 0 \le k \le 23 \text{인 그 밖의 범위.} \end{cases}$$

$X[k]$는 주기 24를 가지므로 지표 $-11 \le k \le 12$를 이용하여, 한 주기를 구분한 답을 다음과 같이 쓸 수 있다.

$$X[k] = \begin{cases} 1, & k = 0 \\ 0.4619 - j0.1913, & k = 1 \\ 0.4619 + j0.1913, & k = -1 \\ 0, & -11 \le k \le 12\text{인 그 밖의 범위}. \end{cases}$$

우리는 **ifft**를 이용하여 주파수 영역의 신호로부터 시간-영역 신호를 복원할 수 있다. 복원된 신호의 첫 네 개의 값을 다음의 명령어를 사용하여 계산한다.

```
>> xrecon = ifft(x)*24;
>> xrecon(1:4);
ans =
1.9239 - 0.0000i   1.9914 + 0.0000i   1.9914 + 0.0000i
1.9239 - 0.0000i
```

복원된 신호는 원시신호가 순 실수였지만, 매우 작은 값이긴 하지만 허수항을 가짐에 주목하라. 허수항은 **fft**와 **ifft**에 의해서 수행되는 계산에 있어 수치적 절삭 오차의 산물이며, 무시되어도 좋다.

▶ **연습문제 3.47** MATLAB을 이용하여 문제 3.2를 반복하라.

예제 3.7에서 사용된 부분합 근사는 다음과 같이 MATLAB을 이용하여 쉽게 계산된다.

```
>> k = 1:24:
>> n = - 24:25:
>> B(1) = 25/50;   % coeff for k = 0
>> B(2:25) = 2*sin(k*pi*25/50)/(50*sin(k*pi/50));
   % coeff for k = N/2
>> xJhat(1, :) = B(1)*cos(n*0*pi/25);
   % term in sum for k = 0
   % accumlate partial sums
>> for k = 2:26
xJhat(k, :) = xjhat(k - 1, :) + B(k)*cos(n*(k - 1)*pi/25);
end
```

이 명령어들의 집합은 $(J+1)$번째의 행이 $\hat{x}_J[n]$에 해당하는 행렬 **xJhat**를 이루게 된다. ▮

3.19.3 FS

예제 3.14의 FS에 대한 부분합 근사는 중요한 고려 사항 한 개를 부가하여 DTFS의 부분합 근사와 유사하게 계산된다. 신호 $x_J[t]$와 부분합 근사에서 cosine들은 시간의 연속 함수이다. MATLAB은 이 함수들을 이산점들로 구성된 벡터로서 표현하기 때문에, $x_j[t]$를 상세하게 표현하기 위하여 충분히 밀접한 간격의 샘플들을 사용해야 한다. 합에서 최대 주파수 항인 $\cos(J_{\max}\omega_o t)$가 샘플 신호 $\cos(J_{\max}\omega_o n\Delta)$에 의해 잘 근사될 수 있을 만큼 충분히, 밀접하게 샘플링하여야 보장된다. 만약, 주기당 20샘플 정도가 있다면, 샘플된 cosine은 MATLAB의 **plot** 명령을 사용하여 연속 cosine에 시간 영역에서 만족할 만한 근사를 제공한다. 주기당 20샘플을 사용하여 $T_s = T/(20J_{\max})$를 얻는다면 한 주기당 전체 샘플수는 $20J_{\max}$이다. $J_{\max} = 99$와 $T = 1$을 가정하고, 다음의 명령어를 이용하여 $B[k]$에 따라 주어지는 부분합 근사를 계산한다.

```
>> t = [-(10*Jmax - 1) : 10*Jmax]*(1/(20*99));
>> xJhat(1, :) = B(1)*cos(t*0*2*pi/T);
>> for k = 2:100
xJhat(k, :) = xJhat(k - 1, :) + B(k)*cos(t*(k - 1)*2*pi/T);
end
```

xJhat의 행은 연속값 함수의 샘플을 표현하기 때문에 **stem** 대신에 **plot** 함수를 사용하여 그린다. 예를 들어 $J = 5$에 대한 부분합은 명령 **plot(t, xJhat(6, :))**로 그려진다.

3.19.4 미분 또는 차분 방정식에 의해 표현되는 LTI 시스템의 주파수 응답

MATLAB의 신호처리(Signal Processing)와 제어시스템(Control System) 툴박스는 명령어 **freqs**와 **freqz**를 포함한다. 이 명령어는 미분과 차분 방정식에 의해 표현되는 시스템의 주파수 응답을 계산한다. 명령어 **h = freqs(b,a,w)**는 벡터 **w**에서 세분화된 주파수에서 식 (3.47)에 의해 주어진 연속시간 시스템 주파수 응답의 값을 반환한다. 여기서, 벡터 **b** $= [b_M, b_{M-1}, \cdots, b_0]$과 **a** $= [a_N, a_{N-1}, \cdots, a_0]$은 미분 방정식의 계수를 나타낸다고 가정한다. 그림 3.58에 보인 MEMS 가속계에서 $Q = 1$에 대한 주파수 응답은 다음 명령어를 통해 얻어진다.

```
>> w = 0:100:100000
>> b = 1;
>> a = [1  10000  10000*10000];
>> H = freqs(b, a, w);
>> plot(w, 20*log10(abs(H)))
```

freqz에 대한 구문은 **freqs**에 대한 구문과 미묘한 차이를 갖는다. 명령어 **h=freqz(b,a,w)**는 벡터 **w**에서 세분화된 주파수에서 식 (3.55)에 의해 주어진 이산시간 시스템 주파수 응답의 값을 계산한다. 이산시간 경우에, **w**의 엔트리는 0과 2π 사이에 있어야 한다. 그리고, 벡터 **b** $= [b_0, b_1, \cdots, b_M]$이고 **a** $= [a_0, a_1, \cdots, a_N]$는 **freqs**에 요구되는 역순서로 차분 방정식 계수를 포함한다.

3.19.5 시간-대역폭 곱

fft 명령은 DTFS 계산에 사용되고, 이산시간 주기 신호에 대한 시간-대역폭 곱의 성질이 탐구된다. DTFS는 시간과 주파수에서 주기적인 신호에 적용되므로, 한 주기 안에서 신호의 범위에 기반한 길이와 대역폭을 정의한다. 예를 들어, 예제 3.6에서 탐구된 주기 N의 구형파를 고려하자. 시간 영역 신호의 한 주기는

$$x[n] = \begin{cases} 1, & |n| \le M \\ 0, & M < n < N - M \end{cases}$$

으로 정의되고, DTFS 계수는

$$X[k] = \frac{1}{N}\frac{\sin\left(k\frac{\pi}{N}(2M+1)\right)}{\sin\left(k\frac{\pi}{N}\right)}$$

과 같이 주어진다. 만약, T_d를 한 주기 안에서 0이 아닌 부분이라고 정의한다면, $T_d = 2M + 1$이다. 만약, 더 나아가 B_w를 한 주기에서 $X[k]$의 주엽의 폭으로써 정의한다면, $B_w \approx 2N/(2M+1)$이고 구형파에 대한 시간-대역폭 곱이 M과는 독립임을 알 수 있다.

다음의 MATLAB 명령어 집합은 이 결과를 검증하기 위하여 사용될 수 있다.

```
>> x = [ones(1, M + 1), zeros(1, N - 2M - 1), ones(1, M)];
>> X = fft(x) / N;
>> k = [0:N - 1];   % frequency index
>> stem(k, real(fftshift(X)))
```

여기서는 구간 $0 \le n \le N-1$에서 우함수인 구형파의 한 주기를 정의하고, **fft** 명령어를 이용하여 DTFS 계수를 구한 다음 **stem** 함수를 이용하여 그래프를 그린다. 명령 **fftshift**로 벡터 **X**의 좌우 반의 위치를 바꾸면, 0 주파수 지표는 벡터의 중앙에 있다. 즉, 주파수 인덱스들은 0에서 $N-1$까지를 $-N/2+1$에서 $N/2$까지로 변경한다(N은 짝수라고 가정). **real** 명령은 수치적 절삭으로부터 기인한 작은 허수항 제거를 위하여 사용된다. 그러면 주엽에서 DTFS의 계수들의 수를 세어 유효한 대역폭을 결정한다. 컴퓨터 실험의 하나는 시간-대역폭 곱을 이러한 방법으로 계산하는 것이다.

식 (3.63)과 (3.64)에 주어진 길이와 대역폭의 공식적 정의는 적분을 한 주기에 관한 합으로 대체하여 이산시간 신호들에 관해 다음과 같이 일반화된다.

$$T_d = \left[\frac{\sum_{n=-(N-1)/2}^{(N-1)/2} n^2|x[n]|^2}{\sum_{n=-(N-1)/2}^{(N-1)/2} |x[n]|^2}\right]^{\frac{1}{2}} \tag{3.75}$$

$$B_w = \left[\frac{\sum_{k=-(N-1)/2}^{(N-1)/2} k^2 |X[k]|^2}{\sum_{k=-(N-1)/2}^{(N-1)/2} |X[k]|^2} \right]^{\frac{1}{2}}. \tag{3.76}$$

여기서 우리는 N이 홀수이고 $x[n]$과 $X[k]$에서 에너지의 대부분은 원점에 집중되어 있다고 가정하였다.

다음 MATLAB 함수는 $T_d B_w$를 식 (3.75)와 (3.76)을 기반으로 계산한다.

```
function TBP = TdBw(x)
% Compute the Time- Bandwidth product using the DTFS
% One period must be less than 1025 points
% N = 1025;
M = (N - max(size(x))) / 2;
xc = [zeros(1, M), x, zeros(1, M)];
   % center pulse within a period
n = [- (N - 1)] / 2 : (N - 1) / 2];
n2 = n.*n;
Td = sqrt((xc.*xc)*n2′/(xc*xc′));
X = fftshift(fft(xc) / N);          % evaluate DTFS and center
Bw = sqrt(real(X.*conj(x))*n2′/(x*x′)));
TBP = Td*Bw;
```

이 함수는 입력 신호 **x**의 길이가 홀수이고 **Td**와 **Bw**를 계산하기 전 **x**의 중심이 1025점의 주기 안에 있다고 가정한다. ·*는 원소끼리의 곱셈을 수행하기 위하여 사용됨을 주목하라. 연산자 *가 행벡터와 열벡터 사이에 위치할 때는 내적을 계산하고 ′는 켤레 복소의 전치(transpose)를 나타낸다. 그러므로 명령 **X*X′**는 **X**와 **X**의 켤레 복소 전치 벡터의 내적을 수행한다. 즉, 결과는 **X**의 각 원소의 제곱 크기의 합이다.

함수명 **TdBw**를 이용하여 두 구형파, raised cosine, 그리고 가우시안 펄스열들에 대한 시간-대역폭 곱을 다음과 같이 계산할 수 있다.

```
>> x = ones(1, 101);          % 101 point rectangular pulse
>> TdBw(x)
ans =
788.0303
>> x = ones(1,301);           % 301 point rectangular pulse
```

```
>> TdBw(x)
ans =
1.3604e + 03
>> x = 0.5*ones(1, 101) + cos(2*pi*[-50:50] / 101);
   % 101 point raised cosine
>> TdBw(x)
ans =
443.0992
>> n = [- 500:500];
>> x = exp(-0.0001*(n.*n));         % narrow Gaussian pulse
>> TdBw(x)
ans =
81.5669
>> x = exp(-0.0001*(n.*n));         % broad Gaussian pulse
>> TdBw(x)
ans =
81.5669
```

가우시안 펄스열은 가장 작은 시간-대역폭 곱을 갖는다. 더구나 시간-대역폭 곱은 좁은 또는 넓은 가우시안 펄스폭에 대하여 동일하다. 이 관찰들은 이산시간 주기 신호들의 시간-대역폭 곱이 가우시안 펄스열의 그것에 의하여 하한 제한된다는 점에 대한 근거를 제공한다. 그러한 결과는 연속시간 비주기 신호들에 대한 하한을 가우시안 펄스가 소유한다는 주어진 사실하에서 그리 놀라운 것은 아니다(이 주제는 4장의 컴퓨터 실험에서 재검토한다).

3.20 요 약

이 장에서는 신호를 복소 정현파 함수들의 가중합으로 표현하는 기술을 개발하였다. 가중값은 복소 정현파 주파수의 함수이고 신호에 대한 주파수 영역 설명을 제공한다. 네 개의 서로 다른 종류의 신호에 적용이 가능한 네 개의 구별된 표현들이 있었다.

- DTFS는 이산시간 주기 신호(주기는 N)들에 적용되며, 기본 주파수의 정수배인 N개의 이산시간 복소 정현파 함수들의 가중합으로서 신호를 표현한다. 이 주파수 영역 표현은 이산적이고 주파수에 따라 주기 N인 신호이다. DTFS는 수치적으로 계산될 수 있는 유일한 푸리에 표현이다.

- FS는 연속시간 주기 신호들에 적용된다. 기본 주파수의 정수배인 무한 개의 연속시간 복소 정현파 함수들의 가중합으로 신호를 표현한다. 여기서 주파수 영역 표현은 이산 함수이고 주파수의 비주기 함수이다.
- DTFT는 주파수가 2π인 구간에서 연속적으로 변하는 이산시간 복소 정현파 함수들의 가중 적분으로 비주기 이산 신호를 표현한다. 주파수 영역 표현은 연속 함수이고 주파수에 따라 2π를 주기로 하는 주기 함수이다.
- FT는 주파수가 $-\infty$에서 ∞까지 연속적으로 변하는 연속시간 복소 정현파 함수들의 가중 적분으로 비주기 연속시간 신호를 표현한다. 여기서 주파수 영역 표현은 연속 함수이고 주파수에 따라 비주기 함수이다.

푸리에 표현 성질들은 시간 영역 신호들에 대한 연산 작용의 효과를 주파수 영역 표현들에 있어서 그 연산 작용에 해당되는 변화와 연관시킨다. 그들은 복소 정현파 함수들의 성질들의 결과이다. 네 개의 모든 푸리에 표현은 복소 정현파 함수들을 이용하므로, 네 종류의 푸리에 표현들이 공유하는 유사한 성질들은 시간 영역이나 주파수 영역 신호 표현들의 본성에 대한 통찰력을 제공한다. 그들은 또한 시간 영역이나 주파수 영역에서 신호를 처리하기 위한 강력한 도구들이다. 종종 신호의 시간 영역 또는 주파수 영역 표현을 결정하기 위하여 정의된 식을 사용하기보다 성질들을 이용하는 것이 훨씬 간단하다.

주파수 영역은 관심 있는 신호 및 시스템에 대한 또 다른 통찰력을 제공한다. 어떤 신호의 특성들은 시간 영역보다는 주파수 영역 또는 주파수 영역보다는 시간 영역에서 쉽게 확인된다. 또 어떤 시스템 문제들은 시간 영역보다는 주파수 영역에서 또는 그 반대로 주파수 영역보다는 시간 영역에서 좀더 쉽게 풀린다. 시간 및 주파수 영역 둘 다 그들 자신의 장점과 단점을 갖고 있다. 어느 하나가 우수하면, 다른 하나는 매우 성가시다. 주어진 문제를 푸는 데 있어 어느 영역이 더 좋은 이점을 갖는가를 결정하는 것은 개발해야 할 매우 중요한 과제이며 이는 경험을 통해서 얻어진다. 다음 장은 신호 및 시스템에 푸리에 표현의 적용을 살펴보면서 이 문제에 대한 단서를 제공한다.

참고문헌

1. 죠셉 푸리에는 19세기 초 열의 흐름에 대하여 연구하였다. 열의 흐름을 이해하는 것은 그 당시에 실제적이고 과학적 중요성을 가진 문제였으며, **열방정식**이라 부르는 편미분 방정식을 풀어야 했다. 푸리에는 알려지지 않은 조화적으로 관련된 정현파 함수들의 가중합으로 해를 표현할 수 있다는 가정하에 편미분 방정식의 해법을 개발하였다. 이를 **푸리에 급수**라 부른다. 푸리에 열전달에 대한 초기 작업은 1807년에 파리의 과학원에 논문으로 제출되었으며 라그랑지, 라플라스 그리고 르쟝드르의 검토 후에 거절되었다. 푸리에는 그

의 동시대인들의 엄격함의 결여라는 비난에도 불구하고 자신의 아이디어를 계속하여 개발하였다. 결과적으로 1822년에 그의 작업의 많은 부분을 포함하는 책 *Theorie analytique de la chaleur*를 발간하였다. 이는 이제 수학의 한 분야로서 간주된다.

2. DTFS를 종종 이산 푸리에 변환 또는 DFT라고 부른다. 우리도 DTFS라는 용어를 이 교재에서 채용하였다. 이는 이 용어가 DTFT와 덜 혼동되며 더 시사적이기 때문이다. 다른 교재나 참고서에서 DFT라는 용어와 종종 마주칠 것이라는 점을 주의해야 한다.

3. 푸리에 변환에 대한 일반적인 취급은 다음에서 제공된다.
   Kammler, D. W., *A First Course in Fourier Analysis*(Prentice-Hall,2000)
   Bracewell, R. N., *The Fourier Transform and Its Application,* 2nd ed.(McGraw-Hill, 1978)
   Papoulis, A. *The Fourier Integral and Its Applications*(McGraw-Hill, 1962)

   Kammler의 텍스트는 FT, FS, DTFT, DTFS의 수학적 취급을 제공한다.
   Bracewell과 Papoulis의 텍스트는 응용 지향이고 FT에 초점을 둔다.

4. 열방정식, 파동 방정식 그리고 전위(potential) 방정식과 같은 편미분 방정식을 구함에 있어 FS 그리고 FT의 역할은 다음에서 기술된다.
   Powers, D. L., *Boundary Value Problem*, 2nd de.(Academic Press, 1979)

5. 불확정성의 원리의 식 (3.65)는 Bracewell에서 증명된다.

▶ 추가 문제(Additional Problems)

3.48 DTFS의 정의를 이용하여 다음의 신호들에 대한 DTFS 표현을 계산하라.

(a) $x[n] = \cos\left(\frac{6\pi}{17}n + \frac{\pi}{3}\right)$

(b) $x[n] = 2\sin\left(\frac{14\pi}{19}n\right) + \cos\left(\frac{10\pi}{19}n\right) + 1$

(c) $x[n] = \sum_{m=-\infty}^{\infty}(-1)^m(\delta[n-2m] + \delta[n+3m])$

(d) 그림 P3.48(a)에 보인 $x[n]$

(e) 그림 P3.48(b)에 보인 $x[n]$

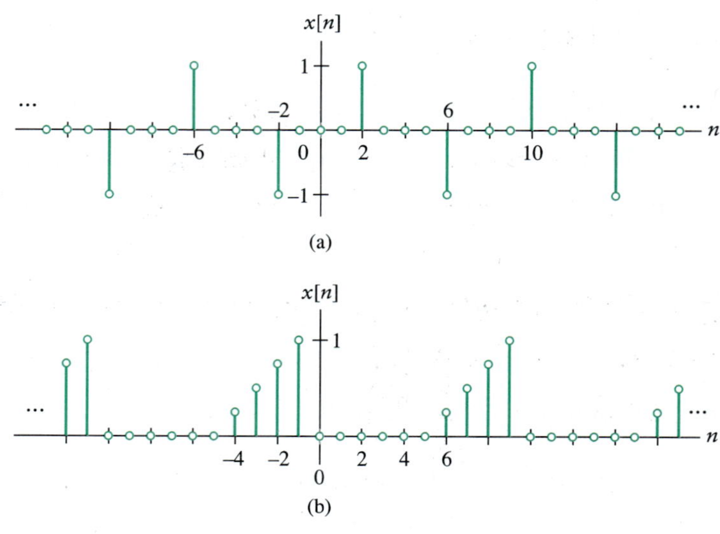

그림 P3.48

3.49 DTFS의 정의를 이용하여 다음 DTFS 계수들에 의해 표현된 시간 신호를 결정하라.

(a) $X[k] = \cos\left(\frac{8\pi}{21}k\right)$

(b) $X[k] = \cos\left(\frac{10\pi}{19}k\right) + j2\sin\left(\frac{4\pi}{19}k\right)$

(c) $X[k] = \sum_{m=-\infty}^{\infty}(-1)^m(\delta[k-2m] - 2\delta[k+3m])$

(d) 그림 P3.49(a)에 보인 $X[k]$

(e) 그림 P3.49(b)에 보인 $X[k]$

(f) 그림 P3.49(c)에 보인 $X[k]$

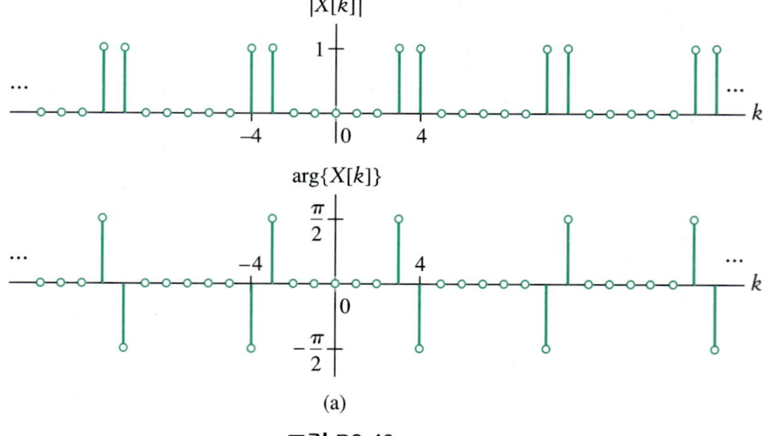

그림 P3.49

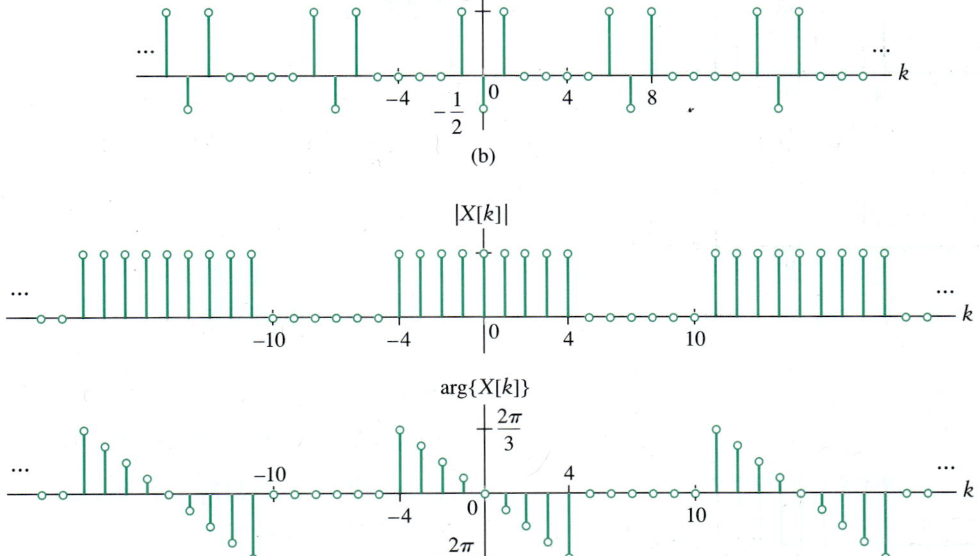

그림 P3.49

3.50 FS 계수의 정의를 이용하여 다음 신호들의 FS 표현을 계산하라.

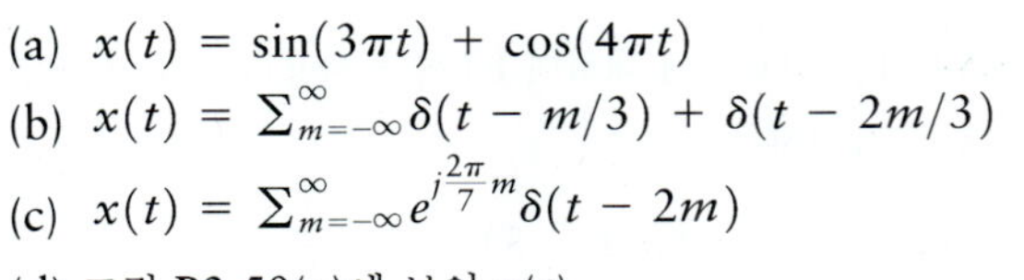

(a) $x(t) = \sin(3\pi t) + \cos(4\pi t)$

(b) $x(t) = \sum_{m=-\infty}^{\infty} \delta(t - m/3) + \delta(t - 2m/3)$

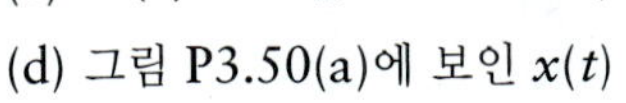

(c) $x(t) = \sum_{m=-\infty}^{\infty} e^{j\frac{2\pi}{7}m} \delta(t - 2m)$

(d) 그림 P3.50(a)에 보인 $x(t)$

(e) 그림 P3.50(b)에 보인 $x(t)$

(f) 그림 P3.50(c)에 보인 $x(t)$

3.51 FS 정의를 이용하여 다음 FS 계수들로 표현된 시간 신호들을 결정하라.

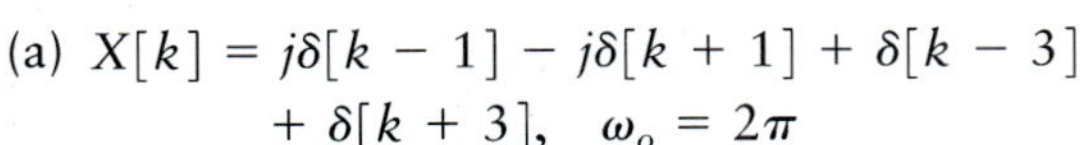

(a) $X[k] = j\delta[k-1] - j\delta[k+1] + \delta[k-3] + \delta[k+3], \quad \omega_o = 2\pi$

(b) $X[k] = j\delta[k-1] - j\delta[k+1] + \delta[k-3] + \delta[k+3], \quad \omega_o = 4\pi$

(c) $X[k] = \left(\frac{-1}{3}\right)^{|k|}, \quad \omega_o = 1$

(d) 그림 P3.51(a)에 보인 $X[k]$, $\omega_o = \pi$.

(e) 그림 P3.51(b)에 보인 $X[k]$, $\omega_o = 2\pi$.

(f) 그림 P3.51(c)에 보인 $X[k]$, $\omega_0 = \pi$.

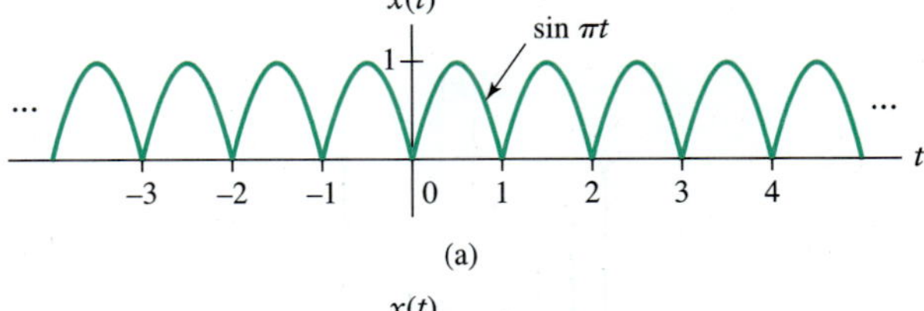

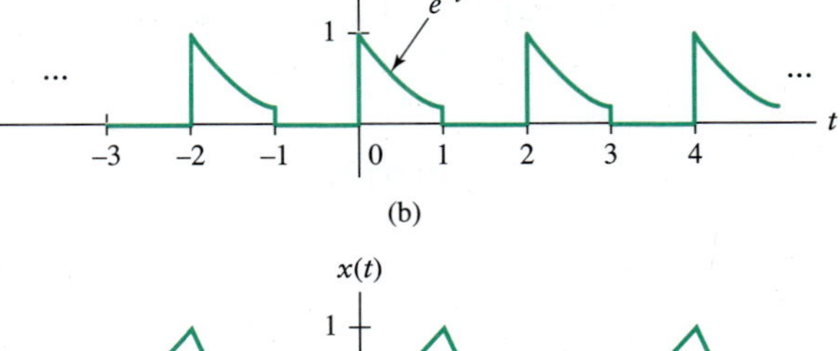

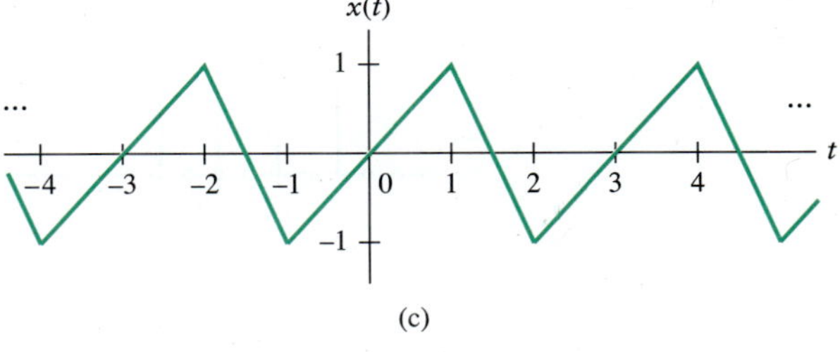

그림 P3.50

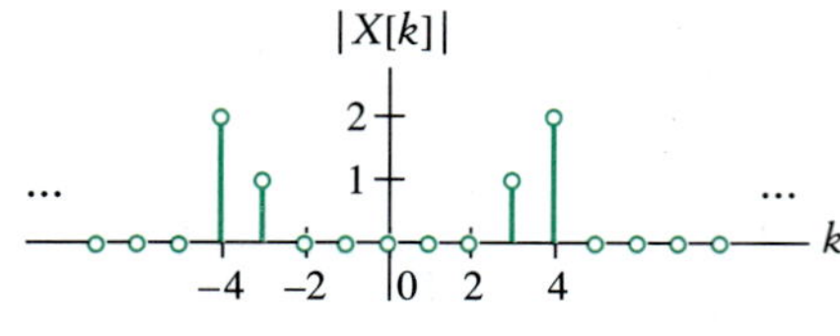

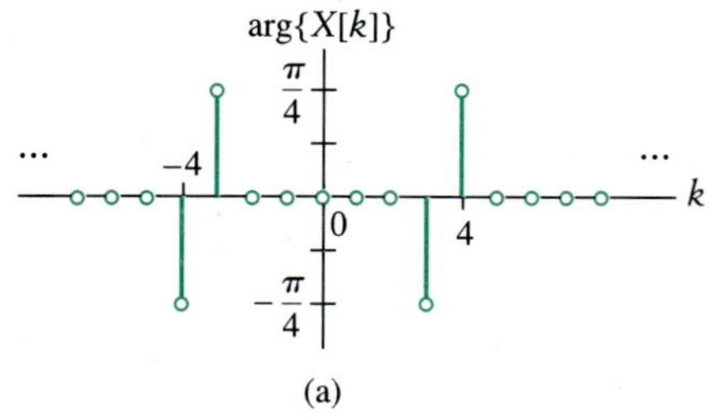

(a)

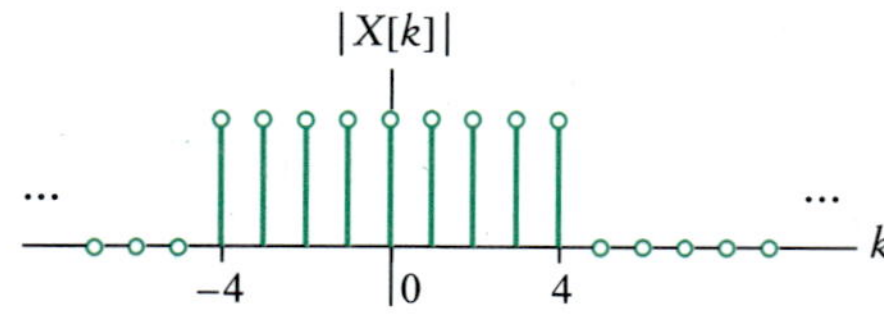

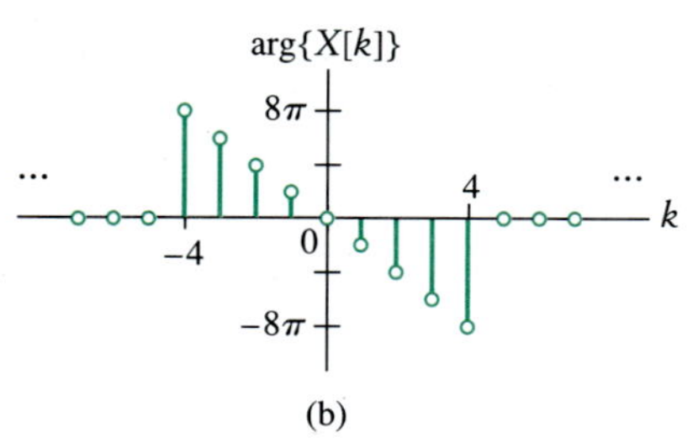

(b)

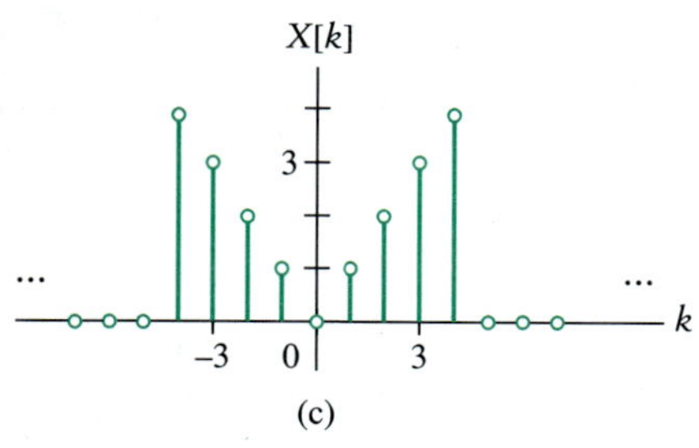

(c)

그림 P3.51

3.52 DTFT의 정의식을 이용하여 다음 신호들에 대한 주파수 영역 표현을 계산하라.

(a) $x[n] = \left(\frac{3}{4}\right)^n u[n-4]$

(b) $x[n] = a^{|n|} \quad |a| < 1$

(c) $x[n] = \begin{cases} \frac{1}{2} + \frac{1}{2}\cos\left(\frac{\pi}{N}n\right), & |n| \le N \\ 0, & \text{그 밖의 범위} \end{cases}$

(d) $x[n] = 2\delta[4-2n]$

(e) 그림 P3.52(a)에 보인 $x[n]$

(f) 그림 P3.52(b)에 보인 $x[n]$

3.53 DTFT 표현을 기술하는 식을 이용하여 다음의 DTFT들에 대응하는 시간-영역 신호들을 결정하라.

(a) $X(e^{j\Omega}) = \cos(2\Omega) + j\sin(2\Omega)$

(b) $X(e^{j\Omega}) = \sin(\Omega) + \cos\left(\frac{\Omega}{2}\right)$.

(c) $|X(e^{j\Omega})| = \begin{cases} 1, & \pi/4 < |\Omega| < 3\pi/4, \\ 0, & \text{그 밖의 범위} \end{cases}$

$\arg\{X(e^{j\Omega})\} = -4\Omega$

(d) 그림 P3.53(a)에 보인 $X(e^{j\Omega})$

(e) 그림 P3.53(b)에 보인 $X(e^{j\Omega})$

(f) 그림 P3.53(c)에 보인 $X(e^{j\Omega})$

3.54 다음 신호들에 대하여 FT식을 사용하여 주파수 영역 표현을 계산하라.

(a) $x(t) = e^{-2t}u(t-3)$

(b) $x(t) = e^{-4|t|}$

(c) $x(t) = te^{-t}u(t)$

(d) $x(t) = \sum_{m=0}^{\infty} a^m \delta(t-m), \ |a| < 1$

(e) 그림 P3.54(a)에 보인 $x(t)$

(f) 그림 P3.54(b)에 보인 $x(t)$

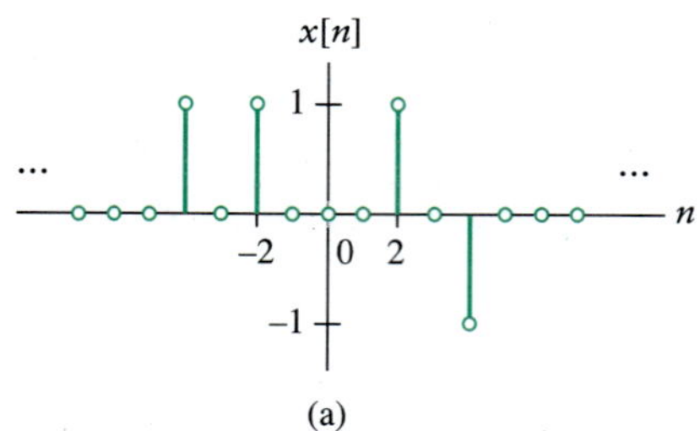

(a)

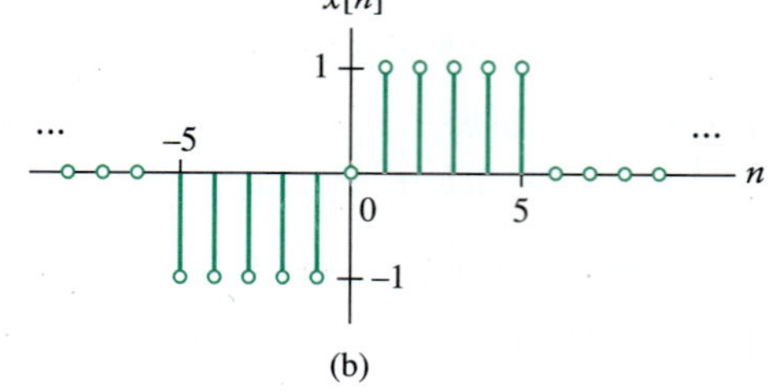

(b)

그림 P3.52

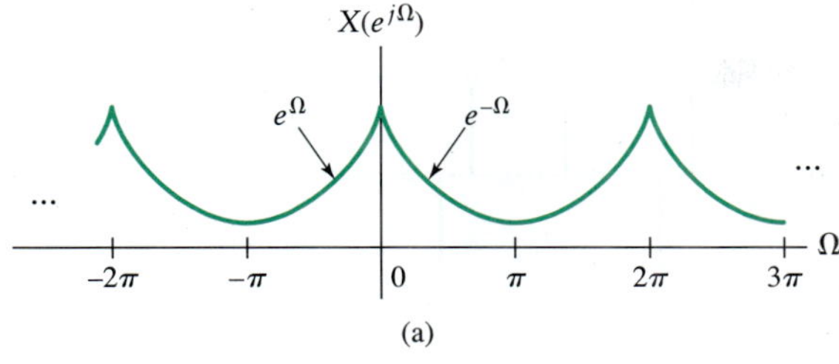

(a)

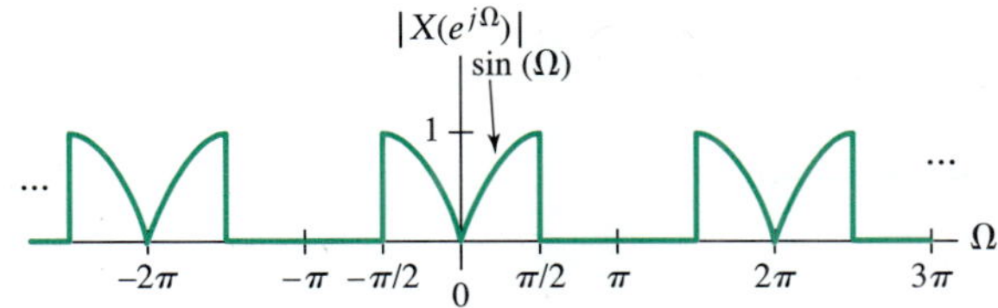

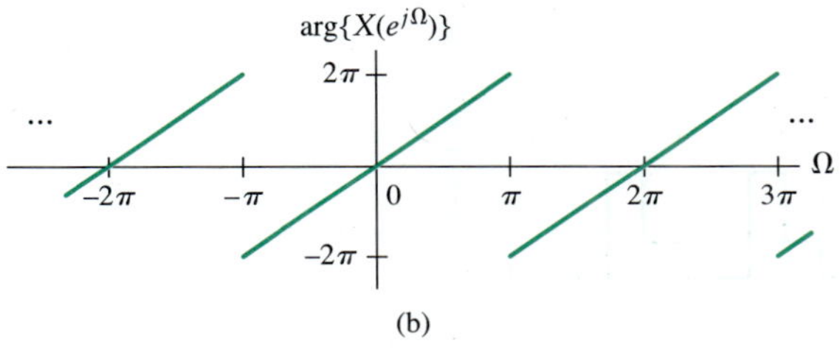

(b)

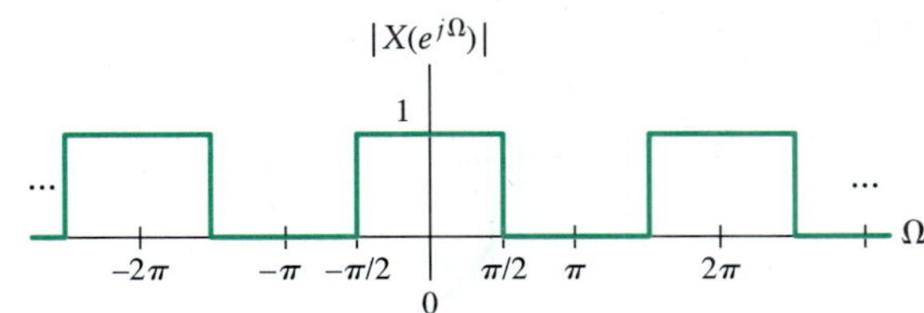

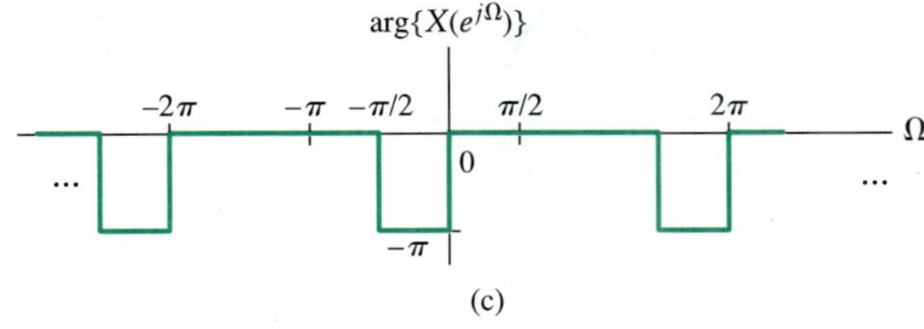

(c)

그림 P3.53

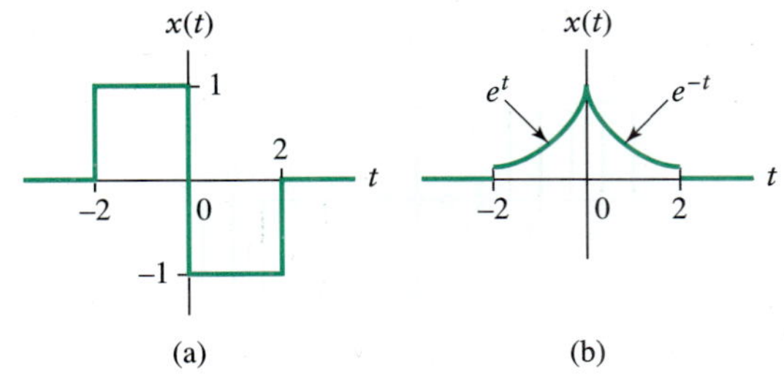

(a) (b)

그림 P3.54

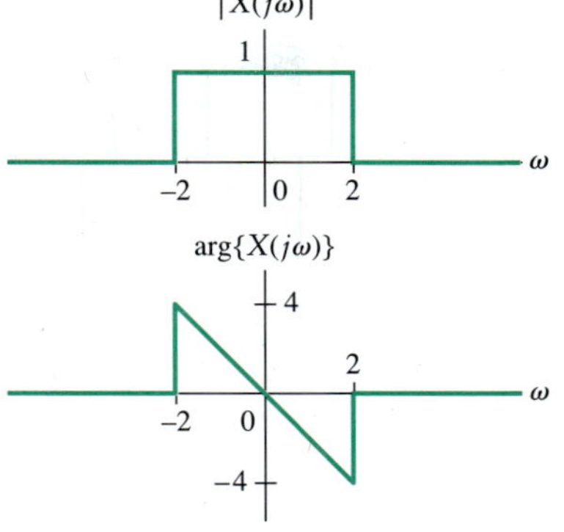

(a)

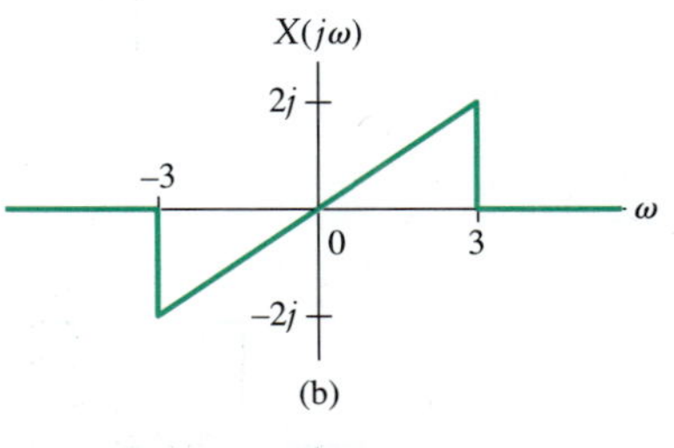

(b)

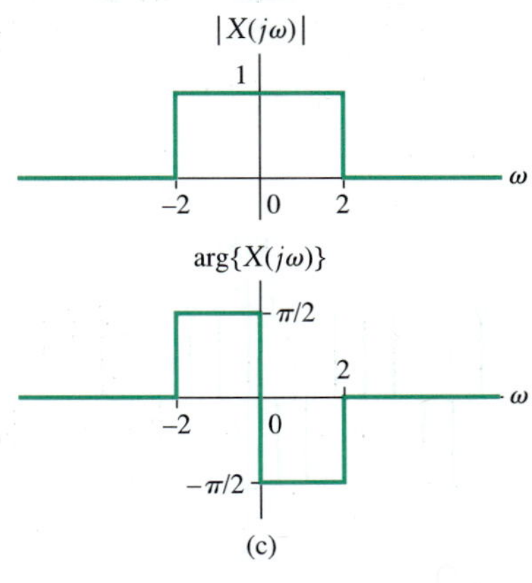

(c)

그림 P3.55

3.55 다음의 FT들에 FT 표현의 식을 이용하여 각각에 대응하는 시간 영역 신호들을 결정하라.

(a) $X(j\omega) = \begin{cases} \cos(2\omega), & |\omega| < \frac{\pi}{4} \\ 0, & \text{그 밖의 범위} \end{cases}$

(b) $X(j\omega) = e^{-2\omega}u(\omega)$

(c) $X(j\omega) = e^{-2|\omega|}$

(d) 그림 P3.55(a)에 보인 $X(j\omega)$

(e) 그림 P3.55(b)에 보인 $X(j\omega)$

(f) 그림 P3.55(c)에 보인 $X(j\omega)$

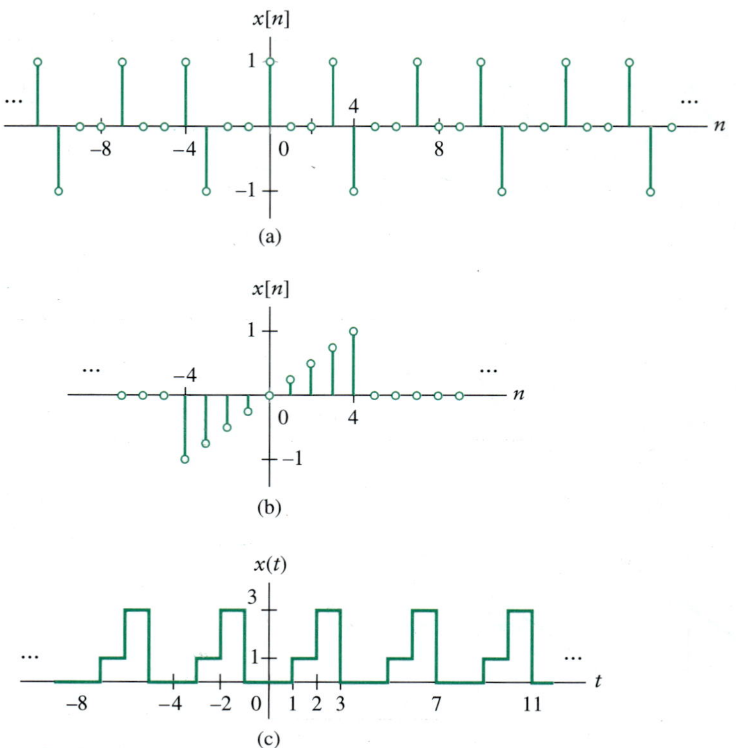

그림 P3.56

(a)

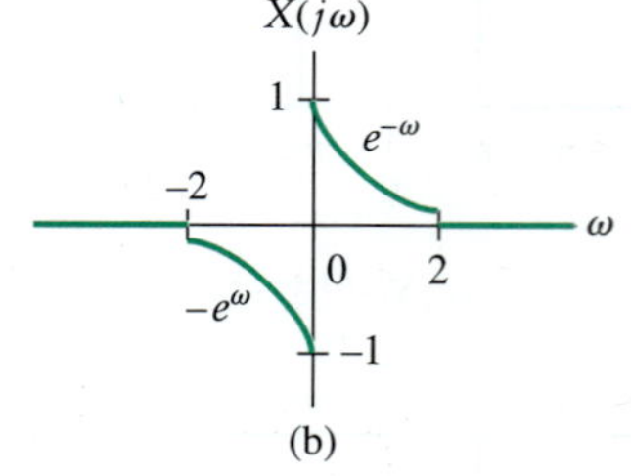

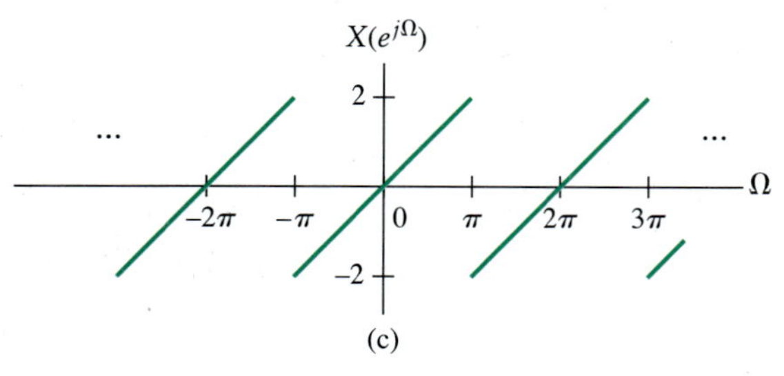

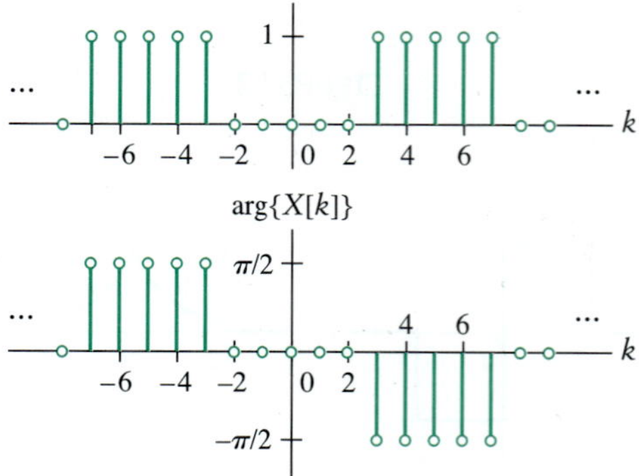

그림 P3.57

3.56 푸리에 정의식을 사용하여 다음의 시간 영역 신호들에 관한 적절한 푸리에 표현을 결정하라.

(a) $x(t) = e^{-t}\cos(2\pi t)u(t)$

(b) $x[n] = \begin{cases} \cos\left(\frac{\pi}{10}n\right) + j\sin\left(\frac{\pi}{10}n\right), & |n| < 10 \\ 0, & \text{그 밖의 범위} \end{cases}$

(c) 그림 P3.56(a)에 보인 $x[n]$

(d) $x(t) = e^{1+t}u(-t+2)$

(e) $x(t) = |\sin(2\pi t)|$

(f) 그림 P3.56(b)에 보인 $x[n]$

(g) 그림 P3.56(c)에 보인 $x(t)$

3.57 다음의 주파수 영역 표현들에 대응하는 시간 영역 신호를 결정하라.

(a) $X[k] = \begin{cases} e^{-jk\pi/2}, & |k| < 10 \\ 0, & \text{그 밖의 범위} \end{cases}$

시간 영역의 기본주기는 $T = 1$

(b) 그림 P3.57(a)에 보인 $X[k]$

(c) $X(j\omega) = \begin{cases} \cos\left(\frac{\omega}{4}\right) + j\sin\left(\frac{\omega}{4}\right), & |\omega| < \pi \\ 0, & \text{그 밖의 범위} \end{cases}$

(d) 그림 P3.57(b)에 보인 $X(j\omega)$

(e) 그림 P3.57(c)에 보인 $X(e^{j\Omega})$

(f) 그림 P3.57(d)에 보인 $X[k]$

(g) $X(e^{j\Omega}) = |\sin(\Omega)|$

3.58 변환과 성질들의 표를 이용하여 다음 신호들의 FT를 구하라.

(a) $x(t) = \sin(2\pi t)e^{-t}u(t)$

(b) $x(t) = te^{-3|t-1|}$

(c) $x(t) = \left[\dfrac{2\sin(3\pi t)}{\pi t}\right]\left[\dfrac{\sin(2\pi t)}{\pi t}\right]$

(d) $x(t) = \dfrac{d}{dt}\left(te^{-2t}\sin(t)u(t)\right)$

(e) $x(t) = \displaystyle\int_{-\infty}^{t} \frac{\sin(2\pi\tau)}{\pi\tau}d\tau$

(f) $x(t) = e^{-t+2}u(t-2)$

(g) $x(t) = \left(\dfrac{\sin(t)}{\pi t}\right) * \dfrac{d}{dt}\left[\left(\dfrac{\sin(2t)}{\pi t}\right)\right]$

3.59 변환과 성질들의 표를 이용하여 다음 신호들의 IFT를 구하라.

(a) $X(j\omega) = \dfrac{j\omega}{(1+j\omega)^2}$

(b) $X(j\omega) = \dfrac{4\sin(2\omega-4)}{2\omega-4} - \dfrac{4\sin(2\omega+4)}{2\omega+4}$

(c) $X(j\omega) = \dfrac{1}{j\omega(j\omega+2)} - \pi\delta(\omega)$

(d) $X(j\omega) = \dfrac{d}{d\omega}\left[4\sin(4\omega)\dfrac{\sin(2\omega)}{\omega}\right]$

(e) $X(j\omega) = \dfrac{2\sin(\omega)}{\omega(j\omega+2)}$

(f) $X(j\omega) = \dfrac{4\sin^2(\omega)}{\omega^2}$

3.60 변환과 성질들의 표를 이용하여 다음 신호들의 DTFT를 구하라.

(a) $x[n] = \left(\frac{1}{3}\right)^n u[n+2]$

(b) $x[n] = (n-2)(u[n+4] - u[n-5])$

(c) $x[n] = \cos\left(\frac{\pi}{4}n\right)\left(\frac{1}{2}\right)^n u[n-2]$

(d) $x[n] = \left[\dfrac{\sin\left(\frac{\pi}{4}n\right)}{\pi n}\right] * \left[\dfrac{\sin\left(\frac{\pi}{4}(n-8)\right)}{\pi(n-8)}\right]$

(e) $x[n] = \left[\dfrac{\sin\left(\frac{\pi}{2}n\right)}{\pi n}\right]^2 * \dfrac{\sin\left(\frac{\pi}{2}n\right)}{\pi n}$

3.61 변환과 성질들의 표를 이용하여 다음 신호들의 IDTFT를 구하라.

(a) $X(e^{j\Omega}) = j\sin(4\Omega) - 2$

(b) $X(e^{j\Omega}) = \left[e^{-j2\Omega}\dfrac{\sin\left(\frac{15}{2}\Omega\right)}{\sin\left(\frac{\Omega}{2}\right)}\right] \circledast \left[\dfrac{\sin\left(\frac{7}{2}\Omega\right)}{\sin\left(\frac{\Omega}{2}\right)}\right]$

(c) $X(e^{j\Omega}) = \cos(4\Omega)\left[\dfrac{\sin\left(\frac{3}{2}\Omega\right)}{\sin\left(\frac{\Omega}{2}\right)}\right]$

(d) $X(e^{j\Omega}) = \begin{cases} e^{-j4\Omega} & \frac{\pi}{4} < |\Omega| < \frac{3\pi}{4} \\ 0 & \text{그 밖의 범위} \end{cases}, \quad (|\Omega| < \pi)$

(e) $X(e^{j\Omega}) = e^{-j\left(4\Omega + \frac{\pi}{2}\right)}\dfrac{d}{d\Omega}\left[\dfrac{2}{1 + \frac{1}{4}e^{-j\left(\Omega - \frac{\pi}{4}\right)}} + \right.$

$$\left.\frac{2}{1+\frac{1}{4}e^{-j\left(\Omega+\frac{\pi}{4}\right)}}\right]$$

3.62 그림 P3.62(a)-(g)에 보인 신호들의 주파수 영역 표현들을 계산하기 위하여 FT쌍

$$x(t)=\begin{cases}1 & |t|<1\\ 0 & \text{그 밖의 범위}\end{cases} \xleftrightarrow{FT} X(j\omega)=\frac{2\sin(\omega)}{\omega}$$

와 FT의 성질들을 이용하라.

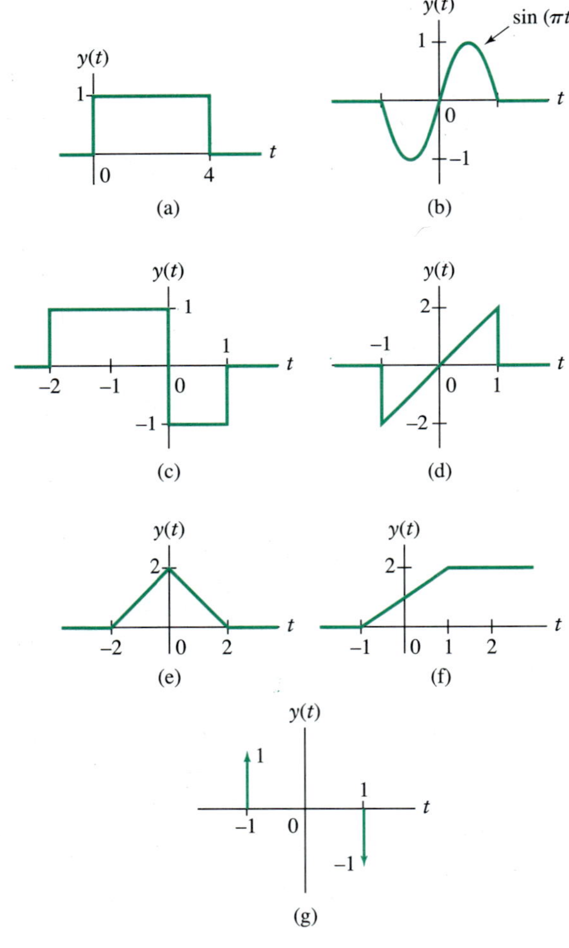

그림 P3.62

3.63 $x[n]=n\left(\frac{3}{4}\right)^{|n|} \xleftrightarrow{DTFT} X(e^{j\Omega})$라고 하자. 만약 $Y(e^{j\Omega})$가 다음과 같을 때 $X(e^{j\Omega})$를 계산하지 않고 $y[n]$을 구하라.

(a) $Y(e^{j\Omega})=e^{-j4\Omega}X(e^{j\Omega})$

(b) $Y(e^{j\Omega})=\text{Re}\{X(e^{j\Omega})\}$

(c) $Y(e^{j\Omega})=\frac{d}{d\Omega}X(e^{j\Omega})$

(d) $Y(e^{j\Omega})=X(e^{j\Omega})\circledast X(e^{j(\Omega-\pi/2)})$

(e) $Y(e^{j\Omega})=\frac{d}{d\Omega}X(e^{j2\Omega})$

(f) $Y(e^{j\Omega})=X(e^{j\Omega})+X(e^{-j\Omega})$

(g) $Y(e^{j\Omega})=\frac{d}{d\Omega}\left\{e^{-j4\Omega}\left[X\left(e^{j\left(\Omega+\frac{\pi}{4}\right)}\right)+X\left(e^{j\left(\Omega-\frac{\pi}{4}\right)}\right)\right]\right\}$

3.64 FS 표현이 $x(t)\xleftrightarrow{FS;\pi} X[k]=-k2^{-|k|}$인 주기 신호가 있다. $x(t)$를 결정하지 않고, 아래의 $y(t)$에 대해 FS 표현($Y[k]$와 ω_o)을 구하라.

(a) $y(t)=x(3t)$ (b) $y(t)=\frac{d}{dt}x(t)$

(c) $x(t)=x(t-1)$ (d) $y(t)=\text{Re}\{x(t)\}$

(e) $y(t)=\cos(4\pi t)x(t)$

(f) $y(t)=x(t)\circledast x(t-1)$

3.65 주어진 관계

$$x[n]=\frac{\sin\left(\frac{11\pi}{20}n\right)}{\sin\left(\frac{\pi}{20}n\right)} \xleftrightarrow{DTFS;\frac{\pi}{10}} X[k]$$

와 오직 DTFS 성질들을 이용하여 아래의 DTFS 계수들을 갖는 시간 신호 $y[n]$을 계산하라.

(a) $Y[k]=X[k-5]+X[k+5]$

(b) $Y[k]=\cos\left(k\frac{\pi}{5}\right)X[k]$

(c) $Y[k]=X[k]\circledast X[k]$

(d) $Y[k]=\text{Re}\{X[k]\}$

3.66 다음의 임펄스 응답에 의해 기술된 시스템의 주파수 응답을 도시하라.

(a) $h(t)=\delta(t)-2e^{-2t}u(t)$

(b) $h(t)=4e^{-2t}\cos(50t)u(t)$

(c) $h[n]=\frac{1}{8}\left(\frac{7}{8}\right)^n u[n]$

(d) $h[n]=\begin{cases}(-1)^n & |n|\le 10\\ 0 & \text{그 밖의 범위}\end{cases}$

각 시스템을 저역통과, 대역통과, 고역통과 등으로 특성화하라.

3.67 다음의 입력 $x(t)$에 대한 출력 $y(t)$를 갖는 시스템의 주파수 응답과 임펄스 응답을 구하라.

(a) $x(t) = e^{-t}u(t), \quad y(t) = e^{-2t}u(t) + e^{-3t}u(t)$

(b) $x(t) = e^{-3t}u(t), \quad y(t) = e^{-3(t-2)}u(t-2)$

(c) $x(t) = e^{-2t}u(t), \quad y(t) = 2te^{-2t}u(t)$

(d) $x[n] = \left(\frac{1}{2}\right)^n u[n],\ y[n] = \frac{1}{4}\left(\frac{1}{2}\right)^n u[n] + \left(\frac{1}{4}\right)^n u[n]$

(e) $x[n] = \left(\frac{1}{4}\right)^n u[n],$
$y[n] = \left(\frac{1}{4}\right)^n u[n] - \left(\frac{1}{4}\right)^{n-1} u[n-1]$

3.68 다음의 미분과 차분 방정식에 의해 기술된 시스템에 대한 주파수 응답과 임펄스 응답을 구하라.

(a) $\frac{d}{dt}y(t) + 3y(t) = x(t)$

(b) $\frac{d^2}{dt^2}y(t) + 5\frac{d}{dt}y(t) + 6y(t) = -\frac{d}{dt}x(t)$

(c) $y[n] - \frac{1}{4}y[n-1] - \frac{1}{8}y[n-2] = 3x[n] - \frac{3}{4}x[n-1]$

(d) $y[n] + \frac{1}{2}y[n-1] = x[n] - 2x[n-1]$

3.69 다음의 임펄스 응답을 갖는 시스템에 대한 미분과 차분 방정식 표현을 결정하라.

(a) $h[t] = \frac{1}{a}e^{-\frac{t}{a}}u(t)$

(b) $h(t) = 2e^{-2t}u(t) - 2te^{-2t}u(t)$

(c) $h[n] = \alpha^n u[n], \quad |\alpha| < 1$

(d) $h[n] = \delta[n] + 2\left(\frac{1}{2}\right)^n u[n] + \left(\frac{-1}{2}\right)^n u[n]$

3.70 다음의 주파수 응답을 갖는 시스템에 대한 미분과 차분 방정식 표현을 결정하라.

(a) $H(j\omega) = \dfrac{2 + 3j\omega - 3(j\omega)^2}{1 + 2j\omega}$

(b) $H(j\omega) = \dfrac{1 - j\omega}{-\omega^2 - 4}$

(c) $H(j\omega) = \dfrac{1 + j\omega}{(j\omega + 2)(j\omega + 1)}$

(d) $H(e^{j\Omega}) = \dfrac{1 + e^{-j\Omega}}{e^{-j2\Omega} + 3}$

(e) $H(e^{j\Omega}) = 1 + \dfrac{e^{-j\Omega}}{\left(1 - \frac{1}{2}e^{-j\Omega}\right)\left(1 + \frac{1}{4}e^{-j\Omega}\right)}$

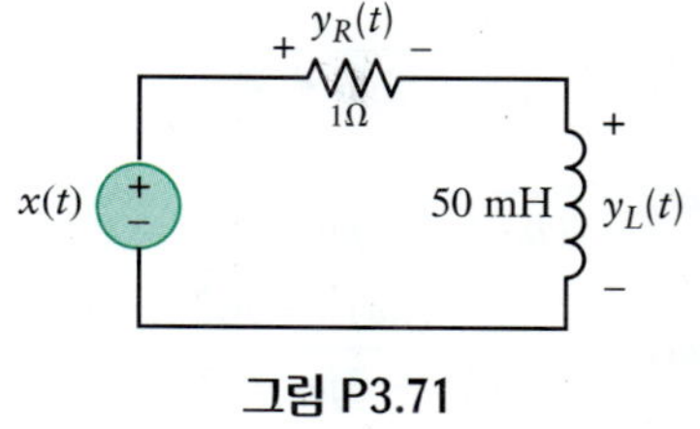

그림 P3.71

3.71 그림 P3.71에 보인 RL 회로를 고려하자.

(a) 출력을 인덕터 양단 전압 $y_L(t)$로 놓자. 이 시스템에 대한 미분 방정식 표현을 기술하고 주파수 응답을 구하라. 시스템을 필터로 특성화하라.

(b) 회로해석 기술을 이용하여 인덕터 양단의 전압을 결정하고 도시하라. 입력은 그림 3.21에 보인 $T = 1$, $1/4$를 갖는 구형파이다.

(c) 출력을 저항 양단 전압 $y_R(t)$로 놓자. 이 시스템에 대한 미분 방정식 표현을 기술하고 주파수 응답을 구하라. 시스템을 필터로 특성화하라.

(d) 회로해석 기술을 이용하여 저항 양단의 전압을 결정하고 도시하라. 입력은 그림 3.21에 보인 $T = 1$, $1/4$를 갖는 구형파이다.

3.72 그림 P3.72에 보인 RLC 회로를 고려하자.

(a) 이 시스템에 대한 미분 방정식 표현을 기술하고 주파수 응답을 구하라. 시스템을 필터로 특성화하라.

(b) 입력이 그림 3.21에 보인 $T = 2\pi \times 10^{-3}$, $T_o = (\pi/2) \times 10^{-3}$를 갖는 구형파인 경우 출력을 결정하고 도시하라. $L = 10\,\text{mH}$로 가정한다.

3.73 부분 분수 전개를 이용하여 다음 신호들의 IFT를 결정하라.

(a) $X(j\omega) = \dfrac{6j\omega + 16}{(j\omega)^2 + 5j\omega + 6}$

그림 P3.72

(b) $X(j\omega) = \dfrac{j\omega - 2}{-\omega^2 + 5j\omega + 4}$

(c) $X(j\omega) = \dfrac{j\omega}{(j\omega)^2 + 6j\omega + 8}$

(d) $X(j\omega) = \dfrac{-(j\omega)^2 - 4j\omega - 6}{((j\omega)^2 + 3j\omega + 2)(j\omega + 4)}$

(e) $X(j\omega) = \dfrac{2(j\omega)^2 + 12j\omega + 14}{(j\omega)^2 + 6j\omega + 5}$

(f) $X(j\omega) = \dfrac{j\omega + 3}{(j\omega + 1)^2}$

3.74 부분 분수 전개를 이용하여 다음 신호들의 IDTFT를 결정하라.

(a) $X(e^{j\Omega}) = \dfrac{2e^{-j\Omega}}{-\frac{1}{4}e^{-j2\Omega} + 1}$

(b) $X(e^{j\Omega}) = \dfrac{2 + \frac{1}{4}e^{-j\Omega}}{-\frac{1}{8}e^{-j2\Omega} + \frac{1}{4}e^{-j\Omega} + 1}$

(c) $X(e^{j\Omega}) = \dfrac{12}{-e^{-j2\Omega} + e^{-j\Omega} + 6}$

(d) $X(e^{j\Omega}) = \dfrac{6 - 2e^{-j\Omega} + \frac{1}{2}e^{-j2\Omega}}{\left(-\frac{1}{4}e^{-j2\Omega} + 1\right)\left(1 - \frac{1}{4}e^{-j\Omega}\right)}$

(e) $X(e^{j\Omega}) = \dfrac{6 - \frac{2}{3}e^{-j\Omega} - \frac{1}{6}e^{-j2\Omega}}{-\frac{1}{6}e^{-j2\Omega} + \frac{1}{6}e^{-j\Omega} + 1}$

3.75 다음 값을 계산하라.

(a) $\displaystyle\int_{-\pi}^{\pi} \frac{4}{\left|1 - \frac{1}{3}e^{-j\Omega}\right|^2} d\Omega$

(b) $\displaystyle\sum_{k=-\infty}^{\infty} \frac{\sin^2(k\pi/8)}{k^2}$

(c) $\displaystyle\int_{-\infty}^{\infty} \frac{8}{(\omega^2 + 4)^2} d\omega$

(d) $\displaystyle\int_{-\infty}^{\infty} \frac{\sin^2(\pi t)}{\pi t^2} dt$

3.76 쌍대성을 이용하여 다음을 계산하라.

(a) $x(t) \overset{FT}{\longleftrightarrow} e^{-2\omega}u(\omega)$

(b) $\dfrac{1}{(2 + jt)^2} \overset{FT}{\longleftrightarrow} X(j\omega)$

(c) $\dfrac{\sin\left(\frac{11\pi}{20}n\right)}{\sin\left(\frac{\pi}{20}n\right)} \overset{DTFS;\frac{\pi}{10}}{\longleftrightarrow} X[k]$

3.77 그림 P3.77에 보인 FT $X(j\omega)$에 대하여 $x(t)$를 명시적으로 계산하지 않고서 다음의 값들을 계산하라.

(a) $\int_{-\infty}^{\infty} x(t)\, dt$

(b) $\int_{-\infty}^{\infty} |x(t)|^2\, dt$

(c) $\int_{-\infty}^{\infty} x(t)e^{j3t}\, dt$

(d) $\arg\{x(t)\}$

(e) $x(0)$

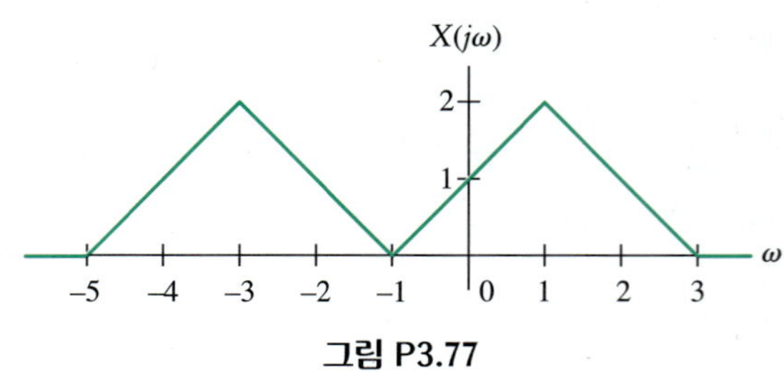

그림 P3.77

3.78 $x[n] \overset{DTFT}{\longleftrightarrow} X(e^{j\Omega})$라고 하자. 단 $x[n]$은 그림 P3.78에 보인 바와 같다. $X(e^{j\Omega})$을 명시적으로 계산하지 않고서 다음의 값들을 계산하라.

(a) $X(e^{j0})$

(b) $\arg\{X(e^{j\Omega})\}$

(c) $\int_{-\pi}^{\pi} |X(e^{j\Omega})|^2 d\Omega$

(d) $\int_{-\pi}^{\pi} X(e^{j\Omega})e^{j3\Omega} d\Omega$

(e) $y[n] \overset{DTFT}{\longleftrightarrow} \operatorname{Re}\{e^{j2\Omega}X(e^{j\Omega})\}$

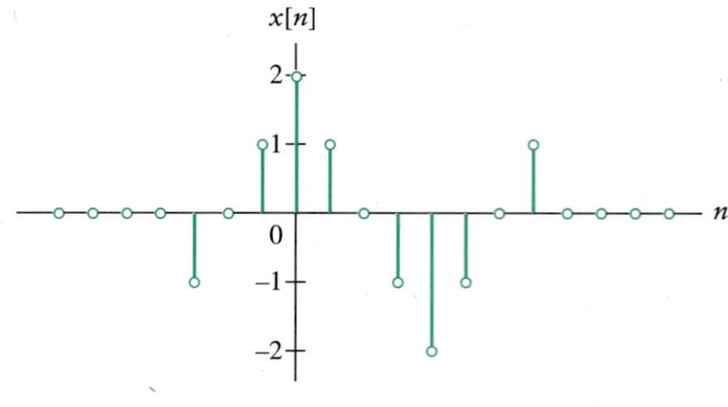

그림 P3.78

3.79 다음 성질들을 증명하라.

(a) FS 대칭성

(i) 실수값을 갖는 시간 신호들에 대한 대칭성

(ii) 실수이고 우함수인 시간 신호들에 대한 대칭성

(b) DTFT의 시간 이동 성질

(c) DTFT의 주파수 이동 성질

(d) FT의 선형성

(e) DTFT의 콘벌루션 성질

(f) DTFT의 변조 성질

(g) DTFS의 콘벌루션 성질

(h) FS의 변조 성질

(i) FS에 대한 Parseval 관계

3.80 스케일링 파라미터 p의 정수배인 점을 제외하고 0인 신호를 정의하자. 즉,

$$x_z[n] = 0, \quad n/p\text{이 정수인 것은 제외}$$

로 놓자. 그림 3.80(a)는 $p = 3$에 대한 신호를 보인다.

(a) $z[n] = x_z[pn]$의 DTFT는 $Z(e^{j\Omega}) = X_z(e^{j\Omega/p})$로 주어짐을 보여라.

(b) 그림 P3.80(b)에서, 신호 $w[n]$의 DTFT와 스케일링 성질을 이용하여 신호 $f[n]$의 DTFT를 결정하라.

(c) $X_z[n]$은 기본주기 N을 갖는 주기적인 신호라고 가정하자. 따라서, $z[n] = X_z[pn]$은 양의 정수인 기본주기 N/p를 갖는다. $z[n]$의 DTFS는 $Z[k] = pX_z[k]$를 만족함을 보여라.

3.81 이 문제에서 우리는 가우시안 펄스들이 시간-대역폭 곱에서 하한값을 갖는다는 사실을 확인한다(힌트: 부록 A.4의 정적분을 이용하라).

(a) $x(t) = e^{-t^2/2}$라고 하자. 이때 유효 길이 T_d와 대역폭 B_w를 계산하고 시간-대역폭 곱을 계산하라.

(b) $x(t) = e^{-t^2/2a^2}$이라 하자. 이때 유효 길이 T_d와 대역폭 B_w를 계산하고 시간-대역폭 곱을 계산하라. a가 증가함에 따라 T_d, B_w 그리고 T_dB_w는 어떻게 되겠는가?

3.82 $x(t)$가

$$x(t) = \begin{cases} 1, & |t| < T_o \\ 0, & \text{그 밖의 범위} \end{cases}$$

라고 하자. 불확정성 원리를 이용하여 $x(t) * x(t)$의 유효 대역폭의 하한값을 계산하라.

3.83 불확정성 원리를 이용하여 $x(t) = e^{-|t|}$의 유효 대역폭의 하한값을 계산하라.

3.84 신호 $x(t)$의 시간-대역폭 곱 T_dB_w는 스케일에 무관함을 보여라. 즉, T_d와 B_w의 정의를 사용하여 $x(t)$와 $x(at)$의 시간-대역폭 곱이 동일함을 보여라.

3.85 DTFS와 FS의 분석에서 사용되는 복소 정현파 함수의 핵심 성질은 직교이다. 이것은 두 개의 조화적으로 관계된 정현파 함수의 내적은 0인 것에 따른다. 내적은 기본주

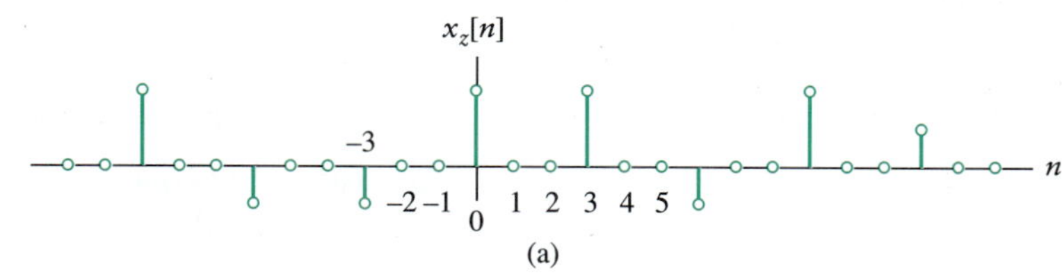

(a)

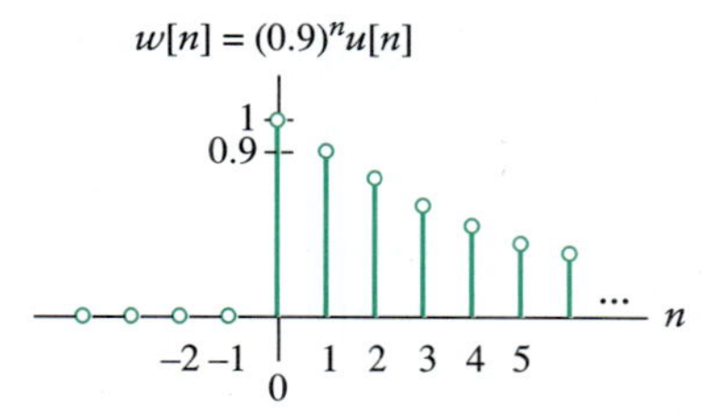

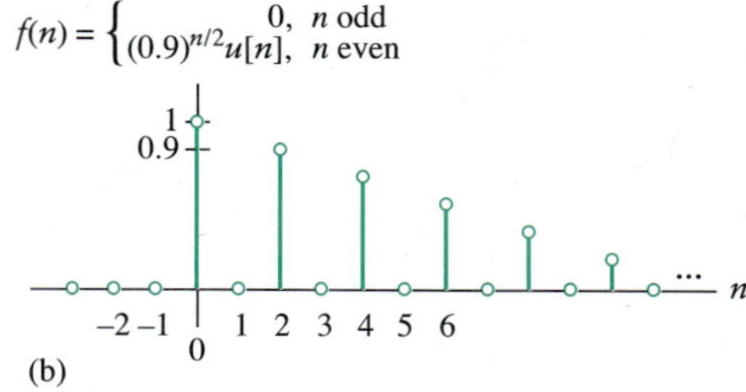

(b)

그림 P3.80

기에 대해 한 신호와 다른 신호의 켤레의 곱의 합 또는 적분으로 정의된다.

(a) 이산시간 복소 정현파 함수가 직교함을 보여라. 즉, 다음을 증명하라.

$$\frac{1}{N}\sum_{n=0}^{N-1} e^{jk\frac{2\pi}{N}n} e^{-jl\frac{2\pi}{N}n} = \begin{cases} 1, & k = l \\ 0, & k \neq l \end{cases}$$

여기서, $|k-l| < N$으로 가정한다.

(b) 조화적으로 관계된 연속시간 복소 정현파 함수가 직교함을 보여라. 즉, 다음을 증명하라.

$$\frac{1}{T}\int_0^T e^{jk\frac{2\pi}{T}t} e^{-jl\frac{2\pi}{T}t}\,dt = \begin{cases} 1, & k = l \\ 0, & k \neq l \end{cases}$$

(c) 조화적으로 관계된 sine과 cosine 함수가 직교함을 보여라. 즉, 다음을 증명하라.

$$\frac{1}{T}\int_0^T \sin\left(k\frac{2\pi}{T}t\right)\sin\left(l\frac{2\pi}{T}t\right)dt = \begin{cases} 1/2, & k = l \\ 0, & k \neq l \end{cases}$$

$$\frac{1}{T}\int_0^T \cos\left(k\frac{2\pi}{T}t\right)\cos\left(l\frac{2\pi}{T}t\right)dt = \begin{cases} 1/2, & k = l \\ 0, & k \neq l \end{cases}$$

$$\frac{1}{T}\int_0^T \cos\left(k\frac{2\pi}{T}t\right)\sin\left(l\frac{2\pi}{T}t\right)dt = 0.$$

3.86 이 장에서 FS의 표현

$$x(t) = \sum_{k=-\infty}^{\infty} X[k]e^{jk\omega_o t}$$

는 지수적 FS이다. 이 문제에서는 실수값의 주기 신호들에 대한 FS를 표현하는 몇몇의 다른 방법들(물론 등가이지만)을 탐구한다.

(a) 삼각함수 형식

(i) 실수값을 갖는 시간 신호 $x(t)$ 대한 FS가

$$x(t) = B[0] + \sum_{k=1}^{\infty} B[k]\cos(k\omega_o t) + A[k]\sin(k\omega_o t)$$

와 같이 표현될 수 있음을 보여라. 단, 여기서 $A[k]$와 $B[k]$는 실수값의 계수이다.

(ii) $A[k]$와 $B[k]$로 $X[k]$를 표현하라.

(iii) 조화적으로 관계된 sine과 cosine 함수의 직교성을 이용하여(문제 3.85를 보라) 다음을 보여라.

$$B[0] = \frac{1}{T}\int_0^T x(t)\,dt,$$

$$B[k] = \frac{2}{T}\int_0^T x(t)\cos k\omega_o t\,dt,$$

$$A[k] = \frac{2}{T}\int_0^T x(t)\sin k\omega_o t\,dt.$$

(iv) 만약 $x(t)$가 우함수라면 $A[k] = 0$이고 $x(t)$가 기함수라면 $B[k] = 0$임을 보여라.

(b) 극좌표 형식.

(i) 실수값을 갖는 시간 신호 $x(t)$ 대한 FS가

$$x(t) = C[0] + \sum_{k=1}^{\infty} C[k]\cos(k\omega_o t + \theta[k])$$

와 같이 표현될 수 있음을 보여라. 단, 여기서 $C[k]$는 양의 진폭이고 $[k]$는 k번째 고조파의 위상이다.

(ii) $C[k]$와 $\theta[k]$를 $X[k]$ 함수로 표현하라.

(iii) $C[k]$와 $\theta[k]$를 (a)로부터 $A[k]$와 $B[k]$의 함수로 표현하라.

3.87 이 문제에서, 상태 변수 표현에 의해 기술되는 연속시간과 이산시간 LTI 시스템의 주파수 응답을 유도한다.

(a) $\mathbf{q}(j\omega)$를 연속시간 LTI 시스템의 상태 변수 표현에서 상태 벡터의 각 원소의 FT로 정의한다. 즉,

$$\mathbf{q}(j\omega) = \begin{bmatrix} Q_1(j\omega) \\ Q_2(j\omega) \\ \vdots \\ Q_N(j\omega) \end{bmatrix}$$

이다. 여기서, $\mathbf{q}(j\omega)$의 i번째 엔트리는 i번째 상태 변수 $p_i(t) \xleftrightarrow{FT} Q_i(j\omega)$의 FT이다. 상태 방정식 $\frac{d}{dt}\mathbf{q}(\mathbf{t}) = \mathbf{Aq}(\mathbf{t}) + \mathbf{bx}(\mathbf{t})$의 FT를 취하고 미분 성질을 이용하여 $\mathbf{q}(j\omega)$를 ω, $\mathbf{A}$, $\mathbf{b}$, $X(j\omega)$의 함수로 표현하라. 다음으로, 출력 방정식 $y(t) = \mathbf{cq}(\mathbf{t}) + \mathbf{Dx}(\mathbf{t})$의 FT를 취하고 $\mathbf{q}(j\omega)$에 대입하여 다음을 보여라.

$$H(j\omega) = \mathbf{c}(j\omega\mathbf{I} - \mathbf{A})^{-1}\mathbf{b} + \mathbf{D}.$$

(b) 시간 이동 성질을 이용하여 상태 변수 표현에 대한 이산시간 LTI 시스템의 주파수 응답을 다음과 같이 표현하라.

$$H(e^{j\Omega}) = \mathbf{c}(e^{j\Omega}\mathbf{I} - \mathbf{A})^{-1}\mathbf{b} + \mathbf{D}.$$

3.88 문제 3.87를 이용하여 다음 상태 변수 행렬에 의해 기술되는 연속시간 LTI 시스템에 대한 주파수 응답, 임펄스 응답, 미분 방정식 표현을 결정하라.

(a) $\mathbf{A} = \begin{bmatrix} -2 & 0 \\ 0 & -1 \end{bmatrix}$, $\mathbf{b} = \begin{bmatrix} 0 \\ 2 \end{bmatrix}$,
$\mathbf{c} = [1 \quad 1]$, $\mathbf{D} = [0]$

(b) $\mathbf{A} = \begin{bmatrix} 1 & 2 \\ -3 & -4 \end{bmatrix}$, $\mathbf{b} = \begin{bmatrix} 1 \\ 2 \end{bmatrix}$,
$\mathbf{c} = [0 \quad 1]$, $\mathbf{D} = [0]$.

3.89 문제 3.87의 결과를 이용하여 다음 상태 변수 행렬에 의해 기술되는 이산시간 LTI 시스템에 대한 주파수 응답, 임펄스 응답, 차분 방정식 표현을 결정하라.

(a) $\mathbf{A} = \begin{bmatrix} -\frac{1}{2} & 1 \\ 0 & \frac{1}{4} \end{bmatrix}$, $\mathbf{b} = \begin{bmatrix} 0 \\ 1 \end{bmatrix}$,
$\mathbf{c} = [1 \quad 0]$, $\mathbf{D} = [1]$

(b) $\mathbf{A} = \begin{bmatrix} \frac{1}{4} & \frac{3}{4} \\ \frac{1}{4} & -\frac{1}{4} \end{bmatrix}$, $\mathbf{b} = \begin{bmatrix} 1 \\ 1 \end{bmatrix}$,
$\mathbf{c} = [0 \quad 1]$, $\mathbf{D} = [0]$.

3.90 연속시간 시스템은 다음의 상태 변수 행렬에 의해 기술된다.

$$\mathbf{A} = \begin{bmatrix} -1 & 0 \\ 0 & -3 \end{bmatrix}, \quad \mathbf{b} = \begin{bmatrix} 0 \\ 2 \end{bmatrix},$$
$$\mathbf{c} = [0 \quad 1], \quad \text{및} \quad \mathbf{D} = [0].$$

다음의 행렬 $\mathbf{T}$를 이용하여 시스템에 대한 새로운 상태 변수 표현을 구함으로써 이 시스템과 관계된 상태 벡터를 변환하라. 원래의 시스템과 변환된 시스템의 주파수 응답이 동등함을 보여라.

$$\mathbf{T} = \begin{bmatrix} 1 & -1 \\ 1 & 1 \end{bmatrix}$$

▶ 심화 문제(Advanced Problems)

3.91 기본주기 T인 신호, 만약 그것이 $x(t) = -x(t - T/2)$를 만족한다면, 반파(half-wave) 대칭을 갖는다고 말한다. 즉, 신호의 한 주기의 반과 나머지 반파 부호만 반대이다. 짝수 번째 하모닉스의 FS 계수, $X[2k]$가 반파 대칭인 모든 신호에 대하여 0임을 보여라.

3.92 piecewise-constant 신호의 FS(그림 P3.92)는 임펄스 열의 FS로부터 미분과 시간 이동 성질을 이용하여 다음과 같이 결정될 수 있다. 시간 영역 신호를 미분하여 시간 이동된 임펄스 열의 합을 구한다. 미분은 시간 영역 신

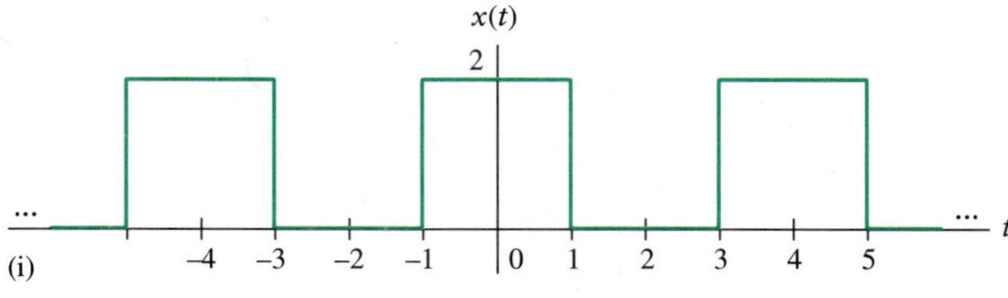

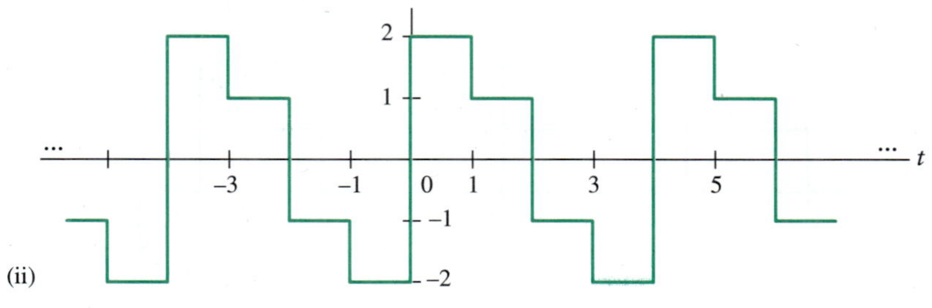

그림 P3.92

호의 각 불연속점에서 임펄스를 유도함에 주목하라. 다음으로, 시간 이동 성질과 임펄스 열의 FS를 이용하여 미분된 신호의 FS를 구하라. 마지막으로, 미분 성질을 이용하여 미분된 신호로부터 원래 신호의 FS 계수를 구하라.

(a) 이 방법은 $k = 0$에 대한 FS 계수를 결정하는 데 사용될 수 있는가? 그것을 어떻게 구할 수 있는가?

(b) 이 방법을 이용하여 그림 P3.92의 piecewise-constant 파형의 FS 계수를 구하라.

3.93 이전 문제에서 보인 FS 계수를 구하기 위한 방법은 두 번 미분하여 임펄스 열과 더블릿(doublet) 열의 합을 얻는 piecewise 선형인 신호로 확장될 수 있다. 시간 이동 성질과 임펄스 열과 더블릿(doublet) 열의 FS는 두 번 미분된 신호의 FS를 구하는 데 사용된다. 그리고 미분 성질은 두 번 미분된 신호로부터 원시 신호의 FS 계수를 구하는 데 사용된다.

(a) 더블릿(doublet) 열의 FS 계수를 구하라. 여기서, $\delta^{(1)}(t)$는 더블릿(doublet)이다.

(b) 이 방법을 이용하여 그림 P3.93 파형의 FS 계수를 구하라.

3.94 FT는 안테나의 전기장과 멀리 떨어진 점에서 전자기장과 관련된다. 이 문제는 ω_o의 단일조화파(single frequency)를 갖는 일차원 안테나에 대한 결과를 유도한다. 안테나 구 내의 점 z에서 전기장은 진폭 $a(z)$와 위상 $\phi(z)$를 갖는다고 하자. 따라서 전기장을 z와 t의 함수로서 $x(z, t) = a(z)\cos(\omega_0 t + \phi(z))$이고, 장의 복소 진폭을 $w(z) = a(z)e^{j\phi(z)}$로 정의한다. 따라서,

$$x(z, t) = \text{Re}\{w(z)e^{j\omega_0 t}\}$$

이다. 호이겐스의 원리는 멀리 떨어진 점에서 전기장은 구에서 전기장의 각 미분 성분의 중첩 효과임을 설명한다. 관심 있는 점이 r만큼 떨어져 있다고 가정하자. z와 $z + dz$ 사이의 미분 성분이 거리 r까지 전파되는 데 걸리는 시간은 $t = r/c$이다. 여기서, c는 전파 속도이다. 그러므로, 구에서 장의 미분 성분으로부터 거리 r에서 장의 기여는 다음과 같이 주어진다.

$$\begin{aligned} y(z, t)dz &= x(z, t - t_o)dz \\ &= \text{Re}\{w(z)e^{-j\omega_o t_o}dz\, e^{j\omega_o t}\}. \end{aligned}$$

파장 $\lambda = 2\pi c/\omega_o$이므로, $\omega_o t_o = 2\pi r/\lambda$이고 이 미분 성분과 관계된 복소 진폭은 $w(z)e^{-j2\pi r/\lambda}$이다.

(a) 그림 P3.94에 보인 구에서 축에 대해 수직이고 $z = 0$으로부터 거리 R인 점에 대해 각 θ에서 점 P를 고려하자. R이 z축을 따라 구의 최대 범위보다 훨씬 크다면 r를 $r = R + zs$로 근사할 수 있다. 여기서, $s = \sin\theta$이다. 이 근사식을 이용하여 z와 $z + dz$ 사이의 미

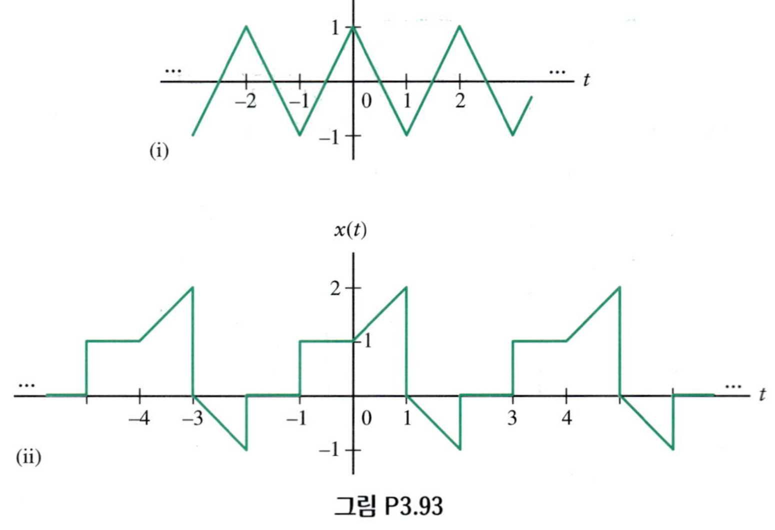

그림 P3.93

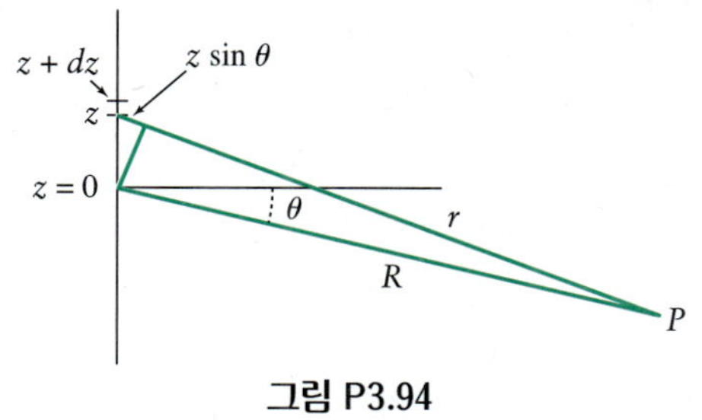

그림 P3.94

분 성분이 나타나는 점 P에 대한 기여를 결정하라.

(b) 안테나 구에서 전기장의 모든 미분 성분을 적분하여 점 P에서 장이 다음과 같음을 보여라.

$$Y(s, R) = \mathrm{Re}\{G(s)e^{-j2\pi R/\lambda}e^{j\omega_o t}\}.$$

여기서,

$$G(s) = \int_{-\infty}^{\infty} w(z)e^{-j2\pi zs/\lambda}\,dz$$

는 장의 복소 진폭을 sin의 함수로 표현한다. 식 (3.36)과 비교는 $G(s)$는 $2\pi s/\lambda$에서 계산된 $w(z)$의 FT이다.

(c) (b)에서 개발된 FT 관계를 이용하여 다음 구 분포 $w(z)$의 파-필드(par-field) 패턴을 결정하라.

(i) $w(z) = \begin{cases} 1, & |z| < 5 \\ 0, & \text{그 밖의 범위} \end{cases}$

(ii) $w(z) = \begin{cases} e^{j\pi z/4}, & |z| < 5 \\ 0, & \text{그 밖의 범위} \end{cases}$

(iii) $w(z) = \begin{cases} 1/2 + (1/2)\cos(\pi z/5), & |z| < 5 \\ 0, & \text{그 밖의 범위} \end{cases}$

(iv) $w(z) = e^{-z^2}$.

$\lambda = 1$이라 가정하고 범위 $-\pi/2 < \theta < \pi/2$ 범위의 $|G(s)|$를 도시하라.

3.95 그림 P3.95는 빔-형성기(beam-former)로 알려진 시스템을 보인다. 빔-형성기의 출력은 안테나 배열에서 측정된 신호의 가중합이다. 안테나는 단일 주파수 ω_o의 진행파의 복소 진폭을 측정하고 안테나는 수직선을 따라 거리 d만큼 동일한 간격으로 위치한다. 평면파 $p(t) = e^{j\omega_o t}$는 방향 θ로부터 배열에 도착함을 보인다. 제일 위의 안테나가 $p(t)$를 측정하고 두 번째 안테나는 $p(t-\tau(\theta))$를 측정한다. 여기서, $\tau = (d\sin\theta)/c$는 제일 위의 안테나에서 두 번째 안테나까지 전파되는 평면파에 필요한 시간 지연이고 c는 빛의 속도이다.

안테나는 동일 간격이기 때문에 k번째 안테나는 신호 $p(t-\tau(\theta))$를 측정하고 빔-형성기의 출력은 다음과 같다.

$$\begin{aligned} y(t) &= \sum_{k=0}^{N-1} w_k p(t - k\tau(\theta)) \\ &= e^{j\omega_o t}\sum_{k=0}^{N-1} w_k e^{-j\omega_o k\tau(\theta)} \\ &= e^{j\omega_o t}\sum_{n=0}^{N-1} w_k e^{-j(\omega_o kd\sin\theta)/c}. \end{aligned}$$

우리는 이것을 방향 θ로부터 동일한 주파수의 복소 정현파 신호 출력을 야기하는 복소 정현파 신호 입력으로 해석할 수 있다. 빔-형성기는 다음의 복소수로 주어진 진폭과 위상 변화를 유도한다.

$$b(\theta) = \sum_{k=0}^{N-1} w_k e^{-j(\omega_o kd\sin\theta)/c}.$$

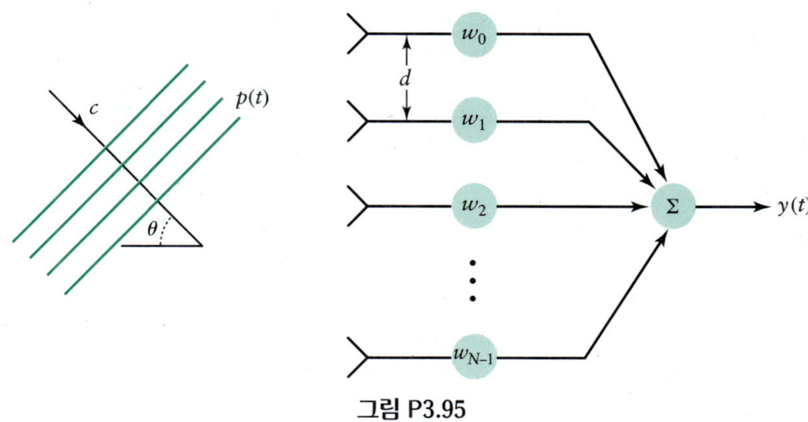

그림 P3.95

빔-형성기의 이득 $|b(\theta)|$는 빔 패턴이다. 이득은 도착 방향의 함수이고 따라서 빔-형성기는 다른 방향으로부터 도착하는 신호들 사이의 분별력을 제공함에 주목하자. 편의상, 동작 주파수와 간격은 $\omega_o d / c = \pi$가 되도록 선택한다고 가정한다. 또한 θ는 $-\pi/2 < \theta < \pi/2$의 범위에 있다고 가정한다.

(a) 빔 패턴에 대한 표현과 N개의 0이 아닌 임펄스 응답 계수를 갖는 이산시간 시스템의 주파수 응답을 비교하라.

(b) $N = 2$이고 $w_0 = w_1 = 0.5$와 $w_0 = 0.5$, $w_1 = -0.5$를 갖는 빔 패턴을 계산하고 도시하라.

(c) $N = 4$이고 $w_k = 0.25$, $k = 0, 1, 2, 3$를 갖는 빔 패턴을 계산하고 도시하라.

(d) $N = 8$이고 $w_k = 1/8$, $k = 0, 1, \cdots, 7$과 $w_k = 1/8e^{jk\pi/2}$, $k = 0, 1, \cdots, 7$를 갖는 빔 패턴을 비교하라.

3.96 문제 2.81에서, $yk(l, t) = \phi_k(l) f_k(t)$, $0 \le l \le a$를 갖는 진동하는 현에 대한 운동 방정식의 해를 결정하였다. 여기서,

$$f_k(t) = a_k \cos(\omega_k ct) + b_k \sin(\omega_k ct),$$
$$\phi_k(l) = \sin(\omega_k l)$$

이고 $\omega_k = k\pi / a$이다. $y_k(l, t)$는 임의의 a_k와 b_k에 대한 해이므로 가장 일반적인 해는 다음의 형태를 갖는다.

$$y(l, t) = \sum_{k=1}^{\infty} \sin(\omega_k l)(a_k \cos(\omega_k ct) + b_k \sin(\omega_k ct)).$$

초기 조건 $y(l, 0) = x(l)$을 이용하여 a_k, $\frac{\partial}{\partial t} y(l, t)|_{t=0}$, b_k를 구하라.

(a) $x(l)$의 FS 계수로 a_k에 대한 해를 표현하라(**힌트:** t 대신 l을 대입한 식 (3.25)와 식 (3.26)를 고려하라).

(b) $g(l)$의 FS 계수로 b_k에 대한 해를 표현하라.

(c) $y(l, t)$를 구하라. $g(l) = 0$으로 가정하고 $x(l)$은 그림 P3.96에 보인다.

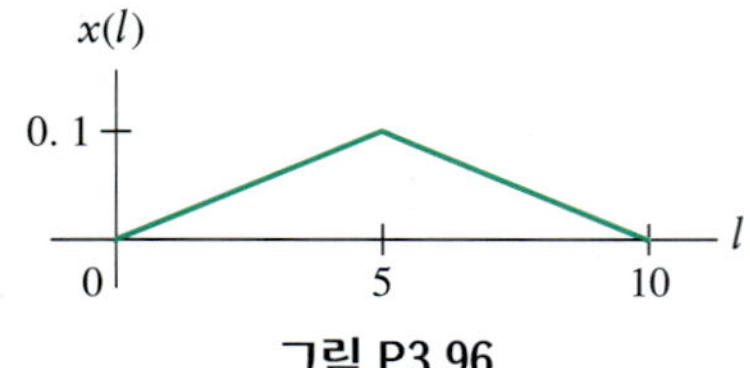

그림 P3.96

3.97 이 문제에서 우리는 DTFS의 행렬 표현에 대하여 탐구한다. DTFS는 주기 N을 갖는 주기신호인 N개의 시간 영역 값들을 N개의 주파수 영역 값 $X[k]$로 표현한다. 다음의 벡터를 정의하자.

$$\mathbf{x} = \begin{bmatrix} x[0] \\ x[1] \\ \vdots \\ x[N-1] \end{bmatrix} \text{ 이고 } \mathbf{X} = \begin{bmatrix} X[0] \\ X[1] \\ \vdots \\ X[N-1] \end{bmatrix}.$$

(a) DTFS 표현

$$x[n] = \sum_{k=0}^{N-1} X[k] e^{jk\Omega_o n}, \quad n = 0, 1, \ldots, N-1$$

이 행렬식 $\mathbf{x} = \mathbf{V}\mathbf{X}$의 꼴로 표현될 수 있음을 보여라. 여기서 $\mathbf{V}$는 $N \times N$의 행렬이다. $\mathbf{V}$의 원소를 구하라.

(b) DTFS의 계수들에 대한 표현

$$X[k] = \frac{1}{N} \sum_{n=0}^{N-1} x[n] e^{-jk\Omega_o n}, \quad k = 0, 1, \ldots, N-1$$

이 행렬식 $\mathbf{X} = \mathbf{W}\mathbf{x}$의 꼴로 표현될 수 있음을 보여라. 여기서 $\mathbf{W}$는 $N \times N$의 행렬이다. $\mathbf{W}$의 원소를 구하라.

(c) $\mathbf{x} = \mathbf{V}\mathbf{X}$의 표현은 $\mathbf{V}$가 비특이 행렬이라는 가정하에서 $\mathbf{X} = \mathbf{x}$임을 의미한다. 이 식을 (b)의 결과와 비교하면, $\mathbf{W} = \mathbf{V}^{-1}$의 결론을 얻는다. $\mathbf{W}\mathbf{V} = \mathbf{I}$임을 보여 이것이 참임을 밝혀라. 단 $\mathbf{I}$는 항등 행렬이다(**힌트:** (a)와 (b)에서 결정된 $\mathbf{V}$와 $\mathbf{W}$의 정의를 사용하여 $\mathbf{W}\mathbf{V}$의 l번째 행과 m번째 열에 해당하는 원소에 대한 표현을 결정하라.

3.98 급수 분해와 기저 함수의 켤레의 내적을 수행하여 FS 계수를 구할 수 있다.

$$x(t) = \sum_{k=-\infty}^{\infty} X[k] e^{jk\omega_o t}$$

로 놓자. 문제 3.85의 결과를 이용하여 이 방정식의 양변에 $e^{-jk\omega_o t}$를 곱하고 한 주기 동안 적분하여 $X[k]$에 대한 표현을 유도하라.

3.99 이 문제에서는 신호 $x(t)$와 이 신호의 FS 근사 사이의 평균 자승 오차(MSE)를 최소화하여 FS 계수 $X[k]$를 구한다. J개 항으로 이루어지는 FS를

$$\hat{x}_J(t) = \sum_{k=-J}^{J} A[k]e^{jk\omega_o t}$$

로 그리고 J항까지의 근사식이 갖는 MSE를

$$\text{MSE}_J = \frac{1}{T}\int_0^T |x(t) - \hat{x}_J(t)|^2\, dt$$

와 같이 한 주기상의 평균 제곱 차이로서 정의하자.

(a) $\hat{x}j(t)$의 수열 표현을 대입하고 $|a+b|^2 = (a+b)(a^* + b^*)$을 이용하여 진폭의 제곱을 전개해서 다음을 구하라.

$$\begin{aligned}\text{MSE}_J &= \frac{1}{T}\int_0^T |x(t)|^2\, dt \\ &- \sum_{k=-J}^{J} A^*[k]\left(\frac{1}{T}\int_0^T x(t)e^{-jk\omega_o t}\, dt\right) \\ &- \sum_{k=-J}^{J} A[k]\left(\frac{1}{T}\int_0^T x^*(t)e^{jk\omega_o t}\, dt\right) \\ &+ \sum_{m=-J}^{J}\sum_{k=-J}^{J} A^*[k]A[m]\left(\frac{1}{T}\int_0^T e^{-jk\omega_o t}e^{jm\omega_o t}\, dt\right).\end{aligned}$$

(b)
$$X[k] = \frac{1}{T}\int_0^T x(t)e^{-jk\omega_o t}\, dt$$

를 정의하고, $e^{jk\omega_o t}$와 $e^{jm\omega_o t}$의 직교성을 이용하여 다음을 보여라.

$$\begin{aligned}\text{MSE}_J = \frac{1}{T}\int_0^T |x(t)|^2\, dt &- \sum_{k=-J}^{J} A^*[k]X[k] \\ &- \sum_{k=-J}^{J} A[k]X^*[k] + \sum_{k=-J}^{J} |A[k]|^2.\end{aligned}$$

(c) 제곱식을 사용하여 위 식을 정리하여 다음을 보여라.

$$\begin{aligned}\text{MSE}_J &= \frac{1}{T}\int_0^T |x(t)|^2\, dt \\ &- \sum_{k=-J}^{J} |A[k] - X[k]|^2 - \sum_{k=-J}^{J} |X[k]|^2.\end{aligned}$$

(d) MSE_J를 최소화시키는 $A[k]$값을 구하라.

(e) 최소 MSE_J를 $x(t)$와 $X[k]$의 함수로서 표현하라. J가 증가함에 따라 MSE_J는 어떻게 되는가?

3.100 일반화된 푸리에 급수. 푸리에 급수의 개념은 복소 정현파 함수와 다른 신호들의 합으로 일반화될 수 있다. 즉, 주어진 신호 $x(t)$에 대해서 $x(t)$는 구간 $[t_1, t_2]$ 상에서 N개의 함수 $\phi_0(t), \phi_1(t), \cdots, \phi_{N-1}(t)$의 가중합으로서 근사시켜도 좋다.

$$x(t) \approx \sum_{k=0}^{N-1} c_k\phi_k(t)$$

이 N의 함수 $\phi_R(t)$가 $[t_1, t_2]$ 상에서 직교한다고 가정하자. 이는

$$\int_{t_1}^{t_2} \phi_k(t)\phi_l^*(t)\, dt = \begin{cases} 0, & k \neq l, \\ f_k, & k = l \end{cases}$$

를 의미한다. 여기서 f_k는 어떤 상수이다. 이 근사식을 이용하면 MSE는

$$\text{MSE} = \frac{1}{t_2 - t_1}\int_{t_1}^{t_2} \left| x(t) - \sum_{k=1}^{N} c_k\phi_k(t)\right|^2 dt$$

이다.

(a) MSE는 $c_k = (1/f_k)\int_{t_1}^{t_2} x(t)\phi_k^*(t)dt$로 선택하여 최소화됨을 보여라(**힌트**: 문제 3.99 (a)–(d)에서 개괄된 일반화된 과정을 이 문제에 적용하라).

(b) 만약

$$\int_{t_1}^{t_2} |x(t)|^2\, dt = \sum_{k=0}^{N-1} f_k|c_k|^2$$

을 만족한다면 MSE가 0임을 보여라. 이 관계가 함수의 주어진 부류 안에 있는 모든 $x(t)$에 대하여 만족한다고 한다면, 기저 함수 $\phi_0(t), \phi_2(t), \cdots, \phi_{N-1}(t)$는 이 부류에서 완벽하다(complete)라고 말한다.

(c) Walsh 함수는 구간 [0, 1]에서 신호들을 표현하기 위하여 사용되는 직교 함수 집합 중의 하나이다. 그림 P3.100에 보인 첫 여섯 개의 Walsh 함수들을 이용하여 다음의 함수들을 근사화시킴으로써 얻어지는 c_k와 MSE를 구하라.

(i) $x(t) = \begin{cases} 2, & \frac{1}{2} < t < \frac{3}{4} \\ 0, & 0 < t < \frac{1}{2}, \frac{3}{4} < t < 1 \end{cases}$

(ii) $x(t) = \sin(2\pi t)$

신호와 Walsh 함수 근사를 도시하라.

(d) 르장드르 다항식들은 구간 [−1, 1]에서 직교 함수들의 또 다른 집합이다. 그들은 차분 방정식

$$\phi_k(t) = \frac{2k-1}{k} t\phi_{k-1}(t) - \frac{k-1}{k}\phi_{k-2}(t)$$

로부터 초기함수 $\phi_0(t) = 1$ 및 $\phi_1(t) = 1$을 이용하여 얻어진다. 첫 여섯 개의 르장드르 다항식들로 다음의 신호를 근사화시켜 얻어지는 c_k와 MSE를 구하라.

(i) $x(t) = \begin{cases} 2, & 0 < t < \frac{1}{2} \\ 0, & -1 < t < 0, \frac{1}{2} < t < 1 \end{cases}$

(ii) $x(t) = \sin(\pi t)$

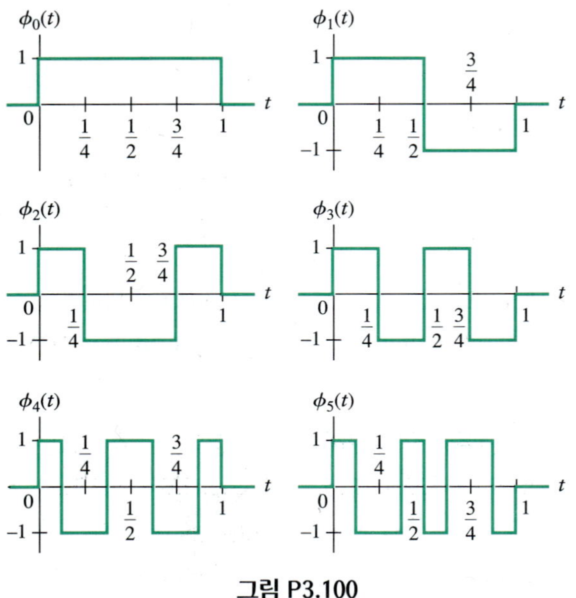

그림 P3.100

이 반복들은 무한대로 옮겨진다. 그러므로

$$x(t) = \lim_{T\to\infty} \tilde{x}(t)$$

라고 쓴다.

(b) 주기 신호 $\tilde{x}(t)$의 FS 표현은

$$\tilde{x}(t) = \sum_{k=-\infty}^{\infty} X[k]e^{jk\omega_o t},$$

$$X[k] = \frac{1}{T}\int_{-\frac{T}{2}}^{\frac{T}{2}} \tilde{x}(t)e^{-jk\omega_o t}\,dt$$

이다. $X[k] = \frac{1}{T}X(jk\omega_o)$임을 보여라. 여기서

$$X(j\omega) = \int_{-\infty}^{\infty} x(t)e^{j\omega t}\,dt.$$

(c) $X[k]$에 대한 이 정의를 (b)의 $\tilde{x}(t)$에 대입하고

$$\tilde{x}(t) = \frac{1}{2\pi}\sum_{k=-\infty}^{\infty} X(jk\omega_o)e^{jk\omega_o t}\omega_o$$

임을 보여라.

(d) (a)의 $x(t)$에 대한 극한 표현을 사용하고 $\omega = k\omega_o$라고 정의하여 (c)에서 합의 극한 형태를 다음의 적분으로 표현하라.

$$x(t) = \frac{1}{2\pi}\int_{-\infty}^{\infty} X(j\omega)e^{j\omega t}\,d\omega.$$

3.101 FT는 FS로부터, 주기 신호의 주기 T를 무한대로 접근시킨 극한식으로서 비주기 신호에 적용하여 유도할 수 있다. 이러한 접근 방법을 이용하기 위하여 신호의 주기적 파형의 FS가 존재한다고 가정하며, 또한 비주기 신호는 $|t| > T/2$에서 0이라고 가정한다. 또한 T가 무한대로 감에 따라 극한은 대칭적인 방법으로 얻어진다고 가정한다. 유한 길이의 비주기 신호 $x(t)$를 주기 T인 주기 신호 $\tilde{x}(t)$의 한 주기라고 정의하자.

$$x(t) = \begin{cases} \tilde{x}(t), & -\frac{T}{2} < t < \frac{T}{2} \\ 0, & |t| > \frac{T}{2} \end{cases}$$

(a) $\tilde{x}(t)$에 있어 $x(t)$의 주기적 반복이 T가 증가함에 따라 원점으로부터 더욱 멀어지는 $x(t)$와 $\tilde{x}(t)$의 예를 그림으로 그려보라. T가 무한대에 접근함에 따라

▶ 컴퓨터 실습(Computer Experiments)

3.102 MATLAB을 이용하여 예제 3.7을 $N = 50$과 (a) $M = 12$, (b) $M = 5$, (c) $M = 20$에 대하여 반복하라.

3.103 MATLAB 명령 **fft**를 이용하여 문제 3.48을 반복하라.

3.104 MATLAB 명령 **ifft**를 이용하여 문제 3.49를 반복하라.

3.105 MATLAB 명령 **fft**를 이용하여 예제 3.8을 반복하라.

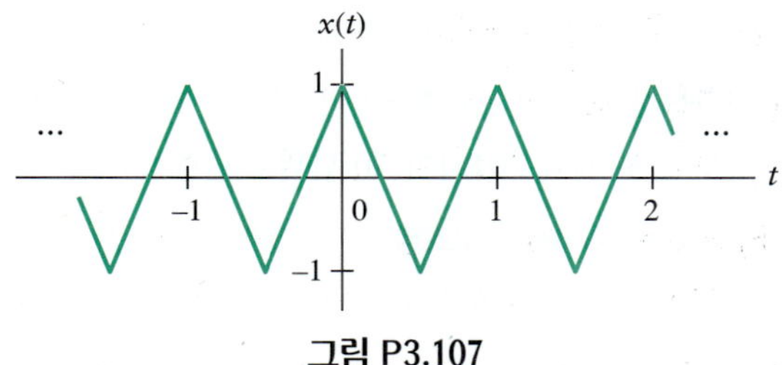

그림 P3.107

3.106 MATLAB을 이용하여 예제 3.14를 반복하라. $J = 29$, 59 그리고 99에 대하여 피크의 오버슈트(overshoot)를 계산하라.

3.107 $x(t)$가 그림 P3.107에 보인 삼각파라고 하자.

(a) FS 계수 $X[k]$를 구하라.

(b) $x(t)$에 대한 FS 표현이 다음과 같이 표현됨을 보여라.

$$x(t) = \sum_{k=0}^{\infty} B[k]\cos(k\omega_o t).$$

(c) $x(t)$에 대한 J항의 부분합 근사를

$$\hat{x}_J(t) = \sum_{k=0}^{J} B[k]\cos(k\omega_o t)$$

와 같이 정의하자. MATLAB을 이용하여 이 함수에서 J번째 항의 한 주기를 그리고 또한 $J = 1, 3, 7, 29$ 그리고 99인 경우 $\tilde{x}(t)$의 한 주기를 그려라.

3.108 다음과 같이 주어진 임펄스 열에 대하여 문제 3.107을 반복하라.

$$x(t) = \sum_{n=-\infty}^{\infty} \delta(t-n).$$

3.109 MATLAB을 이용하여 아래의 주어진 시간 상수에 대해 예제 3.15를 반복하라.

(a) $RC = 0.01\,\text{s}$

(b) $RC = 0.1\,\text{s}$

(c) $RC = 1\,\text{s}$

3.110 이 실험은 문제 3.71에 기반한다.

(a) 그림 P3.71에 보인 회로의 진폭 응답을 그래프로 그려라. 인덕터 양단 전압이 출력이라고 가정한다. 0.1 rad/s에서 1,000 rad/s의 로그 스케일 간격의 주파수를 이용하라. MATLAB 명령어 logspace(d1, d2, N)를 이용하여 10^{d1}과 10^{d2}사이의 N개의 로그 스케일 간격의 값을 생성할 수 있다.

(b) 출력에 대한 잘려진 FS 분해에서 적어도 99개의 하모닉스를 이용하여 인덕터 양단 전압을 결정하고 도시하라. 입력은 그림 3.21에 보인 $T = 1$, $T_o = 1/4$를 갖는 구형파이다.

(c) 그림 P3.71에 보인 회로의 진폭 응답을 그래프로 그려라. 레지스터 양단 전압이 출력이라고 가정한다. 0.1 rad/s에서 1,000 rad/s의 로그 스케일 간격의 주파수를 이용하라.

(d) 출력에 대한 잘려진 FS 분해에서 적어도 99개의 하모닉스를 이용하여 레지스터 양단 전압을 결정하고 도시하라. 입력은 그림 3.21에 보인 $T = 1$, $T_o = 1/4$를 갖는 구형파이다.

3.111 이 실험은 문제 3.72에 기반한다.

(a) 그림 P3.72에 보인 회로의 진폭 응답을 그래프로 그려라. 1 rad/s에서 10^5 rad/s의 501개의 로그 스케일 간격의 주파수를 이용하라. MATLAB 명령어 logspace(d1, d2, N)를 이용하여 10^{d1}과 10^{d2} 사이의 N개의 로그 스케일 간격의 값을 생성할 수 있다.

(i) $L = 10\,\text{mH}$라고 가정한다.

(ii) $L = 4\,\text{mH}$라고 가정한다.

(b) 잘려진 FS 분해에서 적어도 99개의 하모닉스를 이용하여 출력을 결정하고 도시하라. 입력은 그림 3.21에 보인 $T = 2\pi \times 10^{-3}$, $T_o = (\pi/2) \times 10^{-3}$를 갖는 구형파이다.

(i) $L = 10\,\text{mH}$라고 가정한다.

(ii) $L = 4\,\text{mH}$라고 가정한다.

3.112 예제 3.46에서 잘라낸 필터의 주파수 응답을 계산하라.

$$H_t(e^{j\Omega}) = \sum_{n=-M}^{M} h[n]e^{-j\Omega n}$$

을 구간 $-\pi < \Omega < \pi$에서 매우 큰 값(>1,000)의 Ω에 대해 계산하기 위하여 MATLAB M-파일을 작성하여 사용해도 좋다. 다음의 M값들에 대하여 주파수 응답의 진폭을 dB($20\log_{10}|H_t(e^{j\Omega})$)로 그려라.

(a) $M = 4$

(b) $M = 10$

(c) $M = 25$

(d) $M = 50$

M이 증가함에 따라 $H_t(e^{j\Omega})$가 $H(e^{j\Omega})$를 근사화하는 정확도에 미치는 영향을 토의하라.

3.113 MATLAB 명령어 **freqs** 또는 **freqz**를 이용하여 다음 시스템의 진폭 응답을 도시하라.

(a) $H(j\omega) = \dfrac{8}{(j\omega)^3 + 4(j\omega)^2 + 8j\omega + 8}$

(b) $H(j\omega) = \dfrac{(j\omega)^3}{(j\omega)^3 + 2(j\omega)^2 + 2j\omega + 1}$

(c) $H(e^{j\Omega}) = \dfrac{1 + 3e^{-j\Omega} + 3e^{-j2\Omega} + e^{-j3\Omega}}{6 + 2e^{-j2\Omega}}$

(d) $H(e^{j\Omega}) =$

$$\frac{0.02426(1 - e^{-j\Omega})^4}{(1 + 1.10416e^{-j\Omega} + 0.4019e^{-j2\Omega})(1 + 0.56616e^{-j\Omega} + 0.7657e^{-j2\Omega})}$$

3.114 길이는 구형파에서 영이 아닌 원소의 개수로 정의하고 대역폭을 주엽의 폭으로 정의할 때, MATLAB을 이용하여 이산시간 구형파의 시간-대역폭 곱이 각 주기 안에 존재하는 영이 아닌 값들의 수와 근사적으로 독립적임을 보여라. 구형파의 한 주기를

$$x[n] = \begin{cases} 1, & 0 \le n < M \\ 0, & M \le n \le 999 \end{cases}$$

로 정의하자. 명령어 **fft**와 **abs**를 이용하여 $M = 10, 20, 40, 50, 100$ 그리고 200에 대하여 진폭 스펙트럼을 구하고 주엽에 존재하는 DTFS의 개수를 세어 대역폭을 계산하라.

3.115 3.19절에서 도입된 MATLAB 함수 **TdBw**를 이용하여 다음에 주어진 신호들에 대하여 길이의 함수로서 시간-대역폭 곱을 계산하고 그려라.

(a) **구형파 펄스열**. 한 주기에서 펄스는 길이가 M이고 M은 51에서 701까지 50 단위로 변환시킨다.

(b) **Raised Cosine 펄스열**. 한 주기에서 펄스는 길이가 M이고 M은 51에서 701까지 50 단위로 변환시킨다.

(c) **가우시안 펄스열**. 한 주기에서 가우시안 펄스는 $x[n] = e^{-an^2}$, $-500 \le n \le 500$으로 표현된다. 펄스의 길이를 다음의 a값에 따라 변화시켜라. 0.00005, 0.0001, 0.0002, 0.0005, 0.001, 0.002 그리고 0.005.

3.116 MATLAB을 이용하여 $t = 0, 0.25, 0.5, 0.75, 1, 1.25, 1.5, 1.75$에서 구간 $0 \le l \le 1$에 대한 문제 3.96의 해를 계산하고 도시하라.

3.117 상태 변수 형태(문제 3.87를 보라)로 기술된 연속시간 또는 이산시간 시스템의 주파수 응답은 MATLAB 명령어 **freqresp**를 이용하여 계산될 수 있다. 구문은 **h = freqresp(sys,w)**이다. 여기서, **sys**는 상태 변수 표현(2.14절)을 포함하는 객체이고 **w**는 주파수 응답을 계산하는 주파수를 포함하는 벡터이다. **freqresp**는 일반적으로 다중 입력, 다중 출력 시스템에 적용한다. 따라서 출력 **h**는 다차원 배열이다. 단일 입력, 단일 출력 시스템에 대해서 고려되어진다. 그리고, **w**, **h**에서 **N** 주파수 포인트는 1×1×**N** 차원이다. 명령어 **squeeze(h)**는 **h**를 **plot** 명령어로 나타낼 수 있는 **N**차원 벡터로 변환한다. 따라서, 다음 명령어를 이용하여 주파수 응답을 얻는다.

```
>> h = freqresp(sys, w);
>> hmag = abs(squeeze(h));
>> plot(w, hmag)
>> title('System Magnitude Response')
>> x labal('Frequency(rads/sec)');
   y labal('Magnitude')
```

MATLAB을 이용하여 문제 3.88과 문제 3.89에서 주어진 상태 변수 표현을 갖는 시스템에 대한 진폭과 위상 응답을 도시하라.

4 푸리에 표현의 응용

4.1 서 론

이전 장에서 4가지 종류의 다른 신호들에 대한 푸리에 표현을 알아 보았다. 주기 이산시간 신호에 대한 이산시간 푸리에 급수(DTFS), 주기 연속시간 신호에 대한 푸리에 급수(FS), 비주기 이산시간 신호에 대한 이산시간 푸리에 변환(DTFT), 비주기 연속시간 신호에 대한 푸리에 변환(FT)을 배웠다. 이제는 종류가 다른 신호들이 혼합되어 있는 경우에 대한 푸리에 표현의 응용에 대해서 알아보자. 특히 우리는 다음과 같은 신호들이 혼합(mixing)된 경우를 고려한다.

- 주기 신호와 비주기 신호
- 연속시간 신호와 불연속 시간 신호

이들이 혼합된 경우는 (1) 신호와 시스템의 상호작용을 해석하거나 (2) 신호의 특성 또는 시스템의 작동을 수치적으로 평가하기 위해 푸리에 방법을 사용할 때 가장 일반적으로 일어난다. 예를 들어, 주기 신호가 안정한 선형 시불변 시스템에 인가된다면 시스템의 출력을 계산하는 콘벌루션 표현은 비주기(임펄스 응답) 신호와 주기(입력값) 신호가 혼합된 경우이다. 또 다른 예로, 연속시간 신호를 샘플링하는 시스템은 연속시간 신호와 이산시간 신호를 동시에 다루는 것이다.

이렇게 서로 연관된 신호들을 분석하는 데 푸리에 방법을 이용하려면 다른 신호들 간의 푸리에 표현 사이에 연결 관계가 있어야 한다. 이 장에서 이런 관계에 대해서 알아본다. 푸리에 변환(FT)과 이산시간 푸리에 변환(DTFT)은 일반적으로 응용을 분석하는 데 사용된다. 먼저 주기적인 연속시간 신호와 주기적인 이산시간 신호들을 푸리에 변환(FT)으로 표현한다. 다음으로 연속시간 신호이지만 주기 신호와 비주기 신호가 혼합된 신호를 분석하기 위해서 푸리에 변환(FT)을 이용한다. 이산시간 신호이지만 주기 신호와 비주기 신호가 혼합된 경우를 해석하기 위해 이산시간 푸리에 변환(DTFT)을 이용한다. 연속시간 신호와 이산시간 신호가 혼합된 문제를 다루기 위해서 이산시간 신호를 푸리에 변환(FT)으로 표현한다. 이산시간 푸리에 급수(DTFT)는 계산적인 응용에 이용되는 표현 방법이다. 따라서 우리는 푸리에 변환(FT), 푸리에 급수(FS) 그리고 이산시간 푸리에 변환(DTFT)을 이산시간 푸리에 급수(DTFS)로 표현하는 방법을 검토한다. 이 장은 주로 응용 분석의 표현에 관한 것을 다루게 되겠지만, 뒷부분에서 계산적인 응용도 간략하게 다룰 것이다.

먼저 주기 신호의 FT와 DTFT를 유도하고 주기 신호와 비주기 신호가 서로 영향을 끼치는 응용을 고려하여, 콘벌루션과 변조에 대해 다시 살펴본다. 다음으로 신호를 샘플링하고 연속시간으로 복구하는 과정을 분석해 본다. 컴퓨터가 연속시간을 다룰 때 이런 과정은 매우 중요하다. 컴퓨터는 통신 시스템에서 필터링(8장)이나 제어(9장)의 목적으로 신호를 다루게 된다. 분석을 통하여 연속시간 신호를 이산시간으로 처리할 때 나타나는 한계를 알 수 있고, 이런 한계점들을 최소화하는 시스템을 구현하게 될 것이다.

이산시간 푸리에 급수(DTFS)는 컴퓨터 상에서 정확하게 계산되는 푸리에 표현이며 신호처리의 수치 알고리듬에 많이 이용된다. 이 장에서는 이산시간 푸리에 급수(DTFS)의 두 가지 응용 분야로서 푸리에 변환(FT)의 수치적 근사화를 알아보고 이산시간 콘벌루션의 효율적인 구현 방법에 대해서 알아본다. 두 경우에서 다른 종류의 신호들에 대한 푸리에 표현의 명확한 이해는 결과를 바르게 해석하는 데 필요하다.

다른 종류의 신호들에 대한 푸리에 표현을 분명하게 이해하는 것은 푸리에 방법을 통해 신호와 시스템의 문제를 해결하는 데 핵심적인 단계이다.

4.2 주기 신호의 푸리에 변환 표현

FS와 DTFS는 주기 신호에 대한 푸리에 표현이다. 엄격히 말하면 FT와 DTFT는 주기 신호에 대해 수렴하지 않는다. 그러나 임펄스 함수를 적절하게 이용하여 그러한 신호에 대한 FT와 DTFT 표현을 전개할 수 있다. 이 표현은 FT와 DTFT의 특성들을 모두 만족시킨다. 그러므로 주기 신호와 비주기 신호가 혼합된 문제를 분석하기 위해서는 FT와 DTFT를 이용할 것이다. 이러한 과정은 푸리에 급수(FS)와 푸리에 변환(FT) 사이의 관계를 확인시켜 준다. 먼저, 연속시간의 경우를 알아보자.

4.2.1 푸리에 변환과 푸리에 급수의 관계

주기 신호에 $x(t)$에 대한 푸리에 급수 표현은

$$x(t) = \sum_{k=-\infty}^{\infty} X[k] e^{jk\omega_o t} \tag{4.1}$$

이다. ω_o는 $x(t)$의 기본 주파수이다. 3.7절에서 $1 \xleftrightarrow{FT} 2\pi\delta(\omega)$임을 알았다. 이 변환쌍과 3.12절의 주파수 이동 성질을 이용하면, 주파수 이동된 임펄스 $\delta(\omega - k\omega_o)$의 역FT로 주파수 $k\omega_o$를 가진 복소 정현파 신호를 얻게 된다.

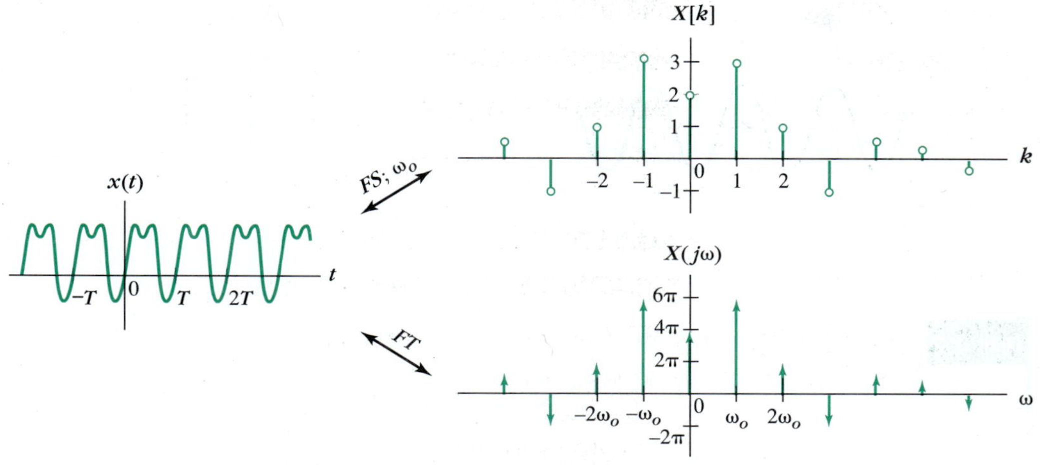

그림 4.1 연속시간 주기 신호에 대한 FS와 FT의 표현

$$e^{jk\omega_o t} \stackrel{FT}{\longleftrightarrow} 2\pi\delta(\omega - k\omega_o). \tag{4.2}$$

식 (4.2)를 식 (4.1)에 대입하고 FT의 선형 특성을 이용하면

$$x(t) = \sum_{k=-\infty}^{\infty} X[k]e^{jk\omega_o t} \stackrel{FT}{\longleftrightarrow} X(j\omega) = 2\pi \sum_{k=-\infty}^{\infty} X[k]\delta(\omega - k\omega_o) \tag{4.3}$$

를 얻게 된다. 주기 신호의 FT는 기본 주파수 ω_o를 간격으로 하는 임펄스의 급수이다. k번째 임펄스는 $2\pi X[k]$의 세기를 갖는다. $X[k]$는 k번째 FS의 계수이다. 그림 4.1은 이런 관계를 나타낸 것이다. $X(j\omega)$의 형태가 $X[k]$의 형태와 유사하다는 점에 주목하라.

식 (4.3)은 주기 신호에 대한 FT와 FS 표현 사이의 전환에 대한 방법을 나타내고 있다. FT는 기본 주파수의 정수배인 위치에 놓인 임펄스와 그에 대응되는 FS 계수에 2π배한 값들을 이용하면 FS로부터 계산된다. 역으로 주파수 상에 균일하게 놓인 임펄스로 구성된 FT가 주어진다면 임펄스의 세기를 2π로 나누어서 대응되는 FS의 계수를 구한다. 기본 주파수는 임펄스 사이의 일정 간격을 말한다.

예제 4.1 코사인 함수의 FT. $x(t) = \cos(\omega_o t)$의 FT 표현을 구하라.

풀이: $x(t)$의 FS 표현은

$$\cos(\omega_o t) \stackrel{FS;\omega_o}{\longleftrightarrow} X[k] = \begin{cases} \frac{1}{2}, & k = \pm 1 \\ 0, & k \neq \pm 1. \end{cases}$$

이 계수들을 식 (4.3)에 대입하면

$$\cos(\omega_o t) \stackrel{FT}{\longleftrightarrow} X(j\omega) = \pi\delta(\omega - \omega_o) + \pi\delta(\omega + \omega_o)$$

를 얻는다. 그림 4.2는 이 변환쌍을 나타낸 것이다. ▮

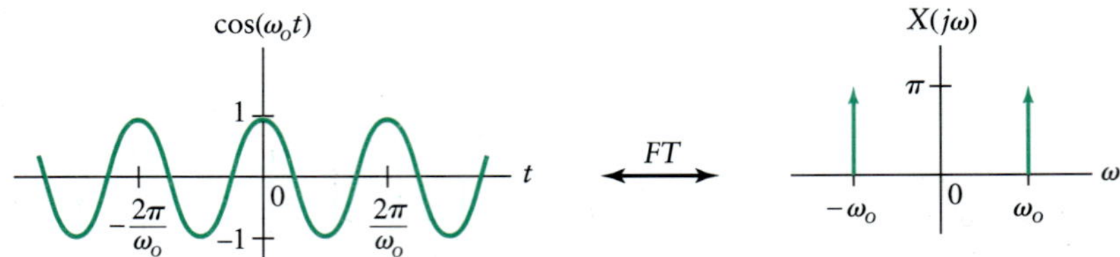

그림 4.2 코사인 함수의 FT

예제 4.2 **단위 임펄스 열의 FT.** 아래와 같은 임펄스 열의 FT를 구하라.

$$p(t) = \sum_{n=-\infty}^{\infty} \delta(t - nT).$$

▶ 풀이: 임펄스 열 $p(t)$는 기본 주기 T와 기본 주파수 $\omega_o = 2\pi / T$를 가진 주기 신호이다. FS 계수는 아래와 같다.

$$\begin{aligned} P[k] &= \frac{1}{T}\int_{-T/2}^{T/2} \delta(t)e^{-jk\omega_o t}\,dt \\ &= 1/T. \end{aligned}$$

이 계수값을 식 (4.3)에 대입하면

$$P(j\omega) = \frac{2\pi}{T}\sum_{k=-\infty}^{\infty} \delta(\omega - k\omega_o)$$

이다. 그러므로 임펄스 열의 FT는 다른 형태의 임펄스 열이 됨을 알 수 있다. 주파수 상의 임펄스 열 간격과 시간 상의 임펄스 열 간격은 대응 관계를 갖고 있다. 그림 4.3은 임펄스 열의 FT쌍을 나타낸 것이다. ∎

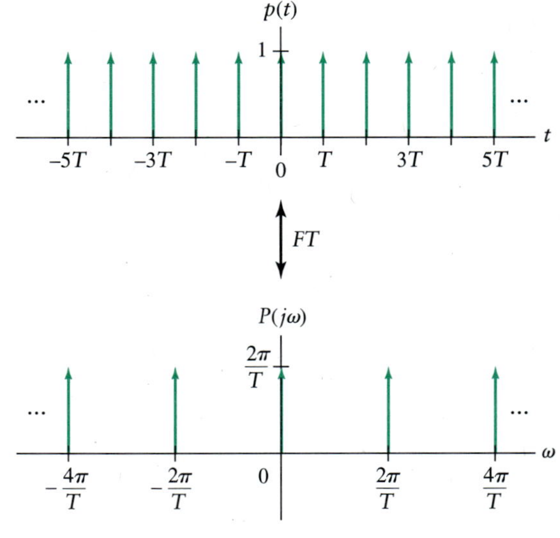

그림 4.3 임펄스열과 FT

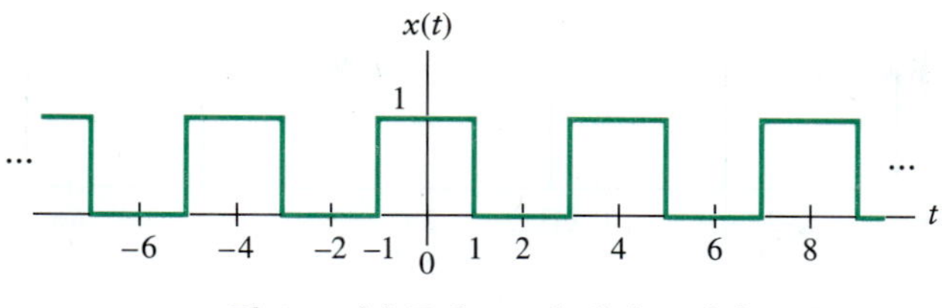

그림 4.4 연습문제 4.1에 대한 구형파

▶ **연습문제 4.1** 다음 주기 신호에 대한 FT 표현을 구하라.

(a) $x(t) = \sin(\omega_o t)$

(b) 그림 4.4에 나타난 주기 구형파

(c) $x(t) = |\sin(\pi t)|$

해답: (a) $X(j\omega) = (\pi/j)\delta(\omega - \omega_o) - (\pi/j)\delta(\omega + \omega_o)$

(b) $X(j\omega) = \sum_{k=-\infty}^{\infty} \frac{2\sin(k\pi/2)}{k}\delta(\omega - k\pi/2)$

(c) $X(j\omega) = \sum_{k=-\infty}^{\infty} \frac{4}{1-4k^2}\delta(\omega - k2\pi)$ ∎

▶ **연습문제 4.2** 다음 FT 표현에 대응하는 $x(t)$를 구하라.

(a) $X(j\omega) = 4\pi\delta(\omega - 3\pi) + 2j\pi\delta(\omega - 5\pi) + 4\pi\delta(\omega + 3\pi) - 2j\pi\delta(\omega + 5\pi)$

(b) $X(j\omega) = \sum_{k=0}^{6} \frac{\pi}{1+|k|}\{\delta(\omega - k\pi/2) + \delta(\omega + k\pi/2)\}$

해답: (a) $x(t) = 4\cos(3\pi t) - 2\sin(5\pi t)$

(b) $x(t) = \sum_{k=0}^{6} \frac{1}{1+|k|}\cos(k\pi t/2)$ ∎

4.2.2 이산시간 푸리에 급수와 이산시간 푸리에 변환의 관계

이산시간 주기 신호의 DTFT를 유도하는 방법은 앞 절에서 주어진 것과 유사하다. N주기 신호 $x[n]$에 대한 DTFS의 표현은

$$x[n] = \sum_{k=0}^{N-1} X[k]e^{jk\Omega_o n} \tag{4.4}$$

이다. FS의 경우처럼, 주파수 이동된 임펄스의 역DTFT는 이산시간 복소 정현파이다. DTFT는 주파수 주기 2π를 갖는 주기 함수이다. 이에 따라 주파수 이동된 임펄스를 표현하는 방법에는 두 가지 방법이 있는데, 다음과 같이 한 주기만으로 표현하거나, 주파수 간격이 2π만큼 떨어져 있는 임펄스의 급수로 표현할 수 있다.

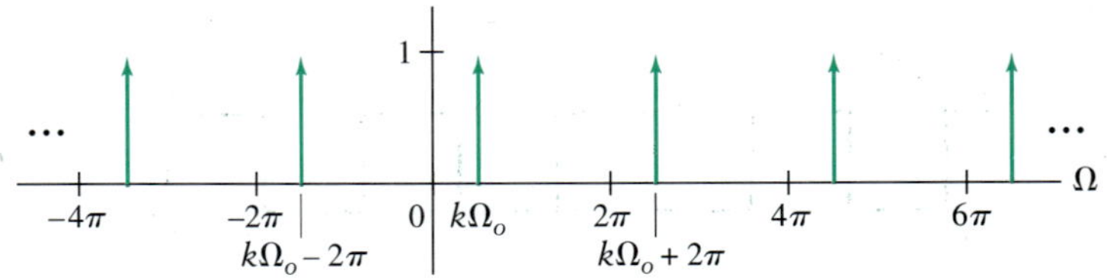

그림 4.5 주파수 Ω상에서 2π 주기를 갖는 주파수 변이된 임펄스의 무한 열

$$e^{jk\Omega_o n} \xleftrightarrow{DTFT} \delta(\Omega - k\Omega_o), \quad -\pi < \Omega \le \pi, \quad -\pi < k\Omega_o \le \pi,$$

$$e^{jk\Omega_o n} \xleftrightarrow{DTFT} \sum_{m=-\infty}^{\infty} \delta(\Omega - k\Omega_o - m2\pi). \tag{4.5}$$

그림 4.5는 식 (4.5)를 나타낸다. 식 (4.5)의 역DTFT는 임펄스 함수의 이동 특성을 이용하여 유도한 것이다. 즉, 식 (4.6)의 DTFT쌍을 구할 수 있다.

$$\frac{1}{2\pi} e^{jk\Omega_o n} \xleftrightarrow{DTFT} \sum_{m=-\infty}^{\infty} \delta(\Omega - k\Omega_o - m2\pi). \tag{4.6}$$

그러므로 복소 정현파 이산시간 함수와 주파수 이동된 주파수 임펄스열은 DTFT쌍으로 간주된다. 이런 관계는 임펄스 함수의 특성으로 인해 발생한다.

다음으로, 식 (4.4)에 식 (4.6)을 대입하고 선형성을 이용하면 주기 신호 $x[n]$의 DTFT를 구할 수 있다.

$$x[n] = \sum_{k=0}^{N-1} X[k] e^{jk\Omega_o n} \xleftrightarrow{DTFT} X(e^{j\Omega}) = 2\pi \sum_{k=0}^{N-1} X[k] \sum_{m=-\infty}^{\infty} \delta(\Omega - k\Omega_o - m2\pi). \tag{4.7}$$

$X[k]$의 주기는 N이고 $N\Omega_o = 2\pi$이다. 위의 식을 정리하면

$$x[n] = \sum_{k=0}^{N-1} X[k] e^{jk\Omega_o n} \xleftrightarrow{DTFT} X(e^{j\Omega}) = 2\pi \sum_{k=-\infty}^{\infty} X[k] \delta(\Omega - k\Omega_o) \tag{4.8}$$

가 된다. 이처럼 주기 신호의 DTFT 표현은 기본 주파수 Ω_o의 간격으로 일정하게 배열된 임펄스들의 열이다. k번째 임펄스는 $2\pi X[k]$의 세기를 갖는다. $X[k]$는 $x[n]$의 k번째 DTFS 계수이다. 그림 4.6은 이산시간 주기 신호의 DTFS와 DTFT를 나타낸 것이다. DTFS의 $X[k]$와 DTFT $X(e^{j\Omega})$는 닮은 형태를 갖는다.

식 (4.8)은 DTFS와 DTFT의 관계를 보여준다. DTFS 계수와 기본 주파수 Ω_o가 주어지면, DTFT는 기본 주파수의 정수배인 위치에 놓인 임펄스와 그에 대응되는 DTFS 계수에 2π배한 값의 가중합으로 구할 수 있다. 역으로 주파수 Ω 위에 균일하게 놓인 임펄스로 구성된 DTFT가 주어진다면, 임펄스의 세기를 2π로 나누어서 DTFS의 계수를 구한다. 기본 주파수는 임펄스 사이의 일정 간격과 동일하다.

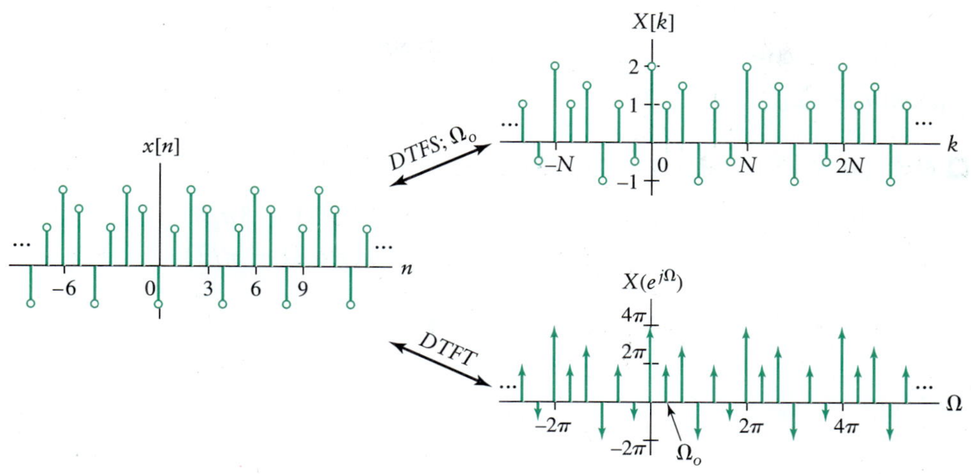

그림 4.6 주기 이산시간 신호에 대한 DTFS와 DTFT 표현

예제 4.3 주기 신호의 DTFT. 그림 4.7의 주파수 함수 $X(e^{j\Omega})$의 역DTFT를 구하라.

풀이: $X(e^{j\Omega})$의 한 주기에 대한 표현은

$$X(e^{j\Omega}) = \frac{1}{2j}\delta(\Omega - \Omega_1) - \frac{1}{2j}\delta(\Omega + \Omega_1), \quad -\pi < \Omega \leq \pi.$$

위 식은 아래 식으로부터 추론됐다.

$$X[k] = \begin{cases} 1/(4\pi j), & k = 1 \\ -1/(4\pi j), & k = -1 \\ 0, & -1 \leq k \leq N - 2\text{인 그 밖의 범위.} \end{cases}$$

역DTFT를 취하면,

$$x[n] = \frac{1}{2\pi}\left[\frac{1}{2j}(e^{j\Omega_1 n} - e^{-j\Omega_1 n})\right]$$
$$= \frac{1}{2\pi}\sin(\Omega_1 n).$$

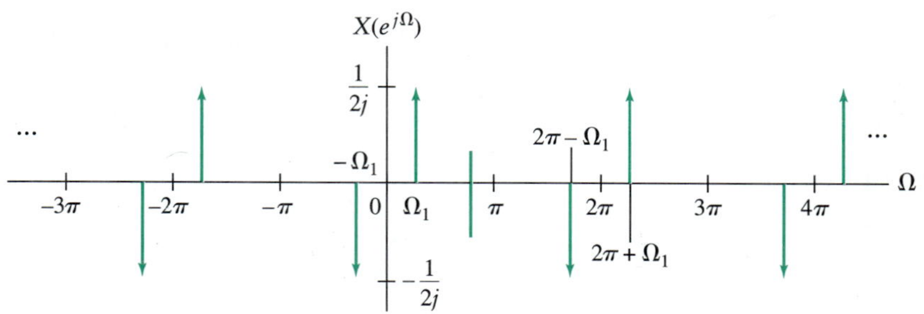

그림 4.7 예제 4.3에 대한 주기 신호의 DTFT

▶ **연습문제 4.3** 다음 주기 신호에 대한 DTFT를 구하라.

(a) $x[n] = \cos(7\pi n/16)$

(b) $x[n] = 2\cos(3\pi n/8 + \pi/3) + 4\sin(\pi n/2)$

(c) $x[n] = \sum_{k=-\infty}^{\infty} \delta[n - 10k]$

■ 해답: (a) $X(e^{j\Omega}) = \pi\delta(\Omega - 7\pi/16) + \pi\delta(\Omega + 7\pi/16)$

(b) $X(e^{j\Omega}) = -(4\pi/j)\delta(\Omega + \pi/2) + 2\pi e^{-j\pi/3}\delta(\Omega + 3\pi/8) + 2\pi e^{j\pi/3}\delta(\Omega - 3\pi/8) + (4\pi/j)\delta(\Omega - \pi/2)$

(c) $X(e^{j\Omega}) = \frac{2\pi}{10}\sum_{k=-4}^{5}\delta(\Omega - k\pi/5)$ ■

4.3 주기 신호와 비주기 신호가 혼합된 콘벌루션과 곱

이 절에서는 주기 신호의 FT와 DTFT 표현을 이용하여 주기 신호와 비주기 신호의 혼합 처리에 관련된 문제를 분석한다. 콘벌루션과 곱에서 주기 신호와 비주기 신호의 혼합처리는 일반적인 현상이다. 예를 들면, 주기 신호가 안정한 필터에 주어진다면, 출력은 주기적 입력과 비주기 임펄스 응답의 콘벌루션으로 표현된다. FT는 연속시간상에서 비주기 신호와 주기 신호의 혼합처리에 관련된 문제를 해석하는 방법이다. DTFT는 이산시간 주기 신호와 비주기 신호의 혼합처리에 적용된다. FT와 DTFT를 통하여 주기 신호와 비주기 신호에 대한 표현을 할 수 있기 때문에 이런 해석이 가능하다. 먼저 콘벌루션에 대해서 알아본 후 곱에 대해서 고찰해 보자.

4.3.1 주기 신호와 비주기 신호의 콘벌루션

3.10절에서 시간 영역에서의 콘벌루션은 주파수 영역에서 곱셈의 형태로 표현되는 사실을 입증하였다. 즉,

$$y(t) = x(t) * h(t) \xleftrightarrow{FT} Y(j\omega) = X(j\omega)H(j\omega)$$

이다. 이 특성은 시간 영역 신호 $x(t)$가 주기적이어도 적용될 수 있다. 식 (4.3)으로부터 주기 신호 $x(t)$의 FT는

$$x(t) \xleftrightarrow{FT} X(j\omega) = 2\pi\sum_{k=-\infty}^{\infty} X[k]\delta(\omega - k\omega_o)$$

와 같이 표현된다. 위의 식을 콘벌루션 특성에 대입하면

$$y(t) = x(t) * h(t) \xleftrightarrow{FT} Y(j\omega) = 2\pi\sum_{k=-\infty}^{\infty} X[k]\delta(\omega - k\omega_o)H(j\omega). \tag{4.9}$$

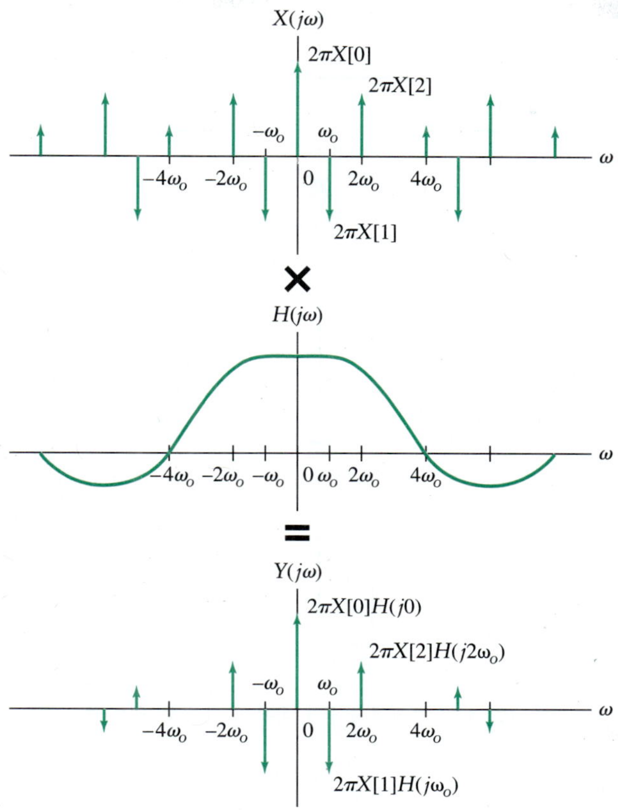

그림 4.8 주기 신호와 비주기 신호의 합성에 대한 콘벌루션 특성

임펄스 함수의 이전성(sifting property)을 이용하면,

$$y(t) = x(t) * h(t) \xleftrightarrow{FT} Y(j\omega) = 2\pi \sum_{k=-\infty}^{\infty} H(jk\omega_o)X[k]\delta(\omega - k\omega_o). \quad (4.10)$$

그림 4.8은 식 (4.10)을 나타낸 것이다. $X(j\omega)$의 k번째 임펄스의 세기 $X(k)$는 $H(jk\omega_o)$에 의해 조절되며 그에 따라 $\omega = k\omega_o$에 나타나는 $Y(j\omega)$의 임펄스가 얻어진다. $Y(j\omega)$의 형태는 어떤 주기 신호에 대응한다. 그러므로 $y(t)$는 $x(t)$와 동일한 주기를 갖는 주기 신호이다. 일반적으로 콘벌루션 특성은 임펄스 응답 $h(t)$와 주기 입력 신호 $x(t)$를 갖는 필터의 출력을 결정할 때 자주 이용된다.

예제 4.4 **주기 입력을 가진 LTI 시스템.** 임펄스 응답이 $h(t) = (1/(\pi t))\sin(\pi t)$인 시스템에 그림 4.4와 같은 주기적인 구형파 입력을 인가한다. 콘벌루션 특성을 이용하여 시스템의 출력을 구하라.

▶ 풀이: LTI 시스템의 주파수 응답은 임펄스 응답의 FT로부터 다음과 같이 표현된다.

$$h(t) \xleftrightarrow{FT} H(j\omega) = \begin{cases} 1, & |\omega| \leq \pi \\ 0, & |\omega| > \pi. \end{cases}$$

식 (4.3)을 이용하면, 주기 구형파의 FT는

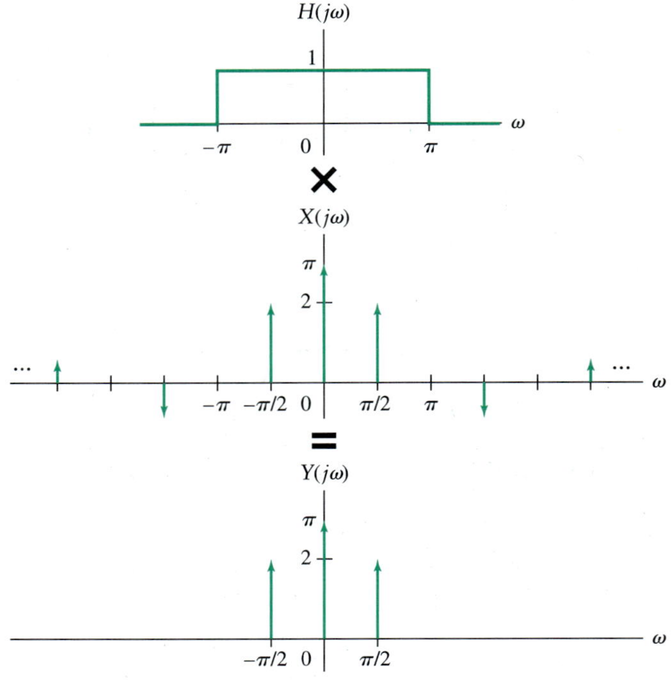

그림 4.9 예제 4.4에서 이용한 콘벌루션 특성

$$X(j\omega) = \sum_{k=-\infty}^{\infty} \frac{2\sin(k\pi/2)}{k}\delta\left(\omega - k\frac{\pi}{2}\right)$$

이고, 시스템 출력의 FT는 $Y(j\omega) = H(j\omega)X(j\omega)$이므로

$$Y(j\omega) = 2\delta\left(\omega + \frac{\pi}{2}\right) + \pi\delta(\omega) + 2\delta\left(\omega - \frac{\pi}{2}\right)$$

가 된다. 결과적으로 $H(j\omega)$는 입력 신호 중에서 주파수가 $-\pi/2$, 0, $\pi/2$인 고조파들은 통과시키고 그 외의 것들은 감쇠시키는 저역통과 필터이다. 시간 영역의 출력은 $Y(j\omega)$의 역FT를 통하여 구할 수 있다.

$$y(t) = (1/2) + (2/\pi)\cos(t\pi/2).$$ ∎

▶ **연습문제 4.4** LTI 시스템의 임펄스 응답 $h(t)$는 $h(t) = 2\cos(4\pi t)\sin(\pi t)/(\pi t)$이다. 입력이 다음과 같을 때 FT를 이용하여 출력을 구하라.

(a) $x(t) = 1 + \cos(\pi t) + \sin(4\pi t)$

(b) $x(t) = \sum_{m=-\infty}^{\infty}\delta(t - m)$

(c) 그림 4.10에 있는 $x(t)$

해답: (a) $y(t) = \sin(4\pi t)$

(b) $y(t) = 2\cos(4\pi t)$

(c) $y(t) = 0$ ∎

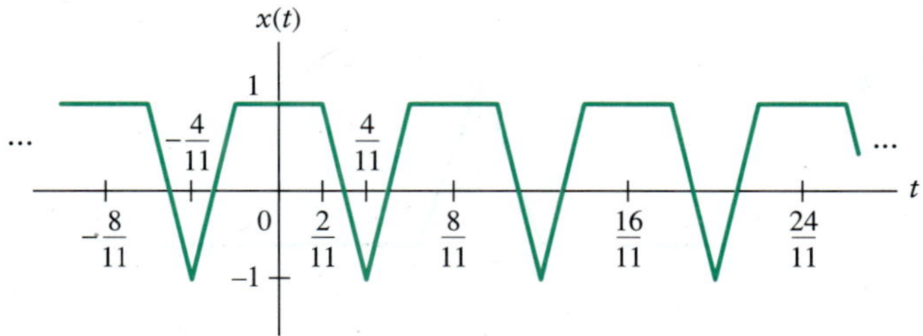

그림 4.10 연습문제 4.4(c)에 대한 신호 $x(t)$

이산시간의 경우에도 유사한 결과를 얻는다. 콘벌루션 특성은

$$y[n] = x[n] * h[n] \xleftrightarrow{DTFT} Y(e^{j\Omega}) = X(e^{j\Omega})H(e^{j\Omega})$$

이다. $x[n]$이 주기 신호일 때 식 (4.8)에서 주어진 DTFT 표현을 이용하면,

$$y[n] = x[n] * h[n] \xleftrightarrow{DTFT} Y(e^{j\Omega}) = 2\pi \sum_{k=-\infty}^{\infty} H(e^{jk\Omega_o})X[k]\delta(\Omega - k\Omega_o). \quad (4.11)$$

$Y(e^{j\Omega})$의 형태는 $y[n]$과 $x[n]$이 동일한 주기를 가지고 있음을 보여준다. 선형 시불변 시스템의 입-출력 특성을 알아보는 데 사용된다.

▶ **연습문제 4.5** 이산시간 LTI 시스템의 입력이

$$x[n] = 3 + \cos(\pi n + \pi/3)$$

이다. 이 시스템의 임펄스 응답이 다음과 같을 때 시스템의 출력을 구하라.

(a) $h[n] = \left(\frac{1}{2}\right)^n u[n]$
(b) $h[n] = \sin(\pi n/4)/(\pi n)$
(c) $h[n] = (-1)^n \sin(\pi n/4)/(\pi n)$

해답: (a) $y[n] = 6 + (2/3)\cos(\pi n + \pi/3)$
(b) $y[n] = 3$
(c) $y[n] = \cos(\pi n + \pi/3)$ ∎

4.3.2 주기 신호와 비주기 신호의 곱

함수의 곱셈에 관한 FT의 특성은

$$y(t) = g(t)x(t) \xleftrightarrow{FT} Y(j\omega) = \frac{1}{2\pi}G(j\omega) * X(j\omega)$$

이다. $x(t)$가 주기적이어도 이 성질을 적용할 수 있다. $X(j\omega)$에 대한 식 (4.3)을 이용하면,

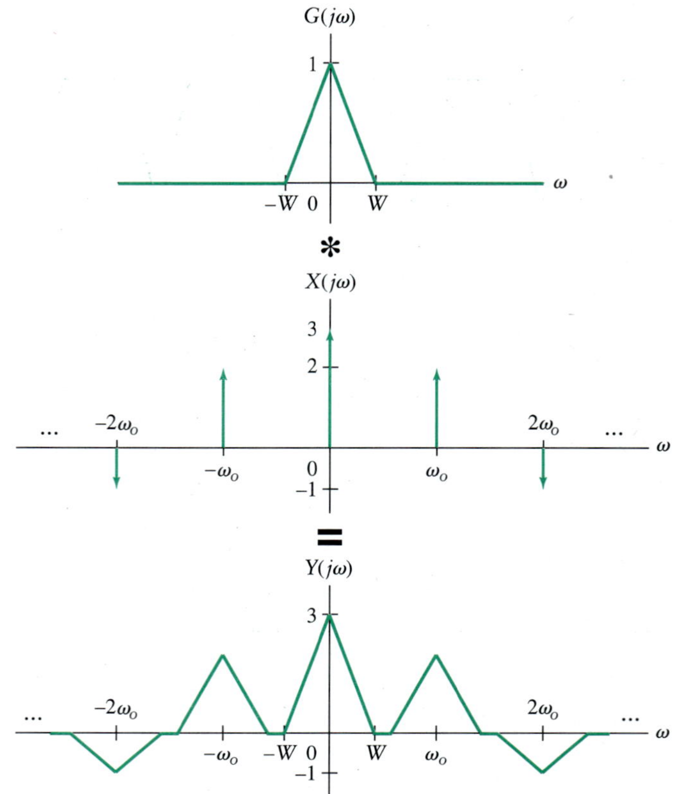

그림 4.11 주기 신호와 비주기 신호의 곱에 관한 푸리에 변환은 각각의 푸리에 변환 함수를 콘벌루션한 것에 대응한다.

$$y(t) = g(t)x(t) \xleftrightarrow{FT} Y(j\omega) = G(j\omega) * \sum_{k=-\infty}^{\infty} X[k]\delta(\omega - k\omega_o)$$

이다. 이 결과는 임펄스의 이전성(sifting property)에 따른 결과로서, 이동(shift)된 임펄스 $\delta(\omega - k\omega_o)$와 어떤 함수 $G(j\omega)$의 콘벌루션은 원래 함수 $G(j\omega)$를 이동시킨 결과 $G(j\omega - k\omega_o)$로 나타난다. 임펄스 함수의 이전성을 이용하여 위의 식을 정리하면

$$y(t) = g(t)x(t) \xleftrightarrow{FT} Y(j\omega) = \sum_{k=-\infty}^{\infty} X[k]G(j(\omega - k\omega_o)) \tag{4.12}$$

이다. 주기 함수 $x(t)$와 $g(t)$의 곱셈한 결과의 FT는 주파수 이동된 $G(\omega - k\omega_o)$에 $X(k)$를 가중한 결과의 합으로 구성된다. 그림 4.11은 이 결과를 보여준다. $Y(j\omega)$의 형태는 비주기 신호의 FT와 유사하다. 주기 신호와 비주기 신호의 곱은 비주기 신호를 발생시킨다.

예제 4.5 **구형파와 비주기 신호의 곱.** 출력 $y(t) = g(t)x(t)$인 시스템이 있다. $x(t)$는 그림 4.4의 구형파이다.

(a) $G(j\omega)$를 이용하여 $Y(j\omega)$를 구하라.

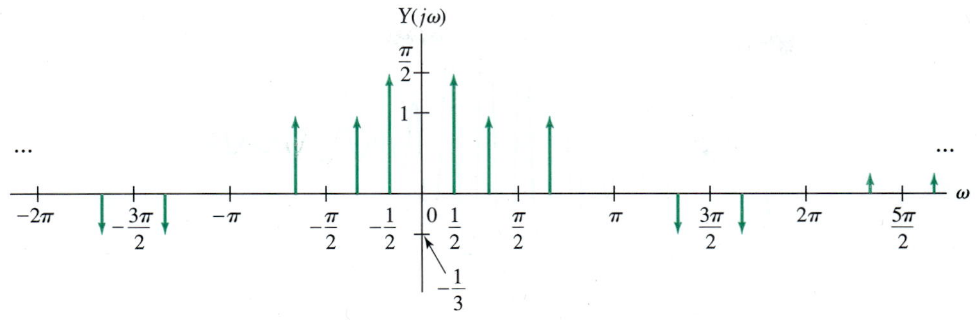

그림 4.12 예제 4.5(b)에 대한 풀이

(b) $g(t) = \cos(t/2)$일 때 $Y(j\omega)$를 그려라.

풀이: 구형파의 FS 표현은 다음과 같이 된다.

$$x(t) \xleftrightarrow{FS;\pi/2} X[k] = \frac{\sin(k\pi/2)}{\pi k}.$$

(a) 위의 결과를 식 (4.12)에 대입하면 출력은 다음과 같다.

$$Y(j\omega) = \sum_{k=-\infty}^{\infty} \frac{\sin(k\pi/2)}{\pi k} G(j(\omega - k\pi/2)).$$

(b) $\cos(t/2)$의 FT는 $G(j\omega) = \pi\delta(\omega - 1/2) + \pi\delta(\omega + 1/2)$이므로 출력 $Y(j\omega)$는

$$Y(j\omega) = \sum_{k=-\infty}^{\infty} \frac{\sin(k\pi/2)}{k} [\delta(\omega - 1/2 - k\pi/2) + \delta(\omega + 1/2 - k\pi/2)]$$

가 된다. 그림 4.12는 $k = 0$ 근방에서 $Y(j\omega)$를 구성하는 각 항들을 나타낸 것이다. ■

예제 4.6 **AM 라디오.** 곱셈 특성은 진폭 변조 라디오의 기본 원리를 이해하기 위한 기초이다(AM 시스템의 더 자세한 설명은 5장에 있다). 단순화된 송신기와 수신기가 그림 4.13(a)에 있다. 전파와 채널 잡음의 영향은 이 시스템에서 무시한다. 수신측 안테나에서의 신호 $r(t)$는 송신된 신호와 같다고

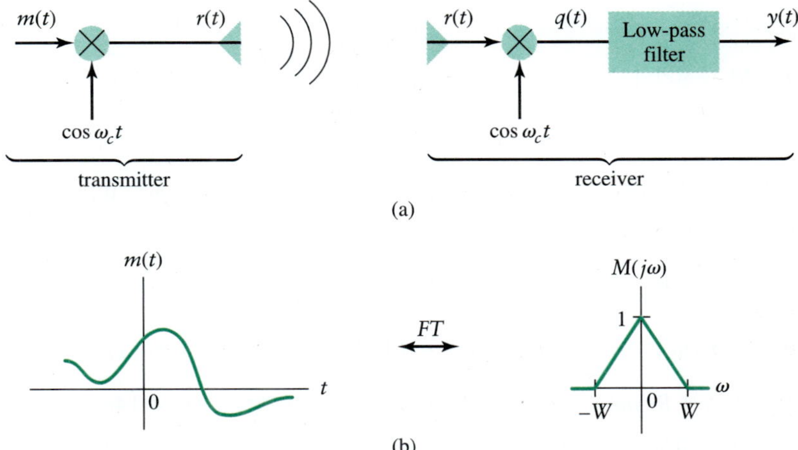

그림 4.13 (a) 단순화된 AM 라디오의 송신기와 수신기, (b) 표준화된 진폭을 가진 메시지 신호의 스펙트럼

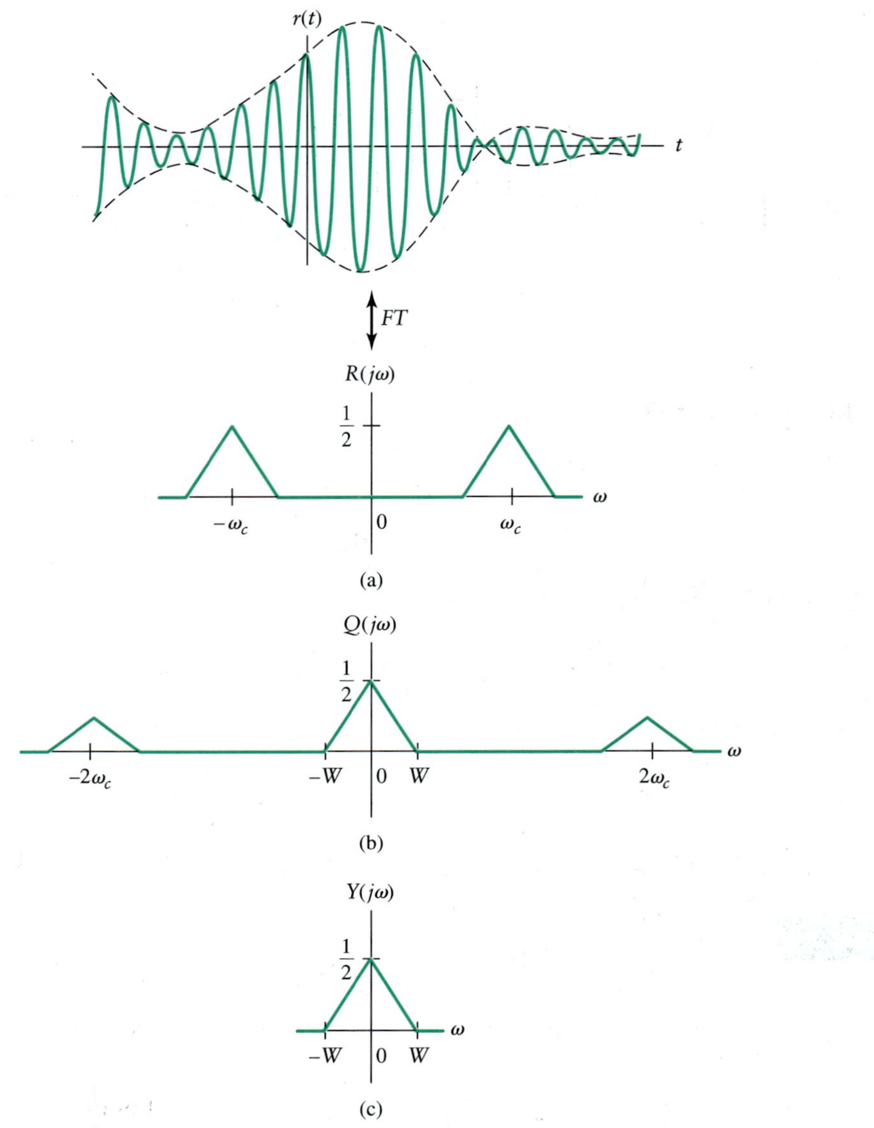

그림 4.14 AM 송신기와 수신기에서의 신호. (a) 송신 신호 $r(t)$와 스펙트럼 $R(j\omega)$, (b) 수신기에 나타나는 $g(t)$의 스펙트럼, (c) 수신기 출력 $y(t)$의 스펙트럼

가정했다. 수신기에서 저역통과 필터의 통과 대역은 통신 대역폭, $-W < \omega < W$와 같다. 주파수 영역에서 이 시스템을 분석하라.

풀이: 메시지의 스펙트럼은 그림 4.13(b)라고 가정한다. 송신 신호 $r(t)$는

$$r(t) = m(t)\cos(\omega_c t) \xleftrightarrow{FT} R(j\omega) = (1/2)M(j(\omega - \omega_c)) + (1/2)M(j(\omega + \omega_c))$$

로 표현된다. 여기서 $R(j\omega)$를 구하기 위해 식 (4.12)를 이용했다. 그림 4.14(a)는 $R(j\omega)$를 나타낸다. 메시지 신호에 코사인 신호를 곱하는 것은, 메시지 신호의 중심 주파수를 캐리어 주파수 ω_c로 이동시키는 것과 같다.

송신에 사용한 동일한 코사인을 수신기에서 $r(t)$에 곱하면,

$$q(t) = r(t)\cos(\omega_c t) \xleftrightarrow{FT} Q(j\omega) = (1/2)R(j(\omega - \omega_c)) + (1/2)R(j(\omega + \omega_c))$$

이고, $R(j\omega)$를 $M(j\omega)$로 표현하면,

$$Q(j\omega) = (1/4)M(j(\omega - 2\omega_c)) + (1/2)M(j\omega) + (1/4)M(j(\omega + 2\omega_c))$$

이며, 그림 4.14(b)와 같다. 수신기에서 코사인을 곱하는 것은 메시지 신호의 일부분은 원래의 위치로 돌아오게 하고 다른 부분은 캐리어의 2배 주파수인 곳으로 이동시키는 결과가 된다. 원래의 메시지는 캐리어의 2배 주파수인 점에 반복되는 메시지들을 제거하는 저역통과 필터링에 의해 복구된다. 그러한 필터링의 결과는, 그림 4.14(c)와 같이, 원래 메시지를 진폭 스케일한 결과로 나타난다.

1.3.1절에서 설명했듯이, 메시지 신호의 주파수 대역을 이동시켜서 중심부가 캐리어 주파수에 오도록 하는 동기는 다음과 같다: (1) 다수의 메시지를 서로 간섭 없이 동시에 송신할 수 있고, (2) 실제 안테나의 물리적인 크기가 캐리어 주파수에 반비례하므로 캐리어 주파수가 높으면 높을수록 더 작은 안테나를 이용할 수 있다. ■

▶ **연습문제 4.6** 다음과 같은 임펄스 응답을 갖는 시스템이 있다. 곱의 특성을 이용하여 주파수 응답을 구하라.

$$h(t) = \frac{\sin(\pi t)}{\pi t}\cos(3\pi t).$$

주파수 이동 특성을 이용해서 구한 것과 위의 결과를 비교해 보라.

해답:

$$H(j\omega) = \begin{cases} 1/2, & 2\pi \le |\omega| \le 4\pi \\ 0, & \text{그 밖의 범위} \end{cases}$$ ■

이산시간 곱셈에 대한 DTFT의 특성은 아래와 같다.

$$y[n] = x[n]z[n] \xleftrightarrow{DTFT} Y(e^{j\Omega}) = \frac{1}{2\pi}X(e^{j\Omega}) \circledast Z(e^{j\Omega}). \tag{4.13}$$

$x[n]$이 주기 신호이면 이 특성은 식 (4.8)에서 주어진 $x[n]$의 DTFT 표현을 적절히 이용할 수 있다. 식 (4.8)로부터

$$X(e^{j\Omega}) = 2\pi \sum_{k=-\infty}^{\infty} X[k]\delta(\Omega - k\Omega_o).$$

$X[k]$는 주기 신호 $x[n]$의 DTFS 계수이다. $X(e^{j\Omega})$를 주기 신호의 콘벌루션 정의에 대입하면

$$Y(e^{j\Omega}) = \int_{-\pi}^{\pi} \sum_{k=-\infty}^{\infty} X[k]\delta(\theta - k\Omega_o)Z(e^{j(\Omega-\theta)})\, d\theta$$

를 얻는다. 기본 주파수 $\Omega_o = 2\pi/N$이기 때문에, θ에 따라 2π 간격 안에 있는 임펄스는 $\delta(\theta - k\Omega_o)$ 형태로 N개 존재한다. 그러므로 무한 범위의 합산을 k에 따라 연속된 N개의 합으로 줄일 수 있다. 합과 적분의 순서를 바꾸어서 식을 정리하면

$$Y(e^{j\Omega}) = \sum_{k=0}^{N-1} X[k] \int_{-\pi}^{\pi} \delta(\theta - k\Omega_o) Z(e^{j(\Omega-\theta)})\, d\theta$$

가 된다. 임펄스 함수의 이전성을 이용하여 적분을 계산하면

$$y[n] = x[n]z[n] \xleftrightarrow{DTFT} Y(e^{j\Omega}) = \sum_{k=0}^{N-1} X[k] Z(e^{j(\Omega - k\Omega_o)}) \qquad (4.14)$$

를 얻는다. 결국 주기 수열 $x[n]$과 $z[n]$을 곱한 결과의 DTFT는 $Z(e^{j\Omega})$를 주파수에 따라 이동시킨 후 가중합산함으로서 얻을 수 있다. 주기 신호와 비주기 신호의 곱은 비주기 신호이므로 $y[n]$은 비주기 신호이며 $Y(e^{j\Omega})$의 형태도 비주기 신호에 대응한다.

예제 4.7 **응용: 창 데이터.** 데이터 처리 응용에서 데이터 기록의 부분에만 접근하는 것은 일반적인 일이다. 이번 예제에서, DTFT에 나타나는 신호의 절사효과를 분석하기 위해서 곱셈 특성을 이용한다. 아래와 같은 신호가 있다.

$$x[n] = \cos\left(\frac{7\pi}{16}n\right) + \cos\left(\frac{9\pi}{16}n\right).$$

변조 특성을 이용하여 $2M+1$개 값 $x[n](|n| \le M)$만을 사용해서 DTFT의 계산에 나타나는 효과를 분석하라.

풀이: $x[n]$의 DTFT는 식 (4.8)과 $\pm 7\pi/16$, $\pm 9\pi/16$에 존재하는 임펄스로 구성된 $x[n]$의 FS 계수로부터 다음과 같이 얻는다.

$$X(e^{j\Omega}) = \pi\delta\left(\Omega + \frac{9\pi}{16}\right) + \pi\delta\left(\Omega + \frac{7\pi}{16}\right) + \pi\delta\left(\Omega - \frac{7\pi}{16}\right) + \pi\delta\left(\Omega - \frac{9\pi}{16}\right),$$
$$-\pi < \Omega \le \pi.$$

이제 창함수 $w[n]$을 이용하여 신호 $y[n] = x[n]w[n]$을 정의한다.

$$w[n] = \begin{cases} 1, & |n| \le M \\ 0, & |n| > M. \end{cases}$$

$x[n]$과 $w[n]$의 곱셈은 창문을 통해 $x[n]$을 바라보는 것처럼 보이기 때문에 창이라 부른다. 창함수 $w[n]$은 $n = 0$에 집중된 $x[n]$의 $2M + 1$개를 선택한다. 창의 영향을 비교하기 위해서 $y[n] = x[n]w[n]$과 $x[n]$의 DTFT를 비교한다. 이산시간 곱셈의 특성 식 (4.13)은

$$Y(e^{j\Omega}) = \frac{1}{2}\{W(e^{j(\Omega+9\pi/16)}) + W(e^{j(\Omega+7\pi/16)}) + W(e^{j(\Omega-7\pi/16)}) + W(e^{j(\Omega-9\pi/16)})\}$$

를 의미하고, 여기서 창함수 $w[n]$의 DTFT는

$$W(e^{j\Omega}) = \frac{\sin(\Omega(2M+1)/2)}{\sin(\Omega/2)}$$

이다. 창함수의 적용은 $X(e^{j\Omega})$를 구성하고 있는 임펄스 대신에 주파수 $7\pi/16$과 $9\pi/16$에 $W(e^{j\Omega})$를 복사한 것과 같다. 이것은 원 임펄스들을 문질러 놓은 것 혹은 확산시킨 것처럼 보일 것이다. $Y(e^{j\Omega})$의 에너지는 코사인의 주파수를 중심으로 해서 부근 대역으로 확산된다. 확산의 범위는 $9\pi/(2M+1)$

로 결정되는 $W(e^{j\Omega})$의 주엽폭의 영향을 받는다(그림 3.30 참조).

그림 4.15(a)-(c)는 M의 값에 대한 $Y(e^{j\Omega})$를 나타낸 것이다. M이 충분히 크면 주엽의 폭이 주파수 $7\pi/16$, $9\pi/16$들의 간격에 비해 상당히 작아지고, $Y(e^{j\Omega})$는 $X(e^{j\Omega})$에 상당히 근사화된다. 그림 4.15(a)는 $M = 80$인 이러한 예를 나타낸 것이다. 그러나 M의 값이 감소하여 주엽의 폭이 주파수 $7\pi/16$과 $9\pi/16$ 간의 간격과 같아지면, 이 두 주파수로 이동된 $W(e^{j\Omega})$의 최대값은 겹치게 되어 한 개의 피크값으로 나타난다.그림 4.15(b)와 (c)는 $M = 12$와 $M = 8$값을 이용하여 이러한 $Y(e^{j\Omega})$를 나타낸 것이다. ■

신호를 분석하는 데 있어서 데이터에 포함된 서로 다른 주파수를 가진 정현파 신호를 식별하는 문제는 매우 중요하다. 앞의 예제에서는 데이터 기록 길이에 의해 신호들을 구분하는 기능이 제한된다는 점을 확인했다. 구분하고자 하는 주파수에 비교해서 이용할 수 있는 데이터

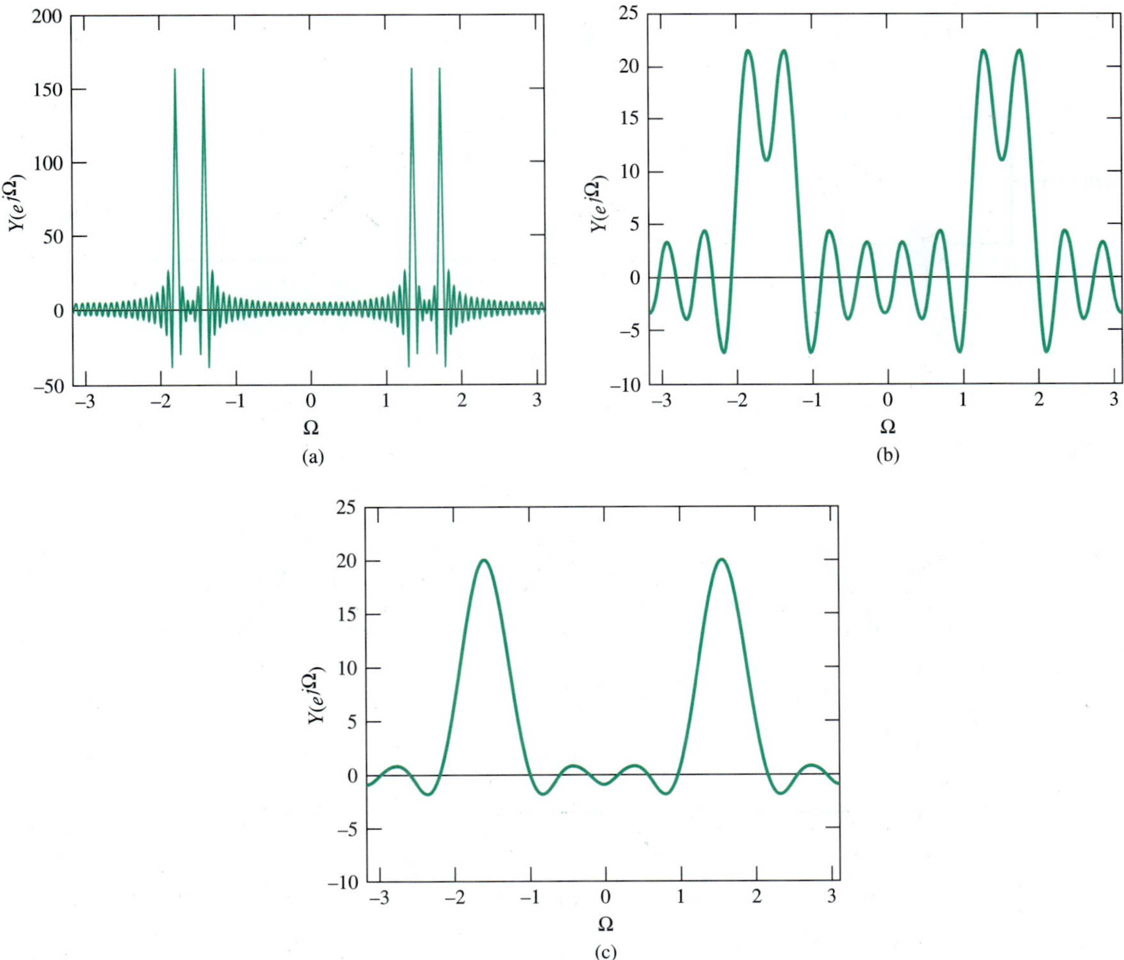

그림 4.15 데이터 표시에 창함수를 적용한 결과. $\Omega_1 = 7\pi/16$, $\Omega_2 = 9\pi/16$일 때 M의 값에 대한 $Y(e^{j\Omega})$. (a) $M = 80$, (b) $M = 12$, (c) $M = 8$

의 수가 상대적으로 적다면 DTFT는 상이한 두 정현파 신호를 구분할 수 없다. 실제로, 신호를 분석할 때 수집되는 데이터는 유한한 길이로 한정된다. 그러므로 창함수의 영향을 이해하는 것은 중요하고 적절한 대응책을 강구해야 한다. 이 문제는 4.9절에서 더 자세히 다루어질 것이다.

▶ **연습문제 4.7** 그림 4.16(a)와 같은 LTI 시스템이 있다. 출력 $y[n]$에 대한 DTFT $Y(e^{j\Omega})$를 구하고 그래프로 그려라. 입력 신호의 스펙트럼 $X(e^{j\Omega})$는 그림 4.16(b)와 같고,

(a) $z[n] = (-1)^n$

(b) $z[n] = 2\cos(\pi n/2)$

해답: (a) $Y(e^{j\Omega}) = X(e^{j\Omega}) + X(e^{j(\Omega-\pi)})$

(b) $Y(e^{j\Omega}) = X(e^{j\Omega}) + X(e^{j(\Omega-\pi/2)}) + X(e^{j(\Omega+\pi/2)})$

각각, 그림 4.17(a)와 (b)에 나타나 있다. ∎

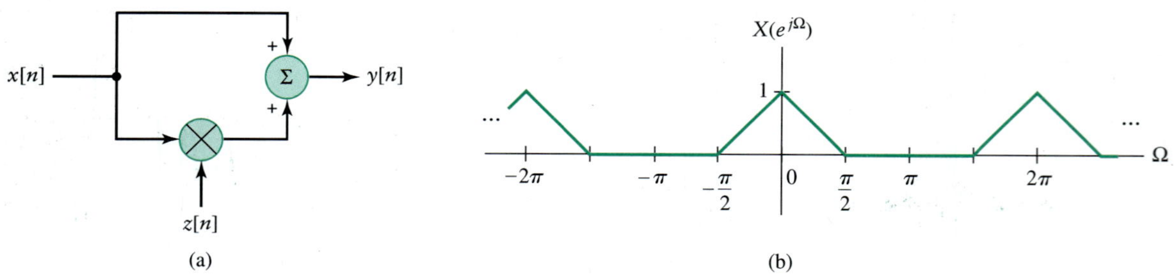

그림 4.16 연습문제 4.7. (a) 시스템, (b) 입력 스펙트럼

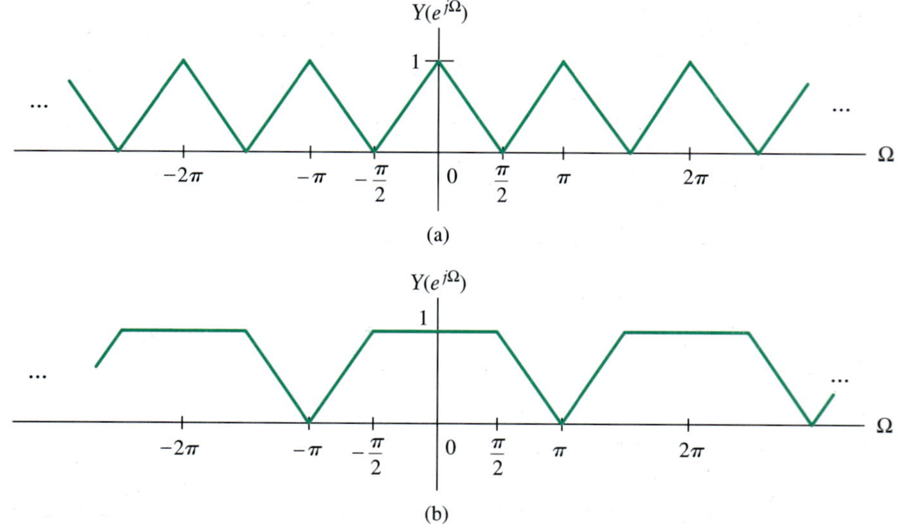

그림 4.17 연습문제 4.7의 해답

4.4 이산시간 신호의 푸리에 변환 표현

이 절에서는 적절한 임펄스 함수의 결합으로 이산시간 신호의 FT 표현을 유도한다. 이 표현은 FT의 모든 특성을 가지며, 이를 통해 연속시간 신호와 이산시간 신호가 혼합된 경우에 있어서도 관련된 문제를 해석하는 강력한 도구가 된다. 4.4절의 내용은 FT와 DTFT 사이의 관계이다. 이 절의 결과와 4.2절의 주기 신호 FT 표현을 적절히 혼합하면 FT는 앞의 4가지 종류의 신호들을 해석하는 도구가 된다.

먼저 연속시간 주파수 ω와 이산시간 주파수 Ω의 유사성을 알아본다. 복소 정현파 $x(t) = e^{j\omega t}$와 $g[n] = e^{j\Omega n}$을 정의하자. 이 두 신호의 관계로부터 ω와 Ω의 관계를 정의할 수 있으므로 T_s 간격으로 $x(t)$를 샘플링한 값과 $g[n]$이 같다고 놓는다. 즉,

$$g[n] = x(nT_s)$$
$$e^{j\Omega n} = e^{j\omega T_s n}$$

이 된다. 그러므로 이산시간 주파수는 $\Omega = \omega T_s$로 정의된다. 즉, 이산시간 주파수는 연속시간 주파수와 샘플링 주기의 곱으로 표현된다.

4.4.1 푸리에 변환과 이산시간 푸리에 변환의 관계

임의의 이산시간 신호 $x[n]$에 대한 DTFT를 알아보자. 다음 관계식은 이미 알고 있다.

$$X(e^{j\Omega}) = \sum_{n=-\infty}^{\infty} x[n]e^{-j\Omega n}. \tag{4.15}$$

DTFT쌍 $x[n] \xleftrightarrow{DTFT} X(e^{j\Omega})$와 유사한 FT쌍 $x_\delta(t) \xleftrightarrow{FT} X_\delta(j\omega)$를 구하고자 할 때, $\Omega = \omega T_s$를 식 (4.15)에 대입하면 연속시간 주파수 ω에 대한 함수를 얻는다.

$$\begin{aligned} X_\delta(j\omega) &= X(e^{j\Omega})\big|_{\Omega=\omega T_s}, \\ &= \sum_{n=-\infty}^{\infty} x[n]e^{-j\omega T_s n}. \end{aligned} \tag{4.16}$$

선형성과 푸리에 변환쌍을 이용하여 $X_\delta(j\omega)$의 역FT를 계산하면

$$\delta(t - nT_s) \xleftrightarrow{FT} e^{-j\omega T_s n}$$

이며,

$$x_\delta(t) = \sum_{n=-\infty}^{\infty} x[n]\delta(t - nT_s). \tag{4.17}$$

따라서

$$x_\delta(t) = \sum_{n=-\infty}^{\infty} x[n]\delta(t - nT_s) \xleftrightarrow{FT} X_\delta(j\omega) = \sum_{n=-\infty}^{\infty} x[n]e^{-j\omega T_s n} \tag{4.18}$$

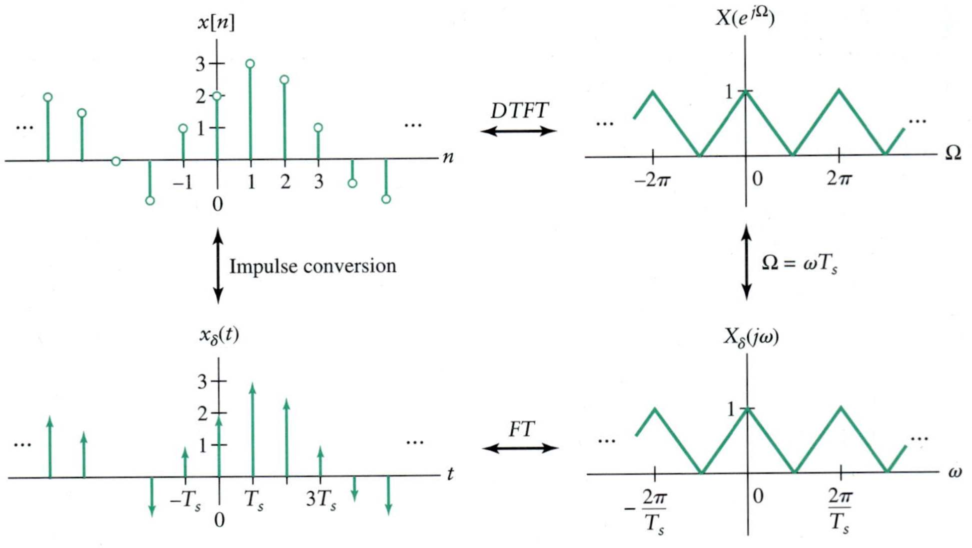

그림 4.18 이산시간 신호의 FT와 DTFT 사이의 관계

을 얻는다. 여기서 $x_\delta(t)$는 이산시간 신호 $x[n]$에 해당하는 연속시간 신호이고 FT $X_\delta(j\omega)$는 DTFT $X(e^{j\Omega})$에 대응된다. 식 (4.17)은 $x[n]$의 **연속시간 표현**이며, 연속시간 주파수와 이산시간 주파수 사이의 관계($\Omega = \omega T_s$)를 결정하는 샘플링 주기 T_s와 관련을 가지고 있다. 그림 4.18은 신호 $x[n]$과 $x_\delta(t)$ 사이의 관계와 각각에 대응되는 푸리에 표현 $X(e^{j\Omega})$와 $X_\delta(j\omega)$의 관계를 보여주고 있다. 이산시간 주파수 Ω에서 DTFT $X(e^{j\Omega})$는 2π의 주기를 갖는다. 반면에 FT $X_\delta(j\omega)$는 연속시간 주파수 ω에서 $2\pi/T_s$의 주기를 갖는다. 이산시간 신호가 $x[n]$이라면 이에 대응되는 연속시간 신호는 샘플링 주기 T_s로 구분된 $x[n]$의 세기를 갖는 임펄스열로 구성된다.

예제 4.8 DTFT로부터의 FT. 다음과 같은 DTFT 신호에 대응되는 FT를 구하라.

$$x[n] = a^n u[n] \stackrel{DTFT}{\longleftrightarrow} X(e^{j\Omega}) = \frac{1}{1 - ae^{-j\Omega}}.$$

풀이: 연속시간 신호로 변환하기 위해 식 (4.17)을 이용한다.

$$x_\delta(t) = \sum_{n=0}^{\infty} a^n \delta(t - nT_s).$$

주어진 DTFT 식에 $\Omega = \omega T_s$를 대입하면, FT쌍은 아래와 같다.

$$x_\delta(t) \stackrel{FT}{\longleftrightarrow} X_\delta(j\omega) = \frac{1}{1 - ae^{-j\omega T_s}}.$$

식 (4.17)에서 주어진 이산시간 신호의 연속시간 표현과 식 (4.3)에서 주어진 주기 신호의 FT 표현은 유사점이 많다. 식 (4.3)의 FT 표현은 k번째 FS 계수로 결정되는 임펄스 세기와 기본 주파수의 정수배인 곳에 놓인 임펄스들을 이용하여 나타낸다. FS 표현 $X[k]$는 이산적인 값이지만 이에 대응되는 FT 표현 $X(j\omega)$는 주파수 상에서 연속적이다. 식 (4.18)에서는 $x[n]$이 이산적인 값이지만 $x_\delta(t)$는 연속적이다. $X(j\omega)$에서 ω_o의 역할처럼 매개변수 T_s는 $x_\delta(t)$의 임펄스 사이를 분리한다. $x_\delta(t)$와 $X(j\omega)$의 유사성은 3.18절에서 다뤘던 FS-DTFT의 쌍대성 특성의 직접적인 결과이다. 쌍대성으로부터 푸리에 해석에서 주파수와 시간의 위치는 상호 교환할 수 있다는 것을 알 수 있다. $x_\delta(t)$는 식 (4.18)에서처럼 FT가 $2\pi/T_s$의 주파수 주기를 갖는 연속시간 신호이지만 $X(j\omega)$는 역FT가 $2\pi/\omega_o$의 시간 주기를 갖는 연속 주파수 신호이다.

▶ **연습문제 4.8** 다음과 같은 이산시간 주기 신호의 FT쌍 $X_\delta(j\omega)$를 그려라.

$$x[n] = \frac{\sin(3\pi n/8)}{\pi n}.$$

(a) $T_s = 1/2$, (b) $T_s = 3/2$일 때를 가정하라.

해답: 그림 4.19 참조 ∎

4.4.2 푸리에 변환과 이산시간 푸리에 급수의 관계

4.2절에서 연속시간 주기 신호의 FT 표현을 유도하였다. 4.4.1절에서는 FT를 이용하여 이산시간 비주기 신호를 표현하였다. 이제, 이산시간 주기 신호의 DTFT와 4.4.1절의 결과를 조합하여 이산시간 주기 신호의 FT를 유도할 것이다. 이 결과로부터, 4가지 형태의 신호를 한 종류의 FT로만 표현할 수 있을 것이다.

식 (4.8)에 주어진 N주기 신호 $x[n]$의 DTFT 표현은

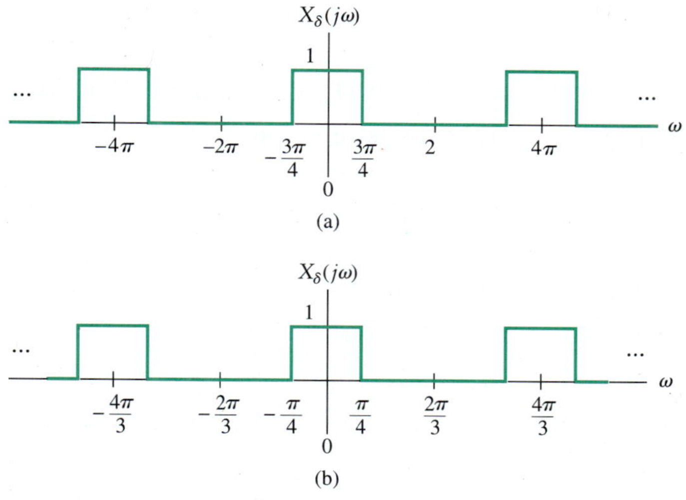

그림 4.19 연습문제 4.8의 해답

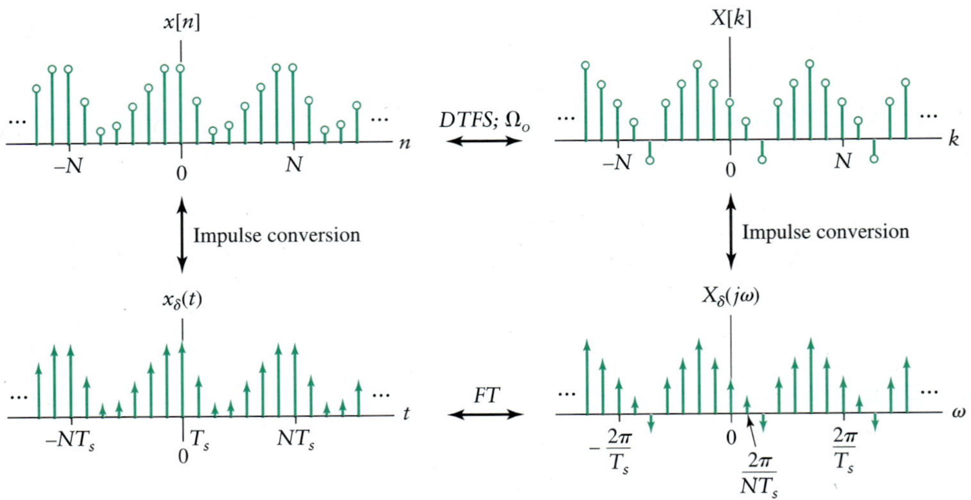

그림 4.20 이산시간 주기 신호의 FT와 DTFT 표현 사이의 관계

$$X(e^{j\Omega}) = 2\pi \sum_{k=-\infty}^{\infty} X[k]\delta(\Omega - k\Omega_o)$$

이고, $X[k]$는 DTFS 계수이다. 위의 식에 $\Omega = \omega T_s$를 대입하여 FT 표현으로 바꿔보면

$$\begin{aligned} X_\delta(j\omega) &= X(e^{j\omega T_s}) \\ &= 2\pi \sum_{k=-\infty}^{\infty} X[k]\delta(\omega T_s - k\Omega_o) \\ &= 2\pi \sum_{k=-\infty}^{\infty} X[k]\delta(T_s(\omega - k\Omega_o/T_s)). \end{aligned}$$

임펄스 함수의 스케일링 특성, $\delta(av) = (1/a)\delta(v)$를 이용하여 $X_\delta(j\omega)$를 정리하면

$$X_\delta(j\omega) = \frac{2\pi}{T_s} \sum_{k=-\infty}^{\infty} X[k]\delta(\omega - k\Omega_o/T_s). \tag{4.19}$$

$X[k]$는 N주기 함수이며 $X_\delta(j\omega)$는 주기 $N\Omega_o/T_s = 2\pi/T_s$를 갖는다. $X_\delta(j\omega)$에 대응되는 $x_\delta(t)$는 식 (4.17)에 주기 신호 $x[n]$을 대입하여 얻어진다. 즉

$$x_\delta(t) = \sum_{n=-\infty}^{\infty} x[n]\delta(t - nT_s). \tag{4.20}$$

$x_\delta(t)$가 기본 주기 NT_s를 갖는 것은 $x[n]$의 N주기 성질 때문이다. 그러므로 $x_\delta(t)$와 $X_\delta(j\omega)$는 그림 4.20처럼 N주기의 임펄스열을 갖는다.

▶ **연습문제 4.9** 다음과 같은 이산시간 주기 신호의 FT쌍을 구하라.

$$x[n] = \cos\left(\frac{2\pi}{N}n\right).$$

해답: $x_\delta(t) = \sum_{n=-\infty}^{\infty} \cos\left(\frac{2\pi}{N}n\right)\delta(t - nT_s) \stackrel{FT}{\longleftrightarrow}$

$$X_\delta(j\omega) = \frac{\pi}{T_s}\sum_{m=-\infty}^{\infty} \delta\left(\omega + \frac{2\pi}{NT_s} - \frac{m2\pi}{T_s}\right) + \delta\left(\omega - \frac{2\pi}{NT_s} - \frac{m2\pi}{T_s}\right)$$

4.5 샘플링

이 절에서는 일정하게 **샘플링**(sampling)한 신호의 효과를 분석하기 위해서 이산시간 신호에 대해서 푸리에 변환(FT)을 사용한다. 샘플링 연산은 연속시간 신호를 이산시간 신호로 변환하는데, 연속시간 신호의 샘플링은 종종 컴퓨터나 마이크로프로세서에서 연속시간 신호를 처리하기 위해서 수행되며, 통신 및 제어, 신호처리 시스템에서 흔히 볼 수 있다. 지금부터 샘플 신호의 이산시간 푸리에 변환과 연속시간 신호의 푸리에 변환이 어떤 관계가 있는지 살펴볼 것이다. 이산시간 신호에 대해 샘플링을 수행하는 것을 **서브샘플링**(subsampling)이라고 하는데, 이는 실제적인 데이터율을 변화시키기 위해서 사용된다. 이러한 경우의 샘플링은 신호의 값들을 버리게 된다. 샘플 신호와 원신호에 대한 이산시간 푸리에 변환을 비교해 봄으로써 서브샘플링이 원신호에 어떠한 영향을 주는지 살펴본다.

4.5.1 연속시간 신호의 샘플링

$x(t)$를 연속시간 신호라고 하면, 샘플링 간격 T_s의 정수배에서의 $x(t)$의 샘플들 즉, $x[n] = x(nT_s)$를 이산시간 신호 $x[n]$이라 정의한다. 샘플링의 효과는 $x[n]$의 이산시간 푸리에 변환과 $x(t)$의 푸리에 변환을 비교함으로써 얻을 수 있다.

먼저, 이산시간 신호 $x[n]$의 연속시간 표현이 식 (4.17)과 같이 주어지고,

$$x_\delta(t) = \sum_{n=-\infty}^{\infty} x[n]\delta(t - nT_s).$$

다음 식을 구하기 위해 $x[n]$에 $x(nT_s)$를 치환하면,

$$x_\delta(t) = \sum_{n=-\infty}^{\infty} x(nT_s)\delta(t - nT_s).$$

$x(t)\delta(t - nT_s) = x(nT_s)\delta(t - nT_s)$이기 때문에, 시간 함수들의 곱으로 $x_\delta(t)$를 다시 쓰면,

$$x_\delta(t) = x(t)p(t). \tag{4.21}$$

여기서

$$p(t) = \sum_{n=-\infty}^{\infty} \delta(t - nT_s). \tag{4.22}$$

식 (4.21)로부터 샘플 신호는 원래의 연속시간 신호와 임펄스열의 수학적인 곱으로서 그림 4.21과 같이 표현할 수 있음을 알 수 있다. 일반적으로 이것을 **임펄스 샘플링**이라고 하며, 샘

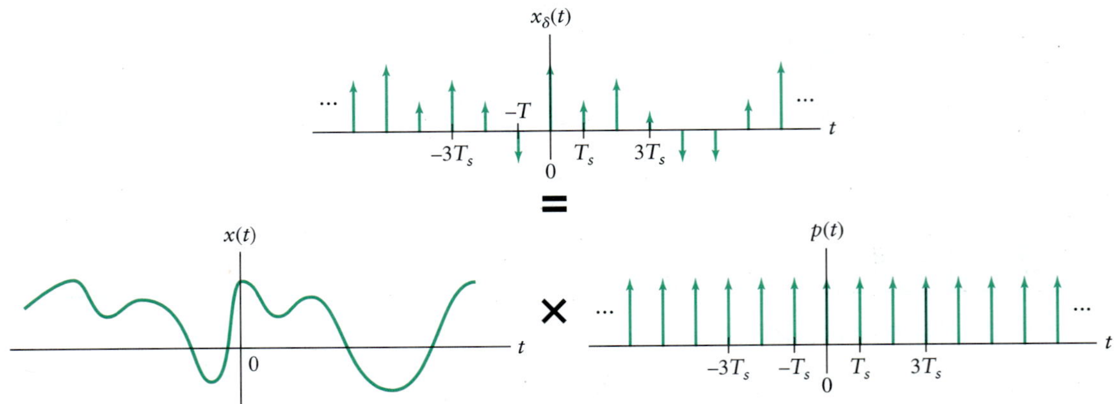

그림 4.21 주어진 시간 신호와 임펄스열의 곱으로서 샘플링의 수학적 표현

플링의 분석을 위한 수학적 도구로 사용된다.

샘플링의 효과는 $x_\delta(t)$의 푸리에 변환과 $x(t)$의 푸리에 변환을 살펴보면 알 수 있다. 시간 영역에서의 곱이 주파수 영역의 콘벌루션과 일치하기 때문에 다음처럼 쓸 수 있다.

$$X_\delta(j\omega) = \frac{1}{2\pi} X(j\omega) * P(j\omega).$$

예제 4.2에서 구한 $P(j\omega)$의 값을 이 관계식에 대입하면, 다음을 얻을 수 있다.

$$X_\delta(j\omega) = \frac{1}{2\pi} X(j\omega) * \frac{2\pi}{T_s} \sum_{k=-\infty}^{\infty} \delta(\omega - k\omega_s).$$

여기서, $\omega_s = 2\pi/T_s$는 샘플링 주파수이다. $X(j\omega)$와 주파수 이동된 임펄스열의 콘벌루션을 하면 다음과 같은 식 (4.23)을 얻을 수 있다.

$$X_\delta(j\omega) = \frac{1}{T_s} \sum_{k=-\infty}^{\infty} X(j(\omega - k\omega_s)). \tag{4.23}$$

즉, 샘플 신호의 푸리에 변환은 원신호의 푸리에 변환과 주파수 이동된 복사본의 무한합으로 계산된다. 주파수 이동된 복사본들은 ω_s의 정수배의 간격으로 나타난다. 만약, ω_s가 $X(j\omega)$의 주파수 영역 또는 대역폭보다 충분히 크지 않으면, $X(j\omega)$의 복사본들은 서로 겹치게 된다. 이러한 현상은 여러 개의 다른 $T_s = 2\pi/\omega_s$의 값에 대한 식 (4.23)을 그림 4.22와 같이 나타내면 쉽게 관찰할 수 있다. 신호 $x(t)$의 주파수 성분은 명백히 하기 위해서 $-W < \omega < W$의 주파수 범위 안에 있다고 가정한다. 그림 4.22(b)-(d)는 각각 $\omega_s = 3W$, $\omega_s = 2W$ 그리고 $\omega_s = \frac{3}{2}W$에 대한 그래프이다. 식 (4.23)은 k번째의 주파수 위치에 나타나는 $X(j\omega)$의 복사본으로 표현되어 있다. T_s가 증가하고 ω_s가 감소함에 따라 $X(j\omega)$의 복사값들은 서로 더 근접하게 된다. 만약, $\omega_s < 2W$의 경우엔 서로 겹치게 된다.

원래의 스펙트럼으로부터 주파수 이동되어 나타나는 복사 스펙트럼들이 겹치는 현상을 **에일리어싱**(aliasing)이라 하는데, 이러한 현상은 고주파 성분이 저주파수 성분으로 이전되는 현상

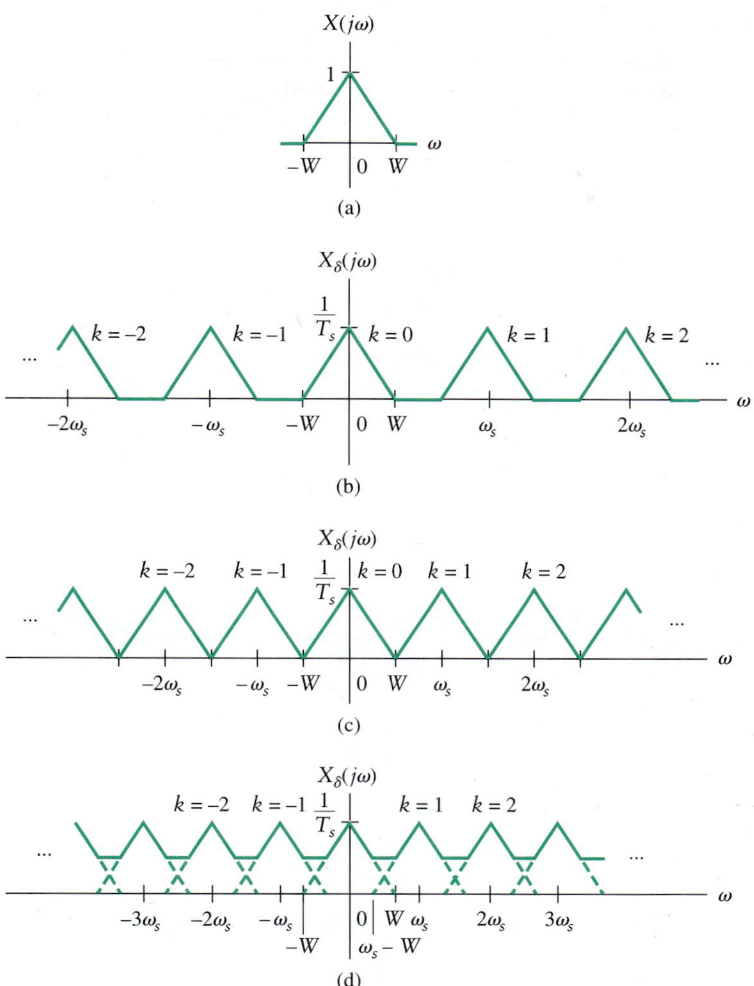

그림 4.22 샘플링 주파수에 대한 샘플 신호의 푸리에 변환. (a) 연속시간 신호의 스펙트럼, (b) $\omega_s = 3W$일 때 샘플 신호의 스펙트럼, (c) $\omega_s = 2W$일 때 샘플 신호의 스펙트럼, (d) $\omega_s = 1.5W$일 때 샘플 신호의 스펙트럼

이다. 에일리어싱은 샘플링된 신호의 스펙트럼을 왜곡시킨다. 그림 4.22(d)에서 이러한 현상을 볼 수 있다. $\omega = 0$[식 (4.23)에서 $k = 0$], $\omega = \omega_s$[식 (4.23)에서 $k = 1$]일 때 $X(j\omega)$의 복사값들 사이에서의 겹침 현상이 $\omega_s - W$와 W 사이의 주파수에서 발생한다. 이러한 복사값들이 더해지면, 스펙트럼의 기본적인 형상이 삼각형 형태에서 평행한 형태로 변한다. 샘플 신호의 스펙트럼은 더 이상 원래의 연속시간 신호의 스펙트럼과 일대일 대응되지 않는다. 이는 연속시간 신호를 해석하기 위해서 샘플 신호의 스펙트럼을 사용할 수 없고, 연속시간 신호의 샘플링값으로부터 연속시간 신호를 복원할 수 없음을 의미한다. 원신호의 복원에 대해서는 다음 절에서 언급된다. 그림 4.22처럼 $\omega_s > 2W$를 만족하도록 샘플링 간격 T_s를 선택함으로써 에일리어싱을 막을 수 있다. 여기서 W는 신호 중에서 가장 높은 0이 아닌 주파수 성분이다. 이것은 원래 신

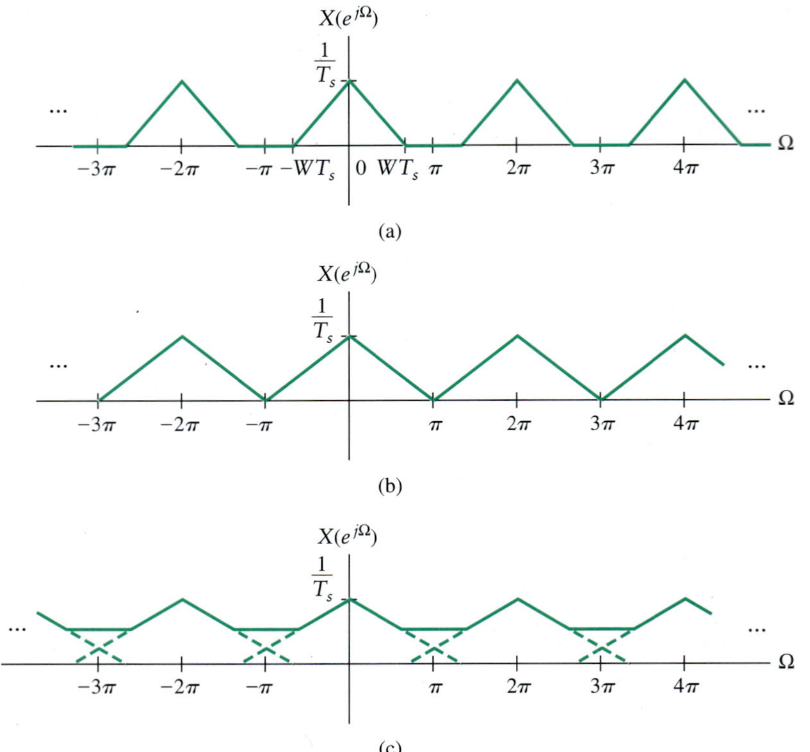

그림 4.23 그림 4.22(b)-(d)의 푸리에 변환들에 대응하는 이산시간 푸리에 변환들. (a) $\omega_s = 3W$, (b) $\omega_s = 2W$, (c) $\omega_s = 1.5W$

호의 재구성이 가능하기 위해 샘플링 조건 $T_s < \pi/W$를 만족해야 한다는 것을 의미한다.

샘플 신호의 이산시간 푸리에 변환은 $\Omega = \omega T_s$라는 관계를 사용함으로써 $X_\delta(j\omega)$로부터 얻어진다. 즉,

$$x[n] \xleftrightarrow{DTFT} X(e^{j\Omega}) = X_\delta(j\omega)\big|_{\omega=\frac{\Omega}{T_s}}.$$

독립 변수의 이러한 척도는 $\omega = \omega_s$가 $\Omega = 2\pi$와 대응된다는 것을 내포한다. 그림 4.23(a)-(c)는 그림 4.22(b)-(d)의 푸리에 변환들에 대응하는 샘플 신호의 이산시간 푸리에 변환들을 묘사한다. 그 모양이 각 경우에 있어서 같다는 것에 유의해라. 유일한 차이점은 주파수 축의 척도이다. 푸리에 변환의 주기는 ω_s인 반면에 이산시간 푸리에 변환의 주기는 2π이다.

예제 4.9 **정현파 신호의 샘플링.** $x(t) = \cos(\pi t)$에 미치는 영향에 대해서 생각해 보라. 다음과 같은 샘플링 간격에 대해서 샘플 신호의 푸리에 변환을 결정하라. (i) $T_s = 1/4$, (ii) $T_s = 1$, (iii) $T_s = 3/2$

풀이: 각각의 T_s에 대해 식 (4.23)을 사용한다. 특시 예제 4.1로부터

$$x(t) \xleftrightarrow{FT} X(j\omega) = \pi\delta(\omega + \pi) + \pi\delta(\omega - \pi).$$

식 (4.23)에 $X(j\omega)$를 대입하면,

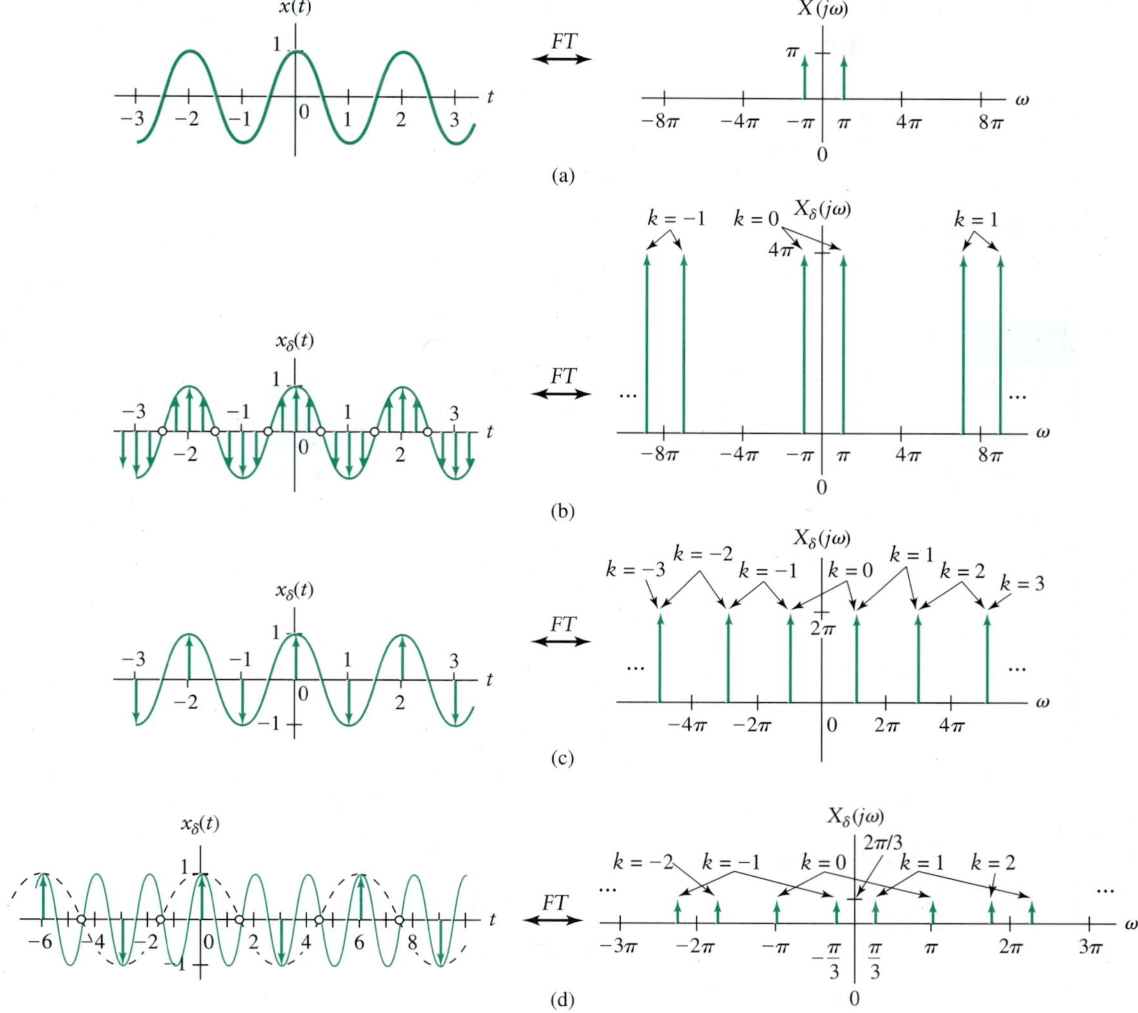

그림 4.24 정현파의 샘플링에 나타나는 샘플링 주파수의 영향(예제 4.9). (a) 원래의 신호와 푸리에 변환, (b) 원래 신호 $T_s = \frac{1}{4}$일 때 샘플 신호와 푸리에 변환, (c) 원래 신호 $T_s = 1$일 때 샘플 신호와 푸리에 변환, (d) 원래 신호 $T_s = \frac{3}{2}$일 때의 샘플 신호와 푸리에 변환

$$X_\delta(j\omega) = \frac{\pi}{T_s}\sum_{k=-\infty}^{\infty} \delta(\omega + \pi - k\omega_s) + \delta(\omega - \pi - k\omega_s).$$

따라서 $X_\delta(j\omega)$는 샘플링 주파수 ω_s의 정수배를 중심으로 하여 서로 2π만큼 떨어진 한쌍의 임펄스로 구성된다. 샘플링 주파수 ω_s는 경우에 따라 각각 다르다. $\omega_s = 2\pi/T_s$를 사용하면 (i) $\omega_s = 8\pi$, (ii) $\omega_s = 2\pi$ 그리고 (iii) $\omega_s = 4\pi/3$와 같이 각각 구할 수 있다. 연속시간 신호의 샘플 값과 푸리에 변환 값들은 그림 4.24와 같다.

(i)의 경우에 $T_s = \dfrac{1}{4}$이므로 임펄스들은 분명하게 그림 4.24(b)에서 묘사된 것처럼 약 8π의 배수에서 쌍으로 나타난다. T_s가 증가하고 ω_s가 감소함에 따라 k의 다른 값들에 관련된 임펄스 쌍들은 서로 더 근접하게 된다. (ii)의 경우 $T_s = 1$이며 이때는 근접한 k에 대한 임펄스들은 그림 4.24(c)에서 보는

바와 같이 서로 겹쳐진다. 이 현상은 $T_s = \frac{1}{2}$의 샘플링 간격에 대응하는 결과이다. $x_\delta(t)$나 $X_\delta(j\omega)$로부터 원래의 신호를 유일하게 결정할 수 없다는 불명확성이 존재한다. 예를 들면, $x(t) = \cos(\pi t)$와 $x_1(t) = e^{j\pi t}$는 $T_s = 1$에서 똑같은 샘플링값 $x[n] = (-1)^n$을 가진다. (iii)의 경우 $T_s = \frac{3}{2}$이며, 그림 4.24(d)에서 보는 바와 같이 각각의 k에 대한 임펄스들의 쌍들이 서로 교차 배치된다. 이러한 경우에 또 다른 불명확성을 가지게 된다. 그림 (d)에서 실선으로 표시된 원신호 $x(t) = \cos(\pi t)$와 점선으로 표시된 $x_1(t) = \cos((\pi/3)t)$는 한개의 샘플 신호 $x_\delta(t)$와 스펙트럼 $X_\delta(j\omega)$에 일치한다. 샘플링은 주파수 π를 가지는 원래의 정현파를 에일리어싱시키거나 주파수가 $\pi/3$인 새로운 정현파로 보이게 한다. ∎

예제 4.10 **영화에서 에일리어싱.** 필름영화는 매초 30개의 사진 프레임(frame)이 있어야 한다. 그래서 영화의 비디오 샘플링 주기는 $T_s = 1/30$초(sec)이다. 그림 4.25(a)처럼 반지름 $r = 1/4$ m인 바퀴가 굴러가는 영상물에 대해 각 장면을 저장하는 경우를 고려하라. 이 바퀴는 시계 반대 방향으로 ω(rad/s)의 각속도를 가지고 회전하며, 이에 따라 선속도 $v = \omega r = \omega/4$(m/sec)를 갖고 오른쪽에서 왼쪽으로 이동하는 장면이 된다. 영화를 만들 때 고려된 샘플링이 바퀴가 반대 방향으로 움직이는 것

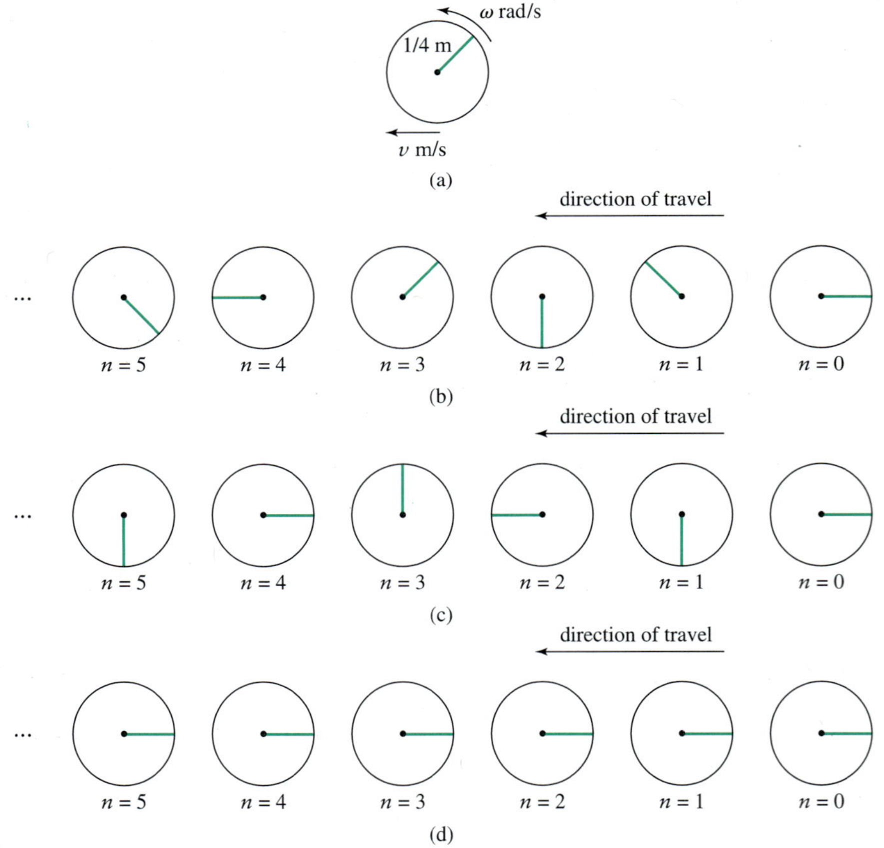

그림 4.25 영화에서의 에일리어싱. (a) ω의 각속도로 회전하면서 오른쪽에서 왼쪽으로 v m/s의 속도로 이동하는 바퀴, (b) 프레임 사이에 0.5회 미만 회전하는 바퀴에 대한 영화 프레임의 연속, (c) 프레임 사이에 3/4회 회전하는 바퀴에 대한 영화 프레임의 연속, (d) 프레임 사이에 1회 회전하는 바퀴에 대한 영화 프레임의 연속

처럼 보이게 하거나 또는 전혀 움직이지 않는 것처럼 보이게 할 수 있음을 보여라.

풀이: 복소수 평면의 원점에 바퀴의 중심을 놓았다고 가정하자. 이 원점은 바퀴의 중심에 고정된 이후에 바퀴가 이동할 때마다 오른쪽에서 왼쪽으로 움직인다. 시간 t에서, 바퀴에 표시된 선의 위치는 좌표축에 대해 ωt의 각을 지닌다. 따라서 원점에 대한 각 위치 $x(t)$는 복소수 정현신호 $x(t) = e^{j\omega t}$로 표현될 수 있다. 영화에서는 이것이 각 장면으로 샘플링된 것으로 생각할 수 있으므로 $x[n] = e^{j\omega n T_s}$와 같이 표현될 수 있다.

만약, 바퀴가 프레임 사이에서 π라디안(radian) 미만의 각으로 회전한다면, 그림 4.25(b)에서처럼 바퀴의 회전 방향은 선형 움직임에 일치하여 시계 반대 방향으로 회전하는 것으로 보일 것이다. 이것은 $\omega T_s < \pi$ 또는 $\omega < 30\pi$(rad/s)라는 것을 의미하고 이는 영화의 샘플링 주파수의 반이다. 만약 바퀴의 회전 비율이 이러한 조건을 만족하면 에일리어싱은 일어나지 않는다. 그러나 바퀴가 프레임 사이에서 π보다 크고 2π보다 작은 각만큼 회전한다면, 그림 4.25(c)처럼 바퀴는 시계 방향으로 회전하는 것처럼 보일 것이며, 이러한 바퀴의 회전 방향은 선형적인 움직임의 방향과 일치되지 않게 보일 것이다. 이러한 현상은 회전각이 $\pi < \omega T_s < 2\pi$ 또는 각속도가 $30\pi < \omega < 60\pi$(rad/sec)일 때, 선형 속도의 경우 $23.56 < v < 47.12$(m/sec)일 때 발생한다. 만약 프레임 사이에서 정확히 한 번의 회전이 이루어진다면 그림 4.25(d)에서처럼 휠은 전혀 움직이지 않는 것으로 보일 것이다. 이는 $\omega = 60\pi$(rad/sec)일 때, 선형 속도의 경우 $v = 47.12$(m/sec) 또는 시속 약 170 km의 경우에 일어난다. ∎

▶ 연습문제 4.10 (a) $T_s = 1/2$와 (b) $T_s = 2$의 경우에 대해 그림 4.26의 푸리에 변환을 가지는 연속시간 신호의 샘플 신호에 대한 푸리에 변환을 그려라.

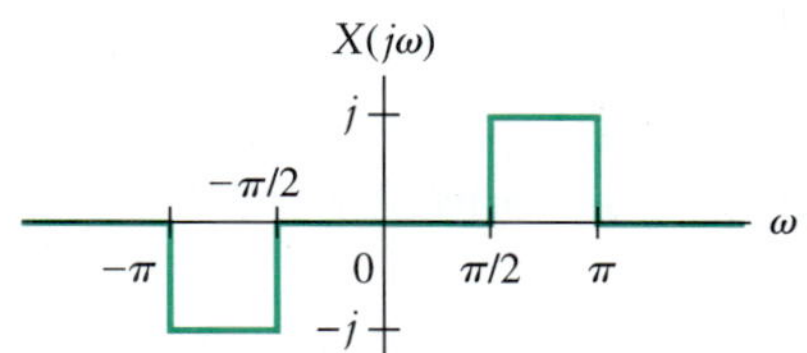

그림 4.26 연습문제 4.10을 위한 원 신호의 스펙트럼

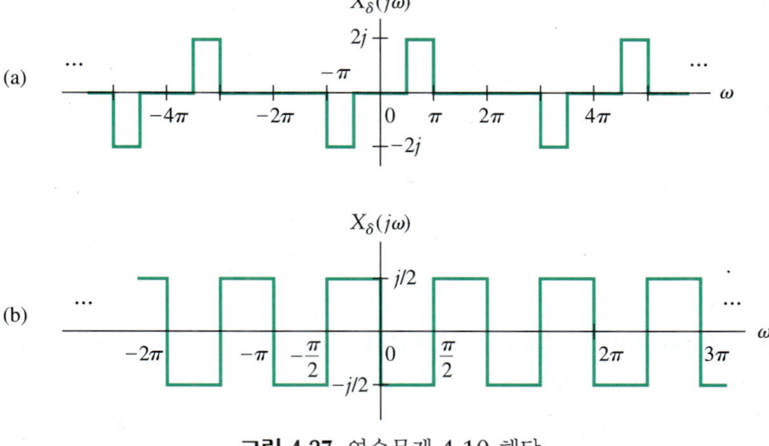

그림 4.27 연습문제 4.10 해답

해답: 그림 4.27(a)와 (b) ∎

예제 4.11 **다중 경로 통신 채널: 이산시간 모델.** 1.10절에서 소개된 이중 경로 통신 채널은 다음과 같은 수식을 통해 표현된다.

$$y(t) = x(t) + \alpha x(t - T_{\text{diff}}). \tag{4.24}$$

이 채널을 위한 이산시간 모델이 1.10절에서 소개되었다. 채널의 입력 $x(t)$와 출력 $y(t)$가 $t = nT_s$로 샘플링되었다고 하고, 다음과 같은 다중 경로 통신 채널 이산시간 모델을 생각하자.

$$y[n] = x[n] + ax[n - 1]. \tag{4.25}$$

입력 신호 $x(t)$가 대역폭 π/T_s를 가졌다면, 이산시간 모델의 근사화 오차를 계산하라.

풀이: 식 (4.25)의 양변에 푸리에 변환을 적용하면 다음과 같은 이중 경로 채널의 주파수 응답을 얻을 수 있다.

$$H(j\omega) = 1 + \alpha e^{-j\omega T_{\text{diff}}}.$$

마찬가지로 식 (4.25)에 이산시간 푸리에 변환을 적용하면 다음과 같은 이산시간 채널 모델의 주파수 응답을 얻을 수 있다.

$$H(e^{j\Omega}) = 1 + ae^{-j\Omega}.$$

이제 이산시간 채널 모델의 푸리에 변환을 표현하기 위해 $\Omega = \omega T_s$를 이용하면,

$$H_\delta(j\omega) = 1 + ae^{-j\omega T_s}.$$

$H(j\omega)$와 $H_\delta(j\omega)$를 비교할 때, 입력 신호 $x(t)$의 대역폭 내에 있는 주파수만을 고려해야 한다. 왜냐하면 이것만이 입력 신호에 영향을 주는 채널 주파수 응답 부분이기 때문이다. 우리는 $H(j\omega)$와 $H_\delta(j\omega)$ 사이의 오차제곱 평균값(mean squared error)에 대해 계산할 때 이 주파수 대역에 대해서만 고려한다.

$$\begin{aligned}\text{MSE} &= \frac{T_s}{2\pi}\int_{-\pi/T_s}^{\pi/T_s} |H(j\omega) - H_\delta(j\omega)|^2\, d\omega \\ &= \frac{T_s}{2\pi}\int_{-\pi/T_s}^{\pi/T_s} |\alpha e^{-j\omega T_{\text{diff}}} - ae^{-j\omega T_s}|^2\, d\omega \\ &= |\alpha|^2 + |a|^2 - \alpha a^*\gamma - \alpha^* a\gamma^*.\end{aligned} \tag{4.26}$$

이 방정식에서,

$$\begin{aligned}\gamma &= \frac{T_s}{2\pi}\int_{-\pi/T_s}^{\pi/T_s} e^{-j\omega(T_{\text{diff}} - T_s)}\, d\omega \\ &= \text{sinc}\left(\frac{T_{\text{diff}} - T_s}{T_s}\right).\end{aligned}$$

여기서, γ는 실제 경로지연 T_{diff}와 이산시간 모델 경로지연 T_s 사이 차이의 영향을 특징 짓는다. α와 a 사이의 관계를 보기 위해 MSE를 다음과 같은 a에 대한 완전제곱 형태로 바꿀 수 있다.

$$\text{MSE} = |a - \alpha\gamma|^2 + |\alpha|^2(1 - |\gamma|^2).$$

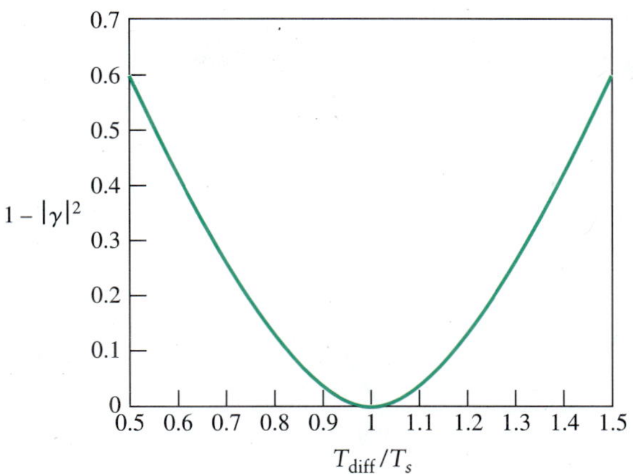

그림 4.28 이중 경로 통신 채널에 대한 이산시간 모델의 오차제곱 평균값을 결정하는 인수 $1-|\gamma|^2$

이 형태에서 이산시간 모델 경로 이득을 $a=\alpha\gamma$로 선택함으로써 MSE가 최소화될 수 있다는 것을 알 수 있다. 결과적으로 최소 MSE는

$$\text{MSE}_{\min} = |\alpha|^2(1-|\gamma|^2).$$

따라서, 이산시간 채널 모델의 질은 T_{diff}와 T_s 사이의 관계에 의존하며, $1-|\gamma|^2$의 양에 의해 결정된다. 그림 4.28은 $1-|\gamma|^2$을 T_{diff}/T_s의 함수로 나타낸 그래프이다. $0.83 \le T_{\text{diff}}/T_s \le 1.17$의 경우 이 인수가 0.1 이하이며, 이것은 $T_s \approx T_{\text{diff}}$일 경우 이산시간 모델이 합리적으로 적절하다는 것을 나타낸다. ■

4.5.2 서브샘플링: 이산시간 신호 샘플링

푸리에 변환은 이산시간 신호를 샘플링하는 것 즉, **서브샘플링**의 효과를 분석하는 데 또한 매우 유용하다. $y[n]=x[qn]$을 $x[n]$의 서브샘플링 형이라고 하자. 이 연산이 의미가 있도록 하기 위해서 q는 양의 정수이어야 한다. $y[n]$의 이산시간 푸리에 변환을 $x[n]$의 이산시간 푸리에 변환과 연관시켜 보자. 먼저, 연속시간 신호 $x(t)$를 샘플링해서 얻은 $x[n]$에 DTFT를 적용한다. $x[n]$을 얻을 때 사용한 샘플링 간격을 q배로 하여 동일한 연속시간 신호 $x(t)$를 다시 샘플링하여 얻게 되는 신호를 $y[n]$이라고 놓고 DTFT를 계산한다. 그 결과, $y[n]$의 이산시간 푸리에 변환과 $x[n]$의 이산시간 푸리에 변환 간의 관계는 다음과 같이 나타낼 수 있다.

$$Y(e^{j\Omega}) = \frac{1}{q}\sum_{m=0}^{q-1} X(e^{j(\Omega-m2\pi)/q}). \tag{4.27}$$

이 수식의 유도과정은 연습문제 4.42로 주어진다.

식 (4.27)에 따르면, $x[n]$의 DTFT인 $X(e^{j\Omega})$를 계산하고, 이를 q배로 주파수 스케일링해서 $X_q(e^{j\Omega})=X(e^{j\Omega/q})$를 얻은 다음, 이를 다시 2π의 정수배로 주파수 이동시켜서 합산함으로써 $Y(e^{j\Omega})$를 얻게 된다. 즉, 다음과 같이 명시적으로 쓸 수 있다.

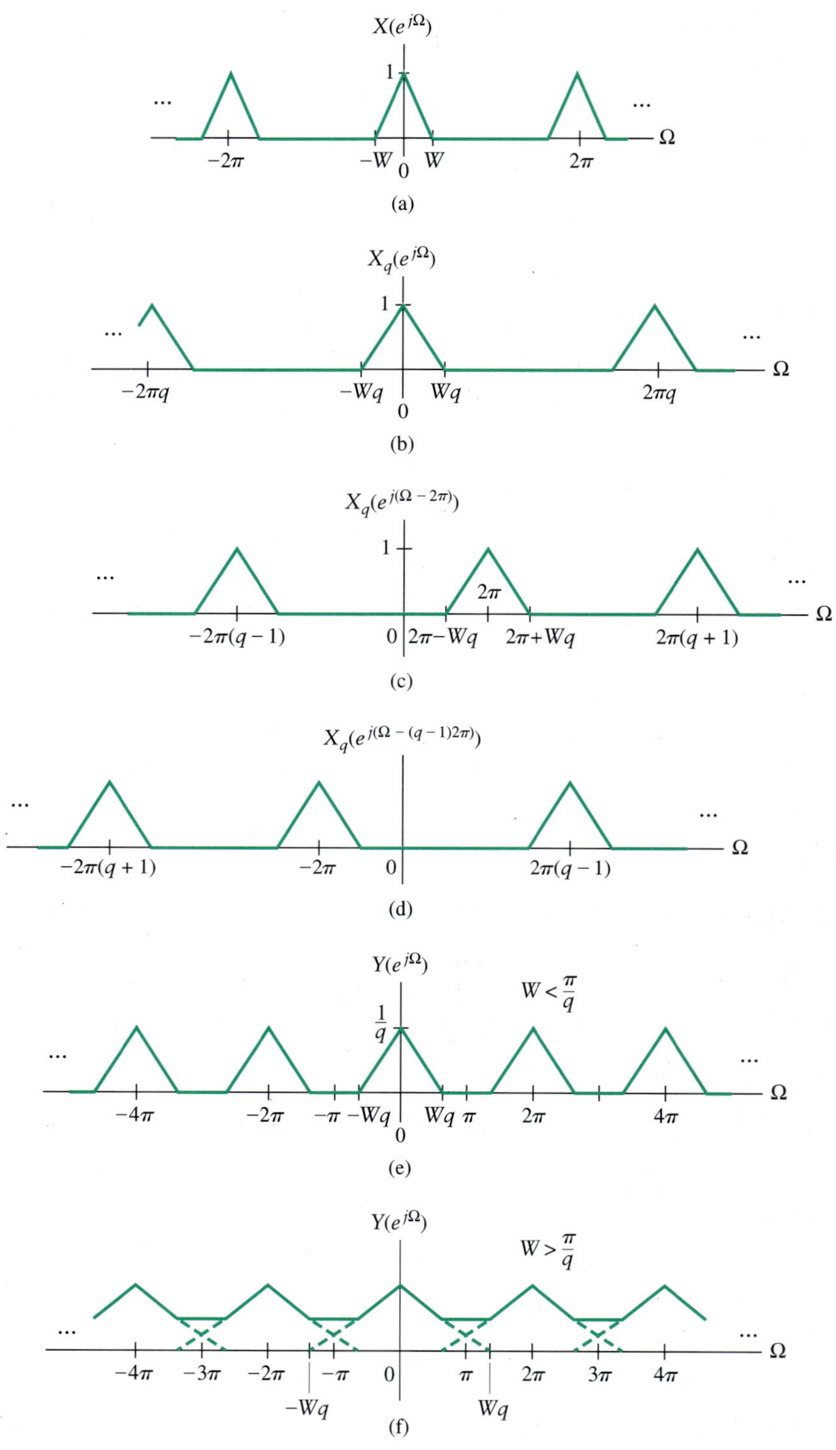

그림 4.29 이산시간 푸리에 변환에 대한 서브샘플링의 효과. (a) 원신호의 스펙트럼, (b) $m = 0$인 $X_q(e^{j\Omega})$, (c) $m = 1$, $W > \pi/q$인 경우의 $X_q(e^{j\Omega})$ 즉 $X_q(e^{j\Omega-2\pi})$, (d) $m = q-1$일 때, $X_q(e^{j\Omega-(q-1)2\pi})$, (e) $W < \pi/q$라고 가정했을 때의 $Y(e^{j\Omega})$, (f) $W > \pi/q$라고 가정했을 때의 $Y(e^{j\Omega})$

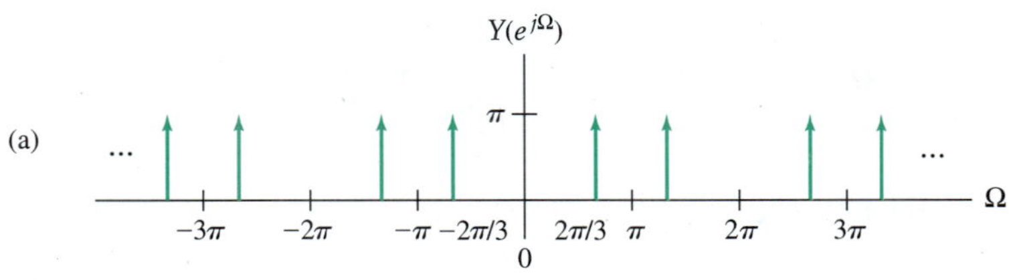

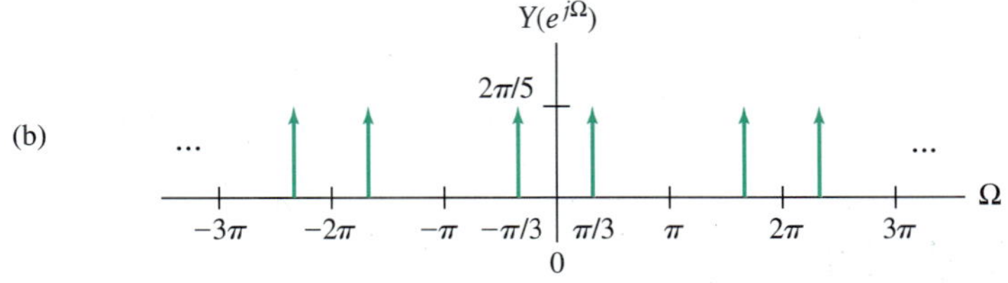

그림 4.30 연습문제 4.11에 대한 풀이. (a) $q = 2$, **(b)** $q = 5$

$$Y(e^{j\Omega}) = \frac{1}{q}\sum_{m=0}^{q-1} X_q(e^{j(\Omega - m2\pi)}).$$

그림 4.29는 식 (4.27)의 $Y(e^{j\Omega})$와 $X(e^{j\Omega})$ 사이의 관계를 보여준다. 그림 4.29(a)는 $X(e^{j\Omega})$를 나타낸다. 그림 4.29(b)-(d)는 식 (4.27)의 합에서 $m = 0$, $m = 1$ 그리고 $m = q - 1$에 대응하는 각 부분을 보여준다. 그림 4.29(e)는 $W < \pi/q$라고 가정했을 때의 $Y(e^{j\Omega})$를 묘사한 것인 반면에, 그림 4.29(f)는 $W > \pi/q$라고 가정했을 때의 $Y(e^{j\Omega})$를 묘사한 것이다.

마지막 경우에서 보는 바와 같이 $X(e^{j\Omega})$로부터 주파수 스케일되고 주파수 이동되어 식 (4.27)에 포함된 복사본들은 서로 겹치고 에일리어싱이 발생한다. 결론적으로, 만약 W, 즉 $X(e^{j\Omega})$의 가장 높은 주파수 성분이 π/q보다 작다면 에일리어싱이 발생하는 것을 막을 수 있다.

▶ **연습문제 4.11** $x[n] = 2\cos\left(\frac{\pi}{3}n\right)$일 때, $q = 2$와 $q = 5$에 대한 서브샘플 신호 $y[n] = x[qn]$의 이산시간 푸리에 변환을 그려라.

해답: 그림 4.30(a)와 (b) ∎

4.6 샘플들로부터 연속시간 신호의 복원

샘플들로부터 연속시간 신호를 복원하는 문제 또한 연속시간 신호와 이산시간 신호들이 혼합된 경우이다. 그림 4.31의 블록 다이어그램에 나타낸 것처럼 이러한 동작을 수행하는 시스템은 이산시간 입력 신호와 연속시간 출력 신호를 가진다. 푸리에 변환은 이러한 복원 문제를 분석할 수 있는 이상적인 수단이다. 왜냐하면, 연속시간 신호와 이산시간 신호를 통합해서 표현할 수 있기 때문이다. 이번 절에서는 우선, 연속시간 신호의 샘플들로부터 연속시간 신호를

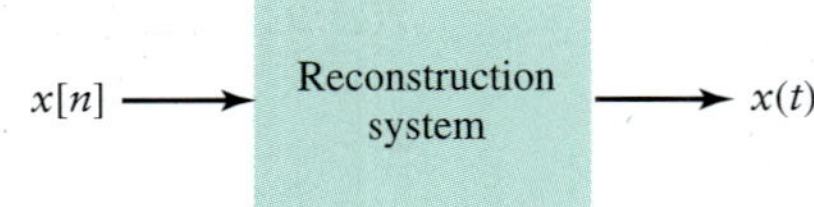

그림 4.31 이산시간 신호를 연속시간 신호로 변환하는 블록 다이어그램

유일하게 복원하기 위해서 만족되어야 하는 조건들과 이러한 조건들이 만족된다는 가정하에서 완벽한 복원을 위한 방법을 알아본다. 불행하게도 이상적인 복원 방법은 실제 시스템에서 존재하지 않는다. 따라서 실제적인 복원 기술에 대한 분석과 그의 한계를 다루면서 결론을 맺는다.

4.6.1 샘플링 정리

샘플링에 대해 논의한 바와 같이 신호의 샘플들은 항상 유일하게 대응하는 연속시간 신호를 결정하지는 않는다는 것을 알았다. 예를 들면, 만약 한 주기 간격으로 정현파를 샘플링한다면, 샘플 신호는 상수로 나타나고 그것으로부터 원신호가 상수였는지 정현파였는지를 결정할 수 없다. 그림 4.32는 똑같은 샘플값을 가진 두 개의 서로 다른 연속시간 신호들을 묘사함으로써 이러한 문제를 표현하고 있다.

$$x[k] = x_1(nT_s) = x_2(nT_s).$$

샘플들은 우리에게 샘플 간격 사이에 있을 신호의 속성에 대해 아무 것도 알려주지 않는다. 샘플들 사이에서 신호가 어떠한 속성을 가지고 있는지를 결정하기 위해서 우리는 연속시간 신호에 대해 추가적인 제약을 이끌어 내야 한다. 실제적으로 매우 유용한 제약들 중에서 한 가지는 신호가 하나의 샘플에서 다른 하나로 매끄러운 천이가 되도록 요구하는 것이 있다. 매끄러움, 즉 시간 영역에서 신호가 변하는 비율은 직접적으로 신호에 존재하는 최대 주파수와 관계가 있다. 따라서, 시간 영역에서의 매끄러움이라는 제약은 주파수 영역에서 신호 대역을 제한하는 것과 일치한다.

신호에 대한 시간 영역과 주파수 영역 표현 사이에는 일대일 대응이 있다. 그러므로, 주파수 영역에서 연속시간 신호를 복원하는 문제를 생각할 수도 있다. 연속시간 신호의 샘플들로부터 연속시간 신호를 유일하게 복원하기 위해서는 연속시간 신호와 샘플 신호의 푸리에 변환 사이의 대응

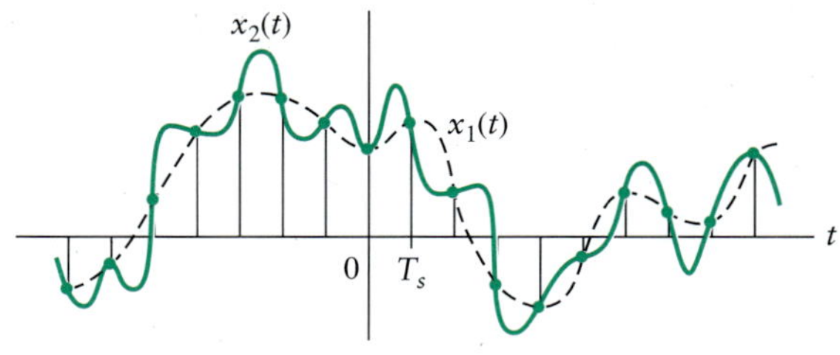

그림 4.32 같은 샘플들의 집합을 가지는 두 개의 연속시간 신호. $x_1(t)$(점선)과 $x_2(t)$(실선)

은 특유해야 한다. 만약, 샘플링 처리가 에일리어싱을 발생시키지 않으면 이러한 푸리에 변환들은 독특하게 연관되어 있다. 앞 절에서 알아본 바와 같이 에일리어싱은 원신호의 스펙트럼을 일그러뜨리고, 연속시간과 샘플 신호의 푸리에 변환들과의 사이에 일대일 관계를 파괴시킨다. 이것은 연속시간 신호와 그것의 샘플들 사이의 독특한 대응을 위한 조건이 에일리어싱을 막기 위한 조건과 같다는 것을 말한다. 이러한 조건을 명시적으로 정리하면 다음과 같다.

> **샘플링 정리** $x(t) \overset{FT}{\longleftrightarrow} X(j\omega)$는 $|\omega| > \omega_m$에 대하여 $X(j\omega) = 0$인 대역 제한 신호라고 하자. 만약, $\omega_s > 2\omega_m$이고, $\omega_s = 2\pi/T_s$는 샘플링 주파수라고 하면, $x(t)$는 그것의 샘플들 $x(nT_s)$, $n = 0, \pm1, \pm2, \cdots$으로부터 유일하게 결정된다.

최소 샘플링 주파수 $2\omega_m$을 **나이키스트 샘플링률**(Nyquist sampling rate) 혹은 **나이키스트율**(Nyquist rate)이라고 부른다. 실제 선택해서 사용하는 샘플링 주파수 ω_s는 일반적으로 연속시간 혹은 샘플 신호의 푸리에 변환을 논의할 때 **나이키스트 주파수**(Nyquist frequency)라고 부른다. 많은 문제들에서 헤르츠 단위로 표현된 주파수를 사용함으로써 샘플링 정리를 평가하는 것이 더 편리하다. 만약, $f_m = \omega_m/2\pi$이 신호에 존재하는 가장 높은 주파수이고, f_s가 샘플링 주파수이며, 둘 다 헤르츠 단위로 표현된다면 샘플링 정리는 $f_s > 2f_m$를 만족해야 한다. 여기서 $f_s = 1/T_s$이다. 마찬가지로 샘플링 정리의 조건들을 만족시키기 위해서는 $T_s < 1/2f_m$를 만족해야 한다.

예제 4.12 샘플링 간격 선택. $x(t) = \sin(10\pi t)/\pi t$라고 가정하라. $x(t)$가 이산시간 수열 $x[n] = x(nT_s)$로써 유일하게 표현되기 위한 샘플링 간격 T_s에 대한 조건들을 결정하라.

풀이: 샘플링 정리를 적용하기 위해서 우리는 먼저 $x(t)$에 존재하는 최대 주파수 ω_m을 결정해야 한다. FT를 취함으로써 우리는 그림 4.33과 같이 다음을 얻게 된다.

$$X(j\omega) = \begin{cases} 1, & |\omega| \leq 10\pi \\ 0, & |\omega| > 10\pi. \end{cases}$$

따라서 우리는 $2\pi/T_s > 20\pi$ 혹은 $T_s < (1/10)$을 필요로 한다. ■

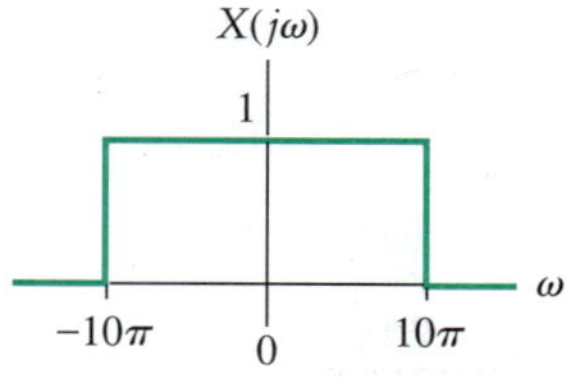

그림 4.33 예제 4.12에 대한 연속시간 신호의 FT

▶ **연습문제 4.12** 각각의 $x[n]$이 이산시간 수열 $x[n] = x(nT_s)$로부터 유일하게 표현되는 샘플링 간격 T_s에 대한 조건들을 결정하라.

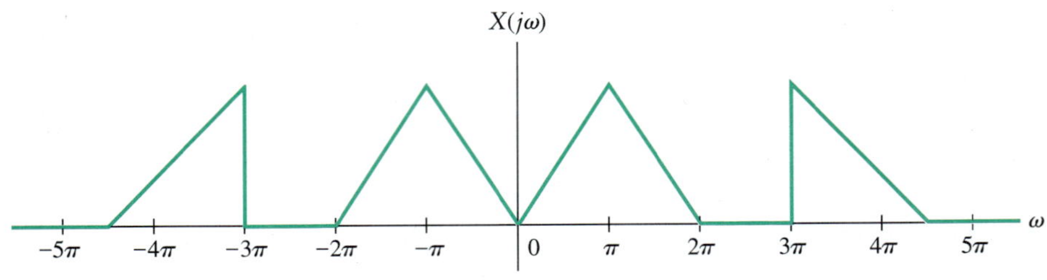

그림 4.34 연습문제 4.12(c)에 관한 신호 $x(t)$의 FT

(a) $x(t) = \cos(\pi t) + 3\sin(2\pi t) + \sin(4\pi t)$

(b) $x(t) = \cos(2\pi t)\dfrac{\sin(\pi t)}{\pi t} + 3\sin(6\pi t)\dfrac{\sin(2\pi t)}{\pi t}$

(c) 그림 4.34에서 주어진 신호 $x(t)$

해답: (a) $T_s < 1/4$, (b) $T_s < 1/8$, (b) $T_s < 2/9$ ∎

단지 신호의 저주파 성분들에만 관심이 있고 실제적으로 나타나는 가장 높은 고주파의 2배보다 낮은 율을 가진 ω_s로 신호를 샘플링하고 싶을 때가 있다. 만약 신호가 샘플링에 앞서서 연속시간 저역통과 필터를 지나가게 된다면 샘플링 속도를 감소시킬 수 있다. 이상적인 저역통과 필터는 일그러짐 없이 $\omega_s/2$ 이하의 주파수 성분들을 통과시키고 $\omega_s/2$ 이상의 모든 주파수 성분을 제거시킨다. 에일리어싱을 막아주는 이러한 필터를 **반에일리어싱 필터**(anti-aliasing filter)라고 부른다. 실제적인 반에일리어싱 필터는 통과 대역부터 억제 대역까지 점진적으로 변한다. 필터의 천이 대역을 보상하기 위해서 통과 대역은 처리하고자 하는 신호의 최대 주파수를 포함하도록 선택하고, 샘플링 주파수 ω_s의 $\omega_s/2$이 반에일리어싱 필터의 차단 대역 안에 있도록 선택한다. 이러한 논의는 4.8절에서 좀더 다룬다. 반에일리어싱 필터는 측정 잡음 또는 전기적 잡음과 연관된 에일리어싱을 피하기 위해서 관심 있는 신호의 $\omega_s/2$보다 더 작게 대역 제한될 때조차도 사용된다.

4.6.2 이상적인 복원

샘플링 정리는 샘플들이 연속시간 신호를 유일하게 표현하려면 신호를 얼마나 빨리 샘플링해야 하는지를 나타낸다. 샘플들로부터 연속시간 신호를 복원하는 문제를 생각해 보자. 이 문제는 푸리에 변환을 사용함으로써 주파수 영역에서 쉽게 해결된다. 만약 $x(t) \xleftrightarrow{FT} X(j\omega)$라면, 샘플 신호에 대한 푸리에 변환은 식 (4.23)과 같다. 즉

$$X_\delta(j\omega) = \frac{1}{T_s}\sum_{k=-\infty}^{\infty} X(j\omega - jk\omega_s).$$

그림 4.35(a)와 (b)는 샘플링 정리의 조건을 만족할 때, 각각 $X(j\omega)$와 $X_\delta(j\omega)$를 나타낸다.

복원의 목표는 $X_\delta(j\omega)$에 몇몇 연산을 적용하여 $X(j\omega)$로 다시 변환하는 것이다. 이러한 연

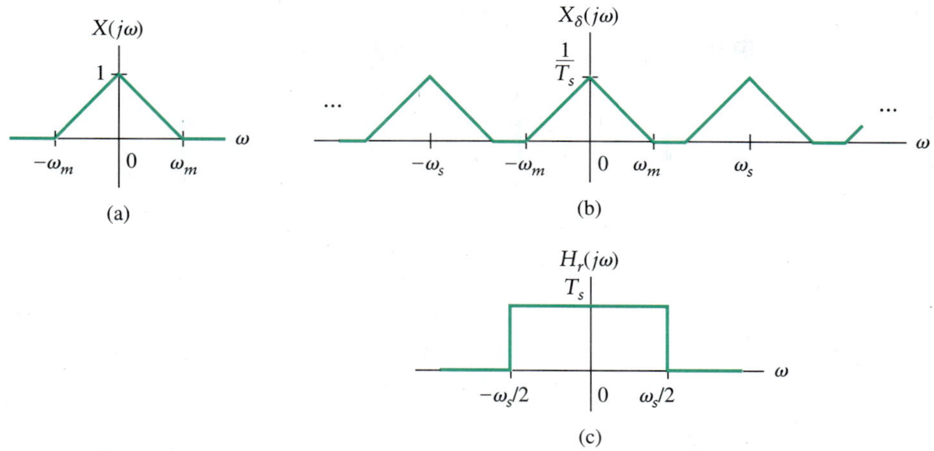

그림 4.35 이상적인 복원. (a) 원신호 스펙트럼, (b) 샘플 신호의 스펙트럼, (c) 복원 필터의 주파수 응답

산은 $k\omega_s$에 나타나는 $X(j\omega)$의 복사된 값들을 제거해야만 한다. 이것은 $X_\delta(j\omega)$에 $H_r(j\omega)$를 곱해줌으로써 수행된다. 여기서

$$H_r(j\omega) = \begin{cases} T_s, & |\omega| \le \omega_s/2 \\ 0, & |\omega| > \omega_s/2 \end{cases} \tag{4.28}$$

가 되고, 그림 4.35(c)에서 보는 바와 같이,

$$X(j\omega) = X_\delta(j\omega)H_r(j\omega) \tag{4.29}$$

이다. 만약, 샘플링 정리의 조건들이 만족되지 않고 에일리어싱이 발생하면 $H_r(j\omega)$를 곱함으로써 $X_\delta(j\omega)$로부터 $X(j\omega)$를 복구하지 못할 것이다.

주파수 영역에서의 곱은 시간 영역에서의 콘벌루션으로 변환되기 때문에, 식 (4.29)를 시간 영역으로 고쳐 쓰면 다음과 같다.

$$x(t) = x_\delta(t) * h_r(t).$$

여기서, $h_r(t) \xleftrightarrow{FT} H_r(j\omega)$이다. 이 관계식에 $x_\delta(t)$를 대입하면 다음을 얻는다.

$$\begin{aligned} x(t) &= h_r(t) * \sum_{n=-\infty}^{\infty} x[n]\delta(t - nT_s), \\ &= \sum_{n=-\infty}^{\infty} x[n]h_r(t - nT_s). \end{aligned}$$

그리고, 다음 식을 도입하면 식 (4.30)을 얻을 수 있다.

$$h_r(t) = \frac{T_s \sin\left(\dfrac{\omega_s}{2}t\right)}{\pi t}$$

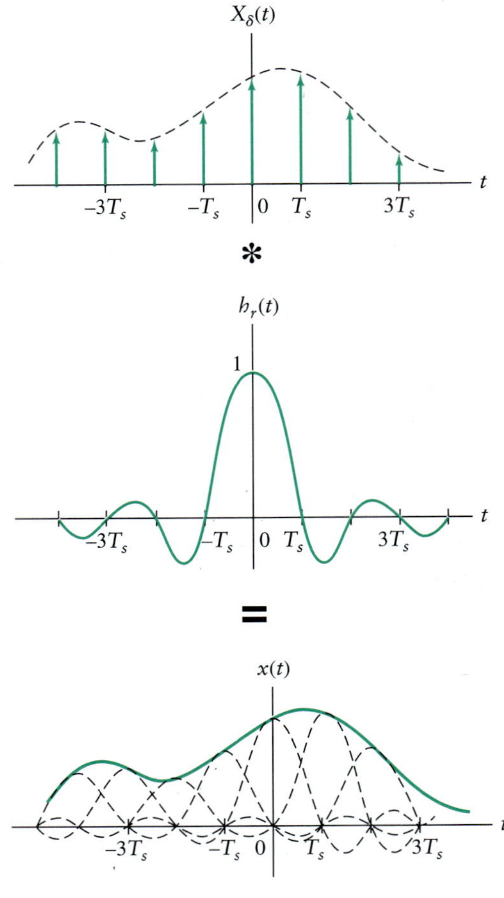

그림 4.36 시간 영역에서 이상적인 복원

$$x(t) = \sum_{n=-\infty}^{\infty} x[n]\,\mathrm{sinc}(\omega_s(t - nT_s)/(2\pi)). \tag{4.30}$$

이처럼 시간 영역에서 샘플링 간격의 정수배인 곳으로 이동된 싱크 함수들(sinc functions)의 가중합으로 $x(t)$를 복원한다. 가중치들은 이산시간 수열의 값들에 대응한다. 그림 4.36은 이러한 복원 연산을 설명하고 있다. $t = nT_s$일 때 $x(t)$의 값은 $x[n]$으로 주어진다. 왜냐하면, n 번째의 값을 제외한 nT_s에서 이동된 모든 싱크 함수값들은 0이 되기 때문이다. T_s의 정수배 사이에 있는 $x(t)$의 값은 수열 $x[n]$의 모든 값들의 합으로 결정된다.

식 (4.30)은 대역 제한 신호의 샘플들 사이에 삽입하는 방법을 나타내기 때문에 일반적으로 **이상적 대역 제한 내삽법**(ideal bandlimited interpolation)이라고 한다. 실제적으로 이 식은 구현이 불가능하다. 그 이유는 첫째, 출력 $x(t)$가 입력 $x[n]$의 이전 값과 이후 값에 의존하는 비인과 시스템이라는 점이고, 둘째, $h_r(t)$가 무한 시간 구간을 가지기 때문에 각각의 샘플은 무한 시간 구간 동안 영향력을 미치게 된다.

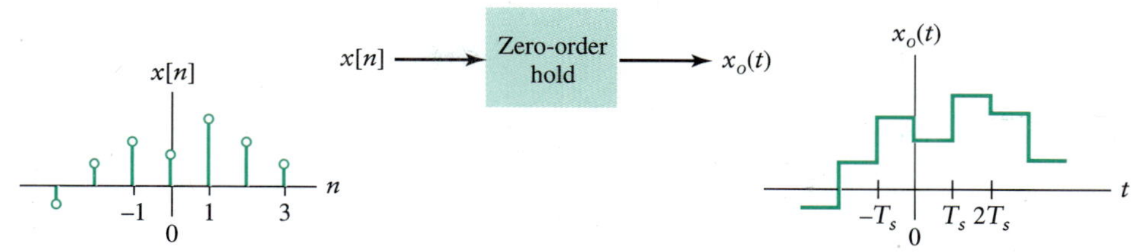

그림 4.37 영차 홀드

4.6.3 실제적인 복원: 영차 홀드

연속시간 신호의 실제적인 복원은 **영차 홀드**(zero-order hold)라고 불리는 장치에 의해 수행되는데, 단순히 그림 4.37에서 묘사된 것처럼 T_s초 동안 $x[n]$의 값을 지속 유지하는 것이다. 이것은 T_s의 정 수배일 때의 $x_o(t)$값에서 급한 천이들을 야기시키고, 연속시간 신호에 대한 계단 근사화를 만들어낸다. 푸리에 변환은 이러한 근사화 정도를 분석하는 수단이 된다.

영차 홀드는 수학적으로 샘플링 간격의 정수배인 위치로 이동되어 가중된 구형 펄스의 합으로 표현된다. 그림 4.38과 같이 구형 펄스 $h_o(t)$를 정의하면

$$h_o(t) = \begin{cases} 1, & 0 < t < T_s \\ 0, & t < 0, t > T_s. \end{cases}$$

영차 홀드의 출력은 $h_o(t)$를 이용해서 다음과 같이 표현된다.

$$x_o(t) = \sum_{n=-\infty}^{\infty} x[n]h_o(t - nT_s). \tag{4.31}$$

식 (4.31)은 임펄스 샘플링된 신호 $x_\delta(t)$와 $h_o(t)$의 콘벌루션으로 볼 수 있다.

$$\begin{aligned} x_o(t) &= h_o(t) * \sum_{n=-\infty}^{\infty} x[n]\delta(t - nT_s) \\ &= h_o(t) * x_\delta(t). \end{aligned}$$

콘벌루션-곱의 성질을 사용하여 $x_o(t)$의 푸리에 변환을 표현하면

$$X_o(j\omega) = H_o(j\omega)X_\delta(j\omega).$$

여기서

$$h_o(t) \xleftrightarrow{FT} H_o(j\omega) = 2e^{-j\omega T_s/2}\frac{\sin(\omega T_s/2)}{\omega}.$$

그림 4.39는 T_s가 샘플링 정리를 만족시킬 때 주파수 영역에서의 영차 홀드의 효과를 묘사

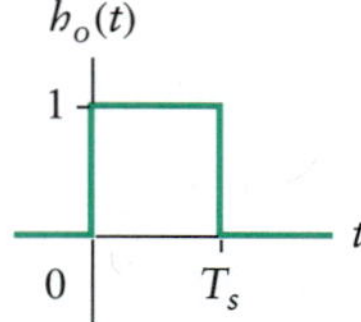

그림 4.38 영차 홀드를 분석하기 위해 사용된 구형 펄스

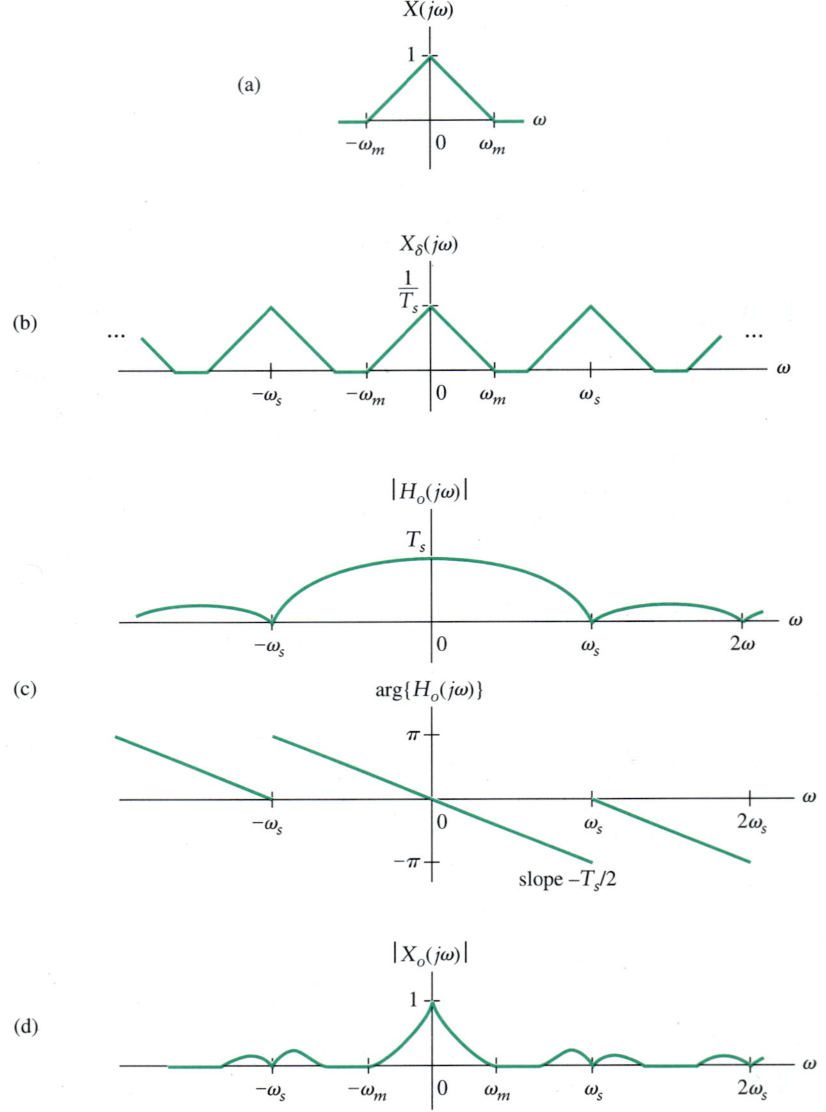

그림 4.39 주파수 영역에서 영차 홀드의 효과. (a) 원래의 연속시간 신호 스펙트럼, (b) 샘플 신호의 FT, (c) $H_o(j\omega)$의 진폭과 위상, (d) 영차 홀드를 사용함으로써 복원된 신호의 진폭 스펙트럼

한다. $X_o(j\omega)$와 $X(j\omega)$를 비교해 보면, 영차 홀드에 의해 3가지 변형이 발생한다.

1. $T_s/2$초의 시간 지연에 대응해서 선형적으로 위상이 이동한다.
2. $-\omega_m$과 ω_m 사이에 존재하는 $X_\delta(j\omega)$ 부분이 $H_o(j\omega)$ 주엽(mainlobe)의 궤적에 따라 왜곡된다.
3. 0을 제외한 ω_s의 정수배인 점을 중심으로 일그러지고 크기가 감쇠된 $X(j\omega)$의 영상들이 나타난다.

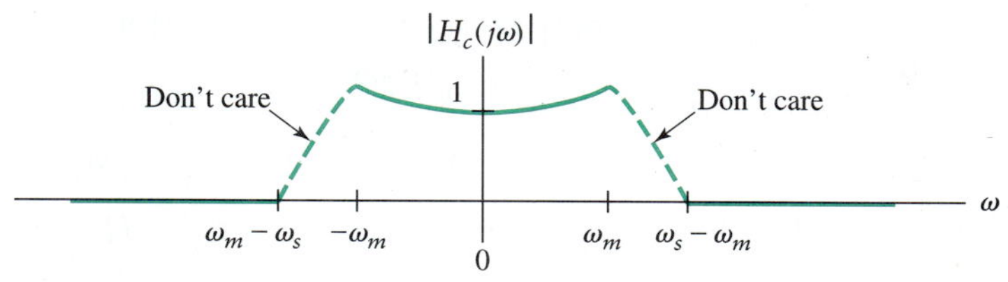

그림 4.40 영차 홀드에 의해 발생한 왜곡을 제거하는 보상 필터의 주파수 응답

각각의 $x[n]$값을 T_s초 동안 유지함으로써 $x_o(t)$에서 $T_s/2$초의 시간 이동이 발생한다. 이것이 변형 1에 대한 원인이다. 변형 2와 3은 계단 근사화에 관계된다. 계단 근사화와 관련된 $x_o(t)$에서의 급한 천이들은 고주파 성분들의 존재를 예시하고 변형 3에 대한 원인이 된다. 변형 1과 변형 2는 주파수 영역에서 ω_s를 증가시킴으로써 혹은 시간 영역에서 T_s를 감소시킴으로써 줄어들게 된다.

영차 홀드에 의해 발생하는 변형은 응용 사례에 따라 묵인될 수도 있다. 그러나, 또 다른 응용에서는 변형 2와 3과 관련된 일그러짐을 줄이기 위해서 $x_o(t)$에 대한 부가된 처리를 원하기도 한다. 일반적으로 $T_s/2$초의 지연은 큰 영향을 주지 않는다. 위에서 나열된 2와 3의 변형들은 $x_o(t)$를 다음과 같은 주파수 응답을 가지는 연속시간 보상 필터를 통과시키면 제거된다.

$$H_c(j\omega) = \begin{cases} \dfrac{\omega T_s}{2\sin(\omega T_s/2)}, & |\omega| < \omega_m \\ 0, & |\omega| > \omega_s - \omega_m . \end{cases}$$

이러한 보상 필터의 주파수 응답은 그림 4.40과 같다. $|\omega| < \omega_m$에서 보상 필터는 $H_o(j\omega)$의 주엽 굴곡에서 발생한 일그러짐을 반전시킨다. $|\omega| > \omega_s - \omega_m$에서 $H_c(j\omega)$는 ω_s의 영이 아닌 배수에 집중된 $X_o(j\omega)$의 에너지를 제거한다. $H_c(j\omega)$의 값은 $\omega_m < |\omega| < \omega_s - \omega_m$주파수 대역에서는 $X_o(j\omega)$가 0이기 때문에 큰 문제가 되지 않는다. $H_c(j\omega)$는 종종 **반영상 필터**(anti-imaging filter)라고 불린다. 왜냐하면 그것은 ω_s의 영이 아닌 배수에 존재하는 $X(j\omega)$의 일그러진 영상들을 제거하기 때문이다. 보상 영차 홀드 복원 방법을 나타내는 블록 다이어그램은 그림 4.41과 같다. 반영상 필터는 $x_o(t)$에 있는 계단 불연속들을 제거한다.

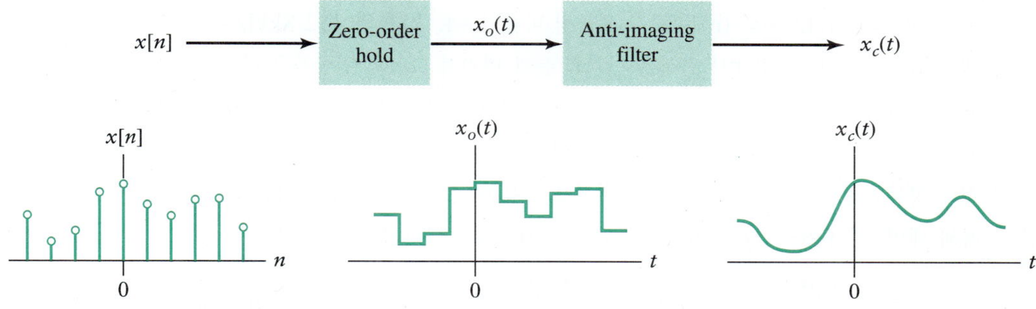

그림 4.41 실제적인 복원 시스템의 블록 다이어그램

반영상 필터를 설계하고 만드는 데 있어서 나타나는 몇 가지 실제적인 문제들이 있다. 0 위상을 가지는 인과적 반영상 필터를 만들 수 없기 때문에 실제적인 필터는 약간의 위상 왜곡을 야기시킨다. 많은 경우에 $|\omega| \leq \omega_m$인 통과 대역에서 선형 위상은 큰 문제가 되지 않는다. 왜냐하면 선형 위상 왜곡은 추가적인 시간 지연에 대응하기 때문이다. $|H_c(j\omega)|$를 근사화하는 것은 ω_m과 $\omega_s - \omega_m$ 사이를 분리하는 것만큼 어렵다. 만약, 이 간격 $\omega_s - 2\omega_m$이 크다면, $H_o(j\omega)$의 주엽 굴곡이 매우 작아지고 단순히 $|H_c(j\omega)| = 1$로 정함으로써 매우 좋은 근사화된 값을 얻을 수 있다. 둘째, $\omega_m < \omega < \omega_s - \omega_m$ 대역은 통과 대역에서 차단 대역까지의 천이 대역을 만드는 데 사용된다. 만약 $\omega_s - 2\omega_m$이 크다면 필터의 천이 대역은 커진다. 큰 천이 대역을 가지는 필터들은 작은 천이 대역을 가지는 필터보다 설계하고 제작하기가 쉬워진다. 따라서 반영상 필터의 조건들은 $\omega_s >> 2\omega_m$ 하다면 충분히 작은 T_s를 선택함으로써 완화된다. 필터 설계에 대한 세부적인 논의는 8장에서 다루기로 한다.

실질적인 복원은 영차 홀드를 이용하기 이전에 이산시간 신호의 실제 샘플링 비율을 증가시킨다. 이러한 기술을 **과도 샘플링**(oversampling)이라고 하는데, 다음 예제에서 보는 바와 같이 반영상 필터를 만들기 위한 요구 조건들이 완화된다. 비록 이것이 이산시간 하드웨어의 복잡성을 증가시킬지라도 그것은 보통 주어진 복원 능력의 품질에 대한 전체 시스템의 비용을 감소시킨다.

예제 4.13 CD 플레이어의 과도 샘플링. 이 예제는 오디오 컴팩트 디스크 플레이어에서 연속시간 신호를 복원할 때 얻어지는 과도 샘플링의 이점들에 대해서 알아본다. 1장에서 사람의 귀는 20 kHz까지의 주파수에 민감하다고 했기 때문에 최대 신호 주파수는 20 kHz이다. 두 가지 경우를 고려해 보자. (a) 기본 샘플링 비율이 $1/T_{s1} = 44.1$ kHz일 때와 (b) 실제 샘플링 비율이 $1/T_{s2} = 352.8$ kHz로 8배인 과도 샘플링일 때 각각의 경우에 대해서, 영차 홀드 복원 시스템의 전체 진폭 응답이 통과 대역에서 0.99와 1.01 사이에 있도록 하게 하고 샘플링 주파수의 배수에 위치한 신호 스펙트럼의 영상들이 10^{-3}보다 작도록 하기 위해서 반영상 필터의 진폭 응답에 대한 제약 사항을 결정하라.

풀이: 이 예제에서는 주파수를 초당 라디안(radians)으로 표기하는 것보다 헤르츠 단위로 표기하는 것이 편리하다. 단순히 ω를 f로 바꾸고, $H_o(j\omega)$와 $H_c(j\omega)$ 주파수 응답들을 $H'_o(jf)$와 $H'_c(jf)$로 표현하면 된다. 반영상 필터 $H'_c(jf)$가 종속 접속된 영차 홀드의 전체 진폭 응답은 $|H'_o(jf)||H'_c(jf)|$이다. $H'_c(jf)$가 허용하는 주파수 범위를 찾기 위해서는 $|H'_o(jf)||H'_c(jf)|$가 응답 제약 조건을 만족시켜야 한다. 그림 4.42(a)와 (b)는 각각 샘플링 비율이 44.1kHz와 352.8kHz일 때의 $|H'_o(jf)|$를 나타내고 있다. 각각의 그림에서 점선은 신호의 통과 대역과 그것의 영상들을 나타낸다. 더 낮은 샘플링 비율[그림 4.42(a)]에서 신호와 신호의 영상들이 스펙트럼의 대부분을 점유한다는 것을 알 수 있다. 신호와 신호의 영상은 4.1 kHz만큼 분리되어 있다. 8배의 과도 샘플링 경우[그림 4.42(b)], 신호와 그것의 영상들은 스펙트럼의 매우 작은 부분을 점유한다. 그들은 312.8 kHz만큼 분리되어 있다.

통과 대역폭은 $0.99 < |H'_o(jf)||H'_c(jf)| < 1.01$이다. 따라서,

$$\frac{0.99}{|H'_o(jf)|} < |H'_c(jf)| < \frac{1.01}{|H'_o(jf)|}, \quad -20\,\text{kHz} < f < 20\,\text{kHz}.$$

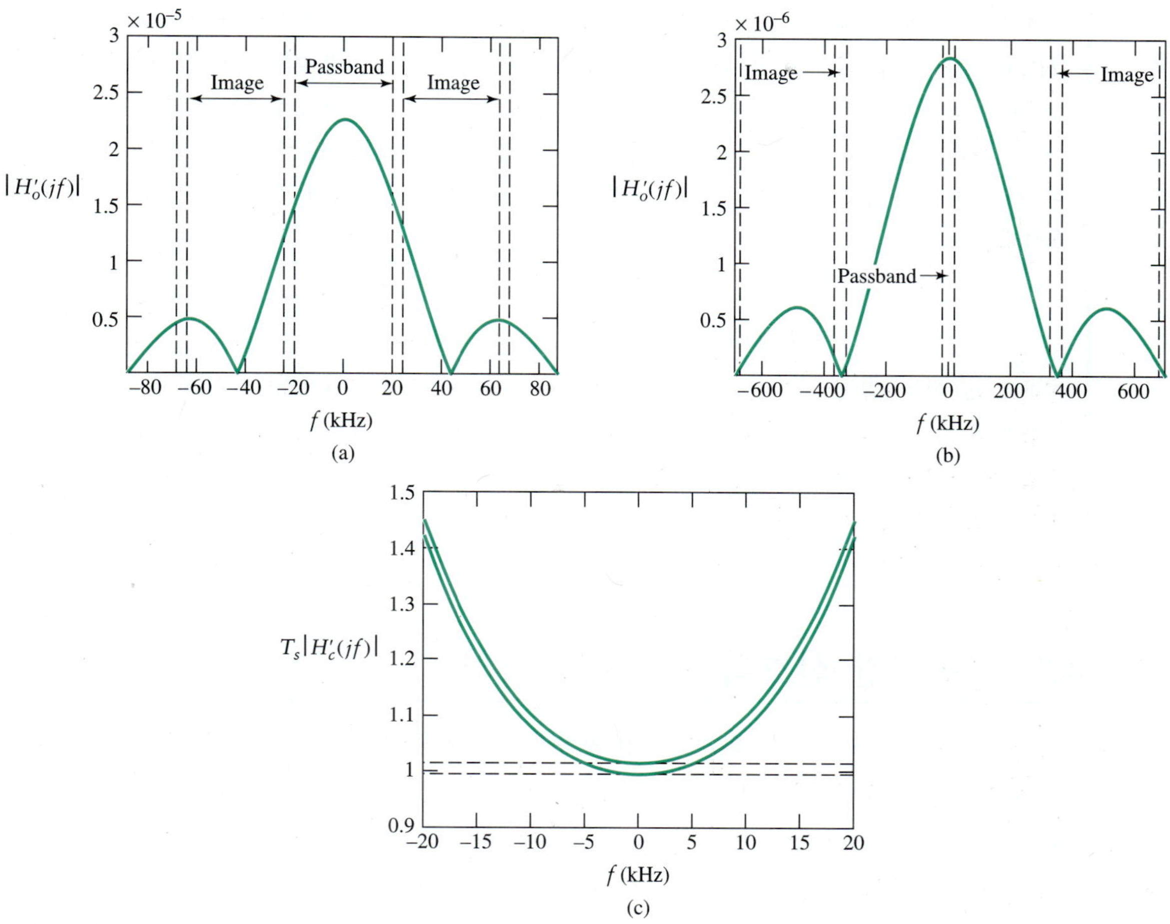

그림 4.42 과도 샘플링이 있는 경우와 없는 경우의 반영상 필터의 설계. (a) 44.1 kHz의 샘플링 비율에 대한 $H'_o(jf)$의 진폭. 점선은 신호의 통과 대역과 영상을 나타낸다. (b) 8배의 과도 샘플링(352.8 kHz의 샘플링 비율)에 대한 $H'_o(jf)$의 진폭. 점선은 신호의 통과 대역과 영상을 나타낸다. (c) 반영상 필터의 통과 대역 응답에 대한 표준화된 제약들. 실선은 44.1 kHz 샘플링 비율에 대응한 것이다. 점선은 8배의 과도 샘플링에 대응한다. 표준화된 필터 응답은 선들의 각각의 쌍 사이에 놓여야 한다.

그림 4.42(c)는 두 경우에 대한 제약을 나타내고 있다. 여기서 두 경우를 같은 크기로 보이게 하기 위해서 $H'_c(jf)$에 샘플링 간격 T_{s1}과 T_{s2}를 곱했다. (a)의 경우, $H'_o(jf)$의 주엽에 의해 발생한 통과 대역의 왜곡을 제거하기 위해 $H'_c(jf)$는 포물선처럼 보이는 곡선 특성을 가져야 한다. 통과 대역의 끝에서 그의 범위를 구해 보면 (a)의 경우에

$$1.4257 < T_{s1}|H'_c(jf_m)| < 1.4545, \quad f_m = 20\,\text{kHz}.$$

(b)의 경우에

$$0.9953 < T_{s2}|H'_c(jf_m)| < 1.0154, \quad f_m = 20\,\text{kHz}$$

가 된다.

영상을 제거하기 위해 주어진 제약 조건으로부터, 영상들이 존재하는 모든 주파수들에 대해 $|H_o'(jf)||H_c'(jf)|<0.001$이어야 한다. 이 조건은 단지 $|H_o'(jf)|$가 가장 큰 값을 가질 때의 주파수를 고려해 줌으로써 다소 간략화된다. 영상 주파수 대역에서 $|H_o'(jf)|$의 최대값은 첫 번째 영상의 가장 작은 주파수에서 나타난다. (a) 경우에 24.1 kHz이고 (b) 경우에 332.8 kHz. 이러한 주파수들에서 $|H_o'(jf)|/T_{s1}$과 $|H_o'(jf)|/T_{s2}$의 값들은 각각 0.5763과 0.0598이다. 이들 값으로부터 한계 범위를 살펴보면 (a)경우와 (b)인 경우가 다음과 같다.

$$T_{s1}|H_c'(jf)| < 0.0017, \quad f > 24.1\,\text{kHz}$$
$$T_{s2}|H_c'(jf)| < 0.0167, \quad f > 332.8\,\text{kHz}.$$

따라서, (a) 경우에 반영상 필터는 4.1 kHz 간격을 가지고 $1.4257/T_{s1}$부터 $0.0017/T_{s1}$에 이르는 천이를 보여야 한다. 대조적으로 8배의 과도 샘플링을 가지는 반영상 필터는 312.8 kHz의 주파수 간격을 가지며 $0.9953/T_{s2}$부터 $0.0167/T_{s2}$까지 천이를 보여야 한다. 따라서, 과도 샘플링은 천이폭을 거의 80배로 증가시킬 뿐만 아니라 억제 대역 감쇠 제약을 10배나 완화시킨다. ■

4.7 연속시간 신호의 이산시간 처리

이 절에서는 연속시간 신호들의 이산시간 처리에 대한 전형적인 시스템을 논의하고 분석하기 위해서 푸리에 방법들을 사용한다. 연속시간 신호를 처리하기 위해서 이산시간 시스템을 사용하는 것은 몇 가지 이점이 있기 때문이다. 이러한 이점들은 이산시간 처리 장치들의 능력과 융통성으로부터 기인한다. 첫째, 범용의 신호 조작들은 아날로그 소자들을 이용하는 것보다 컴퓨터의 산술적인 연산들을 사용하는 것이 더 쉽게 수행된다. 둘째, 컴퓨터에서의 시스템을 수행하는 것은 단지 컴퓨터에서 실행할 명령어들이나 프로그램을 쓰는 것만으로 수행된다. 셋째, 이산시간 시스템은 프로그램을 수정함으로써 쉽게 바꿀 수 있다. 시스템은 처리된 신호와 관련된 어떤 기준을 최적화하기 위해서 종종 실시간에서 변경시킬 수 있다. 그러나, 이산시간 처리의 또 다른 이점은 동적 범위 및 신호 대 잡음비가 이산시간 신호를 표현하는 비트수와 직접적으로 관련이 있다는 것이다. 이러한 이점들 때문에 이산시간 신호처리를 위해 특별히 설계된 계산 장치들이 널리 활용되고 있다.

연속시간 신호를 이산 처리하기 위해서는 최소한 시스템은 샘플링 장치와 이산시간 시스템을 수행하기 위한 계산 장치를 포함해야 한다. 만약, 처리된 신호가 연속시간으로 다시 변환되어야 한다면, 복원 과정이 필요하다. 더 복잡한 시스템들은 과도 샘플링, **데시메이션**(decimation) 그리고 **내삽법**(interpolation)을 이용하기도 한다. 데시메이션과 내삽법은 이산시간 신호의 실제의 샘플링 비율을 변화시키는 방법들이다. 데시메이션은 실제의 샘플링 비율을 감소시키는 반면에 내삽법은 실제의 샘플링 비율을 증가시킨다. 이러한 사용방법들에 대한 판단 능력은 전체 시스템의 비용을 감소시킬 수 있다. 연속시간 신호를 처리하는 데 필요한 기본적인 시스템에 대해서 분석하고, 과도 샘플링과 연속시간 신호를 처리하는 시스템에서의 내삽법과 데시메이션의 역할을 조사함으로써 결론을 맺는다.

4.7.1 기본적인 이산시간 신호처리 시스템

이산시간에서 연속시간 신호를 처리하는 전형적인 시스템은 그림 4.43(a)와 같다. 연속시간 신호는 먼저 저역통과 반에일리어싱 필터를 통과한 다음 이산시간 신호로 변환되기 위해서 T_s의 간격으로 샘플링된다. 그런 다음에 샘플 신호에 내포된 어떤 결과를 전달하기 위해서 이산시간 시스템에 의해 처리된다. 예를 들면, 이산시간 시스템은 등화기(equalizer)와 같은 독특한 주파수 응답을 가지기 위해 제작된 필터가 될 수도 있다. 이산시간 시스템에 의한 처리가 끝난 후에 신호는 다시 연속시간 형태로 변환된다. 영차 홀드 장치는 이산시간 신호를 다시 연속시간으로 변환하고 반영상 필터는 영차 홀드에 의해 발생한 왜곡 현상을 제거한다.

분석 도구로 FT를 사용함으로써 이러한 연산들의 조합은 동등한 기능을 가진 연속시간 필터로 줄어들게 된다. 이 개념은 그림 4.43(b)에서 묘사된 것처럼 $g(t) \xleftrightarrow{FT} G(j\omega)$이면서 $Y(j\omega) = G(j\omega)X(j\omega)$인 연속시간 시스템을 찾는 것이다. 따라서 $G(j\omega)$는 그림 4.43(a)의 시스템 입력에 대해 똑같은 출력 결과를 가지게 된다. 이러한 분석에 있어서 이산시간 처리 연산은 $H(e^{j\Omega})$와 같은 주파수 응답을 가지는 이산시간 시스템으로 표현된다고 가정한다. $\Omega = \omega T_s$이고, T_s는 샘플링 간격이다. 그래서, 이산시간 시스템은 연속시간 주파수 응답 $H(e^{j\omega T_s})$을 가지게 된다. 또한, 영차 홀드 장치와 관련된 주파수 응답은 다음과 같다.

$$H_o(j\omega) = 2e^{-j\omega T_s/2}\frac{\sin(\omega T_s/2)}{\omega}.$$

$x(t)$에 적용된 첫 번째 연산은 연속시간 반에일리어싱 필터이고, 그것의 출력에 대한 푸리에 변환은 다음과 같다.

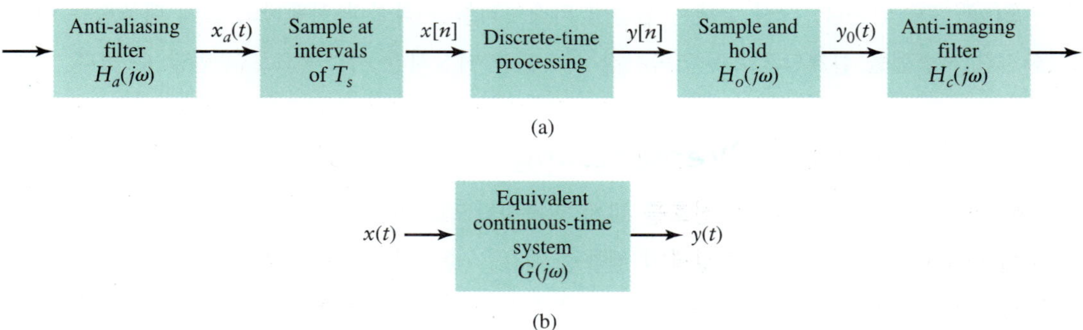

그림 4.43 연속시간 신호의 이산시간 처리에 대한 블록 다이어그램. (a) 기본적인 시스템, (b) 등가적인 연속시간 시스템

$$X_a(j\omega) = H_a(j\omega)X(j\omega).$$

샘플링을 한 후에, 식 (4.23)은 $x[n]$에 대한 FT가 다음과 같음을 나타낸다.

$$\begin{aligned} X_\delta(j\omega) &= \frac{1}{T_s}\sum_{k=-\infty}^{\infty} X_a(j(\omega - k\omega_s)) \\ &= \frac{1}{T_s}\sum_{k=-\infty}^{\infty} H_a(j(\omega - k\omega_s))X(j(\omega - k\omega_s)). \end{aligned} \tag{4.32}$$

여기서, $\omega_s = 2\pi/T_s$는 샘플링 주파수이다. 이산시간 시스템은 $H(e^{j\omega T_s})$에 의해 $X_\delta(j\omega)$를 다음과 같이 변형시킨다.

$$Y_\delta(j\omega) = \frac{1}{T_s}H(e^{j\omega T_s})\sum_{k=-\infty}^{\infty} H_a(j(\omega - k\omega_s))X(j(\omega - k\omega_s)).$$

복원 처리는 $H_o(j\omega)H_c(j\omega)$에 의해 $Y_\delta(j\omega)$가 대역 제한된다. 따라서 우리는 다음처럼 쓸 수 있다.

$$Y(j\omega) = \frac{1}{T_s}H_o(j\omega)H_c(j\omega)H(e^{j\omega T_s})\sum_{k=-\infty}^{\infty} H_a(j(\omega - k\omega_s))X(j(\omega - k\omega_s)).$$

에일리어싱이 일어나지 않는다는 가정하에, 반영상 필터 $H_c(j\omega)$는 $\omega_s/2$ 이상의 주파수 성분들을 제거한다. 그러므로, $k = 0$인 부분을 제외한 무한한 합의 모든 부분들이 제거된다. 따라서 우리는 다음을 얻게 된다.

$$Y(j\omega) = \frac{1}{T_s}H_o(j\omega)H_c(j\omega)H(e^{j\omega T_s})H_a(j\omega)X(j\omega).$$

이것은 전체 시스템이 다음과 같은 주파수 응답을 가지는 연속시간 선형 LTI(Linear time Invariance) 시스템과 같다는 것을 나타낸다.

$$G(j\omega) = \frac{1}{T_s}H_o(j\omega)H_c(j\omega)H(e^{j\omega T_s})H_a(j\omega). \tag{4.33}$$

앞 절에서 논의된 것처럼 반에일리어싱 필터와 반영상 필터가 샘플링과 재구성의 효과를 보상하기 위해 사용되면, 필요한 주파수 대역에서 $(1/T_s)H_o(j\omega)H_c(j\omega)H_a(j\omega) \approx 1$이 되어 $G(j\omega) \approx H(e^{j\omega T_s})$를 얻는다. 다시 말해서 샘플링 퍼래미터들을 적절히 선택하고 그에 대응하는 이산시간 시스템을 설계함으로써 연속시간 시스템을 이산시간 시스템으로 구현할 수 있다.

4.7.2 과도 샘플링(Oversampling)

4.6절에서 우리는 이산시간 신호를 다시 연속시간으로 변환하는 영차 홀드를 사용하기 이전에 이산시간 신호와 관계된 실제의 샘플링 비율을 증가시키는 것은 반영상 필터를 만들기 위한 제약 조건을 완화시켜준다는 것을 알았다. 유사하게, 샘플링 비율을 나이키스트율(Nyquist rate)보다 현저하게 더 크게 선택한다면 반영상 필터에 대한 제약 조건은 많이 완화된다. 이것은 반에일리어싱 필터로 하여금 넓은 천이 대역을 가지도록 한다.

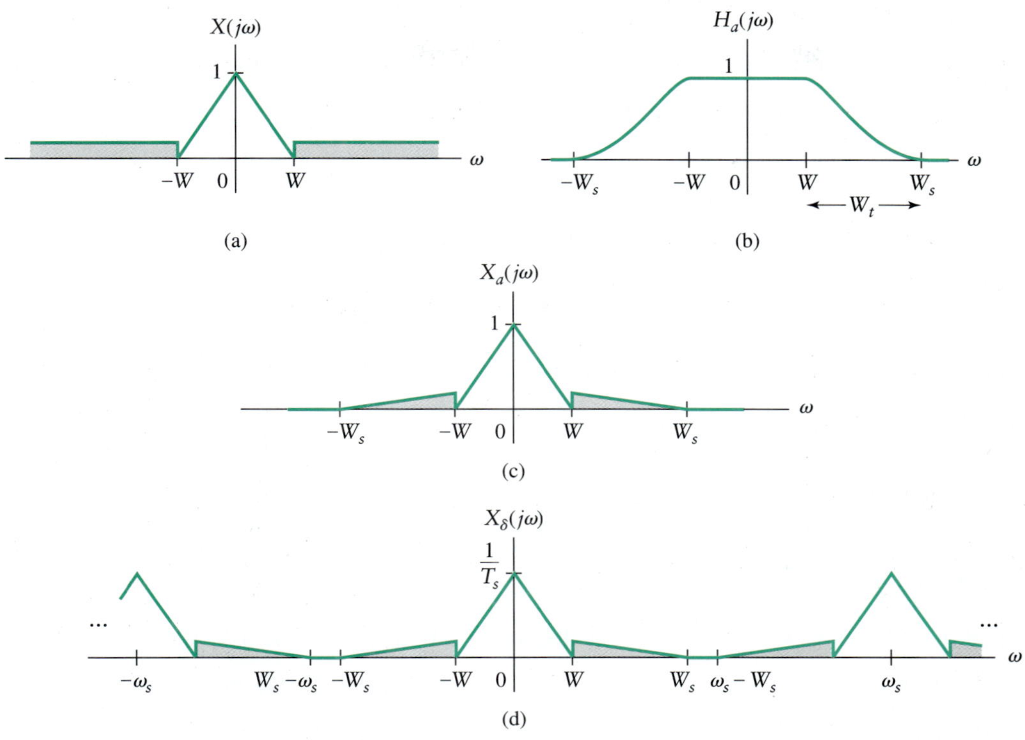

그림 4.44 반에일리어싱 필터 특성에 대한 과도 샘플링의 효과. (a) 원신호의 스펙트럼, (b) 반에일리어싱 필터 주파수 응답 진폭, (c) 반에일리어싱 필터의 출력 신호의 스펙트럼, (d) 샘플링 후에 반에일리어싱 필터의 스펙트럼. 그래프는 $\omega_s > 2W_s$의 경우를 묘사한다.

반에일리어싱 필터는 샘플링에 앞서서 신호의 대역폭을 제한함으로써 에일리어싱을 막는다. 관심 있는 신호가 최대 주파수 W를 가지고 있더라도, 일반적으로 연속시간 신호는 잡음의 존재와 다른 비이상적인 특성들 때문에 더 높은 주파수들에서도 에너지를 가질 것이다. 그러한 상황이 그림 4.44(a)에 예시되어 있다. 스펙트럼의 그늘진 부분이 최대 신호 주파수보다 큰 주파수들에서의 에너지를 나타낸다. 우리는 잡음으로써 이 성분을 언급할 것이다. 반에일리어싱 필터는 관심 있는 대역 속에서 이러한 잡음이 다시 에일리어싱하는 것을 막도록 선택된다. 실제적인 반에일리어싱 필터의 진폭 응답은 주파수 W에서 단위 이득으로부터 0으로 급격하게 감소하는 것이 아니라, 그림 4.44(b)와 같이 통과 대역, 천이 대역 및 억제 대역이 모두 나타나게 된다. 여기서 필터의 억제 대역은 W_s에서 시작하고, $W_t = W_s - W$는 천이 대역을 나타낸다. 필터링된 신호 $X_a(j\omega)$의 스펙트럼은 4.44(c)에서 묘사된 것처럼 최대 주파수 W_s를 갖는다. 이 신호가 ω_s로 샘플링되면 그림 4.44(d)에서 묘사된 스펙트럼 $X_\delta(j\omega)$의 결과로 나타난다. 우리는 ω_s가 에일리어싱을 막을 만큼 충분히 크다고 가정하면서 $X_\delta(j\omega)$를 그렸다. ω_s가 감소하면, 원신호의 스펙트럼의 복사값들이 겹쳐지기 시작하고 에일리어싱이 일어난다.

잡음 자체가 가지는 에일리어싱을 막기 위해서 샘플링 정리에서 말한 바와 같이 $\omega_s - W_s > W_s$

혹은 $\omega_s > 2W_s$를 필요로 한다. 그러나, 연속되는 이산시간 처리 때문에 잡음 자체가 에일리어싱되는가에 관심을 두기보다는 신호 대역 $-W < \omega < W$에서 잡음이 다시 에일리어싱 하는 것을 막기 바란다. 그러기 위해서는 다음과 같은 조건을 만족시켜야 한다.

$$\omega_s - W_s > W.$$

부등식에 $W_s = W_t + W$를 대입해서 다음과 같이 쓸 수 있다.

$$\omega_s - (W_t + W) > W.$$

반에일리어싱 필터의 천이 대역과 샘플링 주파수 사이의 관계를 얻기 위해 부분들을 재배열함으로써 우리는 다음을 얻는다.

$$W_t < \omega_s - 2W.$$

따라서, 반에일리어싱 필터의 천이 대역은 샘플링 주파수로부터 관심 있는 신호 중 가장 높은 주파수 성분의 두 배를 빼는 것보다 작아야 한다. 작은 천이 대역을 가지는 필터들은 설계하기가 어렵고 고가이다. 과도 샘플링에 의해 또는 $\omega_s >> 2W$를 선택함으로써 반에일리어싱 필터의 천이 대역에 대한 요구 조건을 크게 줄일 수 있고, 그 결과로써 복잡성과 비용을 줄일 수 있다.

샘플링과 복원 문제에 있어서, 실질적인 아날로그 필터들의 제작은 어렵다. 이러한 문제를 극복하기 위해서 가능한 가장 높은 샘플링 비율을 사용하라고 했다. 그러나, 이러한 데이터 집합이 그림 4.43(a)와 같은 이산시간 시스템에서 처리된다면, 높은 샘플링률은 이산시간 시스템의 비용을 증가시킨다. 이산시간 시스템이 더 빠른 속도로 계산을 수행하기 위해서는 더 높은 비용을 필연적으로 야기시킨다. 만약, 높은 샘플링률은 샘플링과 복원에서 사용되고 낮은 샘플링률은 이산시간 처리에 사용하게끔 샘플링률을 다소 변화시킬 수 있다면 샘플링률과 관련된 이러한 충돌은 완화된다. 다음에 논의할 데시메이션과 내삽법은 그러한 능력을 제공한다.

4.7.3 데시메이션

똑같은 연속시간 신호를 서로 다른 간격 T_{s_1}과 T_{s_2}로 샘플링함으로써 얻어진 이산시간 푸리에 변환값들을 생각해 보기로 하자. 샘플 신호는 각각 $x_1[n]$과 $x_2[n]$이고, q가 양의 정수값을 가질 때 $T_{s_1} = qT_{s_2}$로 가정한다. 각각의 샘플링률에서 에일리어싱은 발생하지 않는다고 가정한다. 그림 4.45는 전형적인 연속시간 신호의 푸리에 변환과 샘플링 간격 T_{s_1}과 T_{s_2}로 샘플링한 신호의 이산시간 푸리에 변환 $X_1(e^{j\Omega})$, $X_2(e^{j\Omega})$를 묘사한다. $X_2(e^{j\Omega})$가 $X_1(e^{j\Omega})$로 바뀌는 것을 **데시메이션**(decimation)이라고 한다.이를 수행하기 위해서 이산시간 수열을 연속시간 신호로 변환한 후에 다시 샘플링을 취하는 방법이 있다. 이런 접근 방법은 복원 연산으로 인한 왜곡을 발생시킨다. 이산시간 신호에 대해 직접적으로 샘플링률을 변화시키는 연산을 행하면 이러한 문제를 피할 수 있다.

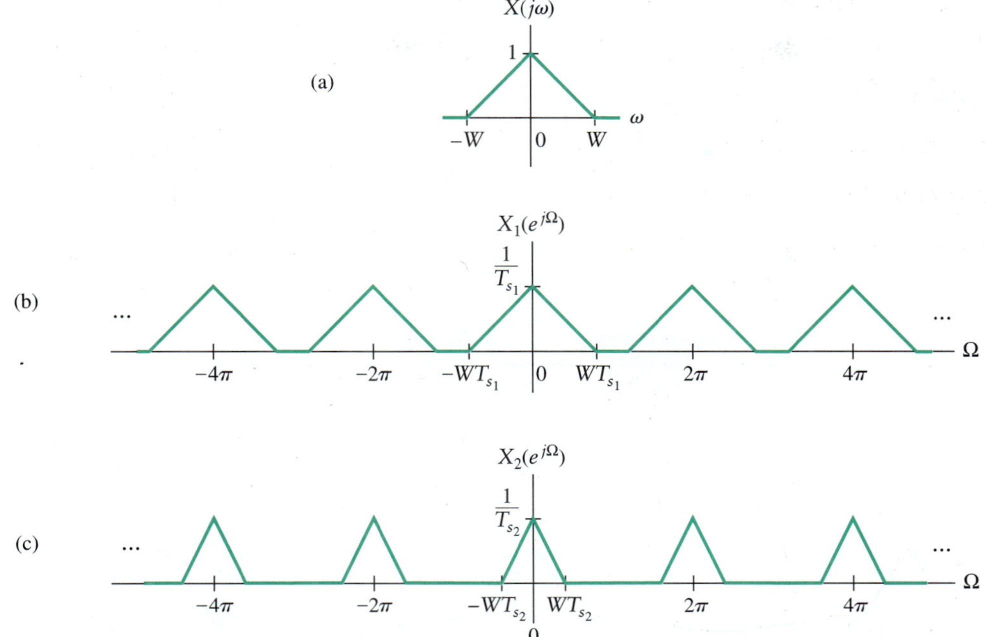

그림 4.45 샘플링률의 변화에 의한 효과. (a) 전형적인 연속시간 신호의 푸리에 변환, (b) 샘플링 간격 T_{s_1}으로 샘플링한 데이터의 이산시간 푸리에 변환, (c) 샘플링 간격 T_{s_2}로 샘플링한 데이터의 이산시간 푸리에 변환

서브샘플링은 샘플링률을 줄이는 방법이다. 만약, $x_2[n]$의 매번 q번째 샘플을 $g[n] = x_2\,[qn]$과 같이 선택함으로써 샘플링 간격 T_{s_2}를 $T_{s_1} = qT_{s_2}$로 증가시킬 수 있다. 식 (4.27)은 $G(e^{j\Omega})$와 $X_2(e^{j\Omega})$ 사이의 관계를 보여준다.

$$G(e^{j\Omega}) = \frac{1}{q}\sum_{m=0}^{q-1} X_2(e^{j((\Omega-m2\pi)/q)}).$$

즉, $G(e^{j\Omega})$는 $X_2(e^{j\Omega})$의 변이된 변형들의 합이다. 스케일링 계수 q에 의해 $X_2(e^{j\Omega})$는 확장된다. 스케일된 $X_2(e^{j\Omega})$의 변형들을 이동시킴으로써 그림 4.46과 같이 $G(e^{j\Omega})$를 나타낼 수 있다. $T_{s_1} = qT_{s_2}$일 때, $G(e^{j\Omega})$는 그림 4.45(b)의 $X_1(e^{j\Omega})$에 대응한다. 따라서, 계수 q에 의한 서브샘플링은 실질적인 샘플링률을 q배만큼 변화시킨다.

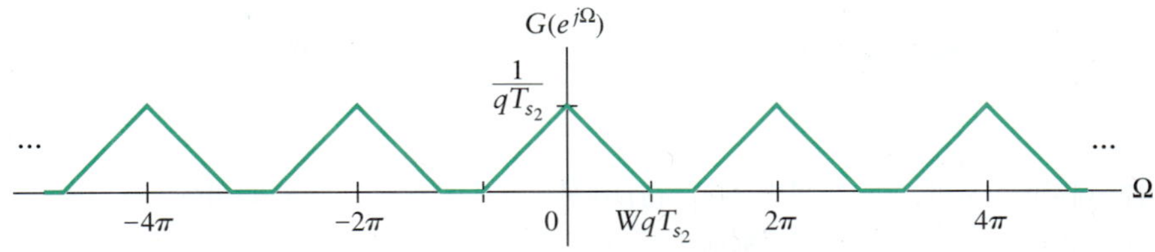

그림 4.46 그림 4.35(c)에 묘사된 $X_2(e^{j\Omega})$를 계수 q에 의해 서브샘플링해서 얻은 결과에 대한 스펙트럼

이러한 서브샘플링의 결과로서 에일리어싱이 발생하는 것을 막기 위해서는 $X_2(e^{j\Omega})$의 최대 주파수 성분 W가 $WT_{s_2}<\pi/q$라는 조건을 만족한다는 가정하에 분석한 것이다. 이러한 가정은 실제적으로 거의 만족되지 않는다. 관심 있는 신호가 이런 식으로 대역 제한되어 있을 때조차도 종종 잡음이나 더 높은 주파수 성분들이 존재한다. 예를 들면, 과도 샘플링에 의해서 $x_2[n]$을 얻게 되면 반에일리어싱의 천이 대역을 통과한 잡음이 π/q 이상의 주파수 대역에 존재하게 될 것이다. 만약, $x_2[n]$을 직접 서브샘플링한다면 이러한 잡음은 주파수 대역 $|\Omega|<WT_{s_1}$에서 에

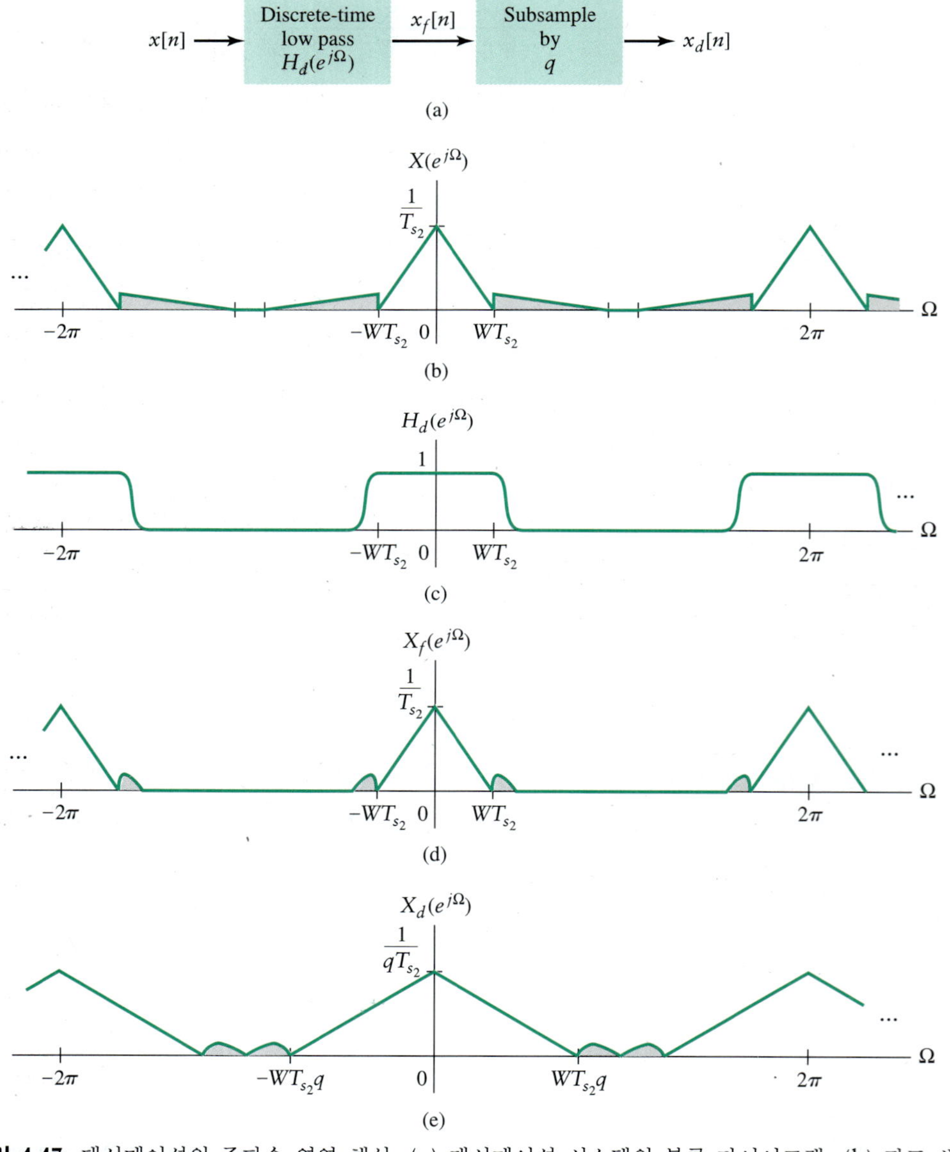

그림 4.47 데시메이션의 주파수 영역 해석. (a) 데시메이션 시스템의 블록 다이어그램, (b) 과도 샘플 입력 신호의 스펙트럼. 잡음은 스펙트럼에서 그늘진 부분으로 묘사되었다. (c) 필터의 주파수 응답, (d) 필터의 출력에 대한 스펙트럼, (e) 서브샘플링 후의 스펙트럼

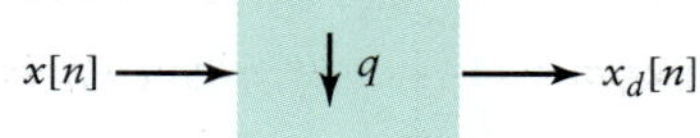

그림 4.48 계수 q에 의한 데시메이션의 표기

일리어싱될 것이고 원하는 신호를 왜곡시킬 것이다. 이러한 에일리어싱 문제는 서브샘플링을 수행하기 이전에 저역통과 이산시간 필터에 $x_2[n]$을 적용함으로써 방지된다.

그림 4.47(a)는 저역통과 이산시간 필터를 포함하는 데시메이션 시스템을 묘사한다. 그림 4.47(b)에서 이산시간 푸리에 변환된 입력 신호는 과도 샘플 신호에 대응되고 그것의 푸리에 변환은 그림 4.47(d)와 같다. 그늘진 영역은 잡음의 에너지를 나타낸다. 그림 4.47(c)에서 나타낸 저역통과 필터는 그림 4.47(d)에서 출력 신호가 만들어지면서 발생한 대부분의 잡음을 제거한다. 그림 4.47(e)에서 보는 바와 같이 서브샘플링한 후에 잡음은 신호 대역에서 에일리어스를 일으키지 않는다. 단지, 이러한 과정은 이산시간 저역통과 필터가 통과 대역에서 억제 대역으로 빠른 천이를 가지는 경우에만 효과적이라는 점에 주목하자. 다행히도, 좁은 천이 대역을 가지는 이산시간 필터는 연속시간 필터보다 설계와 구현에 있어서 훨씬 용이하다.

데시메이션은 또한 **다운샘플링**(downsampling)이라고도 하고, 그림 4.48의 블록 다이어그램처럼 데시메이션 계수 q와 아래 방향의 화살표로써 종종 표기한다.

4.7.4 내삽법

내삽법(interpolation)은 샘플링률을 증가시키는 과정으로 신호의 샘플들 사이에 어떠한 값을 "삽입하거나" 또는 할당하는 것을 필요로 한다. 주파수 영역에서 그림 4.45(b)의 $X_1(e^{j\Omega})$를 그림 4.45(c)의 $X_2(e^{j\Omega})$로 변환하는 것은 정수 계수에 의해 $T_{s_1} = qT_{s_2}$와 같이 샘플링률을 증가시키게 될 것이다.

연습문제 3.80에서 보여진 이산시간 푸리에 변환의 스케일링 특성이 바로 내삽법 과정을 알게 해준다. $x_1[n]$은 계수 q에 의해 내삽된 수열이라고 가정하면, 다음처럼 새로운 수열 $x_z[n]$을 정의할 수 있다.

$$x_z[n] = \begin{cases} x_1[n/q], & n/q\text{는 정수} \\ 0, & \text{그 밖의 범위.} \end{cases} \tag{4.34}$$

이 정의로부터 $x_1[n] = x_z[qn]$을 얻고, DTFT 스케일링 특성으로부터 다음을 얻을 수 있다.

$$X_z(e^{j\Omega}) = X_1(e^{jq\Omega}).$$

즉, 그림 4.49(a)와 (b)에서 보여진 것처럼 $X_z(e^{j\Omega})$는 $X_1(e^{jq\Omega})$의 스케일된 변형이다. $T_{s_2} = T_{s_1}/q$라고 두면, $X_z(e^{j\Omega})$는 그림 4.45(c)의 $\pm 2\pi/q$, $\pm 4\pi/q$, $\cdots$ $\pm(q-1)2\pi/q$ 지점에서의 스펙트럼 복사값들을 제외하고 $X_2(e^{jq\Omega})$에 대응되는 것을 알 수 있다. 이러한 스펙트럼 복사값들

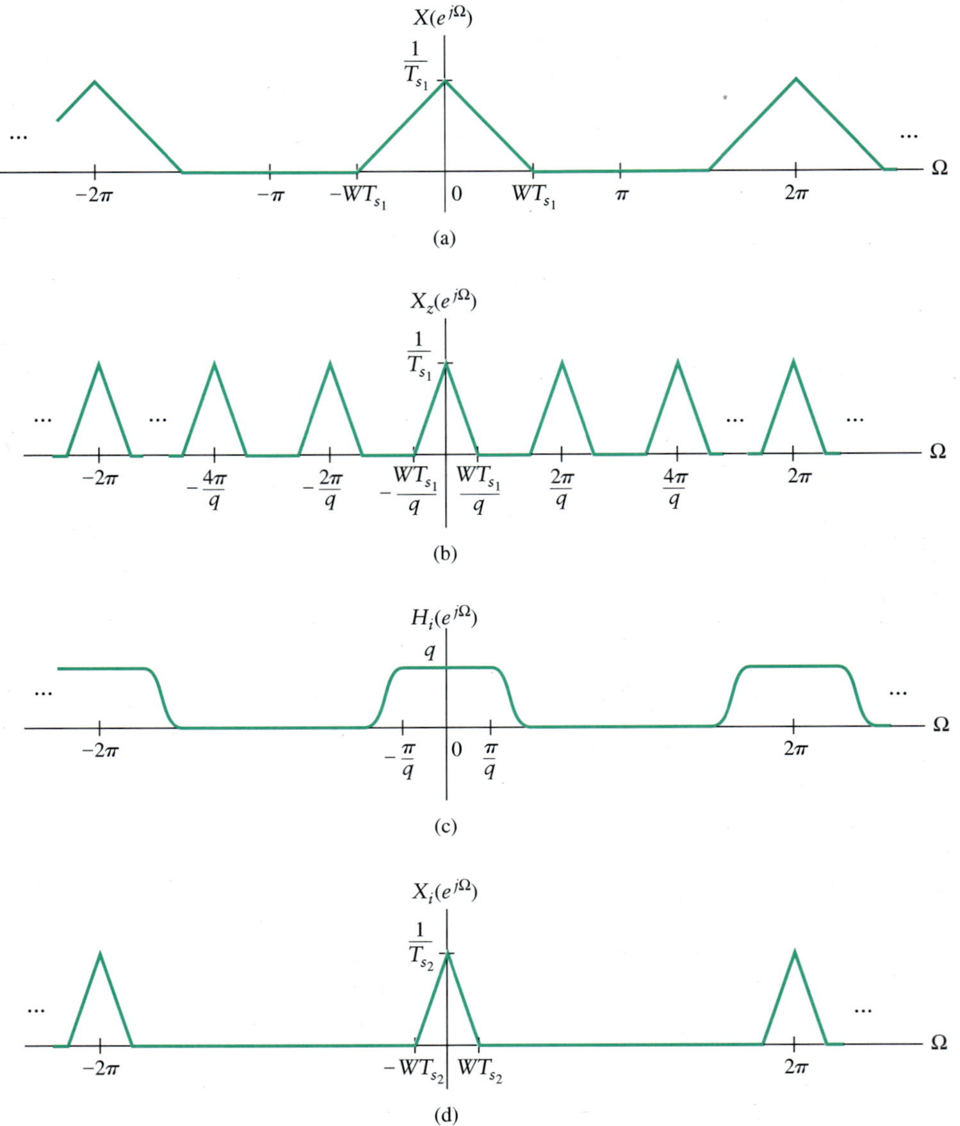

그림 4.49 내사법의 주파수 영역 해석. (a) 원수열의 스펙트럼, (b) 원수열의 모든 값 사이에 $q-1$개의 0을 삽입한 후의 스펙트럼, (c) $\pm 2\pi/q$, $\pm 4\pi/q, \cdots \pm (q-1)2\pi/q$에 위치한 원하지 않는 복사값들을 제거하기 위한 필터의 주파수 응답, (d) 내삽된 수열의 스펙트럼

은 그림 4.49(c)와 같은 주파수 응답을 가지는 저역통과 필터를 통해서 신호 $x_z[n]$으로부터 제거될 수 있다. 이 필터의 통과 대역은 $|\Omega| < WT_{s_2}$이고, 천이 대역은 $WT_{s_2} < |\Omega| < 2\pi/q - WT_{s_2}$가 되어야만 한다. 통과 대역의 이득 q는 내삽된 신호가 정확한 진폭을 가질 수 있도록 선택된다. 그림 4.49(d)는 필터 출력 $X_i(e^{j\Omega})$의 스펙트럼을 보여준다.

따라서 계수 q에 의한 내삽법은 $x_1[n]$의 각각의 샘플 사이에 $q-1$개의 0을 삽입하고자 역

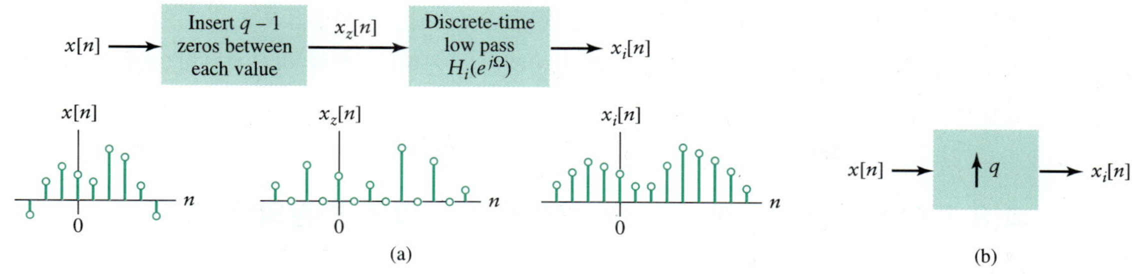

그림 4.50 (a) 내삽 시스템의 블록 다이어그램, (b) 계수 q의 내삽을 나타내는 기호

통과 필터링을 함으로써 수행된다. 이 과정을 보여주는 블록 다이어그램은 그림 4.50(a)와 같다. 이러한 이유 때문에 내삽법을 **업샘플링**(upsampling)이라고도 한다. 그림 4.50(b)의 블록 다이어그램에서 보는 바와 같이 내삽법 계수 앞에 위 방향 화살표를 사용해서 업샘플링을 표기한다.

그림 4.51은 데시메이션과 내삽법을 사용해서 이산시간 신호처리 시스템을 묘사한 블록 다이어그램이다.

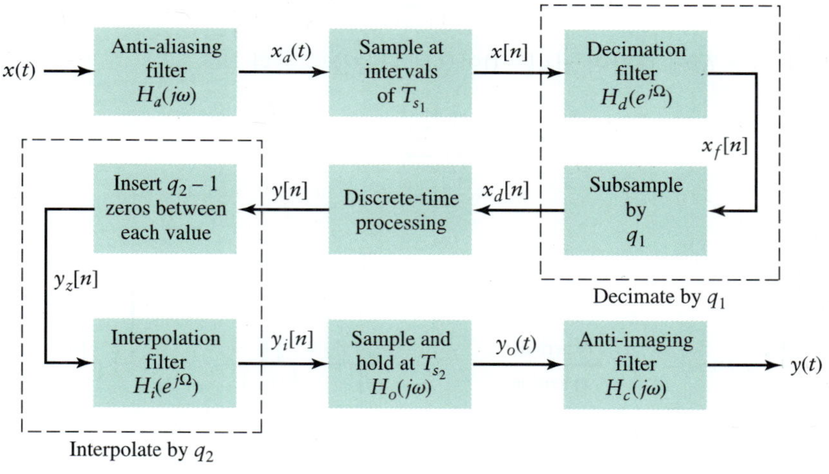

그림 4.51 데시메이션과 내삽을 포함해서 연속시간 신호를 이산 처리하는 시스템의 블록 다이어그램

4.8 유한구간 비주기 신호에 대한 푸리에 급수 표현

DTFS와 FS는 주기 신호에 대한 푸리에 표현이다. 이 절에서는 유한구간 비주기 신호의 표현에 대해서 그 쓰임을 알아본다. 이것의 가장 근본적인 동기는 푸리에 표현의 산술적 계산이다. DTFS는 산술적으로 구할 수 있는 유일한 푸리에 표현임을 상기하여야 한다. 그 결과로 흔히 DTFS를 주기적이지 않은 신호에 적용한다. 주기적인 푸리에 표현을 비주기 신호에 적

용하는 것이 내포하고 있는 의미를 이해하는 것이 중요하다. 그 다음으로는 푸리에 변환과 이에 대응하는 푸리에 급수 표현의 관계를 좀더 이해하는 것이다. 이제 이산시간의 경우에 대해 살펴보고자 한다.

4.8.1 이산시간 푸리에 급수와 이산시간 푸리에 변환의 관계

$x[n]$이 길이 M인 **유한구간** 신호라고 하자, 즉

$$x[n] = 0, \quad n < 0 \quad \text{또는} \quad n \geq M.$$

이 신호의 DTFT는 다음과 같다.

$$X(e^{j\Omega}) = \sum_{n=0}^{M-1} x[n]e^{-j\Omega n}.$$

이제 주기가 $N \geq M$이고, $x[n]$의 주기에 의해 결정되는 이산 주기 신호 $\tilde{x}[n]$을 가정하면, 그림 4.52의 윗부분처럼 나타나게 된다. DTFS 계수를 계산하면, $\Omega_o = 2\pi/N$과

$$\tilde{X}[k] = \frac{1}{N}\sum_{n=0}^{N-1} \tilde{x}[n]e^{-jk\Omega_o n} \tag{4.35}$$

을 얻게 된다. $n \geq M$에 대하여 $x[n] = 0$이므로 다음을 얻는다.

$$\tilde{X}[k] = \frac{1}{N}\sum_{n=0}^{M-1} x[n]e^{-jk\Omega_o n}.$$

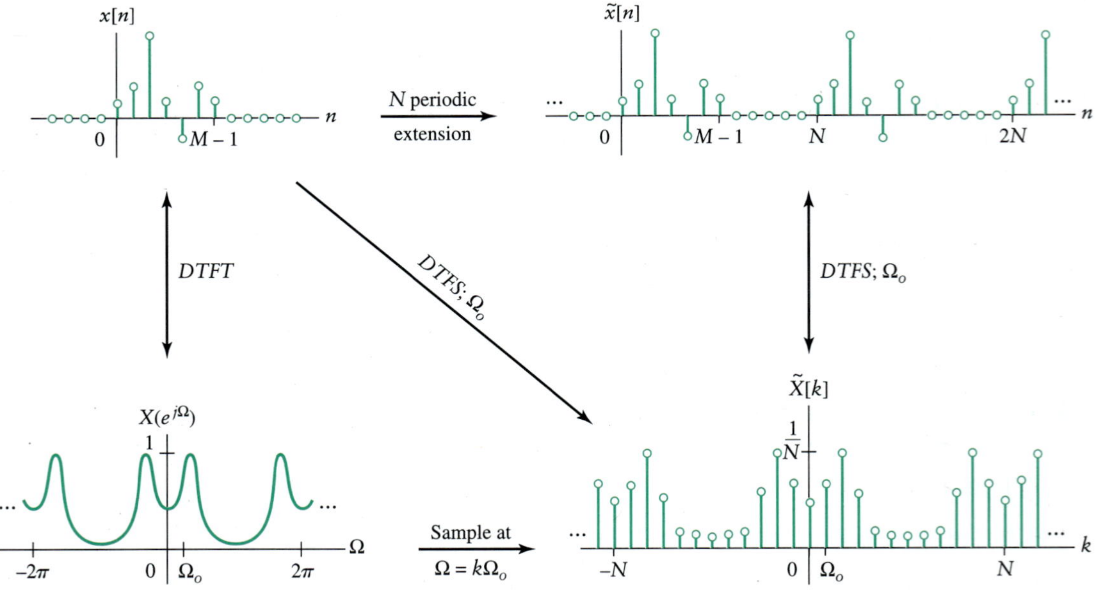

그림 4.52 유한구간 비주기 신호 DTFS

$\widetilde{X}[k]$와 $X(e^{j\Omega})$를 비교해 보면,

$$\widetilde{X}[k] = \frac{1}{N}X(e^{j\Omega})\Big|_{\Omega=k\Omega_o} \tag{4.36}$$

임을 알 수 있다. 즉, DTFS 계수들은 DTFT를 N으로 나누고 구간 $2\pi/N$마다 계산한 샘플들이다.

$x[n]$이 비주기적이더라도 DTFS 계수들은 $x[n]$, $n = 0, 1, 2, \cdots, N-1$과 다음 식에 의해 정할 수 있다.

$$X[k] = \frac{1}{N}\sum_{n=0}^{N-1} x[n]e^{-jk\Omega_o n}.$$

이러한 정의에 의해, 식 (4.35)에서 $X[k] = \widetilde{X}[k]$이고 유한구간의 신호 $x[n]$의 DTFS는 식 (4.36)을 이용하여 $X[k] = (1/N)X(e^{jk\Omega_o n})$으로 쓸 수 있다. 이것은 $x[n]$의 DTFS 계수가 주기적으로 확장된 신호 $\widetilde{x}[n]$의 DTFS 계수에 대응된다는 것을 의미한다. 다시 말해, **유한구간 비주기 신호의 DTFT를 샘플링한 효과는 시간 영역에서 그 신호를 주기적으로 확장한 것이 된다.** 즉,

$$\widetilde{x}[n] = \sum_{m=-\infty}^{\infty} x[n+mN] \xleftrightarrow{DTFS;\,\Omega_o} \widetilde{X}[k] = \frac{1}{N}X(e^{jk\Omega_o}). \tag{4.37}$$

그림 4.52는 시간과 주파수 영역에서의 이러한 관계를 보여준다. 신호를 시간 영역에서 샘플링을 하면 주파수 영역에서는 원래 신호의 스펙트럼의 복사본이 주기적으로 이동되어 생성됨을 상기하자. 여기서는 주파수 영역에서 샘플링이 이루어진다. 이것은 시간 영역 표현에서는 원래 시간 신호의 복사본이 주기적으로 이동되어 나타나게 된다. 시간 영역에서 이런 복사 본들이 겹치는 현상이나 에일리어싱을 방지하기 위해 샘플링 간격 Ω_o가 $2\pi/M$보다 작거나 같아야 한다. 기본적으로 이 결과는 주파수 영역에 적용되는 샘플링 이론에 일치한다.

예제 4.14 **코사인 펄스의 DTFT 샘플링.** 다음과 같은 신호를 고려하자.

$$x[n] = \begin{cases} \cos\left(\frac{3\pi}{8}n\right), & 0 \le n \le 31 \\ 0, & \text{그 밖의 범위.} \end{cases}$$

$N > 31$로 가정하고, DTFT, $X(e^{j\Omega})$와 DTFS, $X[k]$를 유도하라. $N = 32, 60, 120$일 때 각각 $|X(e^{j\Omega})|$와 $N|X[k]|$를 구하고 그림으로 나타내어라.

풀이: 먼저 DTFT를 구한다. $x[n] = g[n]w[n]$이라 하자. 여기서 $g[n] = \cos(3\pi n/8)$이고 $w[n]$은 창함수

$$w[n] = \begin{cases} 1, & 0 \le n \le 31 \\ 0, & \text{그 밖의 범위} \end{cases}$$

이다. $G(e^{j\Omega})$의 한 2π 주기에서

$$G(e^{j\Omega}) = \pi\delta\left(\Omega + \frac{3\pi}{8}\right) + \pi\delta\left(\Omega - \frac{3\pi}{8}\right), \quad -\pi < \Omega \leq \pi$$

이고,

$$W(e^{j\Omega}) = e^{-j31\Omega/2}\frac{\sin(16\Omega)}{\sin(\Omega/2)}$$

이다. 이 문제에서 곱셈 특성은 $X(e^{j\Omega}) = (1/2\pi)G(e^{j\Omega})\circledast W(e^{j\Omega})$의 관계를 내포하고 있고, 이 특성은 다음 식을 만든다.

$$X(e^{j\Omega}) = \frac{e^{-j31(\Omega+3\pi/8)/2}}{2}\frac{\sin(16(\Omega + 3\pi/8))}{\sin((\Omega + 3\pi/8)/2)} + \frac{e^{-j\frac{31}{2}(\Omega-3\pi/8)}}{2}\frac{\sin(16(\Omega - 3\pi/8))}{\sin((\Omega - 3\pi/8)/2)}.$$

$\Omega_o = 2\pi/N$이라 하자. 그러면 N개의 DTFS 계수들은

$$\begin{aligned} X[k] &= \frac{1}{N}\sum_{n=0}^{31}\cos(3\pi/8n)e^{-jk\Omega_o n} \\ &= \frac{1}{2N}\sum_{n=0}^{31}e^{-j(k\Omega_o+3\pi/8)n} + \frac{1}{2N}\sum_{n=0}^{31}e^{-j(k\Omega_o-3\pi/8)n} \end{aligned}$$

이 된다. 각각의 기하급수를 더하면,

$$X[k] = \frac{1}{2N}\frac{1 - e^{-j(k\Omega_o+3\pi/8)32}}{1 - e^{-j(k\Omega_o+3\pi/8)}} + \frac{1}{2N}\frac{1 - e^{-j(k\Omega_o-3\pi/8)32}}{1 - e^{-j(k\Omega_o-3\pi/8)}}$$

가 되고, 다음과 같이 다시 쓸 수 있다.

$$\begin{aligned} X[k] &= \left(\frac{e^{-j(k\Omega_o+3\pi/8)16}}{2Ne^{-j\frac{1}{2}(k\Omega_o+3\pi/8)}}\right)\frac{e^{j(k\Omega_o+3\pi/8)16} - e^{-j(k\Omega_o+3\pi/8)16}}{e^{j(k\Omega_o+3\pi/8)/2} - e^{-j(k\Omega_o+3\pi/8)/2}} \\ &\quad + \left(\frac{e^{-j(k\Omega_o-3\pi/8)16}}{2Ne^{-j(k\Omega_o-3\pi/8)/2}}\right)\frac{e^{j(k\Omega_o-3\pi/8)16} - e^{-j(k\Omega_o-3\pi/8)16}}{e^{j(k\Omega_o-3\pi/8)/2} - e^{-j(k\Omega_o-3\pi/8)/2}} \\ &= \left(\frac{e^{-j31(k\Omega_o+3\pi/8)/2}}{2N}\right)\frac{\sin(16(k\Omega_o + 3\pi/8))}{\sin((k\Omega_o + 3\pi/8)/2)} \\ &\quad + \left(\frac{e^{-j31(k\Omega_o-3\pi/8)/2}}{2N}\right)\frac{\sin(16(k\Omega_o - 3\pi/8))}{\sin((k\Omega_o - 3\pi/8)/2)}. \end{aligned}$$

$X[k]$와 $X(e^{j\Omega})$를 비교하면 이 예제에 대해 식 (4.36)이 성립함을 확인할 수 있다.

그림 4.53(a)-(c)는 $|X(e^{j\Omega})|$를 점선으로 $N|X[k]|$를 $N = 32$, 60, 120에 대해서 막대로 나타내고 있다. N이 증가함에 따라 $X[k]$는 점점 조밀하게 $X(e^{j\Omega})$를 샘플링하고, DTFS 계수들의 모양은 DTFT에 좀더 가까워짐을 알 수 있다. ■

많은 응용 분야에서 단지 M개의 $x[n]$값만을 이용할 수 있고, 이 M개의 값 이외의 신호의 특성은 알지 못한다. DTFS는 길이 M열을 갖는 DTFT의 샘플이다. DTFS를 구할 때 $N > M$인 경우로 선택하여 시행하는 것은 '0으로 메우기(zero padding)'로 알려져 있다. 이

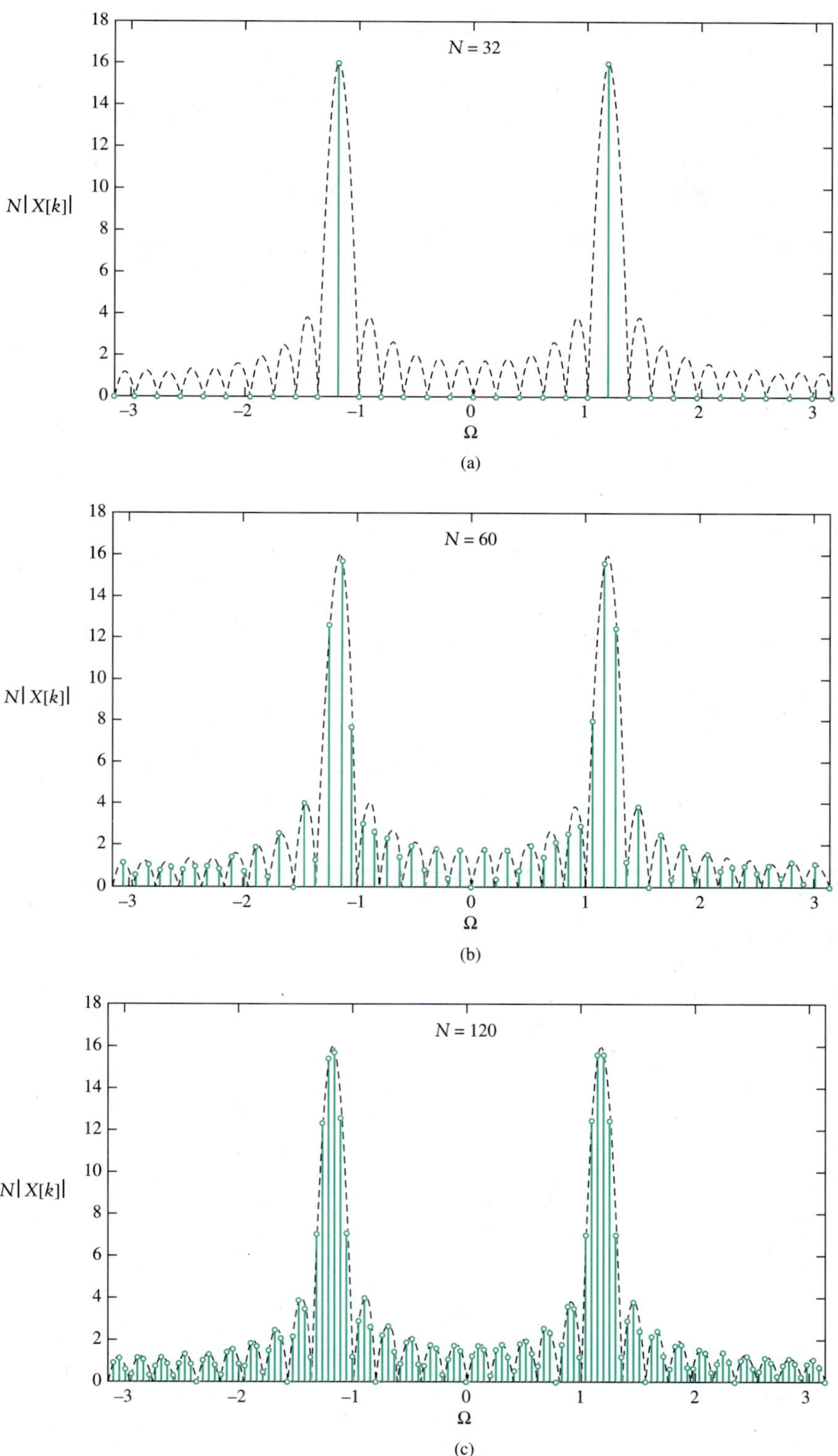

그림 4.53 DTFT와 32-포인트 코사인의 길이 N인 DTFS. 점선은 $|X(e^{j\Omega})|$이고 막대는 $N|X[k]|$를 나타낸다. (a) $N = 32$, (b) $N = 60$, (c) $N = 120$

것은 $x[n]$의 이용 가능한 M개의 값에 $N-M$개의 0을 추가 혹은 메우는 것으로 볼 수 있기 때문이다. '0으로 메우기'는 $x[n]$의 단지 M개의 값만 알고 있는 것에 대한 어떠한 한계도 극복할 수 없다. 앞의 예제에서 보인 것과 같이, 이것은 단지 길이 M인 DTFT를 좀더 조밀하게 샘플링하는 것에 지나지 않는다.

▶ **연습문제 4.13** 유한구간 비주기 신호

$$x[n] = \begin{cases} 1, & 0 \le n \le 31 \\ 0, & \text{그 밖의 범위} \end{cases}$$

의 DTFT를 이용하여 한 주기가

$$\tilde{x}[n] = \begin{cases} 1, & 0 \le n \le 31 \\ 0, & 32 \le n \le N. \end{cases}$$

(a) $N = 40$, (b) $N = 64$를 가지는 신호 $\tilde{x}[n]$의 DTFS 계수를 찾아라.

해답:

$$\tilde{x}[n] \xleftrightarrow{DTFS;\,2\pi/N} \tilde{X}[k]$$

(a)

$$\tilde{X}[k] = e^{-jk31\pi/40}\frac{\sin(k32\pi/40)}{40\sin(k\pi/40)}$$

(b)

$$\tilde{X}[k] = e^{-jk31\pi/64}\frac{\sin(k32\pi/64)}{64\sin(k\pi/64)}.$$

4.8.2 푸리에 급수와 푸리에 변환의 관계

FS 계수와 유한구간 비주기 신호의 FT와의 관계는 위에서 언급한 이산시간의 경우와 유사하다. $x(t)$가 T_o의 구간을 갖는다고 하자. 즉,

$$x(t) = 0, \quad t < 0, \quad \text{또는} \quad t > T_o$$

이다.

$$\tilde{x}(t) = \sum_{m=-\infty}^{\infty} x(t + mT)$$

와 같이 $x(t)$를 주기적으로 확장시켜서 $T \ge T_o$인 주기 신호 $\tilde{x}(t)$를 만든다. $\tilde{x}(t)$의 FS 계수는

$$\begin{aligned}\tilde{X}[k] &= \frac{1}{T}\int_0^T \tilde{x}(t)e^{-jk\omega_o t}\,dt \\ &= \frac{1}{T}\int_0^{T_o} x(t)e^{-jk\omega_o t}\,dt\end{aligned}$$

가 된다. $\tilde{x}(t)$의 FT는

$$X(j\omega) = \int_{-\infty}^{\infty} x(t)e^{-j\omega t}\,dt = \int_0^{T_o} x(t)e^{-j\omega t}\,dt$$

와 같이 정의된다. 따라서 $\widetilde{X}[k]$를 $X(j\omega)$와 비교하면

$$\widetilde{X}[k] = \frac{1}{T}X(j\omega)\bigg|_{\omega=k\omega_o}$$

임을 알 수 있다. FS 계수는 T에 의해 정규화된 FT의 샘플이다.

4.9 이산시간 푸리에 급수의 계산적 응용

DTFS는 주파수와 시간 영역 모두에서 유한 크기의 이산 계수에 관계된다. 다른 모든 푸리에 표현들은 시간이나 주파수 영역 둘 중 하나에서 연속이다. 따라서 DTFS는 컴퓨터로 계산할 수 있는 유일한 푸리에 표현 방법이고, 신호를 다루는 계산 도구로 널리 이용된다.

이 절에서는, 연속시간 신호의 FT를 근사화하기 위한 DTFS의 사용법을 살펴보기로 한다.

FT는 연속시간 비주기 신호에 적용하는 것이다. DTFS 계수는 이산시간 신호의 N개의 값을 가지고 계산된다. FT의 근사화 계산으로 DTFT를 사용하기 위해서, 연속시간 신호를 샘플링해야 하고 최대 N개의 샘플을 보유해야 한다. 샘플링 간격이 T_s이고 연속시간 신호의 $M<N$인 샘플을 갖는다고 가정하자. 그림 4.54는 각 단계의 과정을 보여준다. 이제 해결해야 할 문제는 어떻게 하면 DTFS 계수 $Y[k]$를 $x(t)$의 FT인 $X(j\omega)$에 효과적으로 근사화할 수 있는지를 결정하는 것이다. 샘플링과 창함수의 적용 둘 다 근사화 오차의 주원인이 된다.

샘플링으로 유도될 수 있는 오차는 에일리어싱이 그 원인이 된다. $x_\delta(t) \xleftrightarrow{FT} X_\delta(j\omega)$라고 놓자. 식 (4.23)은

$$X_\delta(j\omega) = \frac{1}{T_s}\sum_{k=-\infty}^{\infty} X(j(\omega - k\omega_s)) \tag{4.38}$$

임을 가리킨다. 여기서 $\omega_s = 2\pi/T_s$이다. $-\omega_a<\omega<\omega_a$ 구간에서 $X(j\omega)$를 근사화할 때, $x(t)$는 $\omega_m \geq \omega_a$인 최대 주파수 ω_m을 갖는 유한 대역의 신호라고 가정하자. 그림 4.55에서 보여주는 바와 같이 $-\omega_a<\omega<\omega_a$에서의 에일리어싱은 $\omega_s>\omega_m + \omega_a$를 만족하는 T_s를 선택함으로써 방지할 수 있다. 즉,

$$T_s < \frac{2\pi}{\omega_m + \omega_a} \tag{4.39}$$

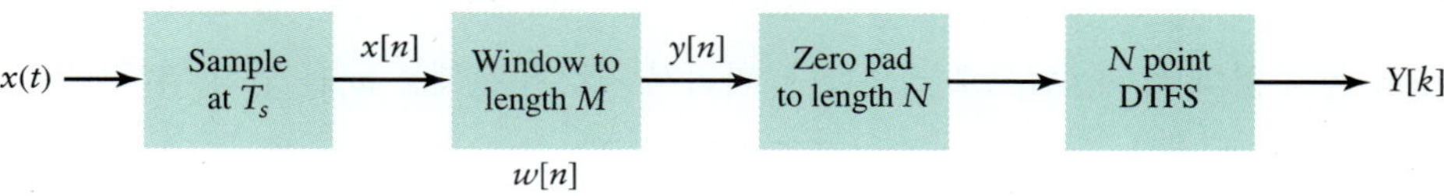

그림 4.54 DTFS를 FT로의 근사화와 관계되는 과정을 나타낸 블록 다이어그램

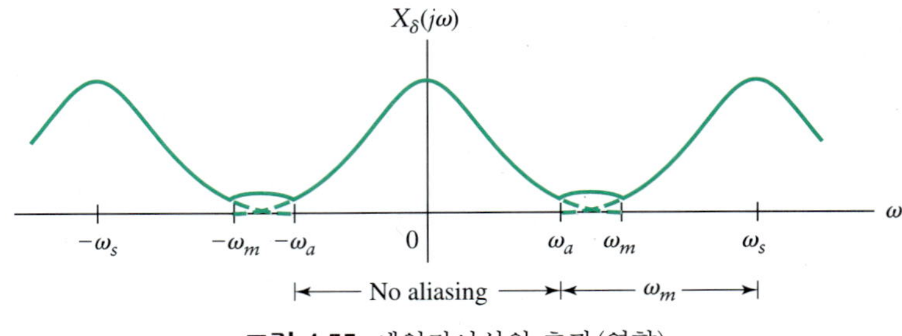

그림 4.55 에일리어싱의 효과(영향)

임이 요구된다.

길이 M인 창함수의 적용은 주기적 콘벌루션

$$Y(e^{j\Omega}) = \frac{1}{2\pi} X(e^{j\Omega}) \circledast W(e^{j\Omega})$$

에 일치한다. 여기서 $x[n] \xleftrightarrow{DTFT} X(e^{j\Omega})$이고 $W(e^{j\Omega})$는 창의 주파수 응답이다. 콘벌루션 적분에서 $\Omega = \omega T_s$의 변수를 치환함으로써 연속시간 주파수 ω의 식으로 주기 콘벌루션을 다시 쓸 수 있다. 따라서

$$Y_\delta(j\omega) = \frac{1}{\omega_s} X_\delta(j\omega) \circledast W_\delta(j\omega) \tag{4.40}$$

를 얻을 수 있다. $X_\delta(j\omega)$는 식 (4.38)에서 주어졌고, $y_\delta(t) \xleftrightarrow{FT} Y_\delta(j\omega)$이며, $\omega_\delta(t) \xleftrightarrow{FT} W_\delta(j\omega)$이다. $X_\delta(j\omega)$와 $W_\delta(j\omega)$는 둘 다 같은 주기 ω_s를 가진다. 그러므로 주기 콘벌루션은 길이 ω_s인 구간에서 이루어진다. 그리고

$$w[n] = \begin{cases} 1, & 0 \le n \le M-1 \\ 0, & \text{그 밖의 범위} \end{cases}$$

이기 때문에,

$$W_\delta(j\omega) = e^{-j\omega T_s(M-1)/2} \frac{\sin(M\omega T_s/2)}{\sin\left(\frac{\omega T_s}{2}\right)} \tag{4.41}$$

를 얻는다.

그림 4.56은 $|W_\delta(j\omega)|$의 한 주기에 대한 그림을 나타낸다. 식 (4.40) 콘벌루션의 효과는 $X_\delta(j\omega)$의 스펙트럼 윤곽을 불선명하게 하거나 완화시키는 것이다. 이러한 불선명 효과(smearing)는 스펙트럼을 자세하게 분해하는 데 한계를 준다. 불선명의 정도는 $W_\delta(j\omega)$의 주엽(mainlobe)의 폭에 따른다. 창함수의 적용으로 인한 분해능의 손실을 정확하게 정량화하는 것은 어려운 일이다. 스펙트럼을 주엽의 폭보다 더 자세히 분해할 수는 없으므로 **분해능**(resolution)을 주엽의 폭 ω_s/M으로 정의한다. 따라서 지정된 분해능 ω_r을 얻기 위해서는

$$\boxed{M \ge \frac{\omega_s}{\omega_r}} \tag{4.42}$$

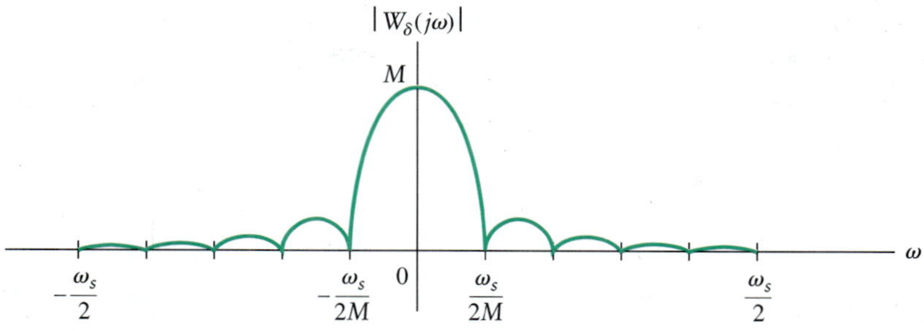

그림 4.56 M-포인트 창함수의 진폭 응답(magnitude response)

가 필요하다. ω_s를 대입하고, 이를 다시 쓰면

$$MT_s \geq \frac{2\pi}{\omega_r}$$

가 된다. MT_s가 $x(t)$의 샘플링이 이루어진 전체 시간임을 생각하면 이 시간 구간이 $2\pi/\omega_r$보다 커야 함을 알 수 있다.

DTFS $y[n] \xleftrightarrow{DTFS;\, 2\pi/N} Y[k]$는 DTFT $Y(e^{j\Omega})$를 $2\pi/N$의 간격으로 샘플링한 것이다. 즉, $Y[k] = (1/N)Y(e^{jk2\pi/N})$이 된다. 연속시간 주파수 ω의 식으로 나타내면, 이 샘플들은 $2\pi/(NT_s) = \omega_s/N$의 구간에 위치하게 된다. 즉,

$$Y[k] = \frac{1}{N}Y_\delta(jk\omega_s/N) \tag{4.43}$$

이 된다. 만일 원하는 샘플링 간격이 적어도 $\Delta\omega$ 이상이라면,

$$\boxed{N \geq \frac{\omega_s}{\Delta\omega}} \tag{4.44}$$

의 조건이 필요하다. 따라서 에일리어싱이 발생하지 않고 M을 창함수의 적용에 의한 결과의 손실을 방지할 만큼 충분히 크게 선택한다면, DTFS 근사화는 다음 식에 의해서 원신호의 스펙트럼과 관련되어진다.

$$Y[k] \approx \frac{1}{NT_s}X(jk\omega_s/N).$$

다음의 예제는 식 (4.39), (4.42), (4.44)를 이용하여 DTFS를 FT에 근사화하는 방법을 보여준다.

예제 4.15 감쇠 정현파를 FT하기 위한 DTFS. 근사화 DTFS를 이용하여 신호

$$x(t) = e^{-t/10}u(t)(\cos(10t) + \cos(12t)).$$

의 FT에 근사화하라. 관심을 갖는 주파수 대역은 $-20 < \omega < 20$이고 원하는 샘플링 간격은 $\Delta\omega = \pi/20$ [rad/s]라고 가정하라. (b) $\omega_r = 2\pi$ [rad/s], (b) $\omega_r = 2\pi/5$ [rad/s], (c) $\omega_r = 2\pi/25$ [rad/s]

에 대해 DTFS를 FT에 근사화한 결과를 비교하라.

풀이: DTFS 근사화를 평가하기 위해, 우선 $x(t)$의 FT를 계산한다. $f(t) = e^{-t/10}u(t)$, $g(t) = \cos(10t) + \cos(12t)$라 하면 $x(t) = f(t)g(t)$가 된다.

$$F(j\omega) = \frac{1}{j\omega + \frac{1}{10}}$$

$$G(j\omega) = \pi\delta(\omega + 10) + \pi\delta(\omega - 10) + \pi\delta(\omega + 12) + \pi\delta(\omega - 12)$$

와 변조 특성을 이용하면,

$$X(j\omega) = \frac{1}{2}\left(\frac{1}{j(\omega + 10) + \frac{1}{10}} + \frac{1}{j(\omega - 10) + \frac{1}{10}} + \frac{1}{j(\omega + 12) + \frac{1}{10}} + \frac{1}{j(\omega - 12) + \frac{1}{10}}\right)$$

을 얻을 수 있다. 이제 $X(j\omega)$의 첫 번째 항과 마지막 두 항을 공통 분모로 나눈다.

$$X(j\omega) = \frac{\frac{1}{10} + j\omega}{\left(\frac{1}{10} + j\omega\right)^2 + 10^2} + \frac{\frac{1}{10} + j\omega}{\left(\frac{1}{10} + j\omega\right)^2 + 12^2}. \quad (4.45)$$

관심 구간의 최대 주파수가 20으로 주어졌으므로 $\omega_a = 20$ [rad/s]이다. 샘플링 구간을 찾기 위한 식 (4.39)를 이용하기 위해서는 $x(t)$에 존재하는 가장 큰 주파수인 ω_m을 결정해야 한다. 식 (4.45)의 $X(j\omega)$가 엄격하게 대역폭 제한(bandlimited)이 되지 않으면, $\omega >> 12$일 때 진폭 스펙트럼 $|X(j\omega)|$는 $1/\omega$만큼 감소한다. $|X(j500)|$이 $|X(j20)|$보다 1/10도 안되게 작고, 관심 구간의 최대 주파수이면서 에일리어싱이 발생하는 가장 가까운 주파수이기 때문에 $X(j\omega)$는 $\omega_m = 500$으로 효과적으로 제한된다고 가정할 수 있다. 이는 $-20 < \omega < 20$에서 에일리어싱을 방지할 수는 없지만 실제 모든 용도에 대해서 이 구간에서의 에일리어싱 효과를 작게 만들 수 있다.

$$T_s < 2\pi/520 = 0.0121 \text{ s}.$$

위의 조건을 만족하기 위해서, $T_s = 0.01$ s를 선택한다.

주어진 T_s에서 샘플들의 개수 M은 식 (4.42)에 의해 결정된다.

$$M \geq \frac{200\pi}{\omega_r}.$$

그러므로 (a) $\omega_r = 2\pi$에서는 $M = 100$, (b) $\omega_r = 2\pi/5$에서는 $M = 500$, (c) $\omega_r = 2\pi/25$에서는 $M = 2{,}500$으로 결정한다.

마지막으로 DTFS의 길이 N은 다음과 같이 식 (4.44)를 만족해야 한다.

$$N \geq \frac{200\pi}{\Delta\omega}.$$

$\Delta\omega = \pi/20$을 대입하면 $N \geq 4{,}000$이 얻어지므로 $N = 4{,}000$을 선택한다.

DTFS 계수는 T_s, M, N의 값을 이용하여 계산한다. 그림 4.57은 FT와 DTFS 근사화를 비교하고 있다. 각 그림에서 실선은 $|X(j\omega)|$를 나타내고, 막대는 DTFS의 근사화한 값 $NT_s|Y[k]|$를 나타낸다. $x(t)$가 실수이므로 $|X(j\omega)|$와 $|Y[k]|$는 모두 우대칭이다. 따라서 단지 구간 $0 < \omega < 20$만 나타낸다. 그림 4.57(a)는 $M = 100$, (b)는 $M = 500$, (c)는 $M = 2{,}500$의 경우를 나타낸다. M이 커지

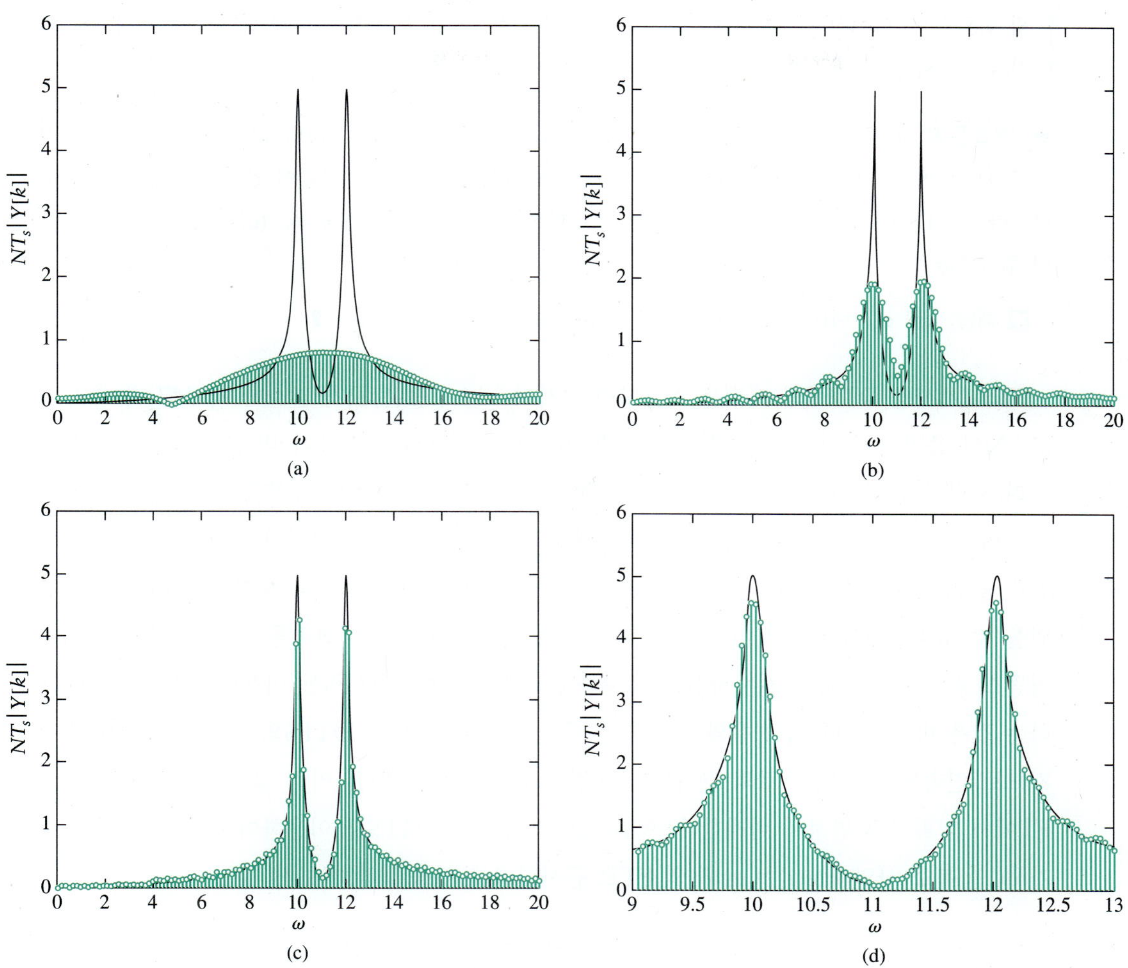

그림 4.57 $x(t) = e^{-1/10}u(t)(\cos(10t) + \cos(12t))$의 FT로 DTFS의 근사화. 실선은 각각 $|X(j\omega)|$를 나타내고 막대는 근사화한 값 $NT_s|Y[k]|$를 나타낸다. $|X(j\omega)|$와 $|Y[k]|$는 모두 우대칭이므로 구간 $0 < \omega < 20$만 나타낸다. (a) $M = 100$, $N = 4{,}000$, (b) $M = 500$, $N = 4{,}000$, (c) $M = 2{,}500$, $N = 4{,}000$, (d) $9 < \omega < 13$일 때 $M = 2{,}500$, $N = 16{,}000$

고 ω_r이 작아짐에 따라 근사화 성능은 향상된다. $M = 100$인 경우에는 분해능($2\pi \approx 6$)이 두 꼭지점(peak) 사이의 거리보다 크게 되고 분리된 꼭지점이 존재하는 것을 알 수 없다. 이 스펙트럼에서 제대로 근사화된 부분은 단지 꼭지점에서 떨어진 완만한 부분이다. $M = 500$일 때는 분해능($2\pi/5 \approx 1.25$)이 꼭지점 사이보다 작고 비록 손상되긴 했지만 꼭지점이 명확하게 구분된다. 꼭지점 부분을 제외하면 근사화 성능은 개선되었다. (c)의 경우, 분해능($2\pi/25 \approx 0.25$)이 두 꼭지점 사이보다 훨씬 작고 전체 주파수 영역에 걸쳐 근사화 성능이 보다 더 향상되었음을 볼 수 있다.

하지만, 여전히 (c)의 경우에 꼭지점 부분이 정확하게 나타나지 않는 것을 알 수 있다. 이것은 분해능 한계가 M에 의해 제한되기 때문이거나 충분히 작은 구간으로 DTFS가 샘플링되지 않았기 때문이다. 그림 4.57(d)에서는 $M = 2{,}500$으로 유지하면서 N을 16,000으로 증가시킨다. 꼭지점 부근의 스펙트럼 영역 $9 < \omega < 13$을 보여주고 있다. N이 4배 커지면 주파수 샘플링 구간은 4배 감소한다. 그

림 4.57(c)에서 제시된 것보다는 작아졌지만 여전히 각 꼭지점을 표현하는 데 있어서 어느 정도의 오차를 발견할 수 있다. ∎

▶ **연습문제 4.14** 샘플링 간격 $T_s = 2\pi \times 10^{-3}$ s, 샘플의 개수 $M = 1{,}000$이라고 하고, $N = 2{,}000$까지 0으로 메우기를 한다고 할 때, $X(j\omega)$가 $\omega_m = 600$ rad/s로 대역 제한되어 있다고 한다. 다음을 구하여라. (a) DTFS가 정확히 FT로 근사화되는 주파수 대역 ω_a, (b) 분해능 ω_r, (c) 주파수 영역의 샘플링 주기 $\Delta\omega$

해답: (a) $\omega_a = 400$ rad/s, (b) $\omega_r = 1$ rad/s, (c) $\Delta\omega = 0.5$ rad/s ∎

FT의 계산을 DTFT의 계수를 이용하여 근사화하는 성능은 T_s가 감소하고, MT_s가 증가하고, N이 증가함에 따라 향상된다. 하지만 메모리의 한계와 하드웨어 비용과 같은 실제적인 고려 사항들을 감안한다면 이와 같은 파라미터를 선택하는 범위는 제약을 받기 때문에 어느 정도의 절충안을 찾아야 한다. 예를 들어, 메모리가 제한된다면 근사화가 유효한 범위 내에서 T_s를 늘리고 주파수 영역을 줄임으로써 결과적으로 MT_s를 증가시켜 보다 향상된 분해능을 얻을 수 있다. 주기 신호의 FT는 FS 계수의 대응값에 비례하는 면적을 가지는 연속된 값의 임펄스 함수들을 포함한다는 사실을 주지하자. 주기 신호의 DTFS를 이용하여 FT를 근사화하는 것은 비주기 신호의 경우와 약간 다른 특성을 가진다. 이는 DTFS의 계수가 이산값을 가지므로 연속된 값 임펄스로의 근사화가 적절하지 않기 때문이다. 이런 경우에 DTFS 계수는 FT에서 임펄스의 면적에 비례한다. 이를 보이기 위해서 DTFS를 이용하여 진폭이 a, 주파수가 ω_o인 복소 사인파 $x(t) = ae^{j\omega_o t}$의 FT로 근사화하는 것을 생각해 보자.

$$x(t) \xleftrightarrow{FT} X(j\omega) = 2\pi a\delta(\omega - \omega_o).$$

$X(j\omega)$를 식 (4.38)에 대입하면

$$X_\delta(j\omega) = \frac{2\pi}{T_s} a \sum_{k=-\infty}^{\infty} \delta(\omega - \omega_o - k\omega_s)$$

를 얻는다. $\omega_s = 2\pi/T_s$임을 고려하여 $X_\delta(j\omega)$를 식 (4.40)에 대입하면 샘플링 후 창을 씌운 복소 사인파의 FT로서

$$Y_\delta(j\omega) = a \sum_{k=-\infty}^{\infty} W_\delta(j(\omega - \omega_o - k\omega_s))$$

가 얻어진다. $W_\delta(j\omega)$는 식 (4.41)로 주어져 있다. $W_\delta(j\omega)$가 주기 ω_s를 가진다는 점을 이용하면, 위 식을 다음과 같이 간략화할 수 있다.

$$Y_\delta(j\omega) = aW_\delta(j(\omega - \omega_o)). \tag{4.46}$$

식 (4.43)의 응용은 DTFS 계수가 샘플링 후 창을 씌운 복소 사인파

$$Y[k] = \frac{a}{N} W_\delta\left(j\left(k\frac{w_s}{N} - \omega_o\right)\right) \tag{4.47}$$

와 관련이 있음을 알려준다. 그러므로, 복소 사인파의 FT로의 DTFS의 근사화는 진폭이 a에 비례하고 주파수 응답의 중심이 ω_o에 위치하는 창의 FT의 샘플들로 구성된다.

$N = M$(0으로 메우기를 하지 않음)을 선택하고 복소 사인파의 주파수가 $\omega_o = m\omega_s/M$을 만족한다면 DTFS는 $W_\delta(j(\omega - \omega_o))$의 주엽의 꼭지점과 0점 교차점에서 $W_\delta(j(\omega - \omega_o))$를 샘플링한 것이 된다. 결과적으로

$$Y[k] = \begin{cases} a, & k = m \\ 0, & 0 \le k \le M - 1\text{인 그 밖의 범위} \end{cases}$$

임을 알 수 있다. 이러한 특별한 경우 FT에서 크기가 $2\pi a$인 연속값의 임펄스들은 크기 a인 이산값의 임펄스로 근사화된다.

임의의 주기 신호는 조화 진동하는(harmonically) 복소 사인파의 가중치 합으로 FS를 표현하게 된다. 따라서 일반적으로 DTFS를 이용하여 FT를 근사화하는 것은 이동된 창 주파수 응답에 가중치를 주어 더한 샘플들로 구성된다. 다음의 예제는 이런 효과를 보여준다.

예제 4.16 **정현파의 DTFS 근사화 주기 신호.** $x(t) = \cos(2\pi(0.4)t) + \frac{1}{2}\cos(2\pi(0.45)t)$의 FT를 근사화하기 위해 DTFS를 이용하라. 관심을 갖는 주파수 대역은 $-10\pi < \omega < 10\pi$이고 원하는 샘플링 간격은 $\Delta\omega = 2\pi/M$이다. (a) $\omega_r = \pi/2$, (b) $\omega_r = \pi/100$의 분해능에 대한 DTFS 근사값을 계산하라.

풀이: 우선 $x(t)$의 FT가

$$X(j\omega) = \pi\delta(\omega + 0.8\pi) + \pi\delta(\omega - 0.8\pi) + \frac{\pi}{2}\delta(\omega + 0.9\pi) + \frac{\pi}{2}\delta(\omega - 0.9\pi)$$

임을 상기하라.

관심을 갖는 최대 주파수는 $\omega_a = 10\pi$이고, 이는 $X(j\omega)$의 가장 높은 주파수보다 훨씬 크므로 에일리어싱 효과는 고려하지 않아도 되며, $\omega_s = 2\omega_a$로 선택할 수 있다. 이는 $T_s = 0.1$임을 말한다. 샘플의 수 M은 ω_s를 식 (4.54)에 대입함으로써 다음과 같이 결정된다.

$$M \ge \frac{20\pi}{\omega_r}.$$

(a)의 경우에 분해능을 구하기 위해서 $M \ge 40$인 샘플들이 필요한 반면 (b)의 경우에는 $M \ge 2{,}000$을 선택해야 한다. 여기서는 (a)에서 $M = 40$을 (b)는 $M = 2{,}000$을 선택한다. 주파수에서의 원하는 샘플링 구간은 $N = M$임을 가리키므로 0으로 메우기는 필요하지 않다.

이 신호는 복소 사인파의 가중치 합이므로 DTFS에 의해 샘플링될 FT, $Y(j\omega)$는

$$Y_\delta(j\omega) = \frac{1}{2}W_\delta(j(\omega + 0.8\pi)) + \frac{1}{2}W_\delta(j(\omega - 0.8\pi)) + \frac{1}{4}W_\delta(j(\omega + 0.9\pi)) + \frac{1}{4}W_\delta(j(\omega - 0.9\pi))$$

와 같이 이동된 창 주파수 응답의 가중합이다.

(a)의 경우 $W_\delta(j\omega)$는

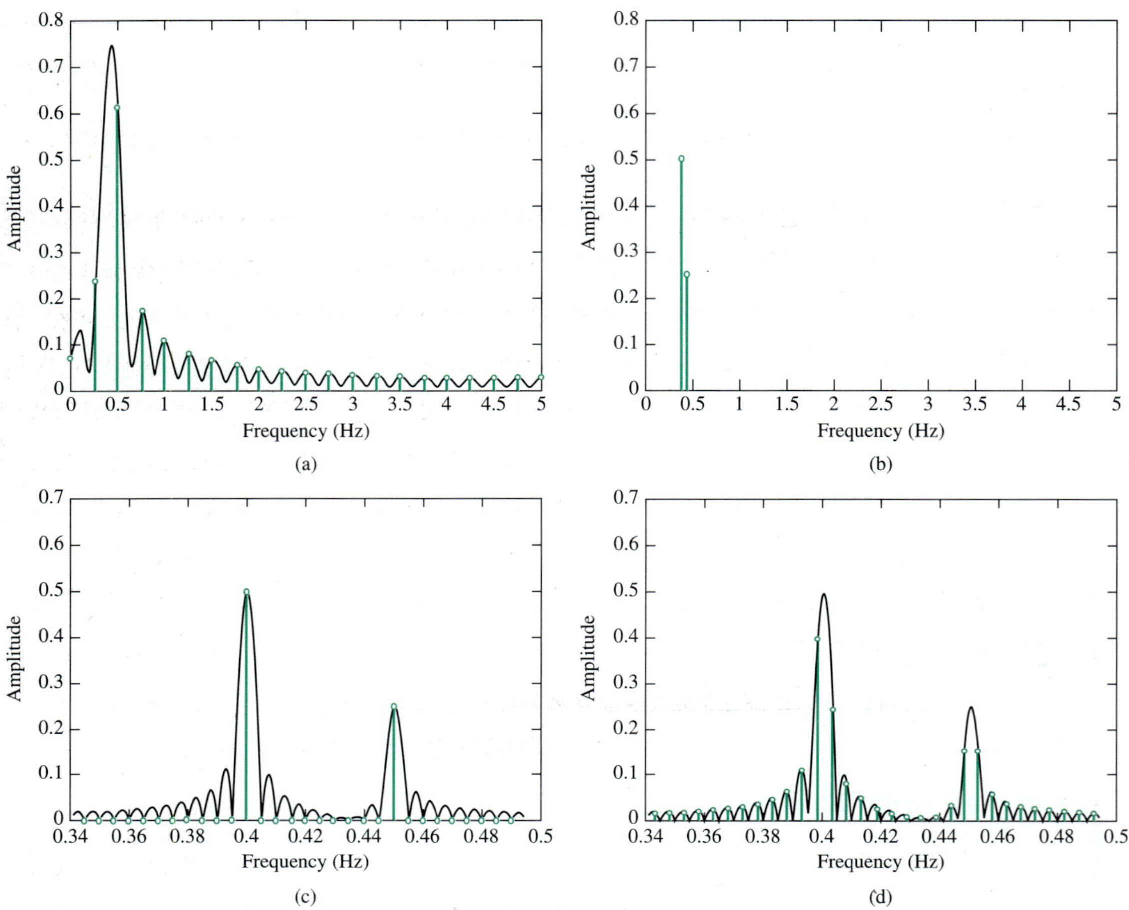

그림 4.58 $x(t) = \cos(2\pi(0.4)t) + \cos(2\pi(0.45)t)$의 DTFS의 근사화. 막대는 $|Y[k]|$를 나타내고 실선은 $(1/M)|Y_\delta(j\omega)|$를 나타낸다. 주파수 축은 편의상 헤르츠 단위로 나타내었고, 양수 부분만 나타내었다. (a) $M = 40$, (b) $M = 2{,}000$, (c) $M = 2{,}000$에 대한 사인 성분 주파수 부근의 경향, (d) $M = 2{,}010$에 대한 사인 성분 주파수 부근의 경향

$$W_\delta(j\omega) = e^{-j\omega 39/20}\frac{\sin(2\omega)}{\sin(\omega/20)}$$

가 된다. (b)의 경우는 다음과 같다.

$$W_\delta(j\omega) = e^{-j\omega 1999/20}\frac{\sin(100\omega)}{\sin(\omega/20)}.$$

그림 4.58(a)에서 막대는 $M = 40$일 때의 $|Y[k]|$를 나타내고 실선은 양의 주파수에 해당하는 $(1/M)|Y_\delta(j\omega)|$를 나타낸다. 편의상 축을 rad/s가 아닌 Hz의 단위로 선택하였다. 이 경우 $\omega_r = \pi/2$ 또는 0.25 Hz의 최소 분해능이 두 사인파 성분의 간격보다 5배 크다. 따라서 $|Y[k]|$ 혹은 $(1/M)|Y_\delta(j\omega)|$에서 두 사인 성분의 존재를 확인할 수 없다. 그림 4.58(b)는 $M = 2{,}000$일 때의 $|Y[k]|$를 보여준다. 그림 4.58(c)에서 $|Y[k]|$는 막대로 $(1/M)|Y_\delta(j\omega)|$는 실선으로 나타내며, 사인 성분을 포함하여 주파수 대

역에서 확대하였다. 이 경우 최소 분해능은 두 사인 성분의 간격보다 1/10만큼 작게 되고, 두 사인 성분의 존재를 명확하게 확인할 수 있다. $Y_\delta(j\omega)$를 샘플링한 DTFS의 간격은 $2\pi/200$ 또는 0.005 Hz이다. 각 사인파의 주파수는 샘플링 간격의 정수배가 되고, 따라서 $Y[k]$는 $Y_\delta(j\omega)$를 주엽의 꼭지점에서 한 번 샘플링하고 나머지는 0점 교차점에서 샘플링한 것이 된다. 그러므로 각 성분의 크기는 $|Y[k]|$에서 정확하게 반영된다.

그림 4.58(d)는 $M = 2{,}010$일 때 $|Y[k]|$와 $(1/M)|Y_\delta(j\omega)|$를 보여준다. $M = 2{,}000$일 때의 분해능보다 약간 좋은 결과를 보인다. 그러나 이 경우 각 사인 성분의 주파수는 $Y_\delta(j\omega)$를 샘플링한 DTFS의 간격의 정수배가 아니다. 결과적으로 $Y_\delta(j\omega)$는 주엽의 꼭지점과 0점 교차점에서의 샘플링된 값이 아니다. 분해능이 두 성분의 존재를 확실히 나타내기에 충분한 반면, $|Y[k]|$로부터 직접 각 성분의 크기를 결정할 수 없다.

실제적으로, 정현파의 주파수가 알려진 경우는 드물고, 따라서 $Y_\delta(j\omega)$가 주엽의 꼭지점과 0점 교차점에서 샘플링되도록 M을 선택하는 것은 불가능하다. 많은 경우에, 정현파의 주파수와 진폭을 동시에 결정하려고 노력한다. 이 경우, 정현파의 진폭과 주파수는 0으로 메워지는 점에서 결정되고, $Y[k]$가 $Y_\delta(j\omega)$를 샘플링하되, 진폭의 꼭지점과 주엽의 위치를 알아낼 수 있도록 해야 한다. ▮

▶ **연습문제 4.15** 신호 $x(t) = a\cos(2.4\pi t)$라 하고, 최대 관심 주파수는 $\omega_r = 5\pi$이며 0으로 메워짐은 없다고 한다. 이 경우, DTFS 근사화에서 사용되는 꼭지점 값의 계수가 a를 결정하도록 최대 샘플링 간격 T_s와 샘플의 최소 개수 M을 찾아라. DTFS 계수가 최대값을 가지도록 결정한다.

해답: $T_s = 0.2$ s, $M = 25$, $X[6]$에서 최대값을 가진다. $X[k]$는 25의 주기를 가지며, 대칭성을 가진다. 즉, $X[-6] = X[6]$이다. ▮

4.10 DTFS를 계산하는 데 유용한 알고리듬

DTFS의 계산 도구로서의 역할은 정, 역방향의 DTFS를 계산하는 데 유용한 알고리듬의 가용성에 의해 크게 확장된다. 이런 알고리듬들은 총체적으로 **고속 푸리에 변환**(fast Fourier transform) 혹은 **FFT 알고리듬**으로 일컫는다. 이러한 고속 알고리듬은 낮은 차수 DTFS 급수로 DTFS를 쪼개는 "분할과 합병(divide and conquer)" 원리와 복소 사인 함수 $e^{jk2\pi n}$의 대칭성과 주기성을 이용하여 작동한다. 낮은 차수 DTFS를 계산하고 결합하는 것은 원래 DTFS보다 적은 계산 과정이 요구된다. 그래서 fast라는 명칭이 붙게 되었다. 쪼개는 과정으로부터 발생하는 계산량 절감의 이득을 보이고자 한다.

DTFS쌍은

$$X[k] = \frac{1}{N}\sum_{n=0}^{N-1} x[n]e^{-jk\Omega_o n}$$

과

$$x[n] = \sum_{k=0}^{N-1} X[k]e^{jk\Omega_o n}. \tag{4.48}$$

의 표현을 이용하여 계산할 수 있음을 기억하라. 이러한 표현은 N으로 표준화하는 것과 복소 함수의 부호를 제외하고는 서로 상당히 유사하다. 그러므로 같은 기본 알고리듬을 이용하여 이를 계산할 수 있다. 단지 부차적인 변동만 필요하다. 식 (4.48)의 계산을 생각해 보고자 한다.

n 하나의 값에 대한 식 (4.48)의 직접적인 계산은 N번의 복소 곱셈과 $N-1$번의 복소 덧셈이 필요하다. 그러므로 $x[n]$, $0 \le k \le N-1$을 계산하기 위해서는 N^2의 복소 곱셈과 $N^2 - N$의 복소 덧셈이 필요하다. 이것이 어떻게 감소될 수 있는지 보이기 위해 N은 짝수라 가정한다. 그러면

$$X_e[k] = X[2k], \quad 0 \le k \le N' - 1$$

이고

$$X_o[k] = X[2k+1], \quad 0 \le k \le N' - 1$$

과 같이 쓸 수 있고, $X[k]$, $0 \le k \le N-1$을 짝수 성분과 홀수 성분의 신호로 나눈다. 여기서 $N' = N/2$이고,

$$x_e[n] \xleftrightarrow{DTFS;\Omega'_o} X_e[k], \quad x_o[n] \xleftrightarrow{DTFS;\Omega'_o} X_o[k]$$

이다. $\Omega'_o = 2\pi/N'$이다. 식 (4.48)을 N' DTFS 계수들인 $X_e[k]$와 $X_o[k]$의 조합으로 나타내면,

$$\begin{aligned} x[n] &= \sum_{k=0}^{N-1} X[k]e^{jk\Omega_o n} \\ &= \sum_{k\,\text{even}} X[k]e^{jk\Omega_o n} + \sum_{k\,\text{odd}} X[k]e^{jk\Omega_o n} \end{aligned}$$

이 된다. 짝수 성분과 홀수 성분을 각각 $2m$과 $2m+1$과 같이 쓰면,

$$x[n] = \sum_{m=0}^{N'-1} X[2m]e^{jm2\Omega_o n} + \sum_{m=0}^{N'-1} X[2m+1]e^{j(m2\Omega_o n + \Omega_o n)}$$

이 된다. $X_e[k]$, $X_o[k]$의 정의와 $\Omega'_o = 2\Omega_o$를 앞 식에 대입하면,

$$\begin{aligned} x[n] &= \sum_{m=0}^{N'-1} X_e[m]e^{jm\Omega'_o n} + e^{j\Omega_o n}\sum_{m=0}^{N'-1} X_o[m]e^{jm\Omega'_o n} \\ &= x_e[n] + e^{j\Omega_o n}x_o[n], \quad 0 \le n \le N-1 \end{aligned}$$

을 얻는다. 이는 $x[n]$이 $x_e[n]$과 $x_o[n]$의 가중합임을 알 수 있다.

$x_e[n]$과 $x_o[n]$의 주기적 성질을 이용하여 이 결과를 더 간단히 할 수 있다. $x_e[n+N'] = x_e[n]$, $x_o[n+N'] = x_o[n]$과 $e^{j(n+N')\Omega_o} = -e^{jn\Omega_o}$를 사용하면,

$$x[n] = x_e[n] + e^{jn\Omega_o}x_o[n], \quad 0 \le n \le N' - 1 \tag{4.49}$$

을 $x[n]$의 첫 번째 N' DTFS값으로 얻고,

$$x[n+N'] = x_e[n] - e^{jn\Omega_o}x_o[n], \quad 0 \le n \le N' - 1 \tag{4.50}$$

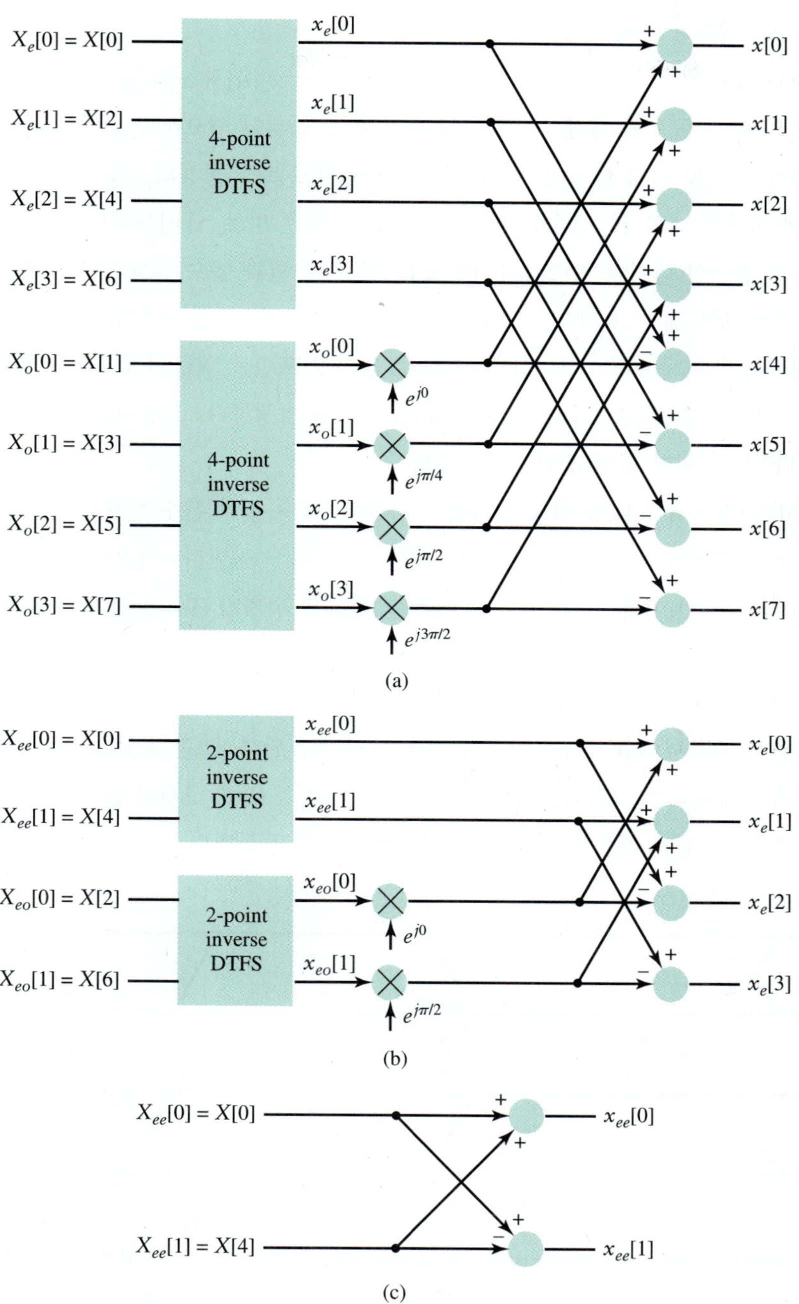

그림 4.59 낮은 차수 역DTFS의 조합으로 역DTFS를 분할하는 과정을 나타내는 블록 다이어그램. (a) 두 개의 4-포인트 역DTFS의 표현으로 나타낸 8-포인트 역DTFS, (b) 2-포인트 역DTFS의 표현으로 나타낸 4-포인트 역DTFS, (c) 2-포인트 역DTFS

을 두 번째 N'으로 얻는다. 그림 4.59(a)는 $N = 8$에 대해 식 (4.49)와 (4.50)의 계산 과정을 도식적으로 보여준다. 두 식에서 모두 $e^{jn\Omega_o}$를 단지 한번만 곱하면 되는 것을 볼 수 있다.

나머지 연산은 더하기와 빼기이다.

식 (4.49)와 (4.50)에서 요구되는 계산을 생각해 보자. $x_e[n]$과 $x_o[n]$을 구하기 위해서는 전체 $N^2/2$번의 복소 곱셈에 대해 각각 $(N')^2$번의 복소 곱셈이 필요하다. $e^{-j\Omega_o n}x_o[n]$을 계산하기 위해 추가적인 N'번의 곱셈이 필요하다. 따라서 전체 복소 곱셈의 수는 $N^2/2 + N/2$가 된다. 큰 N에 대해서 대략 $N^2/2$으로 근사화되는데, 이것은 바로 $x[n]$을 구하기 위해서 요구되는 곱셈 수의 절반인 셈이다. 만일 $x_e[k]$와 $x_o[k]$를 짝수 열과 홀수 열로 더 나누게 되면, 계산 과정에서 추가적인 절약 효과를 얻을 수 있다. 예를 들어, 그림 4.59(b)는 $N = 8$에 대해 $x_e[n]$을 계산하기 위해 4-포인트 역DTFS를 두 개의 2-포인트 역DTFS로 어떻게 분할하는지를 보여주고 있다. 가장 큰 이득은 N이 2의 급수일 때 발생한다. 그림 4.59(c)에서처럼 2-포인트 역DTFS는 어떠한 곱셈도 필요하지 않다.

그림 4.60은 $N = 8$에 대해 FFT 계산을 나타낸다. 짝수 열과 홀수 열로의 반복적인 분할은 입력 단에서 DTFS의 계수들의 순서를 변경하는 것부터 시작한다. 이러한 순서의 변경을 **비트-역순**(bit-reversal)이라 일컫는데, 그 이유는 $X[k]$의 위치가 지표 k에 대한 2진 표현의 비트를 역순을 취함으로써 결정되기 때문이다. 예를 들면, $X[6]$은 지표 $k = 6$을 갖는다. $k = 6$을 2진 표현으로 나타내면 $k = 110_2$와 같다. 이제 비트를 역순으로 취하면 $k' = 011_2$ 또는 $k' = 3$이 된다. 따라서 $X[6]$은 세 번째 위치에 나타나게 된다. 그림 4.59(c)에서는 FFT의 각각의 단계에서 중복되는(그림 4.60 참조) 기본적인 2개의 입력, 2개의 출력 구조를 나타내고 있으며, 이는 그 생김새 때문에 **버터플라이**(butterfly)라고 불린다.

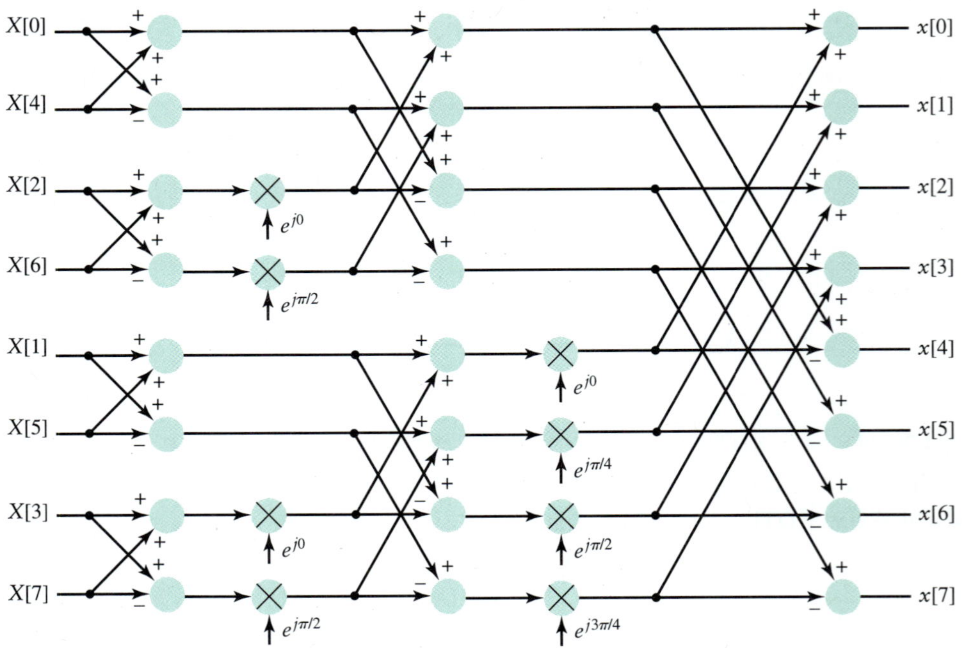

그림 4.60 $N = 8$일 때 $X[k]$로부터 $x[n]$을 계산하는 FFT 알고리듬의 블록 다이어그램

2의 거듭제곱수인 N에 대한 FFT 알고리듬은 $N\log_2(N)$ 차수의 복소 곱셈이 필요하다. 이것은 N이 클 때 N^2에 상대적으로 극단적인 계산 절약을 보여줄 수 있다. 예를 들어, 만일 $N = 8{,}192$ 또는 2^{13}이라면, 직접적인 방법은 FFT 알고리듬보다 대략 630배의 산술 연산이 필요하게 된다.

여기서는 위치에 주의해야 한다. 많은 소프트웨어(software)들이 FFT 알고리듬을 수행하는 루틴을 포함하고 있다. 불행하게도, $1/N$ 인자의 위치는 규격화되어 있지 않다. 몇몇 루틴은 여기서처럼 DTFS 계수 $X[k]$를 표현할 때 $1/N$을 놓지만, 어떤 루틴에서는 시간 신호 $x[n]$의 표현에서 $1/N$을 둔다. 또 다른 관행을 따르자면, $X[k]$와 $x[n]$에 대한 각각의 표현에 $1/\sqrt{N}$을 놓는 것이다. 이러한 관행들은 DTFS 계수 $X[k]$에 N 혹은 $\sqrt{N}$을 곱하는 효과만을 갖게 된다.

4.11 MATLAB 실습

4.11.1 데시메이션과 내삽법

데시메이션은 이산시간 신호의 유효 샘플링률(effective sampling rate)을 줄여주는 반면에, 내삽법은 유효 샘플링률을 높여준다. 데시메이션은 신호를 저대역 필터에 통과시킨 후 샘플링하는 것이고, 내삽법은 샘플들 사이에 영점들을 집어 넣고, 저대역 필터를 통과시킨다. MATLAB의 신호처리 도구 상자(Signal Processing Toolbox)에 이런 데시메이션과 내삽법을 위한 몇 가지 기능들이 있다. 모두 데시메이션과 내삽법에 필요한 저대역 필터를 자동으로 설계하고 처리해 준다. **y = decimate(x,r)**는 벡터 **x**로 표현된 신호를 양의 정수 인자 **r**만큼 데시메이트하여 벡터 **y**에 저장한다. 벡터 **y**의 길이는 벡터 **x**보다 **r**로 나눈 만큼 짧아지게 된다. 비슷하게 **y = interp(x,r)**은 벡터 **x**로 표현된 신호를 양의 정수 인자 **r**만큼 내삽하여 **y**에 저장하는 데 벡터 **x**보다 **r**배만큼 길이가 길어지게 된다. **y = resample(x,p,q)**는 **x**의 신호를 원래의 샘플링률보다 **p/q**배 하여 다시 샘플링한다. **p**와 **q**는 양의 정수들이며 처음에 **p**만큼 내삽하고 **q**만큼 데시메이트한 것과 같다. 벡터 **y**는 **x**보다 **p/q**배만큼 길어진다. 그러나, **x**의 시작점과 끝점 값이 0과 차이가 많이 날수록, 다시 샘플링된 수열 **y**의 양끝 부근에서 원 신호와의 오차는 커지게 된다.

연속시간 신호를 45 kHz로 샘플링하여 다음과 같은 이산시간 신호를 얻었다고 하자.

$$x[n] = e^{-\frac{n}{15}}\sin\left(\frac{2\pi}{13}n + \frac{\pi}{8}\right),\quad 0 \le n \le 59.$$

이를 이용하면 같은 연속시간 신호로부터 30 kHz로 샘플링했을 때의 결과를 알 수 있다. 즉, 샘플링률을 $30/45 = 2/3$만큼 바꾼 것과 같으며 **resample** 함수를 이용하면 다음과 같이 구현할 수 있다.

```
>> x = exp(-[0:59]/15).*sin([0:59]*2*pi/13 + pi/8);
>> y = resample(x,2,3);
>> subplot(2,1,1)
>> stem([0:59],x);
>> title('Signal sampled at 45 kHz'); xlabel('Time');
>> ylabel('Amplitude')
>> subplot(2,1,2)
>> stem([0:39],y);
>> title('Signal sampled at 30 kHz');
   xlabel('Time'); ylabel('Amplitude')
```

원신호와 다시 샘플링한 신호의 결과는 그림 4.61에 있다.

4.11.2 이산시간 푸리에 급수를 이용한 이산시간 푸리에 변환

식 (4.36)은 N개로 이루어진 유한 신호의 이산시간 푸리에 급수 계수들이 이산시간 푸리에 변환에서 N개를 샘플링한 결과와 같음을 말한다. 3.19절에서 말했듯이, MATLAB 명령어

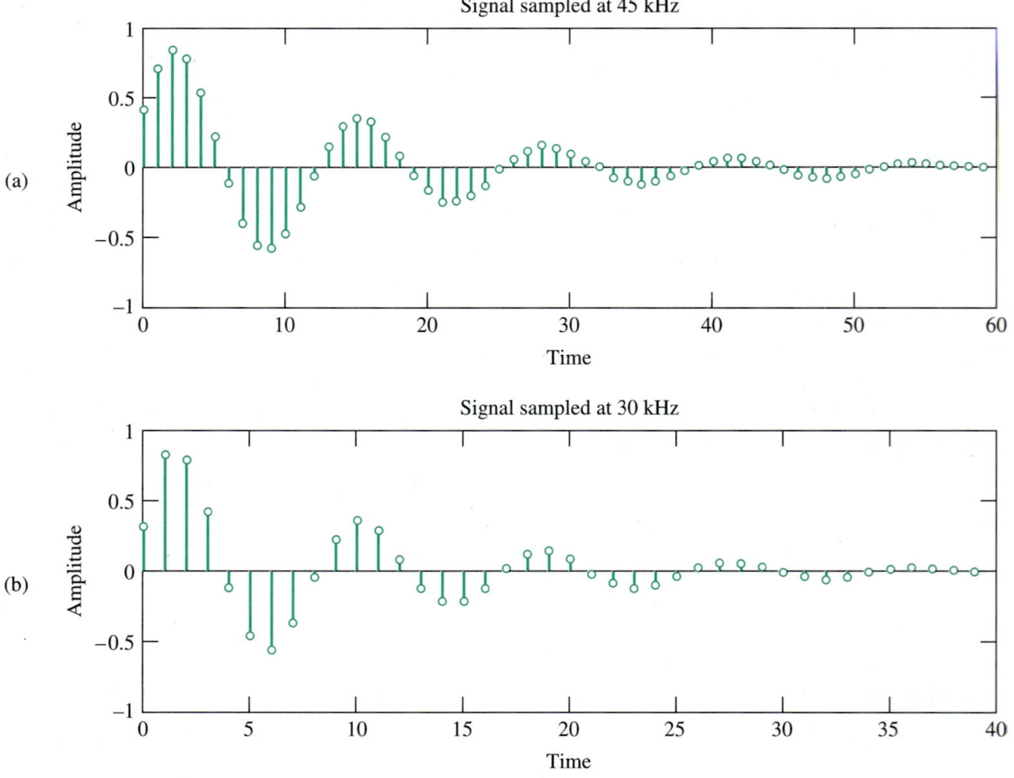

그림 4.61 원신호 (a)와 MATLAB를 사용하여 다시 샘플링한 신호 (b)

fft는 이산시간 푸리에 급수의 계수들을 N번 구한다. 따라서 **fft**는 유한신호의 이산시간 푸리에 변환의 샘플링 값을 바로 계산하게 된다. 이산시간 푸리에 급수를 계산하기 전에 유한 신호에 0점들을 더하는 것을 0으로 메우기(zero padding)라고 하며, 결과는 이산시간 푸리에 변환에서 더 좁은 간격으로 샘플링한 것과 같게 된다. 0으로 메우기는 **fft**에서 계산해야 할 계수들의 개수를 더 써 주기만 하면 쉽게 구현할 수 있다. 유한시간 신호를 표현한 길이 M의 벡터가 있고, $M <$ **n**이라고 할 때, **X = fft(x,n)**은 **x**의 뒤에 0들을 메워 길이를 **n**으로 만든 뒤 이산시간 푸리에 변환에서 **n**개를 샘플링한다. **n**이 M보다 작은 경우에는 **fft(x,n)**는 **x**의 길이를 잘라서 **n**개로 만든 뒤 계산한다.

X를 샘플링하기 위한 주파수들은 0에서 시작하여 2π/**n** 간격을 가지는 길이 n의 벡터로 표현할 수 있다. 예를 들면, **w = [0:(n-1)]*2*pi/n**라는 명령을 통해 각 샘플링 주파수를 계산할 수 있는데 이는 **X**가 $0 \le \Omega < 2\pi$의 주파수 영역을 가지는 이산시간 푸리에 변환이기 때문이다. 때로는 이산시간 푸리에 변환을 0을 가운데로 한 $-\pi < \Omega \le \pi$ 영역에서 보는 경우가 더 편할 수가 있다. MATLAB 명령 **Y = fftshift(X)**는 **X**의 좌측과 우측을 맞바꿔 주파수 0을 가운데 위치하도록 해준다. **Y**의 각 점에 대응하는 주파수 값들은 **w = [-n/2:(n/2-1)]*2*pi/n**을 통해 구할 수 있다.

다시 예제 4.14에서 $|X(e^{j\Omega})|$를 MATLAB를 이용하여 각 구간 (a) $2\pi/32$, (b) $2\pi/60$, (c) $2\pi/120$에서 구해 보기로 하자.

$$x[n] = \begin{cases} \cos\left(\frac{3\pi}{8}n\right), & 0 \le n \le 31 \\ 0, & \text{그 밖의 범위.} \end{cases}$$

(a)의 경우 32개의 0이 아닌 값들을 가지는 신호에서 32개의 이산시간 푸리에 급수를 계산한다. (b)와 (c)의 경우에는 0을 채워 각각 60개와 120개의 신호로 만든 후 이산시간 푸리에 변환에서 지정된 주파수 간격으로 샘플링한다. 다음 명령어들을 통해 값을 계산하고 $-\pi < \Omega \le \pi$ 간격에서 결과를 그려보자.

```
>> n = [0:31];
>> x = cos(3*pi*n/8);
>> X32 = abs(fftshift(fft(x))); %32개의 이산시간 푸리에 급수의 크기
>> X60 = abs(fftshift(fft(x,60))); %60개의 이산시간 푸리에 급수의 크기
>> X120 = abs(fftshift(fft(x,120))); %120개의 이산시간 푸리에 급수의 크기
>> w32 = [-16:15]*2*pi/32; w60 = [-30:29]*w*pi/60;
>> w120 = [-60:59]*2*pi/120;
>> stem(w32,X32); % 그림 4.53(a)
>> stem(w60,X60); % 그림 4.53(b)
```

```
>> stem(w120,X120); % 그림 4.53(c)
```

결과는 4.53 (a)-(c)의 그림에 나타나 있다.

4.11.3 이산시간 푸리에 급수를 계산하기 위한 응용 프로그램

앞에서 설명했듯이, MATLAB의 **fft** 명령은 이산시간 푸리에 급수를 계산하고 푸리에 변환의 근사 계산을 하기 위해 사용하였다. 특히 예제 4.15와 4.16에서는 대략적인 이산시간 푸리에 급수를 구하기 위해서도 **fft**를 사용하였다. 예제 4.16의 경우에도 동일한 명령어들을 사용한다.

```
>> ta = 0:0.1:3.9; % (a)경우의 시간 샘플들
>> tb = 0:0.1:199.9; % (b)경우의 시간 샘플들
>> xa = cos(0.8*pi*tb) + 0.5*cos(0.9*pi*ta);
>> xb = cos(0.8*pi*tb) + 0.5*cos(0.9*pi*tb);
>> Ya = abs(fft(xa)/40); Yb = abs(fft(xb)/2000);
>> Ydela = abs(fft(xa,8192)/40); % (a)경우의 1/M
   Y_delta(j omega) 계산
>> Ydelb = abs(fft(xab.16000)/2000); % (b)경우의 1/M
   Y_delta(j omega) 계산
>> fa = [0:19]*5/20; fb = [0:999]*5/1000;
>> fdela = [0:4095]*5/4096;fdelb = [0:7999]*5/8000;
>> plot(fdela,Ydela(1:4192)) % 그림 4.58(a)
>> hold on
>> stem(fa, Ya(1:20))
>> xlabel('Frequency (Hz)'); Ylabel('Amplitue')
>> hold off
>> plot (fdelb(560:800),Ydelb(560:800)) %그림 4.58(c)
>> hold on
>> stem(fb(71:100),Yb(71:100))
>> xlabel('Frequency (Hz)'); ylabel('Amplitude')
```

fft를 이용하여 $(1/M)Y_{\delta}(j\omega)$를 계산하기 위해 $x[n]$에 비해 상대적으로 많은 수의 0점들을 채웠다. 0으로 메우기는 푸리에 급수 형태로 구해지는 이산시간 푸리에 변환 샘플들 간의 간격을 줄여준다. 따라서 많은 양의 0으로 메우기를 통해 이산시간 푸리에 변환에 근접할 만큼 매끄러운 그림을 **plot**을 사용하여 그려줄 수 있다. 0으로 메우기를 하지 않고 **plot**을 사용할 경우에는 훨씬 거친 형태의 이산시간 푸리에 변환 그림이 그려지게 된다(그림 4.62 참조). 명령

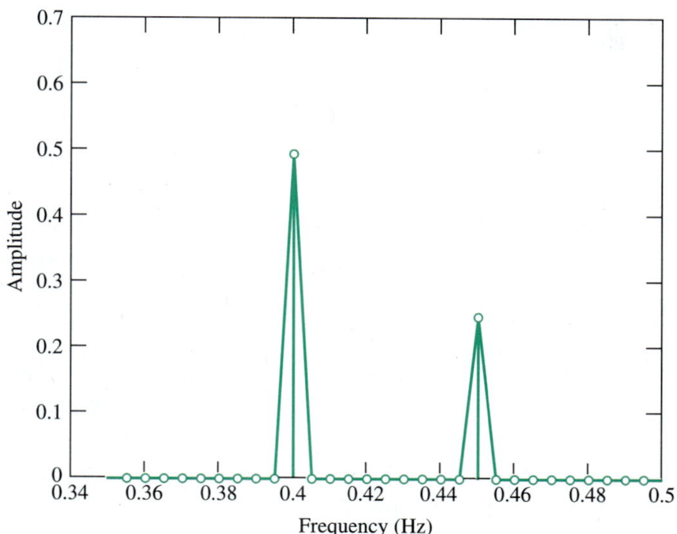

그림 4.62 MATLAB 명령 **plot**을 사용하여 예제 4.16(b)의 이산시간 푸리에 급수를 그린 경우

어들은 다음과 같다.

```
>> plot(fb(71:100),Yb(71:100))
>> hold on
>> stem(fb(71:100),Yb(71:100))
```

여기서 **plot** 명령을 통해 나타낸 해당 주파수는 삼각형 중심에 위치한다. 이 경우 **plot** 명령의 수행은 **Yb**값들을 직선으로 연결하기 때문에 삼각형을 도출하게 된다.

fft 명령은 4.10절에서 설명한 분할과 합병(divide and conquer) 원리에 기반을 둔 고속 푸리에 변환이라는 효율적인 계산 알고리듬을 이용한다.

4.12 요 약

푸리에 표현을 적용하는 과정에서 여러 신호들의 합성이 자주 발견된다. 이 장에서는 다른 종류의 신호를 합성하는 경우를 설명하기 위해서 다른 푸리에 표현 사이의 관계를 정립하였다.

- 주기 신호와 비주기 신호
- 연속시간 신호와 이산시간 신호

신호와 선형 시불변 시스템의 관계(예: 필터링)에서나 신호에 대한 기본적인 다른 조작(예: 두 신호의 곱셈)에서는 주기 신호와 비주기 신호는 종종 상호 작용을 한다. 연속시간 신호를 샘플링하거나 샘플로부터 연속시간 신호를 재구성할 때, 연속시간 신호와 이산시간 신호 간의 합성이 나타난다. 또한 계산 과정에서 푸리에 변환을 근사 계산하기 위해 이산시간 푸리에 급수를 사용하는 것도 신호의 합성과 관련되어 있다. 신호는 각각의 푸리에 표현을 갖고 있으므로, 푸리에 변환을 확장시키지 않는다면 그런 경우는 설명할 수가 없다.

푸리에 표현은 신호들과 시스템 간의 상호 작용을 분석 또는 신호 특성이나 시스템 작용을 컴퓨터로 계산하는 데 사용된다. 이산시간 푸리에 급수는 컴퓨터로 계산할 수 있는 유일한 형태이기 때문에 산술적인 계산에 사용된다. 푸리에 변환과 이산시간 푸리에 변환은 분석에 가장 널리 사용된다. 이런 표현들을 적용하는 데 있어 신호 집단이 혼합된 형태를 종종 접하게 되는데, 이는 신호와 시스템들 간의 상호작용과 신호를 다루는 과정에서 자연적으로 발생하게 된다. 이 장에서는 혼합된 신호 집단을 분석하기 위하여 서로 다른 푸리에 표현들 간의 관계에 대해 설명하였다.

푸리에 변환은 4가지 형태의 신호에 대해 모두 계산할 수 있으므로 분석에 가장 다양하게 사용될 수 있는 표현 방식이다. 푸리에 변환은 연속시간 선형 시불변 시스템과 연속시간 신호를 샘플링한 시스템의 분석, 샘플에서 연속시간 신호의 복구시에 가장 자주 사용된다. 이산시간 푸리에 변환은 이산시간 시스템 분석에 주로 사용되는데, 이산시간 주기 신호를 분석하기 위해 이산시간 푸리에 변환을 유도했었다. 이산시간 푸리에 급수는 푸리에 변환이나 이산시간 푸리에 변환을 근사적으로 계산하기 위해 사용되며, 효율적이거나 빠른 계산 알고리듬의 개발로 넓은 범위의 문제들에 적용할 수 있게 되었다. 지금까지 계산 결과를 바르게 해석하기 위해 이산시간 푸리에 급수와 푸리에 변환, 이산시간 푸리에 급수와 이산시간 푸리에 변환과의 관계를 정립하였다.

푸리에 방식들은 신호와 시스템들을 포함하는 문제를 풀기 위한 분석적이고 산술적인 도구를 제공하는 강력한 방법이다. 통신 시스템을 연구하는 데 중요한 방법으로서 사용되기도 하는데, 이 부분에 대해서는 다음 장에서 살펴보기로 하겠다. 또한 푸리에 변환은 8장에서 다루는 다양한 필터링 기법들에도 이용된다.

참고문헌

1. 샘플링, 복원, 이산시간 신호처리 시스템, 이산시간 푸리에 급수의 계산과 응용, 이산시간 푸리에 급수를 위한 고속 알고리듬 등의 주제들을 상세히 다루는 신호처리 책들:

Proakis, J. G., and D.G. Manolakis, *Digital Signal Processing: Principles, Algorithms and Applications*, 3rd ed. (Prentice Hall, 1995)

Oppenhaim, A. V., R. W. Schafer, and J. R. Buck, *Discrete-Time Signal Processing*, Second Edition. (Prentice Hall, 1999)

Jackson, L. B., *Digital Filters and Signal Processing*, Third Edition (Kluwer,1996)

Roberts, R. A., and C. T. Mullis, *Digital Signal Processing* (Addison-Wesley, 1987)

2. 계산 문제에 있어 이 책에서 사용하는 이산시간 푸리에 급수(DTFS)라는 말 대신에 일반적으로 이산 푸리에 변환(DFT)이라는 용어를 사용한다. 이산 푸리에 변환의 계수는 이산시간 푸리에 급수 계수의 N배이다. 그러나 우리는 이산시간 푸리에 변환과의 혼동을 피하고 일관성을 유지하기 위해 이산시간 푸리에 급수라는 용어를 사용하였다.

3. J. W. Cooley와 J. W. Tukey는 1965년 출판된 "An algorithm for the machine calculation of complex Fourier series," *Mat. Comput.*, vol. 19, pp.297-301에서 이산시간 푸리에 급수를 위한 고속 푸리에 변환 알고리듬을 재조명하는 데 기여하였다. 이 논문은 당시 1960년대 중반까지 걸음마 단계에 머물러 있던 디지털 신호처리 분야의 발전을 획기적으로 가속시켰다. 이산시간 푸리에 급수를 계산하기 위한 고속 알고리듬의 사용으로 많은 수의 디지털 신호처리를 위한 새로운 응용 프로그램들이 개발되었고, 그 결과 새로운 분야의 폭발적인 성장을 가능하게 하였다. 사실, 이 장의 내용 중 대부분은 8장에서 다룰 디지털 신호처리에서 큰 비중을 차지한다.

고속 푸리에 변환의 한 가지 매우 중요한 응용은 신호를 필터링함에 있어 선형 컨벌루션의 계산 수행을 매우 효율적으로 한다는 것이다. 중복 부분 가산이나 중복 부분 제외 같은 기본적인 접근은 입력 신호의 분할로부터 계산된 이산시간 푸리에 급수 계수의 곱을 통하여 컨벌루션을 수행할 수 있게 한다.

유명한 독일 수학자인 칼 프리드릭 가우스(Carl Friedrick Gauss)는 조셉 푸리에의 진동 분석보다 앞선 1805년 이산시간 푸리에 급수 계수들의 계산을 위한 등가적이고 효율적인 알고리듬을 개발했었다. 고속 푸리에 변환이 디지털 신호처리 분야에 끼친 영향을 더 자세히 알고 싶으면 다음 책들을 읽어보기 바란다.

Heideman M. T. D. H. Johnson, and C. S. Burrus, "Gauss and the history of the fast Fourier transform," *IEEE ASSP Magazine*, vol. 1, no. 4, pp. 14-21 October 1984.

J. W. Cooley, "how the FFT gained acceptance," *IEEE Signal Processing Magazine*, vol. 9, no.1, pp. 10-13, January 1992.

아래의 책은 고속 푸리에 변환에 대해 매우 상세하게 다루고 있다.

E. O. Brigham, *The Fast Fourier Transform and Its Applications* (Prentice Hall, 1988)

▶ 추가 문제(Additional Problems)

4.16 다음 주기 함수들의 푸리에 변환을 구하고 크기와 위상 스펙트럼을 그려라.

(a) $x(t) = 2\cos(\pi t) + \sin(2\pi t)$

(b) $x(t) = \sum_{k=0}^{4} \frac{(-1)^k}{k+1}\cos((2k+1)\pi t)$

(c) $x(t)$는 그림 P4.16(a) 참조

(d) $x(t)$는 그림 P4.16(b) 참조

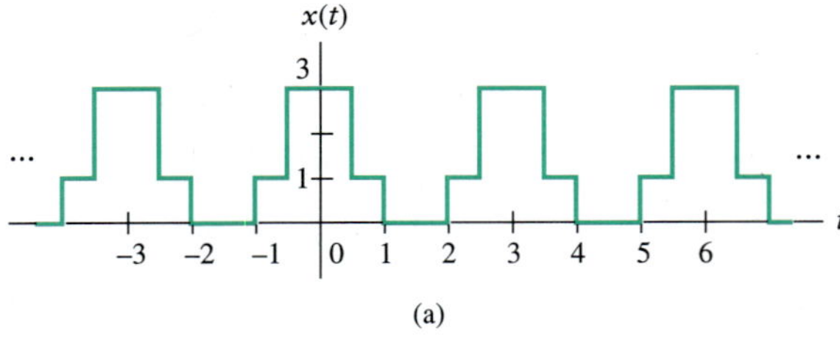

(a)

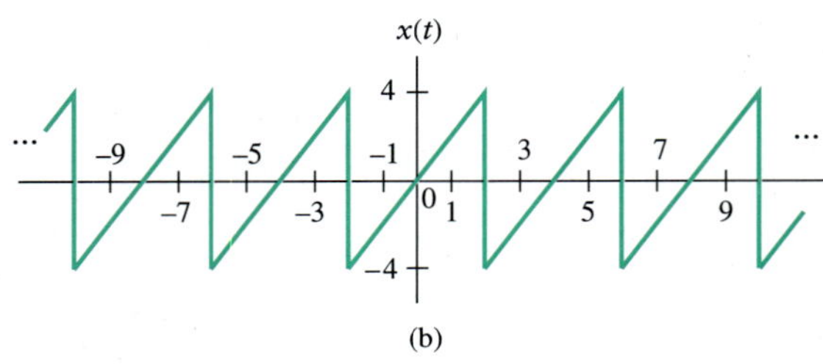

(b)

그림 P4.16

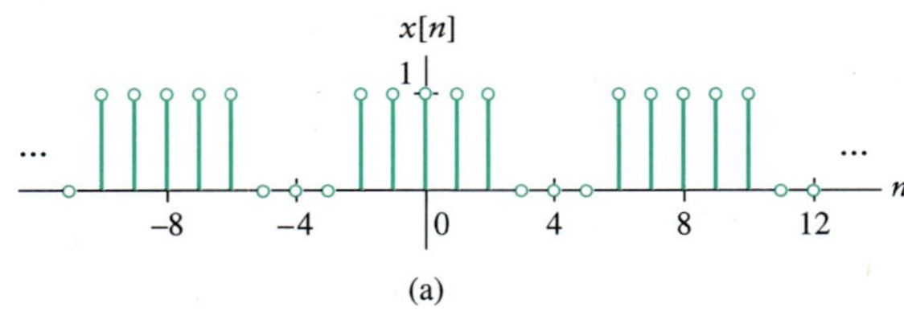

(a)

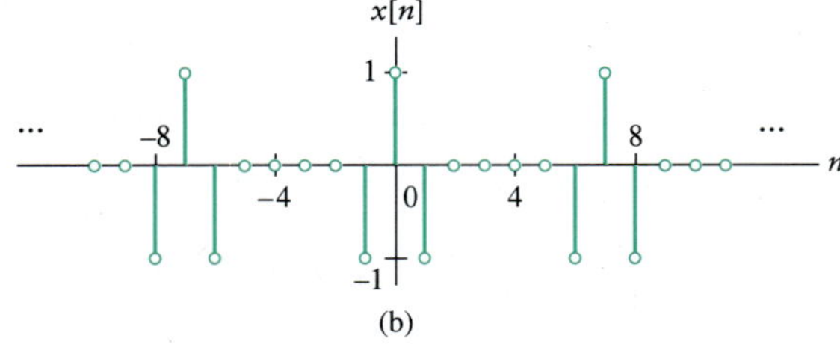

(b)

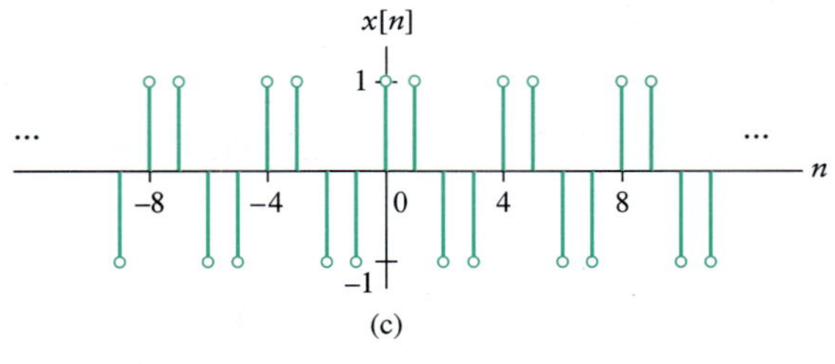

(c)

그림 P4.17

4.17 다음 주기 신호들의 이산시간 푸리에 변환을 구하고 크기와 위상 스펙트럼을 그려라.

(a) $x[n] = \cos\left(\frac{\pi}{8}n\right) + \sin\left(\frac{\pi}{5}n\right)$

(b) $x[n] = 1 + \sum_{m=-\infty}^{\infty}\cos\left(\frac{\pi}{4}m\right)\delta[n-m]$

(c) $x[n]$은 그림 P4.17(a) 참조

(d) $x[n]$은 그림 P4.17(b) 참조

(e) $x[n]$은 그림 P4.17(c) 참조

4.18 다음과 같은 임펄스 응답을 가지는 선형 시불변 시스템이 있다.

$$h(t) = 2\frac{\sin(2\pi t)}{\pi t}\cos(7\pi t).$$

입력이 다음과 같을 때 푸리에 변환을 이용하여 시스템의 출력을 구하라.

(a) $x(t) = \cos(2\pi t) + \sin(6\pi t)$

(b) $x(t) = \sum_{m=-\infty}^{\infty}(-1)^m\delta(t-m)$

(c) $x(t)$는 그림 P4.18(a) 참조

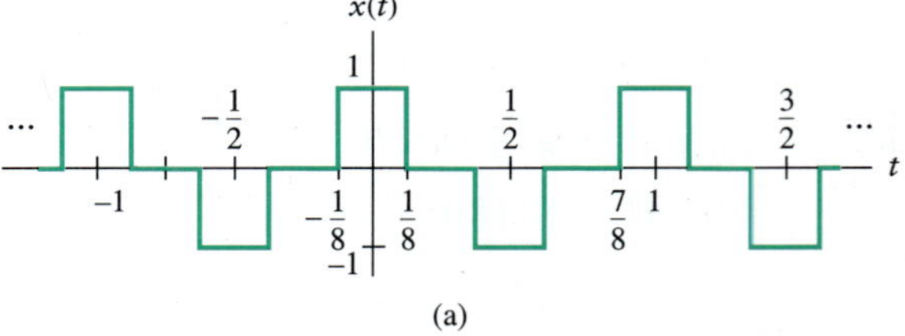

(a)

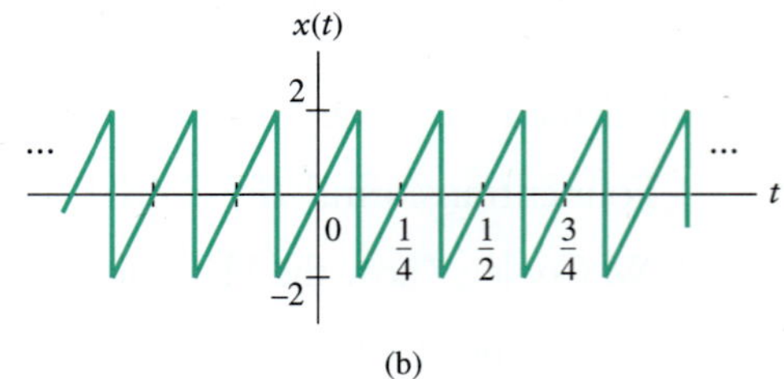

(b)

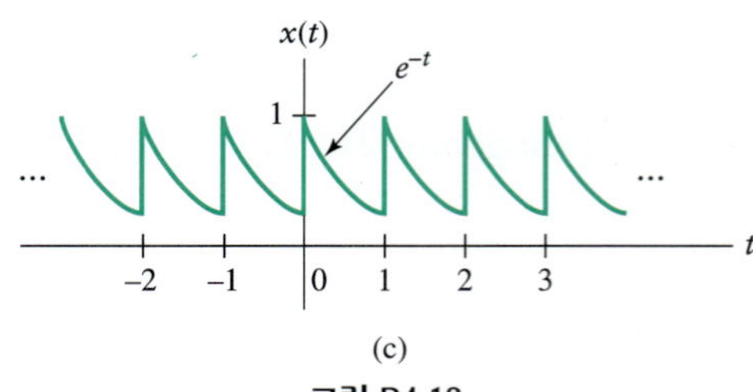

(c)

그림 P4.18

(d) $x(t)$는 그림 P4.18(b) 참조

(e) $x(t)$는 그림 P4.18(c) 참조

4.19 전파 정류기와 RC 회로를 사용하여 그림 P4.19와 같은 직류 전원 장치를 설계하였다. 전파 정류기의 출력이

$$z(t) = |x(t)|$$

로 주어지고

$$H(j\omega) = \frac{Y(j\omega)}{Z(j\omega)} = \frac{1}{j\omega RC + 1}$$

을 RC 회로의 주파수 응답이라 하고, 입력 신호 $x(t) = \cos(120\pi t)$라 가정한다.

(a) $z(t)$의 푸리에 변환을 구하라

(b) $y(t)$의 푸리에 변환을 구하라

(c) $y(t)$의 첫 번째 하모닉스의 변동폭이 평균값의 1% 미만이 되도록 시상수 RC의 범위를 구하라.

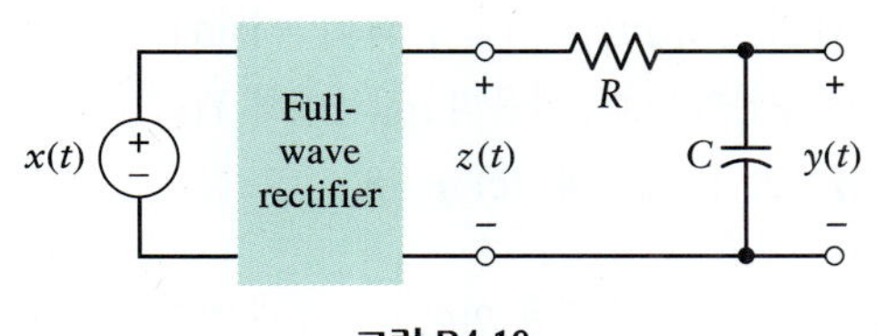

그림 P4.19

4.20 그림 P4.20(a)를 보자. 그림 P4.20(b)는 입력 신호의 푸리에 변환이다. $z(t) \xleftrightarrow{FT} Z(j\omega)$, $y(t) \xleftrightarrow{FT} Y(j\omega)$일 때, 다음 경우들의 $Z(j\omega)$와 $Y(j\omega)$를 그려라.

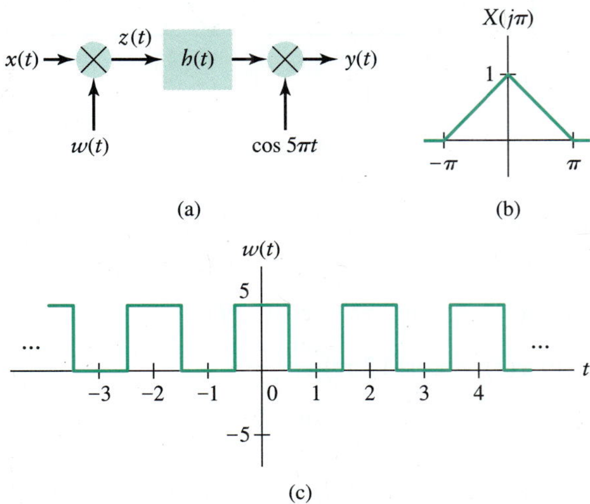

그림 P4.20

(a) $w(t) = \cos(5\pi t)$ and $h(t) = \frac{\sin(6\pi t)}{\pi t}$

(b) $w(t) = \cos(5\pi t)$ and $h(t) = \frac{\sin(5\pi t)}{\pi t}$

(c) w(t)는 그림 4.20(c)와 같고,
$h(t) = \frac{\sin(2\pi t)}{\pi t}\cos(5\pi t)$

4.21 그림 P4.21을 보자. $h(t)$의 임펄스 응답은

$$h(t) = \frac{\sin(11\pi t)}{\pi t}$$

이고

$$x(t) = \sum_{k=1}^{\infty}\frac{1}{k^2}\cos(k5\pi t),\ g(t) = \sum_{k=1}^{10}\cos(k8\pi t)$$

일 때 푸리에 변환을 사용하여 $y(t)$를 구하라.

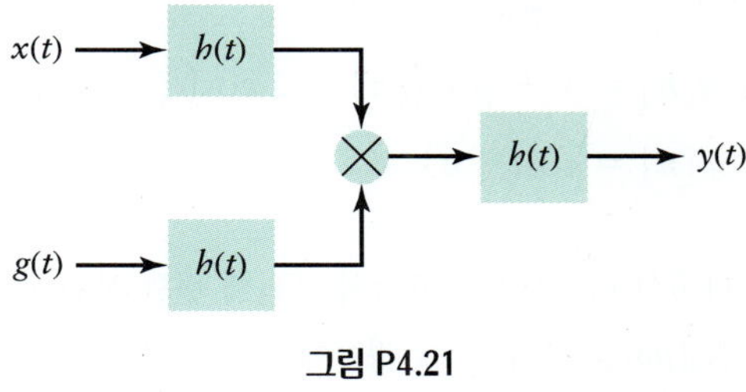

그림 P4.21

4.22 이산시간 시스템의 입력이

$$x[n] = \cos\left(\frac{\pi}{8}n\right) + \sin\left(\frac{3\pi}{4}n\right)$$

일 때, 이산시간 푸리에 변환을 사용하여, 다음과 같은 임펄스 응답을 가지는 시스템의 출력 $y[n]$을 구하라.

(a) $h[n] = \dfrac{\sin\left(\frac{\pi}{4}n\right)}{\pi n}$

(b) $h[n] = (-1)^n\dfrac{\sin\left(\frac{\pi}{2}n\right)}{\pi n}$

(c) $h[n] = \cos\left(\frac{\pi}{2}n\right)\dfrac{\sin\left(\frac{\pi}{5}n\right)}{\pi n}$

4.23 다음 쪽 그림 P4.23의 이산시간 시스템을 보자.

$$h[n] = \frac{\sin\left(\frac{\pi}{2}n\right)}{\pi n}$$

일 때, 이산시간 푸리에 변환을 사용하여 다음 경우들의 출

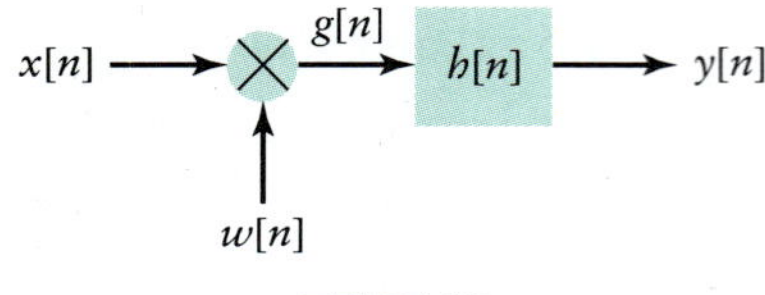

그림 P4.23

력 $y[n]$을 구하고, $g[n]$의 이산시간 푸리에 변환인 $G(j\omega)$를 그려라.

(a) $x[n] = \dfrac{\sin\left(\frac{\pi}{4}n\right)}{\pi n}$, $w[n] = (-1)^n$

(b) $x[n] = \delta[n] - \dfrac{\sin\left(\frac{\pi}{4}n\right)}{\pi n}$, $w[n] = (-1)^n$

(c) $x[n] = \dfrac{\sin\left(\frac{\pi}{2}n\right)}{\pi n}$, $w[n] = \cos\left(\frac{\pi}{2}n\right)$

(d) $x[n] = 1 + \sin\left(\frac{\pi}{16}n\right) + 2\cos\left(\frac{3\pi}{4}n\right)$,
$w[n] = \cos\left(\frac{3\pi}{8}n\right)$

4.24 다음의 이산시간 신호들의 푸리에 변환 $X_\delta(j\omega)$를 구하고, $X_\delta(j\omega)$를 그려라. 각 경우에 샘플링 간격 T_s가 주어져 있다.

(a) $x[n] = \dfrac{\sin\left(\frac{\pi}{3}n\right)}{\pi n}$, $T_s = 2$

(b) $x[n] = \dfrac{\sin\left(\frac{\pi}{3}n\right)}{\pi n}$, $T_s = \frac{1}{4}$

(c) $x[n] = \cos\left(\frac{\pi}{2}n\right)\dfrac{\sin\left(\frac{\pi}{4}n\right)}{\pi n}$, $T_s = 2$

(d) $x[n]$은 그림 4.17(a), $T_s = 4$

(e) $x[n] = \sum_{p=-\infty}^{\infty}\delta[n-4p]$, $T_s = \frac{1}{8}$

4.25 $x(t) = (1/\pi t)\sin(2\pi t)$를 샘플링하였다.

(a) 다음 샘플링 간격으로 샘플링한 신호의 푸리에 변환을 그려라.

(i) $T_s = \dfrac{1}{8}$, (ii) $T_s = \dfrac{1}{3}$
(iii) $T_s = \dfrac{1}{2}$, (iV) $T_s = \dfrac{2}{3}$

(b) $x[n] = x(nT_s)$일 때, (a)의 각 샘플링 간격에 대하여 $x[n]$의 이산시간 푸리에 변환 $X(e^{j\Omega})$를 그려라.

4.26 그림 P4.26과 같은 푸리에 변환을 갖는 연속시간 신호 $x(t)$를 샘플링하였다.

(a) 다음의 샘플링 간격에 대해 샘플링한 신호의 푸리에 변환을 그리고, 각 경우에 에일리어싱의 발생 여부를 확인하라.

(i) $T_s = \dfrac{1}{14}$, (ii) $T_s = \dfrac{1}{7}$, (iii) $T_s = \dfrac{1}{5}$

(b) $x[n] = x(nT_s)$일 때, (a)의 각 샘플링 간격에 대하여 $x[n]$의 이산시간 푸리에 변환 $X(e^{j\Omega})$를 그려라.

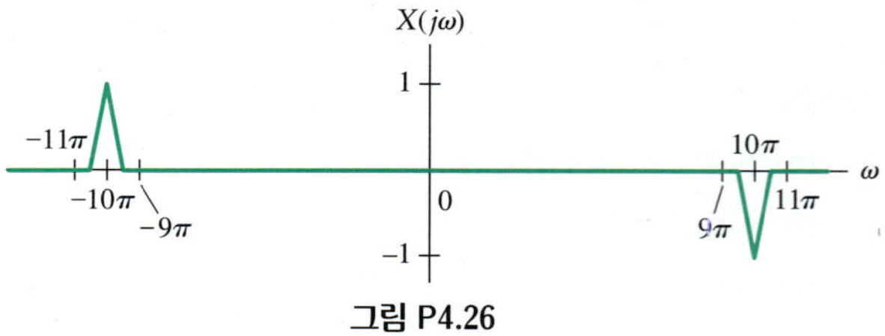

그림 P4.26

4.27 $y[n] = x[qn]$이 되도록 $x[n] = [\sin(\pi n/6)]/\pi n$을 서브샘플링하였을 때, 다음의 q값들에서 $Y(e^{j\Omega})$를 그려라.

(a) $q = 2$, (b) $q = 4$, (c) $q = 8$

4.28 그림 P4.28과 같은 이산시간 푸리에 변환을 갖는 이산시간 신호 $x[n]$을 $y[n] = x[qn]$이 되도록 서브샘플링하였다. 다음의 q값들에서 $Y(e^{j\Omega})$를 그려라.

(a) $q = 3$, (b) $q = 4$, (c) $q = 8$

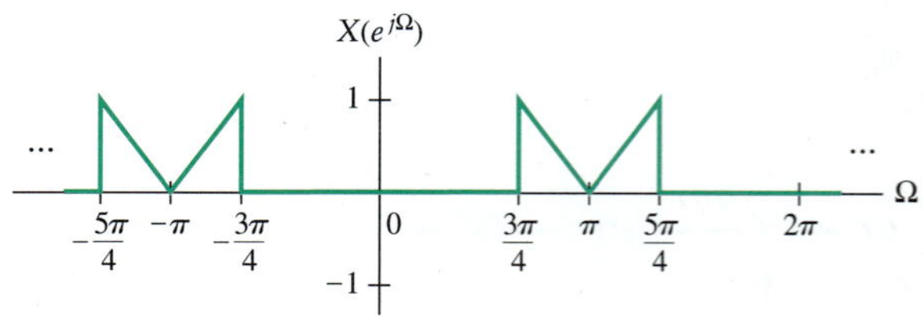

그림 P4.28

4.29 다음과 같은 신호를 샘플링 간격 T_s로 샘플링하였을 때, 에일리어싱이 발생하지 않도록 T_s의 한계값을 구하라.

(a) $x(t) = \frac{1}{t}\sin 3\pi t + \cos(2\pi t)$

(b) $x(t) = \cos(12\pi t)\dfrac{\sin(\pi t)}{2t}$

(c) $x(t) = e^{-6t}u(t) * \dfrac{\sin(Wt)}{\pi t}$

(d) $x(t) = \omega(t)z(t)$, $W(j\omega)$와 $Z(j\omega)$의 푸리에 변환은 그림 4.29 참조

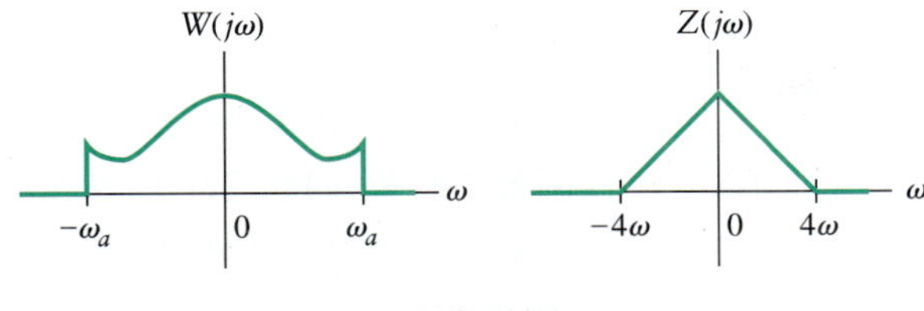

그림 P4.29

4.30 그림 P4.30의 시스템이 있다. $|\omega| > \omega_m$에서 $|X(j\omega)| = 0$이라고 할 때, $y(t)$에서 $x(t)$를 재구성할 수 있도록 T의 최대값을 구하라. 이 최대값 T에서 재구성을 수행할 수 있는 시스템을 구하라.

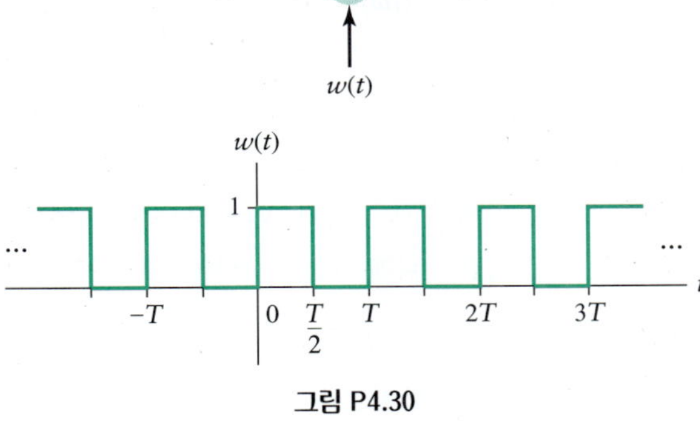

그림 P4.30

4.31 $|\omega| > \omega_m$에서 $|X(j\omega)| = 0$이고 $y(t) = x(t)[\cos(3\pi t) + \sin(10\pi t)]$이다. $y(t)$에서 $x(t)$를 재구성할 수 있도록 ω_m의 최대값과 재구성을 수행할 수 있는 시스템을 구하라.

4.32 영차 홀드와 주파수 응답 $H_c(j\omega)$를 가지는 연속시간 반영상 필터를 거치는 재구성 시스템이 있다. 원신호 $x(t)$는 $|\omega| > \omega_m$에서 $|X(j\omega)| = 0$으로 ω_m에서 대역 제한 되어 있고, 샘플링 시간은 T_s이다. 다음 값들에서 이 재구성 시스템의 신호 통과 대역 내의 전체 크기 응답이 0.99에서 1.01 사이, 신호 스펙트럼 영상이 포함되는 대역에서는 10^{-4}미만이 되도록 반영상 필터의 크기 응답 조건을 구하라.

(a) $\omega_m = 10\pi, \quad T_s = 0.1$

(b) $\omega_m = 10\pi, \quad T_s = 0.05$

(c) $\omega_m = 10\pi, \quad T_s = 0.02$

(d) $\omega_m = 2\pi, \quad T_s = 0.05$

4.33 영차 홀드는 샘플 $x[n] = x(nT_s)$에서 $x(t)$를 계단 함수적으로 근사화한다. 1차 홀드는 $x[n]$ 샘플들 사이에 선형적인 내삽을 통해 $x(t)$를 좀더 부드럽게 근사화하는 것을 말한다. 1차 홀드의 결과는 다음과 같이 표현될 수 있다.

$$x_1(t) = \sum_{n=-\infty}^{\infty} x[n] h_1(t - nT_s).$$

$h_1(t)$는 그림 P4.33(a)와 같은 삼각파이다. $x[n]$과 $x_1(t)$ 사이의 관계는 그림 P4.33(b)에 있다.

(a) 1차 홀드에 의해 일그러짐이 생김을 확인하고, 영차 홀드에 의해 생기는 경우와 비교하라.
[힌트: $h_1(t) = h_0(t) * h_0(t)$]

(b) 주파수 응답 $H_c(j\omega)$를 갖는 반영상 필터와 1차 홀드의 연결로 구성되는 재구성 시스템이 있을 때 완벽한 재구성이 이루어질 수 있도록 $H_c(j\omega)$를 구하라.

(c) 다음 값들에서 이 재구성 시스템의 신호 통과 대역 내의 전체 크기 응답이 0.99에서 1.01 사이, 신호 스펙트럼 영상이 포함되는 대역에서는 10^{-4}미만이 되도록 $|H_c(j\omega)|$의 조건을 구하라. $x(t)$는 $|\omega| > 12\pi$일 때 $X(j\omega) = 0$으로 12π에서 대역 제한이 되어 있다.

(i) $T_s = 0.05$

(ii) $T_s = 0.02$

$h_1(t)$, 1, 0, T_s, $2T_s$, t

(a)

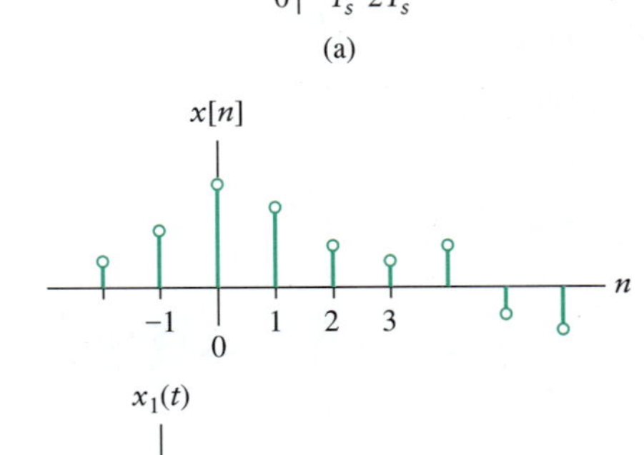

(b)

그림 P4.33

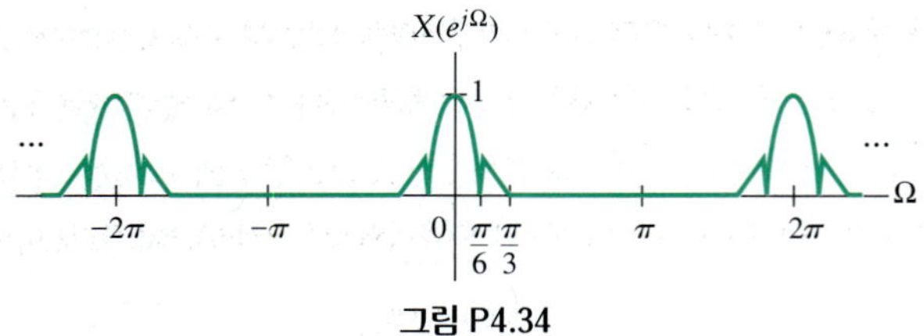

그림 P4.34

4.34 그림 P4.34와 같은 이산시간 푸리에 변환 $X(e^{j\Omega})$를 갖는 $x[n]$이 에일리어싱 없이 데시메이트될 수 있도록 하는 인자 q의 최대값을 구하라. 이 q값에서 $x[n]$을 데시메이트한 결과의 이산시간 푸리에 변환을 그려라.

4.35 그림 P4.35와 같은 연속시간 신호들을 처리하는 이산시간 시스템이 있다. 다음 각 경우에, 등가 연속시간 시스템 주파수 응답의 크기를 그려라.

(a) $\Omega_1 = \pi/4$, $W_c = 20\pi$

(b) $\Omega_1 = 3\pi/4$, $W_c = 20\pi$

(c) $\Omega_1 = \pi/4$, $W_c = 2\pi$

4.36 $X(e^{j\Omega}) = \sin(11\Omega/2)/\sin(\Omega/2)$일 때, $\widetilde{X}[k] = X(e^{jk\Omega_o})$를 정의하자. 다음 Ω_o값에서 $\widetilde{x}[n] \xleftrightarrow{DTFS;\ \Omega_o} X[k]$가 될 때, $\widetilde{x}[n]$을 구하고 그려라.

(a) $\Omega_o = 2\pi/15$

(b) $\Omega_o = \pi/10$

(c) $\Omega_o = \pi/3$

4.37 $X(j\omega) = [\sin(2\omega)]/\omega$일 때, $\widetilde{X}[k] = X(jk\omega_o)$를 정의하자. 다음 ω_o값에서 $\widetilde{x}(t) \xleftrightarrow{FS;\ \omega_o} \widetilde{X}[k]$가 될 때, $\widetilde{x}(t)$를 구하고 그려라.

(a) $\omega_o = \pi/8$

(b) $\omega_o = \pi/4$

(c) $\omega_o = \pi/2$

4.38 샘플링 시간 $T_s = 0.01$ s에서 $x(t)$를 샘플링하였다. 100개의 샘플들을 채취하였으며, $X(j\omega)$를 근사적으로 알아보기 위해 200개의 점에서 이산시간 푸리에 급수를 구하였다. $|\omega| > 120\pi$ rad/s에서 $|X(j\omega)| \approx 0$일 때, $X(j\omega)$를 이산시간 푸리에 급수로 적합하게 근사화할 수 있는 주파수 범위 $-\omega_a < \omega < \omega_a$, 이 근사화의 효과적인 해상도 ω_r 및 각 이산시간 푸리에 변환 계수들 간의 주파수 간격 $\Delta\omega$를 각각 구하라.

4.39 샘플링 시간 $T_s = 0.1$ s에서 $x(t)$를 샘플링하였다. $|\omega| > 12\pi$ rad/s에서 $|X(j\omega)| \approx 0$이라고 가정한다. $X(j\omega)$를 이산시간 푸리에 급수로 적합하게 근사화할 수 있는 주파수 범위 $-\omega_a < \omega < \omega_a$, 근사화의 실제적인 해상도 $\omega_r = 0.01\pi$ rad/s을 얻기 위한 최소 샘플수 및 각 이산시간푸리에 변환 계수들 간의 주파수 간격 $\Delta\omega = 0.001\pi$ rad/s을 만족시키는 이산시간 푸리에 변환의 길이를 각각 구하라.

4.40 $x(t) = a\sin(\omega_o t)$를 $T_s = 0.1$ s로 샘플링을 하였다. $x(t)$의 100개의 샘플 $x[n] = x(nT_s)$, $n = 0, 1, \ldots 99$가 사용 가능하다고 가정한다. 우리는 $x(t)$의 푸리에 변환을 근사화하기 위해 $x[n]$의 이산시간 푸리에 급수를 이용하고 가장 큰 값을 가지는 이산시간 푸리에 계수로부터 a값을 얻고자 한다. 이산시간 푸리에 급수를 취하기 전에 길이 N까지 $x[n]$은 0으로 채워진다. 다음 ω_o에 대하여 최소 N값을 구하고 각 경우에 대하여 가장 큰 값을 가지는 이산시간 푸리에 급수의 계수를 구하라.

(a) $\omega_o = 3.2\pi$

(b) $\omega_o = 3.1\pi$

(c) $\omega_o = 3.15\pi$

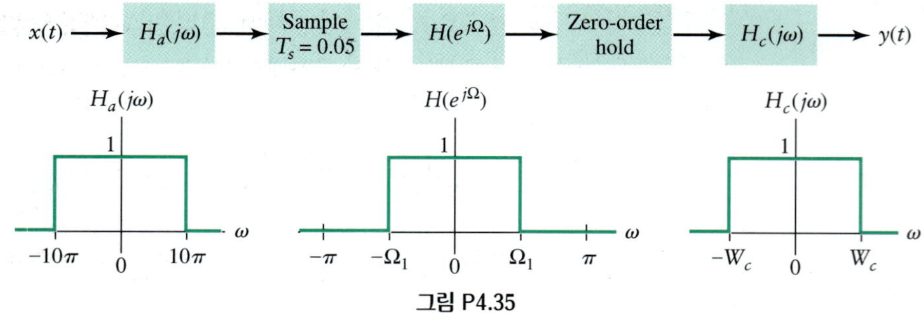

그림 P4.35

▶ 심화 문제(Advanced Problems)

4.41 주파수 대역 $|\omega| < 5\pi$를 가지는 연속시간 신호가 있다. 이 신호에 주파수 $\omega = 120\pi$인 큰 진폭의 정현파가 잡음으로 섞였다. 잡음이 섞인 신호를 $\omega_s = 13\pi$의 샘플링 비율로 샘플링하였다.

(a) 샘플링한 후, 잡음 신호의 주파수 값을 구하라.

(b) 잡음이 섞인 신호를 그림 4.41의 RC 회로로 구성된 반에일리어싱 필터에 통과시켰다. 샘플링 전단계에서 잡음을 1/1,000로 감쇠시킬 수 있도록 RC 시상수 값을 구하라.

(c) (b)에서 구해진 RC값에서 우리가 구하고자 하는 신호에 대한 반에일리어싱 필터의 크기 응답을 dB 단위로 그려라.

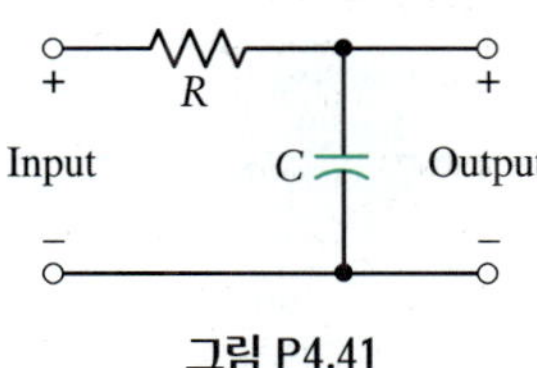

그림 P4.41

4.42 이 문제는 식 (4.27)에 나온 서브샘플링에 대한 주파수 영역의 관계를 유도한다. $x[n]$을 간격 T_s인 연속시간 임펄스 샘플 신호로 나타내기 위해 식 (4.17)을 이용하면 다음과 같이 쓸 수 있다.

$$x_\delta(t) = \sum_{n=-\infty}^{\infty} x[n]\delta(t - nT_s).$$

$x[n]$을 T_s의 정수배로 얻은 연속시간 신호 $x(t)$의 샘플이라 가정하자. 즉 $x[n] = x(nT_s)$이고 $x(t) \xleftrightarrow{FT} X(j\omega)$이다. 서브샘플링된 신호 $y[n] = x[qn]$을 정의하여 $y[n] = x(nqT_s)$ 역시 $x(t)$의 샘플로 표현되도록 하라.

(a) $X_\delta(j\omega)$를 $X(j\omega)$로 표현하기 위하여 식 (4.23)을 이용하고 다음을 보여라.

$$Y_\delta(j\omega) = \frac{1}{qT_s}\sum_{k=-\infty}^{\infty} X\left(j\left(\omega - \frac{k}{q}\omega_s\right)\right)$$

(b) $Y_\delta(j\omega)$를 $X_\delta(j\omega)$의 함수로 나타내어 $Y(e^{j\Omega})$을 $X(e^{j\Omega})$로 표현하는 것이 목적이다. $Y_\delta(j\omega)$에 있는 k/q 부분을 $\frac{k}{q} = l + \frac{m}{q}$과 같이 나타낼 수 있다. l은 k/q의정수 부분, m은 나머지 소수 부분이다. $Y_\delta(j\omega)$을 다음 2가지 식으로 나타낼 수 있음을 보여라.

$$Y_\delta(j\omega) = \frac{1}{q}\sum_{m=0}^{q-1}\left\{\frac{1}{T_s}\sum_{l=-\infty}^{\infty} X\left(j\left(\omega - l\omega_s - \frac{m}{q}\omega_s\right)\right)\right\}$$

$$Y_\delta(j\omega) = \frac{1}{q}\sum_{m=0}^{q-1} X_\delta\left(j\left(\omega - \frac{m}{q}\omega_s\right)\right)$$

(c) $Y(e^{j\Omega})$을 $X(e^{j\Omega})$의 식으로 표현하기 위해 푸리에 변환의 식으로부터 이산시간 푸리에 변환으로 바꾼다. $Y_\delta(j\omega)$와 관계되는 샘플링 간격은 qT_s이다. $Y(e^{j\Omega}) = Y_\delta(j\omega)|_{\omega=\frac{\Omega}{qT_s}}$의 식에서 $\Omega = \omega qT_s$의 관계를 이용하여 다음을 보여라.

$$Y(e^{j\Omega}) = \frac{1}{q}\sum_{m=0}^{q-1} X_\delta\left(\frac{j}{T_s}\left(\frac{\Omega}{q} - \frac{m}{q}2\pi\right)\right)$$

(d) 끝으로 $X(e^{j\Omega}) = X_\delta\left(j\frac{\Omega}{T_s}\right)$을 이용하여 다음을 보여라.

$$Y(e^{j\Omega}) = \frac{1}{q}\sum_{m=0}^{q-1} X\left(e^{j\frac{1}{q}(\Omega - m2\pi)}\right)$$

4.43 대역 제한된 신호 $x(t)$가 $|\omega| < \omega_1$, $|\omega| > \omega_2$에서 $X(j\omega) = 0$이다. $\omega_1 > \omega_2 - \omega_1$이라 가정하자. 이 경우에는 샘플링 이론에 의해 구해진 샘플링률보다 작은 값을 통해 신호 $x(t)$를 샘플링하더라도 대역통과 재구성 필터 $H_r(j\omega)$를 사용하여 완벽히 재구성할 수 있다. $x[n] = x(nT_s)$일 때, $x[n]$에서 $x(t)$를 완벽히 재구성할 수 있는 샘플링 간격T_s의 최대값을 구하라. 이 경우에 필요한 재구성 필터의 주파수 응답을 그려라.

4.44 주기 신호 $x(t)$의 푸리에 급수 계수가 다음과 같다.

$$X[k] = \begin{cases} \left(\frac{3}{4}\right)^k, & |k| \le 4 \\ 0, & \text{그 밖의 범위.} \end{cases}$$

이 신호의 주기 $T = 1$이다.

(a) 에일리어싱을 방지하도록 샘플링 간격의 최소값을 구하라.

(b) 재구성된 신호가 원신호의 시간축 변환이라고 할 수 있다면, 주기 신호에 대해서는 샘플링 이론의 제한이 약간 느슨해질 수 있다. 샘플링 간격이 $T_s = \frac{20}{19}$이고, 재구성 필터는

$$H_r(j\omega) = \begin{cases} 1, & |\omega| < \pi \\ 0, & \text{그 밖의 범위.} \end{cases}$$

일 때, 재구성되는 신호는 원신호의 시간축 변환임을 보이고, 변환 비율을 구하라.

(c) (b)의 $H_r(j\omega)$를 사용하여 재구성된 신호가 $x(t)$의 시간축 변환이 될 수 있도록 T_s의 조건을 구하고, 변환 비율과 T_s와의 관계를 구하라.

4.45 이 문제에서는 샘플링된 신호 $x[n] = x(nT_s)$에 T_s보다 좁은 폭을 갖는 펄스들과 주파수 응답 $H_c(j\omega)$를 가지는 연속시간 반영상 필터를 적용해서 신호 $x(t)$를 재구성하고자 한다. 반영상 필터는

$$x_p(t) = \sum_{n=-\infty}^{\infty} x[n]h_p(t - nT_s)$$

이고, $h_p(t)$는 그림 P4.45(a)와 같은 폭 T_o를 갖는 펄스다. $x_p(t)$는 그림 P4.45(b)와 같다. 다음 값들에서 이 재구성 시스템의 신호 통과 대역 내의 전체 크기 응답이 0.99에서 1.01 사이, 신호 스펙트럼 영상이 포함되는 주파수 대역에서 10^{-4}미만이 되도록 $|H_c(j\omega)|$의 조건을 구하라. $x(t)$는 $|\omega| > 10\pi$일 때 $X(j\omega) = 0$으로 10π에서 대역 제한이 되어 있다.

(a) $T_s = 0.08$, $T_o = 0.04$

(b) $T_s = 0.08$, $T_o = 0.02$

(c) $T_s = 0.04$, $T_o = 0.02$

(d) $T_s = 0.04$, $T_o = 0.01$

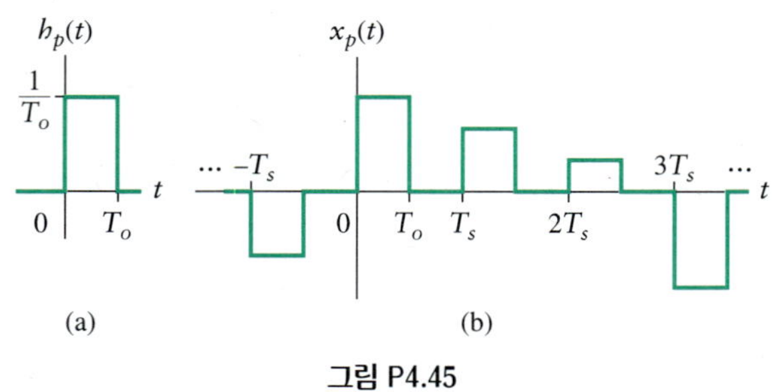

그림 P4.45

4.46 $x(t)$에서 $x[n]$을 얻는 비이상적인 샘플링 연산이 다음과 같다.

$$x[n] = \int_{(n-1)T_s}^{nT_s} x(t)\,dt.$$

(a) 이 식은 필터링한 신호 $y(t) = x(t) * h(t)$의 이상적인 샘플링, 다시 말해 $x[n] = y(nT_s)$로 다시 쓸 수 있음을 증명하고, $h(t)$를 구하라.

(b) $x[n]$의 푸리에 변환을 $X(j\omega)$, $H(j\omega)$와 T_s로 나타내라.

(c) $x(t)$가 주파수 범위 $|\omega| < 3\pi/(4T_s)$로 대역 제한되었다고 할 때, 비이상적인 샘플링에 의해 발생한 일그러짐을 교정할 수 있는 이산시간 시스템의 주파수 응답을 구하라.

4.47 그림 P4.47(a)의 시스템은 연속시간 신호 $x(t)$를 이산시간 신호 $y[n]$으로 변환한다.

$$H(e^{j\Omega}) = \begin{cases} 1, & |\Omega| < \frac{\pi}{4} \\ 0, & \text{그 밖의 범위.} \end{cases}$$

샘플링 주파수 $\omega_s = 2\pi/T_s$를 찾고, 그림 4.47(b)와 같이 푸리에 변환 $X(j\omega)$를 갖는 입력 신호에서 이산시간 푸리에 변환 $Y(e^{j\Omega})$를 갖는 반에일리어싱 필터 주파수 응답 $H_a(j\omega)$의 조건을 구하라.

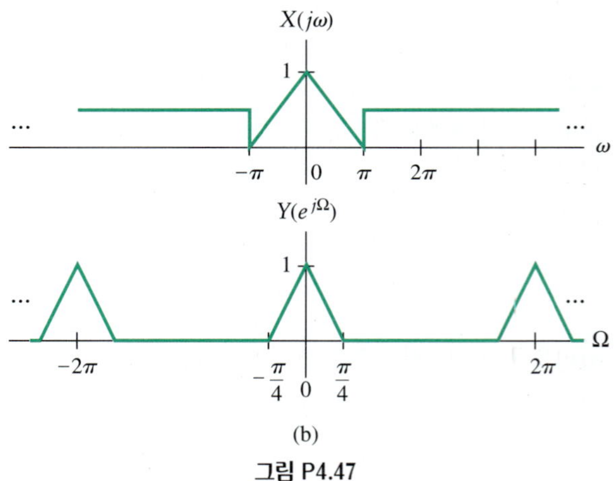

그림 P4.47

4.48 그림 P4.48(a)와 같은 이산시간 푸리에 변환 $X(e^{j\Omega})$를 갖는 이산시간 신호 $x[n]$이 처음에는 그림 P4.48(b)의 주파수 응답 $H(e^{j\Omega})$를 갖는 필터를 통과하고, q값에 따라 서브샘플링된 후 데시메이트되었다. 다음의 q와 W값에서, $|\Omega| < W$ 범위에 있는 $X(e^{j\Omega})$의 모양을 변화시키지 않고 서브샘플링을 할 수 있는 Ω_p의 최소값과 Ω_s의 최대값을 구하고, 서브샘플링한 신호의 이산시간 푸리에 변환을 그려라.

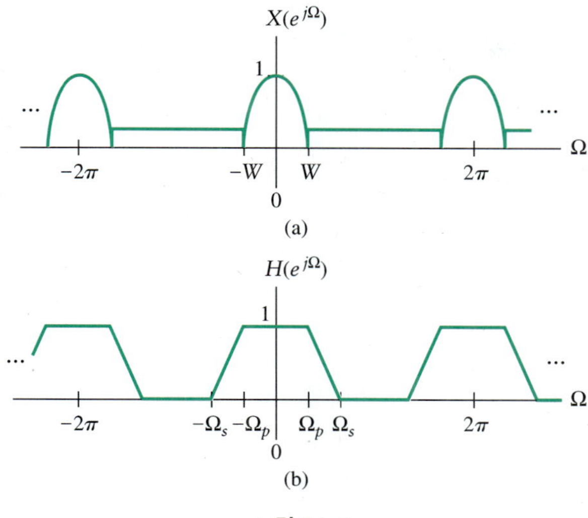

그림 P4.48

(a) $q = 2$, $W = \pi/3$
(b) $q = 2$, $W = \pi/4$
(c) $q = 3$, $W = \pi/4$

4.49 신호 $x[n]$을 처음에 $q - 1$개의 0을 각 샘플 사이에 집어넣고, 0으로 채워진 수열들을 그림 4.48(b)와 같은 주파수 응답 $H(e^{j\Omega})$를 가지는 필터에 통과시키는 방식으로 비율 q로 내삽시켰다. $x[n]$의 이산시간 푸리에 변환이 그림 4.49와 같을 때, 다음의 경우에 이상적인 내삽이 얻어질 수 있도록 Ω_p의 최소값과 Ω_s의 최대값을 구하라.

(a) $q = 2$, $W = \pi/2$
(b) $q = 2$, $W = 3\pi/4$
(c) $q = 3$, $W = 3\pi/4$

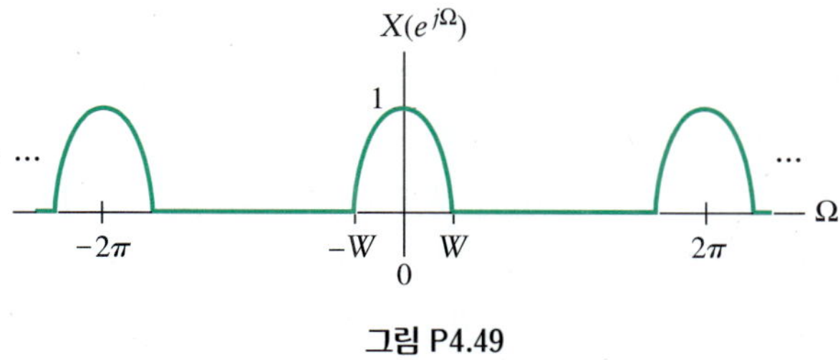

그림 P4.49

4.50 그림 P4.50과 같이 각각의 값을 q번 반복함으로써 신호 $x[n]$을 내삽하는 경우를 보자. 신호 $x_o[n] = x[\text{floor}(n/q)]$가 있고 floor$(z)$는 z보다 작거나 같은 범위에서 최대값을 가지는 정수라고 하자. $x_z[n]$을 $x[n]$의 각각의 값 사이에 $q - 1$개의 영점을 집어 넣어 만들었다고 하면,

$$x_z[n] = \begin{cases} x\left[\frac{n}{q}\right], & \frac{n}{q}\text{는 정수} \\ 0, & \text{그 밖의 범위} \end{cases}$$

$x_o[n] = x_z[n] * h_o[n]$으로 쓸 수 있고, 여기서

$$h_o[n] = \begin{cases} 1, & 0 \le n \le q - 1 \\ 0, & \text{그 밖의 범위} \end{cases}$$

가 된다. 영차 홀드의 이산시간 아날로그가 되었다. $x_o[n]$을 주파수 응답 $H(e^{j\Omega})$를 가지는 필터에 통과시키면 내삽을 모두 마치게 된다.

(a) $X_o(e^{j\Omega})$를 $X(e^{j\Omega})$와 $H_o(e^{j\Omega})$로 나타내라. $x[n] = [\sin(3\pi n/4)]/(\pi n)$일 때 $|X_o(e^{j\Omega})|$를 그려라.

(b) $X(e^{j\Omega})$는 그림 4.49와 같다. 다음 경우들에 있어 이상적인 내삽을 수행할 수 있도록 $H(e^{j\Omega})$의 조건을 구하라.

(i) $q = 2$, $W = 3\pi/4$
(ii) $q = 4$, $W = 3\pi/4$

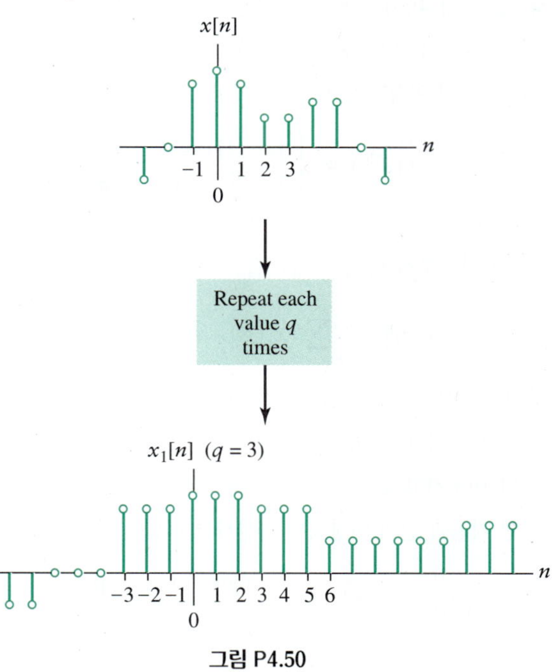

그림 P4.50

4.51 다음 쪽 그림 P4.51은 대역통과 필터를 구성한 시스템이다. 이산시간 필터 $H(e^{j\Omega})$는 $-\pi < \Omega \le \pi$에서 다음과 같은 주파수 응답을 가진다.

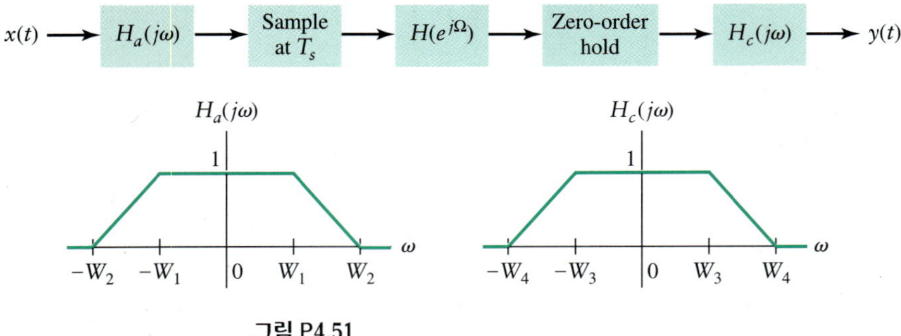

그림 P4.51

$$H(e^{j\Omega}) = \begin{cases} 1, & \Omega_a \le |\Omega| \le \Omega_b \\ 0, & \text{그 밖의 범위.} \end{cases}$$

등가 연속시간 주파수 응답 $G(j\omega)$가 $100\pi < \omega < 200\pi$의 주파수 영역에서 $0.9 < |G(j\omega)| < 1.1$이고 그 밖의 영역에서는 $G(j\omega) = 0$이 되도록, 샘플링 간격 T_s, Ω_a, Ω_b, W_1, W_2, W_3, W_4를 구하라. 문제를 풀 때, W_1과 W_3는 되도록 작게 선택하고, T, W_2, W_4는 되도록 크게 선택하라.

4.52 그림 4.50(a)에 나와 있는 내삽 과정의 시간 영역에서의 해석은 이 문제에서 유도된다. $h_i[n] \xleftrightarrow{FT} H_i(e^{j\Omega})$ 를 천이 대역이 0인 이상적인 저역통과 필터라고 하자. 즉

$$H_i(e^{j\Omega}) = \begin{cases} q, & |\Omega| < \frac{\pi}{q} \\ 0, & \frac{\pi}{q} < |\Omega| < \pi \end{cases}$$

이다.

(a) 컨벌루션 합에서 $h_i[n]$을 치환시켜라.

$$x_i[n] = \sum_{k=-\infty}^{\infty} x_z[k] * h_i[n-k]$$

(b) 0 삽입 과정은 m이 정수이고 $k \neq qm$이면 $x_z[k] = 0$임을 의미한다. m에 대한 합으로서 합에서 0이 아닌 부분만 이용하고 $x[m] = x_z[qm]$을 대입하여 $x_i[n]$을 다시 쓰면 다음과 같이 이상적인 이산시간 내삽이 됨을 유도하라.

$$x_i[n] = \sum_{m=-\infty}^{\infty} x[m] \frac{q \sin\left(\frac{\pi}{q}(n-qm)\right)}{\pi(n-qm)}$$

4.53 주기성을 가진 이산시간 신호의 연속시간 변환인 $x[n] \xleftrightarrow{DTFS;\,2\pi/N} X[k]$는 역시 주기성을 가지므로 푸리에 급수로 나타낼 수 있다. 이 푸리에 급수는 이 문제에서 보다시피, 이산시간 푸리에 급수 계수 $X[k]$의 함수로 나타나며, 그 결과로 푸리에 급수와 이산시간 푸리에 급수 간의 관계를 알 수 있다. $x[n]$이 주기 N을 가지며, $x_\delta(t) = \sum_{m=-\infty}^{\infty} x[n]\delta(t - nT_s)$라고 할 때,

(a) $x_\delta(t)$는 주기성을 가짐을 보이고, 주기 T를 구하라.

(b) 푸리에 급수 계수의 정의를 이용하여

$$X_\delta[k] = \frac{1}{T}\int_0^T x_\delta(t)e^{-jk\omega_o t}\,dt.$$

T, ω_o와 $x_\delta(t)$의 한 주기를 대체하여

$$X_\delta[k] = \frac{1}{T_s}X[k]$$

가 됨을 보여라.

4.54 이산시간 푸리에 급수를 구하기 위한 고속 푸리에 변환은 유한 길이의 임펄스 응답을 가지는 이산시간 시스템의 결과값을 결정하는 효과적인 알고리듬을 개발하는 데 사용될 수 있다. 콘벌루션 합을 바로 계산하는 대신에 이산시간 푸리에 급수가 주파수 영역에서 곱셈을 행함으로써 결과값을 계산하는 데 쓰인다. 이러한 과정은 이산시간 푸리에 급수에 의해 주기적인 콘벌루션을 행하는 것과 시스템 출력에 관계되는 선형 콘벌루션과의 일치성을 밝히는 것을 요구한다. 이것이 이 문제의 목적이다. $h[n]$을 길이 M의 임펄스 응답이라고 하면 $n < 0$, $n \ge M$일 때 $h[n] = 0$이 된다. 이 시스템의 출력 $y[n]$은 입력값과 $h[n]$의 콘벌루션 합의 관계를 가진다.

$$y[n] = \sum_{k=0}^{M-1} h[k]x[n-k]$$

(a) 연속적인 입력값 $x[n]$의 N개의 연속적인 값을 가지는 $h[n]$의 N포인트 주기적 콘벌루션을 고려하고 N

$> M$이라고 가정하자. $\tilde{x}[n]$과 $\tilde{h}[n]$을 N의 주기를 가지는 $x[n]$과 $h[n]$에 대응되는 값이라 하자.

$$\tilde{x}[n] = x[n], \quad (0 \le n \le N-1)$$
$$\tilde{x}[n+mN] = \tilde{x}[n], \text{ 모든 정수 } m\text{에 대해 } 0 \le n \le N-1;$$
$$\tilde{h}[n] = h[n], \quad (0 \le n \le N-1)$$
$$\tilde{h}[n+mN] = \tilde{h}[n], \text{ 모든 정수 } m\text{에 대해 } 0 \le n \le N-1;$$

$\tilde{h}[n]$과 $\tilde{x}[n]$ 사이의 주기적인 콘벌루션은 다음과 같다.

$$\tilde{y}[n] = \sum_{k=0}^{N-1} \tilde{h}[k]\tilde{x}[n-k].$$

$h[n]$, $x[n]$과 $\tilde{h}[n]$, $\tilde{x}[n]$의 관계를 이용하여 $\tilde{y}[n] = y[n]$, $M-1 \le n \le N-1$을 증명하여라. 이것은 n이 $L = N - M + 1$과 같은 값일 때 주기적인 콘벌루션 연산이 선형 콘벌루션 연산과 같은 값을 가진다는 것을 의미한다.

(b) $\tilde{x}[n]$을 정의하기에 앞서 $x[n]$을 이동시켜 $M-1 \le n \le N-1$ 구간 외에서 $y[n]$을 얻을 수 있음을 증명하여라. 다시 말해, 만약

$$\tilde{x}_p[n] = x[n+pL], \quad 0 \le n \le N-1$$
$$\tilde{x}_p[n+mN] = \tilde{x}_p[n],$$
$$0 \le n \le N-1, \text{ 모든 정수 } m\text{에 대해}$$

그리고

$$\tilde{y}[n] = \tilde{h}[n] \otimes \tilde{x}_p[n]\text{일 때}$$
$$\tilde{y}_p[n] = y[n+pL], \quad M-1 \le n \le N-1$$

임을 보여라. 이것은 $M-1+pL \le n \le N-1+pL$의 구간에서 $y[n]$에 해당하는 $\tilde{y}_p[n]$의 한 주기 안에 마지막 L 이 있다는 것을 의미한다. p값을 증가시키는 매시간마다 N포인트 주기적 콘벌루션은 선형 콘벌루션의 새로운 L개의 새로운 값을 결과값으로 나타낸다. 이 결과는 이산시간 푸리에 급수의 선형 콘벌루션을 수행하는 데 있어서 **중복 부분 제외**(overlap and save)라 불리는 알고리듬의 토대가 된다.

▶ 컴퓨터 실습(Computer Experiments)

4.55 예제 4.7을 0으로 메우기(zero-padding)와 MATLAB 명령어인 **fft**, **fftshift**를 사용하여 $-\pi < \Omega \le \pi$ 구간에서 512개의 점에 대해 샘플링하고 $Y(e^{j\Omega})$를 그려라.

4.56 다음과 같은 사각형 창함수가 있을 때

$$w_r[n] = \begin{cases} 1, & 0 \le n \le M \\ 0, & \text{그 밖의 범위.} \end{cases}$$

신호에 $w_r[n]$을 곱하여 구간 $0 \le n \le M$의 신호만을 선택할 수 있다. 주파수 영역에서는 신호의 이산시간 푸리에 변환과

$$W_r(e^{j\Omega}) = e^{-j\frac{M}{2}\Omega} \frac{\sin\left(\frac{\Omega(M+1)}{2}\right)}{\sin\left(\frac{\Omega}{2}\right)}$$

을 콘벌루션 한다. 콘벌루션의 결과는 불연속점의 부근에는 진동이 나타나게 되고, 세부적인 부분이 흐려지는(smearing) 현샘이 생기게 된다. 흐려짐은 창함수의 전체적인 폭과 비례 관계인 반면, 진동은 창함수 값들의 각 크기에 비례한다. 실제 많은 종류의 창함수 값들의 각 크기는 줄이고 폭을 늘려서 사용된다. 이 문제에서는 시간 영역 신호들에 창함수를 적용하였을 때 이산시간 푸리에 변환에 미치는 영향에 대해 알아보기로 하자. 필터 설계에서 창함수의 역할은 8장에서 다루고 있다.

Hanning 창함수는 다음과 같이 정의된다.

$$w_h[n] = \begin{cases} 0.5 - 0.5\cos\left(\frac{2\pi n}{M}\right), & 0 \le n \le M \\ 0, & \text{그 밖의 범위.} \end{cases}$$

(a) $M = 50$일 때, MATLAB 명령 **fft**를 사용하여 사각형 창함수의 스펙트럼 크기를 dB 단위로 주파수 간격 $\pi/50$, $\pi/100$, $\pi/200$에서 각각 구하라.

(b) $M = 50$일 때 MATLAB 명령 **fft**를 사용하여 Hanning 창함수의 스펙트럼 크기를 dB 단위로 주파수 간격 $\pi/50$, $\pi/100$, $\pi/200$에서 각각 구하라.

(c) (a)와 (b)의 결과를 사용하여 각 창함수의 폭과 높이 값을 dB 단위로 구하라.

(d) $y_r[n] = x[n]w_r[n]$, $y_h[n] = x[n]w_h[n]$이라 하고, 이때 $x[n] = \cos(26\pi n/100) + \cos(29\pi n/100)$, $M = 50$이라고 하자. MATLAB 명령 **fft**를 사용하여 $|Y_r(e^{j\Omega})|$와 $|Y_h(e^{j\Omega})|$를 dB 단위로 하고 $\pi/200$ 간격으로 구하라. 각 창함수의 선택에 따라 결과에서 두 개의 정현파가 존재함을 인식하는 데 영향을 주는가? 이유는?

(e) $y_r[n] = x[n]w_r[n]$, $y_h[n] = x[n]w_h[n]$이라 하고, 이때 $x[n] = \cos(26\pi n/100) + 0.02\cos(51\pi n/100)$,

$M = 50$이라고 하자. MATLAB 명령 **fft**를 사용하여 $|Y_r(e^{j\Omega})|$와 $|Y_b(e^{j\Omega})|$를 dB 단위로 하고 $\pi/200$ 간격으로 구하라. 각 창함수의 선택에 따라 결과에서 두 개의 정현파가 존재함을 인식하는 데 영향을 주는가? 이유는?

4.57 이산시간 신호 $x[n]$이 다음과 같이 주어졌다.

$$x[n] = \begin{cases} e^{-\frac{(0.1n)^2}{2}}, & |n| \le 50 \\ 0, & \text{그 밖의 범위.} \end{cases}$$

MATLAB 명령 **fft**와 **fftshift**를 사용하여 $x[n]$과 $-\pi < \Omega \le \pi$ 구간에서 500개의 Ω값에 대해 서브샘플링한 신호의 이산시간 푸리에 변환을 수치적으로 구하라.

(a) $y[n] = x[2n]$

(b) $g[n] = x[4n]$

4.58 문제 4.57을 다음 $x[n]$에 대해 반복하라.

$$x[n] = \begin{cases} \cos\left(\frac{\pi}{2}n\right)e^{-\frac{(0.1n)^2}{2}}, & |n| \le 50 \\ 0, & \text{그 밖의 범위} \end{cases}$$

4.59 신호 $x(t)$는 다음과 같다.

$$x(t) = \cos\left(\frac{3\pi}{2}t\right)e^{-\frac{t^2}{2}}.$$

(a) 푸리에 변환 $X(j\omega)$를 계산하고, $|\omega| > 3\pi$에서 $|X(j\omega)|$ 0임을 보여라.

(b)부터 (d)에서는 $X(j\omega)$와 몇 개의 샘플링 간격에서 샘플링한 신호 $x[n] = x(nT_s)$의 푸리에 변환을 비교해 보기로 하자. $x[n] \xleftrightarrow{FT} X_\delta(j\omega)$가 $x(t)$의 샘플링 신호의 푸리에 변환이라 할 때, MATLAB을 사용하여 다음의 $X_\delta(j\omega)$를 $-3\pi < \omega < 3\pi$ 구간 상의 500개의 ω에 대해 수치적으로 계산하라.

$$X_\delta(j\omega) = \sum_{n=-25}^{25} x[n]e^{-j\omega T_s}.$$

각 경우에 $X(j\omega)$와 $X_\delta(j\omega)$를 비교하고, 차이점을 설명하라.

(b) $T_s = \frac{1}{3}$

(c) $T_s = \frac{2}{5}$

(d) $T_s = \frac{1}{2}$

4.60 MATLAB 명령 **fft**를 사용하여 예제 4.14를 반복하라.

4.61 MATLAB 명령 **fft**를 사용하여 예제 4.15를 반복하라.

4.62 MATLAB 명령 **fft**를 사용하여 예제 4.16을 반복하라. $M = 2{,}001$, $M = 2{,}005$의 경우에 대해서도 이산시간 푸리에 급수의 근사화와 이산시간 푸리에 변환에 대해 서술하라.

4.63 아래 식과 같은 정현파의 합을 고려해 보자.

$$x(t) = \cos(2\pi t) + 2\cos(2\pi(0.8)t) + \frac{1}{2}\cos(2\pi(1.1)t)$$

원하는 주파수 영역은 $-5\pi < \omega < 5\pi$이다.

(a) 원하는 주파수대까지 $x(t)$의 푸리에 변환을 이산시간 푸리에 변환으로 근사화할 수 있도록 샘플링 간격 T_s를 선택하라.

(b) DTFS가 각 정현파의 주파수에 대응하는 위치에 나타는 이산값 임펄스들로 구성될 수 있는 샘플링 개수의 최소값 M_o를 구하라.

(c) MATLAB을 사용하여, $(1/M)|Y_\delta(j\omega)|$와 $|Y[k]|$를 (a)에서 선택한 T_s값과 $M = M_o$에 대해 그려라.

(d) $M = M_o + 5$와 $M = M_o + 8$을 사용하여 (c)를 반복하라.

4.64 연속시간 신호 $x(t)$를 이산시간 푸리에 급수를 통해 구간 $-\omega_a < \omega < \omega_a$에서 해상도 ω_r, 주파수 상의 최대 샘플링 간격 $\Delta\omega$로 근사화하려고 한다. 최대 샘플링 간격 T_s, 샘플링 개수 M, 이산시간 푸리에 급수의 길이 N을 구하라. 신호는 $\omega > \omega_m$의 영역에서 $|X(j\omega_a)| \ge 10\,|X(j\omega)|$로, 주파수 ω_m에서 효과적으로 대역 제한되어 있다. MATLAB 명령 **fft**를 사용하여 푸리에 변환과 이산시간 푸리에 급수로 근사화한 스펙트럼을 다음의 경우들에 대해 그려라. [힌트: (a)와 (b)의 경우 펄스들을 통해 $t = 0$에서 대칭적으로 샘플링해야 한다.

(a) $x(t) = \begin{cases} 1, & |t| < 1 \\ 0, & \text{그 밖의 범위,} \end{cases}$ $\omega_a = \frac{3\pi}{2}$, $\omega_r = \frac{3\pi}{4}$, $\Delta\omega = \frac{\pi}{8}$

(b) $x(t) = \frac{1}{2\pi}e^{-\frac{t^2}{2}}$, $\omega_a = 3$, $\omega_r = \frac{1}{2}$, $\Delta\omega = \frac{1}{8}$

(c) $x(t) = \cos(20\pi t) + \cos(21\pi t)$, $\omega_a = 40\pi$ $\omega_r = \frac{\pi}{3}$, $\Delta\omega = \frac{\pi}{10}$

(d) (c)를 $\omega_r = \frac{\pi}{10}$ 인 경우에 대해 다시 계산하라.

4.65 선형 필터링에서 중복 부분 제외(overlap and save) 알고리듬은 문제 4.54에서 다루었다. MATLAB을 이용 중복 부분 제외(overlap and save) 알고리듬을 통해 구간 $0 < n < L$에서 다음의 신호들에 대해 콘벌루션 $y[n] = h[n] * x[n]$ 을 계산하는 m 파일을 **fft**를 이용하여 작성하라.

(a) $h[n] = \frac{1}{5}(u[n] - u[n-5])$
$x[n] = \cos\left(\frac{\pi}{6}n\right)$, $L = 30$

(b) $h[n] = \frac{1}{5}(u[n] - u[n-5])$
$x[n] = \left(\frac{1}{2}\right)^n u[n]$, $L = 20$

4.66 $N = 2^p$, $p = 2, 3, 4, \cdots, 16$개의 이산시간 푸리에 급수 계수를 계산하는 데 드는 곱셈 계산량을 직접 계산하는 방식과 고속 푸리에 변환을 사용하는 경우를 비교하여 그려라.

4.67 이 실험에서 이산시간 푸리에 급수의 시간-대역폭 곱의 계산에 대해 알아보기로 하자. $x(t) \xleftrightarrow{FT} X(j\omega)$일 때

(a) 적분에 대한 리만합 근사화를 사용하면,

$$\int_a^b f(u)\,du \approx \sum_{m=m_a}^{m_b} f(m\Delta u)\Delta u.$$

다음 식이 성립함을 보여라.

$$T_d = \left[\frac{\int_{-\infty}^{\infty} t^2|x(t)|^2\,dt}{\int_{-\infty}^{\infty}|x(t)|^2\,dt}\right]^{\frac{1}{2}} \approx T_s\left[\frac{\sum_{n=-M}^{M} n^2|x[n]|^2}{\sum_{n=-M}^{M}|x[n]|^2}\right]^{\frac{1}{2}}.$$

$x[n] = x[nT_s]$는 $x(t)$의 샘플들이고, $|n| > M$인 경우 $x[nT_s] \approx 0$이다.

(b) 푸리에 변환에 대한 이산시간 푸리에 급수 근사화와 적분에 대한 리만합 근사화를 사용하여 다음을 증명하라.

$$B_w = \left[\frac{\int_{-\infty}^{\infty} \omega^2|X(j\omega)|^2\,d\omega}{\int_{-\infty}^{\infty}|X(j\omega)|^2\,d\omega}\right]^{\frac{1}{2}} \approx \frac{\omega_s}{2M+1}\left[\frac{\sum_{k=-M}^{M}|k|^2|X[k]|^2}{\sum_{k=-M}^{M}|X[k]|^2}\right]^{\frac{1}{2}}.$$

여기서 $x[n] \xleftrightarrow{DTFS;\,2\pi/(2M+1)} X[k]$, 샘플링 주파수는 $\omega_s = 2\pi/T_s$이고, $|k| > M$인 경우 $X(jk\omega_s/(2M+1)) \approx 0$이다.

(c) (a)와 (b)의 결과와 식 (3.65)를 사용하여 이산시간 푸리에 급수 근사화를 통해 계산된 시간-대역폭 곱이 다음을 만족함을 보여라.

$$\left[\frac{\sum_{n=-M}^{M} n^2|x[n]|^2}{\sum_{n=-M}^{M}|x[n]|^2}\right]^{\frac{1}{2}}\left[\frac{\sum_{k=-M}^{M}|k|^2|X[k]|^2}{\sum_{k=-M}^{M}|X[k]|^2}\right]^{\frac{1}{2}} \geq \frac{2M+1}{4\pi}$$

(d) 컴퓨터 실습 문제 3.115를 반복하여 (c)의 경계점이 성립함을 보이고, 가우시안 펄스들도 동일한 경계를 가짐을 보여라.

5 통신 시스템에서의 응용

5.1 서 론

통신 시스템의 목적은 정보원(source of information)에서 발생되는 메시지를 적절히 표현하는 신호(즉, 메시지 신호)를 채널을 통하여 전송하고, 그 메시지 신호를 수신단에서 신뢰성 있게 추정하여 사용자에게 전달하는 데 있다. 예를 들면, 메시지 신호가 음성 신호이고, 채널이 휴대용 전화(cellular telephone) 채널 또는 위성 채널인 경우이다. 1장에서 언급된 바와 같이, 변조(modulation)는 통신 시스템 작동에서 기본이 되는 것으로, (1) 메시지 신호의 주파수 대역을 채널 전송에 적합한 다른 주파수 대역으로 이동시키고, (2) 수신된 전송 신호를 본래의 주파수 영역으로 다시 되돌리는 수단을 제공한다. 즉, **변조는 반송파의 일부 특성을 메시지 신호에 따라 변화시키는 과정으로 정의된다.** 이 경우 메시지 신호를 **변조파**(modulating wave), 변조 처리된 신호를 **피변조파**(modulated wave)라고 한다. 수신단에서 피변조파로부터 메시지 신호를 복원하기 위해 사용되는 처리과정을 **복조**(demodulation)라 한다. 복조는 변조과정의 역과정이다.

이 장에서는 3, 4장에서 논의된 푸리에 해석(Fourier analysis)을 기반으로, 시스템 이론의 관점에서 변조를 개괄적으로 설명한다. 우선 기본적인 변조 형식들을 설명하고, 변조를 함으로써 얻을 수 있는 실질적인 이점들에 대하여 언급한다. 특히, 그 방식이 단순하여 아날로그 통신에 실제 널리 사용되고 있는 **진폭 변조**(amplitude modulation)에 관하여 우선 설명한다. 진폭 변조의 일반 응용 예의 하나는 라디오 방송이다. 또한, 진폭 변조의 변형인 몇몇 주요 다른 변조에 대해 알아본다. 아날로그 통신에서 진폭 변조가 사용되듯이, 디지털 통신에서는 **펄스-진폭 변조**(pulse-amplitude modulation)가 사용된다. 펄스-진폭 변조는 이 장의 후반부에서 논의되며, 이는 4장에서 다루었던 샘플링 처리의 또 다른 표현에 해당된다.

5.2 변조 형식

통신 시스템에서 적용된 반송파의 형태에 따라 변조 형식이 결정된다. 가장 일반적으로 사용되는 두 가지 반송파 형태는 정현파(sinusoidal wave)와 주기적 펄스열(periodic pulse train)이 있다. 따라서, 사용된 반송파 형태에 따라 변조를 두 부류(class)로 분류할 수 있다: **연속파 변조**[continuous-wave(CW) modulation] 및 **펄스 변조**(pulse modulation).

1. 연속파 변조[continuous-wave(CW) modulation]

다음과 같이 반송 진폭 A_c와 위상각 $\phi(t)$를 갖는 정현 반송파를 고려하자.

$$c(t) = A_c \cos(\phi(t)). \tag{5.1}$$

여기서, A_c 및 $\phi(t)$ 중 변조를 위해 어느 것을 선택하는가에 따라 다음의 두 종류(subclass)로 분류된다.

- ▶ **진폭 변조**(amplitude modulation): 반송파의 진폭이 메시지 신호에 따라 변화한다.
- ▶ **각변조**(angle modulation): 반송파의 위상이 메시지 신호에 따라 변화한다.

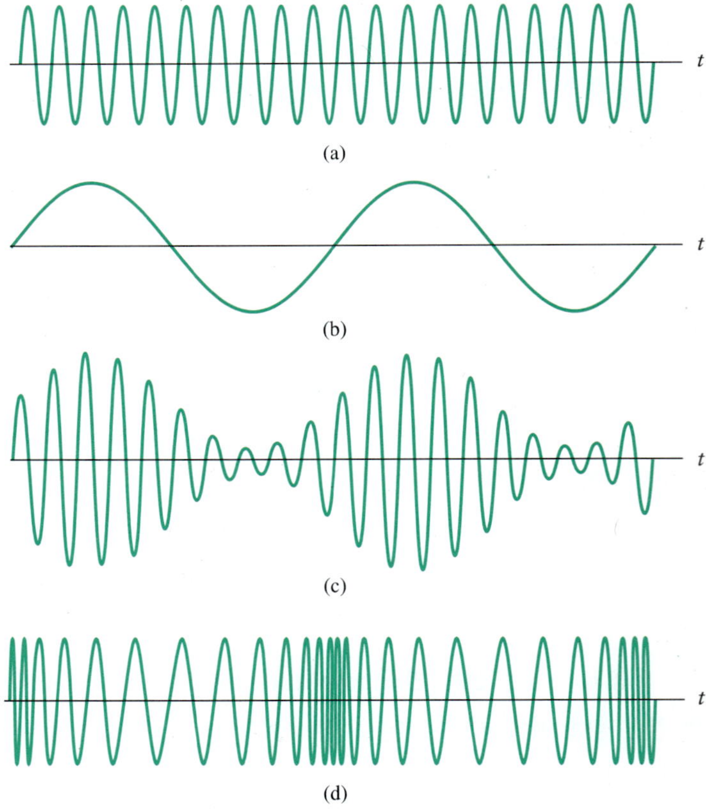

그림 5.1 정현파 변조의 진폭 변조 및 각변조 파형. (a) 반송파, (b) 정현 변조파, (c) 진폭 변조된 파형, (d) 각변조된 파형

그림 5.1은 정현 변조 신호인 경우, 진폭 변조 신호 및 위상 변조 신호의 예이다.

진폭 변조에서 메시지 신호가 주어진 경우, 피변조파(modulated wave)의 주파수 성분은 적용된 진폭 변조의 형태에 따라 다음과 같은 네 가지 형태로 구현이 가능하다.

- ▶ 전(全)진폭 변조(double sideband-transmitted carrier)
- ▶ 양측대역-캐리어 억제 변조(double sideband-suppressed carrier modulation)
- ▶ 단측대역 변조(single-sideband modulation)
- ▶ 잔류 측대역 변조(vestigial-sideband modulation)

특히, 이들 중에서 양측대역-캐리어 억제 변조, 단측대역 변조 그리고, 잔류 측대역 변조는 **선형 변조**(linear modulation)의 예인데, 이 경우 메시지 신호의 진폭이 특정 값으로 증폭되면 피변조 파형의 진폭도 동일 크기로 증폭된다. 엄밀한 의미에서, 나중에 기술될 이유로 인하여 전(全)진폭 변조는 메시지 신호의 관점에서 선형 변조의 정의와는 일치하지 않는다. 그럼에도 불구하고 전진폭 변조인 경우 선형 특성으로부터 크게 벗어나지 않아서, 선형 변조 해석에 적용되는 많은 수학적 해석 과정을 그대로 이용할 수 있다. 따라서, 이 책에서 제시된 해석 방법을 사용하여 위에서 언급된 진폭 변조의 네 가지 형태에 대한 수학적 해석이 가능하다. 이 장의 다음의 여러 절에서 이러한 수학적 해석에 대해 자세히 다룬다.

이와는 대조적으로, 각변조는 **비선형 변조**(nonlinear modulation)인데, 이를 기술하기 위해서는 $\omega_i(t)$로 표현되는 **순시 라디안 주파수**(instantaneous radian frequency)를 언급할 필요가 있다. 특히, $\omega_i(t)$는 아래와 같이 시간 t에 대한 각도 $\phi(t)$의 도함수로 정의된다.

$$\omega_i(t) = \frac{d\phi(t)}{dt} \tag{5.2}$$

이며, 등가적으로 다음과 같이 표현할 수 있다.

$$\phi(t) = \int_0^t \omega_i(\tau)\, d\tau. \tag{5.3}$$

여기서, 다음과 같이 정의되는 초기값,

$$\phi(0) = \int_{-\infty}^0 \omega_i(\tau)\, d\tau$$

를 0으로 가정한다.

식 (5.2)는 특히 라디안 주파수의 일반적 정의를 나타낸다. 다음의 일반적인 형태의 정현파를 고려하자.

$$c(t) = A_c \cos(\omega_c t + \theta)$$

여기서, A_c는 진폭이고 ω_c는 각주파수, θ는 위상을 나타낸다. 이와 같은 경우, 각은

$$\phi(t) = \omega_c t + \theta$$

이며, 식 (5.2)를 적용하면 순시 라디안 주파수는 다음과 같다.

$$\omega_i(t) = \omega_c \qquad \text{모든 } t\text{에 대하여.}$$

또한, 순시 라디안 주파수 $\omega_i(t)$가 메시지 신호 $m(t)$에 따라 변하는 경우, 식 (5.2)의 정의를 이용하여 표현하면 다음과 같이 나타낼 수 있다.

$$\omega_i(t) = \omega_c + k_f m(t). \tag{5.4}$$

여기서, k_f는 변조기의 주파수 민감도 상수(frequency sensitivity factor)이며, 식 (5.4)를 식 (5.3)에 대입하면 다음과 같다.

$$\phi(t) = \omega_c t + k_f \int_0^t m(\tau)\, d\tau.$$

이러한 각변조는 다음의 **주파수 변조**(FM: Frequency Modulation)의 한 형태이며, 다음과 같이 쓸 수 있다.

$$s_{\mathrm{FM}}(t) = A_c \cos\left(\omega_c t + k_f \int_0^t m(\tau)\, d\tau\right). \tag{5.5}$$

이때 반송파의 크기는 일정하게 유지된다.

또한, 각 $\phi(t)$가 메시지 신호 $m(t)$에 따라 변하는 경우 그 위상은 다음과 같다.

$$\phi(t) = \omega_c t + k_p m(t).$$

여기서 k_p는 변조기의 위상 민감도 상수(phase sensitivity factor)이다. 이러한 각변조를 **위상 변조**(PM: Phase Modulation)라 한다.

$$s_{\mathrm{PM}}(t) = A_c \cos(\omega_c t + k_p m(t)). \tag{5.6}$$

이때, 반송파의 진폭의 크기는 일정하게 유지된다.

비록 FM 및 PM 신호를 각각 표현한 식 (5.5)와 (5.6)은 서로 다르게 보이지만, 실제로 보다 밀접하게 관련되어 있다. 특히, 주목할 사항은 둘 다 메시지 신호 $m(t)$의 비선형 함수이어서, 진폭 변조 경우보다 수학적인 해석이 한층 더 어렵다. 이 책에서는 주로 신호 및 시스템의 선형 해석에 중점을 두고 있어서, 이 장에서는 진폭 변조와 그의 변화된 형태에 대해서 보다 자세히 다룬다.

2. 펄스 변조(pulse modulation: PM)

다음과 같이 표현되는 주기적 펄스열로 구성된 반송파를 고려하자.

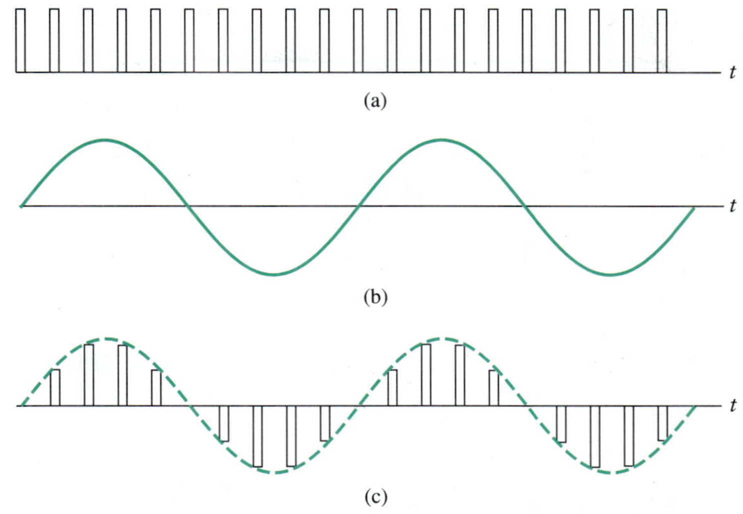

그림 5.2 펄스 진폭 변조. (a) 반송파인 구형파 열, (b) 정현 변조파, (c) 펄스-진폭 피변조파

$$c(t) = \sum_{n=-\infty}^{\infty} p(t - nT).$$

이때 T는 주기이며, $p(t)$는 중심이 영점에 있고, T에 비하여 상대적으로 짧은 지속 시간을 갖는 펄스를 나타낸다. 여기서, $p(t)$의 특정 파라미터가 메시지 신호에 따라 변화하는 경우 **펄스 변조**가 되며, 그림 5.2는 정현 변조파 경우의 펄스 진폭 변조의 예를 보여주고 있다.

수행되는 펄스 변조는 다음의 두 부류로 구분될 수 있다.

▶ **아날로그 펄스 변조**: 펄스의 크기, 진폭, 펄스의 위치와 같은 특성 파라미터들이 메시지 신호에 따라 연속적으로 변한다. 따라서, 이렇게 구현된 각각의 아날로그 펄스 변조들이 펄스 진폭 변조, 펄스폭 변조 그리고 펄스 위치 변조이며, 이러한 것들은 연속파 변조와 서로 상대적인 변조로 볼 수 있다.

▶ **디지털 펄스 변조**: 변조된 신호가 코드(code)의 형태로 표현되는데, 이와 같은 표현은 여러 다른 방법으로 나타낼 수 있다. 기본적으로 두 가지 연산을 포함하는데, 첫 번째 연산은 각각 변조된 펄스의 크기가 그 값에서 가장 근접한 이산 레벨값으로 근사화된다. 이를 **양자화**(quantization)라고 하며, 이를 수행하는 기기를 **양자화기**(quantizer)라 한다. 두 번째 연산은 양자화기의 출력이 코드로 변환된다(예를 들면 이진 형태). 이와 같은 특정 형태의 디지털 펄스 변조는 **펄스 코드 변조**(PCM: pulse code modulation)로 알려져 있다. 양자화는 정보의 손실을 가져오는 비선형 처리이지만, 설계자가 충분한 수의 이산 레벨을 선택하면 정보의 손실을 최소한으로 줄일 수 있다. 또한, 펄스 변조에서의 PCM에 해당하는 변조는 연속파 변조에는 없다. 각변조와 마찬가지로 PCM의 자세한 설명은 이 책의 범위를 벗어나므로 다루지 않는다. 이 장에서는 선형 처리(linear process)인 펄스 진폭 변조에 대해 주로 다룬다.

5.3 변조의 장점

변조는 통신 시스템에 특별히 국한되어 사용되는 것은 아니다. 그 외에도 여러 형태의 변조가 신호처리, 원격 측정, 레이더(radar), 소나(sonar), 제어 시스템 그리고 스펙트럼 분석기나 주파수 합성기와 같은 범용 계측기에서도 사용된다. 그러나, 통신 시스템에서 변조가 특히 주요 역할을 하는 것을 알 수 있다.

통신 시스템에서 변조를 사용함으로써 실제적으로 얻을 수 있는 4가지 이점은 다음과 같다.

1. 변조는 메시지 신호의 주파수 성분이 통신 채널의 동작 주파수 대역 내에 위치하도록 주파수를 전이시킨다.

예를 들어, 이동전화 채널 상의 음성 통신에서 고려되는 적절한 음성 신호 주파수 대역은 300-3,100 Hz이다. 북미에서 이동 통신 시스템에 할당된 주파수 대역은 800-900 MHz인데, 그 중 824-849 MHz 대역은 이동 단말기로부터의 신호를 수신하기 위해 사용되며, 869-894 MHz 대역은 이동 단말기로 신호를 송신하기 위해 사용된다. 이와 같은 통신이 가능하기 위해서는, 다음의 두 가지 일을 해야 한다. 먼저 전송을 위하여 할당된 주파수 대역 안으로 음성 신호의 주파수 대역을 이동시켜야 하고, 또한 수신시에 전송된 대역 안의 음성 신호를 원래의 음성 신호의 주파수 대역으로 이동시켜야 한다. 첫 번째가 변조 과정이고, 두 번째가 복조 과정이다.

또 다른 예로서, 광섬유를 통한 고속 디지털 데이터 전송(transmission of high-speed digital data)인 경우를 생각할 수 있다. 고속 디지털 데이터는 초당 수백만 비트 또는 그 이상의 속도로 이진화된 디지털 음성 데이터, 디지털 영상 데이터, 컴퓨터 데이터로 구성된 데이터를 말한다. 특히, 광섬유는 고속 디지털 데이터 전송에 매우 유용하게 적용될 수 있는 고유 특성을 가지고 있는데, 구체적으로 고속 디지털 데이터 전송에 다음과 같은 이점을 제공한다.

- ▶ 2×10^{14} Hz에 이르는 광 반송 주파수 사용으로 거대한 대역폭
- ▶ 0.2 dB/km 또는 그 이하의 낮은 전송 손실
- ▶ 전자기적 간섭에 강하다.
- ▶ 사람의 머리카락보다 크지 않는 직경을 가지며 가볍고 작다.
- ▶ 큰 장력 강도(very high tensile strength)와 구부리거나 비틀어도 손상이 없는 등의 튼튼하고 유연함

정보를 내포한 신호는 광 에너지원[예: 발광 다이오드(LED)나 레이저 다이오드 등]에 실려 변조된다. 간단한 방식으로 두 개의 서로 다른 광도 사이를 스위칭하는 변조가 있다.

2. 변조는 잡음이나 간섭에 덜 영향을 받는 형태로 메시지의 정보 내용을 바꾸어 준다.

보통 통신 시스템에서 수신기 앞단에서 발생된 잡음이나 전송 과정에서 발생된 간섭이 수신

신호에 포함된다. 잡음이 존재하는 경우, 주파수 변조나 펄스 코드 변조와 같은 특정 변조 형태에서는 전송 주파수 대역을 넓힘으로써 시스템 성능을 향상시킬 수 있다. 그러나, 주의할 점은 이러한 특성이 모든 변조 기법에 적용되지 않는다는 점이다. 특히, 연속 반송파 또는 펄스화된 반송파의 진폭을 변화시키는 이러한 변조 기법은 잡음이나 간섭에 대해 수신 신호를 보호할 수 있는 기능을 제공하지 못한다.

3. 변조는 멀티플렉싱(multiplexing: 다중화)이 가능하게 한다.

전화 채널, 이동 통신 채널 또는 위성 통신 채널 등 통신 채널에는 막대한 자본 투자가 요구되어, 비용을 감소시킬 수 있는 효과적인 방법으로 설치되어야 한다. 다중 송신은 이를 가능하게 하는 신호처리 과정이다. 이는 신호의 채널 상에서 여러 독립 정보원으로부터의 메시지 신호들을 해당 채널을 통해 각각의 목표 지점으로 동시 전송(simultaneous transmission)을 가능하게 한다. 연속파 변조의 경우 주파수 분할 멀티플렉싱(frequency-division multiplexing)의 형태를 가지며, 디지털 펄스 변조의 경우 시분할 멀티플렉싱(time-division multiplexing)의 형태를 갖는다.

4. 변조는 송·수신 안테나가 실용적인 수준의 크기를 갖도록 해준다.

안테나 개구면의 크기는 입사 또는 방사되는 전자파의 파장과 비교될 정도이다. 달리 말하면, 파장과 주파수는 서로 반비례하므로, 안테나의 개구면의 크기는 동작 주파수와 반비례한다. 변조는 변조 신호(예를 들어, 음성 신호)의 주파수 성분을 반송 주파수만큼 끌어 올리므로 무선 기반의 통신에서 반송 주파수가 크면 클수록 송신 안테나뿐만 아니라 수신 안테나의 개구면 크기도 작게 된다.

이 장에서 변조의 주파수 전이 특성과 멀티플렉싱에 대해서 논의할 것이다. 그러나, 변조 시스템에서 잡음과 관련된 문제는 다루지 않는다.

5.4 전진폭 변조

다음과 같은 정현 반송파 $c(t)$를 고려하자.

$$c(t) = A_c \cos(\omega_c t). \tag{5.7}$$

반송파 진폭 변화에 보다 더 관심을 두고 있어서, 편의상 식 (5.7)에서 반송파의 초기 위상을 0이라고 가정하자. 특히, $m(t)$를 메시지 신호라 할 때, 진폭 변조(AM)는 반송파 진폭이 다음 식과 같이 $m(t)$에 비례하는 처리 과정으로 정의된다.

$$s(t) = A_c[1 + k_a m(t)] \cos(\omega_c t). \tag{5.8}$$

여기서, k_a는 변조기의 **진폭 민감도 상수**(amplitude sensitivity factor)이고, 이 절의 후반부에 설명되었듯이 진폭 변조파 $s(t)$는 전진폭 변조파이며(5.4.5절 참조), 반송파의 라디안 주파수 ω_c는 일정한 값을 갖는다.

5.4.1 변조율

식 (5.8)에서 진폭 변조파 $s(t)$의 진폭을 **포락선**(envelope)이라 하며, $a(t)$를 사용하여 이 포락선을 표현하면 다음과 같다.

$$a(t) = A_c|1 + k_a m(t)|. \tag{5.9}$$

여기서, $k_a m(t)$의 크기를 1과 비교하면 다음의 두 가지 경우가 생긴다.

1. **부족 변조**(undermodulation)는 다음과 같은 조건인 경우이다.

$$|k_a m(t)| \le 1 \qquad \text{모든 } t\text{에 대하여.}$$

이 조건하에서 $1 + k_a m(t)$ 항은 항상 0보다 크거나 같다. 여기서 진폭 변조파의 포락선은 다음과 같이 표현할 수 있다.

$$a(t) = A_c[1 + k_a m(t)] \qquad \text{모든 } t\text{에 대하여.} \tag{5.10}$$

2. **과변조**(overmordulation)는 다음과 같은 좀 약한 조건인 경우이다.

$$|k_a m(t)| > 1 \qquad \text{어떤 } t\text{에 대하여.}$$

이 조건하에서 진폭 변조파의 포락선을 나타내기 위해서는 식 (5.9)를 이용하여야 한다.

$k_a m(t)$에 100을 곱한 값의 최대 절대값을 **변조 퍼센트**라 한다. 위에서 첫 번째 경우, 변조 퍼센트는 100보다 작거나 같으며, 두 번째 경우는 변조 퍼센트가 100을 초과한다.

5.4.2 진폭 변조파 발생

진폭 변조파 발생을 위해 여러 방법이 고안되었다. 여기서, 식 (5.8)로부터 유추할 수 있는 간단한 회로를 고려해 본다. 먼저 식 (5.8)을 등가적으로 표현하면 다음과 같다.

$$s(t) = k_a[m(t) + B]A_c \cos(\omega_c t). \tag{5.11}$$

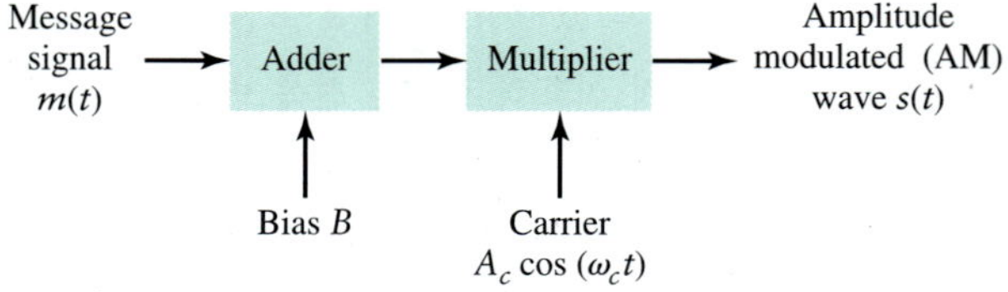

그림 5.3 덧셈기 및 곱셈기를 포함하는 진폭 변조파 발생 시스템

상수 B는 $1/k_a$와 같고, 변조 전에 메시지 신호 $m(t)$에 더해지는 바이어스(bias)를 나타낸다. 식 (5.11)은 진폭 변조파 발생을 위해 그림 5.3의 블록 다이어그램에 표시된 방법을 나타내며, 기본적으로 두 개의 기능 블록들로 구성된다.

▶ **덧셈기**: 바이어스 B를 메시지 입력 신호 $m(t)$에 가산한다.

▶ **곱셈기**: 진폭 변조파 $s(t)$를 발생시키기 위해 덧셈기 출력(즉, $m(t) + B$)을 반송파 $A_c \cos(\omega_c t)$와 곱한다. 특히, 상수 k_a는 곱셈기와 관련된 비례 상수이다.

바이어스 B값을 조정함으로써 변조율을 제어할 수 있다.

▶ **연습문제 5.1** 메시지 신호의 최대 절대값이 $M_{\max}$인 경우, 과변조를 피하기 위해서 바이어스 B값이 만족해야 할 조건은 무엇인가?

해답: $B \geq M_{\max}$ ▮

5.4.3 가능한 진폭 변조파의 파형

그림 5.4의 파형은 진폭 변조 파형을 나타내는데, 그림 5.4(a) 부분은 메시지 신호 $m(t)$ 파형을 나타내고 있으며 그림 5.4(b) 부분은 변조율이 66.7%(즉, 부족 변조)인 k_a값의 경우 그림 5.4(a)의 메시지 신호에 의해 생성된 진폭 변조 파형을 나타낸다.

한편, 그림 5.4(c)는 변조율이 166.7%(과변조에 해당)인 k_a값에 대한 진폭 변조파이다. 이

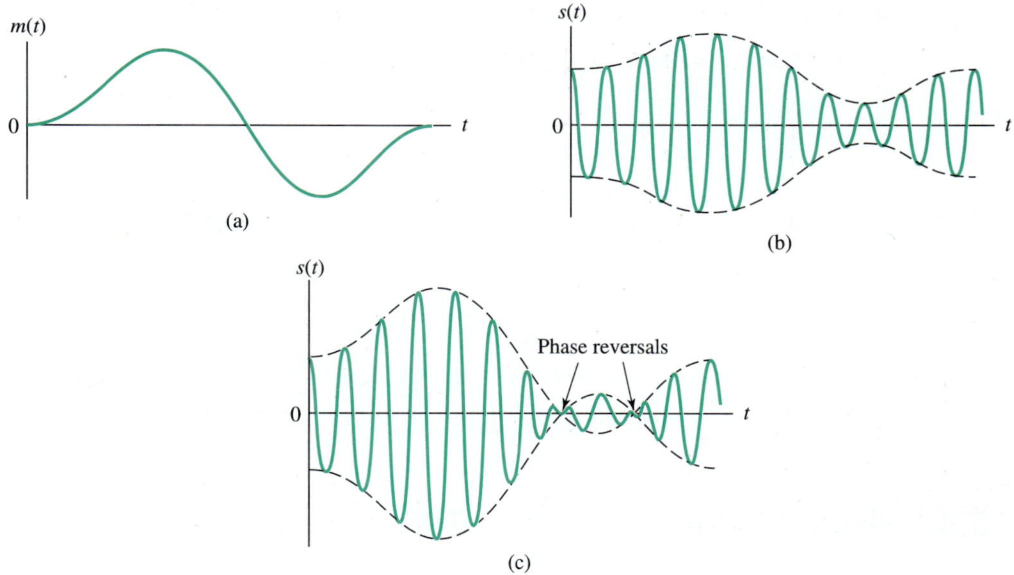

그림 5.4 변조 퍼센트 값에 따른 진폭 변조. (a) 메시지 신호 $m(t)$, (b) 모든 시간 t에서 $|k_a m(t)| < 1$인 진폭 변조 파형이며, 여기서 k_a는 변조기의 진폭 민감도이고, 부족 변조(undermodulation)의 경우를 나타낸다. (c) 특정 시간에서 $|k_a m(t)| > 1$인 진폭 변조 파형이며, 과변조의 경우를 나타낸다.

러한 두 진폭 변조 파형들과 메시지 신호 파형을 비교하면, 다음의 결론을 유도할 수 있다.

> 진폭 변조파의 포락선이 메시지 신호 파형과 1대1 대응일 필요 충분 조건은 변조 퍼센트가 100%보다 적거나 100%와 동등할 때이다.

이 조건은 만일 변조 퍼센트가 100%를 초과한다면 성립되지 않으며, 이 경우 **포락선 왜곡**(envelope distortion)이 발생하였다고 한다.

▶ **연습문제 5.2** 변조율이 100%인 경우 포락선 $a(t)$가 특정 시간 t에서 영이 된다. 그 이유는?

➡ 해답: 만일 특정 시간 t에서 $k_a m(t) = -1$이면, $a(t) = 0$이다. ▮

5.4.4 전진폭 변조는 선형성을 만족시키는가?

앞에서, 메시지 신호 진폭이 어떤 값으로 증폭되면 피변조파의 진폭도 동일 크기로 증폭되는 변조 형태를 선형 변조로 정의하였다. 이러한 선형 변조의 정의는 1.8절에서 소개한 시스템의 선형 특성 개념과 일치한다. 식 (5.8)에서 정의된 것과 같이, 진폭 변조는 정확한 의미에서는 선형 변조가 아니다. 이를 설명하기 위해, $m_1(t)$와 $m_2(t)$의 합으로 이루어진 메시지 신호 $m(t)$를 고려하자. 그리고, 이들에 의해 발생되는 AM 파형을 각각 $s_1(t)$ 및 $s_2(t)$ 그리고 진폭 변조 처리 연산자를 H라 할 때 다음과 같이 표현할 수 있다.

$$\begin{aligned} H\{m_1(t) + m_2(t)\} &= A_c[1 + k_a(m_1(t) + m_2(t))]\cos(\omega_c t) \\ &\neq s_1(t) + s_2(t). \end{aligned}$$

여기서

$$s_1(t) = A_c[1 + k_a m_1(t)]\cos(\omega_c t)$$

이고

$$s_2(t) = A_c[1 + k_a m_2(t)]\cos(\omega_c t)$$

이다. 특히, 반송파 $A_c\cos(\omega_c t)$의 곱으로 인하여 중첩의 원리를 만족하지 못한다.

그러나, 앞에서도 지적하였듯이 진폭 변조가 선형 특성을 벗어나는 정도가 크지 않다. 식 (5.8)의 정의로부터, 진폭 변조 신호 $s(t)$는 실제로 성분 $A_c\cos(\omega_c t)$와 변조된 성분 $A_c\cos(\omega_c t)m(t)$의 선형 조합임을 알 수 있다. 따라서, 다음에 논의되겠지만 큰 어려움 없이 푸리에 해석 기법을 진폭 변조 해석에 적용할 수 있음을 알 수 있다.

5.4.5 주파수 영역에서의 진폭 변조 표현

식 (5.8)은 전진폭 변조파 $s(t)$를 시간의 함수로 정의한다. 이 진폭 변조파의 주파수 영역 표현을 위해 식 (5.8) 양측을 푸리에 변환한다. $S(j\omega)$를 $s(t)$의 푸리에 변환, $M(j\omega)$를 $m(t)$의 푸리에 변환이라 하자. 특히, $M(j\omega)$를 **메시지 스펙트럼**이라고 한다. 다음과 같이 4장에서의 결

과를 다시 표시하면

1. $A_c \cos(\omega_c t)$의 푸리에 변환(예제 4.1 참조)

$$\pi A_c[\delta(\omega - \omega_c) + \delta(\omega + \omega_c)].$$

2. $m(t) \cos(\omega_c t)$의 푸리에 변환(예제 4.6 참조)

$$\frac{1}{2}[M(j\omega - j\omega_c) + M(j\omega + j\omega_c)].$$

이러한 결과와 선형성(linearity) 그리고 푸리에 변환의 크기 특성(scaling property)을 적용하면 식 (5.8) 진폭 변조 파형의 푸리에 변환은 다음과 같이 표현할 수 있다.

$$\begin{aligned} S(j\omega) = &\ \pi A_c[\delta(\omega - \omega_c) + \delta(\omega + \omega_c)] \\ &+ \tfrac{1}{2} k_a A_c[M(j(\omega - \omega_c)) + M(j(\omega + \omega_c))]. \end{aligned} \tag{5.12}$$

여기서, 메시지 신호 $m(t)$를 그림 5.5(a)에서와 같이 $-\omega_m \le \omega \le \omega_m$으로 주파수 대역이 제한되었다고 하자. 이 경우 $m(t)$의 최고 주파수를 **메시지 대역**이라고 하며, 단위는 rad/s이다. 그림 5.5(a)에서의 메시지 스펙트럼 모양은 설명을 위해 임의로 표현한 것이다. 특히, $\omega_c > \omega_m$인 경우, 식 (5.12)로부터 진폭 변조파의 스펙트럼 $S(j\omega)$은 그림 5.5(b)와 같이, (i) 스펙트럼은 $\pm\omega_c$ 주파수에 위치하고 πA_c의 값이 곱해진 두 개의 임펄스 함수와 (ii) 메시지 스펙트럼이 $\pm\omega_c$만큼 주파수 전이가 생기고 $\frac{1}{2}k_a A_c$가 곱해진 크기를 갖는 새로운 두 스펙트럼으로 구성되며, 다음과 같이 해석될 수 있다.

1. 양의 주파수의 경우, 피변조파의 스펙트럼 중, 반송 주파수 ω_c의 상측 주파수 대역에 위치한 스펙트럼을 **상측 대역**(upper sideband), ω_c의 하측 대칭부분에 위치한 스펙트럼을 **하측 대역**(lower sideband)라고 한다. 음의 주파수의 경우, 상측 대역의 이미지는 $-\omega_c$ 아래 부분에 위치한 스펙트럼 부분이고, $-\omega_c$ 위 부분에 하측 대역의 이미지가 위치한다. 이러한 측

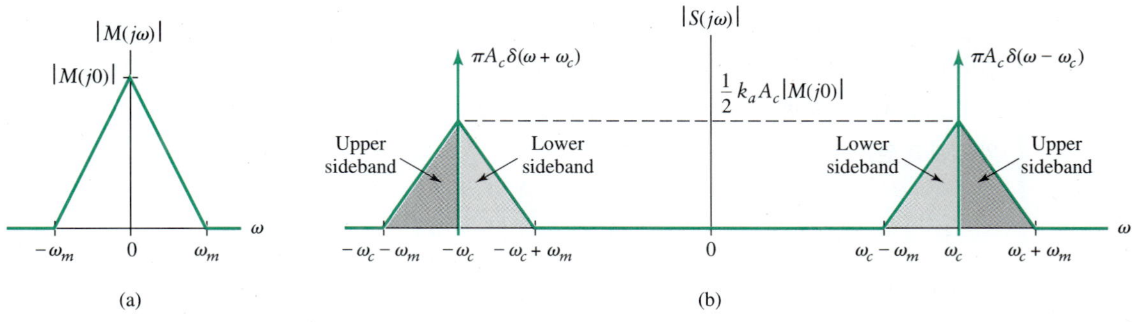

그림 5.5 진폭 변조파의 주파수 성분. (a) 메시지 신호의 진폭 스펙트럼, (b) AM 변조파의 진폭 스펙트럼 – 반송파 및 상·하 양측대역으로 구성된다.

대역들이 겹치지 않을 필요 조건은 $\omega_c > \omega_m$이다.

2. 양의 주파수에 대해서 진폭 변조파의 최대 주파수 성분은 $\omega_c + \omega_m$이며 최소 주파수 성분은 $\omega_c - \omega_m$이다. 진폭 변조파에서 이 두 주파수 간의 차이를 **전송 대역폭**(transmission bandwidth) ω_T라 하며, 이는 메시지 신호 주파수 대역폭 ω_m의 두 배이다. 즉,

$$\omega_T = 2\omega_m. \tag{5.13}$$

그림 5.5(b)에서와 같이 진폭 변조파의 스펙트럼이 반송파, 상측 대역 및 하측 대역을 모두 포함하고 있어서, **전진폭 변조**(full amplitude modulation)라 한다.

진폭 변조파의 상측 대역은 메시지 스펙트럼 $M(j\omega)$의 양의 주파수 성분이 ω_c만큼 주파수 상에서 상측으로 전이가 일어난 경우이고, 하측 대역은 메시지 스펙트럼의 음의 주파수 성분이 ω_c만큼 주파수 상에서 상측으로 전이가 일어난 경우이다. 특히, 신호의 푸리에 해석에서 음의 주파수를 사용하는 중요한 이유가 여기에 있다. 즉 $\omega_c > \omega_m$인 경우, 진폭 변조를 사용하면, 메시지 스펙트럼 $M(j\omega)$가 갖고 있는 음의 주파수 성분을 모두 나타낼 수 있다.

예제 5.1 **정현 변조 신호(sinusoidal modulating signal)의 전진폭 변조.** 다음과 같이 단일 주파수 성분으로 구성된 변조파 $m(t)$를 고려하자.

$$m(t) = A_0 \cos(\omega_0 t).$$

여기서, A_0는 변조파 진폭이며, 그림 5.6(a)에서와 같이 ω_0는 라디안 주파수이다. 또한, 그림 5.6(b)에서와 같이, 정현 반송파 $c(t)$는 진폭 A_c와 라디안 주파수 ω_c를 갖는다. 진폭 변조파의 시간 영역과 주파수 영역에서의 특성을 설명하라.

▸ 풀이: 진폭 변조파는 다음과 같이 표현된다.

$$s(t) = A_c[1 + \mu\cos(\omega_0 t)]\cos(\omega_c t) \tag{5.14}$$

이고

$$\mu = k_a A_0.$$

여기서, μ를 **변조도**(modulation factor)라 하며, 이를 퍼센트로 표현할 때 변조율과 같다. 특히, 과변조에 의한 포락선 일그러짐(envelope distortion)을 피하기 위해 μ는 1보다 작아야 된다.

$A_{\max}$와 $A_{\min}$는 피변조파 포락선의 최대 및 최소 값을 나타낸다. 이 경우, 식 (5.13)으로부터 다음의 결과를 얻을 수 있다.

$$\frac{A_{\max}}{A_{\min}} = \frac{A_c(1+\mu)}{A_c(1-\mu)}.$$

위 식으로부터 μ를 구하면 다음과 같다.

$$\mu = \frac{A_{\max} - A_{\min}}{A_{\max} + A_{\min}}.$$

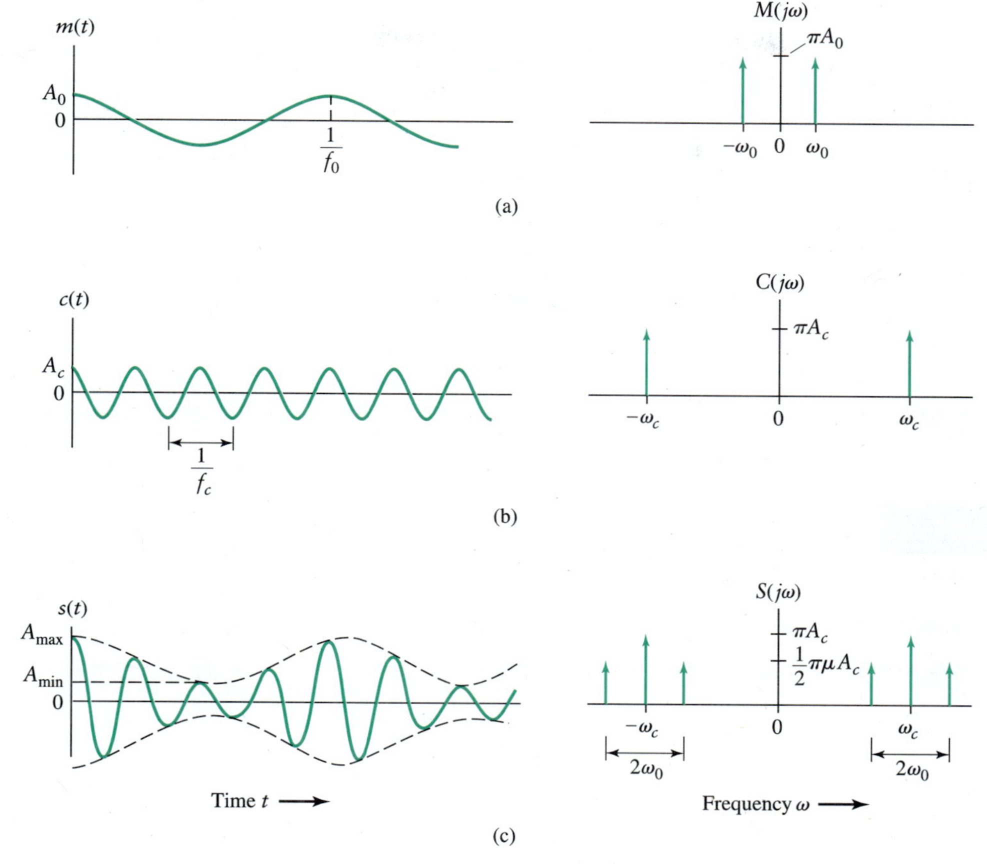

그림 5.6 정현 변조파에 의해서 발생되는 진폭 변조파의 시간 영역(왼쪽 그림)과 주파수 영역(오른쪽 그림)에서의 특성. (a) 변조파, (b) 반송파, (c) 진폭 변조파

식 (5.14)에서 두 코사인의 곱을 두 개의 코사인의 합으로 표현하면, 하나는 $\omega_c + \omega_0$ 주파수 성분을 갖고, 다른 하나는 $\omega_c - \omega_0$ 주파수 성분을 갖는다. 이로부터 다음의 식을 얻을 수 있다.

$$s(t) = A_c \cos(\omega_c t) + \tfrac{1}{2}\mu A_c \cos[(\omega_c + \omega_0)t] + \tfrac{1}{2}\mu A_c \cos[(\omega_c - \omega_0)t].$$

예제 4.1에서 유도된 푸리에 변환쌍의 관점에서, $s(t)$의 푸리에 변환은 다음과 같다.

$$S(j\omega) = \pi A_c[\delta(\omega - \omega_c) + \delta(\omega + \omega_c)] + \tfrac{1}{2}\pi\mu A_c[\delta(\omega - \omega_c - \omega_0) + \delta(\omega + \omega_c + \omega_0)] + \tfrac{1}{2}\pi\mu A_c[\delta(\omega - \omega_c + \omega_0) + \delta(\omega + \omega_c - \omega_0)].$$

따라서 정현파 변조의 경우, 전진폭 변조파의 스펙트럼은 그림 5.6(c)와 같이 $\pm\omega_c$, $\omega_c \pm \omega_0$, $-\omega_c \pm \omega_0$ 주파수의 임펄스 함수들로 구성된다. ▮

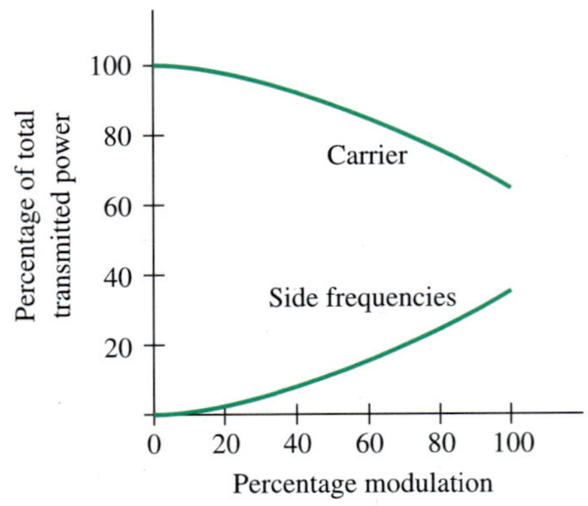

그림 5.7 정현파 변조의 경우, AM파의 변조 퍼센트 변화에 따른 반송파 전력과 측대파 전력의 변화

예제 5.2 **정현 변조 신호의 평균 전력.** 예제 5.1에서, 변조도 μ값의 변화가 진폭 변조파의 전력(power)에 미치는 영향을 설명하라.

풀이: 실제 진폭 변조파 $s(t)$는 전압이나 전류 신호이다. 그 중의 어느 경우에도 $s(t)$에 의한 1Ω 부하 저항에서의 평균 전력은 식 (1.15)에서 유도된 것과 같이 다음 세 가지 성분들로 구성된다.

$$\text{반송파 전력} = \frac{1}{2}A_c^2$$

$$\text{상측 대역 전력} = \frac{1}{8}\mu^2 A_c^2$$

$$\text{하측 대역 전력} = \frac{1}{8}\mu^2 A_c^2.$$

피변조파의 전체 전력에 대한 상·하측 대역 파워의 비율은 $\mu^2/(2+\mu^2)$과 같으며, 이는 변조도 μ값에 좌우된다. 예로서 $\mu = 1$(즉, 100% 변조)인 경우, 변조 파형에서 양측대역 전력은 피변조파가 가진 전체 전력의 1/3이다.

그림 5.7은 변조율 변화에 따른 피변조파 전체 전력에 대한 양측대역의 전력 퍼센트 및 피변조파 전체 전력에 대한 반송파 전력의 퍼센트를 나타낸 그림이다. ∎

▶ **연습문제 5.3** 특히, 퍼센트 변조는 20% 이내인 정현파 변조의 경우 (a) 반송파, (b) 양측 주파수에서의 각각의 평균 전력을 계산하라.

해답: (a) $\frac{1}{2}A_c^2$

(b) $\frac{1}{200}A_c^2$ ∎

▶ **연습문제 5.4** 1.10절에서 설명된 레이더 신호는 전진폭 변조의 형태로 볼 수 있다. 이를 증명하고 변조 신호를 구하라.

해답: 변조 신호는 각각 T 주기와 T_0의 펄스폭을 갖는 구형파로 구성된다. 피변조파(modulated signal)는 단순히 이 변조 신호(modulating signal)와 반송 파형의 곱이다. 그러나, 변조 신호는 직류 성분을 갖고 있어서 전송된 레이더 신호에는 반송파가 존재한다. ▮

5.4.6 스펙트럼 중복

앞에서 언급했듯이, 그림 5.5에서의 전진폭 변조의 스펙트럼 표현은 메시지 신호 $m(t)$의 최대 주파수 ω_m보다 반송 주파수 ω_c가 크다는 것을 전제로 한다. 그러나 이 조건이 만족되지 않는다면 어떻게 될까? 그 답은 피변조 신호 $s(t)$가 **스펙트럼 중복**에 의해 **주파수 왜곡**을 갖게 된다는 것이다[그러나 이 조건이 만족되지 않으면 변조된 신호 $s(t)$가 스펙트럼 중복에 의해 주파수 왜곡을 갖게 된다]. 이 현상은 그림 5.8에 잘 나타나 있으며, 좀더 쉽게 설명하기 위해 푸리에 변환 $S(j\omega)$가 실수인 경우로 가정하였다. 특히, 스펙트럼 중복이 발생하는 이유는 다음과 같다.

- 낮은 측대역이 음 주파수 영역으로 이동
- 낮은 측대역의 이미지(image)가 양 주파수 영역으로의 이동

비록 ω_c에서 $\omega_c + \omega_m$으로 분포된 상위 측대역과 이것의 음의 주파수의 반사 이미지(mirror image)가 영향을 받지 않더라도 낮은 측대역과 그것의 이미지 이동은 원메시지 신호의 복원을 방해한다. 따라서 다음 조건이 스펙트럼 중복 문제를 피하기 위한 필요 조건이 된다.

$$\omega_c \geq \omega_m.$$

5.4.7 진폭 변조파의 복조

변조 퍼센트가 100% 이하인 경우, **포락선 검파기**(envelope detector)를 이용하여 간단하면서도 효과적으로 협대역(narrowband) 진폭 변조파에 대한 **복조**(demodulation)를 수행할 수 있다. 협대역은 반송 주파수가 메시지 신호의 주파수 대역폭에 비하여 큰 경우를 의미한다. 이 조건은 피변조 신호의 포락선을 비교적 쉽게 가시화하는 데 도움이 된다. 이상적으

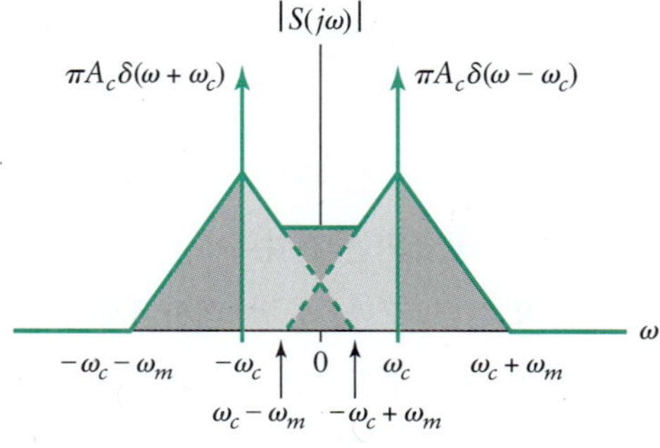

그림 5.8 진폭 변조에서의 스펙트럼 중복 현상. 이 현상은 반송 주파수 ω_c가 변조 신호의 최대 주파수 성분인 ω_m보다 작을 때 발생한다.

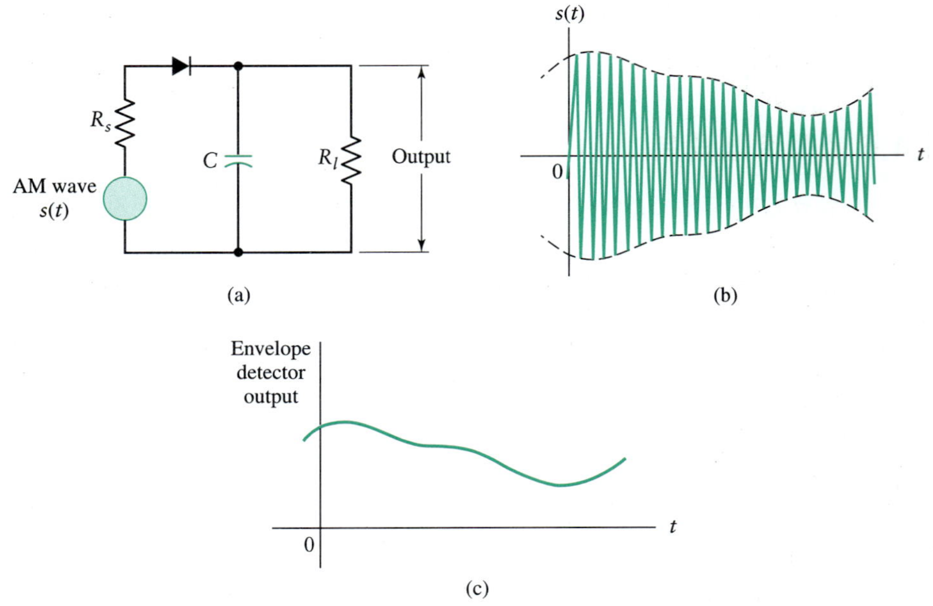

그림 5.9 포락선 검파기. (a) 회로 다이어그램, (b) 진폭 변조파 입력, (c) 이상적인 조건하의 포락선 검파기 출력

로, 포락선 검파기는 이름 그대로 입력 신호의 포락선을 정확히 추종하는 출력 신호를 제공한다. 이와 같은 형태의 여러 회로가 거의 모든 상용 AM 라디오 수신기에서 사용된다.

그림 5.9는 다이오드와 R-C 필터로 구성된 포락선 검파기의 회로 다이어그램을 나타낸다. 이 포락선 검파기의 동작은 다음과 같다. 우선, 입력 신호의 첫 반주기 동안 다이오드는 순방향 바이어스가 되고, 커패시터 C는 입력 신호의 최대값으로 급속히 충전된다. 그 후, 입력 신호가 최대값 이하로 떨어지게 될 때 다이오드는 역방향 바이어스가 되고, 커패시터 C는 부하저항 R_l을 통해서 서서히 방전한다. 방전 과정은 다음 반주기가 될 때까지 지속된다. 입력 신호가 커패시터 양단의 전압보다 크게 될 때 다이오드는 다시 동작하고, 이러한 과정은 반복된다. 이때 다음과 같이 가정한다.

- 이상적인 다이오드의 경우, 순방향 바이어스에서 임피던스가 0이고, 역방향 바이어스일 때 무한 임피던스를 가진다.
- 또한, 포락선 검파기에 인가되는 진폭 변조파는 그림 5.9(a)에서와 같이 내부 저항이 R_s인 전압원(voltagesource)에서 공급되는 전압이다.
- 부하 저항 R_l은 내부 저항 R_s보다 크다. 충전 과정에서의 충전 시상수(chargingtime-constant)는 R_sC와 같으며 반송파 주기 $2\pi/\omega_c$보다 작아야 한다.

$$R_sC \ll \frac{2\pi}{\omega_c}. \tag{5.15}$$

즉, 다이오드가 ON되어 있는 동안 커패시터 C는 급속히 충전되고 최대 전압으로 상승한다. 반대로, 다이오드가 역바이어스가 걸려 있을 경우 방전 시상수(discharging time constant)는 R_lC와 같다. 이 두 번째 시정수는 반송파의 최대 피크값들 사이 시간에 부하 저항 R_l을 통해 커패시터 충전 전압을 서서히 방전시킬 정도로 방전 시상수 R_lC는 충분히 커야 하지만, 변조파가 가장 많이 변화하는 부분에서도 잘 추종할 수 있도록 방전 시상수가 너무 크지는 않아야 한다. 즉,

$$\frac{2\pi}{\omega_c} \ll R_lC \ll \frac{2\pi}{\omega_m}. \tag{5.16}$$

여기서, ω_m은 메시지 신호의 대역폭이며, 결론적으로 말하면 커패시터 전압이나 검파기의 출력은 그림 5.9(b)와 5.9(c)에서 알 수 있듯이 진폭 변조파의 포락선과 거의 같다. 그림 5.9(c)에서는 잘 나타나 있지 않지만, 일반적으로 검파기의 출력에는 작은 리플(ripple)이 있는데, 그 리플들은 주기가 반송파와 동일하고, 저역통과 필터에 의해서 쉽게 제거될 수 있다.

▶ **연습문제 5.5** 내부 저항이 $R_s = 75\ \Omega$이고, 부하 저항이 $R_l = 10\ \text{k}\Omega$인 포락선 검파기를 고려하자. $\omega_c = 2\pi \times 10^5$ rad/s이고, $\omega_m = 2\pi \times 10^3$ rad/s인 경우, 적절한 커패시터 C값을 제시하라.

해답: $C = 0.01\ \mu\text{F}$ ▮

▶ **연습문제 5.6**

(a) 다이오드, 내부 저항 그리고 부하 저항에 관한 세 가지 가정을 참고로 커패시터 C가 포함된 경우 충전 및 방전 과정을 수식으로 표현하라. 즉, 식 (5.15)와 (5.16)이 적합함을 보여라.

(b) 다이오드의 순방향 저항 r_f와 역방향 저항 r_b를 고려한다면 식 (5.15)와 (5.16)은 어떻게 수정해야 하는가?

해답: (a) 충전 과정[$s(t)$ 크기에 맞게 정규화]: $1 - e^{-t/R_sC}$

방전 과정[$s(t)$ 크기에 맞게 정규화]: e^{-t/R_lC}

(b) $(R_s + r_f)C \ll \dfrac{2\pi}{\omega_c}$

$$\frac{2\pi}{\omega_c} \ll \left(\frac{R_l r_b}{R_l + r_b}\right)C \ll \frac{2\pi}{\omega_m}, \quad r_b \gg R_s\text{로 가정}$$ ▮

5.5 양측대역-캐리어 억제(DSB-SC) 변조

전진폭 변조에서는 반송파 $c(t)$와 메시지 신호 $m(t)$는 서로 연관성이 없어서 반송파를 전송하는 것은 전력 낭비(waste of power)이다. 이러한 진폭 변조에서의 단점은 예제 5.2에서 설명되었듯이, 전체 전송 전력의 일부분만이 $m(t)$에 의해서 영향을 받는다는 점이다. 이와 같

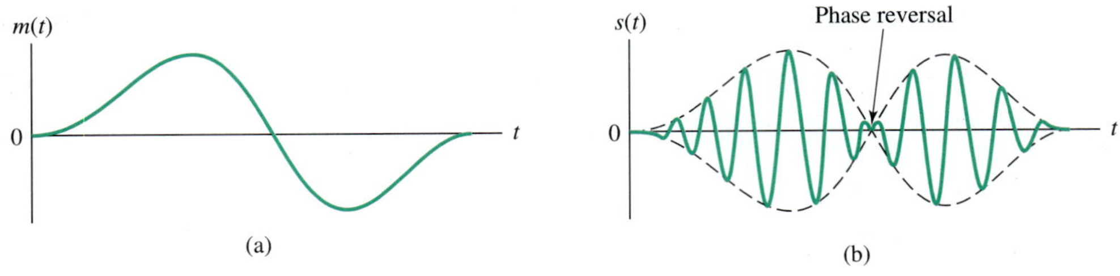

그림 5.10 양측대역-캐리어 억제 변조. (a) 메시지 신호, (b) 정현 반송파와 메시지 신호의 곱인 DSB-SC 변조파 파형

은 단점을 보완하기 위해, **양측대역-캐리어 억제(DSB-SC: double sideband-suppressed carrier) 변조**와 같이 피변조파에서 반송파 성분을 억제함으로써, 반송파와 메시지 신호의 곱에 비례하는 변조 신호를 얻을 수 있는데, 이를 표현하면 다음과 같다.

$$s(t) = c(t)m(t) = A_c \cos(\omega_c t)m(t). \tag{5.17}$$

이 변조 신호는 그림 5.10에서와 같이 메시지 신호 $m(t)$가 0값을 지나게 될 때마다 위상이 반전된다. 그림의 5.10(a)는 메시지 신호 파형을 나타내고, 5.10(b)는 이에 대응하는 DSB-SC 변조 신호를 나타낸다. 특히, 진폭 변조인 경우와는 달리 DSB-SC 변조 신호의 포락선은 메시지 신호의 포락선과는 상당히 다르다.

▶ **연습문제 5.7** 그림 5.10(b)에 보인 DSB-SC 피변조 신호의 포락선과 그림 5.4(b)의 전진폭 변조 신호의 포락선을 비교하라.

해답: 그림 5.4(b)의 포락선은 변조파를 스케일링 한 것이다. 반대로, 그림 5.10(b)의 포락선은 변조파를 정류한 것이다. ∎

5.5.1 주파수 영역 해석

식 (5.17)에서의 반송파 억제는 그 스펙트럼을 살펴보면 알 수 있다. 특히 $s(t)$의 푸리에 변환은 4장(예제 4.6 참조)에서 이미 결정되었고 다음과 같이 쓸 수 있다.

$$S(j\omega) = \frac{1}{2}A_c[M(j(\omega - \omega_c)) + M(j(\omega + \omega_c))]. \tag{5.18}$$

여기서, $S(j\omega)$는 변조파 $s(t)$의 푸리에 변환이며, $M(j\omega)$는 메시지 신호 $m(t)$의 푸리에 변환이다. 메시지 신호 $m(t)$의 주파수 대역이 그림 5.11(a)에서와 같이 $-\omega_m \le \omega \le \omega_m$으로 제한될 때, 스펙트럼 $S(j\omega)$는 그림의 5.11(b)와 같은데, 전반적인 진폭 변화를 제외하고는 메시지 신호의 스펙트럼이 $\pm\omega$만큼 전이되며, DSB-SC 변조에 의한 전송 대역폭($2\omega_m$)은 전진폭 변조의 경우에서와 같다. DSB-SC 변조 경우의 스펙트럼[그림 5.11(b)]과 전진폭 변조 경우의

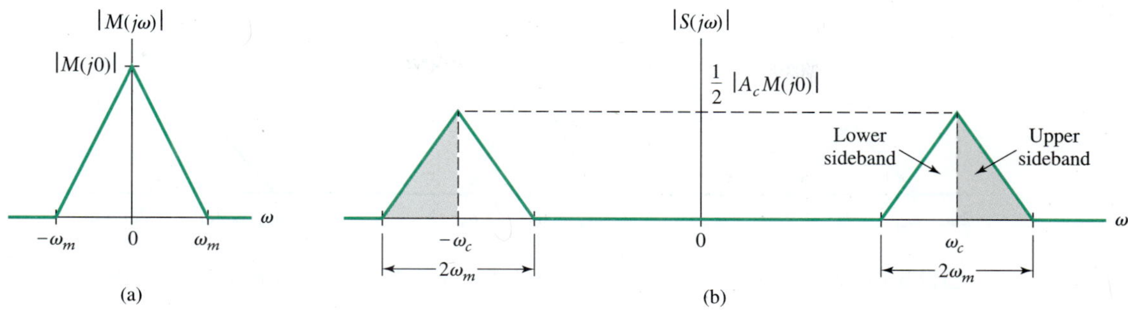

그림 5.11 DSB-SC 변조파의 주파수 특성. (a) 메시지 신호의 진폭 스펙트럼, (b) 상측 및 하측 대역만으로 구성된 DSB-SC 변조파의 진폭 스펙트럼

스펙트럼[그림 5.11(b)]을 비교해 보면, DSB-SC의 경우 반송파가 억제되어 있는 것을 알 수 있는 반면에, 전진폭 변조 경우 $\pm\omega_c$에서의 임펄스 함수쌍이 존재함을 알 수 있다.

DSB-SC 변조파는 식 (5.17)과 같이 메시지 신호 $m(t)$와 반송파 $A_c \cos(\omega_c t)$의 곱으로 구성되어 있어서, DSB-SC 변조파 발생을 위해서는 곱셈기의 다른 형태인 **곱셈 변조기**(product modulator)가 필요하다. 그림 5.12(a)는 곱셈 변조기의 블록 다이어그램을 나타내고 있다.

5.5.2 코히어런트 검파

그림 5.12(b)에 잘 설명되어 있듯이, **국부 발진기**로부터의 정현파와 DSB-SC 변조파 $s(t)$를 곱하고, 저역 필터로 필터링 하면 메시지 신호 $m(t)$를 복구할 수 있다. 이 경우, DSB-SC 변조파 $s(t)$ 발생을 위해 사용된 곱셈 변조기에서의 반송파 $c(t)$와 국부 발진기 출력의 주파수 및 위상 모두가 정확히 코히어런트(coherent) 또는 동기화(synchronized)가 된다고 가정한다. 이러한 복조 방법을 **코히어런트 검파**(coherent detection) 또는 **동기 복조**(synchronous demodulation)라 한다.

또한, 코히어런트 검파는 반송파 $c(t)$와 동일한 주파수를 갖지만 임의의 위상차 ϕ를 갖는 국부 발진기 신호를 이용하여 검파를 수행하는 일반적인 복조 기법의 특별한 경우에 해당한다. 따라서, 수신단의 국부 발진기 신호를 $\cos(\omega_c t + \phi)$라 하고, DSB-SC 변조 신호 $s(t)$ 발

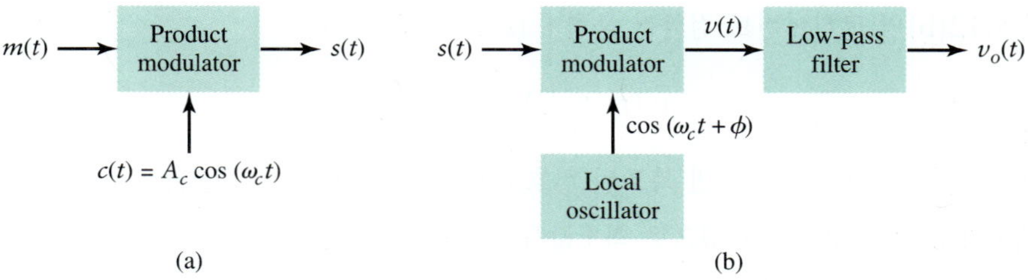

그림 5.12 (a) DSB-SC 변조파 발생을 위한 곱셈 변조기, (b) DSB-SC 변조파 복조를 위한 코히어런트 검파기

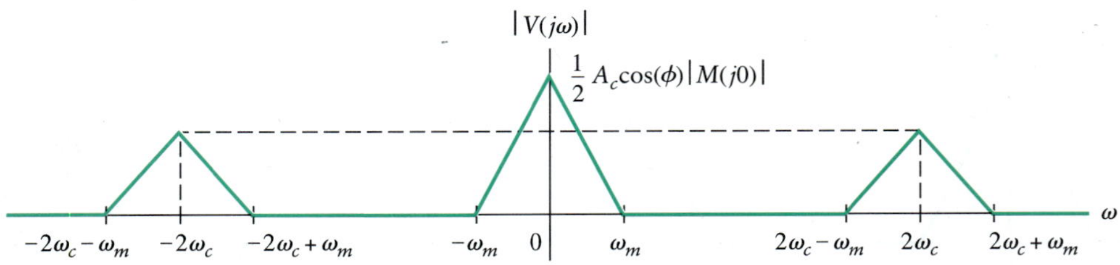

그림 5.13 그림 5.12(b)의 코히어런트 검파기에서 곱셈 변조기 출력 $v(t)$의 진폭 스펙트럼

생을 위해 식 (5.17)을 적용한 경우 그림 5.12(b)에서의 곱셈 변조기 출력은 다음과 같다.

$$\begin{aligned} v(t) &= \cos(\omega_c t + \phi)s(t) \\ &= A_c\cos(\omega_c t)\cos(\omega_c t + \phi)m(t) \\ &= \tfrac{1}{2}A_c\cos(\phi)m(t) + \tfrac{1}{2}A_c\cos(2\omega_c t + \phi)m(t). \end{aligned} \tag{5.19}$$

식 (5.19)의 최종 부분의 첫 번째 항 $\frac{1}{2}A_c\cos(\phi)m(t)$는 메시지 신호 $m(t)$를 스케일링 한 것이며, 두 번째 항 $\frac{1}{2}A_c\cos(2\omega_c t + \phi)m(t)$는 반송파 주파수가 $2\omega_c$인 새로운 DSB-SC 변조 파형을 나타낸다. 그림 5.13은 $v(t)$의 진폭 스펙트럼을 나타낸다. 그림 5.13에서, $v(t)$의 두 성분의 스펙트럼이 분명히 구분되는 것은, 반송파 주파수 ω_c에 대해 다음과 같은 조건을 가정하였기 때문이다.

$$2\omega_c - \omega_m > \omega_m$$

또는

$$\omega_c > \omega_m. \tag{5.20}$$

여기서 ω_m은 메시지 대역폭을 나타내며, 식 (5.20)은 스펙트럼의 중복을 피하기 위해 5.4.6절에서 유도된 조건을 다시 나타내고 있다. 이 경우, 저역통과 필터를 이용하면 $v(t)$의 두 번째 항을 억제할 수 있다. 이를 위해, 저역통과 필터의 통과 대역은 최소한 메시지 신호의 최대 주파수이어야 한다. 보다 정확히 표현하면, 다음의 두 조건을 만족해야 한다.

1. 차단 주파수는 ω_m이어야 한다.
2. 천이 대역은 $\omega_m \le \omega \le 2\omega_c - \omega_m$이어야 한다.

그림 5.12(b)의 코히어런트 검파기 출력 $v_o(t)$는 다음과 같다.

$$v_o(t) = \tfrac{1}{2}A_c\cos(\phi)m(t). \tag{5.21}$$

여기서, 위상 오차 ϕ가 일정하면 복조된 신호 $v_o(t)$는 $m(t)$에 비례하는데, $\phi = 0$일 때에 최대값을 가지며, $\phi = \pm\pi/2$일 때 0으로 최소값을 갖는다. $\phi = \pm\pi/2$일 때 복조 신호는 0값을 갖는데 이를 코히어런트 검파기의 **직교 제로 효과**(quadrature null effect)라 한다. 국부 발진기에서의 위상 오차 ϕ는 $\cos\phi$만큼 검파기 출력을 감소시킨다. 위상 오차 ϕ가 일정하기만

하면, 코히어런트 검파기는 일그러짐 없이 메시지 신호 $m(t)$를 출력한다. 그러나, 실제로는 통신 채널에서의 랜덤 특성 때문에 위상 오차 ϕ는 랜덤하게 변하여 $\cos \phi$ 또한 시간에 따라 변한다. 따라서, 송신단에서 DSB-SC 변조파를 발생시킬 때, 적용된 반송파와 정확하게 주파수와 위상 측면에서 동기를 유지할 수 있는 회로가 수신단에 부가되어야 한다. 즉, 반송파를 억제함으로써 송신 전력은 감소하게 되나, 수신기 구조는 좀더 복잡하게 된다. 5.5.3절에서 이러한 수신기에 대하여 알아본다.

▶ **연습문제 5.8** 그림 5.12(b)의 코히어런트 검파기가 적절히 동작하기 위해서, 식 (5.20) 조건이 만족되어야 한다. 만약, 이 조건이 만족되지 않는다면 어떻게 되겠는가?

해답: 고/저 측대역들이 중첩되어 코히어런트 검파기는 잘 동작하지 않는다. ▮

예제 5.3 **정현파의 DSB-SC 변조.** 그림 5.14(a)에서와 같이, 진폭 A_0와 주파수 ω_0를 갖는 정현 변조 신호

$$m(t) = A_0 \cos(\omega_0 t)$$

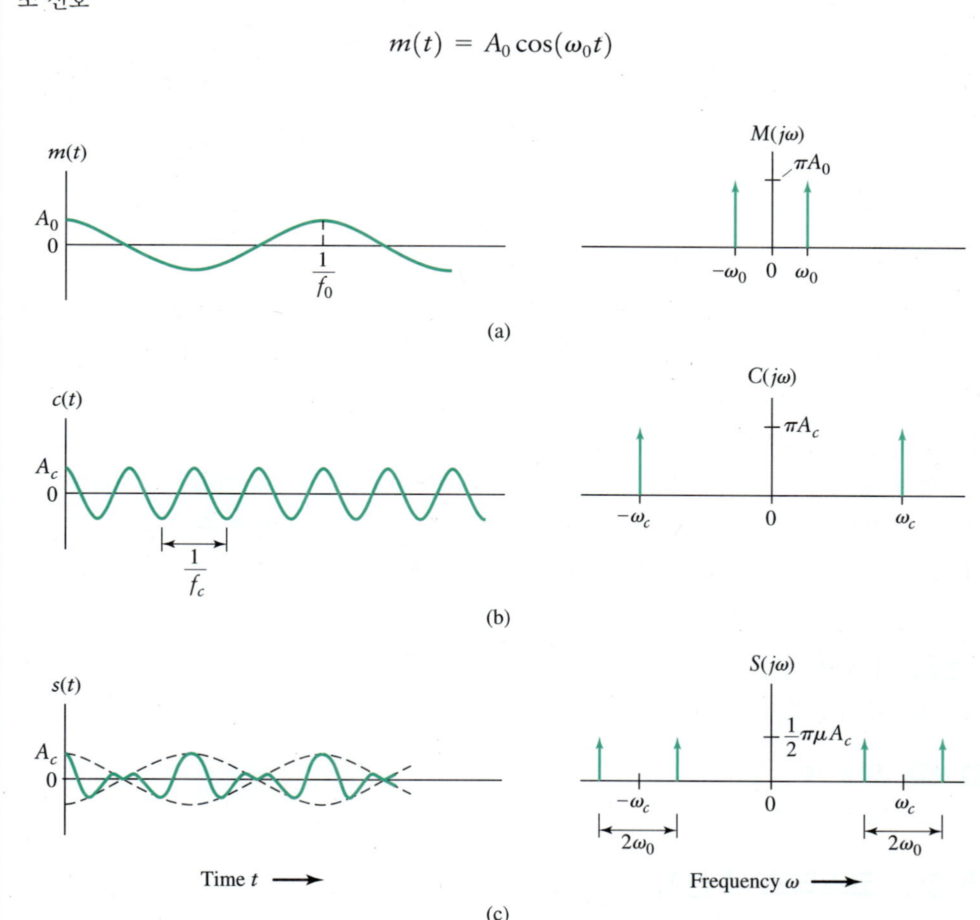

그림 5.14 정현 변조파에 의해 발생된 DSB-SC 변조의 시간 영역과 주파수 영역의 특성. (a) 변조파, (b) 반송파, (c) DSB-SC 변조파(여기서 $\omega = 2\pi f$)

와 그림 5.14(b)에서와 같이 진폭 A_c와 주파수 ω_c를 갖는 다음의 반송파가 주어진 경우를 고려하자.

$$c(t) = A_c \cos(\omega_c t).$$

이러한 경우, DSB-SC 변조파의 시간 영역과 주파수 영역에서의 특성을 기술하라.

풀이: 양측대역-캐리어 억제 변조 신호는 다음 식으로 표현된다.

$$\begin{aligned} s(t) &= A_c A_0 \cos(\omega_c t)\cos(\omega_0 t) \\ &= \tfrac{1}{2} A_c A_0 \cos[(\omega_c + \omega_0)t] + \tfrac{1}{2} A_c A_0 \cos[(\omega_c - \omega_0)t]. \end{aligned}$$

$s(t)$를 푸리에 변환하면 다음과 같다.

$$\begin{aligned} S(j\omega) = \tfrac{1}{2}\pi A_c A_0[&\delta(\omega - \omega_c - \omega_0) + \delta(\omega + \omega_c + \omega_0) \\ &+ \delta(\omega - \omega_c + \omega_0) + \delta(\omega + \omega_c - \omega_0)]. \end{aligned}$$

이와 같은 경우, 양측대역-캐리어 억제 변조파의 스펙트럼은 그림 5.14(c)의 우측과 같이 $\omega_c \pm \omega_0$ 및 $-\omega_c \pm \omega_0$ 주파수에서의 네 개의 가중된 임펄스 함수들로 구성된다. 이 푸리에 변환은 $\pm\omega_c$에서의 임펄스 함수인 반송파가 제거되었다는 점에서 그림 5.6(c)의 우측에 보인 전진폭 변조 경우와는 다르다.

그림 5.12(b)의 곱셈 변조기에서 정현 변조에 대한 양측대역-캐리어 억제 신호를 적용하면 그 출력은 다음과 같다($\phi = 0$으로 가정).

$$\begin{aligned} v(t) &= \tfrac{1}{2} A_c A_0 \cos(\omega_c t)\{\cos[(\omega_c + \omega_0)t] + \cos[(\omega_c - \omega_0)t]\} \\ &= \tfrac{1}{4} A_c A_0 \{\cos[(2\omega_c + \omega_0)t] + \cos(\omega_0 t) \\ &\quad + \cos[(2\omega_c - \omega_0)t] + \cos(\omega_0 t)\}. \end{aligned}$$

$v(t)$의 첫 두 항들은 하측 주파수에 의해 발생되며, 마지막 두 항들은 상측 주파수에 의해 발생된다. $\omega_c > \omega_0$의 조건에서, 그림 5.12(b)의 저역통과 필터는 ω_0 주파수를 갖는 두 번째와 네 번째 항은 필터의 출력으로서 유지되고, 주파수 $2\omega_c + \omega_0$ 및 $2\omega_c - \omega_0$ 주파수를 갖는 첫 번째 항, 세 번째 항은 제거된다. 따라서, 코히어런트 검파기 출력은 원래 변조 파형이 된다. 그러나, 이 검파기 출력은 같은 크기의 두 항(즉, 상측 주파수에서 발생된 항과 하측 주파수에서 발생된 항)의 합으로 나타난다는 것을 알 수 있다. 따라서 정현 신호 $A_0 \cos(\omega_0 t)$의 전송 관점에서 어느 한쪽 측 주파수만으로도 충분하다(이러한 사항은 다음 5.7절에서 더 자세히 논의된다). ∎

▶ **연습문제 5.9** 예제 5.3에서 언급된 정현파 변조의 경우, 상측 또는 하측 주파수의 평균 전력이 양측대역-캐리어 억제 변조파의 전체 전력의 몇 퍼센트가 되겠는가?

해답: 50% ∎

5.5.3 코스타스 수신기

양측대역-캐리어 억제파(DSB-SC waves)를 복조하기에 적합한 효율적인 동기 수신기로는 그림 5.15의 코스타스 수신기(costas receiver)를 들 수 있다. 이 수신기는 양측대역-캐리어

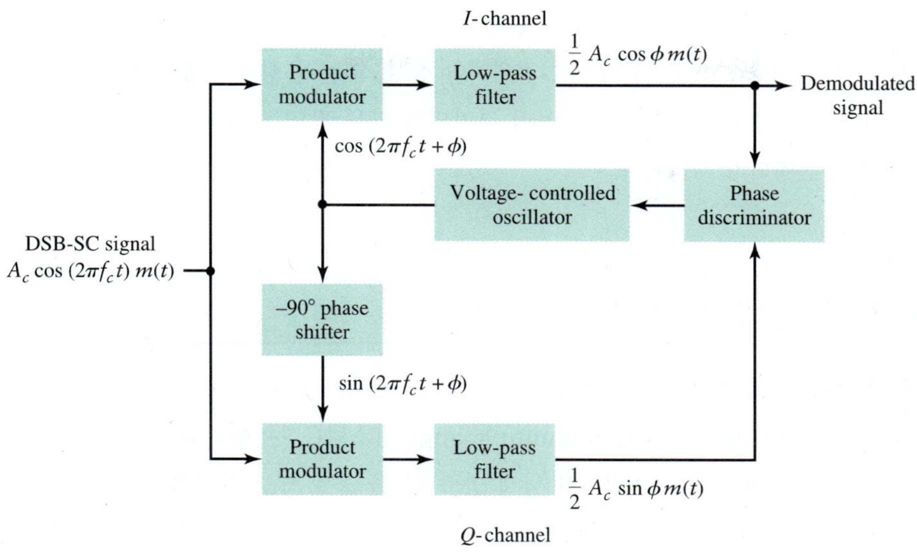

그림 5.15 코스타스 수신기

억제파인 $A_c \cos(2\pi f_c t)m(t)$와 동일한 입력 신호를 갖는 두 개의 코히어런트 검파기들로 구성되며, 이 두 검파기들의 각 국부 발진기 신호간에는 서로 직교 위상을 보인다. 국부 발진기의 주파수는 반송 주파수 f_c와 같도록 조정되며, 이 반송 주파수는 이미 알고 있다고 가정한다. 그림 5.15에서 상위 경로의 검파기는 **동-위상 코히어런트 검파기**(in-phase coherent detector) 또는 *I*-**채널**이라 하며, 하위 경로의 검파기는 **직교-위상 코히어런트 검파기**(quadrature-phase coherent detector) 또는 *Q*-**채널**이라고 한다. 이 두 검파기는 적절히 결합되어 코스타스 수신기가 **부귀환**(negative-feedback) 시스템이 되며, 국부 발진기가 반송파와 동기를 이루도록 설계되어 있다.

이 수신기의 동작을 이해하기 위해, 국부 발진기 신호는 들어오는 양측대역-캐리어 억제파 생성을 위해 사용되는 반송파 $A_c \cos(2\pi f_c t)m(t)$와 동일 위상인 경우를 가정한다. 이러한 조건하에서, *I*-채널 출력은 원하는 복조 신호 $m(t)$가 되고, *Q*-채널의 출력은 직교 제로 효과(quadrature null effect)에 의해 0이 된다. 다음으로 국부 발진기의 위상이 고유값에서 ϕ 라디안만큼 천이되었다고 가정하자. 이 경우 *I*-채널의 출력은 변화가 없지만 *Q*-채널의 출력은 작은 ϕ값인 경우, $\sin\phi \simeq \phi$의 값을 갖게 된다. 이 *Q*-채널의 출력은 국부 발진기의 위상 천이가 순방향일 경우, *I*-채널의 출력과 같은 극성을 갖고, 국부 발진기의 위상이 반대 방향일 경우, *I*-채널의 출력과 반대의 극성을 갖게 된다. 따라서 그림 5.15에서 보듯이 *I*-채널과 *Q*-채널의 출력을 곱셈기와 저역통과 필터가 직렬로 연결된 **위상 판별기**(phase discriminator)에서 결합함으로써, **전압 제어 발진기**(voltage-controlled oscillator)의 국부 위상 오차를 자동적으로 수정하는 직류 제어 신호를 얻을 수 있다.

코스타스 수신기에서의 위상 제어는 변조 신호 $m(t)$가 0일 때 멈추고, $m(t)$가 0이 아닌 경우는 위상 고정(phase lock)이 다시 설정되어야 한다. 이는 음성을 전송받을 때는 그리 심각한 문제가 되지 않는다. 왜냐하면, 왜곡이 감지되지 않을 정도로 위상 고정 과정이 일반적으로 매우 빨리 진행되기 때문이다.

5.6 직교 반송파의 멀티플렉싱

직교 반송파의 멀티플렉싱(quadrature-carrier multiplexing) 또는 **직교 진폭 멀티플렉싱**(QAM: quadrature-amplitude multiplexing) 시스템은 두 개의 독립 메시지 신호로부터 발생되는 두 개의 양측대역-캐리어 억제 변조파들을 동일 전송 대역폭을 이용하여 전송하고, 수신단에서 메시지 신호들을 분리해 낼 수 있도록 해준다. 따라서, 이 시스템은 **대역폭 보존**(bandwidth-conservation) 기능을 한다.

그림 5.16은 직교 반송파 멀티플렉싱 시스템의 블록 다이어그램이다. 그림 5.16(a)에서와 같이, 송신기는 두 개의 별도 곱셈 변조기(product modulator)를 포함하고 있는데, 이들 곱셈 변조기에는 주파수는 동일하나 위상이 $-90°$ 차이를 보이는 반송파가 각각 공급된다. 다중 신호 $s(t)$는 다음 식에서와 같이 두 곱셈 변조기 출력들의 합으로 이루어져 있다.

$$s(t) = A_c m_1(t)\cos(\omega_c t) + A_c m_2(t)\sin(\omega_c t). \tag{5.22}$$

여기서, $m_1(t)$와 $m_2(t)$는 곱셈 변조기들에 적용된 두 개의 다른 메시지 신호들을 의미한다. 식 (5.22)에서 각 항은 $2\omega_m$의 전송 대역폭을 갖고 있으며, 중심 주파수가 ω_c이어서, 다중화

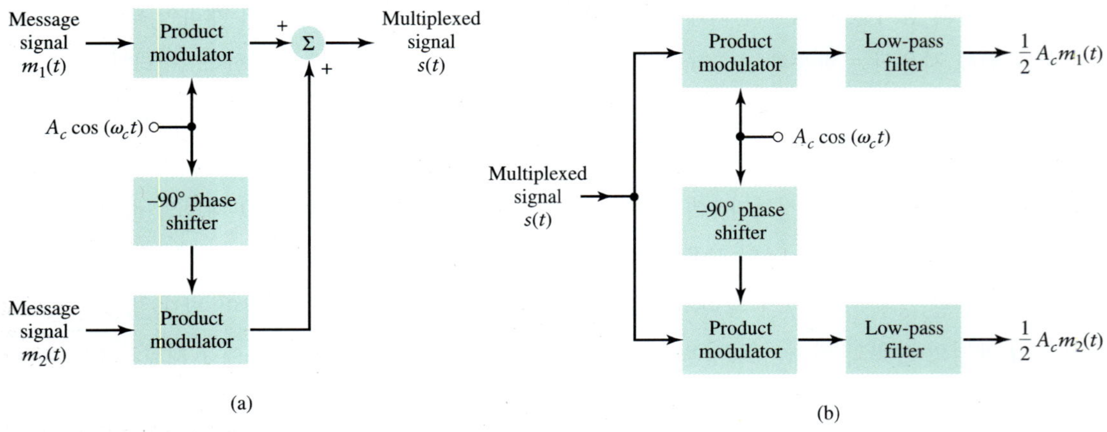

그림 5.16 양측대역-캐리어 억제 변조(DSB-SC)의 직교 제로 효과(quadrature null effect)를 보이는 직교 반송파 멀티플렉싱 시스템. (a) 송신기, (b) 수신기(여기서 송·수신기 간의 완전 동기를 가정함)

신호는 전송 주파수 ω_c를 중심으로 $2\omega_m$의 전송 대역폭을 갖는다. 여기서 ω_m은 $m_1(t)$와 $m_2(t)$의 공통 메시지 대역폭이다.

그림 5.16(b)에 직교 반송파 멀티플렉싱 시스템의 수신부를 나타내었다. 다중화 신호 $s(t)$는 상·하단 코히어런트 검파기들에 동시에 인가되는데, 이들 검파기들에는 주파수는 같고 위상이 $-90°$ 차이가 나는 두 국부 반송파(local carriers)가 제공된다. 상단 검파기 출력은 $\frac{1}{2}A_c m_1(t)$이고, 하단 검파기의 출력은 $\frac{1}{2}A_c m_2(t)$이다.

직교 반송파의 다중화 시스템이 잘 작동하기 위해, 시스템의 송신단과 수신단에 이용되는 국부 발진기들 사이의 위상과 주파수 관계들을 적절히 유지하는 것이 중요하며, 이는 코스타스 수신기를 통해 얻을 수 있다. 이러한 대역폭 보상 기능을 얻기 위해서는 시스템이 좀더 복잡하게 된다.

▶ **연습문제 5.10** 식 (5.22)의 입력 신호 $s(t)$에 대한 완전 동기화되었다고 가정할 경우, 그림 5.16에서와 같이 수신기 출력들이 그림에서 언급된 바와 같음을 증명하라. ■

5.7 진폭 변조의 여러 변형

전진폭 변조와 양측대역-캐리어 억제 변조에서는 전송 대역폭이 메시지 대역폭의 두 배이기 때문에 대역폭 낭비가 생긴다. 이러한 경우, 전송 대역폭의 반은 변조파의 상측 대역으로 할당되고, 나머지 반은 하측 대역으로 할당된다. 사실상, 상측 및 하측 대역들은 그림 5.5와 5.11에서 설명되었듯이 전송 주파수를 중심으로 서로 대칭 관계를 나타내며 이는 실수값을 가지는 신호에서 성립된다. 즉, 어느 한쪽 측대역의 진폭과 위상이 주어지면, 다른 측대역을 알 수 있다. 이것은 정보 송신 관점에서 어느 한쪽 측대역이면 충분하다는 것을 의미하며, 또한 반송파와 한쪽 측대역을 억제하여 송신하더라도 어떠한 정보 손실이 없음을 의미한다. 이러한 방법으로 메시지 신호와 동일한 대역폭이 채널에서 요구된다. 이와 같이 한쪽 측대역만 송신하는 변조를 **단측대역(SSB: single sideband) 변조**라고 한다.

5.7.1 주파수 영역에서의 SSB 변조 해석

주파수 영역에서의 SSB 변조파에 대한 표현은 어느 측대역을 송신하느냐와 관련이 있다. 이 문제를 다루기 위하여, 그림 5.17(a)에 묘사된 바와 같이, $\omega_a \le |\omega| \le \omega_b$로 주파수 대역이 제한된 스펙트럼 $M(j\omega)$를 가진 메시지 신호 $m(t)$를 고려하자. 그림 5.17(b)는 $m(t)$에 전송파 $A_c \cos(\omega_c t)$를 곱하여 구한 양측대역-캐리어 억제 변조파의 스펙트럼이다. 상측 대역은 주파수 ω_c의 윗부분과 $-\omega_c$ 아래 부분에 이중으로 표현된다. 특히, 상측 대역만을 송신하면, SSB 변조파는 그림 5.17(c)와 같은 스펙트럼을 가진다. 마찬가지로 하측 대역은 주파수 ω_c

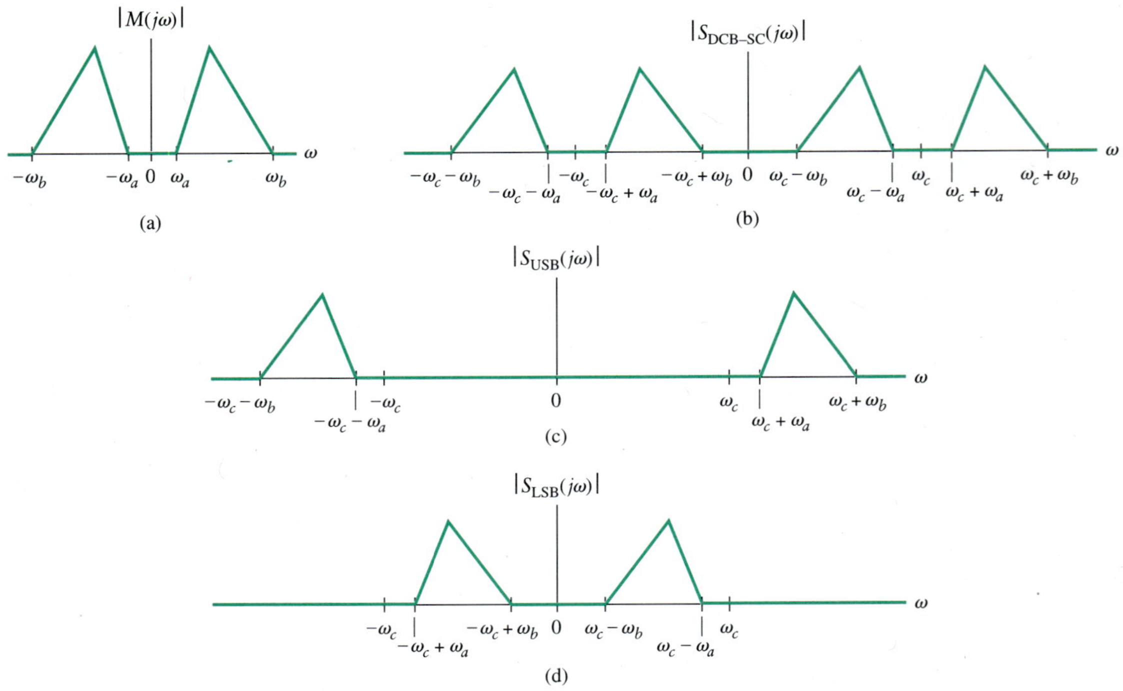

그림 5.17 단측대역 변조의 주파수 영역 특성. (a) $-\omega_a$에서 ω_a 사이에 에너지 갭을 갖는 메시지 신호의 진폭 스펙트럼, (b) 양측대역-캐리어 억제 변조 신호의 진폭 스펙트럼, (c) 상측 대역만을 포함한 SSB 변조의 진폭 스펙트럼, (d) 하측 대역만을 포함한 SSB 변조파의 진폭 스펙트럼

아래 부분(양의 주파수)과 $-\omega_c$의 윗부분(음의 주파수)에 이중으로 표현된다. 또한, 하측 대역만을 송신할 때, 그에 상응하는 SSB 변조파의 스펙트럼은 그림 5.17(d)와 같다. 이와 같이 SSB 변조는 기본적으로 변조파의 스펙트럼을 주파수 영역에서 새로운 위치로 전이시킨다. 또한, SSB 변조 시스템의 송신 대역폭은 전진폭 변조나 양측대역-캐리어 억제 변조 시스템 경우의 대역폭의 1/2이어야 한다.

SSB 변조 적용으로 얻을 수 있는 장점으로는, 요구 대역폭이 반으로 감소되고 높은 전력의 반송파가 제거될 수 있다는 것인데, 이 두 특성으로 인하여 SSB 변조는 선형 연속파 변조의 최적 형태가 된다. 그러나, SSB 변조의 주요 단점은 송신기 및 수신기 구현이 복잡하고 비용이 많이 든다는 것이다. 따라서, 이러한 시스템의 복잡성 증가 및 시스템 성능 향상이라는 두 장단점을 잘 고려하여 SSB 변조를 적용하여야 한다.

그림 5.17의 주파수 영역 표현으로부터, SSB 변조파 발생을 위한 **주파수-판별 방법**(frequency-discrimination scheme)을 쉽게 유추할 수 있다(그림 5.18 참조). 즉, 곱셈 변조기(product modulator)와 대역통과 필터가 직렬로 연결된 구조를 갖는데, 대역통과 필터는 송신을 위해 선택된 측대역은 통과시키고 나머지 측대역은 억제하도록 설계된다. 실제 구현 가능한 필터에서는 억제 대역과 통과 대역 사이를 구별해 주는 유한 폭의 천이 대역(transition

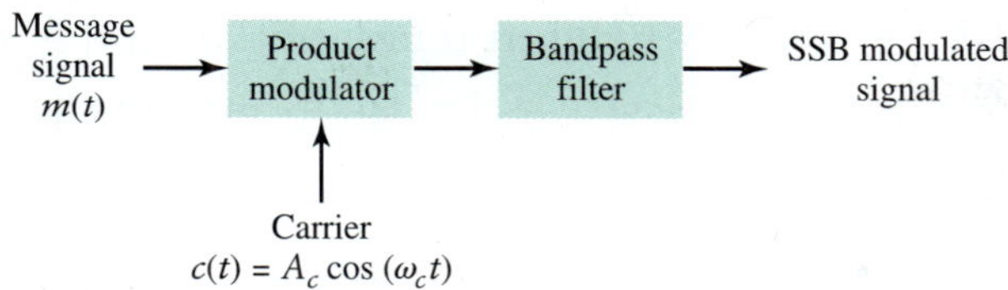

그림 5.18 단측대역 변조파를 발생시키기 위한 곱셈 변조기와 통과 대역 필터로 이루어진 시스템

band)이 필요하다. 즉, 그림 5.18에 묘사된 주파수-판별 구조와 관련하여, 곱셈 변조기 출력에서 발생된 DSB-SC 변조파의 상측 및 하측 대역을 적절한 방법으로 분리할 필요가 있다. 즉, 곱셈 변조기에 인가된 메시지 신호 $m(t)$의 스펙트럼이 그림 5.17(a)에서와 같이 **에너지 갭**을 갖는 경우에만, DSB-SC 변조파의 상측 및 하측 대역을 잘 분리할 수 있다. 다행스럽게도, 전화 통화에서의 음성 신호는 −300~300 Hz 사이에 에너지 갭이 존재한다. 이러한 음성 신호의 특성으로 SSB 변조는 음성 신호 송신에 적절하다. 실제로 20세기에 주로 이용되어 온 아날로그 전화 통신은 송신에서의 필요성 때문에 SSB 변조를 많이 이용하여 왔다.

▶ **연습문제 5.11** SSB 변조파 $s(t)$는 주파수 ω_c를 갖는 반송파와 주파수 ω_0의 정현 변조파로부터 발생된다. 여기에서, 반송파 진폭은 A_c, 변조파 진폭은 A_0이다. 이 경우, $s(t)$는 (a) 단지 상측 대역만 송신하거나, (b) 하측 대역만 송신한다고 했을 때, SSB 변조파 $s(t)$를 정의하라.

해답: (a) $s(t) = \frac{1}{2}A_cA_0\cos[(\omega_c + \omega_0)t]$

(b) $s(t) = \frac{1}{2}A_cA_0\cos[(\omega_c - \omega_0)t]$ ▮

▶ **연습문제 5.12** 음성 신호의 스펙트럼 대역은 $\omega_1 \le |\omega| \le \omega_2$이며, 반송파 주파수가 ω_c인 경우 (a) 하측 대역, (b) 상측 대역를 송신하기 위하여, 그림 5.18에 표시된 대역통과 필터의 통과 대역, 천이 대역, 억제 대역을 구체적으로 기술하라(이 영역들의 정의는 3.10.2절을 참조하라).

해답: (a) 통과 대역: $\omega_c - \omega_2 \le |\omega| \le \omega_c - \omega_1$

천이 대역: $\omega_c - \omega_1 \le |\omega| \le \omega_c + \omega_1$

억제 대역: $\omega_c + \omega_1 \le |\omega| \le \omega_c + \omega_2$

(b) 통과 대역: $\omega_c + \omega_1 \le |\omega| \le \omega_c + \omega_2$

천이 대역: $\omega_c - \omega_1 \le |\omega| \le \omega_c + \omega_1$

억제 대역: $\omega_c - \omega_2 \le |\omega| \le \omega_c - \omega_1$ ▮

5.7.2 시간 영역에서의 SSB 변조 해석

DSB-SC 변조 관련 지식을 기초로 하여, 주파수 영역에서 SSB 변조를 설명하고(그림 5.17 참조), 주파수-판별 구조(그림 5.18 참조)를 이용하여 SSB 변조파의 발생을 기술하는 것은 그리 어려운 일이 아니다. 그러나, SSB 변조에 대한 시간 영역 해석은 간단치 않다. SSB 변조의 시간 영역 해석을 위해서는 힐버트 변환(Hilbert transform)으로 알려진 수학적 해석 기법이 요구된다. 이 변환을 수행하는 데 이용되는 장치를 **힐버트 변환기**(Hilbert transformer)라 하고, 다음과 같은 주파수 응답 특성을 갖고 있다.

- 진폭 특성은 양, 음의 모든 주파수 영역에서 일정한 크기(1의 값)를 갖는다.
- 위상 특성은 양의 주파수에 대해서는 −90°이고, 음의 주파수에 대해서는 +90°이다.

이러한 힐버트 변환기의 주파수 응답은, 이론적으로는 무한 영역의 주파수 대역을 갖고 있어서, 광대역 −90° 위상 변환기(phase shifter)로 볼 수 있다. 더 이상의 SSB 변조에 대한 시간 영역 해석은 이 책의 범위를 벗어나므로 다루지 않는다(참고문헌 4번 참조).

5.7.3 잔류 측대역 변조

음성 신호의 스펙트럼에서 0~수백 Hz의 양의 주파수 사이에 에너지 갭이 존재하기 때문에, SSB 변조는 음성 송신에 매우 적합하다. 그러나, 텔레비전 신호나 광대역 데이터와 같이 메시지 신호의 중요 정보가 매우 낮은 주파수 영역에 있을 때, 상·하 측대역들이 반송파 주파수에서 서로 만나게 된다. 이 경우, 그 중 하나의 측대역을 완전 분리시킬 수 있는 필터를 만드는 것이 실제적으로 매우 어렵기 때문에, SSB 변조를 송신에 적용하는 것은 적절하지 못하다. 이러한 이유로, SSB 변조와 DSB-SC 변조를 절충한 **잔류 측대역**(VSB: vestigial side-band) **변조**가 제시되었다. VSB 변조에서는, 한쪽 측대역은 거의 유지되는 반면에, 다른 측대역에서는 잔류(trace 또는 vestige) 부분만 통과시킨다.

그림 5.19는 메시지 신호 $m(t)$의 스펙트럼과 하측 대역이 잔류 측대역으로 변형된 경우의 VSB 변조 파형 $s(t)$의 스펙트럼을 나타내고 있다. 특히, 상측 대역에서 제거된 부분은 송신되는 하측 대역의 잔류 부분으로부터 보상이 된다. 그러므로, VSB 변조파 송신에 요구되는 대역폭은 다음과 같다.

$$\omega_T = \omega_m + \omega_v . \tag{5.23}$$

여기서, ω_m은 전송 대역폭이고, ω_v는 잔류 측대역의 대역폭이다.

VSB 변조파를 발생시키기 위해서, DSB-SC 변조파를 측대역 복원 필터(sideband shap-

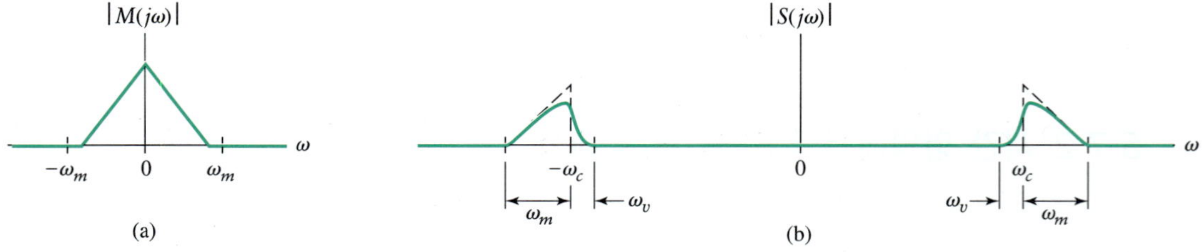

그림 5.19 잔류 측대역 변조파의 스펙트럼. (a) 메시지 신호의 진폭 스펙트럼, (b) 하측 대역의 잔류 부분을 포함하는 VSB 변조파의 진폭 스펙트럼

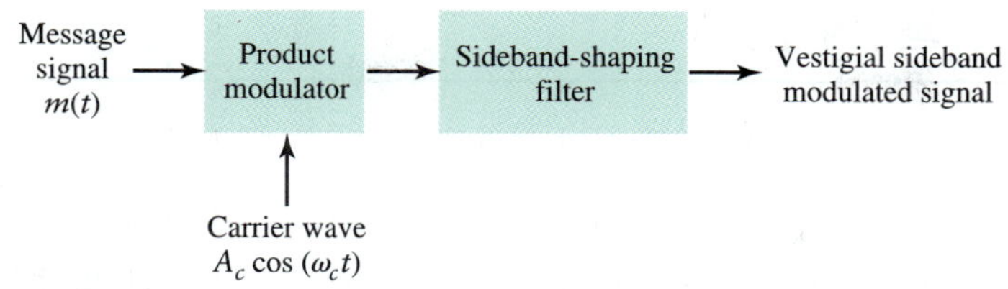

그림 5.20 잔류 측대역 변조파를 발생시키기 위한 곱셈 변조기와 측대역 복원 필터

ing filter: 그림 5.20 참조)로 필터링한다. 특히, SSB 변조에 이용된 대역통과(bandpass) 필터와는 달리, 그림 5.18에서의 측대역 복원 필터는 통과 대역에서 평평한 진폭 응답을 갖지 않는데, 그 이유는 상·하측 대역이 서로 다르게 복원되어야 하기 때문이다. 측대역 복원 필터는 메시지 신호의 스펙트럼 $M(j\omega)$가 다시 복원될 수 있도록 설계되어야 하는데, 이 경우, 다음 두 스펙트럼의 중첩을 통해 복원이 가능하다.

- $S(j\omega)$의 양의 주파수 부분[즉, $s(t)$의 푸리에 변환을 $-\omega_c$만큼 주파수 이동시킨 것]
- $S(j\omega)$의 음의 주파수 부분[즉, $s(t)$의 푸리에 변환을 $+\omega_c$만큼 주파수 이동시킨 것]

이 두 성분의 진폭 스펙트럼은 그림 5.21(a) 및 (b)에 각각 표시되어 있다. 실제로, 하측 대역의 잔류 부분은 VSB 변조시 상측 대역에서 없어진 부분을 보상한다.

이러한 복조 과정에 대한 요구 조건으로 인하여 측대역 복원 필터 구현이 쉬운 작업이 아닐 수 있다. VSB 변조는 양측대역(double sideband) 변조와 같이 우수한 저주파 특성을 지니면서도, SSB 변조와 거의 동등하게 효율적으로 대역폭을 이용하는 장점을 지니고 있다. 따라서, 우수한 위상 특성과 저주파 성분의 전송이 필요하나, 양측대역 전송시 요구 대역폭 이용이 용이하지 않고 비경제적인 경우에 VSB 변조를 적용할 수 있어서 VSB 변조는 텔레비전 신호 및 유사한 신호들의 아날로그 전송에 표준이 되어 왔다.

실제로 텔레비전 신호 송신에 있어서, 적절한 크기의 반송파가 VSB 변조 신호에 덧붙여진다. 이것은 복조할 때 포락선 검파기를 이용하기 위해서이다. 이 경우 수신기 설계는 매우 쉬워진다.

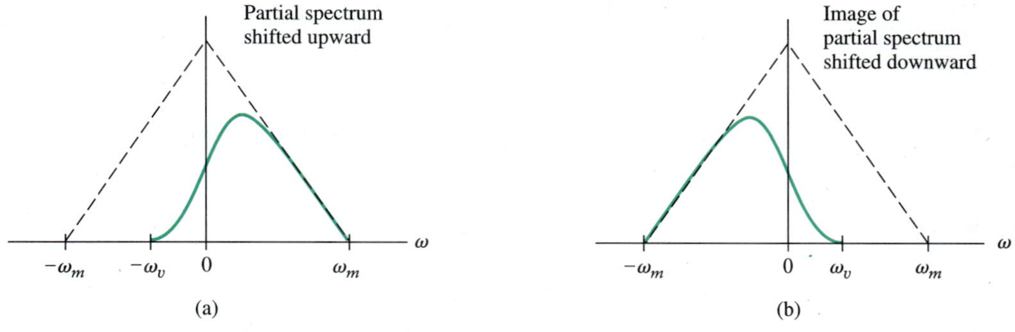

그림 5.21 복조를 위해 (a) 및 (b)의 두 스펙트럼(실선)을 중첩하면 원래의 메시지 신호 스펙트럼(점선)을 복원한다.

5.8 펄스진폭 변조

연속파 진폭 변조 및 그 변형에 대해 이미 설명하였으므로, 이 절에서는 펄스 변조에서 널리 사용되어 온 형태인 **펄스진폭 변조**(PAM: Pulse-Amplitude Modulation)에 대해 논한다. AM 시스템 동작에서 주파수 전이(frequency shifting)가 기본적인 역할을 하는 반면에, PAM 시스템 동작에서는 샘플링이 그 역할을 담당한다.

5.8.1 샘플링 재검토

샘플링 이론, 에일리어싱(aliasing) 문제, 그리고 샘플링된 신호로부터 메시지 신호를 복구(reconstructing)하는 문제 등을 포함한 샘플링 처리 과정은 4.5절과 4.6절에 상세히 다루었다. 여기서는 펄스진폭 변조에 대한 샘플링 이론을 이전에 언급된 내용과 연관지어 논한다. 우선, PAM 관점에서 샘플링 이론을 다음과 같이 다르게 표현할 수 있다:

1. ω_m보다 더 큰 라디안 주파수 성분은 포함하지 않고, 유한한 에너지를 갖고 대역이 제한된 신호는 π/ω_m초 간격의 신호값으로부터 유일하게 정해진다.
2. ω_m보다 더 큰 라디안 주파수 성분은 포함하지 않고, 유한한 에너지를 갖으며, 대역이 제한된 신호는 매초 ω_m/π의 비율로 취해진 샘플값으로부터 완전하게 복원될 수 있다.

샘플링 이론에 대한 위의 첫 번째 내용은 PAM 시스템의 송신기 부분에서 활용된다. 샘플링 이론에 대한 위의 두 번째 표현은 PAM 시스템의 수신기 부분에서 적용된다. 또한, 특별한 샘플링률인 ω_m/π을 **나이키스트율**(Nyquist rate)이라 하며, 이는 데이터 송신에 선구적 역할을 한 미국 물리학자 Harry Nyquist(1889-1976)를 기리기 위함이다.

특히, 메시지 신호의 스펙트럼은 샘플링 이론에서 요구되는 것과는 반대로 엄격히 대역이 제한되지 못한다. 즉, 대역 제한보다는 주파수가 무한대로 증가함에 따라 신호의 스펙트럼이 점근적으로 0에 접근하며, 에일리어싱을 일으키고, 신호를 일그러뜨린다. 에일리어싱은 메시지 신호 스펙트럼의 고주파 성분이 샘플링된 메시지 신호의 스펙트럼에서 저주파 성분으로 나타나는 것을 말한다. 실제적으로 에일리어싱의 영향을 없애기 위해, 다음의 두 가지 방안을 이용한다.

- 샘플링 이전에, 저역통과 에일리어싱 억제 필터(low-pass antialiasing filter)를 사용하여 신호 주파수 성분 중 관심 밖의 고주파 성분을 줄일 수 있다.
- 나이키스트율 보다 약간 더 높은 비율로 해당 신호를 샘플링한다.

이 사실을 기초로 하여, PAM 신호는 위쪽이 평평하고 그 크기가 해당 필터를 통과한 메시지 신호의 샘플값에 의해 결정되는 연속 펄스인데, 그 PAM 신호의 발생 시스템은 그림 5.22의 블록 다이어그램과 같다.

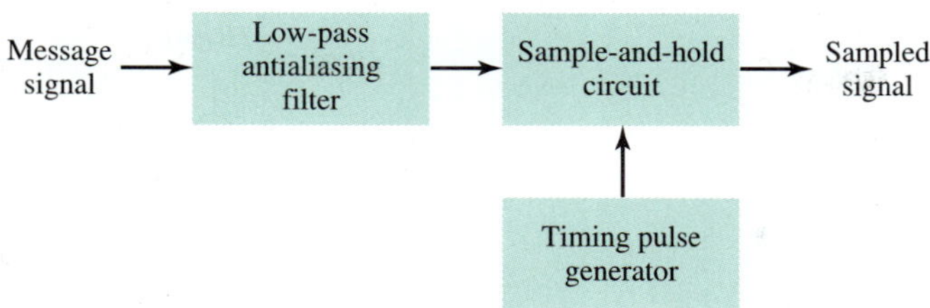

그림 5.22 메시지 신호를 위쪽이 평평한 PAM 신호로 변환하기 위해, 에일리어싱 억제 필터(antialiasing filter)와 샘플-홀드 회로(sample-and-hold circuit)로 구성된 시스템

예제 5.4 **전화 통신.** 전화 통신에 필요한 음성 신호의 최고 주파수 성분은 약 3.1 kHz이다. 적절한 샘플링률을 제시하라.

풀이: 최고 주파수 성분 3.1 kHz는 다음에 해당된다.

$$\omega_m = 6.2\pi \times 10^3 \text{ rad/s}.$$

따라서, 나이키스트율은 다음과 같다.

$$\frac{\omega_m}{\pi} = 6.2 \text{ kHz}.$$

나이키스트율보다 약간 더 높은 적절한 샘플링률로, 8 kHz를 택할 수도 있다. 실제, 이 샘플링률은 전화 음성 신호에 대한 국제적인 표준이다. ■

5.8.2 펄스진폭 변조의 수학적 해석

PAM에 이용되는 반송파는 일정 간격을 가진 짧은 연속 펄스로 이루어지며 다음과 같이 구체적으로 정의된다. PAM은 펄스 반송파의 진폭이 메시지 신호의 순간 샘플값에 따라 변하는 펄스 변조의 한 형태이다; 특히, 펄스 반송파의 폭은 일정 값으로 유지된다. 그림 5.23은 그러한 PAM 파형의 예이다. 반송파의 기본 주파수(즉, 펄스 반복 주파수)는 샘플링률과 같다.

메시지 신호 $m(t)$가 주어진 경우, PAM 신호 $s(t)$는 수학적으로 다음과 같이 표현된다.

$$s(t) = \sum_{n=-\infty}^{\infty} m[n]h(t - nT_s). \tag{5.24}$$

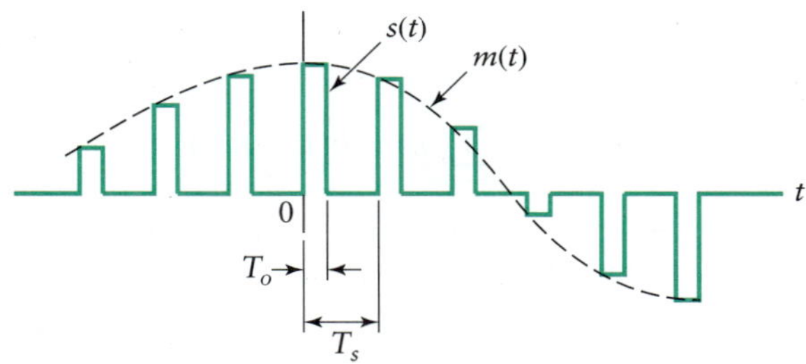

그림 5.23 펄스 지속시간이 T_o이고 샘플링 주기가 T_s이며 펄스 위쪽이 평평한 PAM 파형

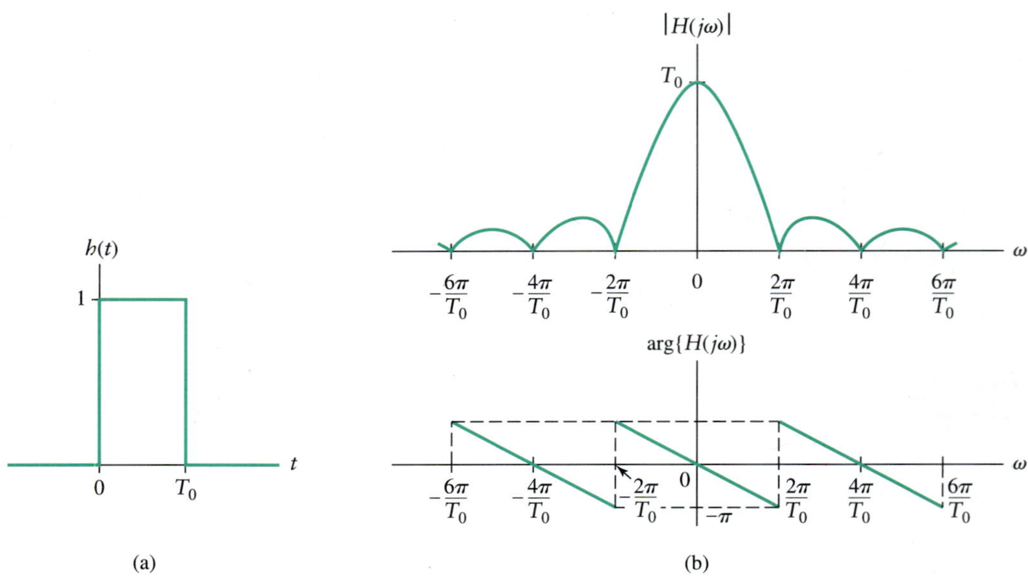

그림 5.24 (a) 단위 진폭과 T_0펄스 폭을 갖는 구형파 $h(t)$, (b) 펄스 $h(t)$의 진폭 스펙트럼 $|H(j\omega)|$와 위상 스펙트럼 $\arg\{H(j\omega)\}$

여기서, T_s는 샘플링 주기이며, $m[n]$은 시간 $t = nT_s$에서의 메시지 신호 $m(t)$의 샘플값이다. 그리고 $h(t)$는 단위 진폭과 시간폭 T_0를 갖는 구형파이다(그림 5.24(a) 참조).

$$h(t) = \begin{cases} 1, & 0 < t < T_0 \\ 0, & \text{그 밖의 범위.} \end{cases} \tag{5.25}$$

물리적인 의미에서, 식 (5.24)은 샘플-홀드 작동을 의미한다. 이 작동은 4.6절에서 설명된 영차 홀드(zero-order hold)를 이용한 연속신호 복원과정과 유사하다. 이들 두 가지 작동의 서로 다른 점은 식 (5.25)에 나타난 임펄스 응답 $h(t)$는 펄스폭이 T_s가 아니라 T_0인 점이다. 이러한 차이와 4.6절의 내용을 참고로 하여, PAM 신호 $s(t)$의 스펙트럼을 유도할 수 있다.

메시지 신호 $m(t)$를 임펄스 함수로 샘플링한 경우 다음과 같이 표현할 수 있다.

$$m_\delta(t) = \sum_{n=-\infty}^{\infty} m[n]\delta(t - nT_s). \tag{5.26}$$

PAM 신호는 다음과 같이 표현될 수 있다.

$$\begin{aligned} s(t) &= \sum_{n=-\infty}^{\infty} m[n]h(t - nT_s) \\ &= m_\delta(t) * h(t). \end{aligned} \tag{5.27}$$

식 (5.27)에서 신호 $s(t)$는 $m_\delta(t)$와 펄스 $h(t)$의 컨벌루션임을 알 수 있다.

여기서 사용된 콘벌루션은 시간 영역에서의 연산이다. 3장에서 시간 영역에서의 콘벌루션은 푸리에 변환하면 주파수 영역에서 곱으로 된다. 따라서, 식 (5.27)의 양변에 푸리에 변환을 취하면, 다음과 같은 식을 얻는다.

$$S(j\omega) = M_\delta(j\omega)H(j\omega). \tag{5.28}$$

여기서 $S(j\omega) \overset{FT}{\longleftrightarrow} s(t)$, $M_\delta(j\omega) \overset{FT}{\longleftrightarrow} m_\delta(t)$, $H(j\omega) \overset{FT}{\longleftrightarrow} h(t)$이다. 식 (4.23)으로부터 메시지 신호 $m(t)$의 임펄스 샘플링은 다음 식처럼 주기성을 갖는 스펙트럼이 됨을 알 수 있다.

$$M_\delta(j\omega) = \frac{1}{T_s}\sum_{k=-\infty}^{\infty} M(j(\omega - k\omega_s)). \tag{5.29}$$

여기서 $1/T_s$은 샘플링률이고 $\omega_s = 2\pi/T_s$ rad/s이며, 식 (5.29)을 식 (5.28)에 대입하면 다음 식을 유도할 수 있다.

$$S(j\omega) = \frac{1}{T_s}\sum_{k=-\infty}^{\infty} M(j(\omega - k\omega_s))H(j\omega). \tag{5.30}$$

여기서 $M(j\omega) \overset{FT}{\longleftrightarrow} m(t)$이다.

끝으로, $m(t)$의 주파수 대역이 제한되어 있고, 샘플링률 $1/T_s$이 나이키스트율보다 더 큰 경우를 가정하자. 이 경우, 차단 주파수가 ω_m, 이득이 T_s인 이상적인 저역통과 필터로 구성된 복원 필터로 $s(t)$를 필터링하면, 필터 출력 신호의 스펙트럼은 $M(j\omega)H(j\omega)$가 된다. 이것은 주파수 응답 $H(j\omega)$를 갖는 저역통과 필터에 메시지 신호 $m(t)$를 통과시킨 결과와 같다.

식 (5.25)을 푸리에 변환하면 다음과 같다.

$$H(j\omega) = T_0\,\mathrm{sinc}(\omega T_0/(2\pi))e^{-j\omega T_0/2}. \tag{5.31}$$

$H(j\omega)$의 진폭과 위상 성분은 그림 5.24(b)에 표시되어 있다. PAM을 이용하여 연속시간 메시지 신호를 표현할 경우, 지연 $T_0/2$뿐만 아니라 진폭 일그러짐이 나타남을 식 (5.28)과 식 (5.31)으로부터 알 수 있다. 특히, 이러한 결과들은 4.6절의 샘플-홀드 복원 구조에서도 나타난다. 또한, 텔레비전과 팩스에서 스캐닝 개구(scanning aperture)가 유한한 크기를 갖기 때문에 이와 유사한 진폭 일그러짐 현상이 발생하기도 한다. 따라서, 그림 5.23에 나타나 있듯이, 위가 평평한 펄스를 이용한 PAM 변조파 발생에서 생기는 주파수 일그러짐을 **개구 효과**(aperture effect)라 한다.

▶ **연습문제 5.13** 펄스의 시간폭 T_0가 영에 접근함에 따라, 식 (5.31)의 $H(j\omega)/T_0$값은 어떻게 되나?

해답: $\displaystyle\lim_{T_0\to 0}\frac{H(j\omega)}{T_0} = 1$

5.8.3 PAM 신호의 복조

위쪽이 평평한 샘플 시퀀스 신호 $s(t)$가 주어졌을 때, 메시지 신호 $m(t)$을 그림 5.25의 방법

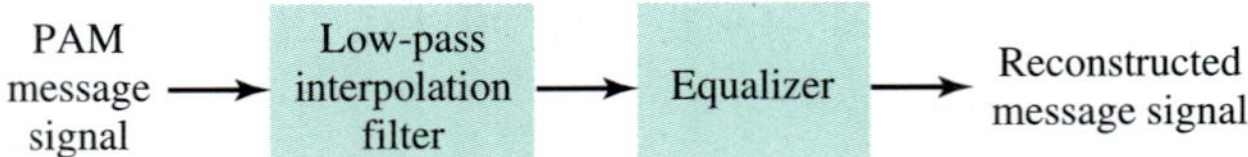

그림 5.25 샘플된 위쪽이 평평한 신호로부터 메시지 신호를 복원하기 위한 저역통과 내삽(interpolation) 필터와 등화기(equalizer)로 구성된 시스템

을 이용하여 복원할 수 있다. 시스템은 두 부분이 직렬로 연결되어 있다. 첫 번째 부분은 메시지 신호의 최고 주파수 성분 ω_m과 같은 차단 주파수를 가진 저역통과 필터이고, 두 번째 부분은 샘플-홀드 회로에서 위쪽이 평평한 샘플링을 함으로써 발생되는 개구 효과를 바로잡는 **등화기(equalizer)**이다. 등화기는 주파수가 증가할수록 내삽 필터(interpolation filter)의 주파수 대역 내의 손실을 줄여줌으로써 개구 효과를 보상해 준다. 이상적인 경우, 등화기 진폭 응답은 다음과 같다.

$$\frac{1}{|H(j\omega)|} = \frac{1}{T_0\,|\text{sinc}(\omega T_0/2)|} = \frac{1}{2T_0}\frac{\omega T_0}{|\sin(\omega T_0/2)|}.$$

여기서 $H(j\omega)$는 식 (5.31)에 정의된 주파수 응답이다. 실제로 등화기를 통하여 보상되어야 할 부분은 보통 작다.

예제 5.5 PAM 신호 전송에서의 등화. PAM 신호에서 듀티 사이클 T_0/T_s가 10%일 때, 등화에 요구되는 최고 증폭(peak amplification)을 구하라.

▶ 풀이: 샘플링률이 나이키스트율과 같은 경우, 샘플링 주기 T_s와 메시지 신호의 최고 주파수와의 관계는 $\omega_m = \pi/T_s$인데, 영 주파수에서의 값으로 정규화된 등화기의 진폭 응답은 주파수 ω_m에서는 다음 크기가 된다.

$$\frac{1}{\text{sinc}(0.5T_0/T_s)} = \frac{(\pi/2)(T_0/T_s)}{\sin[(\pi/2)(T_0/T_s)]}.$$

여기서 T_0/T_s은 샘플링 펄스의 듀티 사이클과 같으며, 등화기의 정규화된 진폭 응답 크기를 듀티 사이클 T_0/T_s의 함수로 그림 5.26에 나타내었다. 이상적인 경우, 모든 T_0/T_s값에 대해 그 크기는 일정하게 1이 되어야 한다. 듀티 사이클이 10%인 경우, 등화기의 정규화된 진폭 응답은 1.0041과 같다.

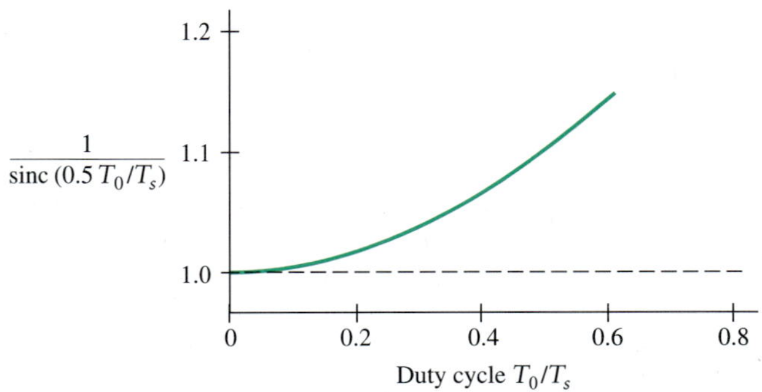

그림 5.26 (개구 효과 보상을 위한) 정규화된 등화기 이득과 듀티 사이클(duty cycle) T_0/T_s과의 관계

따라서, 10%보다 작은 듀티 사이클의 경우, 등화가 요구되는 크기는 1.0041보다 작아서, 개구 효과는 보통 무시될 정도이다. ■

5.9 멀티플렉싱(다중화)

5.3절에서 설명된 바와 같이, 변조는 멀티플렉싱(다중화) 방법을 제시하고 있고, 하나의 공통 채널을 통해 여러 독립원의 메시지 신호들을 송신하기 위해 그 메시지 신호들을 하나의 복합적인 신호로 조합한다. 예를 들면, 전화 시스템에서, 멀티플렉싱은 단일 장거리 전화선을 통하여 다중 대화들을 전송하는 데 이용된다. 즉, 다른 사람들의 대화를 잘 합성하여 송신시에 서로 간에 간섭이 일어나지 않도록 하고, 시스템의 수신단에서 각각 분리될 수 있게 하였다. 멀티플렉싱은 주파수 또는 시간 영역에서, 혹은 코딩 기술을 이용해서 서로 다른 메시지 신호들을 분리함으로써 종결된다. 이와 같이, 멀티플렉싱에는 기본적인 세 가지 형태가 있다.

1. **주파수분할 멀티플렉싱:** 메시지 신호들은 서로 다른 주파수 대역에 할당된다. 예로서, 그림 5.27(a)에 6개의 다른 메시지 신호의 경우를 나타낸다. 주파수분할 멀티플렉싱에는 연속파형 변조가 많이 사용되는데, 각 메시지 신호는 채널을 연속적으로 사용할 수 있다.
2. **시분할 멀티플렉싱:** 샘플링 구간 내에 서로 다른 시간 슬롯들을 할당시킨다. 예로서, 그림 5.27(b)에 6개의 다른 메시지 신호의 경우를 나타낸다. 시분할 멀티플렉싱에는 펄스 변조가 많이 사용되는데, 각 메시지 신호는 채널의 전체 주파수 영역을 사용할 수 있다.
3. **코드분할 멀티플렉싱:** 각 채널 사용자들에게 다른 코드를 할당시킨다.

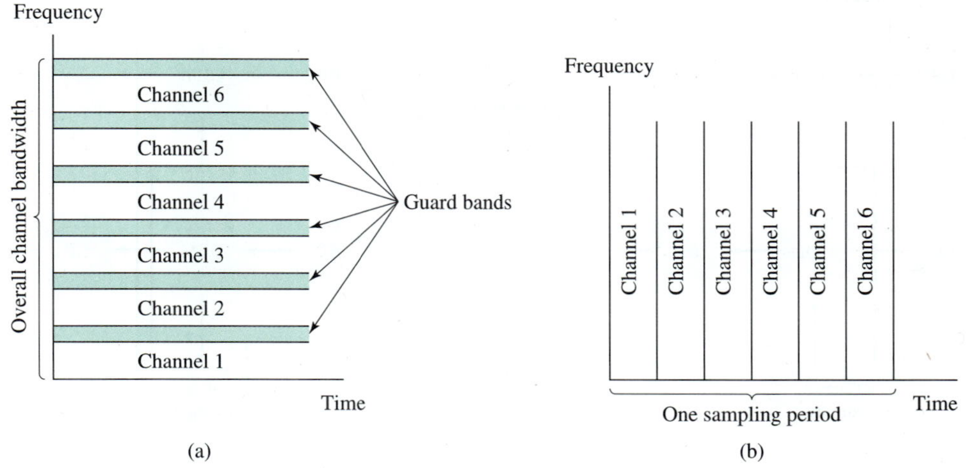

그림 5.27 두 가지 기본 멀티플렉싱 형태. (a) 보호 대역(guard band)을 갖는 주파수분할 멀티플렉싱, (b) 시분할 멀티플렉싱; 여기서, 펄스 동기에 대한 방안은 주어지지 않았다.

처음의 두 멀티플렉싱 방법들은 이 절의 후반부에 설명된다. 코드분할 멀티플렉싱(다중화)은 이 책에서 언급하지 않는다(참고문헌 5번 참조).

5.9.1 주파수분할 멀티플렉싱

그림 5.28은 주파수분할 멀티플렉싱(FDM)의 블록 다이어그램이다. 저역통과 형태인 입력 메시지 신호들인 경우, 그 스펙트럼은 주파수 영역 내에서 0의 값들을 가질 수도 있다. 각 메시지 신호의 주파수 성분 중에서, 신호 표현에는 별로 중요하지 않지만 채널을 공유하고 있는 다른 메시지 신호들에 영향을 줄 수 있는 고주파 성분들을 제거하기 위해 저역통과 필터를 이용한다. 만약 입력 메시지 신호들이 이미 주파수 대역이 제한되어 있다면, 저역통과 필터 적용은 생략될 수 있다. 그리고, 이렇게 필터링된 신호들이 서로 다른 주파수 영역을 갖도록 변조기(modulator)에 인가하여 주파수를 전이시킨다. 이러한 주파수 전이를 위해 필요한 반송파 주파수들은 반송파 공급기로부터 제공된다. 변조를 위해, 이 장의 앞 절에서 설명된 변조 방법들 중 하나를 적용할 수도 있다. 그러나, FDM에서 가장 널리 쓰이는 변조는 SSB 변조이며, 이를 음성 신호에 적용할 경우, 요구되는 대역폭은 본래의 음성 신호의 대역폭과 거의 같다. 실제, 각 음성 입력에 보통 4 kHz의 대역폭이 할당된다. 변조기 다음에 위치한 대역통과 필터들은 각 변조된 파를 미리 지정된 주파수 대역으로 제한한다. 그 결과, 대역통과 필터로부터의

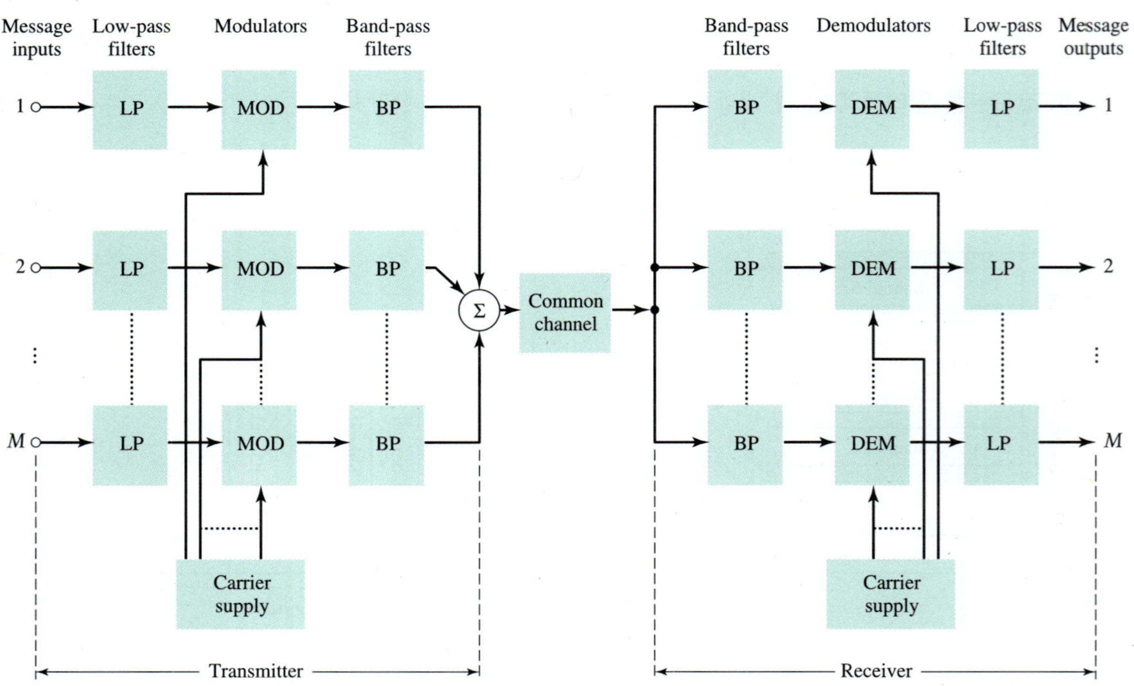

그림 5.28 송신기 및 수신기의 주요 구성 요소들을 보여주는 FDM 시스템의 블록 다이어그램

출력 신호들은 합해져서 공통 채널(common channel)에 인가된다. 그리고 수신단에서는, 주파수 통과 대역이 서로 다르고 병렬 형태의 대역통과 필터 뱅크를 이용하여, 공통 채널을 통해 전송된 신호로부터 각 메시지 신호들을 분리한다. 결국, 본래의 메시지 신호들은 각각의 복조기들에 의해 복원된다. 그림 5.28에 보인 FDM 시스템은 단지 한 방향으로만 작동된다. 예를 들면, 전화 통신에서의 양방향 전송을 위해서는, 여러 구성 요소들이 역방향으로 연결되어, 오른쪽에서 왼쪽으로 파형을 전송할 수 있는 멀티플렉싱 시설들이 새로 설치되어야 한다.

예제 5.6 SSB-FDM 시스템. FDM 시스템을 이용하여 24개의 독립 음성 신호들을 멀티플렉싱하려 한다. SSB 변조를 전송에 이용하고, 각각의 음성 신호에 4 kHz의 대역폭을 할당할 경우, 채널의 전체 전송 대역폭을 계산하라.

풀이: 4 kHz 대역폭이 할당된 음성 신호를 SSB 변조를 이용하여 전송하기 위해 4 kHz의 대역폭이 필요하다. 따라서, 채널에서 요구되는 전체 전송 대역폭은 $24 \times 4 = 96$ kHz이다. ∎

5.9.2 시분할 멀티플렉싱

시분할 멀티플렉싱 시스템 작동의 기본 원리는 샘플링 정리이다. 주파수 대역이 제한된 메시지 신호의 모든 정보를 그대로 전송하기 위해서는, 보통 나이키스트율보다 약간 더 높은 샘플링률로 균등(uniform)하게 샘플링된 신호들을 이용한다. 여기서, 샘플링 처리의 중요한 특징은 시간의 관리이다. 즉, 메시지 신호의 샘플값을 전송할 때, PAM 파형의 시간폭 T_0만큼의 시간 간격 동안만 주기적으로 전송 채널을 사용한다. 이렇게 인접 샘플들간의 시간 간격을 비워둠으로써 다른 독립 신호원들이 이 구간을 사용할 수 있도록 한다.

TDM의 개념은 그림 5.29의 블록 다이어그램에 나타나 있다. 먼저 메시지 신호를 적절하

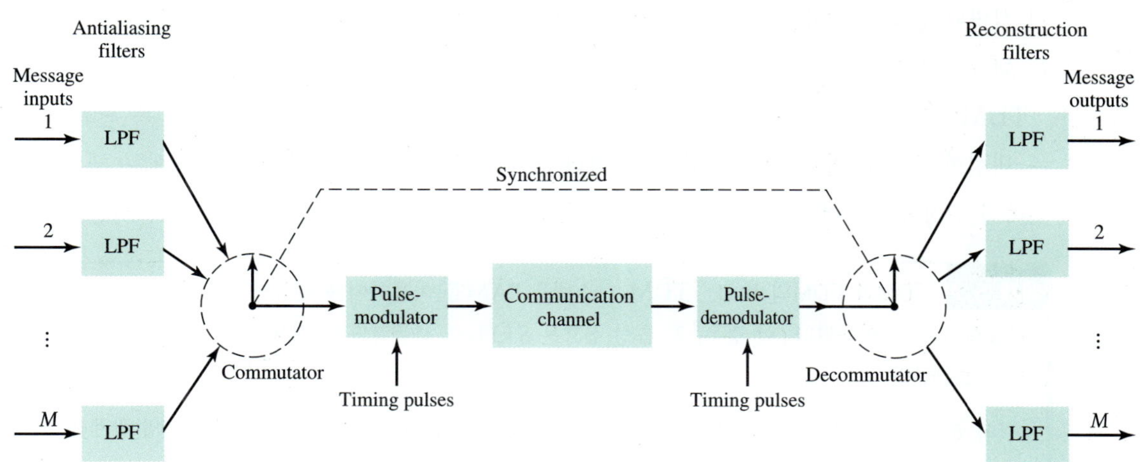

그림 5.29 송 · 수신기 부분의 주요 구성 요소를 나타내는 TDM 멀티플렉싱 시스템의 블록 다이어그램

게 표현하기 위해, 각 입력 메시지 신호에서 중요하지 않은 주파수 성분들을 제거할 수 있도록 저역통과 필터로 대역폭을 제한한다. 또한, 전자 스위칭 회로를 이용하여 구현되는 **교환기**(commutator)에 이러한 저역통과 필터 출력이 인가되는데, 교환기의 기능은 두 가지이다. (1) ω_c/π보다 약간 큰 $1/T_s$의 샘플링률로 M개 입력 전송신호 각각을 샘플링한다(narrow sampling). 여기서 ω_c는 입력측 저역통과 필터의 차단 주파수이다. (2) 이들 M개의 샘플들을 샘플링 간격 T_s 사이에 순차적으로 삽입(interleave)한다. 특히, 후자의 기능은 TDM에서 멀티플렉싱 동작의 기본이 된다. 이러한 과정을 거친 다중화 신호(multiplexed signal)를 **펄스 변조기**(즉, 펄스진폭 변조기)에 인가하여, 공통 채널 전송에 적절한 형태로 변환시킨다. TDM 멀티플렉싱에서 **대역폭 확장 상수**(bandwidth expansion factor) M 개념이 필요한데, 그 이유는 샘플링 간격과 같은 시간 슬롯 내에 M개의 독립된 신호원으로부터의 M개의 샘플들을 집어넣어야만 하기 때문이다. 끝으로, 수신단에서는, 펄스 변조기의 반대 기능을 하는 **펄스 복조기**(pulse demodulator)에 전송된 신호를 인가한다. 펄스 복조기의 출력 샘플들(narrow samples)은 **역교환기**(decommutator)를 통하여 적절히 저역통과 복원 필터들에 분배되는데, 이 역교환기는 송신단의 교환기와 동기 작동한다.

TDM 시스템의 송신기와 수신기 간의 **동기**(synchronization)는 시스템 성능 유지를 위해 꼭 필요하다. PAM 변조를 이용한 TDM 멀티플렉싱 시스템에서 각각의 샘플링 간격 사이에 여분의 펄스를 규칙적으로 삽입함으로써 동기가 가능하다. M개의 PAM 신호와 단일 샘플링 주기 내의 동기화 펄스가 결합된 것을 **프레임**(frame)이라 한다. 펄스진폭 변조에서 메시지 신호의 진폭이 변조에 사용된다. 따라서, 수신단에서 동기 펄스열(synchronizing pulse train)을 인식하는 간단한 방법은, 동기 펄스가 어떠한 PAM 신호보다 훨씬 클 정도로 충분히 그 진폭을 크게 하는 것이다. 이렇게 하면, 수신단에서 적절한 임계값 소자(threshold device)를 이용하여 동기 펄스열을 구별할 수 있다. 특히, 다중화된 메시지 신호들의 수가 M이고, 앞에서 설명된 방식으로 시간 동기를 할 경우, 대역폭 확장 상수(bandwidth expansion factor)는 $M + 1$로 증가된다.

TDM 시스템은 상용 송신 채널의 확산에 매우 민감하다. 즉, 주파수에 따른 진폭 변화 또는 비선형 위상 응답에 매우 민감하다. 따라서, 만족스러운 시스템 작동을 위해서는 채널의 진폭과 위상 응답들에 대한 정확한 등화가 필요하다. 통신 채널의 등화는 8장에서 논의된다.

예제 5.7 TDM과 FDM의 비교. TDM 시스템은 PAM을 이용하여 독립적인 4개의 음성 신호들을 다중화하는 데 이용된다. 이 경우, 각 음성 신호는 8 kHz로 샘플링되며, 작동이 잘 되도록 동기 펄스열을 포함한다.

(a) 동기 펄스열과 4개의 음성 신호들을 샘플링하는 데 이용되는 임펄스열 사이의 타이밍 관계를 설명하라.

(b) 시분할 다중화 시스템의 채널 전송 대역폭을 계산하고, 그 결과를 SSB 변조를 이용한 주파수분

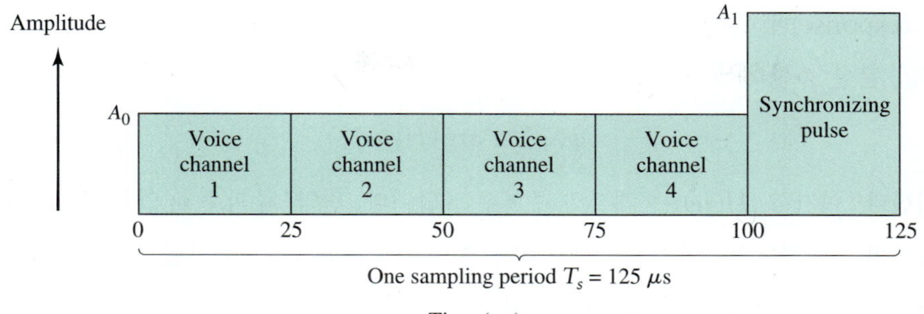

그림 5.30 4개의 음성 신호들과 동기 펄스를 갖는 다중화된 PAM 신호의 한 프레임의 구성도

할 다중화 시스템과 비교하라.

▸ 풀이: (a) 샘플링 주기는

$$T_s = \frac{1}{8 \times 10^3}\,\text{s} = 125\,\mu\text{s}.$$

이 예제에서, 음성 신호의 수는 $M = 4$이다. 그러므로, 이들 음성 신호들과 동기 펄스열 간에 샘플링 주기 125 μs를 분배하면, 각 신호에 할당된 시간 슬롯은 다음과 같다.

$$T_0 = \frac{T_s}{M+1} = \frac{125}{5} = 25\,\mu\text{s}.$$

그림 5.30은 단일 프레임 내에서 동기 펄스열과 4개의 음성 신호를 샘플링하기 위한 4개의 임펄스열 사이의 타이밍 관계를 보여준다. 각 프레임은 $T_0 = 25\,\mu s$ 시간폭을 갖는 여러 개의 시간 슬롯으로 구성되는데, 이 슬롯들은 펄스 변조 신호와 동기 펄스에 할당된다.

(b) 시간-대역폭 곱(3.17절 참조)을 이용하여, 전송 채널에 대한 펄스의 시간폭과 대역폭(즉, 차단 주파수) 사이에는 역관계(inverse relationship)가 있다. 따라서, 채널의 전체 전송 대역폭은 다음과 같다.

$$f_T = \frac{\omega_T}{2\pi} = \frac{1}{T_0} = \frac{1}{25}\,\text{MHz} = 40\,\text{kHz}.$$

그러나, SSB 변조를 이용한 FDM 시스템에서는 채널 대역폭이 단일 음성 신호 대역폭의 M배가 된다. 즉, 4 × 4 = 16 kHz이다. 따라서, 펄스진폭 변조-시분할 다중화(PAM-TDM)를 하면 단측대역 변조-주파수분할 다중화(SSB-TDM) 경우보다 40/16 = 2.5배의 채널 대역폭이 필요하다.

실제로, 펄스 코드 변조는 TDM 변조 방법으로 흔히 이용된다. 이 경우, PAM 신호의 각 펄스를 디지털로 표현할 때 이용되는 코드워드 길이에 따라, 채널 전송 대역폭이 좀더 증가하게 된다. ∎

5.10 위상 및 군 지연

신호가 통신 채널과 같은 분산(dispersive: 즉, 주파수-선택형) 시스템을 통하여 전송될 때, 출력 신호와 입력신호 사이에 약간의 지연이 발생한다. 이러한 지연은 시스템의 위상 응답

(phase response)에 의해 결정된다.

편의상, 분산 통신 채널의 위상 응답을

$$\phi(\omega) = \arg\{H(j\omega)\} \tag{5.32}$$

로 표시한다. 여기서, $H(j\omega)$는 채널의 주파수 응답이다. 만약, 주파수 ω_c인 정현파 신호가 채널을 통하여 전송된다면, 채널 출력에서 수신된 신호는 $\phi(\omega_c)$ 라디안만큼 지연된 송신 신호와 같다. 이 위상 지연(phase delay)에 대응되는 **시간 지연**(time delay)은 단순히 $-\phi(\omega_c)/\omega_c$이고, 여기서 −부호는 지연을 의미한다. 이 시간 지연을 채널의 **위상 지연**이라고 부르고, 다음과 같이 정의한다.

$$\tau_p = -\frac{\phi(\omega_c)}{\omega_c}. \tag{5.33}$$

그러나, 주의할 것은, 위상 지연이 반드시 실제의 신호 지연을 의미하는 것은 아니다는 점이다. 이것은 무한 시간 동안 계속되는 정현파에서 각 사이클이 앞 사이클과 정확하게 같다는 사실로부터 알 수 있다. 특히, 그러한 신호가 존재한다는 사실 이외에는 아무런 정보 전달이 없다. 따라서, 위상 지연이 실제 신호의 지연이다 라는 것은 부정확한 결론일 수 있다. 사실상, 이 장에서 언급한 내용에서도 알 수 있듯이, 반송파에 어떤 적절한 변조 방식을 적용하여야만 채널을 통해 정보가 전송될 수 있다.

반송파 주파수 ω_c와 정현 변조 주파수 ω_0를 갖는 DSB-SC 변조파 신호 $s(t)$를 고려하자.

$$s(t) = A\cos(\omega_c t)\cos(\omega_0 t). \tag{5.34}$$

이 신호는 예제 5.3에서 다루었었다(편의상, $A = A_c A_0$라 놓는다). $s(t)$를 상측 및 하측 주파수로 표현하면 다음과 같다.

$$s(t) = \tfrac{1}{2}A\cos(\omega_1 t) + \tfrac{1}{2}A\cos(\omega_2 t).$$

여기서

$$\omega_1 = \omega_c + \omega_0 \tag{5.35}$$

$$\omega_2 = \omega_c - \omega_0. \tag{5.36}$$

특히, $s(t)$가 위상 응답 $\phi(\omega)$를 갖는 채널을 통하여 전송된다고 하고, 설명을 위해 채널의 진폭 응답은 $\omega_1 \sim \omega_2$의 주파수 범위 내에서 일정(1과 같음)하다고 가정하자. 이 경우, 채널 출력에서의 수신 신호는 다음과 같다.

$$y(t) = \tfrac{1}{2}A\cos(\omega_1 t + \phi(\omega_1)) + \tfrac{1}{2}A\cos(\omega_2 t + \phi(\omega_2)).$$

위 식에서, $\phi(\omega_1)$과 $\phi(\omega_2)$는 각각 주파수 ω_1과 ω_2에서의 채널에 의한 위상 이동을 의미한다. 또한, 신호 $y(t)$를 다음과 같이 쓸 수 있다.

$$y(t) = A\cos\left(\omega_c t + \frac{\phi(\omega_1) + \phi(\omega_2)}{2}\right)\cos\left(\omega_0 t + \frac{\phi(\omega_1) - \phi(\omega_2)}{2}\right). \quad (5.37)$$

여기서, ω_1과 ω_2에 대해 정의한 식 (5.35)과 식 (5.36)을 적용했다. 식 (5.37)의 수신된 신호 $y(t)$에서, 정현 반송파 부분과 메시지 부분을 식 (5.34)의 경우와 비교해 보면, 다음과 같은 두 가지 사실을 알 수 있다.

1. 주파수 ω_c를 갖는 $y(t)$의 반송파 성분은 $s(t)$의 경우보다 $\frac{1}{2}(\phi(\omega_1) + \phi(\omega_2))$만큼 위상이 지연되고 그 시간 지연은 다음과 같다.

$$-\frac{\phi(\omega_1) + \phi(\omega_2)}{2\omega_c} = -\frac{\phi(\omega_1) + \phi(\omega_2)}{\omega_1 + \omega_2}. \quad (5.38)$$

2. 주파수 ω_0를 갖는 $y(t)$의 메시지 성분은 $s(t)$의 경우보다 $\frac{1}{2}(\phi(\omega_1) - \phi(\omega_2))$만큼 위상이 지연되고, 그 시간 지연은 다음과 같다.

$$-\frac{\phi(\omega_1) - \phi(\omega_2)}{2\omega_0} = -\frac{\phi(\omega_1) - \phi(\omega_2)}{\omega_1 - \omega_2}. \quad (5.39)$$

변조 주파수 ω_0가 반송파 주파수 ω_c에 비해 매우 작은 경우, 상하측 주파수(side-frequencies)들인 ω_1과 ω_2가 ω_c를 사이에 두고 매우 가깝게 위치한다는 것을 의미한다. 그러한 변조 신호를 **협대역 신호**(narrowband signal)라고 한다. 이 경우, $\omega = \omega_c$ 부근에서의 위상 응답 $\phi(\omega)$를 테일러 급수로 나타내고 두 번째 항까지만 이용하여 근사화할 수 있다.

$$\phi(\omega) = \phi(\omega_c) + \left.\frac{d\phi(\omega)}{d\omega}\right|_{\omega=\omega_c} \times (\omega - \omega_c). \quad (5.40)$$

이 식을 식 (5.38)에 대입하여 $\phi(\omega_1)$과 $\phi(\omega_2)$의 값을 구하면, **반송 지연**(carrier delay)은 위상 지연에 대한 식 (5.33)과 동일한 $-\phi(\omega_c)/\omega_c$이 된다. 유사한 방식으로 식 (5.39)에 식 (5.40)을 적용하면, 메시지 신호(즉, 피변조파의 "포락선")의 시간 지연은 다음과 같다.

$$\tau_g = -\left.\frac{d\phi(\omega)}{d\omega}\right|_{\omega=\omega_c}. \quad (5.41)$$

시간 지연 τ_g는 **포락선 지연**(envelope delay) 또는 **군지연**(group delay)이라 불린다. 이와 같이, 군지연은 채널 위상 응답 $\phi(\omega)$를 ω에 대해 미분하고 음수를 곱한 다음 반송파 주파수 ω_c에서 계산된 값이다.

일반적으로, 변조된 신호가 통신 채널을 통해 전달될 때, 고려되어야 할 두 개의 서로 다른 지연은 다음과 같다.

1. 식 (5.33)에서 정의된 반송파 혹은 위상 지연 τ_p

2. 식 (5.41)에서 정의된 포락선 혹은 군지연 τ_g

군지연은 신호의 실제 지연이다.

▶ **연습문제 5.14** 위상 지연과 군지연이 같은 값을 가질 조건들은 무엇인가?

해답: 위상 응답 $\phi(\omega)$이 ω에 대해 선형이어야 하며, $\phi(\omega_c) = 0$이어야 한다. ▮

예제 5.8 **대역통과 채널(band-pass channel)에서의 위상 지연과 군지연.** 대역통과 통신 채널의 위상 응답이 다음과 같이 정의된다.

$$\phi(\omega) = -\tan^{-1}\left(\frac{\omega^2 - \omega_c^2}{\omega\omega_c}\right).$$

다음의 주파수를 갖고 식 (5.34)으로 정의된 신호 $s(t)$가 위 채널을 통해 전송된다.

$$\omega_c = 4.75 \text{ rad/s}, \quad \omega_0 = 0.25 \text{ rad/s}.$$

(a) 위상 지연과 (b) 군지연을 계산하라.

풀이: (a) 주파수 $\omega = \omega_c$에서 $\phi(\omega_c) = 0$. 따라서, 식 (5.33)에 의해, 위상 지연 τ_p는 영이다.

(b) $\phi(\omega)$를 ω에 대하여 미분하면

$$\frac{d\phi(\omega)}{d\omega} = -\frac{\omega_c(\omega^2 + \omega_c^2)}{\omega_c^2\omega^2 + (\omega^2 - \omega_c^2)^2}$$

이고, 식 (5.41)을 적용하면 군지연은 다음과 같다.

$$\tau_g = \frac{2}{\omega_c} = \frac{2}{4.75} = 0.4211 \text{ s}.$$

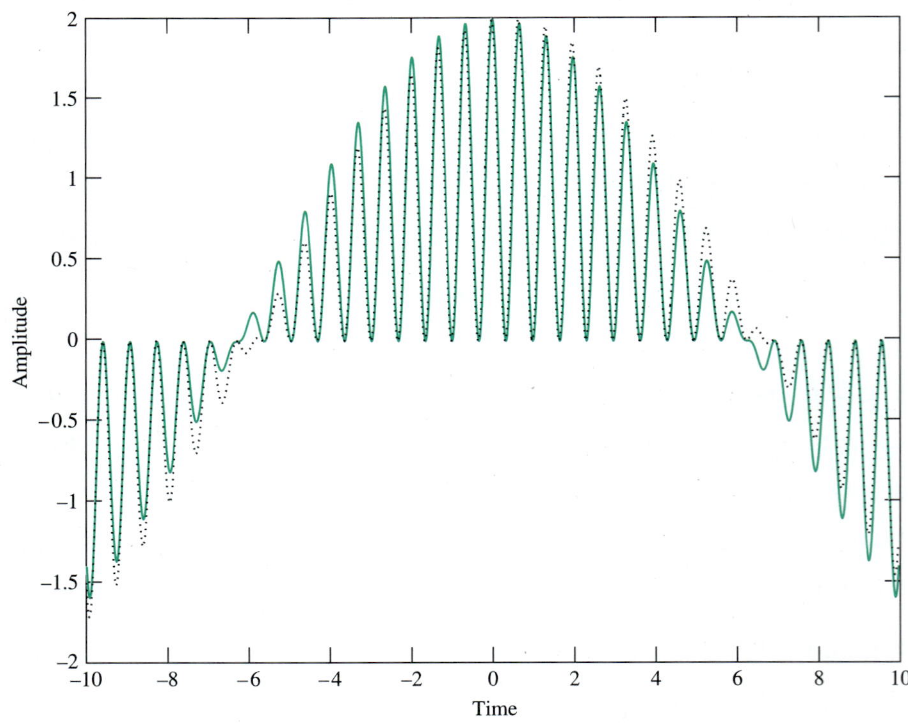

그림 5.31 예제 5.8에서 계산된 반송 지연(청선)과 군지연 τ_g(점선)

(a)와 (b)에서 얻어진 결과를 그래프로 표현한 그림 5.31을 살펴보면, 다음과 같은 2개의 파형이 중첩된 것임을 알 수 있다.

1. 청선 파형은 전송 신호 $s(t)$에 반송 파형 $\cos(\omega_c t)$를 곱하여 구할 수 있다.
2. 점선 파형은 수신 신호 $y(t)$에 반송 파형 $\cos(\omega_c t)$를 곱하여 구할 수 있다.

그림 5.31는 반송(위상) 지연 τ_p가 0이고 수신 신호 $y(t)$의 포락선이 송신 신호보다 τ_g초만큼 지연된다는 것을 보여준다. 그림 5.31에서, 반송파의 역할을 표시하기 위해서 위 1, 2에서 설명된 바와 같이 반송 파형 $\cos(\omega_c t)$을 곱한 결과로 발생된 고주파 성분을 필터로 제거하지 않았다.

상측 주파수 $\omega_1 = \omega_c + \omega_0 = 5.00$ rad/s와 하측 주파수 $\omega_2 = \omega_c - \omega_0 = 4.50$ rad/s 간의 차이는 반송 주파수 $\omega_c = 4.75$ rad/s의 약 10%이며, 이것은 이 예제에서 언급된 변조 신호가 협대역 신호임을 나타낸다. ▮

5.10.1 실용적 고찰

피변조파가 통신 채널을 통하여 전송될 때 군지연이 실제 신호 지연을 나타내는 것이 입증되었는데, 이제 다음과 같은 질문에 답할 필요가 있다. 군지연이 실제적으로 왜 중요한가? 이러한 문제를 다루기 위해서는, 군지연을 정의한 식 (5.41)이 메시지 신호의 대역폭이 반송 주파수에 비하여 작은 협대혁 피변조파에 적용된다는 사실을 인식해야 한다. 즉, 이것은 단지 협대혁 조건이 만족될 경우에 한하여, 식 (5.40)의 두 항 근사식으로부터 식 (5.41) 결과가 유도될 수 있음을 보인 것이다.

그러나, 실제적으로 많은 경우에 메시지 대역폭이 반송파와 유사하기 때문에 협대역 가정이 맞지 않을 수도 있다. 이러한 경우, 군지연은 **주파수 함수**(frequency-dependent parameter)로 다음과 같이 표현된다.

$$\tau_g(\omega) = -\frac{d\phi(\omega)}{d\omega}. \tag{5.42}$$

그림 5.32 음성 대역 전화 채널(voice-grade telephone channel)의 군지연 응답(Adapted from Bellamy, J.C., *Digital Telephony*, Wiley, 1982.)

여기서, 식 (5.41)은 식 (5,42)의 특별한 경우에 해당한다. 지금부터 군지연의 중요성을 다루고자 한다. **광대역**(wideband) 변조 신호가 분산(dispersive) 채널을 통하여 전송될 때, 메시지 신호의 각각의 주파수 성분은 채널 출력에서 서로 다른 지연을 갖게 된다

결과적으로, 메시지 신호는 **지연 일그러짐**(delay distortion)이라는 일종의 선형 일그러짐(linear distortion) 현상을 보인다. 수신단에서 원래의 메시지 신호를 복원하려면 **지연 등화기**(delay equalizer)를 사용해야 한다.이 등화기는 채널과 직렬로 연결되어 주파수 전체 영역에서 군지연이 일정하도록(즉, 위상이 주파수에 대하여 선형 관계가 되도록) 설계된다.

예를 들어, 대략 0.1에서 3.1 kHz 사이의 주파수 대역을 갖는 전화 채널을 고려하자. 이 주파수 대역에서 채널 진폭 응답이 일정하다면, 진폭 일그러짐은 거의 없다. 반면에, 채널의 군지연이 그림 5.32과 같이 주파수에 따라 변하는 경우를 고려한다. 전화 통신만 고려하면, 채널에서의 주파수에 따른 군지연의 변동은 실제로 그리 문제가 되지 않는데, 그 이유는 우리의 귀가 지연 일그러짐에 별로 민감하지 않기 때문이다. 그러나, 광대역 데이터가 전화 채널로 전송될 경우는 상황이 매우 다르다. 예를 들면, 초당 4 kilobits의 데이터 전송 속도 경우, 비트 지속시간은 약 25 μs이다. 그림 5.32에서 알 수 있듯이, 전화 채널의 사용 주파수 대역에서는 군지연이 0에서 수밀리 초까지 변화한다. 따라서, 지연 일그러짐으로 인하여 전화 채널 상에서의 광대역 데이터 전송은 상당히 어렵게 된다. 이러한 문제를 해결하기 위해, 지연 등화기는 꼭 필요하다.

5.11 MATLAB 실습

앞에서는 메시지 신호를 대역통과 채널(bandpass channel)을 통하여 전송하기 위해 변조 개념을 다루었다. 이러한 개념을 설명하기 위해 정현파를 변조 신호로 사용하였다. 이 점에 대해서는, 전진폭 변조 및 DSB-SC 변조의 경우, 예제 5.1과 5.3을 사용하여 이상적 조건하에서 정현 피변조파의 스펙트럼을 설명하였다. 이 절에서는, 앞의 예제와 더불어, MATLAB을 이용하여 실제 상황에서와 같은 유한 시간폭을 갖는 피변조파를 추가로 다루게 된다. 특히, 예제 4.16의 결과를 기초로 하여, 두 정현 성분으로 구성된 유한 시간 신호의 푸리에 변환을 근사화하기 위해 DTFS를 이용한다.

5.11.1 전진폭 변조

시간 영역에서의 진폭변환 표현에서, AM파는 메시지 신호(변조파)와 반송파의 곱, 그리고 반송파의 합으로 이루어져 있다. 따라서, 예제 5.1에서 언급된 정현 변조인 경우, AM파는 다음과 같다.

$$s(t) = A_c[1 + \mu\cos(\omega_0 t)]\cos(\omega_c t).$$

여기서, μ는 변조 상수이다. $1 + \mu\cos(\omega_0 t)$ 항은 변조 신호의 다른 표현이고, $A_c\cos(\omega_c t)$는 반송파이다.

이 절에서 설명되는 AM 실험에서, 각 상수값들은 다음과 같다.

반송파 진폭,	$A_c = 1$
반송파 주파수,	$\omega_c = 0.8\pi$ rad/s
변조 신호 주파수,	$\omega_0 = 0.1\pi$ rad/s.

우선, 10사이클의 AM 파형을 표시하고 분석하여 보자. 10사이클은 총 지속시간이 200초에 상당한다. 샘플링률을 $1/T_s = 10$ Hz로 선택하면, $N = 2{,}000$개 샘플이 된다. 관심 주파수 대역은 $-10\pi \le \omega \le 10\pi$이다. 반송 주파수와 하측 주파수(혹은 상측 주파수) 차이는 변조 주파수 $\omega_0 = 0.1\pi$ rad/s와 같기 때문에 $\omega_r = 0.01\pi$ rad/s의 주파수 해상도(frequency resolution)를 갖기 원한다. 이러한 해상도를 얻기 위해서는 다음과 같은 주파수 샘플을 필요로 한다[식 (4.42) 참조].

$$M \ge \frac{\omega_s}{\omega_r} = \frac{20\pi}{0.01\pi} = 2{,}000.$$

따라서, $M = 2{,}000$을 선택한다. AM 파형 $s(t)$의 푸리에 변환을 근사화하기 위하여 2,000-포인트 DTFS를 적용한다. AM 실험에서 유일한 변수는 변조 상수 μ인데, 다음과 같은 세 가지 경우를 다루고자 한다.

- $\mu = 0.5$, 부족변조(undermodulation)에 해당함
- $\mu = 1.0$, AM 시스템이 거의 과변조(overmodulation)인 경우
- $\mu = 2.0$, 과변조에 해당함

이러한 사항들을 모두 종합하여, AM 파형 발생 및 그 주파수 성분 해석을 위한 MATLAB 프로그램을 작성하면 다음과 같다:

```
>> Ac = 1;   % 반송파 진폭
>> wc = 0.8*pi;   % 반송파 주파수
>> w0 = 0.1*pi;   % 변조 주파수
>> mu = 0.5;   % 변조 상수
>> t = 0:0.1:199.9;
>> s = Ac*(1 + mu*cos(w0*t)).*cos(wc*t);
>> plot(t,s)
>> Smag = abs(fftshift(fft(s,2000)))/2000;
   % Smag는 진폭 변조파의 진폭 스펙트럼을 표시한다.
```

```
>> w = 10*[-1000:999]*2*pi/2000;
>> plot(w,Smag)
>> axis ([-30   30   0   0.8])
```

네 번째 명령어는 $\mu = 0.5$ 경우이며, $\mu = 1.0, 2.0$ 경우에도 계산된다.

다음은, 변조 상수 μ의 변화가 AM 파형의 시간 및 주파수 영역 특성에 미치는 영향에 대해 다루고자 한다.

1. $\mu = 0.5$ 경우:

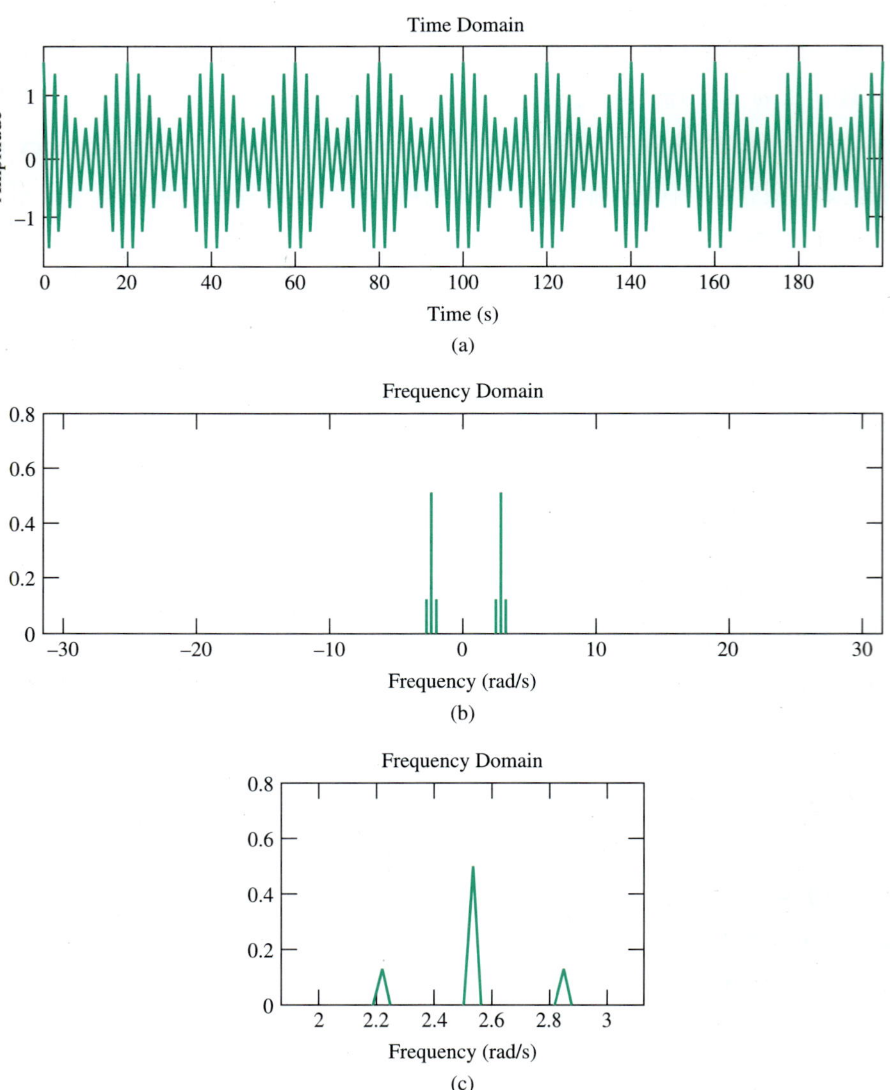

그림 5.33 50% 변조를 갖는 진폭 변조. (a) AM 파형, (b) AM 파형의 진폭 스펙트럼, (c) 반송파 주파수 부근에서의 확대 스펙트럼

그림 5.33(a)은 $\mu = 0.5$인 경우의 전진폭 파형 $s(t)$의 10사이클을 보여준다. $s(t)$의 포락선은 정현 변조파를 충실하게 따라가는 것이 보인다. 이것은 복조시에 포락선 검파기를 사용할 수 있음을 의미한다. 그림 5.33(b)은 신호 $s(t)$의 진폭 스펙트럼이다. 그림 5.33(c)은 반송파 주파수 부근에서의 $s(t)$의 스펙트럼을 자세히 보기 위해 확대한 것인데, 이 그림은 변조 이론에 따른 사이드 주파수와 반송 주파수 사이의 긴밀한 관계를 분명히 보여준다. 특히, 하측 주파수, 반송파, 상측 주파수는 각각 $\omega_c - \omega_0 = \pm 0.7\pi$ rad/s, $\omega_c = \pm 0.8\pi$ rad/s 및 $\omega_c + \omega_0 = \pm 0.9\pi$ rad/s이다. 또한, 양측대역의 진폭은 반송파의 $(\mu/2) = 0.25$배이다.

2. $\mu = 1.0$ 경우:

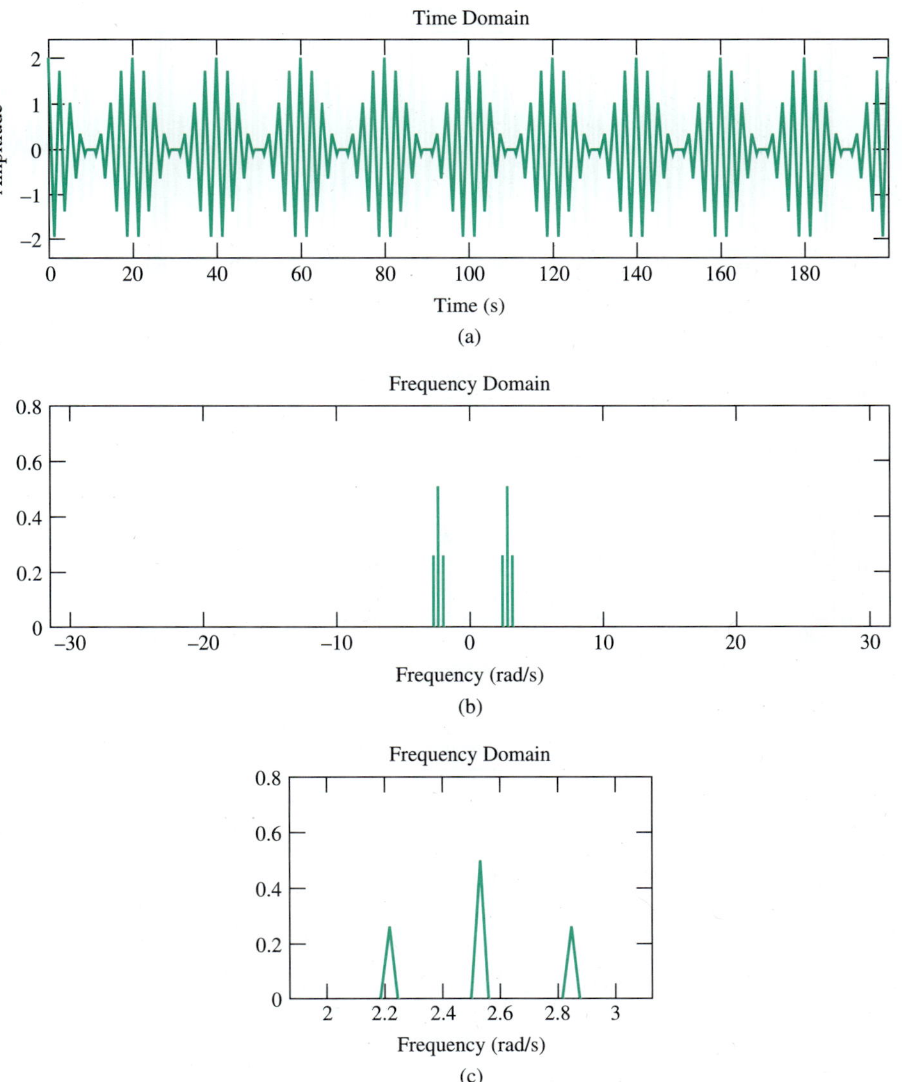

그림 5.34 100% 변조를 갖는 진폭 변조. (a) AM 파형, (b) AM 파형의 진폭 스펙트럼, (c) 반송파 주파수 부근의 확대 스펙트럼

그림 5.34(a)는 $\mu = 1.0$ 값 이외에는 그림 5.33(a)과 동일한 파라미터 값을 갖는 AM 파형 $s(t)$의 10사이클을 표현한다. 이 그림은 AM 파형이 거의 과변조 상태에 있음을 보여준다. 그림 5.34(b)는 $s(t)$의 진폭 스펙트럼이고, 그림 5.34(c)는 반송파 주파수 부근에서의 $s(t)$의 스펙트럼을 자세히 보기 위해 확대한 것을 보여주고 있다. 여기서, AM 파형의 진폭 스펙트럼 모양이 변조 이론과 완전히 일치하는 것을 알 수 있다.

3. $\mu = 2.0$ 경우:

그림 5.35(a)는 변조 상수가 $\mu = 2$인 경우로서, 과변조 현상을 보여준다. 여기서, 과변조파

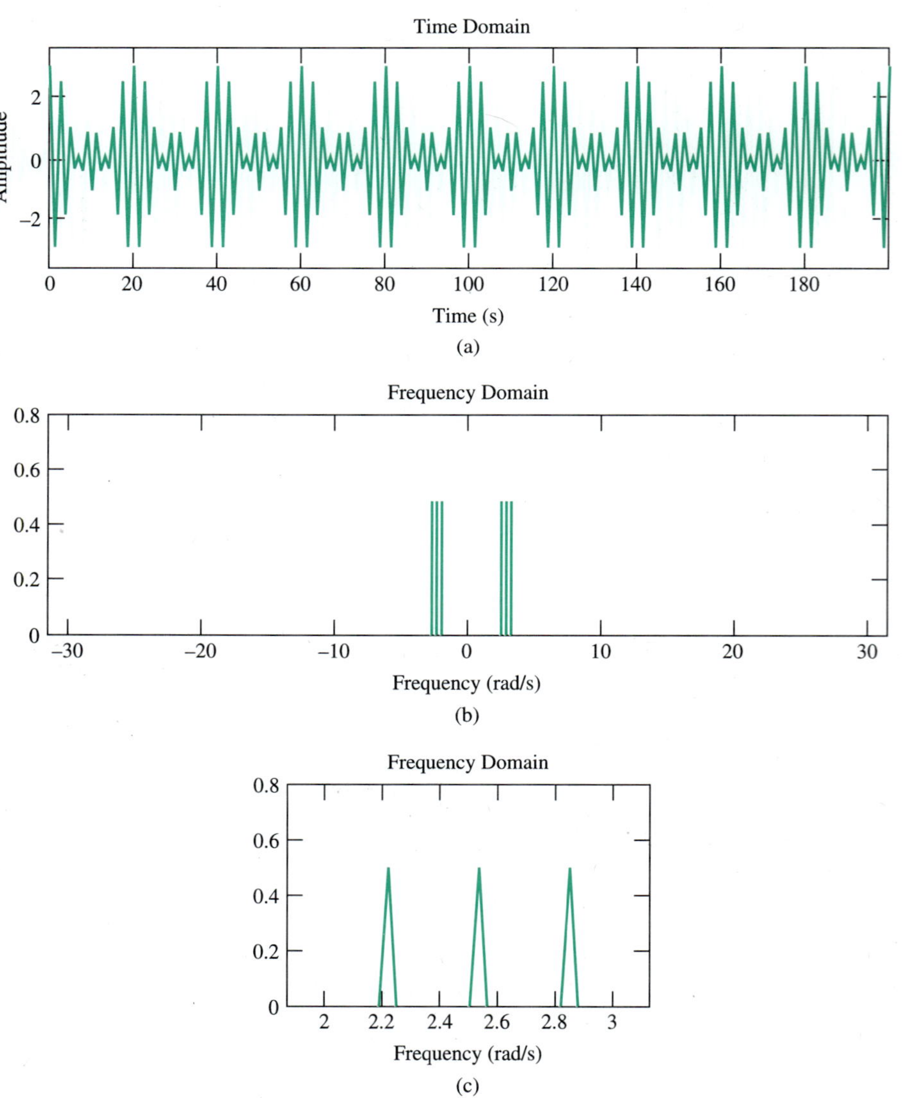

그림 5.35 200% 변조를 갖는 진폭 변조. (a) AM 파형, (b) AM 파형의 진폭 스펙트럼, (c) 반송파 주파수 부근의 확대 스펙트럼

$s(t)$의 포락선과 정현 변조파 사이의 관계가 분명치 않음을 알 수 있다. 이것은 복조시에 포락선 검파기를 사용할 수 없고, 코히어런트 검파기를 사용해야 함을 의미한다. 그러나, 그림 5.35(b)와 5.35(c)에서 보인 AM 파형의 기본 스펙트럼 성분은 이론적인 예측값과 정확히 같음을 알 수 있다.

5.11.2 DSB-SC 변조

DSB-SC 변조파에서, 반송파는 억제되고 양측대역은 전부 전송된다. 이 신호는 반송파에 변조파를 곱하여 간단히 만들어진다. 즉, 정현 변조의 경우, 다음의 피변조파를 얻는다.

$$s(t) = A_c A_0 \cos(\omega_c t)\cos(\omega_0 t).$$

$s(t)$ 발생 및 주파수 성분 해석을 위한 MATLAB 명령어는 다음과 같다.

```
>> Ac = 1;   % 반송파 진폭
>> wc = 0.8*pi;   % 반송파 주파수 rad/s
>> A0 = 1;   % 변조 신호의 진폭
>> w0 = 0.1*pi;   % 변조 신호의 주파수
>> t = 0:.1:199.9;
>> s = Ac*A0*cos(wc*t).*cos(w0*t);
>> plot(t,s)
>> Smag = abs(fftshift(fft(s,2000)))/2000;
>> w = 10*[-1000:999]*2*pi/2000;
>> plot(w,Smag)
```

이러한 명령어는, 다음에 설명된 바와 같이, DSB-SC 변조의 여러 상이한 측면들을 살펴보는데 이용된다.

1. 그림 5.36(a)는 정현 변조파에 대한 DSB-SC 변조파 $s(t)$의 10사이클을 보여준다. 예상대로 피변조파의 포락선은 정현 변조파와 아무런 관계를 갖고 있지 않다. 따라서 아래 2번에서 언급될 복조의 경우, 코히어런트 검파기를 사용해야 한다. 그림 5.36(b)는 $s(t)$의 진폭 스펙트럼을 보여주며, 그림 5.36(c)는 반송파 주파수 부근에서의 확대된 스펙트럼의 모양이다. 이러한 두 그림은 반송파가 억제되고, 상 · 하측 대역 주파수가 정확하게 각각 0.9π와 0.7π rad/s임을 보여준다.

2. 코히어런트 검파를 수행하기 위하여, 반송파와 동일한 파형을 DSB-SC 변조파 $s(t)$에 곱하고, 5.5.2절에서 설명된 것처럼 저역통과 필터로 처리한다. 송 · 수신기 사이에 완벽한 동기를 가정한 경우, $\pi = 0$를 가진 그림 5.12(b)의 곱셈 변조기 출력은 다음과 같이 표현된다.

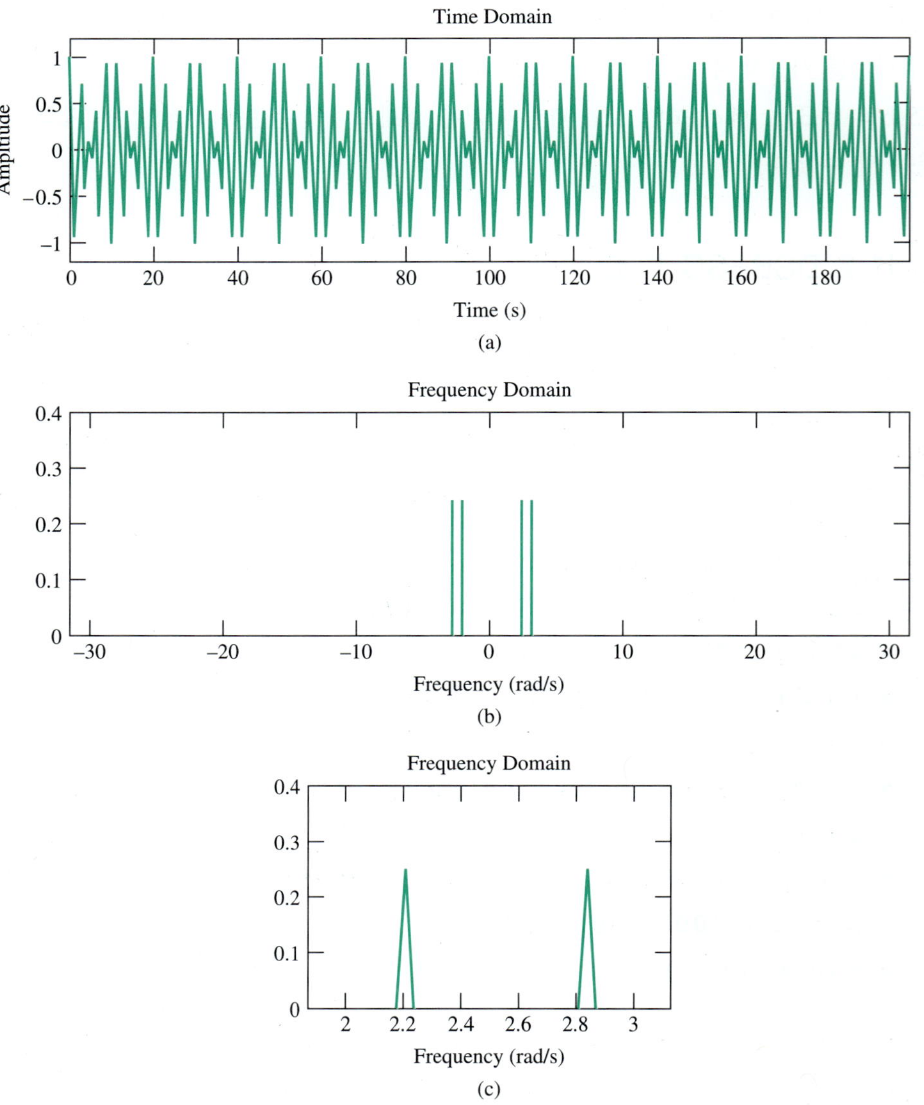

그림 5.36 DSB-SC 변조. (a) DSB-SC 변조파, (b) 피변조파의 진폭 스펙트럼, (c) 반송파 주파수 부근의 확대 스펙트럼

$$v(t) = s(t)\cos(\omega_c t).$$

따라서, MATLAB 명령은

```
>> v = s.*cos(wc*t);
```

여기서 **s**는 이미 이전에 계산된 피변조파이다. 그림 5.37(a)는 $v(t)$의 파형이다. **v**에 **fft** 명령을 적용시키고, 절대값을 취하면 그림 5.37(b)에 보인 진폭 스펙트럼을 얻는다. 이 그림은 $v(t)$가 다음과 같은 성분으로 구성되어 있음을 보여준다.

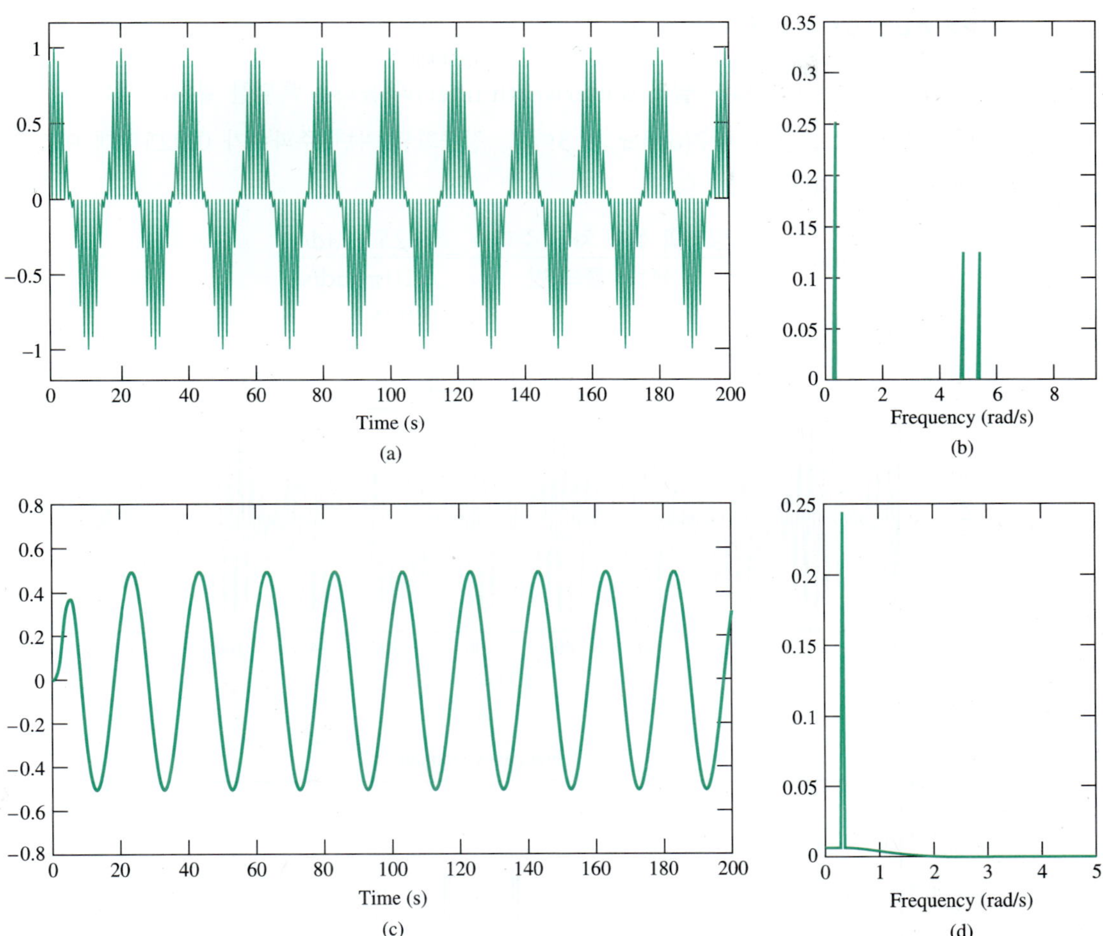

그림 5.37 DSB-SC 피변조파의 코히어런트 검파. (a) 곱셈 변조기의 출력 신호의 파형, (b) (a)신호의 진폭 스펙트럼, (c) 저역통과 필터 출력 파형, (d) (c)신호의 진폭 스펙트럼

- 주파수가 0.1 rad/s인 정현 변조파
- 1.6π rad/s의 이중 반송 주파수를 갖는 새로운 DSB-SC 변조파; 실제로, 이 피변조파의 사이드 주파수는 1.5π와 1.7π rad/s에 위치한다.

따라서, $v(t)$를 다음의 특성을 갖는 저역통과 필터에 통과시키면 정현 변조파를 복원할 수 있다.

- 변조파의 주파수는 필터의 통과 대역 안에 포함
- 새로운 DSB-SC 변조파의 상 · 하측 주파수는 필터의 억제 대역 안에 포함

이러한 요구 조건을 만족하는 필터의 설계는 8장에서 자세히 다룬다. 여기서는, 다음과 같이 MATLAB 명령어를 이용하여 위의 조건을 만족시킬 수 있음을 보인다.

```
>> [b,a] = butter(3,0.025);
```

```
>> output = filter(b,a,v);
```

첫 번째 명령어는 버터워스 필터(Butterworth filter)라 불리는 특별한 형태의 필터를 만든다. 이 실험에서는, 필터 차수(order)가 3이고, 정규화된 차단 주파수가 0.025인데 이것은 다음과 같이 계산된다.

$$\frac{\text{필터의 실제 차단 주파수}}{\text{샘플링률의 반}} = \frac{0.25\pi\ \text{rad/s}}{10\pi\ \text{rad/s}}$$
$$= 0.025$$

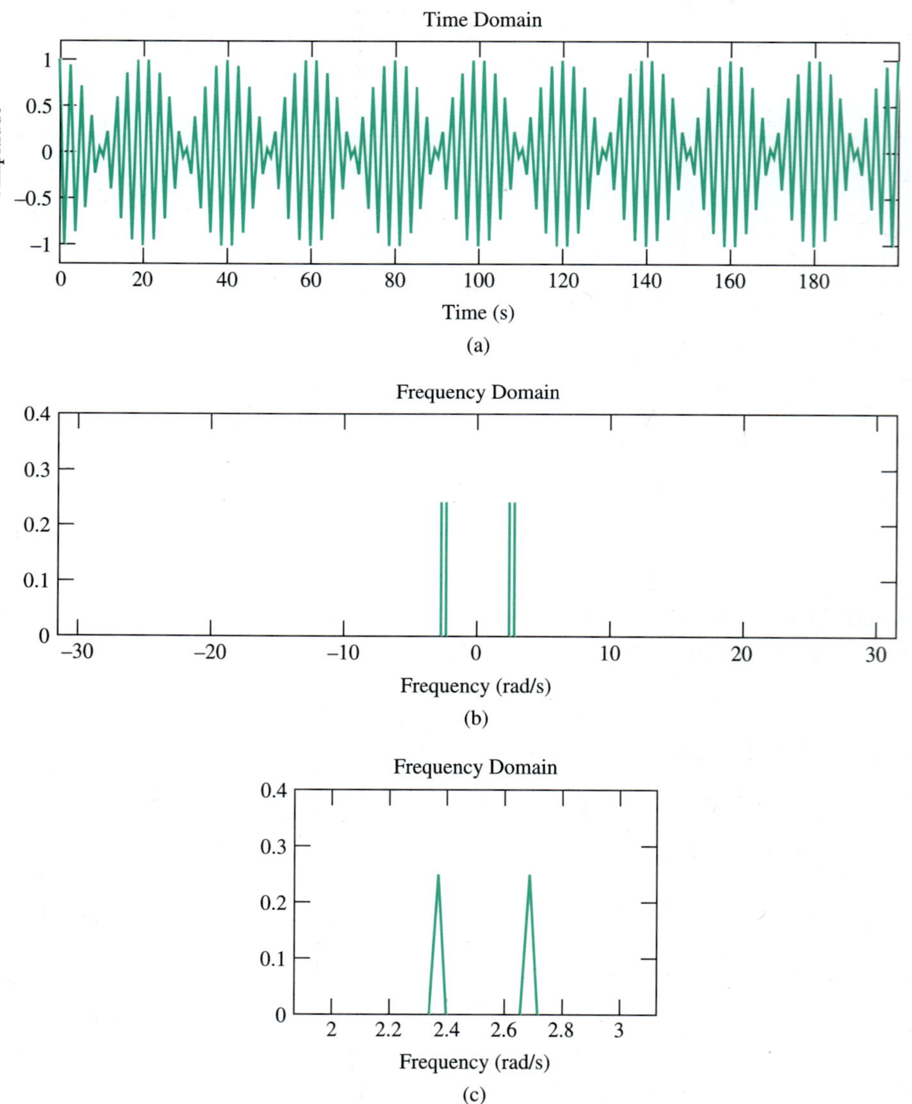

그림 5.38 그림 5.36 경우와 비교되는, 변조 주파수 변동에 대한 영향. (a) 그림 5.36에서 사용된 변조 주파수의 반의 변조 주파수를 갖는 DSB-SC 변조파 파형, (b) (a)신호의 진폭 스펙트럼, (c) 반송 주파수 부근을 확대시킨 스펙트럼

두 번째 명령어는 곱셈 변조기 출력 $v(t)$에 대한 필터 출력을 계산한다(8장에서 이 필터의 설계를 다룬다). 그림 5.37(c)는 저역통과 필터의 출력 파형을 보인다. 이것은 주파수 0.05 Hz의 정현파를 나타낸다. 특히, **fft** 명령을 이용하여 저역통과 필터 출력의 스펙트럼을 근사화하면 그 정현파를 확인할 수 있다. 그림 5.37(d)에 저역통과 필터 출력의 진폭 스펙트럼을 나타내었다.

3. 그림 5.38에서 DSB-SC 변조의 또 다른 측면 즉, 변조 주파수 변화에 따른 영향을 검토한다. 그림 5.38(a)는 그림 5.36(a)와 동일한 반송 주파수를 갖지만, 변조 주파수가 0.025 Hz(즉, 라디안 주파수가 0.05π)로 감소한 DSB-SC 변조 파형의 5사이클을 보인 것이다. 그림 5.38(b)은 이러한 DSB-SC 변조파의 진폭 스펙트럼을 나타내고 있다. 그것을 확대한 그림을 그림 5.38(c)에 나타냈다. 이 그림과 그림 5.36(c)를 비교하면, 변조 주파수가 감소함에 따라, 상 · 하측 주파수가 서로 가깝게 이동하는 것을 보여주는데, 이는 변조 이론과 일치한다.

▶ **연습문제 5.15** 무선주파수(RF: radiofrequency). 펄스는 구형파와 정현 반송파의 곱으로 정의된다. MATLAB을 이용하여 다음 두 경우 각각에 대하여 펄스의 파형을 그려라.

(a) 펄스 지속기간 = 1 s
  반송 주파수 = 5 Hz
(b) 펄스 지속기간 = 1 s
  반송 주파수 = 25 Hz

샘플링 주파수는 1 kHz를 사용하라. ▮

▶ **연습문제 5.16** **fft** 명령을 이용하여 연습문제 5.15의 두 경우에 대한 RF 펄스의 진폭 스펙트럼을 그리고, 다음을 설명하라.

(a) 반송 주파수가 5 Hz인 (a)의 경우, 양 · 음 주파수에서의 하측 대역은 서로 겹치게 된다. 이 효과는 5.4.6절에서 설명했던 스펙트럼 겹침(overlap)이다.
(b) 반송 주파수가 25 Hz인 (b)의 경우, 스펙트럼은 원래 스펙트럼과 중복이 없다.

연습문제 5.15와 5.16의 레이더 관련 문제에 대해서는 1.10절에 있는 레이더의 테마 예제(Theme Example)를 참조하라.

5.11.3 위상 지연과 군지연

예제 5.8에서, 다음의 위상 응답을 갖는 대역통과 채널의 위상 지연과 군지연을 다루었다.

$$\phi(\omega) = -\tan^{-1}\left(\frac{\omega^2 - \omega_c^2}{\omega\omega_c}\right).$$

특히, $\omega = \omega_c$에서 위상 지연은 $\tau_p = 0$이고, 군지연은 $\tau_g = 0.4211$ s이다. 그림 5.31에 나타

낸 두 파형은 다음과 같다.

$$x_1(t) = s(t)\cos(\omega_c t).$$

여기서(494쪽 참조)

$$s(t) = \frac{A}{2}[\cos(\omega_1 t) + \cos(\omega_2 t)]$$

이고, $\omega_1 = \omega_c + \omega_0$, $\omega_2 = \omega_c - \omega_0$이다. 그림 5.31에서 청선 파형이 $x_1(t)$이다. 따라서

$$\begin{aligned} x_2(t) &= y(t)\cos(\omega_c t) \\ &= \frac{A}{2}[\cos(\omega_1 t + \phi(\omega_1)) + \cos(\omega_2 t + \phi(\omega_2))]\cos(\omega_c t). \end{aligned}$$

여기서, 각 $\phi(\omega_1)$과 $\phi(\omega_2)$는 각각 $\omega = \omega_1$ 및 $\omega = \omega_2$에서의 위상 응답 $\phi(\omega)$값이다. 그림 5.31에서 점선 파형이 $x_2(t)$이다.

MATLAB에서 $\frac{A}{2}$를 1로 선택하면, $x_1(t)$와 $x_2(t)$는 다음과 같은 명령어로 나타낼 수 있다.

```
>> wc = 4.75;
>> w0 = 0.25;
>> w1 = wc + w0;
>> w2 = wc – w0;
>> t = –10:0.001 = 10;
>> o1 = –atan((w1^2 – wc^2)/(w1*wc));
>> o2 = –atan((w2^2 – wc^2)/(w2*wc));
>> s = cos(w1*t) + cos(w2*t);
>> y = cos(w1*t + o1) + cos(w2*t + o2);
>> x1 = s.*cos(4.75*t);
>> x2 = y.*cos(4.75*t);
>> plot(t, x1, ‘b’ )
>> hold on
>> plot(t, x2, ‘k’ )
>> hold off
>> xlabel( ‘Time’ )
>> ylabel( ‘Amplitude’ )
```

여기서는 편의상 $(A/2) = 1$로 한 것이다. 처음 두 명령에서 함수 **atan**은 arctangent이다. **x1**과 **x2**에서 마침표(.) 다음에 별표(asterisk)를 사용하였는데, 이는 벡터 원소간의 곱을 나타낸다.

5.12 요 약

이 장은 통신 채널을 이용한 메시지 신호 전송을 위한 선형 변조 기술에 대해 논의하였다. 특히, 진폭 변조(AM)와 그 변형들은 다음과 같이 요약될 수 있다.

- ▶ 전진폭 변조(Full AM)에서 스펙트럼은 두 측대역(상측 대역, 하측 대역)과 반송파로 구성된다. 전진폭 변조의 주요 장점은 구현의 간편성에 있는데, 이는 라디오 방송에서 널리 사용되고 있는 것을 보면 알 수 있다. 단점으로는 전송 대역폭과 전송 전력을 낭비한다는 점이다.
- ▶ 양측대역 억제 반송(DSB-SC) 변조에서는 반송파가 전송 전력 절약을 위하여 억제된다. 그러나, DSB-SC 변조에 대한 전송 대역폭은 전진폭 변조의 대역폭과 같다. 즉, 메시지 신호 대역폭의 두 배이다.
- ▶ 단측대역(SSB) 변조에서는 측대역 중 하나만이 전송된다. SSB 변조는 전송시에 최소의 채널 대역폭과 전력이 요구된다는 점에서 연속파(CW) 변조 중 최적 형태이다. 특히, 메시지 신호의 스펙트럼이 0 주파수 부근에 에너지 갭(energy gap)이 존재할 경우에 SSB 변조를 적용할 수 있다.
- ▶ 잔류 측대역(VSB) 변조에서는 한 측대역의 잔류(vestige)와 상대 측대역을 전송한다. VSB는 0 주파수 이하까지 스펙트럼이 존재하는 광대역 신호 전송에 적합하다. VSB 변조는 TV 신호 전송에 표준이 되는 아날로그 방식이다.

이 장에서 논의된 선형 변조의 다른 형태는 펄스진폭 변조(PAM)이다. PAM은 펄스 변조의 간이형으로 표현되고, 샘플링 처리 과정을 직접 구현한 것으로 볼 수 있다. 이와 같이 PAM은 일반적인 변조의 한 방법으로 쓰인다. 또한, 펄스코드 변조를 포함하여 다른 모든 형태의 펄스 변조에 기본이 되는 동작을 보인다.

그리고, 많은 독립적인 사용자들 간에 하나의 공통 통신 채널을 공유(sharing)할 수 있도록 해주는 멀티플렉싱(다중화) 개념에 대해 논의했다. 공유는 주파수분할 다중화(FDM)에서는 주파수 영역에서, 시간분할 다중화(TDM)에서는 시간 영역에서 각각 수행된다.

이 장에서 논의된 다른 주제는 위상(반송파) 지연과 군(포락선)지연인데, 이들은 메시지 신호가 전송되는 채널의 위상 응답에서 정의된다. 군지연은 신호의 실제 지연이며, 광대역 변조 신호가 채널을 통해 전송될 때 매우 중요한 의미를 지닌다.

끝으로 언급할 사항은 순서(order)이다. 이번 장에 소개된 변조 시스템에서 두 가지 기능 블록이 사용되었다.

- ▶ 스퓨리어스(spurious) 신호 억제를 위한 필터
- ▶ 실제 전송 시스템에 발생되는 신호 일그러짐을 보상하기 위한 등화기

인데, 여기서 취하게 된 문제 접근 방법은 시스템 이론의 관점에서 다루어졌고, 기능 블록의 설계는 고려하지 않았다. 필터와 등화기의 설계 문제는 8장에서 다룬다.

참고문헌

1. 통신 기술은 1837년 사무엘 모스에 의한 전신(디지털 통신의 전단계)의 발명까지 거슬러 올라가는 긴 역사를 가지고 있다. 그 후 1875년 알렉산더 그레함 벨에 의해 전화기가 발명되었고, 그를 기리기 위하여 데시벨(decibel)이 명명되었다. 또 다른 주목할 만한 공헌자들 중에는, 1928년 전신(telegraphy)에서의 신호 전송 이론에 대한 고전적 논문을 발표한 Harry Nyquist와 1948년 정보 이론의 기초를 마련한 Claude Shannon이 포함된다. 정보 이론은 정보의 전송, 처리 및 활용을 포함하는 광범위한 분야이다.

통신 시스템의 역사적 배경에 대해서는 다음 교재의 1장을 참조하라.

Haykin, S., *Communication Systems*, 4th ed. (Wiley, 2001)

2. 5.3절에서 변조의 장점에 대해 자세히 언급된 부대역(subbands)은 1세대(analog)와 2세대(digital) 이동 통신 시스템에도 적용된다. 3세대 시스템의 발전은 1980년대 후반에 시작되었다. 특히, UMTS(Universal Mobile Telecommunications System)라는 개념은 3세대 무선 이동통신 시스템에 도입되었다. 5.3절에서 언급된 바와 같이 UMTS의 부대역은 1885-2025 MHz와 2110-2200 MHz이다. 1세대와 2세대 시스템은 협대역이 사용된 반면, 3세대 시스템은 광대역이 사용된다.

무선 이동 통신 시스템에 대한 보다 자세한 서술은 다음 책을 참조하라.

Steel, R., and L. Hanzo, *Mobile Radio Communications*, 2nd ed., Wiley, 1999.

3. 변조 이론에 대한 좀더 자세한 내용을 위해서는 다음 책들을 참조하라.

Carlson, A. B., *Communication Systems: An Introduction to Signals and Noise in Electrical Communications*, 3rd ed. (McGraw-Hill, 1986)

Couch, L. W., III, *Digital and Analog Communication Systems*, 3rd ed. (Prentice Hall, 1990)

Haykin, *op. cit.*

Schwarz, M., *Information Transmission Modulation and Noise*: A Unified Approach, 3rd ed. (McGraw-Hill, 1980)

Stremler, F. G., *Introduction to Communication Systems*, 3rd ed. (Addison-Wesley, 1990)

Ziemer, R. E., and W. H. Tranter, *Principles of Communication Systems*, 3rd ed. (Houghton Mifflin, 1990)

이 책들은 연속파 변조와 펄스 변조 기술을 다루고 있으며, 잡음이 어떻게 변조 시스템의 성능에 영향을 주는가에 대해서도 설명되어 있다.

4. 신호 $x(t)$의 힐버트 변환은 다음과 같이 정의된다.

$$\hat{x}(t) = \frac{1}{\pi}\int_{-\infty}^{\infty}\frac{x(\tau)}{t-\tau}d\tau.$$

마찬가지로 힐버트 변환 $\hat{x}(t)$은 $1/(\pi t)$와 $x(t)$의 콘벌루션으로 정의된다. $1/(\pi t)$의 푸리에 변환은 시그넘 함수[$\mathrm{sgn}(\omega)$]와 $-j$의 곱이다.

$$\mathrm{sgn}(\omega) = \begin{cases} +1, & (\omega > 0) \\ 0, & (\omega = 0) \\ -1, & (\omega < 0) \end{cases}$$

(3.11.3절 참조) $x(t)$을 힐버트 변환기에 통과시킨 결과는 주파수 영역에서의 다음 두 연산의 조합과 같다.

$|X(j\omega)|$($x(t)$의 진폭 스펙트럼)은 모든 ω에 대하여 일정하게 한다.

$\arg\{X(j\omega)\}$($x(t)$의 위상 스펙트럼)은 음의 주파수에 대하여 $+90°$ 그리고 양의 주파수에 대하여 $-90°$ 위상 전이가 일어난다.

힐버트 변환에 대한 더 자세한 설명과 그 응용(예: SSB 변조의 시간 영역 해석에 응용)에 대한 것은 다음 책을 참조하라.

Haykin, *op.cit.*

5. 코드분할 멀티플렉싱(code-division multiplexing)에 대한 것은 다음 책을 참조하라.

Haykin, *op.cit.*

6. 위상 지연과 군지연에 대한 보다 자세한 서술은 다음 책을 참조하라.

Haykin, *op.cit.*

▶ 추가 문제(Additional Problems)

5.17

$$m(t) = \frac{1}{1 + t^2}$$

에 아래의 각 변조 방법을 적용할 때 발생되는 피변조파를 그려라.

(a) 50% 변조의 진폭 변조

(b) 양측대역 반송파 억제 변조

5.18 메시지 신호 $m(t)$가 전진폭 변조기에 적용된다. 반송파 주파수는 100 kHz이다. 다음 각 메시지 신호에 대해, 변조기에 의해 발생되는 주파수 성분을 구하라. 여기서 시간 t는 초단위이다.

(a) $m(t) = A_0 \cos(2\pi \times 10^3 t)$

(b) $m(t) = A_0 \cos(2\pi \times 10^3 t) + A_1 \sin(4\pi \times 10^3 t)$

(c) $m(t) = A_0 \cos(2\pi \times 10^3 t) \times \sin(4\pi \times 10^3 t)$

(d) $m(t) = A_0 \cos^2(2\pi \times 10^3 t)$

(e) $m(t) = \cos^2(2\pi \times 10^3 t) + \sin^2(4\pi \times 10^3 t)$

(f) $m(t) = A_0 \cos^3(2\pi \times 10^3 t)$

5.19 기본 주파수를 500 Hz로 가지는 사각파(square wave) $m(t)$에 대해 문제 5.18을 되풀이 하라(즉, 변조기에 의해 발생되는 주파수 성분을 구하라). 사각파의 진폭은 다음 두 가지 중 하나의 형태를 갖는다.

(a) 0과 1 사이를 번갈아 나타내는 파

(b) −1과 1 사이를 번갈아 나타내는 파

5.20 아래의 신호 $m(t)$에 대해 문제 5.18을 되풀이 하라(즉, 변조기에 의해 발생되는 주파수 성분을 구하라).

(a) 스펙트럼이 300 Hz부터 3100 Hz까지인 음성 신호

(b) 스펙트럼이 50 Hz부터 15 kHz까지인 오디오 신호

5.21 메시지 신호 $m(t) = A_0 \sin(\omega_0 t)$가 전진폭 변조기에 적용되는 경우를 고려하자. 이때 반송파는 $A_c \cos(\omega_c t)$이고 피변조파의 포락선의 최대 및 최소값이 다음과 같을 때

$$A_{max} = 9.75 \text{ V}$$
$$A_{min} = 0.25 \text{ V}$$

(a) 두 측대역 각각에 대한 평균 전력의 퍼센트를 계산하라.

(b) 반송파에 대한 평균 전력의 퍼센트를 계산하라.

5.22 메시지 신호 $m(t)$가 DSB-SC 변조기에 적용되는 경우를 고려하자. 반송파 주파수는 100 kHz이고 다음 각 메시지 신호의 경우 변조기에 의해 발생되는 주파수 성분을 구하라. 여기서 시간 t는 초단위이다.

(a) $m(t) = A_0 \cos(2\pi \times 10^3 t)$

(b) $m(t) = A_0 \cos(2\pi \times 10^3 t) + A_1 \sin(4\pi \times 10^3 t)$

(c) $m(t) = A_0 \cos(2\pi \times 10^3 t) \times \sin(4\pi \times 10^3 t)$

(d) $m(t) = A_0 \cos^2(2\pi \times 10^3 t)$

(e) $m(t) = A_0 \cos^2(2\pi \times 10^3 t) + A_1 \sin^2(4\pi \times 10^3 t)$

(f) $m(t) = A_0 \cos^3(2\pi \times 10^3 t)$

5.23 기본 주파수가 500 Hz인 사각파(square wave) $m(t)$에 대해 문제 5.22를 되풀이 하라. 사각파의 진폭은 다음 두 가지 중 하나의 형태를 갖는다.

(a) 0과 1 사이를 번갈아 나타내는 파

(b) −1과 1 사이를 번갈아 나타내는 파

5.24 아래의 신호 $m(t)$에 대해 문제 5.22을 되풀이 하라.

(a) 스펙트럼이 300 Hz부터 3100 Hz까지인 음성 신호

(b) 스펙트럼이 50 Hz부터 15 kHz까지인 오디오 신호

5.25 메시지 신호 $m(t)$가 SSB 변조기에 적용되는 경우를 고려하자. 이때 반송파 주파수는 100 kHz일 때, 다음 각 메시지 신호에 대해, 변조기에 의해 발생되는 주파수 성분을 구하라. 여기서 시간 t는 초단위이다. 계산시 (i) 상측대역 전송 (ii) 하측 대역 전송을 고려하라.

(a) $m(t) = A_0 \cos(2\pi \times 10^3 t)$

(b) $m(t) = A_0 \cos(2\pi \times 10^3 t) + A_1 \sin(4\pi \times 10^3 t)$

(c) $m(t) = A_0 \cos(2\pi \times 10^3 t) \times \sin(4\pi \times 10^3 t)$

(d) $m(t) = A_0 \cos^2(2\pi \times 10^3 t)$

(e) $m(t) = A_0 \cos^2(2\pi \times 10^3 t) + A_1 \sin^2(4\pi \times 10^3 t)$

(f) $m(t) = A_0 \cos^3(2\pi \times 10^3 t)$

5.26 기본 주파수가 500 Hz인 사각파(square wave) $m(t)$에 대해 문제 5.25를 되풀이 하라. 사각파의 진폭은 다음 두 가지 중 하나의 형태를 갖는다.
(a) 0과 1 사이를 번갈아 나타내는 파
(b) −1과 1 사이를 번갈아 나타내는 파

5.27 아래의 신호 $m(t)$에 대해 문제 5.26을 되풀이 하라.
(a) 스펙트럼이 300 Hz부터 3,100 Hz까지인 음성 신호
(b) 스펙트럼이 50 Hz부터 15 kHz까지인 오디오 신호

5.28 전진폭 변조기가 다음과 같은 특성을 갖는 경우를 고려하자.

변조파: 정현파
변조 주파수: 4 kHz
반송 주파수: 2 kHz

이 경우 발생되는 피변조파의 주파수 성분을 구하라. 이 변조기가 적절하게 동작하지 않는 이유를 설명하라.

5.29 DSB-SC 변조기가 다음과 같은 특성을 갖는 경우를 고려하자.

변조파: 정현파
변조 주파수: 4 kHz
반송 주파수: 2 kHz

(a) 발생되는 피변조파의 주파수 성분을 구하라.
(b) 변조기가 적절하게 동작하지 않는다는 것를 설명하기 위해, 주파수 2 kHz의 국부 발진기를 가진 코히어런트 검파기에 피변조파를 적용하여 보자. 이 경우 피변조파가 두 가지 다른 정현파 성분을 가짐을 보이고 주파수를 각각 구하라.

5.30 그림 P5.30의 스펙트럼을 갖는 메시지 신호 $m(t)$를 고려하자. 메시지 대역폭은 $\omega_m = 2\pi \times 10^3$ rad/s이다. 이 신호는 DSB-SC 변조 신호 $s(t)$를 만들어 내는 반송파 $A_c \cos(\omega_c t)$와 함께, 곱셈 변조기에 인가되고, 그 출력 변조 신호는 코히어런트 검파기에 인가된다. 변조기 및 검파기에서의 반송파가 완전 동기일 때, (a) 반송 주파수가 $\omega_c = 2.5\pi \times 10^3$ rad/s, 또는 (b) 반송 주파수가 $\omega_c = 1.5\pi \times 10^3$ rad/s일 경우, 검파기 출력의 스펙트럼을 구하라. 변조 신호 $s(t)$의 각각의 성분이 $m(t)$에 의해 고유하게 결정되는 최저 반송 주파수는 무엇인가?

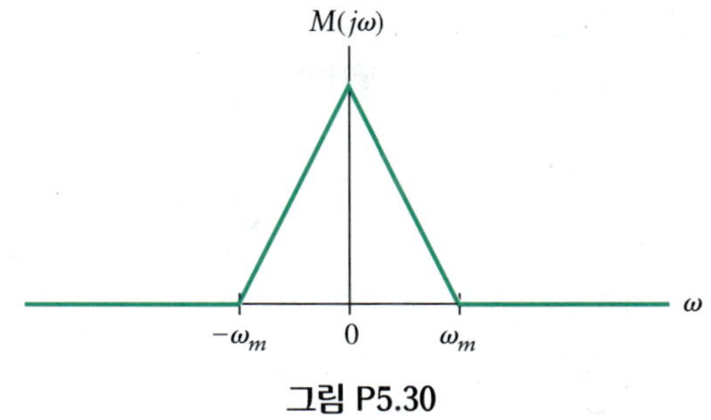

그림 P5.30

5.31 그림 P5.31은 평형 변조기(balanced modulator) 회로 다이어그램이다. 위쪽 AM 변조기에 인가되는 입력이 $m(t)$이고, 아래쪽 AM 변조기에 인가되는 입력이 $-m(t)$이다. 이러한 두 변조기는 같은 진폭 민감도(amplitude sensitivity)를 갖는 평형 변조기의 출력 $s(t)$가 DSB-SC 변조 신호가 됨을 증명하라.

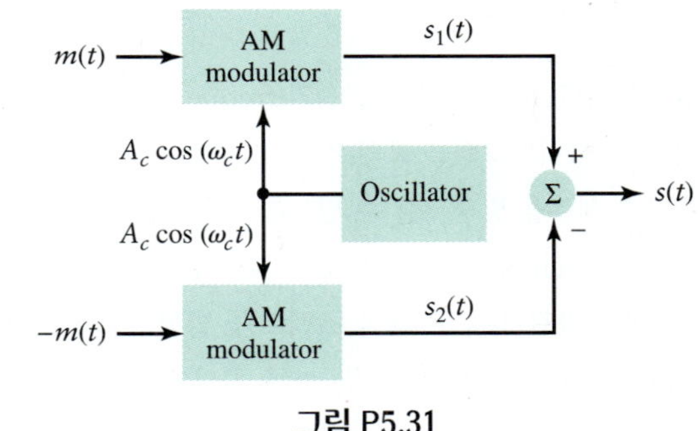

그림 P5.31

5.32 PAM 변조기가 다음과 같은 특성을 갖는 경우

작용: 샘플-홀드
펄스 주기 = 10 μs
변조 신호: 정현파
변조 주파수 = 1 kHz

발생되는 피변조파의 측대역 주파수를 구하라.

5.33 무선주파수(RF) 펄스 $s(t)$가 다음과 같이 정의되었을 때,

$$s(t) = \begin{cases} A_c \cos(\omega_c t), & -T/2 \le t \le T/2 \\ 0, & \text{그 밖의 범위} \end{cases}$$

(a) $\omega_c T_0 >> 2\pi$라고 가정하고, $s(t)$의 스펙트럼을 식으로 유도하라.

(b) $\omega_c T_0 = 20\pi$인 경우, $s(t)$의 진폭 스펙트럼을 그려라.

5.34 레이더 시스템의 전송 신호 $s(t)$는 짧은 RF 펄스들의 주기적 시퀀스로 구성되어 있다. 시퀀스의 기본 주기가 T_0이고, 각 RF 펄스의 지속시간 및 주파수가 각각 T_1 및 ω_c이며, 고유값들이 다음과 같을 때

$$T = 1\text{ ms}$$
$$T_0 = 1\ \mu\text{s}$$
$$\omega_c = 2\pi \times 10^9\text{ rad/s}$$

문제 5.33의 결과를 이용하여, $s(t)$의 진폭 스펙트럼을 그려라.

5.35 DSB-SC 변조파 변조에 코히어런트 검파기를 사용한다. 수신된 DSB-SC 신호의 반송 주파수를 기준으로 검파기의 국부 반송 주파수와 비교하여 측정된 주파수 오차 $\Delta\omega$로 인한 영향을 계산하라.

5.36 그림 P5.36은 **주파수 합성기**(frequency synthesizer)의 블록 다이어그램을 보인 것이다. 주파수 합성기는 여러 주파수 성분을 발생시킬 수 있는데, 그 정확도는 주발진기(master oscillator)와 같은 정도이다. 주파수 1 MHz를 공급하는 주발진기는 두 개의 **스펙트럼 발생기**(spectrum generator) 중, 하나에는 직접, 다른 하나에는 **주파수 분배기**(frequency divider)를 통하여 주파수를 제공한다. 또한, 스펙트럼 발생기 1은 1, 2, 3, 4, 5, 6, 7, 8, 9 MHz의 고조파(harmonic) 신호를 발생한다. 주파수 분배기는 100 kHz의 주파수를 발생하고, 이 주파수는 스펙트럼 발생기 2를 통하여 100, 200, 300, 400, 500, 600, 700, 800, 900 kHz와 같은 고조파를 제공한다. 고조파 선택기(harmonic selector)는 스펙트럼 발생기 1과 스펙트럼 발생기 2로부터의 출력 신호들을 **혼합기**(mixer)에 공급한다. 이러한 주파수 합성기의 출력 가능 주파수 범위와 주파수 해상도(인접 주파수 출력들 간의 차이)를 구하라.

5.37 전진폭 변조와 PAM의 유사성과 차이점을 비교하라.

5.38 다음 각 신호에 대한 나이키스트율을 정하라.

(a) $g(t) = \text{sinc}(200t)$

(b) $g(t) = \text{sinc}^2(200t)$

(c) $g(t) = \text{sinc}(200t) + \text{sinc}^2(200t)$

5.39 24개의 음성 신호를 균일(uniform)하게 샘플링하고, PAM을 적용하여 시분할 다중화한다. 특히, 1 μs 지속 시간을 갖고 위가 평평한 펄스로부터 PAM 신호가 복원된다. 다중화 연산에는 충분한 크기의 진폭과 1 μs 지속 시간을 갖는 여분 펄스를 더하여 동기에 대비하는 과정이 포함된다. 또한, 각 음성 신호의 최고 주파수 성분은 3.4 kHz이다.

(a) 샘플링률이 8 kHz인 경우, 다중화 신호의 연속 펄스 사이의 간격을 계산하라.

(b) 나이키스트율로 샘플링을 할 경우, 위 계산을 반복해라.

5.40 각각 10 kHz의 대역폭을 갖는 12개의 서로 다른 메시지 신호들을 다중화하여 전송할 때, 다음의 다중화/변조 기법이 적용되는 경우, 요구되는 최소 대역폭을 결정하라.

(a) FDM, SSB

(b) TDM, PAM

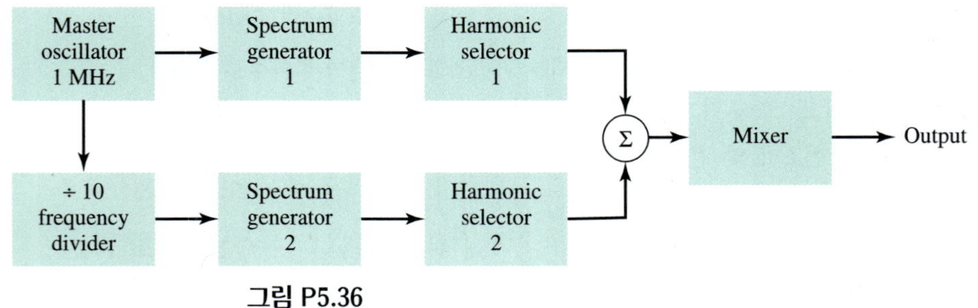

그림 P5.36

5.41 PAM 원격 측정 시스템은 4개의 입력 신호 $s_i(t)$, $i = 1, 2, 3, 4$를 다중화한다. $s_1(t)$와 $s_2(t)$는 80 Hz의 대역폭을, 나머지 두 신호 $s_3(t)$와 $s_4(t)$는 각각 1 kHz의 대역폭을 갖고 있다. 또한, 신호 $s_3(t)$, $s_4(t)$를 초당 2,400 비율로 샘플링하고, $s_1(t)$, $s_2(t)$의 샘플링률을 유도하기 위해, 초당 2,400 샘플링률을 2^R(2의 정수곱)으로 나눈다.

(a) R의 최대값을 구하라.

(b) (a)에서의 R값을 이용하여, 우선 $s_1(t)$와 $s_2(t)$를 새로운 시퀀스 $s_5(t)$로 다중화하고, 그 다음에 $s_3(t)$, $s_4(t)$, $s_5(t)$를 다중화하는 멀티플렉싱 시스템을 설계하라.

5.42 3장에서 푸리에 변환의 기본적 특징에 대해 설명했다. 그리고, 4장에서는 여러 클래스의 혼합 신호에 푸리에 해석을 적용하는 방법에 대해 설명했다. "푸리에 변환은 연속파 진폭 변조와 펄스진폭 변조 시스템의 설계에 필수적인 도구이다"로 시작하는 에세이를 작성하라. 특히, 에세이에서는 아래의 두 가지가 강조되어야 한다.

(i) 송신기에서 발생된 피변조파의 스펙트럼 해석

(ii) 수신기에서 메시지 신호의 복구

▶ 심화 문제(Advanced Problems)

5.43 입 · 출력이 다음과 같이 기술되는 비선형 소자를 고려하자.

$$i_o = a_1 v_i + a_2 v_i^2.$$

여기서, a_1과 a_2는 상수이고, v_i는 입력 전압이며, i_o는 출력 전류이다. 입력 전압이

$$v_i(t) = A_c \cos(\omega_c t) + A_m \cos(\omega_m t)$$

일 때, 첫 번째 항은 정현 반송파, 두 번째 항은 정현 변조 신호를 나타낸다.

(a) $i_o(t)$의 주파수 성분을 나타내어라.

(b) 출력 전류 $i_o(t)$는 $v_i(t)$의 두 성분에 의해 발생된 AM 신호를 포함한다. $i_o(t)$로부터 AM 신호를 추출할 수 있는 필터를 설계하라.

5.44 이 문제에서는 2진 데이터를 대역통과 채널(bandpass channel)로 전송하는 두 가지 다른 방법들을 설명하고 비교하여 보자. 구체적으로 두 가지 전송 방법은 OOK(on-off keying)와 BPSK(binary phase-shift keying)이다. OOK 전송에서, 진폭 0 V와 1 V는 각각 2진 심볼 0과 1을 나타낸다. 한편, BPSK 전송에서는 진폭 −1 V와 +1 V는 각각 2진 심볼들을 나타낸다. 통신 교재에서는 2진 데이터의 이러한 두 가지 표현을 각각 **단극**(unipolar)과 **양극**(polar) nonreturn-to-zero 시퀀스라 한다. 두 가지 전송 방법에서 2진 심볼의 시퀀스는 정해진 주파수의 정현 반송파가 곱해지고 채널을 통해 전송된다.

(a) 각각의 시간폭이 T_0인 심볼 0과 1이 번갈아 나타나는 무한 시퀀스로 구성된 2진 데이터의 특별한 경우를 생각하자. 발생된 OOK 신호의 파형을 그리고, 진폭 스펙트럼을 구하라.

(b) (a)에서 고려된 2진 시퀀스에 대하여 BPSK 신호의 파형을 그리고, 진폭 스펙트럼을 구하라.

(c) (a)와 (b)에서 고려된 0과 1이 번갈아 나타나는 시퀀스는 사각파이다. 따라서 3.16절(표 3.10 참조)에서 설명한 Parseval 정리의 FS 표현을 이 신호에 적용할 수 있다. 이 정리를 사용하여 전송된 OOK와 BPSK 신호의 평균 전력을 구하라.

(d) (c)의 결과를 이용하여, OOK 신호의 평균 전력이 BPSK 신호의 평균 전력과 같도록 하려면 2진 심볼의 시퀀스를 어떻게 수정해야 할까?

(e) OOK와 BPSK 신호는 전진폭 변조와 DSB-SC 변조된 신호의 디지털 표현으로 간주될 수 있다. 이 진술의 정당성을 보이고 함축되어 있는 의미에 대해 논하라.

(주의: BPSK 신호는 예제 3.29에서 간단히 다루었는데, 거기에서 심볼 0과 1을 표현하기 위해 사각파를 사용한 경우와 상승 코사인파를 사용한 경우를 비교하였다.)

5.45 그림 5.16의 직교반송 다중(quadrature-carrier multiplex) 시스템에서, 그림 5.16(a)의 전송 입력단의 다중화 신호 $s(t)$가 주파수 응답이 $H(j\omega)$인 통신 채널에 인가된다. 이 채널의 출력이 다시 그림 5.16(b)의 수신기 입력으로 인가될 때, 수신기 출력단에서 메시지 신호 $m_1(t)$와 $m_2(t)$를 복원하기 위해 다음 조건이 필요함을 증명하라.

$$H(j\omega_c + j\omega) = H^*(j\omega_c - j\omega), \quad 0 < \omega < \omega_m$$

여기에서, ω_c는 반송 주파수이고, ω_m은 메시지 대역폭이다. (힌트: 그림 5.16(b) 수신기의 두 출력 각각에 대한 스펙트럼을 계산하라)

5.46 주파수 구간 $\omega_a \le |\omega| \le \omega_b$의 밖에선 스펙트럼이 0인 음성 신호 $m(t)$를 고려하자. 통신 비밀 유지를 위해, 이 신호를 다음 네 성분들이 직렬로 연결되어 있는 스크램블러(scrambler)에 인가된다. 즉, 곱셈 변조기, 고역통과 필터, 두 번째 곱셈 변조기 및 저역통과 필터. 첫 번째 곱셈 변조기에 인가되는 반송 주파수는 ω_c이고, 두 번째 곱셈 변조기에 인가되는 반송 주파수는 $\omega_b + \omega_c$이다. 이들 두 반송파는 모두 단위 진폭을 갖는다. 고역 및 저역통과 필터의 차단 주파수는 ω_c이고, 여기서 $\omega_c > \omega_b$라고 가정한다.

(a) 스크램블러 출력 $s(t)$에 대한 표현식을 유도하고, 그것의 스펙트럼을 그려라.

(b) 본래의 음성 신호 $m(t)$는 위에 기술된 것과 동일한 unscrambler를 사용하여 $s(t)$로부터 복원될 수 있음을 보여라.

5.47 SSB 변조파 $s(t)$는 그림 P5.47의 코히어런트 검파기에 인가된다. 그림에서 저역통과 필터의 차단 주파수는 메시지 신호의 최고 주파수 성분과 동일하게 설정되어 있다. 주파수 영역 개념을 이용하여, 코히어런트 검파기 출력이 원래의 메시지 신호가 증폭된 것과 같음을 증명하라. 반송 주파수 ω_c는 $\omega_c > \omega_m$ 조건을 만족시킨다고 가정한다.

SSB modulated signal $s(t)$ → Product modulator → Low-pass filter → Output

Carrier $A_c \cos(\omega_c t)$

그림 P5.47

5.48 네 개의 입력 신호 $m_1(t)$, $m_2(t)$, $m_3(t)$와 $m_4(t)$에 다음의 반송파들을 각각 곱하면 각각 DSC-SC 변조 신호가 되는데, 이들을 합하여 공통 채널로 전송하는 다중화 시스템(multiplex system)을 고려하자.

$$[\cos(\omega_a t) + \cos(\omega_b t)]$$
$$[\cos(\omega_a t + \alpha_1) + \cos(\omega_b t + \beta_1)]$$
$$[\cos(\omega_a t + \alpha_2) + \cos(\omega_b t + \beta_2)]$$
$$[\cos(\omega_a t + \alpha_3) + \cos(\omega_b t + \beta_3)]$$

이 경우, 수신단에서의 DSB-SC 변조 신호의 합에 각각의 반송파를 곱하고, 불필요한 주파수 성분 제거를 위한 필터를 이용하면 복조가 가능하다. 여기서, $k = 1, 2, 3, 4$일 때, k번째 복조기 출력이 $m_k(t)$가 되도록, 위상각 α_1, α_2, α_3와 β_1, β_2, β_3에대한 조건을 서술하라.

5.49 이 문제에서는 **슈퍼헤테로다인 수신기**(superheterodyne receiver)에서 사용되는 주파수 혼합(mixing) 개념을 다룬다. 특히, 그림 P5.49는 혼합기(mixer)의 블록 다이어그램인데, 그 구성을 보면, 가변 주파수 국부 발진기가 달린 곱셈 변조기와 대역통과 필터가 차례로 연결되어 있다. 혼합기의 입력 신호는, 대역폭이 10 kHz이고 반송 주파수가 0.535-1.605 MHz의 범위에 있는 AM 파형이다. 이것들은 AM 무선 방송에서 전형적으로 사용되는 값들이다. 이 신호를 0.455 MHz의 고정 **중간 주파수**(IF)를 중심으로 한 주파수 대역으로 이동시키려 한다. 이를 위해 국부 발진기에서의 동조(tuning) 범위를 정하라.

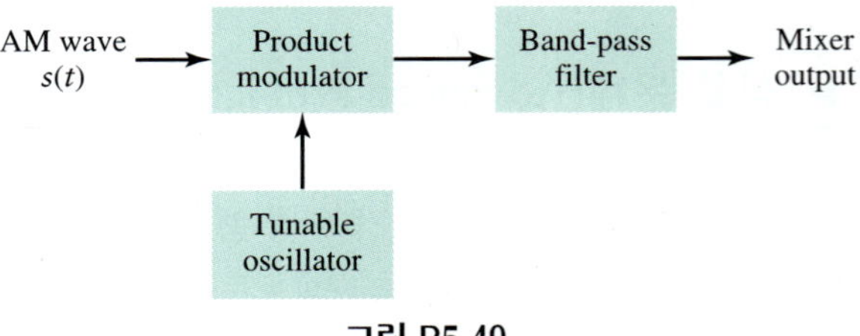

그림 P5.49

5.50 자연 샘플링(natural sampling)에서, 아날로그 신호 $g(t)$는 주기적인 구형 펄스열 $c(t)$로 곱해진다. 이 펄스열의 반복 주파수는 ω_s이고, 각 구형 펄스의 지속시간은 $T_0(\omega_s T_0 >> 2\pi)$이다. 자연 샘플링의 결과인 신호 $s(t)$의 스펙트럼을 구하라. 여기서, 시간 $t = 0$는 $c(t)$에서의 구형 펄스 중점에 해당한다.

5.51 이 문제에서는 이산시간 경우의 DSB-SC 변조를 고려한다. DSB-SC 변조는 정현 반송파

$$c[n] = \cos(\omega_c n), \qquad n = \pm 1, \pm 2, \ldots$$

을 사용한다. 여기서 반송파 주파수 ω_c는 고정되어 있고, n은 이산시간을 뜻한다. 시간 평균이 0인 이산시간 메시지

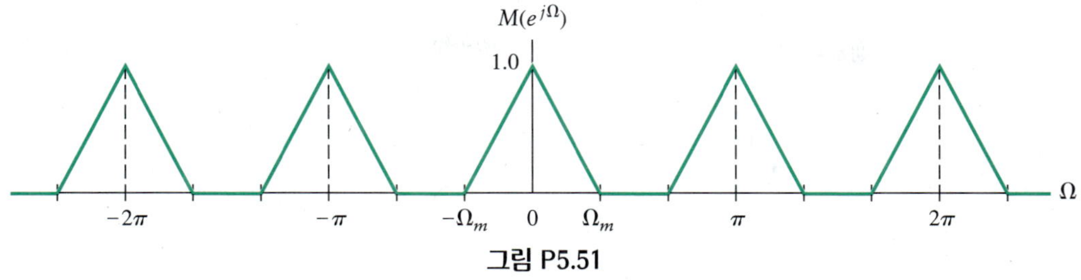

그림 P5.51

신호 $m[n]$이 주어질 때, 이산시간 DSB-SC 변조 신호는

$$s[n] = c[n]m[n]$$

으로 정의된다.

(a) $m[n]$의 스펙트럼은 그림 P5.51에 나타나 있다. 여기서 가장 높은 메시지 주파수 Ω_m는 반송파 주파수 Ω_c보다 작다. 피변조파 $s[n]$의 스펙트럼을 그려라.

(b) 5.5절에서 설명한 연속시간 DSB-SC 변조 경우와 같이, $s[n]$ 복조를 위한 이산시간 코히어런트 검파기를 설계하라.

▶ 컴퓨터 실습(Computer Experiments)

주의: 독자는 여기서 기술된 컴퓨터 실험을 위해 샘플링률을 선택하라. 4장에서 제공된 내용에 대한 완전한 이해가 필요하다.

5.52 MATLAB을 이용하여 다음과 같은 특성을 갖는 AM 파형을 발생시키고 그래프로 나타내라.

변조파	정현파
변조 주파수	1 kHz
반송 주파수	20 kHz
변조 비율	75%

AM 파형의 진폭 스펙트럼을 계산하고 그래프로 나타내라.

5.53 (a) −1과 1 사이를 번갈아 나타나는, 1 Hz의 기본 주파수를 갖는 대칭 삼각파 $m(t)$를 발생시켜라.

(b) 이러한 $m(t)$를 이용하여 $f_c = 25$ Hz의 반송파를 변조시켜서, 80% 변조를 갖는 전진폭 변조파를 발생시키고, 그 AM 파형의 진폭 스펙트럼을 계산하라.

5.54 문제 5.53에서, 반송 주파수 f_c의 변화가 AM 파형의 스펙트럼에 미치는 영향을 조사하라. 또한, AM 파형의 상·하 측대역 사이의 중첩이 발생하지 않는 f_c의 최소값을 구하라.

5.55 문제 5.53(a)에 기술된 삼각파는 주파수 $f_c = 25$ Hz의 반송파를 이용한 DSB-SC 변조에 사용된다.

(a) DSB-SC 변조파를 발생시키고 그래프로 나타내라.

(b) 피변조파의 스펙트럼을 계산하고 그래프로 나타내라. 복조를 위해 코히어런트 검파기를 사용하라.

5.56 MATLAB을 이용하여 다음을 수행하라.

(a) 주파수 $\omega_m = 0.5\pi$ rad/s, 샘플링 주기 $T_s = 1$ s, 그리고 펄스 지속시간 $T_0 = 0.05$ s인 정현 변조 신호를 이용하여, PAM파를 발생시켜라.

(b) PAM파의 진폭 스펙트럼을 계산하고 그래프로 나타내라.

(c) 펄스 지속기간이 $T_0 = 0.1, 0.2, 0.3, 0.4, 0.5$ s인 경우, 위 실험을 반복하라.

실험 결과에 대해 설명하라.

5.57 문제 5.50에서 다루었듯이, 자연 샘플링에서는 메시지 신호와 구형 펄스열을 곱하는 연산이 포함된다. 펄스열의 기본 주기가 T_c이고, 펄스 지속시간이 T인 경우,

(a) 다음의 특성을 갖는 정현 변조파를 이용하여 피변조파를 발생시키고 그래프로 나타내라.

변조 주파수	1 kHz
펄스 반복 주파수	$(1/T_c) = 10$ kHz
펄스 지속시간	$T = 10\,\mu s$

(b) 피변조파 스펙트럼을 계산하고 그래프로 나타내라. 피변조파를 저역통과 필터로 필터링하면 본래의 변조파를 일그러짐이 없이 복원할 수 있음을 증명하라. 또한, 이러한 저역통과 필터가 만족해야 할 조건을 기술하라.

6 연속시간 복소 지수를 이용한 신호의 표현: 라플라스 변환

6.1 서 론

3장과 4장에서 우리는 신호와 LTI 시스템에 대한 표현을 복소 정현파들의 중첩을 이용하여 전개하였다. 이제 우리는 복소 지수 신호를 기반으로 하여 더 일반적인 연속시간 신호와 시스템의 표현을 살펴볼 것이다. **라플라스 변환**(Laplace transform)은 연속시간 LTI 시스템과 신호와의 상호 작용에 대해 푸리에 방법에서 가능했던 것보다 특성을 더 넓게 기술하게 해준다. 예를 들면, 라플라스 변환은 불안정 시스템의 임펄스 응답과 같이 절대 적분 가능하지 않은 신호와 관련된 큰 범주의 연속시간 문제를 해석하는 데 이용될 수 있다. 절대 적분 가능하지 않은 신호에 대해서는 FT가 존재하지 않으므로, 이러한 범주의 문제에 FT 기반의 방법은 이용될 수 없다.

라플라스 변환은 신호 및 LTI 시스템의 해석을 위한 뚜렷한 특성들을 갖는다. 이 특성들 중 많은 것들이 FT의 특성들과 유사하다. 예를 들어, 연속시간 복소 지수가 LTI 시스템의 고유 함수라는 것을 알게 될 것이다. 복소 정현파에서와 마찬가지로, 시간 신호들의 콘벌루션이 각각의 라플라스 변환의 곱이 된다는 것은 이러한 특성의 한 결과이다. 그러므로 LTI 시스템의 출력은 입력의 라플라스 변환과 임펄스 응답의 라플라스 변환의 곱으로부터 구해진다. 임펄스 응답의 라플라스 변환은 시스템의 **전달 함수**(transfer function)라고 정의된다. 전달 함수는 LTI 시스템의 입출력 작용에 대하여 주파수 응답으로 특성화하던 것을 일반화하고, 시스템 특성에 대해 새로운 통찰력을 제시한다.

라플라스 변환은 (1) 단측(unilateral or one-sided), (2) 양측(bilateral or two-sided)의 두 종류가 있다. 단측 라플라스 변환은 초기 조건(initial conditions)을 갖는 미분 방정식을 푸는 데 편리하다. 양측 라플라스 변환은 안정성, 인과성 및 주파수 응답 등과 같은 시스템 특성의 본질에 대한 시각을 제시한다. 공학에서 라플라스 변환의 기본 역할은 미분 방정식으로 표현되는 인과성 LTI 시스템의 과도기와 안정성의 해석이다. 우리는 이러한 역할을 염두에 두고 이 장을 통해서 라플라스 변환을 전개할 것이다.

6.2 라플라스 변환

e^{st}를 복소 주파수(complex frequency) $s = \sigma + j\omega$를 갖는 복소 지수라 하자. 그러면 우리는 다음과 같이 나타낼 수 있을 것이다.

$$e^{st} = e^{\sigma t}\cos(\omega t) + je^{\sigma t}\sin(\omega t). \tag{6.1}$$

그림 6.1에서 나타낸 바와 같이, e^{st}의 실수부는 지수적으로 감소하는 코사인파이고, 허수부는 지수적으로 감소하는 사인파이다. 이 그림에서 σ는 음의 값이라고 가정한다. s의 실수부는 지수 감소 인자(exponential damping factor) σ이고, s의 허수부는 코사인과 사인항의 주파수 ω이다.

6.2.1 e^{st}의 고유 함수 특성

임펄스 응답 $h(t)$를 갖는 LTI 시스템에 대해 $x(t) = e^{st}$ 형태의 입력을 인가할 때를 고려해 보자. 시스템 출력 $y(t)$는

$$\begin{aligned} y(t) &= H\{x(t)\} \\ &= h(t) * x(t) \\ &= \int_{-\infty}^{\infty} h(\tau)x(t-\tau)d\tau \end{aligned}$$

로 주어질 것이다. $x(t) = e^{st}$를 이용하면

$$\begin{aligned} y(t) &= \int_{-\infty}^{\infty} h(\tau)e^{s(t-\tau)}d\tau \\ &= e^{st}\int_{-\infty}^{\infty} h(\tau)e^{-s\tau}d\tau \end{aligned}$$

를 얻는다. 우리는 **전달 함수**를 다음과 같이 정의한다.

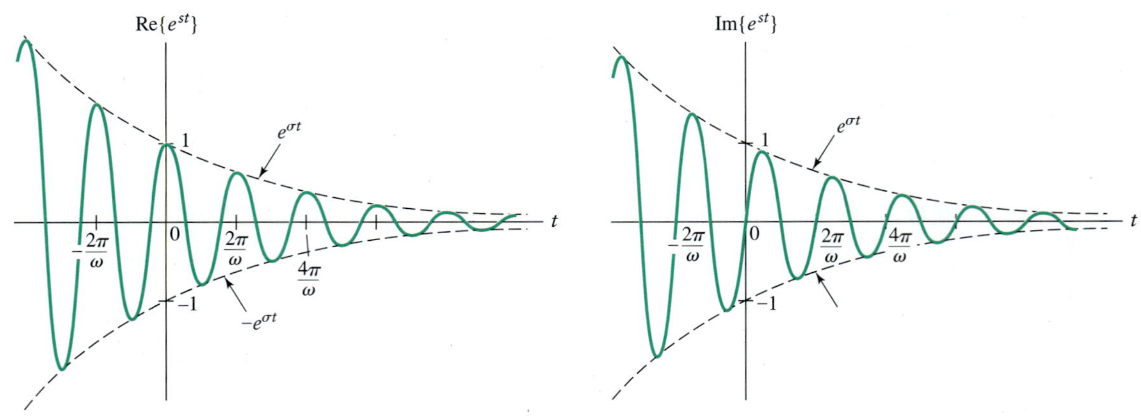

그림 6.1 복소 지수 e^{st}의 실수부와 허수부, 여기서 $s = \sigma + j\omega$이다.

$$H(s) = \int_{-\infty}^{\infty} h(\tau)e^{-s\tau}d\tau. \tag{6.2}$$

그러면

$$y(t) = H\{e^{st}\} = H(s)e^{st}$$

로 나타낼 수 있을 것이다. 입력 e^{st}에 대한 시스템의 작용은 전달 함수 $H(s)$를 곱하는 것이다. 고유 함수는 스칼라값으로 곱해지는 것을 제외하고는 수정되지 않고 시스템을 통과하는 신호라는 것을 상기하자. 그러므로 e^{st}는 LTI 시스템의 고유 함수이고, $H(s)$는 대응되는 고유값이라는 것을 확인할 수 있다.

다음에는 복소값 전달 함수 $H(s)$를 극형식인 $H(s) = |H(s)|e^{j\phi(s)}$로 나타내기로 한다. 여기서, $|H(s)|$와 $\phi(s)$는 각각 $H(s)$의 진폭과 위상이다. 이제 LTI 시스템 출력을 다음과 같이 다시 쓸 수 있다.

$$y(t) = |H(s)|e^{j\phi(s)}e^{st}.$$

$s = \sigma + j\omega$를 이용하면

$$\begin{aligned} y(t) &= |H(\sigma + j\omega)|e^{\sigma t}e^{j\omega t + \phi(\sigma + j\omega)} \\ &= |H(\sigma + j\omega)|e^{\sigma t}\cos(\omega t + \phi(\sigma + j\omega)) + j|H(\sigma + j\omega)|e^{\sigma t}\sin(\omega t + \phi(\sigma + j\omega)) \end{aligned}$$

를 얻게 된다. 입력 $x(t)$가 식 (6.1)에 주어진 형태이므로, 시스템은 입력의 진폭을 $|H(\sigma + j\omega)|$만큼 변화시키고, 정현파 성분의 위상을 $\phi(\sigma + j\omega)$만큼 이동시킨다는 것을 알 수 있다. 시스템은 감소 인자 σ나 입력의 정현파 주파수 ω는 변화시키지 않는다.

6.2.2 라플라스 변환의 표현

e^{st} 형태의 입력에 대한 시스템 동작의 표현이 간단하므로, 이제 우리는 임의의 신호를 고유 함수 e^{st}의 가중된 중첩으로 표현하는 방법을 알아보기로 한다. 식 (6.2)에 $s = \sigma + j\omega$를 대입하고, 적분 변수로 t를 이용하면,

$$\begin{aligned} H(\sigma + j\omega) &= \int_{-\infty}^{\infty} h(t)e^{-(\sigma + j\omega)t}\,dt \\ &= \int_{-\infty}^{\infty} [h(t)e^{-\sigma t}]e^{-j\omega t}\,dt \end{aligned}$$

를 얻는다. 이 식은 $H(\sigma + j\omega)$가 $h(t)e^{-\sigma t}$의 푸리에 변환임을 나타낸다. 그러므로 $H(\sigma + j\omega)$의 역푸리에 변환은 $h(t)e^{-\sigma t}$임에 틀림없다. 즉,

$$h(t)e^{-\sigma t} = \frac{1}{2\pi}\int_{-\infty}^{\infty} H(\sigma + j\omega)e^{j\omega t}\,d\omega$$

이다. 이 식의 양변에 $e^{\sigma t}$를 곱하여 $h(t)$를 구할 수 있다.

$$\begin{aligned} h(t) &= e^{\sigma t}\frac{1}{2\pi}\int_{-\infty}^{\infty} H(\sigma + j\omega)e^{j\omega t}\,d\omega \\ &= \frac{1}{2\pi}\int_{-\infty}^{\infty} H(\sigma + j\omega)e^{(\sigma+j\omega)t}\,d\omega. \end{aligned} \tag{6.3}$$

이제 식 (6.3)에 $s = \sigma + j\omega$와 $d\omega = ds/j$를 대입하면,

$$h(t) = \frac{1}{2\pi j}\int_{\sigma-j\infty}^{\sigma+j\infty} H(s)e^{st}\,ds \tag{6.4}$$

를 얻는다. 적분 범위는 $s = \sigma + j\omega$의 대입 결과이다. 식 (6.2)는 $h(t)$로부터 $H(s)$를 구하는 방법을 나타내는 반면에, 식 (6.4)는 $H(s)$의 함수로서 $h(t)$를 표현한다. $H(s)$는 $h(t)$의 **라플라스 변환**이고, $h(t)$는 $H(s)$의 **역라플라스 변환**(inverse Laplace transform)이라고 부른다.

우리는 시스템의 임펄스 응답에 대한 라플라스 변환을 구하였다. 이 관계는 임의의 신호에 대해서도 성립된다. $x(t)$의 라플라스 변환은

$$X(s) = \int_{-\infty}^{\infty} x(t)e^{-st}\,dt \tag{6.5}$$

이고, $X(s)$의 역라플라스 변환은

$$x(t) = \frac{1}{2\pi j}\int_{\sigma-j\infty}^{\sigma+j\infty} X(s)e^{st}ds \tag{6.6}$$

이다. 우리는 이 관계를 다음의 표기법으로 나타내기로 한다.

$$x(t) \xleftrightarrow{\mathcal{L}} X(s).$$

식 (6.6)은 신호 $x(t)$를 복소 지수 e^{st}의 가중된 중첩으로 나타내었다는 것을 주목하라. 그 가중치는 $X(s)$에 비례한다. 실제로, 이 적분은 경로 적분(contour integration)의 기법을 요구하기 때문에 보통 직접 계산하지는 않는다. 대신에, $x(t)$와 $X(s)$의 일대일 관계를 이용하여 역라플라스 변환을 구한다.

6.2.3 수렴성

앞에서의 전개 결과는 라플라스 변환이 $x(t)e^{-\sigma t}$의 푸리에 변환이라는 것을 알려 준다. 그러므로 라플라스 변환의 수렴을 위한 필요 조건은 $x(t)e^{-\sigma t}$가 절대 적분 가능해야 한다는 것이다. 즉, 다음을 만족해야 한다.

$$\int_{-\infty}^{\infty} |x(t)e^{-\sigma t}|dt < \infty.$$

라플라스 변환이 수렴하기 위한 σ의 범위는 **수렴 영역**(region of convergence: ROC)이라 부른다.

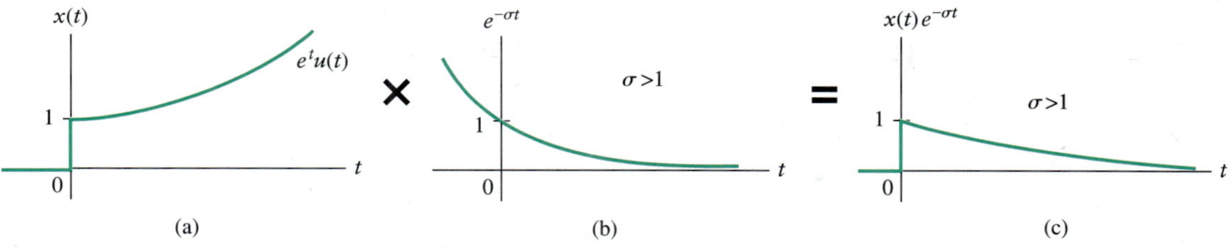

그림 6.2 라플라스 변환은 푸리에 변환보다 더 많은 일반적인 신호들에 대하여 적용된다. (a) 푸리에 변환이 존재하지 않는 신호, (b) 라플라스 변환과 관련된 감소 인자, (c) 수정된 신호 $x(t)e^{-\sigma t}$는 $\sigma > 1$에 대하여 절대 적분 가능하다.

라플라스 변환은 푸리에 변환을 가지지 않는 신호에 대하여도 존재한다는 점을 주목하라. σ를 특정 범위로 제한하면, 비록 $x(t)$ 자체가 절대 적분 가능하지 않다고 해도 $x(t)e^{-\sigma t}$는 절대 적분 가능하다는 것을 보장할 수 있다. 예를 들어, $x(t) = e^t u(t)$의 푸리에 변환은 존재하지 않는다. 왜냐하면 $x(t)$는 증가하는 실수 지수 신호이고, 따라서 절대 적분 가능하지 않기 때문이다. 그러나 만약 $\sigma > 1$이면, $x(t)e^{-\sigma t} = e^{(1-\sigma)t}u(t)$는 절대 적분 가능하다. 따라서 $x(t)e^{-\sigma t}$의 푸리에 변환인 라플라스 변환은 존재하게 된다. 이러한 내용이 그림 6.2에서 설명되고 있다. 푸리에 변환을 갖지 않는 신호에 대한 라플라스 변환이 존재한다는 것은 복소 지수 표현을 이용함으로써 얻어지는 중요한 장점이다.

6.2.4 s-평면

복소 주파수 s는 그림 6.3에서 나타낸 것과 같은, **s-평면**(s-plane)이라 불리는 복소 평면에서 그림으로 나타내는 것이 편리하다. 수평축은 s의 실수부(즉, 지수적 감소 인자 σ)를 나타내고, 수직축은 s의 허수부(즉, 정현파 주파수 ω)를 나타낸다. 만약 $x(t)$가 절대 적분 가능하다면, $\sigma = 0$으로 놓음으로써 라플라스 변환으로부터 푸리에 변환을 얻을 수 있다는 것을 주목하라.

$$X(j\omega) = X(s)|_{\sigma=0}. \tag{6.7}$$

s-평면에서, $\sigma = 0$은 허수축에 해당된다. 따라서 푸리에 변환은 허수축을 따라 계산된 **라플라스 변환**이라고 말할 수 있다.

$j\omega$-축은 s-평면을 반으로 나눈다. $j\omega$-축 왼쪽의 s-평면 영역은 **s-평면의 좌반면**(left half of the s-plane)이라 부르고, $j\omega$-축 오른쪽의 영역은 **s-평면의 우반면**(right half of the s-plane)이라 부른다. s의 실수부는 s-평면의 좌반면에서는 음수가 되고, s-평면의 우반면에서는 양수가 된다.

6.2.5 극점과 영점

공학에서 가장 일반적으로 접하게 되는 라플라스 변환의 형태는 s에 대한 두 다항식의 비

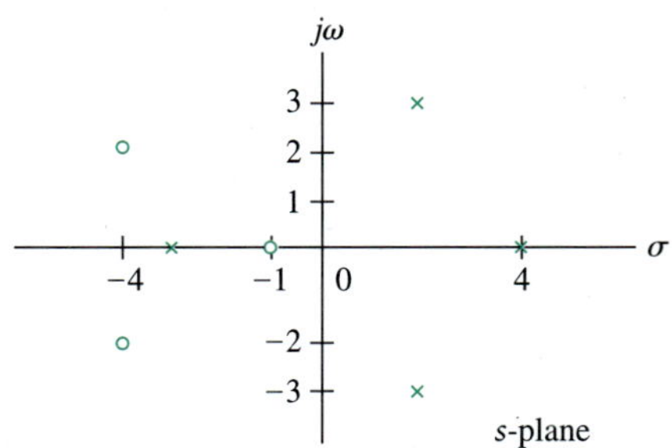

그림 6.3 s-평면. 수평축은 Re{s}이고, Im{s}이다. 영점은 $s = -1$, $s = -4 \pm 2j$에 있고, 극점은 $s = -3$, $s = 2 \pm 3j$, $s = 4$에 표시되어 있다.

(ratio)이다. 즉,

$$X(s) = \frac{b_M s^M + b_{M-1} s^{M-1} + \cdots + b_0}{s^N + a_{N-1} s^{N-1} + \cdots + a_1 s + a_0}$$

이다. $X(s)$는 분모와 분자 다항식의 근과 관련된 항의 곱으로 인수분해하는 것이 유용하다.

$$X(s) = \frac{b_M \prod_{k=1}^{M}(s - c_k)}{\prod_{k=1}^{N}(s - d_k)}.$$

c_k는 분자 다항식의 근이고, $X(s)$의 **영점**(zeros)이라 부른다. d_k는 분모 다항식의 근이고, $X(s)$의 **극점**(poles)이라 한다. 그림 6.3에 나타낸 것처럼, s-평면에서 영점의 위치는 "○" 기호로 나타내고, 극점의 위치는 "×" 기호로 나타낸다. s-평면에서 극점과 영점의 위치는, 일정한 이득 인자(gain factor) b_M을 제외하고는, $X(s)$를 완전하게 명시한다.

예제 6.1 **인과성 지수 신호의 라플라스 변환.** 다음 식의 라플라스 변환을 구하고, s-평면에서 ROC와 극점, 영점의 위치를 그려라. a는 실수라고 가정한다.

$$x(t) = e^{at}u(t).$$

풀이: 식 (6.5)에 $x(t)$를 대입하면,

$$\begin{aligned} X(s) &= \int_{-\infty}^{\infty} e^{at}u(t)e^{-st}dt \\ &= \int_{0}^{\infty} e^{-(s-a)t}\,dt \\ &= \frac{-1}{s-a}e^{-(s-a)t}\Big|_{0}^{\infty} \end{aligned}$$

를 얻는다. 제한 범위에서 $e^{-(s-a)t}$를 계산하기 위해, $s = \sigma + j\omega$를 이용하면, 다음과 같이 쓸 수 있다.

$$X(s) = \frac{-1}{\sigma + j\omega - a}e^{-(\sigma-a)t}e^{-j\omega t}\Big|_{0}^{\infty}.$$

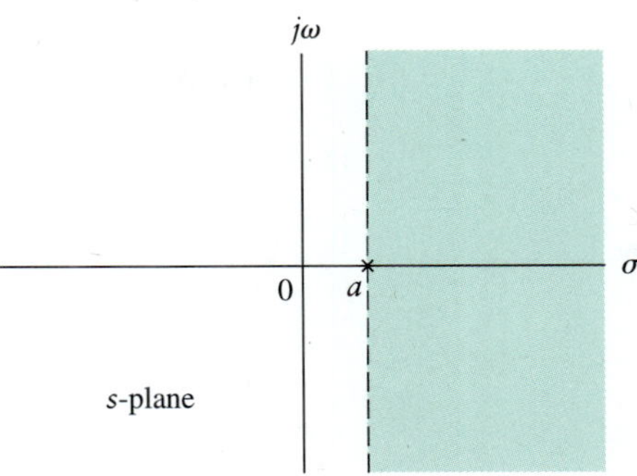

그림 6.4 $e^{at}u(t)$의 ROC가 파란색 영역으로 표시되어 있다. 극점은 $s = a$에 위치한다.

여기서 만약 $\sigma > a$이면, t가 무한대에 접근함에 따라 $e^{-(\sigma - a)t}$는 0으로 간다. 그래서

$$\begin{aligned} X(s) &= \frac{-1}{\sigma + j\omega - a}(0 - 1), \quad \sigma > a, \\ &= \frac{1}{s - a}, \quad \mathrm{Re}(s) > a \end{aligned} \tag{6.8}$$

이다. 라플라스 변환 $X(s)$는 $\sigma \le a$에서는 존재하지 않는데, 이는 적분이 수렴하지 않기 때문이다. 따라서 이 신호의 ROC는 $\sigma > a$ 또는 등가적으로 $\mathrm{Re}(s) > a$이다. 이 ROC는 그림 6.4에서 s-평면의 파란색 영역으로 표시된다. 극점은 $s = a$에 위치한다. ∎

ROC가 지정되지 않으면, 라플라스 변환의 표현식은 신호 $x(t)$에 유일(unique)하게 대응되지 않는다. 즉, 두 개의 다른 신호가 서로 다른 ROC를 갖지만 동일한 라플라스 변환식을 가질 수 있다. 다음의 예제에서 이 특성을 설명하기로 한다.

예제 6.2 **반인과성(anticausal) 지수 신호의 라플라스 변환.** 반인과성 신호는 $t > 0$일 때 0이다. 반인과성 신호

$$y(t) = -e^{at}u(-t)$$

의 라플라스 변환과 ROC를 구하라.

풀이: 식 (6.5)에서 $x(t)$ 대신 $y(t) = -e^{at}u(-t)$를 이용하면,

$$\begin{aligned} Y(s) &= \int_{-\infty}^{\infty} -e^{at}u(-t)e^{-st}\,dt \\ &= -\int_{-\infty}^{0} e^{-(s-a)t}\,dt \\ &= \frac{1}{s-a}e^{-(s-a)t}\Big|_{-\infty}^{0} \\ &= \frac{1}{s-a}, \quad \mathrm{Re}(s) < a \end{aligned} \tag{6.9}$$

를 얻게 된다. ROC와 극점의 위치를 그림 6.5에 나타내었다. ∎

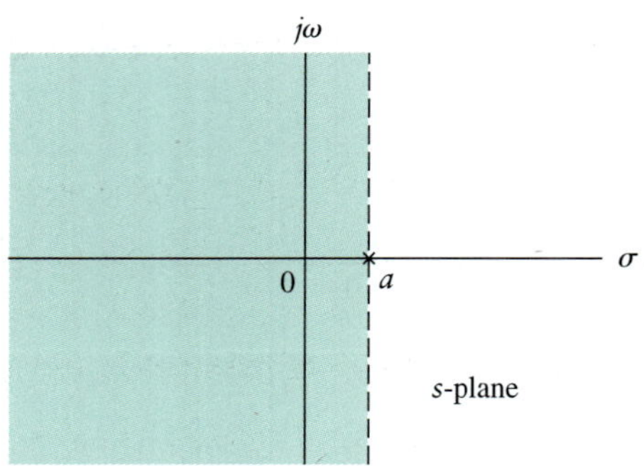

그림 6.5 $y(t) = -e^{at}u(-t)$의 ROC가 파란색 영역으로 표시되어 있다. 극점은 $s = a$에 위치한다.

예제 6.1과 6.2는 비록 신호 $x(t)$와 $y(t)$는 분명히 다르지만, 라플라스 변환 $X(s)$와 $Y(s)$는 같다는 것을 보여준다. 그러나 두 신호의 ROC는 다르다. 이렇게 애매한 경우는 일반적으로 단측(one-sided) 신호에서 발생한다. 이유를 알아보기 위해 $x(t) = g(t)u(t)$ 그리고 $y(t) = -g(t)u(-t)$라고 하자. 그러면, 다음과 같이 쓸 수 있을 것이다.

$$\begin{aligned} X(s) &= \int_0^{\infty} g(t)e^{-st}\,dt \\ &= G(s,\infty) - G(s,0). \end{aligned}$$

여기서

$$G(s,t) = \int g(t)e^{-st}\,dt.$$

그런 다음

$$\begin{aligned} Y(s) &= -\int_{-\infty}^{0} g(t)e^{-st}\,dt \\ &= \int_0^{-\infty} g(t)e^{-st}\,dt \\ &= G(s,-\infty) - G(s,0) \end{aligned}$$

으로 쓸 수 있다. 우리는 $G(s, \infty) = G(s, -\infty)$이기만 하면, $X(s) = Y(s)$임을 알 수 있다. 예제 6.1과 6.2에서는 $G(s, -\infty) = G(s, \infty)$이다. $G(s, \infty)$로 표현된 적분이 수렴하는 s의 값들은 $G(s, -\infty)$로 표현된 적분이 수렴하는 s의 값들과는 다르다. 따라서 ROC가 서로 다르다. 라플라스 변환이 유일하기 위해서는 ROC가 반드시 지정되어야 한다.

▶ **연습문제 6.1** 다음 신호들의 라플라스 변환과 ROC를 구하라.

(a) $x(t) = u(t-5)$

(b) $x(t) = e^{5t}u(-t+3)$

해답: (a) $X(s) = \dfrac{e^{-5s}}{s}, \quad \mathrm{Re}(s) > 0$

(b) $X(s) = -\dfrac{e^{-3(s-5)}}{s-5}, \quad \mathrm{Re}(s) < 5$ ∎

▶ **연습문제 6.2** 다음 신호들에 대한 라플라스 변환, ROC 그리고 $X(s)$의 극점과 영점의 위치를 구하라.

(a) $x(t) = e^{j\omega_o t}u(t)$

(b) $x(t) = \sin(3t)u(t)$

(c) $x(t) = e^{-2t}u(t) + e^{-3t}u(t)$

해답: (a) $X(s) = \dfrac{1}{s - j\omega_o}, \quad \mathrm{Re}(s) > 0$

$s = j\omega_o$에 한 극점이 있다.

(b) $X(s) = \dfrac{3}{s^2 + 9}, \quad \mathrm{Re}(s) > 0$

$s = \pm j3$에 극점들이 있다.

(c) $X(s) = \dfrac{2s + 5}{s^2 + 5s + 6}, \quad \mathrm{Re}(s) > -3$

$s = -5/2$에 한 영점이 있고, $s = -2$와 $s = -3$에 극점들이 있다. ▮

6.3 단측 라플라스 변환

라플라스 변환의 응용에서 신호가 인과성, 즉 $t < 0$일 때 0이라고 가정하는 것이 합리적인 경우가 많다. 예를 들어, 만약 우리가 $t < 0$일 때 0인 입력을 인과성 시스템에 인가한다면, 출력도 $t < 0$인 동안 0일 것이다. 또한 시간 원점은 많은 문제에서 임의로 선택된다. 따라서 입력이 시스템에 주어지는 시각으로 $t = 0$이 자주 선택되고, $t \geq 0$일 때 시스템 동작이 관심의 대상이다. 이와 같은 문제에서는 음이 아닌 시간($t \geq 0$)에 대응하는 신호의 부분만을 토대로 하는 단측 라플라스 변환을 정의하는 것이 유리하다. 인과성 신호를 가지고 작업하면, 양측 변환의 본질적인 불명확성이 없으므로 ROC를 고려할 필요가 없다. 또한, 단측 라플라스 변환의 미분 특성은 초기 조건을 가지는 미분 방정식으로 기술되는 인과성 시스템의 동작을 해석하는 데 이용될 수 있다. 실제로 이것이 공학 응용에서 단측 변환의 가장 일반적인 용도이다.

신호 $x(t)$의 **단측 라플라스 변환**(unilateral Laplace transform)은 다음과 같이 정의된다.

$$X(s) = \int_{0^-}^{\infty} x(t)e^{-st}\,dt. \tag{6.10}$$

하한 0^-는 적분에서 $t = 0$일 때 발생하는 불연속점들과 임펄스들을 포함한다는 것을 의미한다. 따라서 $X(s)$는 $t \geq 0$일 때의 $x(t)$에 의존한다. 식 (6.6)에 주어진 라플라스 역변환은 오직 $X(s)$에만 의존하므로 단측 역변환도 역시 그 식으로 주어진다. 우리는 $X(s)$와 $x(t)$ 간의 관계를 다음과 같이 표기할 것이다.

$$x(t) \xleftrightarrow{\mathcal{L}_u} X(s).$$

여기서, $\mathcal{L}_u$에 있는 아래첨자 u는 단측 변환을 의미한다. 본질적으로, 시간 $t<0$인 동안 0인 신호에 대하여 단측과 양측 라플라스 변환은 등가이다. 예를 들어, 예제 6.1을 반복하되, 이번에는 식 (6.10)에 주어진 단측 라플라스 변환의 정의를 이용하면,

$$e^{at}u(t) \xleftrightarrow{\mathcal{L}_u} \frac{1}{s-a} \tag{6.11}$$

은

$$e^{at}u(t) \xleftrightarrow{\mathcal{L}} \frac{1}{s-a} \qquad (\mathrm{ROC}\ \mathrm{Re}\{s\} > a)$$

과 등가라는 것을 알 수 있다.

▶ **연습문제 6.3** 다음 신호들의 단측 라플라스 변환을 구하라.

(a) $x(t) = u(t)$

(b) $x(t) = u(t+3)$

(c) $x(t) = u(t-3)$

해답: (a) $X(s) = 1/s$

(b) $X(s) = 1/s$

(c) $X(s) = e^{-3s}/s$ ▮

6.4 단측 라플라스 변환의 특성

라플라스 변환의 특성들은 푸리에 변환의 특성과 유사하다. 따라서 많은 특성들을 간단히만 언급할 것이다(일부에 대한 증명은 이 장 끝에서 문제로 주어진다). 이 절에서 서술되는 특성들은 특히 단측 라플라스 변환에 적용된다. 단측 변환과 양측 변환은 많은 특성들이 공통적이지만 중요한 차이점들이 있으며, 이는 6.8절에서 논의된다. 여기서 논의되는 특성들에서는 다음을 가정하기로 한다.

$$x(t) \xleftrightarrow{\mathcal{L}_u} X(s)$$

$$y(t) \xleftrightarrow{\mathcal{L}_u} Y(s).$$

선형성

$$ax(t) + by(t) \xleftrightarrow{\mathcal{L}_u} aX(s) + bY(s). \tag{6.12}$$

라플라스 변환의 선형성은 적분으로 표현되는 정의식과 적분이 선형 연산이라는 사실로부터

기인한다.

스케일링

$$x(at) \xleftrightarrow{\mathcal{L}_u} \frac{1}{a}X\left(\frac{s}{a}\right) \quad a > 0\text{일 때.} \tag{6.13}$$

시간 영역에서 스케일링은 s 영역에서는 역스케일링을 유발한다.

시간 이동

$$x(t-\tau) \xleftrightarrow{\mathcal{L}_u} e^{-s\tau}X(s) \quad [x(t-\tau)u(t) = x(t-\tau)u(t-\tau)\text{인 모든 } \tau\text{에 대해}]. \tag{6.14}$$

시간 영역에서 τ만큼의 이동은 라플라스 변환에 복소 지수 $e^{-s\tau}$를 곱하는 것에 대응된다. 단측 변환은 음이 아닌 시간 부분에 대해서만 정의되기 때문에 이동에 대한 제약 조건이 발생한다. 따라서 이 특성은 그림 6.6(a)에 나타낸 것처럼, $t \geq 0$이면서 0이 아닌 신호의 성분이 신호의 시간 이동에 의해서 $t < 0$인 부분으로 이동하는 경우와 그림 6.6(b)에 나타낸 것처럼, $t < 0$이면서 0이 아닌 신호의 한 부분이 시간 이동에 의해 $t \geq 0$인 부분으로 이동하는 경우에는 적용되지 않는다. 시간 이동 특성은 양수의 시간 이동 $\tau > 0$를 갖는 인과성 신호 $x(t)$에 가장 일반적으로 적용되며, 이 경우에 이동에 대한 제약 조건은 항상 만족된다.

s 영역 이동

$$e^{s_o t}x(t) \xleftrightarrow{\mathcal{L}_u} X(s - s_o) \tag{6.15}$$

인 시간 영역에서 복소 지수의 곱은 라플라스 변환에는 복소 주파수 s에서의 주파수 이동을 유발한다.

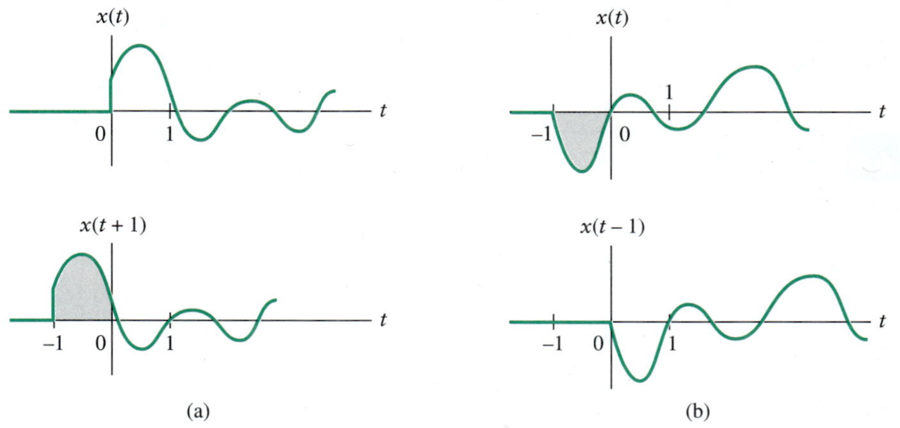

그림 6.6 단측 라플라스 변환의 시간 이동 특성이 적용되지 않는 시간 이동의 경우. (a) $t \geq 0$인 시간에 발생하는 $x(t)$의 0이 아닌 부분이 $t < 0$인 시간으로 이동된다. (b) 시간 $t < 0$인 시간에 발생하는 $x(t)$의 0이 아닌 부분이 $t \geq 0$인 시간으로 이동된다.

콘벌루션

$$x(t) * y(t) \xleftrightarrow{\mathcal{L}_u} X(s)Y(s) \tag{6.16}$$

인 시간 영역에서 콘벌루션은 라플라스 변환의 곱에 대응한다. 이 특성은 $t < 0$일 때 $x(t) = 0$이고, $y(t) = 0$일 때에만 적용된다.

***s* 영역의 미분**

$$-tx(t) \xleftrightarrow{\mathcal{L}_u} \frac{d}{ds} X(s) \tag{6.17}$$

인 s 영역의 미분은 시간 영역에서는 $-t$를 곱하는 것에 대응한다.

예제 6.3 **특성의 적용.** 다음 식의 단측 라플라스 변환을 구하라.

$$x(t) = (-e^{3t}u(t)) * (tu(t)).$$

풀이: 식 (6.11)을 이용하면,

$$-e^{3t}u(t) \xleftrightarrow{\mathcal{L}_u} \frac{-1}{s-3}$$

과

$$u(t) \xleftrightarrow{\mathcal{L}_u} \frac{1}{s}$$

를 얻는다. 식 (6.17)에 주어진 s 영역의 미분 특성을 적용하면

$$tu(t) \xleftrightarrow{\mathcal{L}_u} \frac{1}{s^2}$$

을 얻는다. 이제 식 (6.16)에 주어진 콘벌루션 특성을 이용하면,

$$x(t) = (e^{3t}u(t)) * (tu(t)) \xleftrightarrow{\mathcal{L}_u} X(s) = \frac{-1}{s^2(s-3)}$$

을 얻는다. ■

예제 6.4 ***RC* 필터 출력.** 그림 6.7에 나타낸 RC 회로에서 입력 $x(t) = te^{2t}u(t)$에 대한 출력의 라플라스 변환을 구하라.

풀이: RC 회로의 임펄스 응답은 예제 1.21에서 다음과 같이 얻어졌다.

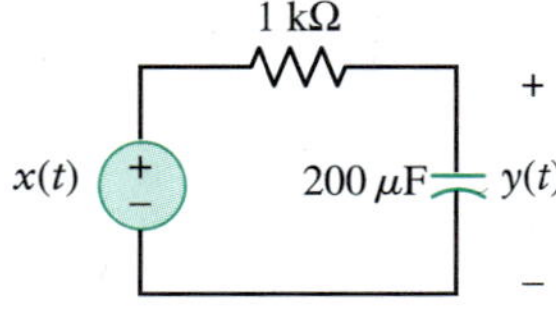

그림 6.7 예제 6.4와 6.10을 위한 RC 회로. $RC = 0.2$초임

$$h(t) = \frac{1}{RC}e^{-t/(RC)}u(t).$$

콘벌루션 특성[식 (6.16)]을 적용하면, 입력 $x(t)$와 임펄스 응답 $h(t)$의 라플라스 변환의 곱으로서, 출력 $y(t)$의 라플라스 변환을 구할 수 있다, 즉 $Y(s) = H(s)X(s)$이다. $RC = 0.2$초라는 것과 식 (6.11)을 이용하면,

$$h(t) \xleftrightarrow{\mathcal{L}_u} \frac{5}{s+5}$$

를 얻는다. 그런 다음 식 (6.17)에 주어진 s 영역의 미분 특성을 적용하면,

$$X(s) = \frac{1}{(s-2)^2}$$

과 같이 쓸 수 있고, 다음의 결과를 얻는다.

$$Y(s) = \frac{5}{(s-2)^2(s+5)}.$$

$x(t)$가 절대 적분 가능하지 않으므로 입력 신호 $x(t)$의 FT가 존재하지 않기 때문에, 이 특별한 문제에 푸리에 방법은 적용될 수 없다는 사실을 주목하라. ▮

▶ **연습문제 6.4** 다음 신호들의 단측 라플라스 변환을 구하라.

(a) $x(t) = e^{-t}(t-2)u(t-2)$

(b) $x(t) = t^2e^{-2t}u(t)$

(c) $x(t) = tu(t) - (t-1)u(t-1) - (t-2)u(t-2) + (t-3)u(t-3)$

(d) $x(t) = e^{-t}u(t) * \cos(t-2)u(t-2)$

해답: (a) $X(s) = \dfrac{e^{-2(s+1)}}{(s+1)^2}$

(b) $X(s) = \dfrac{2}{(s+2)^3}$

(c) $X(s) = (1 - e^{-s} - e^{-2s} + e^{-3s})/s^2$

(d) $X(s) = \dfrac{e^{-2s}s}{(s+1)(s^2+1)}$ ▮

시간 영역의 미분

$x(t)$의 라플라스 변환이 존재한다고 가정하고, $dx(t)/dt$의 단측 라플라스 변환을 고려해 보자. 정의에 의해

$$\frac{d}{dt}x(t) \xleftrightarrow{\mathcal{L}_u} \int_{0^-}^{\infty}\left(\frac{d}{dt}x(t)\right)e^{-st}dt$$

가 된다. 부분 적분법(Integration by parts)으로 적분하면, 다음을 얻는다.

$$\frac{d}{dt}x(t) \xleftrightarrow{\mathcal{L}_u} x(t)e^{-st}\Big|_{0^-}^{\infty} + s\int_{0^-}^{\infty} x(t)e^{-st}\,dt.$$

$X(s)$가 존재하므로, t가 무한대에 접근함에 따라 $x(t)e^{-st}$는 0에 접근하게 된다. 따라서

$x(t)e^{-st}|_{t=\infty} = 0$이다. 게다가, 적분은 식 (6.10)의 단측 라플라스 변환의 정의식에 해당한다. 따라서

$$\frac{d}{dt}x(t) \xleftrightarrow{\mathcal{L}_u} sX(s) - x(0^-) \tag{6.18}$$

를 얻는다.

예제 6.5 **미분 특성의 확인.** $x(t) = e^{at}u(t)$라 놓자. 직접 계산과 식 (6.18)을 이용하여 $dx(t)/dt$의 라플라스 변환을 구하라.

▶ 풀이: 미분의 곱셈 규칙(product rule)을 적용하여 $x(t)$, $t > 0^-$의 도함수를 구하자.

$$\frac{d}{dt}e^{at}u(t) = ae^{at}u(t) + \delta(t).$$

$ae^{at}u(t)$의 단측 라플라스 변환은 $e^{at}u(t)$의 단측 라플라스 변환의 a배이다. 그러므로 식 (6.11)과 $\delta(t) \xleftrightarrow{\mathcal{L}_u} 1$을 이용하면, 다음을 얻는다.

$$\frac{d}{dt}x(t) = ae^{at}u(t) + \delta(t) \xleftrightarrow{\mathcal{L}_u} \frac{a}{s-a} + 1 = \frac{s}{s-a}.$$

다음에는 식 (6.18)에서 주어진 미분 특성을 이용하여 이 결과를 다시 유도해 보자. 그 식으로부터

$$\frac{d}{dt}x(t) \xleftrightarrow{\mathcal{L}_u} sX(s) - x(0^-) = \frac{s}{s-a}$$

가 된다. ▮

미분 특성의 일반형(general form)은 다음과 같다.

$$\frac{d^n}{dt^n}x(t) \xleftrightarrow{\mathcal{L}_u} s^nX(s) - \frac{d^{n-1}}{dt^{n-1}}x(t)\bigg|_{t=0^-} - s\frac{d^{n-2}}{dt^{n-2}}x(t)\bigg|_{t=0^-} - \cdots - s^{n-2}\frac{d}{dt}x(t)\bigg|_{t=0^-} - s^{n-1}x(0^-). \tag{6.19}$$

적분 특성

$$\int_{-\infty}^{t} x(\tau)d\tau \xleftrightarrow{\mathcal{L}_u} \frac{x^{(-1)}(0^-)}{s} + \frac{X(s)}{s}. \tag{6.20}$$

여기서,

$$x^{(-1)}(0^-) = \int_{-\infty}^{0^-} x(\tau)d\tau$$

는 $t = -\infty$에서 $t = 0^-$까지 $x(t)$ 아래의 면적이다.

▶ **연습문제 6.5** 적분 특성을 이용하여 다음 식의 단측 라플라스 변환이 $1/s^2$이 됨을 보여라.

$$tu(t) = \int_{-\infty}^{t} u(\tau)d\tau$$ ∎

초기값과 최종값 정리

초기값과 최종값 정리(initial and final value theorems)는 $X(s)$로부터 직접 $x(t)$의 초기값 $x(0^+)$와 최종값 $x(\infty)$를 구할 수 있도록 해준다. 이 정리는 시스템의 전체 시간 응답을 명확하게 구하지 않고도 시스템 출력의 초기값이나 최종값을 계산하는 데 가장 자주 이용된다. **초기값 정리는**

$$\lim_{s\to\infty} sX(s) = x(0^+) \tag{6.21}$$

임을 나타낸다. 초기값 정리는 분자 다항식 차수가 분모 다항식 차수보다 크거나 같은 유리 함수 $X(s)$에는 적용되지 않는다. **최종값 정리는**

$$\lim_{s\to 0} sX(s) = x(\infty) \tag{6.22}$$

임을 나타낸다. 최종값 정리는 $X(s)$의 모든 극점들이 s-평면의 좌반면에 있을 때, 또는 기껏해야 한 극점이 $s = 0$에 있는 경우에만 적용된다.

예제 6.6 **초기값과 최종값 정리의 적용.** 단측 라플라스 변환이 다음 식으로 주어지는 신호 $x(t)$의 초기값과 최종값을 구하라.

$$X(s) = \frac{7s + 10}{s(s + 2)}.$$

➠ 풀이: 우리는 초기값 정리인 식 (6.21)을 적용하여

$$\begin{aligned} x(0^+) &= \lim_{s\to\infty} s\frac{7s + 10}{s(s + 2)} \\ &= \lim_{s\to\infty} \frac{7s + 10}{s + 2} \\ &= 7 \end{aligned}$$

을 얻을 수 있을 것이다. $X(s)$가 $s = 0$에 하나의 극점만을 가지고 있고, 나머지 극점들은 s-평면의 좌반면에 있으므로 최종값 정리인 식 (6.22)도 역시 적용될 수 있다. 따라서

$$\begin{aligned} x(\infty) &= \lim_{s\to 0} s\frac{7s + 10}{s(s + 2)} \\ &= \lim_{s\to 0} \frac{7s + 10}{s + 2} \\ &= 5 \end{aligned}$$

를 얻는다. 독자들은 $X(s)$가 $x(t) = 5u(t) + 2e^{-2t}u(t)$의 라플라스 변환이라는 것을 보여줌으로써 이 결과를 검증할 수 있을 것이다. ∎

▶ **연습문제 6.6** 다음의 라플라스 변환에 대응하는 시간 영역 신호 $x(t)$의 초기값과 최종값을 구하라.

(a) $X(s) = e^{-5s}\left(\dfrac{-2}{s(s+2)}\right)$

(b) $X(s) = \dfrac{2s+3}{s^2+5s+6}$

해답: (a) $x(0^+) = 0$ 이고 $x(\infty) = -1$
(b) $x(0^+) = 2$ 이고 $x(\infty) = 0$ ■

6.5 단측 라플라스 변환의 역변환

식 (6.6)을 이용한 라플라스 변환의 직접적인 역변환은 경로 적분에 대한 이해를 필요로 하므로, 이 책의 범위를 넘어선다. 그 대신에, 우리는 신호와 그것의 단측 라플라스 변환 간의 일대일 관계를 이용하여 역라플라스 변환을 구할 것이다. 주어진 몇 가지의 기본 변환쌍과 라플라스 변환의 특성들을 알고 있으면, 이런 방법으로 매우 많은 경우의 라플라스 변환을 역변환할 수 있다. 기본적인 라플라스 변환표는 부록 D.1에 주어져 있다.

미적분 방정식(integro-differential equations)으로 표현되는 LTI 시스템을 공부할 때, 우리는 s에 관한 다항식의 비로 주어지는 라플라스 변환을 빈번하게 접하게 된다. 이러한 경우에는, 부분 분수 전개(partial-fraction expansion)를 이용하여 $X(s)$를 시간 함수를 이미 알고 있는 항들의 합으로 표현함으로써 역변환을 구할 수 있다. 다음의 식을 가정하자.

$$X(s) = \frac{B(s)}{A(s)} = \frac{b_M s^M + b_{M-1}s^{M-1} + \cdots + b_1 s + b_0}{s^N + a_{N-1}s^{N-1} + \cdots + a_1 s + a_0}.$$

만약 $X(s)$가 가분수 유리 함수(improper rational function)라면(즉, $M \geq N$이면), 우리는 긴 나눗셈을 이용해서 $X(s)$를 다음과 같은 형태로 나타낼 수 있을 것이다.

$$X(s) = \sum_{k=0}^{M-N} c_k s^k + \widetilde{X}(s).$$

여기서,

$$\widetilde{X}(s) = \frac{\widetilde{B}(s)}{A(s)}$$

이다. 이제 분자 다항식 $\widetilde{B}(s)$는 분모 다항식보다 한 차수 낮은 차수를 가지며, $\widetilde{X}(s)$의 역변환을 구하기 위해서는 부분 분수 전개법이 이용된다. $t = 0^-$에서 임펄스와 그 도함수들이 0이라면, $X(s)$의 합성분에서 $\sum_{k=0}^{M-N} c_k s^k$의 역변환은 변환쌍 $\delta(t) \xleftrightarrow{\mathcal{L}_u} 1$과 식 (6.18)에 주어진 미분 특성을 이용하여 구할 수 있다. 따라서 다음의 관계를 얻을 수 있다.

$$\sum_{k=0}^{M-N} c_k \delta^{(k)}(t) \stackrel{\mathcal{L}_u}{\longleftrightarrow} \sum_{k=0}^{M-N} c_k s^k.$$

여기서, $\delta^{(k)}(t)$는 임펄스 $\delta(t)$의 k차 도함수를 나타낸다.

이제는 분모 다항식을 극점 인수(factor)들의 곱 형태로 인수분해하여 다음의 식을 구한다.

$$\widetilde{X}(s) = \frac{b_P s^P + b_{P-1} s^{P-1} + \cdots + b_1 s + b_0}{\prod_{k=1}^{N}(s - d_k)}.$$

여기서, $P < N$이다. 모든 극점 d_k가 서로 다르다면, 부분 분수 전개를 이용하여 $\widetilde{X}(s)$를 간단한 항들의 합으로 다시 쓸 수 있다.

$$\widetilde{X}(s) = \sum_{k=1}^{N} \frac{A_k}{s - d_k}.$$

여기서, A_k는 부록 B에 기술된 것처럼, **나머지수 방법**(method of residues)을 이용하거나, 선형 방정식의 시스템을 풀이함으로써 구해진다. 합으로 표현된 식에서 각 항의 역라플라스 변환은 이제 식 (6.11)로부터 구할 수 있으며, 다음의 변환쌍이 된다.

$$A_k e^{d_k t} u(t) \stackrel{\mathcal{L}_u}{\longleftrightarrow} \frac{A_k}{s - d_k}. \tag{6.23}$$

만약 극점 d_i가 r번 중복된다면, 그 극점과 관련된 부분 분수 전개식에는 다음과 같은 r개의 항이 있다. 즉,

$$\frac{A_{i_1}}{s - d_i}, \quad \frac{A_{i_2}}{(s - d_i)^2}, \quad \ldots, \quad \frac{A_{i_r}}{(s - d_i)^r}.$$

각 항의 역라플라스 변환은 식 (6.23)과 (6.17)을 이용하여 다음의 변환쌍을 얻어서 구한다.

$$\frac{At^{n-1}}{(n-1)!} e^{d_k t} u(t) \stackrel{\mathcal{L}_u}{\longleftrightarrow} \frac{A}{(s - d_k)^n}. \tag{6.24}$$

예제 6.7 **부분 분수 전개에 의한 역변환.** 다음의 역라플라스 변환을 구하라.

$$X(s) = \frac{3s + 4}{(s + 1)(s + 2)^2}.$$

풀이: $X(s)$의 부분 분수 전개를 이용하면,

$$X(s) = \frac{A_1}{s + 1} + \frac{A_2}{s + 2} + \frac{A_3}{(s + 2)^2}$$

와 같이 쓸 수 있다. 나머지수 방법에 의해 A_1, A_2, A_3를 구하면,

$$X(s) = \frac{1}{s + 1} - \frac{1}{s + 2} + \frac{2}{(s + 2)^2}$$

를 얻는다. 식 (6.23)과 (6.24)를 이용하여 우리는 부분 분수 전개식에 있는 각 항에 대한 역라플라스

변환으로부터 다음과 같이 $x(t)$를 구성할 수 있을 것이다.

▶ 첫 번째 항의 극점은 $s = -1$에 있다. 따라서,

$$e^{-t}u(t) \overset{\mathcal{L}_u}{\longleftrightarrow} \frac{1}{s+1}.$$

▶ 두 번째 항은 $s = -2$에서 극점을 갖는다. 그러므로,

$$-e^{2t}u(t) \overset{\mathcal{L}_u}{\longleftrightarrow} -\frac{1}{s+2}.$$

▶ 마지막 항의 이중(double) 극점도 또한 $s = -2$에 있다. 따라서,

$$2te^{-2t}u(t) \overset{\mathcal{L}_u}{\longleftrightarrow} \frac{2}{(s+2)^2}.$$

이 세 항들을 결합하면, 우리는 다음을 얻는다.

$$x(t) = e^{-t}u(t) - e^{-2t}u(t) + 2te^{-2t}u(t).$$ ∎

예제 6.8 **가분수 유리 라플라스 변환의 역변환.** 다음의 단측 역라플라스 변환을 구하라.

$$X(s) = \frac{2s^3 - 9s^2 + 4s + 10}{s^2 - 3s - 4}.$$

풀이: 긴 나눗셈을 이용하여 $X(s)$를 진분수 유리 함수(proper rational function)의 합과 s 영역의 다항식으로 표현한다.

$$\begin{array}{r} 2s - 3 \\ s^2 - 3s - 4 \overline{)2s^3 - 9s^2 + 4s + 10} \\ \underline{2s^3 - 6s^2 - 8s} \\ -3s^2 + 12s + 10 \\ \underline{-3s^2 + 9s + 12} \\ 3s - 2 \end{array}.$$

따라서 다음과 같이 쓸 수 있다.

$$X(s) = 2s - 3 + \frac{3s - 2}{s^2 - 3s - 4}.$$

부분 분수 전개를 이용하여 유리 함수를 전개하면, 다음을 얻는다.

$$X(s) = 2s - 3 + \frac{1}{s+1} + \frac{2}{s-4}.$$

$X(s)$를 항별로 역변환하면, 다음과 같이 된다.

$$x(t) = 2\delta^{(1)}(t) - 3\delta(t) + e^{-t}u(t) + 2e^{4t}u(t).$$ ∎

▶ **연습문제 6.7** 다음 함수들의 역라플라스 변환을 구하라.

(a) $X(s) = \dfrac{-5s - 7}{(s+1)(s-1)(s+2)}$

(b) $X(s) = \dfrac{s}{s^2 + 5s + 6}$

(c) $X(s) = \dfrac{s^2 + s - 3}{s^2 + 3s + 2}$

해답: (a) $x(t) = e^{-t}u(t) - 2e^{t}u(t) + e^{-2t}u(t)$

(b) $x(t) = -2e^{-2t}u(t) + 3e^{-3t}u(t)$

(c) $x(t) = \delta(t) + e^{-2t}u(t) - 3e^{-t}u(t)$ ∎

부분 분수 전개 과정은 실수 극점이든 복소 극점이든 적용이 가능하다. 복소 극점은 복소값의 부분 분수 전개 계수와 복소 지수 시간 함수를 산출한다. 만약 분모 다항식의 계수가 실수이면, 모든 복소 극점은 복소-켤레쌍으로 나타난다. $X(s)$가 실수값 계수를 가져서 실수값 시간 신호에 대응하는 경우, 실수값 전개 계수와 실수값 역변환을 확실하게 갖게 하는 방법으로, 부분 분수 전개식에 있는 복소-켤레 극점들을 결합하여 대수학을 단순화할 수 있다. 이는 모든 복소-켤레 극점쌍을 실계수를 갖는 2차 항으로 결합함으로써 이행된다. 이러한 2차 항의 역라플라스 변환은 지수적 감소 정현파이다.

그러면, $\alpha + j\omega_o$와 $\alpha - j\omega_o$가 복소-켤레 극점쌍을 구성한다고 가정하자. 부분 분수 전개식에서 이 두 극점들과 관련된 1차항들은 다음과 같이 쓸 수 있다.

$$\frac{A_1}{s - \alpha - j\omega_o} + \frac{A_2}{s - \alpha + j\omega_o}.$$

이 식을 실수값 신호로 나타내기 위하여 A_1과 A_2는 서로 복소-켤레이어야 한다. 따라서 이 두 항은 한 개의 2차항으로 바꿀 수 있다.

$$\frac{B_1 s + B_2}{(s - \alpha - j\omega_o)(s - \alpha + j\omega_o)} = \frac{B_1 s + B_2}{(s - \alpha)^2 + \omega_o^2}.$$

여기서, B_1과 B_2는 실수값이다. 그리고 나서 B_1과 B_2를 구하고, 그 결과식을 역라플라스 변환을 알고 있는 두 개의 2차항의 합으로 분해한다. 즉,

$$\frac{B_1 s + B_2}{(s - \alpha)^2 + \omega_o^2} = \frac{C_1(s - \alpha)}{(s - \alpha)^2 + \omega_o^2} + \frac{C_2\omega_o}{(s - \alpha)^2 + \omega_o^2}$$

로 쓸 수 있다. 여기서, $C_1 = B_1$이고, $C_1 = (B_1\alpha + B_2)/\omega_o$이다. 첫 항의 역라플라스 변환은 다음과 같이 주어진다.

$$C_1 e^{\alpha t}\cos(\omega_o t)u(t) \xleftrightarrow{\mathcal{L}_u} \frac{C_1(s - \alpha)}{(s - \alpha)^2 + \omega_o^2}. \tag{6.25}$$

이와 마찬가지로, 두 번째 항의 역라플라스 변환은 다음의 변환쌍으로부터 구해진다.

$$C_2 e^{\alpha t}\sin(\omega_o t)u(t) \xleftrightarrow{\mathcal{L}_u} \frac{C_2\omega_o}{(s - \alpha)^2 + \omega_o^2}. \tag{6.26}$$

다음의 예제는 이러한 과정을 설명해 준다.

예제 6.9 **복소 켤레 극점에 대한 역라플라스 변환.** 다음 식의 역라플라스 변환을 구하라.

$$X(s) = \frac{4s^2 + 6}{s^3 + s^2 - 2}.$$

풀이: $X(s)$에는 세 개의 극점이 있다. 경험적으로 $s = 1$이 극점임을 알 수 있다. $s^3 + s^2 - 2$에서 $s - 1$을 분리하여, 나머지 두 개의 극점을 정하는 방정식으로 $s^2 + 2s + 2 = 0$을 얻을 수 있다. 이 2차 방정식의 근을 구하면 복소-켤레 극점 $s = -1 \pm -j$를 구한다.

2차 방정식 $s^2 + 2s + 2$를 완전 제곱꼴의 항 $(s^2 + 2s + 1) + 1 = (s + 1)^2 + 1$로 나타낼 수 있을 것이고, 따라서 $X(s)$의 부분 분수 전개식은 다음의 형태를 갖게 된다.

$$X(s) = \frac{A}{s - 1} + \frac{B_1 s + B_2}{(s + 1)^2 + 1}. \tag{6.27}$$

전개 계수 A는 나머지수 방법으로 쉽게 구할 수 있다. 즉, 식 (6.27)의 양변에 $(s - 1)$을 곱하고, $s = 1$일 때의 값을 계산하면,

$$\begin{aligned} A &= X(s)(s - 1)|_{s=1} \\ &= \left.\frac{4s^2 + 6}{(s + 1)^2 + 1}\right|_{s=1} \\ &= 2 \end{aligned}$$

를 얻는다. 나머지 전개 계수 B_1과 B_2는 식 (6.27)의 우변에 있는 두 항을 공통 분모에 대한 식으로 정리하고, 그 결과의 분자와 $X(s)$의 분자를 갈다고 놓음으로써 구할 수 있다. 따라서 다음과 같이 쓸 수 있을 것이다.

$$\begin{aligned} 4s^2 + 6 &= 2((s + 1)^2 + 1) + (B_1 s + B_2)(s - 1) \\ &= (2 + B_1)s^2 + (4 - B_1 + B_2)s + (4 - B_2). \end{aligned}$$

s^2의 계수를 같게 놓으면 $B_1 = 2$가 되고, s^0의 계수를 같다고 놓으면 $B_2 = -2$가 구해진다. 따라서

$$\begin{aligned} X(s) &= \frac{2}{s - 1} + \frac{2s - 2}{(s + 1)^2 + 1} \\ &= \frac{2}{s - 1} + 2\frac{s + 1}{(s + 1)^2 + 1} - 4\frac{1}{(s + 1)^2 + 1} \end{aligned}$$

이 된다. 두 번째 식을 유도하기 위해 $2s - 2$를 $2(s + 1) - 4$로 인수분해하였다. 이제 식 (6.23), (6.25) 및 (6.26)을 이용하여 각 항의 역라플라스 변환을 구한다. 이 결과들을 함께 나열하면 다음을 얻는다.

$$x(t) = 2e^t u(t) + 2e^{-t}\cos(t)u(t) - 4e^{-t}\sin(t)u(t). \blacksquare$$

▶ **연습문제 6.8** 다음 식의 역라플라스 변환을 구하라.

(a) $X(s) = \dfrac{3s + 2}{s^2 + 4s + 5}$

(b) $X(s) = \dfrac{s^2 + s - 2}{s^3 + 3s^2 + 5s + 3}$

해답: (a) $x(t) = 3e^{-2t}\cos(t)u(t) - 4e^{-2t}\sin(t)u(t)$

(b) $x(t) = -e^{-t}u(t) + 2e^{-t}\cos(\sqrt{2}t)u(t) - \frac{1}{\sqrt{2}}e^{-t}\sin(\sqrt{2}t)u(t)$ ∎

$X(s)$의 극점은 신호 $x(t)$의 고유 특성을 결정한다. $s = d_k$의 복소 극점은 $e^{d_k t}u(t)$ 형태의 복소 지수 항을 나타낸다. $d_k = \sigma_k + j\omega_k$라 하면 ,이 항은 $e^{\delta_k t}e^{j\omega_k t}u(t)$로 쓸 수 있을 것이다. 그러므로 극점의 실수부는 지수적 감소 인자 σ_k를 결정하고, 허수부는 정현파의 주파수 ω_k를 결정한다. 이 항의 감소율은 $\text{Re}\{d_k\}$가 더 큰 음수가 될수록 증가한다. 진동률은 $|\text{Im}\{d_k\}|$에 비례한다. 이러한 특성을 염두에 두면, 우리는 s-평면에서 극점의 위치로부터 신호의 특성에 대하여 많은 것을 추론할 수 있다.

6.6 초기 조건을 갖는 미분 방정식의 해법

시스템 해석에서 단측 라플라스 변환의 기본적인 응용은 0이 아닌 초기 조건을 가진 미분 방정식을 푸는 것이다. 초기 조건들은 식 (6.19)의 미분 특성에서 0인 시점에 발생하는 신호와 그 도함수들의 값으로서 풀이 과정에 들어가게 된다. 이것을 한 예제를 통하여 설명한다.

예제 6.10 *RC* **회로 해석.** 인가된 전압 $x(t) = (3/5)e^{-2t}u(t)$와 초기 조건 $y(0^-) = -2$에 대한 응답으로서, 그림 6.7에 나타낸 *RC* 회로의 커패시터의 양 단자 전압 $y(t)$를 라플라스 변환을 이용하여 구하라.

풀이: 키르히호프의 전압 법칙을 이용하면, 다음의 미분 방정식에 의해 그림 6.7에 있는 회로의 동작을 표현할 수 있다.

$$\frac{d}{dt}y(t) + \frac{1}{RC}y(t) = \frac{1}{RC}x(t).$$

$RC = 0.2$초로 놓으면, 다음을 얻는다.

$$\frac{d}{dt}y(t) + 5y(t) = 5x(t).$$

이제 미분 방정식 양변의 단측 라플라스 변환을 취하고, 식 (6.18)의 미분 특성을 적용하면 아래와 같이 된다.

$$sY(s) - y(0^-) + 5Y(s) = 5X(s).$$

$Y(s)$에 대해 풀면, 다음을 얻는다.

$$Y(s) = \frac{1}{s+5}[5X(s) + y(0^-)].$$

다음에는 $x(t) \xleftrightarrow{\mathcal{L}_u} X(s) = \frac{3/5}{s+2}$와 초기 조건 $y(0^-) = -2$를 대입하면, 다음을 얻는다.

$$Y(s) = \frac{3}{(s+2)(s+5)} + \frac{-2}{s+5}.$$

$Y(s)$를 부분 분수로 전개하면,

$$\begin{aligned} Y(s) &= \frac{1}{s+2} + \frac{-1}{s+5} + \frac{-2}{s+5} \\ &= \frac{1}{s+2} - \frac{3}{s+5} \end{aligned}$$

이 되고, 단측 역라플라스 변환을 취하면 커패시터 간의 전압이 산출된다.

$$y(t) = e^{-2t}u(t) - 3e^{-5t}u(t).$$

참고 문헌의 5번 아래에 설명되어 있듯이, $t = 0$에서 $y(t)$를 계산할 때에는 주의를 집중해야 한다. ■

미분 방정식을 풀기 위해 라플라스 변환 방법을 이용하면, 초기 조건에 대한 시스템의 자연 응답과 입력에 대한 시스템의 강제 응답을 분명히 구분할 수 있다. 일반적인 미분 방정식은 다음과 같다.

$$\frac{d^N}{dt^N}y(t) + a_{N-1}\frac{d^{N-1}}{dt^{N-1}}y(t) + \cdots + a_1\frac{d}{dt}y(t) + a_0 y(t) = b_M\frac{d^M}{dt^M}x(t) + b_{M-1}\frac{d^{M-1}}{dt^{M-1}}x(t) + \cdots + b_1\frac{d}{dt}x(t) + b_0 x(t)$$

양변에 단측 라플라스 변환을 적용하면 다음 식을 얻는다.

$$A(s)Y(s) - C(s) = B(s)X(s).$$

여기서,

$$\begin{aligned} A(s) &= s^N + a_{N-1}s^{N-1} + \cdots + a_1 s + a_0, \\ B(s) &= b_M s^M + b_{M-1}s^{M-1} + \cdots + b_1 s + b_0, \\ C(s) &= \sum_{k=1}^{N}\sum_{l=0}^{k-1} a_k s^{k-1-l}\frac{d^l}{dt^l}y(t)\bigg|_{t=0^-} \end{aligned}$$

이고, $t < 0$일 때 입력은 0이라고 가정하였다.

$y(t)$에 대한 모든 초기 조건이 0이면 $C(s) = 0$이고, 입력 $x(t)$가 0이면 $B(s)X(s) = 0$임을 주목하자. 이제 $y(t)$에 대한 초기 조건들과 입력의 영향을 분리하여 다음과 같이 쓸 수 있다.

$$\begin{aligned} Y(s) &= \frac{B(s)X(s)}{A(s)} + \frac{C(s)}{A(s)} \\ &= Y^{(f)}(s) + Y^{(n)}(s). \end{aligned}$$

여기서,

$$Y^{(f)}(s) = \frac{B(s)X(s)}{A(s)}, \qquad Y^{(n)}(s) = \frac{C(s)}{A(s)}$$

이다. $Y^{(f)}(s)$항은 전적으로 입력과 관련된 응답 성분, 즉 시스템의 **강제 응답**(forced response)

성분을 나타낸다. 이 항은 초기 조건들이 0일 때의 출력을 나타낸다. $Y^{(n)}(s)$항은 전적으로 초기 조건에 의한 출력 성분, 즉 시스템의 **자연 응답**(natural response) 성분을 나타낸다. 이 항은 입력이 0일 때의 시스템 출력을 나타낸다.

예제 6.11 **강제 응답 및 자연 응답 구하기.** 단측 라플라스 변환을 이용하여, 입력 $x(t) = u(t)$에 대한 응답으로서, 다음의 미분 방정식으로 표현되는 시스템의 출력을 구하라.

$$\frac{d^2}{dt^2}y(t) + 5\frac{d}{dt}y(t) + 6y(t) = \frac{d}{dt}x(t) + 6x(t).$$

시스템의 초기 조건은 아래와 같이 가정하라.

$$y(0^-) = 1, \qquad \frac{d}{dt}y(t)|_{t=0^-} = 2. \tag{6.28}$$

시스템의 강제 응답 $y^{(f)}(t)$와 자연 응답 $y^{(n)}(t)$를 구분하라.

▶ 풀이: 식 (6.19)의 미분 특성을 이용하고, 미분 방정식의 양변에 단측 라플라스 변환을 취하면, 다음을 얻는다.

$$(s^2 + 5s + 6)Y(s) - \frac{d}{dt}y(t)\bigg|_{t=0^-} - sy(0^-) - 5y(0^-) = (s + 6)X(s).$$

$Y(s)$에 대하여 풀면,

$$Y(s) = \frac{(s + 6)X(s)}{s^2 + 5s + 6} + \frac{sy(0^-) + \frac{d}{dt}y(t)\Big|_{t=0^-} + 5y(0^-)}{s^2 + 5s + 6}$$

를 얻는다. 첫 번째 항은 시스템의 강제 응답 $y^{(f)}(t)$와 관련된다. 두 번째 항은 자연 응답 $y^{(n)}(t)$에 대응된다. $X(s) = 1/s$과 식 (6.28)의 초기 조건을 이용하면,

$$Y^{(f)}(s) = \frac{s + 6}{s(s + 2)(s + 3)}$$

과

$$Y^{(n)}(s) = \frac{s + 7}{(s + 2)(s + 3)}$$

을 얻는다. 두 항을 부분 분수 전개하면, 다음 식이 산출된다.

$$Y^{(f)}(s) = \frac{1}{s} + \frac{-2}{s + 2} + \frac{1}{s + 3}$$

과

$$Y^{(n)}(s) = \frac{5}{s + 2} + \frac{-4}{s + 3}$$

다음에는 $y^{(f)}(s)$와 $y^{(n)}(s)$의 단측 역라플라스 변환을 취하면,

$$y^{(f)}(t) = u(t) - 2e^{-2t}u(t) + e^{-3t}u(t)$$

와

$$y^{(n)}(t) = 5e^{-2t}u(t) - 4e^{-3t}u(t)$$

를 얻는다. 시스템의 출력은 $y(t) = y^{(f)}(t) + y^{(n)}(t)$이다. 그림 6.8(a), (b), (c)는 각각 강제 응답, 자연 응답, 시스템 출력을 나타낸다. ▮

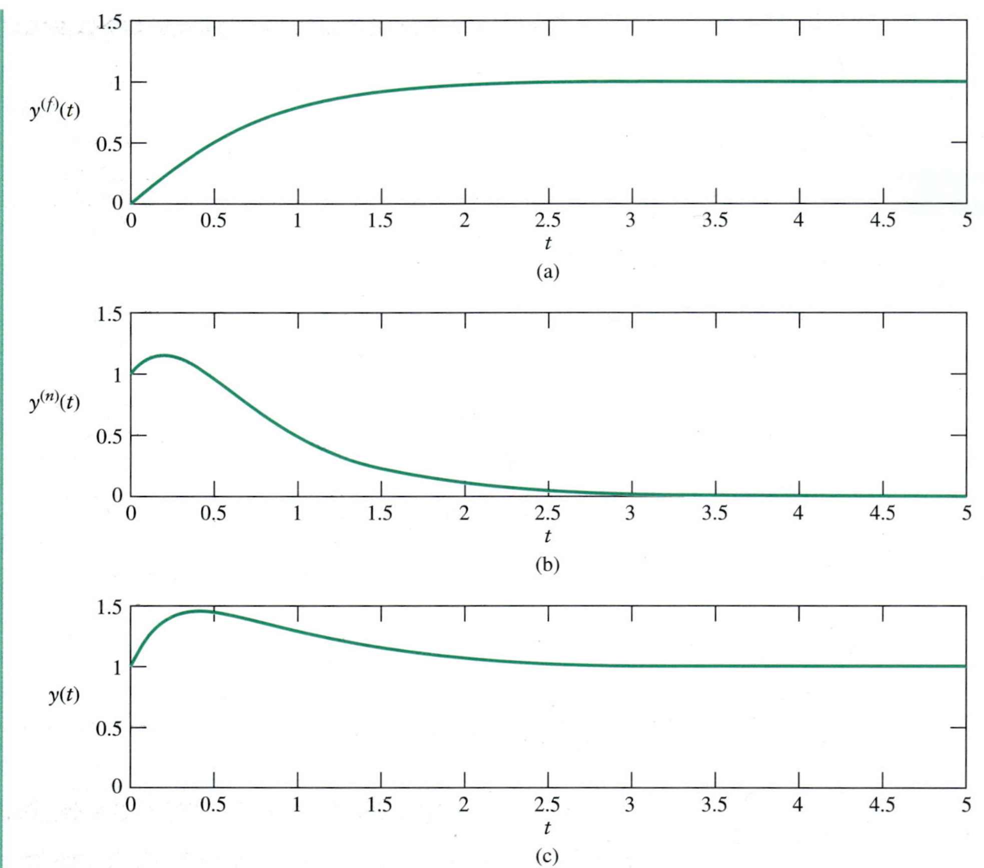

그림 6.8 예제 6.11의 풀이. (a) 시스템의 강제 응답 $y^{(f)}(t)$, (b) 시스템의 자연 응답 $y^{(n)}(t)$, (c) 시스템의 전체 출력

예제 6.12 MEMS 가속도계(accelerometer): 강제 응답 및 자연 응답. 1.10절에서 소개된 MEMS 가속도계는 다음의 미분 방정식에 의하여 운용된다(그림 6.9 참조).

$$\frac{d^2}{dt^2}y(t) + \frac{\omega_n}{Q}\frac{d}{dt}y(t) + \omega_n^2 y(t) = x(t).$$

여기서 $x(t)$는 외부의 가속도이고, $y(t)$는 프루프 매스(proof mass)의 위치이다. 매스의 초기 위치는 $y(0^-) = -2 \times 10^{-7}$ m이고, 초기 속도는 $\frac{d}{dt}y(t)|_{t=0^-} = 0$이며, 입력은 $x(t) = 20[u(t) - u(t - 3 \times 10^{-4})]$ m/s^{2}이라고 가정하여, $\omega_n = 10{,}000$ 라디안/초, $Q = 1/2$일 때 강제 응답과 자연 응답을 구하라.

▶ 풀이: 미분 방정식의 양변을 단측 라플라스 변환하고, 항들을 재정리하면

$$Y^{(f)}(s) = \frac{X(s)}{s^2 + 20{,}000s + (10{,}000)^2}$$

이고,

$$Y^{(n)}(s) = \frac{(s + 20{,}000)y(0^-) + \left.\frac{d}{dt}y(t)\right|_{t=0^-}}{s^2 + 20{,}000s + (10{,}000)^2}$$

가 됨을 알 수 있다. 지정된 초기 조건과 결과식 $Y^{(n)}(s)$의 부분 분수 전개를 이용하면, 다음을 얻는다.

$$Y^{(n)}(s) = \frac{-2 \times 10^{-7}(s + 20{,}000)}{(s + 10{,}000)^2} = \frac{-2 \times 10^{-7}}{s + 10{,}000} + \frac{-2 \times 10^{-3}}{(s + 10{,}000)^2}.$$

이제 $Y^{(n)}(s)$의 단측 역변환을 취하면, 자연 응답을 얻을 수 있다.

$$y^{(n)}(t) = -2 \times 10^{-7} e^{-10{,}000t} u(t) - 2 \times 10^{-3} t e^{-10{,}000t} u(t).$$

다음에는 $X(s) = 20(1 - e^{-3 \times 10^{-4}s})/s$를 이용하여 강제 응답의 라플라스 변환을 얻는다.

$$Y^{(f)}(s) = (1 - e^{-3\times10^{-4}s})\frac{20}{s(s^2 + 20{,}000s + 10{,}000^2)}.$$

$Y^{(f)}(s)$를 부분 분수 전개하면,

$$Y^{(f)}(s) = (1 - e^{-3\times10^{-4}s})\frac{20}{10^8}\left[\frac{1}{s} - \frac{1}{s + 10{,}000} - \frac{10{,}000}{(s + 10{,}000)^2}\right]$$

이 된다. $e^{-3 \times 10^{-4}s}$ 항은 부분 분수 전개식의 각 항에 -3×10^{-4}초의 시간 지연을 일으킨다. 단측 역라플라스 변환을 취하면, 다음을 얻는다.

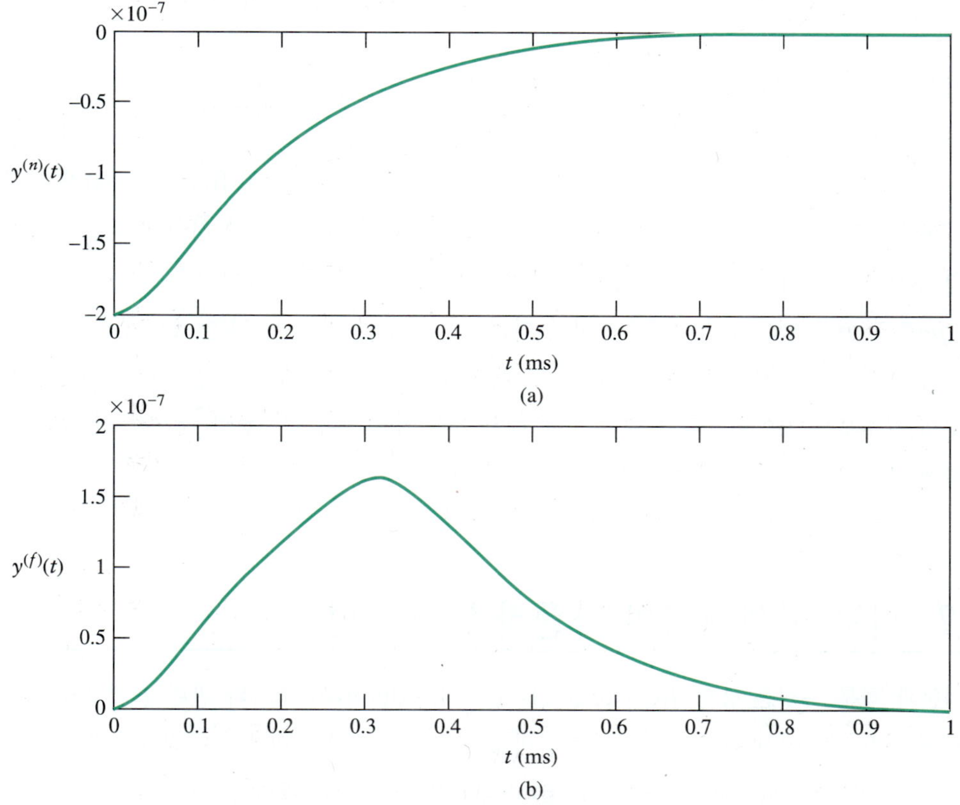

그림 6.9 예제 6.12의 MEMS 가속도계 응답. (a) 자연 응답 $y^{(n)}(t)$, (b) 강제 응답 $y^{(f)}(t)$

$$y^{(f)}(t) = \frac{20}{10^8}[u(t) - u(t - 3 \times 10^{-4}) - e^{-10,000t}u(t) + e^{-(10,000t-3)}u(t - 3 \times 10^{-4}) - 10,000te^{-10,000t}u(t) + (10,000t - 3)e^{-(10,000t-3)}u(t - 3 \times 10^{-4})].$$

자연 응답과 강제 응답은 그림 6.9에 그려져 있다. 이러한 MEMS는 낮은 Q-인자(Q-factor)를 갖는다. 따라서 우리는 $y^{(n)}(t)$와 $y^{(f)}(t)$에 대해 얻어진 결과로부터 나오는 예상으로서, 시스템의 응답이 심하게 감소할 것이라고 생각할 수 있다. ■

▶ **연습문제 6.9** 특정한 입력과 초기 조건들을 갖고, 다음의 미분 방정식으로 표현된 시스템들의 강제 응답과 자연 응답을 구하라.

(a) $\frac{d}{dt}y(t) + 3y(t) = 4x(t), \quad x(t) = \cos(2t)u(t), \quad y(0^-) = -2$

(b) $\frac{d^2}{dt^2}y(t) + 4y(t) = 8x(t), \quad x(t) = u(t), \quad y(0^-) = 1, \quad \frac{d}{dt}y(t)\Big|_{t=0^-} = 2$

해답: (a) $y^{(f)}(t) = -\frac{12}{13}e^{-3t}u(t) + \frac{12}{13}\cos(2t)u(t) + \frac{8}{13}\sin(2t)u(t)$

$y^{(n)}(t) = -2e^{-3t}u(t)$

(b) $y^{(f)}(t) = 2u(t) - 2\cos(2t)u(t)$

$y^{(n)}(t) = \cos(2t)u(t) + \sin(2t)u(t)$ ■

시스템의 자연 응답은 $A(s) = 0$의 근인 $C(s)/A(s)$의 극점들을 이용한 부분 분수 전개식으로부터 얻어진다. 각각의 극점 인수는 e^{pt} 형태의 항을 내놓으며, 여기서 p는 $A(s) = 0$의 근이다. 그렇기 때문에 이 근들을 때로는 시스템의 **자연 주파수**(natural frequencies)라고 부른다. 자연 주파수는 시스템 특성에 대한 유익한 정보를 제공한다. 만약 시스템이 안정하다면, 자연 주파수는 음의 실수부를 가져야 한다. 즉, 자연 주파수들은 s-평면의 좌반면에 있어야 한다. $j\omega$축의 왼쪽으로 자연 주파수까지의 거리인 실수부의 거리는, 자연 응답에서 해당 항이 얼마나 빨리 0으로 감소하는지를 결정하기 때문에, 시스템의 응답 속도를 결정한다. 자연 주파수의 허수부는 자연응답에서 해당 항에 대한 진동 주파수를 결정한다. 허수부의 크기가 증가함에 따라 진동 주파수가 증가한다.

6.7 회로 해석에서의 라플라스 변환법

미분과 적분 특성은 용량성(capacitive), 유도성(inductive) 소자와 관련된 회로를 변환함으로써 시간 영역에서 미분 방정식으로 곧바로 기술하는 것보다 라플라스 변환의 항들로 직접 풀이될 수 있도록 하는 데 이용될 수도 있다. 이것은 저항성, 용량성, 유도성 소자들을 그들의 라플라스 변환 등가식으로 대체함으로써 이행된다.

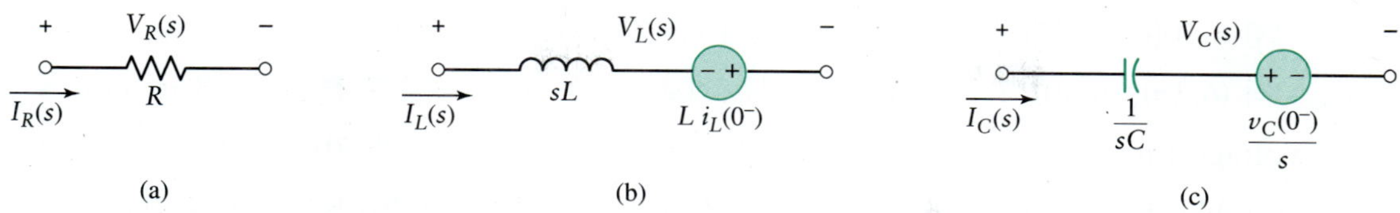

그림 6.10 키르히호프 전압 법칙을 이용하기 위한 라플라스 변환 회로 모델. (a) 저항, (b) 초기 전류 $i_L(0^-)$인 인덕터, (c) 초기 전압 $v_C(0^-)$인 커패시터

전압 $vR(t)$와 전류 $iR(t)$를 갖는 저항 R은 다음의 관계식을 만족한다.

$$v_R(t) = Ri_R(t).$$

이 식을 변환하면,

$$V_R(s) = RI_R(s) \tag{6.29}$$

로 쓸 수 있고, 이는 그림 6.10(a)에서 변환된 저항 소자로 나타내었다. 다음에는 인덕터를 고찰하기로 하면, 관계식은

$$v_L(t) = L\frac{d}{dt}i_L(t)$$

이고, 이 관계식을 변환하고, 식 (6.19)에 주어진 미분 특성을 이용하면, 다음 식이 산출된다.

$$V_L(s) = sLI_L(s) - Li_L(0^-). \tag{6.30}$$

이 관계식은 그림 6.10(b)의 변환된 인덕터 소자로 표현될 수 있다. 마지막으로 커패시터를 고려해 보면, 다음과 같이 표현될 수 있다.

$$v_C(t) = \frac{1}{C}\int_{0^-}^{t} i_C(\tau)d\tau + v_C(0^-).$$

이 관계식을 변환하고, 식 (6.20)에 주어진 적분 특성을 이용하면, 다음을 얻는다.

$$V_C(s) = \frac{1}{sC}I_C(s) + \frac{v_C(0^-)}{s}. \tag{6.31}$$

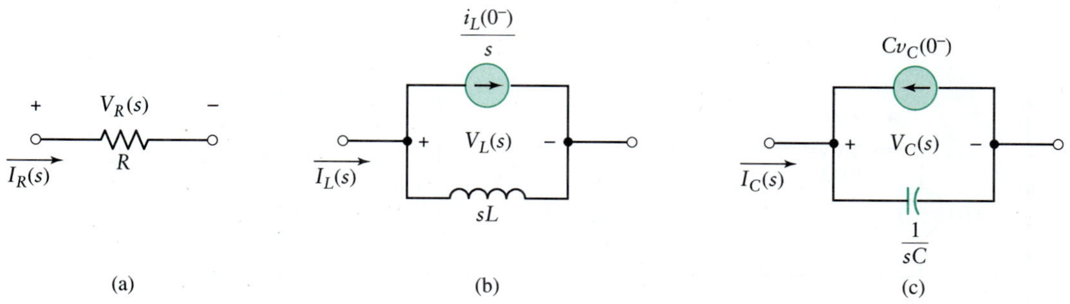

그림 6.11 키르히호프 전압 법칙을 이용하기 위한 라플라스 변환 회로 모델. (a) 저항, (b) 초기 전류가 $i_L(0^-)$인 인덕터, (c) 초기 전압이 $v_C(0^-)$인 커패시터

그림 6.10(c)는 식 (6.31)로 기술된 변환된 커패시터 소자를 나타낸다.

식 (6.29), (6.30) 및 (6.31)에 해당되는 회로 모델들은 **키르히호프 전압 법칙**(Kirchhoff's voltage low)을 적용하여 회로를 해석할 때 가장 유용하다. 만약 **키르히호프 전류 법칙**(Kirchhoff's current low)이 이용되어야 한다면, 식 (6.29), (6.30) 및 (6.31)을 전압의 함수로서 전류를 표현하도록 식을 다시 쓰는 것이 더 편리하다. 이 경우에는 그림 6.11에 나타낸 변환된 회로 소자들이 될 것이다. 다음의 예제는 전기 회로의 풀이를 위한 라플라스 변환법을 설명한다.

예제 6.13 **2차 회로의 풀이.** 라플라스 변환 회로 모델을 이용하여, 인가 전압이 $x(t) = 3e^{-10t}u(t)$ V일 때 그림 6.12(a)의 회로에서 전압 $y(t)$를 구하라. $t = 0^-$일 때 커패시터에 걸리는 전압은 5 V이다.

풀이: 회로에 라플라스 변환을 적용하면 그림 6.12(b)와 같다. 여기서, 기호 $I_1(s)$와 $I_2(s)$는 각각의 경로에 흐르는 전류를 나타낸다. 키르히호프 법칙을 이용하면, 회로를 기술하기 위해 다음과 같은 방정식을 쓸 수 있다.

$$Y(s) = 1{,}000(I_1(s) + I_2(s));$$
$$X(s) = Y(s) + \frac{1}{s(10^{-4})}I_1(s) + \frac{5}{s};$$
$$X(s) = Y(s) + 1{,}000I_2(s).$$

$I_1(s)$와 $I_2(s)$를 소거하기 위해 세 방정식을 결합하면,

$$Y(s) = X(s)\frac{s+10}{s+20} - \frac{5}{s+20}$$

가 된다. $X(s) = 3/(s+10)$을 이용하면,

$$Y(s) = \frac{-2}{s+20}$$

를 얻을 수 있다. 따라서 다음과 같은 결과를 얻는다.

$$y(t) = -2e^{-20t}u(t)\text{ V}.$$

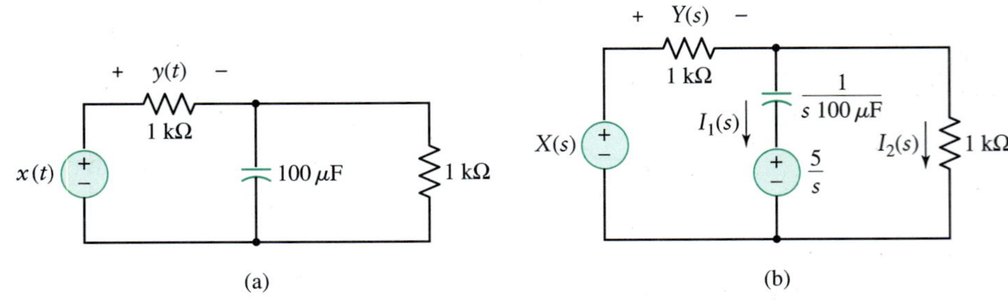

그림 6.12 예제 6.13을 위한 전기 회로. (a) 원래의 회로, (b) 변환된 회로

회로의 자연 응답과 강제 응답은 변환된 회로 표현을 이용하여 쉽게 구할 수 있다. 자연 응답은 입력과 관련되는 전압원이나 전류원을 0이라고 놓음으로써 얻어진다. 이 경우에 변환된 회로에 있는 유일한 전압원이나 전류원은 변환된 커패시터와 인덕터 회로 모델에 있는 초기 조건과 관련된 것들이다. 입력에 의한 강제 응답은 초기 조건들을 0으로 놓음으로써 얻어지는데, 이는 변환된 커패시터와 인덕터 회로 모델에 존재하는 전압원이나 전류원을 제거하는 것이다.

▶ **연습문제 6.10** 라플라스 변환 회로 표현을 이용하여 그림 6.7에 나타낸 RC 회로에 대한 자연 응답과 강제 응답을 구하라. $x(t) = (3/5)e^{-2t}u(t)$이고, $y(0^-) = -2$라고 가정한다.

해답: $y^{(n)}(t) = -2e^{-5t}u(t)$

$y^{(f)}(t) = e^{-2t}u(t) - e^{-5t}u(t)$ ∎

6.8 양측 라플라스 변환의 특성

양측 라플라스 변환은 $t \geq 0$과 $t < 0$ 둘 다에 대한 신호 $x(t)$의 값을 다루며, 다음과 같이 주어진다.

$$x(t) \xleftrightarrow{\mathcal{L}} X(s) = \int_{-\infty}^{\infty} x(t)e^{-st}\,dt.$$

따라서 양측 라플라스 변환은 비인과성(noncausal) 신호 및 시스템과 관련된 문제에 매우 적합하며, 이 문제들은 이어지는 절들에서 공부할 응용 분야이다. 이 절에서 우리는 단측과 양측 라플라스 변환의 특성들 간의 중요한 차이점에 주목할 것이다.

선형성, 스케일링, s 영역의 주파수 이동, 콘벌루션 그리고 s 영역의 미분 등의 특성들은 비록 이러한 특성에 관련된 연산들이 수렴 영역(ROC)을 변하게 할지라도, 양측과 단측 라플라스 변환에 대하여 동일하다. ROC에 대한 이러한 각 연산의 영향은 부록 D.2에 라플라스 변환 특성표에 주어져 있다.

일어날 수 있는 ROC의 변화를 설명하기 위하여 선형성 특성을 고려해 보자. 만약 $x(t) \xleftrightarrow{\mathcal{L}} X(s)$에서 ROC R_x이고, $y(t) \xleftrightarrow{\mathcal{L}} Y(s)$에서 ROC R_y라 하면, $ax(t) + by(t) \xleftrightarrow{\mathcal{L}} aX(s) + bY(s)$에서는 ROC가 적어도 $R_x \cap R_y$이다. 여기서, 기호 $\cap$은 교집합을 나타낸다. 보통 신호들의 합에 대한 ROC는 바로 각각의 ROC들의 교집합이다. 만약 극점과 영점이 두 함수의 선형결합 $aX(s) + bY(s)$에서 상쇄되면, ROC는 각각의 ROC들의 교집합보다 더 커질 수 있다. ROC에 대한 극점-영점 상쇄의 영향은 다음에 나오는 예제에서 설명된다.

예제 6.14 ROC에 대한 극점-영점 상쇄의 영향. 다음을 가정하자.

$$x(t) = e^{-2t}u(t) \overset{\mathcal{L}}{\longleftrightarrow} X(s) = \frac{1}{s+2} \quad (\text{ROC Re}(s) > -2)$$

$$y(t) = e^{-2t}u(t) - e^{-3t}u(t) \overset{\mathcal{L}}{\longleftrightarrow} Y(s) = \frac{1}{(s+2)(s+3)} \quad (\text{ROC Re}(s) > -2).$$

ROC들의 s-평면 표현은 그림 6.13에 나타내었다. ROC들의 교집합은 $\text{Re}(s) > -2$이다. 그러나, 우리가 $a = 1$, $b = -1$을 선택한다면, $x(t) - y(t) = e^{-3t}u(t)$는 ROC들의 교집합보다 큰 $\text{Re}(s) > -3$인 ROC를 갖는다. 여기서, 뺄셈은 시간 영역에서 신호 $e^{-2t}u(t)$를 제거하여, 결과적으로 ROC가 커진다. 이것은 s 영역에서 극점-영점 상쇄에 해당한다.

$$\begin{aligned} X(s) - Y(s) &= \frac{1}{s+2} - \frac{1}{(s+2)(s+3)} \\ &= \frac{(s+3)-1}{(s+2)(s+3)} \\ &= \frac{(s+2)}{(s+2)(s+3)}. \end{aligned}$$

$s = -2$에 있는 $(X(s) - Y(s))$의 영점은 $s = -2$에 있는 극점과 상쇄되므로, 다음 식과 같이 된다.

$$X(s) - Y(s) = \frac{1}{s+3}. \quad ■$$

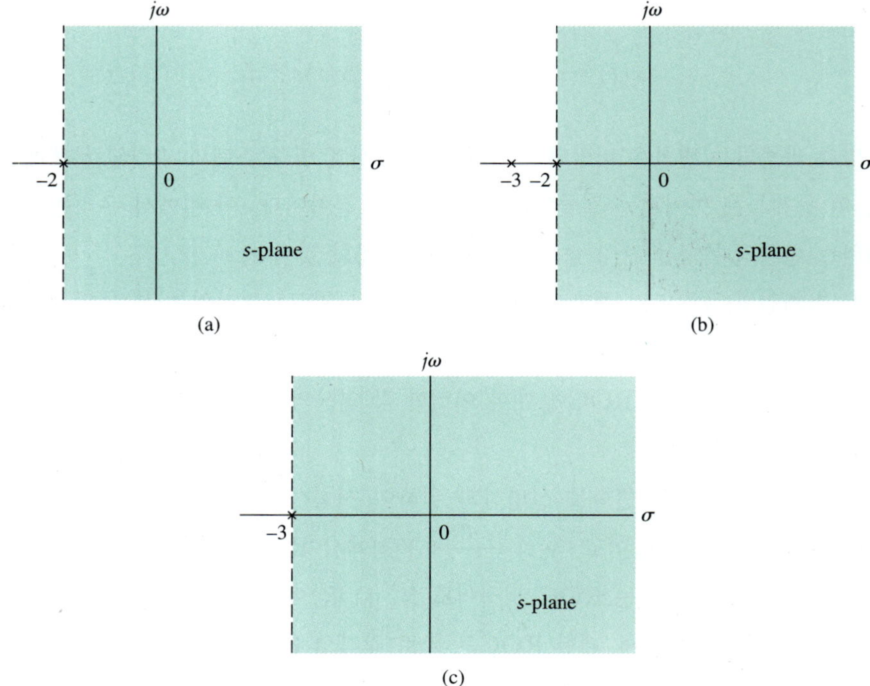

그림 6.13 신호의 합에 대한 ROC(파란색 영역)는 극점-영점 상쇄가 일어날 때 각각의 ROC들의 교집합보다 커질 수 있다. (a) $x(t) = e^{-2t}u(t)$에 대한 ROC, (b) $y(t) = e^{-2t}u(t) - e^{-3t}u(t)$에 대한 ROC, (c) $x(t) - y(t)$에 대한 ROC

만약 ROC들의 교집합이 공집합이 되고, 극점-영점 상쇄가 발생하지 않으면 $ax(t)+by(t)$의 라플라스 변환은 존재하지 않는다. 두 신호의 콘벌루션에 대한 ROC도 극점-영점 상쇄가 발생하면, 각각의 ROC들의 교집합보다 더 클 수 있다는 것을 주목하라.

시간 이동, 시간 영역의 미분 및 시간에 대한 적분과 관련된 양측 라플라스 변환의 특성들은 단측의 해당 특성들과는 약간 다르다. 우리는 이 특성들을 증명하지는 않으며, 다음과 같이 표현한다.

시간 이동

$$x(t-\tau) \overset{\mathcal{L}}{\longleftrightarrow} e^{-s\tau}X(s). \tag{6.32}$$

식 (6.14)에 주어진 단측 변환의 특성에 존재하는 시간 이동에 대한 제약 조건($\tau > 0$)은 없어졌는데, 이는 양측 라플라스 변환은 시간에 대하여 음과 양의 값 둘 다에 걸쳐서 계산되기 때문이다. ROC는 시간 이동에 의해 변경되지 않는다는 사실을 주목하라.

시간 영역의 미분

$$\frac{d}{dt}x(t) \overset{\mathcal{L}}{\longleftrightarrow} sX(s), \quad \text{ROC는 적어도 } R_x. \tag{6.33}$$

여기서 R_x는 $X(s)$와 관련된 ROC이다. 시간 영역의 미분은 s영역에서 s를 곱하는 것에 대응된다. 만약 $X(s)$가 ROC 경계에서 $s=0$의 극점 한 개를 갖는다면, $sX(s)$와 관련된 ROC는 R_x보다 더 커질 수 있을 것이다. 미분에 대응하여 s를 곱한 것이 이 극점을 상쇄하고, 따라서 $x(t)$에 있는 직류 성분을 제거한다.

예제 6.15 **양측 변환의 시간 이동 및 미분 특성의 이용.** 다음 식의 라플라스 변환을 구하라.

$$x(t) = \frac{d^2}{dt^2}(e^{-3(t-2)}u(t-2)).$$

풀이: 예제 6.1로부터 우리는 다음의 변환쌍을 알고 있다.

$$e^{-3t}u(t) \overset{\mathcal{L}}{\longleftrightarrow} \frac{1}{s+3} \quad (\text{ROC Re}(s) > -3).$$

식 (6.32)에 주어진 시간 이동 특성에 의하면,

$$e^{-3(t-2)}u(t-2) \overset{\mathcal{L}}{\longleftrightarrow} \frac{1}{s+3}e^{-2s} \quad (\text{ROC Re}(s) > -3)$$

이 된다. 이제 다음과 같이 식 (6.33)에 주어진 시간 미분 특성을 적용한다.

$$x(t) = \frac{d^2}{dt^2}(e^{-3(t-2)}u(t-2)) \overset{\mathcal{L}}{\longleftrightarrow} X(s) = \frac{s^2}{s+3}e^{-2s} \quad (\text{ROC Re}(s) > -3)$$ ▮

시간에 대한 적분

$$\int_{-\infty}^{t} x(\tau)d\tau \overset{\mathcal{L}}{\longleftrightarrow} \frac{X(s)}{s}, \quad (\text{ROC } R_x \cap \text{Re}(s) > 0) \tag{6.34}$$

인 적분은 s로 나누는 것에 대응된다. 이 식은 $s = 0$에 극점을 발생시키고, 적분은 오른쪽으로 수행하므로 ROC는 $s = 0$의 오른쪽에 있어야 한다.

초기값과 최종값 정리는 $t < 0$일 때 $x(t) = 0$이라는 부가적 제약 조건을 가질 때 양측 라플라스 변환에 적용될 수 있다.

▶ **연습문제 6.11** 다음의 신호들 각각에 대하여 양측 라플라스 변환 및 대응되는 ROC를 구하라.

(a) $$x(t) = e^{-t}\frac{d}{dt}(e^{-(t+1)}u(t+1))$$

(b) $$x(t) = \int_{-\infty}^{t} e^{2\tau}\sin(\tau)u(-\tau)d\tau$$

해답: (a) $$X(s) = \frac{(s+1)e^{s+1}}{s+2}, \quad \text{Re}(s) > -2$$

(b) $$X(s) = \frac{-1}{s((s-2)^2+1)}, \quad 0 < \text{Re}(s) < 2$$ ∎

6.9 수렴 영역의 특성

6.2절에서 우리는 ROC가 정해지지 않으면 양측 라플라스 변환은 유일하지 않다는 것을 발견하였다. 이 절에서는 ROC가 신호 $x(t)$의 특성과 어떻게 관련되는지를 알아본다. 우리는 정밀한 증명보다는 오히려 직관적인 논의를 사용하여 이러한 특성들을 전개할 것이다. 일단 ROC의 특성들을 알면, 우리는 라플라스 변환 $X(s)$에 대한 지식과 $x(t)$의 특성에 대한 한정된 지식으로부터 ROC를 식별해 낼 수 있는 경우가 자주 있다.

첫 번째로, ROC는 어떤 극점도 포함할 수 없다는 것을 주의해야 한다. 만약 라플라스 변환이 수렴한다면, $X(s)$는 전체 ROC에서 유한하다. d를 $X(s)$의 극점이라고 가정하자. 이는 $X(d) = \pm\infty$임을 의미한다. 그러므로 라플라스 변환은 d에서는 수렴하지 않는다. 따라서, $s = d$는 ROC 안에 있을 수 없다.

다음으로, 신호 $x(t)$에 대하여 양측 라플라스 변환이 수렴한다는 것은 σ의 어떤 값에 대하여 다음 식과 같이 된다는 것을 의미한다.

$$I(\sigma) = \int_{-\infty}^{\infty} |x(t)|e^{-\sigma t}dt < \infty.$$

이 적분이 유한하게 되는 σ의 집합이 $x(t)$의 양측 라플라스 변환의 ROC를 결정한다. σ는 s의 실수부이므로 ROC는 오직 그 부분에만 의존한다. s의 허수 성분은 수렴에 아무런 영향을 미치지않는다. 이러한 사실은 ROC가 s-평면의 $j\omega$축에 평행한 띠(strip)로 이루어진다는 것을 의미한다.

$x(t)$가 유한 구간의 신호라고 가정하자. 즉, $t < a$일 때와 $t > b$일 때 $x(t) = 0$이다. 만약 $|x(t)| \le A$인 유한 경계 상수(finite bounding constant) A를 찾아낼 수 있다면,

$$I(\sigma) \le \int_a^b Ae^{-\sigma t}dt$$
$$= \begin{cases} \dfrac{-A}{\sigma}[e^{-\sigma t}|_a^b, & \sigma \ne 0 \\ A(b-a), & \sigma = 0 \end{cases}$$

이다. 이 경우에 σ의 모든 유한 값들에 대하여 $I(\sigma)$가 유한함을 알 수 있고, 따라서 유한 구간의 신호에 대한 ROC는 s-평면 전체를 포함한다고 결론 지을 수 있다.

이제 우리는 $I(\sigma)$를 양의 시간과 음의 시간 부분으로 분리한다. 즉,

$$I(\sigma) = I_-(\sigma) + I_+(\sigma).$$

여기서

$$I_-(\sigma) = \int_{-\infty}^0 |x(t)|e^{-\sigma t}dt$$

이고,

$$I_+(\sigma) = \int_0^\infty |x(t)|e^{-\sigma t}dt$$

이다. $I(\sigma)$가 유한하기 위해서, 이 적분식들은 둘 다 유한해야 한다. 이것은 어떤 의미에서는 $|x(t)|$가 유한해야(bounded) 한다는 것을 의미한다.

양과 음의 시간 t 둘 다에 대해 $|x(t)|$를 유한하게 제한할 수 있도록

$$|x(t)| \le Ae^{\sigma_p t}, \quad t > 0$$

을 만족하는 가장 작은 상수 $A > 0$와 σ_p를 구해내고,

$$|x(t)| \le Ae^{\sigma_n t}, \quad t < 0$$

을 만족하는 가장 큰 상수 σ_n을 구할 수 있다고 가정하자. 이러한 유한 조건을 만족하는 신호 $x(t)$를 지수 **함수계**(exponential order)라고 말한다. 이러한 유한 조건은 $|x(t)|$가 양의 t에 대해서는 $e^{\sigma_p t}$보다 그리고 음의 t에 대해서는 $e^{\sigma_n t}$보다 빠르지 않게 증가한다는 것을 의미한다. e^{t^2}이나 t^{3t}와 같이 지수 함수계가 아닌 신호들이 있을 수 있으나 그러한 신호는 일반적으로 물리적 시스템의 연구에서는 나타나지 않는다.

$|x(t)|$에 대한 지수 함수계의 유한 조건을 이용하면,

$$I_{-}(\sigma) \leq A \int_{-\infty}^{0} e^{(\sigma_n - \sigma)t}\, dt$$
$$= \frac{A}{\sigma_n - \sigma}[e^{(\sigma_n-\sigma)t}|_{-\infty}^{0}$$

그리고

$$I_{+}(\sigma) \leq A \int_{0}^{\infty} e^{(\sigma_p - \sigma)t}\, dt$$
$$= \frac{A}{\sigma_p - \sigma}[e^{(\sigma_p-\sigma)t}|_{0}^{\infty}$$

로 나타낼 수 있다. $I_{-}(\sigma)$는 $\sigma < \sigma_n$일 때 유한하고, $I_{+}(\sigma)$는 $\sigma > \sigma_p$일 때 유한하다는 사실을 주목하자. $I(\sigma)$는 $I_{-}(\sigma)$와 $I_{+}(\sigma)$가 둘 다 유한한 σ값에서 유한하다. 그러므로 라플라스 변환은 $\sigma_p < \sigma < \sigma_n$일 때 수렴하게 된다. 만약 $\sigma_p > \sigma_n$이면, 라플라스 변환이 수렴하는 σ값이 없다는 사실을 주목하라.

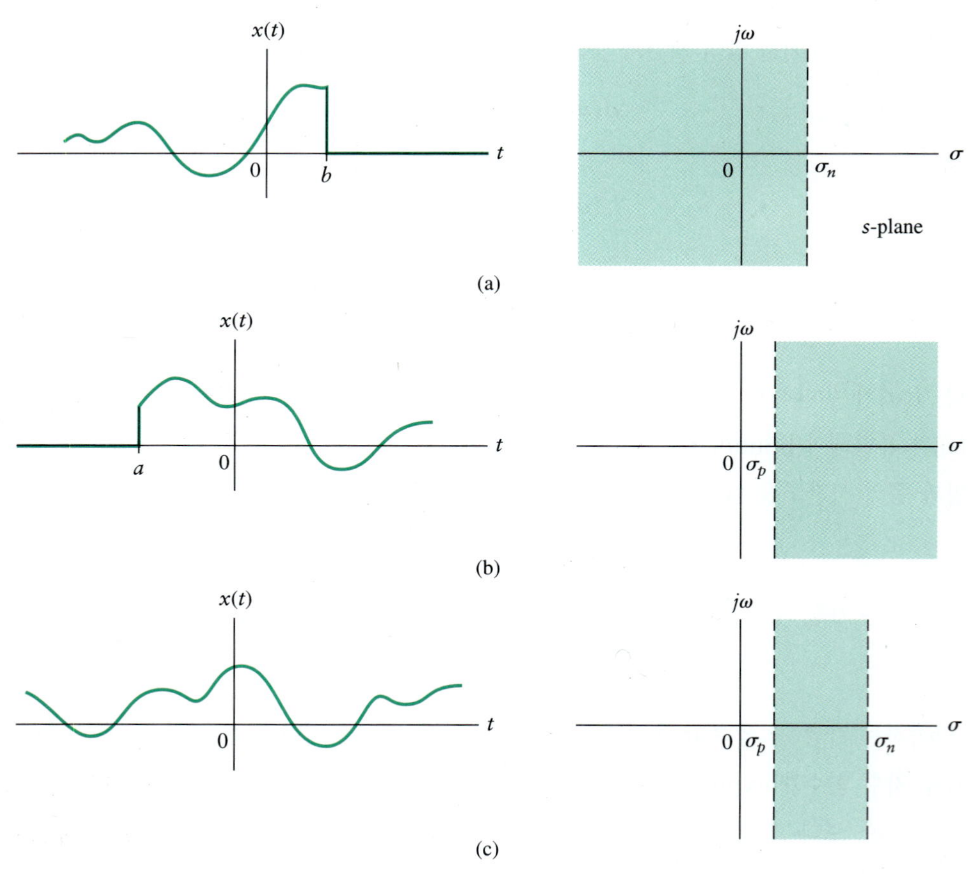

그림 6.14 신호의 시간 범위와 파란색 영역으로 나타낸 ROC의 관계. (a) 좌측 신호는 s-평면에서 수직선의 왼쪽 평면을 ROC로 갖는다. (b) 우측 신호는 s-평면에서 수직선의 오른쪽 평면을 ROC로 갖는다. (c) 양측 신호는 s-평면에서 유한한 폭의 수직 띠로 결정되는 ROC를 갖는다.

우리는 이제 막 소개한 해석으로부터 다음과 같은 결론을 내릴 수 있다. $t > b$일 때 $x(t) = 0$인 신호는 **좌측 신호**(sided signal), $t < a$일 때 $x(t) = 0$인 신호는 **우측 신호**(sided signal) 그리고 양방향으로 범위가 무한한 신호는 **양측 신호**(two-sided signal)라고 정의하자. a와 b는 임의의 상수라는 것을 주목하라. 만약 $x(t)$가 지수 함수적 계라면,

- 좌측 신호의 ROC는 $\sigma < \sigma_n$의 형태이다.
- 우측 신호의 ROC는 $\sigma > \sigma_p$의 형태이다.
- 양측 신호의 ROC는 $\sigma_p < \sigma < \sigma_n$의 형태이다.

이러한 각각의 경우는 그림 6.14에서 보여주고 있다.

Ae^{at}인 형태의 지수 신호는 물리적 문제에서 빈번히 나타난다. 이러한 경우에 ROC와 그 신호 사이에는 분명한 관계가 있다. 특히, 하나 또는 그 이상의 극점의 실수부가 ROC의 경계인 σ_n과 σ_p를 결정한다. 우측 신호 $x(t) = e^{at}u(t)$가 있다고 가정하자. 여기서, 일반적으로 a는 복소수이다. 이 신호는 가장 작은 지수적 경계 신호 $e^{\mathrm{Re}(a)t}$를 가지는 지수 함수계이다. 그러므로 $\sigma_p = \mathrm{Re}(a)$이고, ROC는 $\sigma > \mathrm{Re}(a)$이다. $x(t)$의 양측 라플라스 변환은 $s = a$에 극점을 가지게 되고, 따라서 ROC는 극점의 오른쪽에 있는 s-평면 영역이 된다. 마찬가지로, 만약 $x(t) = e^{at}u(-t)$라면, ROC는 $\sigma < \mathrm{Re}(a)$, 즉 ROC는 극점의 왼쪽에 있는 s-평면 영역이다. 만약 신호 $x(t)$가 지수 함수들의 합으로 이루어진다면, ROC는 각 항과 관련된 각각의 ROC들의 교집합이 된다. 이러한 특성은 다음의 예제에서 설명된다.

예제 6.16 지수 함수들의 합인 ROC. 다음의 두 신호

$$x_1(t) = e^{-2t}u(t) + e^{-t}u(-t)$$

와

$$x_2(t) = e^{-t}u(t) + e^{-2t}u(-t)$$

를 고려해 보자. 각 신호의 양측 라플라스 변환에 관한 ROC를 확인하라.

풀이: 다음 식과 같이 $|x_1(t)|e^{-\sigma t}$의 절대 적분 가능성을 확인한다.

$$\begin{aligned} I_1(\sigma) &= \int_{-\infty}^{\infty} |x_1(t)| e^{-\sigma t}\,dt \\ &= \int_{-\infty}^{0} e^{-(1+\sigma)t}\,dt + \int_{0}^{\infty} e^{-(2+\sigma)t}\,dt \\ &= \frac{-1}{1+\sigma}\left[e^{-(1+\sigma)t}\Big|_{-\infty}^{0} + \frac{-1}{2+\sigma}\left[e^{-(2+\sigma)t}\Big|_{0}^{\infty}\right.\right.. \end{aligned}$$

첫 번째 항은 $\sigma < -1$일 때 수렴하는 반면에, 두 번째 항은 $\sigma > -2$일 때 수렴한다. 그러므로 두 항은 $-2 < \sigma < -1$일 때 수렴한다. 이는 각 항에 대한 ROC의 교집합이다. 각 항에 대한 ROC와 ROC들의 교집합은 그림 6.15(a)에 나타내었다. ROC들의 교집합은 더 진한 영역으로 나타나 있다. 독자는 $x_1(t)$의 라플라스 변환이 다음 식과 같음을 확인할 수 있을 것이다.

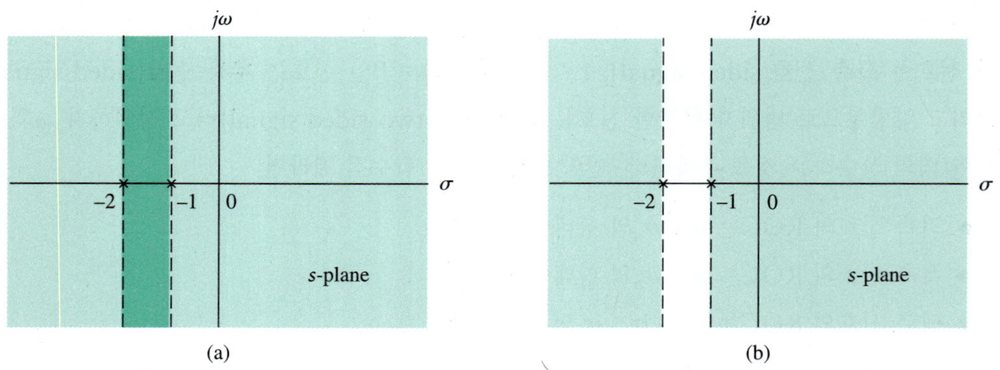

그림 6.15 예제 6.16의 신호에 대한 ROC. (a) 파란색 영역은 각 항 $e^{-2t}u(t)$와 $e^{-t}u(-t)$의 ROC를 나타낸다. 더 진한 영역은 각각의 ROC의 교집합이며, 합신호 $x_1(t)$의 ROC를 나타낸다. (b) 파란색 영역은 각 항 $e^{-2t}u(-t)$와 $e^{-t}u(t)$의 ROC를 나타낸다. 이 경우에 있어서 교집합은 없고, 합신호 $x_2(t)$의 라플라스 변환은 s의 어떠한 값에도 수렴하지 않는다.

$$X_1(s) = \frac{1}{s+2} + \frac{-1}{s+1} = \frac{-1}{(s+1)(s+2)}.$$

이 식은 $s = -1$과 $s = -2$에서 극점을 가진다. $X_1(s)$의 ROC는 두 극점 사이에 있는 s-평면의 띠라는 것을 알 수 있다.

두 번째 신호 $x_2(t)$에 대해서는

$$\begin{aligned} I_1(\sigma) &= \int_{-\infty}^{\infty} |x_2(t)| e^{-\sigma t}\, dt \\ &= \int_{-\infty}^{0} e^{-(2+\sigma)t}\, dt + \int_{0}^{\infty} e^{-(1+\sigma)t}\, dt \\ &= \frac{-1}{2+\sigma}\left[e^{-(2+\sigma)t}\right|_{-\infty}^{0} + \frac{-1}{1+\sigma}\left[e^{-(1+\sigma)t}\right|_{0}^{\infty} \end{aligned}$$

가 된다. 첫 번째 항은 $\sigma < -2$일 때 그리고 두 번째 항은 $\sigma > -1$일 때 수렴한다. 여기서 두 항 모두 수렴하는 σ의 값은 없고, 따라서 교집합은 공집합이다. 그러므로 그림 6.15(b)에 나타낸 바와 같이 $X_2(s)$가 수렴하는 s의 값은 없다. 따라서 $x_2(t)$의 양측 라플라스 변환은 존재하지 않는다. ∎

▶ **연습문제 6.12** $b > 0$일 때와 $b < 0$인 두 경우에 대해 다음 신호의 ROC를 설명하라.

$$x(t) = e^{-b|t|}.$$

해답: $b > 0$일 때 ROC는 $-b < \sigma < b$의 영역이다. $b < 0$일 때 ROC는 공집합이다. ∎

6.10 양측 라플라스 변환의 역변환

6.5절에서 논의한 단측 변환에서의 경우와 같이, s 영역에서 다항식의 비로 표현되는 양측 라플라스 변환의 역변환을 고려하기로 한다. 양측 및 단측 라플라스 변환의 역변환에서 근본적

인 차이점은 BLT의 경우 유일한 역변환을 구하기 위해서는 ROC를 이용해야 한다는 것이다.

그러면 다음과 같이 주어진 s 영역 다항식의 비를 역변환하려 한다고 가정하자.

$$X(s) = \frac{B(s)}{A(s)} = \frac{b_M s^M + b_{M-1}s^{M-1} + \cdots + b_1 s + b_0}{s^N + a_{N-1}s^{N-1} + \cdots + a_1 s + a_0}.$$

ULT에서의 경우처럼, 만약 $M \geq N$이면, 긴 나눗셈을 이용해서 다음과 같이 나타낼 수 있다.

$$X(s) = \sum_{k=0}^{M-N} c_k s^k + \widetilde{X}(s).$$

여기서

$$\widetilde{X}(s) = \frac{\widetilde{B}(s)}{A(s)}$$

는 중복되지 않는 극점들의 항인 부분 분수 전개식으로 나타낼 수 있다. 즉,

$$\widetilde{X}(s) = \sum_{k=1}^{N} \frac{A_k}{s - d_k}$$

가 되고, 다음과 같은 관계도 성립한다.

$$\sum_{k=0}^{M-N} c_k \delta^{(k)}(t) \overset{\mathcal{L}}{\longleftrightarrow} \sum_{k=0}^{M-N} c_k s^k.$$

여기서, $\delta^{(k)}(t)$는 임펄스 $\delta(t)$의 k차 도함수를 나타낸다. 임펄스 함수와 그 도함수들의 라플라스 변환은 s-평면의 어느 곳에서나 수렴하기 때문에, $\widetilde{X}(s)$의 ROC는 $X(s)$의 ROC와 같다는 사실을 주목하라.

BLT의 경우에, $\widetilde{X}(s)$의 부분 분수 전개식에 있는 각 항의 역라플라스 변환에는 두 가지의 가능한 경우가 있다. $\frac{A_k}{s-d_k}$의 역변환으로 우측 함수의 변환쌍

$$A_k e^{d_k t} u(t) \overset{\mathcal{L}}{\longleftrightarrow} \frac{A_k}{s - d_k}, \quad \text{ROC Re}(s) > d_k \tag{6.35}$$

또는 좌측 함수의 변환쌍

$$-A_k e^{d_k t} u(-t) \overset{\mathcal{L}}{\longleftrightarrow} \frac{A_k}{s - d_k}, \quad \text{ROC Re}(s) < d_k \tag{6.36}$$

중 하나를 이용할 수 있다. $X(s)$의 ROC가 좌측 역변환을 선택할지 혹은 우측 역변환을 선택할지를 결정한다. 우측 지수 신호의 ROC는 극점의 오른쪽에 놓이고, 좌측 지수 신호의 ROC는 극점의 왼쪽에 위치한다는 사실을 상기해 두자.

선형성 특성은 $X(s)$의 ROC가 부분 분수 전개식에 있는 각 항들의 ROC의 교집합이라는 것을 설명해 준다. 각 항의 역변환을 구하기 위해서, 우리는 주어진 $X(s)$의 ROC로부터 각 항의

ROC를 추론해 내야 한다. 이는 각각의 극점 위치를 $X(s)$의 ROC와 비교함으로써 쉽게 수행될 수 있다. 만약 $X(s)$의 ROC가 특정 극점의 왼쪽에 놓여 있다면, 그 극점에 대하여 좌측 역라플라스 변환을 선택한다. 만약 $X(s)$의 ROC가 특정 극점의 오른쪽에 놓여 있다면, 그 극점에 대하여 우리는 우측 역라플라스 변환을 선택한다. 이러한 절차는 다음의 예제에서 설명된다.

예제 6.17 **진분수 유리 함수인 라플라스 변환의 역변환.** 다음 식의 양측 역라플라스 변환을 구하라.

$$X(s) = \frac{-5s - 7}{(s+1)(s-1)(s+2)}, \quad (\text{ROC } -1 < \text{Re}(s) < 1).$$

풀이: 부분 분수 전개를 이용하자.

$$X(s) = \frac{1}{s+1} - \frac{2}{s-1} + \frac{1}{s+2}.$$

ROC와 극점 위치는 그림 6.16에 나타내었다. 극점의 위치와 ROC의 관계를 이용하여 각 항의 역라플라스 변환을 구할 수 있다.

- 첫 번째 항의 극점은 $s = -1$에 있다. ROC가 이 극점의 오른쪽에 놓여 있으므로, 식 (6.35)가 적용될 수 있고, 우측 역라플라스 변환을 선택한다.

$$e^{-t}u(t) \xleftrightarrow{\mathcal{L}} \frac{1}{s+1}.$$

- 두 번째 항은 $s = 1$에 극점을 갖는다. 여기서 ROC는 극점의 왼쪽에 있으므로,식 (6.36)이 적용될 수 있고, 좌측 역라플라스 변환을 선택한다.

$$2e^{t}u(-t) \xleftrightarrow{\mathcal{L}} -\frac{2}{s-1}.$$

- 마지막 항의 극점은 $s = -2$에 있다. ROC는 이 극점의 오른쪽에 있으므로, 식 (6.35)로부터 우측 역라플라스 변환을 선택한다.

$$e^{-2t}u(t) \xleftrightarrow{\mathcal{L}} \frac{1}{s+2}.$$

이들 세 항을 결합하면, 다음 식을 얻는다.

$$x(t) = e^{-t}u(t) + 2e^{t}u(-t) + e^{-2t}u(t). \blacksquare$$

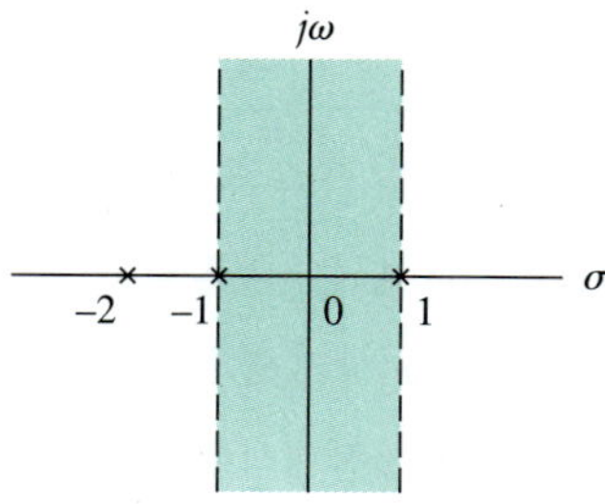

그림 6.16 예제 6.17에 대한 극점들과 ROC

▶ **연습문제 6.13** ROC가 $-2 < \text{Re}(s) < -1$인 경우에 대하여 앞의 예제를 반복하라.

해답:

$$x(t) = -e^{-t}u(-t) + 2e^{t}u(-t) + e^{-2t}u(t)$$

예제 6.18 가분수 유리 함수인 라플라스 변환의 역변환. 다음 식의 양측 역라플라스 변환을 구하라.

$$X(s) = \frac{2s^3 - 9s^2 + 4s + 10}{s^2 - 3s - 4}, \quad (\text{ROC Re}(s) < -1).$$

풀이: $X(s)$를 전개하기 위해 예제 6.8의 결과를 이용하자.

$$X(s) = 2s - 3 + \frac{1}{s+1} + \frac{2}{s-4}, \quad \text{Re}(s) < -1.$$

극점들의 위치와 ROC는 그림 6.17에 나타내었다. ROC가 두 극점의 왼쪽에 있으므로, 식 (6.36)을 적용하면서 좌측 역라플라스 변환을 선택하게 되고, 다음을 얻게 된다.

$$x(t) = 2\delta^{(1)}(t) - 3\delta(t) - e^{-t}u(-t) - 2e^{4t}u(-t).$$

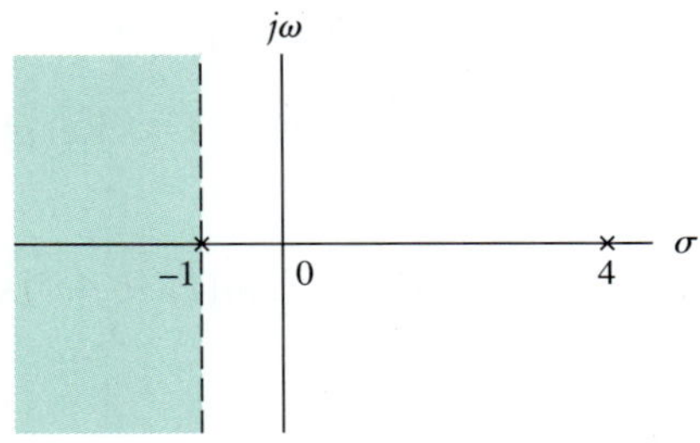

그림 6.17 예제 6.18에 대한 극점들과 ROC

▶ **연습문제 6.14** 다음의 역라플라스 변환을 구하라.

$$X(s) = \frac{s^4 + 3s^3 - 4s^2 + 5s + 5}{s^2 + 3s - 4}, \quad (\text{ROC } -4 < \text{Re}(s) < 1).$$

해답:

$$x(t) = \delta^{(2)}(t) - 2e^{t}u(-t) + 3e^{-4t}u(t)$$

s-평면에서 극점과 ROC의 위치 관계는 부분 분수 전개에서 나타날 수 있는 다른 항들에 대한 역변환에도 적용된다. 예를 들어, 만약 ROC가 극점들의 오른쪽에 놓여 있다면, 식 (6.24)를 이용하여

$$\frac{A}{(s - d_k)^n}$$

항의 양측 역라플라스 변환은 다음의 우측 신호로 주어진다.

$$\frac{At^{n-1}}{(n-1)!}e^{d_k t}u(t).$$

만약 ROC가 극점들의 왼쪽에 놓여 있다면, 역라플라스 변환은 다음과 같다.

$$\frac{-At^{n-1}}{(n-1)!}e^{d_k t}u(-t).$$

이와 유사하게, 만약 ROC가 $s = \alpha + -j\omega_o$에 있는 극점들의 오른쪽에 놓여 있다면,

$$\frac{C_1(s-\alpha)}{(s-\alpha)^2+\omega_o^2}$$

항의 양측 역라플라스 변환은 다음과 같은 우측 신호이다.

$$C_1 e^{\alpha t}\cos(\omega_o t)u(t).$$

만약 ROC가 $s = \alpha + -j\omega_o$에 있는 극점들의 왼쪽에 놓여 있다면, 역라플라스 변환은 다음 식과 같다.

$$-C_1 e^{\alpha t}\cos(\omega_o t)u(-t).$$

▶ **연습문제 6.15** 다음의 양측 역라플라스 변환을 구하라.

$$X(s) = \frac{4s^2+6}{s^3+s^2-2}, \quad (\text{ROC } -1 < \text{Re}(s) < 1).$$

해답: $x(t) = -2e^{t}u(-t) + 2e^{-t}\cos(t)u(t) - 4e^{-t}\sin(t)u(t)$ ∎

ROC 이외의 정보를 이용해서도 유일한 양측 역라플라스 변환을 구할 수 있다는 사실을 주목하라. 기타 정보의 가장 일반적인 형태는 인과성, 안정성 또는 푸리에 변환의 존재이다.

- 만약 신호가 인과성이라고 알고 있다면, 우리는 각 항에 대하여 우측 역변환을 선택한다. 이는 단측 라플라스 변환에서 따르던 방식이다.
- 안정한 신호는 절대 적분 가능하므로 푸리에 변환을 갖는다. 그러므로 안정성과 푸리에 변환의 존재는 같은 조건이다. 이들 두 경우에 ROC는 s-평면에서 $j\omega$축 또는 $\text{Re}(s) = 0$을 포함한다. 역라플라스 변환은 극점들의 위치를 $j\omega$축에 비교함으로써 얻을 수 있다. 만약 극점이 $j\omega$축의 왼쪽에 놓여 있다면, 우측 역변환이 선택된다. 만약 극점이 $j\omega$축의 오른쪽에 놓여 있다면, 좌측 역변환이 선택된다.

▶ **연습문제 6.16** (a) $x(t)$가 인과성일 때와 (b) $x(t)$의 푸리에 변환이 존재할 때를 가정하여 다음 식의 역라플라스 변환을 구하라.

$$X(s) = \frac{4s^2+15s+8}{(s+2)^2(s-1)}.$$

해답: (a) $x(t) = e^{-2t}u(t) + 2te^{-2t}u(t) + 3e^{t}u(t)$
(b) $x(t) = e^{-2t}u(t) + 2te^{-2t}u(t) - 3e^{t}u(-t)$ ∎

6.11 전달 함수

LTI 시스템의 **전달 함수**(transfer funtion)는 식 (6.2)에서 임펄스 응답의 라플라스 변환으로 정의되었다. LTI 시스템의 출력은 임펄스 응답의 관점에서 콘벌루션을 통하여 입력과 관계된다는 것을 상기하자.

$$y(t) = h(t) * x(t).$$

일반적으로, 이 식은 $h(t)$와 $x(t)$가 인과성인지, 비인과성인지에 상관없이 적용된다. 따라서 이 식의 양변에 양측 라플라스 변환을 취하고 콘벌루션 특성을 이용하면, 다음을 얻는다.

$$Y(s) = H(s)X(s). \tag{6.37}$$

시스템 출력의 라플라스 변환은 전달 함수와 입력의 라플라스 변환과의 곱이다. 그러므로 LTI 시스템의 전달 함수는 시스템의 입출력 동작에 대한 또 하나의 표현 방법을 제공한다.

식 (6.37)이 다음을 의미한다는 것을 주목하라.

$$\boxed{H(s) = \frac{Y(s)}{X(s)}.} \tag{6.38}$$

즉, 전달 함수는 입력 신호의 라플라스 변환에 대한 출력 신호의 라플라스 변환의 비이다. 이 정의는 $X(s)$가 0이 아닐 때의 s값들에 대하여 적용된다.

6.11.1 전달 함수와 미분 방정식의 시스템 표현

전달 함수는 양측 라플라스 변환을 이용함으로써 LTI 시스템에 대한 미분 방정식 표현과 직접적으로 관련될 수 있다. N차 LTI 시스템의 입력과 출력 간의 관계가 다음의 미분 방정식으로 표현된다는 것을 상기해 보자.

$$\sum_{k=0}^{N} a_k \frac{d^k}{dt^k} y(t) = \sum_{k=0}^{M} b_k \frac{d^k}{dt^k} x(t).$$

6.2절에서 입력 e^{st}는 전달 함수 $H(s)$와 동일한 고유값을 갖는 LTI 시스템의 고유 함수라는 것을 설명하였다. 즉, 만약 $x(t) = e^{st}$이면, $y(t) = e^{st}H(s)$이다. 미분 방정식에서 $x(t)$에 대해서는 e^{st}, $y(t)$에 대해서는 $e^{st}H(s)$를 대입하면,

$$\left(\sum_{k=0}^{N} a_k \frac{d^k}{dt^k}\{e^{st}\}\right)H(s) = \sum_{k=0}^{M} b_k \frac{d^k}{dt^k}\{e^{st}\}$$

가 된다. 이제 다음의 관계식

$$\frac{d^k}{dt^k}\{e^{st}\} = s^k e^{st}$$

를 사용해서 $H(s)$에 대하여 풀면

$$H(s) = \frac{\sum_{k=0}^{M} b_k s^k}{\sum_{k=0}^{N} a_k s^k} \tag{6.39}$$

를 얻게 된다. $H(s)$는 s에 관한 다항식의 비이고, 따라서 **유리 전달 함수**(rational transfer function)라고 불린다. 분자 다항식에 있는 s^k의 계수는 $x(t)$의 k차 도함수의 계수 b_k에 해당된다. 분모 다항식에 있는 s^k의 계수는 $y(t)$의 k차 도함수의 계수 a_k에 해당된다. 그러므로 우리는 LTI 시스템의 미분 방정식 표현으로부터 시스템의 전달 함수를 얻을 수 있다. 역으로, 시스템의 전달 함수로부터 미분 방정식 표현을 구할 수도 있다.

예제 6.19 **2차 시스템의 전달 함수.** 다음의 미분 방정식으로 표현되는 LTI 시스템의 전달 함수를 구하라.

$$\frac{d^2}{dt^2}y(t) + 3\frac{d}{dt}y(t) + 2y(t) = 2\frac{d}{dt}x(t) - 3x(t).$$

풀이: 식 (6.39)를 적용하여 다음 식을 얻는다.

$$H(s) = \frac{2s - 3}{s^2 + 3s + 2}.$$ ■

유리 전달 함수의 극점과 영점은 LTI 시스템의 특성에 대하여 많은 통찰력을 제시한다. 이는 이어지는 절들에서 알게 될 것이다. 6.2.5절로부터, 전달 함수는 식 (6.39)에 있는 분자, 분모 다항식을 인수분해하여 다음 식처럼 **극점-영점 형식**(pole-zero form)으로 표현될 수 있다는 것을 상기하라.

$$H(s) = \frac{\tilde{b}\prod_{k=1}^{M}(s - c_k)}{\prod_{k=1}^{N}(s - d_k)}. \tag{6.40}$$

여기서, c_k와 d_k는 각각 시스템의 영점과 극점이다. 극점, 영점 및 이득 인자 $\tilde{b} = b_M/a_N$을 알면, 전달 함수 $H(s)$를 완전하게 결정할 수 있고, 따라서 LTI 시스템에 대한 또 다른 표현법을 제공하게 되는 것이다. 2.10절에서 정의된 바와 같이, 시스템의 극점들은 특성 방정식의 근이라는 것을 주목하라.

▶ **연습문제 6.17** 다음의 미분 방정식으로 표현된 시스템들의 전달 함수를 구하라.

(a) $$\frac{d^2}{dt^2}y(t) + 2\frac{d}{dt}y(t) + y(t) = \frac{d}{dt}x(t) - 2x(t)$$

(b) $$\frac{d^3}{dt^3}y(t) - \frac{d^2}{dt^2}y(t) + 3y(t) = 4\frac{d}{dt}x(t)$$

해답: (a) $H(s) = \dfrac{s - 2}{s^2 + 2s + 1}$

(b) $H(s) = \dfrac{4s}{s^3 - s^2 + 3}$ ■

▶ **연습문제 6.18** 다음의 전달 함수로 표현된 시스템들의 미분 방정식 표현을 구하라.

(a)
$$H(s) = \frac{s^2 - 2}{s^3 - 3s + 1}$$

(b)
$$H(s) = \frac{2(s+1)(s-1)}{s(s+2)(s+1)}$$

해답: (a) $\frac{d^3}{dt^3}y(t) - 3\frac{d}{dt}y(t) + y(t) = \frac{d^2}{dt^2}x(t) - 2x(t)$

(b) $\frac{d^3}{dt^3}y(t) + 3\frac{d^2}{dt^2}y(t) + 2\frac{d}{dt}y(t) = 2\frac{d^2}{dt^2}x(t) - 2x(t)$ ∎

예제 6.20 **전기 기계(electromechanical) 시스템의 전달 함수.** 직류 모터와 부하로 구성된 전기 기계 시스템을 그림 6.18(a)에 나타내었다. 입력은 인가 전압 $x(t)$이고, 출력은 부하 $y(t)$의 각위치(angular position)이다. 부하의 회전 관성(rotational inertia)은 J라고 주어졌다. 이상적인 환경에서 모터에 의하여 생성되는 토크(torque)는 입력 전류에 정비례한다. 즉,

$$\tau(t) = K_1 i(t)$$

이다. 여기서 K_1은 상수이다. 모터의 회전은 각속도에 비례하는 역기전력(back electromotive force) $v(t)$를 발생시킨다. 즉,

$$v(t) = K_2 \frac{d}{dt}y(t) \tag{6.41}$$

이고, 여기서 K_2는 또 하나의 상수이다. 그림 6.18(b)의 회로도는 입력 전류 $i(t)$, 인가 전압 $x(t)$, 역기전력 $v(t)$ 그리고 전기자 저항(armature resistance) R 사이의 관계를 나타낸 것이다. 이 시스템의 전달 함수를 극점-영점 형식으로 나타내어라.

풀이: 정의에 의해, 부하가 받는 토크는 회전 관성과 각가속도(angular acceleration)의 곱으로 주어진다. 모터에 의해 생성된 토크와 부하가 받는 토크를 같게 놓으면, 다음의 관계식이 된다.

$$J\frac{d^2}{dt^2}y(t) = K_1 i(t). \tag{6.42}$$

그림 6.18(b)의 회로에 옴의 법칙을 적용해 보면, 다음의 관계식처럼 전류가 입력과 역기전력에 의하여 표현된다는 것을 알 수 있다.

$$i(t) = \frac{1}{R}[x(t) - v(t)].$$

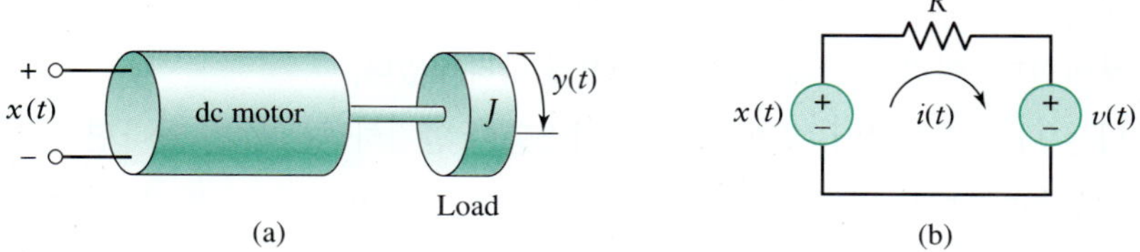

그림 6.18 (a) 모터가 부하를 정위치에 놓기 위해 이용되는 전기 기계 시스템, (b) 인가 전압을 역기전력, 전기자 저항 및 입력 전류와 관련시킨 회로도. $v(t) = K_2 dy(t)/dt$임을 주목하라.

따라서 이 표현식을 식 (6.42)의 $i(t)$에 이용하면, 다음을 얻는다.

$$J\frac{d^2}{dt^2}y(t) = \frac{K_1}{R}[x(t) - v(t)].$$

그런 다음 식 (6.41)을 이용함으로써 $v(t)$를 각속도에 의해 표현하여 인가 전압을 각위치와 관련시키는 미분 방정식을 얻는다. 그 결과는

$$J\frac{d^2}{dt^2}y(t) + \frac{K_1K_2}{R}\frac{d}{dt}y(t) = \frac{K_1}{R}x(t)$$

이다. 식 (6.39)를 적용하면, 전달 함수는 다음과 같이 구해진다.

$$H(s) = \frac{\frac{K_1}{R}}{Js^2 + \frac{K_1K_2}{R}s}.$$

이제 우리는 $H(s)$를 극점-영점 형식으로 다음과 같이 나타낼 수 있다.

$$H(s) = \frac{\frac{K_1}{RJ}}{s\left(s + \frac{K_1K_2}{RJ}\right)}.$$

따라서 이 시스템은 $s = 0$에 한 극점과 $s = -K_1K_2/(RJ)$에 다른 한 극점을 갖는다. ▮

6.12 인과성과 안정성

임펄스 응답은 전달 함수의 역라플라스 변환이다. 유일한 역변환을 구하기 위해서는 ROC를 알거나, 임펄스 응답의 여타 지식을 알아야 한다. 시스템에 대한 미분 방정식 표현은 이러한 정보를 포함하지 않는다. 그러므로 임펄스 응답을 얻기 위해서 우리는 시스템 특성에 대한 부가적인 지식을 알아야 한다. 극점, 영점 및 시스템 특성들 간의 관계가 이러한 부가적인 지식을 제공할 수 있다.

인과성(causality) 시스템의 임펄스 응답은 $t < 0$일 때 0이다. 그러므로 만약 우리가 시스템이 인과성임을 안다면, 임펄스 응답은 전달 함수로부터 우측 역라플라스 변환을 이용하여 구할 수 있다. s-평면 좌반면의 $s = d_k$에 있는 시스템 극점[$\text{Re}(d_k) < 0$]은 임펄스 응답에 감소 지수 항을 부여한다. 반면에 s-평면의 우반면에 있는 극점[$\text{Re}(d_k) > 0$]은 임펄스 응답에 증가 지수 항을 부여한다. 이러한 관계는 그림 6.19에 나타내었다.

얻을 수 있는 다른 정보로서, 만약 우리가 시스템이 안정하다는 것을 안다면 임펄스 응답은 절대 적분 가능하다. 이는 푸리에 변환이 존재한다는 것을 의미하고, 따라서 ROC는 s-평면에서 $j\omega$축을 포함한다. 이런 정보를 알면, 전달 함수의 역라플라스 변환을 유일하게 결정하기에 충분하다. 그림 6.20에 나타낸 바와 같이, s-평면의 우반면에 있는 시스템 전달 함수의 극

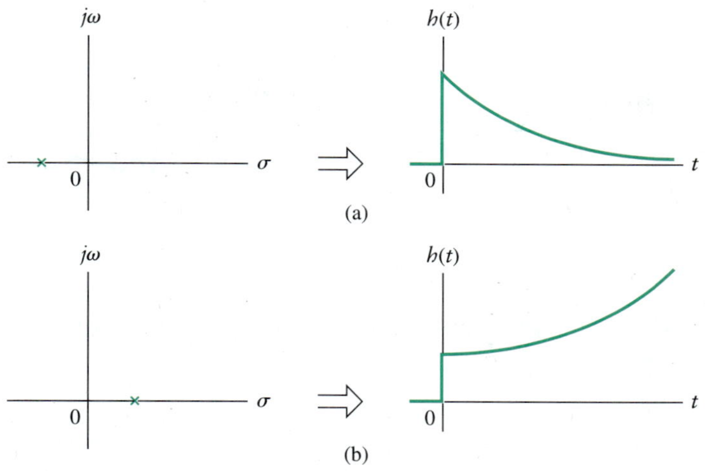

그림 6.19 인과성 시스템에서 극점 위치와 임펄스 응답 간의 관계. (a) s-평면의 좌반면에 있는 극점은 지수적으로 감소하는 임펄스 응답에 대응된다. (b) s-평면의 우반면에 있는 극점은 지수적으로 증가하는 임펄스 응답에 대응된다. (b)의 경우에는 시스템이 불안정하다.

점은 임펄스 응답에 좌측 감소 지수 항을 부여한다. 반면에 s-평면의 좌반면에 있는 극점은 임펄스 응답에 우측 감소 지수 항을 부여한다. 안정한 임펄스 응답은 어떠한 증가 지수 항도 포함할 수 없다는 사실을 주목하라. 이는 증가 지수가 절대 적분 가능하지 않기 때문이다.

이제는 시스템이 **인과성**(causality)이고, 안정하다고 가정해 보자. 그러면 s-평면의 좌반면에 있는 극점은 임펄스 응답에 우측 감소 지수 항을 부여한다. 그러나 s-평면의 우반면에는 극점을 가질 수 없다. 그 이유는 우반면에 있는 극점은 인과성이 아닌 좌측 감소 지수 항이거나,

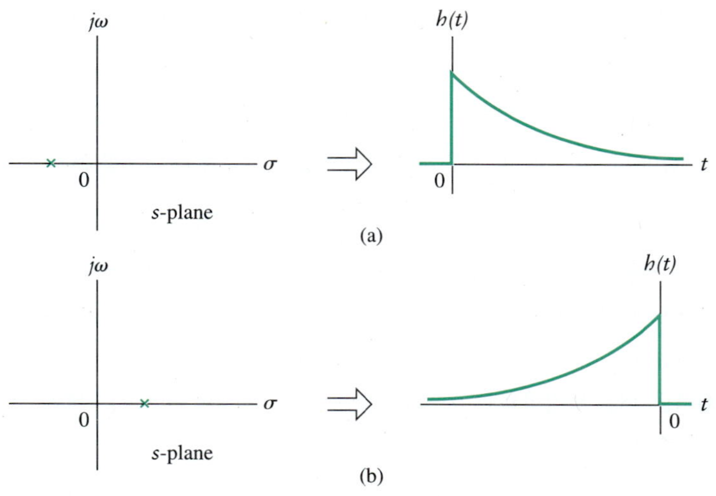

그림 6.20 안정한 시스템에서 극점 위치와 임펄스 응답 간의 관계. (a) s-평면의 좌반면에 있는 극점은 우측 임펄스 응답에 대응된다. (b) s-평면의 우반면에 있는 극점은 좌측 임펄스 응답에 대응된다. (b)의 경우에는 시스템이 비인과성이다.

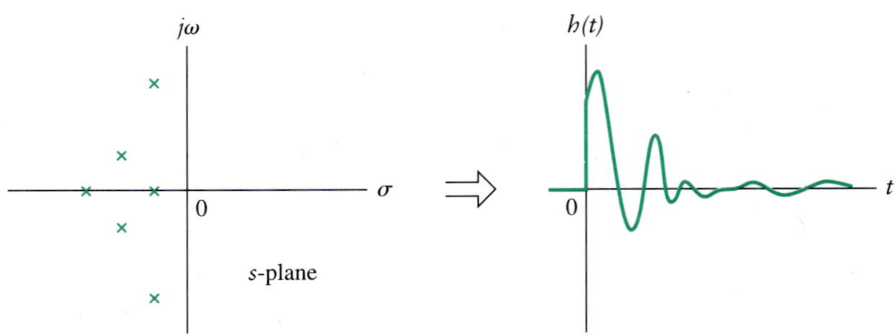

그림 6.21 여기에 나타낸 바와 같이, 안정하고 인과성인 시스템은 s-평면의 좌반면에 모든 극점을 갖는 전달 함수를 가져야 한다.

불안정한 임펄스 응답을 산출하는 우측 증가 지수 항을 부여하게 될 것이다. 즉, s-평면의 우반면에 있는 극점의 역라플라스 변환은 안정성과 인과성 중 어느 한 특성만 갖지, 둘 다 동시에 만족할 수는 없다. 안정하고 인과성인 시스템은 모든 극점을 s-평면의 좌반면에서 가져야 한다. 이러한 시스템은 그림 6.21에 나타나 있다.

예제 6.21 안정성과 인과성의 제약 조건을 가질 때의 역라플라스 변환. 어떤 시스템이 다음과 같은 전달 함수를 갖고 있다.

$$H(s) = \frac{2}{s+3} + \frac{1}{s-2}.$$

(a) 시스템이 안정하다고 가정할 때와 (b) 시스템이 인과성이라고 가정할 때, 임펄스 응답을 구하라. 이 시스템은 안정하면서도 인과성일 수 있는가?

풀이: 이 시스템은 $s=-3$과 $s=2$에 극점을 갖는다. (a) 만약 시스템이 안정하다면, $s=-3$의 극점은 임펄스 응답에 우측 항을 부여하고, 반면에 $s=2$의 극점은 좌측 항을 부여한다. 따라서 다음을 얻는다.

$$h(t) = 2e^{-3t}u(t) - e^{2t}u(-t).$$

(b) 만약 시스템이 인과성이면, 두 극점은 임펄스 응답에 우측 항들을 제공해야 하고, 다음을 얻는다.

$$h(t) = 2e^{-3t}u(t) + e^{2t}u(t).$$

$e^{2t}u(t)$ 항이 절대 적분 가능하지 않으므로 이 시스템은 안정하지 않다는 것을 주목하라. $s=2$의 극점이 s-평면의 우반면에 있기 때문에, 사실상 이 시스템은 안정하면서도 인과성일 수 없다. ∎

▶ **연습문제 6.19** 미분 방정식으로 표현되는 다음의 시스템들에 대해 시스템이 (i) 안정할 때와 (ii) 인과성일 때를 가정하여 임펄스 응답을 구하라.

(a) $$\frac{d^2}{dt^2}y(t) + 5\frac{d}{dt}y(t) + 6y(t) = \frac{d^2}{dt^2}x(t) + 8\frac{d}{dt}x(t) + 13x(t)$$

(b) $$\frac{d^2}{dt^2}y(t) - 2\frac{d}{dt}y(t) + 10y(t) = x(t) + 2\frac{d}{dt}x(t)$$

해답: (a) (i)와 (ii): $h(t) = 2e^{-3t}u(t) + e^{-2t}u(t) + \delta(t)$
(b) (i) $h(t) = -2e^{t}\cos(3t)u(-t) - e^{t}\sin(3t)u(-t)$
(ii) $h(t) = 2e^{t}\cos(3t)u(t) + e^{t}\sin(3t)u(t)$ ∎

6.12.1 역시스템

임펄스 응답 $h(t)$인 시스템이 주어졌을 때, 역시스템의 임펄스 응답 $h^{\text{inv}}(t)$는 다음의 조건을 만족한다(2.7.4절 참조).

$$h^{\text{inv}}(t) * h(t) = \delta(t).$$

이 식의 양변에 라플라스 변환을 취하면, 역시스템 전달 함수 $H^{\text{inv}}(s)$는

$$H^{\text{inv}}(s)H(s) = 1$$

또는

$$H^{\text{inv}}(s) = \frac{1}{H(s)}$$

을 만족하는 것을 알 수 있다. 따라서 역시스템의 전달 함수는 원래 시스템의 전달 함수의 역이다. 만약 $H(s)$가 식 (6.40)처럼 극점-영점 형식으로 쓰여졌다면,

$$H^{\text{inv}}(s) = \frac{\prod_{k=1}^{N}(s - d_k)}{\tilde{b}\prod_{k=1}^{M}(s - c_k)} \tag{6.43}$$

가 될 것이다. 역시스템의 영점은 $H(s)$의 극점이고, 역시스템의 극점은 $H(s)$의 영점이다. 우리는 유리 전달 함수를 가지는 어떠한 시스템도 역시스템을 가진다는 결론을 내리게 된다.

우리는 안정하고 인과성인 역시스템에 대하여 자주 관심을 가지게 된다. 이 절에서 우리는 안정하고 인과성인 시스템은 s-평면의 좌반면에 모든 극점들을 가져야 한다는 결론을 내렸다. 역시스템 $H^{\text{inv}}(s)$의 극점들은 $H(s)$의 영점들이므로, $H(s)$의 모든 영점들이 s-평면의 좌반면에 있을 때에만 안정하고 인과성인 역시스템이 존재하게 된다. 전달 함수 $H(s)$가 모든 극점과 영점을 s-평면의 좌반면에 갖는 시스템을 **최소 위상**(minimum phase) 시스템이라고 부른다. **비최소 위상**(nonminimum phase) 시스템은 s-평면의 우반면에 영점들을 가지기 때문에 안정하고 인과성인 역시스템을 가질 수 없다.

최소 위상 시스템의 중요한 특성은 크기 응답과 위상 응답 간에 유일한 관계를 갖는다는 것이다. 즉, 최소 위상 시스템의 위상 응답은 크기 응답으로부터 유일하게 구할 수 있으며, 역으로 크기 응답도 위상 응답으로부터 유일하게 구할 수 있다.

예제 6.22 다음의 미분 방정식으로 표현되는 LTI 시스템을 고려해 보자.

$$\frac{d}{dt}y(t) + 3y(t) = \frac{d^2}{dt^2}x(t) + \frac{d}{dt}x(t) - 2x(t).$$

역시스템의 전달 함수를 구하라. 안정하고 인과성인 역시스템이 존재하는가?

풀이: 먼저 주어진 미분 방정식의 양변에 라플라스 변환을 취하여 시스템 전달 함수 $H(s)$를 구한다. 그러면,

$$Y(s)(s+3) = X(s)(s^2+s-2)$$

를 얻게 된다. 따라서 시스템의 전달 함수는

$$\begin{aligned} H(s) &= \frac{Y(s)}{X(s)} \\ &= \frac{s^2+s-2}{s+3} \end{aligned}$$

가 되고, 역시스템은 다음의 전달 함수를 갖는다.

$$\begin{aligned} H^{\text{inv}}(s) &= \frac{1}{H(s)} \\ &= \frac{s+3}{s^2+s-2} \\ &= \frac{s+3}{(s-1)(s+2)}. \end{aligned}$$

역시스템은 $s = 1$과 $s = -2$에 극점을 갖는다. $s = 1$의 극점은 s-평면의 우반면에 있다. 그러므로 $H^{\text{inv}}(s)$로 표현되는 역시스템은 안정하면서도 인과성일 수는 없다. ∎

▶ **연습문제 6.20** 다음의 임펄스 응답을 갖는 시스템을 고려해 보자.

$$h(t) = \delta(t) + e^{-3t}u(t) + 2e^{-t}u(t).$$

역시스템의 전달 함수를 구하라. 안정하고 인과성인 역시스템이 존재하는가?

해답:
$$H^{\text{inv}}(s) = \frac{s^2+4s+3}{(s+2)(s+5)}$$

인 안정하고 인과성인 역시스템이 존재한다. ∎

▶ **연습문제 6.21** 다음의 전달 함수들을 고려해 보자.

(a)
$$H(s) = \frac{s^2-2s-3}{(s+2)(s^2+4s+5)}$$

(b)
$$H(s) = \frac{s^2+2s+1}{(s^2+3s+2)(s^2+s-2)}$$

(i) 이 전달 함수들에 의해 표현된 시스템들이 안정하면서도 인과성일 수 있는지를 결정하라.
(ii) 안정하고 인과성인 역시스템이 존재하는지를 결정하라.

해답: (a) (i) 안정하고 인과성이다. (ii) 역시스템은 안정하면서도 인과성일 수 없다.
(b) (i) 안정하면서도 인과성일 수 없다. (ii) 역시스템은 안정하고 인과성이다. ∎

6.13 극점과 영점으로부터 주파수 응답 결정

s-평면에서 극점과 영점의 위치는 시스템의 주파수 응답에 대한 통찰력을 제공해 준다. 주파수 응답은 전달 함수에 s 대신 $j\omega$를 대입함으로써, 즉 s-평면에서 $j\omega$축을 따라 전달 함수를 계산함으로써 구해진다는 사실을 상기하자. 이 연산은 $j\omega$축이 ROC 안에 있다는 것을 가정한 것이다. 식 (6.40)에 $s = j\omega$를 대입하면, 다음 식이 산출된다.

$$H(j\omega) = \frac{\widetilde{b}\prod_{k=1}^{M}(j\omega - c_k)}{\prod_{k=1}^{N}(j\omega - d_k)}. \tag{6.44}$$

우리는 주파수 응답을 구하기 위해 그래프 기술을 이용하고, 또한 **보드 다이어그램**(Bode diagram or Bode plot) 방법도 사용하면서 $H(j\omega)$의 진폭과 위상을 둘 다 살펴볼 것이다. 보드 다이어그램은 시스템의 진폭 응답을 dB로 표시하고 위상 응답을 도(degrees)로 표시하여 주파수의 대수 함수로 나타낸다. 보드 다이어그램을 구성하면서 배우는 개념은 극점-영점 위치가 시스템 주파수 응답에 미치는 영향에 관한 공학적 직관을 개발하는 데 도움이 되며, 보드 다이어그램은 9장에서 설명되는 제어 시스템의 설계에 광범위하게 이용된다. 두 방법은 모두 각각의 극점과 영점의 주파수 응답을 적절하게 결합함으로써 전체 주파수 응답을 구성한다.

6.13.1 주파수 응답의 그래프 평가

ω의 어떤 고정된 값, 즉 ω_o에서의 진폭 응답으로 설명을 시작하며, 다음과 같이 쓴다.

$$|H(j\omega_o)| = \frac{|\widetilde{b}|\prod_{k=1}^{M}|j\omega_o - c_k|}{\prod_{k=1}^{N}|j\omega_o - d_k|}.$$

이 식은 $|j\omega_o - g|$ 형태를 갖는 항들의 곱의 비와 관련되어 있으며, 여기서 g는 극점이거나 영점이다. 영점은 분자에서 부여되고, 극점은 분모에서 부여된다. 인수 $(j\omega_o - g)$는 그림 6.22에 나타낸 것처럼, s-평면의 점 g에서 점 $j\omega_o$까지 벡터로 표현되는 복소수이다. 이 벡터의 길이는 $|j\omega_o - g|$이다. ω_o를 변화시키면서 이 벡터의 길이를 살펴봄으로써, 우리는 전체 진폭 응답에 대한 각각의 극점이나 영점의 기여도를 평가할 수 있다.

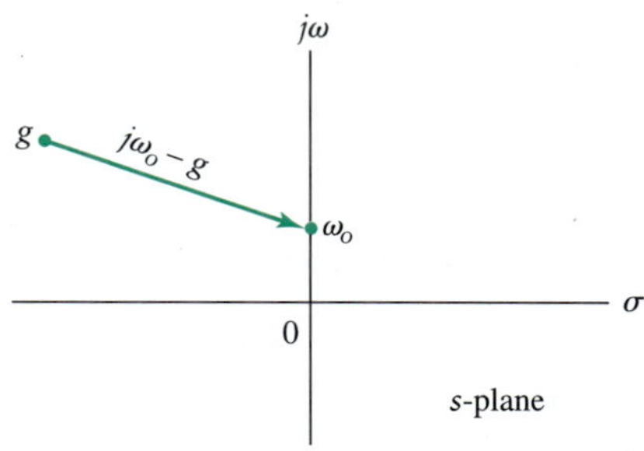

그림 6.22 s-평면에서 g로부터 $j\omega_o$까지 벡터로 나타낸 $j\omega_o - g$

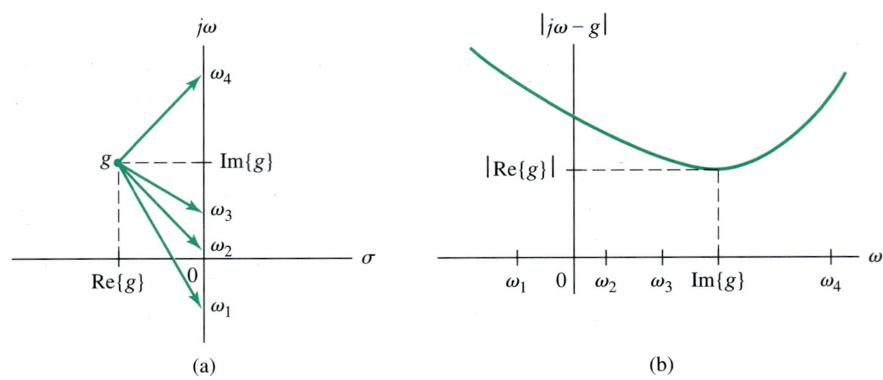

그림 6.23 함수 $|j\omega - g|$는 s-평면에서 g로부터 $j\omega$축까지 벡터들의 길이에 대응된다. (a) 몇몇 주파수에 대한 g로부터 $j\omega$까지의 벡터, (b) ω의 함수로 표현된 $|j\omega - g|$

그림 6.23(a)는 ω의 몇몇 다른 값에 대한 벡터 $j\omega - g$를 나타내고, 그림 6.23(b)는 주파수의 연속 함수로서 $|j\omega - g|$를 나타낸다. $\omega = \text{Im}\{g\}$일 때, $|j\omega - g| = |\text{Re}\{g\}|$임을 주목하라. 그러므로 만약 g가 $j\omega$축에 가까우면($\text{Re}\{g\} \approx 0$), $\omega = \text{Im}\{g\}$일 때 $|j\omega - g|$는 매우 작게 될 것이다. 또한 g가 $j\omega$축에 가까우면, g에 가장 가까운 주파수일 때 $|j\omega - g|$에서 가장 급속한 변화가 일어난다.

만약 g가 영점을 나타낸다면, $|j\omega - g|$는 $|H(j\omega)|$의 분자에 기여한다. 따라서 영점에 가까

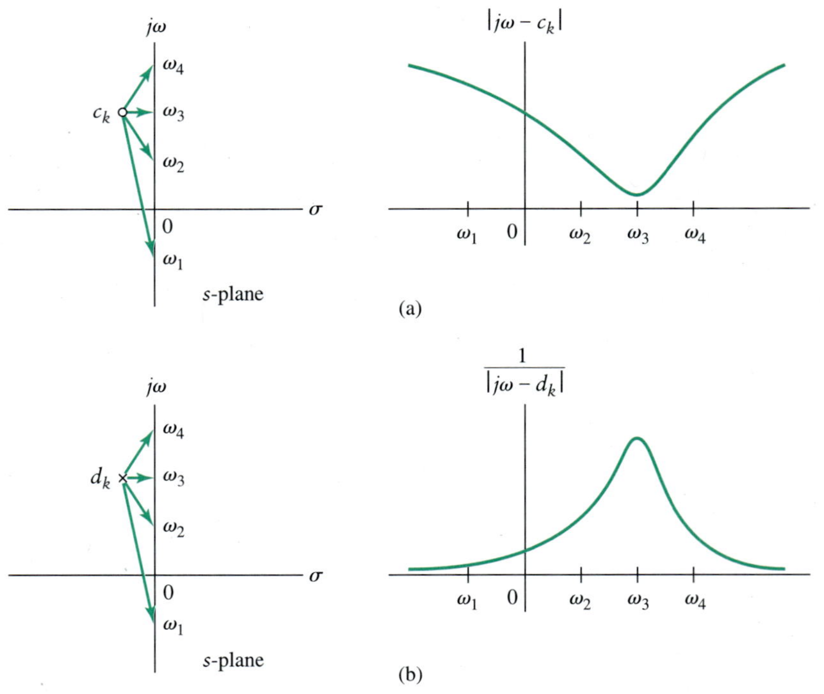

그림 6.24 진폭 응답의 성분들. (a) 영점과 관련된 진폭 응답, (b) 극점과 관련된 진폭 응답

운 주파수에서 $|H(j\omega)|$는 감소하는 경향이 있다. $|H(j\omega)|$가 얼마만큼 감소하는지는 영점이 얼마만큼 $j\omega$축에 가까운가에 의존한다. 만약 영점이 $j\omega$축 상에 있다면, $|H(j\omega)|$는 그 영점 위치에 해당되는 주파수에서 0이 된다. 영점에서 먼 주파수(즉, $|\omega| >> \text{Re}\{g\}$일 때)에서는 $|j\omega - g|$는 $|\omega|$와 근사적으로 같다. 영점으로 인한 진폭 응답의 성분을 그림 6.24(a)에 나타내었다. 반면에, 만약 g가 극점에 대응된다면, $|j\omega - g|$는 $|H(j\omega)|$의 분모에 기여하며, 따라서 $|j\omega - g|$가 감소할 때 $|H(j\omega)|$는 증가한다. $|H(j\omega)|$가 얼마만큼 증가하는지는 극점이 $j\omega$축에 얼마나 가까운가에 의존한다. $j\omega$축에 가까운 극점은 $|H(j\omega)|$에서 큰 첨두 값을 나타내게 될 것이다. 극점과 관련된 진폭 응답의 성분을 그림 6.24(b)에 나타내었다. $j\omega$축에 가까운 영점들은 응답의 크기를 작아지게 하는 경향이 있고, 반면에 $j\omega$축에 가까운 극점들은 응답의 크기를 커지게 하는 경향이 있다. 극점은 $j\omega$축 상에 놓일 수 없다는 사실을 유념하라. 이는 ROC가 $j\omega$축을 포함하고 있다고 가정했기 때문이다.

예제 6.23 **진폭 응답의 그래프 유도.** 다음의 전달 함수를 갖는 LTI 시스템의 진폭 응답을 그려라.

$$H(s) = \frac{(s - 0.5)}{(s + 0.1 - 5j)(s + 0.1 + 5j)}.$$

▶ 풀이: 그림 6.25(a)에 나타낸 것처럼 시스템은 $s = 0.5$의 영점과 $s = -0.1 \pm 5j$의 극점을 갖는다. 그러므로 영점은 응답을 $\omega = 0$ 근처에서 감소시키고, 반면에 극점은 응답을 $\omega = \pm 5$ 근처에서 증가시킬 것이다. $\omega = 0$에서,

$$\begin{aligned} |H(j0)| &= \frac{0.5}{|0.1 - 5j||0.1 + 5j|} \\ &\approx \frac{0.5}{5^2} \\ &= 0.02 \end{aligned}$$

가 된다. $\omega = 5$에서는,

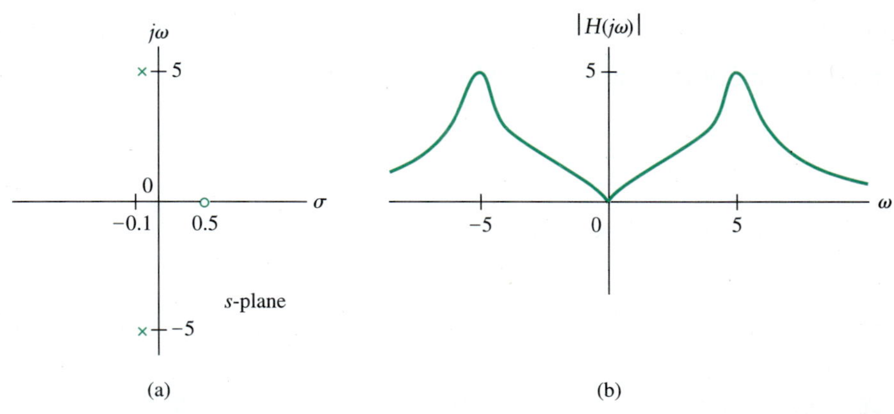

그림 6.25 예제 6.23의 풀이. (a) 극점-영점도, (b) 근사 진폭 응답

$$\begin{aligned}|H(j5)| &= \frac{|j5 - 0.5|}{|0.1||j10 + 0.1|} \\ &\approx \frac{5}{0.1(10)} \\ &= 5\end{aligned}$$

가 된다. $\omega >> 5$일 때, $j\omega$로부터 극점들 중 하나까지의 벡터 길이는 $j\omega$로부터 영점까지의 벡터 길이와 근사적으로 같게 된다. 따라서 영점은 극점들 중의 어느 하나에 의하여 상쇄될 수 있다. $j\omega$로부터 남은 극점까지의 거리는 주파수가 증가함에 따라 증가하고, 따라서 진폭 응답은 0으로 가게 된다. 진폭 응답은 그림 6.25(b)에 그려져 있다. ▮

$H(j\omega)$의 위상도 각각의 극점과 영점에 관련된 위상에 의하여 계산될 수 있다. 식 (6.44)를 이용하면, 다음과 같이 구할 수 있다.

$$\arg\{H(j\omega)\} = \arg\{\tilde{b}\} + \sum_{k=1}^{M} \arg\{j\omega - c_k\} - \sum_{k=1}^{N} \arg\{j\omega - d_k\}. \tag{6.45}$$

이 경우에 $H(j\omega)$의 위상은 모든 영점들에 기인한 위상각들의 합에서 모든 극점들에 기인한 위상각들의 합을 뺀 것이다. 첫째 항 $\arg\{\tilde{b}\}$는 주파수와 무관하다. 각각의 영점과 극점에 관련된 위상은 $\arg\{j\omega_o - g\}$ 형태의 항을 검토하여 $\omega = \omega_o$일 때 계산된다. 이 항은 s-평면에서 g로부터 $j\omega_o$를 향하는 벡터의 각이다. 벡터각은 그림 6.26에 나타낸 것처럼, g를 통과하는 수평선에 대하여 상대적으로 측정된다. ω를 변화시키면서 이 벡터의 위상을 살펴봄으로써 전체 위상 응답에 대한 각각의 극점이나 영점의 기여도를 계산할 수 있다.

그림 6.27(a)는 몇몇 다른 주파수에 따른 $j\omega - g$의 위상을 나타내고, 그림 6.27(b)는 위상을 주파수에 대한 연속 함수로서 나타낸 것이다. 우리는 g가 영점을 나타낸다고 가정한다. g가 s-평면의 좌반면에 있기 때문에, 위상은 큰 음수의 ω에 대하여 $-\pi/2$이고, $\omega = \text{Im}\{g\}$일 때 0으로 증가하며, 큰 양수의 ω에 대해서는 $\pi/2$까지 지속적으로 증가한다는 것을 주목하라. 만약 g가 s-평면의 우반면에 있다면, 위상은 큰 음수의 ω일 때 $-\pi/2$에서 시작하고, $\omega = \text{Im}\{g\}$일 때 $-\pi$로 감소하며, 큰 양수의 ω에 대해서는 $-3\pi/2$까지 감소한다. 만약 g가 $j\omega$축에 근접하면, $-\pi/2$로부터 $\pi/2$(또는 $-3\pi/2$)까지의 변화가 $\omega = \text{Im}\{g\}$ 근처에서 급속하게 일어난다. 만

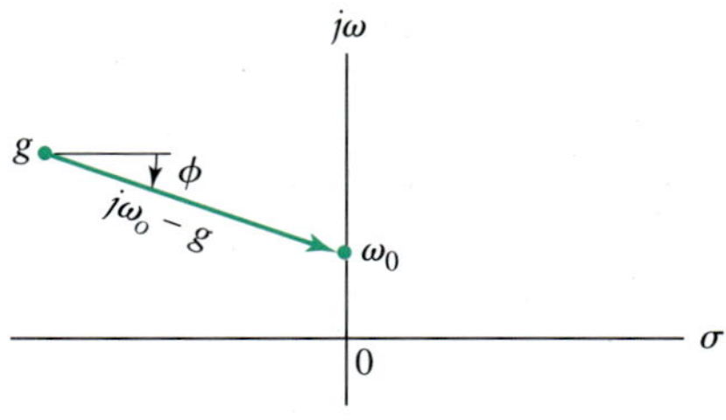

그림 6.26 s-평면에서 g로부터 $j\omega_o$까지 벡터로 나타낸 $j\omega_o - g$. 벡터의 위상각은 g를 통과하는 수평선에 대해 정의되는 각 ϕ이다.

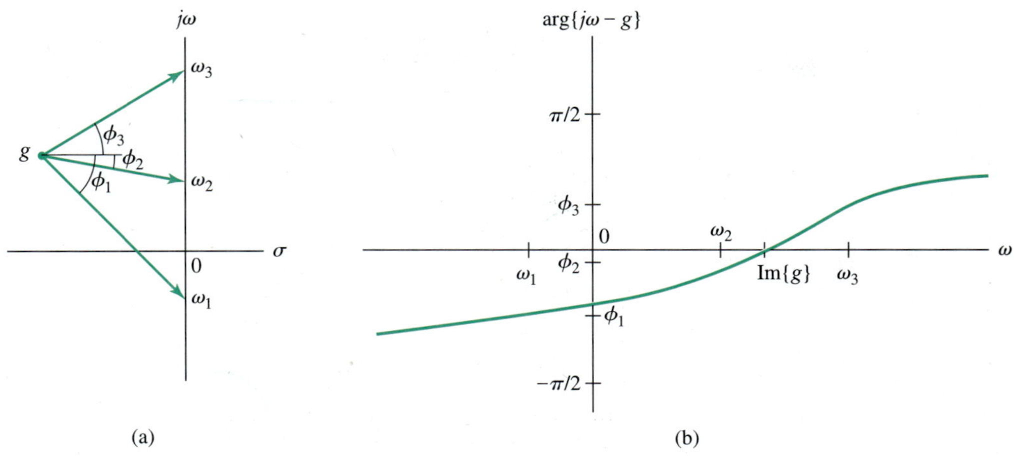

그림 6.27 $j\omega - g$의 위상각. (a) ω의 몇몇 다른 값에 대한 g로부터 $j\omega$까지의 벡터, (b) ω의 함수로 표현된 $\arg\{j\omega - g\}$의 그래프

약 g가 극점에 해당한다면, $H(j\omega)$의 위상에 대한 g의 기여도는 설명한 것과 반대가 된다.

예제 6.24 **위상 응답의 그래프 유도.** 다음의 전달 함수로 표현되는 LTI 시스템의 위상 응답을 그려라.

$$H(s) = \frac{(s - 0.5)}{(s + 0.1 - 5j)(s + 0.1 + 5j)}.$$

풀이: s-평면에서 이 시스템의 극점과 영점 위치는 그림 6.25(a)에 나타나 있다. $s = 0.5$의 영점과 관련된 위상 응답은 그림 6.28(a)에 나타내었고, $s = -0.1 + j5$의 극점과 관련된 위상 응답은 그림 6.28(b)에 나타내었으며, $s = -0.1 - j5$의 극점과 관련된 위상 응답은 그림 6.28(c)에 나타내었다. 시스템의 위상 응답은 영점의 위상 기여분에서 극점들의 위상 기여분을 빼줌으로써 구할 수 있다. 그 결과는 그림 6.28(d)에 나타내었다(다음 쪽 참조). ▮

▶ **연습문제 6.22** 다음의 전달 함수를 갖는 LTI 시스템의 진폭 응답과 위상 응답을 그려라.

$$H(s) = \frac{-2}{(s + 0.2)(s^2 + 2s + 5)}.$$

해답: 극점은 $s = -0.2$와 $s = -0.1 \pm j2$에 있다[다음 쪽 그림 6.29(a)와 (b) 참조]. ▮

6.13.2 보드 다이어그램

LTI 시스템에 대해 모든 극점과 영점들이 실수인 경우를 가정해 보자. 시스템의 보드 다이어그램은 식 (6.44)의 진폭 응답을 아래와 같이 dB로 나타내고,

$$|H(j\omega)|_{\mathrm{dB}} = 20\log_{10}|K| + \sum_{k=1}^{M} 20\log_{10}\left|1 - \frac{j\omega}{c_k}\right| - \sum_{k=1}^{N} 20\log_{10}\left|1 - \frac{j\omega}{d_k}\right| \quad (6.46)$$

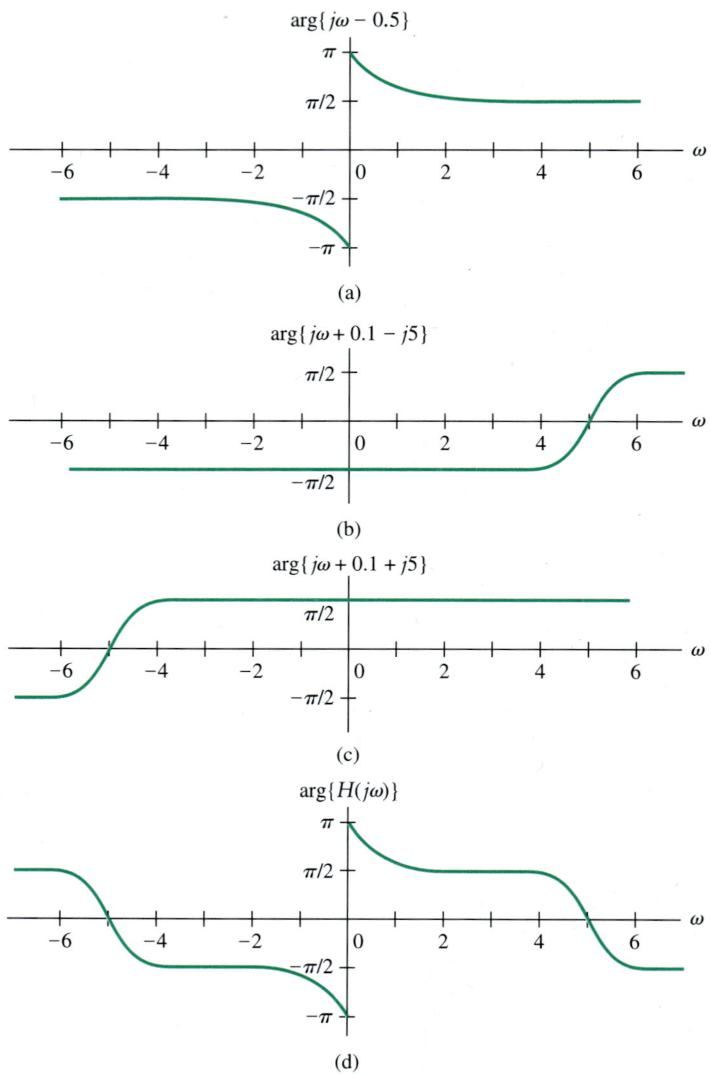

그림 6.28 예제 6.24의 시스템의 위상 응답. (a) $s = 0.5$의 영점에 대한 위상, (b) $s = -0.1 + j5$의 극점에 대한 위상, (c) $s = -0.1 - j5$의 극점에서의 위상, (d) 시스템의 위상 응답

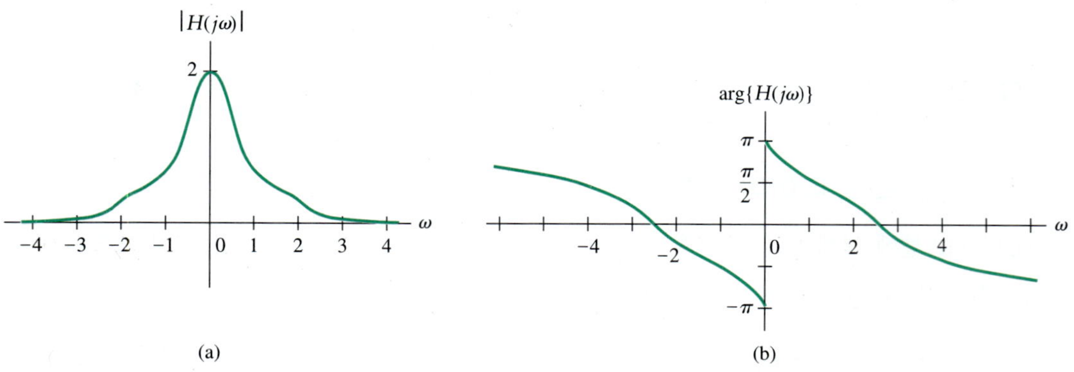

그림 6.29 연습문제 6.22의 풀이

위상 응답을 다음과 같이 표현함으로써 구한다.

$$\arg\{H(j\omega)\} = \arg K + \sum_{k=1}^{M} \arg\left(1 - \frac{j\omega}{c_k}\right) - \sum_{k=1}^{N} \arg\left(1 - \frac{j\omega}{d_k}\right). \tag{6.47}$$

식 (6.46)과 (6.47)에서 이득 인자는 다음과 같이 주어진다.

$$K = \frac{\widetilde{b}\prod_{k=1}^{M}(-c_k)}{\prod_{k=1}^{N}(-d_k)}.$$

따라서 진폭 응답 $|H(j\omega)|_{\mathrm{dB}}$의 계산에서는 식 (6.44)의 곱셈과 나눗셈 인수들이 제각기 덧셈 및 뺄셈으로 관련된다. 위상 응답 $\arg\{H(j\omega)\}$에 대한 영점과 극점 인수들의 영향도 덧셈과 뺄셈으로 처리된다. 따라서 ω의 변화에 따른 $H(j\omega)$의 계산이 상대적으로 쉬워질 수 있다. 보드 다이어그램의 직관적인 매력은 $|H(j\omega)|_{\mathrm{dB}}$과 $\arg\{H(j\omega)\}$의 계산이 각각의 극점과 영점 인수에 관련된 선분으로 부분 근사(straight-line-segment approximations)함으로써 쉽게 얻을 수 있다는 사실에 있다.

$d_0 = -\omega_b$의 실수인 극점 인수 $(1 - j\omega/d_0)$의 경우를 고려해 보자. 이득 성분 $|H(j\omega)|_{\mathrm{dB}}$에 대한 이 극점 인수의 기여분은 다음과 같이 쓸 수 있다.

$$-20\log_{10}\left|1 + \frac{j\omega}{\omega_b}\right| = -10\log_{10}\left(1 + \frac{\omega^2}{\omega_b^2}\right). \tag{6.48}$$

ω가 ω_b에 비해 매우 작은 값일 때와 매우 큰 값일 때를 고려함으로써, 이 기여분에 대한 점근선 근사(asymptotic approximation)를 다음과 같이 구할 수 있을 것이다.

- **저주파 점근선** $\omega << \omega_b$일 때, 식 (6.48)은 다음과 같이 근사화되며

$$-20\log_{10}\left|1 + \frac{j\omega}{\omega_b}\right| \approx -20\log_{10}(1) = 0\ \mathrm{dB}.$$

  이는 0-dB 선을 구성한다.

- **고주파 점근선** $\omega >> \omega_b$일 때, 식 (6.48)은 다음과 같이 근사화된다.

$$-20\log_{10}\left|1 + \frac{j\omega}{\omega_b}\right| \approx -10\log_{10}\left|\frac{\omega}{\omega_b}\right|^2 = -20\log_{10}\left|\frac{\omega}{\omega_b}\right|.$$

  이는 −20 dB/decade의 기울기를 갖는 일직선을 나타낸다.

이 두 점근선은 $\omega = \omega_b$에서 교차한다. 따라서 극점 인수 $(1 + j\omega/\omega_b)$의 $|H(j\omega)|_{\mathrm{dB}}$에 대한 기여분은, 그림 6.30(a)에 나타낸 것처럼, 한쌍의 일직선 부분들로 근사화될 수 있다. 교차 주파수 ω_b는 보드 다이어그램의 **모서리 주파수**(corner frequency) 또는 **분기점 주파수**(break frequency)라 불린다. 그림은 단순 극점 인수(simple pole factor)의 실제 진폭 특성도 포함하고 있다. 근사화 오차(즉, 실제 진폭 특성과 근사형 간의 차)는 모서리 주파수 ω_b에서 최대값 3 dB에 도달한다. 그림에 나타낸 표는 ω_b로 정규화된 주파수에 따른 근사화 오차를 나열한 것

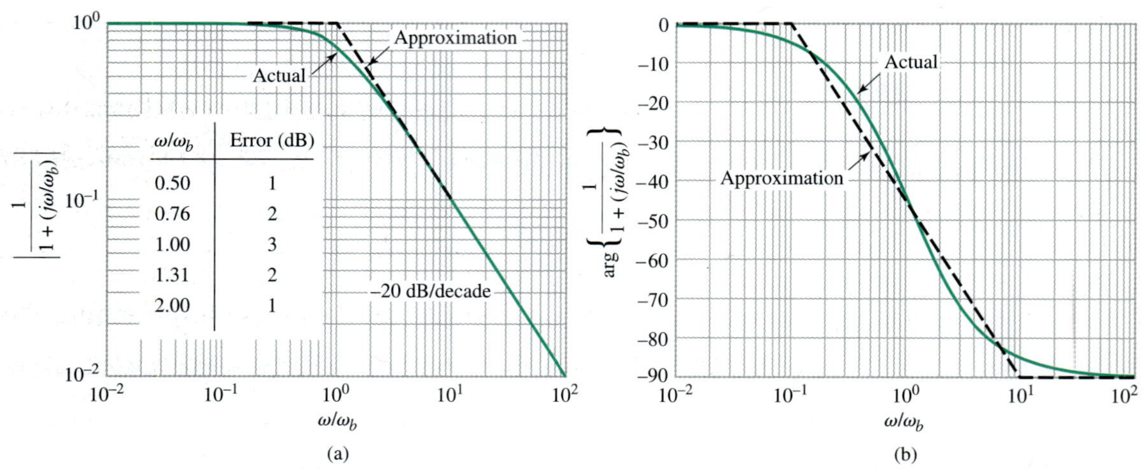

그림 6.30 1차 극점 인수 $1/(1 + s/\omega_b)$에 대한 보드 다이어그램. (a) 이득 응답, (b) 위상 응답

이다. 영점의 진폭 특성은 극점의 진폭 특성의 반대 부호라는 것을 주목하라. 따라서 영점에 대한 고주파 점근선은 20 dB/decade의 기울기를 갖는다.

단순 극점 인수의 위상 응답은

$$-\arg\{1 + j\omega/\omega_b\} = -\arctan\left(\frac{\omega}{\omega_b}\right)$$

이며, 그림 6.30(b)에서 실선(solid line)으로 정확하게 그려져 있다. 파선(dashed line)은 위상 응답에 대한 구분적 선형 근사(piecewise linear approximation)를 나타낸다. 영점의 위상 응답은 극점의 위상 응답의 반대 부호이다. 6.12.1절에서 최소 위상 시스템은 모든 극점과 영점을 s-평면의 좌반면에 갖는다는 사실을 상기하라. 극점이나 영점이 s-평면의 좌반면에 있으면, $\omega_b > 0$이고, 진폭과 위상 응답은 ω_b를 통해 유일하게 관계된다. 이것이 최소 위상 시스템의 진폭과 위상 응답 간에 유일한 관계가 존재하는 이유이다.

이제 우리는 보드 다이어그램의 실질적인 장점을 알 수 있다. 전달 함수의 단순 극점이나 영점 인수들에 대한 근사를 이용하여 $|H(j\omega)|_{\text{dB}}$를 쉽게 그릴 수 있다. 다음의 예제는 $|H(j\omega)|_{\text{dB}}$를 얻기 위해 개별적인 인수들의 결합 방법을 설명한다.

예제 6.25 **보드 다이어그램의 구성.** 다음의 전달 함수로 표현되는 LTI 시스템에 대한 보드 다이어그램으로 진폭 응답과 위상 응답을 그려라.

$$H(s) = \frac{5(s + 10)}{(s + 1)(s + 50)}.$$

풀이: 우선, $\omega = 1$과 $\omega = 50$인 두 개의 극점 모서리 주파수와 $\omega = 10$인 한 개의 영점 모서리 주파수가 있음을 알 수 있으므로 식을 다음과 같이 나타낼 수 있다.

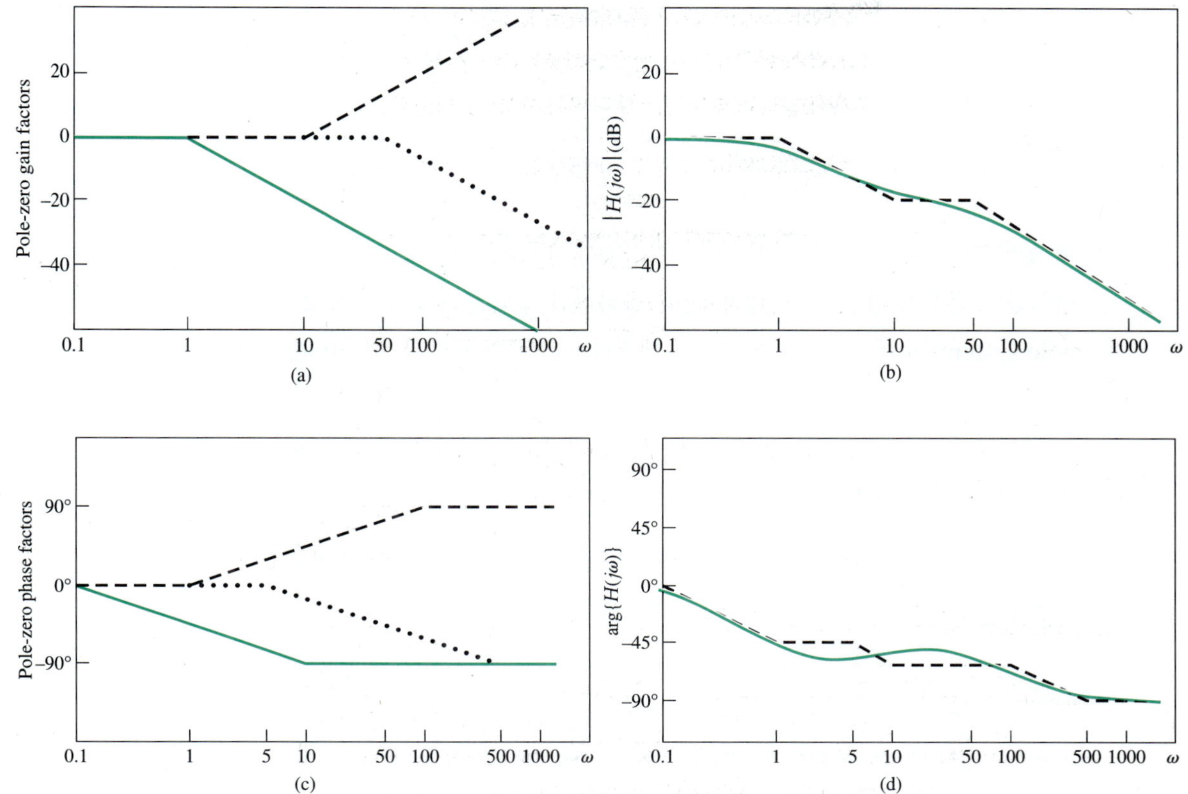

그림 6.31 예제 6.25의 보드 다이어그램. (a) $s = -1$의 극점(실선), $s = -10$인 영점(파선) 그리고 $s = -50$인 극점(점선)의 이득 응답, (b) 실제 이득 응답(실선)과 점근선 근사(파선), (c) $s = -1$인 극점(실선), $s = -10$인 영점(파선) 그리고 $s = -50$인 극점(점선)의 위상 응답, (d) 실제 위상 응답(실선)과 점근선 근사(파선)

$$H(j\omega) = \frac{\left(1 + \frac{j\omega}{10}\right)}{(1 + j\omega)\left(1 + \frac{j\omega}{50}\right)}.$$

각각의 극점과 영점의 점근선 근사는 그림 6.31(a)와 같다. 그림 6.31(b)에 나타낸 바와 같이, 점근선의 합은 $|H(j\omega)|_{\text{dB}}$를 근사화한다. $\omega > 10$인 경우, 영점의 고주파 점근선과 모서리 주파수 $\omega = 1$인 극점의 고주파 점근선은 상쇄된다는 것을 주목하라. 이와 유사하게, 그림 6.31(c)는 각각의극점과 영점에 대한 위상의 점근선 근사를 나타낸다. 그림 6.31(d)에 나타낸 바와 같이, 점근선의 합은 $\arg\{H(j\omega)\}$를 근사화한다. ■

지금까지 우리는 극점과 영점이 실수 값을 갖는다고 가정했다. 복소-켤레 극점쌍 또는 영점쌍은 실수 값의 2차 인수로 묶을 수 있다. 예를 들어, 어떤 2차 극점 인수가 다음과 같이 표현된다고 하자.

$$Q(s) = \frac{1}{1 + 2(\zeta/\omega_n)s + \left(\frac{s}{\omega_n}\right)^2}.$$

$Q(s)$의 극점은

$$s = -\zeta\omega_n \pm j\omega_n\sqrt{1 - \zeta^2}$$

에 놓여 있다. 여기서, $\zeta \le 1$이라고 가정했다. $Q(s)$를 이러한 형식으로 나타내면 보드 다이어그램의 결정이 간단해진다(ζ와 ω_n의 물리적인 설명은 9.10절에서 2차의 전극 시스템(all-pole system)의 특성을 설명하면서 주어진다). $Q(s)$의 표현식에 $s = j\omega$를 대입하면,

$$Q(j\omega) = \frac{1}{1 - (\omega/\omega_n)^2 + j2\zeta\omega/\omega_n}$$

이 되고, 따라서 $Q(j\omega)$의 진폭은 데시벨로 다음과 같이 주어진다.

$$|Q(j\omega)|_{\text{dB}} = -20\log_{10}[(1 - (\omega/\omega_n)^2)^2 + 4\zeta^2(\omega/\omega_n)^2]^{1/2}. \tag{6.49}$$

반면에 $Q(j\omega)$의 위상은 다음과 같이 주어진다.

$$\arg\{Q(j\omega)\} = -\arctan\left(\frac{2\zeta(\omega/\omega_n)}{1 - (\omega/\omega_n)^2}\right). \tag{6.50}$$

$\omega \ll \omega_n$일 때 식 (6.49)는 다음과 같이 근사화된다.

$$|Q(j\omega)|_{\text{dB}} \approx -20\log_{10}(1) = 0\ \text{dB}.$$

$\omega \gg \omega_n$일 때에는 다음과 같이 근사화된다.

$$|Q(j\omega)|_{\text{dB}} \approx -20\log_{10}\left(\frac{\omega}{\omega_n}\right)^2 = -40\log_{10}\left(\frac{\omega}{\omega_n}\right).$$

따라서 이득 성분 $|Q(j\omega)|_{\text{dB}}$는 그림 6.32에서 나타낸 바와 같이, 하나는 0-dB 선으로 표현되고, 다른 것은 −40 dB/decade의 기울기를 갖는 한쌍의 일직선들로 근사화될 수 있다. 이들 두 점근선은 $\omega = \omega_n$에서 교차하며, 이 주파수는 2차 인수의 **모서리 주파수**라 불린다. 그러나

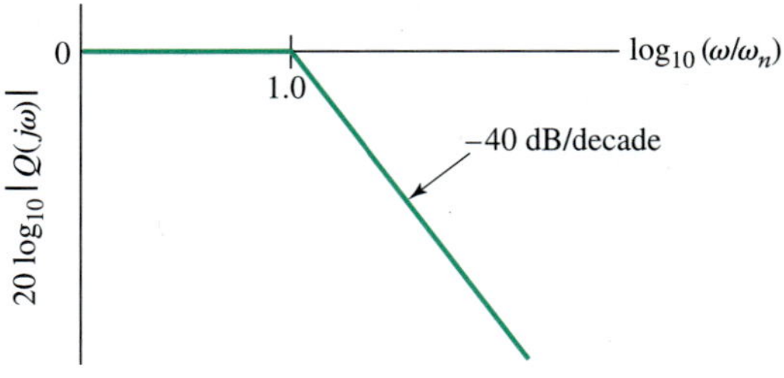

그림 6.32 20 $\log_{10}|Q(j\omega)|_{\text{dB}}$에 대한 점근선 근사, 여기서

$$Q(s) = \frac{1}{1 + (2\zeta/\omega_n)s + s^2/\omega_n^2}.$$

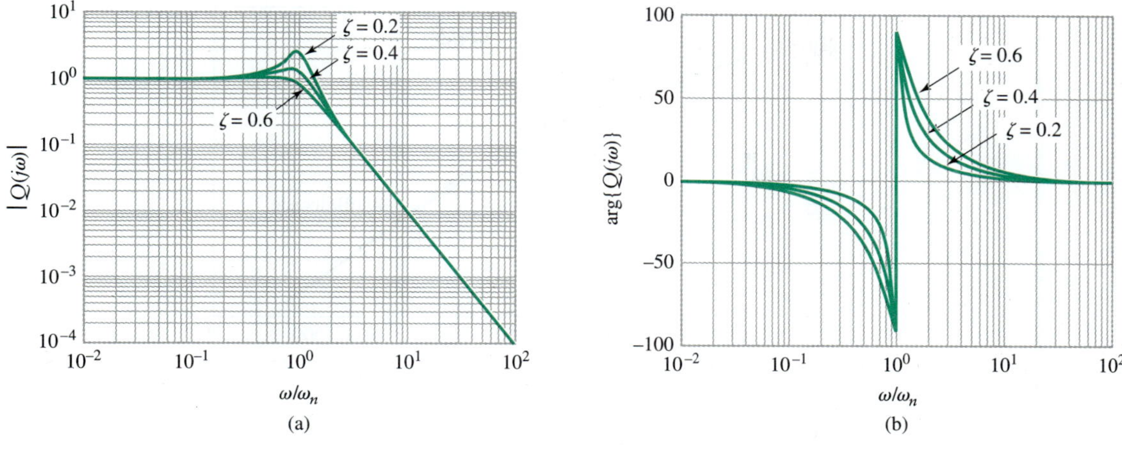

그림 6.33 ζ의 변화에 대한 2차 극점 인수 $Q(s) = \dfrac{1}{1 + (2\zeta/\omega_n)s + s^2/\omega_n^2}$의 보드 다이어그램. (a) 이득 응답, (b) 위상 응답

단순 극점 인수의 경우와 달리, 2차 극점 인수의 실제 진폭은 그것의 점근선 근사와 뚜렷이 다를 수 있는데, 이는 인자 ζ가 1과 비교하여 얼마나 작은지에 의존한다. 그림 6.33(a)는 $0 < \zeta < 1$의 범위에서 ζ의 세 가지 다른 값에 대해 $|Q(j\omega)|_{\text{dB}}$의 정확한 그림을 보여준다. $|Q(j\omega)|_{\text{dB}}$의 정확한 곡선과 점근선 근사 간의 차이가 근사화 오차를 정의한다. $\omega = \omega_n$에서 식 (6.49)를 계산하고, 점근선 근사에서 대응되는 값이 0 dB이라는 사실에 주목하면, $\omega = \omega_n$에서 오차값이 다음과 같이 된다는 것을 알 수 있다.

$$(\text{오차})_{\omega=\omega_n} = -20\log_{10}(2\zeta)\ \text{dB}.$$

이 오차는 $\zeta = 0.5$일 때에는 0이고, $\zeta < 0.5$일 때에는 양의 값, $\zeta > 0.5$일 때에는 음의 값이 된다.

$Q(j\omega)$의 위상 성분은 식 (6.50)에 주어져 있다. 그림 6.33(b)는 그림 6.33(a)에서 사용된 ζ의 같은 값들에 대한 $\arg\{Q(j\omega)\}$의 정확한 그림을 보여주고 있다. $\omega = \omega_n$에서는 다음과 같다.

$$\arg\{Q(j\omega_n)\} = -90\ \text{도}$$

$\omega = \omega_n$일 때 위상에서 180도의 변화를 일으키는 $Q(j\omega)$의 대수적 부호의 변화를 주목하라.

예제 6.26 **전기 기계 시스템의 보드 다이어그램.** 예제 6.20에서 유도된 바와 같이, 그림 6.18에 나타낸 직류 모터와 부하의 결합은 다음의 전달 함수를 갖는다.

$$H(s) = \frac{\dfrac{K_1}{RJ}}{s\left(s + \dfrac{K_1K_2}{RJ}\right)}.$$

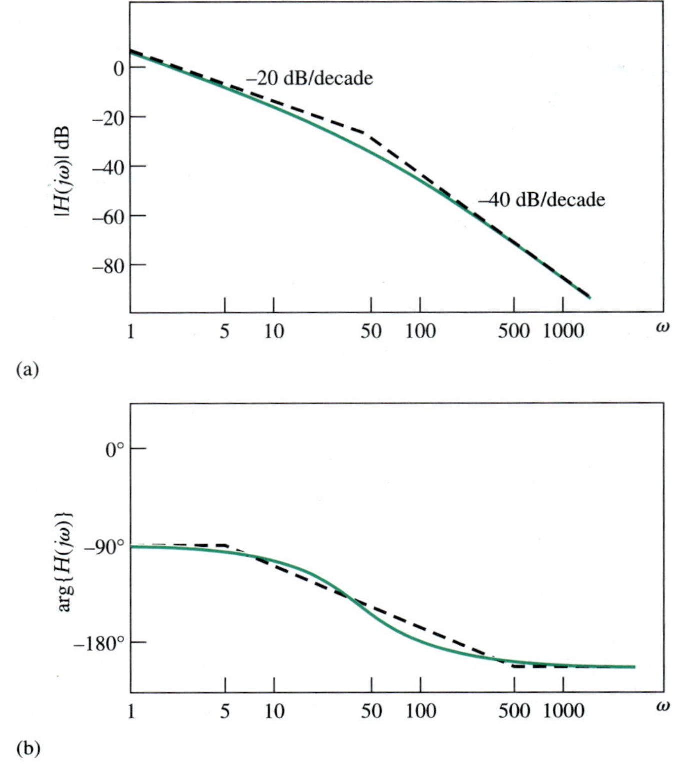

그림 6.34 예제 6.20의 전기 기계 시스템에 대한 보드 다이어그램. (a) 실제 진폭 응답(실선)과 점근선 근사(파선), (b) 실제 위상 응답(실선)과 점근선 근사(파선)

$K_1/RJ = 100$, $K_1K_2/RJ = 50$으로 가정하여 보드 다이어그램으로 진폭 응답과 위상 응답을 그려라.

풀이: 우선, $s = j\omega$를 이용하여 식을 다음과 같이 나타낸다.

$$H(j\omega) = \frac{2}{j\omega\left(1 + \frac{j\omega}{50}\right)}.$$

이로부터 극점 모서리 주파수가 $\omega = 50$에 있다는 것을 확인할 수 있다. 분모의 $j\omega$항은 진폭 응답에 기울기 −20 dB/decade의 직선을 제공하고, 위상에는 −90도의 인자를 제공한다. 그림 6.34는 진폭과 위상 응답의 보드 다이어그램이다. ∎

▶ 연습문제 6.23 다음의 시스템 전달 함수들에 대한 보드 다이어그램의 이득과 위상 성분에 대해 점근선 근사를 그려라.

(a) $H(s) = \dfrac{8s + 40}{s(s + 20)}$

(b) $H(s) = \dfrac{10}{(s + 1)(s + 2)(s + 10)}$

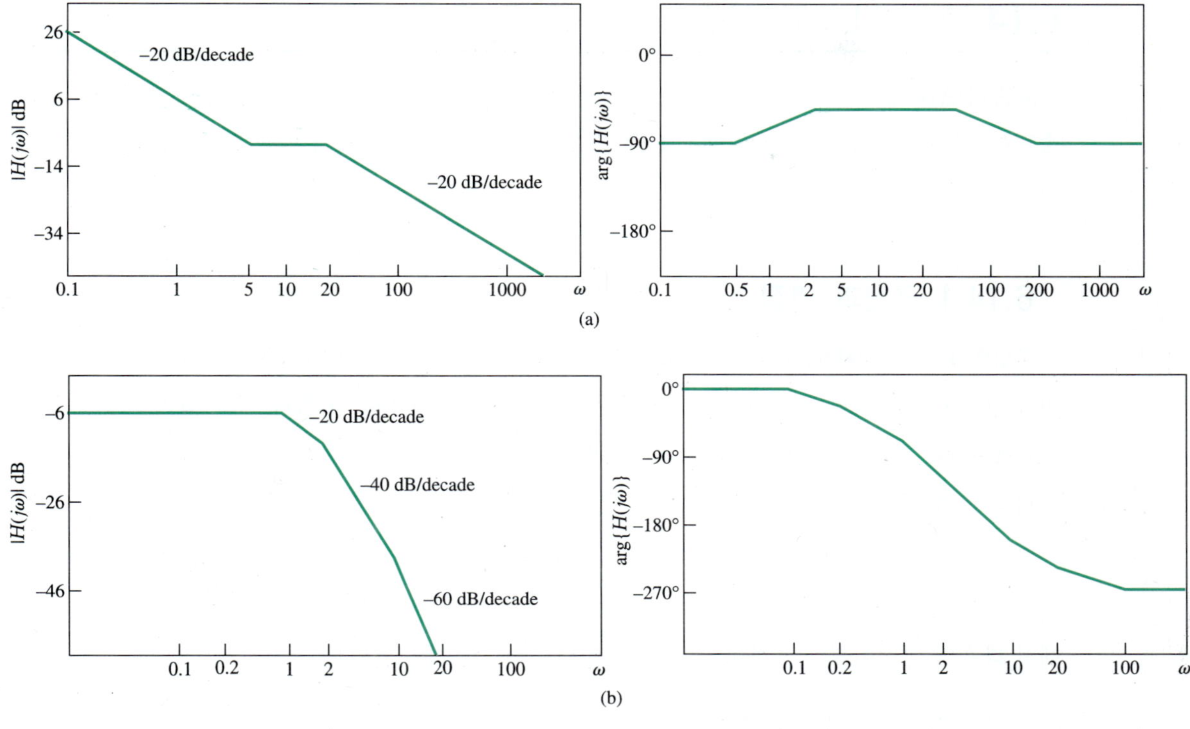

그림 6.35 문제 6.23의 풀이

해답: 그림 6.35 참조

▶ **연습문제 6.24** 전달 함수 $H(s) = \dfrac{100(s+1)}{s(s^2+20s+100)}$의 시스템에 대한 보드 다이어그램의 이득 성분에 대해 점근선 근사를 그려라.

해답: 그림 6.36 참조

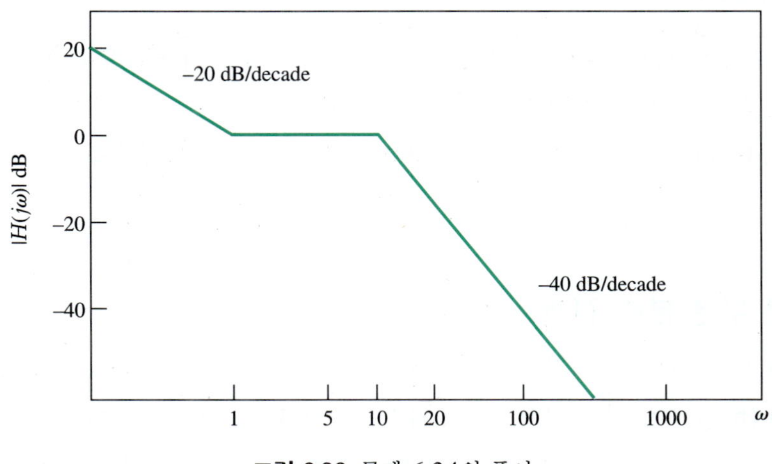

그림 6.36 문제 6.24의 풀이

6.14 MATLAB 실습

MATLAB 제어 시스템 툴박스는 전달 함수, 극점과 영점 또는 상태 변수 등에 의해 기술되는 라플라스 변환과 연속시간 LTI 시스템을 다루는 작업에 유용한 많은 명령들을 포함하고 있다.

6.14.1 극점과 영점

명령어 **r = roots(a)**는 벡터 **a**로 기술된 다항식의 근을 구하므로 s 영역에서 다항식의 비로 표현되는 라플라스 변환의 영점과 극점을 구하는 데 이용될 수 있다. 벡터 **a**의 요소들은 s의 내림차순 멱(descending powers)에 대응된다.

예를 들어 예제 6.9의 라플라스 변환, 즉

$$X(s) = \frac{4s^2 + 6}{s^3 + s^2 - 2}$$

에서 다음의 명령어를 이용하여 극점과 영점을 구할 수 있을 것이다.

```
>> z = roots([4, 0, 6])
z =
      0 + 1.2247i
      0 - 1.2247i
>> p = roots([1, 1,0, -2)]
p =
   -1.0000 + 1.0000i
   -1.0000 - 1.0000i
     1.0000
```

따라서 우리는 $s = \pm j1.2247$의 영점들, $s = 1$의 극점 및 $s = -1 \pm j$의 복소-켤레 극점쌍을 확인할 수 있다(MATLAB은 **i** = $\sqrt{-1}$을 갖고 있다는 사실을 상기하라).

명령어 **poly(r)**은 벡터 **r**에서 지정한 극점이나 영점을 이용하여 해당되는 다항식의 계수를 구해 준다.

6.14.2 부분 분수 전개

residue 명령어는 두 다항식의 비에 대하여 부분 분수 전개식을 구한다. 구문은 **[r, p, k]** = **residue(b, a)**이다. 여기서 **b**는 분자 다항식을 나타내고, **a**는 분모 다항식을 나타내며, **r**은 부분 분수 전개 계수 혹은 나머지 수를 나타내고, **p**는 극점들을 나타내며, **k**는 s의 멱인 어떤 항을 표현하는 벡터이다. 만약 분자 차수가 분모 차수보다 낮으면 **k**는 빈 행렬이 된다.

residue 명령어의 용법을 설명하기 위하여 예제 6.7에서 고려한 라플라스 변환, 즉

$$X(s) = \frac{3s + 4}{(s + 1)(s + 2)^2} = \frac{3s + 4}{s^3 + 5s^2 + 8s + 4}$$

에서 다음의 명령어를 이용하여 부분 분수 전개식을 구할 수 있다.

```
>> [r, p, k] = residue([3, 4], [1, 5, 8, 4])
r =
    -1.0000
     2.0000
     1.0000
p =
    -2.0000
    -2.0000
    -1.0000
k =
    [ ]
```

따라서 나머지수 **r(1)** = −1은 **p(1)**에 주어진 $s = -2$의 극점에 대응되고, 나머지수 **r(2)** = 2는 **p(2)**에 주어진 $s = -2$의 이중 극점에 대응되고, 나머지수 **r(3)** = 1은 **p(3)**에 주어진 $s = -1$의 극점에 대응된다. 그러므로 부분 분수 전개식은 다음과 같다.

$$X(s) = \frac{-1}{s + 2} + \frac{2}{(s + 2)^2} + \frac{1}{s + 1}.$$

이 결과는 예제 6.7의 결과와 일치한다.

▶ **연습문제 6.25** **residue**를 이용하여 문제 6.7을 풀어라. ∎

6.14.3 시스템 표현의 관계

시스템은 미분 방정식, 전달 함수, 극점과 영점, 주파수 응답 또는 상태 변수에 의하여 표현될 수 있다는 사실을 상기하자. 제어 시스템 툴박스는 LTI 시스템의 전달 함수, 극점-영점 그리고 상태 변수 표현의 관계를 설명하는 루틴을 포함하고 있다. 이 모든 것들은 다른 형태의 시스템 표현을 나타내는 LTI 객체들에 기초를 둔 것이다. 2.14절에서 논의된 바와 같이, 상태-공간 객체들은 MATLAB 명령어 **ss**로 정의될 수 있다. 명령어 **H = tf(b, a)**는 LTI 객체 **H**를 만들어 내는데, 이는 **b**와 **a**의 계수로 정의되는 분자와 분모 다항식을 갖는 전달 함수

를 나타내며, **b**와 **a**의 계수는 s의 내림차순으로 정렬된다. 명령어 **H = zpk(z, p, k)**는 시스템 표현에서 극점-영점-이득 형태를 나타내는 LTI 객체를 만든다. 영점과 극점들은 각각 벡터 **z**와 **p**로 기술되고, 이득은 스칼라 **k**로 표현된다.

명령어 **ss**, **tf** 및 **zpk**는 다른 형태의 LTI 객체에 적용될 때 모델간의 변환도 실행한다. 예를 들어, 만약 **syszpk**가 시스템을 영점-극점-이득 형태로 나타내는 LTI 객체라면, 명령어 **sysss = ss(syszpk)**는 동일 시스템을 나타내는 상태-공간 객체 **sysss**를 만들어 낸다.

명령어 **tzero(sys)**와 **pole(sys)**는 LTI 객체 **sys**의 영점과 극점을 구한다. 반면에 **pzmap(sys)**는 극점-영점도를 만든다. LTI 객체에 직접 적용되는 추가 명령들은 주파수 응답을 구하는 **freqresp**, 보드 다이어그램을 구하는 **bode**, 계단 응답을 구하는 **step** 그리고 특정 입력에 대한 응답으로서 시스템 출력을 시뮬레이션하는 **lsim** 등이 있다.

$s = 0$, $s = \pm j10$의 영점과 $s = -0.5 \pm j5$, $s = -3$, $s = -4$의 극점들을 포함하고 있는 이득 2인 시스템을 고려해 보자. 우리는 아래의 MATLAB 명령들을 이용하여 이 시스템의 전달 함수 표현을 구하고, s-평면에서 극점과 영점 위치를 도시하며, 시스템의 진폭 응답을 그릴 수도 있다.

```
>> z = [0, j*10, -j*10];   p = [-0.5 + j*5, -0.5 + j*5, -3, -4]; k = 2;
>> syszpk = zpk(z, p, k)
Zero/pole/gain
        2 s   (s ^ 2 + 100)
-----------------------------------
(s + 4)   (s + 3)   (s ^ 2 + s + 25.25)

>> systf = tf(syszpk)     % convert to transfer function form
Transfer function:
        2 s ^ 3 + 200s
-----------------------------------
s ^ 4 + 7  s ^ 3 + 44.25  s ^ 2 + 188.8  s + 303

>> pzmap(systf)     % generate pole-zero plot
>> w = [0:499]*20/500;     % Frequencies from 0 to 20 rad/sec

>> H = freqresp(systf, w);
>> Hmag = abs(squeeze(H));   plot(w, Hmag)
```

그림 6.37은 이 명령어들로부터 구해진 극점-영점도를 나타내고, 그림 6.38은 $0 \leq \omega < 20$일 때 시스템의 진폭 응답을 나타낸 것이다. 진폭 응답은 $j\omega$축 상에 있는 영점들의 위치에 해당되는 주파수, 즉 $\omega = 0$과 $\omega = 10$에서는 0이라는 것을 주목하라. 마찬가지로, 진폭 응답은 $j\omega$축에 가까운 극점 위치에 해당되는 주파수, 즉 $\omega = 5$에서 크다.

예제 6.25의 시스템에 대한 보드 다이어그램은 다음과 같이 MATLAB의 **bode** 명령어를

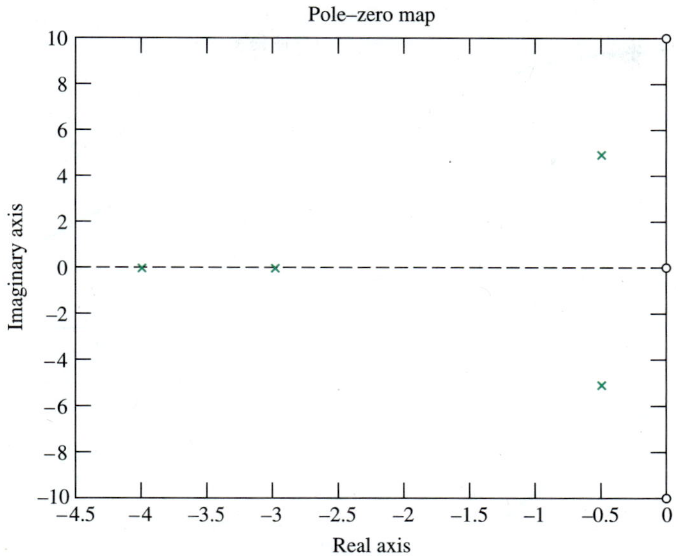

그림 6.37 MATLAB을 이용하여 얻은 한 시스템에 대한 s-평면에서의 극점과 영점의 위치

이용하여 구할 수 있다.

```
>> z = [-10];   p = [-1, -50];   k = 5;
>> sys = zpk(z, p, k);
>> bode(sys)
```

결과는 그림 6.39에 나타내었다.

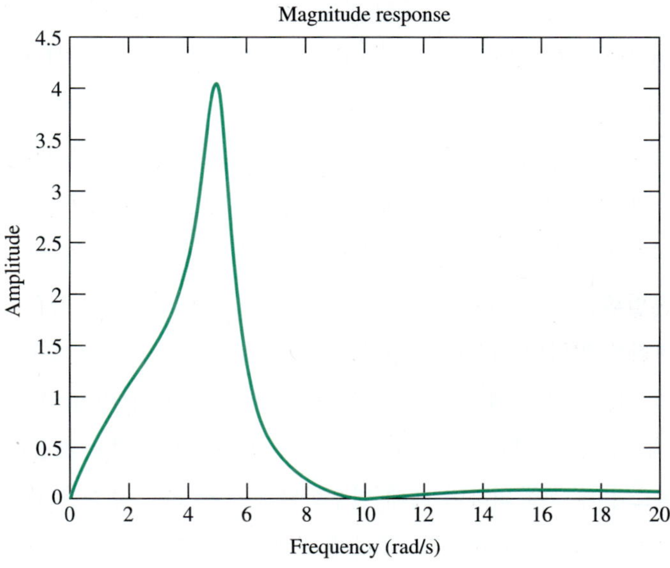

그림 6.38 MATLAB을 이용하여 얻은 한 시스템에 대한 진폭 응답

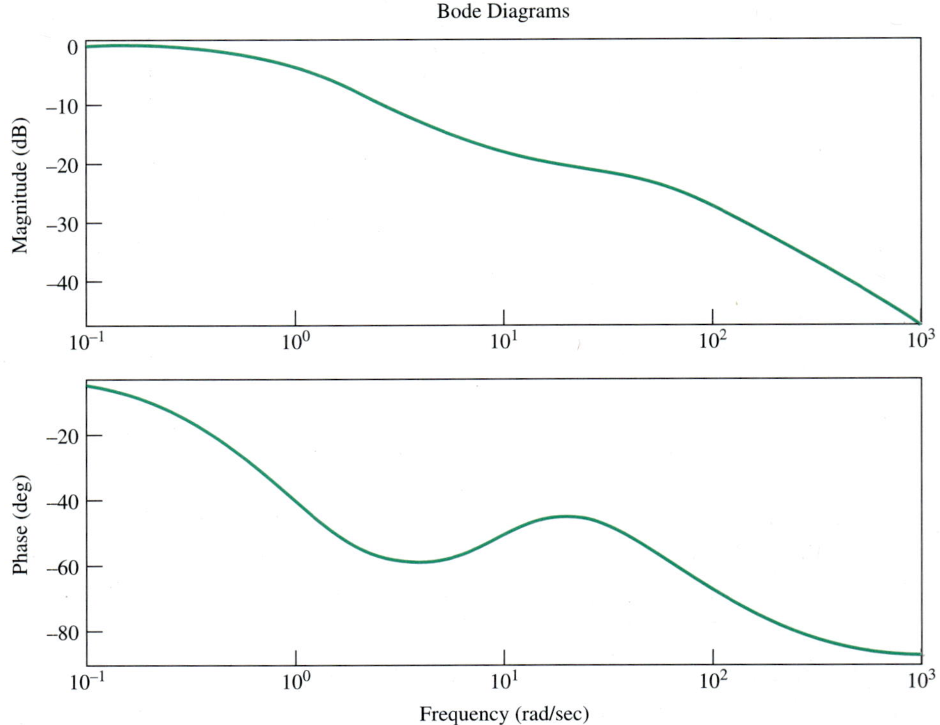

그림 6.39 MATLAB을 이용하여 얻은 예제 6.25의 시스템에 대한 보드 다이어그램

6.15 요 약

라플라스 변환은 연속시간 신호를 가중된 복소 지수의 중첩으로 표현하여 정의되는데, 복소 지수는 복소 정현파보다 더 일반적인 신호이다(복소 지수에는 복소 정현파가 특별한 경우로 포함된다). 라플라스 변환은 절대 적분 가능하지 않은 신호에도 적용되므로 푸리에 변환보다 더 많은 일반적인 범주의 신호들을 표현할 수 있다. 그러므로 우리는 불안정한 신호와 LTI 시스템을 해석하는 데 라플라스 변환을 이용할 수 있다. 전달 함수는 임펄스 응답의 라플라스 변환이며, LTI 시스템의 입출력 특성에 대한 또 다른 표현 방법을 제공한다. 라플라스 변환은 시간 신호들의 콘벌루션을 라플라스 변환식들의 곱으로 바꾸어 준다. 따라서 LTI 시스템 출력의 라플라스 변환은 입력의 라플라스 변환과 전달 함수의 곱이 된다. s-평면에서 전달 함수의 극점과 영점의 위치는 시스템의 안정성, 인과성, 가역성(invertibility) 및 주파수 응답 등에 관한 정보를 제공하므로 LTI 시스템에 대한 또 다른 특성화 방법을 제공해 준다.

복소 지수는 복소 변수 s에 의하여 매개 변수화된다. 라플라스 변환은 s의 함수이고, s-평면이라 부르는 복소 평면에서 표현된다. 푸리에 변환은 s-평면의 $j\omega$축 상에서 라플라스 변환을 계산함으로써, 즉 $s = j\omega$로 설정함으로써 라플라스 변환으로부터 구할 수 있다. 라플라스 변환의 특성은 푸리에 변환의 특성들과 유사하다. LTI 시스템의 주파수 응답은 $s = j\omega$로 놓고 전달 함수로부터 구할 수 있다. 보드 다이어그램은 LTI 시스템의 극점들과 영점들을 이용하여 진폭 응답 곡선을 dB로 나타내고 위상 응답을 주파수의 대수적 함수로 나타낸다.

단측 라플라스 변환은 인과성 신호에 적용되며, 초기 조건을 갖는 미분 방정식과 관련한 시스템 문제를 해석하는 데 있어서 편리한 도구를 제공한다. 양측 라플라스 변환은 양측 신호에 적용된다. 양측 변환은 ROC가 지정되지 않으면 유일하지 않다. s-평면에서 ROC와 라플라스 변환 극점들 사이의 상대적인 위치는 신호가 좌측 신호인지, 우측 신호인지, 아니면 양측 신호인지를 결정한다.

푸리에 변환과 라플라스 변환은 많은 유사성을 가지고 있어서 종종 상호 교환되어 이용되기도 하지만, 신호 및 시스템 해석에 있어서 뚜렷이 다른 역할을 갖고 있다. 라플라스 변환은 시스템의 과도기와 안정성 해석에 가장 빈번하게 이용된다. 이러한 해석 형태와 관련된 문제들은 제어 시스템 응용에서 자주 발생하는데, 이 경우에 우리는 시스템 출력이 원하는 시스템 출력을 추적하는 방법에 관심을 갖게 된다. 시스템 극점들은 LTI 시스템의 안정성과 과도 응답 특성에 대한 필수적인 정보를 제공한다. 반면에 단측 변환은 입력과 초기 조건이 주어졌을 때 LTI 시스템의 응답을 얻기 위해 이용될 수 있다. 이러한 기능에 대해서는 푸리에 변환에서 유사한 대체 방법이 없다. 제어 시스템의 과도기와 안정성 해석에서 라플라스 변환의 역할은 9장에서 더 깊이 고찰한다.

반면에, 푸리에 변환은 일반적으로 신호의 표현 방법으로 이용되거나, 정상상태 특성이 중요한 시스템의 문제 풀이에서 이용된다. 푸리에 변환은 실수값 주파수 ω의 함수이므로, 이와 같은 문제에서 라플라스 변환보다 가시화하기가 쉽고, 사용하기에도 수월하다. 반면에 라플라스 변환은 복소 주파수 $s = \sigma + j\omega$의 함수이다. 푸리에 변환이 적용되는 신호의 표현과 정상상태 시스템 해석 문제들의 예는 4장과 5장에서 주어졌으며, 앞으로 8장의 필터링 내용에서 더 전개될 것이다.

참고문헌

1. 라플라스 변환은 Pierre-Simon de Laplace(1749-1827)의 이름을 따서 명명되었다. Laplace는 비록 인생의 대부분을 천체 역학(celestial mechanics)에 바쳤지만, 유체 역학(hydrodynamics), 소리, 열, 조류(tides) 및 액체 상태 물질의 전파를 포함한 자연 현상에 대하여 폭넓게 연구하였다. Laplace는 *Mécanique céleste*라는 제목의 5부작 시리즈에서 태양계와 관련된 역학 문제에 대한 완벽한 분석 방법을 제시하였다. 그가 집필한 책 중에 있는 유명한 한 귀절에서는 다음과 같이 주장하였다. “세상의 미래는 전적으로

과거에 의해 결정된다. 어떤 사람이 어느 순간에 세상의 '상태'에 대한 지식을 갖고 있다면 그는 미래를 예측할 수 있다." Laplace는 비록 수학에서 많은 중요한 발견을 했지만, 그의 주관심 대상은 자연에 대한 연구였다. 수학은 단지 그 목적을 위한 수단일 뿐이었다.

2. 다음의 서적들은 특별히 라플라스 변환 및 그것의 응용에 대하여 집중적으로 서술되어 있다.

Holbrook, J. G., *Laplace Transforms for Electronic Engineers*, 2nd ed. (Pergamon Press, 1966)

Kuhfittig, P. K. F., *Introduction to the Laplace Transform* (Plenum Press, 1978)

Thomson, W. T., *Laplace Transformation*, 2nd ed. (Prentice Hall, 1960)

3. 교과서

Bode, H. W., *Network Analysis and Feedback Amplifier Design*(Van Nostrand, 1947)은 최소 위상 시스템의 진폭 응답과 위상 응답 간에 존재하는 유일한 관계의 자세한 해석을 제공하는 명저이다. 보드 다이어그램은 H. W. Bode를 기념하여 명명되었다.

4. 식 (6.4)의 역라플라스 변환을 계산하는 데 이용되는 경로 적분 기술은 보통 복소 변수의 주제를 다루는 수학에서 공부하게 된다. 경로 적분을 소개한 책자는 아래와 같다.

Brown, J. and R. Churchill, *Complex Variables and Applications*, (McGraw-Hill, 1996)

5. 단측 라플라스 변환을 이용하여 얻어진 미분 방정식의 풀이는 $t < 0$인 경우에는 적용되지 않는다. $t = 0$인 순간의 해를 계산할 때에는 주의해야 한다. 그 이유는 그 순간에 계단 함수는 불연속이고, 풀이 안에 있는 어떠한 임펄스의 진폭도 정의되지 않기 때문이다. 우리는 이 어려운 주제를 다루기 위해 전통적인 접근법을 취해 왔는데, 기술적으로 상세하고 확실하면서도 입문 수준인 설명 방법을 아직 모르고 있다. 정확한 방식으로 문제를 풀려면 일반화된 함수 해석(functional analysis)을 이용해야 하는데, 이는 이 책의 영역을 넘어선다.

▶ 추가 문제(Additional Problems)

6.26 신호 $x(t)$가 지시된 라플라스 변환 $X(s)$를 갖는다. s-평면에서 극점과 영점을 그려라. 그리고 $X(s)$를 역변환하지 않고 $x(t)$의 푸리에 변환을 구하라.

(a) $X(s) = \dfrac{s^2+1}{s^2+5s+6}$

(b) $X(s) = \dfrac{s^2-1}{s^2+s+1}$

(c) $X(s) = \dfrac{1}{s-4} + \dfrac{2}{s-2}$

6.27 다음의 각 신호에 대하여 양측 라플라스 변환과 ROC를 구하라.

(a) $x(t) = e^{-t}u(t+2)$
(b) $x(t) = u(-t+3)$
(c) $x(t) = \delta(t+1)$
(d) $x(t) = \sin(t)u(t)$

6.28 정의식을 이용하여 다음의 신호들의 단측 라플라스 변환을 구하라.

(a) $x(t) = u(t-2)$
(b) $x(t) = u(t+2)$
(c) $x(t) = e^{-2t}u(t+1)$
(d) $x(t) = e^{2t}u(-t+2)$
(e) $x(t) = \sin(\omega_o t)$
(f) $x(t) = u(t) - u(t-2)$
(g) $x(t) = \begin{cases} \sin(\pi t), & 0 < t < 1 \\ 0, & \text{그 밖의 범위} \end{cases}$

6.29 표 D.1과 D.2에 주어진 기본 라플라스 변환과 라플라스 변환 특성들을 이용하여 다음 신호들의 단측 라플라스 변환을 구하라.

(a) $x(t) = \dfrac{d}{dt}\{te^{-t}u(t)\}$
(b) $x(t) = tu(t) * \cos(2\pi t)u(t)$
(c) $x(t) = t^3u(t)$
(d) $x(t) = u(t-1) * e^{-2t}u(t-1)$
(e) $x(t) = \int_0^t e^{-3\tau}\cos(2\tau)d\tau$
(f) $x(t) = t\dfrac{d}{dt}(e^{-t}\cos(t)u(t))$

6.30 표 D.1과 D.2에 주어진 기본 라플라스 변환과 라플라스 변환 특성들을 이용하여 다음의 단측 라플라스 변환에 대응되는 시간 신호를 구하라.

(a) $X(s) = \left(\dfrac{1}{s+2}\right)\left(\dfrac{1}{s+3}\right)$

(b) $X(s) = e^{-2s}\dfrac{d}{ds}\left(\dfrac{1}{(s+1)^2}\right)$

(c) $X(s) = \dfrac{1}{(2s+1)^2+4}$

(d) $X(s) = s\dfrac{d^2}{ds^2}\left(\dfrac{1}{s^2+9}\right) + \dfrac{1}{s+3}$

6.31 변환쌍 $\cos(2t)u(t) \xleftrightarrow{\mathcal{L}_u} X(s)$가 주어졌을 때, 다음의 라플라스 변환에 대응되는 시간 신호를 구하라.

(a) $(s+1)X(s)$
(b) $X(3s)$
(c) $X(s+2)$
(d) $s^{-2}X(s)$
(e) $\dfrac{d}{ds}(e^{-3s}X(s))$

6.32 변환쌍 $x(t) \xleftrightarrow{\mathcal{L}_u} \dfrac{2s}{(s^2+2)}$(여기서, $t<0$일 때 $x(t)=0$)가 주어졌을 때, 다음의 시간 신호들의 라플라스 변환을 구하라.

(a) $x(3t)$
(b) $x(t-2)$
(c) $x(t) * \dfrac{d}{dt}x(t)$
(d) $e^{-t}x(t)$
(e) $2tx(t)$
(f) $\int_0^t x(3\tau)d\tau$

6.33 주파수 이동 특성과 변환쌍 $e^{-at}u(t) \xleftrightarrow{\mathcal{L}_u} \dfrac{1}{s+a}$을 이용하여, $x(t) = e^{-at}\cos(\omega_1 t)u(t)$의 단측 라플라스 변환을 유도하라.

6.34 다음의 단측 라플라스 변환의 특성을 증명하라.

(a) 선형성 (b) 스케일링
(c) 시간 이동 (d) s-영역 이동
(e) 콘벌루션 (f) s-영역의 미분

6.35 다음의 라플라스 변환 $X(s)$가 주어졌을 때 초기값 $x(0^+)$를 구하라.

(a) $X(s) = \dfrac{1}{s^2 + 5s - 2}$

(b) $X(s) = \dfrac{s+2}{s^2 + 2s - 3}$

(c) $X(s) = e^{-2s}\dfrac{6s^2 + s}{s^2 + 2s - 2}$

6.36 다음의 라플라스 변환 $X(s)$가 주어졌을 때 최종값 $x(\infty)$를 구하라.

(a) $X(s) = \dfrac{2s^2 + 3}{s^2 + 5s + 1}$

(b) $X(s) = \dfrac{s+2}{s^3 + 2s^2 + s}$

(c) $X(s) = e^{-3s}\dfrac{2s^2 + 1}{s(s+2)^2}$

6.37 부분 분수 전개 방법을 이용하여 다음의 단측 라플라스 변환에 대응되는 시간 신호를 구하라.

(a) $X(s) = \dfrac{s+3}{s^2 + 3s + 2}$

(b) $X(s) = \dfrac{2s^2 + 10s + 11}{s^2 + 5s + 6}$

(c) $X(s) = \dfrac{2s - 1}{s^2 + 2s + 1}$

(d) $X(s) = \dfrac{5s + 4}{s^3 + 3s^2 + 2s}$

(e) $X(s) = \dfrac{s^2 - 3}{(s+2)(s^2 + 2s + 1)}$

(f) $X(s) = \dfrac{3s + 2}{s^2 + 2s + 10}$

(g) $X(s) = \dfrac{4s^2 + 8s + 10}{(s+2)(s^2 + 2s + 5)}$

(h) $X(s) = \dfrac{3s^2 + 10s + 10}{(s+2)(s^2 + 6s + 10)}$

(i) $X(s) = \dfrac{2s^2 + 11s + 16 + e^{-2s}}{s^2 + 5s + 6}$

6.38 다음의 지정된 입력과 초기 조건들을 갖는 미분 방정식으로 표현되는 LTI 시스템에 대하여 강제 응답과 자연 응답을 구하라.

(a) $\dfrac{d}{dt}y(t) + 10y(t) = 10x(t), \quad y(0^-) = 1,$
$x(t) = u(t)$

(b) $\dfrac{d^2}{dt^2}y(t) + 5\dfrac{d}{dt}y(t) + 6y(t)$
$= -4x(t) - 3\dfrac{d}{dt}x(t),$
$y(0^-) = -1, \dfrac{d}{dt}y(t)\Big|_{t=0^-} = 5, x(t) = e^{-t}u(t)$

(c) $\dfrac{d^2}{dt^2}y(t) + y(t) = 8x(t), y(0^-) = 0,$
$\dfrac{d}{dt}y(t)\Big|_{t=0^-} = 2, x(t) = e^{-t}u(t)$

(d) $\dfrac{d^2}{dt^2}y(t) + 2\dfrac{d}{dt}y(t) + 5y(t) = \dfrac{d}{dt}x(t),$
$y(0^-) = 2, \dfrac{d}{dt}y(t)\Big|_{t=0^-} = 0, x(t) = u(t)$

6.39 라플라스 변환 회로 모델을 이용하여 그림 P6.39의 회로에서 전류 $y(t)$를 구하라. 지정된 입력들에 대해 정규화된 값으로서 $R = 1\,\Omega$이고, $L = \dfrac{1}{2}H$라고 가정한다. $t = 0^-$일 때 인덕터를 흐르는 전류는 2A이다.

(a) $x(t) = e^{-t}u(t)$

(b) $x(t) = \cos(t)u(t)$

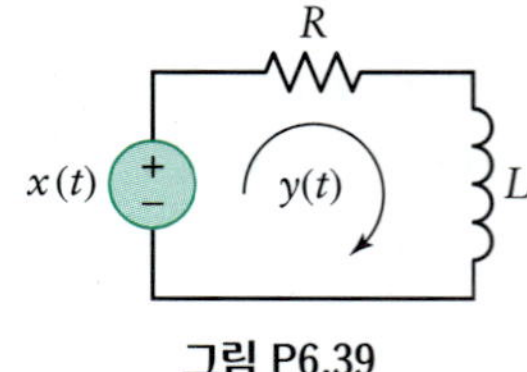

그림 P6.39

6.40 그림 P6.40의 회로는 입력이 $x(t)$이고, 출력이 $y(t)$인 시스템을 나타낸다. 다음의 지정된 조건에서 이 시스템의 강제 응답과 자연 응답을 구하라.

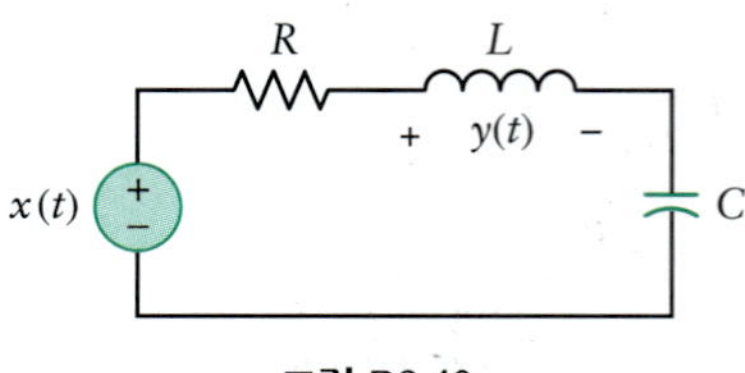

그림 P6.40

(a) $R = 3\,\Omega$, $L = 1$ H, $C = (1/2)$F, $x(t) = u(t)$, $t = 0^-$일 때 인덕터에 흐르는 전류는 2A이고, $t = 0^-$일 때 커패시터에 걸리는 전압은 1V이다.

(b) $R = 2\,\Omega$, $L = 1$ H, $C = (1/5)$F, $x(t) = u(t)$, $t = 0^-$일 때 인덕터에 흐르는 전류는 2A이고, $t = 0^-$일 때 커패시터에 걸리는 전압은 1V이다.

6.41 다음의 신호들에 대하여 양측 라플라스 변환과 대응되는 ROC를 구하라.

(a) $x(t) = e^{-t/2}u(t) + e^{-t}u(t) + e^{t}u(-t)$

(b) $x(t) = e^{t}\cos(2t)u(-t) + e^{-t}u(t) + e^{t/2}u(t)$

(c) $x(t) = e^{3t+6}u(t+3)$

(d) $x(t) = \cos(3t)u(-t) * e^{-t}u(t)$

(e) $x(t) = e^{t}\sin(2t+4)u(t+2)$

(f) $x(t) = e^{t}\dfrac{d}{dt}(e^{-2t}u(-t))$

6.42 변환표와 특성표를 이용하여 다음의 양측 라플라스 변환에 대응되는 시간 신호를 구하라.

(a) $X(s) = e^{5s}\dfrac{1}{s+2}$ (ROC $\mathrm{Re}(s) < -2$)

(b) $X(s) = \dfrac{d^2}{ds^2}\left(\dfrac{1}{s-3}\right)$ (ROC $\mathrm{Re}(s) > 3$)

(c) $X(s) = s\left(\dfrac{1}{s^2} - \dfrac{e^{-s}}{s^2} - \dfrac{e^{-2s}}{s}\right)$ (ROC $\mathrm{Re}(s) < 0$)

(d) $X(s) = s^{-2}\dfrac{d}{ds}\left(\dfrac{e^{-3s}}{s}\right)$ (ROC $\mathrm{Re}(s) > 0$)

6.43 부분 분수 전개 방법을 이용하여 다음의 양측 라플라스 변환에 대응되는 시간 신호를 구하라.

(a) $X(s) = \dfrac{-s-4}{s^2+3s+2}$

(i) ROC $\mathrm{Re}(s) < -2$

(ii) ROC $\mathrm{Re}(s) > -1$

(iii) ROC $-2 < \mathrm{Re}(s) < -1$

(b) $X(s) = \dfrac{4s^2+8s+10}{(s+2)(s^2+2s+5)}$

(i) ROC $\mathrm{Re}(s) < -2$

(ii) ROC $\mathrm{Re}(s) > -1$

(iii) ROC $-2 < \mathrm{Re}(s) < -1$

(c) $X(s) = \dfrac{5s+4}{s^2+2s+1}$

(i) ROC $\mathrm{Re}(s) < -1$

(ii) ROC $\mathrm{Re}(s) > -1$

(d) $X(s) = \dfrac{2s^2+2s-2}{s^2-1}$

(i) ROC $\mathrm{Re}(s) < -1$

(ii) ROC $\mathrm{Re}(s) > 1$

(iii) ROC $-1 < \mathrm{Re}(s) < 1$

6.44 그림 P6.44에 나타낸 RC 회로를 고려해 보자.

(a) $y_1(t)$가 출력이라고 가정하여 전달 함수를 구하라. 극점들과 영점들을 표현하고, 시스템의 주파수 특성을 저역통과, 고역통과 혹은 대역통과로 밝혀라.

(a) $y_2(t)$가 시스템 출력이라고 가정하여 (a)를 반복하라.

(c) (a)와 (b)의 시스템에 대해 임펄스 응답을 구하라.

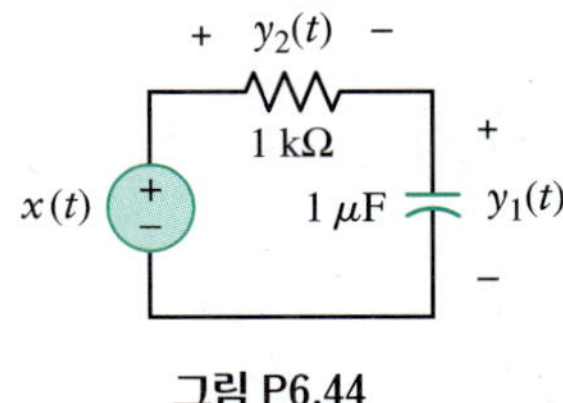

그림 P6.44

6.45 어떤 시스템이 아래에 나타낸 전달 함수 $H(s)$를 갖는다. (i) 시스템이 인과성이라고 할 때와 (ii) 시스템이 안정하다고 할 때를 가정하여 임펄스 응답을 구하라.

(a) $H(s) = \dfrac{2s^2+2s-2}{s^2-1}$

(b) $H(s) = \dfrac{2s-1}{s^2+2s+1}$

(c) $H(s) = \dfrac{s^2+5s-9}{(s+1)(s^2-2s+10)}$

(d) $H(s) = e^{-5s} + \dfrac{2}{s-2}$

6.46 어떤 안정한 시스템이 아래에 나타낸 입력 $x(t)$와 출력 $y(t)$를 갖는다. 라플라스 변환을 이용하여 시스템의 전달 함수와 임펄스 응답을 구하라.

(a) $x(t) = e^{-t}u(t),\ y(t) = e^{-2t}\cos(t)u(t)$

(b) $x(t) = e^{-2t}u(t),\ y(t) = -2e^{-t}u(t) + 2e^{-3t}u(t)$

6.47 인과성 시스템의 입력 $x(t)$와 출력 $y(t)$ 간의 관계가 아래에 주어진 미분 방정식으로 표현된다. 라플라스 변환을 이용하여 시스템의 전달 함수와 임펄스 응답을 구하라.

(a) $\frac{d}{dt}y(t) + 10y(t) = 10x(t)$

(b) $\frac{d^2}{dt^2}y(t) + 5\frac{d}{dt}y(t) + 6y(t) = x(t) + \frac{d}{dt}x(t)$

(c) $\frac{d^2}{dt^2}y(t) - \frac{d}{dt}y(t) - 2y(t) = -4x(t) + 5\frac{d}{dt}x(t)$

6.48 다음의 전달 함수를 갖는 시스템에 대한 미분 방정식 표현을 구하라.

(a) $H(s) = \frac{1}{s(s+3)}$

(b) $H(s) = \frac{6s}{s^2 - 2s + 8}$

(c) $H(s) = \frac{2(s-2)}{(s+1)^2(s+3)}$

6.49 (a) 시간 미분 특성을 이용하여 LTI 시스템의 전달 함수가 상태 변수 표현으로 다음과 같이 표현된다는 것을 보여라.

$$H(s) = \mathbf{c}(s\mathbf{I} - \mathbf{A})^{-1}\mathbf{b} + D.$$

(b) 다음의 상태 변수 표현으로 나타내는 안정한 LTI 시스템의 전달 함수, 임펄스 응답 그리고 미분 방정식 표현을 구하라.

(i) $\mathbf{A} = \begin{bmatrix} -1 & 1 \\ 0 & -2 \end{bmatrix}$, $\mathbf{b} = \begin{bmatrix} 3 \\ -1 \end{bmatrix}$, $\mathbf{c} = [1 \quad 2]$, $D = [0]$

(ii) $\mathbf{A} = \begin{bmatrix} 1 & 2 \\ 1 & -6 \end{bmatrix}$, $\mathbf{b} = \begin{bmatrix} 1 \\ 2 \end{bmatrix}$, $\mathbf{c} = [0 \quad 1]$, $D = [0]$

6.50 아래의 전달 함수들로 표현되는 시스템들이 (i) 안정하면서도 인과성일 수 있는지, (ii) 안정하고 인과성인 역시스템이 존재하는지를 결정하라.

(a) $H(s) = \frac{(s+1)(s+2)}{(s+1)(s^2+2s+10)}$

(b) $H(s) = \frac{s^2 + 2s - 3}{(s+3)(s^2+2s+5)}$

(c) $H(s) = \frac{s^2 - 3s + 2}{(s+2)(s^2-2s+8)}$

(d) $H(s) = \frac{s^2 + 2s}{(s^2+3s-2)(s^2+s+2)}$

6.51 시스템의 입력 $x(t)$와 출력 $y(t)$ 간의 관계가 다음의 미분 방정식으로 표현된다.

$$\frac{d^2}{dt^2}y(t) + \frac{d}{dt}y(t) + 5y(t) = \frac{d^2}{dt^2}x(t) - 2\frac{d}{dt}x(t) + x(t).$$

(a) 이 시스템은 안정하고 인과성인 역시스템을 갖는가? 그 이유는?

(b) 역시스템의 미분 방정식 표현을 구하라.

6.52 어떤 안정하고 인과성인 시스템이 유리 전달 함수 $H(s)$를 갖는다. 시스템은 다음의 조건들을 만족한다.

(i) 임펄스 응답 $h(t)$는 실수값이다.

(ii) $H(s)$는 정확히 두 개의 영점을 가지며, 그 중 하나는 $s = 1 + j$에 있다.

(iii) 신호 $\frac{d^2}{dt^2}h(t) + 3\frac{d}{dt}h(t) + 2h(t)$는 하나의 임펄스와 미지 강도의 이중항(doublet) 그리고 하나의 단위 진폭 계단을 포함한다. $H(s)$를 구하라.

6.53 s-평면에서 극점과 영점의 위치와 $j\omega$축과의 관계를 이용하여 다음의 전달 함수로 표현되는 시스템의 진폭 응답을 그려라.

(a) $H(s) = \frac{s}{s^2 + 2s + 101}$

(b) $H(s) = \frac{s^2 + 16}{s + 1}$

(c) $H(s) = \frac{s - 1}{s + 1}$

6.54 s-평면에서 극점과 영점의 위치와 $j\omega$축과의 관계를 이용하여 다음의 전달 함수로 표현되는 시스템의 위상 응답을 그려라.

(a) $H(s) = \frac{s - 1}{s + 2}$

(b) $H(s) = \dfrac{s+1}{s+2}$

(c) $H(s) = \dfrac{1}{s^2+2s+17}$

(d) $H(s) = s^2$

6.55 다음의 전달 함수로 표현되는 시스템에 대한 보드 다이어그램을 그려라.

(a) $H(s) = \dfrac{50}{(s+1)(s+10)}$

(b) $H(s) = \dfrac{20(s+1)}{s^2(s+10)}$

(c) $H(s) = \dfrac{5}{(s+1)^3}$

(d) $H(s) = \dfrac{s+2}{s^2+s+100}$

(e) $H(s) = \dfrac{s+2}{s^2+10s+100}$

6.56 다중 경로(multipath) 시스템 $y(t)$의 출력이 입력 $x(t)$에 대하여 다음과 같이 표현될 수 있다.

$$y(t) = x(t) + ax(t - T_{\text{diff}}).$$

여기서 a와 T_{diff}는 각각 두 번째 경로의 상대적인 강도와 시간 지연을 나타낸다.

(a) 다중 경로 시스템의 전달 함수를 구하라.

(b) 기하급수(geometric series)의 합을 위한 공식을 이용하여 역시스템의 전달 함수를 무한 합(infinite sum)으로 표현하라.

(c) 역시스템의 임펄스 응답을 구하라. 역시스템이 안정하고도 인과성이기 위해서는 어떤 조건이 만족되어야 하는가?

(d) (c)에서 구한 조건이 위배되었다고 가정하여 안정된 역시스템을 구하라.

6.57 2.12절에서 우리는 미분 방정식을 적분 방정식으로 변형시켜서 선형 상계수 미분 방정식으로 표현되는 시스템의 블록 다이어그램 표현을 유도하였다. 다음의 적분 방정식으로 표현되는 2차 시스템을 고려해 보자.

$$y(t) = -a_1 y^{(1)}(t) - a_0 y^{(2)}(t) + b_2 x(t) + b_1 x^{(1)}(t) + b_0 x^{(2)}(t).$$

$v^{(n)}(t)$가 $v(t)$의 시간에 대한 n배 적분이라는 것을 상기하라. 적분 특성을 이용하여 적분 방정식의 라플라스 변환을 구하고, 이 시스템의 전달 함수에 대한 직접형 I과 II 블록 다이어그램을 구하라.

▶ 심화 문제(Advanced Problems)

6.58 $t < 0$일 때 $x(t) = 0$이라고 가정하고, $t = 0^+$ 근처에서 $x(t)$의 테일러 급수 전개(Taylor series expansion)의 라플라스 변환을 취하여 초기값 정리를 증명하라.

6.59 임펄스 응답 $h(t)$를 갖는 어떤 시스템이 인과성이고, 안정하며, 그의 전달 함수는 유리함수이다. 임펄스 응답 $g(t)$를 갖는 다음의 각 시스템들이 안정하고 인과성이기 위한 전달 함수에 대한 조건을 확인하라.

(a) $g(t) = \frac{d}{dt}h(t)$

(b) $g(t) = \int_{-\infty}^{t} h(\tau)d\tau$

6.60 4.4절에서 소개한, 이산시간 신호 $x[n]$에 대한 연속시간 표현 $x_\delta(t)$를 이용하여 다음의 이산시간 신호들의 라플라스 변환을 구하라.

(a) $x[n] = \begin{cases} 1, & -2 \le n \le 2 \\ 0, & \text{그 밖의 범위} \end{cases}$

(b) $x[n] = (1/2)^n u[n]$

(c) $x[n] = e^{-2t}u(t)|_{t=nT}$

6.61 신호 $x(t)$에 대한 자기상관(autocorrelation) 함수는 다음과 같이 정의된다.

$$r(t) = \int_{-\infty}^{\infty} x(\tau)x(t+\tau)d\tau.$$

(a) $r(t) = x(t) * h(t)$를 나타내어라. $h(t)$를 $x(t)$의 식으로 표현하라. 임펄스 응답 $h(t)$를 갖는 시스템은 $x(t)$에 대한 **정합 필터**(matched filter)라고 불린다.

(b) (a)의 결과를 이용하여 $r(t)$의 라플라스 변환을 구하라.

(c) $x(t)$가 실수이고, $X(s)$가 두 개의 극점을 가지며, 그 중 하나는 $s = \sigma_p + j\omega_p$에 위치할 때, $R(s)$의 모든 극점의 위치를 구하라.

6.62 어떤 시스템이 $d_k = \alpha_k + j\beta_k$에 M개의 극점과 $c_k = -\alpha_k + j\beta_k$에 M개의 영점을 갖는다고 가정하자. 즉, 극점과 영점의 위치가 $j\omega$축에 대하여 대칭이다.

(a) 이러한 대칭 조건을 만족하는 어떠한 시스템의 진폭 응답도 1이 된다는 것을 보여라. 이러한 시스템은 1의 이득으로 모든 주파수를 통과시키므로 **전대역 통과**(all-pass) 시스템이라고 부른다.

(b) 단일 실수 극점-영점 쌍의 위상 응답을 계산하라. 즉, $\dfrac{s-\alpha}{s+\alpha}$의 위상 응답을 그려라. 여기서 $\alpha > 0$이다.

6.63 다음의 전달 함수로 표현되는 비최소 위상 시스템을 고려해 보자.

$$H(s) = \frac{(s+2)(s-1)}{(s+4)(s+3)(s+5)}.$$

(a) 이 시스템은 안정하고 인과성인 역시스템을 가지는가?

(b) $H(s)$를 최소 위상 시스템 $H_{\min}(s)$와 단일 극점과 영점을 갖는 전대역 통과 시스템 $H_{\text{ap}}(s)$와의 곱으로 표현하라(전대역 통과 시스템의 정의에 대해서는 문제 6.62를 참조하라).

(c) $H_{\min}(s)$의 역시스템을 $H_{\min}^{\text{inv}}(s)$라 하자. $H_{\min}^{\text{inv}}(s)$를 구하라. 이것은 안정하고 인과성일 수 있는가?

(d) 시스템 $H(s)H_{\min}^{\text{inv}}(s)$의 진폭 응답과 위상 응답을 그려라.

(e) (b)와 (c)의 결과를 임의의 비최소 위상 시스템 $H(s)$에 대하여 일반화하고, 시스템 $H(s)H_{\min}^{\text{inv}}(s)$의 진폭 응답을 구하라.

6.64 N차 저역통과 버터워스(Butterworth) 필터가 다음과 같은 제곱 진폭 응답을 갖는다.

$$|H(j\omega)|^2 = \frac{1}{1+(j\omega/j\omega_c)^{2N}}.$$

버터워스 필터는 **최대평탄 필터**라고 하는데, 이는 $|H(j\omega)|^2$의 처음 $2N$ 도함수가 $\omega = 0$에서 0이기 때문이다. $|H(j\omega)|^2 = 1/2$인 주파수 값으로 정의되는 차단 주파수(cutoff frequency)는 $\omega = \omega_c$이다. 임펄스 응답이 실수라고 가정하면, 푸리에 변환의 켤레 대칭(conjugate symmetry) 특성이 이용되어 $|H(j\omega)|^2 = H(j\omega)H^*(j\omega) = H(j\omega)H(-j\omega)$라고 쓸 수 있다. $H(s)|_{s=j\omega} = H(j\omega)$임을 주지하면, 버터워스 필터의 라플라스 변환은 다음의 식과 같은 특징이 있다고 결론 지을 수 있다.

$$H(s)H(-s) = \frac{1}{1+(s/j\omega_c)^{2N}}.$$

(a) $H(s)H(-s)$의 극점들과 영점들을 구하고, s-평면에서 그려라.

(b) 임펄스 응답이 안정하고 인과성이 되도록 $H(s)$의 극점들과 영점들을 선택하라. 만약 s_p가 $H(s)$의 극점이거나 영점이면, $-s_p$는 $H(-s)$의 극점이거나 영점이라는 사실을 주목하라.

(c) $H(s)H(-s)|_{s=0} = 1$이라는 것을 주목하라. $N = 1$과 $N = 2$인 경우에 대해 $H(s)$를 구하라.

(d) $\omega_c = 1$의 차단 주파수를 갖는 버터워스 필터를 나타내는 3차 미분 방정식을 구하라.

6.65 필터의 차단 주파수를 바꾸거나 저역통과 필터를 고역통과 필터로 바꾸는 것은 편리할 때가 흔히 있다. 다음의 전달 함수로 표현되는 시스템을 고려해 보자.

$$H(s) = \frac{1}{(s+1)(s^2+s+1)}.$$

(a) 이 시스템의 극점과 영점을 구하고, 진폭 응답을 그려라. 시스템이 저역통과인지, 고역통과인지를 결정하고, 차단 주파수($|H(j\omega)| = 1/\sqrt{2}$인 ω값)를 구하라.

(b) $H(s)$에서 s가 $s/10$로 대치되는 변수 변환을 수행하라. 변환된 시스템에 대해 (a)를 반복하라.

(c) $H(s)$에서 s가 $1/s$로 대치되는 변수 변환을 수행하라. 변환된 시스템에 대해 (a)를 반복하라.

(d) $H(s)$를 차단 주파수 $\omega = 100$인 고역통과 시스템으로 바꾸는 변환을 구하라.

▶ 컴퓨터 실습(Computer Experiments)

6.66 MATLAB 명령어 **roots**를 이용하여 다음 시스템들의 극점과 영점을 구하라.

(a) $H(s) = \dfrac{s^2+2}{s^3+2s^2-s+1}$

(b) $H(s) = \dfrac{s^3 + 1}{s^4 + 2s^2 + 1}$

(c) $H(s) = \dfrac{4s^2 + 8s + 10}{2s^3 + 8s^2 + 18s + 20}$

6.67 MATLAB 명령어 **pzmap**를 이용하여 다음 시스템들의 극점과 영점을 도시하라.

(a) $H(s) = \dfrac{s^3 + 1}{s^4 + 2s^2 + 1}$

(b) $\mathbf{A} = \begin{bmatrix} 1 & 2 \\ 1 & -6 \end{bmatrix}$, $\mathbf{b} = \begin{bmatrix} 1 \\ 2 \end{bmatrix}$,
$\mathbf{c} = [0 \quad 1]$, $D = [0]$

6.68 MATLAB 명령어 **freqresp**를 이용하여 예제 6.23과 6.24에 대한 진폭 응답과 위상 응답을 구하고, 도시하라.

6.69 MATLAB 명령어 **freqresp**를 이용하여 문제 6.53의 각 항에 대한 진폭 응답과 위상 응답을 구하고, 도시하라.

6.70 진폭 응답에 대한 극점과 영점의 영향에 대한 지식을 이용하여 다음에 지정된 진폭 응답을 갖는 시스템을 설계하라. s-평면에서 극점과 영점의 위치를 정하고, 대응되는 진폭 응답을 MATLAB 명령어 **freqresp**를 이용하여 구하라. 문제의 조건들을 만족하는 극점과 영점을 찾을 때까지 이 과정을 반복하라.

(a) $|H(j0)| = 0$, $|\omega| > 100\pi$일 때 $0.8 \le |H(j\omega)| \le 1.2$를 만족하고, 실수값 계수를 갖는 극점 2개와 영점 2개의 고역통과 필터를 설계하라.

(b) $|\omega| < \pi$일 때 $0.8 \le |H(j\omega)| \le 1.2$, $|\omega| > 10\pi$일 때 $|H(j\omega)| < 0.1$을 만족하는 실수값 계수를 갖는 저역통과 필터를 설계하라.

6.71 MATLAB 명령어 **bode**를 이용하여 문제 6.55의 시스템들에 대한 보드 다이어그램을 그려라.

6.72 MATLAB 명령어 **ss**를 이용하여 문제 6.48에 있는 시스템들에 대한 상태-변수 표현을 구하라.

6.73 MATLAB 명령어 **tf**를 이용하여 문제 6.49에 있는 시스템들에 대한 전달 함수 표현을 구하라.

7 이산시간 복소 지수 신호의 표현: z 변환

7.1 서 론

이 장에서는 이산시간 푸리에 변환(DTFT)에 의하여 분석되는 신호를 z 변환이라 불리는 복소 지수 신호로 표현하여 이산신호의 복소 정현파 표현을 일반화한다. **z 변환**은 이산신호를 위한 라플라스 변환과 같다. 또한 이산신호를 이와 같이 더욱 일반화된 방법을 사용하여 표현함으로써 DTFT를 사용하였을 때보다 많은 신호간의 간섭과 또한 이산 LTI 시스템 자체의 많은 특성들을 분석할 수 있다. 예를 들어 DTFT는 안정된 LTI 시스템에서만 사용이 가능한데, 이는 임펄스 응답의 절대 합산이 가능해야만 DTFT가 존재하는 데 기인한다. 그러나 이와는 반대로 임펄스 응답의 z 변환은 불안정한 시스템에서도 존재하기 때문에 z 변환은 더 많은 이산 LTI 시스템과 신호들을 연구하는 데 사용될 수 있다.

연속시간의 경우에서와 같이, 이산시간 복소 지수 함수는 LTI 시스템의 고유함수라는 것을 알 수 있다. 이 특성은 신호와 시스템을 분석하기 위한 강력한 기능들을 z 변환에 부여한다. 이러한 기능 중의 많은 부분은 DTFT의 것과 유사하다. 예를 들어 시간 영역에서의 콘벌루션은 z 변환에서의 곱하기와 같다. 그러므로 LTI 시스템의 출력은 입력 신호의 z 변환값과 시스템 전달 함수의 z 변환값을 곱하여 얻을 수 있다. 여기에서 임펄스 응답의 z 변환은 시스템의 전달 함수로 정의되며, 이러한 전달 함수는 시스템의 입력과 출력간의 상관 관계에 대한 주파수 응답 특성을 나타내고 시스템의 특성 분석을 위한 새로운 방법을 제공한다.

실제 공학적인 문제에 있어서 z 변환의 가장 중요한 역할은 시스템의 특성에 관한 연구와 컴퓨터를 이용하여 이산시간 시스템의 구현을 위한 계산 구조를 유도하는 데 있다. 또한 단측 z 변환은 초기 조건에 따른 차분 방정식을 풀기 위하여 사용되기도 한다. 이 장에서는 z 변환을 공부하면서 이러한 문제들을 푸는 방법을 연구할 것이다.

7.2 z 변환

z 변환은 LTI 시스템에 복소 지수 함수를 입력으로 공급했을 때의 영향을 분석함으로써 얻을 수 있다. $z = re^{j\Omega}$를 진폭이 r이고 위상이 Ω인 복소수라고 하면, 신호 $x[n] = z^n$은 복소 지

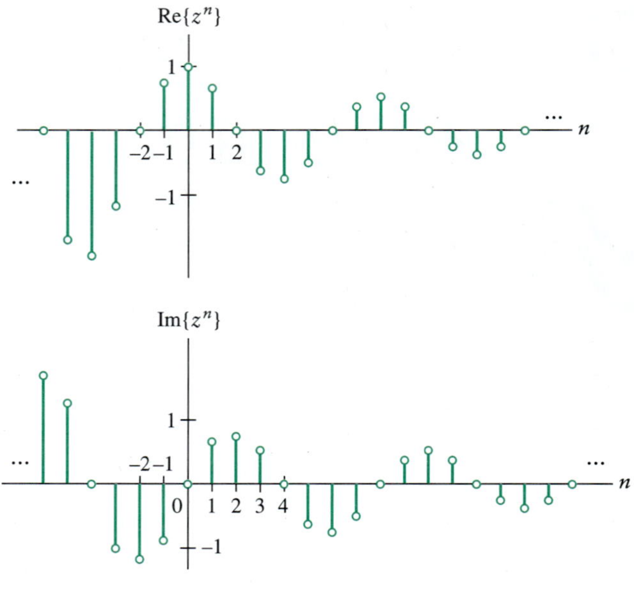

그림 7.1 신호 z^n의 실수부와 허수부

수 신호이다. 여기서 $z = re^{j\Omega}$를 사용해서 $x[n]$을 다시 표현하면

$$x[n] = r^n \cos(\Omega n) + jr^n \sin(\Omega n) \tag{7.1}$$

이다. 위의 그림 7.1에서 보는 바와 같이 $x[n]$의 실수부는 지수적으로 감소하는 코사인 함수이며, 허수부는 지수적으로 감소하는 사인 함수이다. 양수 r은 감소율을 결정하고 Ω는 정현파 주파수이다. 또한 여기서 만약 $r = 1$이면 $x[n]$은 복소 정현파임에 주목하라.

신호 $x[n] = z^n$을 임펄스 응답 $h[n]$인 임의의 LTI 시스템에 입력으로 공급하면 시스템출력 $y[n]$은 다음과 같이 주어진다.

$$\begin{aligned} y[n] &= H\{x[n]\} \\ &= h[n] * x[n] \\ &= \sum_{k=-\infty}^{\infty} h[k]x[n-k]. \end{aligned}$$

여기서 $x[n] = z^n$으로 치환하면

$$\begin{aligned} y[n] &= \sum_{k=-\infty}^{\infty} h[k]z^{n-k} \\ &= z^n\left(\sum_{k=-\infty}^{\infty} h[k]z^{-k}\right) \end{aligned}$$

가 되며, **전달 함수**를 다음과 같이 정의하면

$$\boxed{H(z) = \sum_{k=-\infty}^{\infty} h[k]z^{-k}} \tag{7.2}$$

는 다음과 같이 표현될 수 있다.

$$H\{z^n\} = H(z)z^n.$$

이 방정식은 z^n이 고유 함수이고 $H(z)$가 고유값이라고 할 때 고유관계(eigenrelation)의 모양을 가지고 있다. 입력 z^n에 대한 이러한 LTI 시스템의 반응은 복소수 $H(z)$를 입력에 곱하는 것과 동일하다. 만일 $H(z)$를 극좌표계를 이용하여 표현하면 $H(z) = |H(z)|e^{j\phi(z)}$이며, 이때 시스템의 출력은

$$y[n] = |H(z)|e^{j\phi(z)}z^n$$

이 된다. 위의 식에서 $z = re^{j\Omega}$로 치환하고 오일러(Euler)의 공식을 적용하면

$$y[n] = |H(re^{j\Omega})|r^n \cos(\Omega n + \phi(re^{j\Omega})) + j|H(re^{j\Omega})|r^n \sin(\Omega n + \phi(re^{j\Omega})).$$

$y[n]$과 식 (7.1)에 있는 $x[n]$을 비교하면 입력 신호가 $|H(re^{j\Omega})|$만큼 크기가 변화되었고 $\phi(re^{j\Omega})$만큼 정현파 부분의 위상이 변화되었다는 것을 알 수 있다.

고유 함수 z^n을 가중치로 가진 중첩의 정리(weighted superposition)를 이용하여, 임의의 신호를 표현하기 위해서 식 (7.2)에 $z = re^{j\Omega}$를 적용하면,

$$\begin{aligned} H(re^{j\Omega}) &= \sum_{n=-\infty}^{\infty} h[n](re^{j\Omega})^{-n} \\ &= \sum_{n=-\infty}^{\infty} (h[n]r^{-n})e^{-j\Omega n} \end{aligned}$$

이다. 여기서 $H(re^{j\Omega})$은 신호 $h[n]r^{-n}$의 DTFT와 대응한다. 따라서 $H(re^{j\Omega})$의 역 DTFT는 다음의 식과 같이 $h[n]r^{-n}$이 되어야만 한다.

$$h[n]r^{-n} = \frac{1}{2\pi}\int_{-\pi}^{\pi} H(re^{j\Omega})e^{j\Omega n}d\Omega.$$

이 결과에 r^n을 곱하면

$$\begin{aligned} h[n] &= \frac{r^n}{2\pi}\int_{-\pi}^{\pi} H(re^{j\Omega})e^{j\Omega n}d\Omega \\ &= \frac{1}{2\pi}\int_{-\pi}^{\pi} H(re^{j\Omega})(re^{j\Omega})^n d\Omega \end{aligned}$$

과 같다. 위의 식에 $re^{j\Omega} = z$를 대입하여 z에 대한 적분식으로 변환할 수 있는데, 현재 Ω에 대하여 적분이 수행되고 있기 때문에 r을 상수와 같이 고려하면 $dz = jre^{j\Omega}d\Omega$이다. 따라서 $d\Omega = (1/j)z^{-1}$이 되고 적분식의 한계를 고려하면 Ω는 $-\pi$부터 π까지 변화하고, z는 시계 반대 방향으로 반지름 r인 원을 따라 변화하게 된다. 따라서 위 식은

$$h[n] = \frac{1}{2\pi j}\oint H(z)z^{n-1}dz \tag{7.3}$$

와 같이 표현할 수 있다. 단 여기서 기호 $\oint$는 시계 반대 방향으로 반지름 $|z| = r$인 원을 따라 적분함을 의미한다. 여기서 식 (7.2)는 $h[n]$으로부터 $H(z)$를 구하는 방법을 나타내고 있으며, 식 (7.3)은 $H(z)$로부터 $h[n]$을 유도하는 방법을 나타내고 있다. 이 식으로부터 전달 함수 $H(z)$는 임펄스 응답 $h[n]$의 z 변환과 같다는 것을 알 수 있다.

일반적으로 임의의 함수 $x[n]$의 **z 변환**은

$$X(z) = \sum_{n=-\infty}^{\infty} x[n]z^{-n} \tag{7.4}$$

과 같으며, 그것의 **역 z 변환**은

$$x[n] = \frac{1}{2\pi j}\oint X(z)z^{n-1}\,dz \tag{7.5}$$

가 된다. 이때 $x[n]$과 $X(z)$의 관계는 다음과 같이 표시할 수 있다.

$$x[n] \xleftrightarrow{z} X(z).$$

여기서, 식 (7.5)는 신호 $x[n]$을 복소 지수 함수 z^n의 가중 중첩으로 표현하고 있다. 이때 가중치는 $(1/2\pi j)X(z)z^{-1}$이다. 실제적으로 이 적분식을 전개하여 답을 구하지는 않는데, 그것은 복소 변수 이론의 지식을 요구하기 때문이다. 대신 역 z 변환을 위해서는 $x[n]$과 $X(z)$의 일대일 관계를 통하여 구하게 된다.

7.2.1 수 렴

z 변환은 식 (7.4)의 무한합이 수렴(convergence)해야만 존재하게 되는데, 수렴을 위한 필요조건은 $x[n]z^{-n}$의 절대 합산 가능이다. 여기서 $|x[n]z^{-n}| = |x[n]r^{-n}|$이므로, 다음과 같이 표현할 수 있으며,

$$\sum_{n=-\infty}^{\infty} |x[n]r^{-n}| < \infty$$

이 조건을 만족하는 r의 범위를 z 변환의 **수렴 영역**(region of convergence: ROC)이라고 한다.

z 변환은 DTFT가 불가능한 신호에도 존재한다. DTFT는 $x[n]$의 절대 합산이 가능할 때 존재하게 되는데, 여기서 r의 값을 특정한 값으로 제한함으로써 비록 $x[n]$이 절대적으로 합산 가능하지 않더라도 $x[n]r^{-n}$은 절대 합산이 가능하도록 만들 수 있다. 예를 들어 $x[n] = \alpha^n u[n]$의 DTFT는 $|\alpha| > 1$일 때 존재하지 않는데, 그 이유는 그림 7.2(a)와 같이 지수 함수가 증가하기 때문이다. 그러나 만일 $r > \alpha$이면 그림 7.2(b)와 같이 r^{-n}은 $x[n]$이 증가하는 것보다 빠르게 감소하게 된다. 따라서 신호 $x[n]r^{-n}$은 그림 7.2(c)와 같이 절대 합산이 가능하고

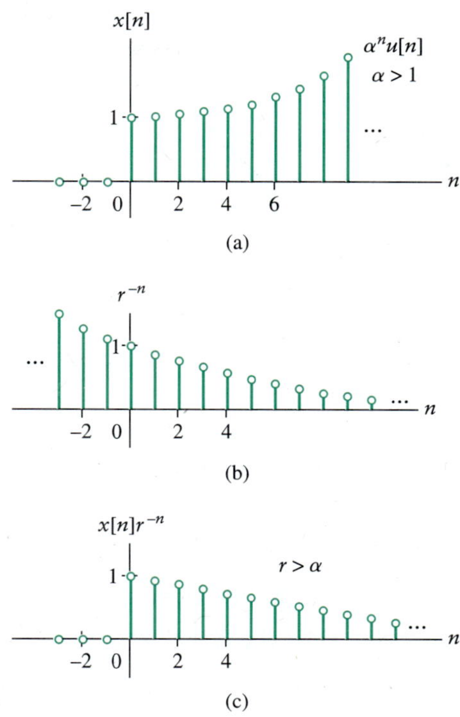

그림 7.2 DTFT는 존재하지 않지만 z 변환은 존재하는 신호의 설명. (a) DTFT가 존재하지 않는 증가 지수 신호, (b) z 변환이 대한 감쇠 지수 r^{-n}, (c) 변형된 신호 $x[n]$이 $r > \alpha$일 때 절대 합산 가능하므로 $x[n]$의 z 변환이 존재

z변환 또한 존재하게 된다. 이와 같이 DTFT가 존재하지 않는 신호를 분석하는 능력은 z 변환을 사용함으로써 얻을 수 있는 커다란 이점이다.

7.2.2 z 평면

복소수 z를 그림 7.3에서와 같이 **z 평면**(z-plane)이라는 복소 평면상에 도시하는 것은 매우 편리한 점이 있다. 점 $z = re^{j\Omega}$은 원점으로부터 거리 r이고 실수축으로부터 각도 Ω되는 지점에 표시한다. 여기서 만일 $x[n]$이 절대 합산이 가능하면 DTFT는 식 (7.4)에서 $r = 1$로 만들거나 또는 $z = re^{j\Omega}$로 치환함으로써 z 변환식으로부터 구할 수 있다. 즉

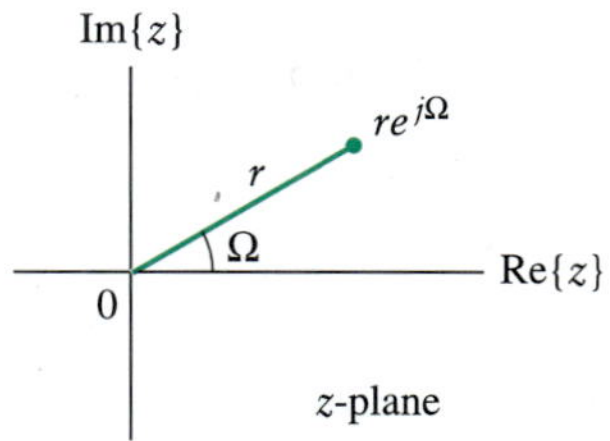

그림 7.3 z 평면. 점 $z = re^{j\Omega}$은 원점으로부터 거리 r이고, 실수축으로부터 각도 Ω되는 지점에 표시한다.

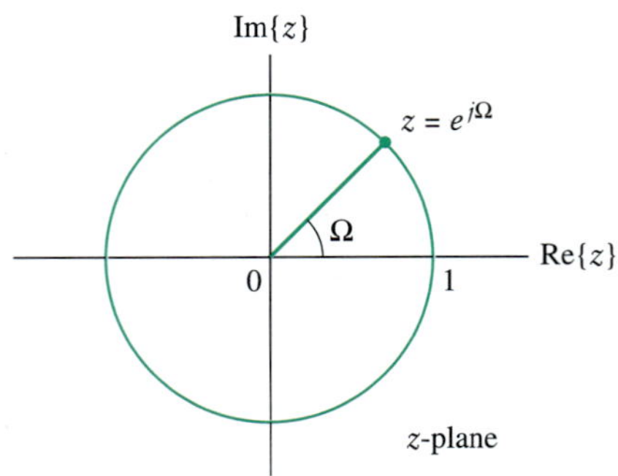

그림 7.4 z평면에서의 단위 원 $z = e^{j\Omega}$

$$X(e^{j\Omega}) = X(z)|_{z=e^{j\Omega}} \tag{7.6}$$

가 된다. 여기서 방정식 $z = re^{j\Omega}$는 그림 7.4와 같이 z 평면 위에서 원점을 중심으로 단위 반지름을 가지고 있는 원으로 표시할 수 있는데, 이러한 폐경로를 z 평면의 **단위 원**(unit circle)이라고 부른다. 또한 DTFT의 주파수 Ω는 실수축에서 각도 Ω를 가진 단위 원 상에서의 한 점과 일치하게 되는데, 이산시간 주파수 Ω는 $-\pi$부터 π까지 변화하며, 이것은 단위 원 상에서 한 바퀴를 돈 것과 같다. 따라서 DTFT는 단위 원 상에서 평가되는 z변환에 대응한다고 할 수 있다.

예제 7.1 **z변환과** DTFT. 다음 신호의 z 변환을 구하라.

$$x[n] = \begin{cases} 1, & n = -1 \\ 2, & n = 0 \\ -1, & n = 1 \\ 1, & n = 2 \\ 0, & \text{그 밖의 범위.} \end{cases}$$

$x[n]$의 DTFT를 구하기 위하여 z 변환을 사용하라.

풀이: 식 (7.4)에 $x[n]$을 대입하면

$$X(z) = z + 2 - z^{-1} + z^{-2}.$$

$X(z)$에 $z = e^{j\Omega}$를 대입하여 DTFT를 구하면,

$$X(e^{j\Omega}) = e^{j\Omega} + 2 - e^{-j\Omega} + e^{-j2\Omega}. \blacksquare$$

7.2.3 극점과 영점

공학적인 적용 예에서 가장 일반적으로 접하게 되는 z 변환의 형태는 z^{-1}의 함수로 표시되는 두 개의 다항식이며 분수식으로 표현하면 다음과 같다.

$$X(z) = \frac{b_0 + b_1 z^{-1} + \cdots + b_M z^{-M}}{a_0 + a_1 z^{-1} + \cdots + a_N z^{-N}}.$$

$X(z)$를 분모와 분자의 다항식의 근들을 포함하는 곱셈의 모양으로 다시 표현하면,

$$X(z) = \frac{\tilde{b}\prod_{k=1}^{M}(1 - c_k z^{-1})}{\prod_{k=1}^{N}(1 - d_k z^{-1})}.$$

이때 $\tilde{b} = b_0/a_0$이고, c_k는 분자 다항식의 근이며 $X(z)$의 **영점**(zeros)이고, d_k는 분모 다항식의 근이며 $X(z)$의 극점(poles)이다. 영점의 위치는 z 평면에서 부호 "○"으로 표시하며 극점은 "×"으로 표시한다. 이러한 극점과 영점의 위치는 $X(z)$에 의하여 이득 지수 $\tilde{b}$를 제외하고는 완벽하게 표시된다.

예제 7.2 **인과적 지수 신호의 z 변환.** 다음 신호의 z 변환을 구하라.

$$x[n] = \alpha^n u[n].$$

z 평면에 $X(z)$의 ROC와 영점, 극점을 표시하라.

▶ 풀이: 식 (7.4)에 $x[n]$을 대입하면

$$\begin{aligned} X(z) &= \sum_{n=-\infty}^{\infty} \alpha^n u[n] z^{-n} \\ &= \sum_{n=0}^{\infty}\left(\frac{\alpha}{z}\right)^n. \end{aligned}$$

이것은 α/z의 무한 등비급수로서 그 합은 $|\alpha/z| < 1$ 또는 $|z| > |\alpha|$일 때 수렴한다. 따라서

$$\begin{aligned} X(z) &= \frac{1}{1 - \alpha z^{-1}}, \quad |z| > |\alpha| \\ &= \frac{z}{z - \alpha}, \quad |z| > |\alpha|. \end{aligned} \tag{7.7}$$

그림 7.5에서 $z = \alpha$에서의 극점과 $z = 0$에서의 영점이 도시되어 있다. 이때 ROC는 z 평면에서 청색으로 처리된 부분이다. ▮

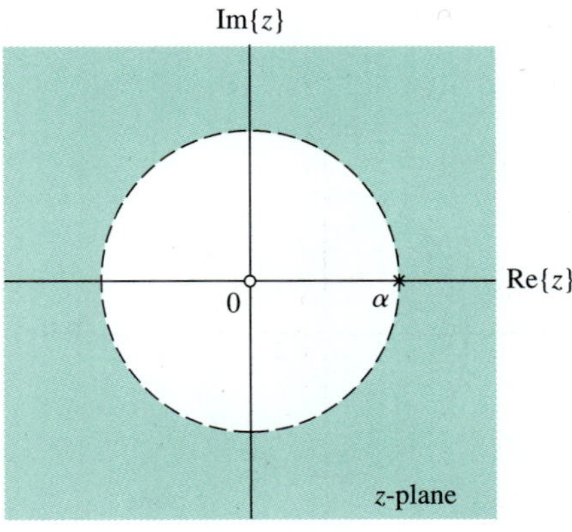

그림 7.5 $x[n] = \alpha^n u[n]$을 위한 z 평면에서의 극점과 영점 위치. ROC는 청색으로 처리된 부분이다.

라플라스 변환에서와 같이 $X(z)$의 표현은 만일 ROC가 제공되지 않는다면 유일한 시간 신호에 대응하지 않는다. 이것은 다음 예제에서 보이는 바와 같이 두 개의 다른 시간 신호가 ROC는 다르지만 같은 z 변환를 가지고 있다는 것을 의미한다.

예제 7.3 **비인과성 지수 신호의 z 변환.** 다음 신호의 z 변환을 구하라.

$$y[n] = -\alpha^n u[-n-1].$$

z 평면에 $X(z)$의 ROC와 영점, 극점을 표시하라.

▶ 풀이: 식 (7.4)에 $y[n]$을 대입하면

$$\begin{aligned} Y(z) &= \sum_{n=-\infty}^{\infty} -\alpha^n u[-n-1] z^{-n} \\ &= -\sum_{n=-\infty}^{-1} \left(\frac{\alpha}{z}\right)^n \\ &= -\sum_{k=1}^{\infty} \left(\frac{z}{\alpha}\right)^k \\ &= 1 - \sum_{k=0}^{\infty} \left(\frac{z}{\alpha}\right)^k. \end{aligned}$$

이때 합은 $|z/\alpha| < 1$ 또는 $|z| > |\alpha|$일 때 수렴한다. 따라서

$$\begin{aligned} Y(z) &= 1 - \frac{1}{1 - z\alpha^{-1}}, \qquad |z| < |\alpha|, \\ &= \frac{z}{z-\alpha}, \qquad |z| < |\alpha|. \end{aligned} \tag{7.8}$$

ROC와 극점, 영점의 위치는 그림 7.6과 같다. ■

비록 여기서 시간 신호는 다르지만 식 (7.8)의 $Y(z)$는 식 (7.6)에서의 $X(z)$와 일치한다는 것을 알 수 있다. 여기서는 단지 ROC만이 다를 뿐이다. 따라서 정확한 역 z 변환을 결정하기 위하여는 ROC를 반드시 알고 있어야만 한다. 일반적으로 이러한 모호성은 단방향 신호에서 발생한다.

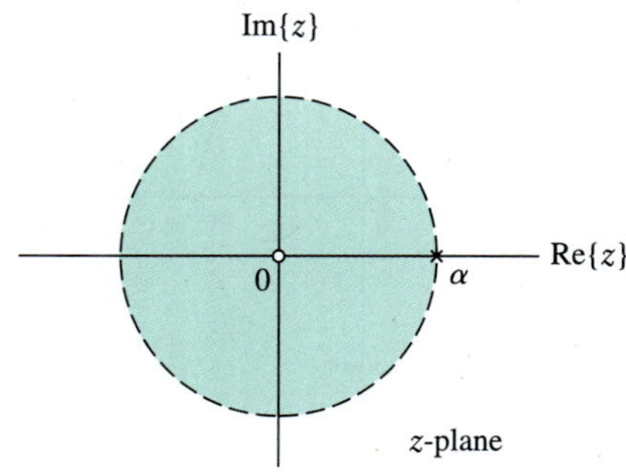

그림 7.6 $x[n] = -\alpha^n u[-n-1]$을 위한 z 평면에서의 ROC 및 극점과 영점 위치

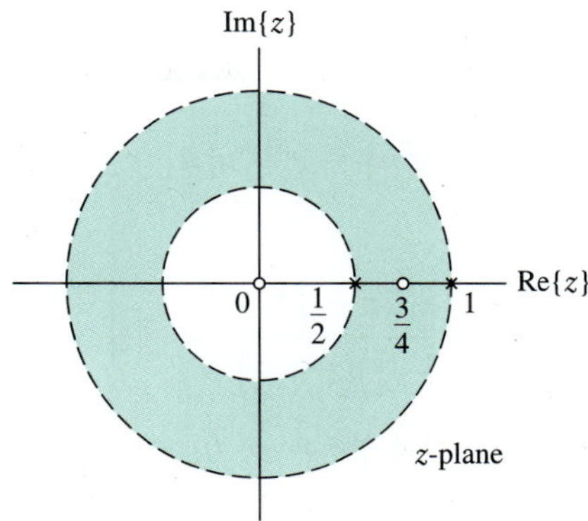

그림 7.7 예제 7.4에 대한 z 평면에서의 ROC와 극점, 영점 위치

예제 7.4 **양방향 신호의 z 변환.** 다음 신호의 z 변환을 구하라.

$$x[n] = -u[-n-1] + \left(\frac{1}{2}\right)^n u[n].$$

z 평면에 $X(z)$의 ROC와 영점, 극점을 표시하라.

풀이: 식 (7.4)에 $x[n]$을 대입하면

$$\begin{aligned}X(z) &= \sum_{n=-\infty}^{\infty} \left(\frac{1}{2}\right)^n u[n]z^{-n} - u[-n-1]z^{-n} \\ &= \sum_{n=0}^{\infty} \left(\frac{1}{2z}\right)^n - \sum_{n=-\infty}^{-1} \left(\frac{1}{z}\right)^n \\ &= \sum_{n=0}^{\infty} \left(\frac{1}{2z}\right)^n + 1 - \sum_{k=0}^{\infty} z^k.\end{aligned}$$

이 예제에서 $X(z)$가 수렴하기 위해서는 두 개의 합산이 수렴해야 하며, 이것은 $|z| < 1/2$, $|z| < 1$이 되어야 함을 의미한다. 따라서

$$\begin{aligned}X(z) &= \frac{1}{1-\frac{1}{2}z^{-1}} + 1 - \frac{1}{1-z}, \qquad 1/2 < |z| < 1, \\ &= \frac{z\left(2z-\frac{3}{2}\right)}{\left(z-\frac{1}{2}\right)(z-1)}, \qquad 1/2 < |z| < 1.\end{aligned}$$

ROC와 극점, 영점의 위치는 그림 7.7에서와 같으며, 이 경우 ROC는 z 평면에서 반지의 모양을 하고 있다. ▮

▶ **연습문제 7.1** 다음 신호를 위한 $X(z)$의 z 변환과 ROC, 극점, 영점의 위치를 구하라.

(a) $$x[n] = \left(\frac{1}{2}\right)^n u[n] + \left(\frac{-1}{3}\right)^n u[n]$$

(b) $$x[n] = -\left(\frac{1}{2}\right)^n u[-n-1] - \left(\frac{-1}{3}\right)^n u[-n-1]$$

(c) $$x[n] = -\left(\frac{3}{4}\right)^n u[-n-1] + \left(\frac{-1}{3}\right)^n u[n]$$

(d) $$x[n] = e^{j\Omega_o n}u[n]$$

해답: (a) $$X(z) = \frac{z\left(2z - \frac{1}{6}\right)}{\left(z - \frac{1}{2}\right)\left(z + \frac{1}{3}\right)}, \qquad |z| > 1/2$$

극점은 $z = 1/2$, $z = -1/3$에 영점은 $z = 0$, $z = 1/12$에 위치한다.

(b) $$X(z) = \frac{z\left(2z - \frac{1}{6}\right)}{\left(z - \frac{1}{2}\right)\left(z + \frac{1}{3}\right)}, \qquad |z| < 1/3$$

극점은 $z = 1/2$, $z = -1/3$에 영점은 $z = 0$, $z = 1/12$에 위치한다.

(c) $$X(z) = \frac{z(2z - 5/12)}{(z - 3/4)(z + 1/3)}, \qquad 1/3 < |z| < 3/4$$

극점은 $z = 3/4$, $z = -1/3$에 영점은 $z = 0$, $z = 5/24$에 위치한다.

(d) $$X(z) = \frac{z}{z - e^{j\Omega_o}}, \qquad |z| > 1$$

극점은 $z = e^{j\Omega_o}$에 영점은 $z = 0$에 위치한다. ∎

7.3 수렴 영역의 특성

이 절에서는 ROC의 기본적인 특성에 대하여 논의한다. 특히 ROC가 어떻게 임의의 신호 $x[n]$의 특성과 관련되어 있는지를 살펴본다. ROC의 특성을 알게 되면 $X(z)$로부터 ROC와 $x[n]$의 특성에 대한 지식을 구할 수 있게 되는데, ROC와 시간 영역 신호의 특성간에 관계는 7.5절에서 역 z 변환을 구하기 위하여 사용된다. 또한 여기에 나타난 결과는 정밀한 증명보다는 직관적인 방법을 사용하여 유도하게 된다.

첫 번째로, ROC가 어떤 극점도 포함할 수 없다는 것에 주목하여야 한다. 이것은 ROC는 z 변환이 수렴하기 위한 z의 집합으로 정의되기 때문이다. 따라서 $X(z)$는 ROC에 있는 모든 z에 대하여 유한값을 가져야 한다. 그러나 여기서 만일 d가 극점이면 $|X(d)| = \infty$이 되고, z 변환은 극점에서 수렴하지 않게 된다. 따라서 극점은 ROC에 포함될 수 없다.

두 번째로, 임의의 유한 구간 신호의 ROC는 $z = 0$이거나 또는 $|z| = \infty$인 경우를 제외하고는 전체 z 평면을 포함한다. 이것을 확인하기 위하여 $x[n]$이 범위 $n_1 \le n \le n_2$ 사이에서만 영이 아니라고 하자. 그러면

$$X(z) = \sum_{n=n_1}^{n_2} x[n]z^{-n}$$

이 되며, 더해지는 각 부분들이 유한하다면 수렴하게 될 것이다. 여기서 만일 임의의 신호가 영이 아닌 인과적(causal) 요소($n_2 > 0$)를 가지고 있다면, $X(z)$를 위한 표현에는 z^{-1}을 포함한 부분이 존재하게 될 것이고, 따라서 ROC에는 $z = 0$이 포함될 수 없다. 또한 임의의 신호가 영이 아닌 비인과적(noncausal) 요소($n_1 < 0$)를 가지고 있다면, $X(z)$를 위한 표현에는 z를 포함한 부분이 존재하게 될 것이고, 따라서 ROC에는 $|z| = \infty$가 포함될 수 없다. 역으로 만일 임의의 신호가 영이 아닌 인과적(causal) 요소를 가지고 있지 않다면($n_2 \le 0$), ROC는 $z = 0$을 포함하게 될 것이다. 또한 신호가 영이 아닌 비인과적(noncausal) 요소를 가지고 있지 않다면($n_1 \ge 0$), ROC는 $|z| = \infty$를 포함하게 될 것이다. 위의 설명에 의하여 $x[n] = c\delta[n]$은 ROC가 전체 z 평면인 유일한 신호라는 것을 의미한다.

다음으로, 무한 구간 신호에 대해서도 고려해 보자. 이 경우 수렴을 위한 조건은 $|X(z)| < \infty$가 된다. 따라서

$$\begin{aligned} |X(z)| &= \left| \sum_{n=-\infty}^{\infty} x[n]z^{-n} \right| \\ &\le \sum_{n=-\infty}^{\infty} |x[n]z^{-n}| \\ &= \sum_{n=-\infty}^{\infty} |x[n]||z|^{-n} \end{aligned}$$

과 같이 나타낼 수 있는데, 여기서 두 번째 줄은 합산한 후의 절대값이 절대값의 합산 결과보다는 항상 작거나 같다는 사실에서 구할 수 있다. 다음으로 세 번째 줄은 곱셈의 절대값은 각 항의 절대값을 곱한 결과와 같다는 사실에서 구할 수 있다. 또한 여기서 무한 합산식을 양수 시간부와 음수 시간부로 나누면

$$I_-(z) = \sum_{n=-\infty}^{-1} |x[n]||z|^{-n}$$

이고,

$$I_+(z) = \sum_{n=0}^{\infty} |x[n]||z|^{-n}.$$

그러면 $|X(z)| \le I_-(z) + I_+(z)$가 되는데, 만일 $I_-(z)$, $I_+(z)$가 둘 다 유한하다면, $|X(z)|$는 유한하다는 것이 보장된다. 이것은 당연히 $|x[n]|$이 어떤 방법으로든 제한되어 있다는 것을 의미한다.

다음으로, 아주 작은 임의의 양의 상수 A_-, A_+, r_-, r_+에 의하여 $|x[n]|$이 다음과 같이 제한되어 있다고 가정하자.

$$n < 0\text{이면,} \quad |x[n]| \le A_-(r_-)^n. \tag{7.9}$$

그리고

$$n \geq 0 \quad \text{이면}, \quad |x[n]| \leq A_+(r_+)^n. \tag{7.10}$$

이 조건을 만족하는 임의의 신호는 n이 양수일 때는 $(r_+)^n$보다 더 빨리 증가할 수 없고, n이 음수일 때는 $(r_-)^n$보다 더 빨리 증가할 수는 없다. 여기서 a^{n^2}과 같이 이 조건을 만족하지 않는 신호를 만들 수는 있지만 이러한 신호는 일반적으로 공학적인 문제에서는 발생하지 않는다.

또한, 조건 (7.9)가 만족된다면

$$\begin{aligned} I_-(z) &\leq A_- \sum_{n=-\infty}^{-1} (r_-)^n |z|^{-n} \\ &= A_- \sum_{n=-\infty}^{-1} \left(\frac{r_-}{|z|}\right)^n \\ &= A_- \sum_{k=1}^{\infty} \left(\frac{|z|}{r_-}\right)^k. \end{aligned}$$

세 번째 식에 $k = -n$을 대입한다면 마지막의 합산이 수렴하기 위한 필요충분조건은 $|z| < r_-$가 된다. 다음으로 양수 시간부를 고려해 보자. 여기서 만일 조건 (7.10)이 만족된다면

$$\begin{aligned} I_+(z) &\leq A_+ \sum_{n=0}^{\infty} (r_+)^n |z|^{-n} \\ &= A_+ \sum_{n=0}^{\infty} \left(\frac{r_+}{|z|}\right)^n. \end{aligned}$$

이 합산이 수렴하기 위한 필요충분조건은 $|z| > r_+$이다. 따라서 $r_+ < |z| < r_-$라면 $I_-(z)$, $I_+(z)$ 식은 둘 다 수렴하게 되며 $|X(z)|$ 또한 수렴하게 된다. 그러나 만일 $r_+ > r_-$라면 수렴을 보장하는 z의 값이 없다는 것에 주목하라.

이 분석은 무한 구간 신호에 대하여 다음의 결론을 유도할 수 있게 한다.

$n > n_2$일 때 $x[n] = 0$이면 **좌방향 신호**(left-sided signal), $n < n_1$일 때 $x[n] = 0$이면 **우방향 신호**(right-sided signal) 그리고 양수와 음수 방향 양쪽으로 무한 구간을 가지고 있을 때 **양방향 신호**(two-sided signal)라고 정의하면, 식 (7.9)와 (7.10)의 지수적 경계조건을 만족하는 신호 $x[n]$에 대해서,

- 우방향 신호의 ROC는 $|z| > r_+$
- 좌방향 신호의 ROC는 $|z| < r_-$
- 양방향 신호의 ROC는 $r_+ < |z| < r_-$.

이것에 대한 각각의 경우는 그림 7.8과 같다.

단방향 지수 신호는 공학적인 문제에서 자주 접하게 되는데, 이것은 주어진 기준 시간의 전과 후에 발생하는 신호의 변화가 흥미롭기 때문이다. 이 경우 한 개 또는 여러 개의 극점들이

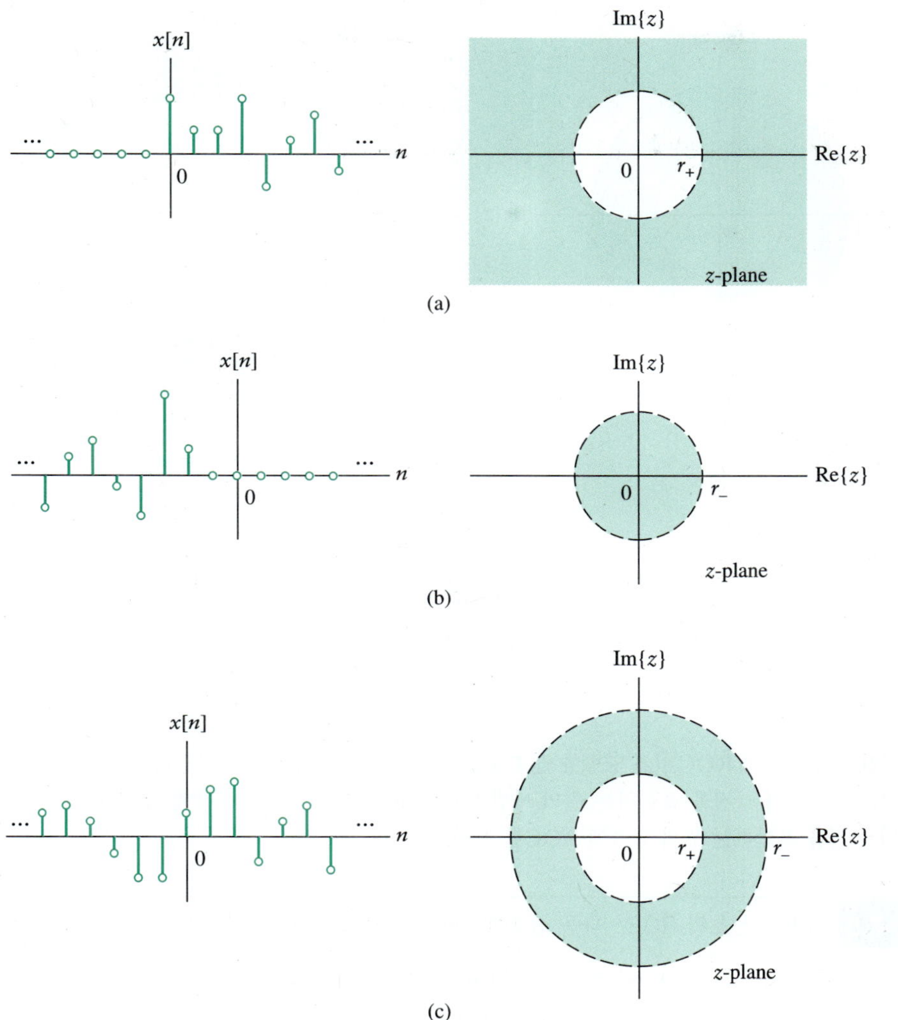

그림 7.8 ROC와 신호의 시간 성분과의 관계. (a) 우방향 신호는 $|z| > r_+$ 모양의 ROC를 가진다. (b) 좌방향 신호는 $|z| < r_-$ 모양의 ROC를 가진다. (c) 양방향 신호는 $r_+ < |z| < r_-$ 모양의 ROC를 가진다.

ROC의 경계값 r_-와 r_+를 결정하게 된다. 여기에서 우방향 신호 $x[n] = \alpha^n u[n]$에서 α가 일반적으로 복소수일 때를 가정하면, $x[n]$의 z 변환은 $z = \alpha$에서 하나의 극점을 가지며, ROC는 $|z| > |\alpha|$가 된다. 따라서 ROC는 z 평면에서 극점의 반지름보다 큰 반지름을 가진 영역이 된다. 이와 비슷하게 좌방향 신호 $x[n] = \alpha^n u[-n-1]$의 ROC는 $|z| < |\alpha|$이며, 극점의 반지름보다 작은 반지름을 가진 영역이 된다. 또한 신호가 지수의 합산으로 되어 있다면 이 신호의 ROC는 각 부분의 ROC들의 교차점이 된다. 이것은 우방향 부분에서 가장 큰 반지름을 가진 극점보다 더 큰 반지름을 가지게 되고, 좌방향 부분에서 가장 작은 반지름을 가진 극점보다 더 작은 반지름을 가지게 된다. 다음의 예제에서 이 개념을 설명한다.

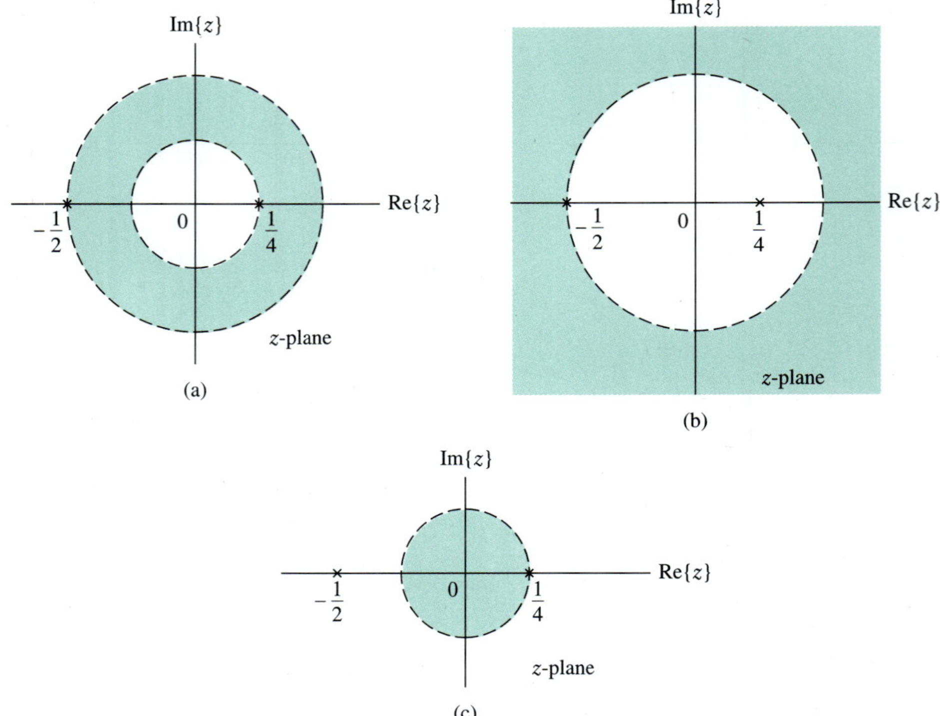

그림 7.9 예제 7.5의 ROC. (a) 양방향 신호 $x[n]$은 극점 사이에 ROC를 가진다. (b) 우방향 신호 $y[n]$은 가장 큰 크기의 극점을 포함하는 원의 바깥쪽에 ROC를 가진다. (c) 좌방향 신호 $w[n]$은 가장 작은 크기의 극점을 포함하는 원의 안쪽에 ROC를 가진다.

예제 7.5 **양방향 신호의 ROC.** 다음 신호의 z 변환과 관련된 ROC를 구하라.

$$x[n] = (-1/2)^n u[-n] + 2(1/4)^n u[n];$$
$$y[n] = (-1/2)^n u[n] + 2(1/4)^n u[n];$$
$$w[n] = (-1/2)^n u[-n] + 2(1/4)^n u[-n].$$

풀이: $x[n]$으로부터

$$X(z) = \sum_{n=-\infty}^{0} \left(\frac{-1}{2z}\right)^n + 2\sum_{n=0}^{\infty}\left(\frac{1}{4z}\right)^n$$
$$= \sum_{k=0}^{\infty}(-2z)^k + 2\sum_{n=0}^{\infty}\left(\frac{1}{4z}\right)^n.$$

처음의 급수는 $|z| < 1/2$일 때 수렴하며 두 번째는 $|z| > 1/4$일 때 수렴하게 된다. 이러한 각각의 두 급수는 $X(z)$가 수렴하기 위해 수렴해야 하므로 ROC는 $1/4 < |z| < 1/2$이다. 이 양방향 신호의 ROC는 그림 7.9(a)에서와 같다. 다음으로 이러한 두 개의 등비급수를 더하면

$$X(z) = \frac{1}{1+2z} + \frac{2z}{z-\frac{1}{4}}.$$

이때 극점은 $z = -1/2$와 $z = 1/4$이다. 여기서 ROC는 극점 사이에 위치한 반지 모양의 영역이라는

것에 주목하라.

다음으로, $y[n]$은 우방향 신호이며

$$Y(z) = \sum_{n=0}^{\infty}\left(\frac{-1}{2z}\right)^n + 2\sum_{n=0}^{\infty}\left(\frac{1}{4z}\right)^n.$$

이때 처음의 급수는 $|z| > 1/2$일 때 수렴하며, 두 번째는 $|z| > 1/4$일 때 수렴하게 된다. 따라서 최종 ROC는 그림 7.9(b)에서와 같이 $|z| > 1/2$이다. 이 경우에

$$Y(z) = \frac{z}{z+\frac{1}{2}} + \frac{2z}{z-\frac{1}{4}}.$$

이때 극점은 역시 $z = -1/2$와 $z = 1/4$이다. ROC는 극점의 가장 큰 반지름 $z = -1/2$을 포함하는 원의 바깥쪽이다.

마지막 신호 $w[n]$은 좌방향이며, 이때

$$\begin{aligned} W(z) &= \sum_{n=-\infty}^{0}\left(\frac{-1}{2z}\right)^n + 2\sum_{n=-\infty}^{0}\left(\frac{1}{4z}\right)^n \\ &= \sum_{k=0}^{\infty}(-2z)^k + 2\sum_{k=0}^{\infty}(4z)^k. \end{aligned}$$

여기서 처음의 급수는 $|z| < 1/2$일 때 수렴하며, 두 번째는 $|z| < 1/4$일 때 수렴하고 최종 ROC는 그림 7.9(c)에서와 같이 $|z| < 1/4$이다. 여기서

$$W(z) = \frac{1}{1+2z} + \frac{2}{1-4z}.$$

극점은 $z = -1/2$와 $z = 1/4$이다. 이때 ROC는 가장 작은 반지름 $z = 1/4$의 극점을 포함하는 원의 안쪽이 된다.

결국, 이 예제는 양방향 신호의 ROC는 반지 모양이며, 우방향 신호의 ROC는 원의 바깥쪽이고 좌방향 신호의 ROC는 원의 안쪽이라는 것을 설명하고 있다. 각각의 경우 모두 극점이 ROC의 경계를 표시하고 있다. ▮

▶ **연습문제 7.2** 다음 양방향 신호의 z 변환과 ROC를 구하라.

$$x[n] = \alpha^{|n|}.$$

해답: $|\alpha| < 1$이면

$$X(z) = \frac{z}{z-\alpha} - \frac{z}{z-1/\alpha}, \qquad |\alpha| < |z| < 1/|\alpha|$$

가 되고, $|\alpha| > 1$이면 ROC는 공집합이다. ▮

7.4 z 변환의 특성

z 변환 특성의 대부분은 DTFT의 특성과 거의 일치한다. 그래서 이 절에서는 특성을 나열하고 예제를 이용하여 증명을 대신한다. 또한 아래에 주어지는 특성들에서는 다음의 관계를

이용한다.

$$x[n] \xleftrightarrow{z} X(z), \quad (\text{ROC } R_x)$$

이고,

$$y[n] \xleftrightarrow{z} Y(z), \quad (\text{ROC } R_x).$$

일반적으로 ROC는 각 연산자에 따라 변화하게 된다. 이전 절에서 ROC의 일반적인 모양이 z 평면에서 반지와 같다는 것을 보았다. 그러므로 각 연산자가 ROC에 미치는 영향은 ROC 경계의 반지름이 변화하는 것으로 설명된다.

선형성

선형 특성은 임의의 신호들의 합산의 z 변환이 신호를 각각 z 변환한 후에 합산한 것과 같다는 것을 의미한다. 즉,

$$ax[n] + by[n] \xleftrightarrow{z} aX(z) + bY(z), \quad (\text{ROC는 최소 } R_x \cap R_y). \tag{7.11}$$

이때 ROC는 각각의 ROC의 교차점이 되는데 이것은 이러한 합산의 z 변환이 $X(z)$와 $Y(z)$가 모두 수렴할 때만 가능하기 때문이다. 만일 $x[n]$이나 $y[n]$ 중에서 한 개나 여러 개의 항들이 더해질 때 서로 상쇄된다면 ROC는 이러한 교차점보다 더 커질 수 있는데, z 변환에서 이것은 ROC의 경계점으로 사용되는 극점이 영점과 서로 상쇄되는 것과 일치한다. 이러한 현상은 다음의 예제로 설명된다.

예제 7.6 **극점과 영점의 상쇄.** 다음 신호에서

$$x[n] = \left(\frac{1}{2}\right)^n u[n] - \left(\frac{3}{2}\right)^n u[-n-1] \xleftrightarrow{z} X(z) = \frac{-z}{\left(z-\frac{1}{2}\right)\left(z-\frac{3}{2}\right)},$$

$$\left(\text{ROC } \frac{1}{2} < |z| < \frac{3}{2}\right)$$

그리고

$$y[n] = \left(\frac{1}{4}\right)^n u[n] - \left(\frac{1}{2}\right)^n u[n] \xleftrightarrow{z} Y(z) = \frac{-\frac{1}{4}z}{\left(z-\frac{1}{4}\right)\left(z-\frac{1}{2}\right)}, \quad \left(\text{ROC } |z| > \frac{1}{2}\right)$$

이라고 할 때 $ax[n] + by[n]$의 z 변환을 구하라.

➾ 풀이: $x[n]$과 $y[n]$에 대한 극점-영점과 ROC는 각각 그림 7.10(a), (b)와 같고 선형성을 이용하면

$$ax[n] + by[n] \xleftrightarrow{z} a\frac{-z}{\left(z-\frac{1}{2}\right)\left(z-\frac{3}{2}\right)} + b\frac{-\frac{1}{4}z}{\left(z-\frac{1}{4}\right)\left(z-\frac{1}{2}\right)}.$$

일반적으로 ROC는 각각의 ROC의 교차점, 즉, $1/2 < |z| < 3/2$와 같으며, 이것은 그림 7.10(a)와 같다. 그러나 만일 $a = b$라면 어떤 일이 발생할 것인가에 주목하라. 이 경우에는

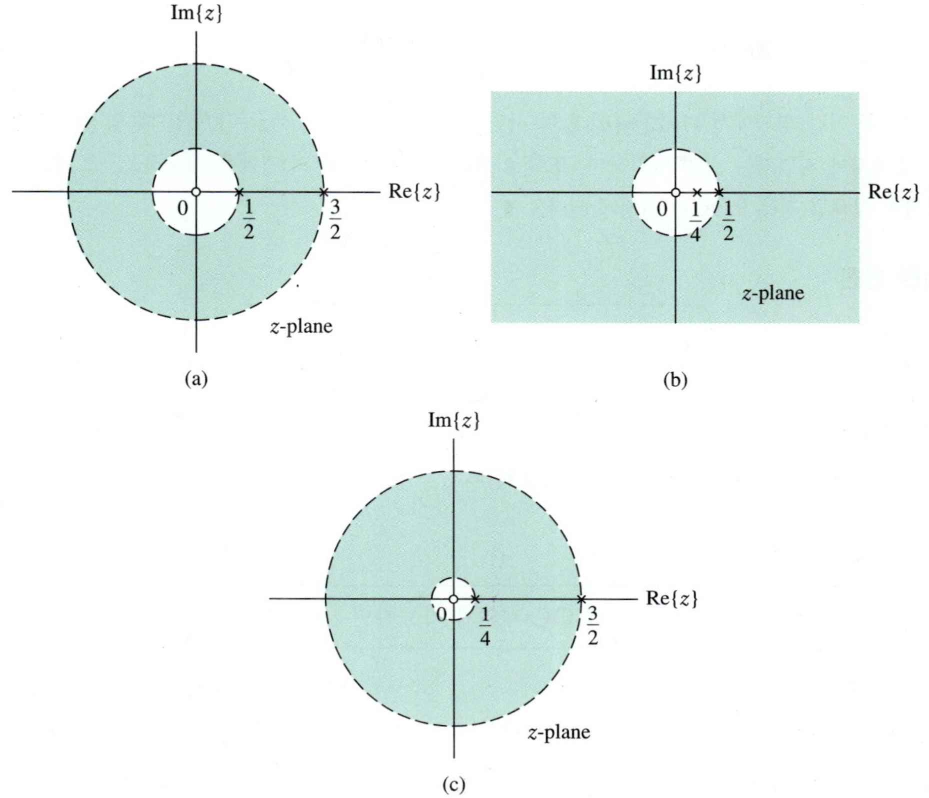

그림 7.10 예제 7.6의 ROC. (a) $X(z)$의 ROC와 극점-영점 그림, (b) $Y(z)$의 ROC와 극점-영점 그림, (c) $a(X(z) + Y(z))$의 ROC와 극점-영점 그림

$$ax[n] + ay[n] = a\left(-\left(\frac{3}{2}\right)^n u[-n-1] + \left(\frac{1}{4}\right)^n u[n]\right)$$

이고, $(1/2)^n u[n]$은 시간 영역에서 상쇄되었다. 그러면 ROC는 그림 7.10(c)와 같이 되어 $1/4 < |z| < 3/2$라는 것을 쉽게 증명할 수 있다. 이 ROC는 각각의 ROC의 교차점보다 더 크다는 것을 알 수 있는데, 이것은 $(1/2)^n u[n]$ 항이 더 이상 존재하지 않기 때문이다. 다음으로 z 변환과 선형 특성을 사용하면

$$\begin{aligned} aX(z) + aY(z) &= a\left(\frac{-z}{\left(z - \frac{1}{2}\right)\left(z - \frac{3}{2}\right)} + \frac{-\frac{1}{4}z}{\left(z - \frac{1}{4}\right)\left(z - \frac{1}{2}\right)}\right) \\ &= a\frac{-\frac{1}{4}z\left(z - \frac{3}{2}\right) - z\left(z - \frac{1}{4}\right)}{\left(z - \frac{1}{4}\right)\left(z - \frac{1}{2}\right)\left(z - \frac{3}{2}\right)} \\ &= a\frac{-\frac{5}{4}z\left(z - \frac{1}{2}\right)}{\left(z - \frac{1}{4}\right)\left(z - \frac{1}{2}\right)\left(z - \frac{3}{2}\right)}. \end{aligned}$$

여기서 $z = 1/2$에서의 영점은 $z = 1/2$에서의 극점과 서로 상쇄되며, 따라서

$$aX(z) + aY(z) = a\frac{-\frac{5}{4}z}{\left(z-\frac{1}{4}\right)\left(z-\frac{3}{2}\right)}.$$

그러므로 시간 영역에서 $(1/2)^n u[n]$ 항이 사라지는 것은 z 영역에서 $z = 1/2$일 때 영점이 극점과 서로 상쇄되어 지워지는 것과 일치하며, 또한 이러한 극점은 ROC의 경계를 제공하고, 그 결과 이러한 극점이 상쇄될 경우 ROC가 커지게 된다. ▮

시간 반전

$$x[-n] \xleftrightarrow{z} X\left(\frac{1}{z}\right), \quad \left(\text{ROC } \frac{1}{R_x}\right) \tag{7.12}$$

과 같이 정의되며, 시간 반전 또는 반사는 z를 z^{-1}로 치환함으로써 구할 수 있는데, 만일 R_x의 모양이 $a < |z| < b$라면 반전된 신호의 ROC는 $a < 1/|z| < b$ 또는 $1/b < |z| < 1/a$가 된다.

시간 이동

$$x[n - n_o] \xleftrightarrow{z} z^{-n_o}X(z), \quad (\text{ROC 제외가 가능하면 } z = 0 \text{ 또는 } |z| = \infty\text{를 제외한 } R_x) \tag{7.13}$$

와 같이 정의되며, z^{-n_o}를 곱해줌으로써, 만일 $n_o > 0$이라면 $z = 0$에서 n_o개의 극점이 발생하게 된다. 이 경우 ROC는 $z = 0$인 점을 포함할 수 없으며, 비록 R_x가 $z = 0$인 점을 포함하고 있다 하더라도 모든 새로운 극점들을 상쇄할 수 있는, $z = 0$에서 적어도 n_o개인 영점이 없다면 ROC는 $z = 0$인 점을 포함할 수 없다. 여기서 만일 $n_o < 0$이면 z^{-n_o}를 곱해주는 것은 무한점에 n_o개의 극점을 발생시키는 것과 같다. 그러므로 이러한 극점들이 $X(z)$ 안에서 무한점의 영점들과 서로 상쇄되지 않는다면 $z^{-n_o}X(z)$의 ROC는 $|z| = \infty$을 포함할 수 없다.

지수열과의 곱셈

α가 복소수라고 하자. 그러면

$$\alpha^n x[n] \xleftrightarrow{z} X\left(\frac{z}{\alpha}\right), \quad (\text{ROC } |\alpha|R_x) \tag{7.14}$$

와 같이 정의되며, 여기에서 식 $|\alpha|R_x$의 표현은 ROC의 경계가 $|\alpha|$에 의해서 곱해졌다는 것을 의미한다. 또한 R_x가 $a < |z| < b$라면 새로운 ROC는 $|\alpha|a < |z| < |\alpha|b$가 되고, 만일 $X(z)$가 인수 $1 - dz^{-1}$을 분모에 가지고 있으면 d는 극점이 되고, 따라서 $X(z/\alpha)$는 인수 $1 - \alpha dz^{-1}$을 분모에 가지게 되며 $z = \alpha d$가 극점이 된다. 이와 비슷하게 만일 c가 $X(z)$의 영점이라면 $X(z/\alpha)$는 $z = \alpha c$에 영점을 가지게 된다. 이것은 $|\alpha|$에 의하여 $X(z)$의 극점과 영점들의 반지름이 변화되는 것을 의미하며, 각도는 $\arg\{\alpha\}$만큼 변화된다. 그림 7.11은 이러한 관계를 나타낸다. 만일 α가 단위 크기를 가지고 있다면 반지름은 변화되지 않으며, α가 양의 실수라면 각도가 변화되지 않는다.

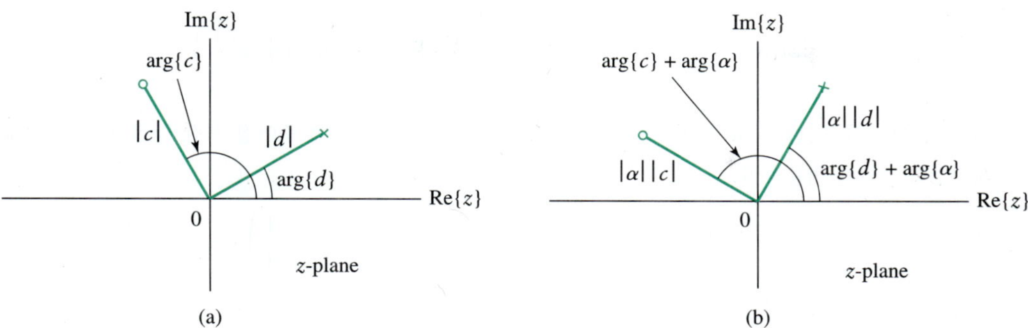

그림 7.11 전달 함수에 α^n을 곱했을 때 극점과 영점에 미치는 영향. (a) $X(z)$의 극점과 영점의 위치, (b) $X(z/\alpha)$의 극점과 영점의 위치

콘벌루션

$$x[n] * y[n] \stackrel{z}{\longleftrightarrow} X(z)Y(z), \quad (\text{ROC는 적어도 } R_x \cap R_y) \tag{7.15}$$

와 같이 정의되며, 시간 신호의 콘벌루션은 z 변환에서의 곱셈에 대응한다. 또한 선형성에서와 같이 만일 극점-영점 상쇄가 곱셈 $X(z)Y(z)$에서 발생하게 되면 ROC는 주어진 교차 영역보다 더 커지게 될 것이다.

z 영역에서의 미분

$$nx[n] \stackrel{z}{\longleftrightarrow} -z\frac{d}{dz}X(z), \quad (\text{ROC } R_x) \tag{7.16}$$

와 같이 정의되며, 시간 영역에서 n을 곱하는 것은 z 영역에서 z에 대하여 미분하고 $-z$를 곱하는 것과 일치하며, 이것은 ROC에 아무런 영향을 주지 않는다.

예제 7.7 특성들의 혼합 적용. 다음 신호의 z 변환을 구하라.

$$x[n] = \left(n\left(\frac{-1}{2}\right)^n u[n]\right) * \left(\frac{1}{4}\right)^{-n} u[-n].$$

풀이: 먼저 $w[n] = n(-1/2)^n u[n]$의 z 변환을 구한다. 예제 7.2로부터

$$\left(\frac{-1}{2}\right)^n u[n] \stackrel{z}{\longleftrightarrow} \frac{z}{z+\frac{1}{2}}, \quad \left(\text{ROC } |z| > \frac{1}{2}\right).$$

따라서 식 (7.16)에서 주어진 z 영역에서의 미분 특성을 이용하면

$$n\left(\frac{-1}{2}\right)^n u[n] \stackrel{z}{\longleftrightarrow} W(z) = -z\frac{d}{dz}\left(\frac{z}{z+\frac{1}{2}}\right), \quad \left(\text{ROC } |z| > \frac{1}{2}\right)$$

$$= -z\left(\frac{z+\frac{1}{2}-z}{\left(z+\frac{1}{2}\right)^2}\right)$$

$$= \frac{-\frac{1}{2}z}{\left(z+\frac{1}{2}\right)^2}, \quad \left(\text{ROC } |z| > \frac{1}{2}\right).$$

그런 다음 $y[n] = (1/4)^{-n}u[-n]$의 z 변환을 구한다. 이때 식 (7.12)에 주어진 시간 반전의 특성을 예제 7.2의 결과에 이용하면,

$$\left(\frac{1}{4}\right)^n u[n] \overset{z}{\longleftrightarrow} \frac{z}{z-\frac{1}{4}}, \quad \left(\text{ROC } |z| > \frac{1}{4}\right).$$

따라서 식 (7.12)에 의해

$$y[n] \overset{z}{\longleftrightarrow} Y(z) = \frac{\frac{1}{z}}{\frac{1}{z}-\frac{1}{4}}, \quad \left(\text{ROC } \frac{1}{|z|} > \frac{1}{4}\right)$$
$$= \frac{-4}{z-4}, \quad (\text{ROC } |z| < 4).$$

마지막으로 $X(z)$를 얻기 위하여 식 (7.15)에 주어진 콘벌루션 특성을 적용하면

$$x[n] = w[n] * y[n] \overset{z}{\longleftrightarrow} X(z) = W(z)Y(z), \quad (\text{ROC } R_w \cap R_y)$$
$$= \frac{2z}{(z-4)\left(z+\frac{1}{2}\right)^2}, \quad \left(\text{ROC } \frac{1}{2} < |z| < 4\right). \blacksquare$$

예제 7.8 **지수적으로 크기가 변하는 코사인 함수의 z 변환.** 선형 특성과 복소 지수의 곱셈 특성을 이용하여 다음 신호의 z 변환을 구하라.

$$x[n] = a^n \cos(\Omega_o n)u[n].$$

단, 여기서 a는 실수이고 양수이다.

풀이: 먼저 예제 7.2로부터 $y[n] = \alpha^n u[n]$의 z 변환을 구한다.

$$Y(z) = \frac{1}{1-az^{-1}}, \quad (\text{ROC } |z| > a).$$

여기서 $x[n]$을 더하기의 모양으로 다시 쓰면

$$x[n] = \frac{1}{2}e^{j\Omega_o n}y[n] + \frac{1}{2}e^{-j\Omega_o n}y[n].$$

각 항에 식 (7.14)에 주어진 복소 지수의 곱셈 특성을 적용하면

$$X(z) = \frac{1}{2}Y(e^{-j\Omega_o}z) + \frac{1}{2}Y(e^{j\Omega_o}z), \quad (\text{ROC } |z| > a)$$
$$= \frac{1}{2}\frac{1}{1-ae^{j\Omega_o}z^{-1}} + \frac{1}{2}\frac{1}{1-ae^{-j\Omega_o}z^{-1}}$$
$$= \frac{1}{2}\left(\frac{1-ae^{-j\Omega_o}z^{-1}+1-ae^{j\Omega_o}z^{-1}}{(1-ae^{j\Omega_o}z^{-1})(1-ae^{-j\Omega_o}z^{-1})}\right)$$
$$= \frac{1-a\cos(\Omega_o)z^{-1}}{1-2a\cos(\Omega_o)z^{-1}+a^2z^{-2}}, \quad (\text{ROC } |z| > a). \blacksquare$$

▶ **연습문제 7.3** 다음 신호의 z 변환을 구하라.

(a) $$x[n] = u[n-2] * (2/3)^n u[n]$$

(b) $$x[n] = \sin(\pi n/8 - \pi/4)u[n-2]$$

(c) $$x[n] = (n-1)(1/2)^n u[n-1] * (1/3)^n u[n+1]$$

(d) $$x[n] = (2)^n u[-n-3]$$

해답: (a) $X(z) = \dfrac{1}{(z-1)(z-2/3)}$, (ROC $|z| > 1$)

(b) $X(z) = \dfrac{z^{-1}\sin(\pi/8)}{z^2 - 2z\cos(\pi/8) + 1}$, (ROC $|z| > 1$)

(c) $X(z) = \dfrac{3/4\, z^2}{(z-1/3)(z-1/2)^2}$, (ROC $|z| > 1/2$)

(d) $X(z) = \dfrac{-z^3}{4(z-2)}$, (ROC $|z| < 2$) ∎

7.5 역 z 변환

이 절에서는 z 변환으로부터 시간 영역의 신호를 복원하는 문제에 관점을 맞춘다. 식 (7.5)에 정의된 적분식의 직접적인 전개는 폐경로 적분의 이해를 요구하므로 이것은 더 이상 논의하지 않고, 역 z 변환을 결정하기 위한 2개의 다른 대체 방법에 대해 설명한다. 첫 번째 방법인 부분 분수 전개법은 많은 종류의 역 z 변환을 위하여 몇 개의 기본적인 z 변환쌍과 특성에 대한 지식을 필요로 하게 되는데, 이러한 접근법은 다음과 같은 ROC의 중요한 특성을 잘 고려하여야 한다. 즉, 우방향 시간 신호의 ROC는 극점을 반지름으로 하는 원의 바깥쪽에 존재하며, 좌방향 시간 신호의 ROC는 극점을 반지름으로 하는 원의 안쪽에 존재하게 된다. 두 번째 방법은 $X(z)$를 식 (7.4)의 모양과 같은 z^{-1}의 멱급수 형식으로 표현하여 신호의 값을 결정하는 것이다.

7.5.1 부분 분수 전개법

LTI 시스템에서는 z^{-1}의 유리 함수로 표현된 z 변환식을 자주 접하게 된다. 여기서

$$\begin{aligned} X(z) &= \frac{B(z)}{A(z)} \\ &= \frac{b_0 + b_1 z^{-1} + \cdots + b_M z^{-M}}{a_0 + a_1 z^{-1} + \cdots + a_N z^{-N}} \end{aligned} \tag{7.17}$$

이라 하고 $M < N$이라고 하자. 만일 $M \geq N$이면 나눗셈을 이용하여 $X(z)$를 다음과 같이 표

현할 수 있다.

$$X(z) = \sum_{k=0}^{M-N} f_k z^{-k} + \frac{\widetilde{B}(z)}{A(z)}.$$

여기서 분자의 다항식 $\widetilde{B}(z)$는 분모의 다항식보다 차수가 낮게 되어, 부분 분수 전개법이 $\widetilde{B}(z)/A(z)$의 역변환을 구하기 위하여 적용된다. 덧셈 항의 역 z 변환은 변환쌍 $\delta(n) \stackrel{z}{\longleftrightarrow} 1$과 시간 이동 특성을 이용하여 구한다.

또한, 가끔 $X(z)$가 z^{-1}이 아니고 z의 다항식으로 되어 있는 분수로 표현되기도 하는데, 이 경우 만일 식 (7.17)에서와 같이 z^{-1}의 다항식으로 된 분수 형식으로 $X(z)$를 변환하면, 부분 분수 전개법을 사용할 수 있다. 이러한 변환은 분자에서 가장 큰 차수의 z항과 분모에서 가장 큰 차수의 z항을 인수로 묶어줌으로써 구할 수 있는데, 이것은 나머지가 식 (7.17)에 주어진 모양으로 나타나게 한다. 예를 들어, 만일

$$X(z) = \frac{2z^2 - 2z + 10}{3z^3 - 6z + 9}$$

에서 분자의 z^2과 분모의 $3z^3$으로 인수분해하면,

$$\begin{aligned} X(z) &= \frac{z^2}{3z^3}\left(\frac{2 - 2z^{-1} + 10z^{-2}}{1 - 2z^{-2} + 3z^{-3}}\right) \\ &= \frac{1}{3}z^{-1}\left(\frac{2 - 2z^{-1} + 10z^{-2}}{1 - 2z^{-2} + 3z^{-3}}\right). \end{aligned}$$

부분 분수 전개법을 괄호 안의 항에 적용하고, 인수 $(1/3)z^{-1}$에 식 (7.13)의 시간 이동 특성을 적용하면, 시간 함수 $x(t)$를 얻게 된다. 식 (7.17)의 부분 분수 전개는 분모를 일차항의 곱셈 모양으로 인수분해하여 얻을 수 있다. 즉,

$$X(z) = \frac{b_0 + b_1 z^{-1} + \cdots + b_M z^{-M}}{a_0 \prod_{k=1}^{N}(1 - d_k z^{-1})}.$$

여기서 d_k는 $X(z)$의 극점이며, 만일 극점이 반복되지 않는다면 부분 분수 전개법을 사용하여 일차항의 덧셈 모양으로 $X(z)$를 전개할 수 있게 된다.

$$X(z) = \sum_{k=1}^{N} \frac{A_k}{1 - d_k z^{-1}}.$$

그런 다음, ROC에 따라서 각 항에 대한 역 z 변환은 변환쌍을 이용하여 구한다.

$$A_k(d_k)^n u[n] \stackrel{z}{\longleftrightarrow} \frac{A_k}{1 - d_k z^{-1}}, \quad (\text{ROC } |z| > d_k)$$

또는

$$-A_k(d_k)^n u[-n-1] \stackrel{z}{\longleftrightarrow} \frac{A_k}{1 - d_k z^{-1}}, \quad (\text{ROC } |z| < d_k).$$

$X(z)$에 대한 ROC와 각 극점간의 관계는 각 항에 대해 우방향 또는 좌방향 역변환 중 어느 것을 사용하게 될 것인가를 결정하게 되는데, 만일 극점 d_i가 r번 반복되어 나타난다면, 이러한 극점에 대한 부분 분수 전개식에는 다음과 같이 r개의 항이 발생하게 된다.

$$\frac{A_{i_1}}{1 - d_i z^{-1}}, \frac{A_{i_2}}{(1 - d_i z^{-1})^2}, \ldots, \frac{A_{i_r}}{(1 - d_i z^{-1})^r}.$$

다시 한번 $X(z)$의 ROC가 우방향 또는 좌방향 역변환 중 어느 것이 사용될 것인가를 결정한다. 만일 ROC가 $|z| > d_i$의 모양이면 우방향의 역변환이 사용되고,

$$A\frac{(n+1)\cdots(n+m-1)}{(m-1)!}(d_i)^n u[n] \xleftrightarrow{z} \frac{A}{(1 - d_i z^{-1})^m}, \quad (\text{ROC } |z| > d_i)$$

만일 ROC가 $|z| < d_i$의 모양이면 좌방향의 역변환이 사용된다.

$$-A\frac{(n+1)\cdots(n+m-1)}{(m-1)!}(d_i)^n u[-n-1] \xleftrightarrow{z} \frac{A}{(1 - d_i z^{-1})^m}, \quad (\text{ROC } |z| < d_i).$$

식 (7.11)의 선형 특성에 의해 $X(z)$의 ROC는 부분 분수로 전개된 각 항의 ROC들의 교차점이라는 것을 알 수 있다. 정확한 역변환을 선택하기 위하여 $X(z)$의 ROC로부터 각 항의 ROC를 구해야만 하는데, 이것은 각 극점의 위치와 $X(z)$의 ROC를 비교함으로써 구할 수 있다. 만일 여기서 $X(z)$의 ROC가 주어진 항의 극점보다 더 큰 반지름을 가지고 있다면 우방향 역변환을 선택해야 하고, $X(z)$의 ROC가 극점보다 더 작은 반지름을 가지고 있다면 이 항을 위해서는 좌방향 역변환을 선택해야 한다. 다음 예제는 이러한 절차를 나타낸다.

예제 7.9 **부분 분수 전개법에 의한 역변환.** 다음 신호의 역 z 변환을 구하라.

$$X(z) = \frac{1 - z^{-1} + z^{-2}}{\left(1 - \frac{1}{2}z^{-1}\right)(1 - 2z^{-1})(1 - z^{-1})}, \quad (\text{ROC } 1 < |z| < 2).$$

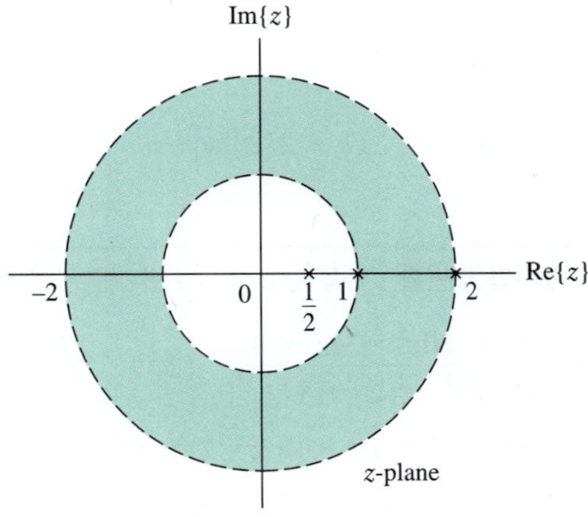

그림 7.12 예제 7.9를 위한 ROC와 극점의 위치

풀이: 부분 분수 전개법을 이용하면

$$X(z) = \frac{A_1}{1 - \frac{1}{2}z^{-1}} + \frac{A_2}{1 - 2z^{-1}} + \frac{A_3}{1 - z^{-1}}.$$

여기서 A_1, A_2, A_3의 값을 구하면

$$X(z) = \frac{1}{1 - \frac{1}{2}z^{-1}} + \frac{2}{1 - 2z^{-1}} - \frac{2}{1 - z^{-1}}.$$

여기서 극점의 위치와 $X(z)$의 ROC를 이용하여 각 항의 역 z 변환을 구한다. ROC와 극점의 위치는 그림 7.12에 도시되어 있으며, 여기서 ROC는 $z = 1/2$에서의 극점보다 큰 반지름을 가지고 있으므로 이 항에 우방향 역변환을 적용하면,

$$\left(\frac{1}{2}\right)^n u[n] \xleftrightarrow{z} \frac{1}{1 - \frac{1}{2}z^{-1}}.$$

ROC는 $z = 2$에서의 극점보다 작은 반지름을 가지고 있으므로 이 항에 좌방향 역변환을 적용하면,

$$-2(2)^n u[-n-1] \xleftrightarrow{z} \frac{2}{1 - 2z^{-1}}.$$

마지막으로 ROC는 $z = 1$에서의 극점보다 큰 반지름을 가지고 있으므로 이 항에 우방향 역변환을 적용하면,

$$-2u[n] \xleftrightarrow{z} -\frac{2}{1 - z^{-1}}.$$

각각의 항을 결합하면

$$x[n] = \left(\frac{1}{2}\right)^n u[n] - 2(2)^n u[-n-1] - 2u[n].$$ ∎

▶ **연습문제 7.4** 다음의 ROC를 가지고 예제 7.9를 반복하여 구하라.

(a) $1/2 < |z| < 1$

(b) $|z| < 1/2$

해답: (a) $x[n] = \left(\frac{1}{2}\right)^n u[n] - 2(2)^n u[-n-1] + 2u[-n-1]$

(b) $x[n] = -\left(\frac{1}{2}\right)^n u[-n-1] - 2(2)^n u[-n-1] + 2u[-n-1]$ ∎

예제 7.10 **불규칙한 분수 함수의 역변환.** 다음 신호의 역 z 변환을 구하라.

$$X(z) = \frac{z^3 - 10z^2 - 4z + 4}{2z^2 - 2z - 4}, \quad (\text{ROC } |z| < 1).$$

풀이: 분모 다항식의 근을 구함으로써 $z = -1$과 $z = 2$에 극점이 존재함을 알 수 있는데, z 영역에서의 ROC와 극점의 위치가 그림 7.13에 도시되어 있다. 다음으로 $X(z)$를 식 (7.17)과 같이 z^{-1}의 다항식으로 변환하고, 분자에 대해서 z^3을, 분모에 대해서 $2z^2$을 인수분해하면

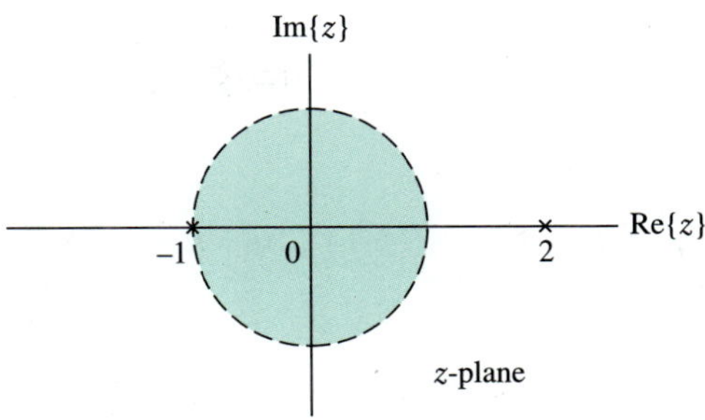

그림 7.13 예제 7.10을 위한 ROC와 극점의 위치

$$X(z) = \frac{1}{2}z\left(\frac{1 - 10z^{-1} - 4z^{-2} + 4z^{-3}}{1 - z^{-1} - 2z^{-2}}\right).$$

여기서 인수 $1/2z$는 후에 시간 이동 특성을 이용하여 처리할 수 있다. 따라서 괄호 안의 분수식에 대해서 분자 다항식의 차수를 줄이기 위하여 나눗셈을 이용하면

$$\begin{array}{r} -2z^{-1} + 3 \\ -2z^{-2} - z^{-1} + 1 \overline{)\, 4z^{-3} - 4z^{-2} - 10z^{-1} + 1} \\ \underline{4z^{-3} + 2z^{-2} - \;\; 2z^{-1} \quad\;\;} \\ -6z^{-2} - \;\; 8z^{-1} + 1 \\ \underline{-6z^{-2} - \;\; 3z^{-1} + 3} \\ - \;\; 5z^{-1} - 2 \end{array}$$

이므로,

$$\begin{aligned} \frac{1 - 10z^{-1} - 4z^{-2} + 4z^{-3}}{1 - z^{-1} - 2z^{-2}} &= -2z^{-1} + 3 + \frac{-5z^{-1} - 2}{1 - z^{-1} - 2z^{-2}} \\ &= -2z^{-1} + 3 + \frac{-5z^{-1} - 2}{(1 + z^{-1})(1 - 2z^{-1})}. \end{aligned}$$

이 식의 분수식 항에 부분 분수 전개법을 적용하면

$$\frac{-5z^{-1} - 2}{(1 + z^{-1})(1 - 2z^{-1})} = \frac{1}{1 + z^{-1}} - \frac{3}{1 - 2z^{-1}}$$

이 되고, 그러면 결국

$$X(z) = \frac{1}{2}zW(z) \tag{7.18}$$

가 된다. 단, 여기서

$$W(z) = -2z^{-1} + 3 + \frac{1}{1 + z^{-1}} - \frac{3}{1 - 2z^{-1}}, \quad (\text{ROC } |z| < 1).$$

ROC는 그림 7.13에서와 같이 각 극점보다 작은 반지름을 가지고 있으므로 $W(z)$의 역 z 변환은

$$w[n] = -2\delta[n - 1] + 3\delta[n] - (-1)^n u[-n - 1] + 3(2)^n u[-n - 1].$$

식 (7.13)에 식 (7.18)의 시간 이동 특성을 적용하면

$$x[n] = \frac{1}{2}w[n+1].$$

결국 위의 두 식으로부터

$$x[n] = -\delta[n] + \frac{3}{2}\delta[n+1] - \frac{1}{2}(-1)^{n+1}u[-n-2] + 3(2)^n u[-n-2].$$ ▮

▶ **연습문제 7.5** 다음 z 변환 식으로부터 시간 영역 신호를 구하라.

(a) $$X(z) = \frac{(1/4)z^{-1}}{(1-(1/2)z^{-1})(1-(1/4)z^{-1})}, \quad (\text{ROC } 1/4 < |z| < 1/2)$$

(b) $$X(z) = \frac{16z^2 - 2z + 1}{8z^2 + 2z - 1}, \quad \left(\text{ROC } |z| > \frac{1}{2}\right)$$

(c) $$X(z) = \frac{2z^3 + 2z^2 + 3z + 1}{2z^4 + 3z^3 + z^2}, \quad (\text{ROC } |z| > 1)$$

해답: (a) $x[n] = -(1/4)^n u[n] - (1/2)^n u[-n-1]$

(b) $x[n] = -\delta[n] + \left(\frac{1}{4}\right)^n u[n] + 2\left(\frac{-1}{2}\right)^n u[n]$

(c) $x[n] = \delta[n-2] + 2(-1)^{n-1}u[n-1] - (-1/2)^{n-1}u[n-1]$ ▮

부분 분수 전개법은 또한 극점이 복소수일 때도 적용할 수 있는데, 이 경우 전개되는 계수는 일반적으로 복소수가 된다. 그러나 만일 $X(z)$의 계수값이 실수라면 복소 켤레 극점에 대응하는 전개 계수는 서로 켤레일 것이다. 또한 여기에서, ROC 이외의 다른 정보들도 유일한 역변환을 만드는 데 사용될 수 있는데, 예를 들어 **인과성**(causality), **안정성**(stability) 또는 DTFT의 존재와 같은 정보들도 역변환을 결정하는 데 유용하다.

- 만일 임의의 신호가 인과적(causal)이라고 한다면, 우방향 역변환이 선택된다.
- 신호가 안정성(stability)을 가진다면 절대 합산이 가능하며, DTFT가 존재한다. 따라서 안정성(stability)과 DTFT의 존재는 동등 조건이 된다. 이 경우에 ROC는 z 평면에서 $|z| = 1$인 단위 원을 포함하며, 이때 역 z 변환은 극점의 위치와 단위 원을 비교함으로써 구할 수 있다. 여기서 만일 극점이 단위 원의 안쪽에 있으면 우방향 역 z 변환을 선택하고, 극점이 단위 원의 바깥쪽에 있으면 좌방향 역 z 변환을 선택한다.

▶ **연습문제 7.6** 다음 신호의 역 z 변환을 구하라.

$$X(z) = \frac{1}{1 - \frac{1}{2}z^{-1}} + \frac{2}{1 - 2z^{-1}}.$$

단, 여기서 (a)신호는 인과적이다. (b)신호는 DTFT를 가진다.

해답: (a) $x[n] = \left(\frac{1}{2}\right)^n u[n] + 2(2)^n u[n]$

(b) $x[n] = \left(\frac{1}{2}\right)^n u[n] - 2(2)^n u[-n-1]$ ∎

7.5.2 멱급수 전개법

여기서는 식 (7.4)에서 정의된 모양으로 z^{-1} 또는 z의 멱급수를 이용하여 $X(z)$를 표현한다. 이때 신호 $x[n]$의 값은 z^{-n}의 계수로 나타난다. 이러한 전개 방식은 신호가 한 방향일 때만 가능하다. 즉 ROC가 $|z| < a$ 또는 $|z| > a$이어야만 한다. 여기서 만일 ROC가 $|z| > a$이면 $X(z)$는 z^{-1}의 멱급수로 표현되며 우방향 신호를 얻을 수 있고, ROC가 $|z| < a$이면 $X(z)$는 z의 멱급수로 표현되며 좌방향 역변환을 얻을 수 있다.

예제 7.11 **나눗셈에 의한 역변환.** 다음 신호의 역 z 변환을 멱급수를 이용하여 구하라.

$$X(z) = \frac{2 + z^{-1}}{1 - \frac{1}{2}z^{-1}}, \qquad \left(\text{ROC } |z| > \frac{1}{2}\right).$$

풀이: ROC로부터 $x[n]$이 우방향인 것을 알 수 있으므로, $X(z)$에 나눗셈을 적용하여 z^{-1}의 멱급수로 만든다.

$$\begin{array}{r l}
 & 2 + 2z^{-1} + z^{-2} + \tfrac{1}{2}z^{-3} + \cdots \\
1 - \tfrac{1}{2}z^{-1} \big) & 2 + z^{-1} \\
 & \underline{2 - z^{-1}} \\
 & 2z^{-1} \\
 & \underline{2z^{-1} - z^{-2}} \\
 & z^{-2} \\
 & \underline{z^{-2} - \tfrac{1}{2}z^{-3}} \\
 & \tfrac{1}{2}z^{-3}
\end{array}$$

즉,

$$X(z) = 2 + 2z^{-1} + z^{-2} + \frac{1}{2}z^{-3} + \cdots.$$

$X(z)$를 식 (7.4)와 비교해 보면

$$x[n] = 2\delta[n] + 2\delta[n-1] + \delta[n-2] + \tfrac{1}{2}\delta[n-3] + \cdots.$$

만일 ROC가 $|z| < 1/2$면 $X(z)$는 z의 멱급수로 표현해야 하며,

$$\begin{array}{r|l} & -2-8z-16z^2-32z^3+\cdots \\ -\frac{1}{2}z^{-1}+1 & z^{-1}+2 \\ & \underline{z^{-1}-2} \\ & \quad 4 \\ & \quad \underline{4-8z} \\ & \qquad 8z \\ & \qquad \underline{8z-16z^2} \\ & \qquad\quad 16z^2 \end{array}$$

즉,

$$X(z) = -2 - 8z - 16z^2 - 32z^3 - \cdots$$

이다. 그러므로 이 경우에는

$$x[n] = -2\delta[n] - 8\delta[n+1] - 16\delta[n+2] - 32\delta[n+3] - \cdots.$$

나눗셈은 $X(z)$가 다항식의 분수 모양일 때 간단히 멱급수를 얻기 위하여 사용될 수 있다. 그러나 여기서 나눗셈은 $x[n]$의 일반 항을 표현하지 못할 수도 있다.

이러한 멱급수 접근법의 이점은 신호가 z의 다항식으로 된 분수가 아닐 때 역 z 변환을 구하는 데 있다. 이것은 다음 예제에서 설명한다.

예제 7.12 **멱급수 확장의 역변환.** 다음 신호의 역 z 변환을 구하라.

$$X(z) = e^{z^2}, \quad (|z| = \infty\text{를 제외한 모든 } z\text{의 ROC}).$$

풀이: 멱급수를 이용하여 e^a을 표현하면

$$e^a = \sum_{k=0}^{\infty} \frac{a^k}{k!}$$

이므로

$$X(z) = \sum_{k=0}^{\infty} \frac{(z^2)^k}{k!} = \sum_{k=0}^{\infty} \frac{z^{2k}}{k!}.$$

따라서

$$x[n] = \begin{cases} 0, & n > 0 \text{ 또는 홀수 } n \\ \dfrac{1}{\left(\frac{-n}{2}\right)!}, & \text{그 밖의 범위.} \end{cases}$$

▶ **연습문제 7.7** $X(z) = \cos(2z^{-1})$의 ROC는 $z = 0$을 제외한 모든 z 평면이다. 역급수 전개를 이용해서 $X(z)$의 역변환을 구하라.

해답: $$x[n] = \begin{cases} 0, & n < 0 \text{ 또는 홀수 } n \\ (-1)^{n/2}2^n/(n!), & \text{그 밖의 범위.} \end{cases}$$

7.6 전달 함수

이 절에서는 LTI 이산시간 시스템의 전달 함수와 입-출력 특성 사이의 관계를 분석한다. 7.2절에서 전달 함수를 임펄스 응답의 z 변환을 통해 정의했다. 그러므로 LTI 시스템의 출력 $y[n]$은 임펄스 응답 $h[n]$과 입력 $x[n]$의 콘벌루션으로 표현된다.

$$y[n] = h[n] * x[n].$$

콘벌루션 특성을 이용하여 이 식을 z 변환하면 변환된 출력 $Y(z)$는 전달 함수 $H(z)$와 변환된 입력 $X(z)$의 곱셈으로 표현된다.

$$Y(z) = H(z)X(z). \tag{7.19}$$

이와 같이, z 변환은 시간 영역의 콘벌루션을 z 변환식의 곱셈으로 변환하게 된다. 그러므로 전달 함수는 LTI 이산시간 시스템의 입-출력 특성의 다른 표현 방식을 제공한다. 또한 식 (7.19)로부터 전달 함수는 출력의 z 변환식을 입력의 z 변환식으로 나눈 것으로 표현할 수도 있는데,

$$H(z) = \frac{Y(z)}{X(z)}. \tag{7.20}$$

이 정의는 $X(z)$가 영이 아닐 때 $X(z)$와 $Y(z)$의 ROC 안에 존재하는 모든 z값에 대하여 적용된다.

임펄스 응답은 전달 함수의 역변환으로 구할 수 있다. 전달 함수로부터 올바른 임펄스 응답을 구하기 위해서는 ROC를 이용해야만 한다. 만일 ROC를 모른다면 안정성이나 인과성과 같은 다른 시스템의 특성을 알고 있어야 올바른 임펄스 응답을 구할 수 있다.

예제 7.13 **시스템 확인.** 입력과 출력 신호를 가지고 시스템을 표현하는 문제를 시스템 확인이라고 한다. 다음의 인과적 LTI 시스템의 임펄스 응답과 전달 함수를 구하라. 입력은

$$x[n] = (-1/3)^n u[n]$$

이고, 출력은

$$y[n] = 3(-1)^n u[n] + (1/3)^n u[n].$$

풀이: 입력과 출력의 z 변환은 상대적으로 다음과 같다.

$$X(z) = \frac{1}{(1 + (1/3)z^{-1})}, \quad (\text{ROC } |z| > 1/3)$$

그리고

$$\begin{aligned} Y(z) &= \frac{3}{1 + z^{-1}} + \frac{1}{1 - (1/3)z^{-1}} \\ &= \frac{4}{(1 + z^{-1})(1 - (1/3)z^{-1})}, \quad (\text{ROC } |z| > 1). \end{aligned}$$

전달 함수를 구하기 위해 식 (7.20)을 적용하면

$$H(z) = \frac{4(1 + (1/3)z^{-1})}{(1 + z^{-1})(1 - (1/3)z^{-1})}, \qquad (\text{ROC } |z| > 1).$$

시스템의 임펄스 응답은 $H(z)$의 역 z 변환에 의하여 구할 수 있다. $H(z)$에 부분 분수 전개법을 사용하면

$$H(z) = \frac{2}{1 + z^{-1}} + \frac{2}{1 - (1/3)z^{-1}}, \qquad (\text{ROC } |z| > 1).$$

따라서 임펄스 응답은 다음과 같다.

$$h[n] = 2(-1)^n u[n] + 2(1/3)^n u[n].$$ ▮

▶ **연습문제 7.8** LTI 시스템의 임펄스 응답 $h[n] = (1/2)^n u[n]$이다. 만일 출력이 $y[n] = (1/2)^n u[n] + (-1/2)^n u[n]$이라고 할 때, 시스템의 입력을 구하라.

해답: $x[n] = 2(-1/2)^n u[n]$ ▮

7.6.1 전달 함수와 차분 방정식의 관계

전달 함수는 시스템의 차분 방정식으로부터 직접 구할 수도 있는데, 이때 입력 $x[n]$과 출력 $y[n]$ 사이의 차분 방정식은 다음과 같다.

$$\sum_{k=0}^{N} a_k y[n-k] = \sum_{k=0}^{M} b_k x[n-k].$$

7.2절에서 전달 함수 $H(z)$는 고유 함수 z^n에 대한 그 시스템의 고유값이라는 것을 알았다. 즉, 만일 $x[n] = z^n$이라면 LTI 시스템의 출력은 $y[n] = z^n H(z)$가 되고, 이 차분 방정식에 $x[n-k] = z^{n-k}$, $y[n-k] = z^{n-k}H(z)$를 대입하면

$$z^n \sum_{k=0}^{N} a_k z^{-k} H(z) = z^n \sum_{k=0}^{M} b_k z^{-k}.$$

이것을 $H(z)$의 식으로 표현하면

$$H(z) = \frac{\sum_{k=0}^{M} b_k z^{-k}}{\sum_{k=0}^{N} a_k z^{-k}} \tag{7.21}$$

가 된다. 여기서 차분 방정식으로 표현된 시스템의 전달 함수는 z^{-1}의 다항식으로 된 분수식이며 **유리 전달 함수**(rational transfer function)라고 부른다. 분자 다항식에서 z^{-k}의 계수는 차분 방정식의 $x[n-k]$의 계수와 일치하고, 분모 다항식에서 z^{-k}의 계수는 차분 방정식에서 $y[n-k]$의 계수와 같다. 이 관계는 단지 차분 방정식으로부터 전달 함수를 구하는 것뿐만 아니라 유리 전달 함수로 표현된 시스템의 차분 방정식을 구할 수 있게 해준다.

예제 7.14 전달 함수와 임펄스 응답. 다음의 차분 방정식으로 주어진 인과적 LTI 시스템의 전달 함수와 임펄스 응답을 구하라.

$$y[n] - (1/4)y[n-1] - (3/8)y[n-2] = -x[n] + 2x[n-1].$$

풀이: 식 (7.21)을 적용하여 전달 함수를 구하면

$$H(z) = \frac{-1 + 2z^{-1}}{1 - (1/4)z^{-1} - (3/8)z^{-2}}.$$

임펄스 응답은 $H(z)$의 역 z 변환으로 구할 수 있다. $H(z)$에 부분 분수 전개법을 사용하면

$$H(z) = \frac{-2}{1 + (1/2)z^{-1}} + \frac{1}{1 - (3/4)z^{-1}}.$$

시스템은 인과적이라고 가정하고 각 항에 우방향 역 z 변환을 적용하면 다음의 임펄스 응답을 구할 수 있다.

$$h[n] = -2(-1/2)^n u[n] + (3/4)^n u[n]. \blacksquare$$

예제 7.15 차분 방정식으로의 변환. 다음의 전달 함수로부터 LTI 시스템의 차분 방정식을 구하라.

$$H(z) = \frac{5z + 2}{z^2 + 3z + 2}.$$

풀이: $H(z)$를 z^{-1}의 다항식의 분수로 표현한다. 여기서 분자와 분모 양쪽을 z^2으로 나누면

$$H(z) = \frac{5z^{-1} + 2z^{-2}}{1 + 3z^{-1} + 2z^{-2}}.$$

이 식을 식 (7.19)와 비교하면 $M = 2$, $N = 2$, $b_0 = 0$, $b_1 = 5$, $b_2 = 2$, $a_0 = 1$, $a_1 = 3$, $a_2 = 2$가 된다. 따라서 이 시스템의 차분 방정식은 다음과 같다.

$$y[n] + 3y[n-1] + 2y[n-2] = 5x[n-1] + 2x[n-2]. \blacksquare$$

▶ **연습문제 7.9** 임펄스 응답으로 묘사된 LTI 시스템의 전달 함수와 차분 방정식 표현을 구하라.

$$h[n] = (1/3)^n u[n] + (1/2)^{n-2} u[n-1].$$

해답:

$$H(z) = \frac{1 + (3/2)z^{-1} - (2/3)z^{-2}}{1 - (5/6)z^{-1} + (1/6)z^{-2}}$$

$$y[n] - (5/6)y[n-1] + (1/6)y[n-2] = x[n] + (3/2)x[n-1] - (2/3)x[n-2] \blacksquare$$

유리 전달 함수의 극점과 영점은 시스템의 특성 분석을 위하여 많은 정보를 제공하는데, 이러한 유리 전달 함수는 식 (7.19)의 분자와 분모 다항식을 인수분해함으로써 극점-영점의 모

양으로 표현할 수 있다.

$$H(z) = \frac{\tilde{b}\prod_{k=1}^{M}(1 - c_k z^{-1})}{\prod_{k=1}^{N}(1 - d_k z^{-1})}. \tag{7.22}$$

여기서 c_k와 d_k는 시스템의 극점과 영점이며 $\tilde{b} = b_0/a_0$는 이득 값이 되고, 이러한 모양은 $z =$ 0에서 극점과 영점이 없다고 가정한다. 이때 $z = 0$에서의 p차 극점은 $b_0 = b_1 = \cdots = b_{p-1} =$ 0일 때 발생하며 $z = 0$에서의 l차 영점은 $a_0 = a_1 = \cdots = a_{l-1} = 0$일 때 발생한다. 즉,

$$H(z) = \frac{\tilde{b}z^{-p}\prod_{k=1}^{M-p}(1 - c_k z^{-1})}{z^{-l}\prod_{k=1}^{N-l}(1 - d_k z^{-1})}. \tag{7.23}$$

단, 여기서 $\tilde{b} = b_p/a_l$이다. 이전 예제의 시스템은 $z = 0$에서 일차 극점을 가지는 경우이다. 시스템의 극점, 영점, 이득 상수 $\tilde{b}$은 유일한 시스템 전달 함수를 결정하며, 시스템의 입-출력 관계를 다른 관점에서 볼 수 있도록 해준다.

이러한 유리 전달 함수의 역 z 변환은 임펄스 응답이 되는데, 전달 함수로부터 유일한 임펄스 응답을 구하기 위해서는 ROC를 알고 있어야 한다. 그러나 차분 방정식에는 ROC 정보가 주어지지 않기 때문에 유일한 임펄스 응답을 결정하기 위해서는 **안정성**(stability)이나 **인과성**(causuality) 같은 시스템 특성을 반드시 알고 있어야만 한다.

7.7 안정성과 인과성

인과적(causal) LTI 시스템의 임펄스 응답은 $n < 0$일 때는 $h[n] = 0$이다. 그러므로 인과적 LTI 시스템의 임펄스 응답은 우방향 역변환을 적용하여 전달 함수로부터 얻어진다. z 평면에서 단위 원 안에 존재하는 극점($|d_k| < 1$)은 임펄스 응답을 지수적으로 감소시키며 단위 원 밖에 존재하는 극점($|d_k| > 1$)은 임펄스 응답을 지수적으로 증가시킨다. 이 관계가 그림 7.14에서 설명된다. 단위 원 위에 존재하는 극점은 복소 삼각함수로 표현된다.

이와 비슷하게 만일 시스템이 안정적이라면 임펄스 응답이 절대 합산 가능하고 임펄스 응답의 DTFT가 존재한다. 이때 반드시 ROC는 z 평면에서 단위 원을 포함하고 있어야만 한다. 따라서 극점의 위치와 단위 원 사이의 관계는 극점과 그에 따른 임펄스 응답의 요소들을 결정하게 된다. 그림 7.15에서와 같이 단위 원 안에 있는 극점은 임펄스 응답이 우방향 감소 지수 항을 가지도록 만들고, 단위 원 밖에 있는 극점은 임펄스 응답이 좌방향 감소 지수 항을 가지도록 만든다. 안정된 임펄스 응답은 어떠한 증가 지수 항도 가질 수 없으며, 이런 경우에는 임펄스 응답의 절대 합산이 불가능하게 된다.

안정적(stable)이고 인과적(causal)인 LTI 시스템은 모든 극점이 반드시 단위 원의 안에 있어야만 한다. z 평면에서 단위 원의 안에 있는 극점은 임펄스 응답이 우방향이거나 인과적 감

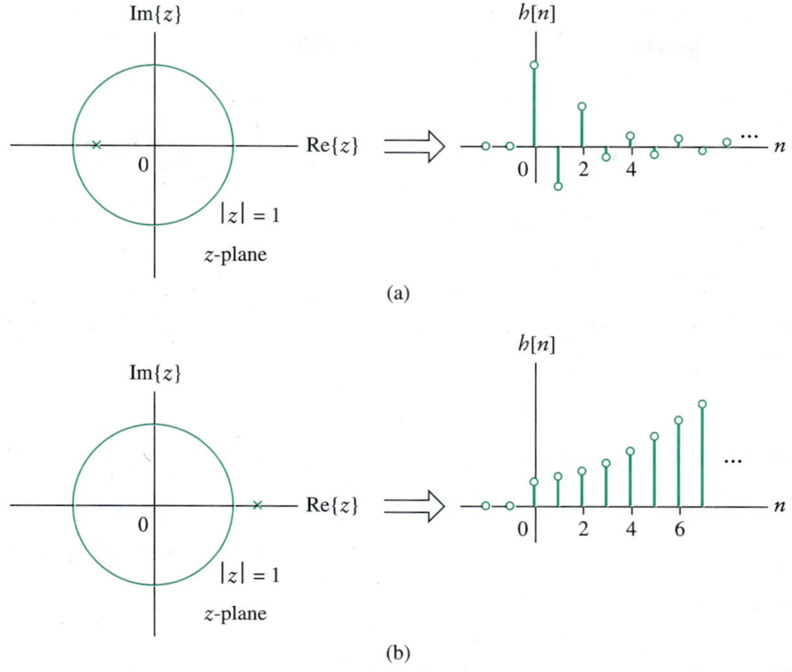

그림 7.14 인과적 시스템에서 극점과 임펄스 응답 사이의 관계. (a) 단위 원 안의 극점은 임펄스 응답을 지수적으로 감소시킨다. (b) 단위 원 밖의 극점은 임펄스 응답을 지수적으로 감소시킨다.

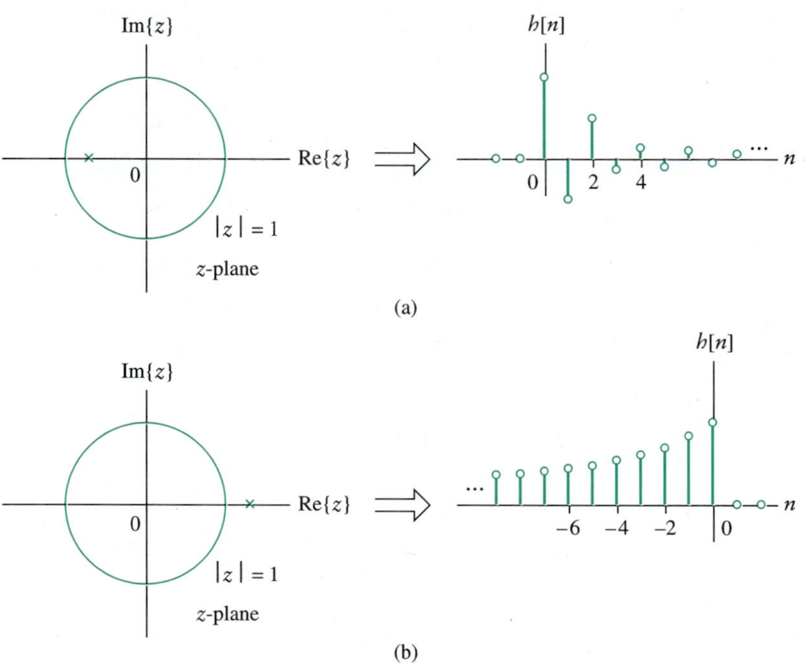

그림 7.15 안정된 시스템에서 극점과 임펄스 응답 사이의 관계. (a) 단위 원 안의 극점은 임펄스 응답을 우방향 신호로 만든다. (b) 단위 원 밖의 극점은 임펄스 응답을 좌방향 신호로 만든다.

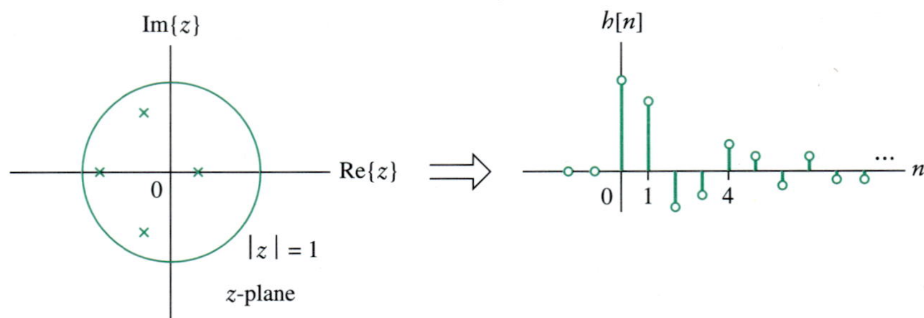

그림 7.16 안정적이고 인과적인 시스템은 모든 극점이 여기에 설명된 바와 같이 반드시 z 평면상의 단위 원 안에 있어야만 한다.

소 지수 항이 되도록 한다. 단위 원에 밖에 있는 극점은 가질 수 없으며, 이것은 원 밖에 위치한 극점의 역변환이 안정적이지 않은 우방향 증가 지수 항을 포함하거나 또는 인과적이지 않은 좌방향 감소 지수 항을 포함하기 때문이다. 안정적이고 인과적인 시스템의 예가 그림 7.16에 도시되어 있다.

예제 7.16 **안정성과 인과성.** 다음과 같은 어떤 임의의 LTI 시스템의 전달 함수가 있다.

$$H(z) = \frac{2}{1 - 0.9e^{j\frac{\pi}{4}}z^{-1}} + \frac{2}{1 - 0.9e^{-j\frac{\pi}{4}}z^{-1}} + \frac{3}{1 + 2z^{-1}}.$$

시스템이 (a) 안정적(stable), (b) 인과적(causal)이 되도록 임펄스 응답을 구하라. 또한 이 시스템은 동시에 안정적이고 인과적이 될 수 있는가?

풀이: 이 시스템은 그림 7.17과 같이 $z = 0.9e^{j\frac{\pi}{4}}$, $z = 0.9e^{-j\frac{\pi}{4}}$, $z = -2$에 극점을 가진다. 만일 시스템이 안정적이라면 ROC는 단위 원을 포함한다. 단위 원 안의 두 극점은 임펄스 응답에 우방향 항을 만들고 원 밖의 하나의 극점은 좌방향 항을 만든다. 따라서 (a)번의 경우

$$\begin{aligned} h[n] &= 2\left(0.9e^{j\frac{\pi}{4}}\right)^n u[n] + 2\left(0.9e^{-j\frac{\pi}{4}}\right)^n u[n] - 3(-2)^n u[-n-1] \\ &= 4(0.9)^n \cos\left(\frac{\pi}{4}n\right)u[n] - 3(-2)^n u[-n-1]. \end{aligned}$$

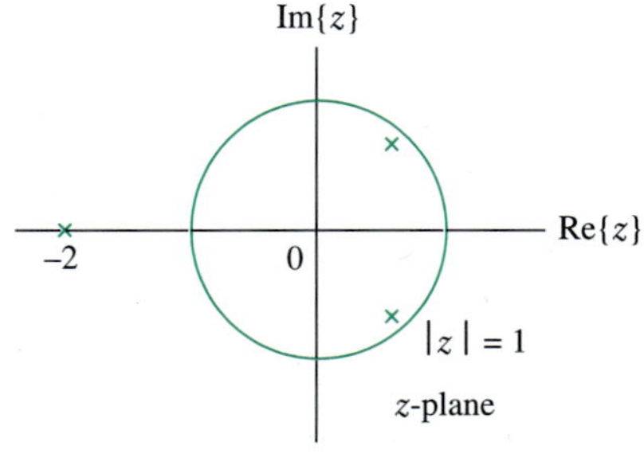

그림 7.17 예제 7.16의 시스템에 대한 z 평면

만일 시스템이 안정적이라고 한다면 모든 극점이 임펄스 응답에서 우방향이로 나타나야 한다. 따라서 (b)의 답은

$$h[n] = 2\left(0.9e^{j\frac{\pi}{4}}\right)^n u[n] + 2\left(0.9e^{-j\frac{\pi}{4}}\right)^n u[n] + 3(-2)^n u[n]$$
$$= 4(0.9)^n \cos\left(\frac{\pi}{4}n\right)u[n] + 3(-2)^n u[n].$$

또한 이 LTI 시스템은 단위 원이 밖에 하나의 극점이 존재하므로 안정적이고 인과적인 두 가지 조건을 동시에 만족할 수 없다. ▮

예제 7.17 일차 순환 시스템: 투자 계산. 예제 2.5에서

$$y[n] - \rho y[n-1] = x[n].$$

위의 일차 반복 방정식은 $\rho = 1 + r/100$, 퍼센트로 표현된 기간별 이자율 r로 표현하여 투자의 식으로 묘사할 수 있다. 이 시스템이 안정적이고 인과적이 되도록 전달 함수를 구하라.

풀이: 식 (7.21)을 적용하여 전달 함수를 구하면

$$H(z) = \frac{1}{1 - \rho z^{-1}}.$$

이 LTI 시스템은 극점 $z = \rho$가 단위 원의 외부에 존재하여 안정적이며 인과적인 두 개의 특성을 모두 만족시킬 수는 없다. ▮

▶ **연습문제 7.10** 안정적이고 인과적인 시스템이 다음과 같은 차분 방정식으로 주어진다.

$$y[n] + \frac{1}{4}y[n-1] - \frac{1}{8}y[n-2] = -2x[n] + \frac{5}{4}x[n-1].$$

시스템의 임펄스 응답을 구하라.

해답: $h[n] = \left(\frac{1}{4}\right)^n u[n] - 3\left(-\frac{1}{2}\right)^n u[n]$ ▮

7.7.1 역시스템

역시스템의 임펄스 응답 $h^{-\mathrm{inv}}[n]$은 다음과 같은 관계를 만족한다.

$$h^{\mathrm{inv}}[n] * h[n] = \delta[n].$$

단, 여기서 $h[n]$은 역을 취하게 될 시스템의 임펄스 응답이다. 이 방정식의 z 변환을 취하면 역시스템의 전달 함수는 다음의 식을 만족해야 한다.

$$H^{\mathrm{inv}}(z)H(z) = 1.$$

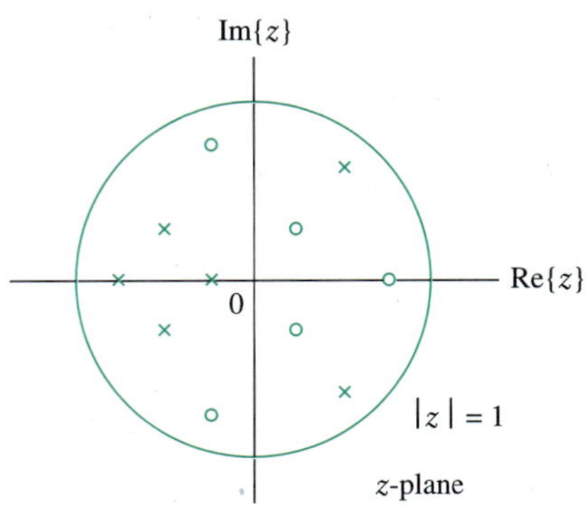

그림 7.18 안정적이고 인과적인 역(inverse) 시스템을 가지는 시스템은 모든 극점과 영점이 단위 원 안에 존재하여야만 한다.

즉,

$$H^{\text{inv}}(z) = \frac{1}{H(z)}.$$

즉, 여기서 역시스템의 전달 함수는 역을 취하고자 하는 시스템의 전달 함수의 역을 구한 것이 된다. 만일 $H(z)$가 식 (7.23)에서와 같이 극점-영점의 모양으로 표현되어 있다면

$$H^{\text{inv}}(z) = \frac{z^{-l}\prod_{k=1}^{N-l}(1 - d_k z^{-1})}{\tilde{b}z^{-p}\prod_{k=1}^{M-p}(1 - c_k z^{-1})} \tag{7.24}$$

과 같이 표현되고, $H(z)$의 영점은 $H^{\text{inv}}(z)$의 극점이 되고, $H(z)$의 극점은 $H^{\text{inv}}(z)$의 영점이 되어 유리 전달 함수로 표현된 모든 시스템은 이 모양의 역시스템을 갖게 된다.

다음으로, 안정적이고 인과적인 역시스템의 경우를 생각해 보자. 만일 모든 극점이 단위 원 안에 있다면 $H^{\text{inv}}(z)$는 안정적이고 인과적이 된다. 그러나 $H^{\text{inv}}(z)$의 극점은 $H(z)$의 영점과 같기 때문에 시스템 $H(z)$의 안정적이고 인과적인 역(inverse)은 $H(z)$의 모든 영점이 단위 원의 안에 있을 때에만 존재하게 된다. 여기서 만일 $H(z)$가 단위 원 밖에 어떤 영점을 가지고 있다면 안정적이고 인과적인 역시스템은 존재하지 않는다. 그림 7.18과 같이 모든 극점과 영점이 단위 원 안에 존재하는 시스템을 **최소 위상**(minimum phase) 시스템이라고 한다. 연속시간 최소 위상 시스템과 이산시간 최소 위상 시스템에서, 크기와 위상에는 서로 독특한 관계가 있다. 즉 최소 위상 시스템의 위상 응답은 크기 응답에 의해 구할 수 있다. 또 최소 위상 시스템의 크기 응답은 위상 응답에 의하여 구할 수 있다.

예제 7.18 **안정적이고 인과적인 역시스템.** 다음의 차분 방정식으로부터

$$y[n] - y[n-1] + \frac{1}{4}y[n-2] = x[n] + \frac{1}{4}x[n-1] - \frac{1}{8}x[n-2].$$

LTI 역시스템의 전달 함수를 구하라. 또한, 안정적이고 인과적인 LTI 역시스템이 존재하는가?

풀이: 식 (7.21)를 이용하여 이 시스템의 전달 함수 구하면,

$$H(z) = \frac{1 + \frac{1}{4}z^{-1} - \frac{1}{8}z^{-2}}{1 - z^{-1} + \frac{1}{4}z^{-2}}$$
$$= \frac{\left(1 - \frac{1}{4}z^{-1}\right)\left(1 + \frac{1}{2}z^{-1}\right)}{\left(1 - \frac{1}{2}z^{-1}\right)^2}.$$

이것의 역시스템은 다음과 같은 전달 함수를 갖는다.

$$H^{\mathrm{inv}}(z) = \frac{\left(1 - \frac{1}{2}z^{-1}\right)^2}{\left(1 - \frac{1}{4}z^{-1}\right)\left(1 + \frac{1}{2}z^{-1}\right)}.$$

역시스템의 극점은 $z = 1/4$와 $z = -1/2$에 있다. 이 극점은 둘 다 단위 원 안쪽에 있으므로 역시스템은 안정적이고 인과적이다. 또한 이 시스템은 $z = 1/2$에서의 두 영점이 단위 원 안쪽에 있으므로 최소 위상 시스템이다. ∎

예제 7.19 **다경로 통신 채널: 역시스템.** 1.10절에서 2-경로 통신 채널의 이산 LTI 모델은

$$y[n] = x[n] + ax[n-1].$$

이때 역시스템의 전달 함수를 구하고 차분 방정식으로 표현하라. 역시스템이 안정적이고 인과적이 되기 위하여 변수 a는 무엇이 되어야 하는가?

풀이: 식 (7.21)을 이용하여 이 다경로 시스템의 전달 함수를 구하면,

$$H(z) = 1 + az^{-1}.$$

이것의 역시스템은 다음과 같은 전달 함수를 갖는다.

$$H^{\mathrm{inv}}(z) = \frac{1}{H(z)} = \frac{1}{1 + az^{-1}}.$$

또 차분 방정식은 다음과 같다.

$$y[n] + ay[n-1] = x[n].$$

이 역시스템은 $|a| < 1$일 때 안정적이고 인과적이다. ∎

▶ **연습문제 7.11** 시스템이 다음의 임펄스 응답을 가지고 있다.

$$h[n] = 2\delta[n] + \frac{5}{2}\left(\frac{1}{2}\right)^n u[n] - \frac{7}{2}\left(\frac{-1}{4}\right)^n u[n].$$

역시스템의 전달 함수를 구하라. 또한 안정적이고 인과적인 역시스템이 존재하는가?

해답:
$$H^{\mathrm{inv}}(z) = \frac{\left(1 - \frac{1}{2}z^{-1}\right)\left(1 + \frac{1}{4}z^{-1}\right)}{\left(1 - \frac{1}{8}z^{-1}\right)\left(1 + 2z^{-1}\right)}.$$

역시스템은 안정적이고 인과적이 될 수 없다. ∎

▶ **연습문제 7.12** 다음 LTI 시스템이 (i) 인과적이며 안정적, (ii) 최소 위상을 가지고 있는가를 결정하라.

(a) $$H(z) = \frac{1 + 2z^{-1}}{1 + (14/8)z^{-1} + (49/64)z^{-2}}.$$

(b) $$y[n] - (6/5)y[n-1] - (16/25)y[n-2] = 2x[n] + x[n-1].$$

해답: (a) (i) 안정적이고 인과적, (ii) 최소 위상이 아니다.
(b) (i) 안정적이고 인과적이 아니다. (ii) 최소 위상이 아니다. ■

7.8 극점과 영점을 이용한 주파수 응답의 결정

다음으로 z 평면에서의 극점과 영점의 위치 사이의 관계와 시스템의 주파수 응답에 대해서 생각해 보자. 주파수 응답은 $H(z)$의 z를 $e^{j\Omega}$로 치환함으로써 전달 함수로부터 얻을 수 있다. 즉, 주파수 응답은 z 평면에서 단위 원 위에 전개된 전달 함수와 일치한다. 이때 ROC는 단위 원을 포함한다고 하자. 식 (7.23)에 $z = e^{j\Omega}$를 대입하면

$$H(e^{j\Omega}) = \frac{\tilde{b}e^{-jp\Omega}\prod_{k=1}^{M-p}(1 - c_k e^{-j\Omega})}{e^{-jl\Omega}\prod_{k=1}^{N-l}(1 - d_k e^{-j\Omega})}.$$

분자와 분모에 $e^{jN\Omega}$를 곱하면

$$H(e^{j\Omega}) = \frac{\tilde{b}e^{j(N-M)\Omega}\prod_{k=1}^{M-p}(e^{j\Omega} - c_k)}{\prod_{k=1}^{N-l}(e^{j\Omega} - d_k)}. \tag{7.25}$$

그런 다음, 식 (7.25)를 이용하여 $H(e^{j\Omega})$의 진폭과 위상에 대해서 알아보면, 어떤 임의의 고정된 Ω의 값, Ω_o에서 $H(e^{j\Omega})$의 진폭은 다음과 같이 정의된다.

$$|H(e^{j\Omega_o})| = \frac{|\tilde{b}|\prod_{k=1}^{M-p}|e^{j\Omega_o} - c_k|}{\prod_{k=1}^{N-l}|e^{j\Omega_o} - d_k|}.$$

이 표현은 $|e^{j\Omega_o} - g|$의 항으로 된 곱셈의 분수 모양을 가지고 있으며, 이때 g는 극점이나 영점을 나타낸다. 여기서 영점을 가지고 있는 항은 분자에 있으며, 극점을 가지고 있는 항은 분모에 있게 된다. 만일 z 평면에서 복소수로 표현된 벡터를 사용한다면 $e^{j\Omega_o}$는 원점으로부터 점 $e^{j\Omega_o}$까지의 벡터이며 g는 원점으로부터 g까지의 벡터가 된다. 그러므로 $e^{j\Omega_o} - g$는 점 g로부터 점 $e^{j\Omega_o}$까지의 벡터이며 그림 7.19에서와 같고, 이 벡터의 길이는 $|e^{j\Omega_o} - g|$가 된다. 여기서 Ω_o가 변할 때 이 벡터의 길이를 구함으로써 각 극점과 영점이 전체 주파수 응답에 기여하는 바를 알 수 있다.

그림 7.20(a)는 몇 개의 다른 Ω값에 대한 벡터 $e^{j\Omega} - g$를 나타내고, 그림 7.20(b)는 $|e^{j\Omega_o} - g|$를 주파수의 연속 함수로 나타낸 것이다. 만일 $\Omega = \arg\{g\}$라면 $|e^{j\Omega} - g|$는 g가 단위 원의 안에 있을 때의 $1 - |g|$의 최소값이며, 단위 원의 밖에 있을 때에는 $|g| - 1$의 최소값이다.

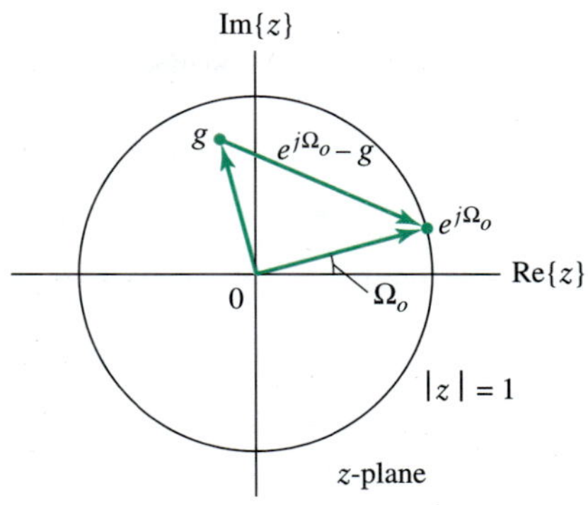

그림 7.19 z 평면에서 $e^{j\Omega_o} - g$의 벡터 해석

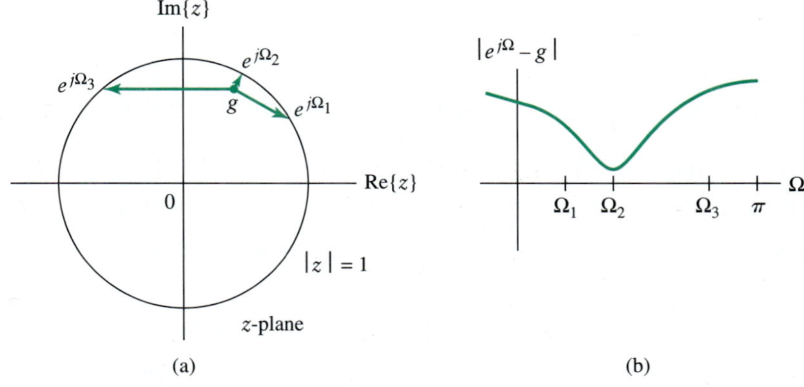

그림 7.20 크기 $|e^{j\Omega} - g|$은 z 평면에서 g로부터 $e^{j\Omega}$까지 벡터의 길이이다. (a) 몇 개의 주파수를 가진 g로부터 $e^{j\Omega}$까지의 벡터, (b) 함수 $|e^{j\Omega} - g|$

그러므로 만일 g가 단위 원에 가깝게 가면 갈수록($|g| \approx 1$), $|e^{j\Omega} - g|$는 $\Omega = \arg\{g\}$일 때 가장 작아진다.

만일 g가 영점이라면 $|e^{j\Omega} - g|$는 $|H(e^{j\Omega})|$의 분자에 영향을 미치게 된다. 그러므로 $\arg\{g\}$ 근처의 주파수에서는 $|H(e^{j\Omega})|$가 감소하게 된다. 여기서 $|H(e^{j\Omega})|$가 얼마나 감소하는가는 영점이 단위 원에 얼마나 가까운가에 의하여 결정되는데, 만일 영점이 단위 원 위에 있다면 $|H(e^{j\Omega})|$는 영점에 일치하는 주파수에서 영이 된다. 이것은 만일 g가 극점이라면 $|e^{j\Omega} - g|$은 $|H(e^{j\Omega})|$의 분모에 영향을 미친다는 것과 같다. $|e^{j\Omega} - g|$이 감소하면 $|H(e^{j\Omega})|$이 증가할 것이고 이때 증가율은 극점이 단위 원으로부터 얼마나 멀리 있는가에 따라 결정된다. 단위 원에 아주 가까운 극점은 극점의 위상과 일치하는 주파수에서 $|H(e^{j\Omega})|$에 커다란 피이크를 만들게 된다. 따라서 영점은 주파수 응답의 진폭을 작게 만들고 극점은 크게 만들게 된다.

예제 7.20 **다경로 통신 채널: 진폭 응답.** 예제 7.19에서 2-경로 통신 채널의 이산적 모델 전달 함수는 다음과 같다.

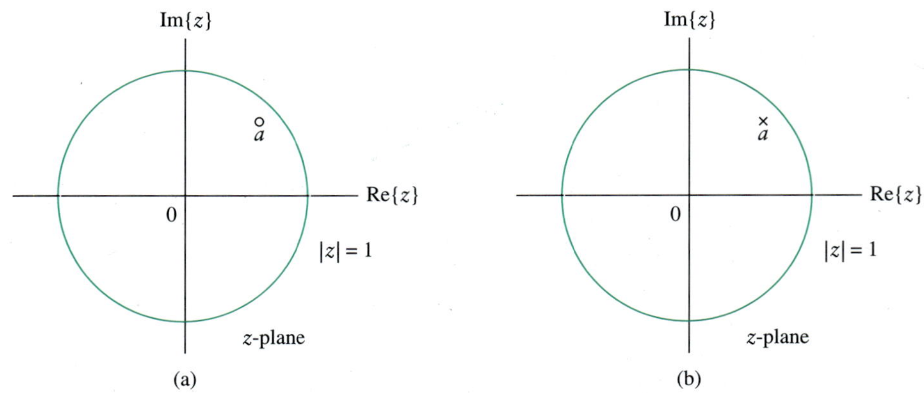

그림 7.21 (a) 다채널에서 영점의 위치, (b) 다채널의 역에서 극점의 위치

$$H(z) = 1 + az^{-1}.$$

이 시스템과 $a = 0.5e^{j\pi/4}$, $a = 0.8e^{j\pi/4}$, $a = 0.95e^{j\pi/4}$일 때의 역시스템의 크기 응답을 그려라.

▶ 풀이: 그림 7.21(a), (b)에서와 같이 다채널은 $z = a$에서 하나의 영점을 가지고 있고, 역시스템은 $z = a$에서 하나의 극점을 가진다. 크기 응답은 그림 7.22(a)-(c)에 그려져 있다. $|H(e^{j\Omega})|$의 최소와 $|H^{\text{inv}}(e^{j\Omega})|$의 최대는 $H(z)$의 영점의 위상, 즉 $\Omega = \pi/4$와 일치하는 주파수에서 발생한다. $|H(e^{j\Omega})|$의

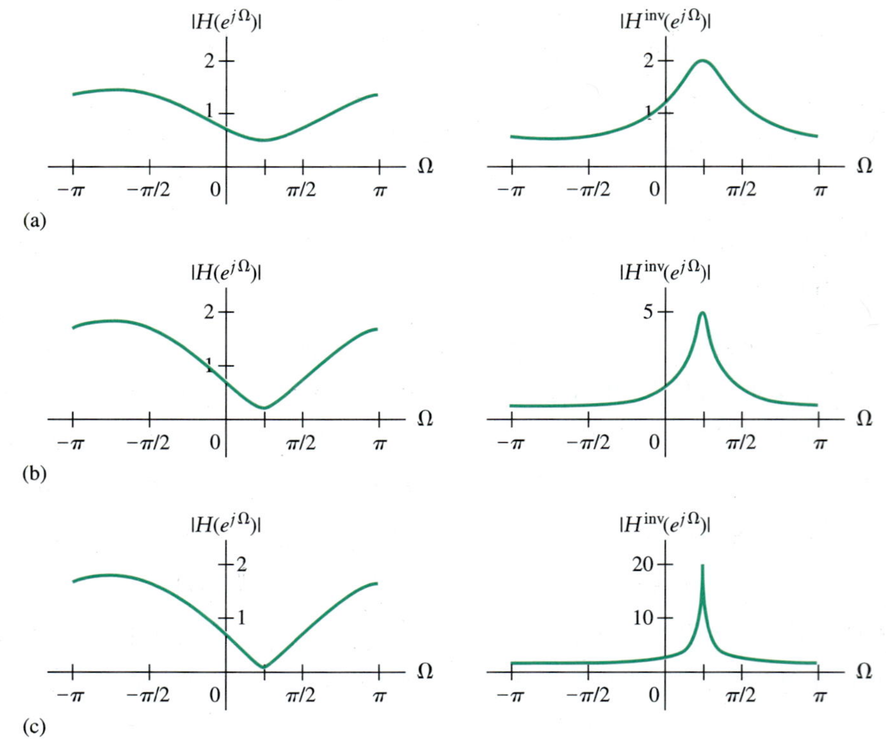

그림 7.22 다채널(왼쪽 그림)과 역시스템(오른쪽 그림)의 크기 응답. (a) $a = 0.5e^{j\pi/4}$, (b) $a = 0.8e^{j\pi/4}$, (c) $a = 0.95e^{j\pi/4}$

최소는 $1-|a|$이다. 따라서 $|a|$가 단위점에 가까워질수록 $\Omega=\pi/4$일 때 채널 크기 응답은 영으로 접근하고, 2-경로 채널은 $\Omega=\pi/4$의 주파수를 가지는 모든 입력 신호를 감소시킨다. 역시스템의 최대는 $\Omega=\pi/4$에서 발생하고 $1/(1-|a|)$로 주어진다. 따라서 $|a|$가 단위 원에 가까워질수록 역시스템의 크기 응답은 무한대에 접근한다. 만일 다채널이 $\Omega=\pi/4$의 주파수를 가지는 모든 신호를 제거하면 역시스템은 이 요소들을 본래의 값으로 복원시킬 수가 없다. 역시스템에서의 이득이 큰 것은 일반적으로 바람직하지 않으며 이는 수신 신호의 잡음이 증폭되기 때문이다. 게다가 $|a|$가 단위 원에 가까워지면 a의 작은 변화에 대해 역시스템의 특성은 매우 민감하게 변화한다. ▮

예제 7.21 다음의 전달 함수를 가지는 LTI 시스템의 진폭 응답을 그려라.

$$H(z)=\frac{1+z^{-1}}{\left(1-0.9e^{j\frac{\pi}{4}}z^{-1}\right)\left(1-0.9e^{-j\frac{\pi}{4}}z^{-1}\right)}.$$

풀이: 그림 7.23(a)에서와 같이 시스템은 $z=-1$에서 영점을, $z=0.9e^{j\pi/4}$와 $z=0.9e^{-j\pi/4}$에서 극점을 가진다. 따라서 진폭 응답은 $\Omega=\pi$에서 영이고 $\Omega=\pi/4$에서는 커지게 되는데, 그 이유는 극점이 단위 원에 가깝기 때문이다. 그림 7.23(b)-(d)는 영점과 각 극점에 해당하는 진폭 응답의 성분을 나타낸다. 이 성분들의 곱셈이 그림 7.23(e)에 나타난 진폭 응답을 만든다. ▮

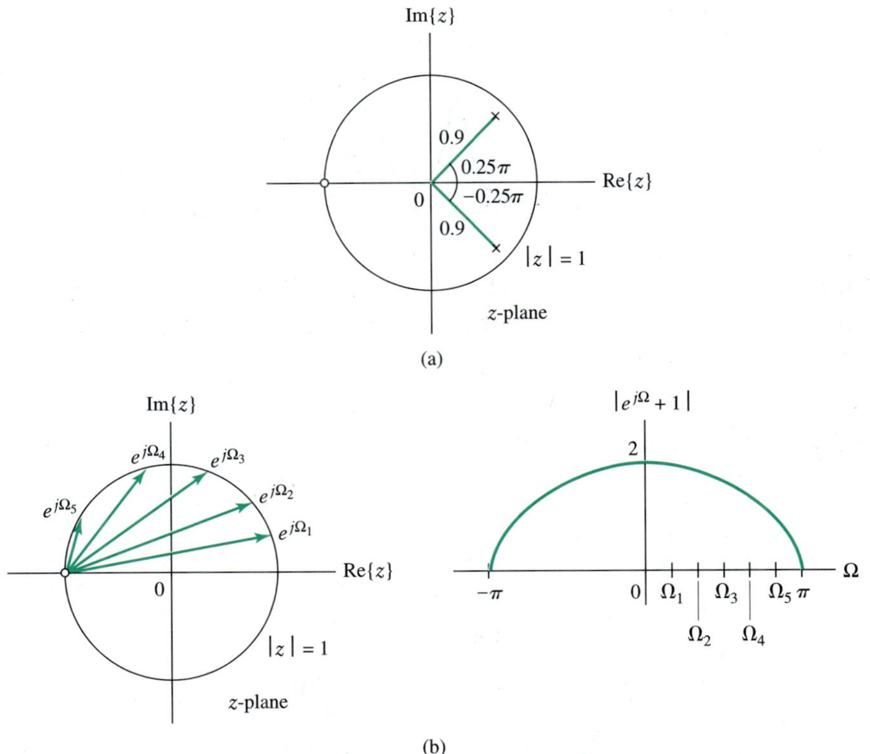

그림 7.23 예제 7.21의 풀이. (a) z 평면에서 극점과 영점의 위치, (b) 영점과 관련된 진폭 응답의 성분은 영점에서 $e^{j\Omega}$까지 벡터의 길이로 주어진다.

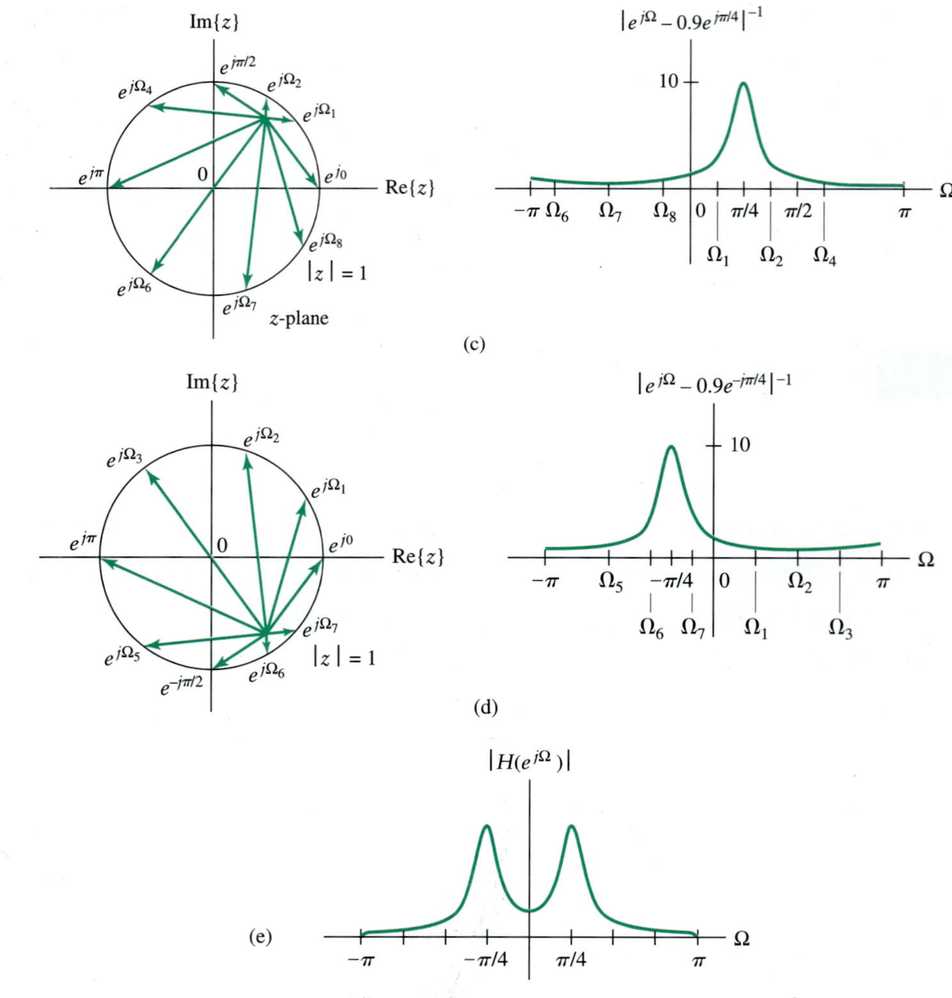

그림 7.23(계속) (c) 극점 $z = 0.9e^{j\pi/4}$와 관련된 진폭 응답의 성분은 극점에서 $e^{j\Omega}$까지 벡터의 길이의 역이다. (d) 극점 $z = 0.9e^{j\pi/4}$와 관련된 진폭 응답의 성분은 극점에서 $e^{j\Omega}$까지 벡터의 길이의 역이다. (e) 시스템의 진폭 응답은 (b)에서 (d)에 있는 응답의 곱이다.

▶ **연습문제 7.13** 다음의 전달 함수를 가지는 LTI 시스템의 진폭 응답을 그려라.

$$H(z) = \frac{z - 1}{z + 0.9}.$$

해답: 그림 7.24 참조 ∎

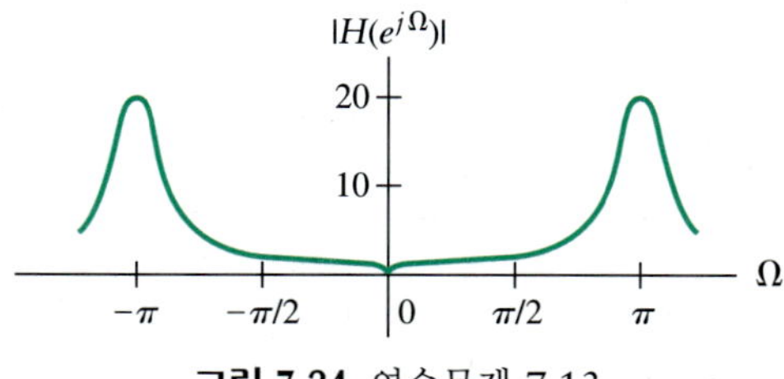

그림 7.24 연습문제 7.13

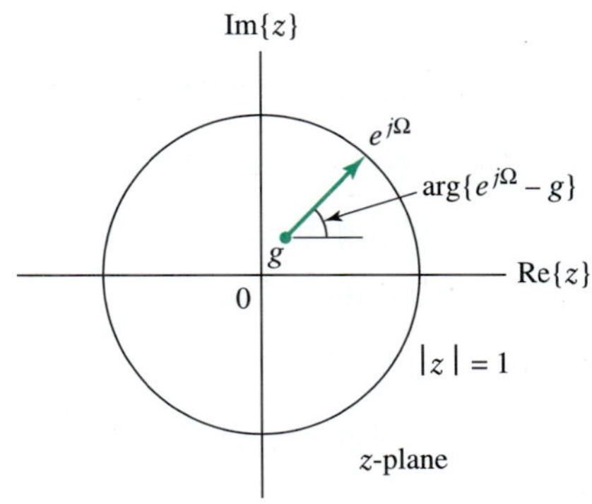

그림 7.25 $\arg\{e^{j\Omega}-g\}$는 g를 통하여 지나가는 수평선에 대하여 g로부터 $e^{j\Omega}$까지의 벡터가 이루는 각이다.

또한 $H(e^{j\Omega})$의 위상은 각각의 극점과 영점에 대한 위상의 항으로 전개될 수 있는데, 식 (7.25)를 사용하여 $\arg\{H(e^{j\Omega})\}$을 전개하면

$$\arg\{H(e^{j\Omega})\} = \arg\{\tilde{b}\} + (N-M)\Omega + \sum_{k=1}^{M-p}\arg\{e^{j\Omega}-c_k\} - \sum_{k=1}^{N-l}\arg\{e^{j\Omega}-d_k\}$$

와 같다. 여기서 $H(e^{j\Omega})$의 위상은 각 영점에 의한 위상각의 합에서 각 극점에 의한 위상각의 합을 뺀 결과와 같다. 첫 번째 항 $\arg\{\tilde{b}\}$는 주파수에 대해 독립적이고, 각 영점과 극점에 관련된 위상은 $\arg\{e^{j\Omega}-g\}$의 항으로부터 전개된다. 이것은 g로부터 $e^{j\Omega}$까지의 벡터에 의한 각이다. 이 벡터의 각은 그림 7.25에서와 같이 g를 통하여 지나가는 수평선을 따라 측정되는데, 전체 위상 응답에 미치는 극점과 영점의 영향은 주파수가 변할 때 이러한 벡터의 각에 의하여 결정된다.

이러한 주파수 응답은 수학적으로 매우 정확하게 전개할 수 있으나, 종종 극점과 영점의 위치로부터 근사적으로 구할 수 있고, 이러한 점은 극점과 영점의 위치와 주파수 응답의 성질 사이에 관한 이해력을 증진시킨다.

7.9 이산시간 시스템의 구현을 위한 계산 구조

이산시간 LTI 시스템은 대개의 경우 컴퓨터로 구현되는데, 입력으로부터 시스템의 출력을 결정하는 컴퓨터 프로그램을 제작하기 위해서는 먼저 각 계산이 수행되는 순서를 명기해야만 한다. z 변환은 종종 임의의 주어진 전달 함수를 가진 이산시간 시스템 구현을 위한 계산 구조를 개발하기 위해 사용되는데, 2장에서 살펴보았듯이 주어진 입-출력 특성을 갖는 시스템에 대한 많은 다양한 블록 다이어그램의 구현이 존재한다. 그러므로 수학적 연산의 회수라든가 또는 시스템의 수학적 연산 정밀도와 같은 계산과 관련된 사항을 최적화하기 위해 다양한 구

현 방법이 선택될 수 있다. 그러나 이러한 주제의 자세한 연구는 이 책의 범위 밖이므로, 여기서는 다양한 계산 구조를 얻는 데 사용되는 z 변환의 역할에 대하여 설명한다.

차분 방정식으로 주어진 시스템을 구현하기 위한 몇 가지 블록 다이어그램이 2.12절에 유도되어 있는데, 이 블록 다이어그램은 연산자 S로 표시된 시간 이동 연산, 상수와의 곱셈과 합산점으로 구성된다. 또한 여기서 차분 방정식을 표현하는 블록 다이어그램의 z 변환을 통해 이와 유사한 블록 다이어그램을 갖는 시스템을 위한 유리 전달 함수를 얻을 수 있다. 시간 이동 연산자는 z 영역에서 z^{-1}을 곱해주는 것과 같은데, 실수의 곱셈과 덧셈은 선형 연산이므로 z 변환에 의하여 변화되지 않는다. 그러므로 유리 전달 함수를 표현하기 위한 블록 다이어그램에서는 이동 연산자 대신에 z^{-1}을 사용한다. 예를 들어 그림 2.33에 있는 블록 다이어그램은 다음의 차분 방정식을 통해 표현된 시스템이다.

$$y[n] + a_1y[n-1] + a_2y[n-2] = b_0x[n] + b_1x[n-1] + b_2x[n-2]. \quad (7.26)$$

여기서 차분 방정식의 z 변환을 취하면

$$(1 + a_1z^{-1} + a_2z^{-2})Y(z) = (b_0 + b_1z^{-1} + b_2z^{-2})X(z).$$

그림 7.26의 블록 다이어그램은 이 관계를 구현한 것이다. 이것은 그림 2.33의 이동 연산자를 z^{-1}으로 치환하여 얻을 수 있다. 그림 7.26에 있는 시스템의 전달 함수는 다음과 같다.

$$\begin{aligned} H(z) &= \frac{Y(z)}{X(z)} \\ &= \frac{b_0 + b_1z^{-1} + b_2z^{-2}}{1 + a_1z^{-1} + a_2z^{-2}}. \end{aligned} \quad (7.27)$$

임의의 시스템에 대한 제II 직접형(direct form)의 표현 방법은 2.12절에 나타나는데, 이것은 식 (7.26)에 있는 차분 방정식을 중간 신호 $f[n]$을 포함하는 두 쌍의 차분 방정식으로 나타냄으로써 만들 수 있다. 또한 시스템의 전달 함수로부터도 제II 직접형을 만들 수 있는데, 식 (7.26)에 있는 시스템의 전달 함수는 식 (7.27)의 $H(z)$로 주어진다. 만일 다음과 같이 $H(z)$

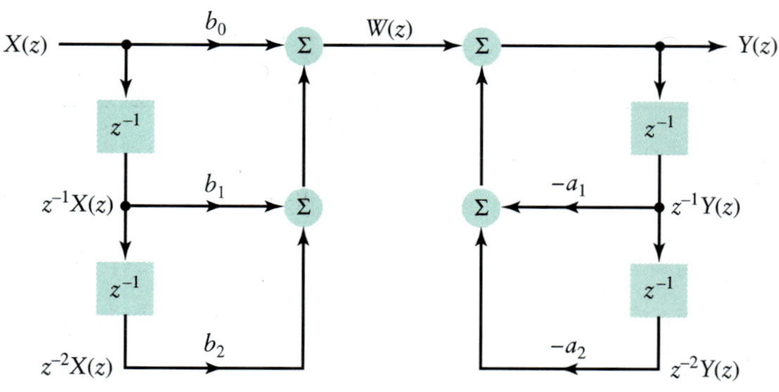

그림 7.26 그림 2.33의 전달 함수를 위한 블록 다이어그램

$= H_1(z)H_2(z)$라면

$$H_1(z) = b_0 + b_1 z^{-1} + b_2 z^{-2}$$

이고,

$$H_2(z) = \frac{1}{1 + a_1 z^{-1} + a_2 z^{-2}}.$$

여기서 $H(z)$를 위한 제II 직접형의 구현은 다음과 같이 얻을 수 있다.

$$Y(z) = H_1(z)F(z). \tag{7.28}$$

단, 여기서

$$F(z) = H_2(z)X(z). \tag{7.29}$$

그림 7.27(a)에 있는 블록 다이어그램은 식 (7.28)과 (7.29)을 구현한 것이다. $H_1(z)$와 $H_2(z)$에서 z^{-1} 블록은 같은 기능을 수행하며, 따라서 그림 7.27(b)의 제II 직접형과 같이 결합될 수 있다.

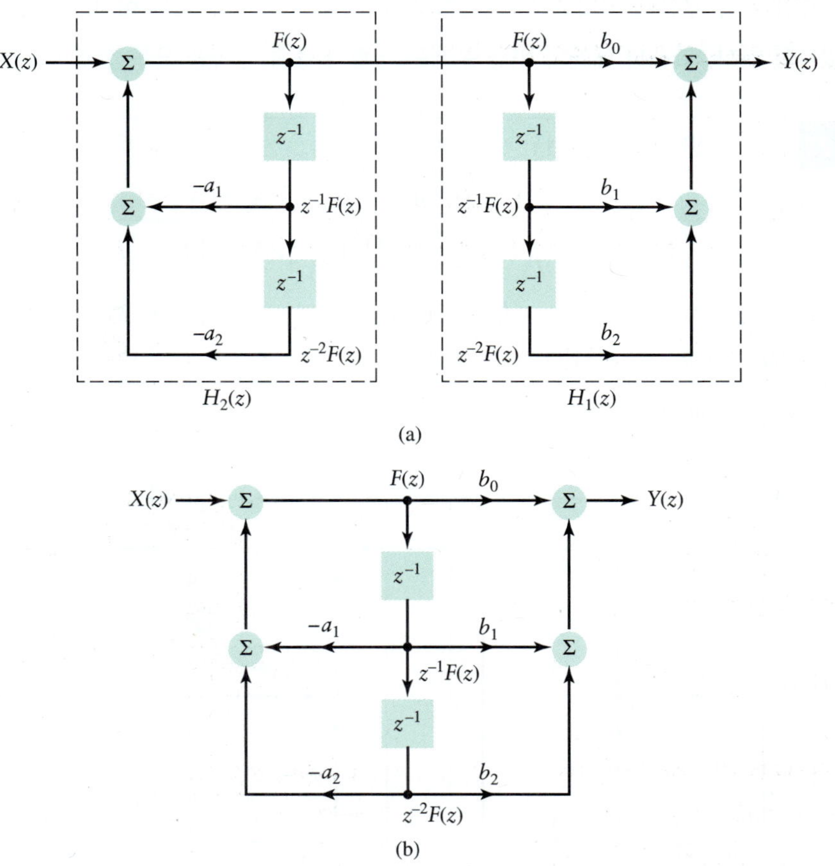

그림 7.27 제II 직접형의 구성. (a) 전달 함수 $H(z)$를 $H_1(z)H_2(z)$와 같이 표현, (b) 두 개의 z^{-1} 블록을 결합하여 (a)로부터 얻어진 전달 함수 $H(z)$의 제II 직접형의 구현

전달 함수의 극점-영점은 두 개의 다른 형태의 시스템, 즉 종속 접속과 병렬 접속의 구현을 가능하게 한다. 이러한 구성에 있어서 전달 함수는 낮은 차수의 전달 함수들의 상호 연결로 표현된다. 종속 접속의 모양은 다음과 같다.

$$H(z) = \prod_{i=1}^{P} H_i(z).$$

단, 여기서 $H_i(z)$는 $H(z)$의 개별 집합으로 구성된 극점과 영점을 포함하고 있다. 보통 $H(z)$에서 하나 또는 두 개의 극점과 영점들이 각각의 $H_i(z)$에 할당된다. 이 경우 시스템이 일차 또는 이차의 종속형으로 표현되었다고 한다. 켤레 복소쌍으로 나타난 극점과 영점은 보통 같은 부분에 위치하게 되는데, 이것은 이 부분의 계수값이 실수가 되기 때문이다. 병렬 접속에서는 다음과 같이 부분 분수 전개 방법을 사용한다.

$$H(z) = \sum_{i=1}^{P} H_i(z).$$

여기서 각 $H_i(z)$는 $H(z)$의 극점으로 이루어진 개별 집합으로 구성된다. 이때 보통 하나 또는 두 개의 극점이 각 부분에 할당되며, 이러한 경우 시스템이 일차 또는 이차의 병렬 접속으로 표현되었다고 한다. 다음의 예제와 연습 문제는 병렬과 종속 접속을 모두 설명하고 있다.

예제 7.22 다음의 전달 함수로 표현된 시스템에서

$$H(z) = \frac{(1 + jz^{-1})(1 - jz^{-1})(1 + z^{-1})}{\left(1 - \frac{1}{2}e^{j\frac{\pi}{4}}z^{-1}\right)\left(1 - \frac{1}{2}e^{-j\frac{\pi}{4}}z^{-1}\right)\left(1 - \frac{3}{4}e^{j\frac{\pi}{8}}z^{-1}\right)\left(1 - \frac{3}{4}e^{-j\frac{\pi}{8}}z^{-1}\right)}.$$

실수값을 갖는 2차 부분(section)을 사용하여 이 시스템을 위한 종속 접속을 구현하라. 단, 이때 각 2차 부분은 제II 직접형으로 구현된다고 가정한다.

풀이: 켤레 복소의 극점과 영점을 같은 부분으로 결합하면

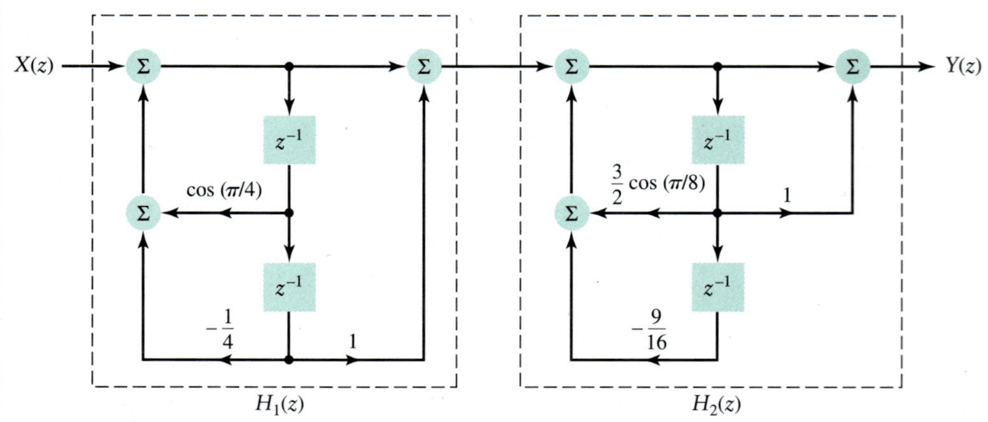

그림 7.28 예제 7.22를 위한 종속 접속 구현

$$H_1(z) = \frac{1 + z^{-2}}{1 - \cos\left(\frac{\pi}{4}\right)z^{-1} + \frac{1}{4}z^{-2}}$$

$$H_2(z) = \frac{1 + z^{-1}}{1 - \frac{3}{2}\cos\left(\frac{\pi}{8}\right)z^{-1} + \frac{9}{16}z^{-2}}.$$

$H_1(z)H_2(z)$에 대한 블록 다이어그램은 그림 7.28에 도시되어 있다. 여기서 이 풀이만이 정답은 아님에 주의하라. 왜냐하면 $H_1(z)$과 $H_2(z)$의 순서가 바뀔 수도 있고 극점과 영점의 쌍이 바뀔 수도 있기 때문이다. ▮

▶ **연습문제 7.14** 다음의 전달 함수를 제II 접속형으로 구현된 일차 부분을 사용하여 병렬 접속으로 구현하라.

$$H(z) = \frac{4 - \frac{1}{2}z^{-1} - \frac{1}{2}z^{-2}}{\left(1 - \frac{1}{2}z^{-1}\right)\left(1 + \frac{1}{2}z^{-1}\right)\left(1 - \frac{1}{4}z^{-1}\right)}.$$

해답:

$$H(z) = \frac{1}{1 - \frac{1}{2}z^{-1}} + \frac{1}{1 + \frac{1}{2}z^{-1}} + \frac{2}{1 - \frac{1}{4}z^{-1}}$$ ▮

그림 7.29을 참조하라.

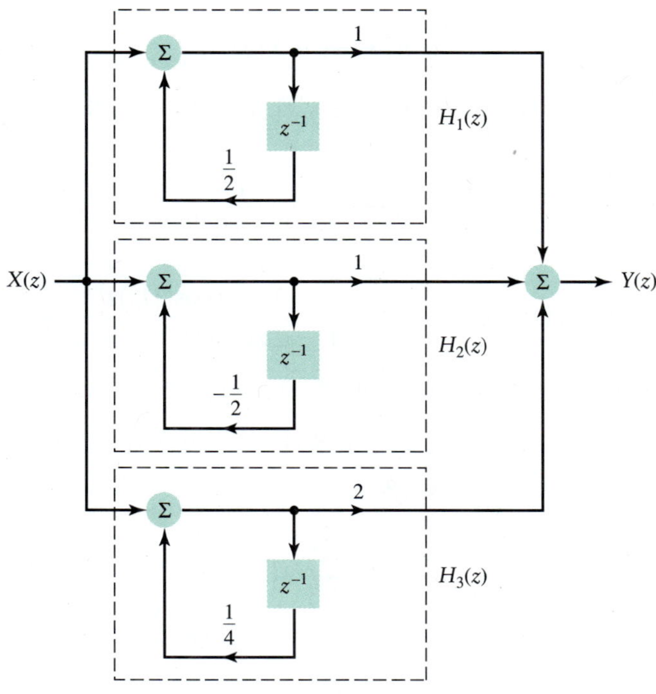

그림 7.29 연습문제 7.14를 위한 병렬 접속 구현

7.10 단측 z 변환

단측(unilateral) 또는 **단방향**(one-sided) z 변환은 시간축의 양수($n \geq 0$)에 관련된 신호 부분을 사용하여 전개된다. 이러한 모양의 z 변환은 인과적(causal) 신호나 LTI 시스템들을 포함하는 문제들에 적합하다. z 변환의 많은 부분에서 인과성(causality)을 가정하는 것은 당연하다. 예를 들어 입력 신호에 대한 인과적 LTI 시스템의 응답에 대하여 살펴보자. 시간 원점의 선택은 임의로 선택할 수 있으며, 보통 시간이 $n = 0$일 때를 선택하는데, 이때 입력은 시간 $n \geq 0$일 때 공급되며 이에 대한 응답을 연구한다. 이런 문제에 있어 단측 변환을 사용하는 것은 몇 가지 장점이 있는데, 첫 번째로 ROC를 고려할 필요가 없다. 두 번째로, 아마도 가장 중요한 것으로 단측 변환은 초기 상태를 가진 차분 방정식으로 표현된 LTI 시스템을 연구할 수 있도록 한다.

7.10.1 정의와 특성

임의의 신호 $x[n]$의 단측(unilateral) z 변환은 다음과 같이 정의된다.

$$X(z) = \sum_{n=0}^{\infty} x[n]z^{-n}. \tag{7.30}$$

여기서 $n \geq 0$의 $x[n]$만이 고려대상이 된다. 역 z 변환은 식 (7.5)를 $n \geq 0$에 대해서 전개함으로써 얻을 수 있는데, 이때 $x[n]$과 $X(z)$의 관계는 다음과 같이 표시할 수 있다.

$$x[n] \xleftrightarrow{z_u} X(z).$$

단측(unilateral)과 양측(bilateral) z 변환들은 인과적인 신호에 대해서 서로 등가이다. 예를 들어

$$\alpha^n u[n] \xleftrightarrow{z_u} \frac{1}{1 - \alpha z^{-1}}$$

이고,

$$a^n \cos(\Omega_o n)u[n] \xleftrightarrow{z_u} \frac{1 - a\cos(\Omega_o)z^{-1}}{1 - 2a\cos(\Omega_o)z^{-1} + a^2z^{-2}}$$

이 되어, 단측 z 변환이 한 가지 중요한 예외, 즉 시간 이동 특성을 제외하고는 양측 z 변환과 같은 특성을 가지고 있다는 것은 쉽게 보일 수 있다. 시간 이동 특성을 구하기 위하여 $w[n] = x[n-1]$이라고 하자. 그러면 식 (7.30)은

$$X(z) = \sum_{n=0}^{\infty} x[n]z^{-n}$$

이고, $w[n]$의 단측 z 변환은 다음과 같이 비슷한 꼴로 정의된다.

$$W(z) = \sum_{n=0}^{\infty} w[n]z^{-n}.$$

$w[n] = x[n-1]$을 대입함으로써, $W(z)$를 $X(z)$의 함수로 표시하면,

$$
\begin{aligned}
W(z) &= \sum_{n=0}^{\infty} x[n-1]z^{-n} \\
&= x[-1] + \sum_{n=1}^{\infty} x[n-1]z^{-n} \\
&= x[-1] + \sum_{m=0}^{\infty} x[m]z^{-(m+1)} \\
&= x[-1] + z^{-1}\sum_{m=0}^{\infty} x[m]z^{-m} \\
&= x[-1] + z^{-1}X(z).
\end{aligned}
$$

그러므로 단위 시간 이동은 z^{-1}을 곱하고 상수 $x[-1]$을 더하는 결과를 초래한다. 또한 여기서 단위 시간보다 더 큰 지연에 대한 시간 이동 특성을 똑같은 방법으로 구할 수 있다. 만일

$$x[n] \xleftrightarrow{z_u} X(z)$$

라면,

$$
\begin{aligned}
x[n-k] \xleftrightarrow{z_u} & \; x[-k] + \\
& x[-k+1]z^{-1} + \cdots + x[-1]z^{-k+1} + z^{-k}X(z) \quad (k > 0)
\end{aligned} \tag{7.31}
$$

를 얻을 수 있는데, 이러한 경우 시간 선행의 경우 이동 특성이 다음과 같이 약간 변하게 된다.

$$x[n+k] \xleftrightarrow{z_u} -x[0]z^{k} - x[1]z^{k-1} - \cdots - x[k-1]z + z^{k}X(z) \quad (k > 0). \tag{7.32}$$

여기서 추가적인 항들을 통한 양측 이동 특성에 해당하는 두 가지의 이러한 이동 특성은 신호의 양의 시간 부분으로 또는 그 부분으로부터 이동된 일련의 값들에 대해서 설명한다.

7.10.2 초기 조건을 가진 차분 방정식의 풀이

단측(uniltateral) z 변환의 주된 적용 예는 영이 아닌 초기값을 가진 차분 방정식을 푸는 데 있다. 여기서 차분 방정식에 단측 z 변환을 적용하고, 해(解)에 대한 z 변환을 얻기 위한 대수(algebra)를 사용한 다음, 그에 대한 역 z 변환을 취함으로써 풀 수 있다. 초기 조건은 식 (7.31)의 시간 이동 특성을 이용하면 자연스럽게 문제에 적용될 수 있다.

여기서 다음의 차분 방정식에 단측 z 변환을 적용하는 경우를 고려해 보자.

$$\sum_{k=0}^{N} a_k y[n-k] = \sum_{k=0}^{M} b_k x[n-k].$$

여기에 z 변환을 적용하면

$$A(z)Y(z) + C(z) = B(z)X(z)$$

라고 할 수 있다. 단, 여기서

$$A(z) = \sum_{k=0}^{N} a_k z^{-k}$$

$$B(z) = \sum_{k=0}^{M} b_k z^{-k}$$

이고,

$$C(z) = \sum_{m=0}^{N-1} \sum_{k=m+1}^{N} a_k y[-k+m] z^{-m}$$

이다. 여기서 $x[n]$을 인과적이라고 하면 $x[n-k] \xleftrightarrow{z_u} z^{-1}X(z)$가 되고, 항 $C(z)$는 N개의 초기 조건 $y[-1]$, $y[-2]$, $\cdots$, $y[-N]$과 a_k에 의하여 결정된다. 단, 여기서 만일 모든 초기 조건이 영이라면 이 값은 영이 된다. 다음으로 이것을 $Y(z)$에 대하여 정리하면

$$Y(z) = \frac{B(z)}{A(z)} X(z) - \frac{C(z)}{A(z)}.$$

이것의 출력은 입력, $[B(z)/A(z)]X(z)$에 의한 강제 응답(forced response)과 초기 조건 $C(z)/A(z)$에 의한 자연 응답(natural response)의 합이 된다. 여기서 $C(z)$는 다항식이므로, 자연 응답의 극점은 전달 함수의 극점이기도 한 $A(z)$의 근(root)이 된다. 그러므로 자연 응답의 모양은 오직 시스템의 극점에 의하여 결정된다. 여기서 만일 시스템이 안정적이라면 극점이 반드시 단위 원의 안에 있어야 한다는 것에 주목하라.

예제 7.23 **일차 순환 시스템: 투자 계산.** 예제 2.5에서와 같이 복리로 계산된 이자에 의한 자산의 증가는 다음 차분 방정식으로 계산된다.

$$y[n] - \rho y[n-1] = x[n].$$

이때 $\rho = 1 + r/100$, 퍼센트로 표현된 기간별 이자율 r이며 $y[n]$은 $x[n]$으로 표현된 입금이나 출금 후의 잔액을 표시한다. 은행의 초기 잔고가 \$10,000이며, 한달마다 복리로 계산하며 이자가 연 6%라고 하자. 두 번째 해의 첫달부터 각 달의 시작일에 통장으로부터 \$100씩 인출한다고 하자 .매달 시작일에 통장 잔액을(가능한 출금도 고려하여) 구하고 몇 달 후에 통장 잔액이 영이 되는지를 구하라.

풀이: 차분 방정식의 양변에 단측 z 변환을 취하고 식 (7.31)의 시간 이동 특성을 사용하면

$$Y(z) - \rho(y[-1] + z^{-1}Y(z)) = X(z).$$

여기서 $Y(z)$를 결정하기 위하여 이 방정식을 재배열하면

$$(1 - \rho z^{-1})Y(z) = X(z) + \rho y[-1]$$

또는

$$Y(z) = \frac{X(z)}{1 - \rho z^{-1}} + \frac{\rho y[-1]}{1 - \rho z^{-1}}.$$

여기서 $Y(z)$가 두 항의 합으로 주어짐에 주목하라. 이러한 두 가지 항 중 하나는 입력에 종속되어 있

고, 다른 하나는 초기 조건에 종속되어 있다. 여기서 입력에 종속된 항은 시스템의 강제 응답이고, 초기 조건에 종속된 항은 시스템의 자연 응답이다.

첫 달의 시작일의 초기 잔고 \$10,000은 초기 조건 $y[-1]$이며, 시간의 인덱스와 달의 인덱스 사이에 두 개의 offset이 있다. 즉, $y[n]$은 $n+2$번째 달의 시작일에 통장의 잔액을 표시한다. 이때 $\rho = 1 + (6/12)/100 = 1.005$이다. 통장 주인이 매달 \$100을 13번째 달($n = 11$)부터 출금하므로 시스템의 입력은 $x[n] = -100u[n-11]$이다. 따라서

$$X(z) = \frac{-100z^{-11}}{1 - z^{-1}}$$

이며,

$$Y(z) = \frac{-100z^{-11}}{(1 - z^{-1})(1 - 1.005z^{-1})} + \frac{1.005(10,000)}{1 - 1.005z^{-1}}.$$

$Y(z)$의 첫 번째 항에 부분 분수 전개법을 적용하면

$$Y(z) = \frac{20,000z^{-11}}{1 - z^{-1}} - \frac{20,000z^{-11}}{1 - 1.005z^{-1}} + \frac{10,050}{1 - 1.005z^{-1}}.$$

매달의 통장 잔액은 $Y(z)$의 역 z 변환으로써 다음과 같이 구할 수 있다.

$$y[n] = 20,000u[n-11] - 20,000(1.005)^{n-11}u[n-11] + 10,050(1.005)^{n}u[n].$$

마지막 항 $10,050(1.005)^n u[n]$은 초기 잔액과 관련된 시스템의 자연 응답이고, 처음의 두 항은 출금에 의한 강제 응답이다. 그림 7.30은 이러한 자연 응답, 강제 응답, 통장 잔액을 n이 아닌 달의 단위로써 나타내고 있다. 통장 잔액은 163번째 달의 시작일에 출금을 함으로써 영이 된다. ■

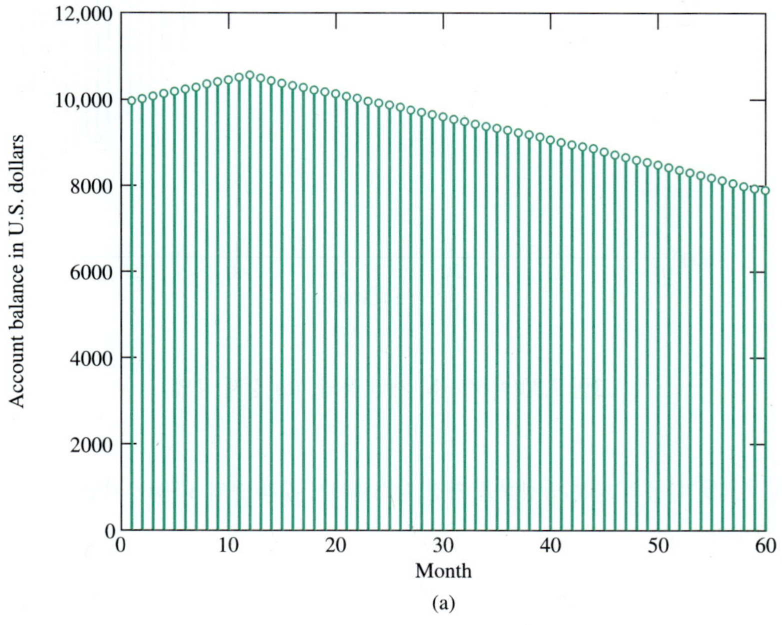

그림 7.30 예제 7.23의 풀이. (a) 출금이 가능한 매달의 초기 통장 잔액

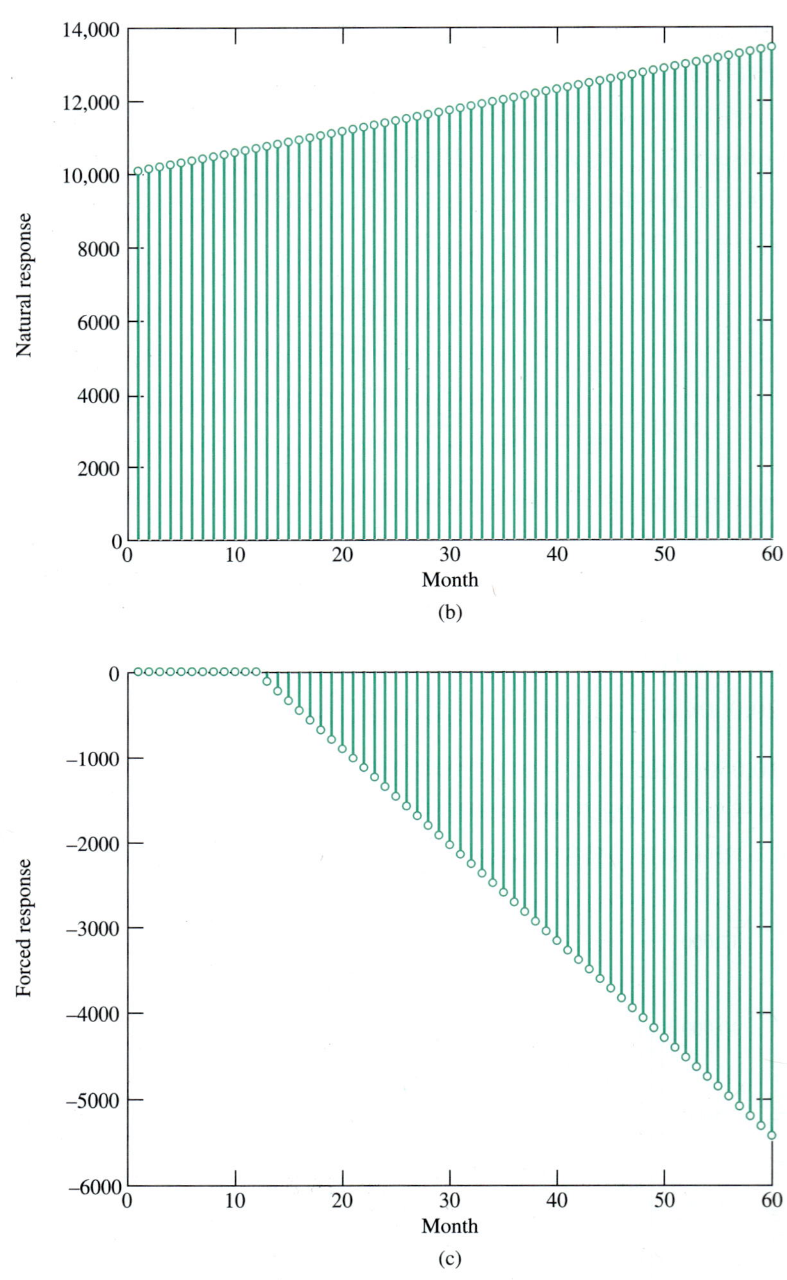

그림 7.30(계속) (b) 자연 응답, (c) 강제 응답

▶ **연습문제 7.15** 다음의 차분 방정식을 가진 시스템에서 강제 응답 $y^{(f)}[n]$, 자연 응답 $y^{(n)}[n]$ 그리고 출력 $y[n]$을 구하라.

$$y[n] + 3y[n-1] = x[n] + x[n-1].$$

입력은 $u[n] = (1/2)^n u[n]$이고 초기 조건은 $y[-1] = 2$이다.

해답: $y^{(f)}[n] = \frac{4}{7}(-3)^n u[n] + \frac{3}{7}\left(\frac{1}{2}\right)^n u[n]$

$$y^{(n)}[n] = -6(-3)^n u[n]$$

$$y[n] = y^{(f)}[n] + y^{(n)}[n].$$ ∎

7.11 MATLAB 실습

MATLAB의 신호처리 툴박스는 z 변환에 사용되는 명령어들을 가지고 있다.

7.11.1 극점과 영점

시스템의 극점과 영점은 각각의 다항식에 **roots**를 적용하여 얻을 수 있다. 예를 들어 $1 + 4z^{-1} + 3z^{-2}$의 근을 구하고자 할 때는 명령어 **roots([1, 4, 3])**를 사용한다. 극점과 영점은 **zplane(b, a)**를 사용하여 z 평면에 그릴 수 있다. 여기서 만일 **b**와 **a**가 행벡터라면 **zplane**은 각각 **b**와 **a**로 주어지는 분자와 분모의 근을 계산하여 극점과 영점을 구한 후에 그림을 그린다. 그러나 만일 **b**와 **a**가 열벡터라면 **zplane**은 **b**와 **a**가 각각 영점과 극점을 포함하고 있다고 간주한다.

7.11.2 z 변환의 역

명령어 **residuez**는 z^{-1}의 분수 다항식으로 표현된 z 변환 함수를 부분 분수로 전개한다. 형식은 **[r, p, k] = residuez(b, a)**이며, 여기에서 **b**와 **a**는 각각 z에 대해 내림차순으로 정렬된 분자와 분모의 다항식 계수를 표현하는 벡터이다. 다음으로 벡터 **r**은 **p**에 주어진 극점에 대한 부분 분수 전개된 항의 계수를 나타내고, 벡터 **k**는 분자의 차수가 분모와 같거나 클 때에 나눗셈을 사용하여 구한 z^{-1}의 거듭제곱항에 관한 계수이다.

예를 들어, 예제 7.10에서 주어진 z 변환식에 대한 부분 분수 전개를 MATLAB을 이용하여 구할 수 있다.

$$X(z) = \frac{z^3 - 10z^2 - 4z + 4}{2z^2 - 2z - 4}.$$

여기서 **residuez**는 분자와 분모의 다항식이 z^{-1}의 항으로 표현되어 있다고 가정하므로, 우선 $X(z) = zY(z)$로 나타낼 수 있다. 단, 여기서

$$Y(z) = \frac{1 - 10z^{-1} - 4z^{-2} + 4z^{-3}}{2 - 2z^{-1} - 4z^{-2}}$$

이다. 다음으로 이러한 $Y(z)$의 부분 분수 전개를 위하여 **residuez**를 사용하면,

```
>> [r, p, k] = residuez([1, -10, -4, 4], [2, -2, -4])
r =
   -1.5000
    0.5000
p =
     2
    -1
k =
    1.5000      -1.0000
```

으로, 이것은 다음과 같은 부분 분수 전개식을 의미한다.

$$Y(z) = \frac{-1.5}{1 - 2z^{-1}} + \frac{0.5}{1 + z^{-1}} + 1.5 - z^{-1}.$$

이 풀이는 예제 7.10에서 $1/2W(z)$와 일치한다.

▶ **연습문제 7.16** MATLAB 명령어 **residuez**를 사용하여 연습문제 7.5를 풀어라. ∎

7.11.3 LTI 시스템의 변환 분석

임펄스 응답, 차분 방정식, 전달 함수, 극점과 영점, 주파수 응답 그리고 상태 방정식이 모두 LTI 시스템의 입-출력 특성의 비슷한 표현법을 제공한다는 것을 상기해 보자. MATLAB 신호처리 툴박스는 이러한 서로 다른 시스템의 표현 방법들을 서로 변환할 수 있는 몇 개의 방법을 제공한다. 만일 **b**와 **a**가 각각 z에 대한 내림차순으로 전달 함수의 분자와 분모 계수를 가지고 있다면, **tf2ss(b, a)**는 그러한 시스템의 상태 방정식을 구할 수 있고, **tf2zp(b, a)**는 시스템의 극점-영점-이득을 구할 수 있다. 이와 비슷하게 **zp2ss**와 **zp2tf**는 각각 극점-영점-이득으로부터 상태 방정식과 전달 함수를 나타낼 수 있다. 또 **ss2tf**와 **ss2zp**는 각각 상태 방정식을 전달 함수와 극점-영점-이득의 모양으로 변화시킨다. 3.19절에서 언급했듯이 주파수 응답은 **freqz**를 사용하여 전달 함수로부터 구할 수 있다.

다음과 같은 전달 함수를 갖는 시스템을 고려해 보자

$$H(z) = \frac{0.094(1 + 4z^{-1} + 6z^{-2} + 4z^{-3} + z^{-4})}{1 + 0.4860z^{-2} + 0.0177z^{-4}}. \tag{7.33}$$

다음의 명령어들을 사용하여 z 평면에 $H(z)$의 극점과 영점을 도시할 수도 있고, 시스템의 진폭 응답을 나타낼 수도 있다.

```
>> b = .094*[1, 4, 6, 4, 1];
>> a = [1, 0, 0.486, 0, 0.0177];
```

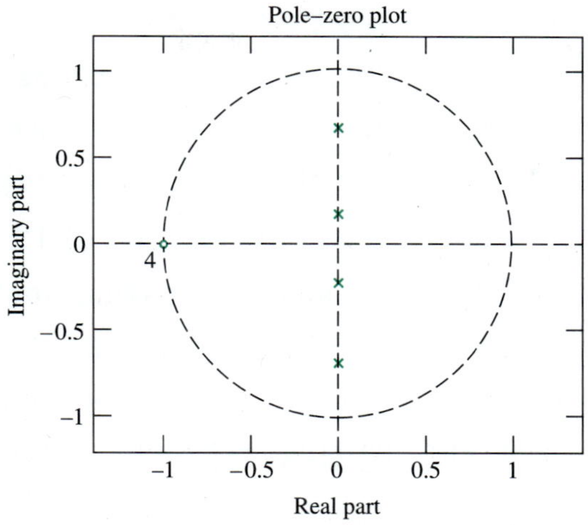

그림 7.31 MATLAB을 사용하여 얻어진 z 평면에서의 극점과 영점 위치. $z = -1$의 영점 근처의 숫자 "4"는 이 지점에 4개의 영점이 존재함을 표시한다.

```
>> zplane(b, a)
>> [H, w] = freqz(b, a, 250);
>> plot(w, abs(h))
```

그림 7.31은 이 시스템이 $z = -1$에 4개의 영점과 허수축 상에 4개의 극점을 가지고 있다는 것을 보여준다. 진폭 응답은 그림 7.32에 도시되어 있다. $z = -1$에서의 영점은 고주파에서 진폭 응답이 작도록 만드는 것에 주목하라.

7.11.4 이산시간 시스템의 구현을 위한 계산 구조

이산시간 시스템을 구현하기 위한 하나의 좋은 방법은 2차 시스템들을 기본으로 해서 종속 접속으로 만드는 것이다. MATLAB 신호처리 툴박스는 임의의 시스템의 상태 방정식이나 극

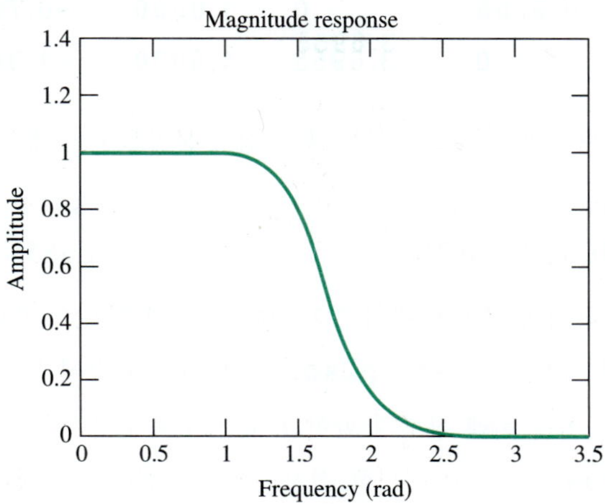

그림 7.32 MATLAB을 사용하여 구현한 진폭 응답

점-영점-이득으로부터 2차 시스템들의 종속 접속으로 변화시키는 도구가 포함되어 있다. 이것은 각각 **ss2sos**와 **zp2sos**를 사용하여 구할 수 있는데, **zp2sos**에 대한 형식은 **sos = zp2sos(z, p, k)**이고, 여기에서 **z**와 **p**는 각각 영점과 극점으로 표현된 벡터이며, **k**는 이득이다. 또한 여기서 행렬 **sos**는 $L \times 6$의 크기를 가지며, 각 열은 그러한 각 항에 대한 전달 함수의 계수를 가지고 있다. 열의 처음 3개 요소는 분자의 계수를 가지고 있고, 다음의 3개 요소는 분모의 계수를 가지고 있다. 또한 명령어 **sos2zp, sos2ss, sos2tf**는 각각 2차 시스템의 종속 접속 모양으로부터 극점-영점-이득, 상태 방정식, 전달 함수를 구할 수 있게 한다.

여기서 2차 시스템을 기본으로 하여 종속 접속 시스템을 표현하기 위해 MATLAB을 예제 7.22에 다시 적용한다고 하자. 이때 전달 함수는 다음과 같이 극점-영점-이득의 형태로 주어져 있다고 가정한다.

$$H(z) = \frac{(1 + jz^{-1})(1 - jz^{-1})(1 + z^{-1})}{\left(1 - \frac{1}{2}e^{j\frac{\pi}{4}}z^{-1}\right)\left(1 - \frac{1}{2}e^{-j\frac{\pi}{4}}z^{-1}\right)\left(1 - \frac{3}{4}e^{j\frac{\pi}{8}}z^{-1}\right)\left(1 - \frac{3}{4}e^{-j\frac{\pi}{8}}z^{-1}\right)}.$$

이 시스템은 $z = \pm j$와 $z = -1$에서 영점을 $z = 1/2e^{\pm j\pi/4}$와 $z = 3/4e^{\pm j\pi/8}$에서 극점을 가지고 있다. 극점-영점-이득의 형태를 2차 시스템의 형태로 바꾸기 위하여 **zp2sos**를 사용하면 다음과 같다.

```
>> z = [-1, -j, j];
>> p = [0.5*exp(j*pi/4), 0.5*exp(-j*pi/4),
        0.75*exp(j*pi/8), 0.75exp(-j*pi/8)];
>> k = 1;
>> sos = zp2sos(z, p, k)

sos =

    0.2706    0.2706         0    1.0000    -0.7071    0.2500
    3.6955         0    3.6955    1.0000    -1.3858    0.5625
```

그러므로 이 시스템은 다음과 같이 2차 항의 종속 접속 모양으로 구해질 수 있다.

$$F_1(z) = \frac{0.2706 + 0.2706z^{-1}}{1 - 0.7071z^{-1} + 0.25z^{-2}} \qquad F_2(z) = \frac{3.6955 + 3.6955z^{-2}}{1 - 1.3858z^{-1} + 0.5625z^{-2}}.$$

이 풀이에서는 영점과 극점의 쌍이 바뀌어 있기 때문에 예제 7.22의 풀이와 다르다는 점에 주목하라. 또한 여기에서 비례 상수 또한 **zp2sos**에 의하여 각 항에 적용된다. 그러나 전체 이득은 변화하지 않는데, 이는 비례 상수의 합이 1이 되기 때문이다. 극점과 영점의 쌍이나 비례 상수를 위해 **zp2sos**에 도입된 이러한 절차들은 시스템이 고정점 연산을 사용하여 구현될 때 발생하는 수학적인 오차를 최소화하기 위함이다.

7.12 요 약

z 변환은 이산시간 신호에 복소 지수를 가중시킨 중첩의 정리로 표현한다. 복소 지수는 복소 정현파보다 더 일반적인 신호군(群)이므로 z 변환은 DTFT보다 더 많은 종류의 신호를 표현할 수 있으며, 절대 합산이 불가능한 신호도 이에 포함된다. 또한 z 변환은 안정적이지 않은 신호나 시스템을 분석하는 데도 사용될 수 있다. 시스템의 전달 함수는 임펄스 응답의 z 변환과 같은데, 이것은 LTI 시스템의 입력-출력 특성을 위한 또 다른 표현 방법을 제공한다. 또한 z 변환은 시간 신호의 콘벌루션을 z 변환 함수의 곱셈으로 변형시키므로 시스템 출력의 z 변환은 입력의 z 변환과 시스템 전달 함수의 곱이 된다.

복소 지수는 복소수에 의하여 표현된다. 그러므로 z 변환은 복소 평면에 표시된 복소 변수 z의 함수가 된다. 이때 DTFT는 $z = e^{j\Omega}$로 치환하여 단위 원 $|z| = 1$ 상의 z 변환을 사용함으로써 얻을 수 있다. z 변환의 특성은 DTFT의 특성과 비슷하다. ROC는 z 변환이 수렴하는 z의 값을 나타내는데, 이것은 시간 신호와 z 변환 사이의 유일한 관계를 갖도록 하기 위해 반드시 제공되어야 한다. 또한, 여기서 ROC와 z 변환의 극점 사이의 상대적인 위치는 시간 신호가 우방향, 좌방향 또는 양방향인가를 결정한다. z 변환에서 극점과 영점의 위치는 시스템의 입력-출력 특성에 대한 또 다른 표현 방법을 제공하는데, 이를 통해 시스템의 안정성, 인과성, 역시스템 그리고 주파수 응답과 같은 정보들이 제공된다.

z 변환과 DTFT는 많은 공통적인 특징들을 가지고 있으나, 이것들은 신호와 시스템 분석에 있어서 서로 구분되는 역할을 담당하고 있다. z 변환은 일반적으로 안정성, 인과성과 같은 시스템의 특성을 구하기 위해서, 또한 이산시간 시스템의 구현을 위한 계산 구조를 만들기 위해 사용된다. z 변환은 또한 9장에서 다룰 샘플 데이터 제어 시스템의 과도현상(transient)과 안정성 분석을 위해 사용되기도 한다. 단측 z 변환은 인과적 시스템에 적용하며 영이 아닌 초기 조건을 가진 차분 방정식으로 정의되는 시스템 문제를 풀 때 매우 편리하다. 이러한 문제들 중에 어느 것도 DTFT에서는 구할 수 없다. 대신 DTFT는 보통 3장과 4장에서 설명한 바와 같이 시스템의 안정 상태 특성의 연구와 신호의 표현 도구로써 사용된다. 이 문제에 있어서 DTFT는 z 변환보다 시각적으로 더 편리한 점을 제공하는데, 이것은 z 변환이 복소수 $z = re^{j\Omega}$의 함수이지만 DTFT는 실수값을 갖는 주파수 Ω의 함수이기 때문이다.

참고문헌

1. z 변환만을 다룬 교재

Vich, R., *Z Transform Theory and Applications* (D. Reidel Publishing, 1987)

2. z 변환은 또한 대부분의 신호처리 교재에서 다루어지고 있다.

Proakis, J. G., and D. G. Manolakis, *Digital Signal Processing: Principles, Algorithms and Applications*, 3rd ed. (prentice Hall, 1995)

Oppenheim, A. V., W. Schafer, and J. R. Buck, *Discrete Time Signal Processing*, 2nd ed. (Prentice Hall, 1999)

Oppenheim의 책에서는 최소 위상 이산 시스템과 진폭 사이의 관계가 논의된다.

3. 식 (7.5)에 사용된 역 z 변환의 전개는 다음의 책에서 논의된다.

Oppenheim, A. V., R. W. Schafer, and J. R. Buck, *op.cit.*

countour 적분을 위한 기본적인 기법들은 다음 책에서 다루어지고 있다.

Brown, J., and R. Churchill, Complex Variables and Applications, (McGraw-Hill, 1996)

4. LTI 시스템을 구현하기 위한 고급 계산 구조는 다음의 책에서 논의된다.

Roberts, R. A., and C. T. Mullis, *Digital Signal Processing*, (Addison-Wesley, 1987)

▶ 추가 문제(Additional Problems)

7.17 다음 시간 신호의 z 변환과 ROC를 구하라.

(a) $x[n] = \delta[n-k], \quad k > 0$

(b) $x[n] = \delta[n+k], \quad k > 0$

(c) $x[n] = u[n]$

(d) $x[n] = \left(\frac{1}{4}\right)^n(u[n] - u[n-5])$

(e) $x[n] = \left(\frac{1}{4}\right)^n u[-n]$

(f) $x[n] = 3^n u[-n-1]$

(g) $x[n] = \left(\frac{2}{3}\right)^{|n|}$

(h) $x[n] = \left(\frac{1}{2}\right)^n u[n] + \left(\frac{1}{4}\right)^n u[-n-1]$

7.18 다음의 z 변환 함수를 시간 신호로 변환하지 말고 시간 신호의 DTFT를 구하라. 이 경우 DTFT의 존재 여부를 구하라.

(a) $X(z) = \dfrac{5}{1+\frac{1}{3}z^{-1}}, \quad |z| > \frac{1}{3}$

(b) $X(z) = \dfrac{5}{1+\frac{1}{3}z^{-1}}, \quad |z| < \frac{1}{3}$

(c) $X(z) = \dfrac{z^{-1}}{\left(1-\frac{1}{2}z^{-1}\right)\left(1+3z^{-1}\right)}, \quad |z| < \frac{1}{2}$

(d) $X(z) = \dfrac{z^{-1}}{\left(1-\frac{1}{2}z^{-1}\right)\left(1+3z^{-1}\right)}, \quad \dfrac{1}{2} < |z| < 3$

7.19 $X(z)$의 극점과 영점 위치가 z 평면 위에 다음의 그림과 같이 나타나 있다. 각각의 경우에 $X(z)$의 모든 가능한 ROC를 구하고 각 ROC에 대한 시간 신호가 좌방향, 우방향, 양방향 함수인지를 결정하라.

(a) 그림 P9.19(a)

(a) 그림 P9.19(b)

(a) 그림 P9.19(c)

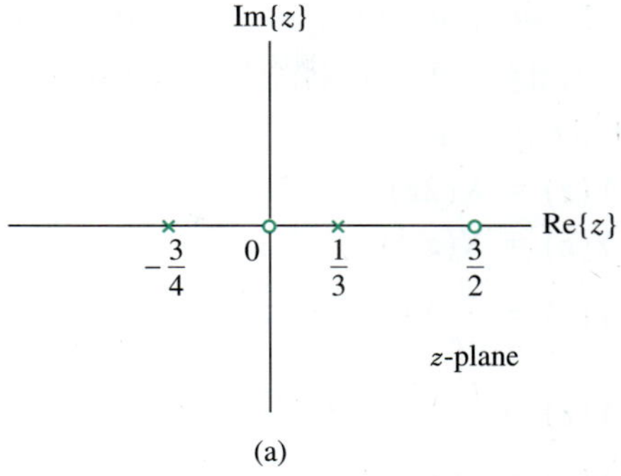

(a)

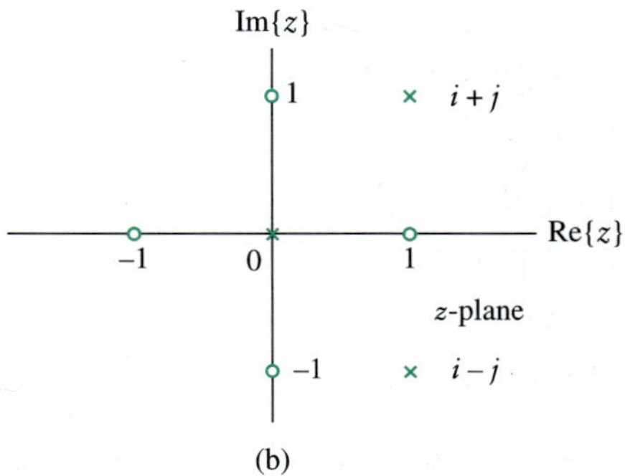

(b)

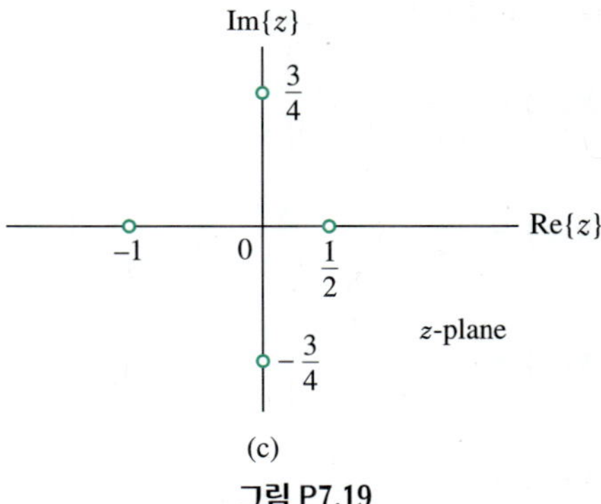

(c)

그림 P7.19

7.20 부록 E에 주어진 z 변환의 표와 특성을 사용하여 다음 신호의 z 변환을 구하라.

(a) $x[n] = \left(\frac{1}{2}\right)^n u[n] * 2^n u[-n-1]$

(b) $x[n] = n\left(\left(\frac{1}{2}\right)^n u[n] * \left(\frac{1}{4}\right)^n u[n-2]\right)$

(c) $x[n] = u[-n]$

(d) $x[n] = n\sin\left(\frac{\pi}{2}n\right)u[-n]$

(e) $x[n] = 3^{n-2}u[n] * \cos\left(\frac{\pi}{6}n + \pi/3\right)u[n]$

7.21 z변환의 쌍 $x[n] \overset{z}{\longleftrightarrow} \dfrac{z^2}{z^2-16}$과 ROC $|z| < 4$가 주어졌을 때 z 변환의 특성을 사용하여 다음 신호의 z 변환을 구하라.

(a) $y[n] = x[n-2]$

(b) $y[n] = (1/2)^n x[n]$

(c) $y[n] = x[-n] * x[n]$

(d) $y[n] = nx[n]$

(e) $y[n] = x[n+1] + x[n-1]$

(f) $y[n] = x[n] * x[n-3]$

7.22 z 변환의 쌍 $n^2 3^n u[n] \overset{z}{\longleftrightarrow} X(z)$이 주어졌을 때 z 변환의 특성을 사용하여 다음 z 변환 함수와 일치하는 시간 영역 신호를 구하라.

(a) $Y(z) = X(2z)$

(b) $Y(z) = X(z^{-1})$

(c) $Y(z) = \frac{d}{dz}X(z)$

(d) $Y(z) = \frac{z^2 - z^{-2}}{2}X(z)$

(e) $Y(z) = [X(z)]^2$

7.23 다음 z 변환의 특성을 증명하라.

(a) 시간 이동

(b) 시간 반전

(c) 지수 수열의 곱셈

(d) 콘볼루션

(e) z 영역에서의 미분

7.24 부분 분수 전개 방식을 이용하여 다음 z 변환 함수와 일치하는 시간 영역 신호를 구하라.

(a) $X(z) = \dfrac{1 + \frac{7}{6}z^{-1}}{\left(1 - \frac{1}{2}z^{-1}\right)\left(1 + \frac{1}{3}z^{-1}\right)}, \quad |z| > \frac{1}{2}$

(b) $X(z) = \dfrac{1 + \frac{7}{6}z^{-1}}{\left(1 - \frac{1}{2}z^{-1}\right)\left(1 + \frac{1}{3}z^{-1}\right)}, \quad |z| < \frac{1}{3}$

(c) $X(z) = \dfrac{1 + \frac{7}{6}z^{-1}}{\left(1 - \frac{1}{2}z^{-1}\right)\left(1 + \frac{1}{3}z^{-1}\right)}, \quad \frac{1}{3} < |z| < \frac{1}{2}$

(d) $X(z) = \dfrac{z^2 - 3z}{z^2 + \frac{3}{2}z - 1}, \quad \frac{1}{2} < |z| < 2$

(e) $X(z) = \dfrac{3z^2 - \frac{1}{4}z}{z^2 - 16}, \quad |z| > 4$

(f) $X(z) = \dfrac{z^3 + z^2 + \frac{3}{2}z + \frac{1}{2}}{z^3 + \frac{3}{2}z^2 + \frac{1}{2}z}, \quad |z| < \frac{1}{2}$

(g) $X(z) = \dfrac{2z^4 - 2z^3 - 2z^2}{z^2 - 1}, \quad |z| > 1$

7.25 다음 z 변환 함수와 일치하는 시간 영역 신호를 구하라.

(a) $X(z) = 1 + 2z^{-6} + 4z^{-8}, \quad |z| > 0$

(b) $X(z) = \sum_{k=5}^{10} \frac{1}{k} z^{-k}, \quad |z| > 0$

(c) $X(z) = (1 + z^{-1})^3, \quad |z| > 0$

(d) $X(z) = z^6 + z^2 + 3 + 2z^{-3} + z^{-4}, \quad |z| > 0$

7.26 다음의 힌트를 이용하여 신호 $x[n]$과 z 변환의 분수식 $X(z)$를 구하라.

(a) $X(z)$는 $z = 1/2$와 $z = -1$에서 극점을 가졌고, $x[1] = 1$, $x[-1] = 1$이며, ROC는 $z = 3/4$를 포함한다.

(b) $x[n]$은 우측 함수이고, $X(z)$는 단극점 함수이며 $x[0] = 2$, $x[2] = 1/2$이다.

(c) $x[n]$은 양측 함수이고 $X(z)$는 $z = 1/4$에 한 개의 극점을 가진 함수이며, $x[-1] = 1$, $x[-3] = 1/4$, $X(1) = 11/3$이다.

7.27 다음 전달 함수와 일치하는 임펄스 응답을 (i) 시스템이 안정적, (ii) 시스템이 인과적이 되도록 구하라.

(a) $H(z) = \dfrac{2 - \frac{3}{2}z^{-1}}{(1 - 2z^{-1})\left(1 + \frac{1}{2}z^{-1}\right)}$

(b) $H(z) = \dfrac{5z^2}{z^2 - z - 6}$

(c) $H(z) = \dfrac{4z}{z^2 - \frac{1}{4}z + \frac{1}{16}}$

7.28 멱급수 전개 방식을 이용하여 다음 z 변환 함수와 일치하는 시간 영역 신호를 구하라.

(a) $X(z) = \dfrac{1}{1 - \frac{1}{4}z^{-2}}, \quad |z| > \frac{1}{2}$

(b) $X(z) = \dfrac{1}{1 - \frac{1}{4}z^{-2}}, \quad |z| < \frac{1}{2}$

(c) $X(z) = \cos(z^{-3}), \quad |z| > 0$

(d) $X(z) = \ln(1 + z^{-1}), \quad |z| > 0$

7.29 인과적 시스템이 입력 $x[n]$과 출력 $y[n]$을 가질 때 전달 함수를 사용하여 이 시스템의 임펄스 응답을 구하라.

(a) $x[n] = \delta[n] + \frac{1}{4}\delta[n-1] - \frac{1}{8}\delta[n-2]$,
$y[n] = \delta[n] - \frac{3}{4}\delta[n-1]$

(b) $x[n] = (-3)^n u[n]$,
$y[n] = 4(2)^n u[n] - \left(\frac{1}{2}\right)^n u[n]$

7.30 시스템이 임펄스 응답 $h[n] = (1/2)^n u[n]$을 가지고 있을 때, 만일 출력이 다음과 같이 주어진다면 이때 시스템의 입력을 구하라.

(a) $y[n] = 2\delta[n-4]$

(b) $y[n] = \frac{1}{3}u[n] + \frac{2}{3}\left(\frac{-1}{2}\right)^n u[n]$

7.31 다음의 차분 방정식을 가진 인과적 시스템의 (i) 전달 함수와 (ii) 임펄스 응답을 구하라.

(a) $y[n] - \frac{1}{2}y[n-1] = 2x[n-1]$

(b) $y[n] = x[n] - x[n-2] + x[n-4] - x[n-6]$

(c) $y[n] - \frac{4}{5}y[n-1] - \frac{16}{25}y[n-2] = 2x[n] + x[n-1]$

7.32 다음의 임펄스 응답을 가진 시스템을 위한 (i) 전달 함수와 (ii) 차분 방정식을 구하라.

(a) $h[n] = 3\left(\frac{1}{4}\right)^n u[n-1]$

(b) $h[n] = \left(\frac{1}{3}\right)^n u[n] + \left(\frac{1}{2}\right)^{n-2} u[n-1]$

(c) $h[n] = 2\left(\frac{2}{3}\right)^n u[n-1] + \left(\frac{1}{4}\right)^n \left[\cos\left(\frac{\pi}{6}n\right) - 2\sin\left(\frac{\pi}{6}n\right)\right] u[n]$

(d) $h[n] = \delta[n] - \delta[n-5]$

7.33 다음의 상태 방정식으로 표현된 시스템에 관한 (i) 전달 함수와 (ii) 차분 방정식을 구하라. z 평면에 극점과 영점의 위치를 표시하라.

(a) 식 (7.13)의 시변 특성을 사용하여 상태 방정식 (2.62)의 z 변환을 구하면

$$\tilde{\mathbf{q}}(z) = (z\mathbf{I} - \mathbf{A})^{-1}\mathbf{b}X(z)$$

이고, 여기서

$$\tilde{\mathbf{q}}(z) = \begin{bmatrix} Q_1(z) \\ Q_2(z) \\ \vdots \\ Q_N(z) \end{bmatrix}$$

는 $\mathbf{q}[n]$의 z 변환이다. 이 결과를 사용하여 상태 변수 표현 방식으로 LTI 시스템의 전달 함수를 다음과 같이 구할수 있음을 보여라.

$$H(z) = \mathbf{c}(z\mathbf{I} - \mathbf{A})^{-1}\mathbf{b} + D.$$

(b) 다음과 같이 상태 변수로 표현된 시스템의 전달 함수와 차분 방정식을 구하고, z 평면에 극점과 영점의 위치를 그려라.

(i) $\mathbf{A} = \begin{bmatrix} -\frac{1}{2} & 0 \\ 0 & \frac{1}{2} \end{bmatrix}$, $\mathbf{b} = \begin{bmatrix} 0 \\ 2 \end{bmatrix}$
$\mathbf{c} = [1 \quad -1]$, $D = [1]$

(ii) $\mathbf{A} = \begin{bmatrix} \frac{1}{2} & -\frac{1}{2} \\ -\frac{1}{2} & -\frac{1}{4} \end{bmatrix}$, $\mathbf{b} = \begin{bmatrix} 1 \\ 0 \end{bmatrix}$
$\mathbf{c} = [2 \quad 1]$, $D = [0]$

(iii) $\mathbf{A} = \begin{bmatrix} -\frac{1}{4} & \frac{1}{8} \\ -\frac{7}{2} & \frac{3}{4} \end{bmatrix}$, $\mathbf{b} = \begin{bmatrix} 2 \\ 2 \end{bmatrix}$
$\mathbf{c} = [0 \quad 1]$, $D = [0]$

7.34 다음 각 시스템이 (i) 인과적이고 안정적인가, (ii) 최소 위상을 가지고 있는가를 결정하라.

(a) $H(z) = \dfrac{2z + 3}{z^2 + z - \frac{5}{16}}$

(b) $y[n] - y[n-1] - \frac{1}{4}y[n-2] = 3x[n] - 2x[n-1]$

(c) $y[n] - 2y[n-2] = x[n] - \frac{1}{2}x[n-1]$

7.35 다음의 각 시스템에서 역시스템의 전달 함수를 구하고 인과적인 동시에 안정적인지의 여부를 결정하라.

(a) $H(z) = \dfrac{1 - 8z^{-1} + 16z^{-2}}{1 - \frac{1}{2}z^{-1} + \frac{1}{4}z^{-2}}$

(b) $H(z) = \dfrac{z^2 - \frac{81}{100}}{z^2 - 1}$

(c) $h[n] = 10\left(\frac{-1}{2}\right)^n u[n] - 9\left(\frac{-1}{4}\right)^n u[n]$

(d) $h[n] = 24\left(\frac{1}{2}\right)^n u[n-1] - 30\left(\frac{1}{3}\right)^n u[n-1]$

(e) $y[n] - \frac{1}{4}y[n-2] = 6x[n] - 7x[n-1] + 3x[n-2]$

(f) $y[n] - \frac{1}{2}y[n-1] = x[n]$

7.36 전달 함수 $H(z)$로 표현된 시스템이 다음과 같은 특성을 가지고 있다. (1) 시스템은 인과적이다; (2) $h[n]$은 실수이다; (3) $H(z)$는 $z = j/2$에 극점을 가지고 있고 정확히 하나의 영점을 가지고 있다; (4) 역시스템은 두 개의 영점을 가지고 있다; (5) $\sum_{n=0}^{\infty} h[n]2^{-n}$; (6) $h[0] = 1$이다.

(a) 이 시스템은 안정적인가?

(b) 역시스템은 안정적이고 인과적인가?

(c) $h[n]$을 구하라.

(d) 역시스템의 전달 함수를 구하라.

7.37 도식적인 방법을 사용하여 다음의 전달 함수를 가지고 있는 시스템의 진폭 응답을 그려라.

(a) $H(z) = \dfrac{z^{-2}}{1 + \frac{49}{64}z^{-2}}$

(b) $H(z) = \dfrac{1 + z^{-1} + z^{-2}}{3}$

(c) $H(z) = \dfrac{1 + z^{-1}}{1 + (18/10)\cos\left(\frac{\pi}{4}\right)z^{-1} + (81/100)z^{-2}}$

7.38 다음의 시스템에서 실수 계수를 가진 이차 시스템의 종속 접속 모양으로 블록 다이어그램을 그려라.

(a) $H(z) = \dfrac{\left(1 - \frac{1}{4}e^{j\frac{\pi}{4}}z^{-1}\right)\left(1 - \frac{1}{4}e^{-j\frac{\pi}{4}}z^{-1}\right)}{\left(1 - \frac{1}{2}e^{j\frac{\pi}{3}}z^{-1}\right)\left(1 - \frac{1}{2}e^{-j\frac{\pi}{3}}z^{-1}\right)} \cdot \dfrac{\left(1 + \frac{1}{4}e^{j\frac{\pi}{8}}z^{-1}\right)\left(1 + \frac{1}{4}e^{-j\frac{\pi}{8}}z^{-1}\right)}{\left(1 - \frac{3}{4}e^{j\frac{7\pi}{8}}z^{-1}\right)\left(1 - \frac{3}{4}e^{-j\frac{7\pi}{8}}z^{-1}\right)}$

(b) $H(z) = \dfrac{(1 + 2z^{-1})^2\left(1 - \frac{1}{2}e^{j\frac{\pi}{2}}z^{-1}\right)}{\left(1 - \frac{3}{8}z^{-1}\right)\left(1 - \frac{3}{8}e^{j\frac{\pi}{3}}z^{-1}\right)} \cdot \dfrac{\left(1 - \frac{1}{2}e^{-j\frac{\pi}{2}}z^{-1}\right)}{\left(1 - \frac{3}{8}e^{-j\frac{\pi}{3}}z^{-1}\right)\left(1 + \frac{3}{4}z^{-1}\right)}$

7.39 다음의 시스템에서 실수 계수를 가진 이차 시스템의 병렬 접속 모양으로 블록 다이어그램을 그려라.

(a) $h[n] = 2\left(\frac{1}{2}\right)^n u[n] + \left(\frac{j}{2}\right)^n u[n] + \left(\frac{-j}{2}\right)^n u[n] + \left(\frac{-1}{2}\right)^n u[n]$

(b) $h[n] = 2\left(\frac{1}{2}e^{j\frac{\pi}{4}}\right)^n u[n] + \left(\frac{1}{4}e^{j\frac{\pi}{3}}\right)^n u[n] + \left(\frac{1}{4}e^{-j\frac{\pi}{3}}\right)^n u[n] + 2\left(\frac{1}{2}e^{-j\frac{\pi}{4}}\right)^n u[n]$

7.40 그림 P7.40에 주어진 시스템의 전달 함수를 결정하라.

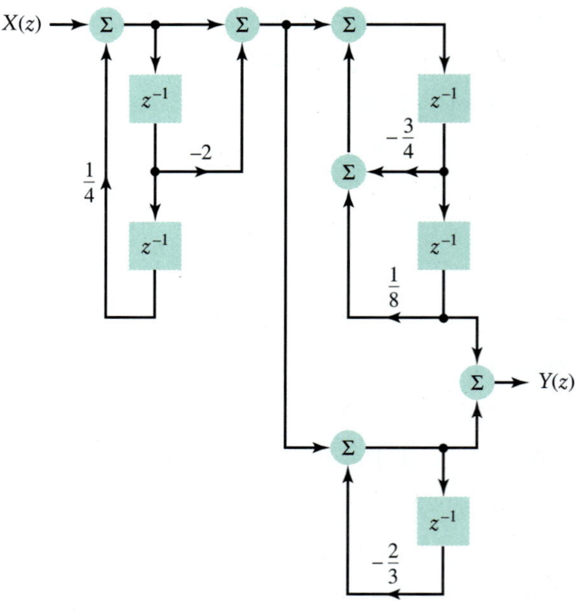

그림 P7.40

7.41 $x[n] = u[n+4]$라고 하자.

(a) $x[n]$의 단측 z 변환을 구하라.

(b) 단측 z 변환의 시간 이동 특성과 (a)의 결과를 이용하여 신호 $w[n] = x[n-2]$의 단측 z 변환을 구하라.

7.42 단측 z 변환을 사용하여 주어진 입력과 초기 상태를 가진 다음의 차분 방정식으로 표현된 시스템의 강제 응답, 자연 응답, 완전 응답을 구하라.

(a) $y[n] - \frac{1}{3}y[n-1] = 2x[n],\ y[-1] = 1,\ x[n] = \left(\frac{-1}{2}\right)^n u[n]$

(b) $y[n] - \frac{1}{9}y[n-2] = x[n-1],\ y[-1] = 1,\ y[-2] = 0,\ x[n] = 2u[n]$

(c) $y[n] - \frac{1}{4}y[n-1] - \frac{1}{8}y[n-2] = x[n] + x[n-1],\ y[-1] = 1,\ y[-2] = -1,\ x[n] = 3^n u[n]$

▶ 심화 문제(Advanced Problems)

7.43 $u[n]$의 z 변환과 z 영역에서의 미분 특성을 이용하여 $|a| < 1$일 때 다음 식을 전개하기 위한 방법을 구하라.

$$\sum_{n=0}^{\infty} n^2 a^n$$

7.44 연속 시간 신호 $y(t)$가 일계 미분 방정식으로 다음과 같이 주어졌다.

$$\frac{d}{dt}y(t) + 2y(t) = x(t).$$

$(y(nT_s) - y((n-1)/T_s))/T_s$와 같은 모양으로 근사화하

고 샘플 신호 $x[n] = y(nT_s)$가 다음의 차분 방정식과 같이 표현되는 것을 보여라.

$$y[n] + \alpha y[n-1] = v[n].$$

7.45 인과적인 실수 신호 $x[n]$의 자기상관(autocorrelation)은 다음과 같이 정의된다.

$$r_x[n] = \sum_{l=0}^{\infty} x[l]x[n+l].$$

이때 $r_x[n]$의 z 변환은 z의 모든 값에서 수렴한다. $|a| < 1$이고 $Rx(z)$가 다음과 같을 때 $x[n]$을 구하라.

$$R_x(z) = \frac{1}{(1-\alpha z^{-1})(1-\alpha z)}$$

7.46 두 개의 실수 신호 $x[n]$과 $y[n]$의 상호상관(cross-correlation)은 다음과 같이 정의된다.

$$r_{xy}[n] = \sum_{l=-\infty}^{\infty} x[l]y[n+l].$$

(a) 두 신호의 콘볼루션과 같은 방법으로 $r_{xy}[n]$을 표현하라.

(b) $x[n]$과 $y[n]$의 z 변환 함수 모양으로 $r_{xy}[n]$의 z 변환식을 구하라.

7.47 유리 함수인 z 변환식을 가지고 있는 신호가 $x[n] = x[-n]$과 같은 우함수이다.

(a) 이러한 조건을 만족하기 위한 극점들의 조건을 구하라.

(b) 만일 $\sum_{n=-\infty}^{\infty}|x[n]| < \infty$이면 z 변환이 안정적인 시스템의 임펄스 응답과 같다는 것을 보여라.

(c) 만일

$$X(z) = \frac{2-(17/4)z^{-1}}{(1-(1/4)z^{-1})(1-4z^{-1})}$$

일 때, ROC와 $x[n]$을 구하라.

7.48 다음의 전달 함수를 가지고 있는 시스템에서 극점과 영점이 켤레 역수쌍을 이루고 있다.

$$H(z) = \frac{1-a^*z}{z-a}, \quad |a| < 1.$$

(a) z 평면에 이 시스템을 위한 극점과 영점을 표시하라.

(b) 도식적인 방법을 사용하여 이 시스템의 진폭 응답이 모든 주파수에 대하여 일정함을 보여라. 이러한 특성을 가진 시스템은 전대역 통과(allpass) 시스템이라고 부른다.

(c) 도식적인 방법을 사용하여 이 시스템에서 $a = 1/2$일 때 위상 응답을 그려라.

(d) (b)의 결과를 이용하여 다음 모양의 전달 함수를 가진 모든 시스템은 안정적이고 인과적인 전대역 통과 시스템임을 증명하라.

$$H(z) = \prod_{k=1}^{P} \frac{1-a_k^*z}{z-a_k}, \quad |a_k| < 1$$

(e) 안정적이고 인과적인 전대역 통과 시스템이 또한 최소 위상을 가지고 있는가에 대하여 설명하라.

7.49 $0 < a < 1$이고 실수일 때 $H(z) = F(z)(z-a)$이고 $G(z) = F(z)(1-az)$이다.

(a) $|G(e^{j\Omega})| = |H(e^{j\Omega})|$임을 보여라.

(b) $g[n] = h[n] * v[n]$임을 보여라. 이때

$$V(z) = \frac{z^{-1}-a}{1-az^{-1}}.$$

$V(z)$는 전대역 통과 시스템의 전달 함수이다(문제 7.48 참조).

(c) 인과적 시스템에 의하여 야기되는 평균 지연의 정의는 정규화된 첫 번째 역률이다.

$$d = \frac{\sum_{k=0}^{\infty} k v^2[k]}{\sum_{k=0}^{\infty} v^2[k]}.$$

전대역 통과 시스템 $V(z)$에 의하여 야기된 평균 지연을 계산하라.

7.50 LTI 시스템의 전달 함수가 다음과 같다.

$$H(z) = \frac{b_0 \prod_{k=1}^{M}(1-c_kz^{-1})}{\prod_{k=1}^{N}(1-d_kz^{-1})}.$$

이때 $|d_k| < 1$, $k = 1,2,\cdots,N$; $|c_k| < 1$, $k = 1,2,\cdots,M-1$ 그리고 $|c_M| > 1$이다.

(a) $H_{\min}(z)$가 최소 위상 함수이고 $H_{\mathrm{ap}}(z)$가 전대역 통과 함수일 때 $H(z) = H_{\min}(z)H_{\mathrm{ap}}(z)$와 같이 인수화됨을 보여라(문제 7.48 참조).

(b) $|H(e^{j\Omega})H_{\mathrm{eq}}(e^{j\Omega})| = 1$이 되도록 전달 함수 $H_{\mathrm{eq}}(z)$를

가진 최소 위상 등화기를 구하고, $H(z)H_{eq}(z)$의 전달함수를 구하라.

전대역 통과 시스템 $V(z)$에 의하여 야기된 평균 지연을 계산하라.

7.51 비순환 시스템을 구현하기 위하여 매우 편리한 구조는 격자(lattice) 구조라고 불리운다. 격자는 그림 P7.51(a)와 같이 두 입력, 두 출력의 종속 접속 모양으로 구성되어 있다. M차의 격자 구조는 그림 P7.51(b)에 도시되어 있다.

(a) $c_1 = 1/2$이고 $c_2 = -1/4$인 이차($M = 2$) 격자의 전달 함수를 구하라.

(b) 전달 함수와 격자 구조의 관계는 그림 P7.51(c)와 같이 전달 함수에 한 부분을 추가하여 그 영향을 검증함으로써 결정할 수 있다.

여기서 $H_i(z)$는 i번 째 격자에 있는 아래 가지의 입력과 출력 사이의 전달 함수로 정의되고, $\widetilde{H}_i(z)$는 i번 째 격자에 있는 윗가지의 입력과 출력 사이의 전달 함수로 정의된다. $(i - 1)$번째 격자의 전달 함수와 i번째 격자의 전달 함수 사이의 관계를 다음과 같이 쓰자.

$$\begin{bmatrix} \widetilde{H}_i(z) \\ H_i(z) \end{bmatrix} = \mathbf{T}(z) \begin{bmatrix} \widetilde{H}_{i-1}(z) \\ H_{i-1}(z) \end{bmatrix}.$$

여기서 $T(z)$는 2×2 행렬이다. $T(z)$를 c_i와 $z - 1$의 항으로 표시하라.

(c) $\widetilde{H}_i(z) = z^{-i}H_i(z^{-1})$을 증명하기 위하여 귀납법을 사용하라.

(d) $H_i(z)$에서 z^{-i}의 계수가 c_i에 의하여 주어진다는 것을 보여라.

(e) 결과 (b)-(d)를 결합하여, 임의의 M계 비순환 전달 함수 $H(z)$를 구현하기 위한 격자 구조에 사용되는 c_i를 찾기 위한 알고리즘을 만들 수 있다. $H_M(z) = H(z)$가 되게 하기 위하여 $i = M$이라 하자. (d)의 결과에서 c_M이 $H(z)$에서 z^{-M}의 계수라는 것을 알 수 있다. i를 증가시키는 것에 의하여 나머지 c_i를 찾는 알고리즘을 계속할 수 있다. **힌트**: (b)의 결과를 사용하여 다음과 같은 2×2 행렬 $A(z)$ 찾아라.

$$\begin{bmatrix} \widetilde{H}_{i-1}(z) \\ H_{i-1}(z) \end{bmatrix} = \mathbf{A}(z) \begin{bmatrix} \widetilde{H}_i(z) \\ H_i(z) \end{bmatrix}.$$

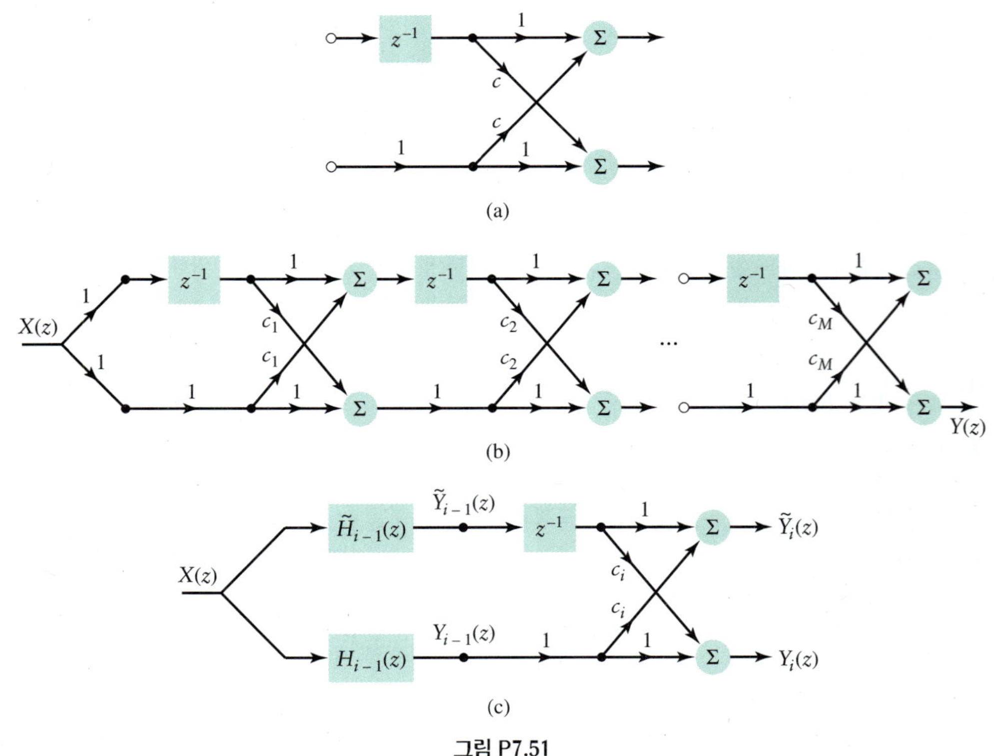

그림 P7.51

7.52 인과적인 필터는 항상 영이 아닌 위상 응답을 가지고 있다. 인과적인 필터로부터 0 위상 응답을 얻기 위한 하나의 방법은 신호를 두 번 필터하는 것으로써 한번은 순차 방향으로 다른 한번은 역방향으로 사용하는 것이다. 이 동작은 입력 $x[n]$과 필터의 임펄스 응답을 사용하여 다음과 같이 나타낼 수 있다. $y_1[n] = x[n] * h[n]$이 신호를 순방향으로 필터하는 것이라고 하자. $y_1[n]$을 역방향으로 필터하여 $y_2[n] = y_1[-n] * h[n]$을 얻는다. 출력은 $x[n] = y_2[-n]$을 얻기 위하여 $y_2[n]$을 뒤집어서 얻을 수 있다.

(a) 이러한 동작들이 임펄스 응답 $h_o[n]$을 가진 필터에 의하여 동등하게 표현될 수 있다는 것을 보이고 $h[n]$의 항으로 $h_o[n]$을 표시하라.

(b) $h_o[n]$이 짝수 신호이고 짝수 임펄스 응답을 가진 모든 신호의 위상 응답이 영이라는 것을 보여라.

(c) $h[n]$의 $z = \beta$에서의 모든 극점과 영점을 위하여 $h_o[n]$은 $z = \beta$와 $z = 1/\beta$에서 극점과 영점의 쌍을 가진다는 것을 보여라.

7.53 매달 이자가 붙는 대출금의 현재 금액은 일차 차분 방정식의 모양으로 표현될 수 있다.

$$y[n] = \rho y[n-1] - x[n].$$

여기서 $\rho = \left(1 + \frac{r/12}{100}\right)$, r은 십진수로 표시된 연간 이자율이고 $x[n]$은 n번째 달의 끝날에 반환한 대출금이며, $y[n]$은 $(n+1)$번째 달의 첫날에 대출금의 총액이다. 초기 대출금은 초기 조건 $y[-1]$이다. 만일 고정된 액수 $\$c$의 반환금이 L달 동안 연속적으로 지불되었다면 $x[n] = c\{u[n] - u[n-L]\}$이다.

(a) 단측 z 변환을 사용하여 다음 값을 구하라.

$$Y(z) = \frac{y[-1]\rho - c\sum_{n=0}^{L-1} z^{-n}}{1 - \rho z^{-1}}.$$

힌트: 다음의 나눗셈을 사용하라.

$$\frac{1 - z^{-L}}{1 - z^{-1}} = \sum_{n=0}^{L-1} z^{-n}.$$

(b) 만일 대출금이 L번의 납입으로 모두 상쇄되었다면 $z = \rho$는 반드시 $Y(z)$의 영점이 되어야만 한다는 것을 보여라.

(c) 초기 대출금이 $y[-1]$이고 L번의 납입으로 대출금이 모두 상환되었을 때 이자율이 r이었다면 이때 매달 납입금 $\$c$를 구하라.

▶ 컴퓨터 실습(Computer Experiments)

7.54 MATLAB 명령어 **zplane**를 사용하여 다음 시스템의 극점-영점을 그려라.

(a) $H(z) = \dfrac{1 + z^{-2}}{2 + z^{-1} - \frac{1}{2}z^{-2} + \frac{1}{4}z^{-3}}$

(b) $H(z) = \dfrac{1 + z^{-1} + \frac{3}{2}z^{-2} + \frac{1}{2}z^{-3}}{1 + \frac{3}{2}z^{-1} + \frac{1}{2}z^{-2}}$

7.55 MATLAB 명령어 **residuez**을 사용하여 문제 7.24 (d)-(g)를 풀기 위하여 필요한 부분 분수 전개를 구하라.

7.56 MATLAB 명령어 **tf2ss**를 사용하여 문제 7.27의 시스템을 위한 상태 방정식을 구하라.

7.57 MATLAB 명령어 **ss2tf**를 사용하여 문제 7.33의 전달 함수를 구하라.

7.58 MATLAB 명령어 **zplane**를 사용하여 문제 7.35 (a), (b)를 풀어라.

7.59 MATLAB 명령어 **freqz**를 사용하여 문제 7.21에 주어진 시스템의 진폭과 위상 응답을 구하고 도시하라.

7.60 MATLAB 명령어 **freqz**를 사용하여 문제 7.37에 주어진 시스템의 진폭과 위상 응답을 구하고 도시하라.

7.61 MATLAB 명령어 **filter**와 **filtic**을 사용하여 문제 7.53에 주어진 매달 $n = 0, 1, \cdots, L+1$의 시작일에 대출금의 잔액을 도시하라. 이때 $y[-1] = \$10{,}000$, $L = 60$, $r = 10\%$이고, 60개월 후에 대출금의 잔액이 영이 되도록 매달 납입 방식이 선택되었다고 가정한다.

7.62 MATLAB 명령어 **zp2sos**를 사용하여 문제 7.38에 주어진 시스템을 구현하기 위한 2차 종속 접속의 계수값을 결정하라.

7.63 인과적인 이산시간 LTI 시스템의 전달 함수가 다음과 같이 주어진다.

$$H(z) = \frac{0.0976(z-1)^2(z+1)^2}{(z-0.3575-j0.5889)(z-0.3575+j0.5889)(z-0.7686-j0.3338)(z-0.7686+j0.3338)}.$$

(a) 극점과 영점의 위치를 이용하여 진폭 응답을 도시하라.

(b) MATLAB 명령어 **zp2tf**와 **freqz**를 사용하여 진폭과 위상 응답을 구하고 도시하라.

(c) MATLAB 명령어 **zp2sos**를 사용하여 실수 계수값을 가진 2차 종속 접속의 모양으로 이 필터를 표현하라.

(d) MATLAB 명령어 **freqz**를 사용하여 (c)의 각 부분에 대한 진폭 응답을 구하고 도시하라.

(e) MATLAB 명령어 **filter**를 사용하여 입력이 $x[n] = \delta[n]$일 때 출력을 얻기 위한 이 시스템의 임펄스 응답을 결정하라.

(f) MATLAB 명령어 **filter**를 사용하여 입력이 다음과 같을 때 출력을 구하라.

$$x[n] = \left(1 + \cos\left(\frac{\pi}{4}n\right) + \cos\left(\frac{\pi}{2}n\right) + \cos\left(\frac{3\pi}{4}n\right) + \cos(\pi n)\right)u[n].$$

입력과 출력의 처음 250개의 값을 도시하라.

8 필터와 등화기에 대한 응용

8.1 서 론

3-5장에서, 원하는 신호의 주파수 범위로부터 기생 신호의 주파수 범위를 분리할 수 있다는 사실을 이용하여, 이들 기생 신호를 제한하기 위한 기능 블록으로서 **필터**(filter)를 이용하였다. 등화는 2-4장에서 역시스템과 관련하여 논의되었고, 특히 다중 채널 상에서의 예를 통해 설명되었다. 5장에서는 신호가 전화 채널 같은 물리적 시스템을 통해 전송될 때 발생하는 신호 일그러짐을 보상하기 위한 기능 블록으로서 **등화기**(equalizer)를 이용하였다. 3-5장에서 필터와 등화기를 다루는 것은 시스템의 이론적 관점이었다. 이제는 라플라스 변환과 z 변환을 알고 있으므로, 중요한 이 두 기능 블록의 **설계**에 대한 과정을 설명할 수 있다.

이 장에서는 **일그러짐 없는 전송**(distortionless transmission)을 염두에 두고 토의를 시작한다. 이 일그러짐 없는 전송은 선형 필터와 등화기의 연구에 기본이 된다. 그렇기 때문에 자연스럽게 필터링에 대한 이상적인 구성에 관해 토의하게 되는데, 이것은 실제 필터 설계에 대한 기본이 된다. 연속시간 개념을 사용하여 필터 설계를 할 수 있으며, 이 경우는 **아날로그 필터**에 해당한다. 또한 이산시간 개념을 이용하여 필터 설계를 할 수도 있는데, 이 경우를 **디지털 필터**라고 한다. 아날로그와 디지털 필터는 모두 장단점이 있으므로, 이 장에서는 두 필터 모두 살펴보고자 하며, 장 끝에서는 등화법을 다룬다.

8.2 일그러짐 없는 전송 조건

임펄스 응답 $h(t)$를 갖는 연속시간 선형 시불변(LTI) 시스템을 고려하자. 그러면, 시스템은 $h(t)$의 푸리에 변환으로 정의되는 주파수 응답 $H(j\omega)$의 항으로 설명된다. 푸리에 변환 $X(j\omega)$를 갖는 신호 $x(t)$를 시스템의 입력, 푸리에 변환 $Y(j\omega)$를 가지는 신호 $y(t)$를 시스템의 출력이라고 하자. 시스템을 통과하는 일그러짐 없는 전송에 대한 조건을 알아본다. "일그러짐 없는 전송"은 시스템의 출력 신호가 아래에 기술된 두 가지 변동 사항을 제외하고는 입력 신호와 똑같은 신호임을 의미한다.

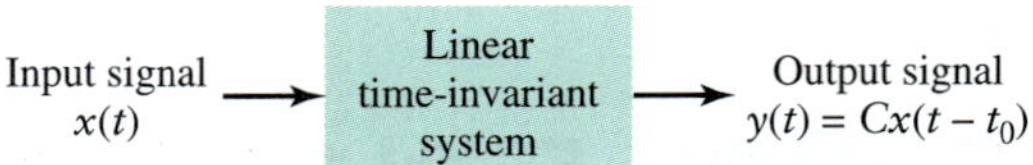

그림 8.1 선형 시불변 시스템을 통과하는 신호의 일그러짐 없는 전송을 위한 시간 영역 조건

- 진폭 스케일링(scaling of amplitude)
- 일정한 시간 지연(constant time delay)

이에 의거하여, 출력 신호 $y(t)$가 식 (8.1)과 같이 정의된다면(그림 8.1 참조), 신호 $x(t)$는 시스템을 통해 일그러짐 없이 전송된다고 할 수 있다.

$$y(t) = Cx(t - t_0). \tag{8.1}$$

여기서, 상수 C는 진폭의 변화를 나타내고, 상수 t_0는 전송에 있어서의 지연을 나타낸다.

표 3.7에 있는 푸리에 변환의 시간 이동 특성을 적용하여, 식 (8.1)에 푸리에 변환을 취하면 식 (8.2)를 얻는다.

$$Y(j\omega) = CX(j\omega)e^{-j\omega t_0}. \tag{8.2}$$

따라서 일그러짐 없는 LTI 시스템의 주파수 응답은 식 (8.3)으로 표현된다.

$$\begin{aligned} H(j\omega) &= \frac{Y(j\omega)}{X(j\omega)} \\ &= Ce^{-j\omega t_0}. \end{aligned} \tag{8.3}$$

마찬가지로, 시스템의 임펄스 응답은 식 (8.4)로 주어진다.

$$h(t) = C\delta(t - t_0). \tag{8.4}$$

식 (8.3)과 (8.4)는 각각 선형 시불변 시스템이 일그러짐 없는 전송을 만족해야 하는 주파수 영역과 시간 영역의 응답을 나타낸다. 두 개의 식 중에서 실제적으로 식 (8.3)이 유한한 주파수 범위를 갖는 신호가 연속시간 선형 시불변 시스템을 통과할 때 일그러짐 없는 전송이 되기 위해서, 시스템의 주파수 응답이 아래의 두 조건을 만족해야 함을 보다 잘 나타낸다.

1. 진폭 응답의 크기 $|H(j\omega)|$는 식 (8.5)처럼, 모든 주파수에 대해 상수가 되어야 한다.

$$\boxed{|H(j\omega)| = C.} \tag{8.5}$$

여기서 C는 임의의 상수이다.

2. 동일한 주파수 영역에서, 위상 응답 $\arg\{H(j\omega)\}$는 식 (8.6)과 같이 주파수에 대해 기울기가 $-t_0$이고 원점을 지나는 선형이 되어야 한다.

$$\boxed{\arg\{H(j\omega)\} = -\omega t_0.} \tag{8.6}$$

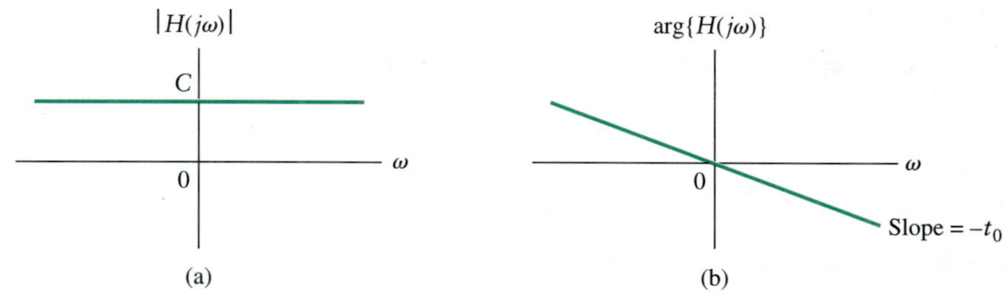

그림 8.2 선형 시불변 시스템을 통과하는 신호가 일그러짐 없이 전송되기 위해 시스템이 가져야 할 주파수 응답. (a) 진폭 응답, (b) 위상 응답

이들 두 조건은 각각 그림 8.2(a)와 (b)에 표현되어 있다.

이번에는 전달 함수가 $H(e^{j\Omega})$인 이산시간 선형 시불변 시스템의 경우를 고려하자. 앞서 설명된 것과 유사한 과정을 통해서, 일그러짐 없는 전송에 대한 조건이 아래와 같음을 보일 수 있다. 즉,

1. 진폭 응답의 크기 $|H(e^{j\Omega})|$는 식 (8.7)에 보인 것처럼, 모든 주파수에 대해 상수이다.

$$\boxed{|H(e^{j\Omega})| = C.} \tag{8.7}$$

여기서 C는 상수를 나타낸다.

2. 동일한 주파수 영역에서, 위상 응답 $\arg\{H(e^{j\Omega})\}$는 주파수에 대해 선형이며, 식 (8.8)과 같다.

$$\boxed{\arg\{H(e^{j\Omega})\} = -\Omega n_0.} \tag{8.8}$$

여기서 n_0는 이산시간 선형 시불변 시스템의 전송 과정에서 발생하는 지연을 나타낸다.

▶ **연습문제 8.1** 콘벌루션 적분에서 식 (8.4)의 임펄스 응답을 사용하여, 일그러짐 없는 시스템의 입-출력 관계가 식 (8.1)과 같이 표현됨을 보여라. ▮

예제 8.1 **일그러짐 없는 전송을 위한 위상 응답.** 일그러짐 없는 전송을 위한 시스템의 위상 응답 $\arg\{H(j\omega)\}$에서 식 (8.6)의 조건이 π 라디안(즉, 180°)의 양수배 또는 음수배와 같은 일정한 위상값을 더함으로써 변형된다고 가정하자. 이 변형의 효과는 무엇인가?

풀이: 식 (8.6)을 다시 쓰면 아래와 같다.

$$\arg\{H(j\omega)\} = \omega t_0 + k\pi.$$

여기서 k는 임의의 상수이다. 따라서, 식 (8.3)으로 주어진 시스템의 주파수 응답은 아래와 같은 새로운 형태가 된다.

$$H(j\omega) = Ce^{-j(\omega t_0 + k\pi)}.$$

그러나, 여기서

$$e^{+jk\pi} = \begin{cases} -1, & k = \pm 1, \pm 3, \ldots \\ +1, & k = 0, \pm 2, \pm 4, \ldots . \end{cases}$$

따라서,

$$H(j\omega) = \pm C e^{-j\omega t_0}$$

가 된다. 이것은 스케일링 인자 C의 부호가 변한다는 것을 제외하면, 식 (8.3)과 같은 모양이다. 따라서 시스템의 위상 응답이 180°의 양수배 또는 음수배와 같은 상수로 변할 때 선형 시불변 시스템을 통과하는 일그러짐 없는 전송에 대한 조건은 변하지 않고 계속 유지된다는 결론을 얻게 된다. ■

8.3 이상적 저역통과 필터

일반적으로 정보를 내포하고 있는 신호의 스펙트럼은 유한한 범위의 주파수 대역을 차지한다. 예를 들면, 전화 통신에서의 음성 신호의 스펙트럼의 범위는 주파수 대역 300-3,100 Hz 이다. 그러한 응용에서 음성 신호의 필수 정보를 추출하기 위해서는 주파수 선택 시스템, 즉 음성 신호의 스펙트럼을 원하는 주파수 대역으로 제한하는 필터가 필요하다. 실제로, 신호 처리를 하는 모든 시스템이 그 구성 요소로서 반드시 특정 필터를 포함한다는 점에서, 필터는 신호와 시스템의 연구에서 기본이다.

3장에서 언급했듯이, 필터의 주파수 응답은 **통과 대역**과 **억제 대역**에 의해 특성화되는데, 이것은 **천이 대역**과 보호 대역으로 분리된다. 통과 대역 내의 주파수를 갖는 신호는 거의 일그러짐 없이 전송되는 반면에, 억제 대역 내의 주파수를 갖는 신호는 효과적으로 제거된다. 그러므로, 필터에는 저주파, 고주파, 중간 주파수 또는 중간 주파수를 제외한 모든 주파수를 전송하는가에 따라서, 각각 저역통과형, 고역통과형, 대역 통과형 그리고 대역 억제형의 유형이 있다.

그러면 통과 대역 내의 모든 낮은 주파수를 일그러짐 없이 전송하고, 억제 대역 내의 모든 높은 주파수를 제거하는 **이상적** 저역통과 필터에 대해 알아보자. 통과 대역으로부터 억제 대역까지의 천이는 폭이 0이라고 가정하자. 저역통과 필터를 고려함에 있어서, 주관심 사항은 $0 \le \omega \le \omega_c$로 제한되는 스펙트럼을 가지는 충실한 정보-의미 신호의 전송이다. 따라서, 그러

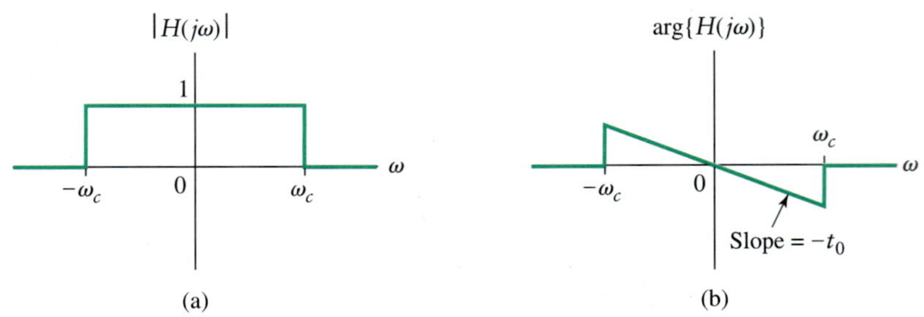

그림 8.3 이상적 저역통과 필터의 주파수 응답. (a) 진폭 응답, (b) 위상 응답

한 응용에서 일그러짐 없는 전송에 대한 조건은 오직 그림 8.3에 보이는 것처럼 필터의 통과대역 내에서만 만족되어야 한다. 특히, 차단 주파수 ω_c를 갖는 이상적 저역통과 필터의 주파수 응답은 식 (8.9)로 정의된다.

$$H(j\omega) = \begin{cases} e^{-j\omega t_0}, & |\omega| \le \omega_c \\ 0, & |\omega| > \omega_c. \end{cases} \tag{8.9}$$

여기서는 간단하게 표현하기 위해서 $C = 1$로 놓는다. 유한한 지연 시간 t_0에 대해서, 이상적 저역통과 필터는 비인과성을 가지며, 이것은 필터의 임펄스 응답 $h(t)$를 조사하면 확실히 알 수 있다.

$h(t)$를 구하기 위해서, 식 (8.9)의 역푸리에 변환을 구하면 식 (8.10)과 같다.

$$\begin{aligned} h(t) &= \frac{1}{2\pi}\int_{-\omega_c}^{\omega_c} e^{j\omega(t-t_0)}\,d\omega \\ &= \frac{1}{2\pi}\frac{e^{j\omega(t-t_0)}}{j(t-t_0)}\bigg|_{\omega=-\omega_c}^{\omega_c} \\ &= \frac{\sin(\omega_c(t-t_0))}{\pi(t-t_0)}. \end{aligned} \tag{8.10}$$

식 (3.24)에 주어진 sinc 함수의 정의로부터 식 (8.11)을 얻는다.

$$\operatorname{sinc}(\omega t) = \frac{\sin(\pi\omega t)}{\pi\omega t}. \tag{8.11}$$

따라서, 식 (8.10)을 간단한 형태로 다시 쓰면 식 (8.12)를 얻는다.

$$\boxed{h(t) = \frac{\omega_c}{\pi}\operatorname{sinc}\left(\frac{\omega_c}{\pi}(t-t_0)\right).} \tag{8.12}$$

이 임펄스 응답은 $\omega_c = 1$, $t_0 = 8$에 대해서, 그림 8.4에 나오는 것처럼 중심 시간 t_0에서 최고 진폭 ω_c/π를 갖는다. 임펄스 응답의 주엽의 지속시간은 $2\pi/\omega_c$이고, 주엽의 시작점에서 최고점까지의 상승 시간은 π/ω_c이다. 그림 8.4로부터, $t_0 = 0$을 포함한 어떤 유한한 값 t_0에 대 해서, 단위 임펄스가 필터의 입력으로 적용되는 시간 $t = 0$ 이전에 필터로부터 어떤 응답이 있음을 알 수 있다. 이 응답으로부터 이상적 저역통과 필터가 비인과성임을 확실히 알 수 있다.

이상적 저역통과 필터는 비인과적인 특성임에도 불구하고, 유용한 이론적 개념이다. 특히, 그것은 실제적인(즉, 인과적인) 필터 설계를 위한 체계를 제공한다.

8.3.1 이상적 저역통과 필터를 통한 구형 펄스의 전송

구형 펄스는 디지털 통신에서 중요한 역할을 한다. 예를 들면, 채널을 통해 전송되는 이진수열의 전기적 표현으로서, 다음과 같이 사용할 수 있다. 즉,

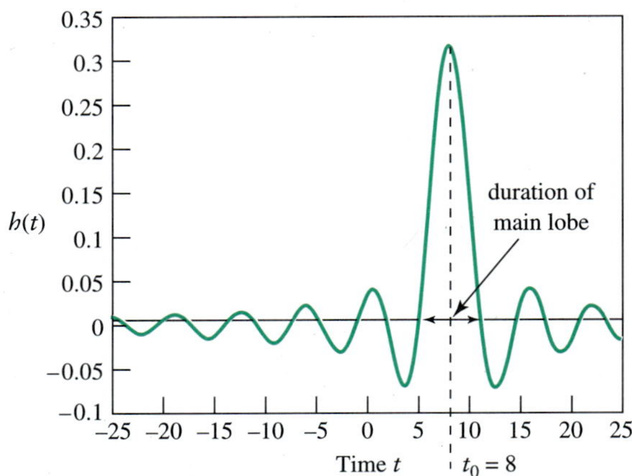

그림 8.4 $\omega_c = 1$, $t_0 = 8$일 때 이상적(그러나 비인과) 저역통과 필터를 나타내는 sinc 함수의 시간 이동된 형태

- 심볼 1에 대해서는 구형 펄스를 전송
- 심볼 0에 대해서는 전송하지 않음

먼저 식 (8.13)으로 표현되는 진폭이 1이고 지속시간이 T_0인 구형 펄스 $x(t)$를 고려하자.

$$x(t) = \begin{cases} 1, & |t| \le \dfrac{T_0}{2} \\ 0, & |t| > \dfrac{T_0}{2}. \end{cases} \tag{8.13}$$

이 파형이 식 (8.9)의 주파수 응답을 가지는 이상적 저역통과 필터로 표현되는 통신 채널에 적용된다고 하자. 이제 관심 사항은 펄스 입력에 대한 채널의 응답을 결정하는 것이다.

채널을 표현하는 필터의 임펄스 응답은 식 (8.12)로 주어지고, 이것을 다시 풀어 쓰면 식 (8.14)가 된다.

$$h(t) = \frac{\omega_c}{\pi}\frac{\sin(\omega_c(t - t_0))}{\omega_c(t - t_0)}. \tag{8.14}$$

콘벌루션 적분을 사용하여 필터의 응답을 표현하면 식 (8.15)와 같다.

$$y(t) = \int_{-\infty}^{\infty} x(\tau)h(t - \tau)\, d\tau. \tag{8.15}$$

식 (8.13)과 (8.14)를 식 (8.15)에 대입하면 아래의 결과를 얻는다.

$$y(t) = \frac{\omega_c}{\pi}\int_{-T_0/2}^{T_0/2} \frac{\sin(\omega_c(t - t_0 - \tau))}{\omega_c(t - t_0 - \tau)}\, d\tau.$$

여기서

$$\lambda = \omega_c(t - t_0 - \tau)$$

로 치환하고, 적분 변수를 τ에서 λ로 바꾼 후 $y(t)$를 다시 쓰면 식 (8.16)이 된다.

$$\begin{aligned} y(t) &= \frac{1}{\pi}\int_b^a \frac{\sin\lambda}{\lambda}\,d\lambda \\ &= \frac{1}{\pi}\left[\int_0^a \frac{\sin\lambda}{\lambda}\,d\lambda - \int_0^b \frac{\sin\lambda}{\lambda}\,d\lambda\right]. \end{aligned} \tag{8.16}$$

여기서 적분 구간 a와 b는 각각 식 (8.17)과 (8.18)로 정의된다.

$$a = \omega_c\left(t - t_0 + \frac{T_0}{2}\right) \tag{8.17}$$

$$b = \omega_c\left(t - t_0 - \frac{T_0}{2}\right). \tag{8.18}$$

식 (8.16)을 간단한 형태로 나타내기 위해서, 식 (8.19)로 정의되는 정현 적분을 소개한다.

$$\mathrm{Si}(u) = \int_0^u \frac{\sin\lambda}{\lambda}\,d\lambda. \tag{8.19}$$

이 정현 적분은 기본 함수의 항을 사용하여 닫힌(closed) 형태로 구할 수 없지만, 멱급수 전개를 사용하여 적분할 수 있다. 그림 8.5는 정현 적분에 대한 그림이다. 이 그림으로부터 다음 세 가지를 알 수 있다.

- 정현 적분 $\mathrm{Si}(u)$는 원점 $u = 0$에 대하여 기대칭이다.
- π의 배수에서 극대 및 극소 값을 가진다.
- $|u|$값이 커질수록 극한값 $\pm\pi/2$로 접근한다.

식 (8.19)의 정현 적분의 정의를 사용하여 식 (8.16)으로 정의된 응답 $y(t)$를 간단한 모양으로 다시 표현하면 식 (8.20)이 된다.

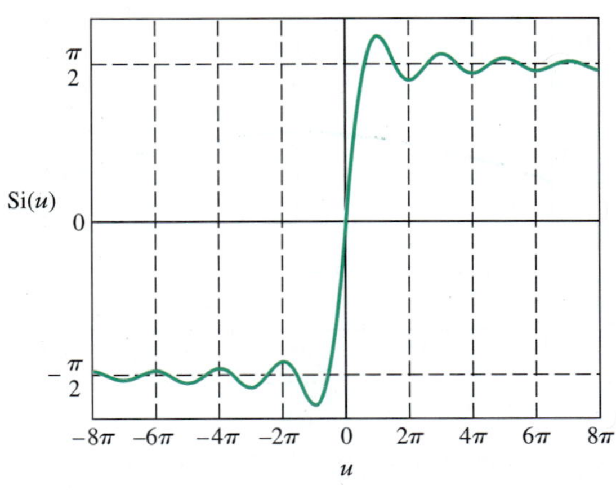

그림 8.5 정현 적분

$$y(t) = \frac{1}{\pi}[\text{Si}(a) - \text{Si}(b)]. \tag{8.20}$$

여기서 a와 b는 각각 식 (8.17)과 (8.18)로 정의된다.

그림 8.6은 전송 지연 t_0가 0이고 또한 펄스 지속시간 $T_0 = 1$이라 가정할 때, 각각 다른 세 개의 차단 주파수 ω_c값에 대한 응답 $y(t)$를 보여준다. 각각의 경우에 있어서, 응답 $y(t)$가 $t = 0$에 대하여 대칭임을 알 수 있다. 앞으로 응답 $y(t)$의 모양이 차단 주파수에 따라 달라짐을 보게 될 것이다. 특히 다음 사항에 유의하자. 즉,

1. 그림 8.6(a)에서처럼, ω_c가 $2\pi/T_0$보다 클 때, 응답 $y(t)$는 필터 입력이 되는 구형 펄스 $x(t)$와 거의 같은 지속시간을 가진다. 그러나 그것은 다음의 두 관점에서 $x(t)$와 다르다.

▶ 입력 $x(t)$와는 달리, 차단 주파수 ω_c에 반비례하는 상승 시간과 하강 시간이 0이 아니다.

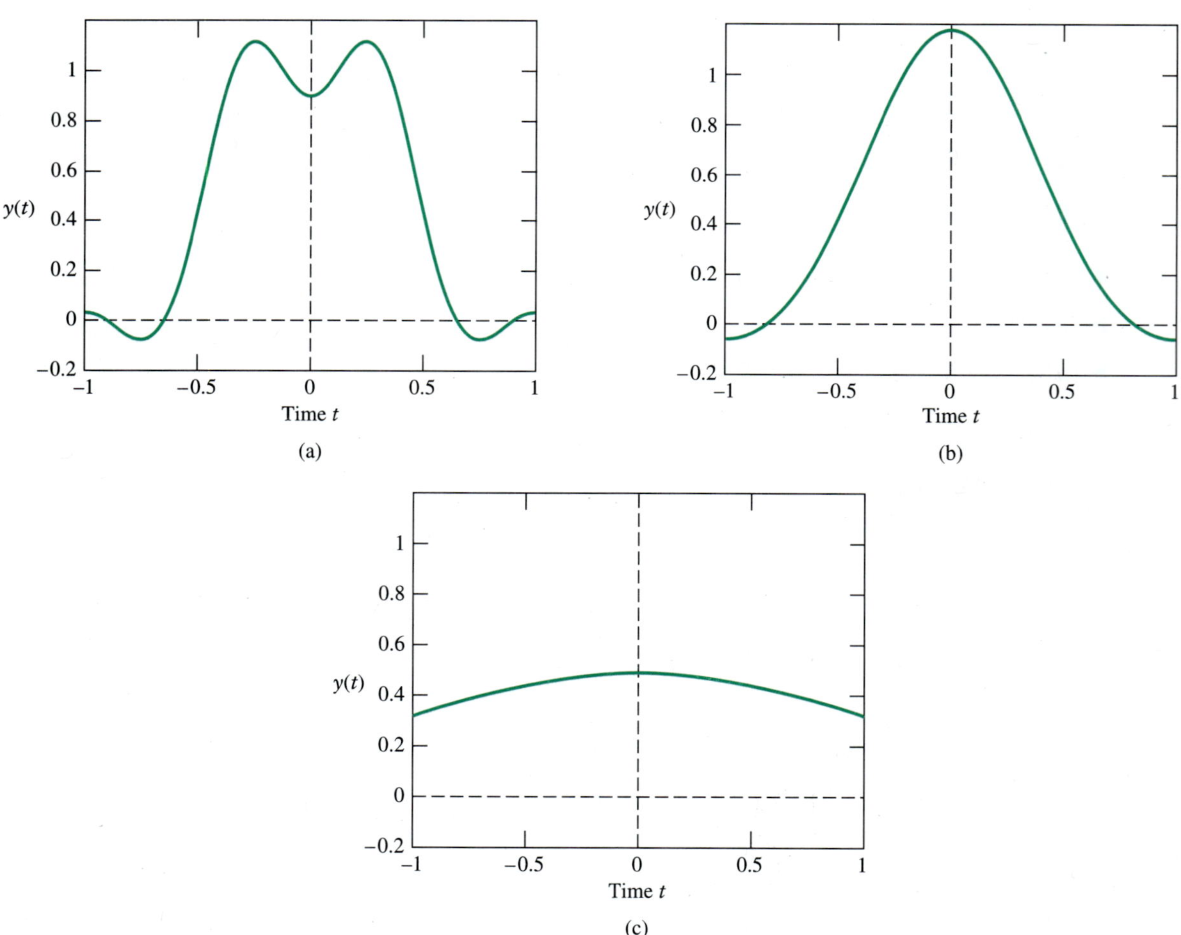

그림 8.6 지속시간이 $T_0 = 1$ s인 입력 펄스가 이상적 저역통과 필터에 가해질 때, 필터의 여러 가지 차단 주파수 ω_c에 따른 펄스 응답. (a) $\omega_c = 4\pi$ rad/s, (b) $\omega_c = 2\pi$ rad/s, (c) $\omega_c = 0.4\pi$ rad/s

- 응답 $y(t)$는 앞과 끝의 양쪽에서 울림(ringing)을 보여준다.

2. 그림 8.6(b)에서처럼, $\omega_c = 2\pi/T_0$일 때, 응답 $y(t)$는 펄스로 인식된다. 그러나 $y(t)$의 상승·하강 시간은 입력 구형 펄스 $x(t)$의 지속시간에 비해 심각하다.
3. 그림 8.6(c)에서처럼 차단 주파수 ω_c가 $2\pi/T_0$보다 작을 때, 응답 $y(t)$는 입력 $x(t)$가 크게 일그러진 형태로서 나타나게 된다.

이 결과들로부터 두 파라미터 –(1) 이상적 저역통과 필터의 입력 신호 역할을 하는 구형 펄스의 지속시간과 (2) 필터의 차단 주파수– 사이에 역관계가 있음을 알 수 있다. 이 역관계는 3장에서 토의된 시간-대역폭 곱이 변하지 않음을 보여준다. 실용적인 관점으로부터, 펄스 지속시간과 필터 차단 주파수 사이의 역관계는 디지털 통신에 있어서 여기서 설명된 것처럼 간단한 해석을 가진다. 요구사항이 단지 구형 펄스 지속시간 T_0로 표현되는 심볼 1의 전송에 따른 저역통과 채널의 응답을 인지하는 것이라면, 채널의 차단 주파수는 $\omega_c = 2\pi/T_0$에 맞추는 것이 적절하다.

예제 8.2 **차단 주파수의 증가에 따른 오버슈트.** 그림 8.6(a)에 보인 $T_0 = 1$ s인 동안 차단 주파수가 $\omega_c = 4\pi/T_0$인 응답 $y(t)$는 거의 9%의 오버슈트(overshoot)를 보여준다. 차단 주파수 ω_c가 무한대로 갈 때 이 오버슈트가 어떻게 될 것인지를 예측하라.

풀이: 그림 8.7(a)와 (b)는 차단 주파수 $\omega_c = 10\pi/T_0$와 $\omega_c = 40\pi/T_0$에 대한 이상적 저역통과 필터의 펄스 응답이다. 이 두 그림으로부터 차단주파수 ω_c의 크기에 상관 없이 오버슈트가 거의 9%를 유지함을 알 수 있다. 사실상, 이 결과는 3장에서 논의한 깁스 현상(Gibbs phenomenon)의 다른 표현이다.

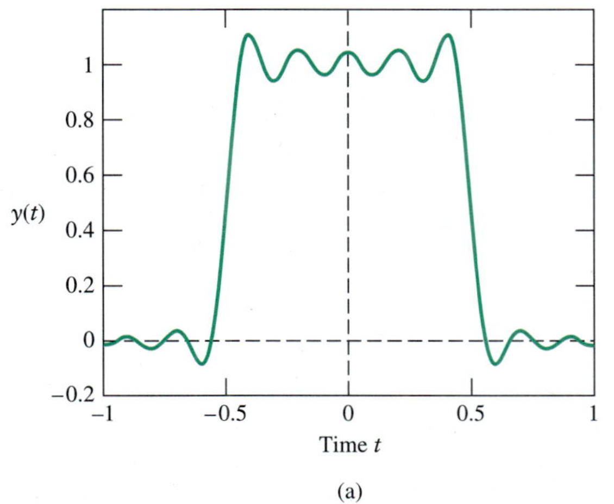

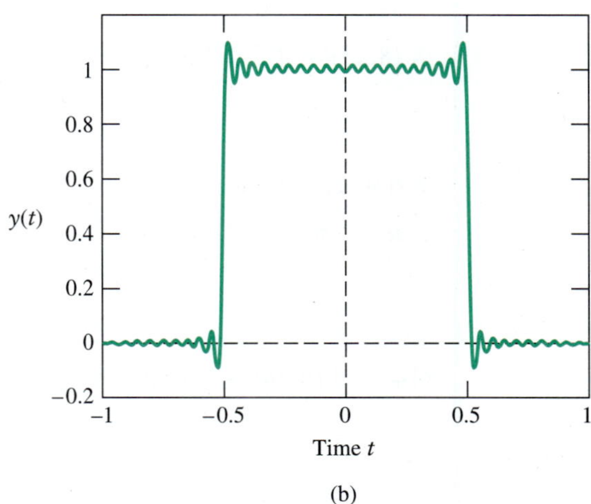

그림 8.7 이상적 저역통과 필터의 펄스 응답에 의해 예시되는 깁스 현상. (a) $\omega_c T_0 = 10\pi$ rad/s, (b) $\omega_c T_0 = 40$ rad/s, (c) $\omega_c = 0.4\pi$ rad/s, 펄스 지속시간 T_0는 1초에서 상수로 유지된다.

그래프에 나타난 것에 대한 분석적인 증명을 위해, 그림 8.5로부터 식 (8.19)에 정의된 정현 적분 Si(u)가 주파수 $1/2\pi$에서 진동하는 것을 관찰할 수 있다. 이 결과의 의미는 필터 응답 $y(t)$는 $\omega_c/2\pi$와 같은 주파수에서 진동할 것이라는 점이며, 여기서 ω_c는 필터의 차단 주파수이다. 따라서 필터 응답 $y(t)$는 식 (8.21)의 $t_{\max}$에서 최초의 최대값을 가진다.

$$t_{\max} = \frac{T_0}{2} - \frac{\pi}{\omega_c}. \tag{8.21}$$

마찬가지로, 식 (8.17)과 (8.18)로 정의되는 적분 구간 a와 b도 식 (8.22)와 (8.23)의 값($t_0 = 0$이라 가정)을 갖는다.

$$\begin{aligned} a_{\max} &= \omega_c\left(t_{\max} + \frac{T_0}{2}\right) \\ &= \omega_c\left(\frac{T_0}{2} - \frac{\pi}{\omega_c} + \frac{T_0}{2}\right) \\ &= \omega_c T_0 - \pi; \end{aligned} \tag{8.22}$$

$$\begin{aligned} b_{\max} &= \omega_c\left(t_{\max} - \frac{T_0}{2}\right) \\ &= \omega_c\left(\frac{T_0}{2} - \frac{\pi}{\omega_c} - \frac{T_0}{2}\right) \\ &= -\pi. \end{aligned} \tag{8.23}$$

식 (8.22)와 (8.23)을 식 (8.20)에 대입하면 식 (8.24)가 된다.

$$\begin{aligned} y(t_{\max}) &= \frac{1}{\pi}[\mathrm{Si}(a_{\max}) - \mathrm{Si}(b_{\max})] \\ &= \frac{1}{\pi}[\mathrm{Si}(\omega_c T_0 - \pi) - \mathrm{Si}(-\pi)] \\ &= \frac{1}{\pi}[\mathrm{Si}(\omega_c T_0 - \pi) + \mathrm{Si}(\pi)]. \end{aligned} \tag{8.24}$$

식 (8.25)와 같이 설정하자.

$$\mathrm{Si}(\omega_c T_0 - \pi) = \frac{\pi}{2}(1 + \Delta). \tag{8.25}$$

여기서 Δ는 최종값 $+\pi/2$의 분수로 표현되는 Si($\omega_c T_0 - \pi$)의 편차(deviation)의 절대값이다. Si(u)는 $u_{\max} = \pi$에서 최대값 1.852를 갖는데, 아래 식에서처럼 (1.179)($\pi/2$)로 쓸 수 있다.

$$\mathrm{Si}(\pi) = (1.179)\left(\frac{\pi}{2}\right).$$

이로써 식 (8.24)는 식 (8.26)으로 다시 쓸 수 있다.

$$\begin{aligned} y(t_{\max}) &= \tfrac{1}{2}(1.179 + 1 + \Delta) \\ &= 1.09 + \tfrac{1}{2}\Delta. \end{aligned} \tag{8.26}$$

필터의 대역폭의 관점에서 ω_c를 보면, 그림 8.5로부터 시간-대역폭 곱 $\omega_c T_0$가 1보다 훨씬 클 때, 분수(fractional) 편차 Δ는 아주 작은 값을 가진다. 따라서 근사값으로 표현하면 식 (8.27)과 같이 된다.

$$y(t_{\max}) \simeq 1.09 \quad (\omega_c \gg 2\pi/T_0). \tag{8.27}$$

이것으로 필터 응답에서 오버슈트는 거의 9%임을 알 수 있고, 실제로 차단 주파수 ω_c에 독립임을 알 수 있다. ▮

8.4 필터 설계

그림 8.3에 보여진 주파수 응답을 가지는 저역통과 필터는 통과 대역 내에 있는 모든 주파수 성분을 일그러짐 없이 통과시키고, 억제 대역에 속하는 모든 주파수를 차단한다는 점에서 "이상적"이고, 통과 대역으로부터 억제 대역으로의 천이는 급격히 변하다. 이것은 실현 불가능한 필터의 특성을 나타낸다. 따라서, 실제적인 관점으로부터 현명한 접근은 연속시간 또는 아날로그 필터의 경우에 대해 여기에 설명된 것처럼 이상적인 조건으로부터 규정된 "편차"를 허용하여 수용 가능한 수준의 일그러짐을 허용하는 것이다.

▶ 통과 대역 내에서, 필터의 진폭 응답은 1과 $1 - \epsilon$ 사이에 있어야 한다. 즉, 식 (8.28)을 만족해야 한다.

$$1 - \epsilon \le |H(j\omega)| \le 1 \quad (0 \le |\omega| \le \omega_p). \tag{8.28}$$

여기서 ω_p는 **통과 대역 차단 주파수**이고, ϵ은 **허용 오차 파라미터**이다.

▶ 억제 대역 내에서, 필터의 진폭 응답은 δ를 넘지 않아야 한다. 즉, 식 (8.29)를 만족해야 한다.

$$|H(j\omega)| \le \delta \quad (|\omega| \ge \omega_s). \tag{8.29}$$

여기서 ω_s는 **억제 대역 차단 주파수**이고, δ는 다른 허용 오차 파라미터이다(여기서 사용되는 파라미터 δ를 단위 임펄스 기호와 혼동해서는 안된다).

▶ 천이 대역폭은 $\omega_s - \omega_p$와 같은 유한한 폭을 가진다.

그림 8.8의 허용 오차 그림은 이 필터의 특성을 나타낸다. 이산시간 필터에 대해서도 아날로그적인 설계조건이 사용되는데, 응답은 항상 Ω축에서 2π 주기라는 부가된 규정을 가진다. 이들 사양이 필터링 문제에 대한 목적에 가깝게 충족되고 적당한 비용으로 필터 설계가 이루어질 수 있으면, 그것으로 충분한 것이다. 실제로, 이것이 바로 공학적 설계의 특성이다.

위에서 설명된 설계조건은 임펄스 응답보다는 주파수 응답에 기초한 필터 설계에 초점을 맞추는 접근 방법에 의거한 것이다. 이것은 필터의 응용이 보통 그들의 주파수 범위에 기초한 신호의 분리를 포함한다는 사실을 의미하는 것이다.

주파수 선택적 필터의 원하는 특성을 설명하는 설계조건들을 규정한 다음, 필터 설계는 아래와 같은 순서로 행하여지는 2단계로 구분될 수 있다. 즉,

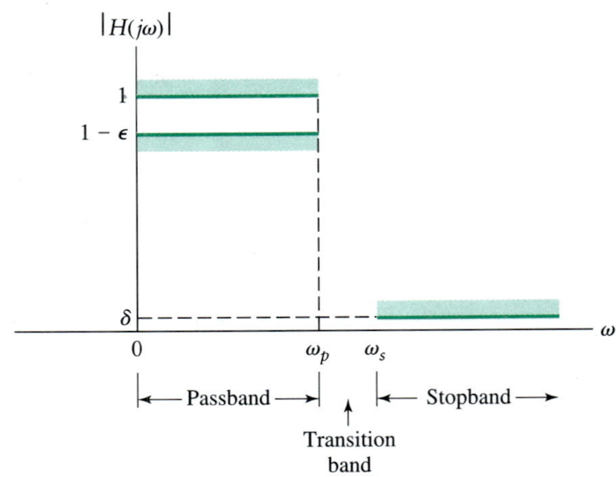

그림 8.8 실제적인 저역통과 필터의 허용 오차 다이어그램(통과 대역, 천이 대역, 억제 대역은 모두 양의 주파수에서 표현됨)

1. 인과적이고 안정한 시스템을 표현하는 합리적인 전달 함수에 의한 규정된 주파수 응답(다시 말해서, 진폭 응답, 위상 응답, 또는 둘 다)의 **근사화**
2. 물리적인 시스템에 의한 근사화 전달 함수의 **실현**

이 두 단계는 여러 가지 다른 방법으로 구현될 수 있으므로 규정된 설계조건을 만족하는 필터 설계 문제는 유일한 해를 가지지 않는다.

그럼에도 불구하고, 아래에 요약한 것처럼 아날로그와 디지털 필터를 설계하기 위해서 세 가지 다른 방법을 언급한다. 즉,

1. 아날로그 필터 종류에 적용되는 **아날로그 접근 방법**
2. 아날로그 필터 설계를 기초로 디지털 필터를 설계하는 **아날로그에서 디지털로의 접근 방법**
3. 디지털 필터의 종류에 적용되는 **직접적인 디지털 접근 방법**

앞으로 이들 접근 방법의 기본적인 생각이 몇 가지 설계 예제를 통해 표현되고 설명된다.

8.5 근사화 함수

근사화 문제를 풀기 위한 전달 함수의 선택은 특정한 필터 구조를 이용하여 설계 사양으로부터 전달 함수를 구현하기까지의 과도기적인 단계이다. 이 과정은 필터 설계에 있어서 가장 기본적인 단계로서, 전달 함수의 선택은 필터의 성능을 결정하게 된다. 그러나 앞에서 근사화 문제에는 해결 방법이 많다고 강조했다. 근사화를 가능케 하는 여러 가지 방법이 있는데, 그들은 각각 그 나름의 특성을 가진다.

기본적으로, 근사화 문제는 **최적화**(optimization) 문제이며, 이것은 단지 특정한 최적의 기준 범위에서 해결될 수 있다. 다시 말해서, 근사화 문제를 풀기 전에 내적 또는 외적인 관점에서 최적의 기준을 설명해야 한다. 더욱이, 어떤 선택된 기준은 해결 방법을 유일하게 결정한다. 일반적으로 필터 설계에 사용되는 두 종류의 최적의 기준은 아래와 같다.

1. 최대 평탄 진폭 응답(maximally flat magnitude response)

$|H(j\omega)|$는 차수가 K인 아날로그 저역통과 필터의 진폭 응답을 나타내며, 이때 K는 정수이다. 그리고 진폭 응답 $|H(j\omega)|$는 ω에 대한 다중 미분이 $\omega = 0$에서 0이 되면, 즉 아래 수식을 만족하면, 원점에서 **최대 평탄**하다고 정의한다.

$$\frac{\partial^k}{\partial\omega^k}|H(j\omega)| = 0 \quad (\omega = 0 \text{ 이고 } k = 1, 2, \ldots, 2K - 1 \ ).$$

2. 등파상 진폭 응답(equiripple magnitude response)

아날로그 저역통과 필터의 진폭 응답 $|H(j\omega)|$의 제곱이 아래와 같다고 하자.

$$|H(j\omega)|^2 = \frac{1}{1 + \gamma^2 F^2(\omega)}.$$

여기서, γ는 통과 대역 허용 오차 파라미터 ϵ에 관계되고, $F(\omega)$는 ω에 대한 임의의 함수이다. 만약 $F^2(\omega)$가 전체 통과 대역에 걸쳐 극대와 극소 사이에서 같은 진폭으로 진동하면 진폭 응답 $|H(j\omega)|$는 **통과 대역에서는 등파상**이라고 할 수 있다. 여기서, 필터 차수 K가 홀수와 짝수일 때에 따른 두 경우를 구별하여야 한다. 다음과 같이 $K = 3$과 $K = 4$인 두 경우에 대한 두 번째 최적 기준의 공식을 설명한다(그림 8.9 참조).

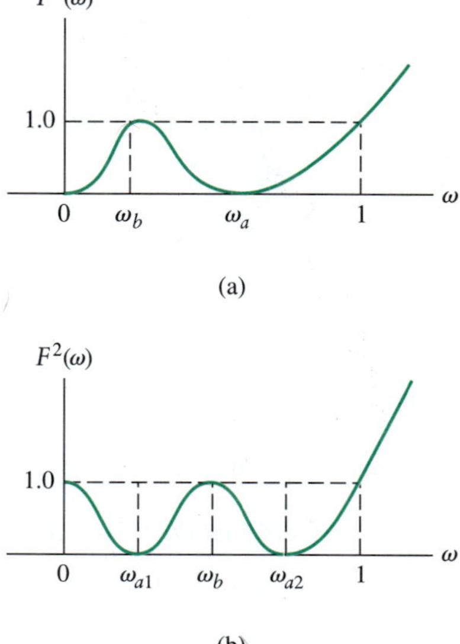

그림 8.9 함수 $F^2(\omega)$의 두 가지 다른 형태. (a) $K = 3$, (b) $K = 4$

경우 (a): $K = 3,\ \omega_c = 1$

(i) $F^2(\omega) = 0 \quad (\omega = 0, \pm\omega_a)$

(ii) $F^2(\omega) = 1 \quad (\omega = \pm\omega_b, \pm 1)$

(iii) $\dfrac{\partial}{\partial\omega}F^2(\omega) = 0 \quad (\omega = 0, \pm\omega_b, \pm\omega_a)$

여기서 $0 < \omega_b < \omega_a < 1$.

경우 (b): $K = 4,\ \omega_c = 1$

(i) $F(\omega) = 0 \quad (\omega = \pm\omega_{a1}, \pm\omega_{a2})$.

(ii) $F^2(\omega) = 1 \quad (\omega = 0, \pm\omega_b, \pm 1)$.

(iii) $\dfrac{\partial}{\partial\omega}F^2(\omega) = 0 \quad (\omega = 0, \pm\omega_{a1}, \pm\omega_b, \pm\omega_{a2})$

여기서 $0 < \omega_{a1} < \omega_b < \omega_{a2} < 1$.

위에서 설명된 두 가지 최적 기준은 버터워스(Butterworth) 필터와 체비셰프(Chebyshev) 필터로 알려진 두 종류의 필터를 각각 만족하고, 아래에서 이들에 대한 설명을 한다.

8.5.1 버터워스 필터

K차 버터워스 함수는 식 (8.30)처럼 정의되고, 이렇게 설계된 필터를 K차 버터워스 필터라고 한다.

$$|H(j\omega)|^2 = \frac{1}{1 + \left(\dfrac{\omega}{\omega_c}\right)^{2K}}, \qquad K = 1, 2, 3, \cdots. \tag{8.30}$$

식 (8.30)의 근사화 함수는 $H(j\omega)$가 ω에 대한 우함수이어야 한다는 필요조건을 만족한다. 파라미터 ω_c는 필터의 **차단 주파수**이다. 그림 8.8에서 정의된 허용오차 파라미터 ϵ와 δ의 규정된 값에 대해서 식 (8.30)으로부터 통과 대역과 억제 대역의 차단 주파수는 각각 식 (8.31)과 (8.32)임을 쉽게 알 수 있다.

$$\omega_p = \omega_c\left(\frac{\epsilon}{1 - \epsilon}\right)^{1/(2K)} \tag{8.31}$$

$$\omega_s = \omega_c\left(\frac{1 - \delta}{\delta}\right)^{1/(2K)}. \tag{8.32}$$

식 (8.30)의 근사화 함수를 사용하여 구한 진폭 응답의 제곱 $|H(j\omega)|^2$에 대한 그림이 그림 8.10에 나타나 있고, 이것은 정규화된 주파수 ω/ω_c의 함수로서 4가지 상이한 필터 차수 K값에 대한 그림을 보여준다. 모든 곡선은 $\omega = \omega_c$에서 전력이 1/2이 되는 점을 지난다.

버터워스 함수는 통과 대역과 억제 대역 전체에서 단조 함수이다. 특히, $\omega = 0$ 근처에서 $H(j\omega)$의 크기를 식 (8.33)처럼 멱급수로 전개할 수 있다.

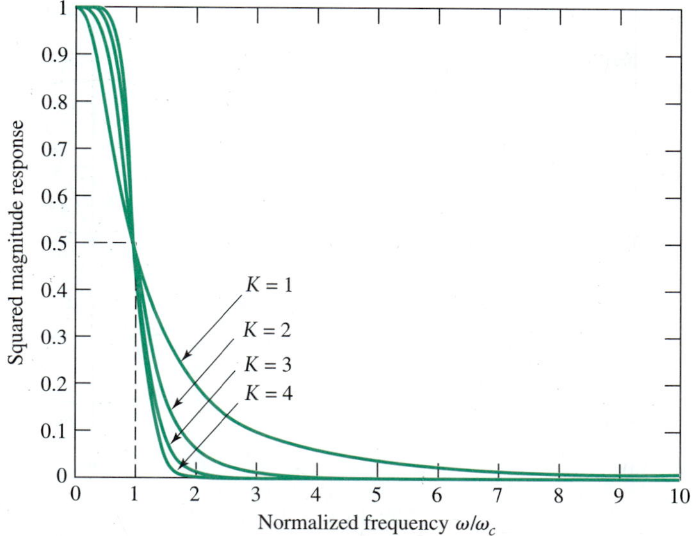

그림 8.10 여러 가지 차수에 대한 버터워스 필터의 제곱 진폭 응답

$$|H(j\omega)| = 1 - \frac{1}{2}\left(\frac{\omega}{\omega_c}\right)^{2K} + \frac{3}{8}\left(\frac{\omega}{\omega_c}\right)^{4K} - \frac{5}{16}\left(\frac{\omega}{\omega_c}\right)^{6K} + \cdots. \tag{8.33}$$

이 식은 ω에 대한 $|H(j\omega)|$의 첫 $2K - 1$차 미분이 원점에서 0임을 의미한다. 따라서, 버터워스 함수는 실제로 $\omega = 0$에서 **최대 평탄**이다.

아날로그 필터를 설계하기 위해서는 복소 변수 s의 함수로 표현되는 전달 함수 $H(s)$를 알아야 한다. 버터워스 함수 $|H(j\omega)|^2$이 주어진다면, 상응하는 전달 함수 $H(s)$를 어떻게 구할 수 있을까? 이것을 설명하기 위해, $j\omega = s$라 놓으면 식 (8.34)를 얻게 된다.

$$H(s)H(-s)|_{s=j\omega} = |H(j\omega)|^2. \tag{8.34}$$

따라서 $\omega = s/j$로 설정하면, 식 (8.30)을 등가 형태인 식 (8.35)로 다시 쓸 수 있다.

$$H(s)H(-s) = \frac{1}{1 + \left(\dfrac{s}{j\omega_c}\right)^{2K}}. \tag{8.35}$$

분모 다항식의 근은 s 평면에서 식 (8.36)의 점에 위치한다.

$$\begin{aligned} s &= j\omega_c(-1)^{1/(2K)} \\ &= \omega_c e^{j\pi(2k+1)/(2K)} \quad (k = 0, 1, \cdots, 2K - 1). \end{aligned} \tag{8.36}$$

즉, $H(s)H(-s)$의 극점들은 반지름이 ω_c인 원 위에서 대칭인 형태이며, $K = 3$과 $K = 4$에 대해서는 그림 8.11에 나타내었다. 어떤 K에 대해서도 극점들은 s평면의 허수축에는 존재하지 않는다는 점을 유의하라.

$2K$개의 극점들 중 $H(s)$에 관계되는 극점은 어떤 것들일까? 이 기본적인 질문에 대답하기

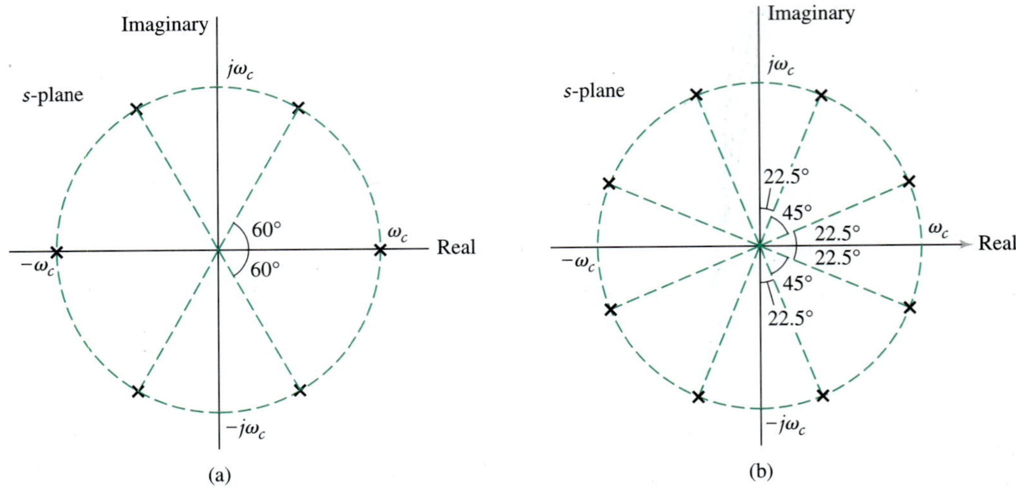

그림 8.11 s 평면에서 필터의 특징. (a) $K = 3$과 (b) $K = 4$에 대한 $H(s)H(-s)$의 극점 분포, 극점의 전체 개수는 각각 6과 8이다.

위해서, 안정적이고 인과적인 필터를 나타내는 전달 함수 $H(s)$의 경우, 모든 극점들은 s 평면의 왼쪽에 있어야 한다는 것을 6장에서 배웠다. 그러므로 $H(s)H(-s)$의 극점들 중 s 평면의 왼쪽에 위치하는 K개는 $H(s)$에 관계되는 것이고, 나머지 오른쪽에 있는 K개의 극점들은 $H(-s)$에 관계되는 것이다. 따라서 $H(s)$가 안정하다면, $H(-s)$는 불안정하다.

예제 8.3 **3차 버터워스 저역통과 필터.** $K = 3$인 저역통과 버터워스 필터의 전달 함수를 구하라. 이때 3-dB 차단 주파수는 $\omega_c = 1$이라고 가정한다.

풀이: $K = 3$이면 $H(s)H(-s)$의 $2K = 6$개의 극점들은 그림 8.11(a)처럼 반지름이 1인 단위 원에서 60° 간격으로 나타난다. $H(s)$와 관계 있는 왼쪽 평면의 극점들은 아래와 같이 얻을 수 있다.

$$s = -\frac{1}{2} + j\frac{\sqrt{3}}{2}$$

$$s = -1$$

$$s = -\frac{1}{2} - j\frac{\sqrt{3}}{2}.$$

따라서 3차 버터워스 필터의 전달 함수는 식 (8.37)과 같다.

$$\begin{aligned} H(s) &= \frac{1}{(s+1)\left(s+\frac{1}{2}-j\frac{\sqrt{3}}{2}\right)\left(s+\frac{1}{2}+j\frac{\sqrt{3}}{2}\right)} \\ &= \frac{1}{(s+1)(s^2+s+1)} \\ &= \frac{1}{s^3+2s^2+2s+1}. \end{aligned} \tag{8.37}$$

▶ **연습문제 8.2** 차단 주파수가 ω_c인 3차 버터워스 필터를 얻기 위해서는 식 (8.37)의 전달 함수를 어떻게 수정해야 하는가?

해답: $$H(s) = \frac{1}{\left(\frac{s}{\omega_c}\right)^3 + 2\left(\frac{s}{\omega_c}\right)^2 + 2\left(\frac{s}{\omega_c}\right) + 1}$$ ∎

▶ **연습문제 8.3** 필터 차수 (a) $K = 1$, (b) $K = 2$ 각각에 대하여, 차단 주파수가 $\omega_c = 1$인 버터워스 필터의 전달 함수를 구하라.

해답: (a) $$H(s) = \frac{1}{s + 1}$$

(b) $$H(s) = \frac{1}{s^2 + \sqrt{2}s + 1}$$ ∎

표 8.1은 차단 주파수가 $\omega_c = 1$인 경우, $K = 6$차까지의 버터워스 필터 전달 함수를 요약해 놓은 것이다.

표 8.1 버터워스 필터 전달 함수

$$H(s) = \frac{1}{Q(s)}$$

필터 차수 K	다항식 $Q(s)$
1	$s + 1$
2	$s^2 + \sqrt{2}s + 1$
3	$s^3 + 2s^2 + 2s + 1$
4	$s^4 + 2.6131s^3 + 3.4142s^2 + 2.6131s + 1$
5	$s^5 + 3.2361s^4 + 5.2361s^3 + 5.2361s^2 + 3.2361s + 1$
6	$s^6 + 3.8637s^5 + 7.4641s^4 + 9.1416s^3 + 7.4641s^2 + 3.8637s + 1$

8.5.2 체비세프 필터

그림 8.8의 허용 오차 그림으로부터 근사화 함수는 통과 대역 범위 $0 \leq \omega \leq \omega_p$에서 1과 $1 - \epsilon$ 사이에 존재해야 함을 알 수 있다. 버터워스 함수는 이 조건을 만족하지만 $\omega = 0$ 부근에 근사화 능력이 집중되어 있다. 주어진 필터 차수에 대해서, 통과 대역에서 등파상 특성(즉, $0 \leq \omega \leq \omega_p$에 대해 1과 $1 - \epsilon$ 사이에서 균일하게 진동)을 보여주는 근사화 함수를 사용하여 감소된 천이 대역폭을 가지는 필터를 구할 수 있고, 그림 8.12(a)와 (b)는 각각 $K = 3, 4$에 대해 통과 대역에서 −0.5-dB 리플을 나타낸다. 여기서 진폭 응답은 K가 홀수 및 짝수인 경우 모두 등파상 기준을 만족시킨다. 등파상 진폭 응답을 가지는 근사화 함수는 전반적으로 **체비세프 함수**로 알려져 있다. 이것을 기초로 하여 설계된 필터를 **체비세프 필터**라고 부른다.

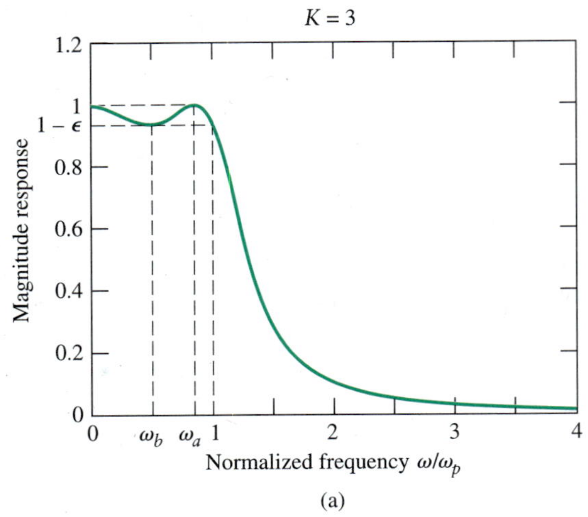

(a)

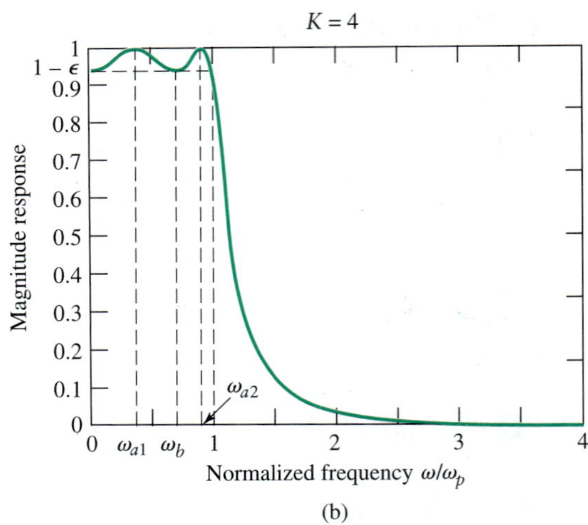

(b)

그림 8.12 통과 대역 리플 = −0.5 dB일 때, 차수 (a) $K = 3$과 (b) $K = 4$에 대한 체비세프 필터의 진폭 응답. 경우 (a)의 주파수 ω_b와 ω_a 그리고 경우 (b)의 주파수 ω_{a1}, ω_b와 ω_{a2}는 등파상 진폭 응답에 대해 최적 기준에 부합하여 정의된다.

체비세프 필터에 관계되는 전달 함수 $H(s)$의 극점들은 버터워스 필터의 극점들과 밀접하게 연관된 상태로서 s 평면에서 타원 위에 존재한다.

그림 8.12에 나타난 체비세프 함수는 억제 대역에서 단조함을 보인다. 다른 방법으로 통과 대역에서는 단조적인 응답을 보이지만 억제 대역에서는 등파상 응답을 보이는 다른 종류의 체비세프 함수를 사용할 수도 있는데, 그림 8.13(a)와 (b)는 각각 $K = 3$, 4에서 −30-dB 억제 대역 리플을 나타낸다. 후자의 방법에 기초하여 설계된 필터를 **역체비세프 필터**라고 부른다. 체비세프 필터와는 달리, 역체비세프 필터의 전달 함수는 s 평면의 허수축 위에 존재하는 영점

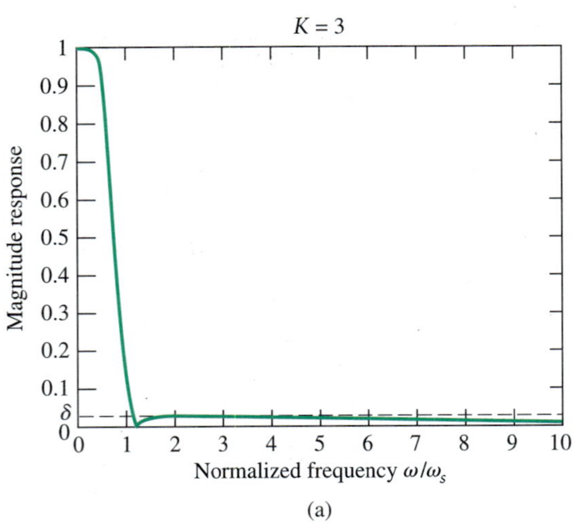

(a)

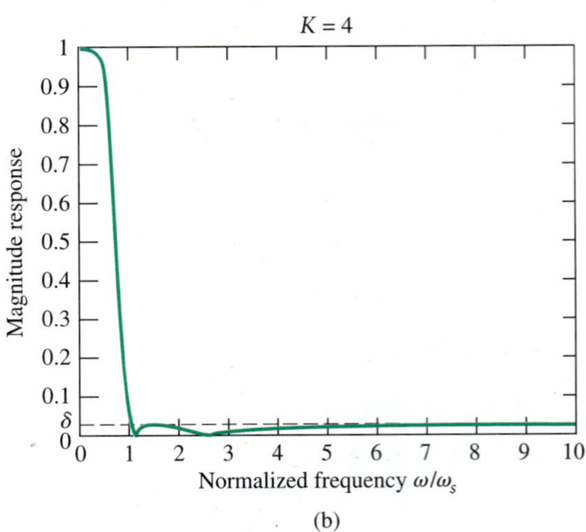

(b)

그림 8.13 억제 대역 리플 = −30 dB일 때, 차수 (a) $K = 3$과 (b) $K = 4$에 대한 역체비세프 필터의 진폭 응답

을 가진다.

체비세프와 역체비세프 필터에서 구체화된 생각들은 통과 대역과 억제 대역 양쪽에서 근사화 함수가 등파상이 되게 함으로써 천이 대역폭을 더 줄이기 위해 결합될 수 있다. 이와 같은 근사화 함수를 **타원 함수**(elliptic function)라 부르고, 이것으로 만들어진 필터를 **타원 필터**라고 부른다. 규정된 설계조건에 대해서, 천이 대역폭을 최소화 시킬 수 있다는 점에서 타원 필터가 최적이다. 그렇기 때문에 필터의 통과 대역과 억제 대역 간의 간격을 최소로 할 수 있다. 그러나 분석적인 관점에서 볼 때, 전달 함수 $H(s)$의 결정은 버터워스 필터가 가장 쉽고 타원 필터가 가장 어렵다. 타원 필터의 전달 함수 $H(s)$는 s 평면에서 유한개의 영점을 가진다는 사실을 이용하여 최적의 동작을 얻을 수 있으며, 영점의 수는 필터 차수 K에 의해 유일하게 결정된다. 반대로, 버터워스 필터 또는 체비세프 필터의 전달 함수 $H(s)$의 모든 영점은 $s = \infty$에 위치하게 된다.

8.6 주파수 변환

지금까지 저역통과 필터에 대한 근사화 문제 해결 방안을 살펴보았다. 이 책에서 언급하는 저역통과 "기본형" 필터의 의미는 차단 주파수 ω_c가 1로 정규화되는 저역통과 필터를 의미한다. 저역통과 기본형 필터의 전달 함수를 알고 있다면, 이것을 기반으로 독립 변수의 적당한 변환을 이용하여 임의의 차단 주파수를 가지는 저역통과 필터, 고역통과, 대역통과 또는 대역억제 필터의 전달 함수를 유도할 수 있다. 이러한 변환은 관심 있는 이상 특성이 근사화된 대역의 허용 오차에 영향을 미치지 않는다. 연습문제 8.2에서는 저역통과에서 저역통과로의 변환 문제를 고려한다. 아래에서, 특별한 두 종류의 주파수 변환 즉, 저역통과에서 고역통과로의 변환과 저역통과에서 대역통과로의 변환에 대하여 알아볼 것이다. 다른 **주파수 변환**들도 여기에 설명된 원리를 따른다.

8.6.1 저역통과에서 고역통과로의 변환

s 평면에서 점 $s = 0$과 $s = \infty$는 특별한 관심이 있는 곳이다. 저역통과 필터의 경우에, $s = 0$은 통과 대역의 중점(양의 주파수와 음의 주파수 모두에 대해 정의된)을 의미하고, $s \to \infty$는 필터의 전달 함수가 점근선적으로 작용하는 부근을 정의한다. 이들 두 점의 역할은 고역통과 필터에서는 서로 바뀐다. 따라서, 저역통과에서 고역통과로의 변환을 위해 식 (8.38)을 사용한다.

$$s \to \frac{\omega_c}{s}. \tag{8.38}$$

여기서 ω_c는 고역통과 필터의 원하는 차단 주파수이다. 식 (8.38)의 표현은 차단 주파수 ω_c를 가지는 고역통과 필터의 전달 함수를 구하기 위해서 저역통과 기본형의 전달 함수에서 s를 ω_c/s로 바꿀 수 있음을 의미한다.

더 정확하게 표현하기 위해서, $(s - d_j)$가 저역통과 기본형의 전달 함수 $H(s)$의 극점 인수(factor)라고 하면, 식 (8.38)을 사용하여 식 (8.39)와 같이 나타낼 수 있다.

$$\frac{1}{s - d_j} \rightarrow \frac{-s/d_j}{s - D_j}. \tag{8.39}$$

여기서 $D_j = \omega_c/d_j$이다. 원래 저역통과 필터의 전달 함수 $H(s)$가 $s = d_j$에 극점과 $s = \infty$에 영점을 가진 반면에 식 (8.39)의 변환 결과 고역통과 필터는 $s = 0$에 영점과 $s = D_j$에 극점을 갖게 된다.

예제 8.4 **3차 버터워스 고역통과 필터.** 식 (8.37)은 $\omega_c = 1$인 차단 주파수를 가지는 3차 버터워스 필터의 전달 함수를 나타낸다. 차단 주파수가 $\omega_c = 1$인 고역통과 필터의 전달 함수를 결정하라.

풀이: 식 (8.37)의 저역통과 전달 함수에 식 (8.38)의 주파수 변환을 적용하면 $\omega_c = 1$인 고역통과 필터의 전달 함수는 다음과 같다.

$$\begin{aligned} H(s) &= \frac{1}{\left(\frac{1}{s} + 1\right)\left(\frac{1}{s^2} + \frac{1}{s} + 1\right)} \\ &= \frac{s^3}{(s + 1)(s^2 + s + 1)}. \end{aligned}$$ ∎

▶ **연습문제 8.4** 단위 차단 주파수를 갖는 2차 버터워스 저역통과 필터의 전달 함수가

$$H(s) = \frac{1}{s^2 + \sqrt{2}s + 1}$$

로 주어질 때, 차단 주파수가 ω_c인 2차 버터워스 고역통과 필터의 전달 함수를 구하라.

해답: $\dfrac{s^2}{s^2 + \sqrt{2}\,\omega_c s + \omega_c^2}$ ∎

▶ **연습문제 8.5** $(s - c_j)$가 저역통과 기본형의 전달 함수에서 영점 인수(factor)를 의미한다고 하자. 이 인수에 식 (8.38)을 사용하면 어떻게 변환되는가?

해답: $\dfrac{s - C_j}{-s/c_j}$, 여기서 $C_j = \omega_c/c_j$ ∎

8.6.2 저역통과에서 대역통과로의 변환

이번에는 저역통과 기본형 필터에서 대역통과 필터로의 변환을 생각해 보자. 정의에 의해, 대

역통과 필터는 저주파와 고주파 성분은 모두 제거하고, 그들 사이의 임의의 주파수 성분만 통과시킨다. 따라서 대역통과 필터의 주파수 응답 $H(j\omega)$는 아래와 같은 특징을 가진다. 즉,

1. $\omega = 0$과 $\omega = \infty$에서 $H(j\omega) = 0$

2. ω_0에 집중된 주파수 대역에 대해서 $|H(j\omega)| \simeq 1$이며, 여기서 ω_0는 필터의 중간 주파수이다.

따라서, s 평면에서 $s = 0$과 $s = \infty$에 위치하는 영점과 허수축의 $s = \pm j\omega_0$ 근처에 극점을 가지는 전달 함수를 만들고자 한다. 이 필요 조건들을 만족시키는 저역통과에서 대역통과로의 변환은 식 (8.40)으로 설명된다.

$$s \rightarrow \frac{s^2 + \omega_0^2}{Bs}. \tag{8.40}$$

여기서 ω_0는 중간 주파수이고, B는 대역통과 필터의 대역폭이다. ω_0와 B의 단위는 모두 radian/sec이다. 식 (8.40)에 의해 저역통과 기본형 필터의 $s = 0$은 대역통과 필터의 $s = \pm j\omega_0$로 변환되고, 저역통과 기본형 필터의 $s = \infty$는 대역통과 필터의 $s = 0$과 $s = \infty$로 변환된다.

따라서 저역통과 기본형 필터의 전달 함수에서 극점 인수 $(s - d_j)$는 식 (8.41)처럼 변환된다.

$$\frac{1}{s - d_j} \rightarrow \frac{Bs}{(s - p_1)(s - p_2)}. \tag{8.41}$$

여기서 극점 p_1과 p_2는 식 (8.42)로 정의된다.

$$p_1, p_2 = \tfrac{1}{2}\left(Bd_j \pm \sqrt{B^2 d_j^2 - 4\omega_0^2}\right). \tag{8.42}$$

유의해야 할 점은 식 (8.38)과 (8.40)으로 설명되는 주파수 변환은 **리액턴스(reactance) 함수**라는 것이다. "리액턴스 함수"는 전체적으로 인덕터와 캐패시터로 이루어진 네트워크의 동작점 임피던스를 의미한다. 실제로, 관심 있는 대역통과 필터 설계조건의 복잡성에 상관없이, 모든 주파수 변환은 리액턴스 함수의 형태로 규정함으로써 이 결과를 일반화시킬 수 있다.

▶ 연습문제 8.6

전달 함수가

$$H(s) = \frac{1}{s + 1}$$

인 저역통과 필터를 고려하자. 통과 대역의 중간 주파수 $\omega_0 = 1$, 대역폭 $B = 0.1$에 대응하는 대역통과 필터의 전달 함수를 구하라.

해답: $\dfrac{0.1s}{s^2 + 0.1s + 1}$ ∎

▶ 연습문제 8.7 이제 다시 예제 5.8에서 고려한 대역통과 채널의 위상 응답을 살펴보면 아래와 같다.

$$\phi(\omega) = -\tan^{-1}\left(\frac{\omega^2 - \omega_c^2}{\omega\omega_c}\right).$$

여기서 ω_c는 필터에 적용된 변조 신호의 캐리어 주파수이다. 아래와 같은 1차 버터워스 저역통과 필터를 대역통과로 변환하여 얻어지는 필터의 위상 응답이 $\phi(\omega)$와 같음을 보여라.

$$H(s) = \frac{1}{s+1}.$$ ∎

근사화 함수의 개념과 저역통과 기본형 필터의 기본적인 규칙을 알게 되었으므로 다음 절에서는 8.8절의 디지털 필터 설계에 이용될 수동 아날로그 필터에 대해 알아본다.

8.7 수동 필터

필터의 구성 요소들이 완전히 수동 회로 소자(다시 말해 인덕터, 캐패시터, 저항들)들로 이루어질 때 **수동 필터**라고 한다. 그러나 고주파 수동 필터의 설계는 전적으로 리액턴스 소자(즉, 인덕터와 캐패시터)를 기초로 한다. 저항성 소자는 설계를 할 때 전원 저항 또는 부하 저항 그 어느 한쪽으로 사용된다. 필터의 차수 K는 필터에 포함된 리액턴스 소자의 개수에 의해 결정된다.

그림 8.14(a)는 차수 $K = 1$, −3-dB 차단 주파수 $\omega_c = 1$인 저역통과 유형의 버터워스 필터를 나타낸다. 필터는 이상적인 전류원으로 구동된다. 저항 $R_l = 1$은 부하 저항이다. 캐패시터 $C = 1F$는 필터의 유일한 리액턴스 소자를 나타낸다.

그림 8.14(b)는 차수 $K = 3$, −3-dB 차단 주파수 $\omega_c = 1$인 저역통과 유형의 버터워스 필터를 나타낸다. 앞의 구성과 마찬가지로, 필터는 전류원으로 구동되고, $R_l = 1\Omega$은 부하 저항이다. 이 경우에 필터는 세 개의 리액턴스 소자 즉, 두 개의 병렬 캐패시터와 한 개의 직렬 인덕터로 구성되어 있다.

그림 8.14(a)와 (b)에서 전달 함수 $H(s)$는 사실상 전달 임피던스(transfer impedance) 형태이며, 이것은 전류원 $i_1(t)$의 라플라스 변환 $I_1(s)$에 대한 출력 전압 $v_2(t)$의 라플라스 변환 $V_2(s)$의 비로 정의된다.

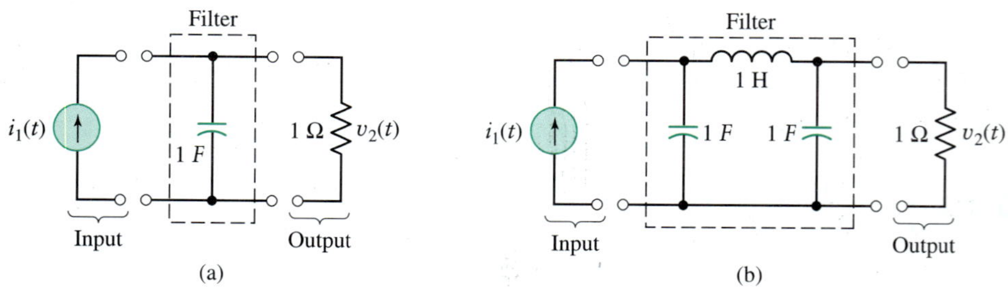

그림 8.14 이상적 전류원으로 구동되는 저역통과 버터워스 필터. (a) $K = 1$, (b) $K = 3$

▶ **연습문제 8.8** 그림 8.14(b)에 보인 필터의 전달 함수가 식 (8.37)로 주어진 버터워스 함수와 같음을 보여라. ▮

▶ **연습문제 8.9** 그림 8.14의 수동 필터는 무한한 주기의 임펄스 응답을 갖는데, 이를 증명하라. ▮

특정한 전달 함수 $H(s)$로 시작하는 필터 소자의 결정은 **회로망 합성**(network synthesis)으로 언급된다. 이것은 이 책의 범위 밖인 수준 높은 내용들을 포함한다. 실제로, 수동 필터는 1960년대에 능동 필터와 디지털 필터가 출현할 때까지 수십 년 동안 통신이나 다른 시스템의 설계에서 지배적인 역할을 담당했다. 능동 필터(연산 증폭기를 사용하는)는 9장에서 알아보고, 디지털 필터는 바로 다음 절에서 살펴본다.

8.8 디지털 필터

디지털 필터는 연속시간 신호상에 수행되는 필터링 작용을 이산시간 영역에서 실행하기 위한 수단으로 이산 신호처리를 수행한다. 그림 8.15는 필터를 설계함에 있어 이러한 접근법에 포함된 연산 블록 다이어그램이다. 이 연산들에 대한 개념은 4.7절에서 공부했다. 아날로그 디지털(A/D) 변환기 블록은 연속시간 신호 $x(t)$를 수열 $x[n]$으로 바꿀 때 사용된다. 디지털 필터는 수열 $x[n]$이 가해지면 필터링을 수행한 후 새로운 수열 $y[n]$을 내보내며, $y[n]$은 디지털 아날로그(D/A) 변환기에 의해 상응하는 연속시간 신호로 바뀐다. 마지막으로, 시스템의 출력에서 재구성(저역통과) 필터는 원래 입력 신호 $x(t)$의 필터링된 신호를 표현하는 연속시간 신호 $y(t)$를 만든다.

디지털 필터를 공부할 때 유의해야 할 두 가지 중요한 점은 아래와 같다. 즉

1. 기본적인 설계 절차는 입력 데이터와 모든 내부 계산을 위해서 보통 아날로그 또는 무한 정밀 모델의 사용에 기초한다. 이것은 잘 알고 있는 이산시간이지만 연속 진폭에 관한 수학적 이점을 최대로 활용하기 위해서 행해지는 과정이다. 그 결과로 얻어지는 이산시간 필터는 설계자들에게 용이한 "이론적" 토대를 제공하게 된다.
2. 그림 8.15에서 나타난 것처럼, 이산시간 필터가 실용적인 디지털 형태로 실행될 때, 입

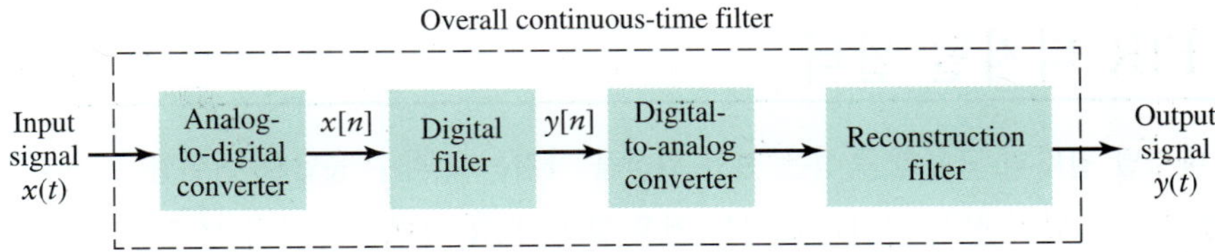

그림 8.15 디지털 필터를 기반으로 한 연속시간 신호 필터링 시스템

력 데이터와 내부 계산은 모두 양자화되어 유한 정밀하게 된다. 그렇게 하면, 디지털 필터의 연산에 **라운드오프**(roundoff) 오차가 생기며, 이러한 오차는 이론적인 이산시간 필터의 성능오차를 유발시키는 요인이 된다.

이 절에서는 첫 번째 유의사항에 관련된 문제들을 알아본다. 이것에 비추어 여기서 고려된 필터들이 실제로는 이산시간 필터로 언급될지라도, 그것을 일반적으로 사용되는 용어에 따라 디지털 필터라고 할 것이다.

8.7절에서 공부한 수동 필터에 의해 예시되는 아날로그 필터들은 무한 지속시간의 임펄스 응답에 의해 특성화된다(연습문제 8.9 참조). 반대로, 임펄스 응답의 지속시간에 따라서 디지털 필터에는 두 종류가 있다. 즉

1. 유한 기간 임펄스 응답(FIR: Finite-duration Impulse Response). 디지털 필터의 연산은 비귀환 특성의 선형 상수-계수 차분 방정식에 의해 지배된다. FIR 디지털 필터의 전달 함수는 z^{-1}의 다항식이다. 따라서 FIR 디지털 필터는 다음과 같은 세 가지 중요한 특성이 있다. 즉,

- 전달 함수는 유한한 메모리를 가지므로, 어떤 천이 개시(transient start-up)는 지속시간이 제한된다.
- 전달 함수는 모두 BIBO 안정이다.
- 계속해서 설명되는 것처럼, 전달 함수는 정확히 선형 위상 응답(즉, 위상 일그러짐이 없이)을 가지도록 원하는 진폭 응답을 실현할 수 있다.

2. 무한 기간 임펄스 응답(IIR: Infinite-duration Impulse Response). 디지털 필터는 입·출력 특성이 귀환 특성의 선형 상수-계수 차분 방정식에 의해 지배된다. IIR 디지털 필터의 전달 함수는 z^{-1}의 유리 함수(rational function)이다. 따라서, 규정된 주파수 응답에 대해서 IIR 디지털 필터를 사용하면 상응하는 FIR 디지털 필터를 사용하는 것보다 필터 길이를 더 짧게 할 수 있다. 그러나, 이러한 개선을 얻기 위해서는 위상 일그러짐과 유한-시간 구간으로 제한되지 않는 천이 개시를 감수해야 한다.

계속해서 FIR 디지털 필터와 IIR 디지털 필터의 예제에 대해 토의한다.

8.9 FIR 디지털 필터

FIR 디지털 필터의 고유한 특성은 선형 위상을 가지는 주파수 응답을 실현할 수 있다는 점이다. 선형 위상 응답이 상수 지연과 같다는 것을 알면, FIR 디지털 필터의 설계에 있어서 근사화 문제는 아주 간단해진다. 특히, 설계는 원하는 진폭 응답을 근사화하는 것으로 단순화된다.

$h[n]$을 주파수 응답 $H(e^{j\Omega})$의 역이산시간 푸리에 변환으로 정의되는 FIR 디지털 필터의 임펄스 응답이라고 하자. M은 필터의 계수를 의미하고, 따라서 필터의 길이는 $M+1$이 된다. 필터를 설계하기 위해서, 필터의 실제 주파수 응답 즉, $H(e^{j\Omega})$가 주파수 구간 $-\pi < \Omega \leq \pi$에 걸쳐 원하는 주파수 응답 $H_d(e^{j\Omega})$에 좋은 근사를 제공할 수 있도록 필터 계수 $h[n]$, $n = 0, 1, \cdots, M$을 결정할 필요가 있다. 이 근사화를 좋게 하기 위해서, 식 (8.43)으로 표현되는 **평균-제곱**(mean-square error) 오차를 정의한다.

$$E = \frac{1}{2\pi}\int_{-\pi}^{\pi} |H_d(e^{j\Omega}) - H(e^{j\Omega})|^2\, d\Omega. \tag{8.43}$$

$h_d[n]$이 $H_d(e^{j\Omega})$의 역이산시간 푸리에 변환을 의미한다고 하자. 이 경우, 3.16절에서 배운 파시발(Parseval) 정리를 적용하면, 평균-제곱 오차를 나타내는 E는 식 (8.44)와 같이 다시 정의할 수 있다.

$$E = \sum_{n=-\infty}^{\infty} |h_d[n] - h[n]|^2. \tag{8.44}$$

이 식에서 유일하게 조절할 수 있는 파라미터는 필터 계수 $h[n]$이다. 따라서, 오차는 식 (8.45)를 만족할 때 최소가 된다.

$$h[n] = \begin{cases} h_d[n], & 0 \leq n \leq M \\ 0, & \text{그 밖의 범위.} \end{cases} \tag{8.45}$$

식 (8.45)는 식 (8.46)으로 정의되는 **사각창**(rectangular window)을 사용하는 것과 같다.

$$w[n] = \begin{cases} 1, & 0 \leq n \leq M \\ 0, & \text{그 밖의 범위.} \end{cases} \tag{8.46}$$

따라서, 식 (8.45)를 다시 쓰면 식 (8.47)과 같다.

$$h[n] = w[n]h_d[n]. \tag{8.47}$$

식 (8.45)에 기초한 FIR 필터의 설계를 **창 방법**(window method)이라고 부르는 것은 이 때문이다. 창 방법을 적용한 평균-제곱 오차는 다음 식과 같다.

$$E = \sum_{n=-\infty}^{-1} h_d^2[n] + \sum_{n=M+1}^{\infty} h_d^2[n].$$

두 이산시간 수열의 곱은 그들의 이산시간 푸리에 변환의 콘벌루션과 같기 때문에, 유한 기간 임펄스 응답 $h[n]$을 가지는 FIR 필터의 주파수 응답은 식 (8.48)로 표현할 수 있다.

$$\begin{aligned} H(e^{j\Omega}) &= \sum_{n=0}^{M} h[n]e^{-jn\Omega} \\ &= \frac{1}{2\pi}\int_{-\pi}^{\pi} W(e^{j\Lambda})H_d(e^{j(\Omega-\Lambda)})\, d\Lambda. \end{aligned} \tag{8.48}$$

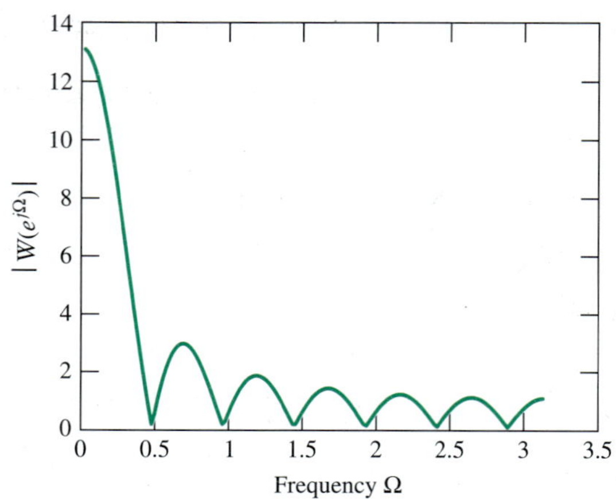

그림 8.16 $0 \le \Omega \le \pi$에서 $M = 12$차인 FIR 필터에 대한 사각창의 진폭 응답

함수 $W(e^{j\Omega})$는 사각창 $w[n]$의 주파수 응답이며, 식 (8.49)로 정의된다.

$$W(e^{j\Omega}) = \frac{\sin[\Omega(M+1)/2]}{\sin(\Omega/2)} e^{-jM\Omega/2}, \qquad -\pi < \Omega \le \pi. \tag{8.49}$$

그림 8.16은 필터 $M = 12$차에 대한 사각창의 진폭 응답 $|W(e^{j\Omega})|$을 보여준다. FIR 디지털 필터의 실제 주파수 응답 $H(e^{j\Omega})$가 이상적인 주파수 응답 $H_d(e^{j\Omega})$와 같아지기 위해서는, 함수 $W(e^{j\Omega})$는 $\Omega = 0$에 위치한 하나의 단위 임펄스로 구성되어야 한다. 사각창 $w[n]$의 주파수 응답 $W(e^{j\Omega})$는 이 이상적인 조건에 진동하는 방식을 사용하여 근사화할 수 있다.

창 $w[n]$의 **주엽**(mainlobe)은 주파수 응답 크기 $|W(e^{j\Omega})|$에서 원점을 기준으로 처음 영이 되는 구간 사이의 주파수 대역으로 정의된다. 주엽의 양 옆에 위치하는 크기 응답 부분은 **부엽**(sidelobe)이라 한다. 주엽의 폭과 부엽의 진폭으로부터 주파수 응답 $W(e^{j\Omega})$가 $\Omega = 0$에 위치한 임펄스 함수와 벗어난 정도를 알 수 있다.

▶ **연습문제 8.10** 사각창의 주파수 응답을 설명하는 그림 8.16를 참조하여, 주엽의 폭이 아래 식과 같음을 확인하라.

$$\Delta\Omega_{\text{mainlobe}} = \frac{4\pi}{M+1}.$$

여기서 M은 필터의 차수이다. ▮

▶ **연습문제 8.11** 그림 8.16의 주파수 응답을 다시 참조하여, 사각창에 대해서 (a) 모든 부엽은 $2\pi/(M+1)$과 같은 공통의 폭을 가지며, (b) 첫 번째 부엽은 주엽의 첨두 진폭보다 13 dB 아래인 첨두 진폭을 가짐을 확인하라. ▮

3장에서 공부한 것으로부터 식 (8.48)에서 설명된 $H_d(e^{j\Omega})$와 $W(e^{j\Omega})$의 콘벌루션은 FIR 필터의 주파수 응답 $H(e^{j\Omega})$에 의해 원하는 주파수 응답 $H_d(e^{j\Omega})$의 진동하는 근사화를 초래한다.

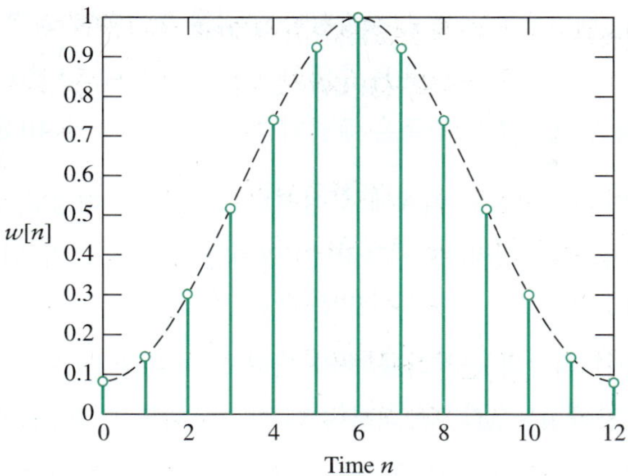

그림 8.17 차수 $M = 12$일 때 해밍창의 임펄스 응답

진동은 $|W(e^{j\Omega})|$에서의 부엽 때문에 발생하며, 더 작은 부엽을 가지는 다른 창을 사용하면 이 진동을 줄일 수 있다. 실제로, 이 목적에 주로 사용되는 창은 식 (8.50)으로 정의되는 **해밍(Hamming)창**이다.

$$w[n] = \begin{cases} 0.54 - 0.46\cos\left(\dfrac{2\pi n}{M}\right), & 0 \le n \le M \\ 0, & \text{그 밖의 범위.} \end{cases} \tag{8.50}$$

이 경우, M이 짝수일 때, $w[n]$은 점 $n = M/2$에 대해서 대칭이 된다. 그림 8.17은 $M = 12$인 해밍 창에 대한 $w[n]$을 그린 것이다.

사각창과 해밍창의 주파수 응답을 비교하기 위해, 그림 8.18에 $M = 12$인 경우 두 가지 창에 대한 $20\log_{10}|W(e^{j\Omega})|$를 나타내었다. 이 그림으로부터 두 가지 중요한 점을 알 수 있다. 즉,

▶ 사각창의 주엽폭은 해밍창 주엽폭의 반보다 작다.

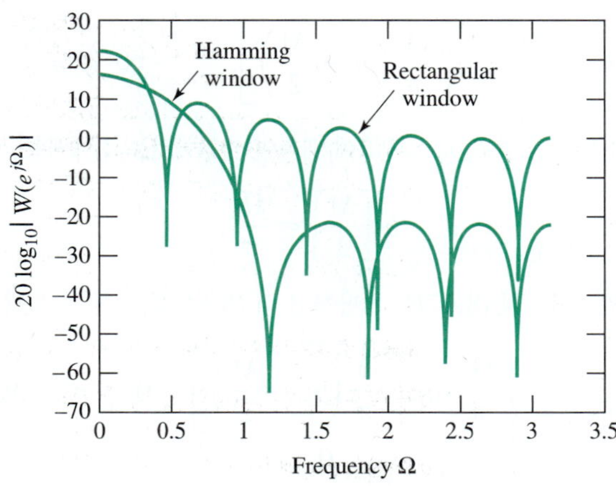

그림 8.18 차수 $M = 12$인 사각창과 해밍창의 진폭 응답의 비교(단위는 데시벨)

▶ 주엽에 관련하여, 해밍창의 부엽은 사각창의 부엽에 비교하여 급격하게 감소한다. 특히, 사각창의 첫 번째 부엽의 첨두 진폭은 주엽의 첨두 진폭보다 13 dB 아래에 있다. 반면에, 해밍창의 첫 번째 부엽의 첨두 진폭은 주엽의 첨두 진폭보다 약 40 dB 아래에 있다.

두 번째 성질로 인하여, 다음의 두 예제에서 설명되는 것처럼, 해밍창이 FIR 디지털 필터의 주파수 응답에서 진동을 감소시켜준다. 그러나, 이러한 개선을 얻기 위해서는 더 넓은 천이 대역을 감수해야 한다.

원하는 응답의 가능한 최상의 근사화를 얻기 위해서, 창은 $h_d[n]$에서 가능한 한 많은 에너지를 유지해야 한다. 창이 $n = M/2$에 대하여 대칭이기 때문에, $h_d[n]$이 $n = M/2$에서 최대이기를 원한다. 이것은 기울기가 $-M/2$이고 영점을 지나는 선형 위상 응답 $\arg\{H_d(e^{j\Omega})\}$를 선택함으로써 가능하다. 다음 예제에서 이러한 관점을 설명한다.

예제 8.5 **사각창과 해밍창의 비교.** 원하는 주파수 응답이 식 (8.51)인 경우를 고려해 보자.

$$H_d(e^{j\Omega}) = \begin{cases} e^{-jM\Omega/2}, & |\Omega| \le \Omega_c \\ 0, & \Omega_c < |\Omega| \le \pi \end{cases} \tag{8.51}$$

이것은 선형 위상을 갖는 이상적 저역통과 필터의 주파수 응답을 나타낸다. (a) 사각창과 (b) 해밍창을 사용하여, 길이 $M = 12$인 FIR 디지털 필터의 주파수 응답을 구하라. 단, Ω_c는 $\Omega_c = 0.2\pi$ 라디안이라고 가정하라.

풀이: 원하는 응답은 식 (8.52)이다.

$$\begin{aligned} h_d[n] &= \frac{1}{2\pi}\int_{-\pi}^{\pi} H_d(e^{j\Omega})e^{jn\Omega}\,d\Omega \\ &= \frac{1}{2\pi}\int_{-\Omega_c}^{\Omega_c} e^{j\Omega(n-M/2)}\,d\Omega. \end{aligned} \tag{8.52}$$

sinc 함수의 정의를 이용하여 $h_d[n]$을 식 (8.53)처럼 간단하게 표현할 수 있다.

$$h_d[n] = \frac{\Omega_c}{\pi}\operatorname{sinc}\left[\frac{\Omega_c}{\pi}\left(n - \frac{M}{2}\right)\right], \qquad -\infty < n < \infty. \tag{8.53}$$

이 임펄스 응답은 M이 짝수인 경우, $n = M/2$에 대하여 대칭이라는 점에서는 식 (8.54)를 만족한다.

$$h_d\left[\frac{M}{2}\right] = \frac{\Omega_c}{\pi}. \tag{8.54}$$

(a) **사각창.** 사각창인 경우, 식 (8.47)을 사용하면 식 (8.55)를 구할 수 있다.

$$h[n] = \begin{cases} \dfrac{\Omega_c}{\pi}\operatorname{sinc}\left[\dfrac{\Omega_c}{\pi}\left(n - \dfrac{M}{2}\right)\right], & 0 \le n \le M \\ 0, & \text{그 밖의 범위.} \end{cases} \tag{8.55}$$

$\Omega_c = 0.2\pi$와 $M = 12$에 대한 식 (8.55)의 값은 표 8.2의 두 번째 열이다. 대응하는 진폭 응답

표 8.2 저역통과 필터에 대한 사각창과 해밍창의 필터 계수들($\Omega_c = 0.2\pi$, $M = 12$)

	$h[n]$	
n	사각창	해밍창
0	−0.0281	−0.0027
1	0.0000	0.0000
2	0.0421	0.0158
3	0.0909	0.0594
4	0.1364	0.1271
5	0.1686	0.1914
6	0.1802	0.2180
7	0.1686	0.1914
8	0.1364	0.1271
9	0.0909	0.0594
10	0.0421	0.0158
11	0.0000	0.0000
12	−0.0281	−0.0027

$|H(e^{j\Omega})|$는 그림 8.19에서 볼 수 있다. 이상적인 임펄스 응답에 함수를 적용해서 얻는 $|H(e^{j\Omega})|$의 진동은 $\Omega_c = 0.2\pi$보다 큰 주파수에서 발생한다.

(b) **해밍창.** 해밍창인 경우, 식 (8.50)과 (8.53)을 사용하면 식 (8.56)을 얻는다.

$$h[n] = \begin{cases} \dfrac{\Omega_c}{\pi}\operatorname{sinc}\left[\dfrac{\Omega_c}{\pi}\left(n - \dfrac{M}{2}\right)\right]\left(0.54 - 0.46\cos\left(2\pi\dfrac{n}{M}\right)\right), & 0 \le n \le M \\ 0, & \text{그 밖의 범위} \end{cases} \tag{8.56}$$

$\Omega_c = 0.2\pi$와 $M = 12$에 대한 식 (8.56)의 값은 표 8.2의 마지막 열이다. 대응하는 진폭 응답

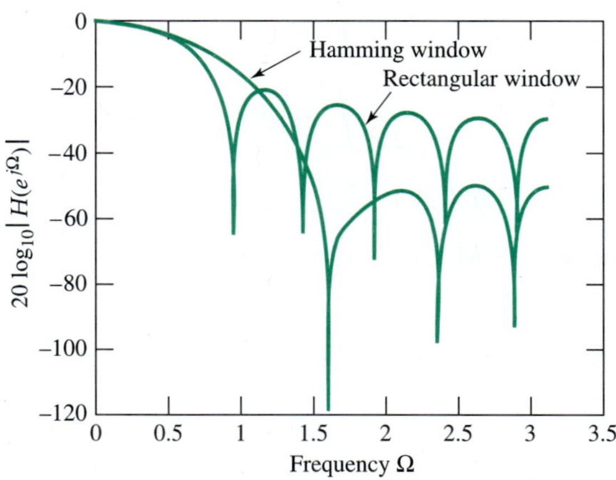

그림 8.19 차수 $M = 12$인 두 저역통과 FIR 디지털 필터의 진폭 응답(dB 단위) 비교(각기 사각창과 해밍창을 사용)

$|H(e^{j\Omega})|$는 그림 8.19에서 볼 수 있다. 창에 따른 진동이 크게 감소되었음을 진폭에서 알 수 있다. 그러나, 이 개선점은 사각창을 사용할 때의 천이 대역에 비해 더 넓은 천이 대역을 사용함으로써 얻어진다.

표 8.2의 필터 계수들은 $\Omega = 0$에서의 필터의 진폭 응답이 창을 적용한 후에 정확히 1이 되도록 정규화되었다. 이것으로 이론값인 $\Omega_c/0.2\pi = 0.2$로부터 계수 $h[M/2]$의 편차를 알 수 있다. ∎

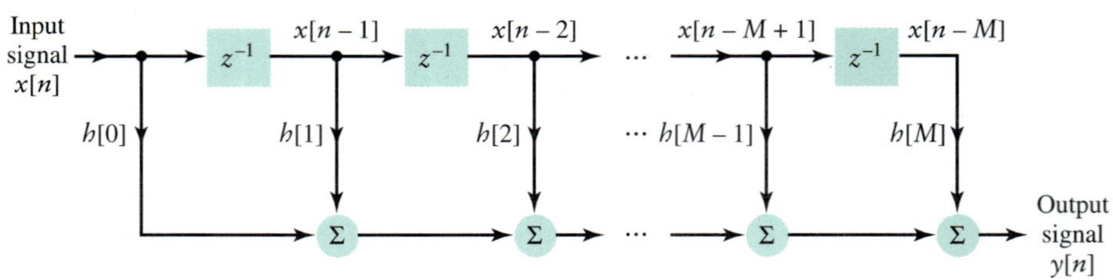

그림 8.20 FIR 디지털 필터를 구현하기 위한 구조

두 창에 대한 FIR 디지털 필터의 구조는 같으며, 그림 8.20에 나타내었다. 물론, 두 창에 대한 필터 계수도 다르며, 표 8.2에 주어진 각각의 값을 가진다.

예제 8.6 이산시간 미분기. 1.10절에서 근사적인 미분기 역할을 하는 고역통과 형태의 간단한 RC 회로에 대해 논했다. 이 예제에서는 더 정확한 미분기의 설계에 기초가 되는 FIR 디지털 필터의 사용에 대해 기술한다. 특히, 식 (8.57)로 정의되는 주파수 응답을 가지는 이산시간 미분기를 고려한다.

$$H_d(e^{j\Omega}) = j\Omega e^{-jM\Omega/2}, \qquad -\pi < \Omega \le \pi. \tag{8.57}$$

(a) 사각창과 (b) 해밍창을 사용하고, $M = 12$차로 하여 원하는 주파수 응답을 근사화하는 FIR 디지털 필터를 설계하라.

▸ 풀이: 원하는 임펄스 응답은 식 (8.58)과 같다.

$$\begin{aligned} h_d[n] &= \frac{1}{2\pi}\int_{-\pi}^{\pi} H_d(e^{j\Omega})e^{jn\Omega}\,d\Omega \\ &= \frac{1}{2\pi}\int_{-\pi}^{\pi} j\Omega e^{j\Omega(n-M/2)}\,d\Omega. \end{aligned} \tag{8.58}$$

부분 적분법을 사용하면, 식 (8.59)가 된다.

$$h_d[n] = \frac{\cos[\pi(n-M/2)]}{(n-M/2)} - \frac{\sin[\pi(n-M/2)]}{\pi(n-M/2)^2}, \quad -\infty < n < \infty. \tag{8.59}$$

(a) **사각창.** 식 (8.59)의 임펄스 응답에 식 (8.46)의 사각창을 곱하면, 식 (8.60)이 된다.

$$h_d[n] = \begin{cases} \dfrac{\cos[\pi(n-M/2)]}{(n-M/2)} - \dfrac{\sin[\pi(n-M/2)]}{\pi(n-M/2)^2}, & 0 \le n \le M \\ 0, & \text{그 밖의 범위.} \end{cases} \tag{8.60}$$

이 임펄스 응답은 $h[M-n] = -h[n]$이므로 반대칭(점대칭)이다. 또한 M이 짝수인 경우, $h[n]$

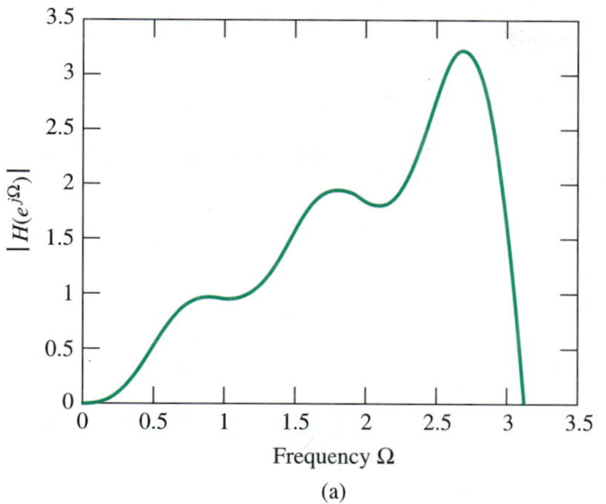

(a)

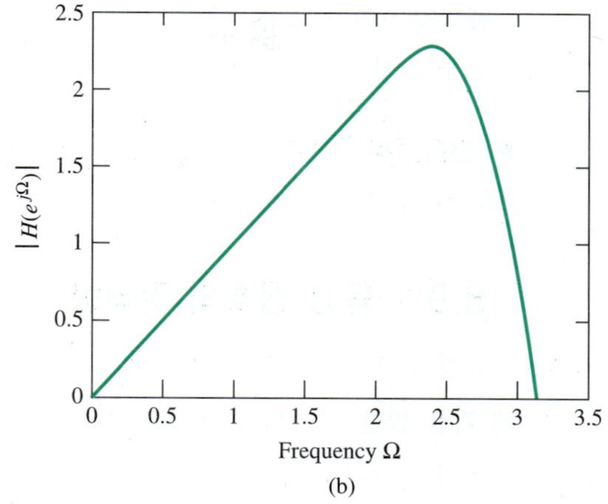

(b)

그림 8.21 미분기에 대한 FIR 디지털 필터의 진폭 응답(필터 차수 $M = 12$, (a) 사각창, (b) 해밍창)

은 $n = M/2$에서 0이다(연습문제 8.12 참조). $M = 12$일 때 $h[n]$의 값은 표 8.3의 두 번째 열에 있다. 이 표는 $h[n]$의 반대칭 특성을 명확히 보여준다. 이에 상응하는 진폭 응답 $|H(e^{j\Omega})|$는 그림 8.21(a)에서 볼 수 있다. 이상적인 주파수 응답으로부터의 진동하는 편차는 식 (8.59)에서 이상적인 임펄스 응답 창의 결과이다.

(b) 해밍창. 식 (8.59)의 임펄스 응답 $h_d[n]$에 식 (8.50)의 해밍창을 곱하면, 표 8.3의 마지막 열에 있는 임펄스 응답 $h[n]$을 얻는다. 이에 상응하는 진폭 응답 $|H(e^{j\Omega})|$는 그림 8.21(b)에서 볼 수 있다. 이 응답을 그림 8.21(a)의 응답과 비교하면, Ω에 대하여 선형 특성을 가지는 $|H(e^{j\Omega})|$의 대역폭이 감소되었지만, 진폭에서의 진동 역시 많이 감소되었음을 알 수 있는데, 이는 미분 연산을 위한 유효 대역을 줄이는 효과를 가지게 된다. ▮

표 8.3 미분기에 대한 사각창과 해밍창의 필터 계수들

	$h[n]$	
n	사각창	해밍창
0	−0.1667	−0.0133
1	0.2000	0.0283
2	−0.2500	−0.0775
3	0.3333	0.1800
4	−0.5000	−0.3850
5	1.0000	0.9384
6	0	0
7	−1.0000	−0.9384
8	0.5000	0.3850
9	−0.3333	−0.1800
10	0.2500	0.0775
11	−0.2000	−0.0283
12	0.1667	0.0133

해밍창 이외에도 주엽폭과 부엽 높이 사이의 다른 상충 관계를 허용하는 많은 다른 창이 있음을 주목하라.

▶ **연습문제 8.12** 식 (8.58)에서 시작하여, 식 (8.59)로 주어지는 임펄스 응답 $h_d[n]$에 대한 공식을 유도하라. 그리고 $h_d[M/2]=0$임을 보여라. ▮

8.9.1 음성 신호의 필터링

음성 신호의 전처리는 음성의 디지털 전송과 저장, 자동 음성 인식 및 자동 화자 인식 시스템 같은 많은 응용의 기본이다. FIR 디지털 필터는 다음의 두 가지 중요한 이유 때문에 음성 신호의 전처리에 아주 적당하다. 즉,

1. 음성 처리 응용에서는 정확한 시간 정렬을 유지하는 것이 필수적이다. FIR 디지털 필터의 고유의 정확한 선형 위상 특성은 자연히 이 요구 조건을 만족시킨다.
2. 필터 설계에서 근사화 문제는 FIR 디지털 필터의 정확한 선형 위상 특성에 의해 아주 간단해진다. 특히, 지연(위상) 일그러짐을 고려하지 않는다면, 원하는 진폭 응답만 근사화 시키면 된다.

그러나, 이 두 가지의 원하는 특성을 얻기 위해서는 다른 것을 감수해야 한다. 예리한 차단 특성을 가지는 FIR 디지털 필터를 설계하기 위해서는 필터의 차수가 커져야 하기 때문에 지연 시간이 긴 임펄스 응답이 발생한다.

여기서는, 전화 채널을 통한 전송에 이용하도록 설계된 실생활 음성 신호의 전처리 FIR 디지털 필터의 용도를 설명하고자 한다. 그림 8.22(a)는 여성 화자가 "This was easy for us" 라고 말한 음성 신호 파형의 일부분이다. 이 음성 신호의 원래의 표본화 율은 16 kHz였고, 전체 표본수는 27,751개였다. 그림 8.22(a)는 FFT 알고리듬을 이용하여 계산된 음성 신호의 진폭 스펙트럼을 나타낸다.

음성 신호는 아래 특징을 갖는 FIR 디지털 저역통과 필터로 필터링된 후 전송된다.

필터의 길이, $M+1=99$

선형 위상 응답을 가지기 위해 중앙 점에 대하여 대칭

차단 주파수 $f_c=\omega_c/2\pi=3.1\times10^3$ rad/s

필터의 설계는 해닝(Hanning)창 또는 확장된 코사인 창(raised-cosine window)을 사용하는 창 방법에 기초했다. 이것을 해밍창과 혼동해서는 안 되며, 이 새로운 창은 식 (8.61)로 정의된다.

$$w[n]=\begin{cases}\dfrac{1}{2}\left[1-\cos\left(\dfrac{2\pi n}{M}\right)\right], & 0\le n\le M\\ 0, & \text{그 밖의 범위.}\end{cases} \tag{8.61}$$

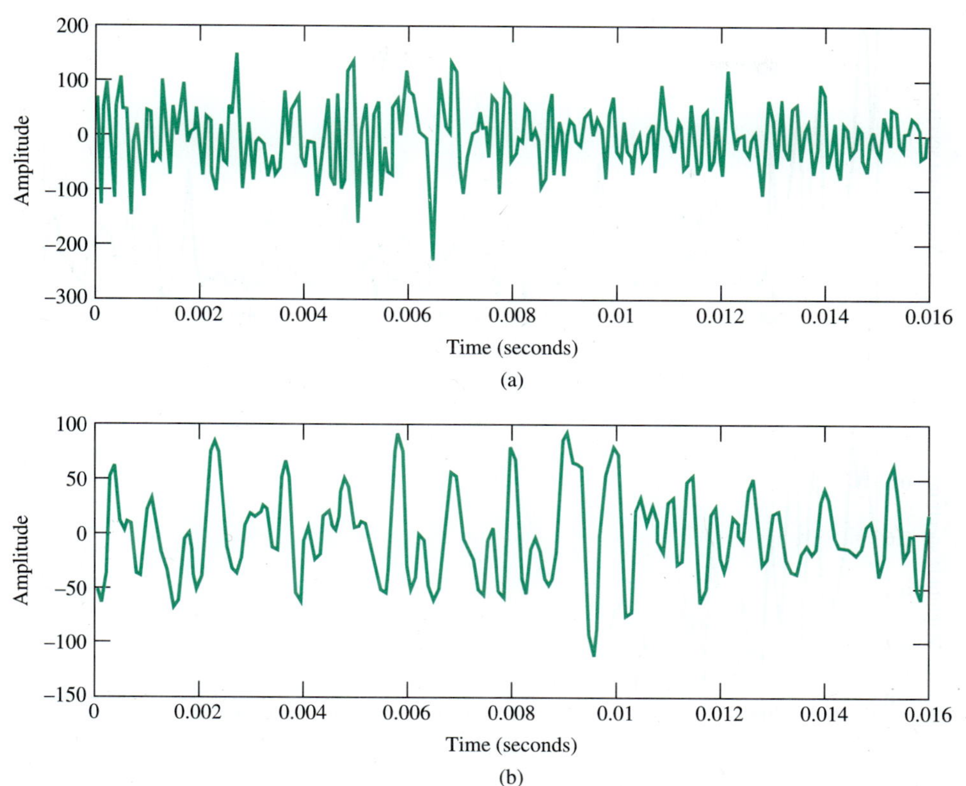

그림 8.22 (a) 많은 고주파 잡음이 포함된 원래 음성 신호의 파형, (b) 차수 $M = 98$이고 차단 주파수 $f_c = 3.1 \times 10^3$ Hz인 저역통과 FIR 디지털 필터를 통과한 음성 신호의 파형

해닝창은 창의 끝부분(즉, $n = 0$과 $M = 12$)에서 기울기 0으로 0에 접근한다.

그림 8.23은 음성 신호의 필터링 전후의 진폭 스펙트럼을 보여준다. 두 경우 모두 FFT 알고리듬이 사용되었다. 그림 8.23(a)의 필터링 전 신호와 그림 8.23(b)의 필터링 후 신호의 진폭 스펙트럼을 비교해 보면, 3.1 kHz 주위에서 FIR 저역통과 필터의 예리한 차단 특성을 확인할 수 있다.

음성 필터링되기 전과 후의 소리를 들어보면, 다음과 같은 사실을 관찰할 수 있다.

1. 필터링되지 않은 음성 신호는 clicks(딸깍하는 소리), pops(빵하는 소리) 및 hissing sounds(쉿 소리) 같은 많은 고역 잡음으로 인하여 거칠다.
2. 반대로 필터링된 음성 신호는 훨씬 부드럽고 매끄러운 자연스런 소리로 되었다는 것을 알 수 있다.

이러한 관찰 결과의 요인은 그림 8.22에 나타난 0.016초 동안의 음성 파형과 이에 상응하는 그림 8.23의 스펙트럼을 살펴보면 확실해진다.

앞에서 언급했듯이, 원래 음성 신호는 16 kHz로 표본화된 샘플링 간격 $T_s = 62.5\,\mu_s$에 해당

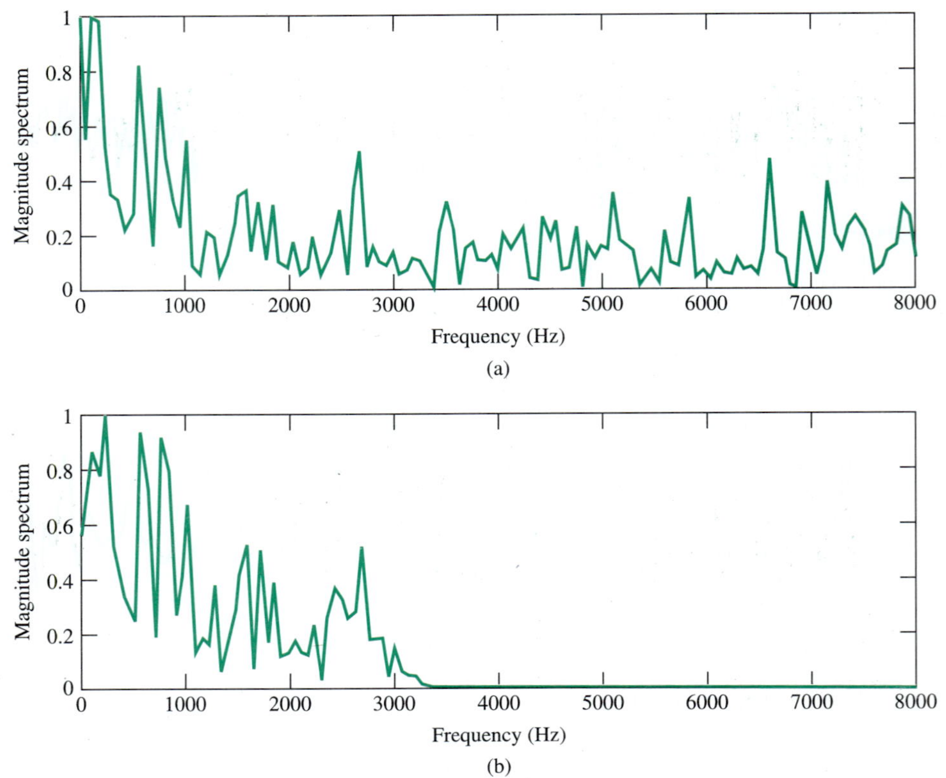

그림 8.23 (a) 필터링되지 않은 음성 신호의 진폭 스펙트럼, (b) 필터링된 음성 신호의 진폭 스펙트럼 (3,100 Hz 주위에서 스펙트럼의 예리한 차단에 유의할 것)

한다. FIR 필터를 개선하기 위해 사용된 구조는 그림 8.20에 설명된 구조와 비슷하다. 필터 차수는 천이 대역을 매우 가파르게 하고자 $M = 98$로 설정하였다. 그러므로, 음성 신호를 $M + 1 = 99$개의 계수를 갖는 이 필터에 통과시키면, 아래 식과 같은 지연이 필터링된 음성 신호에 생긴다.

$$T_s\left(\frac{M}{2}\right) = 62.5 \times 49 = 3.0625\,\text{ms}.$$

그림 8.22(b)의 필터링된 음성 신호의 파형과 그림 8.22(a)에 있는 원래 음성 신호의 파형을 비교해 보면 이 시간 지연을 확실히 알 수 있다.

8.10 IIR 디지털 필터

IIR 디지털 필터의 설계에 대한 여러 가지 다양한 기술들이 발전되어 왔다. 이 절에서는 아날로그 전달 함수를 디지털 전달 함수로 변환하는 일반적인 방법을 설명한다. 그 방법은 s 평면의 점들과 z 평면의 점들 사이에 유일한 사상을 제공하는 **쌍일차 변환**(bilinear transform)에 기초한다.

쌍일차 변환은 식 (8.62)로 정의된다.

$$s = \left(\frac{2}{T_s}\right)\left(\frac{z-1}{z+1}\right). \tag{8.62}$$

여기서 T_s는 s 영역에서 z 영역으로의 변환과 연관되는 모든 것이 포함된 샘플링 구간이다. 문제를 간단히 하기 위해서, 이제부터 $T_s = 2$라고 한다. 필터 설계의 결과는 실제 T_s의 선택과는 독립적이다. $H_a(s)$는 아날로그(연속시간) 필터의 전달 함수를 의미한다고 하자. 대응되는 디지털 필터의 전달 함수는 식 (8.63)에서 볼 수 있는 것처럼 $H_a(s)$에 식 (8.62)의 쌍일차 변환을 대입하여 구할 수 있다.

$$H(z) = H_a(s)\big|_{s=((z-1)/(z+1))}. \tag{8.63}$$

식 (8.63)으로부터 구한 전달 함수 $H(z)$의 특징은 무엇일까? 이 질문에 대답하기 위해서, 식 (8.62)를 다시 쓰면

$$z = \frac{1+s}{1-s}.$$

여기서 $T_s = 2$이다. 위 식에 $s = \sigma + j\omega$를 대입하면, 복소 변수 z를 극좌표 형으로 표현할 수 있으며, 아래와 같다.

$$z = re^{j\theta}.$$

여기서 크기 r과 각도 θ는 각각 식 (8.64)와 (8.65)로 정의된다.

$$\begin{aligned} r &= |z| \\ &= \left[\frac{(1+\sigma)^2+\omega^2}{(1-\sigma)^2+\omega^2}\right]^{1/2} \end{aligned} \tag{8.64}$$

$$\begin{aligned} \theta &= \arg\{z\} \\ &= \tan^{-1}\left(\frac{\omega}{1+\sigma}\right) + \tan^{-1}\left(\frac{\omega}{1-\sigma}\right). \end{aligned} \tag{8.65}$$

식 (8.64)와 (8.65)로부터 다음 내용을 쉽게 알 수 있다.

- $\sigma < 0$이면 $r < 1$
- $\sigma = 0$이면 $r = 1$
- $\sigma > 0$이면 $r > 1$
- $\sigma = 0$이면 $\theta = 2\tan^{-1}(\omega)$

따라서, 쌍일차 변환의 특성은 아래와 같다고 할 수 있다.

1. s 평면의 좌반면은 z 평면의 단위 원 내부로 사상된다.

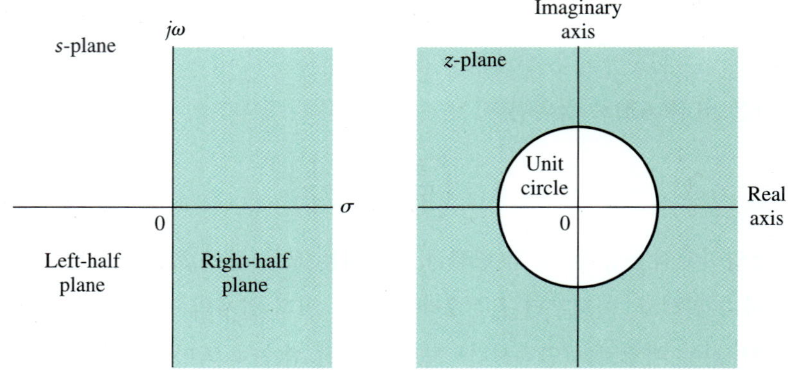

그림 8.24 쌍일차 변환 특성 설명. s 평면의 좌반면(왼쪽 그림)은 z 평면의 단위 원 내부(오른쪽 그림)로 사상된다. 마찬가지로, s 평면의 우반면은 z 평면의 단위 원 외부로 사상된다(파란 부분).

2. s 평면의 $j\omega$축 전체는 z 평면의 단위 원 위로 사상된다(한 바퀴 돌게 된다).

3. s 평면의 우반면은 z 평면의 단위 원 외부로 사상된다.

이들 특성은 그림 8.24에 설명되어 있다.

특성 1이 직접적으로 내포하고 있는 의미는 만약 전달 함수 $H_a(s)$로 표현되는 아날로그 필터가 안정적이고 인과적이라면, 쌍일차 변환을 사용하여 구한 디지털 필터 역시 안정적이고 인과적이라는 것이다. 식 (8.62)의 쌍일차 변환은 실수 계수를 가지기 때문에, $H_a(s)$가 실수 계수를 갖게 되면 $H(z)$도 당연히 실수 계수를 가지게 될 것이다. 그러므로 식 (8.63)의 결과인 전달 함수 $H(z)$는 실제 물리적으로 실현 가능하다.

▶ **연습문제 8.13** 쌍일차 변환을 사용하면, s 평면의 $s = 0$과 $s = \pm j\infty$는 z 평면의 어디로 사상되는가?

해답: $s = 0$은 $z = +1$로 사상된다. 점 $s = j\infty$와 $s = -j\infty$는 각각 $z = -1$ 바로 위와 바로 아래로 사상된다. ∎

$\sigma = 0$이고 $\theta = \Omega$이면, 식 (8.65)는 (8.66)으로 간단해진다.

$$\Omega = 2\tan^{-1}(\omega). \tag{8.66}$$

그림 8.25는 $\omega > 0$에 대한 식 (8.66)을 나타낸다. 식 (8.66)은 기대칭이다. 아날로그(연속시간) 필터의 무한 범위의 주파수 $-\infty < \omega < \infty$가 디지털(이산시간) 필터에서는 유한 범위의 주파수 $-\pi < \Omega < \pi$로 비선형적으로 압축된다. 이런 형태의 비선형 일그러짐은 **휨**(warping)으로 알려져 있다. 구분적인 진폭 응답의 근사화를 강조하는 주파수 선택 필터의 설계에 있어서, 아날로그 필터의 설계조건을 **프리워핑**(prewarping)시킴으로써 이 비선형 일그러짐에 대

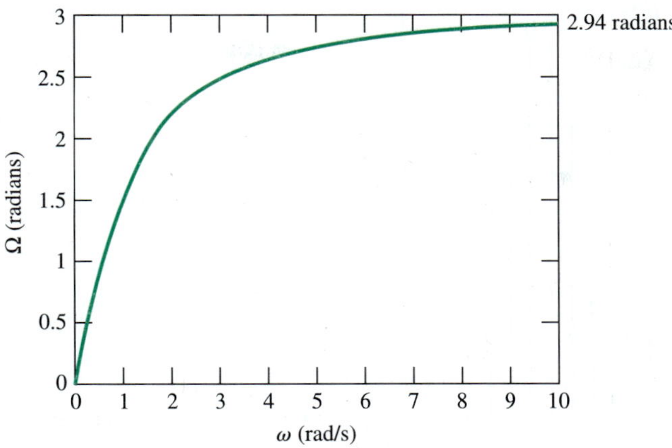

그림 8.25 이산시간 영역에 관계되는 Ω와 연속시간 영역에 관계되는 주파수 ω 사이의 관계. $\Omega = 2\tan^{-1}(\omega)$

한 보상을 해야 한다. 특히, 임계 주파수들(다시 말해서, 규정된 통과 대역 차단 주파수와 억제 대역 차단 주파수들)은 공식 (8.67)에 따라서 프리워핑된다.

$$\omega = \tan\left(\frac{\Omega}{2}\right). \tag{8.67}$$

이 식은 식 (8.66)의 역이다. 프리워핑 과정을 설명하기 위해서 Ω'_k, $k = 1, 2, \cdots$을 디지털 필터가 실현되기 위한 임계 주파수라고 하자. 쌍일차 변환을 적용하기 전에, 대응하는 연속시간 필터의 임계 주파수를 식 (8.67)을 사용하여 프리워핑시키면 식 (8.68)을 얻는다.

$$\omega_k = \tan\left(\frac{\Omega'_k}{2}\right), \qquad k = 1, 2, \ldots. \tag{8.68}$$

그러면, 식 (8.68)에서 프리워핑된 주파수를 사용하여 설계된 아날로그 필터의 전달 함수에 쌍일차 변환을 적용하면, 식 (8.66)으로부터 식 (8.69)가 됨을 알 수 있다.

$$\Omega_k = \Omega'_k, \qquad k = 1, 2, \ldots. \tag{8.69}$$

즉, 프리워핑 과정은 디지털 필터가 규정된 설계조건들을 정확히 만족시키도록 보장해 준다.

예제 8.7 **버터워스 응답을 갖는 디지털 IIR 저역통과 필터의 설계.** 3차 버터워스 응답을 갖는 아날로그 필터를 사용하여, −3-dB 차단주파수 $\Omega_c = 0.2\pi$를 갖는 디지털 IIR 저역통과 필터를 설계하라.

풀이: 식 (8.68)의 프리워핑 공식은 아날로그 필터의 차단 주파수가 아래와 같음을 나타낸다.

$$\omega_c = \tan(0.1\pi) = 0.3249.$$

연습문제 8.2에 미루어 식 (8.37)을 이 문제에 적용하면, 아날로그 필터의 전달 함수는 식 (8.70)과 같이 된다.

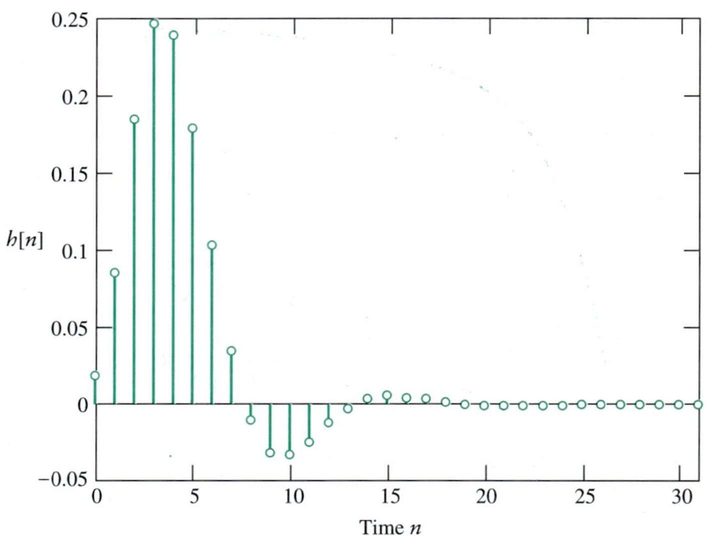

그림 8.26 −3-dB 차단 주파수가 $\Omega_c = 0.2\pi$일 때, 3차 버터워스 응답을 갖는 디지털 IIR 저역통과 필터의 임펄스 응답

$$H_a(s) = \frac{1}{\left(\frac{s}{\omega_c}+1\right)\left(\frac{s^2}{\omega_c^2}+\frac{s}{\omega_c}+1\right)} = \frac{0.0343}{(s+0.3249)(s^2+0.3249s+0.1056)}. \tag{8.70}$$

따라서, 식 (8.63)을 식 (8.70)에 적용하면 식 (8.71)을 구할 수 있다.

$$H(z) = \frac{0.0181(z+1)^3}{(z-0.50953)(z^2-1.2505z+0.39812)}. \tag{8.71}$$

그림 8.26은 필터의 임펄스 응답 $h[n]$[즉, 식 (8.71)에 주어진 $H(z)$의 역 z 변환]을 나타낸다.

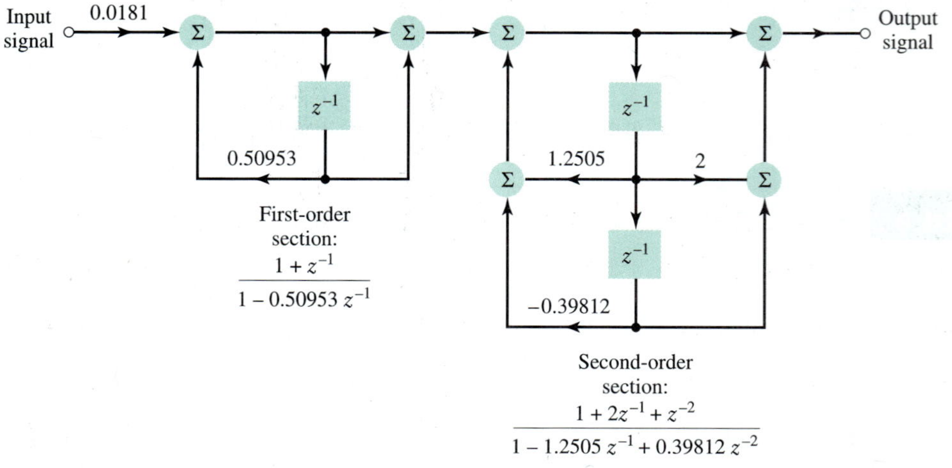

그림 8.27 1차 항과 2차 항으로 구성된 IIR 저역통과 필터의 종속 접속 구현

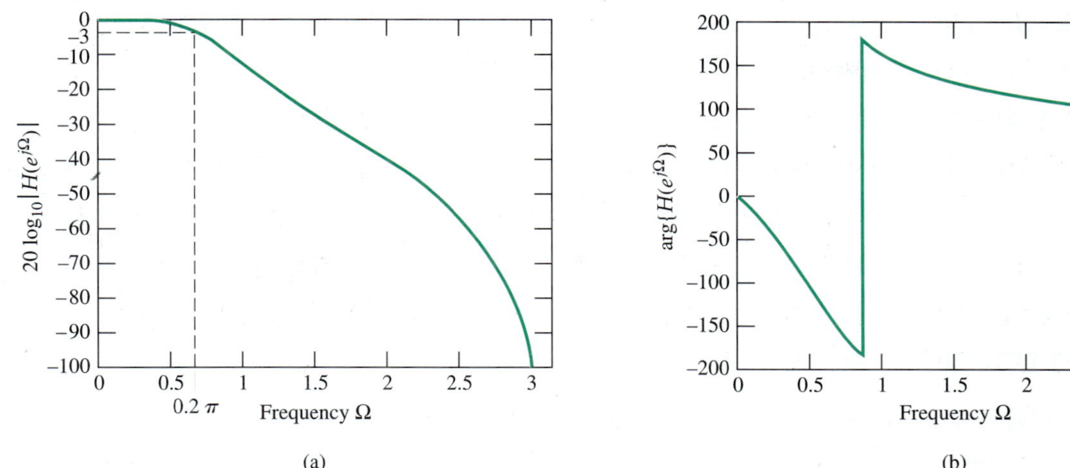

그림 8.28 그림 8.26에서의 임펄스 응답으로 특징 지어지는 IIR 저역통과 디지털 필터의 (a) 진폭 응답 (단위는 데시벨), (b) 위상 응답

7.9절에서 이산시간 시스템을 구현하기 위한 다른 계산 구조[즉, 종속(cascade)과 병렬 형태]를 토의했다. 거기에 나왔던 것에 비추어 보면, 그림 8.27에 보인 것처럼 식 (8.71)의 변환 함수는 두 부분의 종속 접속을 사용하여 실현될 수 있다는 것을 쉽게 알 수 있다. $H_a(s)$에서 단일 극점 인자 $((s/\omega_c) + 1)$의 쌍일차 변환의 결과 항을 1차 항(first-order section)이라 일컫는다. 같은 이유로, $H_a(s)$에서 2계 극점 인자 $((s/\omega_c)^2 + (s/\omega_c) + 1)$의 쌍일차 변환의 결과항을 2차 항(second-ordersection)이라 일컫는다. 실제로, 이 결과를 일반화시켜 인수분해된 형태의 $H_a(s)$에 쌍일차 변환을 적용하면 1차 항과 2차 항의 종속으로 구성된 $H(z)$에 대한 구현이 이루어진다고 말할 수 있다. 실용적인 관점에서 볼 때, 디지털 필터의 구현에 대한 이런 종류의 구조는 매우 흥미로운 것이다.

식 (8.71)에서 $z = e^{j\Omega}$라 놓고 $H(e^{j\Omega})$를 Ω에 대해서 그려보면, 그림 8.28에 나타난 크기와 위상 응답을 얻게 된다. 필터의 통과 대역은 규정된 것처럼 0.2π까지 확장됨을 알 수 있다. ▮

8.11 선형 일그러짐

실제로는 8.2절에서 배운 일그러짐 없는 전송에 대한 조건은 근사적으로만 만족시킬 수 있다. 앞 절에 나온 내용으로 이 문장의 의미를 알 수 있다. 즉, 식 (8.5)와 (8.6)에 나타낸 이상적인 조건으로부터의 시스템의 주파수 응답의 편차에 따라서, 연속시간 형이나 이산시간 형을 불문하고, 물리적인 LTI 시스템의 출력 신호에는 항상 어느 정도의 일그러짐은 존재한다. 특히, LTI 시스템을 통해 신호를 전송함으로써 발생되는 선형 일그러짐의 두 성분을 구별할 수 있다. 즉,

1. 진폭 일그러짐. 관심 있는 주파수 대역에서 시스템의 진폭 응답이 일정하지 않을 때, 입력 신호의 주파수 성분은 이득이나 감쇄 정도가 다른 시스템을 통해 전송된다. 이 효과를 진

폭 일그러짐이라고 부른다. 가장 공통적인 형태의 진폭 일그러짐은 관심 있는 주파수 대역의 한쪽 끝이나 양 끝에서 이득 또는 감쇠의 허용 범위를 초과하는 것이다.

2. 위상 일그러짐. 선형 일그러짐의 두 번째 형태는 시스템의 위상 응답이 관심 있는 주파수 대역에서 주파수에 대하여 비선형일 때 발생한다. 입력 신호가 주파수의 협대역을 점유하는 각 구성 요소들의 집합으로 나누어진다면, 그러한 각 구성 요소는 시스템을 통과할 때 다른 지연이 되기 쉬운데, 그 시스템은 출력 신호가 입력 신호의 파형과는 다른 파형으로 나타나는 결과를 갖는 시스템이라는 것을 알 수 있다. 이런 형태의 선형 일그러짐을 **위상** 또는 **지연 일그러짐**이라고 부른다.

이때 상수(constant) 지연과 상수(constant) 위상을 명확히 구분해야 한다. 연속시간 시불변 시스템인 경우에 있어서, 상수 지연은 선형 위상 응답 즉, $\arg\{H(j\omega)\} = -t_0\omega$임을 의미하며, 여기서 t_0는 상수 지연(시간 지연)이다. 이에 반해서, 상수 위상 지연은 $\arg\{H(j\omega)\}$가 모든 ω에 대해서 어떤 상수와 같다는 것을 의미한다. 이들 두 조건은 다른 의미를 가진다. 상수 지연은 일그러짐 없는 전송을 위한 필수 요건인 반면에, 상수 위상 지연은 신호의 일그러짐을 야기시킨다.

선형 일그러짐이 있는 선형 시불변 시스템은 입력 신호의 주파수 성분이 시스템을 통해 전송된 후에는 원래의 입력 신호의 진폭과 위상 특성과는 달라진 진폭과 위상 특성이 나타난다는 점에서 분산적이라고 일컬어진다. 전화 채널이 분산적인 시스템의 예이다.

▶ **연습문제 8.14** **다중 경로 전파 채널.** 1.10절에서, 다음과 같은 간단한 이산시간 모델로서 다중 경로 전파 채널을 나타내었다.

$$y[n] = x[n] + ax[n-1].$$

일반적으로 $|a| < 1$이기만 하면 파라미터 a는 실수이거나 복소수일 수 있다.

(a) 이 채널에 의하여 어떤 형태의 왜곡이 발생하는지 설명하라?

(b) 채널을 등화시키기 위해 설계된 4차 FIR 필터의 전달 함수를 구하라. 여기서, a는 높은 차수 항들을 무시할 수 있을 만큼 충분히 작다고 가정한다.

해답: (a) 채널에서는 진폭 왜곡과 위상 왜곡이 모두 발생한다.

(b) FIR 등화기의 전달 함수는 다음과 같다.

$$H(z) = 1 - az^{-1} + a^2z^{-2} - a^3z^{-3} + a^4z^{-4}$$ ∎

8.12 등화법

선형 일그러짐을 보상하기 위해서, 그림 8.29에 보인 것처럼, 문제의 시스템과 종속으로 연결되는 **등화기**(equalizer)로 알려진 네트워크(network)를 사용할 수 있다. 이 등화기는 관심

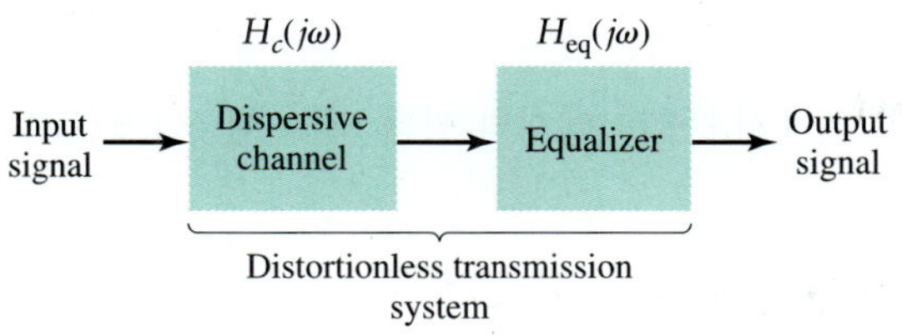

그림 8.29 일그러짐 없는 전송을 위한 분산 (LTI) 채널과 등화기의 종속 접속

있는 주파수 대역 내에서, 이 종속 접속의 전체적인 진폭 응답과 위상 응답이 규정된 범위 내에서 일그러짐 없는 전송에 대한 조건을 근사화시키는 방법으로 설계된다.

예를 들어, 주파수 응답 $H_c(j\omega)$를 가지는 통신 채널을 고려해 보자. 그림 8.29처럼 주파수 응답이 $H_{eq}(j\omega)$인 등화기가 이 채널과 종속 접속된다고 하자. 이 결합의 전체적인 주파수 응답은 $H_c(j\omega)\,H_{eq}(j\omega)$와 같다. 종속 접속을 통한 전체적인 전송에서 일그러짐을 없애기 위해서는, 식 (8.72)를 만족시켜야 한다.

$$H_c(j\omega)H_{eq}(j\omega) = e^{-j\omega t_0}. \tag{8.72}$$

여기서 t_0는 일정 시간 지연이며, 간단하게 나타내기 위해서 식 (8.3)에서 스케일링 인자 C를 1로 놓는다. 따라서, 이상적인 등화기의 주파수 응답은 식 (8.73)처럼 채널의 주파수 응답과는 역관계에 있다.

$$H_{eq}(j\omega) = \frac{e^{-j\omega t_0}}{H_c(j\omega)}. \tag{8.73}$$

실제로, 등화기는 그것의 주파수 응답이 식 (8.73)의 이상적인 값으로 충분히 가깝게 되어 선형 일그러짐이 만족할 수준으로 감소되도록 설계된다.

식 (8.73)에서 등화기의 주파수 응답 $H_{eq}(j\omega)$는 연속시간에서 공식화된다. 실제로 아날로그 필터를 사용하여 등화기를 설계하는 것이 가능할지라도, 더 좋은 방법은 디지털 필터를 사용하여 이산시간에서 설계를 하는 것이다. 이산시간 접근법으로 한다면, 채널 출력은 등화하기 전에 먼저 샘플링되어야 한다. 응용에 따라서 등화기 출력은 연속시간 신호로 되돌려지거나 이산시간 형태로 유지된다.

등화에 아주 적당한 시스템은 FIR 디지털 필터이며, **탭-지연-선로**(tapped-delay-line) 등화기로 일컬어진다. 그러한 필터의 구조는 그림 8.20에 나타내었다. 채널의 주파수 응답은 푸리에 변환으로 표현되기 때문에, FIR 필터의 주파수 응답을 얻기 위해 푸리에 변환을 사용할 것이다. 샘플링 간격이 T_s초이면, 식 (4.18)로부터 등화기 주파수 응답은 식 (8.74)와 같이 표현됨을 알 수 있다.

$$H_{\delta,eq}(j\omega) = \sum_{n=0}^{M} h[n]\exp(-jn\omega T_s). \tag{8.74}$$

$H_{\delta,\text{eq}}(j\omega)$에서 아래첨자 δ는 대응되는 연속시간 주파수 응답 $H_{\text{eq}}(j\omega)$와 구별하기 위한 것이다. 분석을 편하게 하기 위해서 등화기에서의 필터 계수 $M+1$을 홀수라 가정한다. 즉, M은 짝수이다.

등화기 설계의 목적은 $H_{\delta,\text{eq}}(j\omega)$가 관심 있는 주파수 대역 즉, $-\omega_c \leq \omega \leq \omega_c$에 걸쳐 식 (8.73)의 $H_{\text{eq}}(j\omega)$에 접근하도록 필터 계수 $b[0], b[1], \cdots, b[M]$을 결정하는 것이다. $H_{\delta,\text{eq}}(j\omega)$는 주기적이고, 한 주기는 주파수 범위 $-\pi/T_s \leq \omega \leq \pi/T_s$를 차지한다. 따라서, $T_s = \pi/\omega_c$을 선택하면, $H_{\delta,\text{eq}}(j\omega)$의 한 주기는 관심 있는 주파수 대역과 일치하게 된다. 식 (8.75)를 $H_{\delta,\text{eq}}(j\omega)$에 접근하기 위해 구해야 하는 주파수 응답이라고 하자.

$$H_d(j\omega) = \begin{cases} e^{-j\omega t_0}/H_c(j\omega), & -\omega_c \leq \omega \leq \omega_c \\ 0, & \text{그 밖의 범위} \end{cases} \tag{8.75}$$

아래에 요약된 과정 8.1을 따르면, FIR 디지털 필터 설계에서의 여러 가지 창 방법을 적용하여 이 문제를 해결할 수 있다. 즉,

과정 8.1 등화기 설계를 위한 창 방법 요약

차수 M은 짝수로 가정하고 샘플링 구간을 T_s로 하여 다음 과정을 따른다.

1. 시간 지연 상수를 $t_0 = (M/2)T_s$로 설정한다.
2. 원하는 임펄스 응답 $h_d(t)$를 구하기 위해 $H_d(j\omega)$의 역푸리에 변환을 구한다.
3. $b[n] = w[n]h_d(nT_s)$로 설정하며, 이때 $w[n]$은 길이 $(M+1)$의 창을 나타낸다. $T_s = \pi/\omega_c$로 했기 때문에, 샘플링할 때 대역 $-\omega_c \leq \omega \leq \omega_c$에서 에일리어싱(aliasing)이 발생하지 않는다.

일반적으로 $H_c(j\omega)$는 크기와 위상의 항으로 주어지는데, 이 경우에 있어서 $h_d(nT_s)$의 값을 구하기 위해 적분이 사용되는 경우가 있다. 계수 $M+1$은 만족할 만한 $H_d(j\omega)$의 근사화를 위하여 충분히 큰 값으로 선정된다.

예제 8.8 **1차 버터워스 채널을 위한 등화기 설계.** 아래와 같이 1차 버터워스 주파수 응답을 갖는 간단한 채널을 고려하자.

$$H_c(j\omega) = \frac{1}{1 + j\omega/\pi}.$$

주파수 대역 $-\pi \leq \omega \leq \pi$에 대해 이 채널을 등화시키기 위한 13개의 계수(즉, $M = 12$)를 가지는 FIR 필터를 설계하라. 이때 채널 잡음은 무시한다.

풀이: 이 예제에서 채널 등화 문제는 적분을 사용하지 않고 풀 수 있을 정도로 간단하다. $\omega_c = \pi$이면, 샘플링 간격은 $T_s = 1$초이다. 이제, 식 (8.75)로부터 아래의 식을 구할 수 있다.

표 8.4 예제 8.8의 등화기에 대한 필터 계수

n	$j\omega/\pi$의 역푸리에 변환 해밍창	1의 역푸리에 변환 해밍창	$h_d[n]$
0	−0.0042	0	−0.0042
1	0.0090	0	0.0090
2	−0.0247	0	−0.0247
3	0.0573	0	0.0573
4	−0.1225	0	−0.1225
5	0.2987	0	0.2987
6	0	1	1.0000
7	−0.2987	0	−0.2987
8	0.1225	0	0.1225
9	−0.0573	0	−0.0573
10	0.0247	0	0.0247
11	−0.0090	0	−0.0090
12	0.0042	0	0.0042

$$H_d(j\omega) = \begin{cases} \left(1 + \dfrac{j\omega}{\pi}\right)e^{-j6\omega}, & -\pi \leq \omega \leq \pi \\ 0, & \text{그 밖의 범위.} \end{cases}$$

주파수 응답 $H_d(j\omega)$의 0이 아닌 부분은 선형 위상 항을 제외한 1과 $j\omega/\pi$인 두 항의 합으로 구성된다. 이들 두 항은 아래와 같이 근사화된다. 즉,

- ▶ $j\omega/\pi$항은 미분의 스케일링된 항을 표현한다. FIR 필터를 사용하는 미분기의 설계는 예제 8.6에 나와 있다. 실제로, $j\omega/\pi$의 역푸리에 변환을 구하고, 샘플링 간격 $T_s = 1$초이므로 $t = n$이라 놓으면, $1/\pi$의 비율이 적용된 식 (8.59)의 결과를 얻을 수 있다. 따라서 그 예제에서 구한 결과를 이용하여, 길이 13의 해밍창에 결합시키고, 그것을 $1/\pi$의 비율을 적용하면, 표 8.4의 두 번째 열에 나온 값을 구할 수 있다.
- ▶ 단위 구형 필터 함수의 역푸리에 변환은 $\text{sinc}(t)$이다. $t = nT_s = n$이라 놓고, 길이 13의 해밍창으로 가중치를 주면, 표의 세 번째 열에 나온 값을 얻는다.

이 두 집합의 값을 더하면, 표의 마지막 열에 해당하는 등화기에 해밍창이 적용된 FIR 필터의 계수를 구할 수 있다. 이 필터는 중앙점 $n = 6$에 대해서 점대칭이다.

그림 8.30은 채널의 진폭 응답의 중첩, FIR 등화기와 등화된 채널을 보여주며 응답들은 대역 $0 \leq \Omega \leq \pi$에 대해 그려져 있다. 그림으로부터, 등화된 채널의 진폭 응답은 본질적으로 대역 $0 \leq \Omega \leq 2.5$에 걸쳐 평탄하다. 바꾸어 말하면, $M = 12$인 FIR 필터는 차단 주파수가 π인 유한 차수 버터워스 응답으로 표현되는 채널을 등화시키고 있으며, 전체 통과 대역에 있어서 다음 식에 해당되는 부분 만큼 등화시켜 준다.

$$\frac{2.5}{\pi} \approx 0.8 \text{ (i.e., 80 percent).} \quad ∎$$

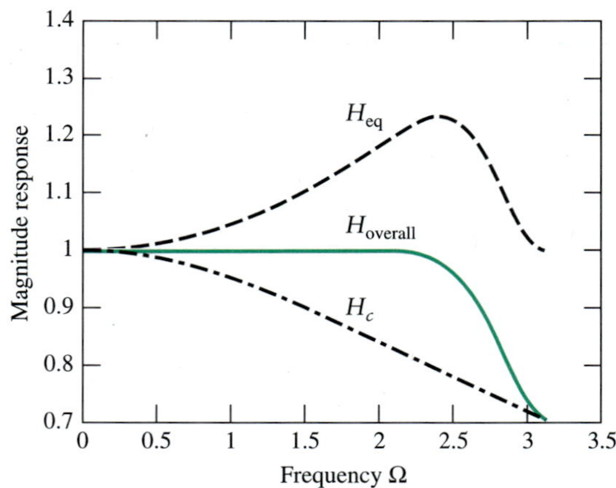

그림 8.30 점파선(— · — ·)은 1차 버터워스 채널의 진폭 응답을, 점선(— —)은 차수 $M = 12$인 FIR 등화기의 진폭 응답을, 실선은 등화된 채널의 진폭 응답을 나타낸다. 전체적인(등화된) 진폭 응답의 평평한 지역이 대략 $\Omega = 2.5$까지 확장된다.

8.13 MATLAB 실습

이 장에서, 선형 필터와 등화기를 공부하였다. 이들 두 시스템이 그들 자신의 입력 신호에 작용하는 동안, 그들의 목적은 전혀 다르다. 필터링의 목적은 특별한 주파수 범위를 가지는 출력 신호를 만들어 내는 것이다. 반면에, 등화기(equalizer)는 입력 신호에 포함된 어떤 형태의 선형 일그러짐에 대해 보상하기 위해 사용된다.

MATLAB 신호처리 Toolbox는 선형 필터와 등화기의 분석과 설계에 맞는 풍부한 함수들을 가지고 있다. 이 절에서는 앞에서 배운 개념과 설계 과정을 통합하기 위한 도구로써 몇 가지 함수들의 용도를 배울 것이다.

8.13.1 이상적 저역통과 필터를 통한 구형 펄스의 전송

8.3.1절에서 구형 펄스 입력에 대한 이상적 저역통과 필터의 응답을 공부하였다. 응답 $y(t)$는 식 (8.20)에 의해 정현 적분의 항으로 주어진다. 즉,

$$y(t) = \frac{1}{\pi}[\mathrm{Si}(a) - \mathrm{Si}(b)].$$

여기서, a와 b는 각각 아래와 같다.

$$a = \omega_c\left(t - t_0 + \frac{T_0}{2}\right)$$

이고,

$$b = \omega_c\left(t - t_0 - \frac{T_0}{2}\right).$$

여기서 T_0는 펄스의 지속시간이고 ω_c는 필터의 차단 주파수이며, t_0는 필터를 통과할 때의 전송 지연이다. 표현을 간편하게 하기 위해서, $t_0 = 0$이라고 놓는다.

$y(t)$에 대한 표현에서 식 (8.19)에 정의된 정현 적분 Si(u)가 구형 펄스 입력에 대한 이상적 저역통과 필터의 응답을 결정할 때 중요한 역할을 한다는 것을 알 수 있다. 불행하게도, 이 적분에 대한 해석적인 해답이 없다. 따라서, 그것을 계산하기 위해서는 적분의 용법에 의지해야 한다. 적분에 관한 일반적인 과정은 적분 구간 사이에서 적분 함수의 아래의 면적을 근사치로 계산하는 것이다. 그러한 과정을 **구적법**(quadrature technique)이라고 부른다.

```
quad( 'function_name' , a, b)
```

위의 MATLAB 함수는 적분 구간 **a**와 **b** 사이의 적분 함수 아래의 면적을 구한다. 함수 **quad**는 Simpson의 규칙을 사용하는데, 이것은 적분 함수가 구간 **[a, b]**에서 균일하게 샘플링된다. 그림 8.5에 그려진 정현 적분에 대해서, 아래의 명령어들을 사용한다. 즉

```
>> x = -20:.1:20;
>> For u = 1:Length(x),
        z(u) = quad( 'sincnopi' , 0, x(u));
   end
```

이것은 아래에 나온 **'sincnopi.m'**이라고 불리는 *M*-파일과 결합된다.

```
Function y = sincnopi(w)
y = ones(size(w));
i = find(w);
y(i) = sin(w(i))./w(i);
```

손쉬운 문제로 돌리자면, 펄스 응답 $y(t)$를 계산하기 위한 MATLAB 코드는 아래와 같다.

```
function [y] = sin_pr(wc, r)
%r is a user-specified resolution parameter
T = 1;
to = 0;                    % transmission delay = 0
t = -T*1.01: r:T*1.01;
ta = wc*(t - to + T/2);
tb = wc*(t - to - T/2);
for q = 1:length(t a),
```

```
z1(q) = quad( 'sincnopi' , 0, ta(q));
end
for q = 1:length(tb),
z2(q) = quad( 'sincnopi' , 0, tb(q));
end
plot(t, (z1 - z2)/pi)
axis(gca, 'YLim' , [-.2  1.2])
axis(gca, 'XLim' , [-1  1])
```

8.13.2 FIR 디지털 필터

MATLAB 신호처리 Toolbox는 창 방법에 기초한 FIR 필터를 설계하기 위한 두 가지 형태의 루틴 **fir1**과 **fir2**를 가지고 있다. 이 두 가지 루틴에 대한 기능이 아래에 요약되어 있다.

1. **b = fir1(M,wc)**

   위의 명령은 M차 저역통과 디지털 필터를 구현하고, 길이 $M+1$인 벡터 **b**의 필터 계수들을 반환한다. 차단 주파수 **wc**는 이산시간 주파수에서 샘플링률의 1/2 또는 $\Omega = \pi$에 대응하는 1을 가지는 차단 주파수가 구간 [0, 1]에 있도록 정규화된다. **fir1**은 기본값으로 해밍창을 사용한다. 사각창과 해닝창을 포함하는 다른 몇 가지의 창을 사용할 수도 있는데, MATLAB에서는 사각창을 **boxcar**로 일컫는다. 함수의 끝 부분에 선택 독립 변수를 사용하면, 원하는 창을 사용할 수 있다. 예를 들면, **fir1(M, wc, boxcar(M + 1))**은 사각창을 사용한다. 기본값에 의해, 필터는 첫 통과 대역의 중앙값이 창을 씌운 후에 정확히 1의 크기를 가지도록 스케일링된다.

2. **fir2**는 임의의 주파수 응답을 가지는 FIR 필터를 구현한다.

   b = fir2(M, F, K)

   명령은 벡터 **F**와 **K**에 의해 주파수 응답을 갖는 **M**차 필터를 구현한다. 벡터 **F**는 구간 [0, 1]의 주파수 점들의 벡터이며, 여기서 1은 샘플링률의 1/2 또는 $\Omega = \pi$에 대응한다. 벡터 **K**는 **F**에서 지정된 점들에서 원하는 진폭 응답을 포함하는 벡터이다. 벡터 **F**와 **K**는 같은 길이를 가져야 한다. **fir1**과 마찬가지로 **fir2**도 기본값으로 해밍창을 사용한다. 선택 독립 변수를 지정함으로써 다른 창을 사용할 수 있다.

fir1은 예제 8.5와 8.6에서 고려된 FIR 디지털 필터를 설계하기 위해서 사용되었다. 특히, 예제 8.5에서 (a) 사각창과 (b) 해밍창을 사용하여 계수 $M = 12$의 저역통과 필터를 설계하기 위해서 창 방법을 공부하였다. 이들 필터를 설계하거나 주파수 응답을 구하기 위해서 아래의 MATLAB 명령을 사용하였다.

(a) 사각창

```
>> b = fir1(12, 0.2 , boxcar(13));
>> [H,w] = freqz(b, 1, 512);
>> db = 20*log10(abs(H));
>> plot(w, db);
```

(b) 해밍창

```
>> b = fir1(12, 0.2, hamming(13));
>> [H,w] = freqz(b,1,512);
>> db = 20*log10(abs(H));
>> plot(w,db)
```

예제 8.6에서, 주파수 응답이 아래와 같이 정의되는 이산시간 미분기의 설계에 대해 공부하였다.

$$H_d(e^{j\Omega}) = j\Omega e^{-jM\Omega/2}.$$

여기서 다시 필터 설계의 기본인 사각창과 해밍창의 사용법을 살펴보았다. 이들 필터 설계에 사용된 각각의 MATLAB 명령은 아래와 같다.

```
>> taps = 13; M = taps - 1; %M - filter order
>> n = 0:M; f = n - M/2;
>> a = cos(pi*f) ./ f; %integration by parts eq.8.59.
>> b = sin(pi*f) ./ (pi*f.^2);
>> h = a - b; % impulse response for rectangular windowing
>> k = isnan(h); h(k) = 0; % get rid of not a number
>> [H, w] = freqz(h,1,512,2*pi)
>> hh = hamming(taps)' .*h; % apply Hamming window
>> [HH, w] = freqz(hh, 1, 512, 2*pi)
>> figure (i); clf;
>> plot (w, abs(H)); hold on;
>> plot (w, abs(HH), 'f'); hold off;
```

8.13.3 음성 신호 처리

음성 신호의 필터링은 8.9절에서 설명된 것처럼 사용되었다. 거기서 고려한 필터는 해닝창을 사용하여 설계된 FIR 저역통과 필터였다. 원래의 스펙트럼과 필터링된 음성 신호의 스펙트럼을 비교함으로써 필터링 효과를 알 수 있다. 음성 데이터는 연속시간 신호를 나타내기 때문에, 푸리에 변환이 적당한 표현법이다. 4장에서 토의한 것처럼 **fft** 명령을 사용하여 유한 지속시간에서 표본화된 음성 신호의 이산시간 푸리에 급수를 계산하여 푸리에 변환을 근사화할 것이다. 따라서 음성 신호의 필터링 효과를 알기 위한 MATLAB 명령은 아래와 같다.

```
    clear
    load spk_sam
    %Note there are two speech vectors loaded here: tst and tst1.
>> speech = tst1;
>> b = fir1(98,3000/8000, hanning(99));
>> filt_sp = filter(b, 1, speech);
>> f = 0:8000/(127):8000;
>> subplot(2, 1, 1)
>> spect = fft(speech, 256);
>> plot(f, abs(spect(1:128))/max(abs(spect(1:128))));
    subplot(2, 1, 2)
>> filt_spect = fft(filt_sp, 256);
>> plot(f, abs(filt_spect(1:128))/
    max(abs(filt_spect(1:128))))";
```

8.13.4 IIR 디지털 필터

예제 8.7에서 차단 주파수 Ω_c를 갖는 IIR 저역통과 필터를 설계하기 위한 기초로서 아날로그 필터를 사용하였다. 신호처리 Toolbox를 사용하여 그러한 디지털 필터를 설계하는 것은 간단하다. 예제 8.8에 나온 문제에 대해서 요구사항은 3차 버터워스 응답을 가지는 IIR 디지털 저역통과 필터를 설계하는 것이다.

```
[b, a] = butter(K, w)
```

위의 MATLAB 명령은 **K**차 버터워스 응답의 저역통과 디지털 IIR 필터를 구현하고, 전달 함수의 분자와 분모의 다항식의 계수를 각각 길이가 $K+1$인 벡터 **b**와 **a** 형태로 반환한다. 필터의 차단 주파수 **w**는 구간 [0, 1]에 위치하도록 정규화되어야 하며, 여기서 $\Omega = \pi$에 상응하는 값을 1로 한다.

따라서 예제 8.7의 IIR 디지털 필터의 설계와 주파수 응답의 계산에 대한 명령어는 아래와 같다.

```
>> [b, a] = butter(3, 0.2);
>> [H, 2] = freqz(b, a, 512);
```

```
>> mag = 20*log10(abs(H));
>> plot(w, mag)
>> phi = angle(H);
>> phi = (180/pi)*phi; % convert from radians to degrees
>> plot(w, phi)
```

▶ **연습문제 8.15** 5.11절에서 토의한 반송파 억제 양측파대 변조 실험에서, 아래의 특징을 갖는 버터워스 저역통과 디지털 필터를 사용하였다.

필터 계수 3
차단 주파수 0.125 Hz
샘플링률 10 Hz

이 필터를 설계하기 위해 MATLAB 명령어 **butter**를 사용하라. 필터의 주파수 응답 곡선을 나타내고, 이것이 앞서 언급된 설계조건을 만족한다는 것을 입증하라. ▮

8.13.5 등화법

예제 8.8에서, 아래의 주파수 응답을 가진 채널을 등화시키는 FIR 디지털 필터의 설계를 공부하였다.

$$H_c(j\omega) = \frac{1}{1 + (j\omega/\pi)}.$$

등화기의 원하는 주파수 응답은 아래와 같다.

$$H_d(j\omega) = \begin{cases} \left(1 + \dfrac{j\omega}{\pi}\right)e^{-jM\omega/2}, & -\pi < \omega \le \pi \\ 0, & \text{그 밖의 범위} \end{cases}$$

여기서 $M + 1$은 등화기의 길이이다. 예제 8.8에 나온 과정을 따르면, 등화기는 병렬로 연결된 두 개의 성분(이상적 저역통과 필터와 미분기)으로 구성된다는 것을 알 수 있다. 길이가 $M + 1$인 해밍창을 사용한다고 가정하면, 예제 8.1과 8.6에 사용된 MATLAB 명령을 만들 수 있다. 등화기의 설계와 주파수 응답의 계산을 위해 대응하는 명령어 집합은 아래와 같이 공식화할 수 있다.

```
>> clear; clc;
>> taps = 13;
>> M = taps - 1;"
>> n = 0:M;
>> f = n - M/2;
```

```
>> a = cos(pi*f)./f; %Integration by parts eq.8.59
>> b = sin(pi*f)./(pi*f.^2);
>> h = a - b; % impulse resp. of window
k = isnan(h); h(k) = 0; %Get rid of not a number

    %Response of Equalizer
>> hh = (hamming(taps)' .*h)/pi;
>> k = fftshift(ifft(ones(taps,1))).*hamming(taps);
>> [Heq, w] = freqz(hh + k' , 1, 512, 2*pi);

    %Response of Channel
>> den = sqrt(1 + (w/pi).^2);
>> Hchan = 1./den;
    %Response of Equalized Channnel
>> Hcheq = Heq.*Hchan;

    %plot
>> figure(1);clf
    hold on
    plot(w, abs(Heq), 'b--' )
    plot(w, abs(Hchan), 'g-.' )
    plot(w, abs(Hcheq), 'r' )
    hold off
    axis([0 3.5 0.7 1:4])
    Legend( 'Equalizer' , 'Channel' , 'Equalized Channel' )
```

8.14 요 약

이 장에서 시스템과 신호처리—선형 필터와 등화기—를 위한 설계의 두 가지 중요한 기본 원칙에 대한 과정을 공부하였고, 또한 MATLAB을 사용하여 확인하였다. 필터의 목적은 그들의 주파수 범위에 기초하여 신호를 분리하는 것이다. 등화기의 목적은 분산적인 채널을 통해 신호를 전송할 때 발생하는 선형 일그러짐을 보상하는 것이다. 주파수 선택 아날로그 필터는 인덕터와 캐패시터를 사용하여 실현할 수 있다. 이렇게 구현된 네트워크는 수동 필터로 언급되며, 설계는 연속시간 개념에 기초한다. 또한, 이산시간 개념에 기초하여 설계된 디지털 필터를 사용할 수 있다. 디지털 필터에는 두 종류—유한 지속시간 임펄스 응답(FIR)과 무한 지속시간 임펄스 응답(IIR)—가 있다.

FIR 디지털 필터는 유한한 메모리와 BIBO 안정성에 의해 특성화되며, 선형 위상 응답을 가지도록 설계된다. IIR 디지털 필터는 무한한 메모리를 가진다. 따라서, FIR 필터의 길이보다 더 짧은 필터 길이로써 규정된 진폭 응답을 실현할 수 있다.

FIR 디지털 필터를 설계하기 위해서, 창 방법을 사용한다. 여기서 창은 천이 대역폭과 통과대역/억제 대역 리플 사이의 상충 관계 때문에 사용된다. IIR 디지털 필터를 설계하기 위해서, 적당한 연속시간 전달 함수(예를 들면, 버터워스 또는 체비세프 함수)로부터 시작하여 쌍일차 변환을 적용한다. 이들 디지털 필터 모두 컴퓨터 이용 과정을 사용하여 규정된 설계 조건으로부터 직접적으로 설계할 수 있다. 여기서, 알고리듬의 복잡성과 더욱 효과적인 설계는 상충 관계에 있게 된다.

마지막으로 등화기를 볼 때, 실제 문제에 있어서 가장 공통적으로 사용되는 방법은 FIR 디지털 필터를 필요로 한다. 여기서 중요한 문제는 등화기가 통신 채널과 병렬로 연결될 때, 두 개의 결합이 일그러짐 없는 필터를 근사화시키도록 필터 계수를 계산하는 것이다.

참고문헌

1. 수동 필터의 합성에 관한 고전적인 교재

Guillemin, E. A., *Synthesis of Passive Networks* (Wiley, 1957)

Tuttle, D. F. Jr., *Network Synthesis* (Wiley, 1958)

Weinberg, L., *Network Analysis and Synthesis* (McGraw-Hill, 1962)

2. 해밍창과 해닝창(또는 Hann창)은 창안자들의 이름을 따서 지었다. 즉 Hamming과 Julins van Hann. "해밍"창이란 용어가 소개된 책

Blackman, R. B., and J. W. Tukey, *The Measurement of Power Spectra* (Dover Publications, 1958)

창함수에 의한 FIR 설계법은 카이저 창(James F. Kaiser)을 언급하지 않고서는 완료되지 않는다. 이 창함수는 조정 변수(a로 표기)에 의해 정의되는데, 주엽과 부엽의 상대적 크기를 조정할 수 있다. a가 0에 가까이 가면, 카이저 창은 구형창과 동일하다. 카이저 창에 의한 설계는 다음을 참고한다.

Kaiser, J. F., "Nonrecursive digital filter design using the I_0-shinh window fuction," *Selected Papers in Digital Signal Processing,* II, edited by the Digital Signal Processing Committee, IEEE Acoustics, Speech, and Signal Processng

Society, pp. 123-126(IEEE Press, 1975)

3. 디지털 필터에 관한 참고문헌

Gold, B., and C. M. Rader, *Digital Processing of Signals* (McGraw-Hill, 1969)

Kuo, F., and J. F. Kaiser, eds., *System Analysis by Digital Computter* (Wiley, 1966)

4. 상세한 디지털 필터의 설계에 관한 참고문헌

Antoniou, A., *Digital Filters: Analysis, Design, and Applications*, 2nd ed. (McGraw Hill, 1993)

Mitra, S. K., *Digital Signal Processing: A Computer-Based Approach* (mcGraw Hill, 1993)

Oppenheim, A. V., R. W. Schafer, and J. R. Buck, *Discrete-time Signal Processing*, 2nd ed. (Prentice-Hall, 1999)

Parks, T. W., and C. S. Burrus, Digital Filter Design (Wiley, 1987)

Raviner, L. R., and B. Gold, *Theory and Application of Digital Signal Processing* (Prentice-Hall, 1975)

5. 디지털 필터를 이용한 음성신호 처리의 참고문헌

Rabiner, L. R., and R. W. Schager, *Digital Processing of Speech Signals* (Prentice-Hall, 1978)

Deller, J., J. G. Proakis, and J. H. L. Hanson, *Discrete-Time Processing of Speech Signals* (Prentice-Hall, 1993)

6. 등화기에 관한 참고문헌

Lucky, R. W., J. Salz, and E. J. Weldon, Jr., *Principles of Data Communication* (McGraw-Hill, 1968)

Haykin, S., *Communications Systems*, 4th ed. (wiley, 2001)

Proakis, J. G., *Digital Communications,* 3rd ed. (McGraw-Hill, 1995)

▶ 추가 문제(Additional Problems)

8.16 지속시간 1-μs의 구형 펄스가 저역통과 채널을 통해 전송된다. 필터의 출력에서 이 펄스를 인식할 수 있도록 채널이 가질 수 있는 가장 낮은 차단 주파수를 제안하라.

8.17 K차 버터워스 필터의 통과 대역과 억제 대역의 차단 주파수를 정의하는 식 (8.31)과 (8.32)를 유도하라.

8.18 $N = 5$차이고 차단 주파수가 $\omega_c = 1$인 버터워스 저역통과 필터를 고려하자.

(a) $H(s)H(-s)$의 $2K$개 극점을 구하라.

(b) $H(s)$를 결정하라.

8.19 버터워스 저역통과 필터에 대해서, 아래의 성질들이 만족함을 보여라.

(a) 전달 함수 $H(s)$는 K가 홀수일 때 $s = -\omega_c$에서 극점을 가진다.

(b) 전달 함수 $H(s)$의 모든 극점들은 K가 짝수일 때 켤레 복소수 형태로 나타난다.

8.20 $K = 5$차인 버터워스 저역통과 기본형 필터의 전달 함수의 분모 다항식은 다음 식과 같이 정의된다.

$$(s + 1)(s^2 + 0.618s + 1)(s^2 + 1.618s + 1).$$

이에 상응하는 차단 주파수가 $\omega_c = 1$인 고역통과 필터의 전달 함수를 구하고, 그 필터의 진폭 응답을 그려라.

8.21 문제 8.20에서 $K = 5$차인 저역통과 기본형 필터를 다시 고려하자. 필터의 차단 주파수를 어떤 임의의 값 ω_c로 변경하고자 할 때, 이 필터의 전달 함수를 구하라.

8.22 예제 8.3에서 설명된 저역통과 전달 함수 $H(s)$에 대해서, 대응하는 대역통과 필터의 전달 함수를 구하라. 이때 필터의 중간 대역 주파수는 $\omega_c = 1$이고, 대역폭은 $B = 0.1$이다. 또한 이 필터의 진폭 응답을 그려라.

8.23 그림 8.14에 보인 저역통과 버터워스 필터는 전류원에 의해 구동된다. 그림 8.14의 구조와 등가가 되도록 전압원으로 구동되는 저역통과 구조를 형성하라.

8.24 아래 주어진 필터 특징은 그림 8.14(a)와 8.14(b)의 기본형 구조에 기반한 저역통과 버터워스 필터의 설계를 요구한다.

차단 주파수 $\omega_c = 100$ kHz

부하 저항 $R_l = 10$ kΩ

필터의 리액턴스 소자값을 구하라.

8.25 FIR 디지털 필터의 전달 함수 $H(z)$가 $z = 1$에서 한 개의 영점을 가져야 한다는 요구사항을 실현시키기 위해 필터의 임펄스 응답 $h[n]$이 만족하여야 하는 조건을 구하라.

8.26 8.9절에 창 방법을 사용하여 FIR 디지털 필터를 유도하는 과정을 나타내었다. 이 문제에서는 여기에 기술한 것처럼 두 단계로 진행하고자 한다. 즉,

(a) 다음 식을 정의한다.

$$h[n] = \begin{cases} h_d[n], & -M/2 \le n \le M/2 \\ 0, & \text{그 밖의 범위} \end{cases}$$

여기서 $h_d[n]$은 영위상(zero phase)을 갖는 주파수 응답에 상응하는 임펄스 응답이다. $h[n]$의 위상 응답 역시 영이다.

(b) 결정된 $h[n]$을 가지고, $M/2$ 샘플만큼 오른쪽으로 이동한다. 이 두 번째 단계는 필터가 인과성을 갖도록 해준다.

이 과정이 8.9절에 설명된 것과 동등함을 보여라.

8.27 식 (8.64)와 (8.65)는 다음의 쌍일차 변환에 속한다.

$$s = \frac{z - 1}{z + 1}.$$

어떻게 이 방정식이 다음 식으로 수정되는지 설명하라?

$$s = \frac{2}{T_s}\left(\frac{z - 1}{z + 1}\right).$$

여기서 T_s는 샘플링 간격이다.

8.28 1.10절에서, 다음 전달 함수로 정의되는 1차 순환 이산시간 필터를 논하였다.

$$H(z) = \frac{1}{1 + \rho z^{-1}}.$$

여기서 ρ의 범위는 $0 < \rho < 1$이다.

8.29 그림 8.27은 식 (8.71)에 나타난 디지털 IIR 필터의 종속 구현을 보여준다. 이 전달 함수를 구현하기 위한 제II 직접형을 규정하라.

8.30 1.10절에서 논의되었던, 무선 통신 환경의 다중 경로 전파 채널에서는 송신단과 수신단 사이에 다음과 같은 3개의 경로가 존재한다.

- 직접 경로
- 작은 반사체에 의해 신호의 세기와 시간 지연이 각각 0.2와 10 s인 간접 경로
- 큰 반사체에 의해 신호의 세기와 시간 지연이 각각 0.2와 15 s인 간접 경로

이때 신호의 감쇠량과 지연 시간은 직접 경로에 준하여 측정되었다.

(a) 수신 신호에서의 잡음을 무시하고, 송신 신호와 수신 신호 사이의 이산시간 방정식을 세워라.

(b) IIR 등화기의 구조를 정하고 각 계수를 구하라. 이때 등화기는 안정한가?

(c) 등화기가 FIR 형태로 구현되었다고 가정하고, 2차 등화기의 계수를 결정하라. 이때 1%보다 작은 계수들은 모두 무시한다.

▶ 심화 문제(Advanced Problems)

8.31 주어진 신호 $x(t)$에 대해서 구간 T_0에 대한 신호의 적분값이 아래의 식으로 요구된다고 가정하자.

$$y(t) = \int_{t-T_0}^{t} x(\tau)\, d\tau.$$

(a) 아래 주어진 전달 함수를 갖는 필터를 통해서 $x(t)$를 전송함으로써 $y(t)$가 구해질 수 있음을 보여라.

$$H(j\omega) = T_0 \operatorname{sinc}(\omega T_0/2\pi)\exp(-j\omega T_0/2).$$

(b) 이상적인 저역통과 필터를 사용한다고 가정하고, 시간 $t = 0$에서 필터에 계단 함수가 가해졌을 때 시간 $t = T_0$에서의 필터 출력을 결정하라. 그 결과와 이상적인 적분기의 상응하는 출력을 비교하라.

[주의: $\mathrm{Si}(\pi) = 1.85$, $\mathrm{Si}(\infty) = \pi/2$]

8.32 저역통과 기본형 필터를 억제 대역의 중간 주파수가 ω_0인 대역 억제 필터로 변환시키고자 할 때, 이를 위해 적절한 주파수 변환을 제안하라.

8.33 FIR 디지털 필터는 전체 $M + 1$개의 계수를 가지며, 이때 M은 짝수인 정수이다. 이 필터의 임펄스 응답은 $(M/2)$번째 점에 대해서 대칭이다.

$$h[n] = h[M - n], \quad 0 \le n \le M.$$

(a) 필터의 진폭 응답을 구하라.

(b) 이 필터가 선형 위상 응답을 가짐을 보여라.

그리고 $\Omega = 0$과 $\Omega = \pi$에서 주파수 응답 $H(e^{j\Omega})$에 어떠한 제한도 없음을 보여라. 이 필터는 제I형이라고 불리운다.

8.34 문제 8.33에서 FIR 디지털 필터의 $M + 1$개의 계수는 $(M/2)$번째 점에 대해서 아래와 같은 반대칭(antisymmetry) 조건을 만족함을 보여라.

$$h[n] = -h[M - n], \quad 0 \le n \le \frac{M}{2} - 1.$$

이 경우에, 필터의 주파수 응답 $H(e^{j\Omega})$가 다음의 두 조건 즉, $H(e^{j0}) = 0$과 $H(e^{j\omega}) = 0$을 만족시켜야 함을 입증하라. 또한 그 필터가 선형 위상 응답을 가짐을 보여라. 이 필터는 제III형이라고 불리운다.

8.35 문제 8.33과 8.34에서, 필터 길이 M은 짝수인 정수였지만, 이 문제와 다음 문제에서는 필터 길이 M은 홀수인 정수이다. 필터의 임펄스 응답 $h[n]$은 정수가 아닌 점 $n = M/2$에 대해서 대칭이라고 가정하자. 다음 식이 성립할 때

$$b[k] = 2h[(M+1)/2 - k], \quad k = 1, 2, \ldots, (M+1)/2$$

필터의 주파수 응답 $H(e^{j\Omega})$를 $b[k]$로 나타내고, 다음을 입증하라.

(a) 필터의 위상 응답은 선형이다.

(b) $H(e^{j0})$에는 제한이 없지만, $H(e^{j\omega}) = 0$이다.

이 문제에서 고려된 필터를 제II형이라고 부른다.

8.36 홀수인 M차 FIR 디지털 필터에 관한 문제 8.35에 이어서, 필터의 임펄스 응답 $h[n]$이 정수가 아닌 점 $n = M/2$에 대해서 반대칭이라고 가정하자. 다음 식이 성립할 때

$$c[k] = 2h[(M+1)/2 - k],$$
$$k = 1, 2, \ldots, (M+1)/2$$

필터의 주파수 응답 $H(e^{j\Omega})$를 $c[k]$로 나타내고, 다음을 입증하라.

(a) 필터의 위상 응답은 선형이다.

(b) $H(e^{j0}) = 0$이지만, $H(e^{j\omega})$에는 제한이 없다.

이 문제에서 고려된 필터는 제IV형이라고라고 부른다.

8.37 식 (8.59)는 사각창을 갖는 미분기로 사용되는 FIR 디지털 필터의 임펄스 응답 $h_d[n]$을 정의한다. $h_d[n]$이 다음과 같이 반대칭임을 보여라.

$$h[n - M] = -h[n], \quad 0 \le n \le M/2 - 1$$

여기서 M은 필터의 차수이며 짝수이다. 문제 8.34의 견지에서, 이 특별한 미분기의 주파수 응답에 대해 무엇을 얘기할 수 있겠는가? 그림 8.21에 나온 진폭 응답과 비교하여 검토하라.

8.38 디지털 IIR 필터가 비안정적일 수 있는데, 이러한 조건이 어떻게 발생할 수 있는가? 쌍일차(bilinear) 변환이 사용된다고 가정하고, 디지털 IIR 필터가 비안정적이기 위해서 상응하는 아날로그 전달 함수의 극점들 중 일부는 어디에 위치해야 하는가?

8.39 8.10절에서 디지털 IIR 필터를 설계하기 위한 쌍일차 변환 방법을 설명하였다. 여기서는 디지털 필터를 설계하기 위해서 **임펄스 불변 방법**(method of impulse invariance)이라고 불리는 다른 방법을 고려한다. 연속시간(아날로그) 필터를 이산시간(디지털) 필터로 변환하기 위한 이 과정에서, 이산시간 필터의 임펄스 응답 $h[n]$은 연속시간 필터의 임펄스 응답 $h_a(t)$를 등간격으로 샘플링한 결과가 된다. 즉,

$$h[n] = T_s h_a(nT_s).$$

여기서 T_s는 샘플링 간격이다. 연속시간 필터의 전달 함수가

$$H_a(s) = \sum_{k=1}^{N} \frac{A_k}{s - d_k}$$

와 같이 주어졌을 때, 임펄스 불변 방법으로 구한 이산시간 필터의 전달 함수가 아래와 같음을 보여라.

$$H(z) = \sum_{k=1}^{N} \frac{T_s A_k}{1 - e^{d_k T_s} z^{-1}}.$$

8.40 식 (8.73)은 연속시간 LTI 시스템에 의해 발생하는 선형 왜곡을 처리하기 위한 등화기의 주파수 응답을 나타낸다. 이산시간 LTI 시스템에 의해 발생하는 선형 왜곡을 처리하기 위해 사용되는 등화기에 대해 상응하는 관계식을 세워라.

8.41 주파수 응답이 식 (8.74)로 설명되는 탭-지연-선로(tapped-delay-line) 등화기를 고려하자. 이론적으로, 이 등화기는 계수의 개수 $M+1$을 충분히 크게 함으로써 어떤 선형 왜곡도 간단히 보상할 수 있다. M을 크게 할 때 불이익은 무엇인지 답하고, 그의 타당성을 설명하라.

▶ 컴퓨터 실습(Computer Experiments)

8.42 전체 23개의 계수를 가지는 FIR 디지털 저역통과 필터를 설계하라. 이를 위해 해밍창을 사용하고, 필터의 차단 주파수는 $\omega_c = \pi/3$이며, 샘플링 간격은 $T_s = 15$이다.

(a) 필터의 임펄스 응답을 그려라.

(b) 필터의 진폭 응답을 그려라

8.43 $M = 100$차인 FIR 디지털 필터를 이용하여 미분기를 설계하라. 이를 위해서 (a) 사각창과 (b) 해밍창을 사용하라. 각각의 경우에서 필터의 임펄스 응답과 진폭 응답을 그려라.

8.44 샘플링률이 $2\pi \times 8{,}000$ rad/s인 데이터 열이 주어졌을 때, 이 데이터 열을 처리하기 위해서 아래의 특성을 만족하는 저역통과 디지털 IIR 필터가 요구된다. 즉,

차단 주파수 $\omega_c = 2\pi \times 800$ rad/s

$2\pi \times 1{,}200$ rad/s에서 감쇠 = 15 dB

(a) 버터워스 응답을 가정하고, 적합한 필터 차수 K를 결정하라.

(b) 쌍일차 변환을 사용하여 필터를 설계하라.

(c) 필터의 진폭 응답과 위상 응답을 그려라.

8.45 버터워스 응답을 갖는 고역통과 디지털 IIR 필터를 설계하라. 고역통과 필터의 특성은 다음과 같다. 필터 차수는 $K = 5$이고, 차단 주파수는 $\omega_c = 0.6$이며, 샘플링 주기는 $T_s = 15$이다.

8.46 다음 식의 2차 버터워스 응답에 의해 표현되는 주파수 응답을 갖는 채널을 고려하자.

$$H_c(j\omega) = \frac{1}{(1 + j\omega/\pi)^2}.$$

주파수 대역 $-\pi < \omega \leq \pi$에서, 이 채널을 등화시키기 위해 95개의 계수를 갖는 FIR 필터를 설계하라.

9 선형 귀환 시스템에 대한 응용

9.1 서 론

귀환은 공학에서 매우 중요시되는 개념이라고 볼 수 있다. 귀환에 대한 필요성은 전력 증폭기 설계, 디지털 필터 설계 그리고 제어 시스템 등 응용 분야에서 볼 수 있다. 이와 같은 응용 분야에서는 귀환은 특정한 목적의 시스템 설계에 적용된다. 즉, 시스템의 선형 동작을 개선하는 특성, 특정한 매개 변수의 변화에 대한 시스템 이득의 민감도를 감소시키는 특성 그리고 시스템의 성능에 대한 외부적인 교란의 영향을 감소시키는 특성 등을 개선하기 위해 귀환이 응용된다. 그러나 이러한 실제적인 특정 목적들을 달성하기 위해서는 시스템의 동작을 더 복잡하게 만든다. 또한 시스템의 설계에서 특별한 예방 조치들을 취하지 않으면, 귀환 시스템이 불안정하게 될 잠재적인 가능성도 있다.

이 장에서는, 몇 가지 기본적인 귀환 개념들을 설명하는 것으로 선형 귀환 시스템에 관한 공부를 시작함으로써 두 가지 경우의 중요한 응용을 위한 동기를 제공한다. 이들 두 응용 분야는 연산 증폭기와 귀환 제어 시스템으로서 차례로 설명될 것이다. 그 다음에 설명될 주제는 안정성 문제로서, 귀환 시스템들의 연구에 아주 중요한 논점이다. 여기서는 2가지 접근 방법으로 안정성 문제를 다루는데, 하나는 귀환 시스템의 극점들의 위치에 바탕을 둔 것이고, 다른 하나는 시스템의 주파수 응답에 바탕을 둔 것이다. 이 장의 끝 부분에서 다루게 될 또 다른 중요한 주제는 샘플 데이터 시스템을 제어하기 위해 컴퓨터를 사용하는 귀환 제어 시스템이다. 샘플 데이터 시스템들에 관한 연구는 공학에서뿐만 아니라 이론적으로도 중요하다. 그것은 하나의 목표를 위해서 z 변환과 라플라스 변환의 사용을 결합시키는 것이 된다.

9.2 귀환이란 무엇인가?

귀환은 시스템의 출력측 신호의 일부분이 입력측으로 되돌아 가는 것으로 정의함으로써 시스템 주위의 신호들이 서로 의존하도록 구성된다. 그러나 시스템에서 귀환에 대한 존재 여

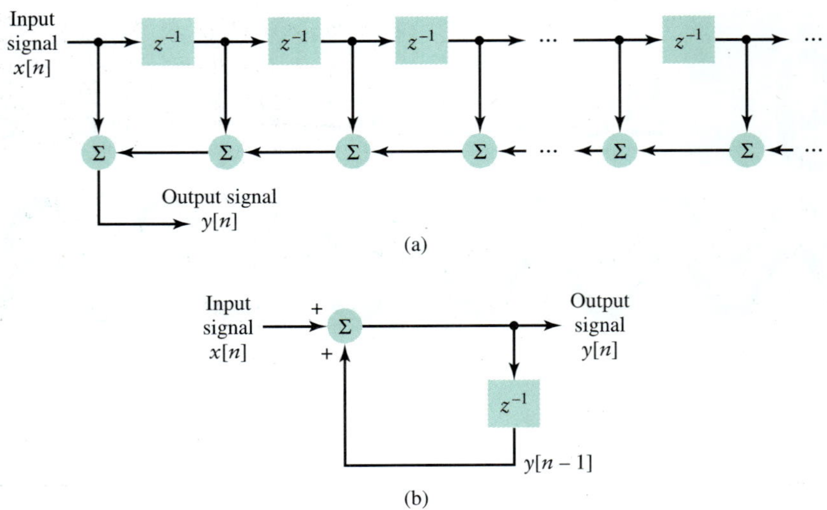

그림 9.1 누산기의 실현을 위한 2가지 구조. (a) 무한계의 순방향 구조, (b) 반복적인 1계 구조

부는 물리적인 현상보다는 관점상의 문제이다. 이산시간 IIR 필터들에 대한 예제를 다루면서 간단하지만 중요한 문구는 이미 1.10절에서 설명하였다.

구체적인 예로서, 모든 이전 이산시간 입력 신호값을 더하는 함수($x[n-1], x[n-2], \cdots$)를 가진 **누산기**를 고려한다. 이것은 현재 신호값 $x[n]$과 과거 신호값 $x[n-k]$를 가지고 다음과 같이 현재 출력 신호를 생성한다.

$$y[n] = \sum_{k=0}^{\infty} x[n-k].$$

이러한 입출력 관계를 따르는 누산기는 그림 9.1(a)처럼, 무한계의 순방향 시스템에 의해 구현된다. 명확하게 이러한 구현과정에 귀환은 없다.

이러한 누산기는 또한 그림 9.1(b)에 나타낸 것과 같이 이산시간 1계 IIR 필터로 구현되는 1장의 내용을 기억하라. 귀환의 존재는 누산기의 두 번째 구현에 나타난다. 거기에는 두 개의 요소를 포함하는 귀환 루프가 있다.

- 과거 출력 $y[n-1]$을 공급하기 위한 현재 출력 $y[n]$으로 동작하는 **기억 유니트**는 z^{-1}로 표현된다.
- 과거(지연) 출력 $y[n-1]$을 현재 입력 $x[n]$에 더하는 **가산기**는 $y[n]$을 생성한다.

그림 9.1에 있는 두 가지 구조는 누산기를 구현하는 전혀 다른 두 가지 방법을 나타낸다. 그러나 입출력 동작의 조건에서 볼 때는 서로 동일하다. 특히, 그것들의 무한 시간에 대해 서로 정확히 같은 임펄스 응답을 갖는다. 하나의 구조는 귀환이 없는 구조인 반면, 또 다른 하나의 구조는 귀환 시스템의 간단한 예이다.

더 나아가서 귀환 시스템은 관점의 문제라는 사실을 설명하기 위하여. 그림 9.2(a)에 보여

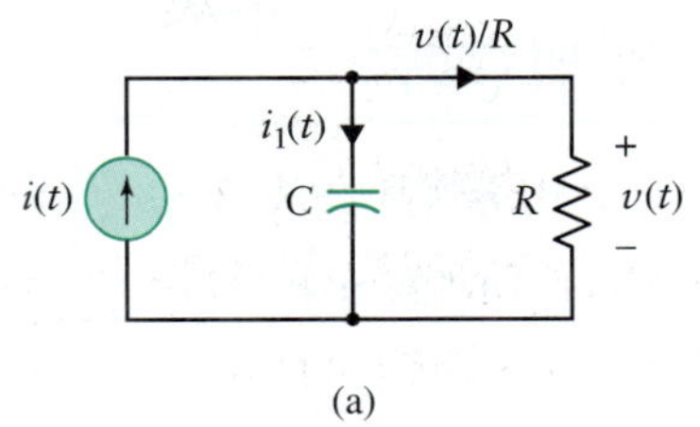

(a)

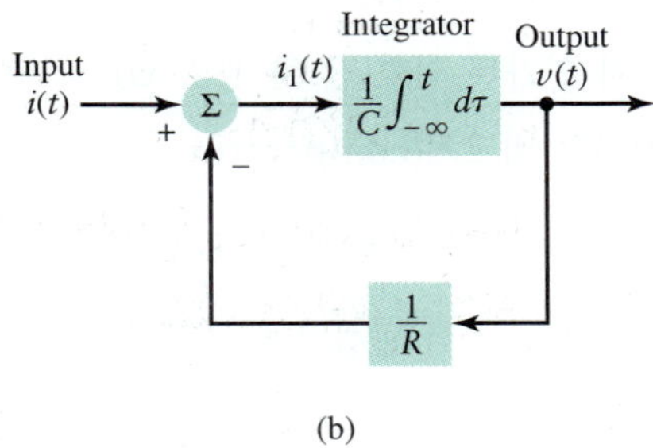

(b)

그림 9.2 (a) 전류원 $i(t)$에 의해서 구동되는 간단한 병렬 RC 회로, (b) 두 개의 변수에 의해 형성된 RC 회로의 블록 다이어그램. 커패시터 C에 흐르는 전류 $i_1(t)$와 C의 양단에 걸린 전압 $v(t)$. 이 그림은 비록 물리적으로 RC 회로 자체에 귀환이 있다는 증거는 없지만, 귀환 루프의 존재를 명확하게 보여준다.

지는 것과 같은 간단한 병렬 RC 회로를 가정한다. 물리적인 관점에서는 보통 이러한 예제가 귀환 시스템의 예제라고 생각되지는 않는다. 커패시터 C를 통해 흐르는 전류 $i(t)$의 관점에서 아래와 같이 주어진 수학적으로 유도된 식(문제 1.92 참조)은 그림 9.2(b)에 묘사된 것처럼 명확히 귀환 루프의 존재를 보여준다.

$$i_1(t) = i(t) - \frac{1}{RC}\int_{-\infty}^{t} i_1(\tau)\,d\tau.$$

귀환을 설명하기 위해 여기에 설명된 그림 9.2의 병렬 RC 회로와 그림 9.1의 누산기는 정확히 보는 관점에 따라, 시스템의 입출력 동작이 어떻게 구성되느냐에 의존하고 있다.

이 장의 주된 관심은 LTI 시스템의 디자인 철학에 따라 귀환 루프를 표현한 블록 다이어그램을 가진 LTI 시스템을 표현한다. 그림 9.1(b)에 보여진 반복적인 형태로 적용된 누산기는 그러한 시스템의 한 예이다. 선형 귀환 시스템의 연구에 대한 동기는 다음과 같다.

1. 귀환의 적용으로부터 직접 얻게 되는 공학적인 중요성에 따른 실제적인 이익의 달성
2. 모든 동작 조건하에서 귀환 시스템이 안정되어 있다는 것을 보장하는 안정성 문제의 이해

이 장의 나머지 부분은 이러한 두 가지 중요한 문제에 초점을 맞추었다. 기본적인 귀환 개념에 대한 논의는 연속시간 관점과 함께 시작하고, 일반적이 선형 귀환 시스템에 대한 연구로 그 논의의 범위를 넓혀가도록 한다.

9.3 기본적인 귀환 개념

그림 9.3(a)는 가장 기본적인 귀환 시스템의 블록 다이어그램이다. 이 시스템은 다음과 같은 세 개의 구성 요소로 이루어져 있으며, 이들은 귀환 루프를 형성하도록 서로 연결되어 있다.

- ▶ **오차 신호** $e(t)$에 따라 작동해서 출력 신호 $y(t)$를 생성하는 **플랜트**(plant)
- ▶ 출력 신호 $y(t)$를 측정해서 **귀환 신호** $r(t)$를 생성하는 **센서**(sensor)
- ▶ 식 (9.1)과 같이, 외부에서 인가된 입력(참조) 신호 $x(t)$와 귀환 신호 $r(t)$의 차를 계산해서 오차 신호 $e(t)$를 생성하는 **비교기**(comparator)

$$e(t) = x(t) - r(t). \tag{9.1}$$

여기서 사용되는 용어는 제어 시스템에 더 밀접하게 관련되는 것이지만 귀환 증폭기를 다루기 위해서도 용이하게 활용될 수 있다.

또 하나의 다른 가정은 그림 9.3(a)의 플랜트와 센서는 둘 다 LTI 시스템으로 모델링된다는 가정이다. 플랜트와 센서에 관련되는 시간 영역의 표현들이 주어진다면, 입력 신호 $x(t)$와 출력 신호 $y(t)$를 관련시킬 수 있다. 그러나 그림 9.3(b)에 기술된 것과 같이, 라플라스 변환을 이용해서 복소수 주파수 s 영역에서 해석하는 것이 훨씬 더 편리하다는 것을 알게 될 것이다. $x(t)$, $y(t)$, $r(t)$ 그리고 $e(t)$의 라플라스 변환들을 각각 $X(s)$, $Y(s)$, $R(s)$ 그리고 $E(s)$로 나타낸다. 따라서, 식 (9.1)을 라플라스 변환하면 식 (9.2)를 얻는다.

$$E(s) = X(s) - R(s). \tag{9.2}$$

플랜트의 전달 함수는 $G(s)$로 표시하고 센서의 전달 함수는 $H(s)$로 표시한다. 정의에 따르면, 식 (9.3)과 (9.4)를 얻을 수 있다.

$$G(s) = \frac{Y(s)}{E(s)} \tag{9.3}$$

$$H(s) = \frac{R(s)}{Y(s)}. \tag{9.4}$$

식 (9.2)로부터 $E(s)$와 $R(s)$를 제거하기 위하여 각각 식 (9.3)과 (9.4)를 사용하면, 다음 방정

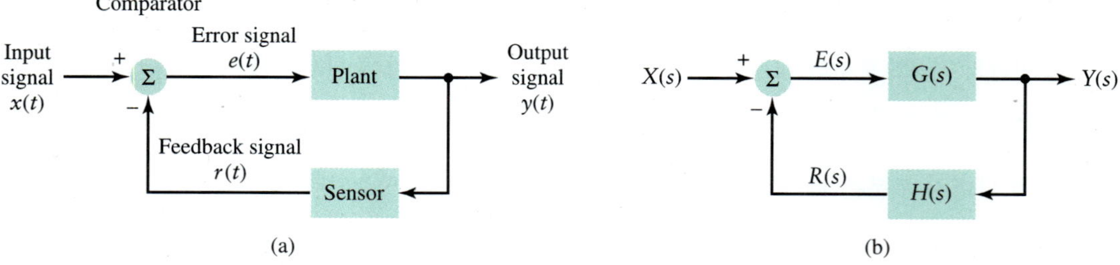

그림 9.3 단일 루프 귀환 시스템의 블록 다이어그램. (a) 시간 영역 표현, (b) 복소수 주파수 영역 표현

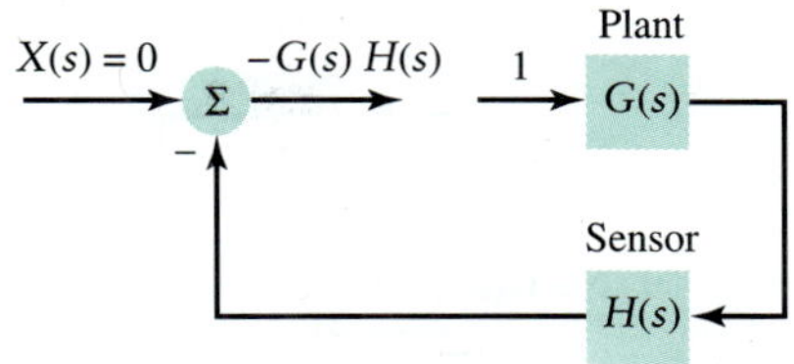

그림 9.4 복소수 주파수 영역으로 표시된 귀환차 $F(s)$를 측정하는 방법

식을 얻는다.

$$\frac{Y(s)}{G(s)} = X(s) - H(s)Y(s).$$

각 항들을 정리하여 $Y(s)/X(s)$를 산출하면, 그림 9.4의 귀환 시스템의 **폐루프에 관한 전달 함수**는 식 (9.5)로 얻어진다.

$$\begin{aligned} T(s) &= \frac{Y(s)}{X(s)} \\ &= \frac{G(s)}{1 + G(s)H(s)}. \end{aligned} \tag{9.5}$$

시스템에 신호 전송 루프가 있어서 그 루프에 따라 신호가 흐를 수도 있다는 사실을 강조하기 위하여 "**폐루프**(closed loop)"라는 용어가 사용된다.

$1 + G(s)H(s)$는 식 (9.5)의 분모로서 $G(s)$의 둘레에서 일어나는 귀환량의 척도를 제공한다. 이 양의 물리적 해석을 위해서, 그림 9.4의 구성을 생각한다. 이 그림은 그림 9.3(b)의 귀환 시스템에서 다음과 같이 두 가지를 변경한 것이다.

- ▶ 입력 신호 $x(t)$는 0으로 되어 있다.
- ▶ $G(s)$의 둘레에 형성된 귀환 루프는 개방되어 있다.

여기서, 단위 라플라스 변환을 갖는 테스트 신호가 그림 9.4에 있는 $G(s)$(예를 들면, 플랜트)에 인가된다고 가정한다. 루프에서 개방된 다른 단자로 돌아오는 신호는 $-G(s)H(s)$이다. 단위 테스트 신호와 되돌아온 신호의 차이는 $1 + G(s)H(s)$와 같다. 그러므로, 이 양은 **귀환차**(return difference)라고 부른다. 이 귀환차를 $F(s)$로 표시하면 다음과 같이 표현된다.

$$F(s) = 1 + G(s)H(s). \tag{9.6}$$

두 함수의 곱 $G(s)H(s)$를 시스템의 **루프 전달 함수**라고 부른다. 그림 9.5에 나타낸 것과 같이, 그것은 단순히 종속 접속된 플랜트와 센서의 전달 함수이다. 이 구성은 그림 9.4에서 비교기를 제거한 결과와 같다. 루프 전달 함수를 $L(s)$로 표시한다면 다음과 같이 쓸 수 있다.

$$L(s) = G(s)H(s). \tag{9.7}$$

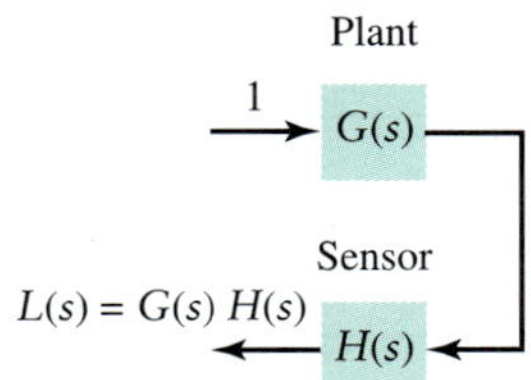

그림 9.5 복소 주파수 영역으로 표시된 루프 전달 함수 $F(s)$를 측정하는 방법

그리고, $L(s)$와 귀환차 $F(s)$의 관계는 다음과 같다.

$$F(s) = 1 + L(s). \tag{9.8}$$

그러므로, 루프 전달 함수를 언급할 때 $G(s)H(s)$와 $L(s)$는 서로 교환하여 사용한다.

9.3.1 부귀환 및 정귀환 시스템

각각 플랜트와 센서에 관련된 G와 H가 기본적으로 복소수 주파수 s에 독립적이라고 간주될 수 있는 주파수 범위를 생각한다면, 그림 9.3(a)에 있는 귀환은 **부귀환**(negative feedback)이라고 한다. 비교기가 덧셈기로 바뀔 때, 그 귀환은 **정귀환**(positive feedback)이라고 한다.

그러나, **부귀환** 또는 **정귀환**이란 용어들은 제한적 용어로 사용된다. 그렇게 말할 수 있는 이유는, 그림 9.3(b)에 있는 블록 다이어그램에서 루프 전달 함수 $G(s)H(s)$는 복소 주파수 s의 함수이기 때문이다. $s = j\omega$이므로, $G(j\omega)H(j\omega)$가 주파수 ω에 따라 변화되는 위상을 갖는다. $G(j\omega)H(j\omega)$의 위상이 $0°$이면, 그림 9.3(b)의 상황은 부귀환에 대응한다. $G(j\omega)H(j\omega)$의 위상이 $180°$일 때, 같은 구조이지만 정귀환 시스템으로 동작한다. 이처럼, 그림 9.3(b)의 단일 루프 귀환 시스템에서 귀환이 번갈아 양과 음이 되는 서로 다른 주파수 대역들이 있다. 그러므로, 부귀환과 정귀환이란 용어의 사용은 조심스럽게 실행되어야 한다.

9.4 민감도 분석

귀환을 사용하는 근본적인 동기는 그림 9.3에서 플랜트의 전달 함수의 변화에 대한 폐루프 시스템의 전달 함수의 감도를 감소시키려는 것이다. 이 논의에서, 식 (9.5)의 전달 함수가 갖는 복소 주파수 s에 따른 종속성들은 무시하고, G와 H를 "스칼라" 파라미터로 취급한다. 따라서, 이를 식 (9.9)로 표현할 수 있다.

$$T = \frac{G}{1 + GH}. \tag{9.9}$$

식 (9.9)에서 G는 플랜트의 **이득**이라고 하고 T는 귀환 시스템의 **폐루프 이득**이라고 칭한다.

이제 이득 G가 소량 ΔG만큼 변화된다고 가정한다. 그러므로, G에 대해서 식 (9.9)를 미분하면, 변화량 ΔG에 대응하는 T의 변화량은 식 (9.10)으로 얻을 수 있다.

$$\begin{aligned}\Delta T &= \frac{\partial T}{\partial G}\Delta G \\ &= \frac{1}{(1+GH)^2}\Delta G.\end{aligned} \tag{9.10}$$

여기서, G의 변화에 대한 T의 감도는 식 (9.11)로 정의된다.

$$S_G^T = \frac{\Delta T/T}{\Delta G/G}. \tag{9.11}$$

즉, G에 대한 T의 민감도는 T의 퍼센트 변화를 G의 퍼센트 변화로 나눈 값으로 정의된다. 식 (9.5)와 (9.10)을 식 (9.11)에 적용하면, 식 (9.12)를 얻는다.

$$\begin{aligned}S_G^T &= \frac{1}{1+GH} \\ &= \frac{1}{F}.\end{aligned} \tag{9.12}$$

이 결과를 보면, G에 대한 T의 감도는 반환차 F의 역과 같은 값이다.

각각 플랜트와 센서에 관련된 파라미터 G와 H로 표현되는 자유도 2를 사용함으로써, 귀환을 이용하면 주어진 폐루프 이득 T와 감도 S_G^T를 시스템으로 구현할 수 있다. 이것은 각각 식 (9.9)와 (9.12)를 사용함으로써 성취될 수 있다.

▶ **연습문제 9.1** 감도 S_G^T를 1보다 작게 만들기 위해서는, 루프 이득 GH는 1보다 크게 되어야 한다. 이 조건을 고려했을 때 폐루프 이득 T와 감도 S_G^T의 근사값들은 무엇인가?

해답: $T \simeq \dfrac{1}{H}$ 과 $S_G^T \simeq \dfrac{1}{GH}$ ∎

예제 9.1 **귀환 증폭기.** 그림 9.6은 단일 루프 귀환 증폭기의 블록 다이어그램이다. 이 회로는 이득 A인 증폭기와 수동 귀환 회로로 이루어진 폐루프 시스템이다. 귀환 회로는 출력 신호의 일부 β를 입력

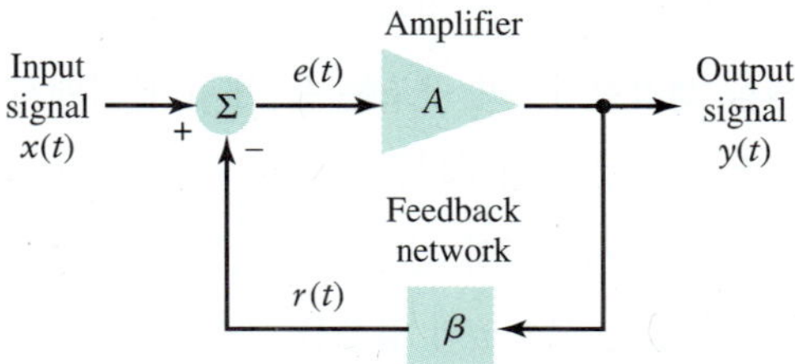

그림 9.6 단일 루프 귀환 증폭기의 블록 다이어그램

에 공급하면서 귀환을 제어한다. 증폭기의 이득은 $A = 1{,}000$이다.

(a) 폐루프 이득이 $T = 10$이 되기 위한 β의 값을 구하라.

(b) 이득 A의 변화량이 10%이다. 이에 대응하는 폐루프 이득 T의 변화는 얼마인가?

▶ 풀이: (a) 이 문제에서, 플랜트와 센서는 각각 증폭기와 귀환 회로로 표현된다. 따라서, $G = A$ 및 $H = \beta$라고 놓고 식 (9.9)를 다시 정리하면,

$$T = \frac{A}{1 + \beta A}.$$

β에 대해 풀면,

$$\beta = \frac{1}{A}\left(\frac{A}{T} - 1\right).$$

이 식에 $A = 1{,}000$과 $T = 10$을 대입하면,

$$\beta = \frac{1}{1000}\left(\frac{1000}{10} - 1\right) = 0.099.$$

(b) 식(9.12)로부터, A에 대한 폐루프 이득 T의 감도는 다음과 같이 계산된다.

$$\begin{aligned} S_A^T &= \frac{1}{1 + \beta A} \\ &= \frac{1}{1 + 0.099 \times 1000} = \frac{1}{100}. \end{aligned}$$

그러므로, A가 10%만큼 변화하면, 이에 대응하는 T의 퍼센트 변화는

$$\begin{aligned} \Delta T &= S_A^T \frac{\Delta A}{A} \\ &= \frac{1}{100} \times 10\% = 0.1\%. \end{aligned}$$

이 결과는, 그림 9.6의 귀환 증폭기가 내부 증폭기의 이득 A의 변화에 대해 비교적 무감각하다는 것을 보여준다. ▮

9.5 교란이나 잡음에 대한 귀환의 효과

귀환의 사용은 시스템 성능에서 또 다른 좋은 효과를 나타낸다. 귀환 루프 안에서 생성된 교란이나 잡음의 영향을 감소시킨다. 이러한 것이 어떻게 동작하는지 살펴보면, 그림 9.7에 있는 단일 루프 귀환 시스템을 생각한다. 이 구조는 두 개의 관점에서 그림 9.3의 기본적인 구성과 다르다. G와 H는 모두 스칼라 파라미터들로 간주되고, 이 시스템은 루프 내부에서 발생된 잡음 신호 v를 포함하고 있다. 시스템이 선형이기 때문에, 중첩의 원리를 적용해서 외부에서 인가된 입력 신호 x와 내부 잡음 신호 v의 영향을 분리해서 계산한 다음, 그 결과들을 합산해도 좋다.

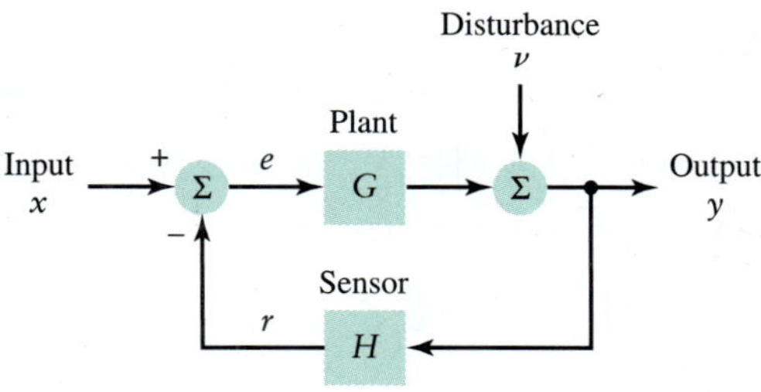

그림 9.7 루프 내부에 교란을 포함한 단일 루프 귀환 시스템의 블록 다이어그램

1. 교란 신호 ν를 0으로 놓는다. 그러면 입력 신호 x를 가진 시스템의 폐루프 이득은 $G/(1 + GH)$와 같아진다. 따라서, x가 단독으로 동작할 때의 출력 신호는 다음과 같다.

$$y|_{\nu=0} = \frac{G}{1 + GH}x.$$

2. 여기서 입력 신호 x는 0이 되도록 한다. 그러면, 시스템 상에서 단지 외부 신호로서 동작하는 교란 신호 ν와 함께, 시스템의 적절한 폐루프 이득은 $1/(1 + GH)$가 된다. 따라서, 시스템의 출력은 아래와 같이 주어진다.

$$y|_{x=0} = \frac{1}{1 + GH}\nu.$$

이들 두 개의 출력을 합산함으로써, x와 ν가 동시에 인가될 때의 출력은 식 (9.13)으로 얻어진다.

$$y = \frac{G}{1 + GH}x + \frac{1}{1 + GH}\nu. \qquad (9.13)$$

여기서 첫째 항은 우리가 원하는 출력이고, 둘째 항은 불필요한 출력을 나타낸다. 식 (9.13)을 보면, 그림 9.7에서 귀환의 이용은 분명히 $1 + GH$(즉, 반환차 F)에 의해서 잡음 ν에 의한 출력 성분을 감소시키는 효과가 있음을 알 수 있다.

▶ **연습문제 9.2** 그림 9.8의 시스템 구성에서, 이 시스템의 출력에 나타나는 내부의 잡음 ν의 영향을 결정하라.

해답: $y|_{x=0} = \dfrac{G_2}{1 + G_1G_2H}\nu$ ▮

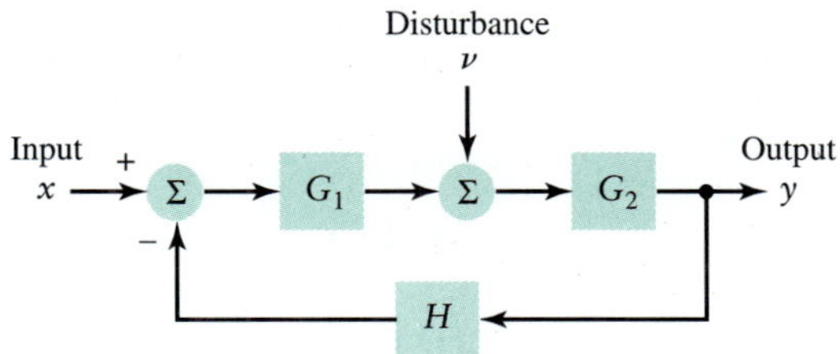

그림 9.8 문제 9.2에 관한 귀환 시스템

9.6 일그러짐 분석

시스템이 선형 범위를 벗어나 동작할 때는 시스템의 비선형 특성이 나타난다. 이러한 시스템의 주위에 귀환을 적용하면 시스템의 선형성을 개선할 수 있다. 이 중요한 효과를 확인하기 위해서, 2가지 방법 중 한 가지 방법으로 다룰 수 있다.

- 시스템의 출력을 입력의 비선형 함수로 표현하고, 순수 사인파를 입력 신호로 사용한다.
- 시스템의 입력을 출력의 비선형 함수로 표현하다.

두 번째 방법은 처음에 어색하게 보이겠지만, 시스템의 비선형 동작에 나타나는 귀환의 효과를 수식으로 표현하는 데 더 자주 이용되고, 더 직관적이고 만족스럽게 설명할 수 있다. 그러므로 여기서는 두 번째 방법을 사용할 것이다.

시스템에 대한 오차 e에 의존한 귀환 시스템을 고려하면, 출력 y는 다음과 같이 표현된다.

$$e = a_1 y + a_2 y^2. \tag{9.14}$$

여기서 a_1과 a_2는 상수들이다. 식 (9.14)에서 1차 항 $a_1 y$는 우리가 원하는 플랜트의 동작을 나타내고, 2차 항 $a_2 y^2$은 선형성으로부터 벗어난 편차를 나타낸다. 플랜트의 출력 y로부터 입력으로 귀환되는 신호의 양을 결정하는 파라미터를 H라고 하면, 귀환 시스템에 인가된 입력 x에 따른 오차 신호는 식 (9.15)로 표현할 수 있다.

$$e = x - Hy. \tag{9.15}$$

식 (9.14)와 (9.15)에서 e를 소거하고 조건들을 재정리하면, 다음 방정식을 얻는다.

$$x = (a_1 + H)y + a_2 y^2.$$

x를 y에 따라 미분하면 식 (9.16)을 얻는다.

$$\begin{aligned}\frac{dx}{dy} &= a_1 + H + 2a_2 y \\ &= (a_1 + H)\left(1 + \frac{2a_2}{a_1 + H} y\right).\end{aligned} \tag{9.16}$$

이 식은 귀환 시스템에 대해 성립한다.

귀환이 없으면, 식 (9.17)에 나타낸 것과 플랜트만이 동작한다.

$$x = a_1 y + a_2 y^2. \tag{9.17}$$

이 식은 오차 e 대신에 입력을 x로 하여 식 (9.14)를 다시 쓴 것이다. 식 (9.17)을 y에 따라 미분하면 식 (9.18)을 얻는다.

$$\begin{aligned}\frac{dx}{dy} &= a_1 + 2a_2 y \\ &= a_1\left(1 + \frac{2a_2}{a_1} y\right).\end{aligned} \tag{9.18}$$

식 (9.16)과 (9.18)의 두 식을 서로 비교하기 위해서 그들의 미분값은 각각 1차 항에 대해 정규화된다. 귀환이 있는 경우, 식 (9.16)에서 마지막 항인 $2a_2y/(a_1 + H)$는 플랜트의 입-출력 관계에서 2차 항인 a_2y^2에 의한 일그러짐의 정도를 나타낸다. 귀환이 없는 경우의 일그러짐의 정도는 식 (9.18)에서 $2a_2y/a_1$로 표현되어 있다. 그러므로, 플랜트가 선형성으로부터 이탈하는 정도에 따라 생기는 일그러짐은 귀환을 적용함으로써 다음과 같은 배율에 따라 감소된다.

$$D = \frac{2a_2y/(a_1 + H)}{2a_2y/a_1} = \frac{a_1}{a_1 + H}.$$

식 (9.17)로부터, 상수 a_1이 플랜트의 이득 G의 역수임을 쉽게 확인할 수 있으며, 이에 따라 D를 식 (9.19)로 다시 표현할 수 있다.

$$D = \frac{1/G}{(1/G) + H} = \frac{1}{1 + GH} = \frac{1}{F}. \tag{9.19}$$

이와 같이, 일그러짐은 귀환차 F에 따라 감소됨을 알 수 있다.

▶ **연습문제 9.3** 출력 y항이 오차 e를 정의하고 있는 식 (9.14)의 비선형 관계를 가정하자. 이것은 아래와 같은 3차 항까지 포함한다고 가정한다.

$$e = a_1y + a_2y^2 + a_3y^3.$$

귀환을 적용함으로써 3차 항에 따라 출력에 나타나는 영향이 귀환차 F에 해당하는 만큼 감소됨을 보여라. ▮

9.7 귀환의 장단점

9.7.1 귀환의 이득

9.4-9.6절에 설명된 해석으로부터, 귀환차 F가 세 가지 중요한 측면에서 시스템의 연구에 중심 역할을 하고 있음을 알 수 있다.

1. 감도 조정
2. 내부 잡음의 영향 조정
3. 비선형 시스템의 변형 조정

첫 번째 경우에는, 플랜트에 귀환을 적용하는 것은 플랜트의 파라미터 변화에 대한 귀환 시스템의 페루프 이득의 감도를 귀환차 F에 해당하는 만큼 감소시킨다. 두 번째 경우에는, 귀환 루프 안의 어떤 점에서 시스템 안으로 입력되어서 출력으로 전송되는 잡음은 귀환차 F에 해당하는 만큼 감소된다. 세 번째 경우에는, 비선형 영향으로 인한 일그러짐도 역시 귀환차 F에 해당하는 만큼 감소된다. 귀환의 적용으로부터 얻어지는 전체 시스템 성능의 이러한 향상은 공학적인 측면에서 매우 중요하다.

9.7.2 귀환의 비용

여기서는 제어 시스템에 귀환을 적용함으로 얻어지는 이득에 대해서 지불해야 할 비용에 대해 논의한다.

- **복잡도의 증가.** 본래 제어 시스템에 귀환을 적용하면, 새로운 구성 요소들이 부가된다. 그러므로, 시스템의 복잡도가 증가되는 대가를 지불해야 한다.
- **이득의 감소.** 귀환이 없을 경우, 플랜트의 전달 함수는 $G(s)$이다. 귀환이 플랜트에 적용되면, 시스템의 전달 함수는 $G(s)/F(s)$로 변경된다. 여기서 $F(s)$는 귀환차를 나타낸다. 여기서, $F(s)$가 1보다 더 큰 경우에만 귀환의 이점이 나타남을 알 수 있다. 그러므로 귀환의 적용은 시스템의 이득을 감소시키는 결과로 나타난다.
- **불안정할 가능성.** 이따금, 개방-루프 시스템(예를 들면, 플랜트만 존재하는 시스템)은 안정하지만, 귀환이 이 시스템에 적용될 때, 폐루프 시스템이 불안정하게 될 가능성도 있다. 그러한 가능성에 대비하기 위해서, 귀환 제어 시스템을 설계할 때 미리 주의해야 한다.

일반적으로, 귀환의 이점들이 불리한 점들보다 강조되는 경향이 있다. 따라서, 제어 시스템을 설계하는 경우, 복잡도의 증가를 고려하고 안정성 문제에 특별히 주의하는 것이 필요하다. 9.11절에서부터 9.16절까지의 해석에서는 안정성의 문제에 관심을 갖는다.

9.8 연산 증폭기

귀환이 중요하게 이용되는 경우의 한 예는 연산 증폭기이다. **연산 증폭기**는 주어진 극점과 영점을 갖는 전달 함수를 비교적 직접적인 방법으로 구현하는 기초를 제공하는 소자이다. 일반적으로, 연산 증폭기는 한 개의 출력 단자와 출력과 동상 및 반전되는 2개의 입력 단자들을 가지고 있다. 보편적으로 연산 증폭기를 표현하는 기호는 그림 9.9(a)와 같다. 이 기호에는 중요한 신호의 단자들만 표시되어 있다.

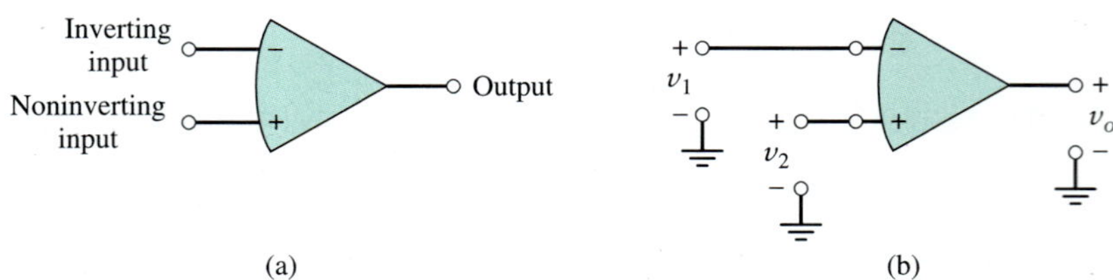

그림 9.9 (a) 연산 증폭기의 보편적인 기호, (b) 입출력 전압으로 표시된 연산 증폭기

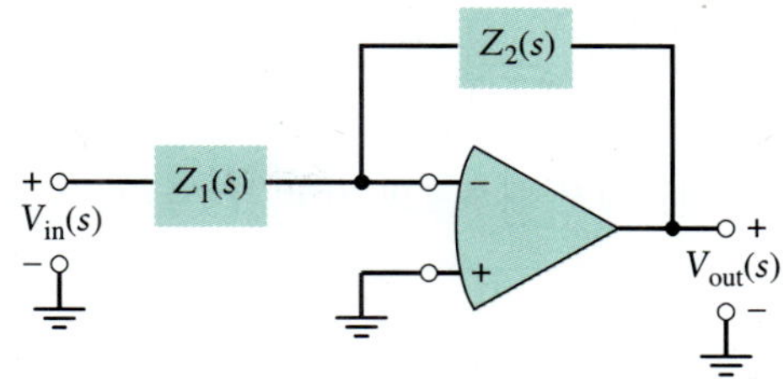

그림 9.10 단일-루프 귀환 회로에 포함된 연산 증폭기

연산 증폭기의 **이상적 모델**(ideal model)은 다음과 같이 표현할 수 있다[그림 9.9(b) 참조].

1. 연산 증폭기는 전압 제어 전압원으로 표현되고, 입-출력 관계는 다음과 같다.

$$v_o = A(v_2 - v_1). \tag{9.20}$$

여기서, v_1과 v_2는 각각 반전입력 단자와 동상 입력 단자에 적용된 신호이고, v_0는 출력 신호이다. 이 모든 신호들의 측정 단위는 V(볼트)이다.

2. 개방 루프의 전압 이득 A는 1에 비해 매우 큰 값이다. 이것은 출력 신호 v_0가 유한 값이 되기 위해서 $v_1 \simeq v_2$이어야 함을 의미한다. 이 특성을 **가상 접지**(virtual ground)라고 한다.

3. 두 입력 단자 사이의 임피던스는 무한대이어서, 각 입력 단자와 접지 사이의 임피던스도 무한대이다. 이 조건은 입력 단자로 흐르는 전류가 0임을 의미한다.

4. 출력 임피던스는 0이다.

연산 증폭기는 귀환이 없이 개방 루프 방식으로는 사용되지 않는다. 오히려, 일반적으로 귀환 회로의 증폭기 소자로 사용되며, 이 귀환 회로 안에서 폐루프 전달 함수를 조정한다. 그림 9.10은 그러한 회로의 한 예를 나타낸 것이다. 연산 증폭기의 동상 입력 단자는 접지되고, 임피던스 $Z_1(s)$과 $Z_2(s)$는 각각 입력 소자와 귀환 소자를 표현한다. $V_{in}(s)$와 $V_{out}(s)$가 각각 입력과 출력 전압 신호의 라플라스 변환이라고 가정하자. 그러면 연산 증폭기를 기술하기 위하여 이상적 모델을 사용하면, 그림 9.10의 귀환 회로를 그림 9.11로 나타낼 수 있다. 아래의 조건은 연산 증폭기의 특성 2와 3으로부터 쉽게 얻을 수 있다.

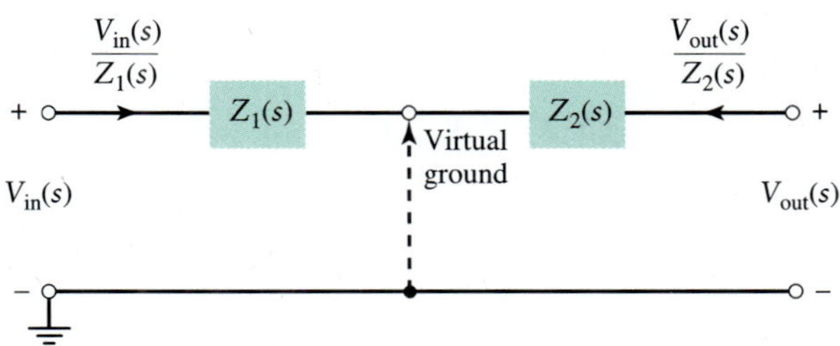

그림 9.11 그림 9.10의 귀환 회로에 대한 이상적 모델

$$\frac{V_{\text{in}}(s)}{Z_1(s)} \simeq -\frac{V_{\text{out}}(s)}{Z_2(s)}.$$

그러므로, 그림 9.10의 귀환 회로에서 폐루프의 전달 함수는 다음과 같다.

$$T(s) = \frac{V_{\text{out}}(s)}{V_{\text{in}}(s)} \simeq -\frac{Z_2(s)}{Z_1(s)}. \tag{9.21}$$

이 결과는 9.3절에서 논의한 귀환이론을 적용하지 않고 얻은 것이다. 그러면, 이 결과를 식 (9.5)으로 주어지는 귀환 공식에 따라 어떤 방법으로 설명할 수 있는가? 이 질문에 대답할 수 있으려면, 그림 9.10의 연산 증폭기 회로에서 귀환이 어떤 방법으로 작용하는가를 이해해야 한다. 그 귀환 소자 $Z_2(s)$는 입력과 출력 포트의 양쪽 모두에서 증폭기와 병렬로 결합되어 있다. 따라서, 이 구조에서 $x(t)$와 $r(t)$를 각각 입력 소자와 귀환 소자에 흐르는 전류라고 가정한다. 그림 9.10의 시스템에 귀환을 적용하는 것은, 연산 증폭기를 바라보는 입력 임피던스를 측정할 때 $Z_1(s)$와 $Z_2(s)$에 비교해서 매우 작은 값이 되게 하는 효과를 갖는다. 그러나 이 입력 임피던스는 유한 값을 갖는다. 입력 임피던스를 $Z_{\text{in}}(s)$로 표시하자. 그러면, $v_{\text{in}}(t)$와 $v_{\text{out}}(t)$의 라플라스 변환들을 이용해서 전류 신호 $x(t)$와 $r(t)$의 라플라스 변환을 다음과 같이 표현할 수 있다.

$$X(s) = \frac{V_{\text{in}}(s)}{Z_1(s)} \tag{9.22}$$

$$R(s) = -\frac{V_{\text{out}}(s)}{Z_2(s)}. \tag{9.23}$$

$x(t)$와 $r(t)$ 차이로 정의되는 오차 신호 $e(t)$는 연산 증폭기의 입력 단자에 인가되어 출력 전압 $v_{\text{out}}(t)$를 생성한다. $e(t)$를 전류 신호로 볼 때, 출력 신호 $y(t)$의 라플라스 변환은 다음과 같이 표현할 수 있다.

- ▶ 옴의 법칙의 일반화는 연산 증폭기의 입력 양단에 생성되는 전압에 따라 $Z_{\text{in}}(s)E(s)$가 된다. 여기서 $Z_{\text{in}}(s)$는 입력 임피던스이다.
- ▶ 전압 이득은 $-A$와 같다.

연산 증폭기의 출력 양단에 걸리는 전압 $y(t)$의 라플라스 변환은 아래와 같이 표현된다.

$$\begin{aligned} Y(s) &= V_{\text{out}}(s) \\ &= -AZ_{\text{in}}(s)E(s). \end{aligned} \tag{9.24}$$

정의식 (9.3)에 따르면, 연산 증폭기(플랜트로 보았을 때)의 전달 함수는 다음과 같다.

$$G(s) = \frac{Y(s)}{E(s)}.$$

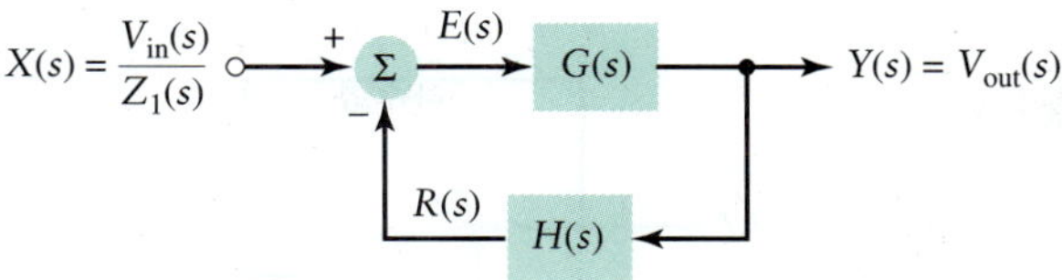

그림 9.12 그림 9.3(b)의 귀환 시스템의 기본 구성에 일치되도록 재구성한 그림 9.10의 귀환 회로

위의 문제에 대해 적용하면, 식 (9.24)로부터 식 (9.25)를 얻을 수 있다.

$$G(s) = -AZ_{in}(s). \tag{9.25}$$

또한, 정의식 (9.4)에 따르면 귀환 경로의 전달 함수는 다음과 같다.

$$H(s) = \frac{R(s)}{Y(s)}.$$

그러므로 $V_{out}(s) = Y(s)$이면, 식 (9.23)으로부터 식 (9.26)을 얻을 수 있다.

$$H(s) = -\frac{1}{Z_2(s)}. \tag{9.26}$$

식 (9.22)와 (9.24)를 이용하면, 이제 그림 9.8의 귀환 회로를 그림 9.10과 같이 다시 표현할 수 있다. 여기서 $G(s)$와 $H(s)$는 각각 식 (9.25)와 (9.26)으로 정의된다. 그림 9.12는 그림 9.3(b)의 귀환 시스템과 동일한 구성으로 이루어져 있다.

그림 9.12로부터 다음 식을 쉽게 얻을 수 있다.

$$\begin{aligned}\frac{Y(s)}{X(s)} &= \frac{G(s)}{1 + G(s)H(s)} \\ &= \frac{-AZ_{in}(s)}{1 + \dfrac{AZ_{in}(s)}{Z_2(s)}}.\end{aligned}$$

식 (9.22)와 (9.24)의 첫째 식으로부터 다음 결과를 얻는다.

$$\frac{V_{out}(s)}{V_{in}(s)} = \frac{-AZ_{in}(s)}{Z_1(s)\left[1 + \dfrac{AZ_{in}(s)}{Z_2(s)}\right]}. \tag{9.27}$$

연산 증폭기의 이득 A가 1에 비해서 매우 크기 때문에, 식 (9.27)을 다음과 같이 다시 쓸 수 있다.

$$\frac{V_{out}(s)}{V_{in}(s)} \simeq -\frac{Z_2(s)}{Z_1(s)}.$$

이 결과는 전에 유도한 결과와 같다.

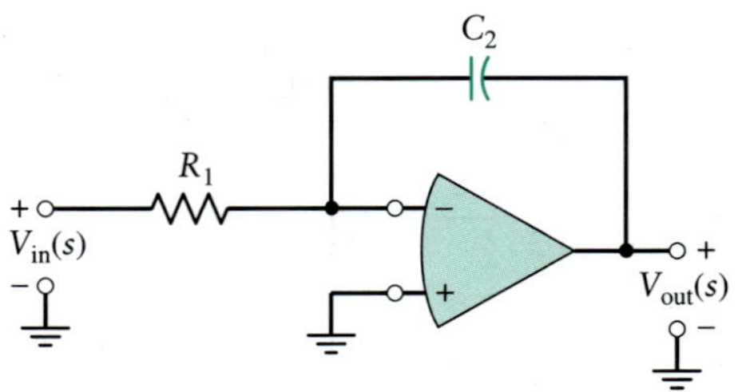

그림 9.13 예제 9.2에서 적분기로 사용되는 연산 증폭기 회로

예제 9.2 **적분기.** 1.10절에서는 간단한 RC 회로를 사용한 이상적인 적분기의 근사 구현을 논의하였다. 이 예제에서는, 연산 증폭기의 사용을 통한 특수한 방법으로 적분기의 구현 방법을 향상시킬 것이다. 이를 위해, 그림 9.13의 연산 증폭기 회로를 고려하자. 입력 소자는 저항 R_1이고 귀환 소자는 커패시터 C_2이다. 이 회로가 적분기로 동작하는 것을 보여라.

풀이: 임피던스들은 각각 다음과 같다.

$$Z_1(s) = R_1$$

$$Z_2(s) = \frac{1}{sC_2}.$$

따라서, 이들을 식 (9.21)에 적용하면, 다음 식을 얻을 수 있다.

$$T(s) \simeq -\frac{1}{sC_2R_1}.$$

이 식은, 그림 9.13의 폐루프의 전달 함수가 원점에서 극점을 가지고 있음을 나타내고 있다. 복소수 s의 역수인 $1/s$이 시간 영역의 적분에 대응하기 때문에, 이 회로가 입력 신호를 적분한다고 결론 지을 수 있다. ∎

▶ **연습문제 9.4** 그림 9.13의 적분기의 회로 소자들은 각각 다음 값을 갖는다: $R_1 = 100\ \text{k}\Omega$, $C_2 = 1.0\ \mu F$. 출력 전압의 초기값은 $v_{out}(0)$이다. 시간 t의 변화에 따른 출력 전압 $v_{out}(t)$를 구하라.

해답: $v_{out}(t) \simeq -\int_0^t 10 v_{in}(\tau)\, d\tau + v_{out}(0)$, 여기서 시간 $t > 0$의 단위는 초이다. ∎

예제 9.3 ***RC* 소자를 이용한 또 다른 연산 증폭기 회로.** 그림 9.14를 고려하자. 이 회로의 폐루프의 전달 함수를 구하라.

풀이: 입력 소자들은 저항 R_1과 커패시터 C_1의 병렬 연결로 이루어져 있다. 따라서

$$Z_1(s) = \frac{R_1}{1 + sC_1R_1}.$$

그 귀환 소자들은 저항 R_2와 커패시터 C_2의 병렬 연결로 이루어져 있다. 그러므로

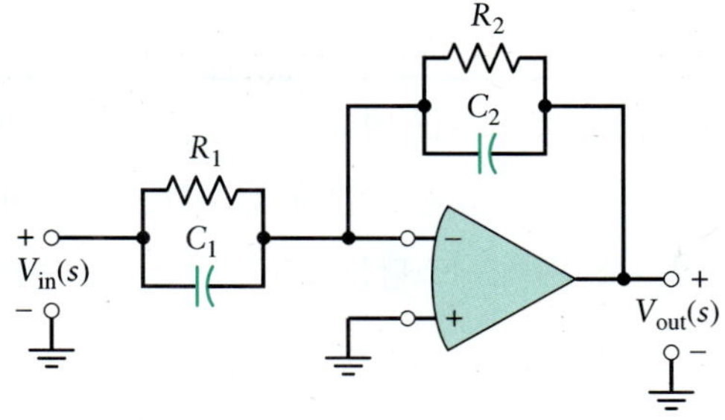

그림 9.14 예제 9.3의 연산 증폭기 회로

$$Z_2(s) = \frac{R_2}{1 + sC_2R_2}.$$

이들을 식 (9.21)에 대입하면, 다음과 같은 폐루프 전달 함수를 얻는다.

$$T(s) \simeq -\frac{R_2}{R_1}\frac{1 + sC_1R_1}{1 + sC_2R_2}.$$

여기서 $s = -1/C_1R_1$은 영점이고 $s = -1/C_2R_2$는 극점이다. ▮

▶ **연습문제 9.5** 미분기 그림 9.14의 연산 증폭기는 특수한 경우에 대한 미분기를 포함한다.

(a) 미분기는 어떻게 실현하는가?

(b) 이러한 방식으로 구현된 미분기는 1.10절에서 논의된 근사화 RC 미분기와 어떻게 다른가?

해답: (a) $R_1 = \infty$, $C_2 = 0$

(b) $T(s) = -sC_1R_2$, 음수 부호를 제외하면 이것은 수동 고역통과 RC 회로보다 더 정확한 미분기를 표현한다. ▮

9.8.1 능동 필터

8장에서는 수동 필터와 디지털 필터의 디자인 과정을 논의하였다. 또한 연산 증폭기를 사용하여 필터를 설계할 수 있고, 이러한 방식으로 설계된 필터들은 **능동 필터**(active filter)라고 부른다.

그림 9.14의 기본 회로를 서로 다른 형태로 종속 접속함으로써, 실수 극점과 실수 영점들을갖는 임의의 전달 함수를 시스템으로 실현할 수 있다. 실제로, 그림 9.10에 $Z_1(s)$와 $Z_2(s)$의 형태에 더 많은 노력을 기울임으로써, 임의의 복소수 극점과 영점들을 갖는 전달 함수를 구현할 수 있다.

수동 LC 필터들과 비교하면, 능동 필터들은 인덕터 사용의 필요성을 제거하는 장점을 제공한다. 디지털 필터들과 비교했을 때에도, 능동 필터는 연속시간 연산과 그 복잡도의 감소라는 장점을 갖는다. 그러나, 능동 필터는 디지털 필터에 의해 제공되는 유연성이나, 실제 계산효율이 저하되어 있다.

9.9 제어 시스템

제어 가능한 플랜트를 생각한다. **제어 시스템의 기능은 플랜트에 대해 정확한 제어를 수행함으로써, 플랜트의 출력을 원하는 응답에 가깝게 유지하는 것이다.** 이것은 플랜트 입력을 적절하게 수정함으로써 달성된다. 제어 시스템은 2가지 기본적인 형태로 구별할 수 있다.

- **개방 루프 제어**: 플랜트 입력에 대한 수정을 목표 응답으로부터 직접 얻어서 수행하는 제어
- **폐루프 제어**: 귀환 경로가 플랜트의 주위에 사용되는 제어

두 경우 모두에서, 플랜트의 목표 응답 신호는 제어 시스템의 입력 신호로 작용한다. 주어진 순서에 따라 이러한 두 종류의 제어 시스템을 분석한다.

9.9.1 개방 루프 제어

그림 9.15(a)는 개방 루프 제어 시스템의 블록 다이어그램이다. 전달 함수 $G(s)$는 플랜트를 표현한다. 전달 함수 $H(s)$로 표현되는 제어기는 목표 응답 $y_d(t)$를 처리하여 원하는 제어 신호 $c(t)$를 생성한다. 교란 $\nu(t)$는 플랜트의 출력에 나타나는 잡음과 일그러짐을 고려하기 위하여 포함시킨 것이다. 그림 9.15(b)에 나타낸 수행 조건은 식 (9.28)과 같이 목표 응답 $y_d(t)$와 시스템의 실제 출력 $y(t)$ 사이의 오차 $e(t)$이다.

$$e(t) = y_d(t) - y(t). \tag{9.28}$$

$y_d(t)$, $y(t)$, $e(t)$의 라플라스 변환들을 각각 $Y_d(s)$, $Y(s)$, $E(s)$로 나타낸다. 그러면, 식 (9.28)을 복소수 s 영역에서 다음과 같이 다시 쓸 수 있다

$$E(s) = Y_d(s) - Y(s). \tag{9.29}$$

그림 9.15(a)로부터 다음 식 (9.30)을 쉽게 알 수 있다.

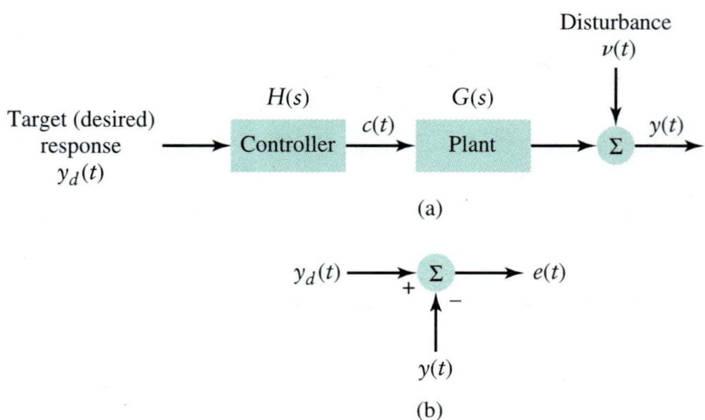

그림 9.15 (a) 개방 루프 제어 시스템의 블록 다이어그램, (b) 오차 신호 $e(t)$의 계산을 위한 그림

$$Y(s) = G(s)H(s)Y_d(s) + \mathrm{N}(s). \tag{9.30}$$

여기서 $\mathrm{N}(s)$는 교란 $v(t)$의 라플라스 변환이다. 식 (9.29)와 (9.30)에서 $Y(s)$를 소거하면 식 (9.31)을 얻을 수 있다

$$E(s) = [1 - G(s)H(s)]Y_d(s) - \mathrm{N}(s). \tag{9.31}$$

오차 $e(t)$를 최소화하기 위해서,

$$1 - G(s)H(s) = 0$$

이라고 놓는다. 이 조건을 만족하려면, 제어기는 식 (9.32)과 같이 플랜트의 역으로 작용하여야 한다.

$$H(s) = \frac{1}{G(s)}. \tag{9.32}$$

그림 9.15(a)로부터, $y_d(t) = 0$임을 쉽게 알 수 있다. 플랜트 출력 $y(t)$는 $v(t)$와 같다. 그러므로 개방 루프 제어 시스템이 할 수 있는 최선의 선택은, 교란 $v(t)$가 변화하지 않도록 하는 것이다.

교란 $v(t)$가 없는 경우, 시스템의 종합적인 전달 함수는 다음 식과 같이 단순화된다.

$$\begin{aligned} T(s) &= \frac{Y(s)}{Y_d(s)} \\ &= G(s)H(s). \end{aligned} \tag{9.33}$$

그러므로 s에 따른 종속성을 무시하고 H가 변화하지 않는다고 가정하면, G의 변화에 관한 T의 감도는 식 (9.34)이다.

$$\begin{aligned} S_G^T &= \frac{\Delta T/T}{\Delta G/G} \\ &= \frac{H\,\Delta G/(GH)}{\Delta G/G} \\ &= 1. \end{aligned} \tag{9.34}$$

$S_G^T = 1$의 의미는, G에 발생하는 퍼센트 변화는 T에 같은 퍼센트 변화로 나타나게 됨을 말한다.

이 분석으로부터, 개방 루프 제어 시스템에서 민감도와 교란의 영향은 둘 다 변화되지 않는다고 결론을 내릴 수 있다.

9.9.2 폐루프 제어

그림 9.16에 나타낸 폐루프 제어 시스템을 고려하자. 앞에서 했던 것처럼 플랜트와 제어기는 각각 전달 함수 $G(s)$와 $H(s)$로 표현한다. 플랜트의 앞에 놓여 있고 순방향 경로에 포함된 제어기 혹은 보상기는 시스템의 "자유로운" 부분으로서 시스템 설계자가 조절할 수 있는 단 한 부분이다. 그러므로, 이 폐루프 제어 시스템은 **자유도 1**(single-degree-of-freedom: 1-DOF)의 **구조**라고 일컬어진다.

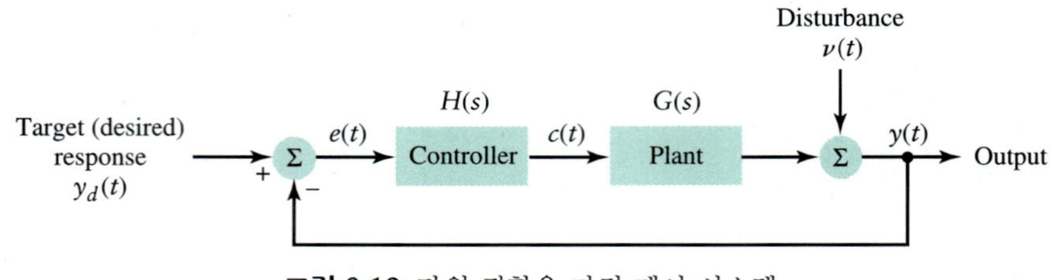

그림 9.16 단위 귀환을 가진 제어 시스템

해석을 단순화하기 위하여 그림 9.16의 센서(귀환 신호를 얻기 위하여 출력 신호를 측정하는 센서)는 완전하다고 가정한다. 다시 말하면, 센서의 전달 함수는 1이고, 센서에 의해서 발생되는 잡음은 0이라고 가정한다. 이러한 가정 아래, 플랜트의 실제 출력 $y(t)$는 시스템의 입력으로 직접 되돌아 간다. 따라서, 이 시스템은 **단위 귀환 시스템**(unity-feedback system)이라고 일컬어진다. 이 시스템에서 제어기는 정확하게 "측정된" 오차 $e(t)$에 의해서 작동된다. 여기서 오차 신호 $e(t)$는 [$x(t)$만 인가될 때의 응답인] 목표(원하는) 응답 $y_d(t)$와 귀환 신호(시스템의 출력 신호) $y(t)$ 사이의 차이로 정의된다.

그 타당성을 분석하기 위해서, 그림 9.16의 폐루프 제어 시스템을 그와 등가인 그림 9.17로 다시 표현할 수 있다. 여기서 그림 9.18에 나타낸 두 블록 다이어그램 사이의 등가성을 이

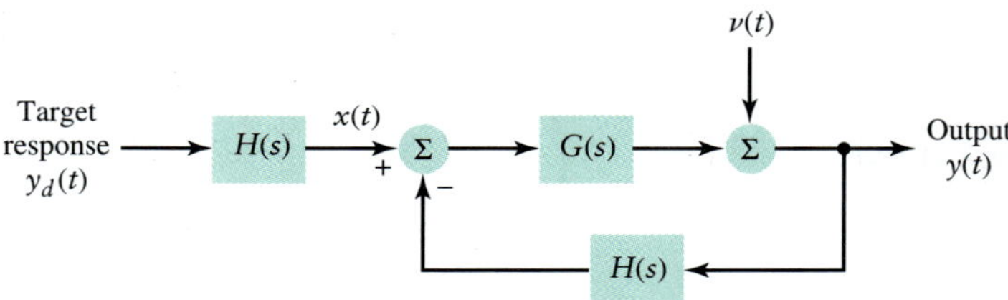

그림 9.17 그림 9.16의 귀환 제어 시스템의 재구성

용하였다. 그림 9.17의 입력 끝에 $H(s)$로 표시된 블록을 제외하면, 이 그림에 보여진 단일 루프 귀환 시스템은 그림 9.3(b)의 그림과 정확하게 일치되는 형태이다. 그림 9.16에 나타낸 원래의 폐루프 제어 시스템을 그림 9.17의 등가 시스템으로 변환시키면, 9.4절에서 얻은 결과들을 충분히 활용할 수 있다. 특히, 그림 9.17로부터 다음 수식을 얻을 수 있다.

$$X(s) = H(s)Y_d(s). \tag{9.35}$$

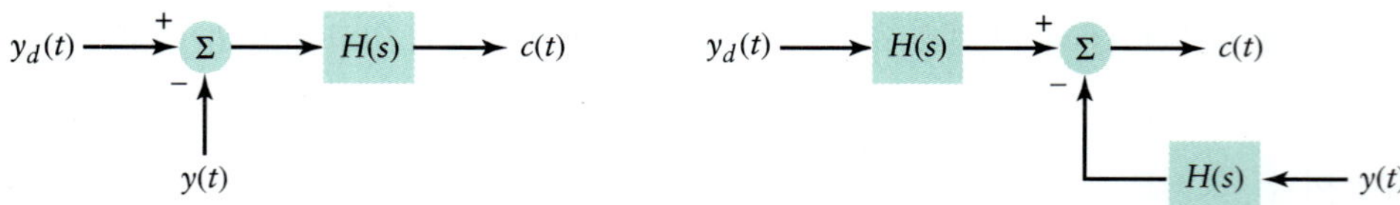

그림 9.18 그림 9.17을 그림 9.16의 등가 형태로 변환하기 위해 사용된 한쌍의 등가 블록 다이어그램

그러므로, 식 (9.5)에 식 (9.35)를 적용하면, 그림 9.16에 있는 1-DOF 시스템의 폐루프 전달 함수는 다음과 같음을 쉽게 알 수 있다.

$$\begin{aligned} T(s) &= \frac{Y(s)}{Y_d(s)} \\ &= \frac{Y(s)}{X(s)} \cdot \frac{X(s)}{Y_d(s)} \\ &= \frac{G(s)H(s)}{1 + G(s)H(s)}. \end{aligned} \tag{9.36}$$

관심이 있는 s의 값에 대해 $G(s)H(s)$가 1보다 훨씬 크다고 가정하면, 식 (9.36)은 $T(s) = 1$로 표시된다.

$$T(s) \simeq 1.$$

즉, 교란 신호가 $v(t) = 0$인 경우, 다음과 같은 식을 얻을 수 있다.

$$y(t) \simeq y_d(t). \tag{9.37}$$

따라서, 루프 이득 $G(s)H(s)$는 큰 것이 바람직하다. 이 조건이면, 그림 9.16의 시스템은 정확한 제어라는 목표를 성취하는 능력을 갖게 된다. 이러한 사실은 시스템의 목표 응답 $y_d(t)$에 밀접하게 가까워지는 시스템의 실제 출력 $y(t)$에 의해서 예증된다.

큰 루프 이득을 사용해야 하는 다른 이유들도 많이 있다. 특히, 9.7절에서 도출된 결과에 비추어 보면, 다음과 같이 말할 수 있다.

▶ 폐루프 제어 시스템 $T(s)$의 감도는 다음 식의 반환차 $F(s)$에 따라 감소된다.

$$F(s) = 1 + G(s)H(s).$$

▶ 귀환 루프에 들어 있는 교란 $v(t)$도 $F(s)$에 따라 감소된다.

▶ 플랜트의 비선형 행동으로 인한 일그러짐의 영향도 또한 $F(s)$에 따라 감소된다.

9.10 1계 및 2계 시스템의 과도 응답

제어 시스템의 안정성 해석에 관한 기초 자료를 준비하기 위해서, 1계 및 2계 시스템들의 과도 응답을 조사하는 것이 매우 유익할 것이다. 비록 그런 간단한 귀환 제어 시스템들이 실제 문제에 있어서는 거의 나타나지 않을지라도, 이들의 과도 응답 분석은 더 높은 계의 시스템을 더 잘 이해할 수 있는 기초를 다지게 한다.

9.10.1 1계 시스템

6장의 표기법을 사용하면, 1계 시스템의 전달 함수는 다음과 같이 정의된다.

$$T(s) = \frac{b_0}{s + a_0}.$$

전달 함수 $T(s)$의 계수들에 물리적인 의미를 부여하기 위하여, 다음과 같이 표준형으로 다시 쓰는 것이 편리하다.

$$T(s) = \frac{T(0)}{\tau s + 1}. \tag{9.38}$$

여기서 $T(0) = b_0/a_0$이고 $\tau = 1/a_0$이다. 파라미터 $T(0)$는 $s = 0$에서 시스템의 이득이다. 파라미터 τ는 시간의 단위로 측정되며, 따라서 시스템의 시상수로 일컬어진다. 식 (9.38)에 의하면, $T(s)$의 단일 극점은 $s = -1/\tau$이다.

입력이 계단파 신호[예를 들어 $Y_d(s) = 1/s$]이면, 시스템의 응답의 라플라스 변환은 식 (9.39)와 같다.

$$Y(s) = \frac{T(0)}{s(\tau s + 1)}. \tag{9.39}$$

$Y(s)$를 부분분수로 전개하고 부록 D의 라플라스 변환표를 사용하면, 시스템의 계단 응답이 다음과 같다[여기서 $T(0) = 1$로 가정된다].

$$y(t) = (1 - e^{-t/\tau})u(t). \tag{9.40}$$

그림 9.19는 이 응답을 나타낸 것이다. $t = \tau$일 때, 응답 $y(t)$는 최종값의 63.21%에 달한다. 그러므로 **시상수**라는 용어가 사용된다.

9.10.2 2계 시스템

6장의 표기법을 다시 사용하면, 2계 시스템의 전달 함수는 다음 식으로 표현된다.

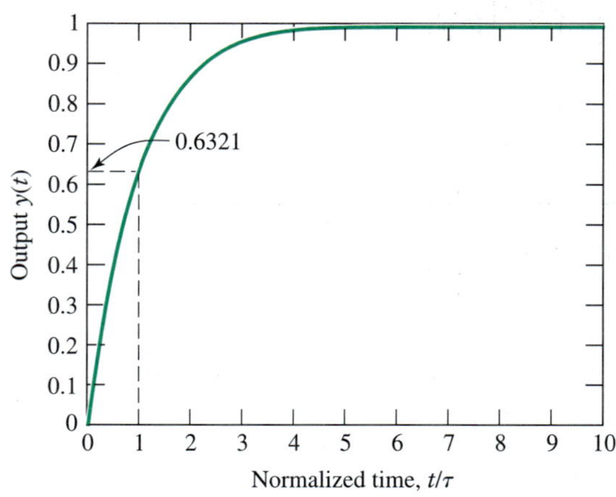

그림 9.19 1계 시스템의 과도 응답. 정규화된 시간 t/τ에 따라 그렸고, t는 시스템의 시상수이다. $T(0) = 1$로 가정된다.

$$T(s) = \frac{b_0}{s^2 + a_1 s + a_0}.$$

그러나, 1계 시스템의 경우처럼, $T(s)$의 계수들에 물리적인 의미를 부여하기 위해서 이 전달 함수를 표준형으로 다시 쓰는 것이 편리하다. $T(s)$를 표준형으로 다시 쓰면,

$$T(s) = \frac{T(0)\omega_n^2}{s^2 + 2\zeta\omega_n s + \omega_n^2}. \tag{9.41}$$

여기서 $T(0) = b_0/a_0$, $\omega_n^2 = a_0$ 및 $2\zeta\omega_n = a_1$이다. 파라미터 $T(0)$는 $s = 0$에서 시스템의 이득이다. 무명수인 파라미터 ζ는 **댐핑률** 또는 **제동비**(damping ratio), ω_n은 시스템의 **댐핑 없는 주파수** 또는 **자연 주파수**라고 일컬어진다. 이 세 파라미터들은 각각의 방식으로 시스템의 특성을 나타낸다. 시스템의 극점들은 식 (9.42)로 표현된다.

$$s = -\zeta\omega_n \pm j\omega_n\sqrt{1 - \zeta^2}. \tag{9.42}$$

입력이 계단파 신호이면, 시스템의 응답은 다음과 같은 라플라스 변환으로 표현된다.

$$Y(s) = \frac{T(0)\omega_n^2}{s(s^2 + 2\zeta\omega_n s + \omega_n^2)}.$$

잠시, $T(s)$의 극점들은 실수부가 음수인 복소수라고 가정하자. 이것은 $0 < \zeta < 1$을 암시한다. 그 다음에, $Y(s)$를 부분 분수로 전개하고 부록 D의 라플라스 변환표를 사용하면, 시스템의 계단 응답이 다음 식에서 보는 바와 같이 지수적으로 감소하는 정현파 신호[$T(0) = 1$이라고 가정했을 때]로 표시된다.

$$y(t) = \left[1 - \frac{1}{\sqrt{1 - \zeta^2}} e^{-\zeta\omega_n t} \sin\left(\omega_n\sqrt{1 - \zeta^2}\,t + \tan^{-1}\left(\frac{\sqrt{1 - \zeta^2}}{\zeta}\right)\right)\right]u(t). \tag{9.43}$$

지수적으로 감소하는 정현파의 시상수는 식 (9.44)로 정의된다.

$$\tau = \frac{1}{\zeta\omega_n}. \tag{9.44}$$

이 함수는 초를 단위로 하여 측정된다. 지수적으로 감소하는 정현파의 주파수(간단히, 댐핑 주파수라고 한다)는 다음과 같다.

$$\omega_n\sqrt{1 - \zeta^2}.$$

ζ의 값에 따라 시스템의 동작은 다음의 3가지 상황으로 구분될 수 있다(여기서 댐핑 없는 주파수 ω_n은 항상 양수로 기억하도록 한다).

1. $0 < \zeta < 1$. 이런 경우에 $T(s)$의 두 극점들은 켤레 복소수 쌍으로 구성된다. 그리고 시스템의 계단 응답은 식 (9.43)으로 표현된다. 이러한 경우 시스템은 **부족 댐핑**(underdamping)이라고 말한다.

2. $\zeta > 1$. 이 경우 $T(s)$의 두 극점들은 모두 실수이다. 그 계단 응답 $y(t)$는 식 (9.45)와 같이 두 개의 지수 함수들로 이루어진다.

$$y(t) = (1 + k_1 e^{-t/\tau_1} + k_2 e^{-t/\tau_2})u(t). \tag{9.45}$$

여기서 시상수 τ_1과 τ_2는 각각 다음과 같이 정의된다.

$$\tau_1 = \frac{1}{\zeta\omega_n - \omega_n\sqrt{\zeta^2 - 1}}$$

$$\tau_2 = \frac{1}{\zeta\omega_n + \omega_n\sqrt{\zeta^2 - 1}}$$

이고, 스케일링 배율 k_1과 k_2는 각각 다음과 같이 정의된다.

$$k_1 = \frac{1}{2}\left(1 + \frac{\zeta}{\sqrt{\zeta^2 - 1}}\right)$$

$$k_2 = \frac{1}{2}\left(1 - \frac{\zeta}{\sqrt{\zeta^2 - 1}}\right).$$

따라서, $\zeta > 1$이면 시스템은 **과도 댐핑**(overdamping)이라고 부른다.

3. $\zeta = 1$. 이 경우이면, 두 극점들은 $s = -\omega_n$에서 일치하고 시스템의 계단 응답은 식 (9.46)으로 표현된다.

$$y(t) = (1 - e^{-t/\tau} - te^{-t/\tau})u(t). \tag{9.46}$$

여기서 시스템의 시상수는 단 한개이며 $\tau_1 = 1/\omega_n$이다. $\zeta = 1$이면, 그 시스템의 댐핑 상태를 **임계 댐핑**(critical damping)이라고 한다.

그림 9.20은 $\omega_n = 1$이고 3개의 서로 다른 댐핑률, 즉 $\zeta = 2$, $\zeta = 1$ 및 $\zeta = 0.1$에 대해 시간에

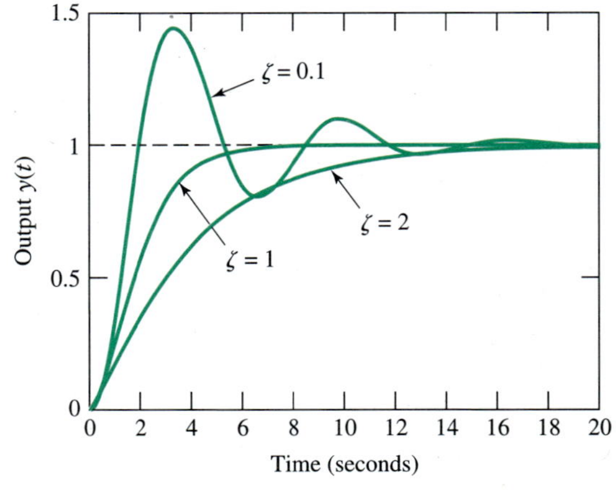

그림 9.20 댐핑률 ζ가 서로 다른 세 개의 값들에 대한 2계 시스템의 과도 응답[여기서 $T(0) = 1$, $\omega_n = 1$]. 과도 댐핑 $\zeta = 2$, 임계 댐핑 $\zeta = 1$, 부족 댐핑 $\zeta = 0.1$

따른 계단 응답 $y(t)$를 나타낸 것이다. 세 개의 ζ값은 각각 위의 세 경우인 2, 3, 1에 대응한다.

상기 1계 및 2계 시스템에 대한 내용들을 가지고 귀환 제어 시스템에 대한 탐구를 계속한다.

▶ **연습문제 9.6** 부록 D에 라플라스 변환표를 사용하여, 다음 내용을 유도하라.

(a) 식 (9.43)에 정의된 부족 댐핑 시스템의 계단 응답

(b) 식 (9.45)에 정의된 과도 댐핑 시스템의 계단 응답

(c) 식 (9.46)에 정의된 임계 댐핑 시스템의 계단 응답 ∎

9.11 안정성 문제

9.4-9.6절에서 파라미터들의 변화에 대한 귀환 시스템의 폐루프 전달 함수 $T(s)$의 민감도를 작게 하고, 교란 혹은 잡음의 영향과 비선형 일그러짐을 감소시키기 위해서는 루프 이득 $G(s)H(s)$가 커야 한다는 것을 알았다. 물론, 그곳에서 설명된 사실들에 근거를 두고 있지만, 귀환 시스템의 성능을 개선하기 위하여 다음 방법을 시도한다. 즉 시스템의 통과 대역의 범위 안에서 시스템의 루프 이득 $G(s)H(s)$를 가능한 한 크게 만든다. 불행이지만, 이 간단한 비법의 용도는 안정성 문제에 의해 제한되는데, 안정성 문제는 특정한 조건에서 귀환 시스템에 발생하는 것으로 알려져 있다. 만약 $G(s)H(s)$의 극점들의 수가 3개 이상이면, 그에 대응하는 시스템은 불안정성으로 향하는 경향이 더 많으므로, 루프 이득이 증가함에 따라 시스템의 제어가 더욱 어려워진다. 귀환 시스템을 설계할 때, 규정된 통과 대역 안에서 만족스럽게 작동하도록 시스템에 요구되는 여러 가지 성능을 만족시킬 뿐만 아니라, 그 시스템이 안정하고 모든 동작 조건 아래에서 안정성이 보장되게 설계해야 한다.

다른 LTI 시스템처럼 귀환 시스템의 안정성은 s 평면에서 극점들 또는 자연 주파수들의 위치에 의해서 완벽하게 결정된다. 폐루프 전달 함수가 $T(s)$인 선형 귀환 시스템의 자연 주파수들은 식 (9.47)로 표현되는 **특성 방정식**의 근으로 정의된다.

$$A(s) = 0. \tag{9.47}$$

여기서, $A(s)$는 $T(s)$의 분모 다항식이다. 만약 **이 특성 방정식의 모든 근들이 s 평면의 왼쪽 반평면 안으로 한정되면, 귀환 시스템은 안정하다.**

그러므로 귀환을 적용함으로써 귀환 시스템의 자연 주파수들이 어떻게 수정되는가를 검토하면서 안정성 문제를 자세히 탐구하는 것이 적합하게 보일 것이다. 3개의 단순한 귀환 시스템들을 사용하여 이 문제를 검토하겠다.

9.11.1 1계 귀환 시스템

단위 귀환(unity feedback)을 적용하는 1계 귀환 시스템을 고려한다. 시스템의 루프 전달

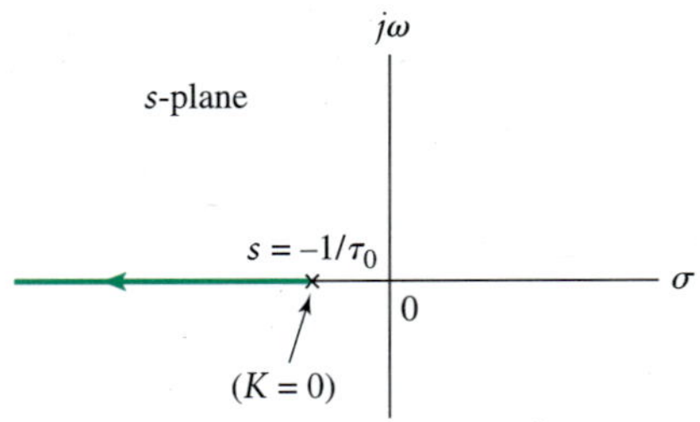

그림 9.21 K 증가에 따라 1계 시스템의 단일 극점 위치에 나타나는 귀환의 영향

함수는 식 (9.48)로 주어진다.

$$G(s)H(s) = \frac{K}{\tau_0 s + 1}. \tag{9.48}$$

여기서 τ_0는 시스템의 **개방 루프 시상수**이고, K는 조정 가능한 루프 이득이다. 루프 전달 함수 $G(s)H(s)$는 $s = -1/\tau_0$에서 단일 극점을 가지고 있다. 식 (9.36)에 식 (9.48)을 적용하면, 시스템의 폐루프 전달 함수는 다음과 같다.

$$\begin{aligned} T(s) &= \frac{G(s)H(s)}{1 + G(s)H(s)} \\ &= \frac{K}{\tau_0 s + K + 1}. \end{aligned}$$

따라서, 시스템의 특성 방정식은 식 (9.49)로서

$$\tau_0 s + K + 1 = 0 \tag{9.49}$$

이고, 이 식은 $s = -(K+1)/\tau_0$에서 단일 근을 갖는다. 그림 9.21에 나타낸 것과 같이, K가 증가될 때 이 근은 s 평면의 실수축을 따라 움직인다. 물론, $K > -1$이면, 이 근은 s 평면의 왼쪽 반평면 안으로 한정된다. 그러므로, 식 (9.48)로 주어지는 루프 전달 함수를 갖는 1계 귀환 시스템은 $K > -1$일 때 항상 안정하다고 말할 수 있다.

9.11.2 2계 귀환 시스템

단위 귀환을 가진 타입 1의 2계 귀환 시스템을 고려한다. 이 시스템의 루프 전달 함수는 식 (9.50)으로 주어진다.

$$G(s)H(s) = \frac{K}{s(\tau s + 1)}. \tag{9.50}$$

K는 조정 가능한 루프 이득이고 측정 단위는 rad/s이며, $G(s)H(s)$는 $s = 0$과 $s = -1/\tau$에서 각각 1차의 극점을 갖는다. 식 (9.36)에 식 (9.50)을 적용하면, 시스템의 폐루프 전달 함수는 다음과 같다.

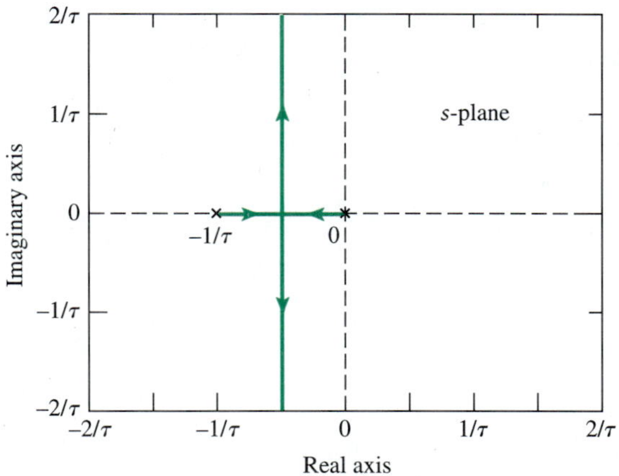

그림 9.22 K 증가에 따라 2계 시스템의 2개 극점 위치에 나타나는 귀환의 영향. 개방 루프 전달 함수는 $s=0$과 $s=-1/\tau$에서 각각 1차 극점을 가지고 있다.

$$T(s) = \frac{G(s)H(s)}{1 + G(s)H(s)} = \frac{K}{\tau s^2 + s + K}.$$

따라서, 시스템의 특성 방정식은 식 (9.51)이 된다.

$$\tau s^2 + s + K = 0. \tag{9.51}$$

이것은 식 (9.52)로 얻어지는 한쌍의 근을 갖는 s의 2차 방정식이다.

$$s = -\frac{1}{2\tau} \pm \sqrt{\frac{1}{4\tau^2} - \frac{K}{\tau}}. \tag{9.52}$$

그림 9.22의 그래프는 루프 이득 K가 0으로부터 출발해서 변화됨에 따라 식 (9.52)의 2개의 근들에 의해서 그려지는 궤적을 나타낸 것이다. $K=0$일 때, 특성 방정식의 한 근은 $s=0$에, 다른 근은 $s=-1/\tau$에 존재한다. K가 증가함에 따라서, 그 2개의 근들은 실수축을 따라 서로를 향해 움직이다가 $K=1/4\tau$일 때 $s=-1/2\tau$에서 만나게 된다. K가 더 증가되면, 그 2개의 근들은 $j\omega$축과 나란한 방향으로 서로 헤어지며, 점 $s=-1/2\tau$를 통과해버린 상태이다. 이 점을 **분기점**(breakaway point)이라고 부른다. 이 점에서 근 궤적은 s 평면의 실수축으로부터 분기된다.

시스템에 귀환이 적용되지 않을 때(예를 들면, $K=0$), 시스템의 특성 방정식의 한 근은 $s=0$이고, 따라서 시스템은 불안정하게 되는 경계선 상에 있게 된다. K가 0보다 큰 값으로 정해지면, 특성 방정식의 2개의 근들은 모두 s 평면의 왼쪽의 반평면 안으로 제한된다. 그러므로, K가 양수 값이기만 하면, 식 (9.50)으로 주어진 루프 전달 함수를 갖는 2계 귀환 시스템은 안정하다.

▶ **연습문제 9.7** 식 (9.50)의 2계 귀환 시스템에서, 시스템의 계단 응답이 다음과 같은 형태가 되기 위한 K의 값을 구하라. (a) 부족 댐핑, (b) 과도 댐핑, (c) 임계 댐핑

해답: (a) $K > 0.25/\tau$, (b) $K < 0.25/\tau$, (c) $K = 0.25/\tau$ ∎

▶ **연습문제 9.8** 부족 댐핑 계단 응답이 얻어질 만큼 루프 이득 K값이 충분히 클 때, 2계 귀환 시스템의 댐핑률과 자연 주파수가 다음과 같이 루프 이득 K와 시상수 τ로 표현됨을 보여라.

$$\zeta = \frac{1}{2\sqrt{\tau K}} \quad \text{와} \quad \omega_n = \sqrt{\frac{K}{\tau}}$$ ∎

▶ **연습문제 9.9** 2계 귀환 시스템은 일반적으로 다음과 같은 특성 방정식으로 표현된다.

$$s^2 + as + b = 0.$$

계수 a와 b가 모두 양수일 때, 시스템이 안정하다는 것을 보여라. ∎

9.11.3 3계 귀환 시스템

방금 공부한 분석에서 1계 및 2계 귀환 시스템들은 안정성 문제를 구체적으로 노출시키지는 않았다. 위의 두 경우, 루프 이득 K가 양수 값이기만 하면 귀환 시스템은 모두 안정하게 된다. 안정성 문제를 더 조사하기 위하여, 식 (9.53)으로 표현되는 루프 전달 함수를 갖는 3계 귀환 시스템을 고려한다.

$$G(s)H(s) = \frac{K}{(s+1)^3}. \tag{9.53}$$

따라서, 시스템의 폐루프 전달 함수는 다음과 같다.

$$T(s) = \frac{G(s)H(s)}{1 + G(s)H(s)} = \frac{K}{s^3 + 3s^2 + 3s + K + 1}.$$

그러므로 시스템의 특성 방정식은 다음 식과 같다.

$$s^3 + 3s^2 + 3s + K + 1 = 0. \tag{9.54}$$

이와 같은 3차 방정식의 해법은 식 (9.49)와 (9.51)의 낮은 차의 특성 방정식보다 더 어렵다. 그래서 루프 이득 K의 변화가 시스템의 안정성에 영향을 끼치는 방법을 제대로 이해하려면 컴퓨터를 사용해야 한다.

표 9.1은 서로 다른 3개 K값들에 대한 특성 방정식 (9.54)의 근이다. $K = 0$이면, $s = -1$에서 3개의 중복 근을 갖는다. $K = 5$이면, 특성 방정식은 한 개의 실수 근과 한쌍의 켤레 복소수 근들을 갖는데, 세 근의 실수부는 모두 음수, 즉 s 평면의 왼쪽 반평면 안에 존재한다. 그러므로 $K = 5$일 때, 위의 3계 귀환 제어 시스템은 안정한 시스템이다. $K = 10$이면, 한쌍의 복

표 9.1 특성 방정식 $s^3 + 3s^2 + 3s + k + 1 = 0$의 근

K	근
0	$s = -1$에서 3차 근
5	$s = -2.71$ $s = -0.1450 \pm j1.4809$
10	$s = -3.1544$ $s = 0.0772 \pm j1.8658$

소수 근들은 s 평면의 오른쪽 반평면 안으로 이동한다. 따라서, 위의 3계 귀환 제어 시스템은 불안정하게 된다. 이처럼, 식 (9.53)으로 주어진 개방 루프 전달 함수를 갖는 3계 귀환 시스템의 경우, 루프 이득 K는 시스템의 안정성에 깊은 영향을 끼친다.

실제 이용되는 귀환 시스템들의 대부분은 3계 이상인 시스템이다. 따라서, 실제 이용되는 시스템들의 안정성은 아주 중요한 문제이다. 9장의 나머지 내용들이 이 문제의 연구에 거의 집중된다.

9.12 루스-허위쯔 판정 기준

루스-허위쯔 판정(Routh-Hurwiz criteria) 방법은 다항식 $A(s)$의 모든 근들의 실수부가 음수, 즉 모든 근들이 s 평면의 왼쪽 반평면 안에 존재하는가를 확인할 수 있는 간단한 절차이다. 이 방법은 다항식 $A(s)$의 근들을 직접 계산하지 않고 행해진다. 먼저 다항식 $A(s)$를 식 (9.55)로 표현한다.

$$A(s) = a_n s^n + a_{n-1}s^{n-1} + \cdots + a_1 s + a_0. \tag{9.55}$$

여기서 $a_n \neq 0$. 루스-허위쯔 절차는 다음과 같이 $A(s)$의 모든 계수들을 2행의 형태로 배열하는 것으로부터 시작된다.

$$\begin{array}{lllll} \text{행 } n: & a_n & a_{n-2} & a_{n-4} & \cdots \\ \text{행 } n-1: & a_{n-1} & a_{n-3} & a_{n-5} & \cdots \end{array}$$

여기서 루스 배열에서는 첫 행을 n, 두 번째 행을 $n - 1$, …으로 표시하는 점에 유의해야 한다. 만약 다항식 $A(s)$의 최고 차 n이 짝수이어서 계수 a_0가 행 n의 제일 끝에 포함되면, 행 $n - 1$에서 a_0 아래의 위치에는 0을 넣는다. 그 다음 단계로서 행 n과 행 $n - 1$의 요소들을 사용하여 세 번째 행인 $n - 2$를 다음 식에 따라 구성한다.

$$\frac{a_{n-1}a_{n-2} - a_n a_{n-3}}{a_{n-1}} \quad \frac{a_{n-1}a_{n-4} - a_n a_{n-5}}{a_{n-1}} \quad \cdots.$$

이렇게 형성하는 행의 각 요소들의 분자는 행렬식 형태임을 기억해 두는 것도 좋다. 즉, 첫 요

소에서, $a_{n-1}a_{n-2} - a_n a_{n-3}$은 다음과 같은 2 × 2 행렬의 행렬식에 음의 부호를 붙인 것과 같다.

$$\begin{bmatrix} a_n & a_{n-2} \\ a_{n-1} & a_{n-3} \end{bmatrix}.$$

유사한 계산 공식이 행 $n-2$의 다른 요소들의 분자 계산에 적용된다. 다음에는 행 $n-1$과 행 $n-2$의 요소들을 사용해서 행 $n-3$의 요소들을 구성하는데, 행의 번호가 0이 될 때까지 계속한다. 이와 같이 하여 행의 수가 $(n+1)$인 전체 배열을 **루스 배열**(Routh array)이라고 부른다.

루스-허위쯔 판정법은 다음과 같다. 만약 루스 배열의 첫 열(leftmost column)의 모든 요소들이 0이 아니고 모두 동일한 부호를 가지고 있으면 다항식 $A(s)$의 모든 근들은 s 평면의 왼쪽 반평면 안에 놓여 있음을 의미한다. 만약 첫 열의 요소의 부호를 순차적으로 조사할 때 부호의 변화가 일어나면, 부호 변화의 수는 s 평면의 오른쪽 반평면 안에 존재하는 $A(s)$의 근의 수와 일치한다.

예제 9.4 **4계 귀환 시스템.** 4계 귀환 시스템의 특성 방정식이 다음 식과 같다.

$$A(s) = s^4 + 3s^3 + 7s^2 + 3s + 10.$$

루스 배열을 구성해서 이 시스템의 안정성을 판정하라.

▸ 풀이: $n = 4$의 루스 배열을 구성하면 다음과 같은 배열을 얻을 수 있다.

$$\begin{array}{llll}
\text{행 } 4: & 1 & 7 & 10 \\
\text{행 } 3: & 3 & 3 & 0 \\
\text{행 } 2: & \dfrac{3\times 7 - 3\times 1}{3} = 6 & \dfrac{3\times 10 - 0\times 1}{3} = 10 & 0 \\
\text{행 } 1: & \dfrac{6\times 3 - 10\times 3}{6} = -2 & 0 & 0 \\
\text{행 } 0: & \dfrac{-2\times 10 - 0\times 6}{-2} = 10 & 0 & 0
\end{array}$$

루스 배열의 첫 열의 요소 부호를 위부터 관찰하면 +1, +3, +6, −2, +10이며, +6에서 −2로 한 번의 부호 변화와 −2에서 +10으로 또 한 번의 부호 변화가 일어난다. 그러므로, (1) 이 시스템은 불안정한 시스템이고, (2) 시스템의 특성 방정식의 근 중에서 2개는 s 평면의 오른쪽 반평면 안에 존재한다. ▮

평가 방법의 특수한 경우로서, 다항식 $A(s)$가 s 평면의 $j\omega$축 위에 한쌍의 근을 갖도록 하는 루프 이득 K의 임계값을 결정하기 위해 루스-허위쯔 판정법이 사용될 수 있다. 만약 $A(s)$가 허수 축에 한쌍의 근을 가지게 되면, 루스 배열을 구성할 때 어떤 한 행의 요소가 모두 0(항상 홀수 번째의 열)이 되어서 루스 배열을 끝까지 구성하지 못하고 미리 종료된다. 이러한 경우가 발생할 때, 그 귀환 시스템은 **불안정성의 경계선상**에 있다고 평가된다. 이때 K의 임계값은 현재 문제가 된 행의 요소로부터 산출된다. 이에 대응하는 $j\omega$축 위의 한쌍의 근은 바로 직전

행으로 구성된 보조 다항식에서 얻어진다. 이 과정은 다음 예제에 잘 예시되어 있다.

예제 9.5 **3계 귀환 시스템.** 루프 전달 함수 $L(s) = G(s)H(s)$가 식 (9.53), 즉

$$L(s) = \frac{K}{(s+1)^3}$$

로 정의된 3계 귀환 시스템을 다시 생각한다. (a) 그 시스템이 불안정하게 되는 경계에 있게 되는 K의 값, (b) s 평면의 $j\omega$축 위에 존재하는 한쌍의 근을 구하라.

▸ 풀이: 시스템의 특성 방정식 $A(s)$는 다음 식으로 표현된다.

$$\begin{aligned} A(s) &= (s+1)^3 + K \\ &= s^3 + 3s^2 + 3s + 1 + K. \end{aligned}$$

이에 대한 루스 배열은 다음과 같이 얻어진다.

$$\begin{array}{lcc} \text{행 3:} & 1 & 3 \\ \text{행 2:} & 3 & 1+K \\ \text{행 1:} & \dfrac{9-(1+K)}{3} & 0 \\ \text{행 0:} & 1+K & 0 \end{array}$$

(a) 행 1의 요소들 중에서 0이 아닌 첫 번째 요소가 0이 되려면,

$$9 - (1+K) = 0.$$

이어야 한다. 따라서 $K = 8$을 얻는다.

(b) $K = 8$이면 행 1의 모든 요소는 0이다. 따라서, 보조 방정식은 행 2로부터 다음과 같이 얻는다.

$$3s^2 + 9 = 0.$$

이 방정식의 근은 $s = \pm j\sqrt{3}$에 존재한다. 이러한 결과는 $A(s)$에 대한 표현에 $K = 8$로 놓는 것에 의해 쉽게 점검된다. 이 경우 $A(s)$는 아래와 같은 요소 식으로 표현된다.

$$A(s) = (s^2+3)(s+3). \quad ∎$$

▶ **연습문제 9.10** 다음 식으로 정의된 루프 전달 함수를 갖는 선형 귀환 시스템을 고려한다.

$$L(s) = \frac{0.2K(s+5)}{(s+1)^3}.$$

(a) 그 시스템이 불안정성의 가장자리에 있는 루프 이득 K의 임계값과, (b) 그에 대응하여 허수축 위에 존재하는 근을 구하라.

해답: (a) $K = 20$, (b) $s = \pm j\sqrt{7}$ ∎

9.12.1 정현파 발진기

정현파 발진기를 설계할 때, 시스템을 불안정하게 만들기 위한 특수한 목적에서 귀환이 중

폭기에 적용된다. 그러한 응용에서, 발진기는 증폭기와 주파수를 결정할 회로망으로 이루어진 폐루프 귀환 시스템이다. 증폭기는 발진을 위해 필요 조건을 설정한다. 출력 신호의 일그러짐을 피하기 위하여, 증폭기의 비선형의 정도는 매우 낮은 레벨로 유지된다. 다음 예제는 루스-허위츠 판정법이 그러한 응용을 위하여 사용되는 방법을 설명해 주고 있다.

예제 9.6 *RC* **발진기.** 그림 9.23은 RC 오디오 발진기의 회로를 간략하게 나타낸 것이다. 발진 주파수와 발진 조건을 결정하라.

풀이: 스위치가 열린 상태에서, 루프 전달 함수를(그림 9.4의 용어와 일치되도록) 구하면,

$$L(s) = -\frac{V_1(s)}{V_2(s)}$$

$$= -\frac{K\left(\frac{R}{sC}\right)\Big/\left(R + \frac{1}{sC}\right)}{\left(\frac{R}{sC}\Big/\left(R + \frac{1}{sC}\right)\right) + \left(R + \frac{1}{sC}\right)}$$

$$= -\frac{KRCs}{(RCs)^2 + 3(RCs) + 1}$$

이다. 이 귀환 회로의 특성 방정식은 다음과 같다.

$$(RCs)^2 + (3 - K)RCs + 1 = 0.$$

2차 특성 방정식은 아주 간단해서 루스 배열을 구성하지 않고 불안정성에 관한 조건을 결정할 수 있다. 이 문제에서, 스위치가 닫힐 때, 증폭기의 전압 이득 K가 3이면 이 회로는 불안정성의 경계선 위에 놓이게 된다. 이 회로의 자연 주파수는 $s = j/RC$에서 허수축에 놓인다. 실제로는, 이득 K는 3보다 약간 더 큰 값으로 설정하여 특성 방정식의 2개의 근이 허수축보다 약간 더 오른쪽에 오도록 한다. 이렇게 하는 것은 발진기가 자동적으로 시작되는 것을 확실히 하기 위한 것이다. 발진에 의해 진폭이 커짐에 따라, 증폭기의 저항 성분(그림에는 표시되지 않았음)은 약간 변경되어 이득 K가 기준값 3에서 안정되게 해준다. ▮

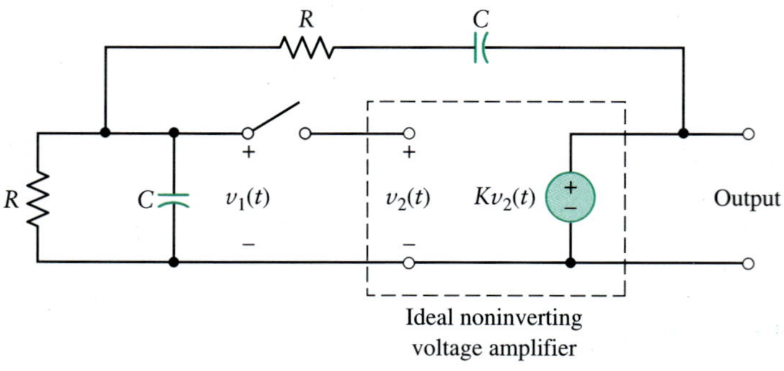

그림 9.23 RC 오디오 발진기

▶ **연습문제 9.11** 그림 9.23의 발진기 회로에서 $R = 100\ \text{k}\Omega$, $C = 0.01\ \mu\text{F}$이다. 발진 주파수를 구하라.

해답: 159.15 Hz ▮

9.13 근 궤적 방법

근 궤적 방법(root locus method)은 선형 귀환 시스템의 설계에 있어서 해석적 도구로 폐루프 전달 함수의 극점 위치에 중점을 둔다. 시스템의 전달 함수의 극점들이 과도 응답을 결정한다는 점은 잘 알고 있다. 폐루프 극점들의 위치를 알고 있으면, 귀환 시스템의 과도 응답에 관한 상당한 정보를 끌어낼 수 있다. 근 궤적이란 시스템의 어떤 파라미터(꼭 그런 것은 아니고 대개는 루프 이득)가 0으로부터 시작해서 ∞로 증가함에 따라 복소수 s 평면 위에서 시스템의 특성 방정식의 근이 그리게 되는 기하학적 경로, 즉 궤적이라는 사실로부터 이 방법의 이름이 유래된 것이다. 1계 귀환 시스템에 대한 근 궤적은 그림 9.21에 예시되어 있고, 2계 귀환 시스템에 대한 근 궤적은 그림 9.22에 예시되어 있다.

일반적으로, 근 궤적의 작성은 다음과 같이 인수분해된 형식으로 표현된 시스템의 루프 전달 함수로부터 시작된다.

$$\begin{aligned} L(s) &= G(s)H(s) \\ &= K\frac{\prod_{i=1}^{M}(1 - s/c_i)}{\prod_{j=1}^{N}(1 - s/d_j)}. \end{aligned} \tag{9.56}$$

여기서 K는 루프 이득이고, d_j와 c_i는 각각 $L(s)$의 극점과 영점이다. 이 극점들과 영점들은 K와 관계 없는 상수들이다. 선형 귀환 시스템이면, 보통 1계 및 2계 구성 요소들의 종속 연결로 시스템이 이루어지기 때문에 시스템의 전달 함수는 시스템의 블록 다이어그램으로부터 직접 결정될 수 있다.

관습적으로, "근 궤적"이란 용어는 루프 이득 K가 음이 아닌 경우, 다시 말하면 $0 < K < \infty$인 경우를 지칭하는 것이다. 앞으로 이 경우에 대한 내용을 논의할 것이다.

9.13.1 근 궤적 평가 방법

루프 전달 함수 $L(s)$의 분자 및 분모 다항식들을 다음과 같이 정의한다.

$$P(s) = \prod_{i=1}^{M}\left(1 - \frac{s}{c_i}\right) \tag{9.57}$$

$$Q(s) = \prod_{j=1}^{N}\left(1 - \frac{s}{d_j}\right). \tag{9.58}$$

이 시스템의 특성 방정식은 다음과 같이 정의된다.

$$A(s) = Q(s) + KP(s) = 0. \tag{9.59}$$

이들을 이용하면, 특성 방정식은 다음과 같이 표현할 수 있다.

$$\boxed{L(s) = K\frac{P(s)}{Q(s)} = -1.} \tag{9.60}$$

변수 $s = \sigma + j\omega$는 복소수이기 때문에 다항식 $P(s)$는 다음과 같이 크기와 위상 성분으로 표현할 수 있다.

$$P(s) = |P(s)|e^{j\arg\{P(s)\}}. \tag{9.61}$$

여기서,

$$|P(s)| = \prod_{i=1}^{M}\left|1 - \frac{s}{c_i}\right| \tag{9.62}$$

$$\arg\{P(s)\} = \sum_{i=1}^{M}\arg\left\{1 - \frac{s}{c_i}\right\}. \tag{9.63}$$

같은 방법으로, 다항식 $Q(s)$는 다음과 같이 크기와 위상 성분으로 표현할 수 있다.

$$Q(s) = |Q(s)|e^{j\arg\{Q(s)\}}. \tag{9.64}$$

여기서,

$$|Q(s)| = \prod_{j=1}^{N}\left|1 - \frac{s}{d_j}\right| \tag{9.65}$$

$$\arg\{Q(s)\} = \sum_{j=1}^{N}\arg\left\{1 - \frac{s}{d_j}\right\}. \tag{9.66}$$

식 (9.62), (9.63), (9.65) 및 (9.66)을 식 (9.60)에 대치하면, 근 궤적(K는 음수가 아니라고 가정했을 때)에 대한 두 가지 기본적인 평가 기준을 쉽게 만들 수 있다.

1. **편각 판별법**. 점 s_l이 근 궤적에 포함되는 점이면, 점 $s = s_l$은 식 (9.67)의 편각 판별법(angle criterion)을 만족시켜야 한다.

   $$\arg\{P(s)\} - \arg\{Q(s)\} = (2k+1)\pi, \qquad k = 0, \pm1, \pm2, \ldots, \tag{9.67}$$

   $\arg\{Q(s)\}$과 $\arg\{P(s)\}$는 식 (9.66)과 (9.63)에 있는 $L(s)$의 극점과 영점의 편각에 따라 자연히 결정된다.

2. **크기 판별법**. 일단 근 궤적이 구성되면, 점 s_l에 대응하는 루프 이득 K의 값은 식 (9.68)에 나타낸 크기 판별법(magnitude criterion: 또는 진폭 판별법)으로부터 결정된다.

   $$K = \frac{|Q(s)|}{|P(s)|}. \tag{9.68}$$

크기 $|Q(s)|$와 $|P(s)|$는 각각 식 (9.65)와 (9.62)에 있는 $L(s)$의 극점과 영점 인자의 크기에 의해서 결정된다.

근 궤적에 대해 편각 및 크기 판별법을 적용하는 예로서, $s = c$에 영점을 갖고 $s = 0$에 단일 극점 그리고 켤레 복소수 $s = d, d^*$에서 두 극점을 갖는 루프 전달 함수

$$L(s) = \frac{K(1 - s/c)}{s(1 - s/d)(1 - s/d^*)}$$

를 생각한다. s 평면에 임의로 한 점 g를 선택하고, 그림 9.24와 같은 방법으로 $L(s)$의 극점과 영점으로부터 점 g로 향하는 벡터들을 구성한다. 선택된 점 g에 의해서 식 (9.67)의 편각 판별법과 식 (9.68)의 진폭 판별법이 모두 만족되려면, 다음 식의 값들을 찾아야 한다.

$$\theta_{z_1} - \theta_{p_1} - \theta_{p_2} - \theta_{p_3} = (2k+1)\pi, \qquad k = 0, \pm 1, \ldots,$$

$$K = \frac{BCD}{A}.$$

여기서 각 벡터의 편각과 길이는 그림에 정의되어 있다.

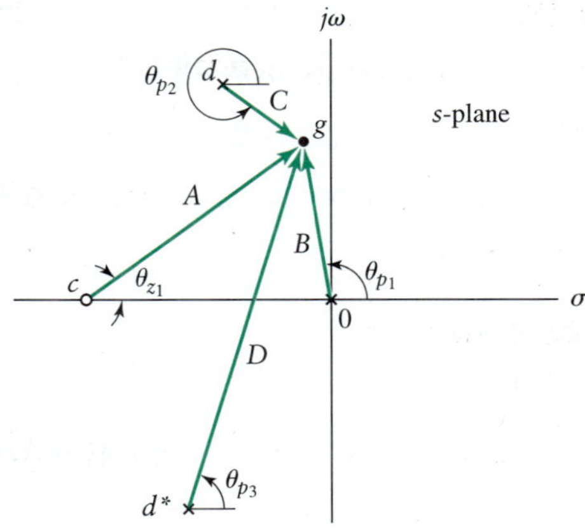

그림 9.24 식 (9.67)의 편각 판별법과 식 (9.68)의 크기 판별법을 설명하기 위한 루프 전달 함수

$$L(s) = \frac{K(1 - s/c)}{s(1 - s/d)(1 - s/d^*)}.$$

복소수 s 평면에서 $L(s)$의 극점과 영점들로부터 점 g까지 이어진 각 벡터의 편각과 길이는 다음과 같이 정의된다.

$$\theta_{z_1} = \arg\left\{1 - \frac{g}{c}\right\}, \qquad A = \left|1 - \frac{g}{c}\right|$$

$$\theta_{p_1} = \arg\{g\}, \qquad B = |g|$$

$$\theta_{p_2} = \arg\left\{1 - \frac{g}{d}\right\}, \qquad C = \left|1 - \frac{g}{d}\right|$$

$$\theta_{p_3} = \arg\left\{1 - \frac{g}{d^*}\right\}, \qquad D = \left|1 - \frac{g}{d^*}\right|$$

9.13.2 근 궤적법의 특성

식 (9.56)의 루프 전달 함수의 극점과 영점이 주어지면, 다음과 같이 근 궤적법의 몇 개의 기본적인 특성을 탐색하는 것으로부터 선형 귀환 시스템의 근 궤적을 근사적으로 구성할 수 있다.

특성 1. 근 궤적의 가지의 수는 N과 M 중 큰 수와 같다. 근 궤적의 한 가지(branch)는 K가 0부터 무한대까지 변화하는 동안 특성 방정식 $A(s) = 0$의 한 근이 변화하는 궤적을 나타낸다. 특성 1은 식 (9.59)로부터 얻어지는데, 여기서 다항식 $P(s)$와 $Q(s)$는 각각 식 (9.57)과 (9.58)로 정의된 형태이다.

특성 2. 근 궤적은 루프 전달 함수의 극점들에서 시작한다. $K = 0$일 때, 특성 방정식 (9.59)는 $Q(s) = 0$으로 표현된다. 이 방정식의 근들은 루프 전달 함수 $L(s)$의 극점들과 동일하며, 이것으로 특성 2가 증명된다. 이러한 방정식의 근들은 특성 2를 증명하는 식 (9.56)에 주어진 루프 전달 함수 $L(s)$의 극점들과 같다.

특성 3. 근 궤적은 무한대에 있는 영점까지 포함해서 루프 전달 함수의 모든 영점에서 끝난다. $K = \infty$일 때 특성 방정식 (9.59)는 $P(s) = 0$으로 표현된다. 이 방정식의 근들은 루프 전달 함수 $L(s)$의 영점들과 같으며, 이 사실로부터 특성 3이 증명된다.

특성 4. 근 궤적은 s평면의 실수축에 대하여 대칭이다. 루프 전달 함수 $L(s)$의 극점들과 영점들은 실수이거나, 켤레 복소수 쌍으로 이루어진다. 따라서 특성 방정식 (9.59)의 근들은 특성 4에 의해서 실수 또는 켤레 복소수 쌍으로 이루어진다.

특성 5. 복수 주파수 s가 무한대로 커지면, 근 궤적의 가지들은 다음 식으로 결정되는 직선을 점근선으로 갖는다.

$$\theta_k = \frac{(2k+1)\pi}{N-M}, \qquad k = 0, 1, 2, \ldots, |N-M| - 1. \tag{9.69}$$

그 점근선들은 s평면의 실수축 위에 있는 하나의 점에서 만난다. 그 위치는 식 (9.70)에 따라 결정된다.

$$\sigma_0 = \frac{\sum_{j=1}^{N} d_j - \sum_{i=1}^{M} c_i}{N-M} \tag{9.70}$$

즉,

$$\sigma_0 = \frac{\text{유한 극점의 합} - \text{유한 영점의 합}}{\text{유한 극점의 수} - \text{유한 영점의 수}}$$

그 교차점 $s = \sigma_0$를 근 궤적의 **중심점**이라고 부른다.

▶ **연습문제 9.12** 선형 귀환 시스템의 루프 전달 함수가 다음과 같다.

$$L(s) = \frac{0.2K(s+5)}{(s+1)^3}.$$

(a) 시스템의 근 궤적의 점근선과 (b) 그것의 중심점을 구하라.

➡ 해답: (a) $\theta = 90^\circ,\ 270^\circ$ (b) $s_0 = 1$ ▮

특성 6. s 평면의 허수축과 근 궤적의 교차점 및 이에 대응하는 루프 이득 K의 값들은 루스-허위쯔 판정법으로부터 결정된다.

이 특성은 9.12절에서 설명되었다.

특성 7. 근 궤적의 가지들이 교차하는 분기점들은 다음 식으로 표현되는 조건을 만족시켜야 한다.

$$\frac{d}{ds}\left(\frac{1}{L(s)}\right) = 0. \tag{9.71}$$

여기서 $L(s)$는 루프 전달 함수이다.

식 (9.71)의 조건은 분기점에 관한 필요 조건이지만 충분 조건은 아니다. 바꾸어 말하면, 모든 분기점들은 식 (9.71)을 만족시킨다. 그러나 답이 모두 분기점인 것은 아니다.

예제 9.7 **2계 귀환 시스템.** 식 (9.50)의 2계 귀환 시스템을 다시 생각한다. 여기서 $\tau = 1$을 가정하자. 시스템의 루프 전달 함수는 다음과 같다.

$$L(s) = \frac{K}{s(1+s)}.$$

시스템의 근 궤적의 분기점을 찾아라.

▶ 풀이: 식 (9.71)을 이용하면 다음 식을 얻을 수 있다.

$$\frac{d}{ds}[s(1+s)] = 0$$

즉,

$$1 + 2s = 0.$$

이 식으로부터 분기점이 $s = -1/2$에 놓여 있음을 쉽게 알 수 있다. 이것은 $\tau = 1$일 때 그림 9.22에 나타낸 결과와 일치한다. ▮

위에서 설명된 7개의 특성을 이용함으로써, 인수분해형으로 표현된 선형 귀환 시스템의 루프 전달 함수로부터 출발하여 합리적이고 정확한 근 궤적을 구성하기에 충분하다. 다음 두 개의 예제는 이 과정을 잘 보여줄 것이다.

예제 9.8 **선형 귀환 증폭기.** 3단 트랜지스터 증폭기를 포함한 선형 귀환 증폭기를 생각한다. 증폭기의 루프 전달 함수는 다음 식으로 표현된다.

$$L(s) = \frac{6K}{(s+1)(s+2)(s+3)}.$$

이 귀환 증폭기의 근 궤적을 그려라.

▶ 풀이: 루프 전달 함수 $L(s)$의 세 극점들은 $s = -1$, $s = -2$, $s = -3$이다. $L(s)$의 세 영점은 무한대에

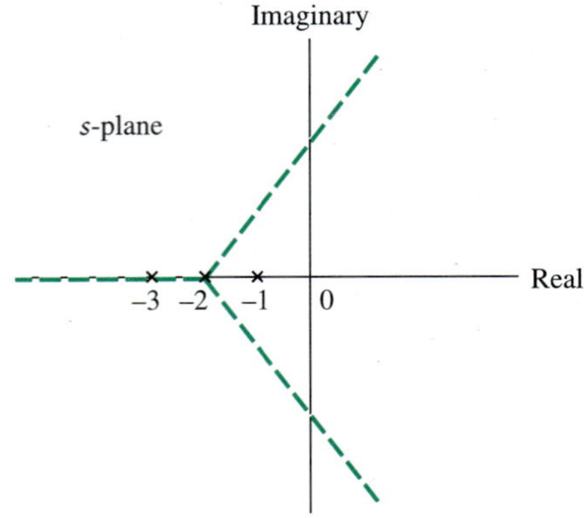

그림 9.25 예제 9.8의 귀환 시스템에서 세 점근선들의 교차점(예를 들면, 근 궤적의 중심점)을 나타낸 그림

존재한다. 따라서 근 궤적은 위의 각 극점에서 시작하는 세 개의 가지들로 이루어지며, 또한 각 가지는 무한대에서 끝난다.

식 (9.69)로부터, 세 점근선들의 기울기는 각각 60°, 180° 그리고 300°임을 알 수 있다. 이와 더불어, 식 (9.70)으로부터 얻어지는 이 점근선들의 교차점(근 궤적의 중심점)은 다음 방정식으로 표현된다.

$$\sigma_0 = \frac{-1 - 2 - 3}{3} = -2.$$

이 점근선들을 그림 9.25에 나타냈다.

s 평면의 허수축과 근 궤적의 교차점들을 얻기 위해서 먼저 특성 다항식을 식 (9.59)로부터 얻는다.

$$\begin{aligned} A(s) &= (s + 1)(s + 2)(s + 3) + 6K \\ &= s^3 + 6s^2 + 11s + 6(K + 1). \end{aligned}$$

그 다음에는, 루스 배열을 구성한다.

$$\begin{array}{lcc} \text{행 3:} & 1 & 11 \\ \text{행 2:} & 6 & 6(K+1) \\ \text{행 1:} & \dfrac{66 - 6(K+1)}{6} & 0 \\ \text{행 0:} & 6(K+1) & 0 \end{array}$$

특성 6에 따라 행 번호 1에서 0이 아닌 요소의 값을 0이라고 놓으면, 그 시스템이 불안정성의 경계에 있게 되는 K의 임계값으로 $K = 10$을 얻는다.

$K = 10$이면, 행 1의 두 요소 모두 0이기 때문에, 행 번호 2를 사용하여 다음의 보조 방정식을 얻을 수 있다.

$$6s^2 + 66 = 0.$$

그러므로 허수축과 근 궤적의 교차점들은 $s = \pm j\sqrt{11}$이다.

마지막으로, 식 (9.71)을 사용하면, 그 분기점이 다음 방정식의 조건을 만족시켜야 한다는 것을 알 수 있다.

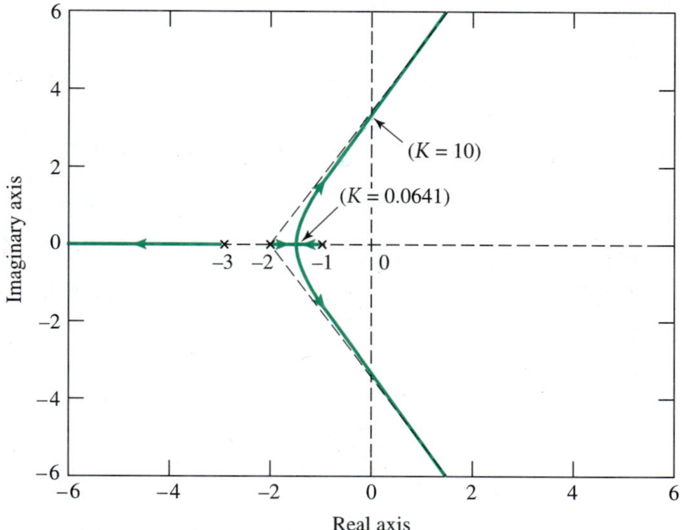

그림 9.26 루프 전달 함수가 $L(s)$인 3차 귀환 시스템의 궤적. 여기서

$$L(s) = \frac{6K}{(s+1)(s+2)(s+3)}.$$

$$\frac{d}{ds}[(s+1)(s+2)(s+3)] = 0$$

즉,

$$3s^2 + 12s + 11 = 0.$$

이 2차 방정식의 근들은 $s = -1.473$과 $s = -2.577$이다. 근 궤적에 포함된 실수축 구간을 보면, 그림 9.25에 의해 그 첫 번째 점($s = -1.473$)은 근 궤적 위에 있고 근 궤적의 분기점이 된다. 그러나 그 두 번째 점($s = -2.577$)은 근 궤적에 포함되지 않는 점이다. 게다가, $s = -1.423$일 때, 식 (9.60)을 사용하면 다음 식을 얻을 수 있다.

$$\begin{aligned} K &= (|1 - 1.423| \times |2 - 1.423| \times |3 - 1.423|)/6 \\ &= 0.0641. \end{aligned}$$

마침내, 이 결과들을 모두 종합하면 그림 9.26과 같은 귀환 증폭기의 근 궤적을 그릴 수 있다. ▮

예제 9.9 **단위 귀환 시스템.** 그림 9.27의 단위 귀환 시스템을 생각한다. 다음 식으로 표현된 전달 함수를 갖는 이 플랜트는 불안정하다.

$$G(s) = \frac{0.5K}{(s+5)(s-4)}.$$

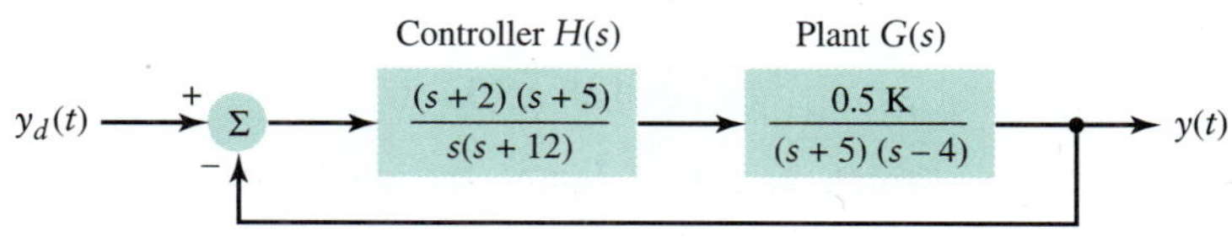

그림 9.27 예제 9.9에 관한 단위 귀환 시스템

이 시스템에 다음과 같은 전달 함수를 갖는 제어기가 사용된다.

$$H(s) = \frac{(s+2)(s+5)}{s(s+12)}.$$

시스템의 근 궤적을 작성하고, 그 시스템이 안정하게 되는 K의 값들을 구하라.

풀이: 플랜트의 두 극점들은 $s = -5$와 $s = 4$에 있다. 두 번째 극점이 플랜트의 불안정성에 기여한다. 제어기는 $s = -2$와 $s = -5$에 존재하는 두 개의 영점과 $s = 0$ 및 $s = -12$에 존재하는 두 개의 극점들을 가졌다. 그 제어기가 플랜트에 종속 접속으로 연결될 때, **극점-영점 제거**가 일어난다. 따라서, 루프 전달 함수는 다음과 같이 표현된다.

$$\begin{aligned} L(s) &= G(s)H(s) \\ &= \frac{0.5K(s+2)}{s(s+12)(s-4)}. \end{aligned}$$

이 시스템의 근 궤적은 3개의 가지로 이루어졌다. 그 중 한 가지는 극점 $s = -12$인 극점에서 시작된 다음 $s = -2$인 영점에서 끝난다. 다른 두 개의 가지들은 각각 $s = 0$과 $s = 4$인 극점에서 출발해서 무한히 먼 점으로 가서 끝나게 된다.

세 개의 극점들과 하나의 유한 영점을 가진 $L(s)$에 대해 식 (9.69)를 사용하면, 기울기가 각각 $\theta = 90°$ 및 $\theta = 180°$인 두 점근선들을 얻는다. 식 (9.70)을 적용하면, 근 궤적의 중심점은 다음과 같이 얻어진다.

$$\begin{aligned} \sigma_0 &= \frac{(-12+0+4)-(-2)}{3-1} \\ &= -3. \end{aligned}$$

귀환 시스템의 특성 다항식은 식 (9.59)에 의해서 다음과 같다.

$$A(s) = s^3 + 8s^2 + (0.5K - 48)s + K.$$

루스 배열을 구성하면, 다음과 같다.

행 3:	1	$0.5K - 48$
행 2:	8	K
행 1:	$\dfrac{8(0.5K-48)-K}{8}$	0
행 0:	K	0

행 번호 1인 행에서 0이 아닌 요소를 0으로 놓으면 다음과 같다.

$$8(0.5K - 48) - K = 0.$$

이 방정식을 풀면 루프 이득 K의 임계값으로 $K = 128$을 얻는다. $K = 128$을 행 번호 2의 행에 적용하면, 다음 보조 다항식을 얻는다.

$$8s^2 + 128 = 0.$$

이 보조 방정식의 근은 $s = \pm j4$이다. 따라서, 근 궤적이 허수축과 교차는 점은 $s = \pm j4$이고 이 점에 대응하는 K의 값은 128이다.

끝으로, 식 (9.71)을 적용하면 근 궤적의 분기점이 만족해야 할 다음의 조건을 얻는다.

$$\frac{d}{ds}\left(\frac{s(s+12)(s-4)}{0.5K(s+2)}\right) = 0$$

즉,

$$s^3 + 7s^2 + 16s - 48 = 0.$$

컴퓨터를 사용하면, 이 3차 방정식이 갖는 한 개의 실수 근으로서 $s = 1.6083$을 얻는다. 이에 대응하는 K의 값은 29.01이다.

이 결과들을 종합하면, 그림 9.28의 근 궤적을 구성하게 된다. 여기서 K의 범위가 $0 < K < 128$이면 이 귀환 시스템은 불안정함을 알 수 있다. $K > 128$일 때, 특성 방정식의 세 근은 모두 s 평면의 왼쪽 반평면에 존재한다. 따라서, 루프 이득이 충분히 크다는 가정 아래에서 귀환을 적용하면 불안정한 플랜트를 안정하게 만드는 유익한 효과를 얻는다. ■

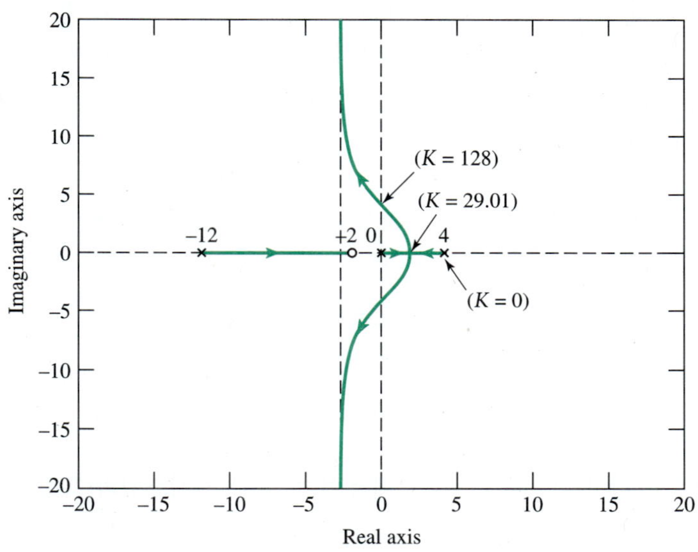

그림 9.28 다음의 루프 전달 함수를 가진 귀환 시스템의 근 궤적

$$L(s) = \frac{0.5K(s+2)}{s(s-4)(s+12)}.$$

▶ **연습문제 9.13** 만약, 예제 9.9에 있는 루프 전달 함수 $L(s)$의 극점 $s = 4$가 $s = -4$로 대치된다면 선형 귀환 시스템의 근 궤적은 어떻게 수정되나?

해답: 새로운 근 궤적은 3개의 가지를 갖는다. 첫 번째는 극점 $s = 0$에서 시작해서 영점 $s = -2$에서 끝난다. 또 다른 두 가지는 극점 $s = -4$와 $s = -12$에서 시작해서 쌍방향으로 진행하다, 각각 $s = -7.6308$에서 교차하고, 다시 서로 분리된다. 이들의 점근선은 $s = -7$에서 교차된다. 이러한 귀환 시스템은 모든 $K > 0$에서 안정화 된다. ■

9.14 나이키스트 안정도 판정

9.13절의 근 궤적 방법은, 루프 이득이 변화함에 따라 선형 귀환 시스템의 특성 방정식의 근(예를 들면, 시스템의 폐루프 전달 함수의 극점)이 변화되는 정보를 알려준다. 이 정보는 앞의 9.10절에서 논의된 것처럼, 시스템의 안정성뿐만 아니라 과도 응답에 관계된 문제들을 파악하기 위하여 사용되기도 한다. 이 방법을 적용하기 위해서는, 시스템의 루프 전달 함수의 극점과 영점에 대한 지식이 요구된다. 그러나, 이런 요구 조건들을 알아내기 어려운 경우들도 있다. 예를 들면, 귀환 시스템의 안정성을 판단하는 유일한 방법이 실험적 방법이거나 귀환 루프에 시간 지연이 포함된 경우로서 루프 전달 함수가 유리 함수가 아닌 경우이다. 그러한 경우들이면, 시스템의 안정성을 평가하는 다른 방법으로서 나이키스트 판정법을 활용할 수 있다. 어쨌든, 나이키스트 판정법은 그 자체로서도 고려되어야 할 만큼 중요한 방법이다.

나이키스트 안정성 판정(Nyquist stability criterion)은 루프 전달 함수 $L(s)$를 $s = j\omega$에 대한 함수로 표시한 곡선(극좌표 표현) 위에서 수행되는 방법이므로 주파수-영역의 방법이다. 이 방법은 선형 귀환 시스템의 분석과 설계에 유용한 도구로 이용될 수 있는 바람직한 여러 가지 특징을 가지고 있다.

1. 나이키스트 방법은 시스템의 절대 안정성, 안정성의 정도, 불안정한 경우 안정하게 만드는 방법에 관한 정보를 제공한다.
2. 시스템의 주파수-영역 응답에 관한 정보를 제공한다.
3. 분산 요소들에 의해 발생할 수 있는 시간 지연을 가진 선형 귀환 시스템의 안정성을 연구할 때 사용된다.

그러나, 나이키스트 판정법의 한계는, 근 궤적 방법과 달리 시스템의 특성 방정식의 근들의 정확한 위치를 결정할 수 없다는 점이다. 또한, 주의해야 할 점은 나이키스트 안정화 조건의 유도는 지금까지 안정성 문제에서 설명된 요소들보다 더 많은 요소들을 요구한다는 것이다.

9.14.1 포위 영역과 포위망

나이키스트 안정성 판정을 논의하려면, 먼저 매핑에 관한 용어인 **포위 영역**(enclosure)과 **포위망**(encirclement)의 의미를 이해해야 한다. 구체적인 예로서, 복수 변수 s의 함수 $F(s)$를 생각한다. 이를 공부하는 사람들은 s 평면이라고 부르는 복소수 평면에서 s에 관련된 것들의 표현에 익숙할 것이다. 함수 $F(s)$가 그 자체에 관한 복소수 평면(이 평면을 F-plane이라고 부른다) 안에서 표현된다고 가정한다. s 평면에서 복소수 변수 s가 이동해서 얻어진 **폐곡선**(closed contour)을 C라고 표시하겠다. 복소수 변수 s가 한 점에서 출발하여 곡선을 그리면서 이동하는 동안 그려진 곡선과 만나지 않고 시작점으로 되돌아 왔을 때 그려진 곡선을 **폐곡**

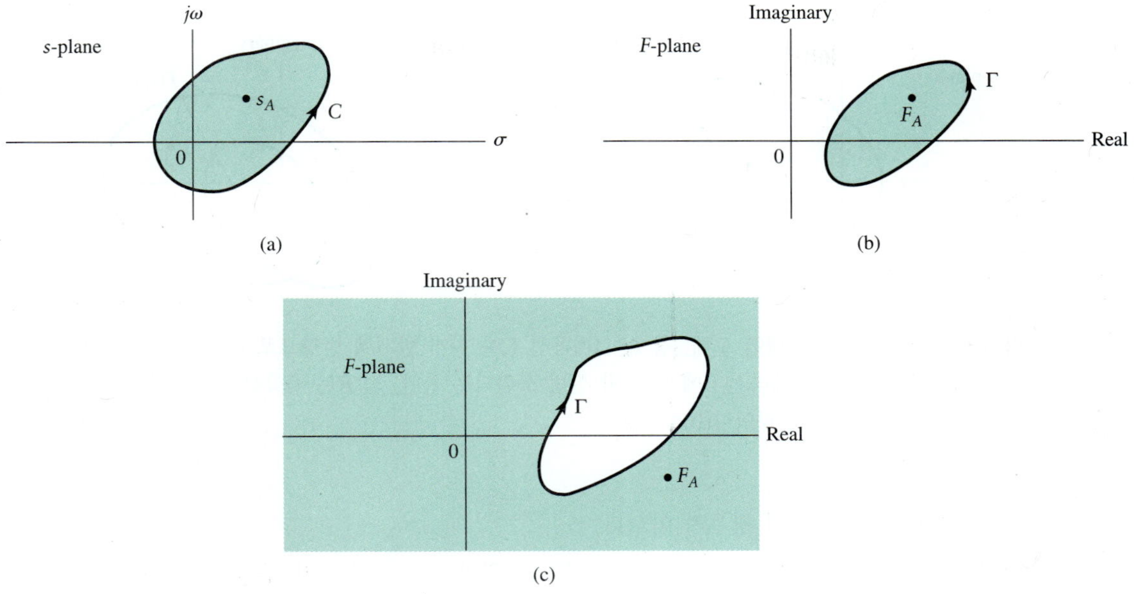

그림 9.29 (a) s 평면의 폐곡선 C 위에서 반시계 방향 회전, (b)와 (c) 점 $F_A = F(s_A)$와 폐곡선 C가 F 평면 위로 매핑 가능한 두 가지 경우

선이라고 부른다. 복소수 변수 s가 C를 따라 한 바퀴 이동하는 동안 함수 $F(s)$에 의해서 F 평면에 그려지는 곡선을 Γ로 표시하겠다. 만약 $F(s)$가 s의 **단가 함수**(single valued function)이면, 곡선 Γ도 폐곡선이다. 보편적으로 s가 폐곡선 C를 따라 이동할 때는 그림 9.29(a)에 표시된 것과 같이 반시계 방향으로 이동하는 것을 표준으로 한다. 이때 F 평면에서 일어날 수 있는 경우는 다음과 같이 두 가지 서로 다른 상황들이 있다.

- s 평면에서 폐곡선 C의 내부는 그림 9.29(b)에 설명된 것처럼 F 평면의 폐곡선 Γ의 내부로 매핑된다. 이런 경우, 폐곡선 Γ 위에서의 이동은 역시 반시계 방향(C 위의 이동과 같은 방향)으로 이루어진다.
- s 평면에서 폐곡선 C의 내부는 그림 9.29(c)에 설명된 것처럼 F 평면의 폐곡선 Γ의 외부로 매핑된다. 이런 경우에는, 폐곡선 Γ 위에서의 이동은 시계 방향(C 위의 이동과 반대 방향)으로 이루어진다.

그림 9.29에 바탕을 두고, 다음과 같은 정의를 내릴 수 있다. **만약 한 점 또는 영역이 폐곡선에 의해 반시계 방향으로 둘러싸이면 평면 위의 그 점 또는 그 영역은 폐곡선에 의해서 "포위되었다 또는 둘러싸여졌다(encircled)"**고 말한다. 예를 들면, 그림 9.29(a)에서 폐곡선 C의 내부에 있는 점 s_A는 그림 9.29(b)의 경우 폐곡선 Γ의 내부에 있는 점 F_A로 매핑되고 그림 9.29(c)의 경우는 폐곡선 Γ의 외부에 있는 점 F_A로 매핑되어 있다. 따라서, 그림 9.29(b)의 경우, 점 F_A는 폐곡선 Γ에 의해서 둘러싸여진 경우이고, 그림 9.29(c)의 경우는 점 F_A가 폐곡

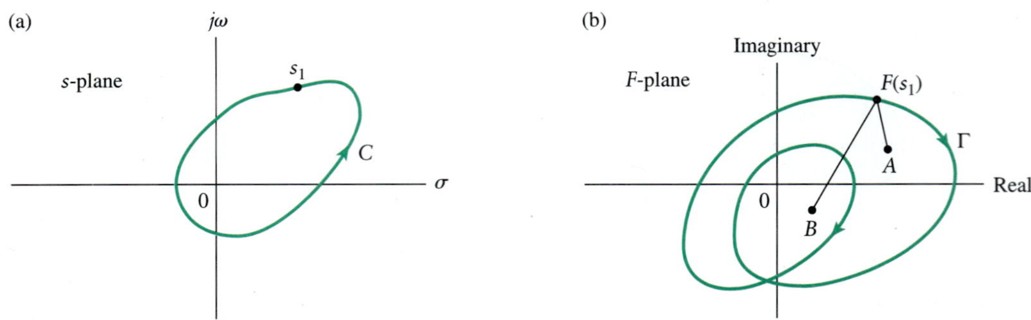

그림 9.30 포위망 정의에 대한 도해. 점 s_1이 폐곡선 C를 따라 반시계 방향으로 한바퀴 회전함에 따라 (a) 점 A는 F평면 안에서 폐곡선 Γ에 의해 딱 한번 포위되는 반면, 점 B는 폐곡선 Γ에 의해 두 번 포위되는 경우로서 모두 시계 방향이다(b).

선 Γ에 의해서 둘러싸여진 경우가 아니다.

이제부터 정의되는 포위 영역에 대한 개념과 포위망과는 주의 깊게 구별되어야 한다. 폐곡선에 관한 것으로서 다음의 정의를 내릴 수 있다. **만약 한 점이 폐곡선의 내부에 있으면, 그 점은 폐곡선에 의해 갇혔**다고 말한다. F 평면에서 관찰하고 있는 특정한 점이 양의 방향 또는 음의 방향으로 한 번 이상 포위되는 경우도 있다. 특히, 만약 점 s_1이 폐곡선 C를 따라 반시계 방향으로 한 바퀴 회전함에 따라 페이져[phasor: 점 A로부터 폐곡선 Γ 위의 이동 점 $F(s_1)$까지 연장된 직선]가 반시계 방향으로 $2\pi m$만큼 회전한다면, 폐곡선 Γ는 점 A를 **양의 방향으로 m번의 포위망**을 형성한다. 따라서, 그림 9.30의 경우를 보면 점 s_1이 폐곡선 C를 따라 반시계 방향으로 한 바퀴 회전함에 따라 점 A는 F 평면 안에서 폐곡선 Γ에 의해 딱 한번 포위되는 반면, 점 B는 F 평면 안에서 폐곡선 Γ에 의해 두 번 포위된 경우로서 모두 시계 방향이다. 따라서, 점 A의 경우 $m = -1$이고 점 B의 경우에는 $m = -2$이다.

▶ **연습문제 9.14** 그림 9.31의 경우들을 생각한다. 그림에서 점 A와 B는 Γ에 의해서 각각 몇 번 포위되어 있는가?

해답: 점 A의 둘러싸인 수는 2, 점 B의 둘러싸인 수는 1이다. ∎

9.14.2 편각의 원리

함수 $F(s)$가 다음 두 조건을 만족시키는 s의 단가(single-valued) 유리 함수라고 가정한다.

1. $F(s)$는 유한 개의 극점을 제외하고 s 평면에서 폐곡선 C의 내부에서 해석적(analytic)이다. 해석 함수일 조건이란 폐곡선 C의 내부에서 유한 개의 극점의 위치를 제외한 모든 점 $s = s_0$와 그 부근에서 함수 $F(s)$가 미분을 가진다는 의미이다.
2. $F(s)$는 폐곡선 C 위에 극점들뿐만 아니라 영점도 갖지 않는다.

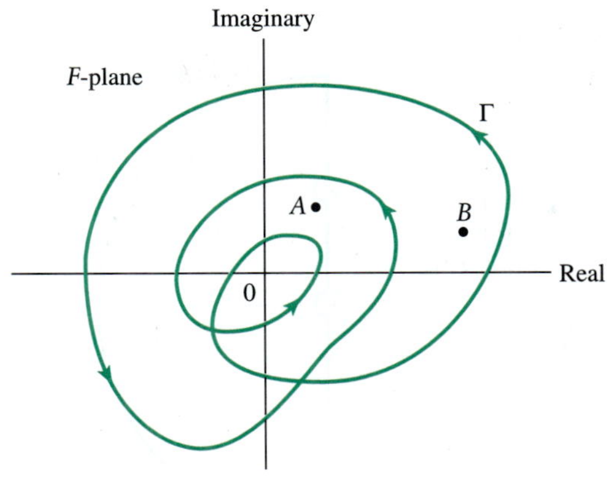

그림 9.31 문제 9.14에 관한 다이어그램

따라서 복소수 변수 이론에 의해 다음과 같이 **편각의 원리**(principle of the argument)를 설명할 수 있다.

$$\frac{1}{2\pi}\arg\{F(s)\}_C = Z - P. \tag{9.72}$$

여기서 편각 $\arg\{F(s)\}_C$는 점 s가 폐곡선 C 위를 반시계 방향으로 한 바퀴 회전할 때 함수 $F(s)$의 편각(각도)에 나타나는 변화량이고, Z와 P는 각각 폐곡선 C의 내부에 존재하는 함수 $F(s)$의 영점과 극점의 수를 나타낸다. 복소 변수 s가 폐곡선 C 위를 한 바퀴 회전했을 때 함수 $F(s)$의 크기의 변화는 0이 되는데, 함수 $F(s)$가 단가 함수이고 C는 폐곡선이기 때문이다. 그러므로 편각 $\arg\{F(s)\}_C$는 s가 폐곡선 C를 한 번 회전했을 때 식 (9.72)의 왼쪽에 있는 $F(s)$의 변화량을 나타내는 유일한 항이다. 이제 변수 s가 폐곡선 C 위에서 반시계 방향으로 한 바퀴 회전할 때 F 평면의 좌표계의 원점이 m번 포위된다고 가정한다. 그러면 다음 식을 얻을 수 있다.

$$\arg\{F(s)\}_C = 2\pi m. \tag{9.73}$$

식 (9.72)를 적용하면 다음과 같이 된다.

$$m = Z - P. \tag{9.74}$$

이전에 언급한 것처럼, m은 양수일 수도 있고 음수일 수도 있다. 그러므로 s가 폐곡선 C 위를 반시계 방향으로 한 바퀴 회전할 때 다음 세 가지 경우들을 구분할 수 있다.

1. $Z > P$인 경우이면, 폐곡선 Γ는 F 평면의 원점을 반시계 방향으로 m번 포위한다.

2. $Z = P$인 경우이면, F 평면의 원점은 폐곡선 Γ에 의해 포위되지 않는다.

3. $Z < P$인 경우이면, 폐곡선 Γ는 F 평면의 원점을 시계 방향으로 m번 포위한다.

9.14.3 나이키스트 폐곡선

이제는 본질적인 문제, 즉 선형 귀환 시스템의 안정성 평가 문제로 돌아갈 준비가 다 된 셈

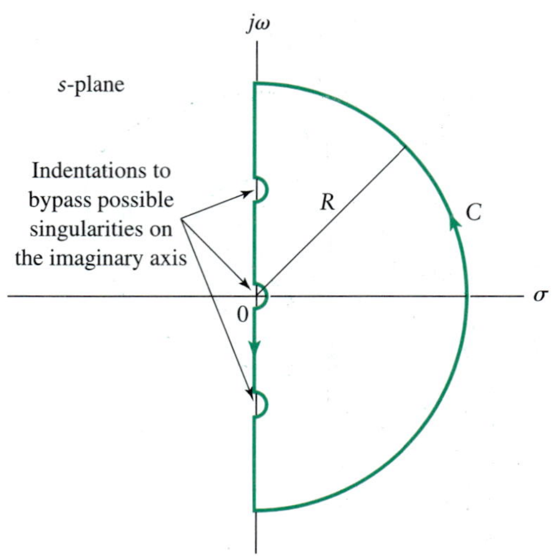

그림 9.32 나이키스트 폐곡선

이다. 식 (9.8)로부터, 선형 귀환 시스템의 특성 방정식은 루프 전달 함수 $L(s) = G(s)H(s)$의 항으로 다음과 같이 정의됨을 알고 있다.

$$1 + L(s) = 0$$

또는

$$F(s) = 0. \tag{9.75}$$

여기서 $F(s)$는 반환차(return difference)이다. 관심을 갖는 함수 $F(s)$에 대해, 나이키스트 안정성 판정 방법은 근본적으로 여기서 설명되는 인수의 원리를 응용하는 것으로서 특성 방정식 (9.75)의 근 중에서 s 평면의 오른쪽 반평면 안에 있는 근의 수를 결정하는 것이다. s 평면에서 이 부분이 우리가 관심을 갖는 영역이며, 그림 9.32와 같은 폐곡선 C를 생각함으로써 안정성 문제를 해결할 수 있게 되는데, 폐곡선 C는 인수 원리의 조건들을 만족시키도록 형성된다.

▶ 반원의 반경은 무한대로 확장되는 R이다. 그러므로 R이 무한대로 증가함에 따라 폐곡선 C는 s 평면의 오른쪽 반평면을 반시계 방향으로 완전히 포위한다.

▶ 허수축을 따라 나타난 작은 반원들은 그 중심에 놓인 $F(s)$의 특이점들(예를 들면, 극점과 영점)을 우회하기 위하여 포함시킨 것이다. 이것은 그 반환차 $F(s)$의 극점 또는 영점들이 폐곡선 C 위에 놓이지 않도록 하기 위한 방법이다.

그림 9.32와 같은 폐곡선 C를 나이키스트 폐곡선 또는 **나이키스트 경로**라고 부른다.

그림 9.32에서 복소 변수 s가 나이키스트 경로 C를 따라 반시계 방향으로 한 바퀴 회전하는 동안, F 평면에서 반환차 $F(s)$가 이동해서 얻어지는 폐곡선을 Γ라고 표시한다. 만약 Z가 s 평면의 오른쪽 반평면 안에 존재하는 $F(s)$의 영점의 수(아직 모름)라고 하면, 식 (9.74)로부

터 다음 관계식을 쉽게 얻는다.

$$Z = m + P. \tag{9.76}$$

여기서 P는 s 평면의 오른쪽 반평면 안에 존재하는 $F(s)$의 극점들의 개수이고, m은 폐곡선 Γ가 F 평면에 원점을 반시계 방향으로 둘러싸는 포위망의 수이다. $F(s)$의 영점들이 시스템의 특성 방정식의 근들과 동일한 것이기 때문에, 다음과 같은 표현으로 나이키스트 안정성 판별법을 정의할 수 있다. **선형 귀환 시스템의 특성 방정식의 근이 s 평면의 오른쪽 반평면 안에 존재하지 않고, 또 $j\omega$축 위에도 존재하지 않으면 그 선형 귀환 시스템은 절대 안정 시스템이다.** 즉,

$$m + P = 0. \tag{9.77}$$

나이키스트 안정도 판정은 여기서 설명한 것처럼 여러 종류의 선형 귀환 시스템들에 대해서도 간략하게 표현될 수 있다. 정의에 따르면 식 (9.8)에 의해, 그 반환차 $F(s)$는 다음과 같이 루프 전달 함수 $L(s)$와 관련된다.

$$F(s) = 1 + L(s). \tag{9.78}$$

그러므로, $F(s)$의 극점들은 $L(s)$의 극점들과 동일하다. 만약 $L(s)$는 s 평면의 오른쪽 반평면 안에 극점들이 없으면(예를 들어, 그 시스템에 귀환이 없어서 안정한 경우이면), $P = 0$이고, 식 (9.77)에서 $m = 0$이다. 즉 다시 말하면, 폐곡선 Γ가 F 평면에서 원점을 포위하지 않으면, 그 귀환 시스템은 절대 안정한 시스템이다.

식 (9.78)로부터, F 평면의 원점은 L 평면의 점 $(-1, 0)$에 대응함을 알 수 있다. $L(s)$가 s 평면의 오른쪽 반평면 안에 극점들을 갖지 않은 경우에 대한 나이키스트 안정성 판별법은 다음과 같이 다시 정의할 수 있다. s 평면에서 복소 변수 s가 나이키스트 경로를 한 바퀴 회전하는 동안 L 평면에서 $L(s)$가 이동하면서 그리는 폐곡선이 점 $(-1, 0)$을 포위하지 않으면, 루프 전달 함수 $L(s)$를 가진 선형 귀환 시스템은 절대 안정한 시스템이다. L 평면의 점 $(-1, 0)$을 귀환 시스템의 **임계점**(critical point)이라고 부른다.

일반적으로, 루프 전달 함수 $L(s)$는 영점보다 더 많은 극점들을 가졌는데, 이것은 s가 무한대에 접근함에 따라 $L(s)$는 0에 접근함을 의미한다. 그러므로 나이키스트 경로의 반경 R이 무한대에 접근할 때, 나이키스트 경로 C 중에서 반원 부분에 대응한 $L(s)$의 궤적은 0에 접근한다. 달리 말하면, $L(s)$의 궤적은 $-\infty < \omega < \infty$(즉, s 평면의 허수축 위의 s의 값)에 대한 $L(j\omega)$의 곡선과 같은 것이다. ω를 변화시키는 동안 $L(j\omega)$의 궤적을 극좌표 형태, 즉 크기를 나타내는 $|L(j\omega)|$와 위상각을 나타내는 $\arg\{L(j\omega)\}$로 표현해 보는 것도 도움이 된다. 그 결과로 L 평면 위에 얻어지는 곡선을 **나이키스트 궤적**(Nyquist locus) 또는 **나이키스트 다이어그램**(Nyquist diagram)이라고 부른다.

나이키스트 궤적 그리기는 다음 두 식의 의미를 파악함으로써 간단히 이루어진다.

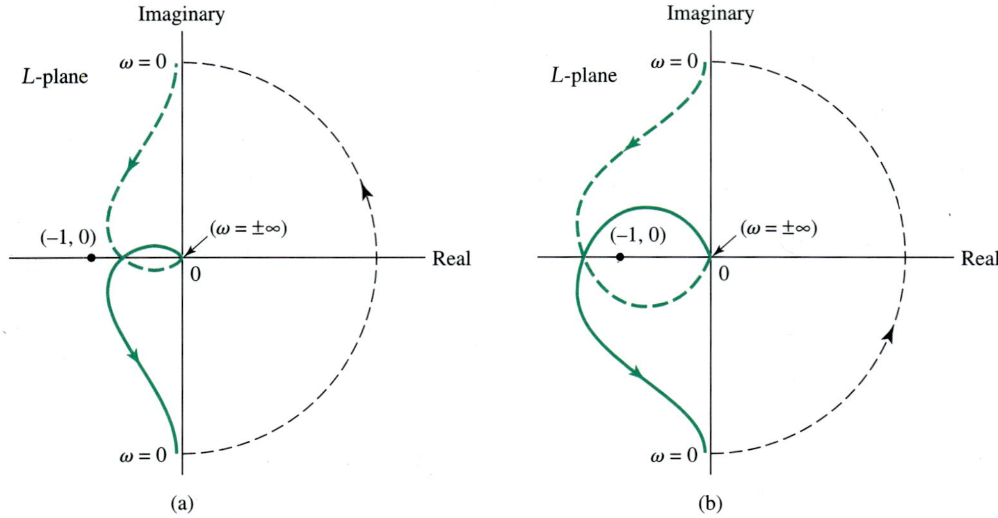

그림 9.33 (a) 안정 시스템과 (b) 불안정 시스템을 표현한 나이키스트 궤적

$$|L(-j\omega)| = |L(j\omega)|$$
$$\arg\{L(-j\omega)\} = -\arg\{L(j\omega)\}.$$

그러므로, 양수인 주파수($0 \leq \omega < \infty$)에 대해서만 나이키스트 궤적을 그린다. 음수의 주파수에 대한 궤적은 L 평면에서 양수인 주파수에 관한 궤적을 실수축에 대한 반전으로 얻는다. 그림 9.33은 루프 전달 함수가 $s = 0$에서 극점을 가진 시스템에 대한 결과이다. 그림 9.33(a)는 안정 시스템에 관한 결과이고, 그림 9.33(b)는 불안정한 시스템으로서 그 특성 방정식이 오른쪽 반평면에 2개의 근들을 가진 시스템에 관한 결과로서 나이키스트 궤적이 반시계 방향으로 임계점 (−1, 0)을 두 번 포위한 것을 나타낸다. 그림 9.33에서 보면, 두 경우의 나이키스트 궤적들은 $\omega = \infty$에서 출발하고 $\omega = 0$에서 끝난다. 이것은 그림 9.32에서 나이키스트 궤적이 반시계 방향으로 이동되는 사실과 일치된다.

예제 9.10 **선형 귀환 증폭기.** 나이키스트 안정도 판정법을 사용하여, 예제 9.8에 있는 3단 트랜지스터 귀환 증폭기의 안정성을 조사하라. $L(s)$에 $s = j\omega$를 대입하면, 다음 루프 주파수 응답을 얻을 수 있다.

$$L(j\omega) = \frac{6K}{(j\omega + 1)(j\omega + 2)(j\omega + 3)}.$$

$K = 6$일 때 증폭기가 안정함을 보여라.

▶ 풀이: $L(j\omega)$의 크기와 위상각은 ($K = 6$일 때) 각각

$$|L(j\omega)| = \frac{36}{(\omega^2 + 1)^{1/2}(\omega^2 + 4)^{1/2}(\omega^2 + 9)^{1/2}}$$

$$\arg\{L(j\omega)\} = -\tan^{-1}(\omega) - \tan^{-1}\left(\frac{\omega}{2}\right) - \tan^{-1}\left(\frac{\omega}{3}\right).$$

그림 9.34는 예제 9.10에 대한 결과로서 나이키스트 궤적은 임계점 $(-1, 0)$을 포위하지 않았다. 그러므로 증폭기는 안정하다. ▮

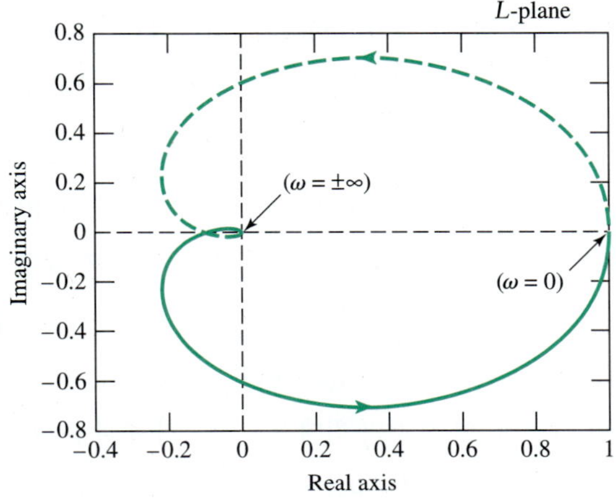

그림 9.34 3단 귀환 증폭기를 위한 나이키스트 궤적. 이 시스템의 루프 주파수 응답은 다음과 같다.

$$L(j\omega) = \frac{6K}{(j\omega + 1)(j\omega + 2)(j\omega + 3)}, \qquad K = 6.$$

▶ **연습문제 9.15** 귀환 증폭기의 루프 주파수 응답이 다음과 같다.

$$L(j\omega) = \frac{K}{(1 + j\omega)^3}.$$

나이키스트 안정도 판정을 사용해서, $K = 8$이면 이 증폭기가 불안정하게 되는 경계선 위에 있음을 보여라. ▮

9.15 보드 다이어그램

선형 귀환 시스템의 안정성을 살펴보는 또 다른 방법은 6장에서 설명한 **보드 다이어그램**(Bode diagram)을 그려보는 방법이다. 주어진 문제에서는 $s = j\omega$를 대입해서 시스템의 루프 전달 함수 $L(s)$를 두 개로 구분된 그래프의 형태로 그려보는 방법이다. 두 그래프 중에서 한 그래프는 크기를 데시벨로 표현하는 그래프로서, 수평축은 ω의 대수값 눈금으로 하고 수직축은 $L(j\omega)$의 크기를 데시벨 눈금으로 하는 좌표면 위에 $L(j\omega)$의 크기의 변화를 나타낸 것이다. 다른 그래프는 위상 각의 변화를 나타내는 그래프로서, 수평축은 크기 그래프와 동일하고 수직축은 도(°) 또는 라디안을 눈금의 단위로 하는 좌표면 위에 $L(j\omega)$의 위상각의 변화를 나타낸 것이다.

이 방법은 두 가지의 유용한 특징을 갖는다.

1. 서로 다른 주파수들에 대한 계산들이 상대적으로 쉽고 빠르게 수행된다는 점이며, 따라서 보드 다이어그램이 유용한 설계 도구로 이용될 수 있게 한다.
2. 보드 다이어그램으로부터 배운 개념들을 이용함으로써 시스템 주파수 응답 $L(j\omega)$에 나타나는 극점-영점 배치의 영향에 관한 공학적인 직관력을 얻는 데 큰 도움이 된다.

보드 다이어그램의 장점은 크기 곡선, 즉 $|L(j\omega)|_{dB}$의 그래프는 직선 세그먼트들에 의해서 쉽게 근사적으로 계산된다는 점이다. 6.13절에서 설명한 것과 같이 근사화 방법의 특징은 문제의 극점/영점의 차수가 1차인가 또는 2차인가에 따라 달라진다. 각각의 경우를 보면 다음과 같다.

- 이득 $|L(j\omega)|_{dB}$에 대한 1차 인수$(1 + s/\sigma_0)$의 효과는 간단하게 0-dB과 일치되는 낮은 주파수 범위에 대한 점근선과 기울기가 −20 dB/decade인 직선에 해당되는 높은 주파수에 대한점근선에 의해서 근사화된다. 이 두 근사 직선들이 서로 만나는 주파수 $\omega = \sigma_0$를 보드 다이어그램의 **모서리 주파수**(corner frequency)라고 부른다. 근사 오차는 실제 진폭 특성과 근사 함수 사이의 차인데, 이 오차의 최대값은 모서리 주파수 $\omega = \sigma_0$에서 3 dB이다.
- 이득 $|L(j\omega)|_{dB}$에 대한 2차 $1 + 2\zeta(s/\omega_n) + (s/\omega_n)^2$ 인자의 효과는 한쌍의 켤레 복소 극점들과 댐핑률 $\zeta < 1$로 이루워진 한쌍의 선분들이다. 한 선분은 0-dB의 선분이고, 다른 하나는 기울기가 −40 dB/decade인 선분으로 표현된다. 이 두 점근선들은 자연 주파수 $\omega = \omega_n$에서 서로 만난다. 그러나, 1차 극점 인자의 경우와 달리, 2차 극점 인자 $Q(j\omega)$의 실제 진폭은 근사 점근선과 큰 차이를 나타낼 수 있는데, 그 차이는 댐핑률 ζ가 1에 비해서 얼마나 작은가에 따라 달라진다. 근사 오차는 $\zeta = 0.5$이면 0이고, $\zeta < 0.5$이면 양수이며, $\zeta > 0.5$이면 음수이다.

다음 예제에서는 3차 루프 전달 함수에 대한 보드 다이어그램을 그리는 방법을 설명한다.

예제 9.11 **선형 귀환 증폭기(계속).** 3단 귀환 증폭기의 루프 주파수 응답이 다음과 같다.

$$L(j\omega) = \frac{6K}{(j\omega + 1)(j\omega + 2)(j\omega + 3)} = \frac{K}{(1 + j\omega)(1 + j\omega/2)(1 + j\omega/3)}.$$

$K = 6$에 대한 보드 다이어그램을 그려라.

풀이: $K = 6$이므로 $L(j\omega)$의 두 번째 식의 분자는 상수 6이다. 데시벨로 표시하면 이 분자는 다음 식과 같은 상수 이득으로 표현된다.

$$20 \log_{10} 6 = 15.56 \text{ dB}.$$

분모는 각각 1, 2 및 3 rad/s에 모서리 주파수를 갖는 세 개의 1차 극점 인자들로 이루어져 있다. 이제 분자와 분모를 결합하면, 그림 9.35와 같이 선분들을 이용하여 $L(j\omega)$의 이득 성분에 대한 그래프

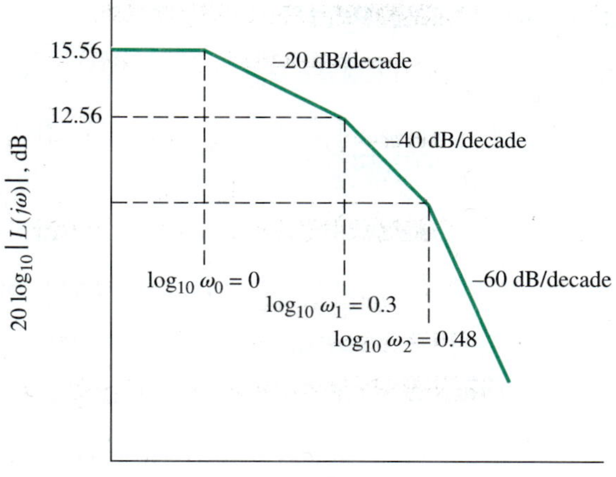

그림 9.35 개방 루프 응답 $L(j\omega)$에 대한 보드 다이어그램의 이득 성분 직선 근사. 여기서

$$K = 6\text{에 대한 } L(j\omega) = \frac{6K}{(j\omega + 1)(j\omega + 2)(j\omega + 3)}.$$

를 근사적으로 얻을 수 있다.

그림 9.36(a)와 (b)는 각각 $L(j\omega)$의 이득과 위상 성분에 대한 정확한 값을 나타낸 것이다(그림에 들어있는 새로운 용어는 다음 소절에서 설명한다). ∎

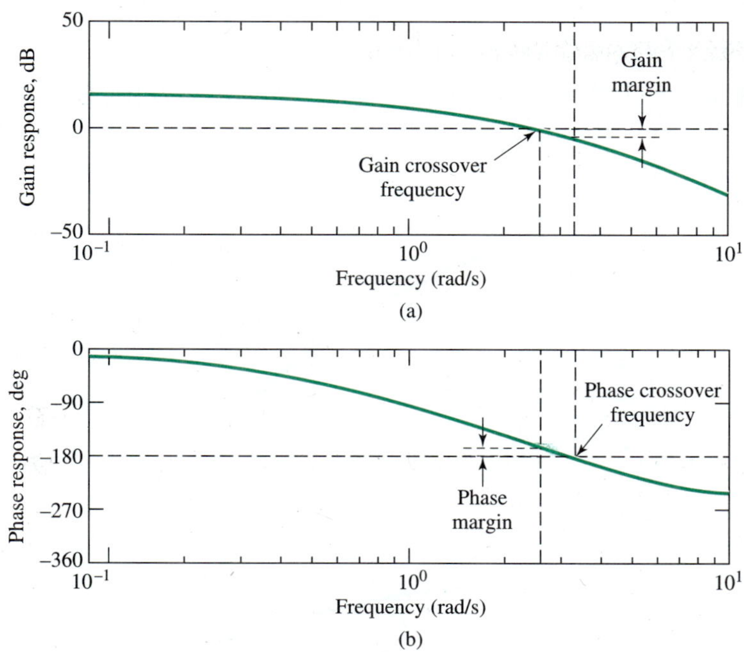

그림 9.36 개방 루프 응답 $L(j\omega)$에 대한 (a) 정확한 이득 응답 곡선 및 (b) 위상 응답 곡선. 여기서

$$K = 6\text{에 대한 } L(j\omega) = \frac{6K}{(j\omega + 1)(j\omega + 2)(j\omega + 3)}.$$

9.15.1 귀환 시스템의 상대적 안정도

이제는 보드 다이어그램을 그리는 데 익숙해졌으므로, 보드 다이어그램을 이용하여 안정성 문제를 살펴본다. 귀환 시스템의 상대 안정도는 $s = j\omega$일 때 시스템의 루프 전달 함수 $L(s)$의 그래프가 임계점 $L(s) = -1$에 얼마나 접근하는가에 따라 결정된다. $20\log_{10}|L(j\omega)|$로 표현되는 크기 그래프와 $\arg\{L(j\omega)\}$로 표현되는 위상각 그래프로 이루어지는 보드 다이어그램을 이용하면, 일반적으로 사용되는 상대 안정도의 측정 방법에는 두 가지 방법이 있다. 그림 9.37은 이들을 나타낸 것이다.

첫째, 데시벨로 표시된 **이득 여유**(gain margin)이다. 안정된 귀환 시스템에서 $20\log_{10}|L(j\omega)|$를 변화시켜서 시스템이 불안정한 경계에 이르게 되었을 때, 그 때까지의 변화량을 그 시스템의 이득 여유로 정의한다. 루프 주파수 응답 $L(j\omega)$의 위상각이 $-180°$일 때, 그 시스템의 크기가 $|L(j\omega)| = 1/K_m$이고, $K_m > 1$이라고 가정한다. 그림 9.37(a)에 나타낸 것과 같이, 시스템의 이득 여유는 $20\log_{10}K_m$이다. 또한 $\arg\{L(j\omega)\} = -180°$인 주파수 ω_p를 **위상 교차점 주파수**(phase crossover frequency)라고 부른다.

둘째, 상대 안정성의 다른 측정법은 단위를 도(°)로 표시한 **위상 여유**(phase margin)이다. 안정한 귀환 시스템에서, 위상각을 변화시켜서 그래프 $\arg\{L(j\omega)\}$가 임계점 $L(j\omega) = -1$을 통과했을 때, 그 때까지 변화된 위상각의 최소 변화량의 절대값을 위상 여유로 정의한다. 크기가 $|L(j\omega)| = 1$일 때 위상각이 $\arg\{L(j\omega)\} = -180° + \phi_m$라고 가정한다. 각도 ϕ_m을 그림 9.37(b)에 표시된 것과 같이 시스템의 위상 여유라고 부른다. 이때 $|L(j\omega)| = 1$인 점의 주파수 ω_g를 이득 **교차점 주파수**(gain crossover frequency)라고 부른다.

이 정의들에 따르면, 귀환 시스템의 안정성에 관해 다음과 같은 사실들을 알 수 있다.

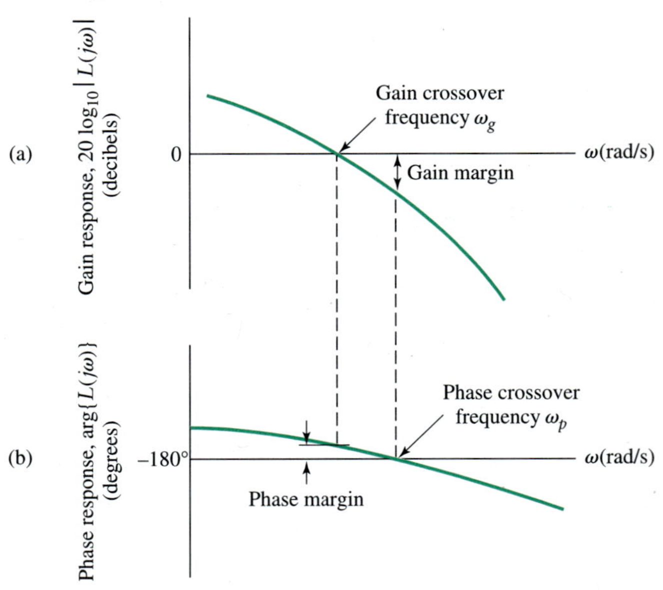

그림 9.37 (a) 이득 여유와 이득 교차점 주파수, (b) 위상 여유와 위상 교차점 주파수에 대한 정의들의 도해

1. 안정한 귀환 시스템에서 이득 여유와 위상 여유는 모두 양수이다. 함축적으로, 위상 교차점 주파수 ω_p는 이득 교차점 주파수 ω_g보다 더 크다.

2. 만일 그 이득 여유나 위상 여유 중 한 개라도 음수이면 그 시스템은 불안정하다.

예제 9.12 **선형 귀환 증폭기(계속).** 예제 9.11에서, $K = 6$일 때 루프 주파수 응답에 대한 이득 여유와 위상 여유를 계산하라.

풀이: 그림 9.36에 이득 및 위상 교차점 주파수들의 위치가 표시되어 있다.

$$\omega_p = \text{위상 교차점 주파수} = 3.317 \text{ rad/s}$$
$$\omega_g = \text{이득 교차점 주파수} = 2.59 \text{ rad/s}.$$

여기서 $\omega_p > \omega_g$이므로, 예제 9.10과 9.11의 루프 주파수 응답 $L(j\omega)$로 표현되는 3단 귀환 증폭기는 $K = 6$인 경우 안정한 시스템이다.

$\omega = \omega_p$이면, 정의에 의해 $\arg\{L(j\omega_p)\} = -180°$가 성립한다. 그림 9.36(a)에 따르면, 이 주파수에서

$$20\log_{10}|L(j\omega_p)| = -4.437 \text{ dB}$$

이므로, 이득 여유는 4.437 dB이다.

$\omega = \omega_g$이면, 정의에 의해 $|L(j\omega_p)| = 1$이 성립한다. 그림 9.36(b)에 따르면, 이 주파수에서

$$\arg\{L(j\omega_p)\} = -162.01°$$

이므로, 위상 여유는

$$180 - 162.01 = 17.99°.$$

이 안정성 여유값들은 그림 9.36의 보드 다이어그램에 표시되어 있다. ▮

9.15.2 보드 다이어그램과 나이키스트 다이어그램에 의한 판정의 관계

이 절에서 논의된 보드 다이어그램과 앞 절에서 논의된 나이키스트 다이어그램은 주파수 영역상의 방법들로서 선형 귀환 시스템의 안정도 성능에 대해서 서로 다른 관점을 가진 방법이다. 보드 다이어그램은 두 개의 그래프로 이루어지는데, 한 개는 이득 응답을 표시하는 크기 그래프이고, 다른 또 한 개는 위상 응답을 표시하는 위상 그래프이다. 반면에, 나이키스트 다이어그램은 한 개의 극좌표 평면 위에서 진폭 응답과 위상 응답이 결합되어 표시된 것이다.

보드 다이어그램은 시스템의 주파수 응답을 보여주는 예이다. 보드 선도는 선분을 사용함으로써 쉽게 그릴 수 있는 근사법이며, 시스템의 절대적 안정도와 상대적 안정도를 가늠해 볼 수 있는 쉬운 방법을 제공한다. 따라서, 주파수 영역에서 귀환 시스템을 설계할 때 보드 다이어그램을 사용하면 더 많은 정보를 얻을 수 있다.

나이키스트 판정법은 다음의 두 가지 이유 때문에 매우 중요하다.

1. 이 방법은 루프 주파수 응답을 사용해서 폐루프 시스템의 안정도를 얻을 수 있는 이론적

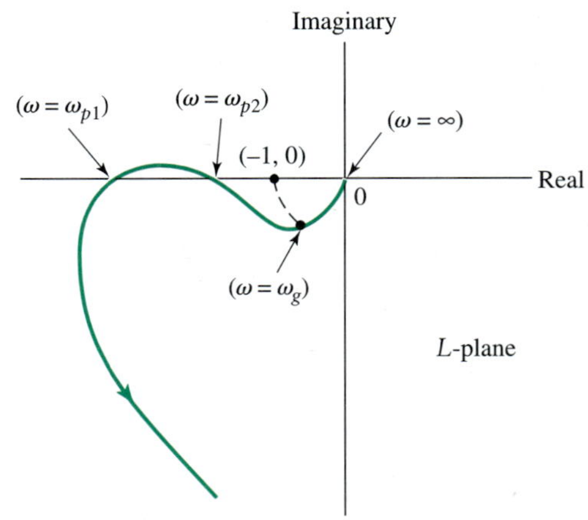

그림 9.38 조건부 안정에 관한 개념을 설명하는 나이키스트 다이어그램

근거를 제공한다.

2. 시스템에 관한 실험 데이터로부터 안정도를 평가할 때 사용될 수 있다.

나이키스트 판정법을 함께 사용하지 않는다면 안정도의 판정이 오인될 수도 있다는 관점에서 보면, 나이키스트 판정법은 안정도를 테스트 하는 데 있어서 매우 중요하다. 특히, 시스템의 루프 이득이 변화함에 따라 안정 영역과 불안정 영역을 오가는 경우와 같이 조건부 안정성의 시스템에서는 나이키스트 판정법이 더욱 중요하게 된다. 그림 9.38은 이러한 경우의 예인데, 위상 교차 주파수가 두 개로서 ω_{p1}과 ω_{p2}로 표시되어 있다. $\omega_{p1} \leq \omega \leq \omega_{p2}$이면, 진폭 응답 $|L(j\omega)|$는 1보다 큰 값이다. 더구나, 이득 교차 주파수 ω_g는 ω_{p1}이나 ω_{p2}보다 큰 값이다. 이와 같은 피상적인 관찰만으로는, 그림 9.38에 나타낸 폐루프 귀환 시스템이 불안정이라는 결론에 도달할 수도 있다. 하지만 실제로는 그림에 나타낸 나이키스트 궤적이 점 (−1, 0)을 포위하지 않았으므로 이 시스템은 안정하다.

그림 9.38과 비슷한 형태의 나이키스트 궤적을 갖는 폐루프 시스템은 루프 이득이 감소되거나 증가됨에 따라 시스템이 불안정하게 될 수 있다는 이유 때문에 **조건부 안정**이라고 일컬어진다.

▶ **연습문제 9.16** 그림 9.38에 있는 나이키스트 궤적이 임계점 (−1, 0)을 에워싸고 있지 않음을 보여라. ▮

9.16 샘플 데이터 시스템

지금까지 귀환 제어 시스템들을 다룰 때, 모든 시스템이 연속시간의 개념에 따라 동작하는 것으로 가정하였다. 그러나 제어 이론의 여러 응용 분야에서는 디지털 컴퓨터가 제어 시스템의 한 부분으로 포함되어 있다. 동적 시스템의 디지털 제어에 대한 예로서는 항공기의 자동항법 시스템, 운송 수단인 대부분의 자동차, 정유 공장, 제지 기계 등이 있으며, 이 외에도 여러 종류가 있다. 제어 분야에 디지털 컴퓨터를 도입함으로써 얻을 수 있는 가장 큰 이점으로는 제어 프로그램과 **의사 결정**을 **유동적**으로 할 수 있다는 것이다.

연속시간 시스템의 제어에서 디지털 컴퓨터를 이용할 때에는 샘플링과 양자화라는 두 가지 과정이 뒤따른다. 디지털 계산기가 이산시간 신호만을 다룰 수 있다는 사실 때문에 샘플링은 반드시 필요한 과정이다. 샘플링은 위치나 속도와 같은 물리적인 신호들로부터 샘플값을 얻기 위하여 행해지고, 이 샘플값들은 컴퓨터에 입력되어 적합한 제어 동작을 계산하기 위하여 사용된다. 양자화(quantization)는 디지털 컴퓨터가 유한 연산(finite arithmetic)으로 작동하기 때문에 일어나는 문제이다. 컴퓨터는 숫자로 계산하고 저장하므로 그에 따라 출력되는 결과도 유한 정확도(finite accuracy)를 갖는다. 다시 말하면, 양자화 과정은 컴퓨터에 의해서 수행된 계산 결과에 반올림 오차(round off error)를 발생시킨다. 이 절에서는 귀환 제어 시스템에 나타나는 샘플링에 의한 영향헤 대해서만 살펴보도록 하겠다.

디지털 계산기를 사용한 귀환 제어 시스템들은 연속시간 신호들을 이용한 부분과 이산시간 신호를 이용한 부분이 혼용되고 있다는 점에서 **"하이브리드(Hybrid) 시스템"**이라고 부른다. 이러한 시스템의 해석은 하이브리드 특성 때문에 순수 연속시간 시스템이나 순수 이산시간 시스템보다 더 복잡하게 되는데, 시스템을 분석할 때 연속시간 시스템의 해석 방법과 이산시간 시스템의 해석 방법을 모두 결합해서 사용해야 하기 때문이다.

9.16.1 시스템의 유형

예로서 그림 9.39의 시스템을 생각한다. 이 시스템에서는 디지털 컴퓨터(제어기)가 제어 작용을 수행한다. 시스템 전반부에 있는 아날로그-디지털(A/D) 변환기는 연속시간 오차 신호에 작용하여 이를 컴퓨터 안에서 처리될 수 있도록 이산 수열로 변환시킨다. 컴퓨터에 의해서 계산된 제어 동작에 따라 두 번째 수열이 형성된다. 그 두 번째 수열들은 디지털-아날로그(D/A) 변환기에 의해 연속시간 신호로 변환된 다음 플랜트에 인가된다.

시스템을 분석하기 위해, 그림 9.39에 있는 샘플 데이터 시스템의 다양한 구성 요소들은 다음과 같이 모델링된다.

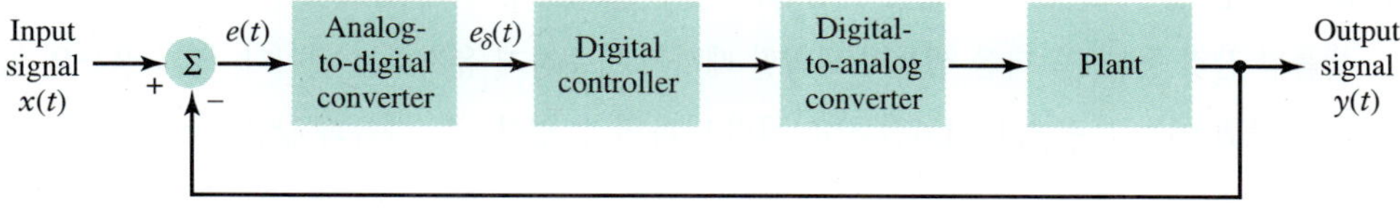

그림 9.39 이산시간 부분과 연속시간 부분을 모두 가지고 있는 샘플 데이터 귀환 제어 시스템의 블록 다이어그램

1. A/D **변환기**. 이 부분은 임펄스 샘플러(impulse sampler)로 간단히 표현된다. $e(t)$를 시스템 입력 $x(t)$와 시스템 출력 $y(t)$ 사이의 차로 정의된 **오차 신호**라 한다. $e[n] = e(nT_s)$가 $e(t)$의 샘플이고, T_s는 샘플링 주기를 표시한다. 4장의 내용에 따라 이산시간 신호 $e[n]$을 연속시간 신호로 변환하면 다음과 같이 표현될 수 있다.

$$e_\delta(t) = \sum_{n=-\infty}^{\infty} e[n]\delta(t - nT_s). \tag{9.79}$$

2. 디지털 제어기. 제어를 수행하는 컴퓨터 프로그램은 차분 방정식으로 나타낼 수 있고, 입-출력 특성은 z 변환 함수 $D(z)$ 또는 등가적으로 임펄스 응답 $d[n]$에 의해 표현된다.

$$D(z) = \sum_{n=-\infty}^{\infty} d[n]z^{-n}. \tag{9.80}$$

다른 방법으로서는, 연속시간 전달 함수 $D_\delta(s)$를 사용하여 컴퓨터 프로그램을 표현할 수 있다. 이때 s는 라플라스 변환에서 사용되는 복소 주파수이다. 이것은 신호 $d[n]$을 다음 식과 같이 연속시간 표현으로 나타낼 수 있기 때문이다.

$$d_\delta(t) = \sum_{n=-\infty}^{\infty} d[n]\delta(t - nT_s).$$

$d_\delta(t)$에 라플라스 변환을 적용하면 다음 식을 얻는다.

$$D_\delta(s) = \sum_{n=-\infty}^{\infty} d[n]e^{-nsT_s}. \tag{9.81}$$

식 (9.80)과 (9.81)로부터, 주어진 전달 함수 $D_\delta(s)$에 $z = e^{sT_s}$로 대체하면, 다음과 같이 z 변환 함수인 $D(z)$를 구할 수 있다.

$$\boxed{D(z) = D_\delta(s)\big|_{e^{sT_s}=z}.} \tag{9.82}$$

반대로, $D(z)$가 주어졌을 경우 다음과 같이 $D_\delta(s)$를 얻을 수 있다.

$$\boxed{D_\delta(s) = D(z)\big|_{z=e^{sT_s}}.} \tag{9.83}$$

$D(z)$의 역 z 변환은 수열이며, 개개의 값들은 임펄스 응답 $d[n]$과 같은 수열인 반면, $D_\delta(s)$의 역라플라스 변환은 임펄스로 이루어지는 수열이고, 각 임펄스의 세기가 임펄스 응답 $d[n]$과 같은 수열이다. 여기서 $D_\delta(s)$는 s에 따라 $2\pi/T_s$의 주기를 갖는 주기 신호이다.

3. D/A **변환기**. 이 변환기의 일반적 형태는 영차 홀드로서, 현재 입력되어 있는 샘플의 진폭을 샘플링 간격 동안, 즉 다음 샘플이 도착할 때까지 단순하게 유지하는 것이다. 영차 홀드의 임펄스 응답 $h_o(t)$는 그림 9.40(4.6절 참조)처럼 나타낼 수 있다. 즉, 다음과 같은 식으로 표현된다.

$$h_o(t) = \begin{cases} 1, & 0 < t < T_s \\ 0, & \text{그 밖의 범위.} \end{cases}$$

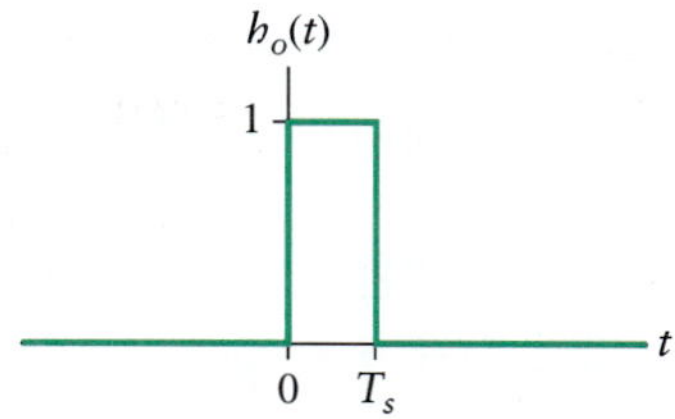

그림 9.40 영차 홀드의 임펄스 응답

따라서 영차 홀드의 전달 함수는 다음과 같다.

$$H_o(s) = \int_0^{T_s} e^{-st}\,dt = \frac{1 - e^{-sT_s}}{s}. \tag{9.84}$$

4. 플랜트. 플랜트는 영차 홀드 소자에 의해 공급되는 연속시간 제어 신호에 따라 동작해서 전체 시스템 출력을 생성한다. 플랜트는 일반적으로 전달 함수 $G(s)$로 표시된다.

이 표시 방법에 따르면, 그림 9.39의 디지털 제어 시스템은 그림 9.41과 같은 모델로 표현할 수 있다.

9.16.2 샘플 데이터 신호의 라플라스 변환 특성

그림 9.41의 모델로 표현된 샘플 데이터 시스템의 폐루프 전달 함수를 구하기 위해, 먼저 샘플 데이터 신호를 라플라스 변환할 때 나타나는 몇 가지 성질을 알아본다. 여기서 신호 $a_\delta(t)$는 연속시간 신호 $a(t)$를 임펄스 열로 변환한 샘플 데이터 신호를 표시한 기호인데, 다음과 같이 표현할 수 있다.

$$a_\delta(t) = \sum_{n=-\infty}^{\infty} a(nT_s)\delta(t - nT_s).$$

$a_\delta(t)$의 라플라스 변환은 $A_\delta(s)$로 표현한다. [제어 분야에 있어서, $a^*(t)$와 $A^*(s)$는 각각 $a(t)$에 대응하는 샘플 데이터와 그의 라플라스 변환을 표시하기 위하여 가끔 사용된다. $A^*(s)$를 **스타 변환**(starred transform)이라고 부른다. 이 책에서 별표는 켤레 복소수를 표시하는 데 사용되기 때

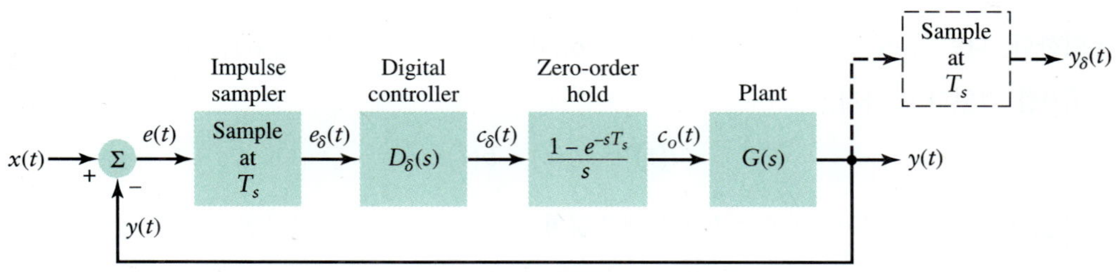

그림 9.41 그림 9.39의 샘플 데이터 귀환 제어 시스템의 모델

문에, 이 기호를 사용하지 않고 아래 첨자 δ로 표시하겠다] 라플라스 변환된 함수 $A_\delta(s)$는 4장의 임펄스 샘플링 이론으로부터 유도되었던 결과에 따라 2가지 중요한 특성을 가지고 있다.

1. 샘플 데이터 신호 $a_\delta(t)$의 라플라스 변환 $A_\delta(s)$는 복소수 s에 따라 주기 $j\omega_s$를 갖는 주기 신호이다. 여기서 $\omega_s = 2\pi/T_s$이고 T_s는 샘플링 주기이다. 이러한 특성은 식 (4.32)로부터 직접 유도된다. 특히, 식에서 $j\omega = s$를 대입하면 다음과 같다.

$$A_\delta(s) = \frac{1}{T_s}\sum_{k=-\infty}^{\infty} A(s - jk\omega_s). \tag{9.85}$$

이 식으로부터 다음 식을 쉽게 얻는다.

$$A_\delta(s) = A_\delta(s + j\omega_s). \tag{9.86}$$

2. 만약 연속시간 신호 $a(t)$의 라플라스 변환 $A(s)$가 $s = s_1$에서 극점을 가졌다면, 샘플 데이터 신호 $a_\delta(t)$의 라플라스 변환 $A_\delta(s)$는 $s = s_1 + jm\omega_s$에서 극점들을 갖는다. 여기서 $m = 0, \pm1, \pm2, \ldots$이다. 이러한 특성은 식 (9.85)를 전개된 형태로 다시 표현함으로써 쉽게 알 수 있다. 식 (9.85)를 전개하여 다시 표현하면 다음과 같다.

$$A_\delta(s) = \frac{1}{T_s}[A(s) + A(s + j\omega_s) + A(s - j\omega_s) + A(s + j2\omega_s) + A(s - j2\omega_s) + \cdots].$$

여기서 만약 $A(s)$가 $s = s_1$에서 극점을 가졌다면, $A(s - jm\omega_s)$의 각 항은 $s = s_1 + jm\omega_s$인 점에 한 개의 극점을 갖는다. 이 관계는 다음 식으로 확인된다.

$$A(s - jm\omega_s)|_{s=s_1+jm\omega_s} = A(s_1), \qquad m = 0, \pm1, \pm2, \ldots.$$

그림 9.42는 $A_\delta(s)$에 관한 특성 2를 나타낸 것이다.

식 (9.85)를 보면, $A_\delta(s - jm\omega_s)$인 형태의 항들을 포함하는 합산 때문에, $A(s)$의 극점과 영점들은 모두 $A_\delta(s)$의 영점에 영향을 나타낸다. 따라서, $A_\delta(s)$의 영점에 관해서는 특성 2와 동등한 설명이 적용될 수 없다. 그럼에도 불구하고, $A_\delta(s)$의 영점들은 그림 9.42와 같이 주기 $j\omega_s$를 주기로 하는 주기성을 나타낸다고 말할 수 있다.

이제까지는 이산시간 신호에 대해서만 논의했다. 그러나, 샘플 데이터 시스템은 연속시간 신호와 이산시간 신호를 모두 혼합하여 가지고 있다. 지금부터 이러한 경우에 대한 문제들을 논의한다. 다음의 식과 같이, 연속시간 신호 $b(t)$와 샘플 데이터 신호 $a_\delta(t)$를 콘볼루션하여 신호 $l(t)$를 얻었다고 하자.

$$l(t) = a_\delta(t) * b(t).$$

이제 $a_\delta(t)$와 같은 속도로 비율로 $l(t)$를 샘플링한다. 이를 식으로 표현하면 다음과 같다.

$$l_\delta(t) = [a_\delta(t) * b(t)]_\delta.$$

이 관계식을 복소수 변수 s 영역으로 나타내면, 다음과 같이 표현된다.

$$L_\delta(s) = [A_\delta(s)B(s)]_\delta.$$

여기서 $a_\delta(t) \overset{\mathcal{L}}{\longleftrightarrow} A_\delta(s)$, $b(t) \overset{\mathcal{L}}{\longleftrightarrow} B(s)$, $l_\delta(t) \overset{\mathcal{L}}{\longleftrightarrow} L_\delta(s)$이다. 이 식에 식 (9.85)를 적용하면 다음 식을 얻는다.

$$L_\delta(s) = \frac{1}{T_s}\sum_{k=-\infty}^{\infty} A_\delta(s - jk\omega_s)B(s - jk\omega_s). \tag{9.87}$$

여기서, 앞에서와 같이 $\omega_s = 2\pi/T_s$이다. 그러나, 정의에 의해 라플라스 변환 $A_\delta(s)$는 s에 따라 주기가 $j\omega_s$인 주기 함수이다. 따라서 다음과 같은 식이 성립한다.

$$A_\delta(s - jk\omega_s) = A_\delta(s) \quad \text{for } k = 0, \pm1, \pm2, \ldots.$$

결국, 식 (9.87)은 다음의 식으로 단순화할 수 있다.

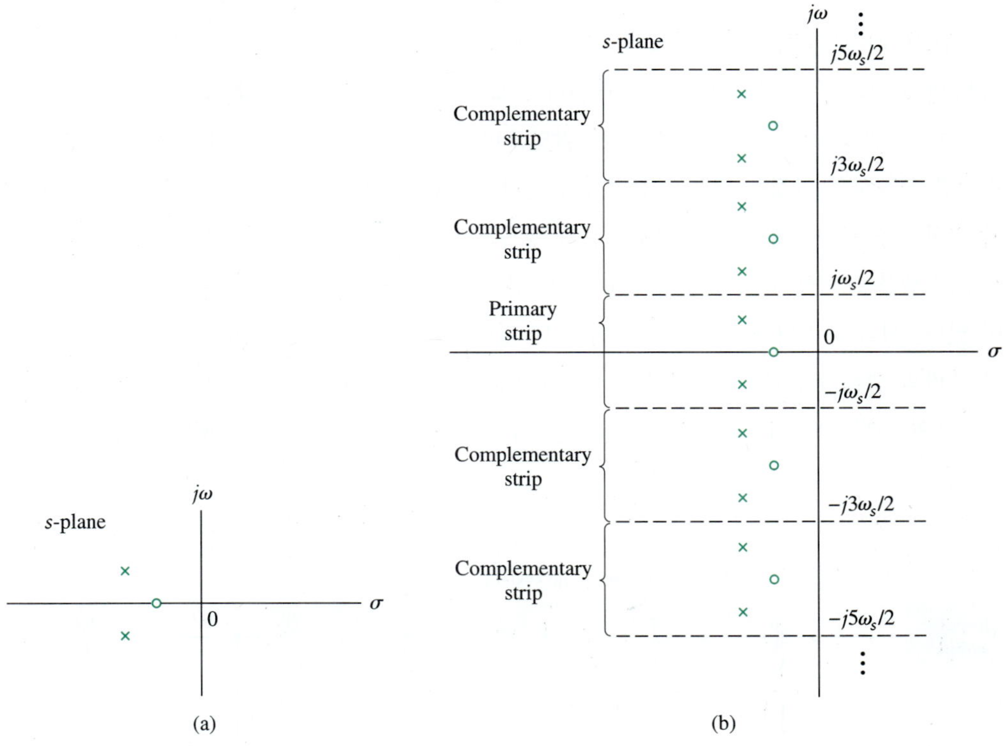

그림 9.42 샘플 데이터 신호의 라플라스 변환 특성 2의 도해. (a) $A(s)$의 극점-영점도, (b) $A_\delta(s)$의 극점-영점도

$$A_\delta(s) = \frac{1}{T_s}\sum_{k=-\infty}^{\infty} A(s - jk\omega_s).$$

여기서 ω_s는 샘플링 주파수이다.

$$\begin{aligned} L_\delta(s) &= A_\delta(s) \cdot \frac{1}{T_s} \sum_{k=-\infty}^{\infty} B(s - jk\omega_s) \\ &= A_\delta(s) B_\delta(s). \end{aligned} \tag{9.88}$$

여기서, $b_\delta(t) \overset{\mathcal{L}}{\longleftrightarrow} B_\delta(s)$이고, $b_\delta(t)$는 $b(t)$로부터 얻은 샘플 데이터 신호로서 다음과 같이 표현된다.

$$B_\delta(s) = \frac{1}{T_s} \sum_{k=-\infty}^{\infty} B(s - jk\omega_s).$$

식 (9.88)에 의해, 임펄스 샘플링의 또 하나의 특성을 설명할 수 있다. 만약 $1/T_s$의 속도로 샘플링될 신호의 라플라스 변환이, s 평면에서 $j\omega_s = j2\pi/T_s$의 주기를 가진 라플라스 변환 함수와 그렇지 않은 라플라스 변환 함수의 곱으로 표현된다면, 그 주기적인 라플라스 변환 함수는 결과식에서 인수로 나타난다.

9.16.3 폐루프 전달 함수

그림 9.39의 샘플 데이터 시스템의 폐루프 전달 함수를 결정하는 문제로 돌아가면, 그림 9.41의 모델의 각 블록은 샘플러를 제외하면 모두 자기 자신의 전달 함수로 설명된다. 하지만 불행히도, 샘플러는 전달 함수를 갖지 않았으며, 따라서 샘플 데이터 시스템의 폐루프 전달 함수를 결정하는 과정을 더욱 복잡하게 만든다. 이러한 문제에 접근하기 위해, 샘플링 연산자와 합산기를 교환하여, 그림 9.43의 등가 형식으로 그림 9.41의 모델을 다시 배치한다. 여기서 시스템을 분석하기 위하여 입력된 신호들은 각각에 대응하는 라플라스 변환 함수로 표현되어 있다. 샘플 데이터 시스템을 분석하는 데 있어서 일반적인 접근 방법은 입력의 샘플 $X_\delta(s)$와 출력의 샘플 $Y_\delta(s)$를 연관시키는 것이다. 즉, 그림 9.43에 점선으로 그어진 블록에 포함된 폐루프의 전달 함수 $T_\delta(s)$를 해석하는 것이다. 이러한 접근 방법은 $t = mT$인 샘플링 시각의

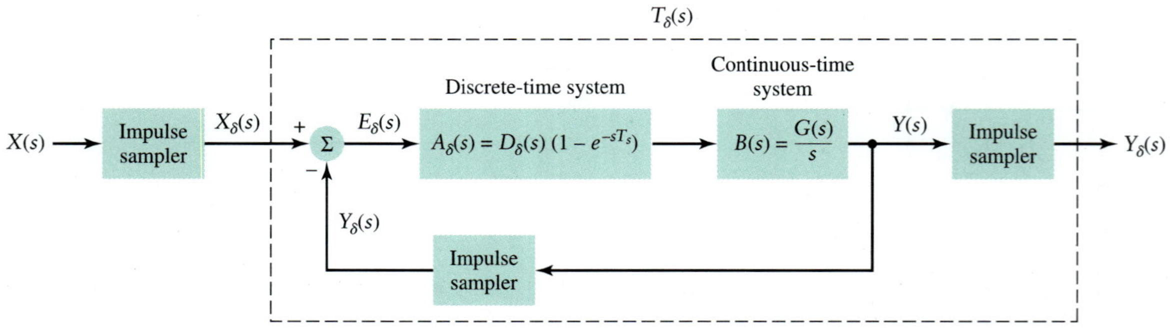

그림 9.43 그림 9.41의 모델을 재배치한 샘플 데이터 시스템의 블록 다이어그램. $X(s)$는 입력 $x(t)$에 대한 라플라스 변환이고, $Y_\delta(s)$는 그림 9.41에 점선으로 표시된 샘플러의 출력을 표현하는 샘플 신호 $Y_\delta(t)$에 대한 라플라스 변환이다.

플랜트 출력 $y(t)$의 동작을 기술하지만, $mT < t < (m+1)T$인 샘플링 점과 샘플링 점 사이에서는 그 출력이 어떻게 변화하는가에 대한 정보는 제공하지 못한다.

그림 9.43에서, 영차 홀드의 전달 함수는 두 부분으로 분할되어 있다. $(1-e^{-sT_s})$로 표현된 부분은 디지털 제어기의 전달 함수 $D_\delta(s)$로 통합되었고, $1/s$로 표현된 다른 부분은 플랜트의 전달 함수 $G(s)$로 통합되었다. 여기서는 그림 9.43의 모델에 대해 단지 2가지 종류의 변환만을 적용한다.

- 라플라스 변환 $y(t) \xleftrightarrow{\mathscr{L}} Y(s)$로 표현되는 연속시간 양의 변환과 다음과 같은 전달 함수

$$B(s) = \frac{G(s)}{s}. \tag{9.89}$$

- 라플라스 변환 $x_\delta(t) \xleftrightarrow{\mathscr{L}} X_\delta(s)$, $e_\delta(t) \xleftrightarrow{\mathscr{L}} E_\delta(s)$, $y_\delta(t) \xleftrightarrow{\mathscr{L}} Y_\delta(s)$로 표현되는 샘플 데이터 라플라스 변환과 다음 식으로 표현되는 전달 함수

$$A_\delta(s) = D_\delta(s)(1 - e^{-sT_s}). \tag{9.90}$$

이제부터 논의할 샘플 데이터 시스템을 분석하는 보다 직접적인 절차는 다음과 같다.

1. 폐루프 전달 함수 $T_\delta(s)$를 얻기 위해 라플라스 변환을 사용하여, 인과 관계(cause-and-effect)에 있는 식들을 작성하고
2. $T_\delta(s)$를 이산시간 전달 함수 $T(z)$로 변환하여
3. 시스템의 안정성과 성능을 평가하기 위하여, 근 궤적법과 같은 z 평면 분석 방법을 사용하라.

여기서는 한 개의 샘플러를 포함한 그림 9.39의 샘플 데이터 시스템의 해석 과정을 논의하지만, 이러한 과정은 일반화되어 여러 개의 샘플러들을 포함하는 샘플 데이터 시스템도 해석할 수 있다.

그림 9.43에서, 다음의 인과 관계의 방정식들을 쉽게 세울 수 있다.

$$E_\delta(s) = X_\delta(s) - Y_\delta(s) \tag{9.91}$$

$$Y(s) = A_\delta(s)B(s)E_\delta(s). \tag{9.92}$$

여기서 $B(s)$와 $A_\delta(s)$는 각각 식 (9.89)와 (9.90)에 의해서 정의된다. $y(t)$에 적용된 임펄스 샘플러(그림 9.41에서 점선으로 표시된 출력단)는 동일한 샘플링 주기 T를 가지며 시스템의 전반부에 있는 임펄스 샘플러와 동기되어 작동한다. 이런 방법으로 $y(t)$를 샘플링하여 식 (9.92)를 샘플 형태의 관계식으로 표현하면 다음과 같다.

$$\begin{aligned} Y_\delta(s) &= A_\delta(s)B_\delta(s)E_\delta(s) \\ &= L_\delta(s)E_\delta(s). \end{aligned} \tag{9.93}$$

여기서 $B_\delta(s)$는 $B(s)$에 대응하는 샘플 데이터 라플라스 변환이고 $L_\delta(s)$는 식 (9.88)로 정의되어 있다. 식 (9.91)과 (9.93)을 풀어서 $Y_\delta(s)/X_\delta(s)$로 표현하면, 그림 9.41의 샘플 데이터 시스템의 폐루프 전달 함수는 다음 식으로 표현된다.

$$\begin{aligned} T_\delta(s) &= \frac{Y_\delta(s)}{X_\delta(s)} \\ &= \frac{L_\delta(s)}{1 + L_\delta(s)}. \end{aligned} \tag{9.94}$$

마지막으로 여기에 식 (9.82)를 적용시키면, 식 (9.94)는 다음과 같은 z 변환 함수로 표현할 수 있다.

$$T(z) = \frac{L(z)}{1 + L(z)}. \tag{9.95}$$

여기서

$$L(z) = L_\delta(s)|_{e^{sT_s}=z}$$

$$T(z) = T_\delta(s)|_{e^{sT_s}=z}.$$

앞서 논의한 것과 같이, 식 (9.95)는 그림 9.39의 샘플 데이터 시스템에서 샘플 데이터 입력과 샘플링된 순간에 측정된 플랜트의 샘플 데이터 출력 $y_\delta(t)$ 사이의 전달 함수 $T(z)$를 정의한다.

예제 9.13 **폐루프 전달 함수의 계산.** 그림 9.39의 샘플 데이터 시스템에 있어서, 플랜트의 전달 함수는 다음과 같다.

$$G(s) = \frac{a_0}{s + a_0}.$$

또한, 디지털 제어기(컴퓨터 프로그램)의 z 변환은 다음과 같다.

$$D(z) = \frac{K}{1 - z^{-1}}.$$

시스템의 폐루프 전달 함수 $T(z)$를 구하라.

▸ 풀이: 먼저 다음과 같이 $B(s) = G(s)/s$를 부분 분수로 표현한다.

$$\begin{aligned} B(s) &= \frac{a_0}{s(s + a_0)} \\ &= \frac{1}{s} - \frac{1}{s + a_0}. \end{aligned}$$

$B(s)$의 역라플라스 변환은 다음과 같다.

$$b(t) = \mathcal{L}^{-1}[B(s)] = (1 - e^{-a_0 t})u(t).$$

따라서, 이 문제에 식 (9.81)의 정의를 적용시키면 다음의 식을 얻을 수 있다(참고문헌 8 참조).

$$\begin{aligned} B_\delta(s) &= \sum_{n=-\infty}^{\infty} b[n]e^{-snT_s} \\ &= \sum_{n=0}^{\infty}(1 - e^{-a_0nT_s})e^{-snT_s} \\ &= \sum_{n=0}^{\infty} e^{-snT_s} - \sum_{n=0}^{\infty} e^{-(s+a_0)nT_s} \\ &= \frac{1}{1 - e^{-sT_s}} - \frac{1}{1 - e^{-a_0T_s}e^{-sT_s}} \\ &= \frac{(1 - e^{-a_0T_s})e^{-sT_s}}{(1 - e^{-sT_s})(1 - e^{-a_0T_s}e^{-sT_s})}. \end{aligned}$$

수렴하기 위해서는 s의 값은 $|e^{-sT_s}|$와 $|e^{-T_s(s+a_0)}|$를 모두 1보다 작게 만드는 것으로 한정되어야 한다. 다음에, 주어진 z 변환 $D(z)$에 식 (9.82)를 적용하면, 다음의 식을 얻는다.

$$D_\delta(s) = \frac{K}{1 - e^{-sT_s}}.$$

이 식을 식 (9.90)에 적용하면 다음과 같다.

$$A_\delta(s) = K.$$

따라서, $A_\delta(s)$와 $B_\delta(s)$에 대한 결과들을 식 (9.88)에 적용하면 다음의 식을 얻게 된다.

$$L_\delta(s) = \frac{K(1 - e^{-a_0T_s})e^{-sT_s}}{(1 - e^{-sT_s})(1 - e^{-a_0T_s}e^{-sT_s})}.$$

결국, $e^{-sT_s} = z^{-1}$으로 놓으면, 다음과 같은 z 변환을 얻게 된다.

$$\begin{aligned} L(z) &= \frac{K(1 - e^{-a_0T_s})z^{-1}}{(1 - z^{-1})(1 - e^{-a_0T_s}z^{-1})} \\ &= \frac{K(1 - e^{-a_0T_s})z}{(z - 1)(z - e^{-a_0T_s})}. \end{aligned}$$

이 결과식은 원점에 한 개의 영점과 단위 원 안의 $z = e^{-a_0T_s}$에서 한 개의 극점과, z 평면의 단위 원 위의 $z = 1$에서 한 개의 극점을 갖는다. ▮

▶ **연습문제 9.17** 플랜트의 전달 함수는 다음과 같다.

$$G(s) = \frac{1}{(s+1)(s+2)}.$$

$(G(s)/s)_\delta$를 결정하라.

해답: $\left(\dfrac{G(s)}{s}\right)_\delta = \dfrac{\frac{1}{2}}{1 - e^{-sT_s}} - \dfrac{1}{1 - e^{-T_s}e^{-sT_s}} + \dfrac{\frac{1}{2}}{1 - e^{-2T_s}e^{-sT_s}}$ ▮

9.16.4 안정성

샘플 데이터 시스템의 안정성 문제는 s 평면에서 분석되는 것이 아니라 z 평면에서 분석되기 때문에 연속시간의 경우와는 다르다. 연속시간 시스템이 안정한 영역은 s 평면의 좌측 반평면

으로 표시된다. 반면에, 샘플 데이터 시스템이 안정한 영역은 z 평면에서 단위 원 안으로 표시된다

식 (9.95)를 참조하면, 그림 9.39의 샘플 데이터 시스템의 안정성은 폐루프 전달 함수 $T(z)$의 극점이나 특성 방정식의 근으로 결정됨을 알 수 있다.

$$1 + L(z) = 0.$$

식의 양변에서 1을 빼면 다음 식과 같다.

$$\boxed{L(z) = -1.} \tag{9.96}$$

이 식에서 주목해야 할 점은, 식 (9.60)으로 설명되는 연속시간 귀환 시스템의 방정식과 동등한 형태의 방정식으로 표현되는 점이다. 그러므로, z 평면에서 근 궤적을 구성하는 과정은 s 평면의 근 궤적을 구성하는 것과 동일하다. 바꾸어 말하면, 9.13절에서 언급했던 s 평면의 근 궤적법의 모든 특성은 z 평면의 근 궤적에 모두 적용된다. 유일한 차이점은, 샘플 데이터 시스템이 안정한 시스템이려면, 식 (9.96)의 특성 방정식의 모든 근들이 z 평면에서 단위 원 안으로 한정되어야 한다는 점이다.

마찬가지로, 9.14절의 나이키스트 판정법을 유도하기 위해서 사용했던 편각 원리(principle of the argument)가 s 평면뿐만 아니라 z 평면에도 그대로 적용된다. 그러나 여기서는 s 평면의 허수 축이 z 평면의 단위 원으로 대체되며 폐루프 전달 함수 $T(z)$의 모든 극점들은 단위 원 안에 존재한다는 조건이 요구된다.

예제 9.14 **2차 샘플 데이터 시스템의 근 궤적.** 예제 9.13에 이어서, $e^{-a_0 T_s} = 0.5$라 가정하자. 따라서 이것에 대응하는 $L(z)$는 다음과 같다.

$$L(z) = \frac{\frac{1}{2}Kz}{(z-1)\left(z-\frac{1}{2}\right)}.$$

이 시스템에 대한 근 궤적을 z 평면 위에 그려라.

▸ 풀이: 시스템의 특성 방정식은 다음과 같다.

$$(z-1)\left(z-\tfrac{1}{2}\right) + \tfrac{1}{2}Kz = 0.$$

다시 쓰면,

$$z^2 + \tfrac{1}{2}(K-3)z + \tfrac{1}{2} = 0.$$

이 식은 z에 관한 2차 방정식이다. 2개의 근은 다음과 같다.

$$z = -\tfrac{1}{4}(K-3) \pm \tfrac{1}{4}\sqrt{K^2 - 6K + 1}.$$

그림 9.44는 이 시스템의 근 궤적이다. 여기서 주목할 점은 다음과 같다.

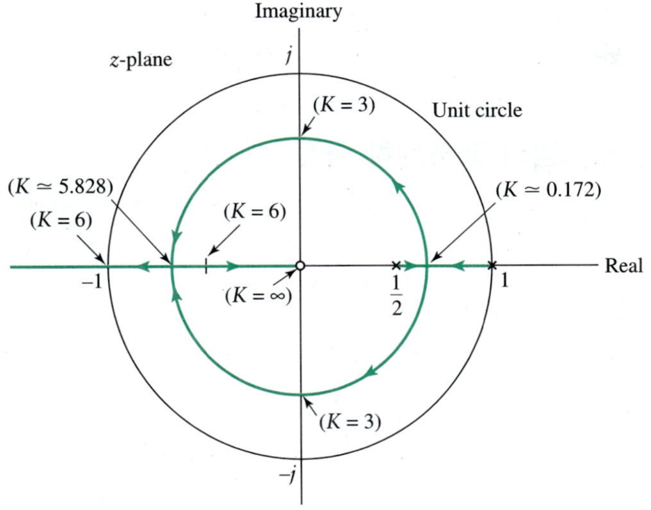

그림 9.44 루프 전달 함수 $L(z)$를 가진 샘플 데이터 시스템의 근 궤적. 여기서

$$L(z) = \frac{\frac{1}{2}Kz}{(z-1)\left(z-\frac{1}{2}\right)}.$$

- $K = 0$에서 출발한다고 가정한다. $K = 3 - 2\sqrt{2} = 0.172$이면 $z = 0.707$이 되고, 이 점은 근 궤적의 분기점이다,
- $K = 3 + 2\sqrt{2} = 5.828$이면, 근 궤적은 $z = -0.707$에서 z평면의 실수축으로 다시 들어온다.
- $0.172 < K < 5.828$이면, 특성 방정식의 근들은 z 평면의 원점을 중심으로 0.707의 반지름을 가진 원을 따라 움직인다.
- $K > 5.828$이면, 2개의 근이 서로 분리되어 이동하는 데, 한 근은 원점에 놓인 영점을 향해 이동하고, 다른 근은 $-\infty$를 향해 이동한다.
- $K = 6$이면, 특성 방정식의 2개의 근은 $z = -0.5$와 $z = -1$이다. 이와 같이 $K = 6$이면 시스템은 불안정하게 되는 경계에 놓이며, $K > 6$일 때 시스템은 불안정하게 된다. ▮

9.17 MATLAB 실습

안정성의 문제는 귀환 시스템의 연구에 대단히 중요한 문제이기도 하다. 이런 시스템을 다루기 위해서 $L(s)$로 표시된 시스템의 개방 루프 전달 함수가 주어져 있고, 필요한 것은 시스템의 폐루프의 안정성을 결정하는 것이다. 이 장에서 주어진 내용에서, 이 문제의 연구에 대한 두 가지 기본적인 방법들이 논의되었다.

1. 근 궤적법
2. 나이키스트 안정도 판정법

제어 시스템 도구인 MATLAB은 계산적이고 능률적인 방법으로 이 두 가지 방법을 수행하도록 설계되어 있다.

9.17.1 귀환 시스템의 폐루프의 극점

루프 전달 함수 $L(s)$를 다음과 같이 두 개의 다항식들의 비율로 표현한다.

$$L(s) = K\frac{P(s)}{Q(s)}.$$

여기서 K는 스케일링 인자이고, 귀환 시스템의 특성 방정식은

$$1 + L(s) = 0$$

또는 이와 동등한 식으로서

$$Q(s) + KP(s) = 0$$

으로 정의된다. 이 방정식의 근들은 귀환 시스템의 폐루프 전달 함수의 극점들을 정의한다. 이 근들을 산출하기 위하여 6.14절에 소개된 명령어 **roots**을 사용한다.

이 명령어는 표 9.1에 제시된 결과들을 계산하기 위해 사용되었다. 즉, 다음의 방정식과 같은 3계 귀환 시스템의 특성 방정식의 근들을 철저히 산출한다.

$$s^3 + 3s^2 + 3s + K + 1 = 0$$

여기서 $K = 0, 5$ 및 10이다. 예를 들어 $K = 10$일 때 방정식은 다음과 같다.

```
>> sys = [1, 3, 3, 11];
>> roots(sys)
ans =
   -3.1544
     0.0772 + 1.8658i
     0.0772 - 1.8658i
```

여기서, $K = 10$인 3차 귀환 시스템의 폐루프 극점들에 대응하는 자연 주파수와 댐핑률을 계산하려고 한다. 이 시스템에 대한 방정식은 다음과 같다.

```
>> sys = [1, 3, 3, 11];
>> damp(sys)
   Eigenvalue                Damping           Freq. (rad/s)
   0.0772 + 1.8658I          -0.0414           1.8674
   0.0772 - 1.8658I          -0.0414           1.8674
   -3.1544                     1.000            3.1544
```

제1열에 반환된 값들이 특성 방정식의 근들이다. 명령어 **Eigenvalue**는 계산 과정 중에서 단지 이 부분을 반영하는 수단일 뿐이다.

관심을 끄는 주제는 시스템의 폐루프 전달 함수의 극점들 또는 특성 방정식의 근들에 대응하는 자연 주파수와 댐핑률들을 계산하는 것이다. 이 계산은 명령어 **damp**를 이용해서 MATLAB에서 쉽게 수행된다. 특히, 명령어

```
[Wn, z] = damp(sys)
```

는 각각 귀환 시스템의 자연 주파수와 댐핑률을 저장하고 있는 벡터 **Wn**과 **z**를 반환한다.

9.17.2 근 궤적

귀환 시스템의 근 궤적을 그리기 위해서는 먼저 K의 변화에 따라 특성 방정식

$$Q(s) + KP(s) = 0$$

의 근들이 이동하는 궤적을 계산해서 그려야 한다. 이런 과정은 MATLAB 명령어인

```
rLocus(tf(num, den))
```

을 이용하여 쉽게 실행된다. 여기서 **num**과 **den**은 각각 s의 내림차순으로 분자 다항식 $P(s)$의 계수와 분모 다항식 $Q(s)$의 계수들을 나타낸 배열이다. 이 명령어는 그림 9.22, 9.26 및 9.28의 그래프들을 만들기 위하여 사용되었다. 예를 들어, 그림 9.28의 근 궤적에 관련된 루프 전달 함수는

$$L(s) = \frac{0.5K(s + 2)}{s(s - 4)(s + 12)} = \frac{K(0.5s + 1.0)}{s^3 + 8s^2 - 48s}$$

이다. 근 궤적을 계산하고 그리는 명령어는

```
>> num = [.5, 1];
>> den = [1, 8, −48, 0];
>> rLocus(tf(num, den))
```

이다.

▶ **연습문제 9.18** 명령어 **rLocus**를 사용하여 다음 루프 전달 함수를 가진 귀환 시스템의 근 궤적을 그려라.

$$L(s) = \frac{K}{(s + 1)^3}.$$

해답: 분기점 = −1. 이 시스템은 $K = 8$일 때 불안정하게 되는 경계에 있게 되고, 이에 대응하는 폐루프 극점들은 $s = -3$과 $s = \pm 1.7321j$이다. ▮

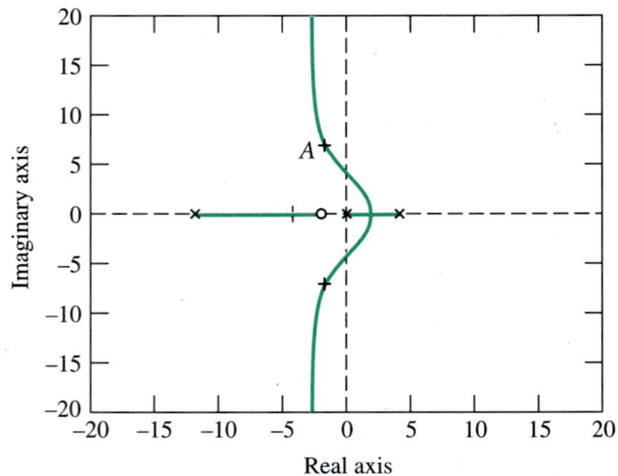

그림 9.45 MATLAB의 명령어 **rLocfind**의 응용을 보여주는 근 궤적

또 다른 유용한 명령어는 **rlocfind**이다. 이것은 근 궤적 위에서 특정한 근들의 집합을 구하기 위해 필요한 스케일링 인자 K의 값을 계산할 때 사용된다. 이 명령어의 용도를 보여주기 위하여, 그림 9.28의 근 궤적을 다시 고려하면서 다음 명령어들을 실행한다.

```
>> num = [.5, 1];
>> den = [1, 8, -48, 0];
>> rLocus(tf(num, den));
>> K = rLocfind(num, den)
SeLect a point in the graphics window
```

커서를 점 A에 놓는 것으로 이 프로그램에 대응하는 것은 좌표계에서 제2 상한에 있는 근의 위치을 지정하는 것으로서, 그림 9.45에서 기호 "+"로 명시되어 있는 점이다. 이 명령을 시작하면, MATLAB은 다음과 같이 응답한다.

```
SeLected point =
    -1.6166 + 6.393i
K =
    213.68
```

9.17.3 나이키스트 안정도 판정

나이키스트 다이어그램을 작성하려면 루프 주파수 응답 $L(j\omega)$를 극좌표의 그래프로 만드는 과정을 거쳐야 한다. 여기서 $L(j\omega)$는 $L(s)$에서 s 대신 $j\omega$로 대체하여 얻는다. 주파수는 $-\infty < \omega < \infty$의 범위에서 변화한다. 나이키스트 다이어그램의 구성을 계속하려면, 먼저 다음 방정식과 같이 $j\omega$의 내림차순으로 정리된 두 개의 다항식의 비율로 $L(j\omega)$를 나타낸다.

$$L(j\omega) = \frac{p'_M(j\omega)^M + p'_{M-1}(j\omega)^{M-1} + \cdots + p'_1(j\omega) + p'_0}{q_N(j\omega)^N + q_{N-1}(j\omega)^{N-1} + \cdots + q_1(j\omega) + q_0}.$$

여기서 $i = M, M-1, \cdots, 1, 0$이고 $p'_i = Kp_i$이다. $L(j\omega)$의 분자와 분모의 계수를 표시하는 배열을 각각 **num**과 **den**이라고 한다. 그러면, 나이키스트 다이어그램을 구성하기 위한 MATLAB 명령어는 다음과 같다.

```
nyquist(tf(num, den))
```

예제 9.10에서 그림 9.34에 나타난 결과는 이 MATLAB 명령어를 사용해서 얻었던 것이다. 그 예제에서 사용된 시스템의 루프 주파수 응답은 다음과 같다.

$$L(j\omega) = \frac{36}{(j\omega)^3 + 6(j\omega)^2 + 11(j\omega) + 6}.$$

나이키스트 다이어그램을 계산하기 위하여, 다음 프로그램이 사용된다라고 쓸 수 있다.

```
>> num = [36];
>> den = [1, 6, 11, 6];
>> nyquist(tf(num, den))
```

▶ **연습문제 9.19** 명령어 **nyquist**를 사용해서 다음 식으로 정의된 귀환 시스템의 나이키스트 다이어그램을 그리고, 그 시스템의 안정성을 판독하라.

$$L(j\omega) = \frac{6}{(1 + j\omega)^3}.$$

해답: 시스템은 안정하다. ∎

9.17.4 보드 다이어그램

선형 귀환 시스템의 보드 다이어그램은 2개의 그래프로 이루어진다. 한 그래프는, 루프 이득 응답 $20\log_{10}|L(j\omega)|$를 ω의 대수 눈금에 따라 그린 그래프이다. 다른 그래프는, 루프 위상 응답 $\arg\{L(j\omega)\}$를 역시 ω의 대수 눈금에 따라 그린 그래프이다. 시스템의 루프 주파수 응답이

$$L(j\omega) = \frac{p'_M(j\omega)^M + p'_{M-1}(j\omega)^{M-1} + \cdots + p'_1(j\omega) + p'_0}{q_N(j\omega)^N + q_{N-1}(j\omega)^{N-1} + \cdots + q_1(j\omega) + q_0}$$

로 주어졌으면, 먼저 $L(j\omega)$의 분자 다항식과 분모 다항식의 계수로 이루어진 벡터 **num**과 **den**을 각각 설정한다. $L(j\omega)$의 보드 다이어그램은 MATLAB에 의해 쉽게 구성되며, 이때 사용되는 명령어는 다음과 같다.

```
margin(tf(num, den))
```

이 명령어는 이득 여유, 위상 여유, 주파수 응답 특성에 관련된 크로스오버 주파수들을 계산한다. 그 결과에는 또한 루프 이득과 위상 응답 모두의 그래프들이 포함된다.

위의 명령어는 예제 9.11에 대한 그림 9.36의 결과들을 계산하기 위해 사용되었다. 그 예제에서 논의된 시스템의 루프 주파수 응답은 다음과 같다.

$$L(j\omega) = \frac{36}{(j\omega)^3 + 6(j\omega)^2 + 11(j\omega) + 6}.$$

안정성 여유를 포함해서 보드 다이어그램을 계산하는 것에 대한 명령어들은 다음과 같다.

```
>> num = [36];
>> den = [1, 6, 11, 6];
>> margin(tf(num, den))
```

▶ **연습문제 9.20** 다음과 같은 루프 주파수 응답에 대한 보드 다이어그램, 안정성 여유, 그에 관련된 크로스오버 주파수들을 계산하라.

$$L(j\omega) = \frac{6}{(1 + j\omega)^3}.$$

해답: 이득 여유 = 2.499 dB
위상 여유 = 10.17°
위상 교차 주파수 = 1.7321
이득 교차 주파수 = 1.5172 ∎

9.18 요 약

이제까지 귀환 증폭기들과 제어 시스템들의 연구에서 근본적인 중요성을 갖는 귀환의 개념을 논의하였다. 귀환의 응용은 유익한 효과를 나타낸다.

- 귀환은 루프 안에 있는 플랜트의 이득의 변화들에 대해 시스템의 폐루프 이득의 민감도를 감소시키고
- 루프 안에서 생성된 교란의 영향을 감소시키며
- 선형 동작으로부터 이탈한 플랜트의 편차로 인한 비선형 일그러짐을 감소시킨다.

이와 더불어, 이런 장점들은 반환차로 측정된 귀환의 양이 증가함에 따라 점점 더 개선된다.

그러나, 만약 귀환이 적절하게 사용되지 않으면, 귀환은 해로울 수 있는 양날의 칼과 같다. 특히, 특별한 주의를 기울이지 않으면, 귀환이 시스템을 불안정하게 만들 가능성도 있다. 안정성은 귀환 시스템들의 연구에서 아주 중요한 역할을 한다. 선형 귀환 시스템들의 안정성을

검사하는 방법에는 2가지 기초적인 방법이 있다.

1. **근 궤적**(변환-영역 방법): 이 방법은 폐루프 시스템의 과도 응답에 관련된다.
2. **나이키스트 안정도 판정**(주파수-영역 방법): 이 방법은 시스템의 개방 루프 주파수 응답에 관련된다.

공학의 관점에서 볼 때, 귀환 시스템이 안정하다는 점을 보장한다는 것이 간단하지 않다. 오히려, 시스템의 설계에서 안정성 여유를 충분히 갖게 해서 외부 요인으로 인한 파라미터 변동의 영향을 방어하도록 해야 한다. 근 궤적법과 나이키스트 안정도 판정법은 그 자체로서 이런 요구를 만족시킨다. 나이키스트 안정도 판정법은 다음의 두 가지 중 하나를 이용하면 된다.

1. **나이키스트 다이어그램(궤적)**. 첫째 방법으로, 시스템의 개방 루프 주파수 응답을 극좌표 형태의 그래프로 표현하고, 그 그래프가 임계점 (−1, 0)을 어떤 방법으로 포위하는가를 관찰한다.
2. **보드 다이어그램**. 둘째 방법으로, 시스템의 개방 루프 주파수 응답을 두 개의 그래프들로 표현한다. 한 그래프는 루프 이득 응답을 나타내고, 다른 그래프는 루프 위상 응답을 나타낸다. 절대 안정성을 갖는 시스템에서, 이득 교차 주파수가 위상 교차 주파수보다 더 작음을 알 수 있을 것이다.

근 궤적법과 나이키스트 다이어그램이나 보드 다이어그램에 의해 표현된 나이키스트 안정성 판정 조건은 서로서로 보완한다. 근 궤적 방법은 시간 영역에서의 안정성 문제를 부각시키는 반면, 나이키스트 판정 조건은 주파수 영역에서 안정성 문제를 극대화한다.

참고문헌

1. Waldhauer, F D가 저술한 *Feedback* (Wiley, 1982), 3쪽에 보면, 귀환 이론의 발전은 호보컨, 뉴저지, 맨하탄, 뉴욕 간을 1927년 8월 초부터 운항하기 시작한 Lackawanna 페리호에서 그 근원을 찾을 수 있다. 운항을 시작한 바로 그날, 벨 전화 연구소의 기술 연구원이었던 Harold S. Black이 미국 뉴저지 Murray Hill에 있는 자기 연구소로 가기 위하여 페리호를 타고 있었다. 당시 그는 약 6년간에 걸쳐, 전화 전송 중계기에서 사용되는 증폭기의 비선형적인 잡음을 제거하는 문제를 연구하고 있었는데, 그는 자기가 가지고 있던 **뉴욕 타임즈** 지의 여백에 그림 9.46과 같은 다이어그램과 식을 스케치하고 귀환 시스템에 대해서 언급하기 시작한 것이 귀환 이론으로 발전하게 되었다. 관련된 문헌은 다음 고전 논문을 참조하라.

Black, H. S., "Stabilized feedback amplifiers," *Bell System Technical Journal*, vol.13, 1934, pp. 1-18

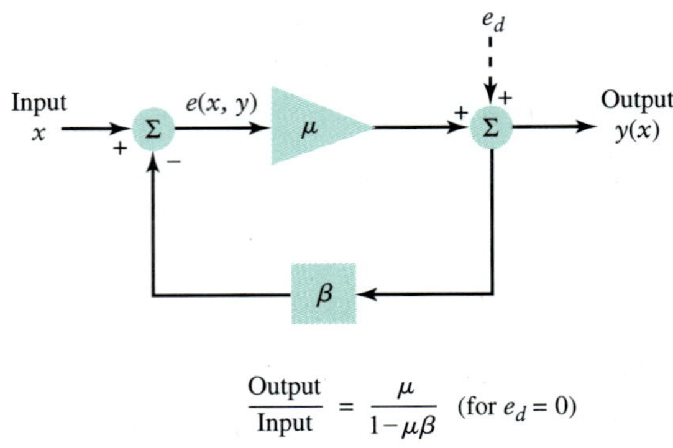

$$\frac{\text{Output}}{\text{Input}} = \frac{\mu}{1-\mu\beta} \quad (\text{for } e_d = 0)$$

그림 9.46 Harold Black이 처음으로 스케치한 귀환 다이어그램과 수식

벨 전화 연구소의 또 다른 연구원인 Harry Nayquist와 Hendrick W. Bode는 현대 귀환 이론의 발전에 매우 특별한 공헌을 하였다. 이들의 연구는 아래와 같다.

Nyquist, H., "Regeneration theory," *Bell System Technical Journal*, vol.11, 1932, pp. 126-147

Bode, H. W., *Network Analysis and Feedback Amplifier Design* (Van Nostrand, 1945)

2. 제어 시스템 약사에 대한 문헌

Dorf R. C. and R.H. Bishop, *Modern Control Systems,* 9th ed. (Prentice Hall, 2001)

Phillips, C. L., and R.D. Harbor, *Feedback Control Systems,* 4th ed. (Prentice Hall, 1996)

3. 자동 제어 시스템에 관한 문헌

Belanger. P.R., *Control Engineering: A Modern Approach* (Saunders, 1995)

Dorf, R. C., and R. H. Bishop, *op. cit*

Kuo, B. C., *Automatic Control System,* 7th ed. (Prentice Hall, 1995)

Palm, W. J. Ⅲ, *Control Systems Engineering* (Wiley, 1986)

Phillips, C. L., and R. D Harbor, *op. cit*

이 책들은 연속시간과 이산시간의 모든 것을 논의하고, 시스템 설계 절차들을 상세하게 설명하고 있다.

4. 귀환 증폭기에 관한 문헌

Siebert, W. McC., *Circuits, Signals, and Systems* (MIT Press, 1986)

Waldhauer, F. D., *op. cit.*

5. 증폭기의 조작과 그 응용에 관한 서적

Kennedy, E. J., *Operational Amplifier Circuits* (Holt, Rinehart, and Winston, 1988)
Wait, J. V ., and L. P. Huelsman, G. A. Korn, *Introduction to Operational Amplifier Theory and Applications,* 2d ed. (McGraw-Hill, 1992)

6. 근 궤적법의 특성 5와 식 (9.69) 및 (9.71)의 표현에 대한 자세한 내용

Truxal, J. G., *Control System Synthesis* (McGraw-Hill, 1955), pp.227-228

7. D/A 변환기 운용상의 직면 문제점을 다룬 책

Hendriks, P. "Specifying communication DACs," *IEEE Spectrum,* vol. 34(pp. 58-69) 1997년 7월

8. 예제 9.13에서 $b(t)$로부터 $B_\delta(s)$를 얻으려면 $b(t)$를 일정한 비율 $1/T_s$로 샘플링하는 것을 요구한다. 이는 시간 $t = 0$에 대해서 단위 계단 함수를 가정하는 것에 의해 수행된다. 편의상 $B_\delta(s)$를 정의하는 식의 두 번째 줄에 $u(0) = 1$을 사용했다. 이것은, 6장의 참고문헌 5번에 대한 설명의 연장이다.

▶ 추가 문제(Additional Problems)

9.21 트랜지스터 증폭기 이득이 2,500이다. 이 증폭기에 귀환 회로로서 $\beta = 0.01$인 수동 회로망을 이용하여 증폭기 출력의 일부를 입력으로 되돌린다.

(a) 귀환 증폭기의 폐루프 이득을 계산하라.

(b) 트랜지스터 증폭기의 이득이 외부 요인으로 인하여 10%만큼 변한다. 귀환 증폭기의 폐루프 이득에 있어서 변화를 계산하라.

9.22 그림 P9.22는 위치-제어 시스템의 블록 다이어그램이다. 앞단 증폭기의 이득은 G_a이다. 모터와 부하로 이루어지는 플랜트의 이득은 G_p이다. 귀환 경로에 있는 센서 H는 모터 출력의 일부를 시스템의 입력으로 되돌려 준다.

(a) 귀환 시스템의 폐루프 이득 T를 결정하라.

(b) G_p의 변화에 따른 T의 감도를 결정하라.

(c) $H = 1$, $G_p = 1.5$로 가정할 때, G_p의 변화에 따른 T의 감도가 1%가 되는 G_a의 값은 얼마인가?

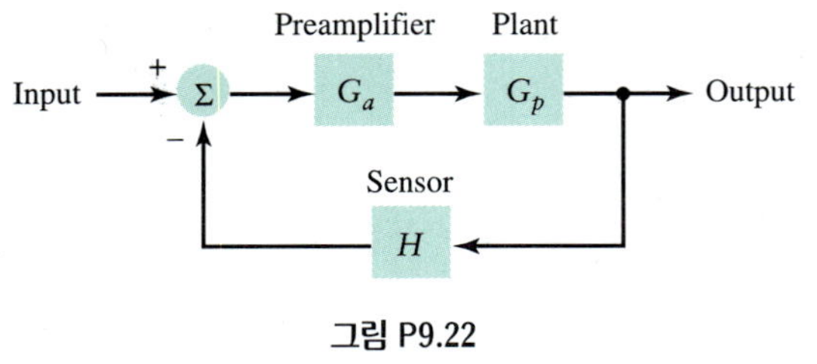

그림 P9.22

9.23 그림 P9.23은 레이더 추적 시스템을 간이화한 블록 다이어그램이다. 그 레이더는 이득 K_r로 표현되어 있다. θ_{in}과 θ_{out}은 각각 추적되는 목표물의 각위치와 레이더 안테나의 각 위치를 표시한다. 그 제어기의 이득은 G_c이다, 모터, 기어들 그리고 안테나 받침대로 이루어진 플랜트는 G_p로 표현되어 있다. 성능을 개선하기 위하여 센서 H를 경유하는 국부 귀환이 플랜트의 주위에 적용된다. 이와 더불어, 그림에 표시된 것과 같이 이 시스템은 단위 귀환을 이용한다. 시스템의 목적은 안테나를 구동시켜 충분한 정확성을 갖고 목표를 추적하는 것이다. 시스템의 폐루프 이득을 결정하라.

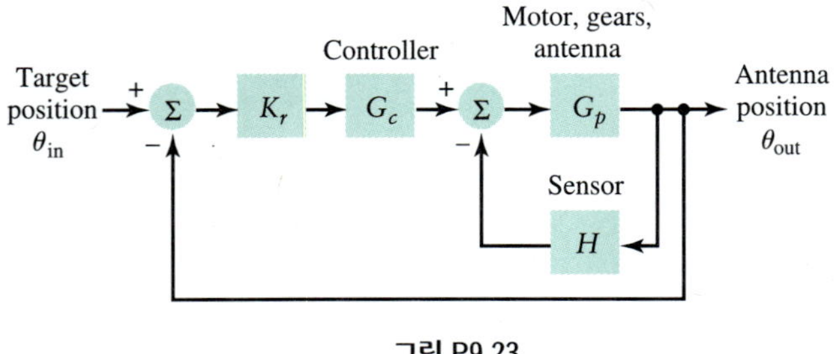

그림 P9.23

9.24 그림 P9.24는 반전 연산 증폭기의 회로를 나타낸다. 연산 증폭기의 모델은 입력 임피던스가 ∞, 출력 임피던스가 0, 전압 이득이 ∞인 것으로 가정한다. 이 회로의 전달 함수 $V_2(s)/V_1(s)$를 계산하라.

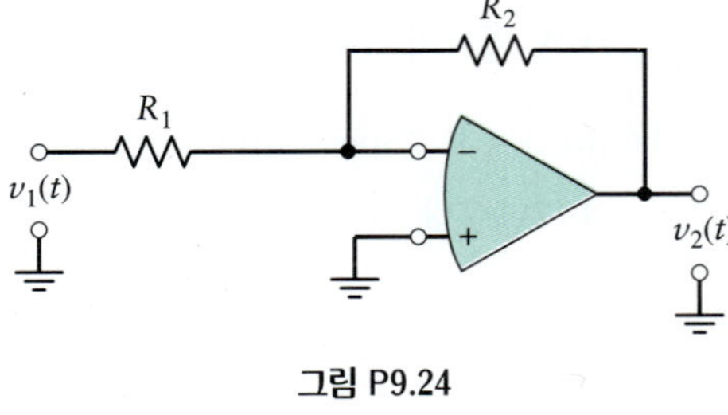

그림 P9.24

9.25 그림 P9.25는 연산 증폭기를 사용한 실제적인 미분기를 나타낸다. 연산 증폭기가 이상적(무한 입력 임피던스, 제로 출력 임피던스 그리고 무한 이득)이라고 가정한다.

(a) 이 회로의 전달 함수를 결정하라.

(b) 이 회로가 이상적 미분기로 동작하는 주파수의 범위는 어디인가?

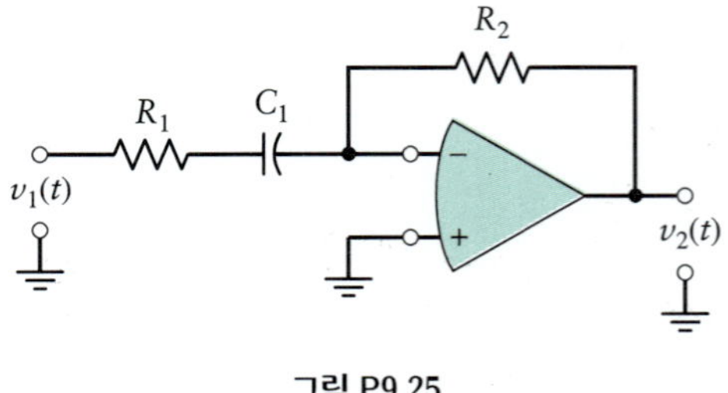

그림 P9.25

9.26 그림 P9.26은 단위 귀환을 가진 제어 시스템이다. 입력이 각각 (i) 단위-계단 입력, (ii) 단위-램프 입력, (iii)

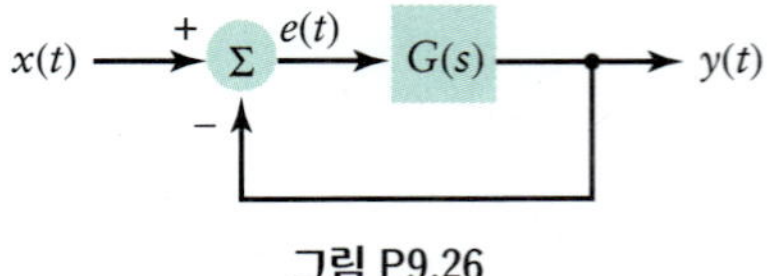

그림 P9.26

단위-포물선 신호일 때, 시스템의 정상 상태 오차를 결정하라. 여기서 플랜트의 전달 함수 $G(s)$는 다음과 같다. 각각의 경우에 대하여 같은 계산을 반복하라.

(a) $G(s) = \dfrac{15}{(s+1)(s+3)}$

(b) $G(s) = \dfrac{5}{s(s+1)(s+4)}$

(c) $G(s) = \dfrac{5(s+1)}{s^2(s+3)}$

(d) $G(s) = \dfrac{5(s+1)(s+2)}{s^2(s+3)}$

각 경우에 있어서, 시스템의 폐루프 전달 함수는 안정한 상태라고 가정한다.

9.27 루스-허위쯔 판정법을 사용해서, 문제 9.26에서 언급된 네 가지 경우에 대해서 그림 P9.26의 제어 시스템의 폐루프 전달 함수의 안정성을 증명하라.

9.28 다음 특성 방정식들의 각각에 대해, 루스-허위쯔 판정법을 사용해서 s 평면의 왼쪽 반평면 안에 있는 근의 수, 오른쪽 반평면 안에 있는 근의 수 및 허수 축 위에 있는 근의 수를 결정하라.

(a) $s^4 + 2s^2 + 1 = 0$

(b) $s^4 + s^3 + s + 0.5 = 0$

(c) $s^4 + 2s^3 + 3s^2 + 2s + 4 = 0$

9.29 루스-허위쯔 판정법을 사용하여, 다음의 특성 방정식이 안정한 시스템을 표현하기 위한 파라미터 K의 범위를 구하라.

$$s^3 + s^2 + s + K = 0$$

9.30 (a) 3차 귀환 시스템의 특성 방정식은 일반적으로 다음 식으로 정의된다.

$$A(s) = a_3 s^3 + a_2 s^2 + a_1 s + a_0 = 0.$$

루스-허위쯔 판정법을 사용하여 이 시스템이 안정하게 될 계수 a_0, a_1, a_2, a_3에 대한 조건을 결정하라.

(b) (a)에서 얻은 결과를 참조하여 문제 9.29를 다시 풀어라.

9.31 귀환 제어 시스템의 루프 전달 함수는 다음과 같다.

$$L(s) = \frac{K}{s(s^2 + s + 2)}, \qquad K > 0.$$

이 시스템에 단위 귀환이 사용되어 있다.

(a) K의 변화에 대한 시스템의 근 궤적을 그려라.

(b) 이 시스템이 불안정하게 될 경계에 있을 K의 값은 얼마인가?

9.32 단위 귀환을 가진 제어 시스템이 있는데, 그의 루프 전달 함수는 다음과 같다.

$$L(s) = \frac{K}{s(s+1)}.$$

이득 인수의 값이 다음과 같을 경우, 시스템의 폐루프 과도 응답을 그래프로 그려라.

(a) $K = 0.1$

(b) $K = 0.25$

(c) $K = 2.5$

9.33 귀환 시스템이 있는데, 그의 루프 전달 함수는 다음과 같다.

$$L(s) = \frac{K(s+0.5)}{(s+1)^4}.$$

시스템의 근 궤적을 그래프로 그려라, 또한 이 귀환 시스템이 안정하게 되는 이득 인수 K의 값을 구하라.

9.34 3단 귀환 증폭기의 루프 전달 함수가 다음과 같다.

$$L(s) = \frac{K}{(s+1)^2(s+5)}.$$

(a) 근 궤적을 사용하여 K의 변화에 따른 시스템의 안정성을 관찰하라. 또한 나이키스트 판정법을 사용하여 시스템의 안정성을 다시 관찰하라.

(b) 귀환 증폭기가 안정하게 작동하기 위한 K값을 구하라.

9.35 단위-귀환 제어 시스템의 루프 전달 함수가 다음 식과 같다.

$$L(s) = \frac{K}{s(s+1)}.$$

나이키스트 판정법을 사용하여 K의 변화에 따른 시스템의 안정성을 조사하라. $K > 0$이면 이 시스템은 항상 안정함을 밝혀라.

9.36 단위-귀환 제어 시스템의 루프 전달 함수가 다음과 같다.

$$L(s) = \frac{K}{s^2(s + 1)}.$$

나이키스트 판정법을 사용하여 $K > 0$이면, 이 시스템은 항상 불안정함을 밝혀라. 또, 루스-허위쯔 판정법을 사용해서 위의 답을 검증하라.

9.37 단위-귀환 시스템의 루프 전달 함수가 다음과 같다.

$$L(s) = \frac{K}{s(s + 1)(s + 2)}.$$

(a) 나이키스트 안정도 판정을 사용하여 $0 < K < 6$이면 이 시스템이 안정함을 보여라. 루스-허위쯔 판정법을 사용하여 위의 답을 검증하라.

(b) $K = 2$일 때, 이득 여유[dB]와 위상 여유[degree]를 구하라.

(c) 위상 여유가 20°이어야 한다. 이 조건을 만족하는 K를 결정하라.

9.38 본문의 그림 9.37은 보드 다이어그램에서 이득 여유와 위상 여유에 관한 정의를 나타낸 그래프이다. 나이키스트 다이어그램을 사용하여, 상대적 안정성에 대한 이들 두 측정값들의 정의를 표현하라.

9.39 (a) 시스템의 루프 주파수 응답이 다음 식으로 주어진다. $K = 7, 8, 9, 10, 11$에 대한 보드 다이어그램을 각각 그려라.

$$L(j\omega) = \frac{K}{(j\omega + 1)(j\omega + 2)(j\omega + 3)}$$

이와 같은 루프 주파수 응답을 가진 3단 귀환 증폭기가 $K = 7, 8, 9$일 때 안정하고, $K = 10$일 때 불안정하게 되는 경계에 있고, $K = 11$일 때는 불안정한 상태에 있음을 밝혀라.

(b) $K = 7, 8, 9$일 때 귀환 증폭기의 이득 여유와 위상 여유들을 계산하라.

9.40 다음의 함수들에 대한 보드 다이어그램을 그려라.

(a) $L(s) = \dfrac{50}{(s + 1)(s + 2)}$

(b) $L(s) = \dfrac{10}{(s + 1)(s + 2)(s + 5)}$

(c) $L(s) = \dfrac{5}{(s + 1)^3}$

(d) $L(s) = \dfrac{10(s + 0.5)}{(s + 1)(s + 2)(s + 5)}$

9.41 보드 다이어그램을 사용하여, 이득 K의 변화에 따른 예제 9.9에서 논의된 시스템의 안정성을 조사하라.

9.42 그림 P9.42는 샘플 데이터 시스템의 블록 다이어그램이다. 출력 $y(t)$의 샘플 데이터에 대응하는 z변환을 입력 $x(t)$의 샘플 데이터에 대응하는 z변환의 함수로 나타내라.

그림 P9.42

9.43 그림 P9.43은 디지털 제어를 사용한 위성 제어 시스템의 블록 다이어그램이다. 디지털 제어기의 전달 함수는 다음과 같다.

$$D(z) = K\left(1.5 + \frac{z - 1}{z}\right).$$

샘플링 주기가 $T_s = 0.1$ s인 시스템의 폐루프 전달 함수를 구하라.

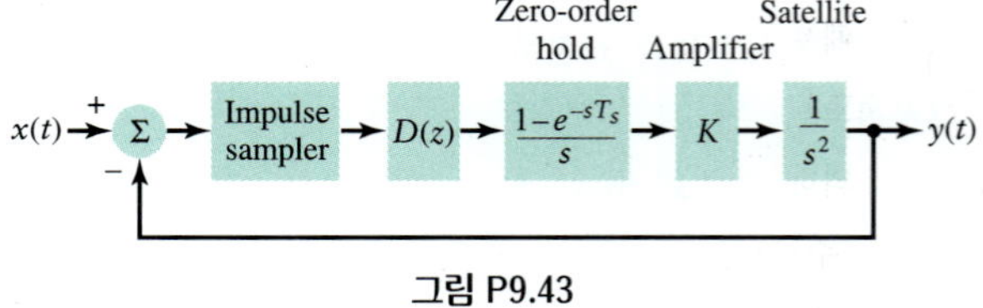

그림 P9.43

9.44 그림 P9.44는 샘플 데이터 시스템의 블록 다이어그

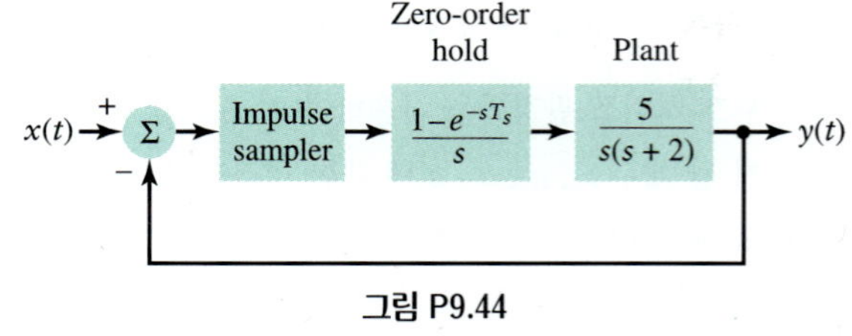

그림 P9.44

램이다.

(a) 샘플링 주기가 $T_s = 0.1$ s인 시스템의 폐루프 전달 함수를 구하라.

(b) $T_s = 0.05$ s일 때 시스템의 폐루프 전달 함수를 구하라.

▶ 심화 문제(Advanced Problems)

9.45 그림 9.3(b)와 같은 선형 귀환 시스템을 고려하자. 정방향 요소들은 전달 함수에 의해 정의된 증폭기로 가정한다(예: 플랜트).

$$G(s) = \frac{A}{1 + Q\left(\dfrac{s}{\omega_0} + \dfrac{\omega_0}{s}\right)}$$

그리고 귀환 요소(예: 센서)는 다음과 같다.

$$H(s) = \beta.$$

여기서 정방향 이득 A와 귀환 인수 β는 모두 양수이고, 품질 인자 Q와 공명 주파수 ω_0는 모두 고정되었다. 개방 루프 주파수 영역이 ω_0/Q가 될 때, Q가 단위 값에 비해 매우 크다고 가정하자.

(a) 아래와 같은 시스템의 폐루프 이득을 결정하라.

$$T(s) = \frac{G(s)}{1 + G(s)H(s)}.$$

그리고 루프 이득을 $T(0) = \beta A$로 증가시켰을 때, 시스템의 근 궤적을 그려라.

(b) 폐루프 Q 인수가 인수 $1 + \beta A$에 의해 감소되거나 또는 동등하게 폐루프 주파수 영역이 같은 인수에 의해 증가함을 보여라.

(주의: 주파수 영역은 주파수 응답의 크기가 $\omega = \omega_0$에서 1/2로 감소되는 두 주파수 사이의 차이로 정의된다)

9.46 위상 동기 루프. 그림 P9.46은 위상 동기 루프를 선형화한 블록 다이어그램이다.

(a) 시스템의 폐루프 이득이 다음 식과 같음을 보이라.

$$\frac{V(s)}{\Phi_1(s)} = \frac{(s/K_v)L(s)}{1 + L(s)}.$$

여기서 K_v는 상수이고 $\Phi_1(s)$와 $V(s)$는 각각 $\phi_1(t)$와

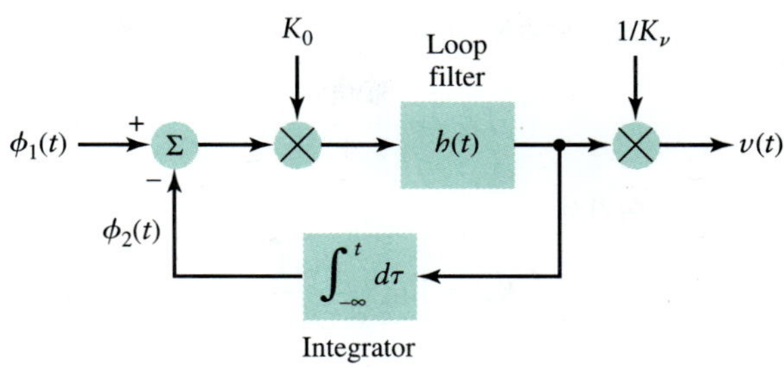

그림 P9.46

$v(t)$의 라플라스 변환이다. 루프 전달 함수 $L(s)$은 다음 식으로 정의되었다.

$$L(s) = K_0\frac{H(s)}{s}.$$

여기서 K_0는 이득 인수이고 $H(s)$는 루프 필터의 전달 함수이다.

(b) 위상 동기 루프가 이상적 미분기로 작동할 조건을 열거하라. 이 조건 아래에서, 출력 전압 $v(t)$를 입력으로 작용하는 위상각 $\phi_1(t)$의 함수로 표현하라.

9.47 정상 상태 오차. 귀환 제어 시스템의 정상 상태 오차는 시간 t가 무한대에 가까이 갈 때의 오차 신호 $e(t)$의 값으로 정의된다. 이 값을 ε_{ss}로 표시하면, 다음 식을 얻는다.

$$\varepsilon_{ss} = \lim_{t\to\infty} e(t).$$

(a) 식 (6.22)에서 설명된 라플라스 변환 이론의 최종값 정리를 사용하거나, 본문의 그림 9.16의 귀환 시스템을 이용하여, 다음 식을 증명하라.

$$\varepsilon_{ss} = \lim_{s\to 0}\frac{sY_d(s)}{1 + G(s)H(s)}.$$

여기서 $Y_d(s)$는 목표 반응 $y_d(t)$의 라플라스 변환이다.

(b) 일반적으로 다음 식과 같이 표현할 수 있다.

$$G(s)H(s) = \frac{P(s)}{s^p Q_1(s)}.$$

여기서 다항식 $P(s)$와 $Q_1(s)$는 $s = 0$에서 영점을 갖지 않는다. $1/s$은 적분기의 전달 함수이므로 p는 귀환 루프에 포함되어 있는 적분기들의 수를 나타낸다. 그러므로 p는 귀환 제어 시스템의 형(type)을 부른다. p의 변화에 따라 다음 식을 유도하라.

(i) 계단 입력에 대해 $y_d(t) = u(t)$이면,

$$\varepsilon_{ss} = \frac{1}{1 + K_p}.$$

여기서

$$K_p = \lim_{s \to 0} \frac{P(s)}{s^p Q_1(s)}.$$

K_p는 **위치 오차 상수**(position error constant)라고 일컬어진다. $p = 0, 1, 2, \cdots$일 때 이 값을 ε_{ss}의 값으로 구하라.

(ii) 램프 입력에 대해 $y_d(t) = tu(t)$이면,

$$\varepsilon_{ss} = \frac{1}{K_v}.$$

여기서

$$K_v = \lim_{s \to 0} \frac{P(s)}{s^{p-1} Q_1(s)}.$$

K_v는 **속도 오차 상수**(velocity error constant)라고 일컬어진다. $p = 0, 1, 2, \cdots$일 때 이 값을 ε_{ss}의 값으로 구하라.

(iii) 2차(parabolic) 입력에 대해 $y_d(t) = (t^2/2)u(t)$이면,

$$\varepsilon_{ss} = \frac{1}{K_a}.$$

여기서

$$K_a = \lim_{s \to 0} \frac{P(s)}{s^{p-2} Q_1(s)}.$$

K_a는 **가속 오차 상수**(acceleration error constant)라고 일컬어진다. $p = 0, 1, 2, \cdots$일 때 이 값을 ε_{ss}의 값으로 구하라.

(c) 시스템의 타입에 따라 결정된 정상 상태 오차의 결과를 표로 요약하라.

(d) 그림 P9.47의 귀환 시스템에 대한 정상 상태 오차들을 구하라.

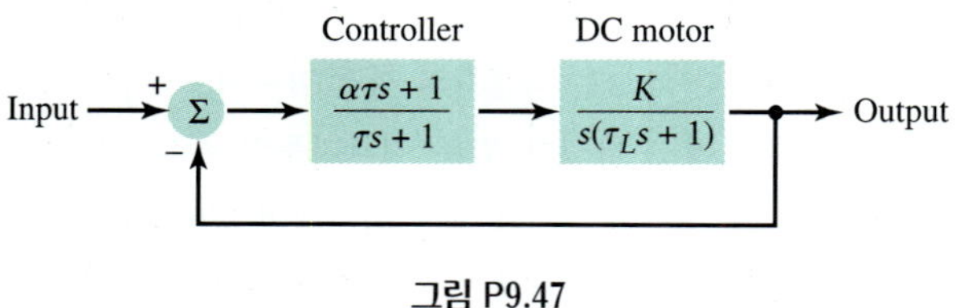

그림 P9.47

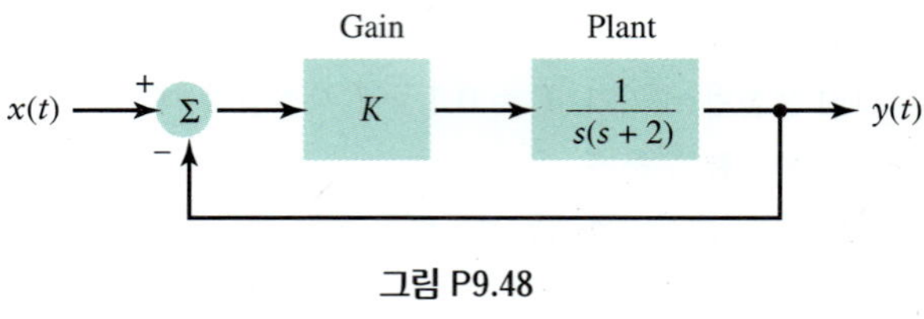

그림 P9.48

9.48 그림 P9.48은 타입 1의 귀환 제어 시스템의 블록 다이어그램이다. $K = 20$일 때, 이 시스템의 댐핑률, 자연 주파수, 댐핑 주파수 및 시상수를 결정하라.

9.49 그림 P9.49는 **비례(P) 제어기**를 사용한 귀환 제어 시스템의 블록 다이어그램이다. 이와 같은 비례 제어기는 상수 K_P만을 조정함으로써 설계 목표를 달성할 수 있는 경우에 이용된다. 그림 P9.49의 플랜트에 대해, 자연(댐핑 없는) 주파수 $\omega_n = 2$를 얻기 위해 필요한 K_P의 값을 결정하라. 이에 대응하는 시스템의 (a) 댐핑 인수와 (b) 시상수는 얼마인가?

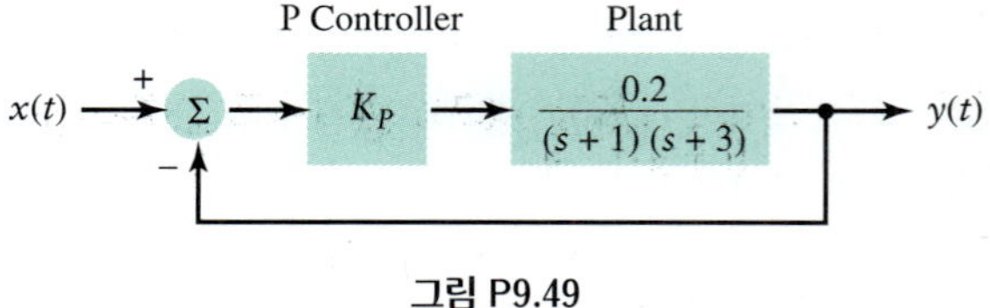

그림 P9.49

9.50 그림 P9.50은 **PI 제어기**(proportional-integral controller)를 사용한 귀환 제어 시스템의 블록 다이어그램이다. 파라미터 K_P와 K_I에 의해 결정되는 이런 형태의 제어기는, 시스템의 타입을 1만큼 증가시켜서 시스템의 정상 상태 오차를 개선하기 위해 사용된다. $K_I/K_P = 0.1$로 주어진다. K_P의 변화에 대한 시스템의 근 궤적을 그려라. 시스템의 폐루프 전달 함수의 극점이 $s = -5$에 놓이게 하는 K_P의 값을 구하라. 단위-램프 입력에 대한 시스템의 정상 상태 오차는 얼마인가?

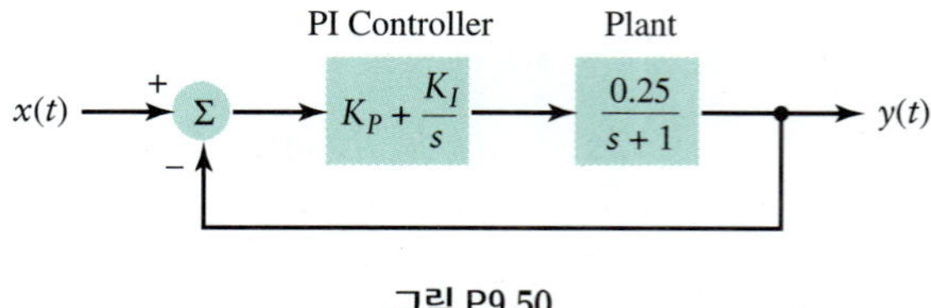

그림 P9.50

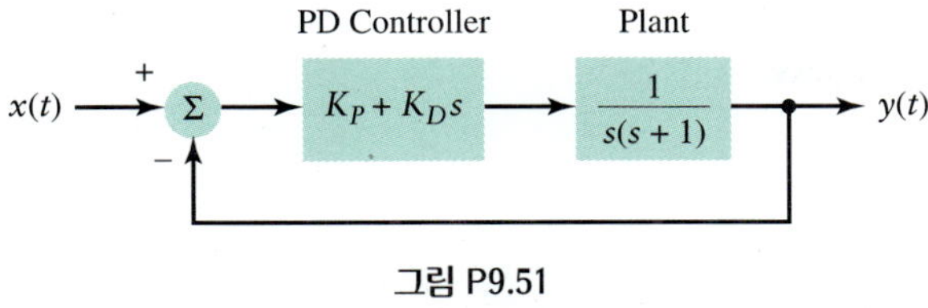

그림 P9.51

9.51 그림 P9.51은 PD 제어기(Proportional-plus-Derivative controller)를 사용한 귀환 제어 시스템의 블록 다이어그램이다. 이런 형태의 보상기는 파라미터 K_P와 K_D에 의해서 시스템의 과도 응답을 개선하기 위해 사용된다. $K_P/K_D = 4$로 주어진다. K_D의 변화에 대한 시스템의 근 궤적을 그려라. 시스템의 폐루프 전달 함수의 한쌍의 극점을 $s = -2 \pm j2$에 놓기 위해 필요한 K_D의 값을 결정하라.

9.52 문제 9.50과 9.51의 PI 제어기 및 PD 제어기들을 살펴보면, 이들의 주파수 응답에 대해 다음과 같이 말할 수 있다.

(a) PI 제어기는 **위상-지연**을 일으키고, 근 궤적의 편각 판별법에서 음수의 위상각으로 기여한다.

(b) PD 제어기는 **위상-전진**을 일으키고, 근 궤적의 편각 판별법에서 양수의 위상각으로 기여한다.

이들 두 표현이 타당함을 증명하라.

9.53 그림 P9.53은 PID 제어기(proportional-plus-Integral-plus-Derivative controller)로 알려지고 널리 사용되는 보상기를 사용한 제어 시스템의 블록 다이어그램이다. 위치가 $s = -1 \pm j2$인 한쌍의 켤레 복소수 영점을 시스템의 루프 전달 함수에 첨가할 수 있도록 제어기의 파라미터 K_P, K_I, K_D를 결정한다. K_D의 증가에 따른 시스템의 근 궤적을 그려라. 시스템을 안정된 상태에 머물게 하는 K_D의 범위를 결정하라.

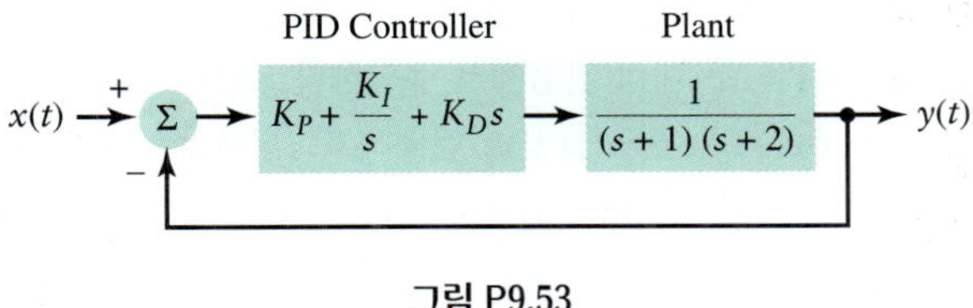

그림 P9.53

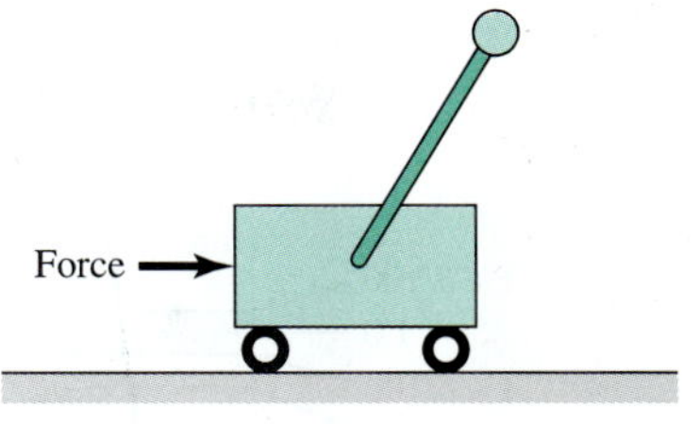

그림 P9.54

9.54 그림 P9.54는 수레의 수직면 안에서 움직이는 전도 진자(inverted Pendulum)를 나타낸다. 수레 자체는 힘의 영향에 따라 수평축을 따라 움직인다. 힘은 진자를 수직으로 유지할 수 있도록 인가된다. 수레 위에 전도된 진자를 플랜트로 보고 이를 전달 함수로 표현하면 다음과 같다.

$$G(s) = \frac{(s+3.1)(s-3.1)}{s^2(s+4.4)(s-4.4)}.$$

문제 9.49에서 논의된 방법과 비슷한 용도로 P 제어기를 사용한다고 가정할 때, 그런 P 제어기를 사용하는 것이 시스템을 안정시키기에 충분한 것인가? 대답의 타당성을 밝혀라. 또 어떤 방법으로 시스템을 안정하게 만들겠는가?

9.55 **시간 영역 특성.** 귀환 제어 시스템의 계단 응답을 설명할 때, 두 가지 일치되지 않는 평가기준이 있는데, 그 것은 실제 응답의 신속성(swiftness)과 원하는 응답과 실제 응답 사이의 유사성(closeness)이다. 응답의 신속성은 상승 시간과 피크 시간을 이용하여 표현할 수 있다. 원하는 응답에 대한 실제 응답의 유사성은 퍼센트 초과 응답과 정착 시간을 이용하여 표현할 수 있다. 이 4개의 파라미터는 다음과 같이 정의된다.

- 상승 시간(rise time) T_r은 계단 응답이 최종값 $y(\infty)$의 10%에서 시작해서 90%에 도달하는 데 걸리는 시간으로 정의된다.
- 피크 시간(peak time) T_p는 계단 응답이 오버 슈트 최고값 y_{max}를 갖는 시간으로 정의된다.
- 퍼센트 오버슈트(percent overshoot) P.O.는 계단 응답의 최대값 y_{max}와 최종값 $y(\infty)$에 따라 다음 식으로 정의된다.

$$(y_{max} - y(\infty))/y(\infty).$$

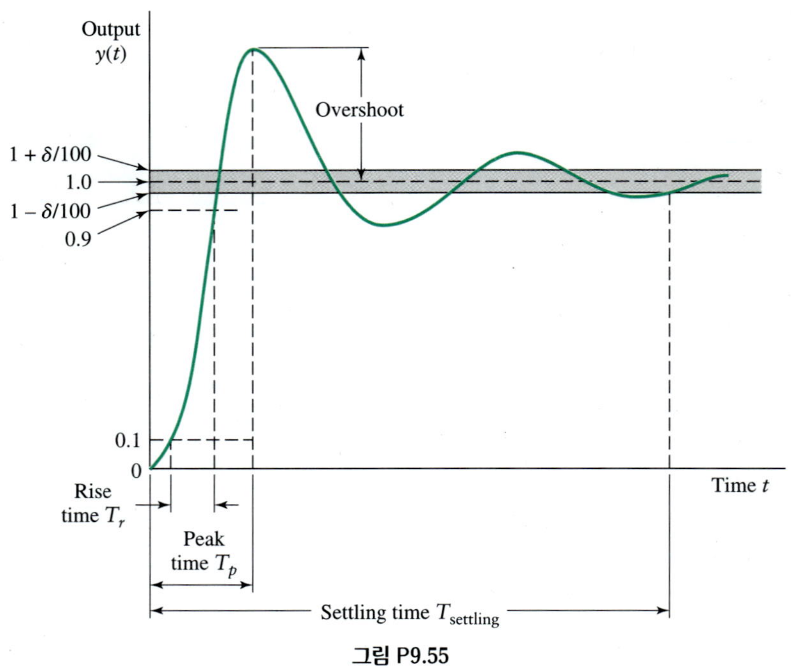

그림 P9.55

- **정착 시간**(settling time) $T_{settling}$는 계단 응답이 최종 값 $y(\infty)$의 $\pm\delta\%$ 범위 안으로 유지되기 시작하는 시간으로 정의된다.

그림 P9.55에서 주어진 특성을 이용하면, 다음 수식들을 가정 할 수 있다.

1. 상승 시간 $T_r \approx \dfrac{1}{\omega_n}(0.60 + 2.16\zeta)$.
2. 피크 시간 $T_p = \dfrac{\pi}{\omega_n\sqrt{1-\zeta^2}}$.
3. 퍼센트 오버슈트 P.O. $= 100e^{-\pi\zeta/\sqrt{1-\zeta^2}}$.
4. 정착 시간 $T_{settling} \approx \dfrac{4.6}{\zeta\omega_n}$.

1과 4의 결과식은 근사식이고, 2와 3의 결과식은 정확한 식이다.

(a) 식 (9.43)을 이용하여 피크 시간 T_p와 퍼센트 오버슈트 P.O.에 대한 공식을 유도하라.

(b) 컴퓨터를 이용하여 상승 시간 T_r과 정착 시간 T_s에 대한 근사 공식을 확인하라. 댐핑률 $\zeta = 0.1, 0.2, \ldots, 0.9$(0.1 증가에 따라)와 $\delta = 1$에 대해서 실험하라.

9.56 저차 모델. 귀환 시스템의 폐루프 전달 함수 $T(s)$의 극점과 영점은 s 평면 위에서 그림 P9.56과 같이 대략적으로 분류할 수 있다. 특히, 극점과 영점이 $j\omega$축에 가까운 정도에 따라 2개의 그룹으로 분류할 수 있다.

- **우세**(dominant) **극점과 영점**: $j\omega$축에 제일 가까운 $T(s)$의 극점과 영점으로 정의된다. 이들은 시스템의 주파수 응답에 제일 큰 영향을 미치기 때문에 **우세**(dominant)라고 말한다.
- **열세**(insignificant) **극점과 영점**: $j\omega$축으로부터 멀리 떨어진 극점과 영점들이다. 이들은 시스템의 주파수 응답에 별 영향을 미치지 않기 때문에 **열세**라고 말한다.

고차 귀환 시스템에서 폐루프 전달 함수가 그림 P9.56에 적합한 형태이면, 고차 시스템을 $T(s)$의 우세 극점과 영점만을 사용하는 저차 모델로 근사화할 수 있다. 원래의 시스템 대신에 시스템의 차수를 감소시킨 저차 모델을 사용하는 것도 다음 두 개의 관점에서 유익하다. 저차 모델은 단순하며 따라서 시스템 분석과 설계에서 큰 매력을 지니고 있음을 즉시 알 수 있고, 계산량이 훨씬 적다. $K = 8$로 가정하고 예제 9.8의 선형 귀환 증폭기를 다시 생각한다. 다

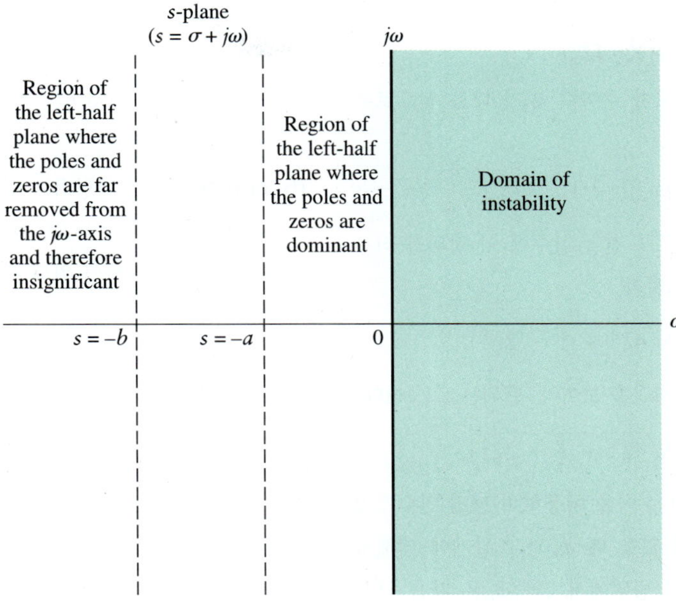

그림 P9.56

음 문제를 풀어라.

(a) 컴퓨터를 사용하여 시스템 특성 방정식의 근들을 구하라.

(b) (a)에서 구한 켤레 복소수 근들은 시스템의 우성 극점들이다. 이 극점들 이용하여 시스템을 2차 모델로 표현하라. 원래 시스템 $T(s)$에 대응하도록 2차 모델 $T'(s)$를 적절하게 스케일링 해야 한다. 즉 $T'(0) = T(0)$가 된다.

(c) 2차 모델의 계단 응답을 계산하고 원래 3차 귀환 증폭기의 계단 응답과 근사함을 보여라.

9.57 이 문제에서 2계 모델로 표현되는 3차 귀환 증폭기의 근사 모델에 관한 예제 9.8를 다시 살펴본다. 문제 9.56에서 근사 모델의 품질을 평가하는 근거로 계단 응답을 사용하였다. 이 문제에서는 근사 모델의 품질을 평가하기 위한 바탕으로 보드 다이어그램을 사용한다. 구체적으로 말해서, 다음 식으로 표현되는 2계 모델의 보드 다이어그램을 그려라.

$$T'(s) = \frac{8.3832}{s^2 + 0.2740s + 9.4308}$$

그리고, 원래 시스템의 전달 함수인

$$T(s) = \frac{48}{s^3 + 6s^2 + 11s + 54}$$

의 보드 다이어그램과 비교하고 그 결과에 대해 평가하라.

9.58 위상 여유와 댐핑 인수 사이의 관계. 선형 귀환 제어 시스템을 설계하는 고전적인 접근 방법들은 대개 2계 시스템의 동역학적 분석으로부터 유도되고 다음 사항들을 토대로 하여 이루어진다. 첫째, 루프 이득이 매우 크면 시스템의 폐루프 전달 함수는 켤레 복소수 형태인 한쌍의 우세 극점을 갖는다. 둘째, 2계 모델은 한쌍의 켤레 복소수 극점들에 의해서 지배되는 고계 전달 함수 모델에 관한 충분한 근사 모델을 제공한다(문제 9.56의 내용 참조). 이제 다음 식으로 주어진 루프 전달 함수를 갖는 2계 시스템을 살펴본다.

$$L(s) = \frac{K}{s(\tau s + 1)}.$$

이 시스템은 9.11.2절에서 다루었다. 루프 이득 K가 충분히 커서 부족 댐핑 계단 응답을 생성하는 경우일 때 다음 문제를 구하라.

(a) 연습문제 9.8의 결과를 사용하여, 다음 식과 같은 형태로, 댐핑 인수 ζ와 자연 주파수 ω_n의 함수로 루프 전달 함수를 표현하라.

$$L(s) = \frac{\omega_n^2}{s(s + 2\zeta\omega_n)}.$$

(b) 정의에 따라, 이득 교차 주파수 ω_g가 다음 식으로부터 결정된다.

$$|L(j\omega_g)| = 1.$$

(a)의 결과로 얻은 루프 전달 함수에 이 정의를 적용해서 다음 식을 유도하라.

$$\omega_g = \tan^{-1}\left(\sqrt{4\zeta^4 + 1} - 2\zeta^2\right).$$

위상 여유는 다음과 같음을 보여라. 단위는 도(°)이다.

$$\phi_m = \tan^{-1}\left(\sqrt{4\zeta^4 + 1} - 2\zeta^2\right).$$

(c) (b)에서 구한 정확한 수식을 이용하여 댐핑 인수가 $0 < \zeta < 0.6$의 범위에 있을 때 ϕ_m과 ζ 관계에 대해서 그래프를 그려라. 이 범위에서 ζ와 ϕ_m은 다음 근사식과 같이 선형 관계에 있음을 보여라.

$$\zeta \approx \frac{\phi_m}{100}, \qquad 0 \le \zeta \le 0.6.$$

(d) ω_g와 ϕ_m 주어질 때 (b)와 (c)에서 얻은 결과가 어떻게 시스템 계단 응답의 상승 시간, 피크 시간 및 %오버슈트, 정착 시간을 구할 수 있는지 논의하라. 이논의는 문제 9.55의 결과를 참조하라.

▶ 컴퓨터 실습(Computer Experiments)

9.59 연습문제 9.18의 3계 귀환 시스템에서 MATLAB 명령어 **rlocfind**는 아래에 주어진 루프 전달 함수의 스케일링 인수 K의 값을 결정하는 명령어이다.

$$L(s) = \frac{K}{(s + 1)^3}.$$

이 값은 다음 요구 사항을 만족시킨다. 즉 귀환 시스템의 켤레 복소수 극점들은 0.5의 댐핑률을 갖는다. 이에 대응하는 자연 주파수는 얼마인가?

9.60 문제 9.31은 아래에 주어진 루프 전달 함수를 가진 단위-귀환 시스템에 관한 것이다.

$$L(s) = \frac{K}{s(s^2 + s + 2)}, \quad k > 0.$$

시스템의 안정성을 평가하기 위하여 다음 MATLAB 명령들을 사용하라.

(a) **rlocus**: 이 명령어는 시스템의 근 궤적을 구성하기 위해 사용한다.

(b) **rlocfind**: 이 명령어는 귀환 시스템의 켤레 복소수 극점들의 댐핑률(약 0.707)에 대응하는 이득 인수 K의 값을 결정하기 위해 사용한다.

(c) **margin**: 이 명령어는 $K = 1.5$에 대한 귀환 시스템의 이득 여유와 위상 여유들을 계산하기 위하여 사용한다.

9.61 귀환 시스템의 루프 전달 함수는 방정식

$$L(s) = \frac{K(s - 1)}{(s + 1)(s^2 + s + 1)}$$

과 같다. 이 전달 함수는 진폭의 왜곡 없이 모든 주파수의 신호들을 통과시키는 인수 $(s - 1)/(s + 1)$, 이른바 전대역 통과 필터라고 불리는 인수를 갖고 있다.

(a) MATLAB 명령어 **rlocus**를 사용해서 시스템의 근 궤적을 구성하라. 다음에, 명령어 **rlocfind**를 사용해서 시스템이 불안정하게 되는 경계에 있을 K의 값을 결정하라. 루스-허위츠 판정법을 사용해서 위에서 얻은 결과를 확인하라.

(b) 명령어 **nyquist**를 사용해서 $K = 0.8$에 대한 시스템의 나이키스트 다이어그램을 그려라. 그리고 시스템의 안정성을 확인하라.

(c) 명령어 **margin**을 사용해서 $K = 0.8$에 대한 시스템의 안정성을 평가하라.

9.62 귀환 시스템의 루프 전달 함수는 다음과 같다.

$$L(s) = \frac{K(s + 1)}{s^4 + 5s^3 + 6s^2 + 2s - 8}.$$

이 시스템은 K가 특정한 범위, 즉 $K_{min} < K < K_{max}$일 때만 안정한 상태이다.

(a) MATLAB 명령어 **rlocus**를 사용해서 시스템의 근 궤적을 그려라.

(b) 명령어 **rlocfind**를 사용해서 안정도의 한계값인 K_{min}과 K_{max}를 구하라.

(c) 명령어 **margin**을 사용해서 K_{min}과 K_{max} 사이의 K

에 대한 시스템의 안정성 여유도를 산출하라.

(d) 명령어 **nyquist**를 사용하여 (c)에서 사용된 K에 대해 나이키스트 다이어그램을 그리고 시스템의 안정성을 확인하라.

9.63 (a) 연습문제 9.13에 묘사된 귀환 시스템의 근 궤적을 구성하라. 또한 그 결과를 그림 9.22와 9.28의 결과와 비교하라.

(b) 같은 시스템에 대해서 나이키스트 다이어그램을 구성하라. 또한 $K > 0$에 대해서 해당 시스템의 안정성을 설명하라.

9.64 이 문제에서는 시스템의 과도 응답을 개선하기 위하여 위상-지연 보상기를 이용한 단위-귀환 제어기를 설계한다. 이 보상기의 전달 함수는 다음 식과 같다.

$$G_c(s) = \frac{\alpha\tau s + 1}{\tau s + 1}, \qquad \alpha > 1.$$

이 보상기는 시스템의 루프 주파수 응답의 위상을 증가시키기 때문에 **위상-전진 보상기**(phase-lead compensator) 또는 간단히 **진상 보상기**(lead compensator)라고 부른다. 보상기가 없는 시스템의 루프 전달 함수는 다음 식과 같다.

$$L(s) = \frac{K}{s(s+1)}.$$

진상 보상기가 개방 루프 시스템에 종속으로 연결되었고, 그 결과 수정된 루프 전달 함수는 다음과 같다.

$$L_c(s) = G_c(s)L(s).$$

(a) $K = 1$일 때, 보상기가 없는 시스템의 폐루프 극점들의 댐핑률과 자연 주파수를 구하라.

(b) 보상된 시스템을 관찰한다. 목표로 하는 과도 응답 특성을 얻기 위해 댐핑률이 $\zeta = 0.5$이고 자연 주파수가 $\omega_n = 2$인 폐루프 극점들이 필요하다고 가정한다. $\alpha = 10$일 때 보상기의 시상수를 $\tau = 0.027$로 선택하면 위상각 판별법(근 궤적법)이 충족됨을 보여라.

(c) MATLAB 명령어 **rlocfind**를 사용해서 $\alpha = 10$, $\tau = 0.027$인 위상 전진 보상기를 사용하는 것이 바람직한 과도 응답 조건을 잘 충족시킬 수 있음을 확인하라.

9.65 단위-귀환 제어계에서 그림 9.16과 같이 플랜트와 위상-지연 보상기의 종속 연결이 사용된다. 플랜트의 전달 함수는 다음과 같다.

$$G(s) = \frac{10}{s(0.2s+1)}.$$

보상기의 전달 함수는 다음과 같다.

$$H(s) = K\left(\frac{\alpha\tau s + 1}{\tau s + 1}\right), \qquad \alpha < 1.$$

다음 조건들을 만족하도록 보상기를 설계하라.

(a) 단위 기울기의 램프 입력에 대한 정상 상태 오차는 0.1이어야만 한다.

(b) 계단 응답의 오버 슈트는 10%을 초과하지 않아야만 한다.

(c) 계단 응답의 5% 정착 시간은 2 s보다 작아야만 한다.

주요 변수의 정의는 문제 9.47과 9.55를 참조하라.

(a) 보드 다이어그램에 근거한 주파수-영역 접근 방법과 (b) 근 궤적 방법에 근거한 시간 영역 접근 방법을 이용한 설계를 수행하라. 두 가지 중 한 가지 접근 방법으로 제어기를 설계하였다면, 이에 대한 연산 증폭기 회로를 구성하라.

9.66 이 장에서는 다음의 루프 전달 함수에서 적절히 조절할 수 있는 스케일 인수 K를 취급하였다. K는 양수이다.

$$L(s) = K\frac{P(s)}{Q(s)}.$$

이 마지막 문제에서 K가 음수일 때 귀환 시스템들 조사하기 위하여 MATLAB를 사용한다.

(a) 명령어 **rlocus**를 사용해서 다음 루프 전달 함수에 대한 근 궤적을 그려라. K는 음수이다.

$$L(s) = \frac{K(s-1)}{(s+1)(s^2+s+1)}.$$

rlocfind 명령어를 사용하여 이 귀환 시스템이 $K = -1.0$일 때 불안정한 경계에 있음을 보여라. 루스-허위쯔 판정법을 사용하여 이 결과의 타당함을 보여라.

(b) **rlocus** 명령을 사용하여 다음의 루프 전달 함수 방정식을 갖는 귀환 시스템이 모든 $K < 0$에 대해 불안정함을 보여라.

$$L(s) = \frac{K(s+1)}{s^4 + 5s^3 + 6s^2 + 2s - 8}.$$

10 에필로그

10.1 서 론

1-9장에서 검토한 자료에서 우리는 신호와 시스템의 개요적인 내용을 다루면서 근본적인 문제와 디지털 필터, 통신 시스템, 피드백 시스템의 세 분야에 대한 응용을 강조한 바 있다. 신호에 관해서는 그 표현 방법으로서 푸리에 해석을 특히 강조하였다. 푸리에 이론은 신호 처리 실무자의 툴키트에서 극히 중요한 부분을 차지한다. 기본적으로 이 이론은 신호에 부과되는 특정한 조건을 전제로 하여, 시간 영역에서 표현된 신호를 주파수 영역에서 동등한 표현으로 변환할 수 있게 해준다. 무엇보다 중요한 것은 하나의 영역에서 다른 영역으로 오고 가는 동안 정보의 손실이 없다는 점에서 변환이 일대일로 이루어진다는 사실이다. 시스템 분석과 관련하여, 우리의 관심은 주로 두 가지 서로 다른 성질-선형성과 시간 불변성-을 만족시키는 특성을 지닌 **LTI 시스템**이라 불리는 특수한 유형에 집중되었다. 이러한 성질들에 주목하게 된 동기는 시스템 분석을 수학적으로 쉽게 다룰 수 있도록 한다는 점이다.

푸리에 이론은 연구 대상인 신호가 정적 상태(stationary)임을 전제로 한다. 그러나 실무에서 마주치는 실제의 신호는 대부분 **비정적 상태**이다. 신호의 내재된 성질이 시간에 따라 변할 때 그 신호를 비정적 상태라고 말한다. 이를 테면 음성 신호는 비정적 상태이다. 비정적 상태 신호의 또 다른 예로, 세계 전역의 자본 시장에서 파악된 주가의 변동을 나타내는 시계열이나, 지배적 기후 조건의 변화를 감시하는 레이더 시스템에 수신되는 신호, 우리 주변의 은하에서 방출되는 전파를 청취하는 전파 망원경의 신호 등을 들 수 있다.

다음으로 LTI 모델과 관련하여, 우리는 대부분의 물리적 체계에서 실제로 그러한 모델을 이용하는 것이 가능하다는 사실을 발견한다. 그럼에도 불구하고 엄밀히 말해서, 시스템이 동작하는 조건에 따라 비선형 구성 요소 또는 시변 파라미터의 존재로 인해 이상적인 LTI 모델과는 거리가 있을 수 있다.

비정적 상태 신호와 비선형 및 시변 시스템의 실제적 현실을 다루려면 새로운 도구가 필요하다. 이 점을 염두에 둘 때, 결론에 해당하는 이 장의 목적은 다음의 주제를 표시된 순서에 따라 간략하게 설명하는 것이다.

- 음성 신호: 비정적 상태 신호의 예
- 비정적 상태 신호의 시간-주파수 분석
- 비선형 시스템
- 적응 필터

여기서는 신호와 시스템의 세계가 1-9장에서 묘사된 것보다 더 현실적인 모습으로 제시된다.

10.2 음성 신호: 비정적 상태 신호의 예

이미 언급한 것처럼, 음성 신호는 그 내재된 특성이 시간에 따라 변한다는 점에서 비정적 상태 신호이다. 이 절에서는 그 이유를 설명하고자 한다. 우리가 음성 신호를 논의의 대상으로 채택한 이유는 일상생활에서 흔히 볼 수 있기 때문이다.

음원이 성도(聲道; vocal tract) 필터를 자극하는 일종의 필터링에서 발성 과정의 간단한 모델을 볼 수 있다. 성도는 그림 10.1에서 점선으로 표시된 성문(聲門; glottis: 성대 사이의 개

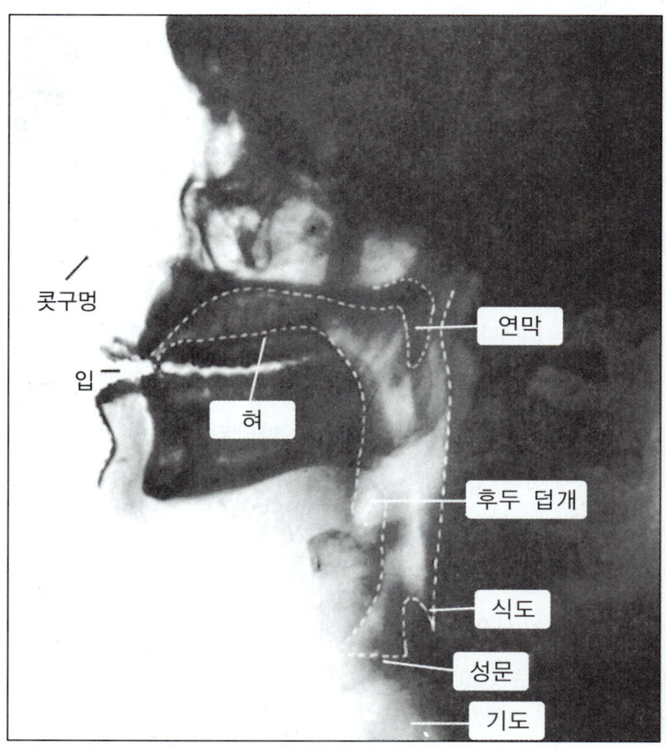

그림 10.1 사람의 발성기관을 X선으로 촬영한 시상면 그림. (J. L. Flanaga net al., "음성 코딩," IEEE Transactions in Communications, COM-27권, pp 710-737, 1979에서 발췌; IEEE 자료 제공)

구부)에서 시작해서 입술에서 끝나는 불규칙한 단면 영역의 관으로 모형화된다. 그림은 X선으로 촬영한 사람 발성기관의 시상면(矢狀面; sagittal-plane) 사진이다. 음원이 제공하는 자극의 형태에 따라 음성 신호를 구성하는 소리를 다음 두 가지 유형으로 분류할 수 있다.

▶ **유성음**: 자극원이 펄스처럼 주기적이다. 이 경우, 발화 신호는(허파로부터) 성문을 통해 공기를 밀어내면서 성대가 느슨하게 진동하여 생성된다. 유성음의 예로 *e*ve의 /e/를 들 수 있다(/ / 기호는 언어의 기본 단위인 음소를 나타내는 데 흔히 사용된다).

▶ **무성음**: 자극원이 소음처럼 임의적이다. 이 두 번째 경우에 음성 신호는 성도 내에서 입 끝쪽으로 협착을 형성하고 그 협착을 통해 고속으로 지속적인 공기의 흐름을 밀어냄으로써 생성된다. 무성음의 예로는 *f*ish의 /f/를 들 수 있다.

모음을 발화하는 동안 생성되는 유성음은 준(準)주기성, 낮은 주파수 내용(content), 큰 진폭 등의 특성을 갖는다. 이와 반대로, 무성음 또는 마찰음은 임의성, 높은 주파수 내용, 상대적으로 낮은 진폭 등의 특성을 지닌다. 유성음과 무성음 사이의 시간 변화는 점진적이다(수십 ms 정도). 따라서, 전형적인 음성 신호에 발화 내용에 따라 배열되는 수많은 유성음과 무성음이 포함되어 있는 점을 인식하면 음성 신호가 비정상 신호라는 사실을 곧 알 수 있다.

10.3 시간-주파수 분석

푸리에 이론은 오직 정상 신호에 대해서만 타당성을 지닌다. 비정상 신호의 분석에서 선호하는 방법은 시간과 주파수가 모두 포함된 신호의 묘사를 이용하는 것이다. 그 명칭에서 알 수 있듯이, **시간-주파수 분석**에서는 신호(즉, 시간의 1차 함수)를 신호의 특별한 구성요소를 시간의 함수로 표시하는 상(image 즉, 시간과 주파수의 2차 함수)으로 사상(mapping)한다. 개념적인 어휘로, 우리는 이 사상을 신호의 **시변 스펙트럼 표현**(representation)이라고 생각할 수 있다. 이 표현은 시간과 주파수가 두 개의 주된 축을 이루는 악보에 비유될 수 있다. 신호의 시간-주파수 표현의 값은 특정한 신호의 스펙트럼 구성요소가 관측되는 구체적 시간을 알려준다. 기본적으로, 신호의 시간-주파수 표현에는 1차 식과 2차 식의 두 종류가 있다. 이 절에서는 선형(1차 식) 표현만을 다루기로 한다. 구체적으로는 단시간(short-time) 푸리에 변환과 웨이브렛(wavelet) 변환을 차례대로 간략하게 설명한다.

10.3.1 함수의 정규직교 기저

여하한 방식으로든 시간-주파수 해석의 공식은 $\psi_{\tau,\alpha}(t)$로 표시되는 기저 함수의 2-매개변수 집합을 토대로 한다. 아래첨자 매개변수 τ는 지연시간을 나타낸다. 아래첨자 매개변수 α는 검토중인 시간-주파수 분석의 개별적인 유형에 좌우된다. 단시간 푸리에 변환에서 α는 주파수

ω와 같고, 연속 웨이브렛 변환에서 α는 주파수 내용을 결정하는 스케일 매개변수 α와 같다. 우리는 통상 실용적인 이유로 기저 함수 $\psi_{\tau,\alpha}(t)$를 선택하여 시간 영역과 주파수 영역 모두에서 충분히 집중되도록 한다.

3장에서 제시한 푸리에 이론의 설명에 부연하여, 기저 함수 $\psi_{\tau,\alpha}(t)$가 정규직교 집합을 형성하는 것이 바람직하다는 점을 덧붙인다. 정규직교의 요건으로는 다음 두 가지를 들 수 있다.

1. **정규화**(normalization): 기저 함수 $\psi_{\tau,\alpha}(t)$의 에너지가 1(unity)임을 의미한다.
2. **직교성**(orthogonality): 내적

$$\int_{-\infty}^{\infty} \psi_{\tau,\alpha}(t)\psi^*_{\tau',\alpha'}(t)\,dt = 0 \tag{10.1}$$

임을 의미한다.

별표는 기저 함수가 복소수 값을 가질 수 있음을 나타내기 위해 피적분 함수에 포함되었다. 파라미터 τ, α 및 τ', α'은 식 (10.1)의 정규직교 조건을 만족시키기 위해 가능한 값의 제한된 집합에서 선택되었다(정규직교에 관해서는 문제 3.85 및 3.100에서 다루어졌는데, 문제 3.100은 기저 함수 전개에 초점을 맞추고 있다).

웨이브렛 변환의 공식에는 정규직교 기저 함수를 사용할 여지가 충분히 있는 것으로 보인다. 그러나 불행히도 이것은 단시간 푸리에 변환에는 해당되지 않는다.

10.3.2 단시간 푸리에 변환

$x(t)$가 문제의 신호를 나타내고, $w(t)$가 제한된 시간 범위의 **창함수**를 나타낸다고 하자. $w(t)$는 복소수 값을 가질 수 있으므로 켤레 복소값에 별표를 사용한다. 따라서 **수정된 신호**는 다음과 같이 정의한다.

$$x_\tau(t) = x(t)w^*(t-\tau) \tag{10.2}$$

에 의해 주어지는 것으로 정의한다. 여기서 τ는 지연 파라미터이다. 수정된 신호 $x_\tau(t)$는 다음 두 가지 시간 변수의 함수이다.

- 동작 시간 t
- 우리의 관심 대상인 고정된 시간 지연 τ

그림 10.2에 나타난 것처럼, 창함수는 다음 식을 작성할 수 있는 방식으로 선택되었다.

$$x_\tau(t) \approx \begin{cases} x(t) & t\text{가 } \tau\text{에 접근할 경우} \\ 0 & t\text{가 } \tau\text{에서 멀어질 경우.} \end{cases} \tag{10.3}$$

지연시간 τ 주위에 있는 동작 시간 t의 값에 대해 창을 구성한(windowing) 결과, 원래의 신호 $x(t)$는 본질적으로 불변이다. τ에서 멀어진 t의 값의 경우, 신호는 창함수에 의해 실제적으

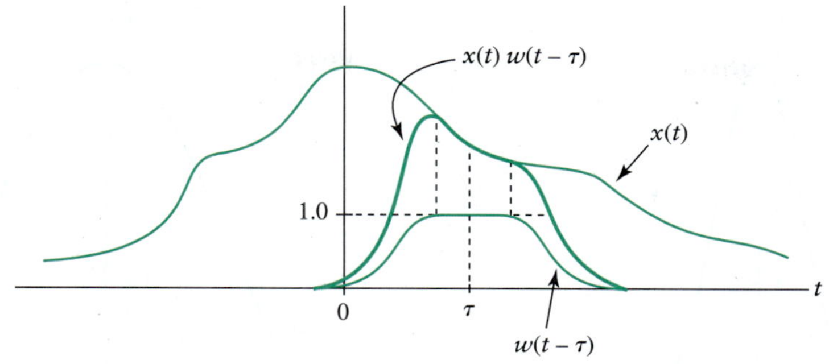

그림 10.2 신호 $x(t)$에 τ만큼 시간이 지연된 창함수 $w(t)$를 곱한 결과

로 약해진다. 그러므로, 실제적인 목적에서 수정된 신호 $x_\tau(t)$는 정적 상태 신호로 취급될 수 있고, 따라서 표준 푸리에 이론을 적용할 수 있게 된다.

이를 바탕으로 식 (3.31)에 주어진 푸리에 변환을 수정 신호 $x_\tau(t)$에 적용할 수 있다. 따라서, 비정적 신호 $x(t)$의 단시간 푸리에 변환(STFT)은 다음과 같은 공식으로 정의된다.

$$
\begin{aligned}
X_\tau(j\omega) &= \int_{-\infty}^{\infty} x_\tau(t)e^{-j\omega t}\,dt \\
&= \int_{-\infty}^{\infty} x(t)w^*(t-\tau)e^{-j\omega t}\,dt.
\end{aligned}
\tag{10.4}
$$

$X_\tau(j\omega)$에서 아래첨자 τ는 STFT가 자연히 지연 파라미터 τ에 할당된 값에 의해 좌우되고, 따라서 표준 푸리에 변환 $X(j\omega)$와 구별된다는 사실을 상기시키기 위해 포함되었다.

신호 $x(t)$에서 $X_\tau(j\omega)$가 선형인 것은 분명하다. 매개변수 ω는 통상의 푸리에 변환에서 각주파수의 역할과 유사한 역할을 한다. 주어진 $x(t)$에 대하여, $X_\tau(j\omega)$를 계산하여 얻은 결과는 창 $w(t)$의 선택에 좌우된다. 시간-주파수 분석에 관한 문헌에서 단시간 푸리에 변환은 보통 $X(\tau, \omega)$로 표시된다. 우리는 여기서 $X_\tau(j\omega)$를 이 책에서 사용하는 술어와 일치되도록 사용했다.

실제로는 여러 가지 다른 모양의 창들이 사용된다. 대칭, 단봉(unimodal) 그리고 매끄러운(smooth) 형태가 전형적인데, 두 가지 보기로 그림 10.3(a)에 표시된 **가우시안 창**과 그림 10.3(b)에 표시된 **해닝창**(즉, 상승 코사인 창)의 한 주기를 들 수 있다[이산시간에서 해닝창의 정의에 관해서는 식 (8.61)을 참조]. 가우스 창을 사용하는 STFT는 흔히 **가보(Gabor) 변환**이라고도 불린다.

수학적으로, 식 (10.4)의 적분은 기저 함수의 2-매개변수 집합을 가지는 신호 $x(t)$의 내적(스칼라적)을 나타내며, 다음 식으로 표시된다.

$$
\psi_{\tau,\omega}(t) = w(t-\tau)e^{j\omega t}. \tag{10.5}
$$

복소수 값을 가지는 기저 함수 $\psi_{\tau,\omega}(t)$는 시간 국소화 매개변수 τ와 주파수에 해당하는 ω에 따라 변화한다. 창함수 $w(t)$가 실수 값을 가진다고 가정할 때, $\psi_{\tau,\omega}(t)$의 실수 부분과 허수 부분

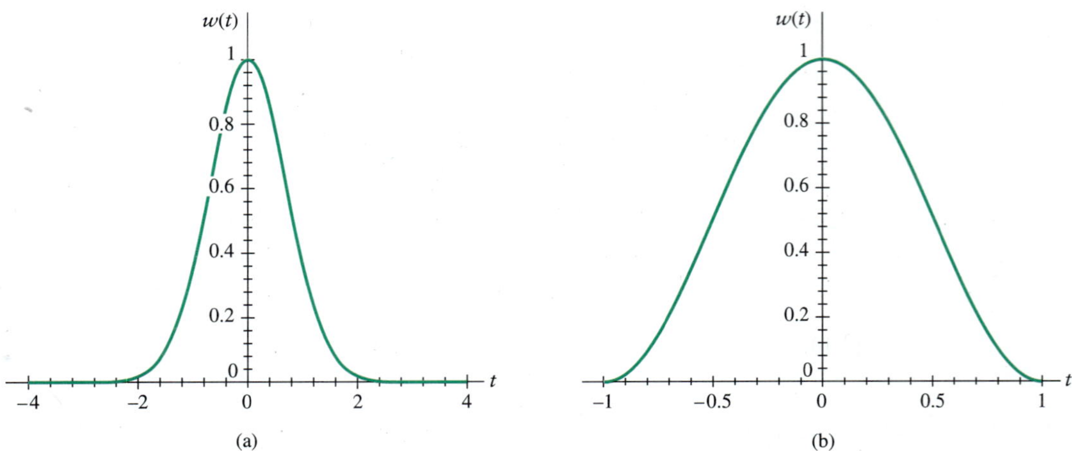

그림 10.3 (a) 가우스(Gauss) 창, (b) 해닝(Hanning)창

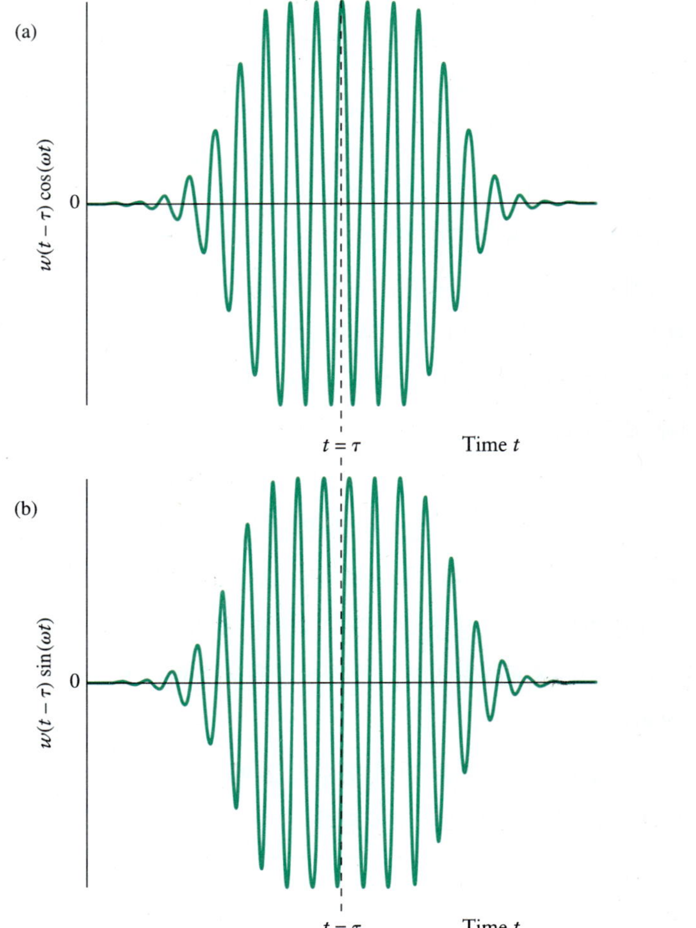

그림 10.4 창 $\omega(t)$가 실수값을 가진다고 가정할 때 복소수 값을 가지는 기저 함수 $\psi_{\tau,\omega}(t)$의 실수 부분과 허수 부분

은 그림 10.4(a)와 (b)에 표시된 것처럼 τ에 의해 시간이 이동하고 사인곡선 파형의 구적법 쌍으로 채워지는 포락선(envelope) 함수로 구성된다. 일반적으로 식 (10.5)에 정의된 작도법을 토대로 정규직교 기저 함수를 찾아내기는 어렵다는 사실에 유의할 필요가 있다.

푸리에 변환의 여러 가지 성질이 STFT에서도 그대로 유지된다. 특히, 다음 두 가지 신호 보존 성질에 주목할 필요가 있다.

1. STFT는 선형 변조를 제외한 시간 이동을 보존한다. 즉, $X_\tau(j\omega)$가 신호 $x(t)$의 STFT일 경우, 시간 이동 신호 $x(t - t_0)$의 STFT는 $X_{\tau-t_0}(j\omega)e^{-j\omega t_0}$와 같다.
2. STFT는 주파수 이동을 보존한다. 즉, $X_\tau(j\omega)$가 신호 $x(t)$의 STFT일 경우, 변조 신호 $x(t)^{j\omega_0 t}$의 STFT는 $X_\tau(j\omega - j\omega_0)$와 같다.

STFT의 사용에서 주된 관심사가 되는 것은 **시간-주파수 분해능**(resolution)의 문제이다. 구체적인 예로, 각주파수들의 간격이 $\Delta\omega$ rad/s인 순수한 사인곡선 신호의 쌍을 생각해 보자. 두 신호가 분해 가능하게 되는 $\Delta\omega$의 최소값을 **주파수 분해능**이라고 한다. 창 $w(t)$의 지속시간을 **시간 분해능**이라고 하며 $\Delta\tau$로 표시한다. 주파수 분해능 $\Delta\omega$와 시간 분해능 $\Delta\tau$는 푸리에 변환에서 이어 받은 STFT의 쌍대성(duality)을 표현한 부등식

$$\Delta\tau\Delta\omega \geq \frac{1}{2} \tag{10.6}$$

에 따라 역함수 관계를 가진다. 이 관계를 통계 양자역학에서 유추한 용어를 빌어 **불확정성의 원리**라고 부른다. 이는 3.17절에서 시간-대역폭 곱셈(product)을 설명하면서 논한 바 있다. 우리가 할 수 있는 최선의 길은 등식 신호로 식 (10.6)을 만족시키는 것인데, 이는 가우스 창을 사용하면 가능하다. 결과적으로 STFT의 시간-주파수 분해능은 시간-주파수 평면 전체에

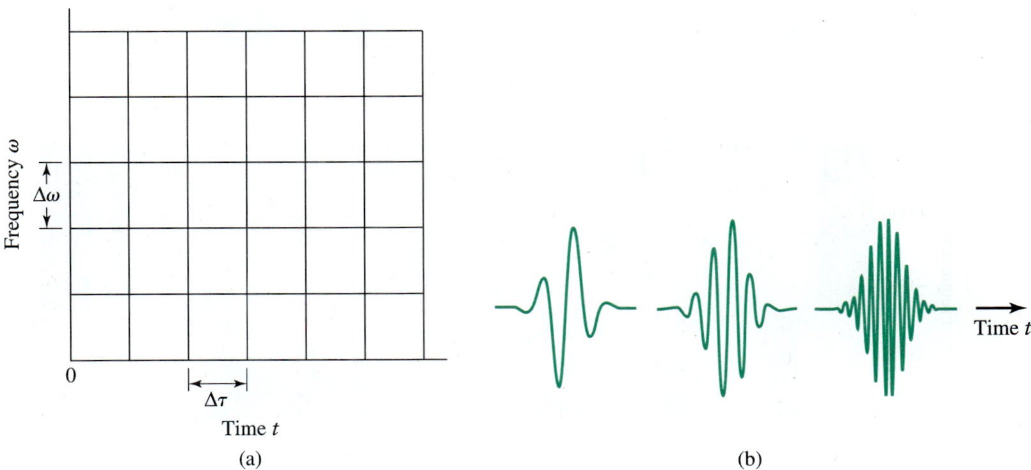

그림 10.5 (a) 시간-주파수 평면을 단시간 푸리에 변환으로 균일하게 분할한 것, (b) 다양한 주파수 슬롯과 관련된 기저 함수의 실수 부분

걸쳐 고정된다. 이 점은 시간-주파수 평면을 모양과 크기가 같은 조각들로 분할한 그림 10.5(a)에 표시되어 있다. 그림 10.5(b)는 관련된 STFT의 기저 함수의 실수 부분을 보여준다. 지속시간은 모두 똑같지만 주파수는 서로 다르다.

신호 $x(t)$의 STFT의 조각 크기를 신호의 **스펙트로그램**이라고 하며 다음 식으로 표시된다.

$$|X_\tau(j\omega)|^2 = \left| \int_{-\infty}^{\infty} x(t)w^*(t-\tau)e^{-j\omega t}\,dt \right|^2. \tag{10.7}$$

스펙트로그램은 고전적인 푸리에 이론을 간단하면서도 강력하게 확장한 것이다. 물리학적인 관점에서 볼 때 시간-주파수 평면에서의 신호의 에너지 크기를 알려준다.

10.3.3 음성 신호의 스펙트로그램

그림 10.6은 그림 8.21(a) 및 (b)에 표시된 음성 신호를 필터 처리하기 전과 후의 스펙트로그램을 보여준다. 스펙트로그램은 256 샘플 길이의 상승 코사인 창을 이용하여 계산되었다. 두 스펙트로그램에서 특정한 패턴의 회색 스케일은 그 패턴에서 신호의 에너지를 나타낸다. 회색 스케일 코드는(이산 에너지의 순서로) 검정색이 가장 높고, 다음에 회색, 마지막으로 흰색이 온다.

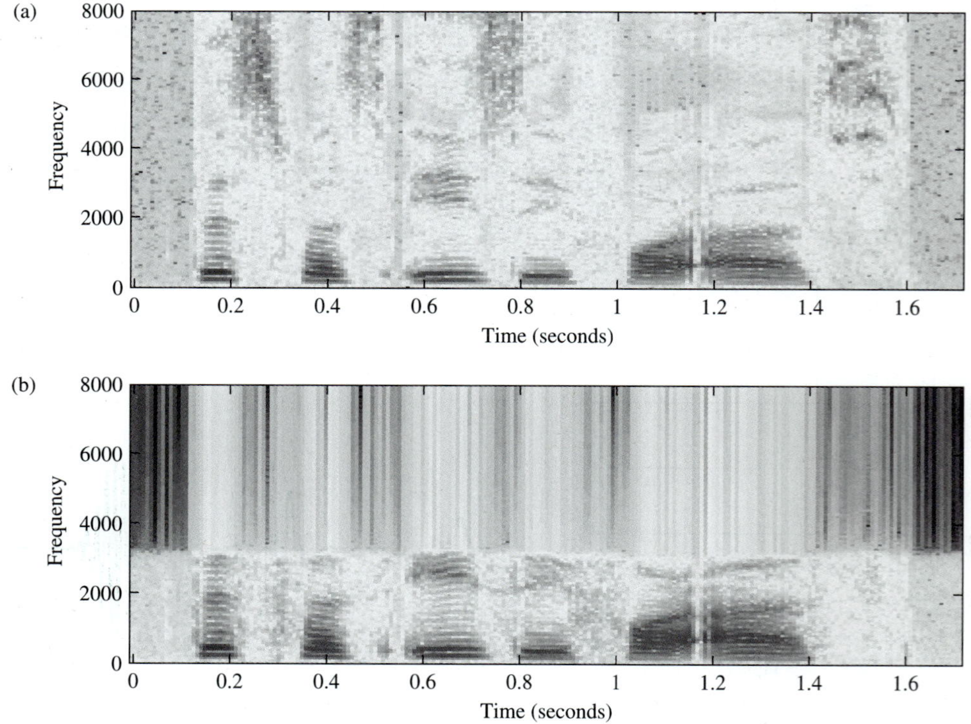

그림 10.6 음성 신호의 스펙트로그램. (a) "This was easy for us"라고 말하는 여성 발화자가 생성한 음성 신호의 소음 버전, (b) 동일한 음성 신호의 필터링 버전(참고문헌 6 '추가 도서' 참조)

그림 10.6의 스펙트로그램으로부터 음성 신호의 특성과 관련하여 다음과 같은 관찰이 이루어질 수 있다.

- 성도의 공명 주파수는 스펙트로그램에서 어두운 부분으로 표시된다. 이 공명 주파수를 **포먼트**(formant: 모음의 구성요소)라고 부른다.
- 유성음 영역에서는 좁은 주파수대에 에너지가 집중되므로 가는 줄들이 더 어둡고 수평으로 되어 있는데, 이는 성문(자극) 펄스 열의 고조파를 나타낸다.
- 무성음은 유성음보다 에너지가 작고 더 넓은 주파수대에 걸쳐 분산되기 때문에 보다 낮은 진폭을 가진다.

필터링된 음성 신호를 나타내는 그림 10.6(b)의 스펙트로그램에 표시된 큰 에너지 영역과 낮은(0에 가까운) 에너지 영역 사이에 있는 약 3.1 kHz에서의 날카로운 수평선 경계는 FIR 디지털 저역통과[**역주**: 특정 주파수 이하의 신호를 통과시키는] 필터 때문에 생긴다.

10.3.4 웨이브렛 변환

SFTF의 시간-주파수 분해능 한계를 극복하기 위해, 우리는 시간 분해능을 주파수 분해능과 (역도 마찬가지) 상쇄할 수 있는 사상(mapping)을 형성할 필요가 있다. **웨이브렛 변환**(WT)이라고 알려진, 그러한 방법 중 한 가지는 '초점'을 조절함으로써 신호의 다양한 부분들을 조사할 수 있다는 의미에서 '수치 현미경'처럼 작용한다.

웨이브렛 분석은 아래의 식으로 표시되는 기저 함수의 2-매개변수 집합에 기초한다.

$$\psi_{\tau,a}(t) = |a|^{-1/2}\psi\left(\frac{t-\tau}{a}\right). \tag{10.8}$$

여기서 a는 0이 아닌 스케일 인수(**확대 파라미터**라고도 함)이고 τ는 시간 지연이다. 변화하는 τ와 a에 대한 기저 함수 $\psi_{\tau,a}(t)$는 **웨이브렛**이라고 불리며 $\psi(t)$로 표시되는 머더 웨이브렛(mother wavelet)을 이동(shifting) 및 크기 조정(scaling: 표준 신호를 해당되는 공학적 단위로 변환시키는 것)함으로써 얻어진다. 정의에 의해, 머더 웨이브렛의 푸리에 변환은

$$\Psi(j\omega) = \int_{-\infty}^{\infty} \psi(t)e^{-j\omega t}\,dt. \tag{10.9}$$

이다. 우리는 $\psi(t)$가 크기 스펙트럼 $|\psi(j\omega)|$의 맥락에서 아래 식으로 표현되는 허용 가능 조건을 만족시키는 것으로 가정한다.

$$C_{\psi} = \int_{-\infty}^{\infty} \frac{|\Psi(j\omega)|^2}{|\omega|}\,d\omega < \infty. \tag{10.10}$$

일반적으로, 크기 스펙트럼 $|\psi(j\omega)|$는 ω의 증가에 따라 적절히 감소되어, 허용 가능 조건은 머더 웨이브렛 자체에 대한 보다 간단한 요건으로 축소된다. 즉,

$$\int_{-\infty}^{\infty} \psi(t)\,dt = \Psi(j0) = 0. \tag{10.11}$$

이는 $\psi(t)$가 적어도 일정한 진동을 가짐을 의미한다. 식 (10.11)은 푸리에 변환 $\Psi(j\omega)$가 원래부터 0임을 가리킨다. 크기 스펙트럼 $|\Psi(j\omega)|$가 고주파수에서 감소함에 따라, 머더 웨이브렛 $\psi(t)$가 대역통과[**역주**: 특정 주파수 대역의 신호를 통과시키는] 특성을 가진다는 사실로 귀결된다. 나아가, 머더 웨이브렛을 정규화하여 단위(unit) 에너지를 갖도록 하면서 Parseval의 정리, 식 (3.62)를 이용하여 아래 식을 세울 수 있다.

$$\int_{-\infty}^{\infty} |\psi(t)|^2\,dt = \frac{1}{2\pi}\int_{-\infty}^{\infty} |\Psi(j\omega)|^2\,d\omega = 1. \tag{10.12}$$

결과적으로, 표 3.7과 식 (3.60)에 각각 주어진 푸리에 변환의 시간-이동 및 시간-크기 조정(scaling) 속성을 이용하여 웨이브렛 $\psi_{\tau,a}(t)$ 역시 단위 에너지를 가짐을 알 수 있다. 즉,

$$\int_{-\infty}^{\infty} |\psi_{\tau,a}(t)|^2\,dt = 1. \tag{10.13}$$

비정적 상태 신호 $x(t)$가 주어질 때, WT는 이제 웨이브렛 $\psi_{\tau,a}(t)$와 신호 $x(t)$의 내적으로 공식 정의된다.

$$\begin{aligned} W_x(\tau, a) &= \int_{-\infty}^{\infty} x(t)\psi^*_{\tau,a}(t)\,dt \\ &= |a|^{-1/2}\int_{-\infty}^{\infty} x(t)\psi^*\left(\frac{t-\tau}{a}\right)dt. \end{aligned} \tag{10.14}$$

푸리에 변환처럼, WT도 역변환이 가능하다, 즉, 아래의 합성 공식을 이용하여 원래 신호 $x(t)$를 정보의 손실 없이 $W_x(\tau, a)$에서 복구할 수 있다.

$$x(t) = \frac{1}{a^2 C_\psi}\int_{-\infty}^{\infty}\int_{-\infty}^{\infty} W_x(\tau, a)\psi_{\tau,\alpha}(t)\,da\,d\tau. \tag{10.15}$$

여기서 C_ψ는 식 (10.10)에 의해 정의된다. 식 (10.15)는 **항등식(identity)의 분해능**이라고 불리며, 신호 $x(t)$가 이동 및 확대된 웨이브렛의 중첩으로 표현될 수 있음을 진술한다.

웨이브렛 해석에서, 기저 함수 $\psi_{\tau,a}(t)$는 진동하는 함수이다. 따라서 푸리에 해석에서처럼 사인과 코사인(파)을 이용할 필요가 없다. 더 구체적으로, 푸리에 함수에서 기저 함수 $e^{j_\omega t}$는 영원히 진동한다. 이와 반대로, 웨이브렛 해석에서 기저 함수 $\psi_{\tau,a}(t)$는 시간에서 국소화되어 겨우 수주기 동안만 지속된다. 지연 파라미터 τ는 웨이브렛 $\psi_{\tau,a}(t)$의 위치를 주는 반면 스케일 인자(scale factor: 배율) a는 그 주파수 내용을 결정한다. $|a| << 1$인 경우, 웨이브렛 $\psi_{\tau,a}(t)$는 주파수 내용이 주로 고주파수 범위에 집중된 머더 웨이브렛 $\psi(t)$의 고도로 집중되고 축소된 버전이다. 이와 대조적으로, $|a| >> 1$인 경우, 웨이브렛 $\psi_{\tau,a}(t)$는 매우 넓게 분포하고 주로 저주파수 내용을 가진다. 그림 10.7(a)에 표시된 Haar 웨이브렛은 가장 단순한 예이다.

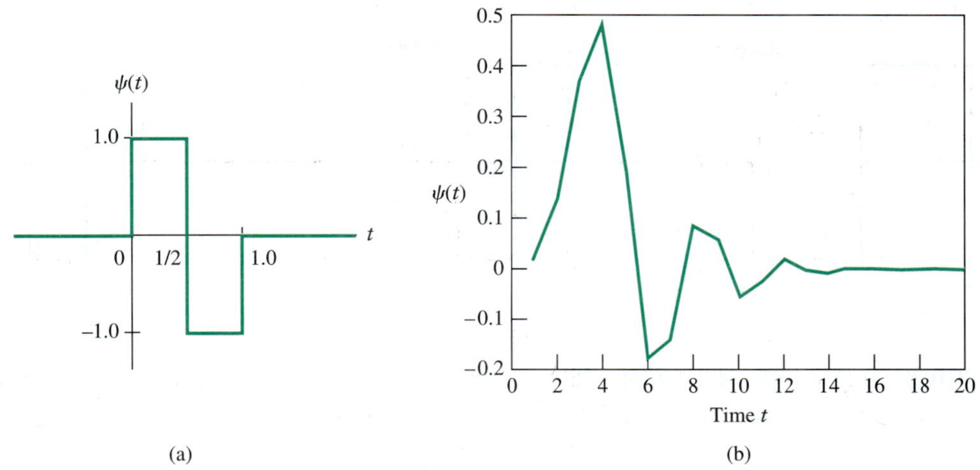

그림 10.7 (a) Haar 웨이브렛, (b) Daubechies 웨이브렛

그림 10.7(b)에 표시된 Daubechies 웨이브렛은 좀더 복잡한 예에 해당한다. 이 두 개의 웨이브렛은 모두 시간에서 컴팩트 받침을 가지는데, 이는 웨이브렛의 지속시간이 유한함을 의미한다. Daubechies 웨이브렛은 $N = 12$의 길이를 가지고 따라서 $N = 1$의 길이를 가지는 Haar 웨이브렛보다 덜 국소적이다. 그러나, Daubechies 웨이브렛은 지속적이며 Haar 웨이브렛보다 더 우수한 주파수 분해능을 가진다.

Haar 웨이브렛과 Daubechies 웨이브렛은 각각 정규직교이다. 즉, 양 경우에 머더 웨이브렛 $\psi(t)$는 식 (10.1)에 따른 모든 확대 및 변환과 관련하여 $\psi(t)$의 단위 에너지와 정규직교성이라는 정규직교의 두 가지 요건을 충족한다. 특히, 매개변수 τ, α 및 τ', α'는 이산 집합에서 선택되었다. 가장 흔한 보기는 집합 $\{k2^{-j};\, k$ 및 j 정수$\}$에서 선택된 τ(및 τ')를 가지는 반면, α(및 α')는 집합 $\{2^{-j};\, j$ 정수$\}$에서 선택되었다(여기서는 $j = \sqrt{-1}$과 혼동되지 않도록 정수 j를 사용했다). 이를 토대로하여 Haar 웨이브렛의 정규 직교성을 검증하는 것은 비교적 간단하다.

1. 그림 10.7(a)에서 우리는

$$\int_{-\infty}^{\infty} |\psi(t)|^2\, dt = \int_0^{1/2} (1)^2\, dt + \int_{1/2}^{1} (-1)^2\, dt \\ = 1 \tag{10.16}$$

임을 쉽게 알 수 있다.

2. 모든 확대 및 변환을 포함하는 Haar 웨이브렛 기저는 $2^{j/2}\psi(2^j t - k)$로 표현될 수 있는데, 여기서 j와 k는 정수(양수, 음수, 또는 0)이다. 이 식은 식 (10.8)에서 $a = 2^{-j}$ 및 $\tau = k2^{-j}$로 설정함으로써 얻을 수 있다. 정규 직교성은 다음 사실로써 보장된다.

$$\text{내적} = \int_{-\infty}^{\infty} \psi(2^j t - k)\psi(2^l t - m)\, dt = 0, \quad l \neq j\text{이거나 } m \neq k\text{일 때} \tag{10.17}$$

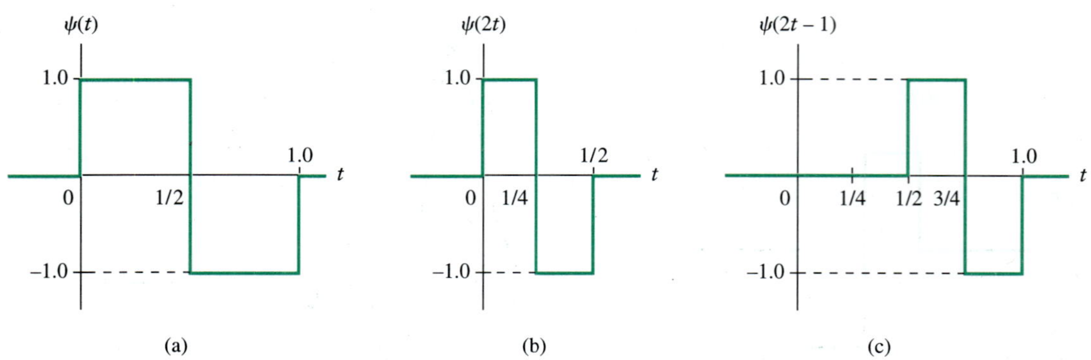

그림 10.8 (a) Haar 머더 웨이브렛 $\psi(t)$, (b) $a = 1/2$에 의해 확대된 Haar 웨이브렛, (c) 1/2에 의해 확대되고 $\tau = 1/2$에 의해 변환된 Haar 웨이브렛

Haar 웨이브렛이 실수 값을 가지므로 켤레 복소 표현은 필요치 않다는 점에 유의해야 한다. 그림 10.8에 관하여, 방정식 (10.17)은 처음 몇 개의 Haar 웨이브렛에 대해서는 쉽게 검증된다.

$$\begin{pmatrix} j = 0, & k = 0 \\ l = 1, & m = 0 \end{pmatrix}, \qquad \text{내적} = \int_{-\infty}^{\infty} \psi(t)\psi(2t)dt = 0$$

$$\begin{pmatrix} j = 0, & k = 0 \\ l = 1, & m = 1 \end{pmatrix}, \qquad \text{내적} = \int_{-\infty}^{\infty} \psi(t)\psi(2t - 1)dt = 0$$

$$\begin{pmatrix} j = 1, & k = 0 \\ l = 1, & m = 1 \end{pmatrix}, \qquad \text{내적} = \int_{-\infty}^{\infty} \psi(2t)\psi(2t - 1)dt = 0.$$

그림 10.8(a)와 (b)에서 우리는 $\psi(t) = 1$일 때 확대된 $\psi(2t)$가 +1과 −1의 값을 취하여 첫 번째 정수를 0으로 만든다는 것을 알 수 있다. 마찬가지로, 그림 10.8(a)와 (c)에서는 $\psi(t) = -1$일 때 확대되고 변환된 $\psi(2t - 1)$이 +1과 −1의 값을 취하여 두 번째 정수를 0으로 만든다는 것을 알 수 있다. 세 번째 정수는 다른 이유로 0이 된다. 그림 10.8(b)와 (c)에서 볼 수 있는 것처럼 함수 $\psi(2t)$와 $\psi(2t - 1)$은 중첩되지 않는다. 그림에서 우리는 이 두 함수 중 하나가 0일 때 다른 하나는 0이 아님을 알 수 있다. 이 행동 패턴은 다른 모든 2^{-j}에 의한 확대와 k에 의한 변환에 적용되고, 따라서 식 (10.17)의 정규직교 조건을 정당화시킨다.

창을 통한 푸리에 해석에서, 목표는 신호의 국소 주파수 내용을 측정하는 것이다. 이와 대조적으로 웨이브렛 해석에서 우리는 변화하는 τ와 a에 대하여 신호 $x(t)$와 웨이브렛 $\psi_{\tau,a}(t)$ 사이의 유사성을 측정한다. a에 의한 확대는 명료한 분해능과 함께 몇 가지 신호의 확대도로 나타난다.

STFT가 자체적인 신호 보존 성질을 가지고 있는 것처럼 WT도 그러하다.

1. WT는 시간 이동을 보존한다. 즉, $W_x(\tau, \alpha)$가 신호 $x(t)$의 WT이면 $W_x(a_0\tau, aa_0)$는 시간-이동 신호 $x(t - t_0)$의 WT이다.
2. WT는 시간 크기 조정을 보존한다. 즉, $W_x(\tau, \alpha)$가 신호 $x(t)$의 WT이면 시간-크기 조

정된 신호 $|a_0|^{1/2}x(a_0t)$의 WT는 $W_x(a_0\tau, aa_0)$와 같다.

그러나, STFT와 달리 WT는 주파수 이동을 보존하지 않는다.

앞서 언급한 것처럼, 머더 웨이브렛 $\psi(t)$는 어떤 대역통과 함수도 될 수 있다. STFT에서 변조된 창과 접속을 확립하기 위해 우리는 다음 식을 선택한다.

$$\psi(t) = w(t)e^{j\omega_0 t}. \tag{10.18}$$

창 $\omega(t)$는 통상적으로 저역통과 함수이다. 따라서 식 (10.18)은 머더 웨이브렛 $\psi(t)$를 주파수 내용이 본질적으로 자체 반송파 주파수 ω_0의 주위에 집중되어 있는 복소, 선형 변조 신호로 기술한다. 하지만, 이 특정한 머더 웨이브렛은 정규직교 집합으로 이어지지 않는 점에 유의해야 한다. ω가 분석 웨이브렛 $\psi_{\tau,a}(t)$의 반송파 주파수를 표시한다고 하면 $\psi_{\tau,a}(t)$의 스케일 인수 a는 반송파 주파수 ω와 역함수 관계를 갖는다. 즉,

$$a = \frac{\omega_0}{\omega}. \tag{10.19}$$

정의에 의해 웨이브렛은 동일한 프로토타입의 조정된 버전이므로 다음 식이 도출된다.

$$\frac{\Delta\omega}{\omega} = Q. \tag{10.20}$$

여기서 $\Delta\omega$는 분석 웨이브렛 $\psi_{\tau,a}(t)$의 주파수 분해능이며 Q는 상수이다. $\omega(t)$ 창을 가우스 함수가 되도록 선택하고 따라서 식 (10.6)을 등호와 함께 이용함으로써 웨이브렛 $\psi_{\tau,a}(t)$의 시간 분해능을 다음 식으로 나타낼 수 있다.

$$\begin{aligned}\Delta\tau &= \frac{1}{2\Delta\omega} \\ &= \frac{1}{2Q\omega}.\end{aligned} \tag{10.21}$$

식 (10.19)와 (10.20)에 비추어 볼 때, 우리는 이제 WT의 시간-주파수 분해 속성을 다음과 같이 정리할 수 있다.

1. 시간 분해능 $\Delta\tau$는 분석 웨이브렛 $\psi_{\tau,a}(t)$의 반송파 주파수 ω와 역비례하여 변화한다. 따라서 $\Delta\tau$는 높은 주파수에서 임의로 작게 만들 수 있고

2. 주파수 분해능 $\Delta\omega$는 분석 웨이브렛 $\psi_{\tau,a}(t)$의 반송파 주파수 ω에 따라 선형으로 변화한다. 따라서 $\Delta\omega$는 낮은 주파수에서 임의로 작게 만들 수 있다.

그러므로, WT는 수명이 긴 저주파 구성요소 위에 중첩된 높은 주파수 과도상태(transient)를 포함하는 비정적 상태 신호의 분석에 적합하다.

10.3.2절에서 우리는 STFT가 그림 10.5(a)에 나타난 것처럼 고정된 분해능을 가진다고 진술한 바 있다. 이와 대조적으로, WT는 그림 10.9(a)에 나타난 것처럼 다중 분해 능력을 가

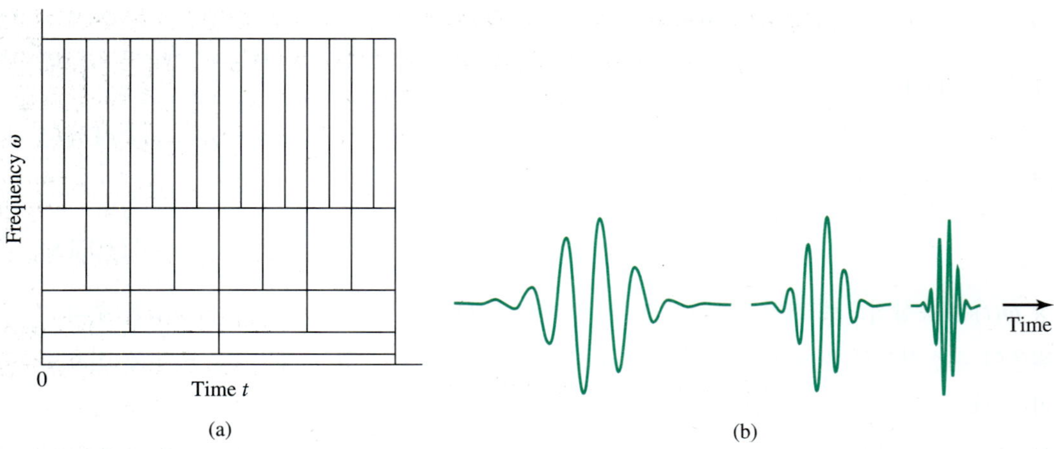

그림 10.9 (a) 웨이브렛 변환에 의한 시간-주파수 면의 분할, (b) 관련된 기저 함수의 실수 부분

진다. 후자의 그림에서 WT는 시간-주파수 면을 면적은 같지만 분석 웨이브렛 $\psi_{\tau,a}(t)$의 반송파 주파수 ω에 따라 폭과 높이가 달라지는 조각들로 분할한다. 따라서, STFT와 달리 WT에서는 각각 조각의 폭과 높이로 표현되는(폭이 좁고 길수록 분해능이 뛰어나다) 시간 분해능과 주파수 분해능 사이에 상쇄가 이루어진다. 그림 10.9(b)는 WT의 기저 함수의 실수 부분을 보여준다. 여기서 우리는 기저 함수가 가령 2의 인수로 압축될 때마다 반송파 주파수는 같은 인수만큼 증가한다는 것을 알 수 있다.

WT는 자체적으로 시간-축척 분석을 수행한다. 따라서, 그 조각 크기를 신호의 '**스캘로그램**'이라고 하며 다음 식으로 정의된다.

$$|W_x(\tau, a)|^2 = \frac{1}{a}\left|\int_{-\infty}^{\infty} x(t)\psi^*\left(\frac{t-\tau}{a}\right)dt\right|^2. \qquad (10.22)$$

스캘로그램은 시간-축척(scale) 면에서 신호의 에너지 분포를 나타낸다.

10.3.5 웨이브렛 변환을 이용한 영상 압축

시스템의 전송 말단에서 영상을 압축하고 수신 말단에서 원래의 영상을 재구성함으로써 통신 채널을 통한 영상의 전송이 더 효율적으로 이루어질 수 있다. 이러한 신호처리 연산의 결합을 '**영상 압축**'이라고 한다. 기본적으로 영상 압축에는 다음 두 종류가 있다.

1. **무손실 압축**: 영상에 포함된 잉여 정보를 제거하는 방법. 무손실 압축은 원래의 영상이 정확하게 재구성될 수 있다는 점에서 완전히 가역적이다.
2. **손실 압축**: 일부 정보의 손실이 수반되며 따라서 완전한 가역성을 갖지 못한다. 그러나 손실 압축은 무손실 방법보다 높은 압축률을 얻을 수 있다.

대부분의 경우에는 원시 영상의 지각 품질을 크게 떨어뜨리지 않는다면 손실 압축이 선호된다. 예를 들어, 최근에 인터넷을 통한 음악 교환이 확산되면서 약 11 : 1의 압축률을 얻을 수 있는 mp3(mpeg audio layer 3) 포맷이 선호되고 있다. 오늘날의 전자 통신 시스템에서는 대역폭의 비용이 지나치게 높아졌기 때문에 압축 포맷을 사용하면 상당한 절약 효과를 얻을 수 있다.

웨이브렛 변환의 계수는 공간과 주파수 모두에 국소화되어 있기 때문에 웨이브렛은 손실 영상 압축을 위한 강력한 선형적 방법을 제공한다. 일례로 그림 10.7(b)에 표시된 Daubechies 웨이브렛을 생각해 보자. 목표는 꽃을 든 여자가 있는 그림 10.10(a)의 영상 압축을 수행하는 것이다. 그림 10.10(b)는 같은 영상을 원래 크기의 68%로 압축한 후의 모습을 보여준다. 일부 정보가 손실되었는 데도 두 영상 사이에 차이를 관찰하기 어렵다는 점에 주목할 필요가 있

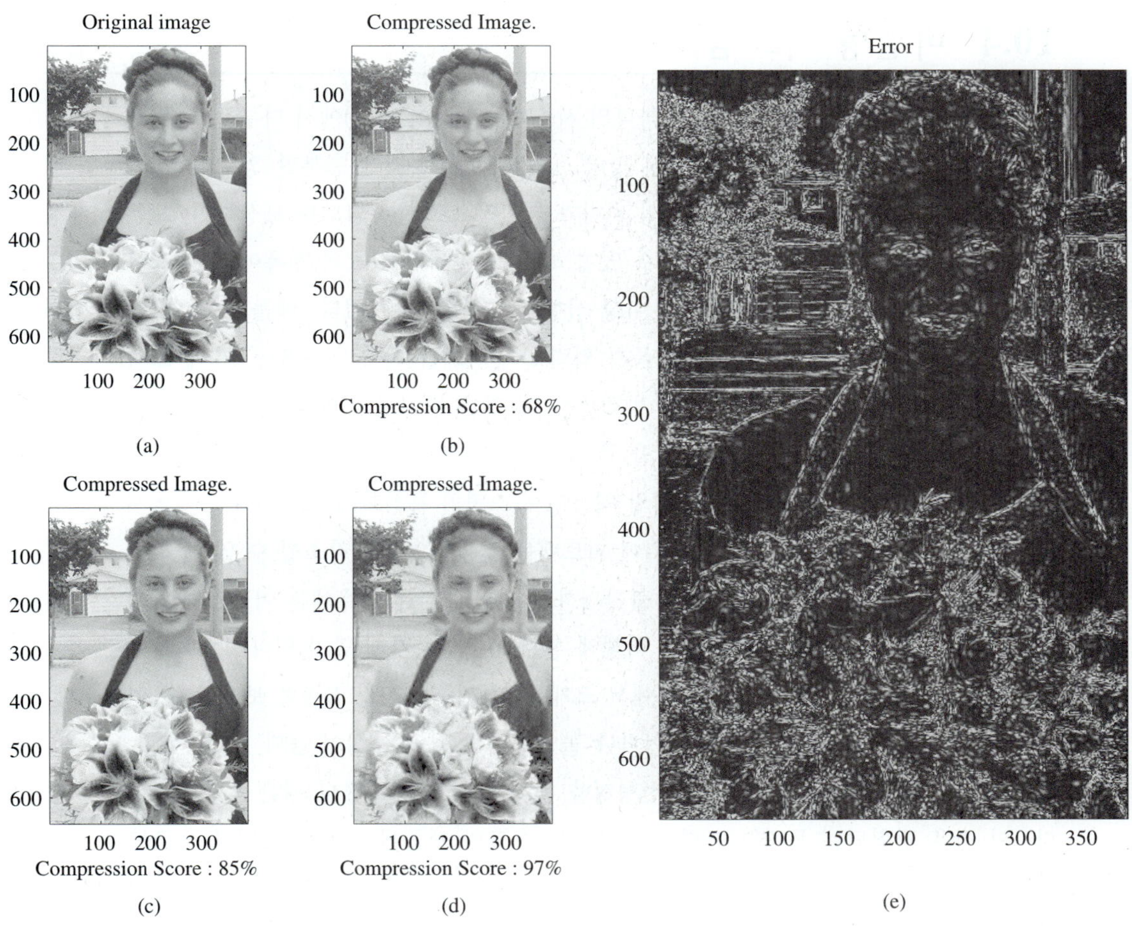

그림 10.9 (a) 꽃을 든 여자의 원시 영상, (b) (c) (d) 그림 10.7(b)의 Daubechies 웨이브렛을 이용한 영상의 압축 버전. 각각의 압축 스코어는 68%, 85%, 97%, (e) 원시 영상 (a)에서 압축 영상 (d)를 제거하여 얻은 차(difference) 영상(참고문헌 6 '추가 도서' 참조)

다. 계속해서 영상을 원래 크기의 85%와 97%로 압축하면[그림 10.10(c) 및 (d)] 시각적 결함이 점점 뚜렷해진다. 상이 흐려지는 이유는 높은 압축률로 인하여 원래의 정보가 충분히 보존되지 않기 때문이다. 따라서 원래의 영상을 완전히 재구성할 수 없게 된다.

손실된 정보의 양은 원시 영상[그림 10.10(a)]에서 압축 영상[그림 10.10(d)]를 제거하여 얻은 그림 10.10(e)의 차 영상에 나타나 있다. '고활성화'의 영역 또는 동의어로 '고 정보 손실'의 영역이 그림 10.10(d)에서 흐려진 부분과 일치한다는 사실은 흥미롭다. 이 고활성화 영역은 원래 영상에서 높은 주파수 내용을 포함하는 부분(공간적으로는 픽셀이 빠르게 변화한다)과 일치한다. 따라서, 그림에서 이 부분을 압축하기 어려운 것은 잉여(즉, 픽셀들 간의 유사성)가 거의 없기 때문이다.

10.4 비선형 시스템

선형성 조건이 충족되기 위해서는 하나의 시스템(예: 제어 방식)에서 다루는 신호 진폭이 시스템의 모든 구성요소가 각자의 '선형 영역' 내에서 작동하기에 충분할 정도로 작은 범위 내에 제한되어야 한다. 이 제한은 중첩의 원리가 본질적으로 충족되도록 보장하여, 모든 실제적 목적에서 시스템이 선형으로 간주될 수 있게 해준다. 그러나 신호의 진폭이 선형 작동의 범위 밖으로 벗어나게 될 때, 시스템은 더 이상 선형으로 간주될 수 없다. 예를 들어, 제어 방식에서 사용되는 트랜지스터 증폭기는 증폭기 입력에 인가되는 신호의 진폭이 클 때 포화로 치닫는 입력-출력 특성을 나타낸다. 제어 방식에서 또 다른 비선형의 예로 맞물린 기어들 사이의 백래시와 움직이는 부품들 간의 마찰을 들 수 있다. 어떤 경우에든, 선형성에서 벗어나는 정도가 상대적으로 작을 때 일정한 형태의 왜곡이 시스템의 특성화에 도입된다. 9장에서 논의한 것처럼, 이 왜곡의 효과는 시스템 주위에 피드백을 적용함으로써 감소될 수 있다.

하지만 시스템의 작동 진폭 범위가 불가피하게 커져야 하는 경우에는 어떻게 하는가? 이 질문의 해답은 의도된 적용과 시스템이 어떻게 설계되어 있는가에 달려 있다. 예를 들어 제어에 대한 응용에서는 설계 절차가 선형성에서 크게 벗어나는 효과를 적절히 보상할 수 없기 때문에 선형 시스템이 빈약한 성능을 보이거나 불안정하게 될 가능성이 높다. 다른 한편으로, 비선형 제어 방식은 시스템 설계에 비선형성을 직접 통합함으로써 더 나은 성능을 보일 수 있다. 이 점은 경험되는 동역학적 힘의 대부분이 속도의 제곱에 비례해서 변하는 로봇의 운동 제어에서 입증될 수 있다. 그러한 응용에 선형 제어 방식이 사용될 때, 로봇 링크들의 운동과 관련된 비선형적 힘들은 무시된다. 그 결과, 운동의 속도가 증가함에 따라 제어의 정확도는 급격히 저하된다. 따라서, '집어서 놓기'와 같은 로봇 태스크에서 예정된 제어의 정확도를 구현할 수 있을 정도로 운동의 속도가 상대적으로 느리게 유지되어야 한다. 이와 대조적으로,

로봇 운동에서 경험되는 비선형적 힘들을 보상해 주는 비선형 제어 방식을 사용함으로써 대형 작업장에서 로봇 속도의 범위가 큰 경우에 고도로 정확한 제어가 가능하게 된다. 이를 통해 생산성의 향상이라는 이득을 얻을 수 있다.

비선형 시스템을 분석하는 데 따른 수학적 어려움에도 불구하고, 그러한 시스템의 연구를 위한 이론적 도구를 개발하기 위해 몇 가지 진지한 노력이 이루어져 왔다. 이런 맥락에서, 네 가지 접근 방식이 특별히 주목할 가치가 있다.

10.4.1 위상-공간 분석

이 방법의 기본 생각은 그래픽 접근방식을 사용하여 다음과 같이 표시되는 1차 미분 방정식의 비선형 시스템을 연구하는 것이다.

$$\frac{d}{dt}x_j(t) = f_j(\mathbf{x}(t)), \qquad j = 1, 2, \ldots, p \tag{10.23}$$

여기서 $x_1(t)$, $x_2(t)$, $\cdots$, $x_p(t)$는 p차원의 **상태 벡터** $\mathbf{x}(t)$를 정의하며 그에 대응하는 f_1, f_2, $\ldots$, f_p는 비선형 함수들이다. p는 시스템의 **계**(order)라 불린다. 식 (10.23)은 p차원의 공간(흔히 시스템의 **위상 공간**이라 불린다)에서의 점의 운동을 기술하는 것으로 볼 수 있다. 이 용어는 물리학에서 빌어온 것이다. 위상 공간은 방정식 (10.23)으로 기술되는 비선형 시스템의 동역학을 분석할 수 있는 시각적인 개념의 도구를 제공하기 때문에 중요하다. 위상 공간은 방정식의 해석적 또는 수치적 해의 상세한 측면보다는 운동의 포괄적 특성에 우리의 주의를 집중시킴으로써 그러한 작업을 수행한다.

일련의 초기 조건으로부터 시작하여 방정식 (10.23)은 $x_1(t)$, $x_2(t)$, $\cdots$, $x_p(t)$로 표현되는 해를 정의한다. 시간 t는 0부터 무한대까지 변화하므로 이 해는 위상 공간 내에서 곡선을 그린다. 이 곡선을 **궤적**(trajectory)이라고 한다. 다양한 초기 조건에 대응하는 궤적들의 군을 **위상 포트레이트**라고 한다. 그림 10.11은 2차원적 비선형 동역학 시스템의 위상 포트레이트를 예시한다.

주로 시각적인 능력의 한계로 인하여, 위상 공간 분석의 그래픽 능력은 2계 시스템(즉, $p = 2$) 또는 2계 동역학에 의해 근사 가능한 시스템에 제한된다.

10.4.2 기술 함수 해석

비선형적 요소가 사인 곡선 입력에 종속될 때, 그 요소의 기술 함수는 사인 곡선 입력에 대한 출력의 기본 구성요소의 복소 비율로 정의된다. 따라서, 기술 함수 방법의 본질은 비선형 시스템의 비선형적 요소를 준선형 등가 시스템으로 근사시킨 다음 주파수 영역 기법의 힘을 이용하여 근사 시스템를 분석하는 것이다.

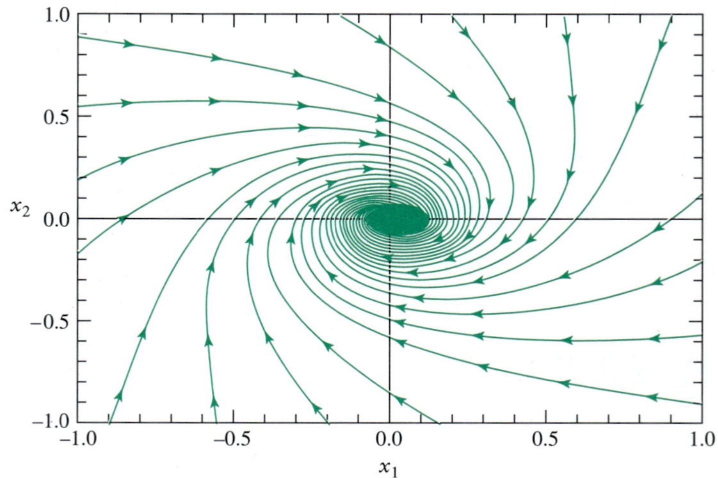

그림 10.11 다음과 같은 상태 방정식의 쌍에 의해 기술되는 2차원 비선형 동역학 시스템의 위상 포트레이트. 제어 파라미터 $c = -0.2$에 대하여

$$\frac{d}{dt}x_1(t) = x_2(t) - x_1(t)(x_1^2(t) + x_2^2(t) - c)$$

및

$$\frac{d}{dt}x_2(t) = -x_1(t) - x_2(t)(x_1^2(t) + x_2^2(t) - c)$$

[역주: 자료 출처 생략]

예를 들어 그림 10.12에서 기술된 비선형 제어 방식을 생각해 보자. 시스템의 귀환 루프에는 비선형성과 전달 함수 $G_1(s)$, $G_2(s)$, $H(s)$로 표현되는 3개의 선형적 요소가 포함되어 있다. 예를 들어, 비선형적 요소는 릴레이일 수 있다. 사인 곡선 입력 $x(t)$의 경우, 비선형성에 의해 생성되는 입력 신호의 고조파와 센서 $H(s)$를 통한 입력에 대한 귀환으로 인해 비선형성에 대한 입력은 사인 곡선이 되지 않는다. 하지만 선형적 요소 $G_1(s)$, $G_2(s)$, $H(s)$는 저역통과 유형이어서 그렇게 생성된 고조파가 미미한 수준으로 약화된다면, 우리는 비선형성에 대한 입력이 본질적으로 사인 곡선이라고 가정해도 무방할 것이다. 이와 같은 상황에서 기술 함수 방법을 적용한다면 정확한 결과가 산출될 것이다.

기술 함수 방법은 주로 비선형적 귀환 시스템에서 한계 사이클의 발생을 예측하는 데 사용된

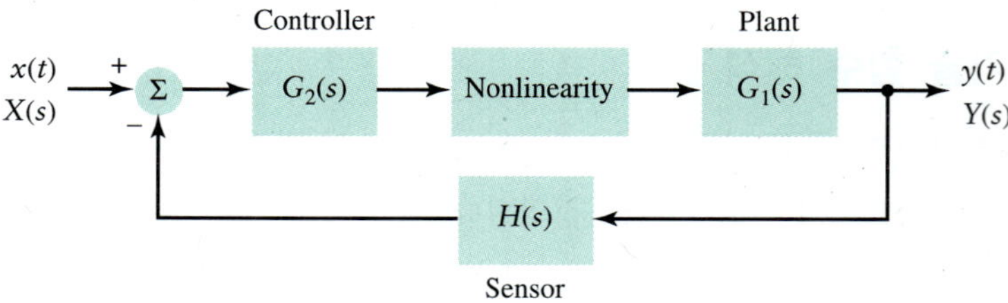

그림 10.12 귀환 루프에 비선형적 요소가 포함된 귀환 제어 방식

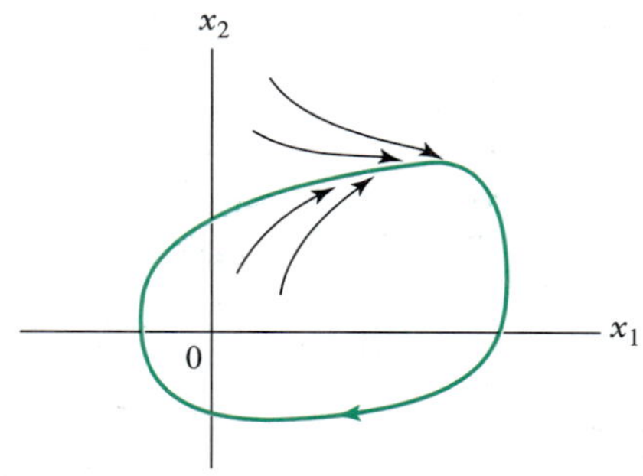

그림 10.13 2차원 위상 공간 내의 한계 사이클

다. **'한계 사이클'**은 시간이 무한대에 접근함에 따라 다른 궤적들이 내부와 외부 양면에서 점근적으로 수렴하는 위상 공간 내의 폐쇄 궤적을 의미한다. 위상 공간 내의 이런 형태의 수렴은 그림 10.13에 예시되어 있다. 한계 사이클은 비선형적 귀환 시스템에 독특한 주기 운동이다.

10.4.3 Lyapunov의 간접적 방법: 평형점의 안정성

비선형 체계의 안정성 분석에서 세 번째 접근 방식은 평형점 근방에서 시스템의 안정적 속성은 시스템에 대한 선형화된 접근을 통해서 획득한 것과 본질적으로 동일하다고 진술하는 Lyapunov의 간접적 방법에 기초를 두고 있다. **평형점**이란 시스템의 상태 벡터가 영원히 존속할 수 있는 위상 공간 내의 점을 의미한다. $\overline{x}_j$가 벡터 $\overline{\mathbf{x}}$로 표시되는 평형점의 j번째의 요소를 나타낸다고 하자. 주어진 평형점의 정의에 의해 도함수 $d\,\overline{x}_j$는 모든 j에 대한 평형점에서 0이 되며, 이 경우는 아래의 식으로 표시할 수 있다.

$$f_j(\bar{\mathbf{x}}) = 0 \qquad (j = 1, 2, \cdots, p) \tag{10.24}$$

평형점은 또한 **특이점**이라고도 불리는데, 이는 평형점이 발생할 때 시스템의 궤적이 점 자체로 퇴화된다는 사실에서 비롯된 표현이다.

평형 조건을 좀더 깊이 이해하기 위해서 $j = 1, 2, \cdots, p$인 경우, 비선형 함수 $f_j(x(t))$가 식 (10.23)이 $\overline{x}_j$의 근방에서 선형화되기에 충분히 매끄럽다고 가정하자. 특히,

$$x_j(t) = \bar{x}_j + \Delta x_j(t), \qquad j = 1, 2, \cdots, p \tag{10.25}$$

이라고 하자. 여기서 $\Delta x_j(t)$는 시간 t에서 모든 j에 대해 $\overline{x}_j$로부터의 작은 편차이다. 그렇다면, 비선형 함수 $f_j(x(t))$의 Taylor 급수 전개에서 처음 두 항을 유지하면서 다음과 같이 근사화할 수 있다.

$$f_j(\mathbf{x}(t)) \approx x_j + \sum_{k=1}^{p} a_{jk}\,\Delta x_j(t), \qquad j = 1, 2, \cdots, p. \tag{10.26}$$

여기서

$$a_{jk} = \frac{\partial}{\partial x_k} f_j(\mathbf{x})\big|_{x_j = \bar{x}_j} \qquad (j, k = 1, 2, \cdots, p) \tag{10.27}$$

따라서, 식 (10.25)와 (10.26)을 식 (10.23)으로 치환한 다음 평형점의 정의를 도입하면 다음 식을 얻게 된다.

$$\frac{d}{dt}\Delta x_j(t) \simeq \sum_{k=1}^{p} a_{jk}\,\Delta x_j(t), \qquad j = 1, 2, \ldots, p. \tag{10.28}$$

요소들의 집합 $\{a_{jk}\}_{j,\,k=1}^{p}$은 **A**로 표시되는 $p \times p$ 행렬을 구성한다. **A**가 **비특이**(nonsingular) **행렬**일 경우(즉, 역 행렬 $\mathbf{A}^{-1}$이 존재할 경우) 식 (10.28)에서 기술된 근사는 평형점 근방에서 시스템의 국소 행동을 결정하기에 충분하다.

편차 $\frac{d}{dt}\Delta x_j(t)$는 $p \times 1$ **속도 벡터**의 j번째 요소로 간주될 수 있다. 평형점에서 속도 벡터는 0이다. 방정식 (10.28)에 따르면, 평형점의 성질은 본질적으로 행렬 **A**의 고유값에 의해 결정되며 따라서 그에 대응하는 방식으로 분류될 수 있다. **A**의 고유값은 특성 방정식

$$\det(\mathbf{A} - \lambda\mathbf{I}) = 0 \tag{10.29}$$

의 근이다. 여기서 **I**는 $p \times p$ 단위 행렬이고 λ는 고유값이다. 행렬 **A**가 m개의 고유값을 가질 때 평형점은 m**형**이라고 한다. 2계 시스템의 특수한 경우에 대해, 우리는 평형점을 표 10.1에 요약하고 그림 10.14에 예시된 것처럼 분류할 수 있다. 안정점의 경우에, 안정점으로 향하는 궤적은 노드가 안정적임을 가리키는 반면 안정점에서 들어오는 궤적은 노드가 불안정함을 가리킨다.

표 10.1 2계 시스템의 평형 상태 분류

평형 상태 $\bar{\mathbf{x}}$의 유형	행렬 **A**의 고유값
안정된 노드	실수 및 음수
안정된 초점	음의 실수 부분을 가지는 복소 공액
불안정한 노드	실수 및 양수
불안정한 초점	양의 실수 부분을 가지는 복소 공액
안정점	반대 신호를 가지는 실수
중심	순수한 허수 공액

요약하자면, Lyapunov의 간접적 선형화 방법은 선형 제어 절차를 사용하는 안정된 시스템이 시스템의 국소 안정성을 보장한다는 의미에서 선형 제어 이론을 도입하는 것이 기본적으로 정당화되므로 선형 제어 이론의 실제적 중요성이 부각된다.

10.4.4 Lyapunov의 직접적 방법

역학 시스템과 관련된 에너지의 개념을 일반화한 직접적 방법은 "시스템의 에너지가 시간의 감소 함수일 때 시스템의 운동은 안정된다"고 진술한다. 이 방법을 적용하기 위해, 우리는 **Lyapunov 함수**라 불리는 스칼라 에너지-유사 함수를 공식화한 다음 시간이 경과함에 따라

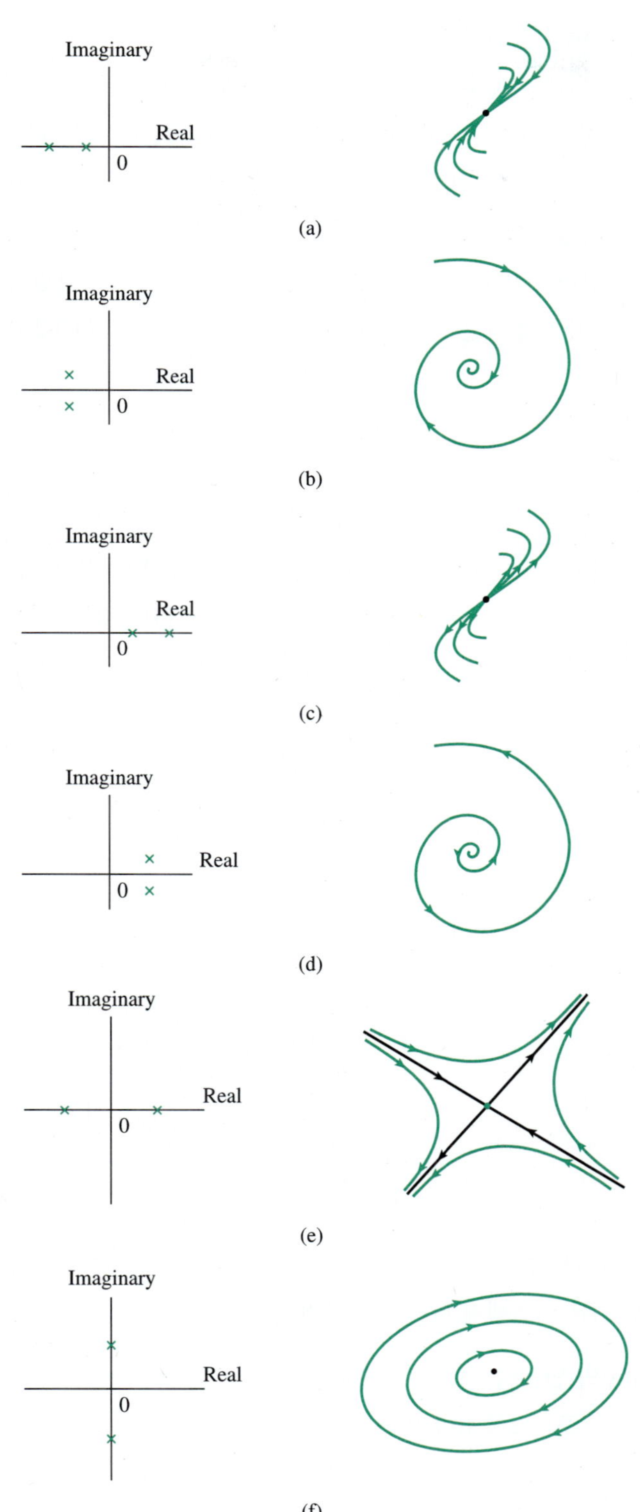

그림 10.14 2계 시스템에 대한 고유값(왼쪽)과 이에 상응하는 궤적(오른쪽). (a) 안정된 노드, (b) 불안정한 초점, (c) 불안정한 노드, (d) 불안정한 초점, (e) 안장점, (f) 중심

함수가 감소하는지 여부를 결정해야 한다.

표현상의 편의를 위해 이제부터 우리는 평형점이 원점, 즉 모든 j에 대해 $\bar{x}_j = 0$이라는 전제하에 진행한다. 이렇게 진행하면 어떠한 일반성도 잃지 않는다. 왜냐하면 변수를 변화시킴으로써 평형점을 위상 공간의 원점으로 이동할 수 있기 때문에 우리는 또한 행렬 형식을 이용하는 것이 편리하다고 생각한다[여기서, 앞서 언급한 것처럼 $\mathbf{x}(t)$는 시스템의 $p \times 1$ 상태 벡터를 나타낸다]. f가 상태 $\mathbf{x}(t)$를 그 도함수 $d\mathbf{x}(t)/dt$에 비선형적으로 관련시키는 벡터 함수 $p \times 1$을 나타낸다고 하자. 그렇다면 우리는 행렬 형식으로 된 방정식 (10.23)의 자율계를 다음 식으로 고쳐 쓸 수 있다.

$$\frac{d}{dt}\mathbf{x}(t) = \mathbf{f}(\mathbf{x}(t)). \tag{10.30}$$

상태변수 $\mathbf{x}(t)$의 함수인 $V(\mathbf{x})$가 원점을 포함하는 영역 D에서 연속적으로 미분 가능한 스칼라 함수를 나타낸다고 하자. 문제를 단순화하기 위해, 함수 $V(\mathbf{x})$를 도입하면서 우리는 시간 t에 대한 상태의 종속을 억제했다. 어떤 경우에든 방정식 (10.30)의 자율계의 궤적을 따르는 함수 $V(\mathbf{x})$의 도함수 $\dot{V}(\mathbf{x})$는 다음과 같이 미적분학의 연쇄 법칙에 의해 발견될 수 있다.

$$\begin{aligned}\dot{V}(\mathbf{x}) &= \frac{dV(x_1, x_2, \ldots, x_p)}{dt} \\ &= \sum_{j=1}^{p} \frac{\partial V}{\partial x_j}\frac{dx_j}{dt} \\ &= \sum_{j=1}^{p} \frac{\partial V}{\partial x_j} f_j(\mathbf{x}) \\ &= \left[\frac{\partial V}{\partial x_1}, \frac{\partial V}{\partial x_2}, \ldots, \frac{\partial V}{\partial x_p}\right]\begin{bmatrix} f_1(\mathbf{x}) \\ f_2(\mathbf{x}) \\ \vdots \\ f_p(\mathbf{x}) \end{bmatrix} \\ &= \frac{\partial V}{\partial \mathbf{x}}\mathbf{f}(\mathbf{x}).\end{aligned} \tag{10.31}$$

상태 $\mathbf{x}$는 식 (10.30)을 충족시킬 것이 요구되므로, $\dot{V}(\mathbf{x})$는 오직 $\mathbf{x}$에만 종속된다는 결론이 나온다. 따라서, $\dot{V}(\mathbf{x})$는 시스템에 따라 다양하게 달라진다.

이제 Lyapunov의 안정성 정리를 기술하고자 한다.

다음 두 조건이 충족되도록 $\mathbf{0}$이 영벡터(즉, 원점)를 나타낸다고 하고, $\bar{\mathbf{x}} = \mathbf{0}$이 식 (10.30)의 자율계의 평형점이라고 하고, $V(\mathbf{x})$가 원점을 포함하는 영역 D에서 연속적으로 미분 가능한 함수라고 하자.

1. 원점을 제외한 영역 D에서 $V(\mathbf{0}) = 0$ 그리고 $V(\mathbf{x}) > 0$ (10.32)

2. 영역 D에서 $\dot{V}(\mathbf{x}) \le 0$ (10.33)

그러면 평형점 $\mathbf{x} = \mathbf{0}$은 안정된다. 나아가 더 강한 조건으로

3. 원점을 제외한 영역 D에서 $V(\mathbf{x}) < 0$ (10.34)

이 충족된다면 $\mathbf{x} = \mathbf{0}$은 점근적으로 안정된다.

식 (10.32) 및 (10.33)을 충족시키는 연속적으로 미분 가능한 함수 $V(\mathbf{x})$를 Lyapunov 함수라 하고, 특정한 상수 $c > 0$에 대하여 $V(\mathbf{x}) = c$에 의해 정의되는 곡면을 Lyapunov 곡면이라고 한다. 그림 10.15에 예시된 것처럼, 우리는 이 Lyapunov 곡면이라는 아이디어를

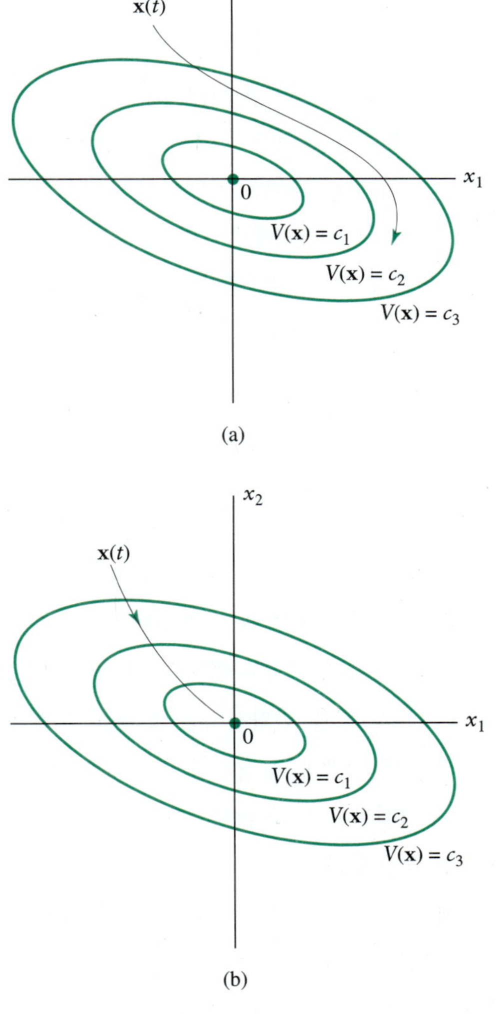

그림 10.15 $c_1 < c_2 < c_3$인 Lyapunov 곡면에 기초한 Lyapunov 안정성 정리의 2차원적 예시. (a) 식 (10.33)이 충족된다고 가정할 때 $\mathbf{x}(t)$의 궤적, (b) 식 (10.34)의 더 강한 조건이 충족된다고 가정할 때 상태 $\mathbf{x}(t)$의 궤적

Lyapunov 안정성 정리를 직관적으로 이해하는 데 활용할 수 있다. 이 그림은 감소하는 상수 c의 값에 대한 2차원의 Lyapunov 곡면을 보여준다. 식 (10.33)으로부터 우리는 그림 10.15(a)에 나타난 식 (10.33)의 자율계의 궤적이 $V(\mathbf{x}) = c$로 정의되는 Lyapunov 곡면을 횡단한다고 할 때 그 궤적은 $V(\mathbf{x}) \leq c$인 Lyapunov 곡면의 집합으로 이동하여 영원히 거기에 머문다는 사실을 추론한다. 나아가, 그림 10.15(b)에서 보여주는 바와 같이 더 강한 식 (10.34)가 충족된다면 궤적은 하나의 Lyapunov 곡면에서 더 작은 c를 가지는 내부의 Lyapunov 곡면으로 이동한다. 상수 c가 계속 축소됨에 따라 Lyapunov 곡면 $V(\mathbf{x}) = c$는 결국 원점으로 감소한다. 즉, 시간 t가 0부터 무한대까지 변화함에 따라 궤적은 원점으로 수렴된다.

마지막으로 한 마디 덧붙이자면, Lyapunov 안정성 정리에 따를 때 식 (10.32)~(10.34)는 평형점의 안정성 및 점근 안정성을 위해 충분하다. 하지만, 정리는 이 조건들이 필요한지 여부에 관해서는 말하지 않는다. 또한, 우리는 Lyapunov 함수의 존재에 관해서는 아무 것도 진술한 바가 없다. 이 문제는 **역정리**라 불리는 것에서 적어도 개념적으로나마 다루어진다. 이 정리들은 상급 과정에 속하므로 이 장의 범위를 넘어선다(참고문헌 4의 '추가 도서' 참조)

요약하자면, 위상 공간 방법, 기술 함수, (직접적/간접적 방법으로 구축된) Lyapunov 이론 등은 저마다 장점과 한계를 가지고 있다. 그러한 범위 내에서, 이들은 비선형 동역학 시스템의 연구를 위한 강력한 도구 세트를 제공한다.

10.5 적응 필터

물리적 시스템에서 비선형성은 시스템이 이상적인 LTI 시스템 모델에서 벗어나는 한 가지 원인이다. 또 다른 원인은 시간에 따른 시스템 파라미터의 변화이다. 이러한 변화는 물리적 인수의 다양성에서 비롯될 수 있다. 또한, 외부 입력의 내재적 성질에 예기치 않은 변화가 생길 수도 있고 시스템이 작동되는 환경을 변화시키는 효과를 가진 장애가 발생할 수도 있다. 고정된 파라미터를 가지고 시스템 설계를 결정하던 종래의 LTI 시스템 이론의 도구는 이런 현실적 상황을 다루는 데는 부적절한 경우가 많다. 파라미터가 변화하는 전범위에 걸쳐 만족스러운 성능을 얻기 위해 선호되는 접근 방식은 적응 필터를 이용하는 것이다.

적응 필터는 명확한 기준에 따라 최적의 방식으로 작동하도록 단계적으로 파라미터를 조정하기 위한 메커니즘을 갖춘 시변 시스템으로 정의된다. 적응 필터의 두 가지 응용 사례로 다음에 기술하는 적응 등화와 시스템 식별을 들 수 있다.

원격 통신 환경에서 채널은 보통 시간에 따라 변화한다. 예를 들어, 교환 전화망에서 우리는 다음 두 가지 인수가 다양한 회선 접속에 신호 왜곡을 분산시키는 역할을 한다는 것을 알게 된다.

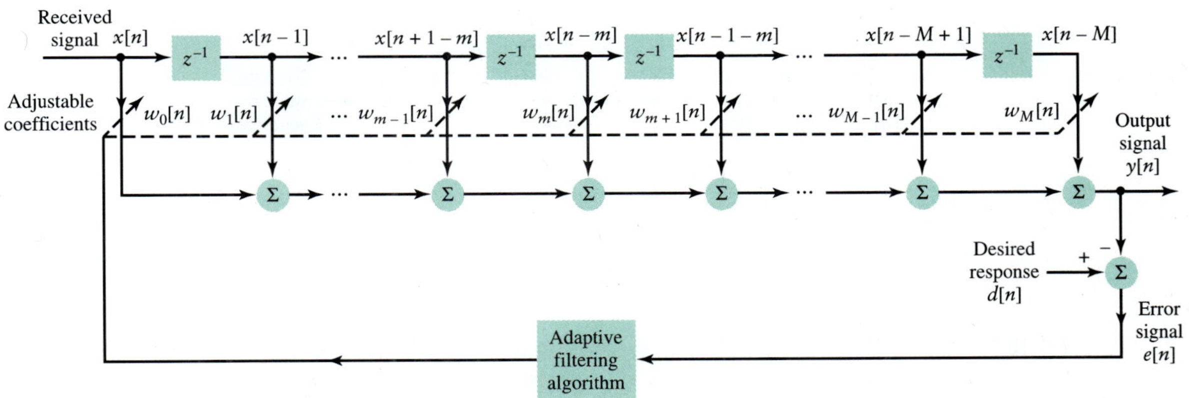

그림 10.16 M차 FIR 디지털 필터 주위에 구축된 적응 등화기

- 함께 교환 접속될 수 있는 개별 회선들의 전송 특성의 차이
- 특정한 접속에 사용되는 회선수의 차이

그 결과, 전화 채널은 사용할 수 있는 가능한 물리적 구현의 총체(그룹) 중 하나라는 의미에서 임의적이 된다. 따라서 전화 채널을 통한 디지털 데이터의 전송에 사용되는 고정 등화기가 평균 채널 특성에 기초한 LTI 시스템 이론을 이용하여 설계될 경우 그 성능이 충분치 못할 수도 있다. 전화 채널의 데이터 전송 능력을 충분히 구현하기 위해서는 적응 등화가 필요하다. 이 작업은 FIR 필터로 구성되고 통상적으로 수신기의 전위에 설치되는 **적응 등화기**라 불리는 장치에 의해 수행된다. 그림 10.16은 적응 등화기의 계통도를 보여준다. 이 등화기는 아래의 신호 쌍에 대해 작동함으로써 연속적이고, 자율적으로 자체 파라미터(즉, FIR 필터 계수)를 조정한다.

- 채널을 통해 전송된 신호의 왜곡된 버전을 나타내는 **수신된 신호** $x[n]$
- 전송된 신호의 복제물을 나타내는 **희망 응답** $d[n]$

전송된 신호의 복제물을 이용할 수 있다는 사실에 대해 사람들이 맨 처음 보이는 반응은 아마도 "수신기에서 그런 신호를 이용할 수 있다면 적응 등화가 왜 필요한가?" 하는 궁금증일 것이다. 이 물음에 답하기 위해서 우리는 전형적인 전화 채널이 평균적인 데이터 호출 과정에서 거의 변화하지 않는다는 사실에 주목한다. 따라서, 데이터 전송 이전에 등화기는 채널을 통해 전송되는 이진 훈련 시퀀스의 지시에 따라 조정된다. 이 훈련 시퀀스의 동기식 버전이 수신기에서 생성되고, 여기서(채널을 통한 전송 지연과 동일한 시간 이동 후에) 희망 응답으로 등화기에 적용된다. 실무에서 흔히 사용하는 **훈련 시퀀스**를 **의사잡음**(PN) 시퀀스—잡음 같은 특성을 가진 결정성·주기성 시퀀스—라고 한다. 두 개의 동일한 PN 시퀀스 생성기가 하나는 전송기, 다른 하나는 수신기에 사용된다. 훈련 과정이 완료되면 적응 등화기는 정상적인 작동

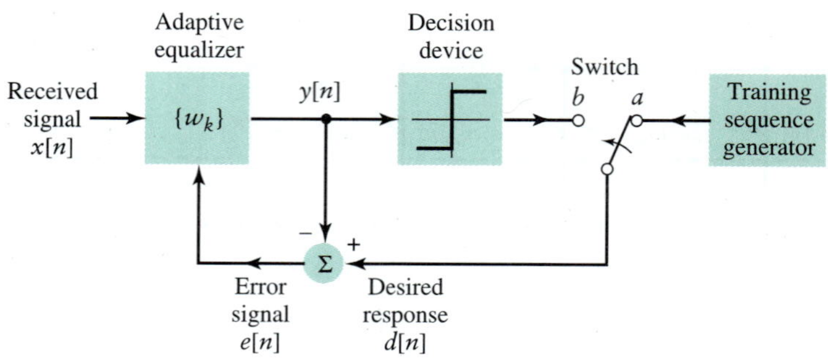

그림 10.17 적응 등화기의 두 가지 작동 방식. 스위치가 a 위치에 있을 때 등화기는 훈련 모드로 작동한다. 스위치가 b 위치에 있을 때 등화기는 결정지향 방식으로 작동한다.

준비가 된다. 훈련 시퀀스가 스위치 오프되면 이진 데이터가 담긴 정보가 채널을 통해 전송된다. 등화기 출력은 임계 장치를 통해 전달되고 전송된 이진 데이터 부호가 '1'인지 '0'인지에 대한 결정이 내려진다. 정상적인 작동에서는 수신기가 내리는 결정이 대개 정확하다. 이는 그림 10.17에서 보는 것처럼 임계 장치의 출력에서 산출되는 부호의 시퀀스가 전송되는 데이터 시퀀스에 대하여 상당히 신뢰할 만한 평가를 나타내며 따라서 희망 응답 대신에 사용될 수 있음을 의미한다. 이 두 번째 작동 방식을 **결정지향 방식**이라고 하며, 그 목적은 정상적인 데이터 전송 과정에서 발생할 수 있는 채널 특성 중에서 상대적으로 느린 변화를 추적하는 것이다. 따라서 등화기 내에서 필터 계수의 조정은 다음과 같이 진행되는 **적응 필터링 알고리듬**을 사용하여 이루어진다.

1. **훈련 모드**

   (i) 시간 n에서 FIR 필터 계수가 주어질 때, 수신된 신호 $x[n]$에 대한 응답으로 실제 등화기의 출력 $y[n]$이 계산된다.

   (ii) 희망 응답 $d[n]$과 등화기 출력 $y[n]$ 간의 차이가 계산된다. 이 차이가 $e[n]$으로 표시되는 오류 신호를 구성한다.

   (iii) 오류 신호 $e[n]$은 FIR 필터 계수를 교정하는 데 사용된다.

   (iv) 업데이트된 등화기 필터 계수를 사용하여 알고리듬은 등화기가 일정한 상태에 도달한 후 필터 계수에 주목할 만한 변화가 관찰되지 않을 때까지 (i)~(iii)의 단계를 반복한다.

이 반복 시퀀스를 개시하기 위해 필터 계수가 $n = 0$에서 특정한 적정 값(예: 모두에 대해 0)과 동일하게 설정된다. 시간 n에서 다음 시간 $n + 1$로 위의 알고리듬이 반복되면서 필터 계수에 적용되는 교정의 세부사항은 사용되는 적응 필터링 알고리듬의 유형에 의해 결정된다.

2. **결정지향 방식**. 이 두 번째 작동 방식은 훈련 모드가 종료되고 동일한 단계(다음 두 가지 변경은 제외)를 사용할 때 시작된다.

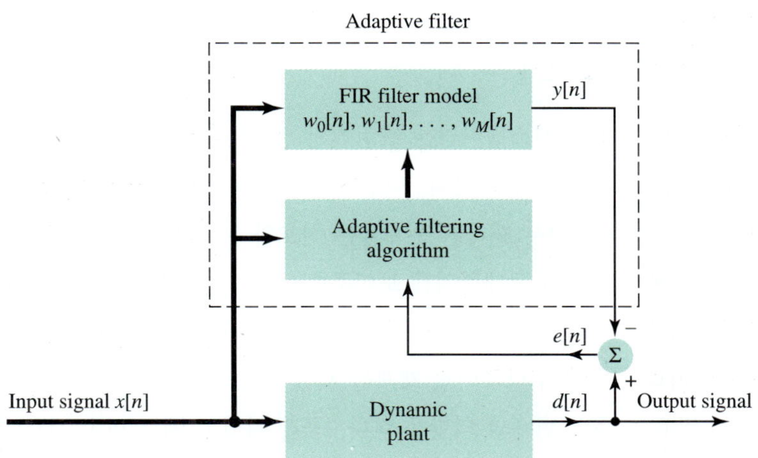

그림 10.18 미지의 동역학 플랜트를 식별하기 위한 적응 필터링 알고리듬에 의해 계수가 조정되는 FIR 모델의 블록 다이어그램

- 임계 장치의 출력이 희망 응답을 대신한다.
- 등화기의 필터 계수에 대한 조정은 데이터 전송 전반에 걸쳐 지속된다.

적응 필터링이 유용하게 쓰이는 또 다른 분야는 시스템 식별이다. 이 경우에는 작동이 중단될 수 없는 미지의 동역학 플랜트가 주어지고, 플랜트와 작동의 모델을 구축하는 일이 필요하게 된다. 그림 10.18은 M차 FIR 필터로 구성되는 모델의 블록 다이어그램을 보여준다. 입력 신호 $x[n]$은 플랜트와 모델에 동시에 적용된다. $d[n]$과 $y[n]$이 각각 플랜트와 모델의 출력을 나타낸다고 하자. 이 경우에는 플랜트 출력 $d[n]$이 희망 응답이다. 따라서 $d[n]$과 $y[n]$ 간의 차이는 명확한 기준에 따라 최소화되어야 할 오류 신호 $e[n]$을 정의한다. 이 최소화는 적응 등화기의 훈련 모드에서 기술한 것과 유사한 절차에 따라 모델의 파라미터(즉, FIR 필터 계수)를 단계적으로 조정하는 적응 필터링 알고리듬을 이용하여 이루어진다.

적응 등화와 시스템 식별은 통신, 제어, 레이더, 수중음파탐지기(sonar), 지진학, 전파 천문학, 생체 임상의학 등의 다양한 분야에 걸쳐 적응 필터가 활용되는 수많은 사례 중 두 가지에 지나지 않는다.

10.6 맺는 말

앞의 아홉 개 장에서 제시된 자료는 디지털 신호처리, 통신 시스템, 제어 방식 등의 상세한 연구를 위한 길을 열어주는 신호와 시스템의 이론적 토대를 제공한 것인데, 제시된 이론은 다음과 같은 조건이 전제되어야 한다.

- 이상적인 정적상태 신호
- 이상적인 선형 시불변 시스템

이 장에서는 실생활의 신호와 시스템이라는 관점에서 본 이론의 한계를 강조했다. 그래서 우리는 역시 비정적 상태, 시간-주파수 분석, 비선형 시스템, 적응 필터 등의 논제를 간략하게 다루었다. 이 장과 이전의 장에서 제시된 논제들은 신호와 시스템이라는 주제 아래 일반적으로 포함되는 주제의 폭이 얼마나 광대한지를 보여준다.

또 한 가지 주목할 만한 점은 이 책 전반에 걸쳐 우리가 독립 변수로서 시간에 초점을 맞추었다는 사실이다. 따라서 여기서 다루어진 제재를 **시간 처리**라고 불러도 무방할 것이다. **공간 처리**에서는 공간 좌표가 독립 변수의 역할을 한다. 공간 처리의 예는 연속 간극(벌림면) 안테나, (이산) 안테나 배열, 영상 처리 등에서 볼 수 있다. 이 책에 제시된 자료는 대부분 공간 처리에도 그대로 잘 적용되면서도, 그 근본 성질이 뚜렷한 것들이다.

참고문헌

1. 음성 신호의 특성화와 그 과정에 관한 고전적 접근방식을 논한 책

Flanagan, J. L., *Speech Analysis: Synthesis and Perception* (Springer-Verlag, 1972)

Rabiner, L. R., and R. W. Schafer, *Digital Processing of Speech Signals* (Prentice-Hall, 1978)

이 주제를 좀더 철저하게 연구한 책

Deller, J. R., J. G. Proakis, and J. H. L. Hanson, *Discrete Time Processing of Speech Signals* (Prentice Hall, 1993)

Quatrieri, T. F., *Discrete Time Speech Signal Processing Principles amd Practice* (Prentice Hall, 2001)

2. 시간-주파수 분석의 주제를 다룬 책

Cohen, L,. *Time-Frequency Analysis* (Prentice Hall, 1995)

SFTF와 그 성질에 관해서는 Cohen의 책 93-112쪽에 논의되어 있는데, 이 책 역시 신호의 정규 직교 전개에 관한 상세한 설명을 제시한다(pp. 204-209).

시간-주파수 분석에 관한 문헌은 다음에 기재된 Gabor의 고전적 논문에까지 거슬러 올라갈 수 있다.

Gabor, D., "Theory of communication," *Journal IEE (London)*, vol. 93, pp. 429-457, 1946

3. 웨이브렛과 웨이브렛 변환, 그 이론과 응용에 관한 책

Strang, G., and T. Q. Nguyen, *Wavelets and Filter Banks* (Wellesley-Cambridge Press, 1996)

Burrus, C. S., R. A.Gopinath, and H. Guo, *Introduction to Wavelets and Wavelet Transform-A Primer* (Prentice Hall, 1998)

Daubecjoes, I., ed., *Different Perspectives on Wavelets, Proceedings of Symposia in Applied Mathematics*, vol. 47 (American Mathematical Society, 1993)

Meyer, Y., *Wavelet: Algorithems and Applications* (SIAM, 1993), translated from the French by R. D. Ryan

Vetterli, M., and J. Kovacevic, *Wavelets and Subband Coding* (Prentice Hall, 1995)

Qian, S., *Introduction to Time-Frenquency and Wavelet Transforms* (Prentice Hall, 2002)

합성 공식 (10.15)에 대한 증명은 Vetterli 와 Kovacevic이 쓴 앞의 책, pp. 302-304를 보면 되고, WT의 성질에 관해서는 이 책의 304-311쪽에 논의되어 있다.

Daubechies 웨이브렛은 아래에 기재된 Ingrid Daubechies의 선구적 저작들을 기려 그녀의 이름에서 따온 것이다.

Daubechies, I. "Time-frequency localization operator: A geometric phase space approach," *IEEE Transactions on Information Theory*, vol. 34, pp. 605-612, 1988

Daubechies, I., *Ten Lectures on Wavelets*, CBMS Lecture Notes, no. 61 (SIAM, 1992)

웨이브렛에 관한 역사적인 상세한 내력을 보려면 Meyer가 쓴 앞의 책 pp. 13-31을 참조하라.

누가 뭐래도, 최초로 웨이브렛을 광범위하게 정의한 것은 물리학자이며 공학자인 A. Grossman과 J. Morlet의 공이라고 하지 않을 수 없다. 그 정의는 다음 책에 실려 있다.

Grossman, A., and J. Morlet, "Decomposition of Hardy functions into square integrable wavelets of constant shape," *SIAM J. Math. Anal.*, vol. 15, pp. 723-736, 1984

4. 기술 함수 해석을 연구한 책

Atherton, D. P., Nonlinear-Control Engineering (Van Nostrand-Reinhold, 1975)

Lyapunov 이론을 다룬 책

Slotine, J.-J.e., and W. Li, Applied Nonlinear Control (Prentice Hall, 1991)

Khalil, H. K., Nonlinear Systems (Macmillan, 1992)

Vidyasagar, M., Nonlinear Systems Analysis, 2d ed. (Prentice Hall, 1993)

이 책들은 또한 Lyapunov 함수의 존재를 주장하는 역정리에 관해서도 논한다. 고등 안정성 이론에 관한 논의에는 Lyapunov 안정성 정리를 비자율계에 확대한 것이 포함된다. 비자율계란 아래와 같이 시간 t에 명백히 의존하는 방정식으로 기술되는 비선형 동역학 시스템을 의미한다.

$$\frac{d}{dt}\mathbf{x}(t) = \mathbf{f}(\mathbf{x}(t), t).$$

이에 대응하여, 평형점 $\bar{\mathbf{x}}$은

$$t > t_0\text{일 때,} \quad \mathbf{f}(\bar{\mathbf{x}}, t) = 0$$

에 의해 정의된다. 이것은 시스템이 항시 포인트 $\bar{\mathbf{x}}$에 머물 수 있고, 따라서 Lyapunov 안정성 정리의 공식화를 10.4.4절의 '자율계'에서 기술된 것보다 훨씬 더 어렵게 만든다는 것을 의미한다.

러시아의 저명한 수학자이자 공학자인 Alexander M. Lyapunov(1857-1918)는 그의 이름을 딴 비선형 동역학 시스템의 안정상태 이론에 초석을 놓았다. Lyapunov의 고전적 저작 *The General Problem of Motion Stability*는 1892년에 처음으로 출판되었다.

5. 적응 필터의 이론과 그 응용에 관한 책

Haykin, S., *Adaptive Filter Theory*, 4th ed. (Prentice Hall, 2002)

Widrow, B., and S. D. Stearns, *Adaptive Signal Processing* (Prentice-Hall, 1985)

6. 그림 10.6과 10.10에 제시된 그림들을 생성하기 위한 MATLAB 코드는 웹사이트 www.wiley.com/college/haykin에 들어가면 찾을 수 있다.

부록

A Selected Mathematical Identities

※ 저자의 머리말에 밝힌 바와 같이 부록은 전부 번역하지 않았음 ※

A.1 *Trigonometry*

Consider the right triangle depicted in Fig. A.1. The following relationships hold:

$$\sin\theta = \frac{y}{r}$$

$$\cos\theta = \frac{x}{r}$$

$$\tan\theta = \frac{y}{x} = \frac{\sin\theta}{\cos\theta}$$

$$\cos^2\theta + \sin^2\theta = 1$$

$$\cos^2\theta = \tfrac{1}{2}(1 + \cos 2\theta)$$

$$\sin^2\theta = \tfrac{1}{2}(1 - \cos 2\theta)$$

$$\begin{aligned}\cos 2\theta &= 2\cos^2\theta - 1 \\ &= 1 - 2\sin^2\theta\end{aligned}$$

Other identities include the following:

$$\sin(\theta \pm \phi) = \sin\theta\cos\phi \pm \cos\theta\sin\phi$$

$$\cos(\theta \pm \phi) = \cos\theta\cos\phi \mp \sin\theta\sin\phi$$

$$\sin\theta\sin\phi = \tfrac{1}{2}[\cos(\theta - \phi) - \cos(\theta + \phi)]$$

$$\cos\theta\cos\phi = \tfrac{1}{2}[\cos(\theta - \phi) + \cos(\theta + \phi)]$$

$$\sin\theta\cos\phi = \tfrac{1}{2}[\sin(\theta - \phi) + \sin(\theta + \phi)]$$

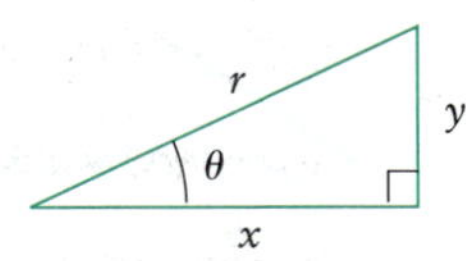

FIGURE A.1 Right triangle.

A.2 *Complex Numbers*

Let w be a complex number expressed in rectangular coordinates as $w = x + jy$, where $j = \sqrt{-1}$, $x = \text{Re}\{w\}$ is the real part of w, and $y = \text{Im}\{w\}$ is the imaginary part. We express w in polar coordinates as $w = re^{j\theta}$, where $r = |w|$ is the magnitude of w and $\theta = \arg\{w\}$ is the phase of w. The rectangular and polar representations of the number w are depicted in the complex plane of Fig. A.2.

A.2.1 Converting from Rectangular to Polar Coordinates

$$r = \sqrt{x^2 + y^2}$$

$$\theta = \arctan\left(\frac{y}{x}\right)$$

A.2.2 Converting from Polar to Rectangular Coordinates

$$x = r\cos\theta$$

$$y = r\sin\theta$$

A.2.3 Complex Conjugate

If $w = x + jy = re^{j\theta}$, then, using the asterisk to denote complex conjugation, we have

$$w^* = x - jy = re^{-j\theta}$$

A.2.4 Euler's Formula

$$e^{j\theta} = \cos\theta + j\sin\theta$$

A.2.5 Other Identities

$$ww^* = r^2$$

$$x = \text{Re}(w) = \frac{w + w^*}{2}$$

$$y = \text{Im}(w) = \frac{w - w^*}{2j}$$

$$\cos\theta = \frac{e^{j\theta} + e^{-j\theta}}{2}$$

$$\sin\theta = \frac{e^{j\theta} - e^{-j\theta}}{2j}$$

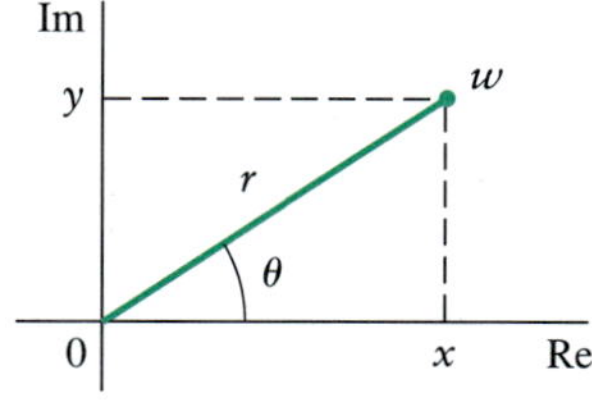

Figure A.2 The complex plane.

A.3 Geometric Series

If β is a complex number, then the following relationships hold:

$$\sum_{n=0}^{M-1} \beta^n = \begin{cases} \dfrac{1-\beta^M}{1-\beta}, & \beta \neq 1 \\ M, & \beta = 1 \end{cases}$$

$$\sum_{n=k}^{l} \beta^n = \begin{cases} \dfrac{\beta^k-\beta^{l+1}}{1-\beta}, & \beta \neq 1 \\ l-k+1, & \beta = 1 \end{cases}$$

$$\sum_{n=0}^{\infty} \beta^n = \frac{1}{1-\beta}, \quad |\beta| < 1$$

$$\sum_{n=k}^{\infty} \beta^n = \frac{\beta^k}{1-\beta}, \quad |\beta| < 1$$

$$\sum_{n=-k}^{-\infty} \beta^n = \beta^{-k}\left(\frac{\beta}{\beta-1}\right), \quad |\beta| > 1$$

$$\sum_{n=0}^{\infty} n\beta^n = \frac{\beta}{(1-\beta)^2}, \quad |\beta| < 1$$

A.4 Definite Integrals

$$\int_a^b x^n\,dx = \frac{1}{n+1}x^{n+1}\Big|_a^b, \qquad n \neq -1$$

$$\int_a^b e^{cx}\,dx = \frac{1}{c}e^{cx}\Big|_a^b$$

$$\int_a^b xe^{cx}\,dx = \frac{1}{c^2}e^{cx}(cx-1)\Big|_a^b$$

$$\int_a^b \cos(cx)\,dx = \frac{1}{c}\sin(cx)\Big|_a^b$$

$$\int_a^b \sin(cx)\,dx = -\frac{1}{c}\cos(cx)\Big|_a^b$$

$$\int_a^b x\cos(cx)\,dx = \frac{1}{c^2}(\cos(cx) + cx\sin(cx))\Big|_a^b$$

$$\int_a^b x\sin(cx)\,dx = \frac{1}{c^2}(\sin(cx) - cx\cos(cx))\Big|_a^b$$

$$\int_a^b e^{gx}\cos(cx)\,dx = \frac{e^{gx}}{g^2+c^2}(g\cos(cx) + c\sin(cx))\Big|_a^b$$

$$\int_a^b e^{gx}\sin(cx)\,dx = \frac{e^{gx}}{g^2+c^2}(g\sin(cx) - c\cos(cx))\Big|_a^b$$

A.4.1 Gaussian Pulses

$$\int_{-\infty}^{\infty} e^{-x^2/2\sigma^2}\,dx = \sigma\sqrt{2\pi}, \qquad \sigma > 0$$

$$\int_{-\infty}^{\infty} x^2 e^{-x^2/2\sigma^2}\,dx = \sigma^3\sqrt{2\pi}, \qquad \sigma > 0$$

A.4.2 Integration by Parts

$$\int_a^b u(x)\,dv(x) = u(x)v(x)\big|_a^b - \int_a^b v(x)\,du(x)$$

A.5 *Matrices*

A *matrix* is a set of numbers arranged in a rectangular array. For example,

$$\mathbf{A} = \begin{bmatrix} 2 & 3 \\ -1 & 4 \end{bmatrix}$$

is a matrix with two columns and two rows. We thus say that **A** is a two by two matrix. The first and second rows of **A** are given by $[2 \quad 3]$ and $[-1 \quad 4]$, respectively. We index the elements of the matrix in terms of their location, which is measured by the row and column in which the element lies. For example, the element in the first row and second column of **A** is 3. We refer to a matrix with N rows and M columns as either an N by M matrix or an $N \times M$ matrix. Boldface uppercase symbols are used to denote matrix quantities in this text.

A *vector* is a matrix containing a single column or a single row. A *column vector* is an N by 1 matrix, that is, a single column. For example,

$$\mathbf{b} = \begin{bmatrix} 3 \\ -2 \end{bmatrix}$$

is a two-dimensional column vector. A *row vector* is a M by 1 matrix, that is, a single row. For example,

$$\mathbf{c} = [2 \quad -1]$$

is a two-dimensional row vector. Vectors are denoted with lowercase boldface symbols.

A.5.1 Addition

If a_{ij} and b_{ij} are the elements in the ith row and jth column of matrices **A** and **B**, respectively, then the matrix $\mathbf{C} = \mathbf{A} + \mathbf{B}$ has elements $c_{ij} = a_{ij} + b_{ij}$.

A.5.2 Multiplication

If a_{ik} is the element in the ith row and kth column of an M-by-N matrix **A** and b_{kj} is the element in the kth row and jth column of an N-by-L matrix **B**, then the M-by-L matrix $\mathbf{C} = \mathbf{AB}$ has elements $c_{ij} = \sum_{k=1}^{N} a_{ik}b_{kj}$.

A.5.3 Inversion

The inverse of an N by N matrix **A** is denoted as $\mathbf{A}^{-1}$ and satisfies $\mathbf{AA}^{-1} = \mathbf{A}^{-1}\mathbf{A} = \mathbf{I}$ where **I** is the N by N identity matrix containing unity entries on the diagonal and zeros elsewhere.

Inverse of Two-by-Two Matrix

$$\begin{bmatrix} a & b \\ c & d \end{bmatrix}^{-1} = \frac{1}{ad - bc}\begin{bmatrix} d & -b \\ -c & a \end{bmatrix}$$

Inverse of Product of Matrices

If **A** and **B** are invertible, then

$$(\mathbf{AB})^{-1} = \mathbf{B}^{-1}\mathbf{A}^{-1}$$

부록

B Partial-Fraction Expansions

Partial-fraction expansions are used to express a ratio of polynomials as a sum of ratios of lower order polynomials. In essence, a partial-fraction expansion is the inverse of placing a sum of fractions over a common denominator. Partial-fraction expansions are used in analyzing signals and systems to determine inverse Fourier, Laplace, and z-transforms. In that context, we use a partial-fraction expansion to express an arbitrary ratio of polynomials as a sum of terms for which the inverse transform is known.

There are two different standard forms for ratios of polynomials that occur frequently in the study of signals and systems. One arises in the context of representing continuous-time signals and systems, while the other arises in the context of representing discrete-time signals and systems. We shall treat these separately, since the method for performing the partial-fraction expansion differs slightly in each case.

B.1 *Partial-Fraction Expansions of Continuous-Time Representations*

In the study of continuous-time signals and systems, we generally encounter ratios of polynomials of the form

$$\begin{aligned} W(u) &= \frac{B(u)}{A(u)} \\ &= \frac{b_M u^M + b_{M-1}u^{M-1} + \cdots + b_1 u + b_0}{u^N + a_{N-1}u^{N-1} + \cdots + a_1 u + a_0}. \end{aligned} \tag{B.1}$$

We employ the symbol u as a generic variable in this appendix; it should not be confused with the unit step function notation used elsewhere. In a Fourier transform problem, the variable u represents $j\omega$, and in a Laplace transform problem, u represents the complex variable s. Note that the coefficient of u^N in $A(u)$ is unity. We assume that $W(u)$ is a proper rational function; that is, the order of $B(u)$ is less than that of $A(u)$ $(M < N)$. If this condition is not satisfied, then long division of $A(u)$ into $B(u)$ is used to write $W(u)$ as the sum of a polynomial in u and a proper rational function representing the remainder of the division. The partial-fraction expansion is then applied to the remainder.

The first step in performing a partial-fraction expansion is to factor the denominator polynomial. If the N roots d_i are distinct, then we may rewrite $W(u)$ as

$$W(u) = \frac{B(u)}{(u - d_1)(u - d_2)\cdots(u - d_N)}$$

In this case, the partial-fraction expansion of $W(u)$ takes the form

$$W(u) = \frac{C_1}{u - d_1} + \frac{C_2}{u - d_2} + \cdots + \frac{C_N}{u - d_N}. \tag{B.2}$$

If a root $u = r$ occurs with multiplicity L, then

$$W(u) = \frac{B(u)}{(u - r)^L(u - d_1)(u - d_2)\cdots(u - d_{N-L})},$$

and the partial-fraction expansion of $W(u)$ is

$$\begin{aligned} W(u) &= \frac{C_1}{u - d_1} + \frac{C_2}{u - d_2} + \cdots + \frac{C_{N-L}}{u - d_{N-L}} + \frac{K_{L-1}}{u - r} \\ &\quad + \frac{K_{L-2}}{(u - r)^2} + \cdots + \frac{K_0}{(u - r)^L}. \end{aligned} \tag{B.3}$$

Note that as the power to which the denominator terms $(u - r)$ are raised increases, the indices i of the corresponding coefficients K_i decrease.

The constants C_i and K_i are called *residues*. We may obtain the residues by using either of two different approaches. In the method of linear equations, we place all the terms in the partial-fraction expansion of $W(u)$ over a common denominator and equate the coefficient of each power of u to the corresponding coefficient in $B(u)$. This gives a system of N linear equations that may be solved to obtain the residues, as illustrated in the next example. (For hand calculations, this approach is generally limited to $N = 2$ or $N = 3$.)

EXAMPLE B.1 OBTAINING RESIDUES BY SOLVING LINEAR EQUATIONS Determine the partial-fraction expansion of the function

$$W(u) = \frac{3u + 5}{u^3 + 4u^2 + 5u + 2}.$$

Solution: The roots of the denominator polynomial are $u = -2$ and $u = -1$, the latter with multiplicity two. Hence, the partial-fraction expansion of $W(u)$ is of the form

$$W(u) = \frac{K_1}{u + 1} + \frac{K_0}{(u + 1)^2} + \frac{C_1}{u + 2}.$$

The residues K_1, K_0, and C_1 may be determined by placing the terms in the partial-fraction expansion over a common denominator:

$$\begin{aligned} W(u) &= \frac{K_1(u + 1)(u + 2)}{(u + 1)^2(u + 2)} + \frac{K_0(u + 2)}{(u + 1)^2(u + 2)} + \frac{C_1(u + 1)^2}{(u + 1)^2(u + 2)} \\ &= \frac{(K_1 + C_1)u^2 + (3K_1 + K_0 + 2C_1)u + (2K_1 + 2K_0 + C_1)}{u^3 + 4u^2 + 5u + 2}. \end{aligned}$$

Equating the coefficient of each power of u in the numerator on the right-hand side of this equation to those in $B(u)$ gives the system of three equations in the three unknowns K_1, K_0, and C_1:

$$\begin{aligned} 0 &= K_1 + C_1; \\ 3 &= 3K_1 + K_0 + 2C_1; \\ 5 &= 2K_1 + 2K_0 + C_1. \end{aligned}$$

Solving these equations, we obtain $K_1 = 1$, $K_0 = 2$, and $C_1 = -1$, so the partial-fraction expansion of $W(u)$ is given by

$$W(u) = \frac{1}{u+1} + \frac{2}{(u+1)^2} - \frac{1}{u+2}. \blacktriangleleft$$

The *method of residues* is based on manipulating the partial-fraction expansion so as to isolate each residue. Hence, this method is usually easier to use than solving linear equations. To apply the method, we multiply each side of Eq. (B.3) by $(u - d_i)$:

$$(u - d_i)W(u) = \frac{C_1(u-d_i)}{u-d_1} + \frac{C_2(u-d_i)}{u-d_2} + \cdots + C_i + \cdots + \frac{C_{N-L}(u-d_i)}{u-d_{N-L}}$$
$$+ \frac{K_{L-1}(u-d_i)}{u-r} + \frac{K_{L-2}(u-d_i)}{(u-r)^2} + \cdots + \frac{K_0(u-d_i)}{(u-r)^L}.$$

On the left-hand side, the multiplication by $(u - d_i)$ cancels the $(u - d_i)$ term in the denominator of $W(u)$. If we now evaluate the resulting expression at $u = d_i$, then all the terms on the right-hand side are zero except for C_i, and we obtain the expression

$$C_i = (u - d_i)W(u)|_{u=d_i}. \tag{B.4}$$

Isolation of the residues associated with the repeated root $u = r$ requires multiplying both sides of Eq. (B.3) by $(u - r)^L$ and differentiating. We have

$$K_i = \frac{1}{i!}\frac{d^i}{du^i}\{(u-r)^L W(u)\}\bigg|_{u=r}. \tag{B.5}$$

The next example uses Eqs. (B.4) and (B.5) to obtain the residues.

EXAMPLE B.2 REPEATED ROOTS Find the partial-fraction expansion of

$$W(u) = \frac{3u^3 + 15u^2 + 29u + 21}{(u+1)^2(u+2)(u+3)}.$$

Solution: Here, we have a root of multiplicity two at $u = -1$ and distinct roots at $u = -2$ and $u = -3$. Hence, the partial-fraction expansion for $W(u)$ is of the form

$$W(u) = \frac{K_1}{u+1} + \frac{K_0}{(u+1)^2} + \frac{C_1}{u+2} + \frac{C_2}{u+3}.$$

We obtain C_1 and C_2 using Eq. (B.4):

$$C_1 = (u+2)\frac{3u^3 + 15u^2 + 29u + 21}{(u+1)^2(u+2)(u+3)}\bigg|_{u=-2} = -1;$$

$$C_2 = (u+3)\frac{3u^3 + 15u^2 + 29u + 21}{(u+1)^2(u+2)(u+3)}\bigg|_{u=-3} = 3.$$

Now we may obtain K_1 and K_0, using Eq. (B.5):

$$K_0 = (u+1)^2 \frac{3u^3 + 15u^2 + 29u + 21}{(u+1)^2(u+2)(u+3)}\Bigg|_{u=-1}$$
$$= 2;$$
$$K_1 = \frac{1}{1!}\frac{d}{du}\left\{(u+1)^2 \frac{3u^3 + 15u^2 + 29u + 21}{(u+1)^2(u+2)(u+3)}\right\}\Bigg|_{u=-1}$$
$$= \frac{(9u^2 + 30u + 29)(u^2 + 5u + 6) - (3u^3 + 15u^2 + 29u + 21)(2u + 5)}{(u^2 + 5u + 6)^2}\Bigg|_{u=-1}$$
$$= 1.$$

Hence, the partial-fraction expansion of $W(u)$ is

$$W(u) = \frac{1}{u+1} + \frac{2}{(u+1)^2} - \frac{1}{u+2} + \frac{3}{u+3}$$ ◀

From Eqs. (B.4) and (B.5), we may draw the following conclusions about the residues assuming the coefficients of the numerator and denominator polynomials in $W(u)$ are real valued:

The residue associated with a real root is real.

The residues associated with a pair of complex-conjugate roots are the complex conjugate of each other; thus, only one residue needs to be computed.

B.2 Partial-Fraction Expansions of Discrete-Time Representation

In the study of discrete-time signals and systems, we frequently encounter ratios of polynomials having the form

$$\begin{aligned} W(u) &= \frac{B(u)}{A(u)} \\ &= \frac{b_M u^M + b_{M-1}u^{M-1} + \cdots + b_1 u + b_0}{a_N u^N + a_{N-1}u^{N-1} + \cdots + a_1 u + 1}. \end{aligned} \tag{B.6}$$

In a discrete-time Fourier transform problem, the variable u represents $e^{-j\Omega}$, while in a z-transform problem, u represents z^{-1}. Note that the coefficient of the zeroth power of u in $A(u)$ is unity here. We again assume that $W(u)$ is a proper rational function; that is, the order of $B(u)$ is less than that of $A(u)$ $(M < N)$. If this condition is not satisfied, then long division of $A(u)$ into $B(u)$ is used to write $W(u)$ as the sum of a polynomial in u and a proper rational function representing the remainder of the division. The partial-fraction expansion is then applied to the remainder.

Here, we write the denominator polynomial as a product of first-order terms, namely,

$$A(u) = (1 - d_1 u)(1 - d_2 u)\cdots(1 - d_N u), \tag{B.7}$$

where d_i^{-1} is a root of $A(u)$. Equivalently, d_i is a root of the polynomial $\widetilde{A}(u)$ constructed by reversing the order of coefficients in $A(u)$. That is, d_i is a root of

$$\widetilde{A}(u) = u^N + a_1u^{N-1} + \cdots + a_{N-1}u + a_N.$$

If all the d_i are distinct, then the partial-fraction expansion is given by

$$W(u) = \frac{C_1}{1 - d_1u} + \frac{C_2}{1 - d_2u} + \cdots + \frac{C_N}{1 - d_Nu}. \tag{B.8}$$

If a term $1 - ru$ occurs with multiplicity L in Eq. (B.7), then the partial-fraction expansion has the form

$$\begin{aligned} W(u) = {} & \frac{C_1}{1 - d_1u} + \frac{C_2}{1 - d_2u} + \cdots + \frac{C_{N-L}}{1 - d_{N-L}u} \\ & + \frac{K_{L-1}}{(1 - ru)} + \frac{K_{L-2}}{(1 - ru)^2} + \cdots + \frac{K_0}{(1 - ru)^L}. \end{aligned} \tag{B.9}$$

The residues C_i and K_i may be determined analogously to the continuous-time case. We may place the right-hand side of Eq. (B.8) or Eq. (B.9) over a common denominator and obtain a system of N linear equations by equating coefficients of like powers of u in the numerator polynomials. Alternatively, we may solve for the residues directly by manipulating the partial-fraction expansion in such a way as to isolate each coefficient. This yields the following two relationships:

$$C_i = (1 - d_iu)W(u)\big|_{u=d_i^{-1}}; \tag{B.10}$$

$$K_i = \frac{1}{i!}(-r^{-1})^i \frac{d^i}{du^i}\{(1 - ru)^L W(u)\}\bigg|_{u=r^{-1}}. \tag{B.11}$$

EXAMPLE B.3 DISCRETE-TIME PARTIAL-FRACTION EXPANSION Find the partial-fraction expansion of the discrete-time function

$$W(u) = \frac{-14u - 4}{8u^3 - 6u - 2}.$$

Solution: The constant term is not unity in the denominator, so we first divide the denominator and numerator by -2 to express $W(u)$ in standard form. We have

$$W(u) = \frac{7u + 2}{-4u^3 + 3u + 1}.$$

The denominator polynomial $A(u)$ is factored by finding the roots of the related polynomial

$$\widetilde{A}(u) = u^3 + 3u^2 - 4.$$

This polynomial has a single root at $u = 1$ and a root of multiplicity two at $u = -2$. Hence, $W(u)$ can be expressed as

$$W(u) = \frac{7u + 2}{(1 - u)(1 + 2u)^2},$$

and the partial-fraction expansion has the form

$$W(u) = \frac{C_1}{1 - u} + \frac{K_1}{1 + 2u} + \frac{K_0}{(1 + 2u)^2}.$$

The residues are evaluated by using Eqs. (B.10) and (B.11) as follows:

$$\begin{aligned} C_1 &= (1 - u)W(u)\big|_{u=1} \\ &= 1; \\ K_0 &= (1 + 2u)^2 W(u)\big|_{u=-1/2} \\ &= -1; \\ K_1 &= \frac{1}{1!}\left(\frac{1}{2}\right)\frac{d}{du}\{(1 + 2u)^2 W(u)\}\bigg|_{u=-1/2} \\ &= \frac{7(1 - u) + (7u + 2)}{2(1 - u)^2}\bigg|_{u=-1/2} \\ &= 2. \end{aligned}$$

We conclude that the partial-fraction expansion is

$$W(u) = \frac{1}{1 - u} + \frac{2}{1 + 2u} - \frac{1}{(1 + 2u)^2}.$$ ◀

부록 C Tables of Fourier Representations and Properties

C.1 *Basic Discrete-Time Fourier Series Pairs*

Time Domain	*Frequency Domain*
$x[n] = \sum_{k=0}^{N-1} X[k]e^{jkn\Omega_o}$ *Period* $= N$	$X[k] = \frac{1}{N}\sum_{n=0}^{N-1} x[n]e^{-jkn\Omega_o}$ $\Omega_o = \frac{2\pi}{N}$
$x[n] = \begin{cases} 1, & \lvert n\rvert \le M \\ 0, & M < \lvert n\rvert \le N/2 \end{cases}$ $x[n] = x[n+N]$	$X[k] = \dfrac{\sin\left(k\frac{\Omega_o}{2}(2M+1)\right)}{N\sin\left(k\frac{\Omega_o}{2}\right)}$
$x[n] = e^{jp\Omega_o n}$	$X[k] = \begin{cases} 1, & k = p, p \pm N, p \pm 2N, \ldots \\ 0, & \text{otherwise} \end{cases}$
$x[n] = \cos(p\Omega_o n)$	$X[k] = \begin{cases} \frac{1}{2}, & k = \pm p, \pm p \pm N, \pm p \pm 2N, \ldots \\ 0, & \text{otherwise} \end{cases}$
$x[n] = \sin(p\Omega_o n)$	$X[k] = \begin{cases} \frac{1}{2j}, & k = p, p \pm N, p \pm 2N, \ldots \\ \frac{-1}{2j}, & k = -p, -p \pm N, -p \pm 2N, \ldots \\ 0, & \text{otherwise} \end{cases}$
$x[n] = 1$	$X[k] = \begin{cases} 1, & k = 0, \pm N, \pm 2N, \ldots \\ 0, & \text{otherwise} \end{cases}$
$x[n] = \sum_{p=-\infty}^{\infty} \delta[n - pN]$	$X[k] = \frac{1}{N}$

C.2 Basic Fourier Series Pairs

Time Domain	*Frequency Domain*
$x(t) = \sum_{k=-\infty}^{\infty} X[k]e^{jk\omega_o t}$ Period $= T$	$X[k] = \frac{1}{T}\int_0^T x(t)e^{-jk\omega_o t}\,dt$ $\omega_o = \frac{2\pi}{T}$
$x(t) = \begin{cases} 1, & \lvert t\rvert \le T_o \\ 0, & T_o < \lvert t\rvert \le T/2 \end{cases}$	$X[k] = \frac{\sin(k\omega_o T_o)}{k\pi}$
$x(t) = e^{jp\omega_o t}$	$X[k] = \delta[k-p]$
$x(t) = \cos(p\omega_o t)$	$X[k] = \frac{1}{2}\delta[k-p] + \frac{1}{2}\delta[k+p]$
$x(t) = \sin(p\omega_o t)$	$X[k] = \frac{1}{2j}\delta[k-p] - \frac{1}{2j}\delta[k+p]$
$x(t) = \Sigma_{p=-\infty}^{\infty}\delta(t-pT)$	$X[k] = \frac{1}{T}$

C.3 Basic Discrete-Time Fourier Transform Pairs

Time Domain	*Frequency Domain*
$x[n] = \frac{1}{2\pi}\int_{-\pi}^{\pi} X(e^{j\Omega})e^{j\Omega n}\,d\Omega$	$X(e^{j\Omega}) = \sum_{n=-\infty}^{\infty} x[n]e^{-j\Omega n}$
$x[n] = \begin{cases} 1, & \lvert n\rvert \le M \\ 0, & \text{otherwise} \end{cases}$	$X(e^{j\Omega}) = \frac{\sin\left[\Omega\left(\frac{2M+1}{2}\right)\right]}{\sin\left(\frac{\Omega}{2}\right)}$
$x[n] = \alpha^n u[n], \quad \lvert\alpha\rvert < 1$	$X(e^{j\Omega}) = \frac{1}{1-\alpha e^{-j\Omega}}$
$x[n] = \delta[n]$	$X(e^{j\Omega}) = 1$
$x[n] = u[n]$	$X(e^{j\Omega}) = \frac{1}{1-e^{-j\Omega}} + \pi\sum_{p=-\infty}^{\infty}\delta(\Omega - 2\pi p)$
$x[n] = \frac{1}{\pi n}\sin(Wn), \quad 0 < W \le \pi$	$X(e^{j\Omega}) = \begin{cases} 1, & \lvert\Omega\rvert \le W \\ 0, & W < \lvert\Omega\rvert \le \pi \end{cases}$ $\quad X(e^{j\Omega})$ is 2π periodic
$x[n] = (n+1)\alpha^n u[n]$	$X(e^{j\Omega}) = \frac{1}{(1-\alpha e^{-j\Omega})^2}$

C.4 Basic Fourier Transform Pairs

Time Domain	*Frequency Domain*
$x(t) = \frac{1}{2\pi}\int_{-\infty}^{\infty} X(j\omega)e^{j\omega t}\,d\omega$	$X(j\omega) = \int_{-\infty}^{\infty} x(t)e^{-j\omega t}\,dt$
$x(t) = \begin{cases} 1, & \lvert t\rvert \le T_o \\ 0, & \text{otherwise} \end{cases}$	$X(j\omega) = \frac{2\sin(\omega T_o)}{\omega}$
$x(t) = \frac{1}{\pi t}\sin(Wt)$	$X(j\omega) = \begin{cases} 1, & \lvert\omega\rvert \le W \\ 0, & \text{otherwise} \end{cases}$
$x(t) = \delta(t)$	$X(j\omega) = 1$
$x(t) = 1$	$X(j\omega) = 2\pi\delta(\omega)$
$x(t) = u(t)$	$X(j\omega) = \frac{1}{j\omega} + \pi\delta(\omega)$
$x(t) = e^{-at}u(t), \quad \text{Re}\{a\} > 0$	$X(j\omega) = \frac{1}{a + j\omega}$
$x(t) = te^{-at}u(t), \quad \text{Re}\{a\} > 0$	$X(j\omega) = \frac{1}{(a + j\omega)^2}$
$x(t) = e^{-a\lvert t\rvert}, \quad a > 0$	$X(j\omega) = \frac{2a}{a^2 + \omega^2}$
$x(t) = \frac{1}{\sqrt{2\pi}}e^{-t^2/2}$	$X(j\omega) = e^{-\omega^2/2}$

C.5 Fourier Transform Pairs for Periodic Signals

Periodic Time-Domain Signal	*Fourier Transform*
$x(t) = \sum_{k=-\infty}^{\infty} X[k]e^{jk\omega_o t}$	$X(j\omega) = 2\pi\sum_{k=-\infty}^{\infty} X[k]\delta(\omega - k\omega_o)$
$x(t) = \cos(\omega_o t)$	$X(j\omega) = \pi\delta(\omega - \omega_o) + \pi\delta(\omega + \omega_o)$
$x(t) = \sin(\omega_o t)$	$X(j\omega) = \frac{\pi}{j}\delta(\omega - \omega_o) - \frac{\pi}{j}\delta(\omega + \omega_o)$
$x(t) = e^{j\omega_o t}$	$X(j\omega) = 2\pi\delta(\omega - \omega_o)$
$x(t) = \sum_{n=-\infty}^{\infty}\delta(t - nT_s)$	$X(j\omega) = \frac{2\pi}{T_s}\sum_{k=-\infty}^{\infty}\delta\left(\omega - k\frac{2\pi}{T_s}\right)$
$x(t) = \begin{cases} 1, & \lvert t\rvert \le T_o \\ 0, & T_o < \lvert t\rvert < T/2 \end{cases}$ $x(t + T) = x(t)$	$X(j\omega) = \sum_{k=-\infty}^{\infty}\frac{2\sin(k\omega_o T_o)}{k}\delta(\omega - k\omega_o)$

C.6 *Discrete-Time Fourier Transform Pairs for Periodic Signals*

Periodic Time-Domain Signal	*Discrete-Time Fourier Transform*
$x[n] = \sum_{k=0}^{N-1} X[k]e^{jk\Omega_o n}$	$X(e^{j\Omega}) = 2\pi \sum_{k=-\infty}^{\infty} X[k]\delta(\Omega - k\Omega_o)$
$x[n] = \cos(\Omega_1 n)$	$X(e^{j\Omega}) = \pi \sum_{k=-\infty}^{\infty} \delta(\Omega - \Omega_1 - k2\pi) + \delta(\Omega + \Omega_1 - k2\pi)$
$x[n] = \sin(\Omega_1 n)$	$X(e^{j\Omega}) = \frac{\pi}{j} \sum_{k=-\infty}^{\infty} \delta(\Omega - \Omega_1 - k2\pi) - \delta(\Omega + \Omega_1 - k2\pi)$
$x[n] = e^{j\Omega_1 n}$	$X(e^{j\Omega}) = 2\pi \sum_{k=-\infty}^{\infty} \delta(\Omega - \Omega_1 - k2\pi)$
$x[n] = \sum_{k=-\infty}^{\infty} \delta(n - kN)$	$X(e^{j\Omega}) = \frac{2\pi}{N} \sum_{k=-\infty}^{\infty} \delta\left(\Omega - \frac{k2\pi}{N}\right)$

C.7 Properties of Fourier Representations

Property	Fourier Transform $x(t) \xleftrightarrow{FT} X(j\omega)$ $y(t) \xleftrightarrow{FT} Y(j\omega)$	Fourier Series $x(t) \xleftrightarrow{FS;\omega_o} X[k]$ $y(t) \xleftrightarrow{FS;\omega_o} Y[k]$ Period $= T$
Linearity	$ax(t) + by(t) \xleftrightarrow{FT} aX(j\omega) + bY(j\omega)$	$ax(t) + by(t) \xleftrightarrow{FS;\omega_o} aX[k] + bY[k]$
Time shift	$x(t - t_o) \xleftrightarrow{FT} e^{-j\omega t_o}X(j\omega)$	$x(t - t_o) \xleftrightarrow{FS;\omega_o} e^{-jk\omega_o t_o}X[k]$
Frequency shift	$e^{j\gamma t}x(t) \xleftrightarrow{FT} X(j(\omega - \gamma))$	$e^{jk_o\omega_o t}x(t) \xleftrightarrow{FS;\omega_o} X[k - k_o]$
Scaling	$x(at) \xleftrightarrow{FT} \frac{1}{\|a\|}X\left(\frac{j\omega}{a}\right)$	$x(at) \xleftrightarrow{FS;a\omega_o} X[k]$
Differentiation in time	$\frac{d}{dt}x(t) \xleftrightarrow{FT} j\omega X(j\omega)$	$\frac{d}{dt}x(t) \xleftrightarrow{FS;\omega_o} jk\omega_o X[k]$
Differentiation in frequency	$-jtx(t) \xleftrightarrow{FT} \frac{d}{d\omega}X(j\omega)$	—
Integration/ Summation	$\int_{-\infty}^{t} x(\tau)\,d\tau \xleftrightarrow{FT} \frac{X(j\omega)}{j\omega} + \pi X(j0)\delta(\omega)$	—
Convolution	$\int_{-\infty}^{\infty} x(\tau)y(t - \tau)\,d\tau \xleftrightarrow{FT} X(j\omega)Y(j\omega)$	$\int_{0}^{T} x(\tau)y(t - \tau)\,d\tau \xleftrightarrow{FS;\omega_o} TX[k]Y[k]$
Multiplication	$x(t)y(t) \xleftrightarrow{FT} \frac{1}{2\pi}\int_{-\infty}^{\infty} X(j\nu)Y(j(\omega - \nu))\,d\nu$	$x(t)y(t) \xleftrightarrow{FS;\omega_o} \sum_{l=-\infty}^{\infty} X[l]Y[k - l]$
Parseval's Theorem	$\int_{-\infty}^{\infty} \|x(t)\|^2\,dt = \frac{1}{2\pi}\int_{-\infty}^{\infty} \|X(j\omega)\|^2\,d\omega$	$\frac{1}{T}\int_{0}^{T} \|x(t)\|^2\,dt = \sum_{k=-\infty}^{\infty} \|X[k]\|^2$
Duality	$X(jt) \xleftrightarrow{FT} 2\pi x(-\omega)$	$x[n] \xleftrightarrow{DTFT} X(e^{j\Omega})$ $X(e^{jt}) \xleftrightarrow{FS;1} x[-k]$
Symmetry	$x(t)$ real $\xleftrightarrow{FT} X^*(j\omega) = X(-j\omega)$ $x(t)$ imaginary $\xleftrightarrow{FT} X^*(j\omega) = -X(-j\omega)$ $x(t)$ real and even $\xleftrightarrow{FT} \text{Im}\{X(j\omega)\} = 0$ $x(t)$ real and odd $\xleftrightarrow{FT} \text{Re}\{X(j\omega)\} = 0$	$x(t)$ real $\xleftrightarrow{FS;\omega_o} X^*[k] = X[-k]$ $x(t)$ imaginary $\xleftrightarrow{FS;\omega_o} X^*[k] = -X[-k]$ $x(t)$ real and even $\xleftrightarrow{FS;\omega_o} \text{Im}\{X[k]\} = 0$ $x(t)$ real and odd $\xleftrightarrow{FS;\omega_o} \text{Re}\{X[k]\} = 0$

(continues on next page)

C.7 (continued)

Property	*Discrete-Time FT* $x[n] \xleftrightarrow{DTFT} X(e^{j\Omega})$ $y[n] \xleftrightarrow{DTFT} Y(e^{j\Omega})$	*Discrete-Time FS* $x[n] \xleftrightarrow{DTFS;\,\Omega_o} X[k]$ $y[n] \xleftrightarrow{DTFS;\,\Omega_o} Y[k]$ *Period* $= N$
Linearity	$ax[n] + by[n] \xleftrightarrow{DTFT} aX(e^{j\Omega}) + bY(e^{j\Omega})$	$ax[n] + by[n] \xleftrightarrow{DTFS;\,\Omega_o} aX[k] + bY[k]$
Time shift	$x[n - n_o] \xleftrightarrow{DTFT} e^{-j\Omega n_o}X(e^{j\Omega})$	$x[n - n_o] \xleftrightarrow{DTFS;\,\Omega_o} e^{-jk\Omega_o n_o}X[k]$
Frequency shift	$e^{j\Gamma n}x[n] \xleftrightarrow{DTFT} X(e^{j(\Omega-\Gamma)})$	$e^{jk_o\Omega_o n}x[n] \xleftrightarrow{DTFS;\,\Omega_o} X[k - k_o]$
Scaling	$x_z[n] = 0, \quad n \neq 0, \pm p, \pm 2p, \pm 3p, \ldots$ $x_z[pn] \xleftrightarrow{DTFT} X_z(e^{j\Omega/p})$	$x_z[n] = 0, \quad n \neq 0, \pm p, \pm 2p, \pm 3p, \ldots$ $x_z[pn] \xleftrightarrow{DTFS;\,p\Omega_o} pX_z[k]$
Differentiation in time	—	—
Differentiation in frequency	$-jnx[n] \xleftrightarrow{DTFT} \frac{d}{d\Omega}X(e^{j\Omega})$	—
Integration/ Summation	$\sum_{k=-\infty}^{n} x[k] \xleftrightarrow{DTFT} \frac{X(e^{j\Omega})}{1 - e^{-j\Omega}}$ $+ \pi X(e^{j0}) \sum_{k=-\infty}^{\infty} \delta(\Omega - k2\pi)$	—
Convolution	$\sum_{l=-\infty}^{\infty} x[l]y[n - l] \xleftrightarrow{DTFT} X(e^{j\Omega})Y(e^{j\Omega})$	$\sum_{l=0}^{N-1} x[l]y[n - l] \xleftrightarrow{DTFS;\,\Omega_o} NX[k]Y[k]$
Multiplication	$x[n]y[n] \xleftrightarrow{DTFT} \frac{1}{2\pi}\int_{-\pi}^{\pi} X(e^{j\Gamma})Y(e^{j(\Omega-\Gamma)})\,d\Gamma$	$x[n]y[n] \xleftrightarrow{DTFS;\,\Omega_o} \sum_{l=0}^{N-1} X[l]Y[k - l]$
Parseval's Theorem	$\sum_{n=-\infty}^{\infty} \lvert x[n]\rvert^2 = \frac{1}{2\pi}\int_{-\pi}^{\pi} \lvert X(e^{j\Omega})\rvert^2\,d\Omega$	$\frac{1}{N}\sum_{n=0}^{N-1} \lvert x[n]\rvert^2 = \sum_{k=0}^{N-1} \lvert X[k]\rvert^2$
Duality	$x[n] \xleftrightarrow{DTFT} X(e^{j\Omega})$ $X(e^{jt}) \xleftrightarrow{FS;1} x[-k]$	$X[n] \xleftrightarrow{DTFS;\,\Omega_o} \frac{1}{N}x[-k]$
Symmetry	$x[n]$ real $\xleftrightarrow{DTFT} X^*(e^{j\Omega}) = X(e^{-j\Omega})$ $x[n]$ imaginary $\xleftrightarrow{DTFT} X^*(e^{j\Omega}) = -X(e^{-j\Omega})$ $x[n]$ real and even $\xleftrightarrow{DTFT} \mathrm{Im}\{X(e^{j\Omega})\} = 0$ $x[n]$ real and odd $\xleftrightarrow{DTFT} \mathrm{Re}\{X(e^{j\Omega})\} = 0$	$x[n]$ real $\xleftrightarrow{DTFS;\,\Omega_o} X^*[k] = X[-k]$ $x[n]$ imaginary $\xleftrightarrow{DTFS;\,\Omega_o} X^*[k] = -X[-k]$ $x[n]$ real and even $\xleftrightarrow{DTFS;\,\Omega_o} \mathrm{Im}\{X[k]\} = 0$ $x[n]$ real and odd $\xleftrightarrow{DTFS;\,\Omega_o} \mathrm{Re}\{X[k]\} = 0$

C.8 *Relating the Four Fourier Representations*

Let

$$g(t) \xleftrightarrow{FS;\, \omega_o = 2\pi/T} G[k]$$

$$v[n] \xleftrightarrow{DTFT} V(e^{j\Omega})$$

$$w[n] \xleftrightarrow{DTFS;\, \Omega_o = 2\pi/N} W[k]$$

C.8.1 FT Representation for a Continuous-Time Periodic Signal

$$g(t) \xleftrightarrow{FT} G(j\omega) = 2\pi \sum_{k=-\infty}^{\infty} G[k]\delta(\omega - k\omega_o)$$

C.8.2 DTFT Representation for a Discrete-Time Periodic-Signal

$$w[n] \xleftrightarrow{DTFT} W(e^{j\Omega}) = 2\pi \sum_{k=-\infty}^{\infty} W[k]\delta(\Omega - k\Omega_o)$$

C.8.3 FT Representation for a Discrete-Time Nonperiodic Signal

$$v_\delta(t) = \sum_{n=-\infty}^{\infty} v[n]\delta(t - nT_s) \xleftrightarrow{FT} V_\delta(j\omega) = V(e^{j\Omega})\Big|_{\Omega = \omega T_s}$$

C.8.4 FT Representation for a Discrete-Time Nonperiodic Signal

$$w_\delta(t) = \sum_{n=-\infty}^{\infty} w[n]\delta(t - nT_s) \xleftrightarrow{FT} W_\delta(j\omega) = \frac{2\pi}{T_s} \sum_{k=-\infty}^{\infty} W[k]\delta\left(\omega - \frac{k\Omega_o}{T_s}\right)$$

C.9 *Sampling and Aliasing Relationships*

Let

$$x(t) \xleftrightarrow{FT} X(j\omega)$$

$$v[n] \xleftrightarrow{DTFT} V(e^{j\Omega})$$

C.9.1 Impulse Sampling for Continuous-Time Signals

$$x_\delta(t) = \sum_{n=-\infty}^{\infty} x(nT_s)\delta(t - nT_s) \xleftrightarrow{FT} X_\delta(j\omega) = \frac{1}{T_s} \sum_{k=-\infty}^{\infty} X\left(j\left(\omega - k\frac{2\pi}{T_s}\right)\right)$$

Sampling interval T_s, $X_\delta(j\omega)$ is $2\pi/T_s$ periodic.

C.9.2 Sampling a Discrete-Time Signal

$$y[n] = v[qn] \xleftrightarrow{DTFT} Y(e^{j\Omega}) = \frac{1}{q}\sum_{m=0}^{q-1} V(e^{j(\Omega - m2\pi)/q})$$

$Y(e^{j\Omega})$ is 2π periodic.

C.9.3 Sampling the DTFT in Frequency

$$w[n] = \sum_{m=-\infty}^{\infty} v[n + mN] \xleftrightarrow{DTFS;\ \Omega_o = 2\pi/N} W[k] = \frac{1}{N}V(e^{jk\Omega_o})$$

$w[n]$ is N periodic.

C.9.4 Sampling the FT in Frequency

$$g(t) = \sum_{m=-\infty}^{\infty} x(t + mT) \xleftrightarrow{FS;\ \omega_o = 2\pi/T} G[k] = \frac{1}{T}X(jk\omega_o)$$

$g(t)$ is T periodic.

부록

D Tables of Laplace Transforms and Properties

D.1 *Basic Laplace Transforms*

Signal $x(t) = \frac{1}{2\pi j}\int_{\sigma-j\infty}^{\sigma+j\infty} X(s)e^{st}\,ds$	*Transform* $X(s) = \int_{-\infty}^{\infty} x(t)e^{-st}\,dt$	*ROC*
$u(t)$	$\frac{1}{s}$	$\text{Re}\{s\} > 0$
$tu(t)$	$\frac{1}{s^2}$	$\text{Re}\{s\} > 0$
$\delta(t-\tau), \quad \tau \geq 0$	$e^{-s\tau}$	for all s
$e^{-at}u(t)$	$\frac{1}{s+a}$	$\text{Re}\{s\} > -a$
$te^{-at}u(t)$	$\frac{1}{(s+a)^2}$	$\text{Re}\{s\} > -a$
$[\cos(\omega_1 t)]u(t)$	$\frac{s}{s^2+\omega_1^2}$	$\text{Re}\{s\} > 0$
$[\sin(\omega_1 t)]u(t)$	$\frac{\omega_1}{s^2+\omega_1^2}$	$\text{Re}\{s\} > 0$
$[e^{-at}\cos(\omega_1 t)]u(t)$	$\frac{s+a}{(s+a)^2+\omega_1^2}$	$\text{Re}\{s\} > -a$
$[e^{-at}\sin(\omega_1 t)]u(t)$	$\frac{\omega_1}{(s+a)^2+\omega_1^2}$	$\text{Re}\{s\} > -a$

D.1.1 Bilateral Laplace Transforms for Signals That Are Nonzero for $t < 0$

Signal	Bilateral Transform	ROC
$\delta(t-\tau), \tau < 0$	$e^{-s\tau}$	for all s
$-u(-t)$	$\frac{1}{s}$	$\text{Re}\{s\} < 0$
$-tu(-t)$	$\frac{1}{s^2}$	$\text{Re}\{s\} < 0$
$-e^{-at}u(-t)$	$\frac{1}{s+a}$	$\text{Re}\{s\} < -a$
$-te^{-at}u(-t)$	$\frac{1}{(s+a)^2}$	$\text{Re}\{s\} < -a$

D.2 Laplace Transform Properties

Signal	Unilateral Transform $x(t) \xleftrightarrow{\mathcal{L}_u} X(s)$ $y(t) \xleftrightarrow{\mathcal{L}_u} Y(s)$	Bilateral Transform $x(t) \xleftrightarrow{\mathcal{L}} X(s)$ $y(t) \xleftrightarrow{\mathcal{L}} Y(s)$	ROC $s \in R_x$ $s \in R_y$
$ax(t) + by(t)$	$aX(s) + bY(s)$	$aX(s) + bY(s)$	At least $R_x \cap R_y$
$x(t-\tau)$	$e^{-s\tau}X(s)$ if $x(t-\tau)u(t) = x(t-\tau)u(t-\tau)$	$e^{-s\tau}X(s)$	R_x
$e^{s_o t}x(t)$	$X(s-s_o)$	$X(s-s_o)$	$R_x + \text{Re}\{s_o\}$
$x(at)$	$\frac{1}{a}X\left(\frac{s}{a}\right), \quad a > 0$	$\frac{1}{\lvert a\rvert}X\left(\frac{s}{a}\right)$	$\frac{R_x}{\lvert a\rvert}$
$x(t) * y(t)$	$X(s)Y(s)$ if $x(t) = y(t) = 0$ for $t < 0$	$X(s)Y(s)$	At least $R_x \cap R_y$
$-tx(t)$	$\frac{d}{ds}X(s)$	$\frac{d}{ds}X(s)$	R_x
$\frac{d}{dt}x(t)$	$sX(s) - x(0^-)$	$sX(s)$	At least R_x
$\int_{-\infty}^{t} x(\tau)\,d\tau$	$\frac{1}{s}\int_{-\infty}^{0^-} x(\tau)\,d\tau + \frac{X(s)}{s}$	$\frac{X(s)}{s}$	At least $R_x \cap \{\text{Re}\{s\} > 0\}$

D.2.1 Initial-Value Theorem

$$\lim_{s\to\infty} sX(s) = x(0^+)$$

This result does not apply to rational functions $X(s)$ in which the order of the numerator polynomial is equal to or greater than the order of the denominator polynomial. In that case, $X(s)$ would contain terms of the form cs^k, $k \geq 0$. Such terms correspond to the impulses and their derivatives located at time $t = 0$.

D.2.2 Final-Value Theorem

$$\lim_{s \to 0} sX(s) = \lim_{t \to \infty} x(t)$$

This result requires that all the poles of $sX(s)$ be in the left half of the s-plane.

D.2.3 Unilateral Differentiation Property, General Form

$$\frac{d^n}{dt^n} x(t) \xleftrightarrow{\mathcal{L}_u} s^n X(s) - \left. \frac{d^{n-1}}{dt^{n-1}} x(t) \right|_{t=0^-} - s \left. \frac{d^{n-2}}{dt^{n-2}} x(t) \right|_{t=0^-} - \cdots - s^{n-2} \left. \frac{d}{dt} x(t) \right|_{t=0^-} - s^{n-1} x(0^-)$$

부록 E

Tables of z-Transforms and Properties

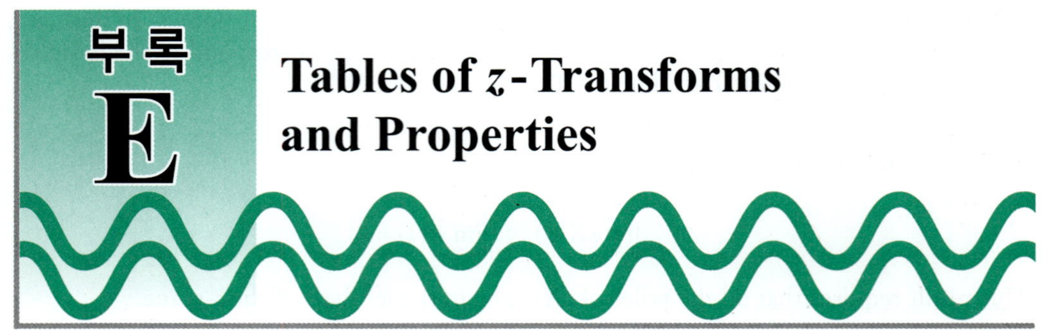

E.1 *Basic z-Transforms*

Signal	*Transform*	
$x[n] = \frac{1}{2\pi j}\oint X(z)\, z^{n-1}\, dz$	$X[z] = \sum_{n=-\infty}^{\infty} x[n]\, z^{-n}$	*ROC*
$\delta[n]$	1	All z
$u[n]$	$\frac{1}{1 - z^{-1}}$	$\lvert z\rvert > 1$
$\alpha^n u[n]$	$\frac{1}{1 - \alpha z^{-1}}$	$\lvert z\rvert > \lvert\alpha\rvert$
$n\alpha^n u[n]$	$\frac{\alpha z^{-1}}{(1 - \alpha z^{-1})^2}$	$\lvert z\rvert > \lvert\alpha\rvert$
$[\cos(\Omega_1 n)]u[n]$	$\frac{1 - z^{-1}\cos\Omega_1}{1 - z^{-1}2\cos\Omega_1 + z^{-2}}$	$\lvert z\rvert > 1$
$[\sin(\Omega_1 n)]u[n]$	$\frac{z^{-1}\sin\Omega_1}{1 - z^{-1}2\cos\Omega_1 + z^{-2}}$	$\lvert z\rvert > 1$
$[r^n\cos(\Omega_1 n)]u[n]$	$\frac{1 - z^{-1}r\cos\Omega_1}{1 - z^{-1}2r\cos\Omega_1 + r^2 z^{-2}}$	$\lvert z\rvert > r$
$[r^n\sin(\Omega_1 n)]u[n]$	$\frac{z^{-1}r\sin\Omega_1}{1 - z^{-1}2r\cos\Omega_1 + r^2 z^{-2}}$	$\lvert z\rvert > r$

E.1.1 Bilateral Transforms for Signals that Are Nonzero for $n < 0$

Signal	*Bilateral Transform*	*ROC*
$u[-n-1]$	$\frac{1}{1-z^{-1}}$	$\lvert z\rvert < 1$
$-\alpha^n u[-n-1]$	$\frac{1}{1-\alpha z^{-1}}$	$\lvert z\rvert < \lvert\alpha\rvert$
$-n\alpha^n u[-n-1]$	$\frac{\alpha z^{-1}}{(1-\alpha z^{-1})^2}$	$\lvert z\rvert < \lvert\alpha\rvert$

E.2 *z-Transform Properties*

Signal	*Unilateral Transform* $x[n] \xleftrightarrow{z_u} X(z)$ $y[n] \xleftrightarrow{z_u} Y(z)$	*Bilateral Transform* $x[n] \xleftrightarrow{z} X(z)$ $y[n] \xleftrightarrow{z} Y(z)$	*ROC* $z \in R_x$ $z \in R_y$
$ax[n] + by[n]$	$aX(z) + bY(z)$	$aX(z) + bY(z)$	At least $R_x \cap R_y$
$x[n-k]$	See below	$z^{-k}X(z)$	R_x, except possibly $\lvert z\rvert = 0, \infty$
$\alpha^n x[n]$	$X\left(\frac{z}{\alpha}\right)$	$X\left(\frac{z}{\alpha}\right)$	$\lvert\alpha\rvert R_x$
$x[-n]$	—	$X\left(\frac{1}{z}\right)$	$\frac{1}{R_x}$
$x[n] * y[n]$	$X(z)Y(z)$ if $x[n] = y[n] = 0$ for $n < 0$	$X(z)Y(z)$	At least $R_x \cap R_y$
$nx[n]$	$-z\frac{d}{dz}X(z)$	$-z\frac{d}{dz}X(z)$	R_x, except possibly addition or deletion of $z = 0$

E.2.1 Unilateral z-Transform Time-Shift Property

$$x[n-k] \xleftrightarrow{z_u} x[-k] + x[-k+1]z^{-1} + \cdots + x[-1]z^{-k+1} + z^{-k}X(z) \quad \text{for } k > 0$$

$$x[n+k] \xleftrightarrow{z_u} -x[0]z^k - x[1]z^{k-1} - \cdots - x[k-1]z + z^kX(z) \quad \text{for } k > 0$$

Introduction to MATLAB

MATLAB (short for Matrix Laboratory) is a matrix processing language that is applicable to scientific and engineering data processing. This short introduction is meant to introduce to the reader the basic tools necessary to understand and follow along with the MATLAB codes presented in this book. As with most learned skills, the best way to learn MATLAB is to sit at a computer to experiment and practice. It is recommended that as the reader learns the theoretical topics presented in this book, they also experiment with the presented code to help solidify the concepts. To further enrich understanding, students are also encouraged to download and experiment with the many supplemental MATLAB files (used to generate many of this book's figures) on this book's website.

F.1 *Basic Arithmetic Rules*

MATLAB displays values using a standard decimal notation. For very small or large values, you can include a 'power of ten' scale factor denoted by "`e`" by appending "`e`" to the original number. Similarly, to make a number complex, append the suffix "`i`" to the original number. For example,

```
7,          7e2,        7i
```

are the numbers 7, 700, and the complex number $7j$, respectively, where $j = \sqrt{-1}$. Using the standard mathematical operations, you can now build expressions:

```
+      addition
-      subtraction
*      multiplication
/      division
^      power
( )    parentheses
```

So to add two complex numbers, we would write

```
>> 3+2i + 2-4i
ans =
  5.0000 - 2.0000i
```

F.2 *Variables and Variable Names*

Variable names must begin with an alphanumeric letter. Following that, any number of letters, digits and underscores can be added, but only the first 19 characters are retained. MATLAB variable names are case sensitive, so "x" and "X" are different variables. The generic MATLAB statement is:

```
>> variable = expression;
```

If you wish to suppress the output of the statement, then append a semicolon ';'. The statement will still be completed but it will not be displayed on screen. This will be helpful for M-files (read on).
You will find it helpful to give the variable name meaning for the value it contains. For example, defining a variable 'rent' is performed by typing

```
>> rent = 650*1.15
rent =
  747.5000
```

Variable names may not start with a number, contain a dash, or contain 'reserved characters'. The following are examples of illegal character names:

```
4home    %x    net-rent   @sum
```

The % character is a special character and means a comment line. MATLAB will ignore any text following the % symbol.

F.3 *Vectors and Matrices*

Perhaps MATLAB's strongest feature is its ability to manipulate vectors and matrices. To create a vector, we use the square brackets "[ ]." For example, setting `x=[2 3 1]` produces

```
>> x = [2 3 1]
x =
    2  3  1
```

In MATLAB, array and matrix indexing starts at 1 (rather than 0 as is the case for the programming language 'C'). Thus to index the first element in vector x, we would write

```
>> x(1)
ans =
    2
```

Note the difference in the brackets here as well. Use square braces to create the array but use parentheses to index the array. Using square brackets here will result in an error.

Creating matrices is very similar to vectors, as shown here:

```
>> X = [1 2 3; 4 5 6; 7 8 9]
X =
   1  2  3
   4  5  6
   7  8  9
```

Here "X" is a 3-by-3 matrix. In this case, the semicolon is used to signify the end of a row. To index the `(1,2)` element (i.e., first row, second column), we would write

```
>>X(1,2)
ans =
    2
```

If we wanted to make a new vector "y" out of the second row of "X," then we would write

```
>> y=X(2,:)
y =
   4   5   6
```

In MATLAB, the colon " : " can be read as 'to the end of.' Thus the above expression is read as "let y equal the second row and all columns of matrix X." If we only wanted the first two elements of the third column, we would write

```
>> y=X(1:2,3)
y =
   3
   6
```

In this case, the command is read: "let y equal row 1 to the end of row 2 of X, and take the third column." The special character ' (prime) denotes matrix transposition. For example

```
>> Y=X'
Y =
   1   4   7
   2   5   8
   3   6   9
```

and

```
>> y=x'
y =
   2
   3
   1
```

When performing transposition on a complex matrix, the result is the complex conjugate transpose. For example, defining the complex matrix Z as

```
>> z=[1 2; 3 4] + [4i 2i; -i 5i]
Z =
  1.0000 + 4.0000i 2.0000 + 2.0000i
  3.0000 - 1.0000i 4.0000 + 5.0000i
```

and now taking the conjugate transpose, we obtain

```
>>z'
ans =
  1.0000 - 4.0000i 3.0000 + 1.0000i
  2.0000 - 2.0000i 4.0000 - 5.0000i
```

We add matrices just as we would with scalars.

```
>> A=[1 2; 3 4];
>> B=[2 3; -2 1];
>> C=A+B
C =
   3   5
   1   5
```

Similarly, to multiply A and B,

```
>> D=A*B
D =
  -2   5
  -2  13
```

In addition to the standard matrix multiplication, MATLAB also uses "element by element" multiplication denoted by the symbol `.*`. If `A` and `B` have the same dimensions, then `A.*B` denotes the matrix whose elements are the products of the individual elements of `A` and `B`, as shown here:

```
>> E=A.*B
E =
   2   6
  -6   4
```

It is important to note the difference between matrices `D` and `E`. Just as `.*` denotes element by element multiplication, so does `./` denote element by element division and `.^` denotes element by element powers.

F.4 *Plotting in MATLAB*

MATLAB provides a variety of functions for displaying data as 2-D graphs and for annotating these graphs. The following list summarizes the commonly used functions for plotting:

- `plot(X,Y)` – Creates a linear plot of `X` vs. `Y`
- `loglog(X,Y)` – Creates a plot using logarithmic scales for both axes.
- `semilogy(X,Y)` – Creates a plot using a linear scale for the `X` axis but logarithmic scale for the `Y` axis.
- `title` – Adds a title to the plot.
- `xlabel` – Adds a label to the `X` axis.
- `ylabel` – Add a label to the `Y` axis.
- `grid` – Turns on and off grid lines.

For example, to plot a sine curve of frequency three Hz we would write:

```
>> t=0:0.01:1;
>> f=3; %frequency
>> y=sin(2*pi*f*t);
>> plot(t,y,'r-')
>> title('Sine Curve');
>> xlabel('Time (seconds)');
>> ylabel('Amplitude');
```

The command `t=0:0.01:1;` creates a vector `t` that has first element zero and last element one where each element in the vector is equal to the previous one plus an increment of 0.01.

The command `plot(t,y,'r-')` plots the sine curve `y` with respect to vector `t`. The additional commands `r-` indicate to MATLAB to make the color red and the line style solid. You can type `help plot` to see all the possible line styles for plotting.

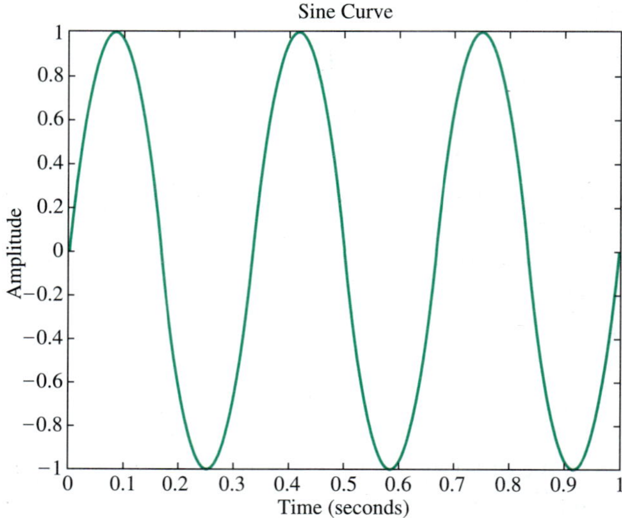

It is often desirable to graph two plots on the same figure. If we wanted to append a cosine curve, we would use the `hold` command to first "hold" the graph and then plot the next curve. For example if we now type

```
>> hold
Current plot held
>> z=cos(2*pi*f*t);
>> plot(t,z,'b--')
```

this appends a blue dashed line representing the cosine curve on the original plot.

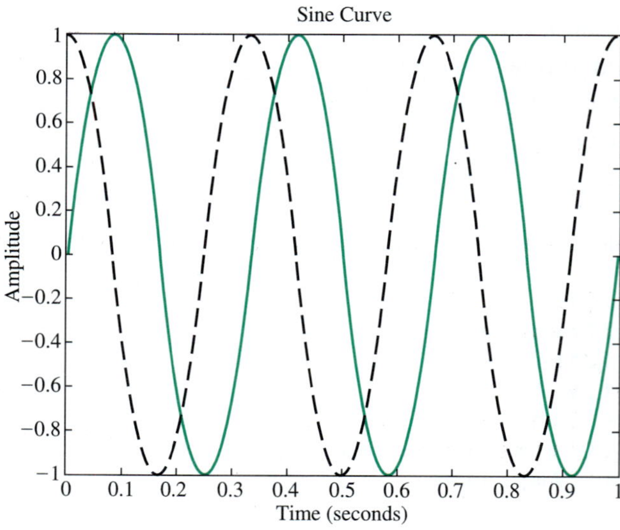

F.5 *M-files*

Normally, when you enter commands in MATLAB you enter them in the command window. However, when you have a large number of commands to write (called a program) it is impractical to keep typing them (especially when you are debugging a program). To solve this problem, we can write and save our commands in script files called M-files. When an M-file is run, MATLAB sequentially executes the commands found in the file. MATLAB even comes with its own editor (invoked by typing `edit`) to write the M-files. Once we have written our file we save the file to disk, and execute it by simply typing its name in the command window. For example, in the previous section we used many commands to produce the figure containing the sine and cosine plots. We could put them all in an M-file by typing

```
>> edit
```

Note how the editor window has popped up. Now in the editor type

```
t=0:0.01:1;
f=3; %frequency
y=sin(2*pi*f*t);
plot(t,y,'r-')
title('Sine Curve');
ylabel('Amplitude');
xlabel('Time (seconds)');
hold
z=cos(2*pi*f*t);
plot(t,z,'b--')
```

Now go to the "file → save as" tab at the top left-hand corner of the editor window and save the file. Now return to the command window and type the name you just saved the file with. MATLAB has now run all the commands in your M-file producing the output plot.

F.6 *Additional Help*

MATLAB contains two extremely useful help commands `help <name>` and `lookfor <criteria>`. The help command will tell you how to use a build in MATLAB function. In the previous section we used the built-in plot function to plot our data for us. Suppose we forgot the proper syntax for the plot function (simply typing plot by itself will produce an error). We can get all the information about the plot function by typing

```
>> help plot
```

MATLAB will then show us the proper syntax for our desired function.

Another useful MATLAB command is `lookfor`. This command will search though all the help files of the various functions and match your search criteria with words from the available help files. For example, if we wanted to obtain the Fourier transform of the vector `x` but cannot remember the function name to do this, we would type

```
>> lookfor fourier
```

MATLAB will then do a seach and return all the built-in-functions associated with the word "fourier". We can then type `help` to determine the exact syntax needed for a particular file. For example, if we type `lookfor fourier`, MATLAB will return

```
>> lookfor fourier
FFT Discrete Fourier transform.
FFT2 Two-dimensional discrete Fourier Transform.
FFTN N-dimensional discrete Fourier Transform.
IFFT Inverse discrete Fourier transform.
IFFT2 Two-dimensional inverse discrete Fourier
   transform.
IFFTN N-dimensional inverse discrete Fourier transform.
XFOURIER Graphics demo of Fourier series expansion.
DFTMTX Discrete Fourier transform matrix.
INSTDFFT Inverse non-standard 1-D fast Fourier
   transform.
NSTDFFT Non-standard 1-D fast Fourier transform.
FFT Quantized Fast Fourier Transform.
FOURIER Fourier integral transform.
IFOURIER Inverse Fourier integral transform.
```

Note that many internal functions are associated with the word Fourier. Since we are interested in performing the Discrete Fourier transform on vector `x`, we can now type `help fft` and MATLAB will now tell us the proper syntax to obtain the desired Fourier transform.

In addition to the built-in-help functions of MATLAB, the Mathworks Web site (http://mathworks.com/support/) offers online help as well as paperback books on MATLAB programming for additional help. In addition to this appendix, the following reference books are recommended:

Mastering MATLAB 5, A Comprehensive Tutorial and Reference
Authors: Duane Hanselman, Bruce Littlefield

MATLAB Programming for Engineers
Authors: Stephen Chapman

찾아보기

【ㄴ】

【ㄷ】

【ㄹ】

【ㅇ】

【ㅎ】